에너지관리
기사 필기

과년도 문제풀이 10개년

PREFACE 머리말

필요한 에너지의 대부분을 해외에 의존하고 있는 우리나라에서 에너지의 중요성은 새삼 말할 필요도 없는 일이다. 우리나라의 에너지 수입 의존도는 95%에 육박하며, 에너지 수입액이 우리나라 전체 수입액의 30% 정도로 에너지의 해외 의존도가 매우 심각한 수준이다.

더욱이 과다한 화석연료의 사용으로 인한 대기 중의 이산화탄소 농도 증가 및 평균온도 상승은 에너지 사용량을 줄이지 않으면 전 지구적으로 치명적인 위험에 빠지게 될 것이라는 경고라 할 수 있다. 특히, 에너지 소비량이 전 세계 10위권인 우리나라의 경우 에너지 절약은 매우 시급한 과제이다.

이러한 상황에서 에너지 관련 분야의 전문인력에 대한 관심과 수요 또한 급격히 증가하는 추세이며, 이 분야의 자격시험에 도전하는 수험생들의 요구 또한 다양해지고 있다. 이러한 요구에 부응하고자 이번에 새롭게 기획된 교재를 출간하게 되었다.

이 책은 핵심 용어설명 및 10년간의 과년도 기출문제와 CBT 실전모의고사를 수록하여 출제경향을 파악하고 문제풀이의 요령을 터득할 수 있도록 구성되었다.

아무쪼록 새로운 교재에 대한 독자들의 많은 성원을 기대하며, 오류 및 문제점에 대해서는 독자들의 의견에 귀기울여 지속적으로 수정 보완할 것을 약속드리며, 출간에 도움을 주신 도서출판 예문사에 감사의 말씀을 전한다.

권 오 수

INFORMATION
최신 출제기준

직무 분야	환경·에너지	중직무 분야	에너지·기상	자격 종목	에너지관리기사	적용 기간	2024. 1. 1. ~ 2027. 12. 31.

○ 직무내용 : 각종 산업, 건물 등에 생산공정이나 냉·난방을 위한 열을 공급하기 위하여 보일러 등 열사용 기자재의 설계, 제작, 설치, 시공, 감독을 하고 보일러 및 관련 장비를 안전하고 효율적으로 운전할 수 있도록 지도, 점검, 진단, 보수 등의 업무를 수행하는 직무이다.

필기검정 방법	객관식	문제수	100	시험 시간	2시간 30분

필기과목명	문제수	주요항목	세부항목	세세항목
연소공학	20	1. 연소이론	1. 연소기초	1. 연소의 정의 2. 연료의 종류 및 특성 3. 연소의 종류와 상태 4. 연소 속도 등
			2. 연소계산	1. 연소현상 이론 2. 이론 및 실제 공기량, 배기가스량 3. 공기비 및 완전연소 조건 4. 발열량 및 연소효율 5. 화염온도 6. 화염전파이론 등
		2. 연소설비	1. 연소장치의 개요	1. 연료별 연소장치 2. 연소 방법 3. 연소기의 부품 4. 연료저장 및 공급장치
			2. 연소장치 설계	1. 고부하 연소기술 2. 저공해 연소기술 3. 연소부하 산출
			3. 통풍장치	1. 통풍방법 2. 통풍장치 3. 송풍기의 종류 및 특징
			4. 대기오염방지장치	1. 대기오염물질의 종류 2. 대기오염물질의 농도 측정 3. 대기오염방지장치의 종류 및 특징
		3. 연소안전 및 안전장치	1. 연소안전장치	1. 점화장치 2. 화염검출장치 3. 연소제어장치 4. 연료차단장치 5. 경보장치
			2. 연료누설	1. 외부누설 2. 내부누설

필기과목명	문제수	주요항목	세부항목	세세항목
			3. 화재 및 폭발	1. 화재 및 폭발 이론 2. 가스폭발 3. 유증기폭발 4. 분진폭발 5. 자연발화
열역학	20	1. 열역학의 기초사항	1. 열역학적 상태량	1. 온도 2. 비체적, 비중량, 밀도 3. 압력
			2. 일 및 열에너지	1. 일 2. 열에너지 3. 동력
		2. 열역학 법칙	1. 열역학 제1법칙	1. 내부에너지 2. 엔탈피 3. 에너지식
			2. 열역학 제2법칙	1. 엔트로피 2. 유효에너지와 무효에너지
		3. 이상기체 및 관련 사이클	1. 기체의 상태변화	1. 정압 및 정적 변화 2. 등온 및 단열 변화 3. 폴리트로픽 변화
			2. 기체동력기관의 기본 사이클	1. 기체사이클의 특성 2. 기체사이클의 비교
		4. 증기 및 증기 동력사이클	1. 증기의 성질	1. 증기의 열적 상태량 2. 증기의 상태변화
			2. 증기동력사이클	1. 증기동력사이클의 종류 2. 증기동력사이클의 특성 및 비교 3. 열효율, 증기소비율, 열소비율 4. 증기표와 증기선도
		5. 냉동사이클	1. 냉매	1. 냉매의 종류 2. 냉매의 열역학적 특성
			2. 냉동사이클	1. 냉동사이클의 종류 2. 냉동사이클의 특성 3. 냉동능력, 냉동률, 성능계수(COP) 4. 습공기선도
계측방법	20	1. 계측의 원리	1. 단위계와 표준	1. 단위 및 단위계 2. SI 기본단위 3. 차원 및 차원식
			2. 측정의 종류와 방식	1. 측정의 종류 2. 측정의 방식과 특성

INFORMATION
최신 출제기준

필기과목명	문제수	주요항목	세부항목	세세항목
			3. 측정의 오차	1. 오차의 종류 2. 측정의 정도(精度)
		2. 계측계의 구성 및 제어	1. 계측계의 구성	1. 계측계의 구성 요소 2. 계측의 변환
			2. 측정의 제어회로 및 장치	1. 자동제어의 종류 및 특성 2. 제어동작의 특성 3. 보일러의 자동 제어
		3. 유체 측정	1. 압력	1. 압력 측정방법 2. 압력계의 종류 및 특징
			2. 유량	1. 유량 측정방법 2. 유량계의 종류 및 특징
			3. 액면	1. 액면 측정방법 2. 액면계의 종류 및 특징
			4. 가스	1. 가스의 분석방법 2. 가스분석계의 종류 및 특징
		4. 열 측정	1. 온도	1. 온도 측정방법 2. 온도계의 종류 및 특징
			2. 열량	1. 열량 측정방법 2. 열량계의 종류 및 특징
			3. 습도	1. 습도 측정방법 2. 습도계의 종류 및 특징
열설비재료 및 관계법규	20	1. 요로	1. 요로의 개요	1. 요로의 정의 2. 요로의 분류 3. 요로일반
			2. 요로의 종류 및 특징	1. 철강용로의 구조 및 특징 2. 제강로의 구조 및 특징 3. 주물용해로의 구조 및 특징 4. 금속가열열처리로의 구조 및 특징 5. 축요의 구조 및 특징
		2. 내화물, 단열재, 보온재	1. 내화물	1. 내화물의 일반 2. 내화물의 종류 및 특성
			2. 단열재	1. 단열재의 일반 2. 단열재의 종류 및 특성
			3. 보온재	1. 보온(냉)재의 일반 2. 보온(냉)재의 종류 및 특성
		3. 배관 및 밸브	1. 배관	1. 배관자재 및 용도 2. 신축이음 3. 관 지지구 4. 패킹
			2. 밸브	1. 밸브의 종류 및 용도

필기과목명	문제수	주요항목	세부항목	세세항목
		4. 에너지 관계 법규	1. 에너지 이용 및 신재생에너지 관련 법령에 관한 사항	1. 에너지법, 시행령, 시행규칙 2. 에너지이용 합리화법, 시행령, 시행규칙 3. 신에너지 및 재생에너지 개발·이용·보급 촉진법, 시행령, 시행규칙 4. 기계설비법, 시행령, 시행규칙
열설비설계	20	1. 열설비	1. 열설비 일반	1. 보일러의 종류 및 특징 2. 보일러 부속장치의 역할 및 종류 3. 열교환기의 종류 및 특징 4. 기타 열사용 기자재의 종류 및 특징
			2. 열설비 설계	1. 열사용 기자재의 용량 2. 열설비 3. 관의 설계 및 규정 4. 용접 설계
			3. 열전달	1. 열전달 이론 2. 열관류율 3. 열교환기의 전열량
			4. 열정산	1. 입열, 출열 2. 손실열 3. 열효율
		2. 수질관리	1. 급수의 성질	1. 수질의 기준 2. 불순물의 형태 3. 불순물에 의한 장애
			2. 급수 처리	1. 보일러 외처리법 2. 보일러 내처리법 3. 보일러수의 분출 및 배출기준
		3. 안전관리	1. 보일러 정비	1. 보일러의 분해 및 정비 2. 보일러의 보존
			2. 사고 예방 및 진단	1. 보일러 및 압력용기 사고원인 및 대책 2. 보일러 및 압력용기 취급 요령

CBT 전면시행에 따른
CBT PREVIEW

🖥 수험자 정보 확인

시험장 감독위원이 컴퓨터에 나온 수험자 정보와 신분증이 일치하는지를 확인하는 단계입니다.
수험번호, 성명, 주민등록번호, 응시종목, 좌석번호를 확인합니다.

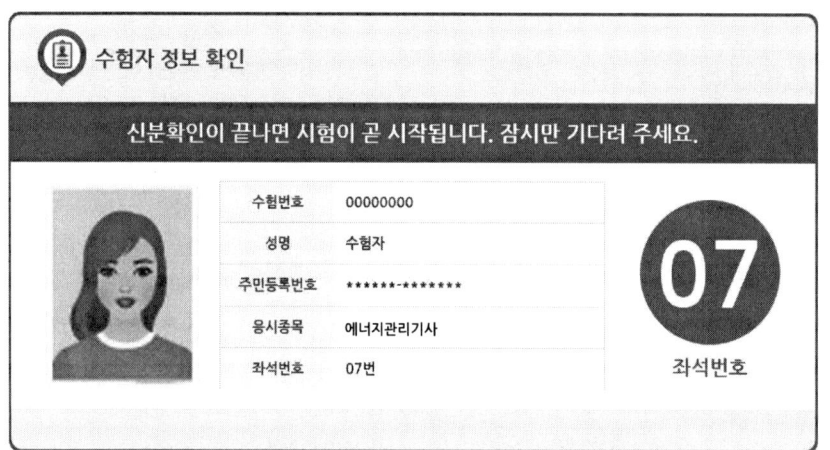

🖥 안내사항

시험에 관련된 안내사항이므로 꼼꼼히 읽어보시기 바랍니다.

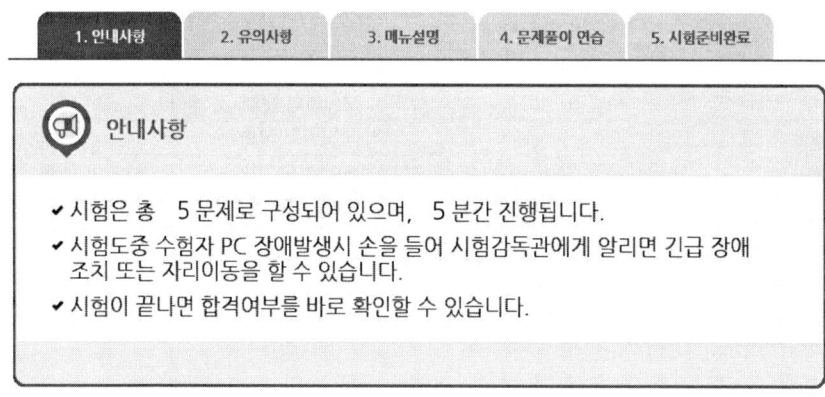

ENGINEER ENERGY MANAGEMENT ■ ■ ■

💻 유의사항

부정행위는 절대 안 된다는 점, 잊지 마세요!

> 📢 **유의사항 - [1/3]**
>
> - 다음과 같은 부정행위가 발각될 경우 감독관의 지시에 따라 퇴실 조치되고, 시험은 무효로 처리되며, 3년간 국가기술자격검정에 응시할 자격이 정지됩니다.
>
>   ✔ 시험 중 다른 수험자와 시험에 관련한 대화를 하는 행위
>   ✔ 시험 중에 다른 수험자의 문제 및 답안을 엿보고 답안지를 작성하는 행위
>   ✔ 다른 수험자를 위하여 답안을 알려주거나, 엿보게 하는 행위
>   ✔ 시험 중 시험문제 내용과 관련된 물건을 휴대하여 사용하거나 이를 주고받는 행위

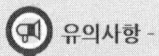

💻 문제풀이 메뉴 설명

문제풀이 메뉴에 대한 주요 설명입니다. CBT에 익숙하지 않다면 꼼꼼한 확인이 필요합니다. (글자크기/화면배치, 전체/안 푼 문제 수 조회, 남은 시간 표시, 답안 표기 영역, 계산기 도구, 페이지 이동, 안 푼 문제 번호 보기/답안 제출)

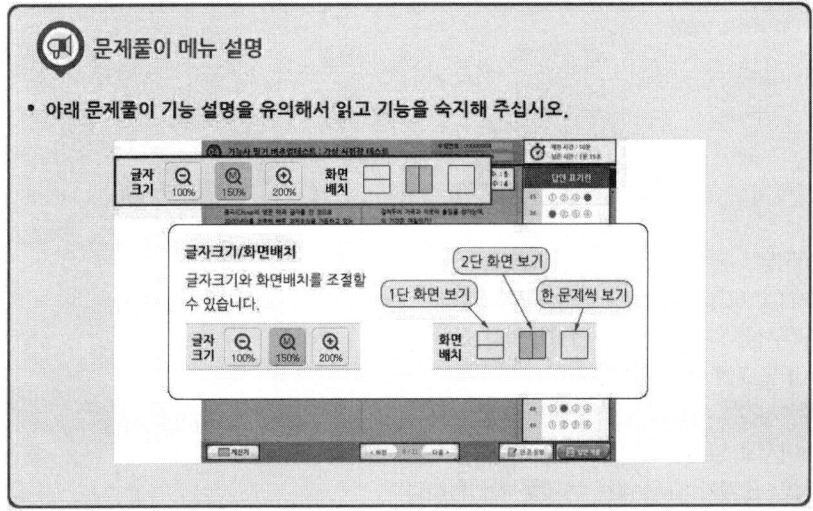

CBT 전면시행에 따른
CBT PREVIEW

🖥 시험준비 완료!

이제 시험에 응시할 준비를 완료합니다.

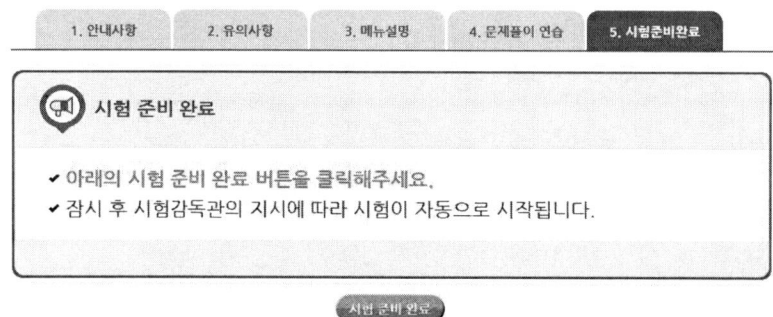

🖥 시험화면

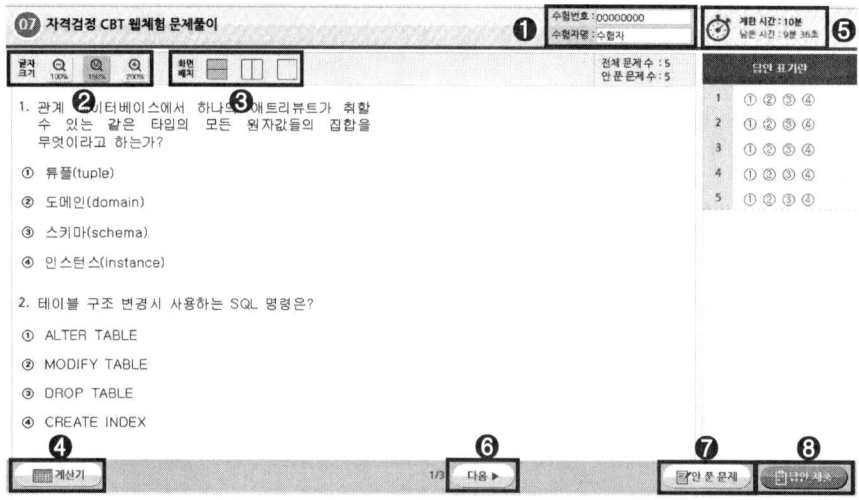

❶ 수험번호, 수험자명 : 본인이 맞는지 확인합니다.
❷ 글자크기 : 100%, 150%, 200%로 조정 가능합니다.
❸ 화면배치 : 2단 구성, 1단 구성으로 변경합니다.
❹ 계산기 : 계산이 필요할 경우 사용합니다.
❺ 제한 시간, 남은 시간 : 시험시간을 표시합니다.
❻ 다음 : 다음 페이지로 넘어갑니다.
❼ 안 푼 문제 : 답안 표기가 되지 않은 문제를 확인합니다.
❽ 답안 제출 : 최종답안을 제출합니다.

ENGINEER ENERGY MANAGEMENT ■ ■ ■

💻 답안 제출

문제를 다 푼 후 답안 제출을 클릭하면 위와 같은 메시지가 출력됩니다.
여기서 '예'를 누르면 답안 제출이 완료되며 시험을 마칩니다.

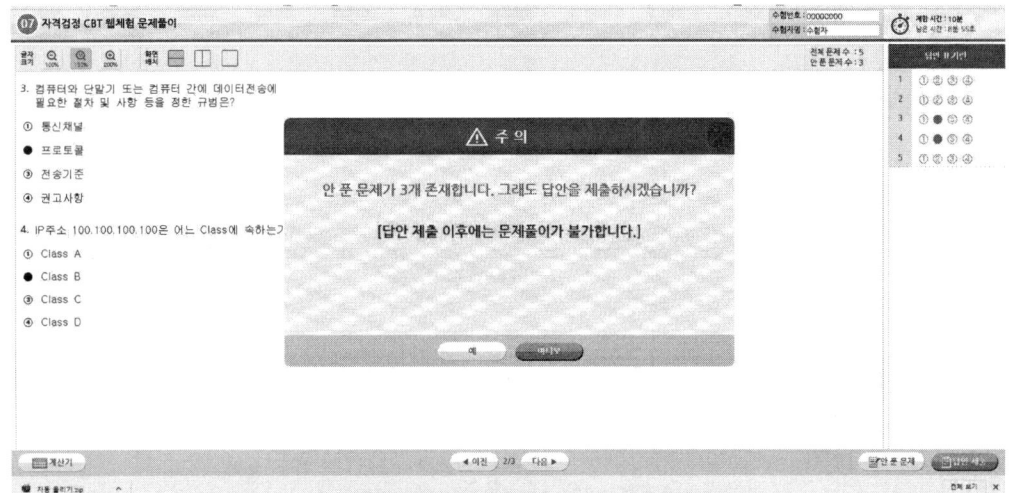

💻 알고 가면 쉬운 CBT 4가지 팁

> **1. 시험에 집중하자.**
> 기존 시험과 달리 CBT 시험에서는 같은 고사장이라도 각기 다른 시험에 응시할 수 있습니다. 옆 사람은 다른 시험을 응시하고 있으니, 자신의 시험에 집중하면 됩니다.
>
> **2. 필요하면 연습지를 요청하자.**
> 응시자의 요청에 한해 시험장에서는 연습지를 제공하고 있습니다. 연습지는 시험이 종료되면 회수되므로 필요에 따라 요청하시기 바랍니다.
>
> **3. 이상이 있으면 주저하지 말고 손을 들자.**
> 갑작스럽게 프로그램 문제가 발생할 수 있습니다. 이때는 주저하며 시간을 허비하지 말고, 즉시 손을 들어 감독관에게 문제점을 알려주시기 바랍니다.
>
> **4. 제출 전에 한 번 더 확인하자.**
> 시험 종료 이전에는 언제든지 제출할 수 있지만, 한 번 제출하고 나면 수정할 수 없습니다. 맞게 표기하였는지 다시 확인해보시기 바랍니다.

CBT 온라인 모의고사 이용 안내

- 인터넷에서 [예문사]를 검색하여 홈페이지에 접속합니다.
- PC, 휴대폰, 태블릿 등을 이용해 사용이 가능합니다.

STEP 1 회원가입 하기

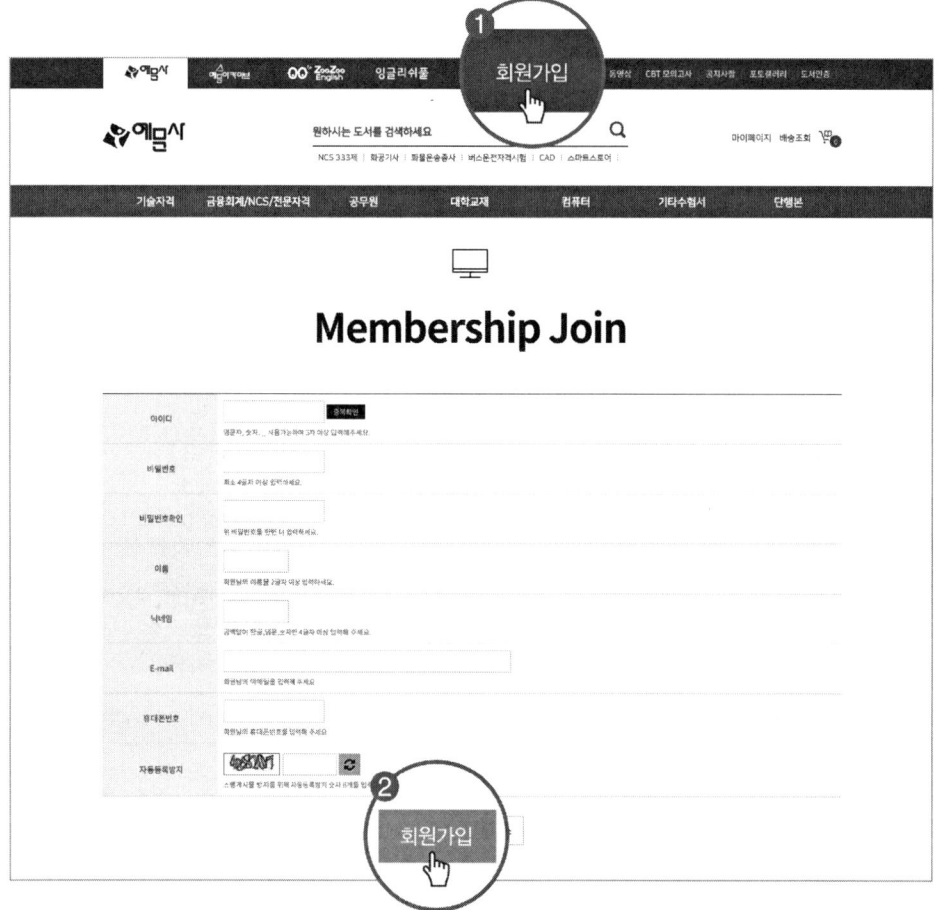

1. 메인 화면 상단의 [회원가입] 버튼을 누르면 가입 화면으로 이동합니다.
2. 입력을 완료하고 아래의 [회원가입] 버튼을 누르면 **인증절차 없이 바로 가입**이 됩니다.

STEP 2 시리얼 번호 확인 및 등록

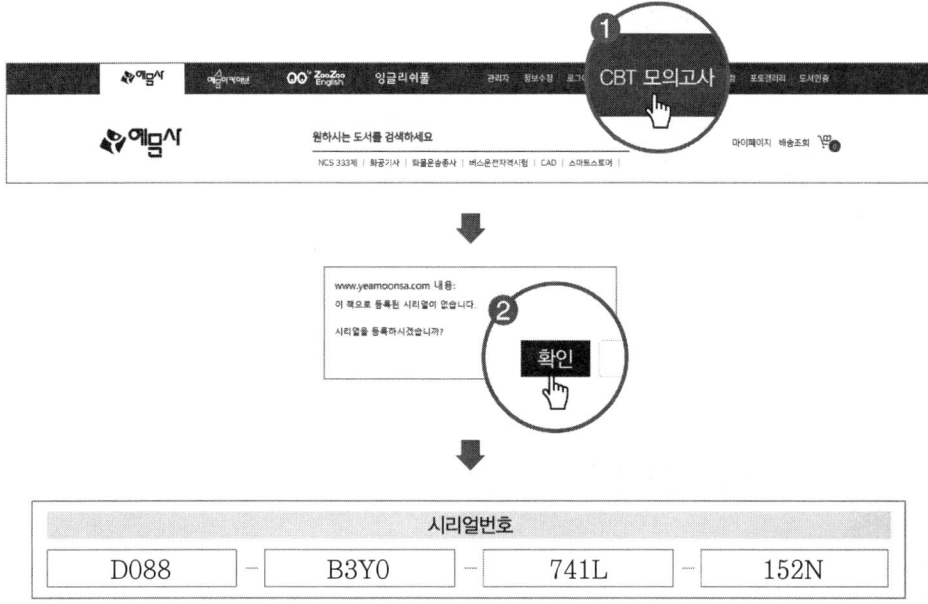

1. 로그인 후 메인 화면 상단의 [CBT 모의고사]를 누른 다음 **수강할 강좌를 선택**합니다.
2. 시리얼 등록 안내 팝업창이 뜨면 [확인]을 누른 뒤 **시리얼 번호를 입력**합니다.

STEP 3 등록 후 사용하기

1. 시리얼 번호 입력 후 [마이페이지]를 클릭합니다.
2. 등록된 CBT 모의고사는 [모의고사]에서 확인할 수 있습니다.

CONTENTS 이책의 차례

제1편 핵심 용어설명

제2편 과년도 기출문제

2013년
- 제1회(2013. 03. 10. 시행) ·· 40
- 제2회(2013. 06. 02. 시행) ·· 56
- 제4회(2013. 09. 28. 시행) ·· 73

2014년
- 제1회(2014. 03. 02. 시행) ·· 89
- 제2회(2014. 05. 25. 시행) ·· 105
- 제4회(2014. 09. 20. 시행) ·· 120

2015년
- 제1회(2015. 03. 08. 시행) ·· 135
- 제2회(2015. 05. 31. 시행) ·· 151
- 제4회(2015. 09. 19. 시행) ·· 167

2016년
- 제1회(2016. 03. 06. 시행) ·· 183
- 제2회(2016. 05. 08. 시행) ·· 199
- 제4회(2016. 10. 01. 시행) ·· 214

2017년

- 제1회(2017. 03. 05. 시행) ·· 230
- 제2회(2017. 05. 06. 시행) ·· 246
- 제4회(2017. 09. 22. 시행) ·· 261

2018년

- 제1회(2018. 03. 04. 시행) ·· 280
- 제2회(2018. 04. 28. 시행) ·· 297
- 제4회(2018. 09. 15. 시행) ·· 314

2019년

- 제1회(2019. 03. 03. 시행) ·· 331
- 제2회(2019. 04. 27. 시행) ·· 347
- 제4회(2019. 09. 21. 시행) ·· 363

2020년

- 제1·2회(2020. 06. 06. 시행) ·· 379
- 제3회(2020. 08. 22. 시행) ·· 396
- 제4회(2020. 09. 27. 시행) ·· 413

2021년

- 제1회(2021. 03. 07. 시행) ·· 430
- 제2회(2021. 05. 15. 시행) ·· 446
- 제4회(2021. 09. 12. 시행) ·· 463

2022년

- 제1회(2022. 03. 05. 시행) ·· 481
- 제2회(2022. 04. 24. 시행) ·· 498

에너지관리기사는 2022년 4회 시험부터 CBT(Computer-Based Test)로 전면 시행됩니다.

CONTENTS 이책의 차례

제3편 CBT 실전모의고사

- 제1회 CBT 실전모의고사 ·· 516
  정답 및 해설 ·· 539
- 제2회 CBT 실전모의고사 ·· 546
  정답 및 해설 ·· 569
- 제3회 CBT 실전모의고사 ·· 576
  정답 및 해설 ·· 597

MEMO

에너지관리기사 필기 과년도 문제풀이 10개년
ENGINEER ENERGY MANAGEMENT

PART

01

핵심 용어설명

ㄱ

▶ **가스버너**(Gas Burner)

기체연료를 연소시키며 연료의 공급압력에 따라 대기압 가스버너, 플러스 가스버너가 있고, 가스와 공기의 혼합방법에 따라 확산형 가스버너(선혼합식 가스버너), 예혼합식 가스버너(부분 예혼합식 가스버너, 예혼합식 가스버너)가 있으며 예혼합식 가스버너에는 내외 구분에 따라 내부혼합식, 외부혼합식이 있다. 버너 종류에는 구조상 건타입(통형), 링타입, 환상형, 다분기분사형이 있다.

▶ **가스압력조정기**(Gas Pressure Regulator)

가스의 공급압력을 일정압으로 제어 유지하는 감압밸브의 일종으로서 일명 거버너라고도 한다.

▶ **가스전자밸브**(Gas Solenoid Operated Valve)

가스버너 입구에 설치하는 연료차단 밸브로서 가스차단밸브라고도 한다. 가스 연료 특성상 밸브가 열릴 때는 서서히 열리고 닫힐 때는 순간적으로 동작할 필요가 있다. 일반적으로 통전개방식의 액동밸브가 사용되나 극히 소용량인 경우에는 통전개방식의 전자밸브를 사용한다.

▶ **가스폭발**(Gas Explosion)

보일러의 경우 노 내나 연도 내에 미연소가스가 정체하고 있을 때, 어떤 점화원에 의해 강력히 폭발하는 것이다.

▶ **가압연소**(Pressurized Combustion)

강제통풍 팬으로 노 내압을 대기압 이상으로 가압하면서 연소시키는 방법이다. 일명 플러스 연소라고도 하며, 패키지 보일러에는 거의 가압연소를 한다.

▶ **가열탈기기**(Heating Deaerator)

탈기기 내에서 피처리수와 증기를 효율적으로 접촉시켜서 수온을 기내 압력에 대응하는 포화온도에 접근시켜 피처리수에 용존하고 있는 가스분 기체 O_2, CO_2 등을 기화하여 배출증기와 함께 탈기기 외부로 방출하는 급수처리장치

▶ **가요관**(Flexible Tube)

증기관이나 급수관, 급유관, 온수관 등 배관의 일부에 진동 또는 신축 가능한 이음을 써서 무리한 힘을 완화시키는 플렉시블관이다.

▶ **가용전**(Fusible Plug)

노통이나 화실 등의 꼭대기에서 연소가스 온도가 높은 부분에 붙여 저수위사고가 일어나기 직전 용전의 일부가 녹아서 내부의 기수가 분출하여 저수위사고를 알리는 안전장치이다. 일명 가용플러그이다.

▶ **간헐분출**(Periodic Blow)

보일러 운전 중 어떤 시간마다 적당한 간격을 두고 보일러수의 일부를 분출시키는 것(수저분출)

▶ **갈탄**(Brown Coal)

석탄의 연료비(고정탄소/휘발분) 값이 1 이하인 저품위의 석탄이다. 흑색갈탄, 갈색갈탄으로 나눈다.

▶ **감시창**(화염투시구, Observation Port)

보일러 노 속의 연소상태를 보기 위해 둔 화염점검 구멍

▶ **감압밸브**(Pressure Reducing Valve)

유량의 변동에 상관없이 2차 측 유체압력을 압력이 높은 1차 측의 압력보다도 낮은 일정한 압력으로 감압할 수 있는 자동밸브이다. 밸브의 틈새를 압력에 따라 자동 조절하는 방법은 피스톤식과 다이어프램식으로 대별된다. 저압 측에 고압 측의 유체가 흐르면 위험하므로 반드시 저압 측에는 압력계와 안전밸브를 갖춘다.

▶ **감열**(현열, Desuper Heating)

물에 (빙점에서 비점까지) 열을 가하면 가한 열량에 거의 비례하여 온도가 상승한다. 이 가한 열량은 온도계로 잴 수 있다. 즉, 물 상태인 채로 온도만 변화하고 상태변화가 없는 경우의 열량 부분을 말한다.

▶ **감진장치**(감진기, Earthquake Detector for Boiler Combustion Emergency Stop)

보일러 운전 중 강진 이상의 지진 발생 시에 조작회로를 차단하는 장치이다. 복귀는 수동으로 한다.

▶ **강제대류**(Forced Convection)

유체를 펌프 같은 외력에 의해 강제적으로 유동시키는 것

▶ **강제순환 보일러**(Forced Circulation)

증기 보일러에서 고온·고압이 되면 증기와 보일러수의 밀도차가 작아져서 자연순환력이 저하되므로 순환펌프를 써서 보일러수를 강제적으로 순환시키는 강제유동수관 보일러이다.

▶ **강제통풍**(Forced Draft)

연소실 입구 측에 버너와 함께 송풍기를 배치하여 연소용 공기를 강제적으로 밀어 넣어 노 내압을 대기압 이상으로 유지하는 가압연소방식이다.(압입통풍방식 등)

▶ **개방형 팽창탱크**(Open Type Expansion Tank)
대기 중에 개방된 팽창탱크로서 방출관(안전관)으로부터 압송된 수두압 상승에 따른 체적 증가분의 물을 받아들여 비정상적인 체적 증가분의 물을 탱크에 있는 오버플로관을 통해 외부로 배출하고 온수 보일러에 정해진 수두압 이상의 압력이 걸리지 않도록 한다.

▶ **개스킷**(Gasket)
맨홀 뚜껑판의 부착부나 플랜지부 등과 같이 정지부분의 누설방지를 위해 사용한 패킹이다.

▶ **갤러웨이관**(Galloway Tube)
코니시 보일러나 랭커셔 보일러의 노통을 가로로 절단하여 부착한 원추형 횡관의 수관을 말한다. 노통의 외압에 대한 저항력을 증대하고 전열면적을 크게 함과 동시에 보일러수의 순환을 양호하게 한다.

▶ **거더스테이**(Girder Stay)
두 장의 강판 사이에 짧은 쇠붙이를 끼우고 리벳으로 고정한 거더를 평판 위에 걸쳐서 여러 개의 볼트를 세워 받친 스테이로 화실 천장판의 보강에 쓰인다.

▶ **거싯스테이**(Gusset Stay)
평경판이나 평관판을 보강하기 위한 스테이로 3각형의 평판을 사용하여 경판과 드럼의 원통부를 받친다.

▶ **건조도**(건도, Dryness)
습포화증기 중 건포화증기분의 질량비다. $(1-x)$kg의 수분이 포함되어 있는 경우 x를 그 습증기의 건도, $(1-x)$를 습도라고 한다.

▶ **건식 연소**(Dry Bottom Firing)
미분탄 연소에서 재를 용융하지 않은 미분 그대로의 재를 연소실 밖으로 꺼내는 방식. 노 내 온도를 수랭벽을 통해 비교적 낮게 유지한다.

▶ **건조보존법**(Boiler Banking Method By Drying)
보일러 장기간의 휴지보존에 적립하며 내외를 청소 후 본체 증기관, 분출관, 급수관을 차단하고 충분히 건조한 다음, 건조제를 내부에 넣고 맨홀 등을 밀폐시키는 보존법이다.(연소실 측에는 방청유 등을 칠한다.) 건조제로는 생석회, 실리카겔, 활성알루미나가 있다.

▶ **건 타입 버너**(Gun Type Burner)
압력분무 버너의 일종이며 연소용 공기를 공급하는 팬과 한 몸으로 버너 노즐 점화장치, 화염 검출기, 조작반, 유압펌프 등이 갖추어져 있는 비교적 소형의 버너이다. 일반적으로 오일 연소용 버너나 가스연소에도 건 타입이 있다.

▶ **건포화증기**(Dry Saturated Steam)
건조도(건도)가 1인 포화증기, 즉 수분을 전혀 함유하지 않은 상태의 포화증기

▶ **검사구멍**(Inspection Hole)
보일러나 압력 용기 등의 내부 검사를 할 수 있도록 하기 위한 구멍

▶ **검수 콕**(Test Cock Try Cock)
증기 보일러의 드럼 또는 수주관에 부착한 콕으로 이것을 개폐하여 분출함으로써 보일러 내부의 수위가 어느 위치인가를 점검하기 위한 수면 측정장치

▶ **검출기**(Detector)
보일러에서 드럼의 수위, 증기압 등을 검출하는 것으로 플로트, 전극, 벨로스 등이 쓰인다.

▶ **게이지 압력**(Gauge Pressure)
압력계에 나타나는 압력으로 표준대기압을 0으로 기점하여 나타낸다. 그 단위는 Pa, MPa, Gauge 등이다.

▶ **게이트 밸브**(Gate Valve)
액체 입구 측의 압력에 의해 밸브와 밸브 시트로 압착되어 기밀을 유지하고 또 밸브를 전개하면 유체는 직선상으로 흘러가기 때문에 저항이 적다. 급수관, 온수관의 스톱 밸브 또는 증기관에 사용하는 경우도 있다.

▶ **경도**(Hardness)
물의 경도를 말하며 수중의 칼슘이온(Ca^{2-}) 및 마그네슘 이온(Mg^{2-})의 합계 농도를 나타내는 척도이다. 그 농도 단위에서 $CaCO_3$ 경도(mg/L)를 쓴다. 경도를 포함한 물을 경수라 한다. 경도에는 전경도, 칼슘 경도, 마그네슘 경도, 탄산염 경도, 비탄산염 경도가 있다.

▶ **경보**(Alarm)
미리 정해둔 위험 상태에 이르렀을 때 주의를 알리는 것. 버저, 벨 등이 울리는 동시에 적색, 오렌지색 등의 램프가 켜지는 방법을 선택한다.

▶ **경사 스테이**(Diagonal Stay)
경판과 드럼판을 봉스테이에 의해 보강하는 것

▶ **경판**(End Plate)
경판은 보일러 드럼의 양단을 감싸고 있는 부분을 말한다. 평경판, 접시형 경판, 반타원형 경판, 전반구형 경판이 있다.

▶ **계단식 스토커**(Step Grate Stoker)

고체연료의 화격자를 계단 모양으로 배치 또는 배열한 것으로 저품위의 탄이나 톱밥, 쓰레기 등의 연료를 아래로 미끄러지게 하여 이것을 연소시킨다.

▶ **계전기**(릴레이, Relay)

어떤 조건이 주어졌을 때 또는 어떤 조건의 상태가 되었을 때 접점이 동작하여 그에 의해 다른 전기회로를 개폐한 스위치이다. 일명 접점식 릴레이라고도 한다.

▶ **고로가스**(Blast Furnace Gas)

용광로(고로)에서 부생한 가스로서, CO_2를 많이 포함한다. 발열량은 약 3,800kcal(3.8MJ)이다.

▶ **고위발열량**(고발열량, Higher Calorific Value)

열량계에 수증기(H_2O)의 응축열을 포함한 발열량이다. 일명 총발열량이라 한다.

▶ **고온부식**(High Temperature Corrosion)

중유에 바나듐(Vanadium)을 포함하면 이것이 연소 중에 5산화바나듐으로 변질되어 과열기나 재열기 등 600℃ 전후의 것을 부식시킨다.

▶ **고정탄소**(Fixed Carbon)

고체연소 중 공업분석에 의한 분석치이다. 석탄의 탄화도가 진행되면 고정탄소가 늘어나 착화온도는 높아지나 발열량은 커지는 코크스분이다.

▶ **곡관식 수관 보일러**(Corrugated Water Tube Boiler)

수관이 곡관군으로 구성한 수관 보일러이다. 형식이 자유롭고 직관식 보일러에 비해 콤팩트하게 수관을 연소실 주위에 배치할 수 있으므로 보일러 효율은 높아진다.

▶ **공기빼기밸브**(Air Vent Valve)

보일러 드럼, 절탄기, 과열기, 펌프 등에서 공기를 배출시킨다.

▶ **공기예열기**(Air Preheater)

연도에 설치하여 배기가스열을 이용해서 연소용 공기를 가열하는 장치이다. 전도식(전열식), 재생식(회전식)이 있고 연소배기가스가 아닌 증기로 가열하는 방식도 있다.

▶ **공랭 노벽**(공랭벽, Air-cooled Furnace Wall)

연소실 노벽을 공기로 냉각하도록 한 것으로 벽돌벽을 이중으로 하여 그 공간에 공기가 통하게 하는 형식이다. 현재는 수랭벽 표면(바깥 쪽)에 사이를 두고 케이싱(외장)을 두어 이 공간에 공기를 통하는 형식이 많다. 이 가열된 공기는 연소용으로 이용한다.

▶ **공업분석**(Proximate Analysis)

연료 성분을 항습시료에 대한 질량 %로 나타내는 성분은 수분, 회분, 휘발분, 고정탄소로 측정하는 분석이다.

▶ **과열기**(Superheater)

보일러 본체에서 발생한 포화증기를 다시 가열하여 과열증기로 하기 위한 장치이며 복사과열기, 대류과열기, 복사대류과열기가 있다.

▶ **과열저감기**(Attemperator)

과열증기온도를 일정하게 유지하기 위해 과열기에서 나오는 증기온도를 저하시키는 장치로 증기 내에 순수를 분무시킨다든지 연소가스의 전열량을 감소시키는 조작을 한다.

▶ **과열증기**(Superheated Steam)

건포화증기의 포화온도 이상으로 과열된 증기를 말한다.

▶ **과잉공기량**(Excess Air)

실제 연소에서 이론공기량보다 다량의 공기를 공급하여 연소하게 된다. 그 과잉의 공기량을 말한다.

▶ **과잉공기율**(Percentage of Excess Air)

과잉공기량의 이론공기량에 대한 비율로 (공기비 - 1) × 100(%)로 나타낸다.

▶ **관대**

드럼, 관, 헤더 또는 배관에 밸브 또는 분기관을 부착하기 위해 둔 짧은 관

▶ **관류 보일러**(Once-through Boiler)

급수펌프에 의해 관계의 한 끝에서 공급된 물이 수관 내의 전열면을 통해서 다른 끝에서 증기를 꺼내도록 한 수관 보일러의 일종이다. 수관의 배열은 단관형의 것과 관 헤더를 쓴 다관형이 있다. 증기추출기에 기수분리기를 갖춘 것이 많다.

▶ **관 스테이**(Stay Tube)

연관 보일러의 연관군 중에 배치되어 전후의 평관판을 연결, 보강하는 관의 스테이다. 용접기술이 발달한 현재는 모두 용접으로 부착하는 스테이다.

▶ **관판**(Tube Plate)

연관이 부착되어 있는 경판

▶ **관 플래싱**(Pipe Flashing)

각종 배관의 신설 및 증설 시 배관공사 중에 배관 속에 들어간 이물질을 증기를 통하여 관 밖으로 배출하는 세척이다.

▶ **관 헤더**(Pipe Header)
수관 보일러에 다수의 수관을 한곳에 모으거나 한곳에서 분배할 때 공통의 용기이며 과열기, 절탄기에도 사용된다.

▶ **광화학 스모그**(Photochemical Smog)
대기 중의 탄화수소(C_mH_n)나 질소산화물(NO_2)이 자외선을 흡수하여 광하학적 반응을 일으켜 유해 물질인 광화학 옥시던트 또는 유기화합물인 과산화물 등을 생성한 현상으로 스모그란 스모크(연기)와 포그(안개)의 합성어.

▶ **국부전지작용**(Local Cell Action)
금속은 각각 고유의 전위를 가지고 있다. 두 금속이 접촉하면 전위차가 생겨 여기에 보일러수가 있으면 직류 전류가 양극(A금속) → 물 → 음극(B금속) → 양극(A금속)과 같이 흘러서 국부전지작용이 생기면 A금속은 국부적으로 부식이 생긴다.

▶ **굴뚝**(연돌, Smoke Stack)
연소실에 통풍력을 주는 동시에 연소배기가스를 대기 중에 비산 방출시키기 위한 높은 통 모양 또는 네모진 모양의 연돌이다.

▶ **규산**(실리카, Silica)
산화규소(SiO_2)와 물(H_2O)이 결합한 상태의 약한 산이다. 일반적으로 냉수에는 잘 녹지 않으나 고온의 가성소다 수용액에는 잘 녹는다.

▶ **균열**(Crack)
보일러에서 균열이 생기는 것은 전열면이 과열되어 내압에 견디지 못하고 깨지는 경우이다. 일명 크랙이라 한다.

▶ **그루빙**(Grooving)
응력부식 균열의 일종이다. 경판과 동판과의 부착부이다. 거싯스테이 부착부 경판에 둔 급수구멍 주변에서 응력이 생기는 부분에 많이 발생하는 구식 부식에 속한다.

▶ **그을음**(Soot)
석탄이나 석유류 등 중탄화수소를 많이 포함하는 연료가 불완전연소한 경우에 발생한다. 미연소의 탄소미립자로서 전열면에 부착되면 전열을 방해한다.

▶ **그을음 불어내기**(수트 블로어, Soot blower)
전열면에 그을음이 부착한 것을 압축공기 또는 증기로 제거하는 것을 말한다. 수트 블로어는 수관식 보일러의 전열면 그을음을 제거하는 기구이다.

▶ **글로브밸브**(Glove Valve)
유체가 흐를 때 입구와 출구가 일직선 상에 있고 밸브 내는 S자형으로 되어서 흐르기 때문에 저항이 다소 있다. 수증기 밸브나 관 헤더용 스톱밸브에 사용되는 밸브이다.

▶ **급수내관**(Internal Feed Pipe)
보일러 드럼 내에 낮은 온도의 물을 한곳에 집중하여 급수하면 드럼이나 관에 부동 신축이 생긴다든지 한다. 이것을 방지하기 위해 배관을 동 내부에 부착하고 내관 옆에 작은 구멍을 다수 두어 고르게 분포하도록 한다. 일반적으로 보일러 안전저수면의 조금 밑에 부착하는 관이다.

▶ **급수체크밸브**(Feed Check Valve)
보일러 내 보일러수가 급수관으로 역류하는 것을 방지하는 밸브이다. 증기 보일러에서 관류 보일러를 제외하고는 0.1MPa 압력 이상에서 반드시 부착한다.

▶ **급유탱크**(오일서비스 탱크, Oil Service Tank)
저유탱크로부터 오일을 소량씩 받아 버너로 공급하기 위한 소용량 오일탱크(3~5시간 용량)로서 자동적으로 오일을 공급받기 위해 플로트 스위치가 설치된다.

▶ **급탕**(Hot Water Supply)
보일러 설비로 가열한 온수를 세면장, 욕탕, 주방 등의 필요한 곳으로 보내는 것이다. 열교환기에 의해 보일러수, 증기 등으로 교환시켜 만든다.

▶ **기관차용 보일러**(Locomotive Boiler)
증기기관차에 사용되는 보일러이다. 좁은 궤도상을 주행하는 관계로 높이나 폭이 제한되고 진동에 견디며 비교적 1.5MPa(15kg$_f$/cm^2) 전후의 증기가 다량으로 발생하는 보일러로서 연관이 길다. 굴뚝이 짧기 때문에 아래쪽에서 기관의 배기를 쓴 이젝터에 의해 간접유인 통풍을 한다.

▶ **기관차형 보일러**(Locomotive Type Boiler)
기관차용 보일러와 같은 구조인 정치식의 내연소 보일러이다. 수평연관 보일러의 구조이며 석탄으로 난방하는 보일러로 많이 사용되었다. 미국 일리노이 주의 케와니 지방에서 개발되었기 때문에 케와니 보일러라 한다.

▶ **기수드럼**(Steam and Water Drum)
수관 보일러 위쪽에 설치하며 증기와 보일러수가 공존하는 드럼으로, 증기드럼이라고도 한다.

▶ **기수분리기**(Steam Separator)

수관 보일러에서 기수드럼 내에 발생하는 증기 중의 물방울을 분리 제거하여 수실로 되돌리고 증기만을 기수드럼에서 배기하는 장치, 단 관류 보일러에서 분리된 수분은 급수입구 측으로 되돌려 준다.

▶ **기어펌프**(Gear Pump)

회전펌프의 일종으로서 서로 맞물리고 있는 2개의 같은 모양 기어의 회전운동에 의한 펌프이다. 외전식과 내전식이 있으며 구조 특성상 오일펌프로 많이 사용된다.

▶ **기준증발량**(Reference Evaporation)

정격증발량, 환산증발량이라 한다.

▶ **기화열**(증발열)

비점(끓는점)에 이른 물(포화수)에 다시 열을 가하면 동압인 경우 물의 온도는 상승하지 않고 그 일부는 증발을 시작한다. 이에 가해진 열은 물을 같은 온도의 증기로 바꾸는 데 소비되며 온도는 상승하지 않는다. 표준대기압에서 물의 증발열은 538.8kcal/kg이다.

▶ **기화장치**(Vaporizer)

베이퍼라이저이며 LPG나 LNG 가스의 액화가스에 열을 가하여 기화시키는 열교환기이다. 그 가열원의 열매체는 온수 또는 증기, 공기 등이다.

ㄴ

▶ **나비형 밸브**(버터플라이밸브, Butterfly Valve)

밸브판 중앙부를 고정하고 있는 축의 둘레를 선회함으로써 유량의 면적을 가감시키는 구조의 밸브이다. 큰 지름에 적합하며 가볍고 구조는 간단하다. 가스량 조절밸브 등에 사용된다.

▶ **난류확산연소**(Turbulent Diffusion Combustion)

연료와 공기의 난류를 이용하여 강제적으로 혼합해가면서 연소시키는 연소이다. 층류 확산연소에 비해 연소속도가 빠르고 연소효율이 좋으나 소음이 크다.

▶ **내부에너지**(Internal Energy)

물체가 갖는 에너지에서 물체가 전체로서 이동하는 운동에너지나 외력에 대한 위치에너지를 뺀 것

▶ **내부혼합형 고압기류식 오일버너**(Intermixing High Pressure Steam or Air Atomizing Oil Burner)

기류식 오일버너로서 오일과 증기 또는 공기를 0.2~0.7MPa의 균등한 압력으로 혼합실로 압송 후 혼합한 다음 노즐로부터 분무시키는 것으로 오일과 공기의 혼합기는 노즐로부터 분무됨과 동시에 팽창·무화하기 때문에 연소용 공기의 혼합확산이 된다. 또한 적당한 노즐과 교환하면 화염의 각도나 길이 변화를 할 수 있다.

▶ **내연소 보일러**(내분식 보일러, Internally-fired Boiler)

보일러 본체 내 노통이나 화실을 장치한 보일러이고 노의 형상, 크기가 제한을 받는다.

▶ **내화단열벽돌**(Insulating Fire Brick)

단열벽돌이며 내화단열재를 성형 소성한 벽돌, 내화벽돌의 후면 라이닝용으로 사용된다.

▶ **내화도**(Refractoriness)

내화재가 어느 정도의 온도까지 견딜 수 있는지를 나타낸 것으로 보통 제게르콘 번호로 표시한다.

▶ **내화벽돌**(Fire Brick)

내화재를 성형하여 소성한 것으로 고온도에서 견디는 내화벽돌이다. 표준치수는 길이 230, 폭 114, 두께 65 mm이다.

▶ **노 내압**(Furnace Pressure)

노압이라고도 하며 화로 내부의 압력을 말한다. 노 내압은 그 보일러 연소장치가 최저값으로 유지되도록 조절하는 것이 중요하다. 노 내압 제어는 주로 강제 통풍에서 쓰인다.

▶ **노 내 퍼지**(Furnace Purge)

점화 조작 시 노 내나 연도 내 미연가스가 존재하면 가스 폭발사고가 발생한다. 이것을 방지하기 위해 신선한 공기와 교환, 즉 환기시키는 것이다. 점화조작에 앞서 하는 프리퍼지와 연소정지 직후에 하는 포스트퍼지가 있다.

▶ **노벽**(연소실 벽, Furnace Wall)

화로, 즉 보일러 연소실을 형성하는 벽이다. 기본적으로 벽돌벽, 공랭벽, 수랭벽 등으로 구성된다.

▶ **노점**(Dew Point)

어떤 양의 수증기를 포함한 습공기를 그 공기가 수증기를 포함할 수 있는 온도 이하로 냉각하면 여분의 수증기가 응축하여 이슬이 맺히기 시작하는 온도를 말한다. 즉, 상대습도가 100%로 되어 이슬이 맺히기 시작하는 온도

▶ **노즐 팁**(Nozzle Tip)

버너로부터 연료가 분사하는 작은 구멍으로 버너 팁이다.

▶ **노통**(Flue)

원통형(횡형) 보일러 내에 설치하는 연소통이다. 노통은 그 내부가 연소실 및 연소가스의 통로, 전열면까지 형성한다. 파형노통과 평형노통이 있다.

▶ **노통 보일러**(Flue Boiler)

노통이 있는 보일러로서 노통이 1개면 코니시 보일러, 노통이 2개면 랭커서 보일러이다.

▶ **노통연관 보일러**(Flue And Smoke Tube Boiler)

드럼(본체)과 노통 및 연관으로 구성된 원통 횡형 보일러이다. 그 원형은 로코모빌 보일러인데 현재는 노통과 연관의 조합에 여러 가지 방법이 취해지며 또한 연소가스의 흐름도 보일러 전열면을 3회에 걸쳐 흐르도록 3단 리턴방식이 많이 취해진다.

▶ **농담 전지작용**(Concentration Cell Action)

농도가 다른 두 동일 전해질 용액에 동일한 금속을 담그면 전지가 구성된다. 농도가 작은 쪽 용액에 접하는 금속이 양극이 되고 부식이 촉진되는데, 염소이온과 용존산소, pH가 적은 것이 원인이 되기 때문에 일명 산소 농담전지작용이라 한다.

▶ **니들밸브**(Needle Valve)

밸브보다가 바늘모양으로 되어 노즐 또는 관 속의 유량을 조절하는 밸브이다. 유체의 교란이 없고 유량 조절이 쉽다.

ㄷ

▶ **다단터빈펌프**(Multi-stage Turbine Pump)

터빈펌프에서 더욱 고압수를 만들기 위해 안내날개를 설치한 임펠러를 동일 축선상에 여러 단 더 설치하여 전단의 안내 날개로부터 토출된 물을 다음 임펠러의 혼합 측으로 유도하여 가압을 반복하는 펌프이다. 안내날개가 붙은 임펠러가 1단 증가 시 0.3~0.6MPa 급수압력이 증가된다.

▶ **다우섬**(Dowtherm)

260~400℃ 정도의 고온으로 열을 운반할 수 있는 액상의 열매체이다. 고온에서는 압력이 낮다.

▶ **다우섬 보일러**(Dowtherm Boiler)

미국의 다우화학공업회사 제품인 특수 열매체를 사용하는 보일러이다. 저압에서 고온증기가 발생된다. 공업상 보일러용은 비점이 180℃인 다우섬 E, 약 260℃인 다우섬 A가 사용된다.

▶ **다이어프램**(Diaphragm)

합성고무 등으로 만들어진 막이다. 감압밸브, 압력조절 밸브 등의 부품에 사용된다.

▶ **다이어프램밸브**(Diaphragm Valve)

밸브 박스의 중앙에 활 모양의 격막을 설치하고 다이어프램을 이용해 개폐하는 밸브, 즉 다이어프램에 의해 유로 넓이를 변화시켜 유량을 조절하는 밸브이며 다이어프램의 팽창 수축을 이용한 감압밸브가 있다.

▶ **다이어프램식 풍압스위치**(Diaphragm Air Pressure)

수압 넓이를 넓게 취한 다이어프램을 검출부로 하고, 이것에 저항하는 스프링과 마이크로 스위치로 구성되는 스위치를 말한다.

▶ **다익 댐퍼**(Multiblade Type Damper)

연도나 덕트가 큰 경우에 사용되는 댐퍼로서 2매 이상의 날개를 갖는 구조의 댐퍼를 말한다.

▶ **다익형 송풍기**(통풍기, Multiblade Fan)

임펠러는 반경 방향으로 얇고 폭이 길며 전향의 날개수가 다수이며 통풍압력은 150~2,000Pa(0.00148~ 0.0197 kgf/cm^2)로 낮다.

▶ **단순연화법**(Method of Simple Softening)

Na(나트륨)형 양이온 교환수지를 충전한 탑 내에 급수를 통과시켜서 칼슘 이온, 마그네슘 이온을 수지의 나트륨 이온과 교환하는 연화수 제조법이다.

▶ **단열변화**(Adiabatic Change)

외계와의 열출입을 시키지 않고 생기는 기체의 상태변화

▶ **단요소식 수위제어**(1요소식 수위제어, Single Element Water Level Control)

보일러 드럼의 수위만을 검출하여 그 변화에 따라서 급수펌프를 가동 또는 정지시키든지 하여 급수조절밸브의 개도를 변화시켜 급수량을 조절하는 제어이다.

▶ **대류**(Convection)

기체나 액체가 가열되면 팽창하여 가벼워져서 위로 상승하고 그 다음에 유체가 흘러드는 것으로 자연대류, 강제대류가 있다.

▶ **대류형 과열기**(Convection Superheater)

접촉형 과열기라고도 하며 연도 속에 설치하여 연도가스의 접촉(대류)에 의해 부하의 증가와 더불어 증기온도가 상승하는 온도 특성이 있는 과열기이다.

▶ **대향류식**(對向流式)

과열기나 절탄기(급수가열기) 등 내부에 흐르는 유체의 방향에 대하여 연소가스(배기가스)가 역방향으로 흐르는 형식

▶ **댐퍼**(Damper)

연도나 통풍로 등에 설치한 문이다. 통풍의 흐름을 조절하거나 또는 주연도 부연도 사이의 배기가스 흐름을 전환시키거나, 차단하는 기능을 가진다. 종류로는 회전식, 승강식이 있다.

▶ **더스트**(Dust)

기체 속에 포함된 고체 입자로 통상 $1\mu m$ 이상 크기의 입자를 말한다. 즉, 집진장치의 처리대상이 되는 입자의 총칭이다.

▶ **덕트**(Duct)

공기나 배기가스 등 유체를 통하기 위해 설치된 통로이다. 보일러에서 연소 가스통로에 설치된 강판형 덕트, 연소용 공기 송입용에 사용되는 아연철판형 덕트가 있다.

▶ **덤핑화격자**(Dumping Grate)

인력 또는 기계력으로 화격자봉을 좌우로 회전 가능하게 한 화격자이다. 일명 가동화격자라 하며 화층의 조정이나 화층의 재를 처리하는 데 노력이 절감된다.

▶ **독일경도**(Hardness German Method)

경도 단위의 하나로 물 100mL(100cc) 중의 경도 성분을 CaO(산화칼슘) mg으로 환산하며 단위는 °dH를 사용한다.

▶ **돔**(Dome)

보일러에서 용량이 작은 것은 증기를 축적하는 공간이 적으므로 특히 증기리시버를 둔다. 이 증기리시버를 돔이라 한다.

▶ **동**(드럼, Drum)

용기의 통 모양부분으로 통상 연강판을 원통형으로 감은 것을 여러 개 이어서 필요한 길이로 만든 것이다. 일반적으로 원통형 보일러의 본체이다.

▶ **동압**(Dynamic Pressure)

기체 등 유체가 흐름 속도에 관계해서 나타내는 압력이다.

▶ **드래프트**(Draft)

통풍력, 즉 틈새 바람의 힘

▶ **드럼**(Drum)

수관 보일러에서 수관이 부착된 기수드럼과 물드럼을 말한다.

▶ **드럼 바닥분출**(수저분출, Bottom Blow)

드럼 바닥에 퇴적하는 슬러지의 배출을 의미하며 보일러수 농도의 저하를 목적으로 한다. 간헐분출 또는 단속분출이라 한다.

▶ **드레인**(복수, 응축수, Drain)

증기관계에서 온도 저하에 의한 응축수(응결수)

▶ **등압변화**(정압변화, Isobaric Change)

일정한 온도하에서 행해지는 기체의 상태변화

▶ **등온변화**(정온변화, Isothermal Change)

일정한 압력하에서 행해지는 압력, 용적 등의 상태변화

▶ **등유**(Kerosene)

원유를 증류할 때 150~300℃에서 얻어지는 기름 유황분이 적은 연료로서 액체연료이다.

▶ **디스크 체크밸브**(Disc Check Valve)

디스크 밸브와 코일 스프링으로 구성되며 코일 스프링 힘에 의해 디스크 밸브를 개폐하여 유체를 한쪽 방향으로만 유동시켜 역류를 방지한다.

ㄹ

▶ **라몽 보일러**(La mont Boiler)

독일의 라몽이 착상한 근거로 개발된 강제순환 보일러

▶ **라미네이션**(Lamination)

강철재의 제조 중에 원료의 조합 가스배기, 슬러그 제거 등의 불량에 의해 잉곳(Ingot) 내부에 공동이 생겼거나 슬러그가 혼입한 것이다. 이와 같이 강재의 압연제조과정에서 공동 또는 슬러그가 존재하여 그 부분이 2매의 판처럼 갈라진 현상

▶ **라이닝**(Lining)

연통이나 노의 내면에 내화벽돌을 입히거나 용기의 내면에 내산성이나 내알칼리성의 재료를 입히는 식으로 목적에 적합한 재료를 본체 내면에 입히는 것

▶ **램진 보일러**(Ramsin Boiler)

소련에서 개발된 관류 보일러의 일종

▶ **랭커셔 보일러**(Lancashire Boiler)
19세기 중반 영국의 랭커셔 주에서 만든 것으로 동 드럼 내에 노통이 2개인 것(노통 1개는 코니시 보일러)

▶ **레버식 안전밸브**(Lever Safety Valve)
지레의 원리를 응용한 안전밸브이다. 움직이는 보일러에는 사용이 불가하고 밸브에 가해지는 전압력이 602 kgf(5,900N)를 넘는 경우에는 사용이 불가능하다.

▶ **로코모빌 보일러**(Locomobile Boiler)
노통연관 보일러의 일종으로 노통연관 보일러가 개발된 당시 독일에서 주로 만들어졌다. 가스의 흐름이 원패스(1단 리턴)이다. 연료가 노통 속에서 연소 후 1단 연관에서 배출된다.

▶ **로터미터**(Rotameter)
테이퍼가 달린 투명한 관 내부에 플로트를 넣고 흐름에 따라 플로트가 부상하여 유량 눈금의 위치를 나타내는 일종의 면적식 유량계

▶ **루츠식 유량계**(Roots Flow Meter)
누에고치형의 회전자(루츠)를 2개 사용하며, 루츠의 회전수에 의해 루츠와 벽 사이에 용적의 몇 배에 해당하는 유량이 통과되었는가를 확인하는 용적식 유량계

▶ **리턴 오일형 유압버너**(Return Oil Type Oil Pressure Burner)
버너 본체에서 주입한 오일을 일부 조절밸브를 통해서 분출펌프의 흡입 측으로 되돌려 분사량을 조절하는 기능의 버너

▶ **레토르트**(Retort)
석탄 등을 건류하는 불항아리 가마로서 화격자 중 하입식 화격자에서 화상의 아래에 설치되는 석탄의 통로

▶ **리프트**(Lift)
안전밸브의 양정(열리는 높이)

▶ **릴리프 밸브**(Relief Valve)
급수릴리프 밸브 또는 온수릴리프에서 소정의 압력 이상이 되면 자동적으로 물을 배출하는 밸브이다. 구조적으로는 안전밸브와 동일하나 배출되는 온수 등을 안전한 장소까지 옮길 거리가 상당히 먼 거리의 관이 필요하다.

▶ **링겔만 농도표**(Ringelman Chart)
석탄이나 중유연소에서 굴뚝으로 배출되는 배기가스의 매진 농도를 광선 투과율로 측정하는 것으로서 매진농도에 따라 0도에서 5도까지 측정된다. 1도가 매연농도 20%, 5도가 매진 100%이다.

▶ **막 비등**(Film Boiling)
보일러의 전열면에서 허용량을 넘어 가열량이 늘어나면 기포의 수도 늘어나고 증발량도 늘어나 기포끼리 한 몸이 되어 막 모양이 된다. 전열면에는 증기가 접촉하게 되므로 보일러수의 전열이 나빠져서 과열로 진행되는 원인이 된다.

▶ **마그네슘 경도**(Magnecium Hardness)
수중의 마그네슘 이온의 양을 이에 대응하는 탄산칼슘의 양으로 환산하여 시료 1 중의 mg 수로 나타낸다.

▶ **만수보존법**(Banking by Fullfilling Water)
보일러 휴지 시 보일러에 물을 가득 채우고 방식제를 투입하여 보존하는 단기보존법이다. 일명 습식보존법이며 탈산소를 위해 하이드라진(N_2H_4)을 주입하는 경우는 100~500mg/L 정도를 사용한다.

▶ **매진**(Soot and Dust)
연소 배기가스에 포함되는 그을음, 미립자의 재 등을 총칭

▶ **매진농도계**(Smoke Dust Meter)
배기가스 감시장치로 널리 이용되는 것으로 광학식 매연농도계가 있다.

▶ **매화**(Banked Fire)
석탄의 화격자 연소에서 야간 등에 보일러를 일시 정지시킬 때, 남은 불을 화격자 위 한곳에 모으고 그 위에 습한 석탄을, 다시 그 위에 재를 덮어 댐퍼를 완전히 닫는다. 운전 시 댐퍼를 다시 열고 불씨를 화격자 위에 파헤쳐 펼침으로써 즉시 연소가 되도록 하는 작업이다.(증기발생시간 단축 가능)

▶ **맥동연소**(Pulsating Combustion)
진동연소라 하며 연소실 내에서 압력이 주기적으로 변동할 때 불안정한 연소상태이다. 일반적으로 고부하 연소 시 잘 생긴다.

▶ **맨홀**(Manhole)
보일러나 압력용기 등 내부의 점검, 청소를 위해 사람이 출입하는 구멍이며 타원형의 경우 긴 지름 375mm, 짧은 지름 275mm 이상이다.

▶ **멤브레인 벽**(수랭로벽, Membrane Wall)
수랭벽관과 수랭벽관 사이에 띠형 강제를 삽입하고 양 수랭벽관에 용접으로 부착하여 한 장의 패널 모양을 한 것

▶ **무수 베이스**(Ultimate Analysis Base without Humidity)
원소 분석 등 연료의 분석에서 연료 중의 습분 또는 수분을 제거한 것을 기준으로 분석한 것

▶ **무수황산**(SO_3)
무수황산물(SO_2)은 과잉한 연소용 공기의 산소(O_2)와 화합하여 무수황산(SO_3)이 된다. SO_3은 화학명으로 3산화 유황이라 하며 연소가스 중의 수분(H_2O)과 화합하여 노점 이하가 되면 황산이 되는데, 이 황산(H_2SO_4)은 금속을 심하게 부식시킨다.

▶ **무연탄**(Anthracite)
석탄의 연료비 분류에 따라 연료비가 7 이상인 석탄을 말한다. 즉, 연료비가 12 이상의 것이다. 고정탄소 성분이 많고 휘발분이 적으며 착화온도가 높아 착화가 어려우나 불꽃이 짧고 발열량이 크다.

▶ **무화**(Atomization)
액체연료를 미립자화시키는 동시에 그 미립자를 공기와 혼합하기 위해 기름을 적당한 범위로 분산시키는 것을 말한다.

▶ **무화매체**(Atomizing Medium)
버너에서 액체연료를 무화시키기 위해 사용하는 압축공기나 증기를 말한다.

▶ **물 드럼**(Water Drum)
수관 보일러 하부에 두는 드럼으로 하강관에서 강하된 보일러수를 증발관으로 내보내는 역할도 한다. 기수드럼과의 수관을 연결하는 하부드럼이다.

▶ **물의 3중점**(Triple Point of Water)
밀폐한 용기에 물을 넣고 증발한 증기를 진공펌프로 추기하면서 냉각하면 물속에 얼음이 생기고 물과 얼음의 혼합물이 전부 얼음이 되기까지는 일정한 온도와 압력으로 평형하는데, 이 물의 3중점 온도를 0.01℃(273.16K)로 한다.

▶ **미분탄연소**(Pulverized Coal Firing)
미분탄기로 분쇄된 미분탄을 1차 공기와 함께 노 속에 넣어서 연소시키는 것을 말한다. 화염을 방사열에 착화시키고 노 속에서 부유상태로 연소시킨다.

▶ **미스트**(Mist)
기체 속에 포함되어 있는 액체 입자. 보통 $10\mu m$ 크기이다.

▶ **미연소가스**(Unburned Gas)
연소가스 중에 포함되어 있는 CO(일산화탄소), H_2(수소), 메탄(CH_4)가스 등이다.

▶ **밀도**(Density)
물질의 단위체적당 질량(kg/m^3)

▶ **밀폐형 팽창탱크**(Closed Type Expansion Tank)
밀폐된 팽창탱크로서 온수 보일러에서 이상압력을 담당할 온수를 방출시키지 않고 흡수하는 구조인 팽창탱크이다.

ㅂ

▶ **바나듐**(Vanadium)
금속원소이며 기호는 V로 나타낸다. 원유의 산출지에 따라 재에 소량 포함된다. 연소 시 5산화바나듐(V_2O_5)이 되어 보일러 과열기 등에 부착시키는 물질이 된다. 고온에서의 부식을 바나듐어택(V_2O_5)이라 한다.

▶ **바둑판 배열**(In Line Arrangement)
연관 보일러나 노통연관 보일러의 연관군 배열방식으로 관을 종횡 일직선으로 나란히 배치한다. 바둑판 배열에 의해 보일러수의 순환이 잘 되고 연관 외면에 부착된 스케일의 제거가 용이하다.

▶ **바람상자**(윈드박스, Wind Box)
버너연소에 있어 송풍기 덕트를 통해 들어오는 연소용 공기의 흐름을 규제함과 동시에 동압의 대부분을 정압으로 변화시켜 노 내로 보내지는 공기흐름이 소정의 일정한 분포 또는 대칭적인 흐름이 되도록 하는 상자이다.

▶ **바이메탈**(Bimetal)
팽창률이 다른 두 장의 금속판을 붙인 것으로 온도에 따라 변형이 생기는 것을 이용하여 온도검출을 한다. 바이는 2중, 메탈은 금속으로 이것을 이용한 것으로 서모스탯 스위치, 스팀트랩이 있다.

▶ **바이메탈식 증기트랩**(Bimetal Type Steam Trap)
작동 원리상 서모스태틱(Thermostatic)형의 증기트랩에 속하는 것으로 감온체로서 원판형 바이메탈을 사용하고 바이메탈이 증기나 드레인의 온도변화에 의한 팽창·수축을 이용하여 밸브를 개폐함으로써 응축수(드레인)를 배출하고 방열기(라디에이터)에 사용된다.

▶ **바이메탈식 화염검출기**(스택 스위치, Bimetal Type Flame Detector)
화염은 열을 발생시키는 성질이 있기 때문에 연소가스의 온도를 측정함으로써 화염의 유무를 검출한다. 연도에 바이메탈의 엘리먼트를 삽입하여 바이메탈의 온도변화

에 의한 현저한 기계적 변위를 응용하여 프로텍트 릴레이(보호계전기)의 전기회로 접점을 개폐한다. 일명 스택 스위치(Stack Switch)라 하며 지연시간이 길어서 열등하므로 버너 용량이 10만 kcal/h 미만의 소용량 보일러용이다.

▶ **바이패스 배관**(By-pass Piping)

본 배관에 감압밸브, 전동밸브, 유량계 등을 둔 경우에 이들이 배치하고 있는 기기의 고장이나 수리 등에 대비하여 우회시키도록 한 배관을 말한다.

▶ **바크연소 보일러**(Bark Fired Boiler)

펄프 공장에서 나오는 바크(나무껍질)나 칩(나뭇조각)을 연료로 이용하는 보일러이다. 일반적으로 수관 보일러에서 많이 사용한다.

▶ **반타원형체 경판**(Ellipsoidal Surface Type End Plate)

타원체를 둘로 쪼갠 형상의 경판으로 장축의 길이와 단축 길이와의 비는 3 이하이어야 한다.

▶ **발생로 가스**(Producer Gas)

코크스나 석탄에 한정된 공기를 공급하여 불완전연소시켜 얻어지는 가스이다. 발열량은 약 $1,200 kcal/Nm^3$ 정도

▶ **방열기**(라디에이터, Radiator)

증기나 온수가 기내에 흘러 열을 방출시키는 난방장치
※ 주철제 표준난방(증기 : $650 kcal/m^2 h$, 온수 : $450 kcal/m^2 h$)

▶ **방열기 트랩**(Radiator Trap)

증기를 열원으로 하는 경우 사용하는 벨로스식, 바이메탈식 증기트랩

▶ **배기가스**(Exhaust Gas)

연도 출구에서 굴뚝을 통과하여 대기 중에 방출되는 연소가스

▶ **배플판**(화염방해판, Baffle Plate)

연소가스 등 유체의 흐름을 바꾸기 위한 판

▶ **백 파이어**(Back Fire)

역화라고 하며 소규모 가스 폭발에 의해 연소실 입구부터 순간적으로 화염이 역유출하는 현상

▶ **밸브보디**(Valve Body)

밸브나 밸브봉 등으로 이루어지는 부분으로 밸브 시트에서 떨어진 쪽을 말한다.

▶ **밸브시트**(변좌, Valve Seat)

밸브박스에 고정되어 있는 밸브가 안착하는 자리로 밸브시트의 구멍직경은 거의 관의 내경과 같다.

▶ **버개스연소 보일러**(Bagasse Fired Boiler)

사탕수수를 짜고 난 찌꺼기를 버개스라 하는데, 이것을 연료로 사용하는 보일러

▶ **버너타일**(Burner Tile)

방사열을 이용하여 버너에서 분무된 기름 연료의 기화를 촉진하여 착화를 쉽게 한다.(보염장치)

▶ **벌지**(팽출, Bulge)

내부의 압력에 견디지 못하고 강도가 저하한 곳이 외부로 부푸는 수관이나 드럼바닥부의 팽출현상

▶ **베록스 보일러**(Velox Boiler)

스위스의 브라운 보베리사에서 개발된 특수설계의 강제 순환식 보일러이다. 가스터빈 병용의 고속 연소가 가능하다.

▶ **베이퍼**(Vapor)

포화온도에 가까운 상태의 기체(수증기)

▶ **베이퍼 록**(Vapor Lock)

오일연료의 연소에 있어서 버너나 오일배관 속에 공기가 갇히거나 오일 가열온도의 과상승으로 오일이 기화하여 이들 기체에 의해 오일의 유동이 방해되는 현상

▶ **베인**(Vane)

날개이며 풍량제어나 유량제어에 쓰인다.

▶ **베인 컨트롤**(Vane Control)

대형 보일러의 풍량제어에 주로 사용된다. 송풍기의 흡입구에 다수의 안내 날개, 즉 섹션베인을 부착하고 섹션베인의 각도를 조절하여 유입하는 바람의 방향으로 조절하는 방법이다.

▶ **베일리식 수랭벽**(Bailey Water-wall)

보온이 없는 나수관을 주철 또는 내화재 블록으로 피복한 것을 배치하는 피복 수랭벽

▶ **베크만 온도계**(Beck Mann's Thermometer)

열량이나 온도의 변화를 정밀하게 측정할 때 사용하는 일종의 수은 온도계

▶ **벤슨 보일러**(Benson Boiler)

영국인 벤슨이 발명한 대용량의 다관식 관류 보일러이다.

▶ **벤투리관**(Venturi Tube)

원뿔관을 조합시켜서 유로 중앙부의 단면적을 작게 한 조리개(이탈리아 물리학자 벤투리의 이름을 딴 것)

▶ **벨로스**(Bellows)

많은 주름을 가진 초롱 모양의 원통이다.

▶ **벨로스식 증기트랩**(Bellows Type Steam Trap)

벨로스를 감온체로 하고 증기와 드레인의 온도변화에 따라 벨로스가 변위하는 것을 이용한 증기트랩이다. 그 작동원리상 서모스태틱형 증기트랩에 속한다. 벨로스 자체의 구조상 결점 때문에 0.1MPa 이하에서 사용하므로 방열기 트랩용이다.

▶ **변압식 증기 어큐뮬레이터**

(변압식 축열기, Variable Pressure Type Steam Accumulator)

압력용기 내의 물에 잉여의 증기를 뿜어 넣어 고온의 포화수로 해서 열을 축적하고 필요에 따라서 압력을 낮추어 증기를 꺼내는 방식의 증기 축열기

▶ **보급수**(Make-up Water)

응축수(복수)만으로는 급수가 부족할 때 처리수 등을 급수계에 보급하는 물

▶ **보염기**(Flame Stabilizer)

버너에서 착화를 확실히 하고 또 화염이 꺼지지 않도록 화염의 안정을 도모하는 장치. 선회기 형식과 보염판 형식으로 대별된다. 공기의 흐름을 차단하는 배플판 형식의 보염기는 이 보염판을 반경방향으로 몇 개의 슬릿(Slit)을 뚫어 소량의 공기를 보염판의 내면에 접하도록 유입시켜 작은 와류를 만듦으로써 보염의 역할과 보염판의 냉각, 카본디포짓(Carbon Deposit)의 부착을 방지한다.

▶ **복사**(Radiation)

공간 또는 진공층을 거쳐서 열이 전해지는 것이다. 열복사, 열방사라고도 하며 온도가 높고 거리가 짧을수록 커진다. 고온물체에서 저온물체로의 방사에 의한 전열량은 양 물체 표면 절대온도의 4승의 차에 비례하고 거리의 제곱에 반비례한다.

▶ **복사 보일러**(방사 보일러, Radiant Boiler)

고압 대용량 수관식 보일러이며 연소실이 높고 노벽 전열면을 수랭벽으로 하고 화염의 방사열을 이용하는 보일러이다.

▶ **복사전열면**(Radiation Heating Surface)

화로에 직면하여 주로 화염으로부터 강한 복사열을 받는 전열면, 수랭벽 전열면이 여기에 속한다.

▶ **복식안전밸브**(Duplex Type Safety Valve)

하나의 관대에 2개의 안전밸브(스프링과 지레식 안전밸브)가 조합된 것이다. 이 경우 지레식이 먼저 분출하도록 조절한다.

▶ **볼 밸브**(Ball Valve)

밸브의 개폐 부분에는 구멍이 뚫린 둥근 구 모양의 밸브가 있으며 이것을 회전시키면서 개폐가 가능하다. 콕과 유사한 밸브 핸들을 90도로 조작하고 가스배관에 많이 사용된다.

▶ **볼 삽입 유리수면계**(Glass Type Water Level Gauge With Emergency Ball)

보일러 운전 중 유리수면계가 파손되면 기수가 분출하여 위험하기 때문에 사람이 접근할 수 없어서 유리관이 깨진 경우 수면계 통수 및 통기구멍을 닫아 기수의 분출을 그치게 한다.

▶ **볼 탭**(Ball Tap)

자력제어장치이며 레버의 선단에 플로트(부자)가 있다. 이 플로트에 의해 수면을 검출한다. 간단한 수위제어이다.

▶ **봄베열량계**(Bomb Calorimeter)

연료의 시료와 산소를 넣은 용기 외부를 둘러싸서 연소시키고 그 수온의 상승한 온도를 측정하여 물에 전해진 열량에서 발생한 열량을 계산하는 열량계

▶ **봉 스테이**(Bar Stay)

평판부 등을 연강봉으로 보강한 것이다. 봉 스테이에는 길이방향 스테이, 경사 스테이, 수평 스테이, 행거 스테이가 있다.

▶ **부르동관 압력계**(Bourdon Tube Pressure Gauge)

구리 또는 황동제로서 그 단면이 편평한 타원형의 관을 원호상으로 구부려서 한쪽 끝을 고정하고 다른 끝은 폐쇄한 관이다. 이 부르동관의 성질을 이용하여 그 변형 정도를 확대하여 눈금판 위에 나타내도록 한 압력계이다.

▶ **부스터 급수펌프**(Booster Feed Water Pump)

고압급수펌프에 필요한 흡입압력을 부여하기 위해 주 펌프의 흡입 측에 설치하는 펌프

▶ **부식억제제**(Corrosion InHibitor)

부식성이 있는 액체에 소량 첨가함으로써 그 부식작용을 효과적으로 억제할 수 있는 각종 약제의 총칭이다. 일반적으로 보일러 염산세관 시에 산의 용액에 의한 보일러의 부식을 방지하기 위해 산액 속에 0.5~1.5% 첨가한다.

▶ **부정형 내화물**(Unshaped Refractories)
내화벽돌과 다른 형태의 이형내화물이다. 부분보수가 용이하고 원료에 따라 점토질, 고알루미나질, 크롬질이 있으며 물리적으로 캐스터블 내화물과 플라스틱 내화물이 있다.

▶ **부하**(Load)
터빈이나 전동기 등의 원동기로부터 나오는 에너지를 소비하는 기계설비 또는 그 기계설비가 소비하는 동력의 크기로 보일러에서는 증기발생량, 펌프에서는 토출량을 말한다.

▶ **분무연소**(Spray Combustion)
경질유나 중유의 공업상 일반적인 연소법이다. 연료 오일을 기계적으로 수 미크론 내지 수백 미크론의 무수한 오일 방울로 미립화함으로써 증발 표면적을 비약적으로 증가시켜 연소시키는 것을 분무연소라 한다.

▶ **블로오프**(Blow off)
버너상에서 혼합기화염을 만들 때 버너로부터의 분출속도가 빠르면 화염의 전파속도가 혼합기의 유속보다 늦어져서 버너로부터 화염이 이탈되어 꺼지는 현상이다.

▶ **블리스터**(Blister)
라미네이션 부분이 가열에 의해 팽창하여 바깥쪽으로 부풀어 나오는 현상이다.

▶ **비등**(Boiling)
액체를 일정압력하에서 열을 가해 일정온도 이상으로 하면 표면으로부터 증발하는 것 외에 물 내부에서도 기화하여 기포로 증발하는 현상이다.

▶ **비례동작**(Proportional Control Action)
동작신호의 현재 값에 비례하는 조작량

▶ **비례식 압력조절기**(Proportional Pressure Controller)
압력을 검출하여 기내의 벨로스가 신축함으로써 와이퍼가 슬라이딩 저항기 위를 접동하여 그 전기 저항값에 의해 컨트롤 모터를 구동해서 연료조절밸브나 2차 공기댐퍼를 조절하여 연소량 가감으로 압력을 조절한다.

▶ **비수방지관**(Anti-priming Pipe)
원통형 보일러 드럼 내의 증기실에 설치하여 고르게 증기를 배출하기 위한 장치이다. 증기실의 정상부에서 직접 증기를 내보내면 그 부근에 비등이 활발해져 물방울이 섞인 증기가 나오므로 그것을 방지하고 건조증기를 취출하는 관이다.

▶ **비엔탈피**(Specific Enthalpy)
물이나 증기 등 1kg이 보유하고 있는 열량

▶ **비엔트로피**(Specific Entropy)
단위 중량당 엔트로피

▶ **비복귀 오일형 버너**(압력분무식 버너, Non-return Oil Type Burner)
버너 본체에 보내진 오일을 되돌리는 회로가 없고 노 내로 전부가 분사되는 형식의 버너이다. 유량조절은 압력변화 또는 팁을 교환해서 한다.

▶ **비연동형 저압공기 분무 오일버너**(Individual Control Type Low Pressure Atomizing Oil Burner)
분무용 공기만을 버너에 공급하고 오일의 토출량과 분무공기량을 별개로 조절하며 또 분무용 공기 이외의 잔류공기는 자연통풍이나 압입통풍으로 별도로 노 내로 투입하는 형식의 기름용 오일버너타입이다.

▶ **비열**(Specific Heat)
물체의 온도를 1K(1℃) 상승시키는 데 필요한 열량이다. 질량 1kg당의 열용량을 그 물질의 비열이라 한다. 단위는 kJ/kg·K(단, 기체의 비열에는 정용비열, 정압비열이 있다.)이다.

▶ **비용적**(비체적, Specific Volume)
1kg의 물질이 얼마만큼의 체적(m^3)이 되는가의 단위(m^3/kg)로서 밀도의 역수이다.

▶ **비점**(Boiling Point)
액체가 비등하여 기체가 되는 온도 표준대기압하에서 물은 100℃(물리학상은 99.974℃)를 증기점, 비등점이라 한다.

▶ **비중**(Specific Gravity)
물질의 질량과 그것과 같은 체적을 가진 표준 물질의 질량비이다. 고체, 액체의 경우에는 표준물질로서 4℃의 물을 기준으로 하고 비중은 1.0으로 한다. 기체는 1atm 0℃의 공기를 표준물질로 하여 비중을 1.0으로 한다.

▶ **비중량**(Specific Weight)
물질의 단위체적당 중량(질량)이며 그 단위는 kg/m^3이다.

▶ **비탄산염 경도**(Non-carbonate Hardness)
경도 성분이 칼슘, 마그네슘의 황산염 등에 의한 것으로 끓여도 연화하지 않는 경도로 영구경도라고 한다. 이 성분을 포함하는 물을 영구경수(영구경도)라 한다.

▶ **빙점**(Ice Point)
순수가 표준대기압하에서 동결하여 얼음으로 되기 시작하는 온도로 섭씨 0℃이기도 하다.

ㅅ

▶ **사이클링**(Cycling)
온-오프 동작에서 제어량의 주기적인 변동

▶ **사이펀관**(Siphon Tube)
원형 또는 U자형으로 구부려서 물이 고이게 한 관

▶ **산성**(Acidic Property)
수용액의 수소 이온(H^+)농도가 수산화물 이온(OH^-)농도보다 커졌을 때, 즉 pH가 7(중성) 미만일 때가 산성이다.

▶ **산세척**(Acid Cleaning)
화학세척법의 일종. 보일러의 스케일을 제거하기 위해 무기산인 염산 5~10% 또는 유기산인 구연산 3% 정도의 수용액을 만든 후 산에 의한 보일러의 부식을 방지하기 위해 인히비터(부식억제제)를 적당량 첨가한 산세척액을 60~95℃로 가열하여 보일러 내로 순환시켜 산과 스케일의 화학반응에 의해 스케일을 용해시키는 세척법이다. 수세척수의 pH가 5 이상으로 될 때까지 충분한 수세척을 한다. 수세척 공정이 끝나도 산액이 잔류하기 때문에 산세척의 마지막을 최종공정으로서 중화방청처리를 한다.

▶ **산소농담전지**(Oxygen Concentration Cell)
보일러에서 수중에 용존산소량이 큰 부분과 작은 부분 사이에 농담전지 작용이 생기고 또 온도차가 있는 부분에서 고온 측이 양극으로 되어 강판이나 관의 피칭에 의한 잠식부식이 생긴다.

▶ **산소비량**(알칼리도)
알칼리를 필요로 한 pH를 중화하는 데 요하는 산의 양을 산에 해당하는 탄산칼슘의 양으로 환산하여 시료 1에 대한 mg 수로 나타낸다.

▶ **산포식 스토커**(Spreader Stoker)
석탄을 기계적으로 산포하는 스토커로, 급탄은 연속적으로 하고 화격자 형식에는 가동식, 이동화격자식 등이 있다.

▶ **산화염**(Oxidizing Flame)
화염을 화학적 성상에서 본 경우 연료를 필요 이상의 증기 과잉상태로 연소하면 화염 속에 다량의 과잉산소를 함유하며 산화가 완전히 담청색으로 되는 화염이다.

▶ **산화층**(Oxidizing Zone)
석탄의 고정탄소는 연소하여 이산화탄소가 된다. 이때 방출되는 반응력이 크다. 화층의 온도가 1,200~1,500℃일 때가 가장 화층이 높은 산화층이다.

▶ **3방 밸브**(Three-way Valve)
주로 컨트롤 모터와 조합하여 전동밸브로 하며 온수난방장치에 있어서 온수의 유로 전환과 동시에 유량조절을 하는 자동밸브이다.

▶ **3요소식 수위제어**(Three Elements Water Level Control)
고압 대용량의 수관 보일러에서 수위와 증기유량 외에 급수유량까지 3요소를 검출하고 안정한 수위제어를 하는 방식이다.

▶ **3중점**(Triple Point)
증기, 액상, 고상의 3상이 공존할 때의 상태. 물의 3중점의 온도는 4.6mmHg(0.6112kPa) 상태에서 0.01℃(273.16K)이다.

▶ **상당방열면적**(EDR ; Equivalent Direct Radiation)
증기난방의 경우 $0.1kgf/cm^2G$에서 102℃, 실내온도 18.5℃로 했을 때 방열량은 $650kcal/m^2h$, 온수의 평균온도 80℃, 실내온도 18.5℃에서 방열량은 $450kcal/m^2h$가 된다.

▶ **상승관**(Riser Tube)
수관 보일러의 보일러수가 수관의 내부에서 증기를 발생시키면서 기수드럼에 상승하는 수관을 말한다.

▶ **보일러 상용수위**(Boiler Normal Water Level)
증기 보일러의 정상운전 시 유리수면계의 중앙부가 상용수위이다.

▶ **상용압력**(Normal Pressure)
증기 보일러 운전상 목푯값으로 하는 증기압력이며 최고사용압력의 80% 전후 압력이다.

▶ **샌드 블라스트법**(Boiler Cleaning Method By Sand Blasting)
그을음이 부착한 전열면에 모래를 분출시켜 그 충격으로 제거하는 외면청소법

▶ **서비스 탱크**(Service Tank)
중유 등 주저장 탱크에서 사용하는 정도에 따라 3~5시간 정도 사용량을 옮겨 조금씩 담아 연료탱크로 사용하며 버너선단에서 1~2m 높은 곳에 설치한다.

▶ **서징**(Surging)

원심식, 축류식의 펌프, 압축기, 송풍기 등에서 운전 중에 진동을 하며 이상소음을 내고 유량과 토출압력에 이상변동을 일으키는 수가 있는데 이러한 현상을 서징현상이라 한다. 특히 적은 토출량으로 운전하는 경우에 발생된다.

▶ **석면**(Asbestos)

섬유상 광물로 규산마그네슘이 주성분이며 보온이나 내화재료 패킹 등에 쓰인다.

▶ **석탄가스**(Coal Gas)

석탄건류 시 생성하는 가스이다. 주성분은 수소(H_2) 40~50%, 메탄(CH_4) 25~30%이고, 발열량은 4,000~5,000 kcal/Nm^3이다.

▶ **석탄의 풍화**(Weathering Of Coal)

석탄을 대기 중에 장기간 방치하여 풍우 등에 노출된 경우에 서서히 변화를 일으키는 것이다. 질이 저하하고 발열량이 적어진다.

▶ **석탄 크러셔**(Coal Crusher)

미분탄을 만들기 위한 석탄 파쇄기

▶ **선용 보일러**(Marine Boiler)

선박에 설치하는 기관용 보일러, 즉 박용 보일러

▶ **선회기**(보염기, Swirler)

선회기는 압력분무 오일버너나 고압기류분무 오일버너의 보염기로 사용되는데 선회날개를 이용하여 공기를 선회시키고 중심부가 부압이 되도록 하여 착화가 가능한 저속의 고온순환력을 형성한다. 종류로는 축류식, 반경류식, 혼류식이 있다.

▶ **섭씨온도**(Centigrade Temperature)

표준대기압하에서 순수의 얼음이 녹고 있을 때 빙점은 0℃로 하고 가열 후 물이 비등하는 온도를 100℃(물리학상은 99.974℃)로 하여 이 사이를 100등분한 온도이다. 스웨덴의 천문학자 셀시우스(Celsius)의 글자를 따서 기호(℃)로 쓴다. SI 단위에서는 셀시우스라 한다.

▶ **섹셔널 보일러**(Sectional Boiler)

조합 보일러란 뜻이다. 일반적으로 주철제 보일러이지만 직립식 단동 수관 보일러, 일명 뱁콕 보일러도 섹셔널 보일러이다.

▶ **소다끓임**(Boiling with Soda Water)

새로 설치한 보일러 등에서 내부에 공작 중인 유지류 등이 부착하고 있을 때 소다류의 고온 수용액으로 화학세척, 즉 알칼리 세척을 하는 것이다.

▶ **소다회수 보일러**(Soda Boiler)

펄프를 분리한 흑액을 연료로 하는 보일러이다. 증기발생과 동시에 용융회에서 가성소다를 회수하는 것이 목적인 특수연료 보일러이다.

▶ **소손**(Burning)

강재의 과열이 더욱 진행하여 용해점에 가까운 고온이 되면 강재 내부에 함유한 탄소의 일부가 연소하여 열처리를 하여도 원래의 성질을 회복할 수 없는 상태

▶ **솔레노이드**(Solenoid)

전자기학에서 관모양으로 전선을 감은 원통형의 코일이다.

▶ **송기장치**(Steam Supply Plant)

보일러 증기를 각 현장에서 증기소비설비까지 공급하는 장치이다. 증기헤더, 증기밸브, 감압밸브, 증기트랩, 신축이음, 비수방지관, 기수분리기, 드레인 빼기 등이다.

▶ **송풍기**(Blower Fan)

날개의 회전 등에 의해 공기 등의 기체를 압송하는 기계로, 일명 통풍기이다.

▶ **쇄상식 스토커**(Chain Grate Type Stoker)

이동식 화격자 스토커이다.

▶ **수고계**(Altitude Gauge)

온수 보일러에서 그 수두압을 측정하는 계기로 구조는 압력계와 같다. 온도계와 조합시킨 것도 있으며 기호는 mH_2O 또는 mAq로 사용한다.

▶ **수격작용**(Water Hammer)

배관 속에 가득 찬 흐르는 물 등의 유체 속도를 급격히 변화시키면 심한 경우 배관이나 밸브류 등을 파괴해버리는 일을 말한다.

▶ **수관**(Water Tube)

증기압력에 의해 인장응력을 주로 받으며 전열면을 구성한다. 외경이 30~100mm 정도이며 관 내부에는 물, 외부에는 연소가스가 접촉한다. 강수관(하강관), 상승관(물오름관), 수랭벽에 설치되는 상승관은 수랭벽관이라 한다.

▶ **수관 보일러**(Water Tube Boiler)

보일러수의 유동에 따라 자연순환식, 강제순환식, 관류보일러로 구별된다.

▶ **수관식 섹셔널 보일러**(밸브콕 보일러, Water Tube Type Sectional Boiler)

1개의 기수드럼과 수평에 대해 약 15도 경사진 직관식의 수관군으로 구성된 보일러이다. 세로열의 수관은 양단이 각각 동일한 파형관 헤더에 익스팬더(확관기)에 의해 부착되어 1조를 이룬다. 이 섹션은 몇 개 정도 가로로 줄지어 있는 수관군이 형성되어 있다. 밸브 콕 앤드 윌콕스사가 개발한 밸브콕 보일러가 대표적이다.

▶ **수랭벽**(Water-cooled Wall)

연소실 벽에 수관을 배치하고 노의 둘레를 수관으로 구성한 것으로 노 바닥에 수관을 배치한 것도 있다. 즉, 수랭벽을 구성하기 위해 배치되는 상승관을 수랭벽관이라 하며 복사 전열면을 형성하는 멤브레인 벽, 핀부착수관, 탄젠트관 배열, 스페이스드관 배열, 베일리식 수랭벽, 내화벽돌식 수랭벽이 있다.

▶ **수두압**(Head Pressure)

압력을 수주의 높이로 표시하는 것, 즉 10mAq(0.1MPa)이다.

▶ **수산화나트륨**(Sodium Hydroxide)

NaOH의 화학기호로서 가성소다이다.

▶ **수산화물 이온**(Hydroxide Ion)

OH^-의 기호로 표시되는 1가의 음이온이다. 수용액 중의 OH^- 농도가 H^+ 농도보다 높으면 그 수용액은 알칼리이다. OH^- 농도가 높을수록 알칼리성이 강해지면 수산이온이라 한다. NaOH, NH_3, Na_3PO_4 등을 물에 용해시키면 OH^-를 전리한다.

▶ **수소이온**(Hydrogen Ion)

H^+의 기호로 표시되는 양이온 수용액 중의 H^+ 농도가 OH^- 농도보다 높으면 그 수용액은 산성이다. 즉, 산성의 세기를 나타낸다. 수중에 산을 녹이면 H^+를 전리한다.

▶ **수위검출기**(Water Level Detector)

보일러 수위를 검출하여 그 신호를 조절밸브에 내보내는 장치로 플로트식, 마그넷형 플로트식, 전극식 등이 있다.

▶ **수위제어**(Water Level Control)

급수제어이며 단요소식, 2요소식, 3요소식으로 대별된다.

▶ **수은 스위치**(Mercury Switch)

진공 또는 불활성 가스 봉입의 유리관 내에 수은과 전극용 단자선을 봉해 넣은 것으로 좌우로 기울임으로써 내부의 수은이 유동하여 접점을 개폐하는 구조의 스위치

▶ **수주관**(Water Column)

외연소 수평 연관 보일러 등 그 구조상 보일러 본체에 직접 유리수면계가 부착되지 않는 경우 원통형의 관을 부착하고 이것에 유리수면계를 부착하는 관이다.

▶ **수지탑**(Resin Tower)

이온교환수지를 넣고 물을 통과시키면 이온교환이 일어나도록 만든 용기이다. 수지탑은 탑 속에 이온교환수지가 하나면 단상, 복수면 복상으로 나뉜다.

▶ **수직 보일러**(입형 보일러, Vertical Boiler)

드럼을 직립시킨 것으로 보일러 바닥부에 화실을 둔 내연소 보일러이다. 수직형 수평관, 수직형 연관 보일러, 입형 횡관 보일러, 입형 연관 보일러, 코크란 보일러, 입형 신제품 보일러가 있다.

▶ **수트 블로어**(Soot Blower)

수관 보일러 전열면에 부착한 재나 그을음을 운전 중에 제거하는 조작기다.

▶ **순수**(Demineralized Water)

이론상 순수란 H_2O로서 25℃에서 pH 7.0이다.

▶ **슐처 보일러**(Sulzer Boiler)

스위스의 슐처사가 완성한 대용량 단관식 보일러로서 기수분리기가 설치된다.

▶ **스로트**(Throat)

안전밸브의 증기 도입구에서 밸브시트면까지 증기통로의 가장 좁은 목부이다.

▶ **스케일**(Scale)

수중의 경도 성분이 농축·석출되어 전열면에 고착한 관석이다.

▶ **스코치 보일러**(Scotch Boiler)

영국 스코틀랜드에서 널리 사용된 노통연관 보일러의 원형이다. 노통이 1~4개 정도 있으며 또한 연관이 있다.

▶ **스크러버**(Scrubber)

수관 보일러의 드럼 내에 있는 기수분리기의 일부로서 파형판을 겹친 것으로 증기 중의 수분을 제거한다.

▶ **스터드 튜브**(Stud Tube)

수랭벽의 수관 등에서 전열면적을 증가시켜 열 흡수를 좋게 할 목적으로 수랭면 외면에 용접으로 많은 돌기부를 붙인 관이다.

▶ **스테이**(Stay)

보일러 내 증기압력에 의해 재료를 파괴하기 쉬운 굽힘응력이 생기게 되는데, 이것을 방지하기 위해 평판이 받는 하중을 지지하는 보강재이다.

▶ **스테이볼트**(Stay Bolt)

양단에 나사를 낸 짧은 둥근 막대를 판에 비틀어 넣은 다음 양단을 고정시켜서 붙인 스테이. 기관차형의 보일러 내외 화실판 사이와 같이 접근하고 있는 평판의 보강재이며 탐지구멍이 있다.

▶ **스토리지 탱크**(Storage Tank)

중유저장탱크(대형 오일탱크)이다.

▶ **스토커**(기계식 화격자, Stoker)

기계적으로 동력 등에 의해 화격자에 급탄하는 연소방식이다.

▶ **스톱밸브**(Stop Valve)

밸브보디가 밸브시트에 의해 직각방향으로 작동하는 밸브의 총칭

▶ **스트레이너**(Strainer)

급유관, 급수관 도중에 두어 이물질을 모아 두는 것, 즉 여과기이다.

▶ **스팀 어큐뮬레이터**(증기축열기, Steam Accumulator)

증기발생량이 소비량에 비해 남아돌 때 증기를 축적하여 돌연 부하 증가 시 축적한 증기를 방출하여 부족한 증기를 보충하는 장치로서 변압식, 정압식이 있으며 주로 변압식이 널리 사용되는 제1종 압력용기

▶ **스파이럴관**(Spiral Tube)

나선상으로 가공한 관으로 전열효과를 높이기 위해 만든 특수관이다. 연관이나 전열관 등에 사용된다.

▶ **스파크 발생장치**(Sparking Equipment)

점화장치이며 방전극을 갖춘 점화플러그와 점화플러그의 방전극에서 5,000~10,000V 고전압에 의한 스파크 불꽃 방전을 발생시키는 승압변압기 트랜스이다.

▶ **스페이스드관 배열**(Spaced Tube Array)

수관을 일정간격을 두고 배열한 나수관 수랭벽

▶ **스프링 안전밸브**(Direct Spring Loaded Safety Valve)

스프링으로 밸브를 밸브시트에 밀어 붙이는 구조의 안전밸브. 동작이 민감하여 보일러용으로 사용된다.(저양정식, 고양정식, 전량정식, 전량식 4가지가 있다.)

▶ **스피드 컨트롤**(Speed Control)

송풍기의 회전수를 증감함으로써 풍량제어를 하는 방식

▶ **슬러리**(Slurry)

유체 속에 분말상의 고형물이 비교적 다량으로 함유된 채 유동하는 것

▶ **슬러지**(Sludge)

급수 중에 용해되어 있는 일부의 성분은 보일러 내에서 보일러 청정제와 화학반응을 일으켜 불용성 물질로 되어 보일러 저부에 현탁물로 침전한 것

▶ **습포화증기**(Wet Saturated Steam)

건포화증기와 안개모양의 포화수가 포함된 상태의 증기이다. 습분의 비율을 습도(%)라 한다.

▶ **시퀀스 제어**(Sequential Control)

미리 정해진 순서에 따라 제어의 각 단계를 순차 진행시키는 제어이다.

▶ **신축이음**(가요관이음, Expansion Joint)

배관에 흐르는 유체의 온도상승에 관의 신축을 흡수하는 이음으로 루프형, 벨로스형, 슬리브형, 스위블형이 있다.

▶ **실리카**(Silica)

규산(SiO_2)이다.

▶ **실리카의 선택적 캐리오버**(Selective Silica Carryover)

증기 중의 녹기 쉬운 실리카만이 선택적으로 증기에 녹아서 일어나는 캐리오버(기수공발)현상

▶ **실제공기량**(Actual Amount of Air)

연료의 완전연소 시 이론공기량으로는 불가능하므로 이론공기량보다 조금 많게 공급하는 과잉공기량의 공기

▶ **실화**(멸화, Flame Failure)

정상적인 연소조작을 하고 있음에도 불구하고 연소가 중단되는 현상이다. 실화 시는 즉시 연소가 차단되어야 가스폭발이 방지된다.

▶ **아치**(Arch)
착화아치며 스토커 연소 보일러의 연소실에 쓰이는 벽돌쌓기 구조

▶ **아쿠아**(Aqua)
라틴어로 물이란 뜻으로 수고계나 통풍력의 눈금단위로 사용. 즉, 물 $10mAq = 0.1MPa(1kg_f/cm^2)$이다. SI 압력 단위로는 Pa(파스칼)을 쓴다.

▶ **아탄**(Lignite)
석탄의 성분에 의한 분류로 갈탄 중 갈색갈탄이다.

▶ **아황산가스**(Sulfite Gas)
유황이 연소하여 생긴 가스($S + O_2 \rightarrow SO_2$)의 관용어

▶ **아황산나트륨**(Sodium Sulfite)
Na_2SO_3의 화학식으로 백색의 고체이다. 일명 아황산소다로서 산소를 환원하는 성질이 있어서 급수처리 탈산소제로 사용한다.

▶ **안내날개**(Guide Vane)
펌프, 팬, 압축기 등의 터보기계에서 주로 케이싱에 부착하여 유체를 원하는 방향으로 유도하거나 속도헤드의 일부를 압력헤드로 바꾸기 위한 날개를 갖는 부품

▶ **안전밸브**(Safety Valve)
보일러나 압력용기에서 압력이 소정의 값을 넘었을 때 자동적으로 순간작동해서 증기를 외부로 방출하여 내부의 압력을 정상화시키는 자력자동장치로서 스프링식, 추식, 지레식이 있다.

▶ **안전밸브의 양정**(Safety Valve Lift)
안전밸브가 닫힌 상태에서 작동 후 열린 상태까지의 거리를 양정이라 한다. 스프링식에는 양정에 따라 저양정식, 고양정식, 전양정식, 전량식(온양식) 등이 있다.

▶ **안전장치**(Safety Device)
보일러에서 안전밸브, 방출밸브, 가용플러그, 고저수위경보기 압력제한기, 방폭문, 화염검출기 등을 말한다.

▶ **안전저수면**(Lowest Permissible Water Level)
보일러 운전 시 유지하지 않으면 안 되는 최저의 수면, 유리제 수면계의 유리면 최하부가 이 위치가 되도록 설치한다. 단, 수관 보일러의 안전저수면은 제조사가 지시한 위치이다.

▶ **안전차단장치**(Emergency Fuel Trip Device)
자동 보일러에서 고저수위, 압력초과, 과열, 착화불능 등 소정의 위험상태 시 즉시 자동적으로 연소를 정지시키는 장치의 총칭이며 넓은 뜻의 인터록이다.

▶ **알칼리도**(Alkalinity)
수중에 함유하는 수산화물, 탄산염, 탄산수소염 등 알칼리성분의 농도를 나타내는 척도, 즉 산소소비량의 관용어이다.

▶ **알칼리 부식**(Alkali Corrosion)
보일러수 중에 수산화나트륨(가성소다) 등의 유리 알칼리도의 농도가 과도하게 높아 pH 값이 크면 고온화에서 전열면의 강재를 부식하는 것이다.

▶ **알칼리 세척**(Alkali Cleaning)
신설 또는 수리를 한 보일러 내부의 유지분 등의 오염을 제거할 주목적으로 알칼리 약품과 계면활성제를 녹인 온수를 순환시켜 세척하는 것이다.

▶ **압괴**(Collapse)
노통이나 화실이 과열 등에 의해 외압을 받아서 강도가 저하하여 눌려 찌부러지는 현상으로 그 반대는 팽출이다.

▶ **압력계**(Pressure Gauge)
부르동관식 압력계 등을 말하며 게이지압을 나타낸다. 해당 보일러의 최고사용압력 1.5배 이상, 3배 이하의 눈금 범위의 것을 쓴다. 압력계는 80℃ 이상이 되지 않게 사용한다.

▶ **압력분무버너**(유압분무버너, Pressure Atomizing Burner)
연료유에 고압력을 가하여 연료유 자체의 압력에너지에 의해 고속도로 팁에서 분무시켜 연소하는 버너이다. 비복귀오일형, 복귀오일형, 플런저식이 있다.

▶ **압력스위치**(Pressure Switch)
용기 내의 유체 압력이 소정의 값에 이른 경우 전기 접점을 개폐하는 기기로 압력제어에 쓰인다. 일명 온-오프식 압력제한기라 한다.

▶ **압력조절기**(Pressure Controller)
증기압력을 소정의 범위 내에 유지하도록 연소를 온-오프시키는 지령신호를 만들어 내는 장치에 해당하며 온-오프식, 비례식 압력조절기가 있다.

▶ **압축응력**(Compressive Stress)
보일러 노통이나 화실, 연관 등에서 재료를 압축하려는 하중, 즉 압축하중에 의해 생기는 응력(외압이 가해지는 개소에 생긴다.)

▶ **애덤슨 링**(Adamson Ring)
애덤슨 조인트의 플랜지와 플랜지 사이에 넣는 링이다. 평형노통에서 1m 전후의 마디로 나누어 조인트 부분에 플랜지를 갖게 하고 이 사이에 1매의 보강링을 넣어서 강도를 증가시킨다.

▶ **액동밸브**(Fluid Power Operated Valve)
유압에 의해 밸브 스템(축)을 상하로 작동하는 구조의 밸브이다. 주로 가스 연소장치의 연료차단밸브로 연소 개시 시에는 신호에 따라 통전이 되면 솔레노이드가 여자되고, 유압상승에 의해 밸브가 서서히 열려 연소정지 신호에 따라 통전이 정지되면 솔레노이드가 비여자된다. 가스 연소장치의 연료차단밸브에서 주로 이용된다. 연소개시 때는 15~19초 정도 시간적 여유를 두고 서서히 밸브를 열 필요가 있으나 정지 시에는 1초 이내로 가스공급을 완전히 차단한다.

▶ **액면검출기**(액면계, Level Detector)
액체연료나 물탱크 등의 액면검출에는 전극식, 수은 스위치식, 플로트식 등을 이용하는 계측이다. 이것을 이용한 액면계, 즉 레벨게이지(Level Gauge) 등의 유리액면계와 플로트(부자)를 사용한 액면계가 있다.

▶ **액체이송펌프**(Fluid Delivery Pump)
기어펌프와 다이어프램식 펌프가 있다.

▶ **액화석유가스**(Liquefied Petroleum Gas)
석유 정제 시 프로판, 부탄 등의 가수유분을 압축액화한 가스, 통칭 LPG 가스라 하며 발열량은 약 $100MJ/m^3N$이다. $1MJ=10^6J=1,000,000J$이다.

▶ **액화천연가스**(Liquefied Natural Gas)
천연가스를 상압에서 $-160℃$로 냉각, 액화시킨 가스이다. 가스 체적이 $\frac{1}{600}$로 축소되며 약칭 LNG라 한다. 메탄(CH_4)이 주성분이다.

▶ **앵글밸브**(Angle Valve)
유체의 입구와 출구의 중심선이 직각으로, 유체는 밸브의 아래쪽으로 들어와 위쪽의 왼쪽 또는 오른쪽으로 나가도록 하여 유체의 흐름방향이 직각으로 변하는 밸브이다. 주증기밸브, 방열기 밸브, 급수밸브는 앵글타입이다.

▶ **약액주입**(Chemical Injection)
약제주입이라고도 하며 보일러급수계통에 청정제를 주입하는 것으로 이 장치가 약액주입장치이다.

▶ **양정**(펌프 등의 리프트, Head Lift)
펌프 등에서 흡입 면에서 토출 면까지의 수직거리

▶ **어큐뮬레이터**(Accumulator)
증기축열기

▶ **에멀션 연소**(Emulsion Combustion)
석유계 연료 연소 시 질소산화물(NO_2)을 억제하기 위해 기름과 물에 계면활성제를 첨가하여 유화상(에멀션)으로 만들고 화염 중에 국소 고온역이 생기지 않도록 연소 온도를 낮추는 연소이다.

▶ **엔탈피**(Enthalpy)
물체가 가지고 있는 열에너지를 나타내는 열역학의 상태량이다.

▶ **엔트로피**(Entropy)
열역학 변수의 하나로서 물체가 외부로 받는 열량을 그때 물체의 절대온도로 나눈 값이다. 즉, $\frac{dQ}{T}$이다.

▶ **여과법**(Filtration)
물속에 함유된 현탁한 고형물을 여과하여 제거하는 방법으로 중력식 여과법, 압력식 여과법이 있고 물의 여과 속도에 따라 완속여과법, 급속여과법이 있다.

▶ **여자**(Excitation)
전자계전기의 전자코일에 전류가 흘러서 전자석이 되는 것

▶ **역청탄**(Bituminous Coal)
석탄의 연료비 분류에 의해 연료비 등급이 1~7인 석탄으로 반역청탄, 고도역청탄, 저도역청탄이 있다.

▶ **역화**(Back Fire)
소규모 가스폭발로 연소실 입구에 불꽃 또는 연소가스가 분출하는 현상

▶ **역화방지장치**(Flame Arrester)
40메시 정도의 금속망을 여러 장 겹쳐 예혼합식 가스버너나 부분예혼합식 가스버너에서 역화를 방지하는 것

▶ **연관**(Flue Tube Smoke Tube Fire Tube)
관내에 연소가스를 통하고 외면에 물이 있는 보일러 전열면이다. 전열효과를 높이는 데는 직관보다 스파이럴(나선상)관이 우수하다.

▶ **연관 보일러**(Smoke Tube Boiler)

원통 보일러이며 노통이 없고 연관을 다수로 배치한 보일러이다. 노통 보일러보다는 전열면적이 커서 1MPa 이하의 난방용 등에 이용하는데, 그 종류로는 외분식 연소수평연관 보일러, 기관차 보일러, 기관차형 보일러가 있으며 코크란 보일러도 여기에 속한다.

▶ **연도**(Flue)

보일러 연소실에서 발생한 연소가스가 전열면을 통과한 다음 굴뚝에 이르기까지의 통로이다. 연도는 위치에 따라 측연도, 저연도, 내부연도, 외부연도 등으로 부른다.

▶ **연도 댐퍼**(Flue Damper)

연도 출구에 설치하며 버터플라이 댐퍼와 다익댐퍼가 널리 이용된다. 댐퍼는 통풍력 조절, 배기가스량 조절 등의 기능을 가진다.

▶ **연료비**(Flue Ratio)

공업분석 값의 고정탄소와 휘발분의 비를 말한다.

▶ **연성계**(Compound Gauge)

진공도와 대기압 이상의 압력의 양자를 측정할 수 있는 계기, 일명 연성압력계이다.

▶ **연소실 열부하**(Heat Loading of Combustion Chamber)

단위시간에 있어서 연소실 단위용적당 발생열량으로 단위는 (kJ/m^3h)이다.

▶ **연소의 3대 요소**(Three Elements of Combustion)

가연물, 점화원, 산소공급원이다.

▶ **연속분출장치**(Continuous Blow off Equipment)

보일러수의 표면에서 소량씩 연속적으로 분출하는 수면 분출장치

▶ **연수**(Soft Water)

연수장치로 처리하여 경도 성분을 제거한 물

▶ **연실**(Smoke Box)

주로 원통 보일러에서 연소가스가 노통이나 연관군의 전열면을 나온 곳에 두는 방을 의미한다. 즉, 연도나 굴뚝과의 연락부분이다.

▶ **연화제**(Softening Agent)

보일러수 중에 첨가하여 수중의 경도 성분과 반응시켜서 불용성의 슬러지로 바꾸어 침전시키고 분출에 의해 배출하는 약제가 연화제로서, 수산화나트륨(가성소다), 탄산나트륨(탄산소다), 인산나트륨(인산소다) 등의 총칭이다.

▶ **열관류**(Overall Heat Transmission)

고체 벽을 거쳐서 한쪽 유체에서 다른 쪽 유체로 열을 전하는 것으로, 이동의 비율은 열통과율(열관류율)이고 그 단위는 $kJ/m^2h℃$이다.

▶ **열교환기**(Heat Exchanger)

고온의 유체가 갖는 열에너지를 전열면을 거쳐서 저온 유체로 전하기 위한 용기이다.

▶ **열매체**(Heat Medium)

열의 전달에 쓰이는 물질. 열원으로 일단 열매체를 가열하고 그 열매체의 열은 피가열물을 가열하는 간접가열에 쓰인다. 물이나 다우섬, 수은 등이 열매체로 사용되고 이것을 이용하는 보일러가 열매체보일러이다.

▶ **열방사**(열복사, Thermal Radiation)

태양 빛을 직접 받는다거나 스토브나 급탄불에 직면하면 주위의 온도 이상으로 가열되는데, 이와 같이 공간을 사이에 두고 상대하고 있는 물체 간에 이루어지는 열의 이동이 열복사이다. 즉, 물체표면으로부터 전자파에 의해 방산되는 에너지에 의해 이동하는 열로서 열복사열량은 표면절대온도(TK)의 4승에 비례하여 방사된다.

▶ **열전달**(Heat Transfer)

고온의 고체 표면에 접하고 있는 공기나 액체에 열이 이동하는 것이며 열전달 비율을 열전달률$(kJ/m^2h℃)$이라 한다. 즉, 표면전열 또는 대류전열이라고도 한다.

▶ **열전도율**(Thermal Conductivity)

고체 물체 속을 열전도에 의해 열이 이동하는 비율로, 고체 내에서 1m 간격의 2개의 평행 평면 사이에 단면적 $1m^2$에 대해서 온도차 1℃당 1시간에 전달하는 열량을 말한다. 단위는 $kcal/mh℃$이다.

▶ **열팽창관식 수위조정장치**(Boiler Water Level Controller Thermo Expansion)

열팽창관(서모스탯)이 증기와 물의 온도차에 의해 신축하여 이에 따라 급수조정밸브의 개도를 조절해서 급수량을 조절하는 것

▶ **염**(Salt)

산과 염기와의 반응에 의해 물과 함께 생기는 물질이다. 즉, 염기의 양이온과 산의 음이온이 결합한 모양의 화합물로서

$$HCl + NaOH \rightarrow NaOH + H_2O$$

가성소다(NaOH)와 염산(HCl)을 중화반응시키면 염화나트륨(NaCl), 즉 식염이라는 염이 나온다.

▶ **염산**(Hydrochloric)

염화수소(HCl)의 수용액이다. 순수한 것은 무색투명하나 불순한 것은 황색을 띤다. 산성이 강하고 H형 양이온 교환수지의 재생액이나 산세척액으로 보일러 세관 시 사용된다.

▶ **염화나트륨**(Sodium Chloride)

NaCl의 식염수로서 해수에 2.8% 포함되어 있다. Na형 양이온 교환수지(단순연화장치 연수기)의 재생제로도 사용된다.

▶ **영구경도**(Permanent Hardness)

비탄산염 경도(황산염 경도)를 함유한 물은 끓여도 연화수가 되지 않는다. 이 황산염 경도가 영구경도이며 이러한 물을 영구경수라 한다.

▶ **예혼합 연소방식**(Premixed Combustion System)

기체 연료의 연소방식이며 사전에 공기와 연료를 혼합하여 버너에서 연소시키는 방식이다. 가정에서 가스레인지, 보일러에서 파일럿 연소방식이 이 연소방식이며, 이때 공기는 1차 공기와 혼합한다.

▶ **옐로 팁**(Yellow Tip)

가스연료의 연소에 있어서 가스 화염의 선단이 적황색으로 되어 연소되고 있는 현상. 적황색의 원인은 연소반응 도중에 탄화수소가 열분해되어 탄소입자가 발생된 후 미연소상태 그대로 적열되어 적황색 빛을 띠게 된다. 즉, 1차 공기가 부족하여 나타나는 현상이다.

▶ **오르사트 가스분석기**(Orsat Gas Analyzer)

배기가스 중에 CO_2, O_2, CO의 비율을 분석하는 가스분석기

▶ **오리피스**(Orifice)

관로 도중이나 출구에 설치하여 유체 흐름을 줄이는데, 보통 원형이며 입구의 둘레는 얇은 칼날모양으로 한다. 구멍의 넓이와 전후의 압력차로 유량을 알 수 있기 때문에 유량측정에 사용되거나 또는 증기트랩에 사용된다.

▶ **오버플로관**(Overflow Pipe)

탱크 내 등에 소정량을 넘는 액체가 유입되면 그 범위를 벗어난 양만큼 외부로 내보내기 위한 배관이다.

▶ **오벌유량계**(Oval Flow Meter)

원형의 케이싱 내에 계란형 타원형(오벌) 2개 기어를 조합시킨 유량계이나 유량은 기어의 회전에 비례하므로 회전수를 측정함으로써 유량을 알 수 있다. 일명 용적식 오벌기어식 유량계이다.

▶ **오버 홀**(Overhaul)

각종 기기를 해체 분해 시 다시 정비하기 위해 분해 전 주요 부품의 위치에 매직잉크로 적당한 표시를 한 후 다시 회복시키는 것이다.

▶ **오일가열장치**(Oil Heater)

B, C 중유를 적당한 온도로 가열하는 오일히터로서 오일탱크 내 또는 버너 바로 앞에 두어서 오일의 최적인 점도를 얻기 위해 증기, 온수, 전기 등을 이용하여 오일을 가열하기 때문에 오일히터라고 한다.

▶ **오일여과기**(Oil Strainer)

연료유 속에 함유된 토사나 쇠의 녹, 먼지 등의 고형물을 제거하기 위한 스트레이너이며 단식과 복식이 있다.

▶ **오일 전자밸브**(Oil Electromagnetic Valve, Oil Solenoid-operated Valve)

오일 연소장치에 쓰이는 전자석이며 차단밸브로서 통전 시는 온(개방), 정전 시는 오프(차단) 기능을 갖는다.

▶ **오일탱크**(Oil Tank)

저유탱크(스토리지 탱크)와 급유탱크(서비스 탱크)가 있다.

▶ **오일펌프**(Oil Pump)

오일에 압력을 가하거나 수송을 위해 사용하는 펌프로 기어펌프나 나사펌프(회전식 펌프)가 사용되며, 분사연소펌프, 급유펌프, 송유펌프의 역할을 한다.

▶ **오토클레이브**(Autoclave)

가압하면서 가열, 멸균, 건조하는 장치로서 의료, 주방 등에서 사용하는 압력용기, 즉 고압에서 화학변화를 일으키는 압력용기이다.

▶ **오프셋**(Offset)

자동제어 비례동작의 경우 부하변화가 있으면 제어량이 일정 값으로 되었을 때, 목푯값과 제어량이 반드시 일치하지 않고 편차가 남는다. 이 편차를 오프셋이라 한다.

▶ **옥시던트**(Oxidant)

자외선의 광화학반응에 의해 대기 중의 질소산화물(NO_2)이나 탄화수소에서 생기는 산화력이 강한 물질의 총칭이다. 광화학 스모그의 원인이 된다.

▶ **온수순환펌프**(Hot-water Circulating Pump)

온수난방에 있어서 온수를 전 장치 내에 공급하기 위한 순환펌프로서 와권펌프, 축류형 펌프가 있다.

▶ **온수탱크**(Hot Well Tank)
복수나 관류 보일러의 기수분리기에서 분리된 포화수 저장탱크

▶ **온-오프 동작**(On-off Control Action)
조작량이 동작신호의 값에 따라서 미리 정해진 두 값 중 어느 한 값을 취하는 동작이다. 일명 2위치 동작이라 한다.

▶ **온-오프식 압력조절기**(압력제한기, On-off Pressure Controller)
정해진 2개의 신호 중 어느 하나를 취하는 온-오프 동작에 의해 증기압력을 제어하는 조절기로 중, 소용량 보일러의 압력제어에 널리 이용된다. 벨로스의 수은 스위치를 조합하여 벨로스가 증기압력의 변동에 따라 신축하며 소정의 설정압력 상한값이 되면 수은 스위치를 Off하여 버너로 가는 연료의 연료차단밸브를 닫고, 소정의 설정압력 하한까지 증기압력이 떨어지면 수은 스위치가 On하여 연소개시 동작이 된다. 마이크로 스위치형과 수은 스위치형이 있는 압력제한기 또는 증기압력제한기라 한다.

▶ **와권펌프**(벌류트펌프, Volute Pump)
원심식 펌프이며 임펠러를 고속회전시켜 원심력으로 액체를 내보내는 구조의 펌프이다. 안내날개가 없기 때문에 압력이 높지 않아서 저압용의 급수펌프 또는 순환펌프로 사용된다.

▶ **외연소식 수평연관 보일러**(횡연관외분식 보일러, Tubular Boiler)
노통은 없고 거의 수평으로 설치된 연관 보일러이며 드럼의 하부에 연소실을 만들어 양측에 연도를 준 것이다.

▶ **용적식 유량계**(Positive-displacement Flow Meter)
일정 용적의 계량식을 가지며 여기에 측정유체를 유입한 후 통과한 체적을 측정하는 형식의 오벌유량계, 원판유량계, 가스미터기 등의 유량계를 말한다.

▶ **용전**(가용전)
노통이나 화실 등의 꼭대기에서 연소가스 온도가 높은 부분에 부착하여 저수위 사고 직전에 이 금속의 일부가 녹아 내려서 보일러 내부 기수가 분출하여 저수위 이상 감수를 알리는 안전장치이다. 일명 용해전, 가용플러그라 한다.

▶ **용존산소**(Dissolved Oxygen)
물에 녹아 있는 산소이며 점식이라는 부식의 원인이 된다.

▶ **용해 고형물**(Dissolved Solid)
보일러수의 증발에 의해 농축하여 스케일이나 보일러 청정제와 반응하여 슬러지가 되는 성분의 염류분

▶ **워싱턴펌프**(Worthington Pump)
피스톤의 샤프트(축)를 증기압력에 의해 움직이는 구조의 펌프이다. 두 개의 샤프트에 각각 증기 피스톤과 물펌프 피스톤을 연결하여 교대로 왕복운동시키도록 되어 있다. 정전 시 예비펌프로도 사용된다.

▶ **워터릴리징장치**(방출장치, Water Releasing Device)
온수 보일러에서 물의 가열에 의한 팽창으로 압력이 상승하여 위험하므로, 이것을 방지하기 위해 물의 이상팽창에 의한 체적 증가분을 피하기 위해 만든 장치이다. 이 장치는 팽창탱크, 방출관 등으로 구성되며 개방식 또는 밀폐식 워터릴리징장치가 있다.

▶ **원수**(Raw Water)
보일러 보급수의 원료로 하는 물이다. 원수는 급수처리가 필요하다.

▶ **원심송풍기**(원심식 송풍기, Centrifugal Blower)
와권형 케이싱 내에 수납된 임펠러의 회전에 의해 발생되는 기체의 원심력을 이용한 송풍기이다. 그 종류에는 임펠러의 구조에 따라 다익형, 터보형, 플레이트형이 있고 송풍압력은 800mmAq(800kg$_f$/m^2) 이하이다.

▶ **원심펌프**(Centrifugal Pump)
임펠러의 고속회전에 의해 원심작용으로 물에 에너지를 부여, 속도 압력으로 변환시키는 구조를 가진 펌프이다. 보일러 급수펌프로 널리 사용되며 안내날개에 따라 와권펌프와 터빈펌프로 나뉜다.

▶ **원주방향**
원통형의 통 둘레를 말한다. 단지 주방향이라고도 한다.

▶ **원형 유리수면계**(Water Level Gauge with Glass Tube)
경질 유리관을 사용한 유리수면계이다. 최고사용압력 1.0MPa 이하의 증기 보일러에 사용된다.

▶ **원형 투시식 수면계**(멀티포트 수면계)
두꺼운 원형 유리판을 쓴 유리제 수면계이다. 보일러 최고사용압력 21MPa 이하의 고압 보일러인 보일러용 수면계이다.

▶ **유동점**(Pour Point)
유류를 냉각해갈 때 유동성을 유지하는 최저온도, 즉 응고점보다 2.5℃ 높은 온도이다.

▶ **유동층 연소**(Fluidized Bed Combustion)

연소실 내에 수평으로 둔 다공판상에 입경 1~5mm의 석탄 등과 모래 석회석 등을 공급하고 가압된 공기를 다공판 밑에서 위 방향으로 분사하여 다공판상의 입자층을 유동화해서 연소시키는 방식의 연소방식이다.

▶ **유면조정장치**(Oil Level Controller)

급유탱크나 서비스 탱크에서 유면을 일정한 범위 내로 자동적으로 유지시키는 장치, 일반적으로 플로트 스위치와 송유펌프가 조합되어 온-오프에 의해 유면을 적정선까지 유지시킨다.

▶ **유인 통풍방식**(Induced Draft System)

인공통풍에서 배기가스를 강제적으로 유인하여 굴뚝으로 내보내는 방식이다. 일명 흡입통풍이라 하며 직접유인과 간접유인이 있다.

▶ **유황산화물**(Sulfur Oxide)

원소기호 황(S)이 연소하여 SO_2가 된다. 대기오염, 산성비, 보일러 외면 부식의 원인이 된다.
이산화유황(SO_2), 무수황산(SO_3) 등을 총칭하여 속스(SO_x)라 한다.

▶ **유효수소**(Available Hydrogen)

연료에 산소가 함유된 경우 산소 1kg당 수소는 $\frac{1}{8}$kg 소비하고 있다는 이론에 따른 것으로 $(H - \frac{O}{8})$를 유효수소라 한다.

▶ **음이온**(Anion)

전자를 여분으로 소유하여 음으로 하전하고 있는 이온이다. 여분의 전자수에 따라서 1가의 음이온, 2가의 음이온이 있다. OH^-, Cl^-, HCO_3^-, CO_3^{2-}, CO_4^{2-} 등이다.

▶ **응고점**(Solidifying Point)

기름이 저온으로 응고할 때의 온도로서 유동점보다 2.5℃ 낮다.

▶ **응력**(Stress)

재료에 힘이 작용한 경우에 그에 대응하여 재료 내부에 생기는 면적당의 저항력이다. 압축응력, 인장응력, 굽힘응력, 비틀림 응력이 있고 그 단위로 N/mm^2가 사용된다.

▶ **응축기**(Condenser)

증기나 기체를 냉각하여 액체로 응축시키는 장치이다. 증기원동소에서 수증기를 복수시키는 복수기 등이 응축기에 해당된다. 증기가 방열된 후 냉각 응축되어 물로 된 것은 복수 또는 드레인이라 하고 응축수를 보급하는 펌프는 응축수 펌프이다.

▶ **이그니션 트랜스포머**(Ignition Transformer)

6,000~15,000V 정도의 고전압으로 승압하고 전류가 점화플러그의 전극에서 방전에 의한 스파크를 발생하여 점화용 버너의 연료를 착화시킨다. 이그나이터 트랜스포머(Ignitor Transformer)라고도 한다.

▶ **이동식 보일러**(Portable Boiler)

증기 기관차용 보일러와 같이 정치형 보일러가 아니며 설치장소를 이동시킨 보일러이다.

▶ **이동화격자 스토커**(쇄상식 스토커, Travelling Grate Stoker)

수평으로 이동하는 화상(火床)에 석탄을 두고 연소시키는 것으로 띠 모양으로 조립된 화격자를 전후의 회전축에 걸고 동력에 의해 변속장치를 거쳐서 회전시키면서 연소시킨다. 석탄이 연료용 호퍼에서 임의의 탄층으로 공급시키는 것을 체인 스토커라 한다.

▶ **이론공기량**(Theoretical Air)

연료 중의 가연분으로서 원소성분에 의거하여 연소에 필요한 최소의 공기량이다.

▶ **2색 수면계**(Bicolour Water Gauge)

적색과 녹색의 전구를 써서 광선의 굴절률 차이를 이용하여 증기부는 빨강, 수는 녹색으로 보이도록 한 평형투시식 수면계이다.

▶ **이온교환법**(Ion Exchange Method by Resin)

급수처리에서 원수를 특수한 불용성 고체(이온교환체)와 접촉시키면 고체에서 수중에 이온이 용출하여 용출이온과 당량의 같은 부호의 이종이온이 고체에 흡착된다. 스케일 성분의 칼슘이온(Ca^{2+}), 마그네슘 이온(Mg^{2+})을 나트륨 이온(N^+)으로 교환하는 데 쓰인다.

▶ **이온교환수지**(Ion Exchange Resin)

이온교환할 수 있는 이온을 갖는 직경 0.6mm 전후의 고분자 합성수지, 가느다란 입체적 그물눈 구조의 불용성 다공성 고체물질이다. 양이온 교환수지와 음이온 교환수지로 대별된다.

▶ **2요소식 수위제어**(Two Elements Water Level Control)

드럼 내의 수위와 증기유량의 2요소를 검출하여 급수량을 조절

▶ **이젝터**(Ejector)

증기나 물 또는 증기의 고속 분류를 이용하여 노즐 주변에 있는 저압의 기체 등 목적물을 흡입하여 배출시키는 기구이다. 분출노즐과 벤투리형 흡인관과의 조합으로 구성되며 간단하나 배기효율은 매우 저조한 편이다.

▶ **2차 공기**(Secondary Air)

버너연소 시 버너 주변의 공기이며 화격자 연소 시는 화상 상층부에 불어넣어지는 공기

▶ **이코노마이저**(Economizer)

절탄기라 하며 배기가스 열에 의해 보일러 급수를 가열하는 장치로서 보일러 효율이 향상되는 폐열회수장치이다.

▶ **인공 통풍**(Artificial Draft)

기계력을 이용한 강제 통풍방식으로서 압입, 흡출, 평형 통풍이 있다. 통풍력은 평형＞압입＞흡입의 순이고 그 단위는 mmAq이다.

▶ **인산나트륨**(Sodium Phosphate)

인산소다이며 제3인산소다(Na_3PO_4), 제2인산수소소다(Na_2HPO_4), 헥사메타 인산소다[$(NaPO_3)_6$] 등이며 경수 연화제나 pH 조절제로 보일러수 처리에 사용된다.

▶ **인젝터**(Injector)

증기를 노즐에서 분출시키고 그 보유하는 열에너지를 물에 전하여 물을 가속시킨다. 속도에너지를 압력에너지로 바꾸어 체크밸브를 눌러서 급수하는 설비이다. 대체로 증기압력은 0.2MPa 이상이 필요하다.

▶ **인터록**(Interlock)

소정의 전제 조건이 만족스럽지 못하면 제어동작이 다음 단계로 넘어가지 않도록 한 것. 이 경우 미리 정해진 조건을 만족하지 않을 때 그 단계에서 제어동작을 중지시킨 것을 록아웃 인터록이라 한다.

▶ **인화점**(Flash Point)

액체연료가 가열되면 가연성 증기가 발생하고 여기에 불꽃을 접근시켜 순간적으로 연소할 때 최저의 온도이다.

▶ **인히비터**(Inhibitor)

금속에 대하여 부식성이 있는 산성액에 소량 첨가하기만 하면 그 부식 작용을 효과적으로 억제할 수 있는 약품의 고유명이다.

▶ **일시경도**(Temporary Hardness)

탄산염 경도를 포함한 물은 끓이면 탄산염은 침전하고 CO_2는 방출하여 윗물은 연화수가 된다. 이 탄산염 경도를 포함하는 물을 일시경수라 한다.

▶ **1차 공기**(Primary Air)

연소에 필요한 공기 중 연료 측에서 들어오는 공기이다. 버너 연소인 경우 버너에서 연료와 함께 분사하는 것이며, 화격자 연소 시에는 석탄 등의 하부에서 들어오는 공기를 말한다.

▶ **임계점**(Critical Point)

압력의 변화에 따라서 포화증기의 잠열이나 전열량 및 포화수의 보유열량은 변화한다. 임계압력 22.12MPa(a), 임계온도 374.15℃에서 잠열은 0이 된다.

▶ **임펠러**(Impeller)

날개차라고도 하며 원심펌프 또는 원심식 송풍기에서 곡면을 가진 다수의 날개를 갖춘 바퀴이다. 모터 등에 의해 임펠러를 회전시켜 원심력을 이용하여 송풍이나 송수작용을 하는, 일명 디퓨저펌프이다. 임펠러를 이용하여 관로 내부를 통과하는 임펠러형 유량계도 있다.

ㅈ

▶ **자동급수조정장치**(FWC ; Feed Water Control)

▶ **자동 보일러제어**(ABC ; Automatic Boiler Control)

▶ **자동연소제어**(ACC ; Automatic Combustion Control)

▶ **자동증기온도제어**(STC ; Steam Temperature Control)

▶ **자연대류**(Natural Convection)

액체나 기체가 가열되어 체적이 늘어나고 가벼워져서 위로 상승하며 그 다음에 주위의 가열되지 않은 유체가 하강하는 연속적인 흐름이다.

▶ **자연발화**(Spontaneous Ignition)

석탄은 풍화함으로써 열이 발생하고 이 열이 풍화를 진행시키면 더욱 석탄의 온도가 상승하여 열이 방산되지 않고 석탄을 저장하고 있는 내부에 축적되어 스스로 완만연소하는 것이다.

▶ **자연통풍**(Natural Draft)

연소장치에서의 통풍방법으로 굴뚝의 흡인력만으로 연소용 공기를 연소실로 공급하여 연소 후 연소가스를 보일러 전열면으로 유동시켜 배기가스를 굴뚝으로 배출하는 간단한 통풍

▶ **자외선 광전관**(Ultraviolet Ray Photoelectric Tube)
화염검출기의 일종으로 자외선 영역의 파장의 빛에 대해서만 반응하는 특성을 가지고 있으므로 자외선을 비출 때 그 금속면에서 광전자를 방출하는 광전자 방출현상을 이용하고 있다. 울트라 비전이라고도 한다.

▶ **잠열**(Latent Heat)
물이나 얼음이 온도 변화 없이 상태변화 시 소비되는 열량이다. 보일러에서는 증발열, 응축열이 있다.

▶ **장기보존법**(Boiler Banking for Long Term)
보일러 휴지기간이 장기간인 경우 휴지하는 방법으로 건조보존법, 질소봉입보존법 등이 있다.

▶ **재**(Ash)
유기물질의 유기질을 완전히 연소시킨 후 남는 무기질이다. 즉, 완전히 연소시키고 난 후의 찌꺼기를 말한다.

▶ **재생**(Regeneration)
이온교환수지의 소요 채수능력이 저하된 것을 복원하는 공정이다. 염수(소금물)가 사용되기도 한다.

▶ **재생식 공기예열기**(Regenerative Air Preheater)
금속판에 의한 전열체를 연소배기가스와 연소용 공기에 교대로 접촉시켜서 열교환을 한 후 연소용 공기를 예열한다. 전열체는 원통 내에 넣고 이것이 회전하여 전열을 하는 공기 예열기이다. 흔히 회전식이라 하며 개발자의 이름을 딴 융스트롬(Ljungstrom)식이라고 한다.

▶ **재생제**(Regenerant)
이온 교환수지의 재생에 사용하는 약제 Na형 양이온 교환수지에서는 식염(NaCl)이, H형 양이온 교환수지에서는 염산(HCl) 또는 황산(H_2SO_4), OH형 음이온 교환수지에서는 가성소다(NaOH)가 주로 수용액으로 하여 재생제로 사용된다.

▶ **재열기**(Reheater)
터빈의 배기과열증기는 온도가 강하하면 다시 가열하여 과열증기로 하기 위한 구조의 과열기이다.

▶ **저위발열량**(Lower Calorific)
연료 중 수소의 연소에 의해 H_2O가 발생한다. 이 수증기가 응축액화 시 응축잠열을 방출한다. 이 응축열을 포함하지 않는 발열량이 저위발열량이다.

▶ **저수위 경보기**(Low-water Level Alarm)
보일러 수위가 안전저수면까지 저하했을 때 경보를 발하는 장치이다. 고저 수위경보기로 사용되지만 최근에는 경보를 발하고 동시에 연소가 차단되는 신호를 보내는 저수위 차단기가 사용된다.

▶ **저수위 연료차단기**(Low Water Level Fuel Cut-off Device)
보일러 수위가 안전저수면 이하 시 연료의 공급을 차단하여 연소를 정지시키는 기구로서 먼저 수위검출로는 플로트식, 전극식, 자석형 플로트식과 연료차단에는 전자밸브, 액동식 차단 밸브 등을 합하여 저수위 차단장치라 한다.

▶ **저연소 인터록**(Low Fire Interlock)
자동제어로 시동할 때 주 버너 착화 시의 충격을 최소한으로 억제하기 위해 주 버너의 연료 조절밸브의 개도가 저연소 위치가 되지 않으면 점화동작으로 이행시키지 않도록 한 인터록(리밋 스위치 등으로 구성된 인터록이다.)

▶ **저온부식**(Low Temperature Corrosion)
2산화유황(SO_2)은 과잉한 연소용 공기 중의 O_2와 화합하여 SO_3가 된다. 또 연소가스 중 H_2O와 화합하여 진한 황산(H_2SO_4)이 되어 전열면에 접촉하여 노점 이하가 되면 황산으로 변화해서 금속 면에 부식을 일으키는 것

▶ **전경도**(총경도, Total Hardness)
탄산염 경도(일시경도)와 비탄산염 경도(영구경도)의 합 또는 Ca 경도와 Mg 경도의 합이다.

▶ **전극식 수위검출기**(Electrode Type Water Level Detector)
전극을 수중에 삽입하여 전극에 흐르는 전류의 유무에 의해 수위를 검출하는 수위검출기이다. 수중에 이온이 없으면 도전성이 없기 때문에 순수는 수위검출이 어렵다.(고수위경보용 전극, 급수펌프 정지용 전극, 급수펌프 기동용 전극, 저수위 경보 및 연료차단용 전극 4개가 삽입된다.)

▶ **전기 보일러**(Electric Boiler)
전력설비용량 20kW당 전열면적 $1m^2$이다.

▶ **전단응력**(Shearing Force)
물체 내 하나의 단면상에 크기가 같고 방향이 반대인 한 쌍의 힘이 작용하여 물체를 그 단면에서 단절하려는 하중

▶ **전도식 공기예열기**(Heat Conduction Type Air Preheater)
재생식 공기예열기

▶ **전동밸브**(Motor-operated Valve)
컨트롤 모터의 회전운동에 따라 밸브의 개폐를 조절하는 목적의 자동밸브이다. 유량조절에 사용된다.

▶ **전량식 안전밸브**(Full Bore Safety Valve)

밸브 시트 구경이 목 부분 지름의 1.15배 이상, 밸브가 열렸을 때 밸브 시트 구멍의 증기 통로 면적이 목 부분 면적의 1.05배 이상이고 또한 밸브 입구 및 관대의 최소 증기 통로 면적이 목 부분 면적의 1.7배 이상 되는 스프링식 안전밸브이다.

▶ **전반구형 경판**(Spheroidal Surface Type End Plate)

둥근 원형을 둘로 쪼갠 형상의 경판으로 경판 중 강도가 가장 우수하다.

▶ **전열**(Heating Transfer)

열은 온도가 높은 쪽으로 흐른다. 이와 같이 열이 옮겨가는 현상을 전열이라 하고 전도, 대류, 방사가 단독 또는 동시에 일어난다.

▶ **전열면적**(Heating Surface Area)

보일러 전열면적이란 보일러 본체의 한쪽 면이 연소가스에 닿고 다른 쪽 면이 물에 닿는 부분의 면 중에서 연소가스 측에서 측정한 면적이다.

▶ **전열면의 증발률**(Heating Surface Evaporation Rate)

전열면적 $1m^2$당 1시간의 증발량으로 단위는 (kg/m^2h)이다.

▶ **전자관식 화염검출기**(Electronic Tube Type Flame Detector)

플레임 아이라 하며 사람의 눈 대신에 전자관을 사용한 검출장치에 의해 버너의 선단에서 빛을 내고 있는가의 여부를 측정함으로써 화염 유무를 검출하는 것이다.

▶ **전자밸브**(Electromagnetic Valve Solenoid Operated Valve)

솔레노이드밸브라 하며 원통형의 코일이다. 전자석과 밸브를 가지며 전자코일의 통전에 의해 자기력을 변화시키고 이것에 연통하여 밸브를 개폐시켜 유체의 유동을 차단 또는 유동한다.
제어동작으로 순간적 완전개방, 순간적 완전폐쇄, 즉 온-오프 동작을 한다. 주로 연료차단밸브, 파일럿밸브로 사용되며 오일전자밸브가 대표적이다.

▶ **절대압력**(Absolute Pressure)

기밀한 용기 내의 공기를 추기펌프로 빼내면 공기는 서서히 없어져 마지막에는 진공이 된다. 이 완전한 진공의 상태를 0으로 하고 거기에 얼마의 압력이 남아 있는가를 재는 압력이 절대압력이다.

▶ **절대온도**(Absolute Temperature)

물리학상 최저온도 $-273.15℃$이다. 이 $-273.15℃$를 0도로 하여 표시하는 온도이다. 영국의 물리학자 켈빈의 머리글자(K)를 기호로 하여 $T=t+273.15=K$가 된다.

▶ **절탄기**(이코노마이저, Economizer)

폐열회수장치이며 배기가스로 급수를 가열하여 연료절약을 한다.(열효율을 높이는 장치)

▶ **점개밸브**(Slow Opening Valve)

분출밸브용이며 핸들을 여러 번 조작하지 않으면 개방하지 않는 구조다.

▶ **점결성**(Caking Property)

석탄의 종류 중 역청탄 등은 350℃ 이상 가열되면 용융상태가 되는 성질이 있다. 이 성질을 점결성이라 한다.

▶ **점도**(Viscosity)

액체의 점성을 말한다. 점성에는 절대온도와 동점온도가 있다. 점도측정에는 모세관식, 동심원통식, 낙구식 등이 있다. 중유의 경우는 센티스토크스(cSt)로 나타낸 50℃의 동점도를 채용하고 있다.

▶ **점식**(Pitting)

수중의 용존산소나 CO_2 등의 기체는 그 작용에 의해 보일러 내면에 일어나는 점상의 부식을 말한다.

▶ **점화버너**(Pilot Burner)

점화할 때 불씨로써 불꽃을 만들어 점화시키는 파일럿 버너이다.

▶ **점화용 변압기**(Ignition Transformer)

이그니션 트랜스이다. 전자유도를 이용하여 교류전압을 승강시키는 정지기기를 변압기라 하고 보일러에서 변압기는 점화 시 스파크 발생을 위해, 전압승압(가스 6,000~8,000V, 오일 10,000~15,000V)을 위해 사용된다.

▶ **점화플러그**(Ignition Plug)

간격 3~5mm 정도의 전극 간 또는 전극과 몸체 간에서 6,000~15,000V 정도의 고전압을 걸어 전기불꽃을 발생시켜 점화용 불씨로 한다.

▶ **접시형 경판**(Dish Type End Plate)

두 구면으로 구성된 경판이며 R값은 중앙부의 내면의 반경으로 D 이하이고 r은 구석의 둥근 부분의 반경 50mm 이하로 노통이 없는 것이 0.06D 이상, 그리고 노통이 있는 것이 0.04D 값 이상인 경판이다.

▶ **접촉전열면**(Contact Heating Surface)
연소가스와 접촉함으로써 연소가스가 갖는 열을 보일러수나 증기에 전하는 전열면이고 일명 대류전열면이라 한다. 전열면은 연소가스로부터의 열전도 방법에 따라 복사전열면과 대류전열면으로 나뉜다.

▶ **정격증발량**(Evaporation Rate)
환산증발량 또는 기준증발량(보일러 최대증기발생량 kg/h)

▶ **정류식 광전관**(Rectifier Type Photoelectric Tube)
빛이 산화은 세슘, 즉 음극에 닿으면 음극에서 광전자를 방출하는 성질을 이용한 전자관이며 광전변환소자로서의 화염검출기이다. 증기분무 외의 오일연소버너에 사용된다.

▶ **정압**(Specific Pressure)
기체가 유동하지 않아도 계측되는 압력이다.

▶ **정압비열**(Specific Heat at Constant Volume)
기체의 압력을 일정하게 해두고 체적이 팽창한 경우의 비열이며 기체는 정압비열을 평균비열로 쓰는 경우가 많다.

▶ **정용비열**(정적비열, Specific Heat At Constant Pressure)
기체의 체적을 일정하게 해두고 압력이 변화한 경우의 비열이다.

▶ **제게르 콘**(Seger Cone)
내화재의 내화도를 측정하기 위한 일종의 온도계로 규석, 장석, 탄산칼슘 등을 배합하여 삼각뿔로 성형한 것이다. 콘이 가열되어 연화하여 머리 쪽이 바닥에 닿는 온도가 연화점이다. 59종류가 있고 600~2,000℃ 범위의 내화도에 따라 SK 기호를 붙인다.

▶ **주철제 보일러**(Cast Iron Boiler)
주철제의 섹션을 조합시킨 구조의 보일러이다. 난방용 등 저압의 증기나 온수를 만드는 보일러로서 사용되고 보일러 구조 규격에서 증기는 0.1MPa 이하, 온수용으로는 0.5MPa(수두압 50m) 이하, 사용온도는 120℃ 이하로 정하고 있는 보일러이다.

▶ **줄**(Joule)
일 또는 에너지의 단위로 기호는 (J)이며 영국의 물리학자 Joule의 머리글자를 사용한다. SI 조립단위의 하나로 1J은 약 0.239cal이다.

▶ **중량**(Weight)
$9.80665m/s^2$ 가속도 상태에서 질량이 1kg인 물체의 무게는 $1kg_f$(중량킬로그램)이 된다. 즉, 중량(kg_f)은 질량이 같아도 가속도에 따라 수치가 달라진다.

▶ **중성**(Neutral)
어떤 물질이 산성도 아니고 알칼리성(염기성)도 아닌 것을 말한다. 수용액 25℃에서 pH가 7.0일 때 중성이 된다.

▶ **중유첨가제**(조연제, Fuel Oil Additives)
중유 연소 시 장해가 발생하는 것을 방지하거나 감소시키기 위한 약제이다.

▶ **중화**(Neutralization)
화학반응에서 중화란 산의 H^+와 염기의 OH^-가 결합하여 H_2O를 발생하는 반응을 말한다. 중화반응 시 H_2O 외에 염도 생긴다.

▶ **증기헤더**(Steam Header)
보일러로부터 발생한 증기를 한곳에 모아서 증기사용현장으로 합리적으로 공급(분배)하기 위한 원통형 용기이다. 일명 증기분기관이다.

▶ **증기드럼**(Steam Drum)
기수드럼이다.

▶ **증기밸브**
청동, 특수합금, 주철, 주강제가 있고 글로브밸브, 앵글밸브, 게이트밸브(직류 슬루스밸브)가 있다.

▶ **증기분무식 버너**(Steam Jet Burner)
압력을 가진 증기를 매체로 하여 그 에너지를 연료유의 무화(안개방울)에 이용하는 제트버너이다.

▶ **증기식 공기예열기**(Steam Air Preheater)
공기예열기의 저온 부식을 방지하기 위한 방법의 하나로 증기에 의해 공기를 60~80℃로 예열한다.

▶ **증기식 오일가열기**(Stream Oil Heater)
증기를 열원으로 하는 가열장치, 즉 대용량 오일을 증기로 가열시킨다.

▶ **증기트랩**(Stream Trap)
증기 사용기기에서 내부에 생긴 드레인(복수)만을 외부로 신속히 배제하여 관의 부식 또는 수격작용, 증기열손실을 방지한다. 응축수 배출방법에 따라 기계적, 온도차, 열역학을 이용한 스팀트랩이 있다.

▶ **증발식 오일버너**(액면연소, Vaporizing Type Oil Burner)
증발접시에 일정한 유면을 유지하도록 오일을 공급하고 외륜 및 내륜에 설치된 작은 구멍으로부터 공기가 오일받이 상면으로 도입되도록 한 후 오일면 위에 화염을 형성하는 버너이다.
소용량 보일러용이며 경유나 등유를 사용한다.

▶ **직관식 수관 보일러**(Straight Water-tube Boiler)
수관이 모두 곧은 것으로 구성되어 있는 보일러로 일부의 수직형을 제외하고 제조는 거의 되지 않고 있다. 옛날 다쿠마 보일러, 쯔네기치 보일러 등이 직관식 수관 보일러이다.

▶ **직접 점화방식**(오일 건타입버너방식, Direct Firing by Sparked Fire)
파일럿 버너 없이 직접 점화 스파크에 의해 버너의 주연료에 점화하는 방식이다. 오일 건타입 버너가 이 형식의 점화를 한다.

▶ **진공탈기기**(Vacuum Deaerator)
피처리수를 가열하지 않고 탈기기 내를 감압 진공하여 피처리수에 녹아 있는 기체를 제거하는 방식이다.

▶ **질량**(Mass)
물체가 갖는 고유의 양, 가속도나 중력이 바뀌어도 질량은 달라지지 않고 중량 $1kg_f$와는 다르다.

▶ **질소산화물**(Nitrogen Oxides)
연료의 연소 시 질소와 산소 산화반응으로 발생한다. 연소온도가 높을수록 그 발생량이 많아진다. NO와 NO_2가 있으며 이것을 총칭하여 녹스(NO_x)라 한다.

▶ **집진장치**(Dust Collector)
연소배기가스 중 매진(분진)은 대기오염의 주범이므로 이것을 소정의 값 이하로 제거하는 장치이다. 건식, 습식, 전기식이 있다.

ㅊ

▶ **차압식 수위검출기**(Manometer Type Water Level Detector)
보일러 드럼의 증기부와 수부의 콘덴서에 의해 응축된 드레인과 수부의 수두압과 차를 검출하여 차압발신기에 의해 보조동력을 써서 조작부로 신호를 보내는 수위검출기로서 원격수면계로도 이용된다.

▶ **차압식 유량계**(Differential Pressure Flow Meter)
오리피스, 플로노즐, 벤투리 유량계가 차압식 유량계이다.

▶ **착화아치**(Ignition Arch)
석탄 등 고체 연료의 스토커 연소에 있어서 착화 및 연소촉진을 위해 둔 아치이다.

▶ **착화온도**(Ignition Temperature)
발화점이라 하며 연료가 주위산화열에 의해 불이 붙은 최저 온도로서 착화온도는 고유값은 아니다.

▶ **착화트랜스**(Ignition Transformer)
이그니션 트랜스를 말한다.

▶ **처리수**(Treated Boiler Feed Water)
급수처리된 물, 즉 연화수 또는 이온교환수

▶ **천연가스**(Natural Gas)
메탄이 주성분인 가스로서 유전가스, 가스전가스, 탄전가스가 천연가스이다. 넓은 의미로는 천연적으로 지하에서 발생하는 가스이다.

▶ **천장스테이**(Crown Stay)
행거스테이라고 하며 기관차형 보일러 외부 화실판의 반원통부 하부에 설치하는 봉 스테이 중에서 수직방향의 스테이가 된다.

▶ **청소구멍**(Cleaning Hole)
보일러 청소구멍으로 긴 지름 90mm 이상 짧은 지름 70mm 이상의 타원형 또는 직경 90mm 이상의 원형구멍이다.

▶ **체크밸브**(Check Valve)
유체를 한 방향으로만 유동시키고 유체가 정지 시 밸브보디가 유체의 배압으로 닫혀 역류하는 것을 방지한다. 구조상 리프트식, 스윙식, 디스크식 체크밸브가 있다.

▶ **촉매**(Catalyzer)
그 자신은 결과적으로 화학변화를 일으키지 않으면서 다른 화학반응의 속도를 변화시키는 물질이다. 정촉매는 반응속도를 증가시키며, 감소시키는 것은 부촉매라 한다.

▶ **최고사용압력**(Maximum Allowable Working Pressure)
그 구조상 사용 가능한 최고의 게이지 압력

▶ **추 안전밸브**(Clead-weight Loaded Safety Valve)
주철제 원반의 추로 밸브를 밸브시트에 직접 밀어붙이는 구조의 안전밸브. 밸브가 조금 기울어져도 기밀이 유지되도록 글로브형으로 되어 있다.

▶ **축류 팬**(Axial Flow Fan)
배의 스크루와 같은 모양을 한 것으로 고속운동에 적합하며 특히 고압력 발생을 요하는 경우 등에 사용된다. 구조가 간단하여 소형의 덕트 도중에도 부착이 용이하다.

▶ **출열**(Flow Out Heat)
보일러에서 발생증기 보유열, 배기가스의 보유열, 불완전 열손실, 노벽의 방사손실, 노 내 분입증기에 의한 열손실 등이다.

ㅋ

▶ **카본 퇴적**(Carbon Deposit)
오일 버너에서 무화 불량으로 연소상태가 나쁠 때, 오일 탄소의 미립자가 불완전연소하여 끈적거리는 상태로 노벽이나 버너 타일 등에 부착하여 미연상태 코크스상의 덩어리가 된 것이다.

▶ **칼슘 경도**(Calcium Hardness)
수중의 칼슘이온의 양을 이에 대응하는 탄산칼슘의 양으로 환산하여 시료 1L 중 mg 수로 나타낸다.

▶ **캐리오버**(Carry-over)
보일러수 중의 용해고형물이나 현탁고형물이 증기에 섞여서 보일러 밖으로 운반되는 현상이다. 이러한 기계적 캐리오버 외에 실리카(SiO_2)의 선택적 캐리오버가 있다.

▶ **캐비테이션**(Cavitation)
펌프나 급수관 내에서 운전 중에 각 부위마다 유속이나 압력이 다르다. 어떤 장소의 압력이 그 부분의 수온에 의한 포화압력보다 낮으면 고체표면과 물 사이에 증기가 발생하여 용해공기가 분리하거나 기포가 발생하여 빈 공간이 생기는 현상, 즉 공동현상을 말한다. 캐비테이션이 발생하면 소음, 진동, 부식, 급수불능이 생길 수 있다.

▶ **캡타이어 케이블**(Cabtyre Cable)
전선을 고무로 절연 피복하여 완전한 안전성을 갖게 한 케이블이다. 이동전선 등에 연결하여 사용하며 내산, 내수성이 강하고 누전에 안전한 코드이다. 보일러 수리 시에 조명용 등으로 사용된다.

▶ **컨트롤 모터**(Control Motor)
전기식의 비례제어장치에서 댐퍼나 연료조절밸브 등의 개도조절에 쓰이는 정전, 역전기능이 가능한 전동기이다.

▶ **컬렉터**(Collector)
주철제 증기 보일러에 있어서 각 섹션에서 나온 증기를 평균적으로 모으기 위해 각 섹션의 증기관을 집합한 소위 증기집행관을 컬렉터라 한다.

▶ **케이싱**(Casing)
보일러 벽을 둘러싼 강판이다.

▶ **코니시 보일러**(Cornish Boiler)
19세기 초 영국에서 개발되었다. 드럼 내에 노통을 하나 넣은 내연소식 보일러로서 원통형이다.

▶ **코크란 보일러**(Cochran Boiler)
수직 연관 보일러의 연관이 갖는 결점을 시정하여 연관을 수평으로 한 것으로 연관은 전부 물에 접촉하고 있으므로 과열이 일어나지 않는 입형 보일러이다.

▶ **코크스**(Cokes)
석탄을 1,000℃ 가까이 건류시켜서 가스분을 방출한 다음 남는 고정탄소를 말한다. 야금용, 주물용으로 사용되며 연소 시 매연이 없고 화염이 짧으며 화층 내의 온도가 높다.

▶ **콕**(Cock)
본체 내부에 테이퍼 또는 원통형의 자리가 있으며 그 속에 회전 가능한 플러그가 있다. 그 플러그의 회전이 90도이며 개폐가 용이하다.

▶ **크랙**(Crack)
균열이다.

▶ **클링커**(Clinker)
석탄 연소 시 고온에 의해 녹은 재가 덩어리로 굳은 것이다.

ㅌ

▶ **타닌**(슬러지 분산제, Tannis)
5배자 등에서 얻은 액체를 증발시킨 후 건고하여 정제한 황색의 분말이다. 항산화작용 항균작용을 하며 저압 보일러 탈산소제 및 슬러지 분산제로 분산된다.

▶ **타쿠마 보일러**(Takuma Boiler)

일본의 타쿠마에 의해 발명된 것으로 수관식 보일러, 강수관, 승수관이 있고 강수관은 일렬로 2중관으로 된 보일러이다.(수관의 경사도 45°)

▶ **탄산나트륨**(Sodium Carbonate)

Na_2CO_3이며 백색 분말로 수용액은 약알칼리성이다. 물의 경도를 연화시키며 탄산소다(소다회)라 한다.

▶ **탄산염 경도**(Carbonate Hardness)

경도 성분이 칼슘, 마그네슘의 탄산수소염에 의한 것으로 끓이면 불용성의 탄산염은 침전하고 CO_2를 방출하며 윗물은 연수가 되는 일시경도 성분이다. 일명 일시경수라 한다.

▶ **탄젠트관 배열**(Tangent Tube Arrangement)

노 벽 수관을 근접하여 내화재 벽의 연소실 내측에도 배치한 구조의 수관배열

▶ **탈산소제**(Oxygen Scavenger)

산소를 환원하는 약제로서 보일러 급수처리에서 수중의 용존산소에 의한 보일러수 측의 부식방지를 위해 아황산나트륨이나 히드라진 등의 탈산소제를 수용액으로 하여 급수계통에 주입시킨다.
① $Na_2SO_3 + H_2O \rightarrow 2NaOH + SO_2$
② $N_2H_4 + O_2 \rightarrow 2H_2O + N_2$

▶ **탈탄산염 연화법**(탈알칼리 연화법)

원수의 알칼리도가 높은 경우에 연화와 동시에 탄산수소이온 및 탄산이온을 제거하는 이온교환 처리방법이다.

▶ **탐지구멍**(Telltale Hole)

스테이 볼트는 사용하는 개소가 좁아 파손 시 발견이 어렵다. 그래서 외측으로부터 가느다란 구멍을 뚫어, 스테이 볼트가 부러질 경우 이 구멍으로 증기를 분출시켜 알 수 있도록 하고 있는데, 이 구멍을 탐지 구멍이라고 한다.

▶ **터보형 송풍기**(Turbo Fan)

임펠러는 날개 출구각이 30~40도이며 8~24매 후향날개의 원심식 송풍기이다. 형상은 크나 구조가 간단하고 고속회전에 적합하다. 통풍력은 2,000~8,000Pa로 고압이다.

▶ **터빈펌프**(Turbine Pump)

임펠러 주변에 안내날개가 있는 펌프이다. 속도를 압력으로 바꾸기 위한 안내 가이드 때문에 물의 속도가 압력으로 바뀐다.
단수가 더해지므로 고압이 얻어지는 급수펌프이고 디퓨저펌프라고도 한다.

▶ **테스트 레버**(Test Lever)

스프링식 안전밸브의 분출시험을 수동으로 하는 경우에 사용되는 손잡이

▶ **토크**(Torque)

회전물체가 그 회전축 둘레에서 받는 우력, 즉 회전 모멘트 등 회전운동을 일으키는 모멘트이다.

▶ **통약**(Regeneration of Chemicals by Chemical Treatment)

이온교환수지의 재생 시에 재생액을 수지층에 주입하는 것

▶ **통풍**(Draft)

연소실 및 연도를 통해 일어나는 공기 및 연소가스의 연속적인 유동이다. 이때 연소실 입구와 연도 종단 사이에 압력차가 생기는 것을 통풍이라 한다.
통풍에는 자연통풍과 인공통풍이 있다. 인공통풍에는 통풍기(팬)를 사용하며 통풍력을 드래프트라 한다.

▶ **튜브 클리너**(Tube Cleaner)

보일러용 튜브 클리너는 보일러를 기계적으로 청소하기 위한 관내 청소기이다.

▶ **특수 보일러**(Special Boiler)

특수 보일러는 사용연료가 화석연료가 아닌 연료를 사용하거나 물 대신 열매체를 사용하는 보일러로서 특수열매체 보일러, 특수연료 보일러, 폐열 보일러, 특수가열 보일러, 전기 보일러 등이 있다.

▶ **특수연료 보일러**(Special Fuel Boiler)

톱밥연소 보일러, 버개스 보일러, 바크 보일러, 흑액연소 보일러, 소다회수 보일러가 있다.

▶ **특수열매체 보일러**(Special Heating Medium Boiler)

물 이외 다우섬 등 열매체를 사용하는 보일러로서 저압에서 고온의 액상 또는 기상을 얻는 보일러이다.

▶ **틸팅버너**(Tilting Burner)

연료의 분사 각도를 30도 정도 범위 내에서 상하로 기울어지게 한 버너로, 과열증기 온도제어 방식인 틸팅버너 방식에 사용되는 버너이다.

ㅍ

▶ **파스칼**(Pascal)
압력단위 Pa, $1Pa = 1N/m^2$, $1MPa = 10.197162 kgf/cm^2$ 정도이다.

▶ **파일럿 버너**(Pilot Burner)
점화버너이다.

▶ **파일럿 점화장치**(Firing Method by Pilot Flame)
스파크 발생장치에서 나오는 스파크에 의해 일단 파일럿 점화버너에 점화하고 이 점화버너에 의해 주 버너에 점화시키는 방법이다.

▶ **파형노통**(Corrugated Flue)
특수한 롤에 의해 표면을 파형으로 한 노통이다. 외압에 대한 강도가 뛰어나고 열팽창에 순응성이 있어 현재의 노통연관 보일러는 대부분 파형노통이다.

▶ **패키지형 보일러**(Packaged Boiler)
보일러 제조공장에서 구조검사가 실시되는 보일러. 거의 조립이 완료되어서 설치장소에는 기초 위에 올리기만 하면 되는 보일러이다.

▶ **팽출**(Swelling)
일명 벌지(Bulge)라고 한다. 수관이나 드럼 등 내압을 받는 부분이 과열에 의해 강도가 저하되어 외부로 부풀어 나오는 현상이다.

▶ **평형경판**(Flat Type End Plate)
평판으로 만든 경판으로서 경판 중 가장 강도가 약하다. 그렇기 때문에 스테이에 의해 보강된다. 일명 평경판이라 한다.

▶ **평형노통**(Plain Cylindrical Furnace)
평판을 말아 원통형으로 구성한 노통이다. 노통의 길이 방향의 열팽창에 의한 부작용을 방지하기 위해 원통형 길이 1m 전후로 마디를 나누고 이 마디를 수 개~10개의 애덤슨 이음으로 결합하여 평형노통을 하고 경판의 부분에 브리딩 스페이스(Breading Space) 부분을 확보한다. 즉 노통의 열팽창에 대한 신축호흡거리를 유지한다.

▶ **평형반사식 수면계**(Reflex Type Water Gauge)
평판 유리의 이면에 세모의 홈이 여러 줄 새겨져 있으며 물이 있는 부분은 광선 흡수로 검게 보이고 증기가 있는 부위는 반사되어 은색으로 나타나는 수면계

▶ **평형통풍방식**(Balanced Draft System)
인공통풍방식으로 강제통풍과 유인통풍을 겸용한 통풍방식, 주로 대용량 보일러에서 사용된다.

▶ **평형투시식 수면계**(Transparent Type Water Gauge)
두께 10mm 이상의 금속테 양쪽에 두꺼운 유리를 대고 다시 그 양측에 금속테를 대어 볼트로 죈 수면계이다. 이 두꺼운 유리는 투명하기 때문에 표면으로부터 내부로 광선이 통해서 수면이 투시된다.

▶ **폐열 보일러**(Water Heat Boiler)
다른 플랜트에서 생긴 고온가스를 열원으로 하는 보일러이다. 연소장치는 없고 연소가스 통로만 존재하며 연료비는 들지 않는다.

▶ **포밍**(Foaming)
보일러수 중의 유지류나 용해고형물 부유물 등의 농도가 높아지면 드럼 내 수면에 거품이 발생하여 보일러의 기실 내에 거품이 쌓여 증기에 수분이 혼입하게 된다. (일명 "물보라"이다.)

▶ **포스트퍼지**(Post-purge)
버너 연소에서 연소정지 후에 노 내를 환기시키는 사후 환기법

▶ **포화수**(Saturated Water)
포화온도의 상태에 있는 물이다. 포화수에 열을 가하면 그 일부는 비등하여 증발을 일으키고 포화수의 온도는 상승하지 않는다. 이때 발생되는 증기를 포화증기(Saturated Steam)라 하고 미량의 물방울이 없으면 건포화증기, 미량의 물방울이 있으면 습포화증기이다.

▶ **폭발문**(방폭문, Explosion Door)
버너 연소의 경우 특히 점화 시에 급격히 노 속의 공기가 팽창하기 때문에 연도로 미처 나가지 못하는 배기가스 등을 일부 연소실 또는 연도에서 외부로 내기 위한 안전문이다.

▶ **폴리셔**(이온교환수지탑, Polisher)
전염 탈염장치로부터 얻어지는 순수의 순도를 더 향상시키기 위해 전염 탈염장치 다음에 설치하는 이온교환수지탑이다. 미량의 불순물을 제거하는, 즉 물을 닦는다는 의미이다.

▶ **표면분출**(수면분출, Surface Blow)
보일러 운전 중 보일러수의 수면 부근은 가장 농축수가 심한 곳이다. 부유물 등을 연속적으로 분출하기 위해 안전저수면 부근에 연속분출관을 설치한다.

▶ **표준대기압**(Standard Atmospheric Pressure)
1.0332kgf/cm^2=10.332mH$_2$O=14.7PSI=101,325Pa 압력이다.

▶ **풍압스위치**(Wind Pressure Switch)
풍압을 제어하여 전기접점으로 신호를 내는 압력스위치의 일종으로 일정시간 내에 통풍력이 생기지 않으면 운전이 정지된다.

▶ **풍화**(風化)
석탄을 대기 중에 장기간 방치하여 저장하면 표면의 광택을 잃고 부서지며 휘발분이 적어지는 현상이다.

▶ **프라이밍**(Priming)
포화수가 보일러 내의 수면에서 포화증기로 증발을 심하게 하는 과정에서 증기발생과 함께 물방울이 심하게 튀어나오는 현상이다.

▶ **플레임 로드**(Flame Rod)
불꽃에 전기가 통하는 것을 이용하여 화염 속에 전극을 삽입하여 전극에 흐르는 전류의 유무에 의해 불꽃을 검출하는 화염검출기로서 파일럿 점화버너에 사용된다.

▶ **플레임 아이**(Flame Eye)
광전관 화염검출기의 고유명이다.

▶ **프리퍼지**(Pre-purge)
점화 조작 전에 연소실 및 연도 내를 환기하는 사전 환기

▶ **플래시 탱크**(Flash Tank)
연속분출에 의해 보일러에서 배출된 보일러수를 받아서 압력을 감소시켜 재증발한 증기를 저압증기로 사용하는 탱크이다. 분출수는 열교환기에서 열회수를 도모하고 있다.

▶ **플런저 펌프**(Plunger Pump)
실린더 내의 피스톤의 왕복운동으로 액체를 내보내는 왕복식 펌프로서 고압에도 적합하다.

▶ **플레이트형 송풍기**(Plate Fan)
중앙의 회전 축에서 방사상으로 6~12매의 플레이트를 부착한 송풍기로서 통풍압은 500~5,000Pa 정도이다. (원심식 송풍기의 일종)

▶ **플렉시블 튜브**(Flexible Tube)
신축이음, 가요관 등을 포함한 신축관으로 급수펌프 등 펌프 출구 배관에 많이 사용된다.

▶ **플로트 스위치**(Float Switch)
플로트의 상해 액면의 변동에 따라 스위치를 온-오프하는 것으로, 물탱크, 오일탱크용 수면, 유면 조절기이다.

▶ **플로트식 수위조절기**(맥도널식, Float Type Water Level Controller)
플로트(부자)에 의해 수위를 검출하여 그 위치에 따라 급수 펌프를 시동 또는 정지시키는 것으로 보일러 내 수위가 규정된 수위보다 수면이 너무 높거나 저하하면 연소를 정지시킨다.

▶ **피드백 제어**(Feed Back Control)
제어량과 목푯값을 비교하여 양자를 일치시키도록 정정 동작을 하는 제어이다.

▶ **피팅**(Pitting)
점식이라 하며 수중의 용존산소나 CO$_2$ 등의 가스분에 의해 물에 접하는 보일러 내면에 일어나는 부식이다. 즉, 점모양의 부식이며 Pit는 구멍이란 뜻이다.

▶ **핀 부착 수관수랭벽**(Finned Tube Water-wall)
수랭벽관, 즉 수관에 핀을 용접한 핀 부착 수관을 배치한 구조의 수랭벽이다.

▶ **핀 홀**(Pin Hole)
용접부에 남아 있는 미소한 가스의 공동 구멍

▶ **필터**(Filter)
공기나 가스 등의 먼지를 제거하는 데 쓰는 여과장치

ㅎ

▶ **하강관**(Down Comer)
보일러수가 증기드럼에서 하강하는 관, 즉 강수관이다.

▶ **하급식 스토커**(Underfeed Stoker)
석탄을 연소실 바닥 밑에 있는 레토르트(Retort)에서 스크루에 의해 밀어올려 연소시키는 방식이다. 스크루의 양측에 1차 공기용의 덕트가 있고 이곳으로 강제통풍이 공급된다.

▶ **하트포드 연결법**(Hartford Connection)
미국 하트포드 보험회사에서 제창한 주철제 보일러의 급수배관법이다. 역지밸브(체크밸브)가 고장 나도 안전 저수면 이하 저수위가 되지 않는 특징이 있다.

▶ **항습시료**(Moisture Free Sample)
석탄의 공업분석 시 이용하는 시료이다. 석탄을 0.25mm 이하로 분쇄하여 식염포화용액을 넣은 항습용기 속에 24시간 정치한 후 그 습도를 평형으로 한 것이다.

▶ **핵비등**(Nuclear Boiling)
통상 운전 중의 보일러는 전열면에서 증기가 기포로 되어 비등증발한다. 이러한 정상적인 기포의 비등을 말한다.

▶ **허용인장응력**(Permissible Tensile Stress)
인장에 대한 세기 값이다. 보일러의 경우 연강의 인장허용응력은 인장강도의 1/4에 해당한다.

▶ **헌팅**(Hunting)
제어량이 안정하지 않고 주기적으로 진동을 일으키는 것이다.

▶ **현탁 고형물**(Suspended Solid Matter)
물에 녹지 않고 침강하지 않는 현탁물로서 현미경으로 볼 수 있을 정도의 크기다. 미립자의 고형물질로서 캐리오버를 촉진시키는 물질이다.

▶ **호흡공간**(브리딩 스페이스, Breathing Space)
노통연관 보일러 등에서 평판의 노통설치부가 노통의 열에 의한 신축에 의해 평관판(거울판)이 나왔다 들어갔다 하는 호흡작용을 유지하기 위해 거짓 스테이를 부착하는 경우 이 호흡공간이 유지되도록 만든 구조이다.

▶ **혼소버너**(Multi-fuel Burner)
기름, 가스 등 종류가 다른 연료를 전용의 버너로 동시 또는 교대로 연소가 가능하도록 설계된 버너이다. 대형 수관 보일러에 이용되는 혼소 보일러에는 미분탄과 중유 또는 중유와 가스의 혼소버너가 있다.

▶ **화격자**(Fire Grate)
고체 연료를 연소시키기 위한 주철 또는 강철제의 화상이다. 하부에서 1차 공기 유입이 있다.
이 화격자 위에 고체를 연소시키면 화격자 연소가 되며 석탄을 화격자 위로 공급하는 방법에 따라 수동연소와 기계급탄으로 대별된다. 이때 단위면적당 고체 연료의 연료소비량을 화격자 연소율(kgf/m^2h)이라 한다.

▶ **화실관 판**(Fire Tube Plate)
화실에서 연관군을 접속하는 부분의 강재판이다.

▶ **화실 천장판**(Crown Plate of Firebox)
화실에서 천장을 구성하는 부분의 강재판이다.

▶ **화염검출기**(Flame Detector)
버너의 불꽃 유무를 감시, 검출하여 불꽃 유무에 따라서 연료차단신호 또는 경보를 내보내는 장치로서 발열 또는 발광 및 도전성을 이용하는 3가지 검출기가 있다.

▶ **확산연소방식**(Diffusion Combustion Method)
가스와 공기를 따로 분출하여 확산 혼합하면서 연소시키는 버너로 조작범위가 넓고 역화의 위험이 없는 연소방식이다. 보일러나 공업로에서 널리 사용되는 외부혼합연소방식이다.

▶ **환산증발량**(상당증발량, Equivalent Evaporation)
보일러의 증발능력을 표현하는 방법이다. 보일러에서 시간당 실제 증기발생량을 대기압하에서 100℃의 물을 건조 포화증기로 할 경우의 증발량으로 기준증발량이다.

▶ **환원염**(Reducing Flame)
연료의 연소 시 공기부족으로 불완전연소할 때의 화염이다. CO, H_2, C 성분이 있는 화염은 피가열물을 환원하는 성질이 있다.

▶ **황산**(Sulfuric Acid)
황산(H_2SO_4)으로 나타내는 무기산, 보일러에서는 수처리에서 H형 양이온 교환수지의 재생제로 사용된다.

▶ **황화납 셀**(Load Sulfide Cell)
Pbs 셀(황화납 셀 화염검출기)

▶ **황화카드뮴 셀**(Cadmium Sulfide Cell)
CdS 셀이며 광도전 현상을 이용하였다. 형상 치수는 소형이고 취급이 용이하며 전기적 외란을 잘 받지 않는 화염검출기이다. 내용연수도 길어서 건타입 오일버너용으로 이상적이다.

▶ **회전 보일러**(Rotary Boiler)
보일러 본체의 증발관을 그 중심축 또는 다른 축 주위에 회전시키고 그 원심력을 이용하여 관의 내벽에 수막을 유지함으로써 전열효과를 높인 특수 보일러이다. 제조메이커인 아트모스 보일러, 볼카우프 보일러가 있다.

▶ **회전식 버너**(Rotary Burner)
고속으로 회전하는 무화통에서 연료유를 원심력으로 분무하는 형식의 버너이다. 1차 공기를 통 외주에서 역방향으로 뿜어낸다. 무화상태는 양호하고 중, 소용량 보일러에 사용되는 중유 로터리 버너이다.

▶ **회전펌프**(Rotary Pump)

1개 내지 3개 정도 회전자인 로터를 회전시켜 그것을 밀어내기 작용으로 액체를 압축하는 형식의 펌프이다. 회전자로는 기어, 나사, 날개 등이 있고 프라이밍이 필요 없으며 오일이나 점성이 큰 액체의 압송에 적합하다.

▶ **휘발분**(Volatile Matter)

무수시료를 도가니 속에서 약 925℃로 7분간 가열했을 때의 감량이 휘발분에 속한다. 휘발분은 착화성이 좋고 긴 화염을 발하여 연소하지만 공기가 부족하면 매연이 발생한다.

▶ **휘염**(Luminous Flome)

오렌지색이 변하여 하얗게 빛이 나는 화염이다. 고체나 액체 연료의 연소는 거의가 휘염이고 방사열은 크지만 접촉(대류)열량은 적은 편이다.

▶ **흑액**(Black Liquor)

펄프공장에서 펄프제조 시 나뭇조각을 가성소다로 증해하여 섬유질을 분리한 폐액이다. 진공증발기로 어느 정도 수분 제거 후 농축하여 농축한 흑액을 150℃ 정도로 가열하고 이 농축한 흑액의 목질부는 흑액버너로 연소 후 열을 이용하고 용융된 재로부터 소다가 회수된다. 특수연료 보일러(수관식 보일러)에 속한다.

▶ **히드라진**(Hydrazine)

N_2H_4로 나타나는 무색의 액체, 보일러 급수 등의 탈산소제로 사용된다. 과잉 히드라진은 pH가 상승하여 구리계 금속의 부식을 초래하는 경우가 있다.
탈산소제 반응은 $N_2H_4 + O_2 \rightarrow 2H_2O + N_2$

A to Z

▶ **ABC**(Automatic Boiler Control)

자동 보일러 제어

▶ **AC 밸브**(Adjustable Characteristic Valve)

연료 유량조절밸브이며 롤러의 레버가 좌우로 180도 이동하여 조절된다.

▶ **ACC 자동연소제어**(Automatic Combustion Control)

자동연소량 제어

▶ **atm**(Atmosphere)

표준대기압

▶ **a 접점**(A Connection Point)

여는 접점, 메이크 접점

▶ **b 접점**(B Connection Point)

닫는 접점, 브레이크 접점

▶ **CdS 셀**(황화카드뮴셀, Cadmium Sulfide Cell)

광전도 현상을 이용한 광전 변환소자이다. 화염으로부터 빛을 받으면 저항이 현저하게 저하하고 이 저항변화에 의해 전류도 변화하는 것을 이용한 화염검출기이다.

▶ **cSt**(센티스토크스)

오일의 점도 표시(동점도 표시)

▶ **C 중유**(C Heavy Oil)

인화점 70℃ 이상이며 유황분이 많은 보일러용 중유이다. 90℃ 전후로 가열하여 점성을 감소해 연소시킨다.

▶ **H형 양이온 교환수지**(H Form Cation Exchange Resin)

부하 시에 액 속에서 H^+ 이외의 양이온을 흡착하고 액 속에 H^+를 용출하는 양이온 교환수지로 통상 R-H의 약호로 나타낸다. 보일러 수처리에 사용되며 수지 재생에는 염산이 사용된다.

▶ **I 동작**(Integral Control Action)

적분동작(리셋 동작), 즉 적분값의 크기에 비례하여 움직이도록 한 동작이다. 오프셋(편차)을 없앨 수 있다.

▶ **mmAq**(밀리미터 에이큐)

수주압 표시로 수주 10m는 10,000mm(0.1MPa)이다. Aq는 라틴어로 Aqua(아쿠아)의 약자로 물이다.

▶ **M 알칼리도**(M Alkalinity)

알칼리도를 측정할 때 지시약으로서 메틸레이트, 브로크레콜그린 혼합약을 사용하는 경우를 말한다. pH가 4.8보다 높은 물질의 농도를 나타낸다.

▶ **Na형 양이온 교환수지**(Na Form Cation Ex-change Resin)

Na^+ 나트륨 이온을 결합하고 있는 교환수지이다. 부하 시에 액체에서 Na^+ 이외의 양이온을 흡착하고 액 속에는 Na^+를 용출하는 것이다. 통상 R-Na의 약호로 나타낸다. 보일러 수처리 방법이며 수지의 재생에는 식염수 NaCl을 쓴다.

▶ **NOx**(녹스)

질소산화물의 총칭

▶ **OH형 음이온 교환수지**(OH Form Anion Ex-change Resin)

부하 시에 액 속에서 OH^- 이외의 음이온을 흡착하고

액 속에 OH⁻를 용출하는 이온교환수지로 통상 R-OH 의 약호로 나타낸다. 보일러 수처리에 사용되며 수지의 재생에는 가성소다 수용액 NaOH가 사용된다.

▶ **PbS 셀**(Lead Sulfide Cell)

황화납 셀이다. 황화납의 저항이 화염의 어른거림에 따라 변화한다는 전기적 특성을 이용한 화염검출기이다. 오일이나 가스연료에 사용된다.

▶ **pH**(피 에이치)

수중의 수소이온(H^+)과 수산화물(OH^-)의 양에 따라 정해지며 25℃에서 pH 7(중성), 7 미만(산성), 7 초과(알칼리)가 된다. 633ppm(피피엠)

백만분율의 약자 $\left(\dfrac{1}{1,000,000}\right) = \dfrac{1}{10^6}$

▶ **P 동작**(Proportional Control Action)

자동제어 연속동작 비례동작이며 잔류편차가 남는 동작이다.(P동작 : 비례동작, I동작 : 적분동작, D동작 : 미분동작)

▶ **SK**(에스케이)

내화도의 규격, 즉 SK 26~40(1,580~2,000℃)까지 제게르콘의 기호

▶ **SOx**(속스)

유황 산화물의 총칭

▶ **U자관식 통풍계**(U-tube Draft Gauge)

통풍력 측정계

▶ **Y형 밸브**(Y-glove Valve)

밸브 봉의 축과 출구의 유로가 45도이어서 유체의 저항을 줄이기 위해 만든 점개밸브이다. 즉, Y형 글로브 밸브이다.

에너지관리기사 필기 과년도 문제풀이 10개년
ENGINEER ENERGY MANAGEMENT

PART

02

과년도 기출문제

01 | 2013년도 기출문제
02 | 2014년도 기출문제
03 | 2015년도 기출문제
04 | 2016년도 기출문제
05 | 2017년도 기출문제
06 | 2018년도 기출문제
07 | 2019년도 기출문제
08 | 2020년도 기출문제
09 | 2021년도 기출문제
10 | 2022년도 기출문제

2013년 1회 에너지관리기사

SECTION 01 연소공학

01 다음 액체연료 중 비중이 가장 낮은 것은?
① 중유   ② 등유
③ 경유   ④ 가솔린

해설 ① 중유 비중 : 0.95~1.00
② 등유 비중 : 증기 비중 4~5
③ 경유 비중 : 증기 비중 4~5
④ 가솔린(휘발유) 비중 : 0.65~0.8

02 유효 굴뚝높이(H_e)와 지표상의 최고농도(C_{max})와의 관계에 있어서 일반적으로 H_e가 2배가 될 때 C_{max}는?
① 2배   ② 4배
③ $\frac{1}{2}$ ④ $\frac{1}{4}$

해설 유효 굴뚝높이가 2배 높아지면 지표상의 최고농도 C_{max}는 $\frac{1}{4}$배로 농도가 희박하다.

03 프로판(C_3H_8) $5Sm^3$를 이론산소량으로 완전연소시켰을 때의 건연소가스양은 몇 Sm^3인가?
① 5   ② 10
③ 15   ④ 20

해설 프로판의 연소반응식 : $C_3H_8 + 5O_2 \rightarrow 3CO_2 + 4H_2O$
건연소가스양(G_{od})=CO_2양이므로
∴ $3 \times 5 = 15 CO_2$(단, 습연소가스양=3+4=$7Sm^3$)

04 다음 중 이론공기량에 대하여 가장 옳게 나타낸 것은?
① 완전연소에 필요한 1차 공기량
② 완전연소에 필요한 2차 공기량
③ 완전연소에 필요한 최대공기량
④ 완전연소에 필요한 최소공기량

해설 이론공기량(A_o)
완전연소에 필요한 최소공기량 값
이론산소량 $\times \frac{1}{0.21} (m^3/kg)$

05 유류용 연소방법과 장치에 대한 설명으로 틀린 것은?
① 버너팁의 탄화물의 부착은 불완전연소, 버너팁 폐색의 원인이 된다.
② 연소실 측벽에 탄소상 물질이 부착되는 것은 버너 무화의 불량이다.
③ 화염에서 스파크 모양의 섬광이 발생되는 것은 무화의 불량, 연료의 비중이 낮기 때문이다.
④ 화염의 불안정은 무화용 스팀공급의 부정적인 원인이다.

해설 화염에서 스파크 모양의 섬광이 발생되는 원인
• 무화(안개방울 미립자) 불량
• 연료의 비중과 점도 증가

06 보일러 흡인통풍(Induced Draft) 방식에 가장 많이 사용하는 송풍기의 형식은?
① 터보형   ② 플레이트형
③ 축류형   ④ 다익형

해설 • 압입통풍기 : 터보형, 다익형
• 흡인통풍기 : 플레이트형
• 축류형 송풍기 : 비행기 프로펠러형, 디스크형

07 최소 점화에너지에 대한 설명으로 틀린 것은?
① 최소 점화에너지는 연소속도 및 열전도가 작을수록 큰 값을 갖는다.
② 가연성 혼합기체를 점화시키는 데 필요한 최소 에너지를 최소 점화에너지라 한다.
③ 불꽃 방전 시 일어나는 에너지의 크기는 전압의 제곱에 비례한다.
④ 혼합기의 종류에 의해서 변한다.

1.④ 2.④ 3.③ 4.④ 5.③ 6.② 7.① | ANSWER

해설 **최소 점화에너지(MIE)**
가연성 혼합가스에 전기적 스파크로 점화 시 착화하기 위해 필요한 최소에너지
- 이동농도는 혼합기 부근에서 최소가 된다.
- 최소 착화에너지가 적을수록 폭발하기 쉽고 위험하다.

08 연소가스양 $10Sm^3/kg$, 비열 $0.32kcal/Sm^3 \cdot ℃$인 어떤 연료의 저위발열량이 $6,500kcal/kg$이었다면 이론 연소온도는 약 몇 ℃가 되겠는가?

① 1,000 ② 1,500
③ 2,000 ④ 2,500

해설 이론 연소온도$(T) = \dfrac{\text{저위발열량}}{\text{연소가스양} \times \text{가스비열}}$

$= \dfrac{6,500}{10 \times 0.32} = 2,031℃ (약 2,000℃)$

09 기체연료의 특징에 대한 설명 중 가장 거리가 먼 것은?

① 연소효율이 높다.
② 단위용적당 발열량이 크다.
③ 고온을 얻기 쉽다.
④ 자동제어에 의한 연소에 적합하다.

해설 기체연료의 총 발열량(단위중량당 발열량이 크다.)
- 도시가스 LNG : $10,550kcal/Nm^3$
- 도시가스 LPG : $15,000kcal/Nm^3$

10 상온·상압에서 프로판-공기의 가연성 혼합기체를 완전연소시킬 때 프로판 1kg을 연소시키기 위하여 공기는 몇 kg이 필요한가?(단, 공기 중 산소는 23.15 wt%이다.)

① 3.6 ② 15.7
③ 17.3 ④ 19.2

해설 프로판
$\underline{C_3H_8} + \underline{5O_2} \rightarrow 3CO_2 + 4H_2O$ (연소반응)
44kg 5×32kg

이론공기량(A_o) = 이론산소량 × $\dfrac{1}{0.2315}$

$= \left[(5 \times 32) \times \dfrac{1}{0.2315}\right] \times \dfrac{1}{44}$

$= 15.7 kg/kg$

11 기체연료가 다른 연료보다 과잉공기가 적게 드는 가장 큰 이유는?

① 착화가 용이하기 때문에
② 착화 온도가 낮기 때문에
③ 열전도가 크기 때문에
④ 확산으로 혼합이 용이하기 때문에

해설 기체연료는 확산연소가 가능하여 공기와 혼합이 용이한 관계로 다른 연료보다 과잉공기가 적게 든다.

12 경유 1,000L를 연소시킬 때 발생하는 탄소량은 얼마인가?(단, 경유의 석유환산계수는 0.92TOE/kL, 탄소배출계수는 0.837TC/TOE이다.)

① 77TC ② 7.7TC
③ 0.77TC ④ 0.077TC

해설 발생탄소량 = 연료량 × 석유환산계수 × 탄소배출계수
= 1kL(1,000L) × 0.92TOE/kL
  × 0.837TC/TOE
= 0.77TC
※ 1,000L = 1kL

13 프로판가스(C_3H_8) $1m^3$을 공기비 1.15로 완전 연소시키는 데 필요한 공기량은 몇 m^3인가?

① $20.23m^3$ ② $23.8m^3$
③ $27.37m^3$ ④ $30.7m^3$

해설 실제공기량(A) = 이론공기량 × 공기비

이론공기량(A_o) = 이론산소량 × $\dfrac{1}{0.21}$

$C_3H_8 + 5O_2 \rightarrow 3CO_2 + 4H_2O$

$\therefore A = \left(5 \times \dfrac{1}{0.21}\right) \times 1.15 = 27.38m^3/m^3$

14 다음 중 착화온도가 낮아지는 요인이 아닌 것은?

① 산소농도가 높을수록
② 분자구조가 간단할수록
③ 압력이 높을수록
④ 발열량이 높을수록

ANSWER | 8. ③ 9. ② 10. ② 11. ④ 12. ③ 13. ③ 14. ②

해설 분자구조가 복잡한 연료일수록 착화온도(발화온도)가 낮아진다.

15 피해범위의 산정 절차 중 일반 공정위험의 Penalty 계산에서 일반적인 흡열반응인 경우에는 어떤 수치를 적용하는가?

① 0.2
② 0.75
③ 1.0
④ 1.25

해설 Penalty
- 형별, 처벌, 불리한 조건, 반칙
- 피해범위의 산정 절차 중 일반 공정위험에서 흡열반응인 경우 0.2 수치를 적용한다.

16 다음 중 연소효율(η_C)을 옳게 나타낸 식은?(단, H_L : 저위발열량, L_i : 불완전연소에 따른 손실열, L_c : 탄 찌꺼기 속의 미연탄소분에 의한 손실열이다.)

① $\dfrac{H_L - (L_c + L_i)}{H_L}$

② $\dfrac{H_L + (L_c - L_i)}{H_L}$

③ $\dfrac{H_L}{H_L + (L_c + L_i)}$

④ $\dfrac{H_L}{H_L - (L_c - L_i)}$

해설 연료의 연소효율 (η_C)
$= \dfrac{H_L - (L_c + L_i)}{H_L}$
$= \dfrac{저위발열량 - 불완전연소손실열 + 미연탄소분손실열}{저위발열량}$

17 유압분무식 버너의 특징에 대한 설명으로 틀린 것은?

① 구조가 간단하다.
② 유량조절범위가 넓다.
③ 소음 발생이 적다.
④ 보일러 가동 중 버너 교환이 용이하다.

해설 유량조절범위
- 유압분무식(압력분사식) 버너 : 펌프유압 5~20kg/cm², 중유용 버너는 유량조절범위가 1.2~1.3 정도로 매우 작다.
- 고압기류식 버너 : 유량조절범위(1 : 10)가 넓다(2~7 kg/cm² 공기, 증기 분무매체 사용).

18 미분탄 연소의 특징이 아닌 것은?

① 큰 연소실이 필요하다.
② 분쇄시설이나 분진처리시설이 필요하다.
③ 중유연소기에 비해 소요 동력이 적게 필요하다.
④ 마모부분이 많아 유지비가 많이 든다.

해설 미분탄은 분쇄시설 설치로 인하여 중유 연소기에 비해 소요 동력이 크게 필요하다.

19 보일러의 연소용 공기 압입 터보형 송풍기가 풍압이 부족하여 송풍기의 회전수를 1,800rpm에서 2,100rpm으로 올렸다. 이때 회전수 증가에 의한 풍압은 약 몇 % 상승하겠는가?

① 14%
② 16%
③ 36%
④ 42%

해설 풍압=(회전수 증가)²이므로
풍압 상승 = $\left[\left(\dfrac{2,100}{1,800}\right)^2 - 1\right] \times 100 = 36\%$

20 다음 중 고체연료의 공업분석에서 계산으로 산출되는 것은?

① 회분
② 수분
③ 휘발분
④ 고정탄소

해설 ㉠ 고체연료의 공업분석 시 산출되는 4가지
- 고정탄소 - 수분 - 휘발분 - 회분
- 고정탄소(F) = 100 - (수분 + 휘발분 + 회분)
㉡ 연료의 원소분석 시 산출되는 성분
  탄소, 수소, 산소, 황분 등

SECTION 02 열역학

21 지름 4cm의 피스톤 위에 추가 올려져 있고, 기체가 실린더 속에 가득 차 있다. 기체를 가열하여 피스톤과 추가 50cm 위로 올라간다면 기체가 한 일은 몇 J인가?(단, 추와 피스톤의 무게를 합하면 30N이고, 마찰은 없다.)

① 1.53 ② 7.5
③ 15   ④ 147

해설 피스톤 단면적$(A) = \frac{\pi}{4}d^2 = \frac{3.14}{4} \times 4^2$
$= 12.56cm^2(0.001256m^2)$
$1J = 1N \cdot m$, $1kgf \cdot m/s = 9.8J/s$, $1kgf = 9.8N$
압력$(P) = \frac{30}{12.56} = 2.39N/cm^2$, $1Pa = 1N/m^2$
체적$(V) = 12.56 \times 50 = 628L(0.628m^3)$
∴ $\frac{628 \times 2.39}{100} = 15J$
또는, 일$(_1W_2) = P(V_2 - V_1)$
$= \frac{2.39}{10^{-3}} \times 10^{-4} \times 0.628 = 15J$

22 정상상태(Steady State) 흐름에 대한 설명으로 옳은 것은?
① 특정 위치에서만 물성 값을 알 수 있다.
② 모든 위치에서 열역학적 함수 값이 같다.
③ 열역학적 함수 값은 시간에 따라 변하기도 한다.
④ 입구와 출구에서의 유체 물성이 시간에 따라 변하지 않는다.

해설 정상유동계
개방계의 하나로서 계에 유입하는 물질의 양과 계로부터 유출하는 물질의 양이 같고, 유동의 상태가 시간에 관계없이 일정한 계이다.
에너지식 $= m(U_2 + P_2V_2 + \frac{1}{2}W_2^2 + gZ_2) + _1W_2$

23 실린더 속에 250g의 기체가 들어 있다. 피스톤에 의해 기체를 압축했더니 300kJ의 일이 필요하였고, 외부로 200kJ의 열을 방출했다면 이 기체 1kg당 내부에너지의 증가량은 몇 kJ/kg인가?

① 100 ② 200
③ 300 ④ 400

해설 250g = 0.25kg
$300 - 200 = 100kJ$
∴ 내부에너지 증가량 $= 100 \times \frac{1,000g}{250g} = 400kJ/kg$

24 다음 이상기체에 대한 Carnot Cycle 중 등엔트로피 과정을 나타내는 것은?

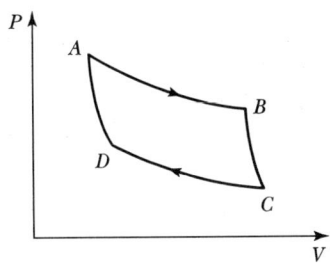

① A→B, B→C ② B→C, C→D
③ D→A, B→C ④ A→B, D→C

해설 카르노 사이클(단열과정 : 등엔트로피 과정)
• A→B : 등온팽창   • B→C : 단열팽창
• C→D : 등온압축   • D→C : 단열압축

25 오토(Otto) 사이클의 열효율에 대한 설명으로 옳은 것은?
① 압축비가 증가하면 열효율은 증가한다.
② 압축비가 증가하면 열효율은 감소한다.
③ Carnot Cycle의 열효율보다 높다.
④ 압축비는 열효율과 무관하다.

해설 오토 사이클(내연기관 사이클)
• 전기불꽃 점화기관의 이상 사이클
• 열효율에서 압축비만의 함수로서 압축비가 증가하면 열효율이 증가한다.
열효율$(\eta_o) = 1 - \left(\frac{1}{\varepsilon}\right)^{k-1}$
※ 사이클 중 효율이 가장 높은 사이클 : 카르노 사이클

26 랭킨(Rankine) 사이클에서 재열을 사용하는 목적은?

① 응축기 온도를 높이기 위해서
② 터빈 압력을 높이기 위해서
③ 보일러 압력을 낮추기 위해서
④ 열효율을 개선하기 위해서

해설 랭킨 사이클

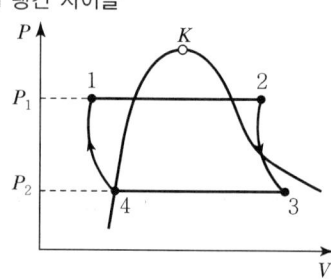

엔탈피 계산
- 2→1 : 정압가열
- 3→4 : 정압방열
- 2→3 : 단열팽창
- 1→4 : 단열압축

과정변화
- 4→1 : 정적압축
- 1→2 : 정압가열
- 2→3 : 단열팽창
- 3→4 : 정압방열

※ 재열 목적 : 열효율 개선

27 불꽃점화 기관의 이상 사이클인 오토 사이클에 대한 설명으로 틀린 것은?

① 등엔트로피 압축, 정적 가열, 등엔트로피 팽창, 정적 방열의 네 과정으로 구성된다.
② 작동유체의 비열비가 클수록 열효율이 높아진다.
③ 압축비가 높을수록 열효율이 높아진다.
④ 2행정 기관이 4행정 기관보다 효율이 높다.

해설 오토 사이클
- 4행정 기관이 2행정 기관보다 효율이 높다.
- 2개의 정적 과정, 2개의 단열과정으로 구성된다.
- 압축비가 일정하면 비열비가 큰 경우 열효율이 크다.

28 이상기체를 가역단열과정으로 압축하여 그 체적이 $\frac{1}{2}$로 감소하였다. 이때 최종 압력의 최초 압력에 대한 비(Ratio)는?(단, 비열비는 1.4이다.)

① 2.80
② 2.64
③ 2.00
④ 1.40

해설 단열과정(등엔트로피 과정)

$PV^K = C$, $\frac{T_2}{T_1} = \left(\frac{V_1}{V_2}\right)^{K-1} = \left(\frac{P_2}{P_1}\right)^{\frac{K-1}{K}}$

$\left(\frac{1}{2}\right)^{1.4} = 0.3789$ (최초 압력)

∴ 압력비 $= \frac{1}{0.3789} = 2.64$ 배

29 제1종 영구 운동기관이 불가능한 것과 관계있는 법칙은?

① 열역학 제0법칙
② 열역학 제1법칙
③ 열역학 제2법칙
④ 열역학 제3법칙

해설
- 열역학 제1법칙 : 에너지 보존의 법칙(제1종 영구기관의 존재를 부정하는 법칙)
- 열역학 제2법칙 : 자연계에 아무런 변화도 남기지 않고 어느 열원의 열을 계속해서 일로 바꾸는 제2종 영구기관은 존재하지 않는다는 법칙(입력과 출력이 같은 기관을 제2종 영구기관이라고 하며, 열역학 제2법칙에 위배됨)

30 다음 내용과 관계있는 법칙은?

> 실제 기체를 다공물질을 통하여 고압에서 저압 측으로 연속적으로 팽창시킬 때 온도는 변화한다.

① 헨리의 법칙
② 샤를의 법칙
③ 돌턴의 법칙
④ 줄-톰슨의 법칙

해설 줄-톰슨의 법칙
실제 기체를 다공물질을 통하여 고압에서 저압으로 연속 팽창시킬 때 온도가 변화(저하)한다.

31 온도 250℃, 질량 50kg인 금속을 20℃의 물속에 넣었다. 최종 평형 상태에서의 온도가 30℃이면 물의 양은 약 몇 kg인가?(단, 열손실은 없으며, 금속의 비열은 0.5kJ/kg·K, 물의 비열은 4.18kJ/kg·K이다.)

① 108.3
② 131.6
③ 167.7
④ 182.3

해설 금속의 현열 $= 50 \times 0.5 \times (250-20) = 5,500$ kJ
물의 현열 $= G \times 4.18 \times (30-20)$

∴ 물의 양 $(G) = \frac{5,500}{4.18(30-20)} = 131.6$ kg

32 온도가 각각 -20℃, 30℃인 두 열원 사이에서 작동하는 냉동 사이클이 이상적인 역카르노 사이클(Reverse Carnot Cycle)을 이루고 있다. 냉동기에 공급된 일이 15kW이면 냉동용량(냉각열량)은 약 몇 kW인가?

① 2.5 ② 3.0 ③ 76 ④ 91

해설 $T_1 = 273 - 20 = 253K$
$T_2 = 273 + 30 = 303K$
$303 - 253 = 50$
$\frac{50}{253} = 0.1976$
∴ 냉동용량 $= \frac{15}{0.1976} = 76kW$

33 다음 중 냉동 사이클의 운전특성을 잘 나타내고, 사이클의 해석을 하는 데 가장 많이 사용되는 선도는?

① 온도-체적 선도 ② 압력-엔탈피 선도
③ 압력-체적 선도 ④ 압력-온도 선도

해설 냉동 사이클
기본 사이클은 역카르노 사이클(증기압축식 냉동 사이클)이다.

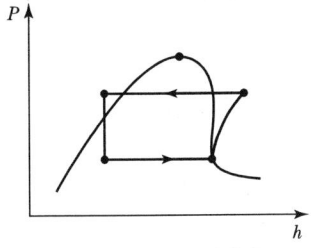

여기서, P : 압력, h : 엔탈피

34 40m³의 실내에 있는 공기의 질량은 몇 kg인가?(단, 이 공기의 압력은 100kPa, 온도는 27℃이며, 공기의 기체상수는 0.287kJ/kg·K이다.)

① 93 ② 46 ③ 10 ④ 2

해설 공기의 평균분자량 : 29
$PV = GRT$, $G = \frac{PV}{RT}$
∴ 공기질량 $(G) = \frac{100 \times 40}{0.287 \times (27+273)} = 46kg$

35 Rankine Cycle의 4개 과정으로 옳은 것은?

① 가역단열팽창 → 정압방열 → 가역단열압축 → 정압가열
② 가역단열팽창 → 가역단열압축 → 정압가열 → 정압방열
③ 정압가열 → 정압방열 → 가역단열팽창 → 가역단열압축
④ 정압방열 → 정압가열 → 가역단열압축 → 가역단열팽창

해설 랭킨 사이클
가역단열팽창 → 정압방열팽창 → 가역단열압축 → 정압가열
※ 랭킨 사이클에서 재열을 하는 목적은 열효율 개선에 있다.

36 카르노 사이클로 작동하는 냉동기를 사용하여 냉동실의 온도를 -8℃로 유지하는 데 5.4×10^6 J/h의 일이 소비되었다. 외기의 온도가 5℃라 할 때, 이 냉동기의 냉동톤(RT)은 약 얼마인가?(단, 1RT=3,320kcal/h이다.)

① 2.4 ② 5.8 ③ 7.9 ④ 12.4

해설 $273 - 8 = 265K$, $273 + 5 = 278K$
소비열량 $= 5.4 \times 10^6 = 5,400,000$ J/h(1,290kcal/h)
$\frac{278 - 265}{278} = 0.0467$
$\frac{1,290}{0.0467} = 27,623$ kcal/h(냉동실 소요열량)
∴ 냉동톤(RT) $= \frac{27,623 - 1,290}{3,320} = 7.9$

37 Rankine Cycle로 작동되는 증기원동소에서 터빈 입구의 과열증기 온도는 500℃, 압력은 2MPa이며, 터빈 출구의 압력은 5kPa이다. 펌프일을 무시하는 경우, 이 Cycle의 열효율은 몇 %인가?(단, 터빈 입구의 과열증기 엔탈피는 3,465kJ/kg이고, 터빈 출구의 엔탈피는 2,556kJ/kg이며, 5kPa일 때 급수엔탈피는 135kJ/kg이다.)

① 21.7 ② 27.3 ③ 36.7 ④ 43.2

ANSWER | 32. ③ 33. ② 34. ② 35. ④ 36. ③ 37. ②

해설 랭킨 사이클

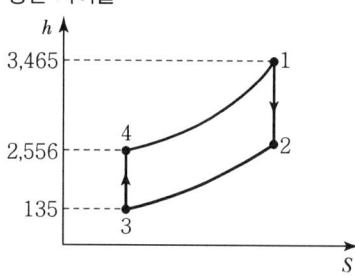

펌프일을 무시하면,

효율$(\eta_R) = \dfrac{h_1 - h_2}{h_2 - h_3} \times 100$

$= \dfrac{3,465 - 2,556}{3,465 - 135} \times 100 = 27.3\%$

38 보일러의 게이지 압력이 800kPa일 때 수은기압계가 856mmHg를 지시했다면 보일러 내의 절대압력은 약 몇 kPa인가?

① 810
② 914
③ 1,320
④ 1,656

해설 1atm(표준대기압) = 102kPa(760mmHg)

수은기압계 $= 102 \times \dfrac{856}{760} = 114.884$kPa

∴ 절대압력(abs) $= 114.88 + 800 = 914$kPa

39 PV^n = const인 과정에서 밀폐계가 하는 일을 나타낸 것은?

① $\dfrac{P_2 - P_1}{n - 1}$

② $\dfrac{P_1 V_1 - P_2 V_2}{n - 1}$

③ $P_1 V_1^n (V_2 - V_1)$

④ $\dfrac{P_1 V_1^n - P_2 V_2^n}{n - 1}$

해설 $PV^n = C$(폴리트로픽 과정)
밀폐계(절대일) : 실린더 내연기관(팽창일)

일$(W) = \dfrac{P_1 V_1 - P_2 V_2}{n - 1} = \int Pdv$

40 한 용기 내에 적당량의 순수 물질 액체가 갇혀 있을 때, 어느 특정 조건하에서 이 물질의 액체상과 기체상의 구별이 없어질 수 있다. 이러한 상태가 유지되기 위한 필요충분조건으로 옳은 것은?

① 임계압력보다 높은 압력, 임계온도보다 낮은 온도
② 임계압력보다 낮은 압력
③ 임계온도보다 낮은 온도
④ 임계압력보다 높은 압력, 임계온도보다 높은 온도

해설 • 유체의 임계점(액상과 기상의 구별이 없어지는 점)을 유지하려면 임계압력보다 높은 압력, 임계온도보다 높은 온도가 필요하다. 이 경우 액과 기체의 구별이 없어진다.
• 물의 임계온도 : 374℃, 임계압력 : 225.65atm

SECTION 03 계측방법

41 측정범위가 넓고 안정성과 재현성이 우수하며 고온에서 열화가 적으나 저항온도계수가 비교적 낮은 측온저항체로서 일반적으로 가장 많이 사용되는 금속은?

① Cu
② Fe
③ Ni
④ Pt

해설 측온저항체 온도계 재료 : 백금(Pt)
• 정밀측정이 가능하다.
• 안전성이 좋고 재현성이 뛰어나다.
• 고온에서 열화가 적지만 저항온도계수가 낮다.
• 가격이 비싸고 온도 측정 시 시간 지연이 있다.

42 다음 계측기 중 열관리용에 사용되지 않는 것은?

① 유량계
② 온도계
③ 부르동관 압력계
④ 다이얼 게이지

해설 다이얼 게이지(Dial Gauge)
• 기어 장치로 미소한 변위를 정밀 측정하는 계측기
• 평면의 요철, 공작물 결합의 적부, 축 중심의 흔들림 등 소량의 오차 검사 가능

38. ② 39. ② 40. ④ 41. ④ 42. ④ | ANSWER

43 다음 중 차압식 유량계에 속하지 않는 것은?

① 플로트형 유량계
② 오리피스 유량계
③ 벤투리관 유량계
④ 플로노즐 유량계

해설 유량계 부자식(플로트형)
로터미터 면적식 유량계

44 온도 15℃, 기압 760mmHg인 대기 속의 풍속을 피토관으로 측정하였더니 전압(全壓)이 대기압보다 52mmH₂O 높았다. 이때 풍속은 약 몇 m/s인가? (단, 피토관의 속도계수 C는 0.95, 공기의 기체상수 R은 29.27m/K이다.)

① 16   ② 26
③ 33   ④ 37

해설 유속$(V) = C\sqrt{2gh\left(\dfrac{\gamma_s}{\gamma}-1\right)}$

공기의 밀도 = 1.293kg/m³
물의 밀도 = 1,000kg/m³

∴ $V = 0.95 \times \sqrt{2 \times 9.8 \times \left(\dfrac{52}{10^3}\right) \times \left(\dfrac{1,000}{1.293}-1\right)}$

≒ 26m/s

45 단요소식 수위제어에 대한 설명으로 옳은 것은?

① 보일러의 수위만을 검출하여 급수량을 조절하는 방식이다.
② 발전용 고압 대용량 보일러의 수위제어에 사용되는 방식이다.
③ 수위조절기의 제어동작은 PID 동작이다.
④ 부하변동에 의한 수위변화 폭이 아주 적다.

해설 보일러 급수제어(FWC)
• 단요소식 수위제어 : 보일러 수위 검출
• 2요소식 수위제어 : 보일러 수위, 증기량 검출
• 3요소식 수위제어 : 보일러 수위, 증기량 · 급수량 검출

46 다음 중 그림과 같은 조작량 변화는?

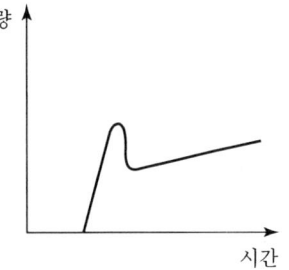

① PI 동작   ② 2위치 동작
③ PID 동작   ④ PD 동작

해설 비례적분미분(PID) 동작

• 조작량$(y) = K_p\left(\varepsilon + \dfrac{1}{T_1}\int \varepsilon dt + T_D \dfrac{d\varepsilon}{dt}\right)$

여기서, ε : 편차, y : 조작량, T_D : 미분시간
K_p : 비례정수, $\dfrac{1}{T_1}$: 리셋률, T_1 : 적분시간

• PID 동작으로 Offset 제거, D 동작으로 인한 응답 촉진, 안정화를 꾀할 수 있다.

47 다음 중 보일러 자동제어를 의미하는 약칭은?

① A.B.C   ② A.C.C
③ F.W.C   ④ S.T.C

해설 보일러 자동제어(A.B.C)
• 자동연소제어 : A.C.C
• 자동급수제어 : F.W.C
• 증기온도제어 : S.T.C

48 전자유량계의 특징에 대한 설명 중 틀린 것은?

① 압력손실이 거의 없다.
② 내식성 유지가 곤란하다.
③ 전도성 액체에 한하여 사용할 수 있다.
④ 미소한 측정전압에 대하여 고성능의 증폭기가 필요하다.

해설 전자식 유량계는 액체의 물리적 구성이나 불순물의 혼합 · 점성 · 비중 등 및 화학적 성질인 부식 등에 영향을 받지 않는다. 또한 유체의 흐름을 교환시키지 않고 압력손실을 주지 않는다.

ANSWER | 43. ① 44. ② 45. ① 46. ③ 47. ① 48. ②

49 액주식 압력계에 사용되는 액체의 구비조건이 아닌 것은?

① 온도변화에 의한 밀도변화가 커야 한다.
② 액면은 항상 수평이 되어야 한다.
③ 점도와 팽창계수가 작아야 한다.
④ 모세관현상이 적어야 한다.

해설 액주식 압력계
- 항상 액주의 높이를 정확히 읽을 수 있을 것
- 온도변화에 의한 밀도 변화가 적을 것
- 화학적으로 안정하고 휘발성·흡수성이 적을 것
- 기타 ②, ③, ④의 조건에 부합할 것

50 베르누이 정리를 응용하여 유량을 측정하는 방법은?

① 로터미터(Rotameter)
② 피토관(Pitot-Tube)
③ 임펠러(Impeller)
④ 휘트스톤 브리지(Wheatstone Bridge)

해설 베르누이 정리
- 전수두$(H) = h_1 + \dfrac{P_1}{\gamma} + \dfrac{V_1^{\,2}}{2g} = h_2 + \dfrac{P_2}{\gamma} + \dfrac{V_2^{\,2}}{2g}$ (m)

  여기서, $\dfrac{P_1}{\gamma_1}, \dfrac{P_2}{\gamma_2}$: 압력수두(m)
  h_1, h_2 : 위치수두(m)
  $\dfrac{V_1^{\,2}}{2g}, \dfrac{V_2^{\,2}}{2g}$: 속도수두(m)
- 대표적인 유량계 : 피토관식 유속식 유량계

  유량$(Q) = AV_1 = C_v\sqrt{2g\dfrac{P_2 - P_1}{\gamma}}$ (m³/s)

51 편차의 정(+), 부(-)에 의해서 조작신호가 최대, 최소가 되는 제어동작은?

① 미분 동작
② 적분 동작
③ 온오프 동작
④ 비례 동작

해설 불연속 동작(2위치 동작, ON-OFF 동작)
편차의 정, 부에 의해서 조작신호가 최대, 최소가 되는 제어동작(반응속도가 빠른 프로세스에서 시간지연과 부하 변화가 크고 빈도가 많은 경우에 적합한 동작)

52 열전대 온도계 보호관 중 내열강 SEH-5에 대한 설명으로 틀린 것은?

① 내식성·내열성 및 강도가 좋다.
② 상용온도는 800℃이고 최고 사용 온도는 950℃까지 가능하다.
③ 유황가스 및 산화염에도 사용이 가능하다.
④ 비금속관에 비해 비교적 저온 측정에 사용된다.

해설 내열강 SEH-5
- 상용온도 1,050℃, 최고 사용온도 1,200℃
- 크롬(Cr) 25%+Ni(니켈) 20%로 구성되어 있으며, 산화염과 환원염에 사용이 가능한 금속보호관이다.

53 서미스터(Thermistor)는 어떤 현상을 이용한 온도계인가?

① 밀도의 변화
② 전기저항의 변화
③ 치수의 변화
④ 압력의 변화

해설 측온저항체 온도계 : 도체 또는 반도체의 전기저항 변화 이용
- 백금 저항 온도계
- 니켈 저항 온도계
- 동 저항 온도계
- 서미스터 저항 온도계(니켈, 코발트, 망간, 철, 구리 합금)

54 기체크로마토그래피는 기체의 어떤 특성을 이용하여 분석하는 장치인가?

① 분자량 차이
② 부피 차이
③ 분압 차이
④ 확산속도 차이

해설 기체크로마토그래피 가스분석계
- 기체의 확산속도 차이를 이용하여 가스분석한다.
- 케리어 가스 H_2, N_2, He 등이 필요하다.
- 연소가스에서는 SO_2나 NO_2 등의 분석이 불가능하다.

55 평형수소의 온도 20.28K은 약 몇 °R에 해당되는가?

① -254.87
② -252.87
③ 36.8
④ 253.87

49. ① 50. ② 51. ③ 52. ② 53. ② 54. ④ 55. ③ | ANSWER

[해설] 랭킨온도(°R) = 460 + °F
캘빈온도(K) = 273 + ℃
℃ = °F = $\frac{180}{100}$ = 1.8배 눈금차
20.28K − 273 = −252.72℃
°F = 1.8 × ℃ + 32 = −252.72 × 1.8 + 32
　 = −422.896 °F
°R = −422.896 + 460 ≒ 37

56 다음 중 와류식 유량계가 아닌 것은?
① 델타 유량계　　② 스와르메타 유량계
③ 칼만 유량계　　④ 월터만 유량계

[해설] 와류식 유량계
①, ②, ③의 유량계가 있으며, 소용돌이 발생 수를 알아서 유속과 유량을 측정한다.

57 표준대기압 760mmHg를 SI 단위로 변환하면 몇 kPa인가?
① 1.0132　　② 10.132
③ 101.32　　④ 1013.2

[해설] 표준대기압(1atm)
= 760mmHg = 101.32kPa
= 1.033kg/1cm² = 14.7psi

58 석유화학, 화약 공장과 같은 화기의 위험성이 있는 곳에 사용되며, 신뢰성이 높은 입력신호 전송방식은?
① 공기압식
② 유압식
③ 전기식
④ 유압식과 전기식의 결합방식

[해설] 공기압식 자동제어 신호전송기
• 0.2~1kg/cm² 통일
• 신호전송거리 : 150m
• 신뢰성이 높다.
• 위험성이 있는 곳에 사용된다.
• 조작장치로는 플래피노즐, 파일럿 밸브 등이 사용된다.

59 특정 파장을 온도계 내에 통과시켜 온도계 내의 전구 필라멘트의 휘도를 육안으로 직접 비교하여 온도를 측정하므로 정도는 높지만 측정인력이 필요한 비접촉 온도계는?
① 광고온도계
② 방사온도계
③ 열전대온도계
④ 저항온도계

[해설] 광고온도계
0.65μm인 적외선의 특정한 파장의 방사에너지, 즉 휘도를 표준온도의 고온 물체로 사용되는 전구 필라멘트의 휘도와 비교하여 700~3,000℃까지 측정 가능하다.

60 보일러 수위를 육안으로 직접 확인할 수 있는 계측기는?
① 평형 반사식　　② 부자식
③ 다이어프램식　　④ 차압식

[해설] 육안으로 확인이 가능한 수면계
• 평형 반사식 수면계
• 평형 투시식 수면계
• 유리제 수면계
• 2색(녹색, 적색) 수면계

SECTION 04 열설비재료 및 관계법규

61 다음 중 노체 상부로부터 노구(Throat), 샤프트(Shaft), 보시(Bosh), 노상(Hearth)으로 구성된 노(爐)는?
① 평로　　② 고로
③ 전로　　④ 코크스로

[해설] 고로(용광로)
노체 상부로부터 노구, 샤프트, 보시, 노상으로 구성된 노로서 선철제조용으로 사용된다.

ANSWER | 56.④ 57.③ 58.① 59.① 60.① 61.②

62 보온재의 열전도율에 영향을 미치는 인자로서 가장 거리가 먼 것은?
① 외부온도 ② 보온재의 밀도
③ 함유수분 ④ 외부압력

해설 보온재의 열전도율(kcal/m · h · ℃)에 영향을 미치는 인자
- 외부온도
- 보온재의 밀도
- 함유수분

63 내화물 사용 중 온도의 급격한 변화 혹은 불균일한 가열 등으로 균열이 생기거나 표면이 박리되는 현상을 무엇이라 하는가?
① 스폴링 ② 버스팅
③ 연화 ④ 수화

해설 내화물 스폴링 현상(열적 스폴링, 기계적 스폴링, 구조적 스폴링)
내화물 사용 중 온도의 급격한 변화 혹은 불균일한 가열 등으로 균열이 생기거나 표면이 박리되는 현상

64 다음 [보기]에서 설명하는 배관의 종류는?

- 350℃ 이하의 온도에서 압력 $9.8N/mm^2$ 이상의 배관에 사용한다.
- 고압배관용 탄소강관이다.

① SPPH ② SPPS
③ SPHT ④ SPPW

해설 ① SPPH : 고압배관용 탄소강관
② SPPS : 압력배관용 탄소강관
③ SPHT : 고온배관용 탄소강관
④ SPPW : 수도용 아연도금강관

65 윤요(Ring Kiln)에 대한 설명으로 옳은 것은?
① 불연속식 가마이다. ② 열효율이 나쁘다.
③ 소성이 균일하다. ④ 종이 칸막이가 있다.

해설 윤요(연속요)
- 종류 : 호프만요, 지그재그요, 해리슨요, 복스형 가마
- 구조 : 원형, 타원형 2가지
- 소성실 : 약 14개 정도
- 가마길이 : 약 80m
- 에너지절약 : 단가마보다 65%의 연료 절약 가능
- 종이 칸막이가 있다.

66 연소실의 연도를 축조하려 할 때의 유의사항으로 가장 거리가 먼 것은?
① 넓거나 좁은 부분의 차이를 줄인다.
② 가스 정체 공극을 만들지 않는다.
③ 가능한 한 굴곡 부분을 여러 곳에 설치한다.
④ 댐퍼로부터 연도까지의 길이를 짧게 한다.

해설 연도는 가능한 한 굴곡 부분을 제거하여야 통풍력이 증가한다.

67 터널가마에서 샌드 실(Sand Seal) 장치가 마련되어 있는 주된 이유는?
① 내화벽돌 조각이 아래로 떨어지는 것을 막기 위하여
② 열 절연의 역할을 하기 위하여
③ 찬바람이 가마 내로 들어가지 않도록 하기 위하여
④ 요차를 잘 움직이게 하기 위하여

해설 터널가마의 샌드 실
열 절연의 역할을 한다(즉, 고온부의 열이 레일위치로 이동하지 않도록 하기 위함).

68 국가에너지기본계획 및 에너지 관련 시책의 효과적인 수립, 시행을 위한 에너지 총조사는 몇 년을 주기로 하여 실시하는가?
① 1년마다 ② 2년마다
③ 3년마다 ④ 5년마다

해설
- 국가에너지기본계획 : 5년마다 실시
- 에너지 총조사 : 3년마다 실시

69 다음 주철관에 대한 설명 중 틀린 것은?
① 제조방법으로 수직법과 원심력법이 있다.
② 수도용, 배수용, 가스용으로 사용된다.
③ 인성이 풍부하여 나사이음과 용접이음에 적합하다.
④ 탄소함량이 약 2% 이상인 것을 주철로 분류한다.

해설 주철관은 인성이 적고 충격에 약하며 소켓 접합, 플랜지 접합, 기계적(메카니컬 접합) 접합, 빅토리 접합, 타이톤 접합 등이 있고 너무 강하여 용접이음은 불가능하다.

70 알루미늄박(箔)과 같은 금속 보온재는 주로 어떤 특성을 이용하여 보온효과를 얻는가?

① 복사열에 대한 대류
② 복사열에 대한 반사
③ 복사열에 대한 흡수
④ 전도, 대류에 대한 흡수

해설 금속질 보온재 알루미늄박
복사열에 대한 반사의 특성을 가진 보온재

71 에너지사용량을 신고하여야 하는 에너지관리대상자의 기준으로 옳은 것은?

① 연간 에너지사용량이 1천 TOE 이상인 자
② 연간 에너지사용량이 2천 TOE 이상인 자
③ 연간 에너지사용량이 5천 TOE 이상인 자
④ 연간 에너지사용량이 1만 TOE 이상인 자

해설 연간 에너지사용량이 2천 TOE 이상인 자는 매년 1월 31일까지 관할 시·도지사에게 신고한다.

72 다음 중 부정형 내화물이 아닌 것은?

① 내화 모르타르
② 병형(竝型) 내화물
③ 플라스틱 내화물
④ 캐스터블 내화물

해설 부정형 내화물의 종류
- 내화 모르타르
- 캐스터블 내화물
- 플라스틱 내화물

73 다음 중 특정 열사용 기자재가 아닌 것은?

① 주철제 보일러
② 금속 소둔로
③ 2종 압력용기
④ 석유난로

해설 석유난로는 특정 열사용 기자재에서 제외되는 소형 연소기기이다.

74 다음 중 증기 배관용으로 사용되지 않는 것은?

① 인라인 증기믹서
② 시스탄 밸브
③ 사일런서
④ 벨로스형 신축관이음

해설 시스탄 밸브(Cistern Valve)
하이탱크와 대변기를 이어주는 세정관 중간에 설치하는 밸브로, 하이탱크식의 단점을 보완하기 위해 세정관 바닥에서 40cm 정도의 높이에 부착한다.

75 에너지 공급자의 수요관리 투자계획 대상이 아닌 자는?

① 한국전력공사법에 따른 한국전력공사
② 한국가스공사법에 따른 한국가스공사
③ 도시가스사업법에 따른 한국가스안전공사
④ 집단에너지사업법에 따른 한국지역난방공사

해설 한국가스안전공사는 가스의 안전담당 공공기관으로서 에너지 공급자의 수요관리 투자계획 업무와는 관련성이 없다.

76 공공사업 주관자는 에너지 사용계획의 조정 또는 보완 등의 요청받은 조치에 대하여 이의가 있는 경우 며칠 이내에 이의를 신청할 수 있는가?

① 7일
② 14일
③ 30일
④ 60일

해설 공공사업 주관자는 에너지 사용계획의 조정 또는 보완 등의 요청받은 조치에 대한 이의 신청을 30일 이내에 산업통상자원부장관에게 할 수 있다.

77 상온(20℃)에서 공기의 열전도율은 몇 kcal/m·h·℃인가?

① 0.022
② 0.22
③ 0.055
④ 0.55

해설 상온에서 공기의 평균열전도율은 약 0.022kcal/m·h·℃이다.

ANSWER | 70. ② 71. ② 72. ② 73. ④ 74. ② 75. ③ 76. ③ 77. ①

78 효율관리기자재에 대한 에너지소비효율등급을 허위로 표시하였을 때의 과태료는?

① 2천만 원 이하의 과태료
② 1천만 원 이하의 과태료
③ 5백만 원 이하의 과태료
④ 3백만 원 이하의 과태료

해설 효율관리기자재의 에너지소비효율등급을 허위표시하면 2천만 원 이하의 과태료가 부과된다.

79 다음 중 제2종 압력용기에 해당하는 것은?

① 보유하고 있는 기체의 최고사용압력이 0.1MPa이고, 내용적이 0.05m³인 압력용기
② 보유하고 있는 기체의 최고사용압력이 0.2MPa이고, 내용적이 0.02m³인 압력용기
③ 보유하고 있는 기체의 최고사용압력이 0.3MPa이고, 동체의 안지름이 350mm이며, 그 길이가 1,050mm인 증기헤더
④ 보유하고 있는 기체의 최고사용압력이 0.4MPa이고, 동체의 안지름이 150mm이며, 그 길이가 1,500mm인 압력용기

해설 제2종 압력용기
최고사용압력이 0.2MPa을 초과하는 기체를 그 안에 보유하는 용기로서 다음의 하나에 해당하는 것
- 내용적이 0.04m³ 이상인 것
- 동체의 안지름이 200mm 이상(증기헤더의 경우에는 동체의 안지름이 300mm를 초과)이고, 그 길이가 1,000mm 이상인 것

80 다음 중 1천만 원 이하의 벌금에 처할 대상자에 해당되지 않는 자는?

① 검사대상기기 관리자를 정당한 사유 없이 선임하지 아니한 자
② 검사대상기기의 검사를 정당한 사유 없이 받지 아니한 자
③ 검사에 불합격한 검사대상기기를 임의로 사용한 자
④ 최저소비효율기준에 미달된 효율관리기자재를 생산한 자

해설 최저소비효율기준에 미달된 효율관리기자재를 생산한 자에게는 그 생산의 금지를 명할 수 있다.

SECTION 05 열설비설계

81 열교환기의 효율을 향상시키기 위한 방법으로 틀린 것은?

① 유체의 흐름 방향을 병류로 한다.
② 열전도율이 높은 재질을 사용한다.
③ 전열면적을 크게 한다.
④ 유체의 유속을 빠르게 한다.

해설 유체의 흐름방향을 병류보다는 향류로 하여야 열교환기의 열효율이 좋아진다.

82 연관의 바깥지름이 100mm이고 최고 사용압력이 10MPa인 경우, 연관의 최소 두께는 얼마로 하여야 하는가?

① 14.2
② 15.8
③ 17.0
④ 19.2

해설 연관의 최소 두께$(t) = \dfrac{P \cdot D}{700} + 1.5$

$= \dfrac{100 \times 100}{700} + 1.5 = 15.8\text{mm}$

※ $10\text{MPa} = 100\text{kg/cm}^2$

83 테르밋(Thermit) 용접의 테르밋이란 무엇과 무엇의 혼합물인가?

① 붕사와 붕산의 분말
② 탄소와 규소의 분말
③ 알루미늄과 산화철의 분말
④ 알루미늄과 납의 분말

해설 테르밋(Thermit) 용접
알루미늄과 산화철 분말(3 : 1 혼합) 혼합체의 테르밋 반응에 의해서 생기는 강렬한 발열반응에 의해서 용접을 하는 것(치차, 축, 프레임)으로 수리나 마멸부분의 보수, 레일의 접합 등에 이용된다.

84 맞대기 용접은 용접방법에 따라서 그루브를 만들어야 한다. 판의 두께가 19mm 이상인 경우 그루브의 형상은?

① V형　　② H형
③ R형　　④ K형

해설 맞대기용접 판의 두께에 의한 용접형식 끝벌림(그루브)

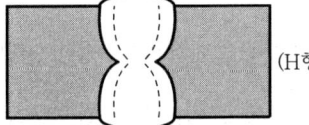
(H형)

- 1~5mm : I형
- 12~25mm : X형
- 19mm 이상 : H형
- 6~12mm : V형
- 16~25mm : U형

85 다음 중 안전밸브에 대한 설명으로 틀린 것은?

① 안전밸브는 보일러 동체에 직접 부착시킨다.
② 안전밸브의 방출관은 단독으로 설치하여야 한다.
③ 증기보일러는 2개 이상의 안전밸브를 설치해야 한다.
④ 안전밸브 및 압력방출장치의 크기는 호칭 지름 50mm 이상으로 하여야 한다.

해설 • 증기보일러 안전밸브 : 호칭 지름 25mm 이상
• 온수보일러 방출밸브 : 호칭 지름 20mm 이상

86 스케일(Scale)에 대한 설명 중 틀린 것은?

① 스케일로 인하여 연료소비가 많아진다.
② 스케일은 규산칼슘, 황산칼슘이 주성분이다.
③ 스케일로 인하여 배기가스의 온도가 낮아진다.
④ 스케일은 보일러에서 열전도의 방해물질이다.

해설 전열면에 스케일이 적층되면 열전도가 나빠져서 전열면에서 열을 흡수하지 않게 되어 배기가스의 온도가 상승한다.

87 공기예열기의 효과에 대한 설명 중 틀린 것은?

① 연소효율을 증가시킨다.
② 과잉공기가 적어도 된다.
③ 배기가스의 저항이 줄어든다.
④ 저질탄 연소에 효과적이다.

해설 공기예열기(폐열회수장치)를 연도에 설치하면 배기가스의 온도하강으로 배기 시 저항이 증가한다.

88 대형 보일러를 옥내에 설치할 때 보일러 동체 최상부에서 보일러실 상부에 있는 구조물까지의 거리는 얼마 이상이어야 하는가?

① 60cm　　② 1m
③ 1.2m　　④ 1.5m

해설
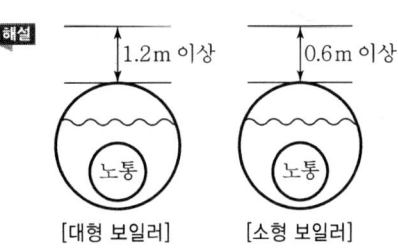
[대형 보일러]　[소형 보일러]

89 보일러 수처리의 약제로서 pH를 조절하여 스케일을 방지하는 데 주로 사용되는 것은?

① 히드라진　　② 인산나트륨
③ 아황산나트륨　　④ 탄닌

해설 청관제 pH 조정제
• pH를 높이는 약제 : 가성소다, 탄산소다
• pH를 낮추는 약제 : 황산, 인산, 인산나트륨

90 다이어프램 밸브(Diaphragm Valve)에 대한 설명으로 틀린 것은?

① 역류를 방지하기 위한 것이다.
② 유체의 흐름에 주는 저항이 작다.
③ 기밀(氣密)할 때 패킹이 불필요하다.
④ 화학약품을 차단하여 금속부분의 부식을 방지한다.

ANSWER | 84. ② 85. ④ 86. ③ 87. ③ 88. ③ 89. ② 90. ①

해설 ㉠ 역류 방지용 밸브 : 체크밸브
㉡ 체크밸브(─▷◁─)의 종류
 • 스윙식(수직, 수평용)
 • 리프트식(수평용)

91 부분 방사선 투과시험의 검사 길이 계산은 몇 mm 단위로 하는가?

① 50   ② 100
③ 200 ④ 300

해설 부분 방사선 투과시험 시 검사 길이는 300mm마다 계산한다(방사선 투과시험 시 방사선에서 시험기 성능은 판 두께의 2% 결함을 검출할 수 있어야 한다).

92 수질(水質)을 나타내는 ppm의 단위는?

① 1만분의 1단위   ② 십만분의 1단위
③ 백만분의 1단위 ④ 1억분의 1단위

해설 1ppm(Parts Per Million)
물 1L(1,000cc) 중에 함유되어 있는 불순물의 양을 mg으로 나타낸 것, 즉 $\left(\dfrac{1}{10^6}\right)$ 단위

93 노통 보일러에서 브레이징 스페이스란 무엇을 말하는가?

① 거싯 스테이를 부착할 경우 경판과의 부착부 하단과 노통 상부 사이의 거리
② 광군과 거싯 스테이 사이의 거리
③ 동체와 노통 사이의 최소거리
④ 거싯 스테이 간의 거리

해설
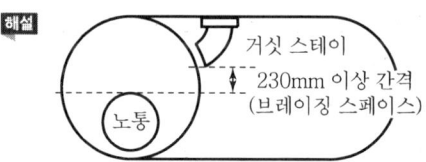

94 강판의 두께 12mm, 리벳의 직경 22.2mm, 피치 48mm의 1줄 겹치기 리벳 조인트가 있다. 1피치당 하중이 1,200kg이라 할 때 리벳에 생기는 전단응력은 약 몇 kg/mm²인가?

① 3.1   ② 16.3
③ 34.5 ④ 53.0

해설 $W = \dfrac{\pi}{4}d^2 \cdot \tau$ 에서,
$\tau = \dfrac{4W}{\pi d^2} = \dfrac{4 \times 1,200}{3.14 \times (22.2)^2} = 3.10\,\text{kg/mm}^2$

95 수관보일러의 특징에 대한 설명으로 옳은 것은?

① 일반적으로 10bar 이하의 중소형 보일러에 적용한다.
② 연소실 주위에 수관을 배치하여 구성한 수랭벽을 노에 구성한다.
③ 수관의 특성상 기수분리의 필요가 없는 드럼리스 보일러의 특징을 갖는다.
④ 열량을 전열면에서 잘 흡수시키기 위해 2-패스, 3-패스, 4-패스 등의 흐름구성을 갖도록 설계한다.

해설 수관식 보일러
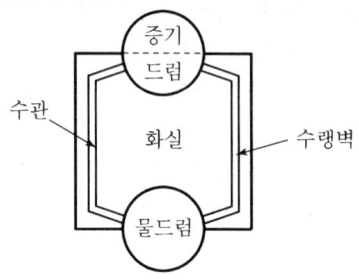

96 10kg/cm²의 압력하에 2,000kg/h로 증발하고 있는 보일러의 급수온도가 20℃일 때 환산증발량(kcal/h)은?(단, 발생증기의 엔탈피는 600kcal/kg이다.)

① 2,152 ② 3,124
③ 4,562 ④ 5,260

해설 환산증발량$(W_e) = \dfrac{G_w(h_2 - h_1)}{539}$
$= \dfrac{2,000(600-20)}{539} = 2,152\,\text{kg/h}$

97 프라이밍이나 포밍의 방지대책에 대한 설명으로 틀린 것은?

① 주증기밸브를 급히 개방한다.
② 보일러수를 농축시키지 않는다.
③ 보일러수 중의 불순물을 제거한다.
④ 과부하가 되지 않도록 한다.

해설
- 프라이밍(비수) : 수면 위에서 증기 발생 시 수분이 함께 증기와 분출, 상승되는 상태
- 포밍(물보라) : 수면 위에서 유지분 등에 의해 거품이 발생되는 것
- 프라이밍과 포밍의 방지법 : 주증기밸브를 차단하고, ②, ③, ④항을 조심할 것

98 다음 중 강제 순환식 수관 보일러는?

① 라몬트(Lamont) 보일러
② 타쿠마(Takuma) 보일러
③ 술저(Sulzer) 보일러
④ 벤슨(Benson) 보일러

해설 강제 순환식 보일러(고압용 보일러) : 고온고압보일러
- 라몬트 노즐 보일러
- 베록스 보일러

99 보일러의 과열에 의한 압괴(Collapse) 발생부분이 아닌 것은?

① 노통 상부
② 화실 천장
③ 연관
④ 거싯 스테이

해설 거싯 스테이
보일러 본체와 경판이나 관판 사이를 보강하는 스테이

100 보일러에서 폐열회수장치가 아닌 것은?

① 과열기
② 재열기
③ 복수기
④ 공기예열기

해설 랭킨 사이클

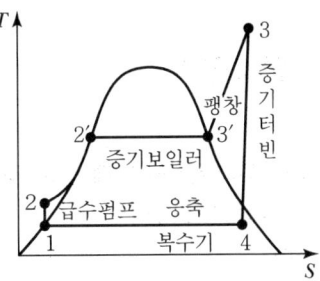

4 → 1 : 배기가 복수기 속에서 냉각되어 응축하는 과정으로 약 $0.05kg/cm^2$하에서 부피가 감소하여 모두 복수가 되는 정압과정(보일러 급수용으로 사용)

ANSWER | 97. ① 98. ① 99. ④ 100. ③

2013년 2회 에너지관리기사

SECTION 01 연소공학

01 액체를 미립화하기 위해 분무를 할 때 분무를 지배하는 요소로서 가장 거리가 먼 것은?

① 액류상 운동량
② 액류와 기체의 표면적에 따른 저항력
③ 액류와 액공 사이의 마찰력
④ 액체와 기체 사이의 표면장력

해설 액체연료의 분무를 지배하는 요소
- 액류의 운동량
- 액류와 기체의 표면적에 따른 저항력
- 액체와 기체 사이의 표면장력

02 옥탄(C_8H_{18})이 공기과잉률 2로 연소 시 연소가스 중 산소의 몰분율은?

① 0.0647
② 0.1012
③ 0.1294
④ 0.2024

해설 $C_8H_{18} + 12.5 \rightarrow 8CO_2 + 9H_2O$

이론산소량(O_0) = $12.5 m^3/Sm^3$

이론공기량(A_0) = $12.5 \times \frac{1}{0.21} = 59.52 m^3/Sm^3$

실제배기가스양(G) = $(m-0.21)A_0 + CO_2 + H_2O$
= $(2-021) \times 59.52 + (8+9)$
= $123.54 m^3/Sm^3$

∴ 산소몰분율 = $\frac{12.5}{123.54} = 0.1012$

03 수소 4kg을 과잉공기계수 1.4의 공기로 완전 연소 시킬 때 발생하는 연소가스 중의 산소량은 약 몇 kg 인가?

① 3.20
② 4.48
③ 6.40
④ 12.8

해설 실제배기가스양(G_w) = $(m-0.21)A_0 + H_2O$

$H_2 + \frac{1}{2}O_2 \rightarrow H_2O$
2kg + 16kg → 18kg
4kg + 32kg → 36kg

∴ 산소량 = $32 \times (1.4-1) = 12.8 kg$

04 수소 1kg을 공기 중에서 연소시켰을 때 생성된 건연소가스양은 약 몇 Sm^3인가?(단, 공기 중의 산소와 질소의 함유비는 21v%와 79v%이다.)

① 5.60
② 21.07
③ 26.50
④ 32.32

해설 $H_2 + \frac{1}{2}O_2 \rightarrow H_2O$

이론공기량(A_0) = $\frac{1}{2} \times \frac{1}{0.21} = 26.67 Sm^3/kg$

질소요구량 = $26.67 \times 0.79 = 21.07 Sm^3/kg$
(건연소가스양은 N_2값만 계산한다.)
건연소가스양 = $(1-0.21)A_0 = 0.79 \times 26.67$
= $21.07 m^3/kg$(질소요구량)

05 액화석유가스의 성질에 대한 설명 중 틀린 것은?

① 가스의 비중은 공기보다 무겁다.
② 상온, 상압에서는 액체이다.
③ 천연고무를 잘 용해시킨다.
④ 물에는 잘 녹지 않는다.

해설 액화석유가스(LPG : 프로판, 부탄)의 비점
- 프로판 : $-42℃$
- 부탄 : $-0.5℃$
(상온 18~20℃에서는 항상 기체)

06 다음 중 분젠식 가스버너가 아닌 것은?

① 링버너
② 적외선버너
③ 슬릿버너
④ 블라스트버너

해설 블라스트버너
선 혼합식 버너(강제예혼합버너)

1. ③ 2. ② 3. ④ 4. ② 5. ② 6. ④ | ANSWER

07 저위발열량 93,766kJ/Sm³의 C₃H₈을 공기비 1.2로 연소시킬 때의 이론연소온도는 약 몇 K인가?(단, 배기가스의 평균비열은 1.653kJ/Sm³·K이고, 다른 조건은 무시한다.)

① 1,563
② 1,672
③ 1,783
④ 1,856

해설 이론연소온도(T) = $\dfrac{\text{저위발열량}}{\text{배기가스양} \times \text{배기가스비열}}$

$= \dfrac{93,766}{30.57 \times 1.653} = 1,856$℃

프로판의 연소반응식 : C₃H₈ + 5O₂ → 3CO₂ + 4H₂O

이론배기가스양 $= (1 - 0.21) \times \left(\dfrac{5}{0.21}\right) + (3+4)$

$= 25.81 \text{Sm}^3/\text{Sm}^3$

실제배기가스양 $= (1.2 - 0.21) \times \left(\dfrac{5}{0.21}\right) + (3+4)$

$= 30.57 \text{Sm}^3/\text{Sm}^3$

08 연료의 중량분율이 다음 조성과 같은 갈탄을 연소시키기 위한 이론공기량은 약 몇 Sm³/(kg갈탄)인가?

| 탄소 : 0.30, 수소 : 0.025, 산소 : 0.10 |
| 질소 : 0.005, 황 : 0.01, 회분 : 0.06, 수분 : 0.50 |

① 2.37
② 2.67
③ 3.03
④ 3.92

해설 고체, 액체연료의 이론 공기량(A_0)

$A_0 = 8.89\text{C} + 26.67\left(\text{H} - \dfrac{\text{O}}{8}\right) + 3.33\text{S}$

$= 8.89 \times 0.30 + 26.67\left(0.025 - \dfrac{0.10}{8}\right) + 3.33 \times 0.01$

$= 2.667 + 0.333 + 0.0333 ≒ 3.03 \text{Sm}^3/\text{kg}$

09 다음 중 연소 온도에 가장 큰 영향을 미치는 것은?

① 연료의 착화온도
② 연료의 고위발열량
③ 연료의 휘발분
④ 연소용 공기의 공기비

해설 연료의 연소 온도에 가장 큰 영향을 미치는 인자는 연소용 공기의 공기비이다.

공기비(m) $= \dfrac{\text{실제공기량}}{\text{이론공기량}}$

10 가연성 혼합가스의 폭발한계 측정에 영향을 주는 요소로서 가장 거리가 먼 것은?

① 점화에너지
② 온도
③ 용기의 두께
④ 산소농도

해설 가연성 가스의 폭발한계 측정에 영향을 주는 요소
- 점화에너지
- 온도
- 산소농도

11 연소장치의 연소효율(E_c)식이 $E_c = \dfrac{H_c - H_1 - H_2}{H_c}$일 때 식에서 H_c는 연료의 발열량, H_1은 연재 중의 미연탄소에 의한 손실을 의미한다면 H_2는 무엇을 뜻하는가?

① 연료의 저발열량
② 전열손실
③ 불완전연소에 따른 손실
④ 현열손실

해설
- H_c : 연료 발열량
- H_1 : 미연소탄소 손실 열량
- H_2 : 불완전(CO)연소에 따른 손실

12 환열실의 전열면적(m²)과 전열량(kcal/h) 사이의 관계는?(단, 전열면적은 F, 전열량은 Q, 총괄전열계수는 V이며, Δt_m은 평균온도차이다.)

① $Q = F \times V \times \Delta t_m$
② $Q = F / \Delta t_m$
③ $Q = F \times \Delta t_m$
④ $Q = V / (F \times \Delta t_m)$

해설 환열실(리큐피레이터) 열량(Q)

$Q = $ 전열면적 × 전열계수 × 평균온도차 $= F \times V \times \Delta t_m$

13 가스버너로 연료가스를 연소시키면서 가스의 유출속도를 점차 빠르게 하였다. 이때 어떤 현상이 발생하겠는가?

① 불꽃이 엉클어지면서 짧아진다.
② 불꽃이 엉클어지면서 길어진다.
③ 불꽃형태는 변함없으나 밝아진다.
④ 별다른 변화를 찾기 힘들다.

해설 가스버너에서 점차 가스의 유출속도를 빠르게 하면 불꽃이 엉클어지면서 짧아진다.

14 배기가스의 분석값이 CO_2 : 11.5%, O_2 : 2.0%, N_2 : 86.5%이었다. 이때 공기비(m)는 얼마인가?

① 1.1
② 1.2
③ 1.3
④ 1.4

해설 공기비$(m) = \dfrac{N_2}{N_2 - 3.76(O_2 - 0.5 \times CO)}$
$= \dfrac{86.5}{86.5 - 3.76(2.0 - 0.5 \times 0)}$
$\fallingdotseq 1.1$

15 가연성 혼합기의 폭발방지를 위한 방법으로 가장 거리가 먼 것은?

① 산소농도의 최소화
② 불활성 가스 치환
③ 불활성 가스의 첨가
④ 이중용기 사용

해설 가연성 혼합기의 폭발방지방법
- 산소농도의 최소화
- 불활성 가스 치환
- 불활성 가스의 첨가

16 고체연료의 일반적인 연소형태로 볼 수 없는 것은?

① 증발연소
② 유동층연소
③ 표면연소
④ 분해연소

해설 고체연료의 일반적인 연소방식
- 분해연소
- 증발연소
- 유동층연소(고체연료의 특수연소방식)
- 미분탄연소
- 표면연소

17 연소가스의 조성에서 O_2를 옳게 나타낸 식은?(단, L_o : 이론공기량, G : 실제습연소가스양, m : 공기비이다.)

① $\dfrac{L_o}{G} \times 100\%$

② $\dfrac{0.21 L_o}{G} \times 100\%$

③ $\dfrac{(m-1)L_o}{G} \times 100\%$

④ $\dfrac{0.21(m-1)L_o}{G} \times 100\%$

해설 연소가스 조성에서 산소 값
$= \dfrac{0.21(\text{공기비}-1) \times \text{이론공기량}}{\text{실제연소가스양}} \times 100\%$

18 공기와 연료의 혼합기체의 표시에 대한 설명 중 옳은 것은?

① 공기비(Excess Air Ratio)는 연공비의 역수와 같다.
② 연공비(Fuel Air Ratio)라 함은 가연 혼합기 중의 공기와 연료의 질량비로 정의된다.
③ 공연비(Air Fuel Ratio)라 함은 가연 혼합기 중의 연료와 공기의 질량비로 정의된다.
④ 당량비(Equlvalence)는 실제연공비와 이론연공비의 비로 정의된다.

해설
- 공기 연료의 당량비 $= \dfrac{\text{실제연공비(실제공기량/연료량)}}{\text{이론연공비(이론공기량/연료량)}}$

- 공기비 $= \dfrac{\text{실제공기량}}{\text{이론공기량}}$

- 연공비(FAR) : 혼합기 중 연료와 공기의 질량비

- 등가비 $= \dfrac{\left(\dfrac{\text{실제연료량}}{\text{산화제}}\right)}{\left(\dfrac{\text{완전연소를 위한 이상적 연료량}}{\text{산화제}}\right)}$

19 연소계산에서 열정산에 대한 정의로 옳은 것은?

① 발생하는 모든 발열량의 합계
② 발생하는 모든 입열과 출열의 수지계산
③ 발생하는 모든 열의 이용효율
④ 연소장치에서 손실되는 모든 열량의 합계

14. ① 15. ④ 16. ② 17. ④ 18. ④ 19. ② | ANSWER

[해설] 연소계산의 열정산 : 입열과 출열의 수지계산
- 입열 : 연료의 발열량, 연료의 현열, 공기의 현열
- 출열 : 배기가스열, 불완전열손실, 미연탄소분에 의한 열, 방사손실, 발생증기 보유열

20 다음 기체연료 중 고위발열량(MJ/Sm³)이 가장 큰 것은?

① 고로가스
② 천연가스
③ 석탄가스
④ 수성가스

[해설] 고위발열량
① 고로(용광로가스) : 900kcal/Sm³
② 천연가스(LNG) : 10,550kcal/Sm³
③ 석탄가스 : 5,670kcal/Sm³
④ 수성가스 : 2,500kcal/Sm³
※ 1kcal=4.18kJ, 1MJ=10⁶J

SECTION 02 열역학

21 20℃, 500kPa의 공기가 들어 있는 2m³ 체적인 탱크가 있다. 탱크 속의 공기 압력을 일정하게 유지하면서 온도를 40℃가 되도록 하려면 몇 kg의 공기를 밖으로 내보내야 하는가?(단, 공기의 기체상수는 0.287 kJ/kg·K이다.)

① 0.76
② 0.99
③ 1.14
④ 11.9

[해설] $PV = GRT$
- 20℃일 때 $G = \dfrac{PV}{RT} = \dfrac{500 \times 2}{0.287 \times (20+273)} = 11.89$kg
- 40℃일 때 $G = \dfrac{500 \times 2}{0.287 \times (40 \times 273)} = 11.13$kg
∴ $11.89 - 11.13 = 0.76$kg

22 $W = mRT \ln \dfrac{V_2}{V_1}$ 의 식은 이상기체의 밀폐계에 대한 압축일을 나타낸다. 이 식이 적용될 수 있는 과정으로 옳은 것은?

① 등온과정(Isothermal Process)
② 등압과정(Constant Pressure Process)
③ 단열과정(Adiabatic Process)
④ 등적과정(Constant Volume Process)

[해설] 이상기체 밀폐계 압축일(압축일=공업일=유동일)
이상기체 등온과정 $(W) = mRT \ln \dfrac{V_2}{V_1}$
(등온과정에서 절대일, 공업일은 같다.)

23 상법칙(Phase Rule)에 대한 설명 중 틀린 것은?

① 평형에서만 존재하는 관계식이다.
② 평형이든 비평형이든 무관하게 존재하는 관계식이다.
③ 각 상의 상대적인 양에 대한 것은 알 수 없다.
④ 단일성분 2상의 경우 강성적 상태량의 자유도는 1이다.

[해설] 상법칙의 설명은 비평형에서는 해당되지 않는 법칙이다.
- Phase : 변화
- Rule : 규칙, 법칙

24 그림과 같이 2개의 단열변화의 2개의 등압변화로 되어 있는 가스터빈의 이상적 사이클 효율은?

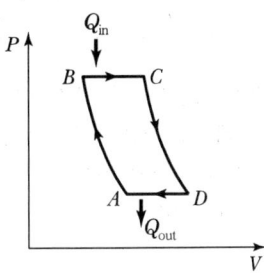

① $1 - \dfrac{T_C - T_D}{T_B - T_A}$
② $1 - \dfrac{T_D - T_A}{T_C - T_B}$
③ $1 - \dfrac{T_D - T_C}{T_B - T_A}$
④ $1 - \dfrac{T_A - T_D}{T_C - T_B}$

ANSWER | 20.② 21.① 22.① 23.② 24.②

해설 가스터빈 Brayton(브레이턴) 사이클
- A→B : 가역단열압축
- B→C : 등압가열
- C→D : 단열팽창
- D→A : 등압방열

이론열효율(η_b) = $1 - \dfrac{T_D - T_A}{T_C - T_B}$

25 일정정압비열(C_P =1.0kJ/kg · K)을 가정하고, 공기 100kg을 400℃에서 120℃로 냉각할 때 엔탈피의 변화는?

① -24,000kJ
② -26,000kJ
③ -28,000kJ
④ -30,000kJ

해설 냉각엔탈피(h)
$h = G \cdot C_p(T_2 - T_1)$
  = $100 \times 1.0(120 - 400)$
  = $-28,000$ kJ

26 다음 랭킨 사이클(Rankine Cycle)의 $T-S$ 선도에서 사선부분 4-5-6-7-4는 무엇을 나타내는가?

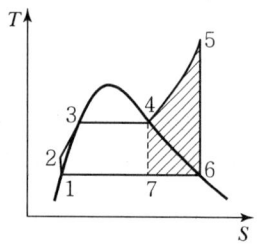

① 수증기의 과열에 의한 추가적인 일(Work)
② 수증기 과열을 위한 추가적 열량
③ 응축기에서 제거되어야 할 열량
④ 보일러(Boiler)의 열부하

해설 랭킨 사이클
- 1→2 : 단열압축
- 2→3→4→5 : 보일러 정압가열
- 5→6 : 단열팽창
- 5→1 : 정압방열
- 4-5-6-7-4 : 수증기 과열에 의한 추가적인 일

27 증기 터빈 노즐에서 분출하는 수증기의 이론 속도와 실제 속도를 각각 C_t, C_a로 표시할 때 초속을 무시하면 노즐효율 η_n과는 어떠한 관계가 있는가?

① $\eta_n = \dfrac{C_a}{C_t}$
② $\eta_n = \left(\dfrac{C_a}{C_t}\right)^2$
③ $\eta_n = \sqrt{\dfrac{C_a}{C_t}}$
④ $\eta_n = \left(\dfrac{C_a}{C_t}\right)^3$

해설 초속을 무시할 때 증기 터빈 노즐 효율(η_n) = $\left(\dfrac{C_a}{C_t}\right)^2$

28 유동하는 기체의 압력을 P, 속력을 V, 밀도를 ρ, 중력가속도를 g, 높이를 z, 절대온도를 T, 정적비열을 C_v라고 할 때, 기체의 단위질량당 역학적 에너지에 포함되지 않는 것은?

① $\dfrac{P}{\rho}$
② $\dfrac{V^2}{2}$
③ gz
④ $C_v T$

해설 기체의 단위질량당 역학적 에너지
① $\dfrac{P}{\rho}$
② $\dfrac{V^2}{2}$
③ $g \cdot z$

29 건도 x인 습증기 1kg을 동일한 압력에서 가열하여 과열증기를 얻었다. 가열하여야 하는 열량은 얼마인가?(단, 이 압력에서 포화액의 엔탈피는 h_f, 포화증기의 엔탈피는 h_g, 증기의 평균 정압비열은 C_p, 과열도는 A이다.)

① $(1-x)(h_g - h_f) + C_p A$
② $x(h_g - h_f) + C_p A$
③ $(1-x)h_g + C_p A$
④ $xh_g + C_p A$

해설 과열증기 가열량 = $(1-x)(h_g - h_1)C_p A$

30 T-S 선도에서 그림과 같은 사이클은 어느 사이클인가?(단, 2-3, 4-1 과정에서는 압력이 일정하다.)

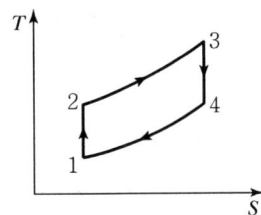

① 오토 사이클 ② 디젤 사이클
③ 브레이턴 사이클 ④ 랭킨 사이클

해설 브레이턴 사이클(내연기관 사이클)
압축기, 연소기, 터빈으로 구성된다.
- 2 → 3 : 정압가열
- 4 → 1 : 정압방열

31 온도와 관련된 설명으로 틀린 것은?

① 온도 측정의 타당성에 대한 근거는 열역학 제0법칙이다.
② 온도가 10℃ 올라가면 절대온도는 283.15K 올라간다.
③ 섭씨온도는 물의 어는점과 끓는점을 기준으로 삼는다.
④ SI 단위계에서 열역학적 온도 눈금(Scale)으로는 켈빈 눈금을 사용한다.

해설 절대온도(K) = 273.15 + ℃
= 273.15 + 10 = 283.15K
∴ 283.15K − 273.15K = 10K 상승

32 유체가 담겨 있는 밀폐계가 어떤 과정을 거칠 때 그 에너지 식은 $\Delta U_{12} = Q_{12}$으로 표현된다. 이 밀폐계와 관련된 일은 팽창일 또는 압축 일뿐이라고 가정할 경우 이 계가 거쳐 간 과정에 해당하는 것은?(단, U는 내부에너지를, Q는 전달된 열량을 나타낸다.)

① 등온과정(Isothermal Process)
② 정압과정(Constant Pressure Process)
③ 정적과정(Constant Volume Process)
④ 단열과정(Adiabatic Process)

해설 밀폐계에 열을 가하면 그 계는 온도가 상승하며 동시에 외부에 대하여 일을 한다. 경우에 따라서는 계의 물체가 상변화한다.
- 절대일(팽창일) : $\int_1^2 PdV$
- 공업일(압축일) : $-\int_1^2 VdP$
- 밀폐계일 : $du + PdV = \Delta u + \int_1^2 PdV$

∴ $dh = dq + VdP$

이상기체는 정적과정에서 계에 출입하는 열량은 모두 내부에너지의 변화에만 사용되며 외부에 대한 일량은 없다. 즉 체적이 일정한 상태에서 상태 1로부터 상태 2로 변화하는 것을 정적변화 또는 등적변화라 한다.

33 일반적으로 팽창밸브(Expansion Valve)에서의 냉매상태 변화는 다음 중 어디에 속하는가?

① 등온팽창 과정 ② 정압팽창 과정
③ 등엔트로피 과정 ④ 등엔탈피 과정

해설 팽창밸브에서의 냉매상태 변화는 등엔탈피 과정(엔트로피 증가)에 해당한다.

34 열역학 제2법칙에 대한 설명이 아닌 것은?

① 제2종 영구기관의 제작은 불가능하다.
② 고립계의 엔트로피는 감소하지 않는다.
③ 열은 자체적으로 저온에서 고온으로 이동이 곤란하다.
④ 열과 일은 변환이 가능하며, 에너지 보존법칙이 성립한다.

해설
- 열역학 제2법칙 : 제2종 영구기관을 부정하는 법칙
- 열역학 제1법칙 : 에너지 보존법칙(제1종 영구기관 부정)
- 제1종 영구기관 : 입력보다 출력이 더 큰 기관
- 제2종 영구기관 : 입력과 출력이 같은 기관

35 10℃와 80℃ 사이에서 작동되는 카르노(Carnot) 냉동기의 성능계수(COP)는 얼마인가?

① 8.00 ② 6.51
③ 5.64 ④ 4.04

해설 성적계수 $(COP) = \dfrac{Q_2}{Q_1 - Q_2} = \dfrac{T_2}{T_1 - T_2} = 1 - \dfrac{T_2}{T_1}$(%)

$T_2 = 10 + 273 = 283K$, $T_1 = 80 + 273 = 353K$

$\therefore COP = \dfrac{283}{353 - 283} = \dfrac{283}{70} = 4.04$

36 정압과정에서 −20℃의 탄산가스의 체적은 0℃에서의 체적의 얼마가 되는가?

① 0.632 ② 0.714
③ 0.832 ④ 0.927

해설 $V_1 = 1m^3$

$T_1 = -20 + 273 = 253K$

$T_2 = 0 + 273 = 273K$

$\therefore V_2 = 1 \times \dfrac{253}{273} = 0.927m^3$

37 다음 중 어떤 압력상태의 과열 수증기 엔트로피가 가장 작은가?(단, 온도는 동일하다고 가정한다.)

① 5기압 ② 10기압
③ 15기압 ④ 20기압

해설
- 압력이 증가할수록 물의 증발잠열(r)은 감소한다.
- 엔트로피$(S) = \dfrac{r}{T_2}$
- 온도가 높으면 압력이 증가하고 증발잠열은 감소한다.
- 온도가 동일한 경우 압력이 증가하면 잠열이 감소하므로 엔트로피가 작다.

38 비가역 사이클에 대한 클라우지우스의 적분은?

① $\oint \dfrac{dQ}{T} > 0$ ② $\oint \dfrac{dQ}{T} < 0$
③ $\oint \dfrac{dQ}{T} = 0$ ④ $\oint \dfrac{dQ}{T} \geq 0$

해설 열역학 제2법칙(Clausius 적분)
- 비가역과정: $\oint \dfrac{SQ}{T} < 0$
- 클라우지우스 적분: $\oint \dfrac{dQ}{T} \leq 0$

39 비열 4.184kJ/kg·K인 물 15kg을 0℃에서 80℃까지 가열할 때, 물의 엔트로피 상승은 약 몇 kJ/K인가?

① 9.5 ② 16.1
③ 21.9 ④ 30.8

해설 물의 현열$(Q) = 15 \times 4.184 \times (80 - 0) = 5,020.8kJ$

$ds = \dfrac{dQ}{T} = \dfrac{CdT}{T}$, $\Delta s = C \ln \dfrac{T_2}{T_1}$ (적분)

$\therefore \Delta S = 15 \times 4.184 \ln \dfrac{273 + 80}{273 + 0} = 16.1kJ/K$

40 냉동 사이클을 비교하여 설명한 것으로 잘못된 것은?

① 이상적인 Carnot 사이클이 최고의 COP를 나타낸다.
② 가역팽창 엔진을 가진 증기압축 냉동 사이클의 성능계수는 최고값에 접근한다.
③ 보통의 증기압축 사이클은 이론치보다 약간 낮은 효율을 갖는다.
④ 공기 사이클은 최고의 효율을 가진다.

해설 공기표준 냉동 사이클: 역브레이턴 사이클

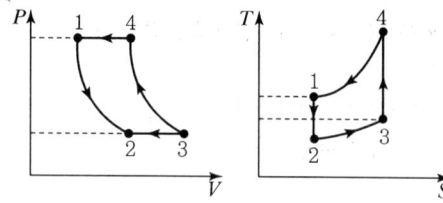

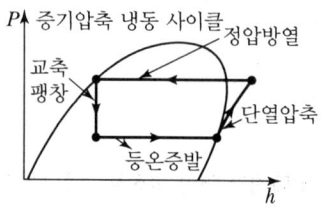

㉠ 공기표준 냉동 사이클
- 1→2 과정: 단열팽창
- 2→3 과정: 정압흡열
- 3→4 과정: 단열압축
- 4→1 과정: 정압방열

㉡ 카르노 사이클은 열기관의 이상 사이클로서 최고의 열효율을 갖는다.

㉢ 냉동 사이클은 열기관의 이상 사이클인 카르노 사이클을 역방향으로 하는 역사이클이다.

36. ④ 37. ④ 38. ② 39. ② 40. ④ | ANSWER

SECTION 03 계측방법

41 다음 중 미세한 압력차를 측정하기에 적합한 압력계는?

① 경사 마노미터
② 부르동 게이지
③ 수직 마노미터
④ 파이로미터(Pyrometer)

해설 경사 마노미터
눈금을 확대하여 읽어내기 때문에 U자관 압력계보다 정밀한 측정을 할 수 있으나 구조상 저압의 압력 측정에만 사용된다.
$P_1 = P_2 + rx\sin\theta$

42 유효숫자를 고려하여 52.2 + 0.032 + 3.5171을 계산할 때 맞는 것은?

① 55.74
② 55.75
③ 55.7
④ 55.8

해설 52.2 + 0.032 + 3.5171 = 55.7491
- 반올림값 : 55.75
- 유효값 : 55.8

43 측정하고자 하는 상태량과 독립적 크기를 조정할 수 있는 기준량과 비교하여 측정, 계측하는 방법은?

① 보상법
② 편위법
③ 치환법
④ 영위법

해설 영위법
측정하고자 하는 상태량과 독립적 크기를 조정할 수 있는 기준량과 비교하여 측정, 계측하는 방법(마이크로미터, 천평 등)이다. 기준량과 측정량을 균형을 맞추어 측정하기 때문에 마찰, 열팽창, 전압변동 등에 의한 오차가 적어 정밀측정에 적합하다.

44 용적식 유량계의 일반적인 특징에 대한 설명으로 틀린 것은?

① 정도(精度)가 높다.
② 고정도의 유체측정이 가능하다.
③ 맥동에 의한 영향이 없다.
④ 구조가 간단하다.

해설 용적식 위량계는 적산정도가 0.2~0.5% 정도로 높으며 상업거래용으로 많이 사용된다. 그 특징은 ①, ②, ③과 같으며, 종류는 오벌유량계, 루트식 유량계, 드럼식 가스미터, 피스톤형 유량계 등이 있다.

45 피토관의 전압을 $P_t(\text{kgf/m}^2)$, 정압을 $P_s(\text{kgf/m}^2)$, 유체의 비중량을 $\gamma(\text{kg/m}^3)$, 중력가속도를 $g(9.8 \text{ m/s}^2)$라고 하면 유속 $V(\text{m/s})$를 구하는 식은?

① $V = \sqrt{2g(P_s - P_t)/\gamma}$
② $V = \sqrt{2g(P_t - P_s)/\gamma}$
③ $V = \sqrt{2g(P_s - P_t) \cdot \gamma}$
④ $V = \sqrt{2g(P_t - P_s) \cdot \gamma}$

해설 베르누이 법칙
$$\frac{P_1}{r} + \frac{V_1^2}{2g} + h_1 = \frac{P_2}{r} + \frac{V_2^2}{2g} + h_2$$
$$V_1 = \sqrt{2g\frac{P_2 - P_1}{r}} = \sqrt{2gh} \left(\because \frac{P_2 - P_1}{r} = h\right)$$
$$\therefore V = \sqrt{2g\left(\frac{P_t - P_s}{r}\right)} \text{ (m/s)}$$

46 다음 각 습도계의 특징에 대한 설명으로 틀린 것은?

① 노점 습도계는 저습도를 측정할 수 있다.
② 모발 습도계는 2년마다 모발을 바꾸어 주어야 한다.
③ 통풍 건습구 습도계는 3~5m/s의 통풍이 필요하다.
④ 저항식 습도계는 직류전압을 사용하여 측정한다.

해설 전기저항식 습도계
서로 절연한 2개의 전극 사이의 절연판 위에 염화리튬 용액을 바르고 놓아 두면 주위 기체의 습도가 증가하면 습기를 흡수해서 전기저항치가 감소하는 것을 이용하여 상대습도를 측정한다(다소의 경년변화가 있어 온도계수가 비교적 크다).

ANSWER | 41. ① 42. ④ 43. ④ 44. ④ 45. ② 46. ④

47 연소분석법으로서 산소와 시료가스를 피펫에 천천히 넣고 백금선 등으로 연소시키는 방법으로 우일클레법이라고도 하는 방법은?

① 분별연소법　　② 폭발법
③ 완만연소법　　④ 흡수분석법

해설 완만연소법
산소와 시료가스를 피펫에 천천히 넣고 백금선 등으로 연소시키는 연소분석법(일명 우일클레법이라고도 함)

48 물을 함유한 공기와 건조공기의 열전도율의 차이를 이용하여 습도를 측정하는 것은?

① 염화리듐 습도센서
② 고분자 습도센서
③ 서미스터 습도센서
④ 수정진동자 습도센서

해설 서미스터 습도센서
물을 함유한 공기와 건조공기의 열전도율 차이를 이용한 습도센서계

49 열전대의 냉접점에 대한 설명으로 옳은 것은?

① 측온 물체에 닿는 접점이다.
② 냉각을 하여 항상 0℃를 유지한 점이다.
③ 감온접점이라고도 한다.
④ 자동평형 계기에서의 냉접점은 0℃ 이하로 유지한다.

해설 열전대 온도계 냉접점
냉각하여 항상 0℃를 유지하는 항온장치(듀어병에 얼음과 증류수의 혼합물을 채운 냉각기가 사용된다.)

50 색(色) 온도계의 색깔에 따른 온도가 옳게 짝지어진 것은?

① 붉은색 : 600℃
② 오렌지색 : 800℃
③ 매우 눈부신 흰색 : 2,000℃
④ 황색 : 2,500℃

해설 색온도계
• 어두운 색 : 600℃　　• 붉은색 : 800℃
• 오렌지색 : 1,000℃　　• 노란색 : 1,200℃
• 눈부신 황백색 : 1,500℃
• 매우 눈부신 흰색 : 2,000℃
• 푸른 기가 있는 흰백색 : 2,500℃

51 바이메탈 온도계에서 자유단위 변위거리 δ의 값을 구하는 식은?(단, K는 정수, t는 온도변화, α는 선팽창계수이다.)

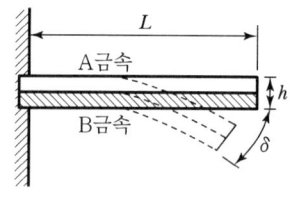

① $\delta = K(\alpha_A - \alpha_B)L^3t^2/h$
② $\delta = K(\alpha_A - \alpha_B)L^2t/h$
③ $\delta = K(\alpha_A - \alpha_B)L^2t^2/h$
④ $\delta = K(\alpha_A - \alpha_B)L^2th$

해설 바이메탈 온도계 자유단위 변위거리(δ)
δ = 정수 × $(\alpha_A - \alpha_B)$ × 길이^2 × 온도변화/시간
　= $K(\alpha_A - \alpha_B)L^2 \times t/h$

52 서미스터(Thermistor)의 재질로서 부적당한 것은?

① Ni　　② Co
③ Mn　　④ Al

해설 서미스터 온도계 재질
• 니켈 : Ni　　• 코발트 : Co
• 망간 : Mn　　• 철 : Fe
• 구리 : Cu

53 오리피스(Orifice), 벤투리관(Venturi Tube)을 이용하여 유량을 측정하고자 할 때 다음 중 필요한 것은?

① 측정기구 전·후의 압력차
② 측정기구 전·후의 온도차
③ 측정기구 입구에 가해지는 압력
④ 측정기구의 출구압력

해설

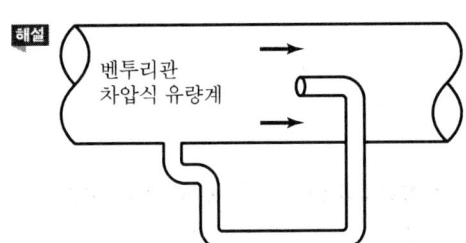

유량$(Q) = \frac{\pi d^2}{4} \times \frac{C_d}{\sqrt{1-m^2}} \times \sqrt{2g\left[\frac{r_s - r}{r}\right]R}$ (m³/sec)

여기서, R : 전·후 압력차 이용

54 피드백 제어에 대한 설명으로 틀린 것은?

① 설비비의 고액투입이 요구된다.
② 운영에 있어 고도의 기술이 요구된다.
③ 일부 고장이 있어도 전생산에 영향이 없다.
④ 수리가 어렵다.

해설 피드백 수정제어에 일부 고장이 있으면 전체 생산에 영향이 크게 발생한다.

55 점도 단위인 1Pa·s와 같은 값을 가지는 단위는?

① kg/m·s
② P
③ kgf·s/m²
④ cP

해설 점성계수

$1Pa \cdot s = \frac{kgf \cdot s}{m^2} = \frac{N \cdot s}{m^2} = kg/m \cdot s$

• poise(포아즈)
• gr/s·cm
• dyne·s/cm²

점성계수$(\mu) = \rho\nu = \frac{r}{g} \cdot \nu$

여기서, r : 비중량
$g = 9.81(1kgf \cdot s/m^2 = 9.81N \cdot s/m^2)$
ν : 동점성계수

56 다음 중 간접식 액면측정방법이 아닌 것은?

① 방사선식 액면계
② 초음파식 액면계
③ 플로트식 액면계
④ 저항전극식 액면계

해설 플로트식, 직접식 액면계
밀폐된 탱크 및 개방된 탱크 겸용이며 변동폭 25~50cm 정도까지 사용된다. 500℃까지, 100psi에서 사용한다(조작력이 커서 자력조절이 가능하다).

57 다음 중 유량측정의 원리와 유량계를 바르게 연결한 것은?

① 유체에 작용하는 힘 - 터빈 유량계
② 유속변화로 인한 압력차 - 용적식 유량계
③ 흐름에 의한 냉각효과 - 전자기 유량계
④ 파동의 전파 시간차 - 조리개 유량계

해설 ① 터빈 유량계 : 유속식 유량계(유체에 프로펠러 이용)
② 용적식 유량계 : 적산치 유량계
③ 전자기 유량계 : 전자식 유량계
④ 조리개 유량계 : 차압식 유량계

58 적분동작의 특징에 대한 설명으로 틀린 것은?

① 잔류편차가 제어된다.
② 제어의 안전성이 떨어진다.
③ 일반적으로 진동하는 경향이 있다.
④ 편차의 크기와 지속시간이 반비례하는 동작이다.

해설 미분동작
편차의 크기와 지속시간이 비례하는 동작

59 전자유량계의 측정원리는?

① 베르누이(Bernoulli) 법칙
② 패러데이(Faraday) 법칙
③ 러더포드(Rutherford) 법칙
④ 줄(Joule) 법칙

해설 전자식 유량계
도전성 유체가 자계 속을 흐르면 그 유체 안에서 기전력이 발생한다는 패러데이의 전자유도법칙을 이용한 유량계

유량$(Q) = C \cdot D \cdot \frac{E}{H}$

여기서, C : 상수, D : 관경
H : 자장의 강도

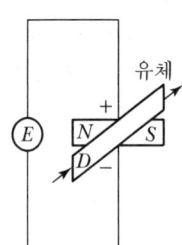

60 다음 중 온도계의 분류가 다른 하나는?

① 열팽창식　② 압력식
③ 광전관식　④ 제겔콘

해설
- 접촉식 온도계 : 열팽창식, 압력식, 제겔콘
- 광전관식 : 비접촉식 고온용 온도계

SECTION 04 열설비재료 및 관계법규

61 반규석질 내화물의 특징에 대한 설명으로 옳은 것은?

① 염기성 내화물이다.
② 열에 의한 치수변동률이 작다.
③ 저온에서 강도가 작다.
④ MgO, ZnO를 50~80% 함유한다.

해설 반규석벽돌
산성내화물(점토질)이며 실리카가 50~80%이다. 내화도는 SK 28~30 정도로 낮고 열에 의한 수축팽창이 적어서 치수변동률이 작다(야금로, 배소로용으로 사용). 고온에서 사용하는 동안 지나친 수축이나 팽창이 일어나지 않게 한다.

62 열매체를 가열하는 보일러의 용량은 몇 kW를 1t/h로 계산하는가?

① 477.8　② 581.5
③ 697.8　④ 789.5

해설 1kWh=860kcal
697.8kWh×860=600,108kcal
(증기보일러 1톤/h 용량은 온수보일러 60만 kcal/h)

63 효율관리기자재의 제조업자는 효율관리시험기관으로부터 측정결과를 통보받은 날로부터 며칠 이내에 그 측정결과를 한국에너지공단에 신고하여야 하는가?

① 7일　② 15일
③ 30일　④ 90일

해설 효율관리기자재의 제조업자는 효율관리시험기관으로부터 측정결과를 통보받은 날로부터 90일 이내에 그 측정결과를 한국에너지공단에 신고하여야 한다.

64 다음 중 평균효율관리기자재에 해당하는 것은?

① 전기냉방기　② 승용자동차
③ 삼상유도전동기　④ 조명기기

해설 ①, ③, ④는 에너지이용 합리화법 시행규칙 제7조에 따른 효율관리기자재이고, ②는 동법 시행규칙 제11조에 따른 평균효율관리기자재이다.

65 터널요의 3개 구조부에 해당하지 않는 것은?

① 용융부　② 예열부
③ 소성부　④ 냉각부

해설 터널요(연속요)의 3대 구성요소
- 소성부
- 예열부
- 냉각부

66 샤모트질(Chamotte) 벽돌의 주성분은?

① Al_2O_3, $2SiO_2$, $2H_2O$
② Al_2O_3, $7SiO_2$, H_2O
③ FeO, Cr_2O_3
④ $MgCO_3$

해설 점토질 벽돌(샤모트, 납석)
샤모트질 벽돌의 화학성분(카올린)
- Al_2O_3
- $2SiO_2$
- $2H_2O$

67 용융석영을 방사하여 제조하며 융점이 높고 내약품성이 우수하며 최고 사용온도가 약 1,100℃인 단열재는?

① 석면　② 폼글라스
③ 펄라이트　④ 세라믹 파이버

해설 세라믹 파이버
용융석영을 방사하여 만든 실리카울(융점이 높고 내약품성이 우수하며 안전사용온도는 1,100~1,300℃이나 단시간의 경우 1,500~1,600℃까지 사용 가능) 단열보온재

68 에너지 사용계획의 검토기준에 해당되지 않는 것은?
① 폐열의 회수 · 활용 및 폐기물 에너지이용기술개발의 적절성
② 부문별 · 용도별 에너지 수요의 적절성
③ 연료 · 열 및 전기의 공급체계, 공급원 선택 및 관련시설 건설계획의 적절성
④ 고효율 에너지이용시스템 및 설비 설치의 적절성

해설 에너지이용 합리화법 제11조 및 시행규칙 제3조에 의한 검토기준에 해당하는 것은 ②, ③, ④이다. 그 외 폐열의 회수 · 활용 및 폐기물 에너지이용계획의 적절성 등이 있다.

69 관의 신축량에 대한 설명으로 옳은 것은?
① 신축량은 관의 열팽창계수, 길이, 온도차 등에 반비례한다.
② 신축량은 관의 길이, 온도차에는 비례하지만 열팽창계수에는 반비례한다.
③ 신축량은 관의 열팽창계수, 길이, 온도차 등에 비례한다.
④ 신축량은 관의 열팽창계수에 비례하고 온도차와 길이에 반비례한다.

해설 배관 공사 시 관의 신축량은 관의 열팽창계수, 관의 길이, 관 내외의 온도차 등에 비례한다.

70 보온재의 열전도계수에 대한 설명 중 틀린 것은?
① 보온재의 함수율이 크게 되면 열전도계수도 증가한다.
② 보온재의 가공률이 클수록 열전도계수는 작아진다.
③ 보온재는 열전도계수가 작을수록 좋다.
④ 온도가 상승하면 열전도계수는 감소된다.

해설 보온재는 온도가 상승하면 열전도 전열량(kcal/h)이 증가한다.
※ 열전도계수 단위 : kcal/m · h · ℃

71 강관의 특징에 대한 설명으로 틀린 것은?
① 내충격성이 크다. ② 인장강도가 크다.
③ 부식에 강하다. ④ 관의 접합이 쉽다.

해설 강관은 부식에 약하고 구리나 스테인리스는 부식에 강하다.

72 작업이 간편하고 조업주기가 단축되며 요체의 보유열을 이용할 수 있어 경제적인 반연속식 요는?
① 셔틀요 ② 윤요
③ 터널요 ④ 도염식요

해설 셔틀요
반연속요이며 대차가 필요하고 작업이 간편하며 조업주기가 단축되며 요체의 보유열 사용이 가능하여 경제적이다.

73 시공업자 단체에 대한 설명으로 틀린 것은?
① 관련 주무부처 장관의 인가를 받아 설립한다.
② 단체는 개인으로 한다.
③ 시공업자는 시공업자단체에 가입할 수 있다.
④ 단체는 시공업에 관한 사항을 정부에 건의할 수 있다.

해설 에너지이용 합리화법 제41조(시공업자 단체의 설립)에 의해 시공업자 단체는 산업통상자원부장관의 인가를 받아 법인으로 설립한다.

74 보온면의 방산열량 1,100kJ/m², 나면의 방산열량 1,600kJ/m²일 때 보온재의 보온효율은 약 몇 %인가?
① 25 ② 31
③ 45 ④ 69

해설 보온 후 손실열량=1,600-1,100=500kJ/m²
보온효율(η)=$\frac{500}{1,600}\times100$=31.25%

75 연간 에너지사용량이 30만 티오이인 자가 구역별로 나누어 에너지 진단을 하고자 할 때 에너지 진단주기는?
① 1년 ② 2년
③ 3년 ④ 5년

ANSWER | 68. ① 69. ③ 70. ④ 71. ③ 72. ① 73. ② 74. ② 75. ③

해설 에너지 진단주기(에너지이용 합리화법 시행령 별표 3)

연간 에너지 사용량	에너지 진단주기
20만 티오이 이상	1. 전체진단 : 5년 2. 부분진단 : 3년
20만 티오이 미만	5년

76 용선로(Cupola)에 대한 설명으로 틀린 것은?

① 대량생산이 가능하다.
② 용해 특성상 용탕에 탄소, 황, 인 등의 불순물이 들어가기 쉽다.
③ 동합금, 경합금 등 비철금속 용해로로 주로 사용된다.
④ 다른 용해로에 비해 열효율이 좋고 용해시간이 빠르다.

해설 용선로(큐폴라)
• 사용 목적 : 주철 용해로
• 사용 시 재료 : 코크스, 선철, 석회석
• 용량 : 1시간당 주철의 용해량

77 다음 그림에 맞는 노의 명칭은?

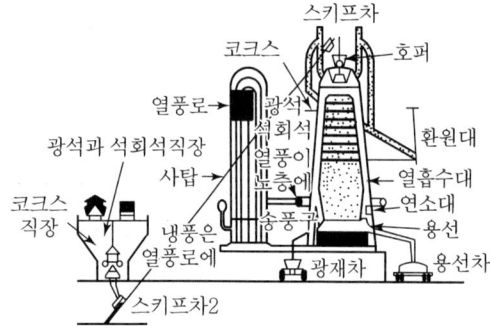

① 배소로 ② 고로
③ 평로 ④ 용선로

해설 고로 : 용광로(선철 제조설비)
• 제철원료, 코크스, 용제(석회석, 형석 등), 열풍로가 필요하다.
• 용량 : 24시간 선철 출선량으로 나타낸다.

78 보일러에 부착하는 안전밸브에 대한 설명으로 틀린 것은?

① 스프링식 안전밸브는 고압, 대용량 보일러에 적합하다.
② 지렛대식 안전밸브는 추의 이동에 따라 증기의 취출압력을 조정한다.
③ 스프링식 안전밸브는 스프링의 신축으로 증기의 취출압력을 조절한다.
④ 중추식 안전밸브는 밸브 위에 추를 올려놓아 증기압력과 수직이 되게 하여 고압용으로 적합하다.

해설 • 지렛대식, 중추식 안전밸브 : 저압용
• 스프링식 : 고압 대용량

79 특정열사용기자재 설치 · 시공범위가 아닌 것은?

① 강철제 보일러 세관
② 철금속가열로의 시공
③ 태양열 집열기 배관
④ 금속균열로의 배관

해설 금속균열로 배관 등은 요업요로 시공업 범위에 속한다(금속균열로의 당해 기기의 설치를 위한 시공범위는 설치 시공범위에 해당되나 배관은 해당되지 않는다).

80 배관설비의 지지에 필요한 조건을 설명한 것 중 틀린 것은?

① 온도의 변화에 따른 배관신축을 충분히 고려하여야 한다.
② 배관 시공 시 필요한 배관기울기를 용이하게 조정할 수 있어야 한다.
③ 배관설비의 진동과 소음을 외부로 쉽게 전달할 수 있어야 한다.
④ 수격현상 및 외부로부터 진동과 힘에 대하여 견고하여야 한다.

해설 배관설비 지지대는 배관설비의 지지에 따른 배관신축을 충분하게 고려해야 하며 진동과 소음은 외부로 전달하지 않고 조정이 가능하여야 한다.

SECTION 05 열설비설계

81 보일러 내에서 물을 강제 순환시키는 이유로 옳은 것은?
① 보일러의 성능을 양호하게 하기 위하여
② 보일러의 압력이 상승하면 포화수와 포화증기의 비중량의 차가 점점 줄어들기 때문에
③ 관의 마찰저항을 줄이기 위하여
④ 보일러 드럼이 1개이기 때문에

해설 보일러수의 강제 순환의 목적은 압력이 상승하면 포화수와 포화증기의 비중량차가 점점 줄어들어 자연순환이 순조롭지 못해 강제 순환시킨다.

82 보일러와 압력용기에서 일반적으로 사용되는 계산식에 의해 산정되는 두께로서 부식 여유를 포함한 두께를 무엇이라 하는가?
① 계산 두께   ② 실제 두께
③ 최소 두께   ④ 최대 두께

해설 보일러, 압력용기 최소 두께
계산식에 의해 최소 두께를 계산하며, 부식 여유를 포함한 두께이다.

83 보일러의 성능계산 시 사용되는 증발률($kg/m^2 \cdot h$)에 대하여 가장 옳게 나타낸 것은?
① 실제 증발량에 대한 발생증기 엔탈피와의 비
② 연료 소비량에 대한 상당증발량과의 비
③ 상당 증발량에 대한 실제증발량과의 비
④ 전열 면적에 대한 실제증발량과의 비

해설 전열면의 증발률 = $\dfrac{실제증발량}{전열면적}$ ($kg/m^2 \cdot h$)

84 유체의 압력손실은 배관 설계 시 중요한 인자이다. 다음 중 압력손실과의 관계로서 틀린 것은?
① 압력손실은 관마찰계수에 비례한다.
② 압력손실은 유속의 제곱에 비례한다.
③ 압력손실은 관의 길이에 반비례한다.
④ 압력손실은 관의 내경에 반비례한다.

해설 ③에서 유체의 압력손실은 관의 길이에 비례한다.

85 송풍기 압력이 20kPa, 연소가스양이 1,500m³/min, 송풍기 효율이 0.7일 때 송풍기의 실제 소요동력은 몇 kW인가?(단, 송풍기의 여유율은 0.1이다.)
① 550   ② 700
③ 714   ④ 786

해설 송풍기의 이론 소요동력
동력 = $\dfrac{Z \cdot Q}{102 \times \eta} = \dfrac{2,026 \times (1,500/60)}{102 \times 0.7} = 710$ kW
∴ 실제동력 = $710 + (710 \times 0.1) = 781$ kW
※ $20\text{kPa} = 10,332\text{mmH}_2\text{O} \times \dfrac{20}{102} = 2,026\text{mmH}_2\text{O}$
1atm = 102kPa

86 다음 열설비에 사용되는 관 중에서 관 내 유속이 30~80m/sec 정도로서 가장 빠른 관은?
① 응축수관   ② 펌프 토출관
③ 포화 증기관 ④ 과열 증기관

해설 관 내 유속(m/sec)의 크기
과열 증기관 > 포화 증기관 > 펌프 토출관 > 응축수관

87 보일러 실내에 설치하는 배관에 대한 설명으로 틀린 것은?
① 배관은 외부에 노출하여 시공하여야 한다.
② 배관의 이음부와 전기계량기와의 거리는 30cm 이상의 거리를 유지하여야 한다.
③ 관경 50mm인 배관은 3m마다 고정장치를 설치하여야 한다.
④ 배관을 나사접합으로 하는 경우에는 관용 테이퍼 나사에 의하여야 한다.

해설 배관의 이음부 $\xleftrightarrow[\text{이상}]{60\text{cm}}$ 전기계량기

ANSWER | 81. ② 82. ③ 83. ④ 84. ③ 85. ④ 86. ④ 87. ②

88 노통식 보일러에서 파형부의 길이가 230mm 미만인 파형 노통의 최소 두께(t)를 결정하는 식은?(단, P는 최고 사용압력(MPa), D는 노통의 파형부에서의 최대 내경과 최소 내경의 평균치(mm), C는 노통의 종류에 따른 상수이다.)

① $10PD$ ② $\dfrac{10P}{D}$
③ $\dfrac{C}{10PD}$ ④ $\dfrac{10PD}{C}$

해설 파형 노통 최소 두께 계산식(t) = $\dfrac{10 \cdot P \cdot D}{C}$
※ 1MPa = 10kg/cm²

89 맞대기 용접은 용접방법에 따라 그루브를 만들어야 한다. 판의 두께 20mm의 강판을 맞대기 용접 이음할 때 적합한 그루브의 형상은?

① I형 ② J형
③ X형 ④ H형

해설 맞대기 용접 그루브(끝벌림 현상)

판의 두께(mm)	끝벌림의 형상(그루브)
1~5	I형
6~16	V형(또는 R형, J형)
12~38	X형(또는 U형, K형, 양면 J형)
19 이상	H형

90 Shell & Tube 열교환기에 대한 설명으로 틀린 것은?
① 현장제작이 가능하여 좁은 공간에 설치가 가능하다.
② 플레이트 열교환기에 비해서 열통과율이 낮다.
③ Shell과 Tube 내의 흐름은 직류보다 향류흐름의 성능이 더 우수하다.
④ 구조상 고온·고압에 견딜 수 있어 석유화학공업 분야 등에서 많이 이용된다.

해설 셸 앤드 튜브형(Shell & Tube) 열교환기
구조상 공장에서 제작하여 현장에서 조립한다(크기에 따라 적당한 크기의 공간이 필요하다).

91 최고사용압력이 1.5MPa을 넘는 강철제보일러의 수압시험 압력은 최고사용압력의 몇 배로 하여야 하는가?
① 1.5 ② 2
③ 2.5 ④ 3

해설 최고사용압력이 1.5MPa(15kg/cm²) 이상의 강철제 보일러 최고사용 수압시험
최고사용압력×1.5배 수압시험

92 벽돌을 105~120℃ 사이에서 건조시킨 무게를 W, 이것을 물속에서 3시간 끓인 이후 유지시킨 무게를 W_1, 물속에서 꺼내어 표면수분을 닦은 무게를 W_2라고 할 때 부피비중을 구하는 식은?

① $\dfrac{W}{W_2 - W_1}$

② $\dfrac{W - W_1}{W_2 - W_1}$

③ $\dfrac{W}{W_1 - W_2}$

④ $\dfrac{W - W_2}{W_2 - W_1}$

해설 내화벽돌 부피비중 계산
$\dfrac{W}{W_2 - W_1}$

93 보일러 계속사용검사기준의 순수처리기준이 아닌 것은?
① 총경도(mg CaCO₃/L) : 0
② pH[298K(25℃)에서] : 7~9
③ 실리카(mg SiO₂/L) : 흔적이 나타나지 않음
④ 전기전도율[298K(25℃)에서의] : 0.05μs/cm 이하

해설 전기전도율 : 298K(25℃)에서 흔적이 나타나지 않음

94 입력용기를 옥내에 설치하는 경우에 대한 설명으로 옳은 것은?
① 압력용기의 천장과의 거리는 압력용기 본체 상부로부터 1m 이상이어야 한다.
② 압력용기 본체와 벽과의 거리는 1m 이상이어야 한다.
③ 인접한 압력용기와의 거리는 1m 이상이어야 한다.
④ 유독성 물질을 취급하는 압력용기는 1개 이상의 출입구 및 환기장치가 있어야 한다.

해설

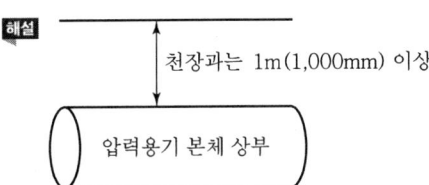

95 입형 보일러의 특징에 대한 설명으로 틀린 것은?
① 설치면적이 좁다.
② 전열면적이 작고 효율이 낮다.
③ 증발량이 적으며 습증기가 발생한다.
④ 증기실이 커서 내부 청소 및 검사가 쉽다.

해설 입형보일러
• 입형횡관 보일러
• 코크란 보일러
• 입형 연관 보일러
※ 증기실과 화실이 작아서 내부 청소나 검사가 불편하다.

96 전열면에 비등기포가 생겨 열유속이 급격하게 증대하며, 가열면상에 서로 다른 기포의 발생이 나타나는 비등과정을 무엇이라고 하는가?
① 단상액체 자연대류
② 핵비등(Nucleate Boiling)
③ 천이비등(Transition Boiling)
④ 막비등(Film Boiling)

해설 핵비등
보일러 전열면에 비등기포가 생겨서 열유속이 급격하게 증대하여 가열면상에 서로 다른 기포의 발생이 나타나는 비등상태

97 리벳이음에 대한 설명으로 옳은 것은?
① 기말작업 시 리베팅하고 냉각된 후 가장자리에 코킹작업을 한다.
② 열간 리베팅은 작업 완료 후 수축이 없어 판을 죄는 힘이 없고 마찰저항도 없다.
③ 보일러 제작 시 과거에는 용접이음을 통한 작업이 주류였으나 최근에는 리벳이음이 대부분이다.
④ 리벳 재료는 전기적 부식을 막기 위해 판재와 다른 종류의 재질계통을 쓰게 하는 것을 원칙으로 한다.

해설 리벳이음
기말작업 시 리베팅하고 냉각된 후 가장자리에 코킹작업을 하는 이음이다.

98 수관 1개 길이가 2,500mm, 수관의 내경이 60mm, 수관의 두께가 5mm인 수관 100개를 갖는 수관 보일러의 전열면적은 약 몇 m²인가?
① 40 ② 79
③ 471 ④ 550

해설 수관의 외경 기준

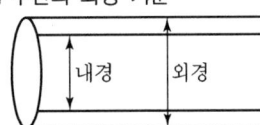

수관 외경 = (60+(5+5)) = 70mm
전열면적(A) = $\pi \cdot D \cdot L \cdot N$
= 3.14×0.07×2.5×100
= 55m²

99 다음 중 원통형 보일러가 아닌 것은?
① 코니시 보일러 ② 랭커셔 보일러
③ 케와니 보일러 ④ 다쿠마 보일러

해설 수관식 보일러
• 다쿠마 보일러
• 바브콕 보일러
• 쓰네기지 보일러
• 하이네 보일러
• 야로 보일러

ANSWER | 94. ① 95. ④ 96. ② 97. ① 98. ④ 99. ④

100 1시간당 35kg의 연료를 연소하여 열이 전부 일로 변환된다면 발생하는 동력은 몇 마력(PS)인가?(단, 연료 1kg의 발열량이 6,800kcal이다.)

① 376　　② 474
③ 525　　④ 555

해설 보일러 마력 = $\dfrac{상당증발량}{15.65}$

1마력(PS) = 632kcal/h
연소 시 발생열량 = 35×6,800 = 238,000kcal/h
∴ 동력(PS) = $\dfrac{238,000}{632}$ = 376

100. ① | ANSWER

2013년 4회 에너지관리기사

SECTION 01 연소공학

01 다음 중 부생가스가 아닌 것은?

① 코크스로가스
② 고로가스
③ 발생로가스
④ 전로가스

해설 발생로가스
적열상태로 가열한 탄소분이 많은 고체연료에 공기나 산소를 공급하여 만든 불완전연소로 $N_2 : 55.8\%$, $CO : 25.4\%$, $H_2 : 13\%$, 발열량 : $1,100 kcal/Nm^3$의 인공가스

02 어떤 연도가스의 조성을 분석하였더니 $CO_2 : 11.9\%$, $CO : 1.6\%$, $O_2 : 4.1\%$, $N_2 : 82.4\%$이었다. 이때 과잉공기의 백분율은 얼마인가?(단, 공기 중 질소와 산소의 부피비는 79 : 21이다.)

① 15.7%
② 17.7%
③ 19.7%
④ 21.7%

해설 과잉공기 백분율 = (공기비 - 1) × 100(%)

$$공기비 = \frac{실제공기량}{이론공기량} = \frac{N_2}{N_2 - 3.76(O_2 - 0.5CO)}$$

$$\therefore \left[\left(\frac{82.4}{82.4 - 3.76(4.1 - 0.5 \times 1.6)}\right) - 1\right] \times 100 = 17.7\%$$

03 프로판(C_3H_8) $1 Sm^3$의 연소에 필요한 이론공기량(Sm^3)은?

① 13.9
② 15.6
③ 19.8
④ 23.8

해설 C_3H_8 가스의 연소반응식 : $C_3H_8 + 5O_2 \rightarrow 3CO_2 + 4H_2O$

이론공기량(A_0) = 이론산소량 × $\frac{1}{0.21}$

$= 5 \times \frac{1}{0.21} = 23.8 Sm^3/Sm^3$

04 최소착화에너지(MIE)의 특징에 대한 설명으로 옳은 것은?

① 최소착화에너지는 압력 증가에 따라 감소한다.
② 질소농도의 증가는 최소착화에너지를 감소시킨다.
③ 산소농도가 많아지면 최소착화에너지는 증가한다.
④ 일반적으로 분진의 최소착화에너지는 가연성 가스보다 작다.

해설 최소착화에너지
- 가연성 가스 및 증기, 분체 등을 점화시키는 데 필요한 최소에너지(압력에 따라 압력이 증가하면 감소하고 질소농도가 많아지면 증가한다.)
- 탄화수소 1atm 상온의 상태에서 MIE는 $10^{-1} mJ$ 정도 소비된다.

05 열병합 발전소에서 쓰레기 소각열을 이용하는 곳이 많다. 우리나라 쓰레기(도시폐기물)의 발열량은 얼마 정도인가?

① 500~1,000kcal/kg
② 1,000~2,000kcal/kg
③ 2,000~5,000kcal/kg
④ 5,000~11,000kcal/kg

해설 도시폐기물 쓰레기의 소각열
2,000~5,000kcal/kg

06 로터리 버너를 장시간 사용하였더니 노벽에 카본이 많이 붙어 있었다. 다음 중 주된 원인은?

① 공기비가 너무 컸다.
② 화염이 닿는 곳이 있었다.
③ 연소실 온도가 너무 높았다.
④ 중유의 예열온도가 너무 높았다.

해설 로터리 버너(중유용 회전분무식 버너) 사용 중 노벽에 카본(탄화물)이 부착된 이유는 화염이 노벽에 많이 닿기 때문이다.

ANSWER | 1. ③ 2. ② 3. ④ 4. ① 5. ③ 6. ②

07 고체연료를 사용하는 어느 열기관의 출력이 3,000kW 이고 연료소비율이 매시간 1,400kg일 때 이 열기관의 열효율은 약 몇 %인가?(단, 고체연료의 중량비는 C=73%, H=4.5%, O=8%, S=2%, W=4%이다.)

① 27.6
② 28.8
③ 30.3
④ 32.3

해설 1kWh=860kcal
출력=3,000×860=2,580,000kcal/h
저위발열량(H_L)

$$H_L = 8,100C + 28,600\left(H - \frac{O}{8}\right) + 2,500S - 600W$$

$$= 8,100 \times 0.73 + 28,600\left(0.045 - \frac{0.08}{8}\right)$$
$$+ 2,500 \times 0.02 - 600 \times 0.04$$
$$= 6,940 \text{kcal/kg}$$

입력=연료소비량×발열량
    =6,940×1,400=9,716,000kcal/h

∴ 열효율=$\frac{2,580,000}{9,716,000} \times 100 ≒ 27.6\%$

08 CO_{2max} = 19.0%, CO_2 = 10.0%, O_2 = 3.0%일 때 과잉공기 계수(m)는 얼마인가?

① 1.25
② 1.35
③ 1.46
④ 1.90

해설 공기비(m) = $\frac{CO_{2max}}{CO_2} = \frac{19.0}{10.0} = 1.90$

여기서, CO_{2max} : 탄산가스 최대량

09 증기의 성질에 대한 설명으로 틀린 것은?

① 증기의 압력이 높아지면 증발열이 커진다.
② 증기의 압력이 높아지면 현열이 커진다.
③ 증기의 압력이 높아지면 엔탈피가 커진다.
④ 증기의 압력이 높아지면 포화온도가 높아진다.

해설 증기는 압력이 높아지면 잠열이 감소한다.
• 증기의 압력 1.0332kg/cm² : 잠열 539kcal/kg(표준대기압)
• 증기의 압력 225.65kg/cm² : 잠열 0kcal/kg(임계압)

10 연료의 성분이 어떤 경우에 층(고위)발열량과 진(저위)발열량이 같아지는가?

① 수소만인 경우
② 수소와 일산화탄소인 경우
③ 일산화탄소와 메탄인 경우
④ 일산화탄소와 유황의 경우

해설 $CO + 1/2O_2 \rightarrow CO_2$
$S + O_2 \rightarrow SO_2$
※ H_2O의 발생이 없으므로 고위·저위발열량이 같다.
0℃에서 H_2O 잠열은 600kcal/kg, 100℃에서 H_2O 잠열은 539kcal/kg이다.

11 불꽃연소(Flaming Combustion)에 대한 설명으로 틀린 것은?

① 연소사면체에 의한 연소이다.
② 연소속도가 느리다.
③ 연쇄반응을 수반한다.
④ 가솔린 등의 연소가 이에 해당한다.

해설 불꽃연소는 연소속도(cm/s)가 빠르다. 연소속도가 느린 것은 분해연소와 자기연소이다.

12 연료 1kg당 소요 이론공기량이 10.25Sm³, 이론 배기가스양이 10.77Sm³, 공기비가 1.4일 때 실제 배기가스양은 약 몇 Sm³/kg인가?(단, 수증기량은 무시한다.)

① 13
② 14
③ 15
④ 16

해설 실제 배기가스양(G_d)
=이론배기가스양+(공기비-1)×이론공기량
=10.77+(1.4-1)×10.25=15Sm³/kg

13 고열원이 400℃, 저열원이 15℃인 카르노 열기관에서 저열원의 온도를 15℃로 유지하면서 열효율을 70%로 증가시키려면 고열원의 온도는 몇 ℃가 되어야 하는가?

① 587
② 687
③ 787
④ 887

7. ① 8. ④ 9. ① 10. ④ 11. ② 12. ③ 13. ② **ANSWER**

해설
$400 + 273 = 673K$
$15 + 273 = 288K$
∴ 고열원의 온도$(T) = \dfrac{673}{0.7} - 273 = 688℃$

※ $\dfrac{(688+273) - 288}{688+273} \times 100 = 70\%$

14 1mol의 이상기체$(C_v = \dfrac{3}{2}R)$가 40℃, 35atm으로부터 1atm까지 단열 가역적으로 팽창하였다. 최종온도는 약 몇 K이 되는가?

① 75 ② 88
③ 98 ④ 107

해설
• 압력이 하강하면 온도가 하강한다.
• 정압비열(C_p) = 정적비열(C_v) + R(기체상수)
• 비열비$(K) = \dfrac{C_p}{C_v}$, $C_p = \dfrac{k}{k-1}R$, $C_p = KC_v$

$C_v = \dfrac{3}{2}R$, $C_p = \left(1 + \dfrac{3}{2}\right)R = 2.5R$(정압비열)

비열비$(K) = \dfrac{2.5R}{\left(\dfrac{3}{2}\right)R} = 1.666$

∴ 최종온도$(T_2) = T_1 \times \left(\dfrac{P_2}{P_1}\right)^{\dfrac{k-1}{k}}$

$= (40 + 273) \times \left(\dfrac{1}{35}\right)^{\dfrac{1.666-1}{1.666}} = 75K$

15 다음 중 기상폭발에 해당되지 않는 것은?

① 가스폭발 ② 분무폭발
③ 분진폭발 ④ 수증기폭발

해설 수증기폭발은 물리적 폭발에 해당한다.

16 산포식 스토커로 석탄을 연소시킬 때 연소층은 어떤 순서로 형성되는가?

① 건조층 → 환원층 → 산화층 → 회층
② 환원층 → 건조층 → 산화층 → 회층
③ 회층 → 건조층 → 환원층 → 산화층
④ 산화층 → 환원층 → 건조층 → 회층

해설 석탄연료 연소장치의 산포식 스토커 연소층

| 건조층 |
| 환원층 |
| 산화층 |
| 회층(재) |

17 연소를 계속 유지시키는 데 필요한 조건을 가장 바르게 설명한 것은?

① 연료에 산소를 공급하고 착화온도 이하로 억제한다.
② 연료에 발화온도 미만의 저온 분위기를 유지시킨다.
③ 연료에 산소를 공급하고 착화온도 이상으로 유지한다.
④ 연료에 공기를 접촉시켜 연소속도를 저하시킨다.

해설 연소상태를 계속 유지시키려면 연료에 지속적으로 산소를 공급하고, 착화온도 이상으로 노 내를 유지시킨다.

18 석탄 연소 시 발생하는 버드네스트(Birdnest) 현상은 주로 어느 전열면에서 가장 많은 피해를 일으키는가?

① 과열기 ② 공기예열기
③ 급수예열기 ④ 화격자

해설 버드네스트(재의 용융고착물) 부착위치
과열기, 재열기 등(연도의 고온부)

19 연소에서 고온부식의 발생에 대한 설명으로 옳은 것은?

① 연료 중 황분의 산화에 의해서 일어난다.
② 연료의 연소 후 생기는 수분이 응축해서 일어난다.
③ 연료 중 수소의 산화에 의해서 일어난다.
④ 연료 중 바나듐의 산화에 의해서 일어난다.

해설 연료 중 바나듐이 산화되어 오산화바나듐(V_2O_5)이 되고 이는 고온부 과열기, 재열기에서 용융 고온부식(500℃ 이상)이 발생된다.

ANSWER | 14. ① 15. ④ 16. ① 17. ③ 18. ① 19. ④

20 중유연료의 연소 시 무화에 수증기를 사용하는 경우에 대한 설명으로 틀린 것은?

① 고압무화가 가능하므로 무화 효율이 좋다.
② 고압무화할수록 무화 매체량이 적어도 되므로 대용량 보일러에 사용된다.
③ 고점도의 기름도 쉽게 무화시킬 수 있다.
④ 소형 보일러 및 중소요로(窯爐)용에는 공기무화보다 유리하다.

해설 수증기 사용 버너(고압기류식 버너)는 대용량 중유연료의 무화 버너이다.

SECTION 02 열역학

21 과열온도조절법에 대한 설명으로 틀린 것은?

① 과열저감기를 사용하는 방식
② 댐퍼에 의한 열가스 조절에 의한 방식
③ 버너의 위치변경 또는 사용버너의 변경에 의한 방식
④ 연소용 공기의 접촉을 가감하는 방식

해설
- 연소용 공기의 접촉을 가감하는 것과 과열기의 과열온도 조절법과는 관련성이 없다.
- 과열증기 온도조절법은 ①, ②, ③ 외에도 과열증기에 습증기나 급수를 분무하는 방법, 과열기 전용화로에 의한 방법, 연소가스를 재순환하는 방법이 있다.

22 500K의 고온 열저장조와 300K의 저온 열저장조 사이에서 작동되는 열기관이 낼 수 있는 최대 효율은?

① 100%   ② 80%
③ 60%   ④ 40%

해설 500K − 300K = 200K

∴ 최대효율 = $\dfrac{200K}{500K} \times 100 = 40\%$

23 어떤 압력의 포화수를 가열하여 동일한 압력의 건포화증기로 만들고자 한다. 이때 소요되는 증발열이 가장 큰 포화수는 다음 중 어떤 압력일 경우인가?

① $0.5 kgf/cm^2$ ② $1.0 kgf/cm^2$
③ $10 kgf/cm^2$ ④ $100 kgf/cm^2$

해설 증기압력이 적을수록 H_2O의 증발열이 크다.
1atm 표준대기압($1.0332 kg/cm^2$)에서 포화수 증발열은 539kcal/kg(2,260kJ/kg)이다.

24 $15 Nm^3$의 공기가 동일한 압력으로 0℃에서 100℃로 되었다면 엔탈피 변화량은 약 몇 kJ인가?(단, 공기의 기체 상수는 $0.287 kJ/kg \cdot K$, 정압비열은 $1.0 kJ/kg \cdot K$으로 한다.)

① 1,530kJ   ② 1,940kJ
③ 4,660kJ   ④ 10,440kJ

해설 엔탈피 = 내부에너지 + 유동에너지 = $u + APV$
완전가스에서 내부에너지와 엔탈피는 온도만의 함수이다.
등압 엔탈피 변화(Δh) = $h_2 - h_1 = C_p(T_2 - T_1)$
$15 Nm^3 = 29 \times \dfrac{15}{22.4} = 19.4 kg$ (공기 1kmol = 29kg)
∴ 등압 시 엔탈피 변화량
  = $19.4 \times 1.0(373 - 273) = 1,940 kJ$

25 높이 50m인 폭포에서 물이 낙하할 때 위치에너지가 운동에너지로 변했다가 다시 열에너지로 변한다면 물의 온도는 대략 얼마나 올라가는가?

① 0.02℃   ② 0.12℃
③ 0.22℃   ④ 0.32℃

해설 일의 열당량(Q) = $\dfrac{1}{427} kcal/kg \cdot m$
열의 일량(W) = $427 kg \cdot m/kcal$
물의 비열 = $1 kcal/kg \cdot ℃$
$Q = GC\Delta T$에서 $\dfrac{50G}{427} = G \times C_p \times \Delta t$
$\Delta t = \dfrac{50 \times 1}{427} = 0.12℃$

26 이상적인 증기동력 사이클인 랭킨 사이클을 이루는 과정이 아닌 것은?

① 펌프에서의 등엔트로피 압축
② 보일러에서의 정압가열
③ 터빈에서의 등온팽창
④ 응축기에서의 정압방열

해설
- 랭킨 사이클에서 터빈 내부에서는 단열팽창과정이 발생한다.
- 펌프일량=단열압축

27 이상기체에서 엔탈피의 미소변화 dh는 어떻게 표시되는가?

① $dh = C_v dT$
② $dh = \sqrt{C_p C_r} dT$
③ $dh = C_p dT$
④ $dh = \dfrac{C_p}{C_v} dT$

해설 이상기체에서 엔탈피의 미소변화$(dh) = C_p dT$
$\Delta h = C_p (T_2 - T_1)$

28 고체 용기가 압력 300kPa, 온도 31℃의 가스로 충만되어 있다. 그 가스의 일부를 빼내었더니 용기 내의 압력이 100kPa이고, 온도는 10℃가 되었다면, 빠져나간 가스양은 전체 가스양의 약 몇 %인가?(단, 가스는 이상기체로 간주한다.)

① 36
② 52
③ 64
④ 73

해설 $V = C$: 정적과정
$P_1 V_1 = G_1 R T_1$, $P_2 V_2 = G_2 R T_1$
여기서, $R = 8.314$kJ/kmol·K
내용적$(V_1) = \dfrac{G_1 RT}{P_1} = \dfrac{1 \times 8.314 \times 304}{300} = 8.424\text{m}^3$
잔류가스양$(G_2) = \dfrac{P_2 V_2}{RT_2} = \dfrac{100 \times 8.424}{8.314 \times 304} = 0.36$
∴ 빠져나간 가스양 $= (1 - 0.36) \times 100 = 64\%$

29 그림과 같은 열펌프(Heat Pump) 사이클에서 성능계수는?(단, P는 압력, H는 엔탈피이다.)

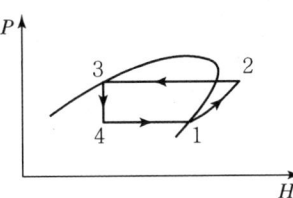

① $\dfrac{H_2 - H_3}{H_2 - H_1}$
② $\dfrac{H_1 - H_4}{H_2 - H_1}$
③ $\dfrac{H_1 - H_3}{H_2 - H_1}$
④ $\dfrac{H_3 - H_4}{H_2 - H_1}$

해설 열펌프(히트펌프) 성능계수 $= \dfrac{\text{응축열}}{\text{압축열}} = \dfrac{H_2 - H_3}{H_2 - H_1}$

30 압력 200kPa, 온도 25℃의 물이 시간당 200kg씩 혼합실에 들어가 압력 200kPa의 건포화수증기와 혼합되어 45℃의 물로 배출된다. 시간당 수증기 공급량을 몇 kg으로 하여야 하는가?(단, 압력 200kPa에서 포화온도가 120℃, 포화수증기의 엔탈피는 2,703 kJ/kg이고 열손실은 없으며 액체상태 물의 평균비열은 4.184kJ/kg·K이다.)

① 7.25
② 5.55
③ 5.13
④ 4.25

해설 현열$(Q) = 200$kg/h $\times 4.184$kJ/kg·K$\times (45-25)$
$= 16,736$kJ/kg
∴ 수증기 공급량 $= \dfrac{16,736}{2,703 + (120-45) \times 4.184}$
$= 5.55$kg/h

31 열역학 제2법칙의 내용과 직접적인 관련이 없는 것은?

① 엔트로피의 정의
② 비가역과정의 생성 엔트로피
③ 자연 발생적인 열의 흐름 방향
④ 내부 에너지의 정의

해설 내부 에너지의 정의는 열역학 제1법칙(에너지 보존의 법칙)과 관계있다.

32 그림의 열기관 사이클(Cycle)에 해당되는 것은?

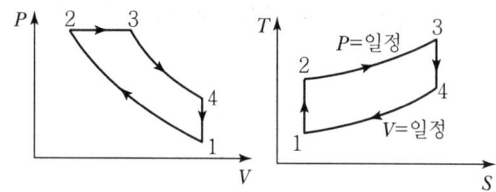

① 오토(Otto) 사이클
② 디젤(Diesel) 사이클
③ 랭킨(Ranking) 사이클
④ 스털링(Stirling) 사이클

해설 내연기관 사이클(디젤 사이클)
정적 사이클의 정적가열과정을 정압과정으로 바꾸어 놓은 사이클(저속 디젤기관 기초 사이클)
- $1 \rightarrow 2$: 가역단열압축
- $2 \rightarrow 3$: 정압가열
- $3 \rightarrow 4$: 가역단열팽창
- $4 \rightarrow 1$: 정적방열

33 냉동기가 저온에서 80kcal를 흡수하고 고온에서 120kcal를 방출할 때 성능계수(COP)는 얼마인가?

① 0 ② 1
③ 2 ④ 3

해설 압축기 일량 = 120 − 80 = 40kcal(압축열)
성적계수(COP) = $\dfrac{증발열}{압축열} = \dfrac{80}{40} = 2$

34 온도 100℃, 압력 200kPa의 공기(이상기체)가 정압과정으로 최종온도가 200℃가 되었을 때 공기의 부피는 처음 부피의 약 몇 배가 되는가?

① 1.12 ② 1.27
③ 1.52 ④ 2

해설 100 + 273 = 373K
200 + 273 = 473K
$V_2 = V_1 \times \dfrac{T_2}{T_1} = 1 \times \dfrac{473}{373} = 1.27$배

35 어떤 상태에서 질량이 반으로 줄어들면 강도성질(Intensive Property) 상태량의 값은?

① 반으로 줄어든다.
② 2배로 증가한다.
③ 4배로 증가한다.
④ 변하지 않는다.

해설 강도성 상태량
물질의 질량에 관계없이 그 크기가 결정되는 상태량(온도, 압력, 비체적 등)

36 다음 그림은 Rankine 사이클의 $h-s$ 선도이다. 등엔트로피 팽창과정을 나타내는 것은?

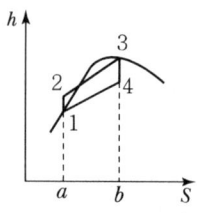

① $1 \rightarrow 2$ ② $2 \rightarrow 3$
③ $3 \rightarrow 4$ ④ $4 \rightarrow 1$

해설 랭킨 사이클($h-s$ 선도)
- $3 \rightarrow 2$: 가열량(정압가열)
- $4 \rightarrow 1$: 정압방열(방열량)
- $3 \rightarrow 4$: 단열팽창(터빈일량)
- $2 \rightarrow 1$: 단열압축(펌프일량)

37 30℃에서 기화잠열이 173kJ/kg인 어떤 냉매의 포화액-포화증기 혼합물 4kg을 가열하여 건도가 20%에서 30%로 증가되었다. 이 과정에서 냉매의 엔트로피 증가량은 몇 kJ/K인가?

① 69.2 ② 2.31
③ 0.228 ④ 0.057

해설 30 + 273 = 303K
열량(Q) = 173 × 4 = 692kcal
건도 증가 = 30% − 20% = 10% 증가
엔트로피 증가량 $\Delta S = \dfrac{d\theta}{T} = \dfrac{692}{303} \times 0.1 = 0.228$ kJ/K

32. ② 33. ③ 34. ② 35. ④ 36. ③ 37. ③ | ANSWER

38 성능계수(Coefficient to Performance)가 2.5인 냉동기가 있다. 15냉동톤(Refrigeration Ton)의 냉동용량을 얻기 위해서 냉동기에 공급해야 할 동력(kW)은?(단, 1냉동톤은 3.861kW이다.)

① 20.5 ② 23.2
③ 27.5 ④ 29.7

해설 15톤 동력=15×3.861=57.915kW

∴ 냉동기 공급 동력 = $\dfrac{15톤 동력}{성능계수} = \dfrac{57.915}{2.5} = 23.2$kW

39 브레이턴 사이클(Brayton Cycle)은 어떤 기관에 대한 이상적인 Cycle인가?

① 가스터빈 기관 ② 증기 기관
③ 가솔린 기관 ④ 디젤 기관

해설 가스터빈 Cycle
• 브레이턴 사이클
• 에릭슨 사이클
• 스털링 사이클
• 아트킨슨 사이클
• 르누아 사이클

40 Carnot 사이클은 2개의 등온과정과 또 다른 2개의 어느 과정으로 구성되는가?

① 정압과정 ② 등적과정
③ 단열과정 ④ 폴리트로픽 과정

해설 카르노 사이클

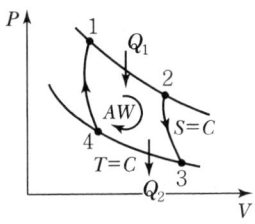

• 1→2 : 등온팽창
• 2→3 : 단열팽창
• 3→4 : 등온압축
• 4→1 : 단열압축

SECTION 03 계측방법

41 액주에 의한 압력 측정에서 정밀 측정을 위한 보정(補正)으로 반드시 필요로 하지 않는 것은?

① 모세관 현상의 보정
② 중력의 보정
③ 온도의 보정
④ 높이의 보정

해설 액주압력계 보정
• 모세관 현상의 보정
• 온도의 보정
• 중력의 보정

42 전자유량계의 특징에 대한 설명 중 틀린 것은?

① 압력손실이 거의 없다.
② 응답이 매우 빠르다.
③ 높은 내식성을 유지할 수 있다.
④ 모든 액체의 유량 측정이 가능하다.

해설 전자유량계
도전성 유체의 유량만 측정이 가능하다.

체적유량$(Q) = C \cdot D \cdot \dfrac{E}{H}$

여기서, C=상수, D : 관경, E : 전류(기전력)
H : 자장의 강도

43 원인을 알 수 없는 오차로서 측정할 때마다 측정값이 일정하지 않고 분포현상을 일으키는 오차는?

① 계량기 오차 ② 과오에 대한 오차
③ 계통적 오차 ④ 우연 오차

해설 우연 오차 : 원인을 알 수 없는 오차(산포 : 흩어짐)

44 시스(Sheath)형 측온저항체의 특성이 아닌 것은?

① 응답성이 빠르다.
② 진동에 강하다.
③ 가소성이 없다.
④ 국부적인 측온에 사용된다.

해설 시스형 측온저항체 특성
- 응답성이 빠르다.
- 진동에 강하다.
- 국부적인 측온에 사용된다.

45 물이 흐르고 있는 공정상의 두 지점에서 압력 차이를 측정하기 위해 그림과 같은 압력계를 사용하였다. 압력계 내 액의 비중은 1.1이고 양쪽 관의 높이가 그림과 같을 때 지점 (1)과 (2)에서의 압력 차이는 몇 dyne/cm²인가?

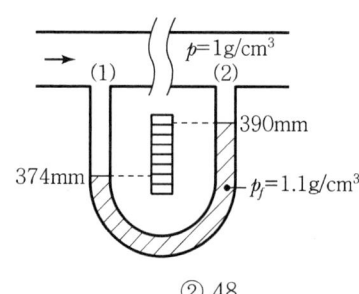

① 5 ② 48
③ 157 ④ 1,568

해설 390 − 374 = 16mm
$P_1 + r(h_0 + h) = P_2 + rh_0 + r_0 h$
$P_1 - P_2 = (r_0 - r)h$
$= (1,100 - 1,000) \times 0.016$
$= 1.6 kgf/m^2 = 0.00016 kg/cm^2$
∴ 압력차 = $0.00016 \times 9.8 \times 10^5 = 157 dyne/cm^2$
※ $1N = 1kg \cdot m/s^2 = 10^5 g \cdot cm/s^2 = 10^5 dyne$
$1kgf = 1kg \times 9.8 m/s^2 = 98,000 dyne$
$1bar = 10^6 dyne/cm^2$

46 속도의 수두차를 측정하는 유량계가 아닌 것은?
① 피토관(Pitot Tube)
② 로터미터(Rotameter)
③ 오리피스미터(Orifice Meter)
④ 벤투리미터(Venturi Meter)

해설 로터미터
면적식 유량계(관로에 있는 조리개의 전·후 차압이 일정하게 되도록 조리개의 면적을 바꾸고 그 면적으로부터 유량을 측정하는 방법이다.)

47 과열증기의 온도조절방법이 아닌 것은?
① 습증기의 일부를 과열기로 보내는 방법
② 연소가스의 유량을 가감하는 방법
③ 과열기 전용화로를 설치하는 방법
④ 과열증기의 일부를 배출하는 방법

해설 과열증기 온도조절 방법은 ①, ②, ③ 외에도 연소실의 화염위치를 바꾸는 방법, 저온가스를 연소실 내로 재순환시키는 방법이 있다.

48 오벌(Oval)식 유량계의 특징에 대한 설명으로 틀린 것은?
① 타원형 치차의 맞물림을 이용하므로 비교적 측정 정도가 높다.
② 기체유량 측정은 불가능하다.
③ 유량계의 앞부분(前部)에 여과기(Strainer)를 설치하지 않아도 된다.
④ 설치가 간단하고 내구력이 우수하다.

해설 모든 유량계 앞에는 여과기 설치가 의무화되어야 유량계의 고장을 방지할 수 있다.

49 관로(管路)에 설치된 오리피스 전후의 압력차는?
① 유량의 제곱에 비례한다.
② 유량의 제곱근에 비례한다.
③ 유량의 제곱에 반비례한다.
④ 유량의 제곱근에 반비례한다.

해설 오리피스 차압식 유량계의 원리
용적유량$(Q) = \alpha F_0 \sqrt{2g \frac{(P_1 - P_2)}{r} h}$ (m³/s)
- 차압의 크기에 따라 유량이 변화한다.
- 오리피스 전후의 압력차는 유량의 제곱에 비례한다.

50 미리 정해진 순서에 따라 순차적으로 진행하는 제어 방식은?
① 시퀀스 제어(Sequence Control)
② 피드백 제어(Feedback Control)
③ 피드포워드 제어(Feedforward Control)
④ 적분 제어(Integral Control)

해설 시퀀스 정성적 제어
미리 정해진 순서에 따라 순차적으로 진행되는 제어방식이다.

51 다음 금속 중 측온(測溫) 저항체로 쓰이지 않는 것은?
① Cu   ② Fe
③ Ni   ④ Pt

해설 금속 중 측온 저항체
- 구리
- 니켈
- 백금
- 서미스터(Ni, Co, Mn, Fe, Cu)

52 염화리튬이 공기 수증기압과 평형을 이룰 때 생기는 온도 저하를 저항온도계로 측정하여 습도를 알아내는 습도계는?
① 아스만 습도계
② 듀셀 노점계
③ 전기저항식 습도계
④ 광전관식 노점계

해설 듀셀 노점계
온도 저하를 저항온도계로 측정하여 습도를 알아내는 습도계(일명 가열식 노점계)로서 염화리튬의 흡수성을 이용한다(브리지 회로가 필요하다).

53 다음 각 물리량에 대한 SI 유도단위의 기호로 틀린 것은?
① 압력 – 파스칼(Pascal)
② 에너지 – 칼로리(Calorie)
③ 일률 – 와트(Watt)
④ 광선속 – 루멘(Lumen)

해설 에너지 단위인 Joule(J)은 열량단위로도 사용된다.
$1J = 1W/s = 1N \cdot m$
$= \dfrac{1}{4,185.5} kcal = 9.4782 \times 10^{-4} BTU$

54 다음 각 압력계에 대한 설명으로 틀린 것은?
① 벨로스 압력계는 탄성식 압력계이다.
② 다이어프램 압력계의 박판재료로 인청동, 고무를 사용할 수 있다.
③ 침종식 압력계는 압력이 낮은 기체의 압력 측정에 적당하다.
④ 탄성식 압력계의 일반교정용 시험기로는 전기식 표준압력계가 주로 사용된다.

해설 탄성식 압력계의 일반교정용 시험기로는 표준분동식 압력계를 사용한다($5,000 \sim 100,000 kg/cm^2$ 사용).

55 다음 중 SI 기본단위를 바르게 표현한 것은?
① 길이 – 밀리미터   ② 질량 – 그램
③ 시간 – 분   ④ 전류 – 암페어

해설 SI 기본단위
- 길이(m)
- 시간(s)
- 온도(K)
- 질량(mol)
- 질량(kg)
- 전류(A)
- 광도(cd)

56 오차의 정의로서 맞는 것은?
① 오차 = 측정값 – 참값
② 오차 = 참값/측정값
③ 오차 = 참값 + 측정값
④ 오차 = 측정값 × 참값

해설
- 오차 = 측정값 – 참값
- 오차율 = $\dfrac{오차}{참값}$
- 편위 = 참값 – 평균값

57 계측에 있어 측정의 참값을 판단하는 계의 특성 중 동특성에 해당하는 것은?
① 감도   ② 직선성
③ 히스테리시스 오차   ④ 시간지연과 동오차

해설 동특성 : 시간지연과 동오차

ANSWER | 51. ② 52. ② 53. ② 54. ④ 55. ④ 56. ① 57. ④

58 다음 중 비접촉식 온도계가 아닌 것은?

① 광고온계(Optical Pyrometer)
② 바이메탈 온도계(Bimetal Pyrometer)
③ 방사온도계(Radiation Pyrometer)
④ 광전관식 온도계(Photoelectric Pyrometer)

해설 바이메탈 온도계 : 직접식 온도계
- 사용온도 : $-50 \sim 500℃$
- 형상 : 원호형, 나선형
- 재질 : 황동+인바

59 다음 중 용적식 유량계가 아닌 것은?

① 습식 가스미터
② 원판식 유량계
③ 아뉴바 유량계
④ 오벌식 유량계

해설
- 아뉴바 유량계, 피토관, 열선식 등은 유속식 유량계에 해당한다.
- 아뉴바 유량계는 관 속의 평균유속을 구하여 유량을 측정하는 유량계이다.

60 내경 300mm인 원관 내에 3kg/s의 공기가 유입되고 있다. 이때 관 내의 압력은 200kPa, 온도는 25℃, 공기기체상수는 287J/kg · K이라고 할 때 공기평균속도는 약 몇 m/s인가?

① 1.8　　② 2.4
③ 18.2　　④ 23.5

해설 단면적$(A) = \frac{\pi}{4}d^2 = \frac{3.14}{4} \times (0.3)^2 = 0.07065 \text{m}^2$

유량=단면적×유속(m^3/s), 유속$=\frac{유량}{단면적}(\text{m/s})$

공기 $3\text{kg/s} = 22.4 \times \frac{3}{29} = 2.31724 \text{m}^3/\text{s}$

$V_2 = V_1 \times \frac{T_2}{T_1} \times \frac{P_1}{P_2}$

$= 2.31724 \times \frac{273+25}{273} \times \frac{102}{200}$ (공기용적)

$\therefore$ 유속$(V) = \frac{2.31724 \times \frac{298}{273} \times \frac{102}{200}}{0.07065} = 18.2 \text{m/s}$

※ 표준대기압(1atm)=102kPa=760mmHg

SECTION 04 열설비재료 및 관계법규

61 효율관리기자재의 제조업자가 효율관리시험기관으로부터 측정결과를 통보받은 날 또는 자체측정을 완료한 날부터 며칠 이내에 한국에너지공단에 신고하여야 하는가?

① 15일　　② 30일
③ 60일　　④ 90일

해설 효율관리기자재의 제조업자는 효율관리시험기관으로부터 측정 결과를 통보받은 날 또는 자체측정을 완료한 날부터 각각 90일 이내에 그 측정 결과를 한국에너지공단에 신고하여야 한다.

62 터널가마(Tunnel Kiln)의 특징에 대한 설명 중 틀린 것은?

① 연속식 가마이다.
② 사용연료에 제한이 없다.
③ 대량생산이 가능하고 유지비가 저렴하다.
④ 노 내 온도조절이 용이하다.

해설 터널가마(연속용)
- 도자기제품 소성에 사용되며 그 길이는 30~100m 정도이다.
- 예열대, 냉각대, 소성대의 3대 구성요소로 구성된다.
- 사용연료에 제한이 따른다.

63 실리카(Silica)의 특징에 대한 설명으로 틀린 것은?

① 온도변화에 따라 결정형이 달라진다.
② 광화제가 전이를 촉진시킨다.
③ 고온전이형이 되면 비중이 작아진다.
④ 규석은 가장 안정한 광물로서 온도변화의 영향을 받지 않는다.

해설 실리카(규석질 SiO_2계 내화물)
산성 내화물로서 불순물이 적은 규석을 천천히 가열하면 변태가 일어난다.

64 신축이음에 대한 설명 중 틀린 것은?
① 슬리브형은 단식과 복식의 2종류가 있으며 고온, 고압에 사용한다.
② 루프형은 고압에 잘 견디며 주로 고압증기의 옥외 배관에 사용한다.
③ 벨로스형은 신축으로 인한 응력을 받지 않는다.
④ 스위블형은 온수 또는 저압증기의 배관에 사용하며 큰 신축에 대하여는 누설의 염려가 있다.

해설 고온·고압에는 루프형(곡관형) 신축이음이 많이 사용된다.

65 검사대상기기 설치자가 해당 기기를 검사를 받지 않고 사용하였을 경우의 벌칙으로 맞는 것은?
① 2년 이하의 징역 또는 2천만 원 이하의 벌금
② 1년 이하의 징역 또는 1천만 원 이하의 벌금
③ 2천만 원 이하의 과태료
④ 1천만 원 이하의 과태료

해설 검사대상기기 설치자가 검사를 받지 않으면 1년 이하의 징역 또는 1천만 원 이하의 벌금에 처한다(검사대상기기 : 강철제, 주철제보일러 및 가스용 소형 온수보일러, 압력용기, 철금속 가열로 등).

66 다음 중 에너지 저장의무 부과 대상자가 아닌 자는?
① 전기사업법에 의한 전기사업자
② 석유사업법에 의한 석유정제업자
③ 액화가스사업법에 의한 액화가스사업자
④ 연간 2만 석유환산톤의 에너지다소비사업자

해설 에너지 저장의무 부과 대상자(에너지이용 합리화법 시행령 제12조제1항)
• 전기사업법에 따른 전기사업자
• 도시가스사업법에 따른 도시가스사업자
• 석탄산업법에 따른 석탄가공업자
• 집단에너지사업법에 따른 집단에너지사업자
• 연간 2만 석유환산톤 이상의 에너지를 사용하는 자

67 에너지이용 합리화 관련법상 열사용기자재에 해당하는 것은?
① 선박용 보일러 ② 고압가스 압력용기
③ 철도차량용 보일러 ④ 금속요로

해설 에너지이용 합리화 관련법상 열사용기자재에 포함되는 요로에는 금속요로, 요업요로가 있다.

68 옥내온도가 15℃, 외기온도가 5℃일 때 콘크리트 벽(두께 10cm, 길이 10m 및 높이 5m)을 통한 열손실이 1,500kcal/h이라면 외부 표면 열전달계수는 약 몇 kcal/m²·h·℃인가?(단, 내부표면 열전달계수는 8.0kcal/m²·h·℃이고 콘크리트 열전도율은 0.7443kcal/m·h·℃이다.)
① 11.5   ② 13.5
③ 15.5   ④ 17.5

해설 열량$(Q) = A \times K \times \Delta t$, $A(면적) = 10 \times 5 = 50m^2$
$$1,500 = \frac{50 \times (15-5)}{\frac{1}{8} + \frac{0.1}{0.7443} + \frac{1}{x}}$$
∴ 외부 표면열전달계수$(x) = 13.5 kcal/m^2 \cdot h \cdot ℃$
※ 두께 10cm = 0.1m

69 효율관리기자재 중 최저 소비효율기준에 미달하거나 최대사용량기준을 초과한 것의 생산 또는 판매 금지 명령을 위반한 자에 해당하는 벌칙은?
① 2,000만 원 이하의 벌금
② 500만 원 이하의 벌금
③ 1,000만 원 이하의 과태료
④ 500만 원 이하의 과태료

해설 판매 금지 명령 위반자는 2,000만 원 이하의 벌금에 해당한다.

70 다이어프램 밸브(Diaphragm Valve)에 대한 설명이 아닌 것은?
① 화학약품을 차단함으로써 금속부분의 부식을 방지한다.
② 기밀을 유지하기 위한 패킹을 필요로 하지 않는다.
③ 저항이 적어 유체의 흐름이 원활하다.
④ 유체가 일정 이상의 압력이 되면 작동하여 유체를 분출시킨다.

해설 다이어프램
- 다이어프램 펌프 : 펌프막의 상하 운동에 의해 액체를 퍼올리고 배출하는 형식의 펌프로 가솔린 엔진의 연료펌프 등에 사용된다. 압력계나 가스압력 조정기나 제어기계에 다이어프램이 사용된다.
- 다이어프램 밸브 : 공기압과 밸브 측 변위가 비례하는 것을 이용한 것이다.

71 에너지이용 합리화법상의 "목표에너지원단위"란?
① 열사용 기기당 단위시간에 사용할 열의 사용 목표량
② 각 회사마다 단위기간 동안 사용할 열의 사용 목표량
③ 에너지를 사용하여 만드는 제품의 단위당 에너지 사용 목표량
④ 보일러에서 증기 1톤을 발생할 때 사용할 연료의 사용 목표량

해설 목표에너지원 단위
에너지(연료, 열, 전기)를 사용하여 만드는 제품의 단위당 에너지 사용 목표량

72 볼밸브(Ball Valve)의 특징에 대한 설명으로 틀린 것은?
① 유로가 배관과 같은 형상으로 유체의 저항이 적다.
② 밸브의 개폐가 쉽고 조작이 간편하여 자동조작밸브로 활용된다.
③ 이음쇠 구조가 없기 때문에 설치공간이 작아도 되고 보수가 쉽다.
④ 밸브대가 90° 회전하므로 패킹과의 원주방향 움직임이 크기 때문에 기밀성이 약하다.

해설 볼밸브는 밸브대가 90° 회전하므로 패킹과의 원주방향 움직임이 적어서 개폐하므로 개폐시간이 짧아 가스배관에 많이 사용한다(일명 구형 밸브).

73 염기성 슬래그나 용융금속에 대한 내침식성이 크므로 염기성 제강로의 노재로 주로 사용되는 내화벽돌은?
① 마그네시아질 벽돌 ② 규석 벽돌
③ 샤모트 벽돌 ④ 알루미나질 벽돌

해설 마그네시아질($MgCO_3$) 벽돌
- 염기성 슬래그에 강한 염기성 내화물
- 용융금속에 대한 내침식성이 크다.
- 재강로의 노재로 주로 사용된다.
- 내화도가 SK 36~42로 매우 높다.
- 열팽창성이 크므로 스폴링에 약하다.

74 국가에너지절약추진위원회의 구성에 해당하지 않는 자는?
① 해양수산부차관
② 교육부차관
③ 한국지역난방공사 사장
④ 한국가스안전공사 사장

해설 한국가스공사 사장이 국가에너지절약추진위원회의 구성 추진위원이 된다.
※ 법령 개정(2018. 4. 17.)으로 국가에너지절약추진위원회가 폐지되었다.

75 에너지절약전문기업의 등록이 취소된 에너지절약전문기업은 원칙적으로 등록 취소일로부터 얼마의 기간이 지나면 다시 등록을 할 수 있는가?
① 1년 ② 2년
③ 3년 ④ 5년

해설 에너지절약전문기업(ESCO)의 등록이 취소된 경우 2년이 경과하여야 재등록 신청이 가능하다.

76 용광로의 원료 중 코크스의 역할로 옳은 것은?
① 탈황작용 ② 흡탄작용
③ 매용제(媒熔劑) ④ 탈산작용

해설 용광로 코크스의 역할 : 흡탄작용

77 다음 보온재 중 가장 낮은 온도에서 사용될 수 있는 것은?
① 석면 ② 규조토
③ 우레탄 폼 ④ 탄산마그네슘

해설 보온재의 사용온도(℃)
- 석면 : 500℃
- 규조토 : 500℃
- 우레탄 폼 : 80℃ 이하
- 탄산마그네슘 : 350℃

78 다음 중 열전도율이 가장 작은 것은?
① 철　　② 고무
③ 물　　④ 공기

해설 열전도율(kcal/m·h·℃)
- 철 : 40~50
- 물 : 0.560
- 공기 : 0.019~0.020(0℃)
- 고무 : 0.11~0.20

79 에너지이용 합리화법에 명시된 한국에너지공단의 설립목적은?
① 시·도의 기능을 대신하기 위하여
② 정부의 과대한 업무를 일부 분담키 위하여
③ 에너지수급 및 동향을 효율적인 방안으로 관리하기 위하여
④ 에너지이용 합리화 사업을 효율적으로 추진하기 위하여

해설 에너지이용 합리화법에는 한국에너지공단의 설립목적을 에너지이용 합리화 사업을 효율적으로 추진하기 위함으로 제시하고 있다.

80 에너지이용 합리화 관련법에서 정한 검사를 받아야 하는 소형온수보일러의 기준은?
① 가스사용량이 15kg/h를 초과하는 보일러
② 가스사용량이 17kg/h를 초과하는 보일러
③ 가스사용량이 18kg/h를 초과하는 보일러
④ 가스사용량이 21kg/h를 초과하는 보일러

해설 소형온수보일러(0.35MPa 이하, 전열면적 14m² 이하)
- 가스사용량이 17kg/h를 초과하는 보일러
- 도시가스사용량이 232.6kW(20만 kcal/h)를 초과하는 보일러

SECTION 05 열설비설계

81 노통 보일러에서 경판 두께가 15mm 이하인 경우 브레이징 스페이스(Breathing Space)는 얼마 이상이어야 하는가?
① 230mm　　② 260mm
③ 280mm　　④ 300mm

해설 브레이징 스페이스

경판두께	브레이징 스페이스	경판두께	브레이징 스페이스
13mm 이하	230mm 이상	19mm 이하	300mm 이상
15mm 이하	260mm 이상	19mm 초과	320mm 이상
17mm 이하	280mm 이상		

82 대류 열전달에서 대류열전달계수(경막계수)의 단위는?
① kcal/℃
② kcal/kg·℃
③ kcal/m·h·℃
④ kcal/m²·h·℃

해설 대류열전달계수의 단위 : kcal/m²·h·℃

83 최고사용압력 1.5MPa, 파형 형상에 따른 정수(C)를 1,100으로 할 때 노통의 평균지름이 1,100mm인 파형 노통의 최소 두께는 약 몇 mm인가?
① 10　　② 15
③ 20　　④ 25

해설 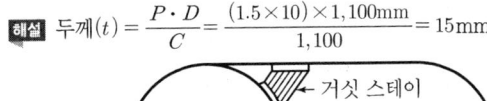 두께(t) = $\dfrac{P \cdot D}{C}$ = $\dfrac{(1.5 \times 10) \times 1,100\text{mm}}{1,100}$ = 15mm

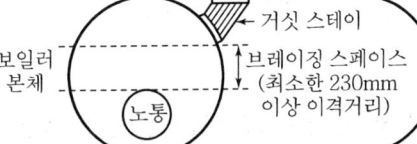

ANSWER | 78.④ 79.④ 80.② 81.② 82.④ 83.②

84 횡연관식 보일러에서 연관의 배열을 바둑판 모양으로 하는 주된 이유는?

① 보일러 강도상 유리하므로
② 관의 배치를 많게 하기 위하여
③ 물의 순환을 양호하게 하기 위하여
④ 연소가스의 흐름을 원활하게 하기 위하여

해설

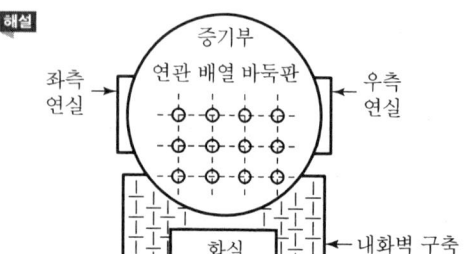

횡연관보일러 연관을 바둑판 모양으로 배열 설치하는 주된 이유는 물의 순환을 양호하게 하기 위함이다.

85 압력 35kg/cm², 온도 241.41℃인 물 1kg이 증발하는 동안 비체적이 0.00123m³/kg에서 0.0582 m³/kg로 증가하고 엔탈피의 값은 420.25kcal/kg 증가하였다. 1kg의 물로 구성되는 정지계의 내부에너지 변화(kcal/kg)는?

① 352.53
② 373.55
③ 397.26
④ 408.87

해설
• 증기 비체적 : 0.00123 → 0.0582로 증가
• 압력=35kg/cm², 온도=241.41℃
• 물 1kg 증발, 엔탈피 : 420.25kcal/kg
• 엔탈피=내부에너지+유동일(APV)
• 내부에너지=엔탈피-유동일
• 1kcal=427kg·m

유동일($_1W_2$) = $\int PdV = P(V_2 - V_1)$
 $= 35 \times 10^4 \times (0.0582 - 0.00123)$
 $= 19,939.5$ kg·m

∴ $420.25 - \frac{19,939.5}{427} = 373.55$ kcal/kg

86 계산에 사용되는 재료의 허용전단응력은 허용인장응력의 얼마로 하는가?

① 허용전단응력은 허용인장응력의 70%로 한다.
② 허용전단응력은 허용인장응력의 80%로 한다.
③ 허용전단응력은 허용인장응력의 90%로 한다.
④ 허용전단응력은 허용인장응력과 같게 취한다.

해설 재료의 허용전단응력은 허용인장응력의 80%로 계산한다.

87 맞대기 용접은 용접방법에 따라 그루브를 만들어야 한다. 판 두께 10mm에 할 수 있는 그루브의 형상이 아닌 것은?

① V형
② R형
③ H형
④ J형

해설 맞대기 용접이음

판의 두께(mm)	끝벌림의 형상(그루브)
1~5	I형
6~16	V형(또는 R형, J형)
12~38	X형(또는 U형, K형, 양면 J형)
19 이상	H형

88 두께 4mm 강의 평판에서 고온 측 면의 온도가 100℃이고 저온 측 면의 온도가 80℃이며 매분당 30,000 kJ/m²의 전열을 한다고 하면 이 강판의 열전도율은 약 몇 W/m인가?

① 50
② 100
③ 150
④ 200

해설 $Q = \lambda \times \frac{(100-80)}{0.004 \times 60} = 30,000$ kJ/m² · min

$\lambda = \frac{30,000 \times (0.004 \times 60)}{100-80} = 360$ kJ

$360 \times \frac{1}{4.186} = 86$ kcal

∴ $\frac{86}{0.86} = 100$ W/m

※ 1시간=60분, 1kcal=4.186kJ, 1W=0.86kcal

89 다음 중 증기와 응축수의 온도 차이를 이용하여 작동하는 증기트랩은?

① 바이메탈식
② 상향버킷식
③ 플로트식
④ 오리피스식

84. ③ 85. ② 86. ② 87. ③ 88. ② 89. ① | ANSWER

해설 바이메탈식, 벨로스식 증기트랩은 증기와 응축수의 온도 차이로 작동된다.

90 기수분리의 방법에 따라 분류하였을 때 다음 중 그 종류로서 가장 거리가 먼 것은?

① 장애판을 이용한 것
② 그물을 이용한 것
③ 방향전환을 이용한 것
④ 압력을 이용한 것

해설 기수분리기의 종류에는 ①, ②, ③ 외 원심분리기를 이용한 것 등이 있다. 기수분리기는 수관식, 관류보일러의 비수 물방울 제거 용도의 건조증기 취출용 송기장치이다.

91 피치가 200mm 이하이고, 골의 깊이가 38mm 이상인 것의 파형 노통의 종류는?

① 모리슨형   ② 데이톤형
③ 폭스형   ④ 리즈포지형

해설
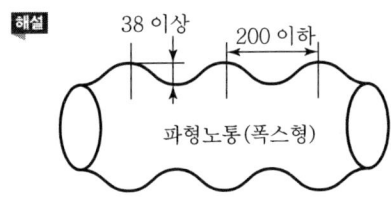
파형노통(폭스형)

92 [보기]에서 제시하는 절탄기용 주철관의 최소 두께는?

- 릴리프밸브의 분출압력(P) : 2MPa
- 주철관의 안지름(D) : 200m
- 재료의 허용인장응력(σ_a) : 100N/mm²
- 핀을 부착하지 않은 구조(α)이다.

① 3mm   ② 4mm
③ 5mm   ④ 6mm

해설 절탄기(급수가열기) 최소 두께(t)
(핀을 부착하지 않으면 $a=4$, 핀을 부착하면 2mm 부가)

$$t = \frac{P \cdot D}{200\sigma_a - 1.2P} + a$$
$$= \frac{(2 \times 10) \times 200}{200 \times (100/9.8) - 1.2 \times (2 \times 10)} + 4 = 6mm$$

93 연소실에서 연도까지 배치된 보일러 부속 설비의 순서를 바르게 나타낸 것은?

① 과열기 → 절탄기 → 공기 예열기
② 절탄기 → 과열기 → 공기 예열기
③ 공기 예열기 → 과열기 → 절탄기
④ 과열기 → 공기 예열기 → 절탄기

해설 보일러 본체 → 과열기 → 재열기 → 절탄기
→ 공기예열기 또는 폐열회수장치(여열장치)

94 10ton의 인장하중을 받는 양쪽 덮개판 맞대기 리벳이음이 있다. 리벳의 지름이 15mm, 리벳의 허용전단력이 6kg/mm²일 때 최소 몇 개의 리벳이 필요한가?

① 3   ② 5
③ 7   ④ 10

해설 $W = \frac{\pi}{4} d^2 (2n) \tau_a$

리벳의 수 $= \frac{2W}{\pi \cdot d^2 \cdot \tau_a} = \frac{2 \times (10 \times 1,000)}{3.14 \times 15^2 \times 6} \fallingdotseq 5$개

※ 1톤 = 1,000kg, 10톤 = 10^4kg

95 연소실의 체적을 결정할 때 고려하여야 하는 사항으로 가장 거리가 먼 것은?

① 연소실의 열발생률
② 연소실의 열부하(熱負荷)
③ 내화벽돌의 내압강도
④ 연료의 연소량

해설 내화벽돌의 내압강도는 연소실 노 내 온도 및 노 내 압력 고려 시 필요한 사항이다.

96 과열기의 구조에 있어서 과열온도가 약 600°C 이상에서는 다음 중 어느 강을 주로 사용하는가?

① 탄소강
② 니켈강
③ 저망간강
④ 오스테나이트계 스테인리스강

ANSWER | 90.④ 91.③ 92.④ 93.① 94.② 95.③ 96.④

해설 강관 과열기의 최고사용안전온도 600℃ 이하, 600℃ 이상에서는 오스테나이트계 스테인리스강을 사용한다.

97 흑체로부터의 복사전열량은 절대온도(T)의 몇 제곱에 비례하는가?

① $\sqrt{2}$ ② 2
③ 3   ④ 4

해설 열복사 전열량(Q)

$$Q = 4.88 \cdot \varepsilon \cdot A\left[\left(\frac{T_1}{100}\right)^4 - \left(\frac{T_2}{100}\right)^4\right] \text{(kcal/h)}$$

98 동일 조건에서 열교환기의 온도효율이 높은 순으로 바르게 나열한 것은?

① 향류 > 직교류 > 병류
② 병류 > 직교류 > 향류
③ 직교류 > 향류 > 병류
④ 직교류 > 병류 > 향류

해설 열교환기 온도 효율
- 향류: ← → 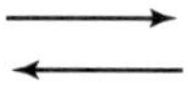
- 직교류: ↓ → 
- 병류: → →

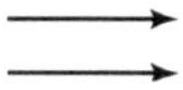

99 보일러수(水)의 분출 목적이 아닌 것은?

① 물의 순환을 촉진한다.
② 가성취화를 방지한다.
③ 프라이밍 및 포밍을 촉진한다.
④ 관수의 pH를 조절한다.

해설 보일러 분출(수저분출, 수면분출)은 프라이밍(비수), 포밍(물거품) 현상을 방지하기 위하여 수저분출(단속분출) 또는 수면분출(연속분출)을 매일 1회 이상 실시한다.

100 보일러의 부속장치인 이코노마이저에 대한 설명으로 틀린 것은?

① 통풍손실이 발생할 수 있다.
② 저온부식이 발생할 수 있다.
③ 증발능력이 상승시킨다.
④ 열응력을 증가시킨다.

해설 ㉠ 이코노마이저(보일러 폐열회수장치 : 급수가열기)는 연도에서 배기가스를 이용하여 보일러용 급수를 가열시켜 열응력을 감소시키고 보일러 열효율을 높이기 위함으로 설치한다.
㉡ 폐열회수장치(배기가스 현열로 보일러 열효율 상승)
- 과열기 : 과열증기 발생(200~600℃)
- 재열기 : 과열증기 팽창 전 재가열
- 절탄기(이코노마이저) : 급수가열기
- 공기예열기 : 연소용 공기 예열

2014년 1회 에너지관리기사

SECTION 01 연소공학

01 연료 사용설비의 배기가스에 의한 대기오염을 방지하는 방법으로 가장 거리가 먼 것은?
① 집진장치를 설치한다.
② 공기비를 높인다.
③ 연료유의 불순물을 제거한다.
④ 연소장치를 정기적으로 청소한다.

해설 연료의 연소 시 공기비를 높이면 과잉공기량이 많아져서 노 내 온도 저하 및 배기가스양이 많아지고 질소산화물 등 대기오염을 증가시키며, 열손실이 많아진다.

02 저질탄 또는 조분탄의 연소방식이 아닌 것은?
① 분무식   ② 산포식
③ 쇄상식   ④ 계단식

해설 분무식(무화식) : 중질유인 중유나 액체연료의 연소방식이다(일명 회전분무식).

03 9.8N의 물체가 100m의 높이에서 지상으로 떨어졌을 때 발생하는 열량은 약 몇 J인가?
① 834   ② 980
③ 1,034   ④ 1,234

해설 $1N \cdot m = 1J$, $1kg/m^2 = 9.8N/m^2$
$100m \times 9.8m/s^2 = 980Pa = 980J$
※ $1kg/m^2 = 9.8N/m^2 = 9.8Pa$

04 과잉공기량이 연소에 미치는 영향으로 가장 거리가 먼 것은?
① 열효율
② CO 배출량
③ 노 내 온도
④ 연소 시 와류 형성

해설 과잉 공기량이 연소에 미치는 영향
• 열효율
• CO 배출량
• 노 내 온도

05 경유에 포함된 탄화수소 중 세탄가가 높은 순서대로 나타낸 것은?
① 노말 파라핀 > 나프텐 > 올레핀
② 노말 파라핀 > 올레핀 > 나프텐
③ 올레핀 > 노말 파라핀 > 나프텐
④ 올레핀 > 나프텐 > 노말 파라핀

해설 세탄가
• 디젤연료(경유)의 발화성이 좋고 나쁨을 나타내는 지수이다.
• 세탄가가 높은 연료는 발화성이 양호하다.
• 고속디젤유는 세탄가 50 이상의 파라핀이 사용된다.
• 세탄가가 높은 순서
  노말 파라핀 > 나프텐 > 올레핀

06 액체의 인화점에 영향을 미치는 요인으로 가장 거리가 먼 것은?
① 온도   ② 압력
③ 발화지연시간 ④ 용액의 농도

해설 액체연료의 인화점에 영향을 미치는 요인
• 온도
• 압력
• 용액의 농도

07 기체연료가 다른 연료에 비하여 연소용 공기가 적게 소요되는 가장 큰 이유는?
① 인화가 용이하므로   ② 착화온도가 낮으므로
③ 열전도도가 크므로   ④ 확산연소가 되므로

해설 기체연료는 확산연소가 가능하여 다른 연료에 비하여 연소용 공기가 적게 소요된다.

ANSWER | 1.② 2.① 3.② 4.④ 5.① 6.③ 7.④

08 액체연료의 발열량 산출식으로 옳은 것은?(단, H_l : 저위발열량, H_h : 고위발열량, 연료 1kg 중의 C, H, O, S이다.)

① $H_h = 33.9C + 144(H - O/8) + 10.5S[MJ/kg]$
② $H_h = 33.9C + 119.6(H - O/8) + 9.3S[MJ/kg]$
③ $H_l = 33.9C + 119.6(H + O/8) + 9.3S[MJ/kg]$
④ $H_l = 33.9C + 142.0(H + O/8) + 9.3S[MJ/kg]$

해설 액체연료의 고위발열량(H_h)
$33.9C + 144\left(H - \dfrac{O}{8}\right) + 10.5S[MJ/kg]$

09 전압은 분압의 합과 같다는 법칙은?

① 아마겟의 법칙 ② 뤼삭의 법칙
③ 돌턴의 법칙 ④ 헨리의 법칙

해설 돌턴의 분압법칙 : 전압은 분압의 합과 같다.

10 석탄에 함유되어 있는 성분 중 ㉠ 수분, ㉡ 휘발분, ㉢ 황분이 연소에 미치는 영향을 가장 적합하게 나열한 것은?

① ㉠ 매연 발생, ㉡ 대기오염, ㉢ 착화 및 연소 방해
② ㉠ 발열량 감소, ㉡ 매연 발생, ㉢ 연소기관의 부식
③ ㉠ 연소 방해, ㉡ 발열량 감소, ㉢ 매연 발생
④ ㉠ 매연 발생, ㉡ 발열량 감소, ㉢ 점화 방해

해설 ㉠ 수분 : 발열량 감소
㉡ 휘발분 : 매연 발생
㉢ 황분 : 연소기관의 부식

11 적탄장 바닥의 구배와 실외에서의 탄층높이로 가장 적절한 것은?

① 구배 1/50~1/100, 높이 2m 이하
② 구배 1/100~1/150, 높이 4m 이하
③ 구배 1/150~1/200, 높이 2m 이하
④ 구배 1/200~1/250, 높이 4m 이하

해설
• 석탄의 적탄장 바닥의 구배 : $\dfrac{1}{100} \sim \dfrac{1}{150}$
• 석탄의 적탄장 실외 탄층높이 : 4m 이하(실내는 2m 이하)
  → 자연발화 방지

12 95% 효율을 가진 집진장치계통을 요구하는 어느 공장에서 35% 효율을 가진 전처리장치를 이미 설치하였다. 주처리장치는 몇 % 효율을 가진 것이어야 하는가?

① 60.00 ② 85.76
③ 92.31 ④ 95.45

해설 $\eta_t = \eta_p + \eta_s(1 - \eta_p)$
$95 = \eta_p + 0.35(1 - \eta_p) = \eta_p(1 - 0.35) + 0.35$
주처리장치(η_p) $= \dfrac{0.95 - 0.35}{1 - 0.35} = 0.9231(92.31\%)$

13 온도가 높고 압력이 커질수록 연소속도는 어떻게 변하는가?

① 빨라진다. ② 느려진다.
③ 불변이다. ④ 상관없다.

해설 연소온도가 높고 압력이 커지면 연소속도는 빨라진다.

14 연소온도는 다음 중 어느 것의 영향을 가장 많이 받는가?

① 1차 공기와 2차 공기의 비율
② 공기비
③ 공급되는 연료의 현열
④ 연료의 조성

해설
• 연소온도는 공기비의 영향을 많이 받는다.
• 공기비 $= \dfrac{\text{실제공기량}}{\text{이론공기량}}$
• 실제공기량 = 이론공기량 × 공기비

15 연도가스를 분석한 결과 값이 각각 CO_2 12.6%, O_2 6.4%일 때 $(CO_2)_{max}$값은?

① 15.1% ② 18.1%
③ 21.1% ④ 24.1%

해설 CO_{2max}(탄산가스 최대량)
CO 가스가 없으므로
$CO_{2max} = \frac{21 \times CO_2}{21 - O_2} = \frac{21 \times 12.6}{21 - 6.4} = 18.1$
∴ 18.1%

16 액체연료를 연소시키는 데 필요한 이론공기량을 옳게 표시한 것은?

① $L_0 = \frac{1}{0.232}\left[2.667C + 8\left(H - \frac{O}{8}\right) + S\right]$ kg/kg

② $L_0 = \frac{1}{0.232}(2.667C + 8H - O + S)$ Nm³/kg

③ $L_0 = \frac{1}{0.21}(1.867C + 5.6H - 0.7O + 0.7S)$ kg/kg

④ $L_0 = \frac{1}{0.21}(1.867C + 5.6H - 0.7O + 0.7S)$ Nm³/Nm³

해설 액체연료의 이론공기량(L_0) 계산식
• $L_0 = \frac{1}{0.232}\left[2.667C + 8\left(H - \frac{O}{8}\right) + S\right]$ (kg/kg)
• $L_0 = \frac{1}{0.21}\left[1.867C + 5.6\left(H - \frac{O}{8}\right) + 0.7S\right]$ (Nm³/kg)

17 출력 20,000kW의 화력발전소에 사용되는 중유의 발열량이 9,900kcal/kg일 때 중유 1kg의 출력(kWh)은?(단, 열효율은 34%이다.)

① 3.91 ② 39.1
③ 5.2   ④ 52

해설 1kWh=860kcal
중유 1kg의 출력 = $\frac{20,000 \times 860}{9,900} = 1,737.37$ kg/h
∴ $\frac{20,000}{1,737.37} \times 0.34 = 3.91$ kWh
또는 $\frac{9,900}{860} \times 0.34 = 3.91$ kWh
(1kWh=3,600kJ)

18 연료 중에 회분이 많을 경우 연소에 미치는 영향으로 옳은 것은?

① 발열량이 증가한다.
② 연소상태가 고르게 된다.
③ 클링커의 발생으로 통풍을 방해한다.
④ 완전연소되어 잔류물을 남기지 않는다.

해설 연료 중에 회분(재)이 많으면 연소상태가 불량해진다.

19 다음 중 석유제품에 포함된 황분에 대한 시험방법이 아닌 것은?

① 램프식   ② 봄브식
③ 연소관식 ④ 태그식

해설 인화점 측정
• 펜스키 마텐스식
• 아벨-펜스키 밀폐식
• 태그(Tag) 밀폐식
• 태그 개방식
• 클리블랜드 개방식

20 수소 1Nm³를 이론공기량으로 완전연소시켰을 때 생성되는 이론습윤연소가스양(Nm³)은?

① 1.88 ② 2.88
③ 3.88 ④ 4.88

해설 수소(H_2)의 연소식 : $H_2 + 0.5O_2 \rightarrow H_2O$
이론습연소가스양(G_{ow})
$G_{ow} = (1-0.21)A_0 + CO_2 + H_2O = (1-0.21) \times \frac{0.5}{0.21} + 1$
$= 2.88$ Nm³/Nm³

※ 이론공기량(A_0) = 이론산소량 $\times \frac{1}{0.21}$ (Nm³/Nm³)

ANSWER | 16. ① 17. ① 18. ③ 19. ④ 20. ②

SECTION 02 열역학

21 오토 사이클에서 동작 가스의 가열 전·후 온도가 600K, 1,200K이고 방열 전·후의 온도가 800K, 400K일 경우의 이론열효율은 몇 %인가?

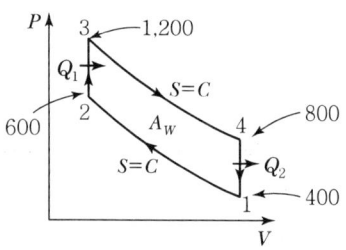

① 28.6 ② 33.3
③ 39.4 ④ 42.6

해설 오토(Otto) 가스동력 내연기관 사이클
- 1→2 : 단열압축
- 2→3 : 등적가열
- 3→4 : 단열팽창
- 4→1 : 등적방열

이론열효율(η_0) = $1 - \left(\dfrac{1}{\varepsilon}\right)^{k-1} = 1 - \dfrac{T_4 - T_1}{T_3 - T_2}$
$= 1 - \dfrac{800 - 400}{1,200 - 600} = 1 - \dfrac{400}{600}$
$= 0.333 = 33.3\%$

22 압력 200kPa, 체적 1.66m³의 상태에 있는 기체를 정압하에서 열을 제거하였다. 최종 체적이 처음 체적의 반이라면 이 기체에 의하여 행하여진 일은 몇 kJ인가?

① -256 ② -188.5
③ -166 ④ -125.5

해설 정압하에서 열을 제거하기 전 처음 체적 $V_1 = 1.66$
열을 제거한 후 나중 체적 $V_2 = 0.83$
$1.66 \to 0.83$
일량($_1W_2$) = $\int PdV = P(V_2 - V_1) = R(T_2 - T_1)$
$\therefore _1W_2 = 200(0.83 - 1.66) = -166$kJ

23 어떤 열기관이 열펌프와 냉동기로 작동될 수 있다. 동일한 고온열원과 저온열원에서 작동될 때, 열펌프(Heat Pump)와 냉동기의 성능계수 COP는 다음과 같은 관계식으로 표시될 수 있다. ( ) 안에 알맞은 값은?

$$COP_{열펌프} = COP_{냉동기} + (\quad)$$

① 0.0 ② 1.0
③ 1.5 ④ 2.0

해설 열펌프 성능계수=냉동기 성능계수+1.0

24 동일한 압축비 및 연료 단절비에서 열효율이 큰 순서는?

① Otto Cycle > Sabathe Cycle > Diesel Cycle
② Sabathe Cycle > Diesel Cycle > Otto Cycle
③ Diesel Cycle > Sabathe Cycle > Otto Cycle
④ Sabathe Cycle > Otto Cycle > Diesel Cycle

해설
- 내연기관 사이클의 열효율 크기 순서(동일한 압축비 및 연료단절비)
  오토 사이클 > 사바테 사이클 > 디젤 사이클
- 가열량 및 최고압력이 일정한 경우 열효율 크기 순서
  디젤 사이클 > 사바테 사이클 > 오토 사이클

25 96.9℃로 유지되고 있는 항온탱크가 온도 26.9℃의 방 안에 놓여 있다. 어떤 시간 동안에 1,000J의 열이 항온탱크로부터 방 안 공기로 방출됐다. 항온탱크 속 물질의 엔트로피의 변화는 몇 J/K인가?

① -0.27 ② -2.70
③ 270 ④ 2,700

해설 절대온도 : 96.9+273=369.9K, 26.9+273=299.9K
항온조는 열을 잃으므로
$\Delta S = \dfrac{Q}{T} = \dfrac{-1,000}{273 + 96.9} = -2.70$J/K

26 이상기체의 정압비열(C_p)과 정적비열(C_v)의 관계로 옳은 것은?(단, R은 기체상수)

① $C_p + C_v = R$ ② $C_p - C_v = R$
③ $C_p / C_v = R$ ④ $C_p C_v = R$

21. ② 22. ③ 23. ② 24. ① 25. ② 26. ② | **ANSWER**

해설 $C_p dT = C_v dT + RdT$, $C_p = C_v \times k$
$C_p - C_v = R$, $C_p = \dfrac{k}{k-1}R$
$C_v = \dfrac{1}{k-1}R$, $C_p - R = C_v$, $k = \dfrac{C_p}{C_v}$

27 다음의 공정도를 갖는 사이클의 명칭은?

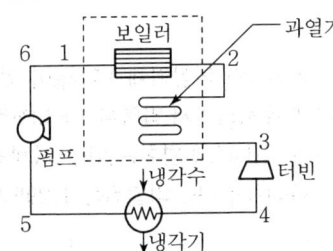

① Diesel Cycle ② Carnot Cycle
③ Otto Cycle   ④ Rankine Cycle

해설 과열기는 랭킨 사이클에서 존재한다(증기원동소).

28 성능계수가 4.3인 냉동기가 시간당 30MJ의 열을 흡수한다. 이 냉동기를 작동하기 위한 동력은 약 몇 kW인가?

① 0.25 ② 1.94
③ 6.24 ④ 10.4

해설 30MJ = 30,000,000J = 30,000kJ
1kWh = 3,600kJ, $\dfrac{30,000}{3,600}$ = 8.33kW(응축부하)
성능계수(COP) = 4.3
냉동기 동력 = $\dfrac{\text{응축부하}}{\text{성능계수}} = \dfrac{8.33}{4.3} = 1.94$ kW

29 압력이 200kPa로 일정한 상태로 유지되는 실린더 내의 이상기체가 체적 $0.3m^3$에서 $0.4m^3$로 팽창될 때 이상기체가 한 일의 양은 몇 kJ인가?

① 20 ② 40
③ 60 ④ 80

해설 정압일량 $({}_1W_2) = P(V_2 - V_1) = 200(0.4 - 0.3) = 20$ kJ

30 밀폐계에서 비가역 단열과정에 대한 엔트로피 변화를 옳게 나타내는 식은?

① $dS = 0$
② $dS > 0$
③ $dS = C_P \dfrac{dT}{T} = R \dfrac{dP}{P}$
④ $dS = \dfrac{\delta Q}{T}$

해설 밀폐계에서 단열과정의 엔트로피 변화
• 가역변화 : 엔트로피 일정($dS = 0$)
• 비가역변화 : 엔트로피 증가($dS > 0$)

31 어느 밀폐계와 주위 사이에 열의 출입이 있다. 이것으로 인한 계와 주위의 엔트로피의 변화량을 각각 ΔS_1, ΔS_2로 하면 엔트로피 증가의 원리를 나타내는 식은?

① $\Delta S_1 > 0$ ② $\Delta S_2 > 0$
③ $\Delta S_1 + \Delta S_2 > 0$ ④ $\Delta S_1 - \Delta S_2 > 0$

해설 계와 주위의 엔트로피 변화량 증가 원리
$\Delta S_1 + \Delta S_2 > 0$
(비가역 사이클에서 엔트로피는 항상 증가한다.)

32 기체상수가 0.287kJ/kg·K인 이상기체의 정압비열이 1.0kJ/kg·K이다. 온도가 10℃만큼 상승하면 내부에너지는 얼마나 증가하는가?

① 0.287kJ/kg ② 1.0kJ/kg
③ 2.87kJ/kg   ④ 7.13kJ/kg

해설 내부에너지(정압과정) 변화량
$du = C_v dT = U_2 - U_1$, $\Delta U = C_v(T_2 - T_1)$
가열량 = 1.0(283 - 273) = 10kJ/kg
∴ 내부에너지 증가량(ΔU) = 10 - (10 × 0.287)
= 7.13kJ/kg

33 폴리트로픽 지수가 $n > k$(비열비)인 경우에 팽창에 의한 열량은 어떠한가?

① 0이 된다.   ② 일량이 된다.
③ 가열량이 된다. ④ 방열량이 된다.

ANSWER | 27. ④ 28. ② 29. ① 30. ② 31. ③ 32. ④ 33. ④

해설 폴리트로픽 지수(n) > 비열비(k)인 경우 팽창에 의한 열량은 방열량이 된다.

34 체적 0.4m³인 단단한 용기 안에 100℃의 물 2kg이 들어 있다. 이 물의 건도는 얼마인가?(단, 100℃의 물에 대해 v_t=0.00104m³/kg, v_g=1.672m³/kg 이다.)

① 11.9% ② 10.4%
③ 9.9%   ④ 8.4%

해설 0.4m³=400L(물 400kg)

습증기 비체적(v) = $\frac{V}{G}$ = $\frac{0.4}{G(습증기)}$ (m³/kg)

건도(x) = $\frac{V-V'}{V''-V'}$ = $\frac{V-0.00104}{1.672-0.00104}$

건포화증기 비체적 = 1.672×2 = 3.344m³

∴ 물의 건도 = $\frac{0.4}{3.344}$ = 0.119(11.9%)

35 직경이 일정한 수평관에 교축밸브가 장치되어 있으며 공기가 흐른다. 밸브 상류의 공기는 800kPa, 30℃이고 밸브 하류의 압력은 600kPa이다. 밸브가 잘 단열되어 있을 때 밸브 하류에서의 공기온도는 얼마인가?(단, 공기를 이상기체로 가정한다.)

① 70℃ ② 30℃
③ 20℃ ④ 0℃

해설 교축단열변화에서 열량변화는 없으므로 온도 변화도 없다.

36 물의 경우 고온, 고압에서 포화액과 포화증기의 구분이 없어지는 상태가 나타난다. 이 상태를 무엇이라 하는가?

① 삼중점 ② 포화점
③ 임계점 ④ 비등점

해설 물의 임계점
포화액과 포화증기의 구분이 없어지는 상태
(225.65kg/cm², 374.15℃)

37 냉장고가 저온체에서 30kW의 열을 흡수하여 고온체로 40kW의 열을 방출한다. 이 냉장고의 성능계수는?

① 2 ② 3
③ 4 ④ 5

해설 압축기 일량 = 40 - 30 = 10kW

∴ 성능계수 = $\frac{증발일}{압축일}$ = $\frac{30}{10}$ = 3

38 압력 300kPa인 이상기체 150kg이 있다. 온도를 일정하게 유지하면서 압력을 100kPa로 변화시킬 때 엔트로피(kJ/K) 변화는?(단, 기체의 정적비열은 1.735kJ/kg·K, 비열비는 1.299이다.)

① 62.7 ② 73.1
③ 85.5 ④ 97.2

해설 엔트로피 변화
$(\Delta S) = S_2 - S_1 = AR\ln\frac{V_2}{V_1} = -AR\ln\frac{P_2}{P_1}$, $C_p - C_v = R$

$C_p = 1.735 \times 1.299 = 2.2537$ kJ/kg·K
$R = C_p - C_v = 2.2537 - 1.735 = 0.5187$ kJ/kg·K

∴ 엔트로피 변화(ΔS) = $0.5187\ln\left(\frac{300}{100}\right) \times 150$
= 85.5kJ/K

39 이상기체 1kg이 A상태(T_A, P_A)에서 B상태(T_B, P_B)로 변화하였다. 정압비열 C_P가 일정할 경우 엔트로피의 변화 ΔS를 옳게 나타낸 것은?

① $\Delta S = C_P\ln\frac{T_A}{T_B} + R\ln\frac{P_B}{P_A}$

② $\Delta S = C_P\ln\frac{T_B}{T_A} + R\ln\frac{P_B}{P_A}$

③ $\Delta S = C_P\ln\frac{T_A}{T_B} - R\ln\frac{P_B}{P_A}$

④ $\Delta S = C_P\ln\frac{T_B}{T_A} - R\ln\frac{P_B}{P_A}$

해설 정압비열 C_P가 일정할 경우 A상태에서 B상태로 변화 시 엔트로피 변화(ΔS)

$\Delta S = C_P\ln\frac{T_B}{T_A} - R\ln\frac{P_B}{P_A}$

34. ① 35. ② 36. ③ 37. ② 38. ③ 39. ④ | ANSWER

40 그림 중 A점에서는 어떠한 상태가 공존하는가?

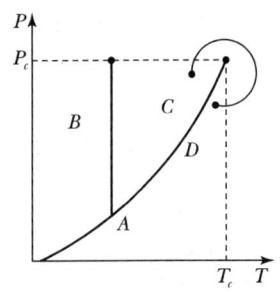

① 기상, 액상
② 고상, 액상
③ 기상, 고상
④ 기상, 액상, 고상

해설 P-T 선도

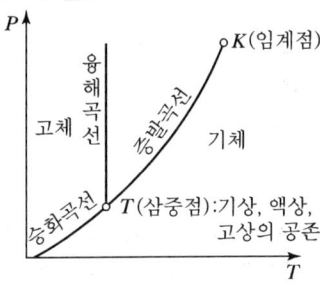

SECTION 03 계측방법

41 열전대 온도계의 열기전력은 무엇으로 측정하는가?
① 전위차계
② 파고계
③ 전력계
④ 저항계

해설 전위차계 : 열전대 온도계의 열기전력(제백효과) 측정

42 다음 중 피토관의 유속 $V(m/s)$를 구하는 식은?(단, g : 중력가속도($9.8m/s^2$), P_t : 전압(kg/m^2), P_s : 정압(kg/m^2), γ : 유체의 비중량(kg/m^3)이다.)

① $V=\sqrt{2g(P_t \times P_s)/\gamma}$
② $V=\sqrt{2g(P_s+P_t)/\gamma}$
③ $V=\sqrt{2g(P_t-P_s)/\gamma}$
④ $V=\sqrt{2g(P_s-P_t)/\gamma}$

해설 유속식 유량계(피토관) 유속(V)

$$V=\sqrt{2g\left(\frac{P_t-P_s}{\gamma}\right)}\,(m/s)$$

43 비례동작 제어장치에서 비례대(帶)가 40%일 경우 비례감도는 얼마인가?
① 0.5
② 1
③ 2.5
④ 4

해설 비례대 : PB(%), 비례감도 : K_p

$$K_p=\frac{100}{PB}$$

$$40=\frac{100}{K_p}=\frac{100}{40}=2.5$$

44 다음 중 실제 값이 나머지 3개와 다른 값을 갖는 것은?
① 273.15K
② 0℃
③ 460°R
④ 32°F

해설 ① 0℃(빙점)
② 0+273.15=273.15K
③ 32°F(빙점)
④ 32+460=492°R

45 방사온도계의 특징에 대한 설명으로 옳은 것은?
① 측정대상의 온도에 영향이 크다.
② 이동물체에 대한 온도측정이 가능하다.
③ 저온도에 대한 측정에 적합하다.
④ 응답속도가 느리다.

해설 방사고온용 온도계(비접촉식 온도계)
이동 물체의 온도측정이 가능하고 고온용이며, 응답속도가 빠르며 측정대상의 온도에 영향이 적다.

46 다음 중 자동제어계와 직접 관련이 없는 장치는?
① 기록부
② 검출부
③ 조절부
④ 조작부

해설 피드백 제어

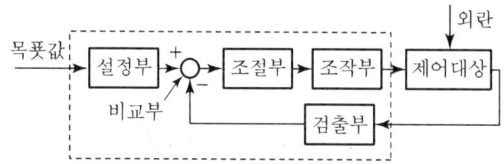

47 다음 [보기]에서 설명하는 온도계는?

- 이동물체의 온도측정이 가능하다.
- 응답시간이 매우 빠르다.
- 온도의 연속기록 및 자동제어가 용이하다.
- 비교증폭기가 부착되어 있다.

① 광전관식 온도계 ② 광고온계
③ 색온도계 ④ 게겔콘 온도계

해설 광전관식 고온용 온도계
- 이동물체 온도측정이 가능한 비접촉식 온도계이다.
- 응답시간이 매우 빠른 온도계이다.
- 온도의 연속기록 및 자동제어가 용이하다.
- 비교증폭기가 부착되어 있다.

48 열전대 온도계의 기전력은 온도에 따라 변한다. 다음 중 일정온도에서 열기전력의 값이 가장 큰 것은?

① 크로멜-알루멜 ② 크로멜-콘스탄탄
③ 철-콘스탄탄 ④ 백금-백금·로듐

해설 열전대 온도계의 열기전력 크기
크로멜-콘스탄탄(C.C) > 철-콘스탄탄(I.C) > 동-콘스탄탄(C.C)

49 오리피스(Orifice)는 어떤 형식의 유량계인가?

① 터빈식 ② 면적식
③ 용적식 ④ 차압식

해설 차압식 유량계
- 오리피스식 : 압력손실이 크다.
- 플로노즐식 : 압력손실이 보통이다.
- 벤투리미터식 : 압력손실이 작다.

50 다음 중 화학적 가스 분석계에 해당하는 것은?

① 고체 흡수제를 이용하는 것
② 가스의 밀도와 점도를 이용하는 것
③ 흡수용액의 전기전도도를 이용하는 것
④ 가스의 자기적 성질을 이용하는 것

해설 화학적 가스분석계
- 고체 흡수제를 이용한다.
- 종류 : 오르자트 가스 분석기, 헴펠식 가스분석기, 자동화학식 CO_2계 등

51 다음 중 하겐-포아젤의 법칙을 이용한 점도계는?

① 낙구식 점도계
② 스토머 점도계
③ 맥미첼 점도계
④ 세이볼트 점도계

해설 세이볼트 점도계
일명 모관점도계라 하며 Hagen-Poiseuille's Law에 기초를 둔 점도계로 오스트발트, 우베로데, 캐논-펜스케 점도계 등이 있다.

52 다음 각 가스별 시험방법 등의 연결이 잘못된 것은?

① 암모니아-리트머스시험지-청색
② 시안화수소-질산구리벤젠지-청색
③ 염소-염화파라듐지-적색
④ 황화수소-연당지-흑갈색

해설 염소
- 시험지 : KI 전분지(요오드화칼륨 녹말종이)
- 누설 시 변색 : 청색

53 다음 중 방전을 이용하는 진공계는?

① 피라니 ② 가이슬러관
③ 휘스톤브리지 ④ 서미스터

해설
- 가이슬러관 진공계 : 방전을 이용한 진공계
- 피라니 진공계 : 열전도를 이용한 진공계

54 조리개부가 유선형에 가까운 형상으로 설계되어 축류의 영향을 비교적 적게 받게 하고 조리개에 의한 압력손실을 최대한으로 줄인 조리개 형식의 유량계는?

① 원판(Disc)
② 벤투리(Venturi)
③ 노즐(Nozzle)
④ 오리피스(Orifice)

해설 벤투리 차압식 유량계 : 압력손실이 적고 구조가 대형이고 복잡하여 가격이 비싸다.

55 불꽃이온화식 검출기에 대한 설명으로 옳은 것은?

① 시료를 파괴한다.
② 감도가 낮다.
③ 선형감응범위가 좁다.
④ 잡음이 많다.

해설 불꽃이온화식 검출기는 시료를 파괴한다.

56 전자유량계의 특징에 대한 설명으로 가장 거리가 먼 것은?

① 응답이 매우 빠르다.
② 압력손실이 거의 없다.
③ 도전성 유체에 한하여 사용한다.
④ 점도가 높은 유체는 사용하기 곤란하다.

해설 전자유량계
패러데이(Faraday)의 전자유도법칙을 적용한 유량계로 기전력을 사용하며 고체입자 혼입액, 고점도 유체 등의 측정이 가능하다.

57 제어량에 편차가 생겼을 경우 편차의 적분차를 가감해서 조작량의 이동속도가 비례하는 동작으로서 잔류편차가 제어되나 제어 안정성은 떨어지는 특징을 가진 동작은?

① 비례동작
② 적분동작
③ 미분동작
④ 뱅뱅동작

해설 적분동작
$$y = k_1 \int \varepsilon dt$$
여기서, y : 조작량, k_1 : 비례상수, ε : 편차

• 잔류편차(Offset)를 소멸시킨다.
• 일반적으로 진동하는 경향이 있다.
• 제어의 안정성이 떨어진다.

58 열전대에 사용하는 보상도선은 다음 중 어느 원리에 해당하는가?

① 제벡(Seebeck) 효과
② 톰슨(Thomson) 효과
③ 중간금속의 법칙
④ 중간온도의 법칙

해설 열전대 온도계의 보상도선
• 종류 : 구리, 니켈
• 효과 : 중간금속의 법칙

59 막식 가스미터의 고장현상인 부동의 원인과 거리가 먼 것은?

① 계량막의 파손, 밸브의 탈락
② 밸브와 밸브시트 틈새 불량
③ 지시기어장치의 물림 불량
④ 계량실의 체적변화

해설 ㉠ 부동 : 가스는 가스미터기를 통과하나 미터지침이 작동하지 않는 현상이며 ①, ②, ③ 등에 의해 일어난다.
㉡ 막식 가스미터
• 가격이 싸다.
• 부착 후 유지관리에 시간을 요하지 않는다.
• 대용량에서는 설치스페이스가 크다.

60 보일러의 통풍계 등에도 사용되며 미세압을 측정하는 데 가장 적당한 압력계는?

① 경사관식 액주형 압력계
② 분동식 액주형 압력계
③ 부르동관식 압력계
④ 단관식 압력계

해설 경사관식 액주형 압력계
보일러 통풍계로 미세한 압력을 측정한다.

SECTION 04 열설비재료 및 관계법규

61 다음은 요로의 정의에 대한 설명이다. ㉠~㉣에 들어갈 용어로서 틀린 것은?

> 요로란 물체를 가열하여 (㉠)시키거나 (㉡)을 통하여 가공 생산하는 공업장치로서 (㉢)에 따라 연료의 발열 반응을 이용하는 장치, 전열을 이용하는 장치 및 연료의 (㉣)반응을 이용하는 장치의 3종류로 크게 구분할 수 있다.

① ㉠ 용융
② ㉡ 소성
③ ㉢ 열원
④ ㉣ 산화

[해설] ㉠ 용융
㉡ 소성
㉢ 열원
㉣ 환원

62 열처리로 경화된 재료를 변태점 이상의 적당한 온도로 가열한 다음 서서히 냉각하여 강의 입도를 미세화하여 조직을 연화, 내부응력을 제거하는 노는?

① 머플로
② 소성로
③ 풀림로
④ 소결로

[해설] 풀림로(Thens : 어닐링)
열처리된 경화된 재료를 변태점 이상의 온도로 가열한 다음 서서히 냉각하여 강의 입도를 미세화하여 조직을 연화, 내부응력을 제거하는 열처리로이다.

63 다음 중 캐스터블 내화물의 특성이 아닌 것은?

① 현장에서 필요한 형상으로 성형이 가능하다.
② 내스폴링성이 우수하고 열전도율이 작다.
③ 열팽창이 크나 잔존수축이 작다.
④ 소성할 필요가 없고 가마의 열손실이 적다.

[해설] 캐스터블 내화물(부정형 내화물)
치밀하게 소결시킨 내화성 골재와 알루미나 시멘트(경화제)를 적당히 배합한 수경성 노재이며 일반적으로 알루미나 시멘트를 15~20% 정도로 배합한다(건조, 소성, 수축이 매우 작고 접합부가 없어도 노체 구축이 가능하다).

64 다음 내화물의 특성 중 비중과 관계없는 것은?

① 슬래킹
② 압축강도
③ 기공률
④ 내화도

[해설] 슬래킹은 내화물(내화벽돌 : SK 26번, 1,580℃ 이상에서 견디는 물질)의 비중과 관계없다.

65 태양전지에서 가장 널리 쓰이는 재료는?

① 유황
② 탄소
③ 규소
④ 인

[해설] 태양전지(Solar Cell)
- 실리콘 : 단결정, 다결정 실리콘(규소)
- 화합물
- 적층형
- 기타

66 검사대상기기 관리자에 대한 교육기관으로서 맞는 것은?

① 한국에너지공단
② 한국산업인력공단
③ 전국보일러설비협회
④ 한국보일러공업협동조합

[해설] 검사대상기기(산업용 보일러, 압력용기 등) 관리자의 교육기관은 한국에너지공단이다.

67 단열재를 사용하지 않는 경우의 방출열량이 300kcal/h이고, 단열재를 사용할 경우의 방출열량이 0.1kW라 하면 이 때의 보온효율은 약 몇 %인가?

① 61
② 71
③ 81
④ 91

[해설] 1kW=860kcal/h, 0.1kW=86kcal/h
$$보온효율 = \frac{\eta_0 - \eta}{\eta_0} \times 100 = \frac{300 - 86}{300} \times 100 = 71\%$$

68 산업통상자원부장관은 에너지 사정 등의 변동으로 에너지 수급에 중대한 차질이 발생할 우려가 있다고 인정되면 필요한 범위에서 에너지 사용자, 공급자 등에게 조정·명령 그 밖에 필요한 조치를 할 수 있다. 이에 해당되지 않는 항목은?

① 에너지 개발
② 지역별 주요수급자별 에너지 할당
③ 에너지의 비축
④ 에너지의 배급

해설 에너지 수급 안정을 위한 조치(에너지이용 합리화법 제7조제2항)
- 지역별·주요 수급자별 에너지 할당
- 에너지공급설비의 가동 및 조업
- 에너지의 비축과 저장
- 에너지의 도입·수출입 및 위탁가공
- 에너지공급자 상호 간의 에너지의 교환 또는 분배 사용
- 에너지의 유통시설과 그 사용 및 유통경로
- 에너지의 배급
- 에너지의 양도·양수의 제한 또는 금지
- 에너지사용의 시기·방법 및 에너지사용기자재의 사용 제한 또는 금지 등 대통령령으로 정하는 사항
- 그 밖에 에너지수급을 안정시키기 위하여 대통령령으로 정하는 사항

69 고압 배관용 탄소강관에 대한 설명 중 틀린 것은?

① 관의 제조는 킬드강을 사용하여 이음매 없이 제조한다.
② KS 규격 기호로 SPPS라고 표기한다.
③ 350℃ 이하, 100kg/cm² 이상의 압력범위에서 사용이 가능하다.
④ NH_3 합성용 배관, 화학공업의 고압유체 수송용에 사용한다.

해설 고압배관용 탄소강 강관(SPPH)
- 관의 지름 : 6~168.3mm 정도
- 제조 방법 : 킬드강으로 심리스(이음매 없는) 제조

70 벽돌, 기와, 보도타일 등 건축재료를 소성하는 데 주로 사용되는 가마는?

① 고리가마
② 회전가마
③ 선가마
④ 탱크가마

해설 고리가마(윤요 : 연속식 가마) : 벽돌, 기와, 보도타일 등 건축재료를 소성하는 데 주로 사용되는 가마이다.

71 에너지이용 합리화법에서의 양벌규정 사항에 해당되지 않는 것은?

① 에너지저장시설의 보유 또는 저장의무의 부과 시 정당한 이유 없이 이를 거부하거나 이행하지 아니한 자
② 검사대상기기의 검사를 받지 아니한 자
③ 검사대상기기 관리자를 선임하지 아니한 자
④ 개선명령을 정당한 사유 없이 이행하지 아니한 자

해설 개선명령을 정당한 사유 없이 이행하지 아니한 자에게는 1천만 원 이하의 과태료를 부과한다.

72 에너지이용 합리화법에서 정한 검사대상기기에 대한 검사의 종류가 아닌 것은?

① 계속사용검사
② 개방검사
③ 개조검사
④ 설치장소 변경검사

해설 검사의 종류(에너지이용 합리화법 시행규칙 별표 3의4)
- 제조검사 : 용접검사, 구조검사
- 설치검사
- 개조검사
- 설치장소 변경검사
- 재사용검사
- 계속사용검사 : 안전검사, 운전성능검사

73 알루미늄박 보온재의 열전도율 값으로 가장 옳은 것은?

① 0.014~0.024kcal/m·℃
② 0.028~0.048kcal/m·℃
③ 0.14~0.24kcal/m·℃
④ 0.28~0.48kcal/m·℃

해설 금속질 보온재 알루미늄박의 열전도율
0.028~0.048kcal/m·h·℃

ANSWER | 68. ① 69. ② 70. ① 71. ④ 72. ② 73. ②

74 다음 중 내화단열벽돌의 안전사용온도는?
① 1,300~1,500℃ ② 800~1,200℃
③ 500~800℃ ④ 100~500℃

해설
- 단열벽돌 : 800~1,200℃
- 내화단열벽돌 : 1,300~1,500℃

75 검사대상기기 관리자의 해임신고는 신고사유가 발생한 날로부터 며칠 이내에 하여야 하는가?
① 15일 ② 20일
③ 30일 ④ 60일

해설 선임, 해임, 퇴직신고
신고사유가 발생한 날로부터 30일 이내에 한국에너지공단 이사장에게 한다.

76 에너지사용량신고에 대한 설명으로 옳은 것은?
① 에너지관리대상자는 매년 12월 31일까지 사무소가 소재하는 지역을 관할하는 시·도지사에게 신고하여야 한다.
② 에너지사용량의 신고를 받은 시·도지사는 이를 매년 2월 말일까지 산업통상자원부장관에게 보고하여야 한다.
③ 에너지사용량신고에는 에너지를 사용하여 만드는 제품·부가가치 등의 단위당 에너지이용효율 향상목표 또는 이산화탄소배출 감소목표 및 이행방법을 포함하여야 한다.
④ 에너지관리대상자는 연료 및 열의 연간사용량이 2천 티오이 이상이고 전력의 연간사용량이 4백만 킬로와트시 이상인 자로 한다.

해설 에너지관리대상자는 매년 1월 31일까지 그 에너지사용시설이 있는 지역을 관할하는 시·도지사에게 신고하여야 하고, 시·도지사는 신고를 받으면 이를 매년 2월 말일까지 산업통상자원부장관에게 보고하여야 한다.

77 에너지법에서 정한 에너지에 해당하지 않는 것은?
① 열 ② 연료
③ 전기 ④ 원자력

해설
- 에너지 : 연료, 열, 전기
- 연료 : 석유, 가스, 석탄, 그 밖에 열을 발생하는 열원(다만, 제품의 원료로 사용되는 것은 제외한다.)

78 용광로에 장입하는 코크스의 역할이 아닌 것은?
① 철광석 중의 황분을 제거
② 가스상태로 선철 중에 흡수
③ 선철을 제조하는 데 필요한 열원을 공급
④ 연소 시 환원성 가스를 발생시켜 철의 환원을 도모

해설
- 용광로 : 철광, 용제(석회석), 코크스 및 열풍으로 선철을 제조하는 고로이다.
- 코크스의 역할인 것은 ②, ③, ④이다.

79 다음 중 주물 용해로가 아닌 것은?
① 반사로 ② 큐폴라
③ 용광로 ④ 도가니로

해설 용광로(고로) : 선철용해로(1일 선철량으로 크기를 결정)

80 고효율에너지 인증대상기자재에 해당하지 않는 것은?
① 펌프
② 무정전 전원장치
③ 가정용 가스보일러
④ 발광다이오드 등 조명기기

해설 고효율에너지 인증대상기자재(에너지이용 합리화법 시행규칙 제20조제1항)
- 펌프
- 산업건물용 보일러
- 무정전 전원장치
- 폐열회수형 환기장치
- 발광다이오드(LED) 등 조명기기
- 그 밖에 산업통상자원부장관이 특히 에너지이용의 효율성이 높아 보급을 촉진할 필요가 있다고 인정하여 고시하는 기자재 및 설비

74. ① 75. ③ 76. ② 77. ④ 78. ① 79. ③ 80. ③ | **ANSWER**

SECTION 05 열설비설계

81 다음 급수처리방법 중 화학적 처리방법은?
① 이온교환법　② 가열연화법
③ 증류법　　　④ 여과법

해설 급수처리법
- 용해고형물처리 : 증류법, 약품처리법, 이온교환법(화학적 방법)
- 고체협잡물처리 : 침강법, 응집법, 여과법
- 화학적 처리방법 : 이온교환법

82 보일러경판의 강도가 큰 순서로 바르게 나열된 것은?
① 반구형경판>반타원형경판>접시형경판>평경판
② 반구형경관>접시형경판>반타원형경판>평경판
③ 반타원형경판>반구형경판>접시형경판>평경판
④ 반타원형경판>접시형경관>반구형경판>평경판

해설 보일러경판의 강도순서
반구형경판 > 반타원형경판 > 접시형경판 > 평경판

83 압력 1MPa인 포화수가 압력 0.4MPa인 재증발기(Flash Vessel)에 들어올 때, 포화수 100kg당 약 몇 kg의 증기가 발생하는가?(단, 1MPa에서 포화수 엔탈피는 775.1kJ/kg, 0.4MPa에서 포화수 엔탈피는 636.8kJ/kg이고, 0.4MPa의 증기 엔탈피는 2,748.4kJ/kg이다.)
① 5.0　② 6.5
③ 28.2　④ 36.7

해설 재증발증기(플래시 버셀) 내 엔탈피 차이
$775.1 - 636.8 = 138.3 kJ/kg$
증발잠열 $= 2,748.4 - 636.8 = 2111.6 kJ/kg$
재증발기 내 증기발생량 $= \frac{138.3}{2111.6} = 0.065 kg/kg$
총재증발증기량 $= 0.065 \times 100 = 6.5 kg$

84 급수에서 ppm 단위를 사용할 때 이에 대하여 가장 잘 나타낸 것은?
① 물 1mL 중에 함유한 시료의 양을 g으로 표시한 것
② 물 100mL 중에 함유한 시료의 양을 mg으로 표시한 것
③ 물 1,000mL 중에 함유한 시료의 양을 g으로 표시한 것
④ 물 1,000mL 중에 함유한 시료의 양을 mg으로 표시한 것

해설
- 1ppm : $\frac{1}{10^6}$ (물 1,000mL=1,000cc 중 1mg의 양이다.)
- 1mL=1,000mg의 양

85 보일러의 용량을 산출하거나 표시하는 양으로서 적합하지 않은 것은?
① 상당증발량　② 증발률
③ 연소율　　　④ 재열계수

해설 보일러 용량 산출
- 상당증발량
- 전열면적 및 전열면의 증발률
- 정격출력
- 상당방열면적(EDR)
- 보일러 마력

86 다음 중 열관류율의 표시단위는?
① $kJ/m \cdot h \cdot K$　② $kJ/m^2 \cdot h \cdot K$
③ $kJ/m^3 \cdot h \cdot K$　④ $kJ/m^4 \cdot h \cdot K$

해설
- 열관유율 단위 : $kJ/m^2 \cdot h \cdot K = kcal/m^2 \cdot h \cdot K$
- 열전달률 단위 : $kJ/m^2 \cdot h \cdot K = kcal/m^2 \cdot h \cdot K$

87 연소실 연도의 단면적 크기를 정할 때 중요성이 가장 적게 강조되는 것은?
① 연도 내부를 통과하는 연소가스양
② 연소가스의 통과속도
③ 연돌의 통풍력
④ 대기 온도

ANSWER | 81.① 82.① 83.② 84.④ 85.④ 86.② 87.④

해설 연도의 단면적 크기를 정할 때 ①, ②, ③을 고려하여 설정한다.

88 노통연관식 보일러의 수면계 부착위치 기준에 대하여 가장 옳은 것은?

① 노통 최고부위 50mm
② 노통 최고부위 100mm
③ 연관의 최고부위 10mm
④ 화실 천정판 최고부위의 길이의 $\frac{1}{3}$

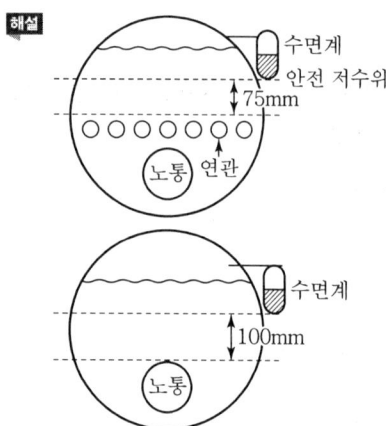

89 내경이 150mm이고, 강판두께가 10mm인 파이프의 허용인장응력이 6kg/mm²일 때, 이 파이프의 유량이 40L/s이다. 이때 평균유속은 약 몇 m/s인가? (단, 유량계수는 1이다.)

① 0.92
② 1.05
③ 1.78
④ 2.26

해설 평균유속 $(V) = k\sqrt{2gh}$
유량(m³/s) = 단면적(m²) × 유속(m/s)
40L = 0.04m³/s
단면적 = $\frac{\pi}{4}d^2 = \frac{3.14}{4} \times (0.15)^2 = 0.0176625$ m²
∴ 유속 = $\frac{0.04}{0.0176625} = 2.26$ m/s

90 물의 탁도(濁度)에 대한 설명으로 옳은 것은?

① 카올린 1g이 증류수 1L 속에 들어 있을 때의 색과 같은 색을 가지는 물을 탁도 1도의 물이라 한다.
② 카올린 1mg이 증류수 1L 속에 들어 있을 때의 색과 같은 색을 가지는 물을 탁도 1도의 물이라 한다.
③ 탄산칼슘 1g이 증류수 1L 속에 들어 있을 때의 색과 같은 색을 가지는 물을 탁도 1도의 물이라 한다.
④ 탄산칼슘 1mg이 증류수 1L 속에 들어 있을 때의 색과 같은 색을 가지는 물을 탁도 1도의 물이라 한다.

해설 물의 탁도
카올린(백토) 1mg이 증류수 1L 속에 들어 있을 때의 색과 같은 색을 가지는 물이 탁도 1도이다.

91 보일러에 설치된 기수분리기에 대한 설명으로 틀린 것은?

① 발생된 증기 중에서 수분을 제거하고 건포화증기에 가까운 증기를 사용하기 위한 장치이다.
② 증기부의 체적이나 높이가 작고 수면의 면적이 증발량에 비해 작은 때는 기수공발이 일어날 수 있다.
③ 압력이 비교적 낮은 보일러의 경우는 압력이 높은 보일러보다 증기와 물의 비중량 차이가 극히 작아 기수분리가 어렵다.
④ 사용원리는 원심력을 이용한 것, 스크러버를 지나게 하는 것, 스크린을 사용하는 것 또는 이들의 조합을 이루는 것 등이 있다.

해설 보일러는 증기압력의 고저에 관계없이 플라이밍(비수)이 발생하므로 증기의 건도를 높이기 위해 기수분리가 필요하다 (수관식, 관류 : 기수분리기 사용, 횡치 원통형 보일러 : 비수방지관 사용).

92 완전 흑체의 복사열량(E_b)과 절대온도(T)와의 관계식으로 옳은 것은?

① $E_b = \sigma \left(\frac{T}{100}\right)^2$
② $E_b = \sigma \left(\frac{T}{100}\right)^4$
③ $E_b = \sigma \left(\frac{T}{100}\right)^6$
④ $E_b = \sigma \left(\frac{T}{100}\right)^8$

88. ② 89. ④ 90. ② 91. ③ 92. ② | ANSWER

해설 $E_b = \sigma \left(\dfrac{T}{100}\right)^4 (\text{kcal/m}^2 \cdot \text{h})$
여기서, E_b : 흑체의 복사열량, σ : 흑도(복사능)

93 보일러 부하의 급변으로 인하여 동 수면에서 작은 입자의 물방울이 증기와 혼입하여 튀어 오르는 현상을 무엇이라고 하는가?

① 캐리오버 ② 포밍
③ 프라이밍 ④ 피팅

해설
- 비수(프라이밍) : 보일러 부하의 급변으로 인하여 보일러 동 수면에서 작은 입자의 물방울이 증기와 혼입하여 튀어 오르는 현상
- 외부로 반출하면 캐리오버(기수공발)이라고 하며, 거품발생은 포밍현상이라 한다.

94 인젝터의 작동순서로서 가장 적절한 것은?

㉠ 인젝터의 정지변을 연다.
㉡ 증기변을 연다.
㉢ 급수변을 연다.
㉣ 인젝터의 핸들을 연다.

① ㉠→㉡→㉢→㉣
② ㉠→㉢→㉡→㉣
③ ㉣→㉡→㉢→㉠
④ ㉣→㉢→㉡→㉠

해설
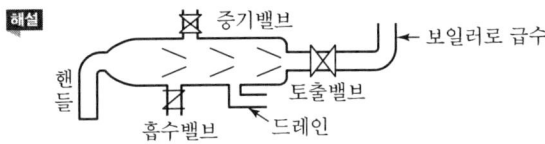

- 인젝터 작동순서 : ㉠→㉢→㉡→㉣
- 인젝터 정지순서 : ㉣→㉡→㉢→㉠

95 20℃ 상온에서 재료의 열전도율(kJ/m · h · K)이 큰 순서가 바르게 나열된 것은?

① 알루미늄>철>구리>고무>물
② 알루미늄>구리>철>물>고무
③ 구리>알루미늄>철>고무>물
④ 구리>알루미늄>철>물>고무

해설 열전도율(kcal/m · h · ℃)
구리>알루미늄>철>물>고무

96 줄-톰슨계수(Joule-Thomson Coefficient, μ)에 대한 설명으로 옳은 것은?

① μ가 (-)일 때 기체의 팽창에 따라 온도는 내려간다.
② μ가 (+)일 때 기체의 팽창에 따라 온도는 일정하다.
③ μ의 부호는 온도의 함수이다.
④ μ의 부호는 열량의 함수이다.

해설 줄-톰슨계수
$\mu = \left(\dfrac{\partial T}{\partial P}\right)_h$

97 화격자 크기가 1.5m×2m인 보일러에서 5시간 동안 3ton의 석탄을 사용하였다면 이 보일러의 화격자 연소율은 약 몇 kg/m² · h인가?

① 100 ② 200
③ 300 ④ 1,000

해설 고체연료 화격자(로스터) 연소율
$= \dfrac{\text{연료소비량}}{\text{가동시간} \times \text{화격자면적}} = \dfrac{3 \times 10^3}{5 \times (1.5 \times 2)}$
$= 200 \text{kg/m}^2 \cdot \text{h}$

98 보일러 효율을 나타낸 식 중 틀린 것은?(단, G_e : 상당증발량, G_f : 연료소비량(kg/h), G_a : 실제증발량 (kg/h), h_2, h_1 : 각각 발생증기 및 급수의 엔탈피 (kcal/kg), H_l : 연료의 저발열량, η_c : 연소효율, ξ_h은 전열효율이다.)

① $\dfrac{539 \times G_e}{G_f \times H_l} \times 100\%$

② $\eta_c \times \xi_h$

③ $\dfrac{G_a(h_2 - h_1)}{G_f \times H_l} \times 100\%$

④ $\dfrac{G_a}{G_f} \times 100\%$

ANSWER | 93.③ 94.② 95.④ 96.③ 97.② 98.④

해설
- 보일러 효율 = $\dfrac{\text{실제증발량}(h_2 - h_1)}{\text{연료소비량} \times H_l} \times 100\%$
- ④는 증발계수를 나타낸다.

99 다음 중 경판의 탄성(강도)을 높이기 위한 것은?
① 애덤슨 조인트   ② 브리징 스페이스
③ 용접조인트   ④ 그루빙

해설 브리징 스페이스 : 노통의 신축 호흡거리

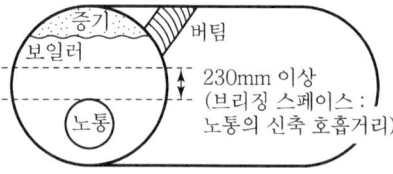

100 보일러의 노통이나 화실과 같은 원통 부분이 외측으로부터의 압력에 견딜 수 없게 되어 눌려 찌그러져 찢어지는 현상을 무엇이라 하는가?
① 블리스터   ② 압궤
③ 응력부식균열   ④ 라미네이션

해설 보일러 본체

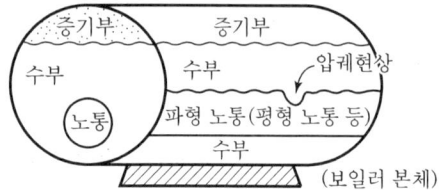

2014년 2회 에너지관리기사

SECTION 01 연소공학

01 포화탄화수소계의 기체연료에서 탄소 원자수(C_1~C_4)가 증가할 때에 대한 설명으로 옳은 것은?

① 연료 중의 수소분이 증가한다.
② 연소범위가 넓어진다.
③ 발열량(J/m^3)이 감소한다.
④ 발화온도가 낮아진다.

[해설] 포화탄화수소계 기체연료에서 C_1~C_4가 증가하면 발화온도는 낮아진다.

02 부탄의 연소반응에 대한 설명으로 틀린 것은?

① 부탄 1kg을 연소시키기 위해서는 $2.51Sm^3$의 산소가 필요하다.
② 부탄을 완전 연소시키기 위해서는 질량으로 6.5배의 산소가 필요하다.
③ 부탄 $1m^3$를 연소시키면 $4m^3$의 탄산가스가 발생한다.
④ 부탄과 산소의 질량의 합은 탄산가스와 수증기의 질량의 합과 같다.

[해설] 부탄가스의 연소반응식
C_4H_{10}(부탄) + $6.5O_2$ → $4CO_2$ + $5H_2O$
체적당 6.5배의 산소가 필요하다.

03 중량비로 C(86%), H(14%)의 조성을 갖는 액체 연료를 매시간당 100kg 연소시켰을 때 생성되는 연소가스의 조성이 체적비로 CO_2(12.5%), O_2(3.7%), N_2(83.8%)일 때 1시간당 필요한 연소용 공기량(Sm^3)은?

① 11.4
② 1,140
③ 13.7
④ 1,370

[해설] 공기비$(m) = \dfrac{N_2}{N_2 - 3.76O_2} = \dfrac{83.8}{83.8 - 3.76 \times 3.7} = 1.20$

이론공기량$(A_0) = 8.89C + 26.67\left(H - \dfrac{O}{8}\right) + 3.33S$
$= 8.89 \times 0.86 + 26.67 \times 0.14$
$= 11.4 Sm^3/kg$
실제공기량$(A) = A_0 \times m = (11.4 \times 1.20) \times 100$
$= 1,367 Sm^3$

04 로터리 버너를 사용하였더니 노벽에 카본이 붙었다. 그 주원인은?

① 연소실 온도가 너무 높다.
② 공기비가 너무 크다.
③ 화염이 닿는 곳이 있다.
④ 중유의 예열온도가 높다.

[해설] 로터리 버너(회전분무식 버너)에서 노벽에 카본(탄화물)이 부착되는 이유는 노벽에 화염이 닿기 때문이다.

05 H_2 50%, CO 50%인 기체연료의 연소에 필요한 이론 공기량(Sm^3/Sm^3)은 얼마인가?

① 0.50
② 1.00
③ 2.38
④ 3.30

[해설] $H_2 + \dfrac{1}{2}O_2 \rightarrow H_2O$

$CO + \dfrac{1}{2}O_2 \rightarrow CO_2$

이론공기량(A_0) = 이론산소량$(O_0) \times \dfrac{1}{0.21}$

$\therefore A_0 = 0.5\left(\dfrac{1}{2} + \dfrac{1}{2}\right) \times \dfrac{1}{0.21} = 2.38 Sm^3/Sm^3$

06 증기운 폭발의 특징에 대한 설명으로 틀린 것은?

① 폭발보다 화재가 많다.
② 연소에너지의 약 20%만 폭풍파로 변한다.
③ 증기운의 크기가 클수록 점화될 가능성이 커진다.
④ 점화위치가 방출점에서 가까울수록 폭발위력이 크다.

ANSWER | 1.④ 2.② 3.④ 4.③ 5.③ 6.④

해설 **증기운 폭발**
가연성 증기가 다량으로 방출되어 점화 시 일어나는 폭발(내용물의 비등으로 기화액체입자가 대량 대기에 방출하여 화염원으로 착화된 폭발)로, 점화위치가 착화원점에서 가까울수록 폭발위력이 크다.

07 어느 용기에서 압력(P)과 체적(V)의 관계는 $P=(50V+10)\times 10^2$kPa과 같을 때 체적이 2m³에서 4m³로 변하는 경우 일량은 몇 MJ인가?(단, 체적의 단위는 m³이다.)

① 32 ② 34
③ 36 ④ 38

해설 일량($_1W_2$) $= \int_1^2 PdV = \int_1^2 (50V+10)$
$= 50\dfrac{V_2^2 - V_1^2}{2} + 10(V_2 - V_1)$
$= \dfrac{50}{2}(4^2-2^2) + 10(4-2) = 300+20$
$= 320$kJ
∴ 320kJ$\times 10^2$kPa $= 320\times 100 = 32,000$kJ $= 32$MJ

08 액체연료의 미립화 시 평균 분무입경에 직접적인 영향을 미치는 것이 아닌 것은?

① 액체연료의 표면장력
② 액체연료의 점성계수
③ 액체연료의 탁도
④ 액체연료의 밀도

해설 탁도 : 액체의 맑음과 흐림의 척도

09 프로판(C_3H_8) 및 부탄(C_4H_{10})이 혼합된 LPG를 건조공기로 연소시킨 가스를 분석하였더니 CO_2 11.32%, O_2 3.76%, N_2 84.92%의 조성을 얻었다. LPG 중의 프로판의 부피는 부탄의 약 몇 배인가?

① 8배 ② 11배
③ 15배 ④ 20배

해설 프로판의 연소반응식 : $C_3H_8 + 5O_2 \rightarrow 3CO_2 + 4H_2O$
부탄의 연소반응식 : $C_4H_{10} + 6.5O_2 \rightarrow 4CO_2 + 5H_2O$

• 공기비(m) $= \dfrac{N_2}{N_2 - 3.76(O_2)} = \dfrac{84.92}{84.92 - 3.76\times 3.76}$
$= 1.20$
• 프로판, 부탄 실제 공기량(A)
$A = \left(5\times\dfrac{1}{0.21} + 6.5\times\dfrac{1}{0.21}\right)\times 1.2 = 65.71$Nm³
$65.71\times(1.20-1) = 13.412$Nm³(과잉공기량)
• 프로판, 부탄 각 50%에서 실제 공기량(A')
$A' = \left(5\times\dfrac{1}{0.21}\times 0.5\right) + \left(6.5\times\dfrac{1}{0.21}\times 0.5\right) = 32.855$
$32.855\times 0.2 = 6.571$Nm³(과잉공기량)
• 부피비 $= \dfrac{6.571}{65.71+13.412}\times 100 = 8.33\%$
$100 - 8.33 = 91.67$
∴ $\dfrac{91.67}{8.33} = 11$배

10 링겔만 농도표는 어떤 목적으로 사용되는가?

① 연돌에서 배출되는 매연농도 측정
② 보일러수의 pH 측정
③ 연소가스 중의 탄산가스 농도 측정
④ 연소가스 중의 SOx 농도 측정

해설 **링겔만 매연농도계**
0도에서 5도까지 측정되며 농도 1도가 매연농도 20%이고 매연농도가 낮을수록 매연율이 작다.

11 연소과정에 대한 설명으로 틀린 것은?

① 무연탄은 주로 증발연소를 한다.
② 석탄, 목재 같은 연료가 연소 초기에 화염을 내면서 연소하는 과정을 분해연소라 한다.
③ 표면연소는 연소반응이 고체 표면에서 일어난다.
④ 연소속도는 산화반응속도라고도 할 수 있다.

해설 • 무연탄, 목재, 중질유, 고체연료 : 분해연소
• 경질유 기름 : 증발연소
• 코크스, 숯, 목탄 : 표면연소

12 다음 중 역화의 원인이 아닌 것은?

① 통풍이 불량할 때
② 기름이 과열되었을 때
③ 기름에 수분, 공기 등이 혼입되었을 때
④ 버너타일이 과열되었을 때

7. ① 8. ③ 9. ② 10. ① 11. ① 12. ④ | ANSWER

해설 버너의 타일이 과열되면 복사열이 발생한다(연소상태가 양호해진다).

13 물 500L를 10℃에서 60℃로 1시간 가열하는 데 발열량 50.232MJ/kg인 가스를 사용할 경우 가스는 몇 kg/h가 필요한가?(단, 연소효율은 75%이다.)

① 2.61 ② 2.78
③ 2.91 ④ 3.07

해설 물의 현열(θ) = $m \cdot c \cdot \Delta t$ = $500 \times 1 \times (60-10)$
= 25,000kcal × (4.186kJ/kcal)
= 104,650kJ/h
50.232MJ × 1,000 = 50,232kJ/kg
가스 사용량 = $\frac{104,650}{50,232 \times 0.75}$ = 2.78kg/h

14 매연 생성에 가장 큰 영향을 미치는 것은?

① 연소속도
② 발열량
③ 공기비
④ 착화온도

해설 • 공기비(m)가 1 이하이면 불완전연소 및 매연 생성에 가장 영향이 크다(공기비가 너무 크면 배기가스양이 많아진다).
• 공기비 = $\frac{실제\ 공기량}{이론\ 공기량}$

15 800K의 고열원과 400K의 저열원 사이에서 작동하는 카르노 사이클에 공급하는 열량이 사이클당 400kJ이라 할 때 1사이클당 외부에 하는 일은 몇 kJ인가?

① 150 ② 200
③ 250 ④ 300

해설 카르노 사이클의 최대 효율
$\eta_c = 1 - \frac{T_{II}}{T_I} = 1 - \left(\frac{400}{800}\right) = 0.5$
∴ $\eta_c = 400 \times 0.5 = 200kJ$

16 석탄을 분석하니 다음과 같았다면 연료비는 약 얼마인가?

| 휘발분 : 30%, 회분 : 10%, 수분 : 5% |

① 1.4 ② 1.6
③ 1.8 ④ 2.0

해설 연료비 = $\frac{고정탄소}{휘발분}$
고정탄소 = 100 - (30+10+5) = 55%
∴ 연료비 = $\frac{55}{30}$ = 1.83

17 CH_4 $1Sm^3$를 완전연소시키는 데 필요한 공기량은?

① $9.52Sm^3$ ② $11.5Sm^3$
③ $13.5Sm^3$ ④ $15.52Sm^3$

해설 메탄(CH_4)의 연소반응식 : $CH_4 + 2O_2 \rightarrow CO_2 + 2H_2O$
이론공기량 = 이론산소량 × $\frac{1}{0.21}$
= $2 \times \frac{1}{0.21}$ = $9.52Sm^3/Sm^3$

18 다음 연소범위에 대한 설명 중 틀린 것은?

① 연소 가능한 상한치와 하한치의 값을 가지고 있다.
② 연소에 필요한 혼합가스의 농도를 말한다.
③ 연소범위가 좁을수록 위험하다.
④ 연소범위의 하한치가 낮을수록 위험도는 크다.

해설 아세틸렌가스의 연소범위(2.5~81%)와 같이 연소범위가 클수록 위험도가 크다.
위험도 = $\frac{81-2.5}{2.5}$ = 31.4

19 대기오염 방지를 위한 집진장치 중 습식집진장치에 해당하지 않는 것은?

① 백필터 ② 충전탑
③ 벤투리 스크러버 ④ 사이클론 스크러버

해설 충돌식, 백필터, 사이클론식, 진동무화식 등은 건식집진장치이다.

ANSWER | 13. ② 14. ③ 15. ② 16. ③ 17. ① 18. ③ 19. ①

20 액체연료의 연소방법으로 틀린 것은?

① 유동층연소 ② 등심연소
③ 분무연소 ④ 증발연소

해설 유동층 연소방법은 고체연료의 연소방법(유연탄 연소의 연소방법)이다.

SECTION 02 열역학

21 다음 중 교축(Throttling)과정을 통하여 일반적으로 변화하지 않는 물성치는?

① 온도 ② 압력
③ 엔탈피 ④ 엔트로피

해설 교축과정 : 증기가 밸브나 오리피스와 같은 작은 단면을 통과할 때 외부에 일을 하지 않고 압력과 온도강하만 일어나는 과정이다. 비가역 정상류 과정으로 열전달은 0이고 일을 하지 않는 과정이며, 엔탈피가 일정하나 엔트로피는 항상 증가하고 압력은 감소한다.

22 카르노 사이클의 과정에 해당하는 것은?

① 등온과정과 등압과정
② 등온과정과 단열과정
③ 등압과정과 단열과정
④ 등적과정과 단열과정

해설 카르노 사이클(Carnot Cycle)

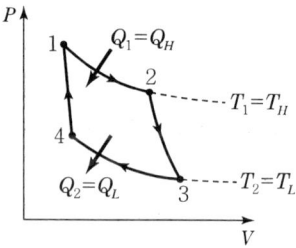

- 1 → 2 과정 : 등온가열팽창
- 2 → 3 과정 : 단열팽창
- 3 → 4 과정 : 등온압축방열
- 4 → 1 과정 : 단열압축

23 다음 중 표준(이상) 사이클에서 동일 냉동능력에 대한 냉매순환량(kg/h)이 가장 작은 것은?

① NH_3 ② $R-12$
③ $R-22$ ④ $R-113$

해설 $-15°C$에서 냉매의 증발잠열이 크면 냉매순환량(kg/h)은 적다.
① 암모니아(NH_3) : 313.5kcal/kg
② $R-12$: 38.57kcal/kg
③ $R-22$: 52kcal/kg
④ $R-113$: 39.2kcal/kg

24 이상기체에 대한 가역단열과정에서 온도(T), 압력(P), 부피(V)의 관계를 표시한 것으로 옳은 것은? (단, γ는 비열비이다.)

① $\dfrac{T_1}{T_2} = \left(\dfrac{P_1}{P_2}\right)^{\frac{\gamma-1}{\gamma}}$ ② $\dfrac{P_1}{P_2} = \left(\dfrac{V_1}{V_2}\right)^2$

③ $\dfrac{T_1}{T_2} = \left(\dfrac{V_1}{V_2}\right)^{\gamma-1}$ ④ $\dfrac{P_1}{P_2} = \dfrac{V_2}{V_1}$

해설 이상기체 단열과정
$$\dfrac{T_1}{T_2} = \left(\dfrac{P_1}{P_2}\right)^{\frac{\gamma-1}{\gamma}} = \left(\dfrac{V_2}{V_1}\right)^{\gamma-1}$$
※ $PV^\gamma = P_1V_1^\gamma = P_2V_2^\gamma = C$

25 압력 500kPa, 온도 250°C의 과열증기 500kg에 동일 압력의 주입수량 $x$kg의 포화수를 주입하여 동일 압력의 건도 93%의 습공기를 얻었을 때, 주입수량 x는 약 얼마인가?(단, 압력 500kPa, 온도 250°C의 과열증기 엔탈피는 3,347kJ/kg, 동일 압력에서 포화수의 엔탈피는 758kJ/kg이며, 이때 증발잠열은 2,108kJ/kg이다.)

① 80.6 ② 160.1
③ 230.7 ④ 268.7

해설 • 과열증기열량 = 500 × 3,347 = 1,673,500kJ
습증기엔탈피 = 758 + 0.93 × 2,108 = 2,718.44kJ/kg
• 습증기열량 = 2,718.44 × 500 = 1,359,220kJ
2,718.44 - 758 = 1,960.44kJ/kg
∴ $x = \dfrac{1,673,500 - 1,359,220}{1,960.44} = 160.3$kg

20. ① 21. ③ 22. ② 23. ① 24. ① 25. ② | **ANSWER**

26 순수물질로 된 밀폐계가 가역단열과정 동안 수행한 일의 양에 대한 설명으로 옳은 것은?

① 엔탈피의 변화량과 같다.
② 내부에너지의 변화량과 같다.
③ 0이다.
④ 정압과정에서의 일과 같다.

해설 순수물질 밀폐계가 가역단열과정 동안 수행한 일의 양은 내부에너지 변화량과 같다.

27 압력 P_1, 온도 T_1인 이상기체를 압력 P_2까지 단열압축하였다. 이때 나중 온도 T_2에 대하여 다음의 식으로 계산할 수 있는 경우는?(단, γ는 비열비이다.)

$$T_2 = T_1\left(\frac{P_2}{P_1}\right)^{\frac{\gamma-1}{\gamma}}$$

① 가역단열압축이고 γ는 일정
② 비가역단열압축이고 γ는 온도에 따라 변화
③ 가역단열압축이고 γ는 온도에 따라 변화
④ 비가역단열압축이고 γ는 일정

해설
- $T_2 = T_1\left(\frac{P_2}{P_1}\right)^{\frac{\gamma-1}{\gamma}}$ (가역단열압축)
- $T_2 = T_1 \times \left(\frac{V_1}{V_2}\right)^{\gamma-1}$ (가역단열압축)

28 매시간 2,000kg의 포화수증기를 발생하는 보일러가 있다. 보일러 내의 압력은 200kPa이고, 이 보일러에는 매시간 150kg의 연료가 공급된다. 이 보일러의 효율은 약 얼마인가?(단, 보일러에 공급되는 물의 엔탈피는 84kJ/kg이고, 200kPa에서 포화증기의 엔탈피는 2,700kJ/kg이며, 연료의 발열량은 42,000 kJ/kg이다.)

① 77% ② 80%
③ 83% ④ 86%

해설 효율 = $\frac{발생열량}{연료\ 소비량 \times 연료의\ 발열량} \times 100$

$= \frac{2,000 \times (2,700-84)}{150 \times 42,000} \times 100 = 83\%$

29 공기를 작동유체로 하는 Diesel Cycle의 온도범위가 32℃~3,200℃이고 이 Cycle의 최고압력 6.5MPa, 최초압력 160kPa일 경우 열효율은?(단, 비열비는 1.4이다.)

① 14.1% ② 39.5%
③ 50.9% ④ 87.8%

해설 디젤 사이클 열효율(η_{tho}) : 가스동력 내연기관 사이클

$\eta_{tho} = 1 - \left(\frac{1}{\varepsilon}\right)^{K-1} \cdot \left[\frac{a^K - 1}{K(a-1)}\right]$

여기서, a : 단절비(체절비), ε : 압축비
6.5MPa = 6,500kPa

$\varepsilon = \left(\frac{6,500}{160}\right)^{\frac{1}{1.4}} = 14$, $a = \frac{T_3}{T_2}$

$T_2 = 305 \times (14)^{0.4} = 876$K

$a = \frac{3,200+273}{876} = 3.96$

∴ 열효율 = $1 - \left(\frac{1}{14}\right)^{1.4-1}$

$\left[\frac{3.96^{1.4}-1}{1.4(3.96-1)}\right] = 0.509 = 50.9\%$

※ $T_2 = T_1 \times (\varepsilon)^{K-1}$

30 그림과 같은 냉동기의 성능계수(COP)는 어떻게 나타낼 수 있는가?

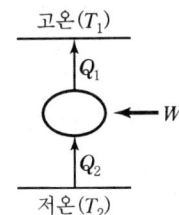

① $\frac{W}{Q_1}$ ② $\frac{Q_2}{W}$
③ $\frac{T_1 - T_2}{T_2}$ ④ $\frac{T_1}{T_2 - T_1}$

해설 $COP = \frac{Q_L}{AW} = \frac{Q_L}{Q_H - Q_L} = \frac{T_L}{T_H - T_L} = \frac{Q_2}{W}$

ANSWER | 26. ② 27. ① 28. ③ 29. ③ 30. ②

31 밀폐 시스템 내의 이상기체에 대하여 단위 질량당 일 (w)이 다음과 같은 식으로 표시될 때 이 식은 어떤 과정에 대하여 적용할 수 있는가?(단, R은 기체상수, T는 온도, V는 체적이다.)

$$w = RT \ln \frac{V_2}{V_1}$$

① 단열과정 ② 등압과정
③ 등온과정 ④ 등적과정

해설 이상기체의 등온변화

$$일(w) = RT \ln \frac{V_2}{V_1} = RT \ln \frac{P_1}{P_2}$$
$$= P_1 V_1 \ln \frac{V_2}{V_1} = P_1 V_1 \ln \frac{P_1}{P_2}$$

32 등온압축계수 K를 옳게 표시한 것은?

① $K = -\frac{1}{V}\left(\frac{dP}{dT}\right)_V$ ② $K = -\frac{1}{V}\left(\frac{dV}{dP}\right)_T$

③ $K = \frac{1}{V}\left(\frac{dP}{dT}\right)_V$ ④ $K = \frac{1}{V}\left(\frac{dV}{dP}\right)_T$

해설 등온변화 $T = T_1 = T_2 = C$, $PV = P_1V_1 = P_2V_2 = C$

$$_1W_2 = \int_1^2 PdV = P_1V_1 \int_1^2 \frac{dV}{V} = P_1V_1 \ln \frac{V_2}{V_1}$$
$$= P_1V_1 \ln \frac{P_1}{P_2} = RT \ln \frac{V_2}{V_1} = RT \ln \frac{P_1}{P_2}$$

유체 압축계수(K) $= -\frac{1}{V}\left(\frac{dV}{dP}\right)_T$

압축률(B) $= -\frac{dV}{V} \cdot \frac{1}{dP} = \frac{d\rho}{\rho} \cdot \frac{1}{dP}$

※ −부호는 압력이 증가하면 체적이 감소한다는 것을 의미한다. 압축률을 계산한 값은 항상 +값이 된다. 압축률이 크면 압축하기가 쉽다.

33 다음 중 수증기를 사용하는 발전소의 열역학 사이클과 가장 관계 깊은 것은?

① 랭킨 사이클
② 오토 사이클
③ 디젤 사이클
④ 브레이턴 사이클

해설 랭킨 사이클 : 수증기를 이용하는 발전소의 사이클

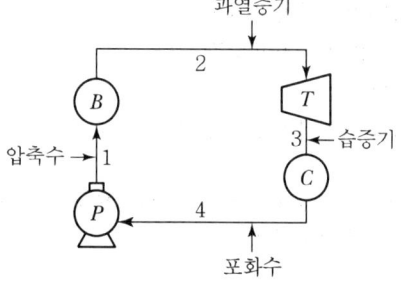

- B : 보일러
- C : 복수기(콘덴서)
- T : 터빈
- P : 급수펌프

34 온도 0℃에서 공기의 음속은 몇 m/s인가?(단, 공기의 기체상수는 $0.287 \text{kJ/kg} \cdot \text{K}$이고 비열비는 1.4이다.)

① 312 ② 331
③ 348 ④ 352

해설 $0 + 273 = 273\text{K}$

음속(V_2) $= \sqrt{KRT} = \sqrt{1.4 \times 0.287 \times 273 \times 1,000}$
$= 331 \text{m/s}$

※ 온도가 높아지면 음속이 빨라진다.

35 Rankine 사이클의 이론 열효율을 향상시키는 방안으로 볼 수 없는 것은?

① 보일러 압력을 낮춘다.
② 증기를 고온으로 과열시킨다.
③ 응축기 압력을 낮춘다.
④ 응축기 온도를 낮춘다.

해설 랭킨 사이클에서 터빈 입구의 온도와 압력이 높을수록, 또 복수기의 압력(배압)이 낮을수록 열효율은 좋아진다.

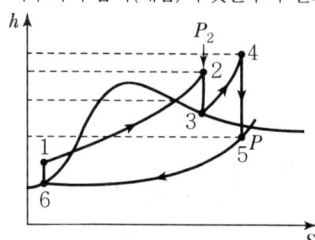

- 1 → 2 과정 : 보일러
- 2 → 3 과정 : 고압터빈
- 3 → 4 과정 : 재열기
- 4 → 5 과정 : 저압터빈
- 5 → 6 과정 : 복수기
- 6 → 1 과정 : 급수펌프

36 다음 중 열역학 제1법칙의 표현이 될 수 없는 내용은?

① 진공 중에서의 가스의 확산은 비가역적이다.
② 제2종 영구기관은 존재할 수 없다.
③ 사이클에 의하여 일을 발생시킬 때는 고온체만 필요하다.
④ 열은 외부 동력 없이 저온체에서 고온체로 이동할 수 없다.

해설 냉동기에서는 인력이 공급되어 저온물체에서 고온물체로 열전달이 이루어지므로 클라우지우스의 표현에 따라 성능계수가 무한대인 냉동기 제작은 불가능하다.

37 건포화증기의 건도는 얼마인가?

① 0 ② 0.5
③ 0.7 ④ 1.0

해설 건도
- 건포화증기 : 1.0
- 습포화증기 : 1.0 이하
- 포화수 : 0

38 15℃의 물로부터 0℃의 얼음을 시간당 40kg 만드는 냉동기의 냉동톤은 약 얼마인가?(단, 얼음의 융해열은 80kcal/kg이고, 1냉동톤은 3,320kcal/h로 한다.)

① 0.14 ② 1.14
③ 2.14 ④ 3.14

해설 얼음의 현열 $= 40 \times 1 \times (15-0) = 600$ kcal
얼음의 응고열 $= 40 \times 80 = 3,200$ kcal
냉동톤(RT) $= \dfrac{600 + 3,200}{3,320} = 1.14$

39 이상기체로 구성된 밀폐계의 과정을 표시한 것으로 틀린 것은?(단, Q는 열량, H는 엔탈피, W는 일, U는 내부에너지이다.)

① 등온과정에서 $Q = W$
② 단열과정에서 $Q = -W$
③ 정압과정에서 $Q = \Delta H$
④ 정적과정에서 $Q = \Delta U$

해설 단열과정의 내부에너지 변화
$u_2 - V_1 = C_v(T_2 - T_1) = -AW_t$
∴ 단열과정에서는 $Q = 0$이 된다.

40 열역학 제2법칙과 관계가 가장 먼 것은?

① 열은 온도가 높은 곳에서 낮은 곳으로 흐른다.
② 전열선에 전기를 가하면 열이 나지만 전열선을 가열하여도 전력을 얻을 수 없다.
③ 열기관의 효율에 대한 이론적인 한계를 결정한다.
④ 전체 에너지양은 항상 보존된다.

해설 열역학 제1법칙 : 에너지 보존의 법칙

SECTION 03 계측방법

41 어떤 관 속을 흐르는 유체의 한 점에서의 속도를 측정하고자 할 때 가장 적당한 유속 측정 장치는?

① Orifice Meter ② Pitot Tube
③ Rotameter ④ Venturi Meter

해설 Pitot Tube : 어떤 관 속을 흐르는 유체의 한 점에서의 속도를 측정하고자 할 때 가장 적당한 유속측정장치

42 다음 중 미압측정용으로 가장 적절한 압력계는?

① 부르동관식 압력계
② 경사관식 압력계
③ 분동식 압력계
④ 전기식 압력계

ANSWER | 36. ③ 37. ④ 38. ② 39. ② 40. ④ 41. ② 42. ②

해설 경사관식 압력계
미세한 압력 측정이 가능하고 정밀도가 높다.

43 제어계의 각 부에 전달되는 모든 신호가 시간의 연속함수인 귀환제어계는?
① Sample 값 제어계 ② Relay형 제어계
③ 개회로 제어계 ④ 연속데이터 제어계

해설 연속데이터 제어계 : 제어계의 각 부에 전달되는 모든 신호가 시간의 연속함수인 귀환제어계이다.

44 명판에 Ni450이라 쓰여 있는 측온저항체의 100℃ 점에서의 저항값은 얼마인가?(단, Ni의 저항온도계수는 +0.0067이다.)
① 752mΩ ② 752Ω
③ 301mΩ ④ 301Ω

해설 저항값$(R_t) = R_0(1+\alpha \cdot \Delta t)$
$\Delta t = 100℃$
∴ $R_t = 450(1+0.0067 \times 100) = 752Ω$

45 유량 측정기기 중 유체가 흐르는 단면적이 변함으로써 직접 유체의 유량을 읽을 수 있는 기기, 즉 압력차를 측정할 필요가 없는 장치는?
① 오리피스미터 ② 벤투리미터
③ 로터미터 ④ 피토튜브

해설 로터미터(Rotameter)
수직 유리관 속에 원뿔모양의 플로트를 넣어 관 속에 흐르는 유체의 유량에 의해 밀어 올리는 위치를 눈금으로 나타내어 유량을 읽을 수 있는 유량계이다(면적식 유량계).

46 국제적인 실용온도 눈금 중 평형수소의 삼중점은 얼마인가?
① 0K ② 13.81K
③ 54.36K ④ 273.16K

해설 평형수소의 삼중점 : $-259.34℃$
∴ $273.15 - 259.34 = 13.81K$

47 다음 [보기]에서 설명하는 제어동작은?

> • 부하변화가 커도 잔류편차가 생기지 않는다.
> • 급변할 때 큰 진동이 생긴다.
> • 전달느림이나 쓸모없는 시간이 크면 사이클링의 주기가 커진다.

① PD 동작 ② PID 동작
③ PI 동작 ④ P 동작

해설 보기는 PI 동작(역속비례적분동작)의 특징에 해당한다.

48 고온의 노(爐) 내 온도측정에 사용되는 것이 아닌 것은?
① Seger Cones ② 백금저항온도계
③ 방사온도계 ④ 광고온계

해설 백금저항온도계는 매우 정밀하고 원격 조정이 가능하고 자동제어 기록이 용이하나 온도측정범위가 $-200 \sim 500℃$ 이하여서 노 내의 고온 측정은 불가능하다.

49 화씨(℉)와 섭씨(℃)의 눈금이 같아지는 온도는 몇 ℃인가?
① 40 ② 20
③ −20 ④ −40

해설 $\dfrac{℃}{100} = \dfrac{℉-32}{180}$

$℉ = \dfrac{9}{5}℃ + 32 = \dfrac{9}{5} \times (-40) + 32 = -40℉$

50 조절계의 동작에는 연속, 불연속 동작을 이용한다. 다음 중 불연속 동작을 이용하는 것은?
① ON−OFF 동작 ② 비례동작
③ 적분동작 ④ 미분동작

해설 자동제어의 불연속 동작
• ON−OFF 동작(2위치 동작)
• 간헐 동작
• 다위치 동작

43. ④ 44. ② 45. ③ 46. ② 47. ③ 48. ② 49. ④ 50. ① | ANSWER

51 열전대 보호관 중 최고사용온도가 가장 낮은 것은?
① 황동관 ② 연강관
③ 자기관 ④ 석영관

해설 ① 황동관 : 650℃
② 연강관 : 800℃
③ 자기관 : 1,750℃
④ 석영관 : 1,050℃

52 액주식 압력계에 사용되는 액체의 특징이 아닌 것은?
① 점성이 적을 것
② 팽창계수가 클 것
③ 모세관현상이 적을 것
④ 일정한 화학성분을 가질 것

해설 액주식 압력계(마노미터, 경사관식, 호르단형 등)의 액주인 수은이나 알코올 등은 팽창계수가 작아야 한다.

53 관 유동에서 층류와 난류를 판정할 때 레이놀즈수를 사용한다. 층류와 난류의 기준이 되는 임계 레이놀즈수는 약 얼마인가?
① 23 ② 232
③ 2,320 ④ 23,200

해설 층류와 난류의 기준이 되는 임계레이놀즈수 $= 2,320\,Re$

54 다음 연소가스 중 미연소가스계로 측정 가능한 것은?
① CO ② CO_2
③ NH_3 ④ CH_4

해설 미연소가스계로 측정이 가능한 가스
일산화탄소(CO), 수소(H_2)가스 등이 측정대상이다.

55 중력단위계에서 물리량을 차원으로 표시한 것으로 틀린 것은?
① 질량 : M ② 중량 : F
③ 길이 : L ④ 시간 : T

해설 중력단위계에서 F는 힘의 차원을 나타낸다.

56 서미스터(Thermistor) 저항체 온도계의 특성에 대한 설명으로 옳은 것은?
① 재현성이 좋다.
② 응답이 느리다.
③ 저항온도계수가 부특성(負特性)이다.
④ 저항온도계수는 섭씨온도의 제곱에 비례한다.

해설 서미스터 전기저항 온도계의 구성인자는 Ni, Mn, Co, Fe, Cu 등이며 저항온도계수가 부특성이다. 25℃에서 온도계수가 백금의 10배 정도로, 온도 증가에 따라 전기저항이 감소한다.

57 다음 중 압력식 온도계가 아닌 것은?
① 액체팽창식 온도계 ② 열전 온도계
③ 증기압식 온도계 ④ 가스압력식 온도계

해설 열전대 온도계(제백효과 온도계)
열전쌍의 회로에서 두 접점 사이의 온도차로 열기전력을 발생시켜 그 전위차를 측정하여 두 접점의 온도차를 알 수 있는 계기 온도계이다. 보상도선, 기준접점냉각기, 열전대, 보상도선, 밀리볼트계로 구성된다.

58 다음 가스분석계 중 산소를 분석할 수 없는 것은?
① 연소식 ② 자기식
③ 적외선식 ④ 지르코니아식

해설
• 세라믹(O_2) 가스분석계 : 지르코니아(ZrO_2)를 원료로 한 특수 세라믹이 온도 850℃ 이상에서 산소(O_2) 이온만 통과시키는 특성을 이용한 가스분석계
• 적외선식 : N_2, O_2, H_2, Cl_2 등 대칭성 2원자분자 및 헬륨(He), 아르곤(Ar) 등의 단원자 가스 등은 분석이 불가능하다.

59 금속의 전기저항 값이 변화되는 것을 이용하여 압력을 측정하는 전기저항압력계의 특성으로 맞는 것은?
① 응답속도가 빠르고 초고압에서 미압까지 측정한다.
② 구조가 간단하여 압력검출용으로 사용한다.
③ 먼지의 영향이 적고 변동에 대한 적응성이 적다.
④ 가스폭발 등 급속한 압력변화를 측정하는 데 사용한다.

ANSWER | 51. ① 52. ② 53. ③ 54. ① 55. ② 56. ③ 57. ② 58. ③ 59. ①

해설 전기저항식 압력계(백금, 구리, 니켈, 서미스터 등)는 응답속도가 빠르고 초고압에서 미압 압력까지 측정이 가능하다.

60 전기저항 온도계의 측온저항체의 공칭 저항치라고 하는 것은 온도 몇 ℃일 때의 저항소자의 저항을 말하는가?

① 20℃ ② 15℃
③ 10℃ ④ 0℃

해설 전기저항 온도계(백금 측온)
0℃에서 공칭 저항값
- 100Ω
- 50Ω
- 25Ω

SECTION 04 열설비재료 및 관계법규

61 에너지 공급을 제한하고자 할 경우 산업통상자원부 장관은 공급제한일 며칠 전에 이를 에너지공급자 및 에너지 사용제한 대상자에게 예고하여야 하는가?

① 3일 ② 7일
③ 10일 ④ 15일

해설 에너지 공급 제한은 제한 대상자에게 7일 전에 장관이 예고하여야 한다.

62 노 속에 목탄이나 코크스와 침탄촉진제를 이용하여 강의 표면에 탄소를 침입시켜 표면을 경화시키기 위한 노 내의 가열온도는?

① 650~750℃ ② 750~850℃
③ 850~950℃ ④ 950~1,050℃

해설 강철의 탄소(C) 침탄법
노 내의 가열온도 850~950℃ 상태에서 강의 표면에 탄소 성분을 투입시켜 표면을 경화시킨다.

63 공업로의 에너지절감대책으로서 틀린 것은?

① 배열을 재료의 예열로 사용
② 노체 열용량의 증가
③ 공연비의 개선
④ 단열의 강화

해설 노체(내화벽돌)보다는 보일러수를 가열시켜야 에너지가 절감된다(노체의 열용량을 감소시켜야 에너지가 절감된다).

64 납석벽돌의 특성에 대한 설명으로 틀린 것은?

① 비교적 저온에서의 소결이 용이하다.
② 흡수율이 작고 압축강도가 크다.
③ 내식성이 우수하다.
④ 내화도는 SK 34 이상이다.

해설 납석벽돌(산성내화물 중 내화점토질) 재질
- 파이로필라이트 광물질
- 카올린
- 내화도 : SK 26~34 정도(1,580~1,750℃)

65 다음 보온재 중 저온용이 아닌 것은?

① 우모펠트   ② 염화비닐 폼
③ 폴리우레판 폼 ④ 세라믹 파이버

해설 Ceramic Fiber 재질
㉠ 용융석영을 방사하여 만든 실리카 울
㉡ 고석회질 규산유리로 만든 섬유를 산 처리한 것
- 열전도율 : 0.035~0.06kcal/m·h·℃
- 최고사용안전온도 : 1,200~1,300℃(고온용)

66 한국에너지공단의 임원에 관한 내용 중 틀린 것은?

① 감사 1명
② 본부장 3명
③ 이사장 1명
④ 이사장, 부이사장을 제외한 이사 9명 이내(6명 이내의 비상임 이사를 포함한다.)

해설 한국에너지공단 임원에서 본부장은 없는 직책이다.

67 인정검사대상기기 관리자 교육을 이수한 자가 관리할 수 없는 것은?

① 최고사용압력(MPa)과 내용적(m³)을 곱한 수치가 0.02를 초과하는 1종 압력용기
② 용량이 581킬로와트인 열매체를 가열하는 보일러
③ 용량이 700킬로와트의 온수발생 보일러
④ 최고사용압력이 1MPa 이하이고 전열면적이 10m² 이하인 증기보일러

해설 온수발생 및 열매체를 가열하는 보일러 중에서는 용량이 581.5kW 이하인 것만 관리할 수 있다.

68 다음 중 평균효율관리기자재에 해당하는 것은?

① 승용자동차   ② 가전제품
③ 산업용 보일러 ④ 조명기기

해설
㉠ 효율관리기자재
  • 전기냉장고
  • 전기냉방기
  • 전기세탁기
  • 조명기기
  • 삼상유도전동기
  • 자동차
㉡ 평균에너지 효율관리기자재
  승용자동차

69 에너지원별 에너지열량환산기준으로 총발열량(kcal)이 가장 높은 연료는?(단, 1L 또는 1kg 기준이다.)

① 휘발유   ② 항공유
③ B-C유   ④ 천연가스

해설
① 휘발유 : 1L=32.6MJ(7,780kcal)
② 항공유 : 1L=36.5MJ(8,730kcal)
③ B-C유 : 1L=41.6MJ(9,950kcal)
④ 천연가스 : 1kg=13,040kcal(54.6MJ)

70 국가에너지절약추진위원회의 위원에 해당되지 않는 자는?

① 한국전력공사사장   ② 국무조정실 국무2차장
③ 고용노동부차관   ④ 한국에너지공단이사장

해설 에너지이용 합리화법 시행령 제4조에 따르면 고용노동부 차관은 국가에너지절약추진위원회의 위원에 해당되지 않는다.
※ 법령 개정(2018. 4. 17.)으로 국가에너지절약추진위원회가 폐지되었다.

71 매끈한 원관 속을 흐르는 유체의 레이놀즈수(Re)가 1,800일 때 관마찰계수(f)는?

① 0.013   ② 0.015
③ 0.036   ④ 0.053

해설
㉠ 레이놀즈수$(Re) = \dfrac{\rho \mu d}{\mu} = \dfrac{vd}{\nu}$
  • 층류($Re < 2,100$)
  • 천이구역($2,100 < Re < 4,000$)
  • 난류($Re > 4,000$)
㉡ 마찰계수$(f) = \dfrac{64}{Re} = \dfrac{64}{1,800} = 0.036$

72 폐열회수방식에 의한 요의 분류에 해당하는 것은?

① 연속식   ② 환열식
③ 횡염식   ④ 반연속식

해설 환열기(리큐퍼레이터)
• 요로에서 배기되는 폐가스와 연소용 공기를 열교환시켜 에너지를 절약한다.
• 형식 : 병류형, 향류형, 직교류형

73 공업용 노에 있어서 폐열회수장치로 가장 적합한 것은?

① 댐퍼   ② 백필터
③ 바이패스 연도 ④ 리큐퍼레이터

해설 향류형 리큐퍼레이터

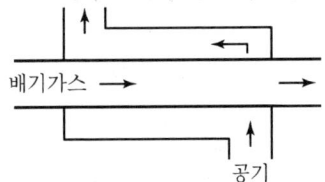

74 정부가 에너지이용 합리화를 촉진하기 위하여 지원하는 사업에 해당되지 않는 것은?
① 에너지원의 기술홍보
② 에너지원의 연구개발사업
③ 기술용역 및 기술지도사업
④ 에너지이용 합리화를 위한 에너지기술개발사업

해설 에너지원의 기술홍보는 정부 지원 사업에 해당되지 않는다.

75 산업통상자원부장관이 정한 에너지이용 합리화를 위한 효율관리기자재에 해당되지 않는 것은?(단, 산업통상자원부장관이 따로 고시하는 기자재 및 설비는 제외한다.)
① 전기냉장고　　② TV
③ 자동차　　　　④ 조명기기

해설 효율관리기자재의 종류에는 전기냉장고, 전기냉방기, 전기세탁기, 조명기기, 삼상유도전동기, 자동차 등이 있다.

76 에너지다소비사업자에게 에너지손실요인의 개선명령을 할 수 있는 자는?
① 산업통상자원부장관
② 시·도지사
③ 한국에너지공단이사장
④ 에너지관리진단기관협회장

해설 에너지다소비사업자(연간 에너지사용량 2천 티오이 이상 사용자)에 대한 에너지손실요인의 개선명령권자는 산업통상자원부장관이다.

77 가스배관의 관경이 13mm 이상, 33mm 미만일 때 관의 고정장치 설치간격으로 옳은 것은?
① 1m마다　　② 2m마다
③ 3m마다　　④ 4m마다

해설
- 13mm 미만 : 1m마다 고정
- 13mm 이상~33mm 미만 : 2m마다 고정
- 33mm 이상 : 3m마다 고정

78 신·재생에너지 중 의무공급량이 지정되어 있는 에너지원은?
① 해양에너지
② 지열에너지
③ 태양에너지
④ 바이오에너지

해설 신·재생에너지 중 의무공급량이 지정된 에너지원은 태양에너지이다.

79 내화도가 높고 용융점 부근까지 하중에 견디기 때문에 각종 가마의 천장에 주로 사용되는 내화물은?
① 규석 내화물
② 납석 내화물
③ 샤모트 내화물
④ 마그네시아 내화물

해설 규석 내화물(벽돌)
- 산성 내화물
- 내화도(SK 31~34) : 1,690~1,750℃
- 용도 : 가마의 천장용, 산성제강로 가마의 벽, 전기로, 축열실, 코크스 가마벽 등

80 내식성, 굴곡성이 우수하고 양도체이며 내압성도 있어서 열교환기용 전열관, 급수관 등 화학공업용으로 주로 사용되는 것은?
① 주철관　　② 동관
③ 강관　　　④ 알루미늄관

해설 동관의 특성
- 내식성이 있다.
- 굴곡성이 있다.
- 열·전기의 양도체이다.
- 내압성이 있다.
- 열교환기 전열관, 급수관, 화학공업용으로 사용된다.

74. ① 75. ② 76. ① 77. ② 78. ③ 79. ① 80. ② | ANSWER

SECTION 05 열설비설계

81 건조기의 열효율 표시를 옳게 나타낸 것은?(단, Q : 입열량, q_1 : 수분 증발에 소비된 열량, q_2 : 재료 가열에 소비된 열량, q_3 : 건조기의 손실 열량을 나타낸다.)

① $\dfrac{q_1}{Q}$ ② $\dfrac{q_2}{Q}$
③ $\dfrac{q_1+q_2}{Q}$ ④ $\dfrac{q_1+q_2+q_3}{Q}$

해설 건조기 열효율 = $\dfrac{q_1+q_2}{Q} \times 100\%$

82 수관식 보일러의 수질을 측정한 결과, 급수 중 불순물의 농도가 60mg/L, 관수 중 불순물의 농도가 2,500 mg/L로 나타났다. 시간당 급수량이 2,400L이고 응축수 회수율이 50%일 때 분출량은 약 몇 L/h인가?

① 25.4 ② 27.3
③ 29.5 ④ 32.2

해설 1일 분출량(B_D) = $\dfrac{W(1-R)d}{r-d}$ (L)

∴ $B_D = \dfrac{2,400(1-0.5)60}{2,500-60} = 29.5$L

83 최고사용압력(P) 20kgf/cm², 안지름(D_i) 600mm의 구형 용기의 최소 두께는 약 몇 mm인가?(단, 용접이음효율(η)은 1, 부식여유(α)는 2.5mm, 재료의 허용인장강도(σ_a)는 8kgf/mm²이다.)

① 6.3 ② 8.2
③ 9.6 ④ 13.0

해설 $t = \dfrac{P \cdot D_i}{400\sigma_a\eta - 0.4P} + \alpha = \dfrac{20 \times 600}{400 \times 8 \times 1 - 0.4 \times 20} + 2.5$
= 6.3mm

84 다음 각 보일러의 특징에 대한 설명 중 틀린 것은?
① 입형 보일러는 좁은 장소에도 설치할 수 있다.
② 노통 보일러는 보유수량이 적어 증기발생 소요시간이 짧다.
③ 수관 보일러는 구조상 대용량 및 고압용에 적합하다.
④ 관류 보일러는 드럼이 없어 초고압 보일러에 적합하다.

해설 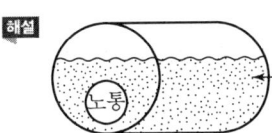 노통 보일러는 보유수가 많아서 파열 시 피해가 크고 증기발생 소요시간이 길다.

85 전기저항로의 발열체 저항이 $R(\Omega)$이면, 여기에 I(A)의 전류를 흘렸을 때 발생하는 이론 열량은 시간당 얼마인가?

① $864IR$(cal) ② $846IR$(cal)
③ $864I^2R$(cal) ④ $846I^2R$(cal)

해설 전력량(W) = $Pt = VIt = I^2Rt = \dfrac{V^2}{R}t$(Wh)

열량(H) = $\dfrac{1}{4.186}I^2Rt \fallingdotseq 0.24I^2Rt$(cal)

1kWh = 3,600kJ
∴ 3,600×0.24 = 864kcal

86 열매체보일러의 특징이 아닌 것은?
① 낮은 압력에서도 고온의 증기를 얻을 수 있다.
② 물 처리장치나 청관제 주입장치가 필요하다.
③ 겨울철 동결의 우려가 적다.
④ 안전관리상 보일러 안전밸브는 밀폐식 구조로 한다.

해설 열매체는 수은, 다우섬, 카네크롤, 세큐리티 등이며 인화성, 자극성은 있으나 부식 염려가 없어 청관제 주입장치는 필요 없다.

87 보일러의 열정산 시 출열 항목이 아닌 것은?
① 배기가스에 의한 손실열
② 발생증기 보유열
③ 불완전연소에 의한 손실열
④ 공기의 현열

ANSWER | 81. ③ 82. ③ 83. ① 84. ② 85. ③ 86. ② 87. ④

해설 열정산 시 입열
- 연료의 연소열
- 연료의 예열 · 현열
- 공기의 현열
- 노 내 분입증기 현열

88 다음 보기에서 설명하는 증기 트랩(Trap)은?

- 다량의 드레인을 연속적으로 처리할 수 있다.
- 증기누출이 거의 없다.
- 가동 시 공기빼기를 할 필요가 없다.

① 플로트식 트랩　　② 버킷형 트랩
③ 열동식 트랩　　　④ 디스크식 트랩

해설 플로트식 스팀트랩(응축수 제거)은 기계식(부자식)이며 증기와 응축수의 비중차에 의한 스팀트랩으로 다량의 드레인을 연속 처리할 수 있다.

89 Flash Tank의 역할을 가장 옳게 설명한 것은?

① 고압응축수로 저압증기를 만든다.
② 저압응축수로 고압증기를 만든다.
③ 증기의 건도를 높인다.
④ 증기를 저장한다.

해설 플래시 탱크(재증발 증기 발생 탱크)는 고압응축수로 저압증기를 만든다.

90 다음 중 절탄기를 설치하는 장소로서 가장 적합한 곳은?

① 연도　　　　　　② 과열기 상부
③ 가압송풍기 입구　④ 연소실

해설
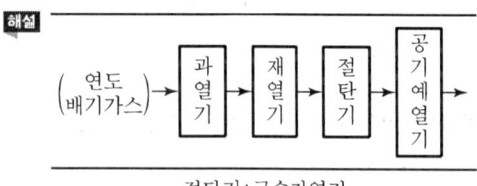
절탄기 : 급수가열기

91 보일러 또는 노의 연도를 흐르는 연소가스는 연도 내면과의 마찰로 압력이 강하한다. 이 압력강하 p_1 (mmAq)은 어떻게 표시되는가? (단, L : 연도의 길이(m), ρ : 연소가스의 밀도(kg/m³), D : 연도 단면형의 수력반경(m), f : 마찰저항계수, U : 연소가스의 유속(m/s), g : 중력가속도(m/s²)이다.)

① $p_1 = 4f \dfrac{\rho U^2}{2g} \dfrac{L}{D}$　　② $p_1 = 2f \dfrac{\rho U^2}{2g} \sqrt{\dfrac{L}{D}}$

③ $p_1 = 4f \dfrac{\rho U^2}{2g} \dfrac{D}{L}$　　④ $p_1 = 4f \dfrac{\rho U^2}{2g} \dfrac{L^2}{D^2}$

해설 연도 내 압력강하$(P_1) = 4f \dfrac{\rho \cdot u^2}{2g} \dfrac{L}{D}$

92 직경 600mm, 압력 12kgf/cm²의 보일러의 세로이음을 설계하고자 한다. 강판의 인장강도를 35kgf/mm²으로 하고 안전율을 4.75라 할 때 강판의 두께는 몇 mm인가? (단, 리벳의 이음효율은 0.6이고, 부식여유는 1mm로 한다.)

① 7.2　　　　② 8.1
③ 9.1　　　　④ 10.2

해설 강판두께 = $\dfrac{P \cdot D_i}{200 \times a \cdot x \cdot \eta} + a$

$= \dfrac{12 \times 600}{200 \times 35 \times \left(\dfrac{1}{4.75}\right) \times 0.6} + 1 = 9.1$

93 노통 보일러에서 일어나는 열팽창을 흡수하는 역할을 하는 것은?

① 엔드 플레이트　　② 애덤슨 조인트
③ 거싯 스테이　　　④ 프라이밍 방지기

해설
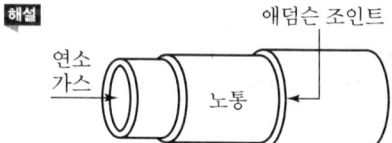

94 일반적인 강관에서 스케줄 넘버(Schedule Number)는 무엇을 의미하는가?

① 파이프의 외경 ② 파이프의 두께
③ 파이프의 내경 ④ 파이프의 단면적

해설 스케줄 넘버가 클수록 파이프 두께는 두껍다.

95 유체의 동점성계수와 유체온도 전파속도의 비를 표현하는 무차원수는?

① Nusselt(Nu) 수 ② Prandtl(Pr) 수
③ Grashof(Gr) 수 ④ Schmidt(Sc) 수

해설 프란틀(Prandtl) 수 : $Pr = \dfrac{\mu C_p}{K}$
(열확산/열전도)는 열대류를 나타내며 유체의 동점성계수와 유체온도 전파속도의 비를 표현한다.

96 지름 5cm의 파이프를 사용하여 매시 4톤의 물을 공급하는 수도관이 있다. 이 수도관에서 물의 속도는 몇 m/s인가?(단, 물의 비중은 1이다.)

① 0.12 ② 0.28
③ 0.56 ④ 8.1

해설 4톤=4,000L(물)=4m³, 1시간=3,600초
파이프 단면적 = $\dfrac{\pi}{4}d^2 = \dfrac{3.14}{4} \times (0.05)^2 = 0.0019625$m²
유속 = $\dfrac{유량}{단면적} = \dfrac{4}{0.0019625 \times 3,600} = 0.56$m/s

97 저온부식의 방지방법이 아닌 것은?

① 과잉공기를 적게 하여 연소한다.
② 발열량이 높은 황분을 사용한다.
③ 연료첨가제(수산화마그네슘)를 이용하여 노점온도를 낮춘다.
④ 연소 배기가스의 온도가 너무 낮지 않게 한다.

해설 황분(S)은 연소과정에서 황산(H_2SO_4)이 발생(150℃ 이하)하여 저온부식을 일으킨다.

98 난방 및 급탕용으로 보일러를 선정할 때의 순서이다. 가장 바르게 된 것은?

① 방열기 용량 → 배관 열손실 → 정격출력 → 상용출력
② 상용출력 → 정격출력 → 방열기 용량 → 배관 열손실
③ 정격출력 → 상용출력 → 방열기 용량 → 배관 열손실
④ 방열기 용량 → 배관 열손실 → 상용출력 → 정격출력

해설 보일러 용량 선정(kcal/h)
• 방열기(난방부하)+급탕부하+배관부하=상용출력
• 상용출력×예열부하=정격출력(용량 계산)

99 다음 그림과 같이 서로 다른 고체 물질 A, B, C 3개의 평판이 서로 밀착되어 복합체를 이루고 있다. 정상 상태에서의 온도 분포가 그림과 같다면 A, B, C 중 어느 물질이 열전도도가 가장 작은가?

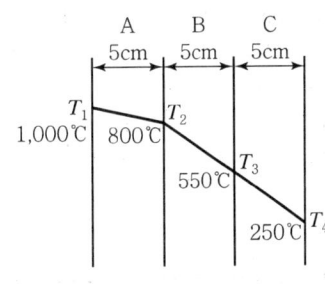

① A ② B
③ C ④ 모두 같다.

해설 같은 두께일 때 온도가 낮을수록 열손실이 적어진다.
A평판 = $\dfrac{Q \times 0.05}{1 \times (1,000-800)} = 2.5 \times 10^{-4}Q$
B평판 = $\dfrac{Q \times 0.05}{1 \times (800-550)} = 2.0 \times 10^{-4}Q$
C평판 = $\dfrac{Q \times 0.05}{1 \times (550-250)} = 1.67 \times 10^{-4}Q$

100 연도 등의 저온의 전열면에 주로 사용되는 슈트 블로어의 종류는?

① 삽입형 ② 예열기 클리너형
③ 로터리형 ④ 건형(Gun Type)

해설 로터리형 그을음 제거기(슈트 블로어)는 연도 등의 저온의 전열면에 주로 사용된다.

ANSWER | 94. ② 95. ② 96. ③ 97. ② 98. ④ 99. ③ 100. ③

2014년 4회 에너지관리기사

SECTION 01 연소공학

01 기체 연료의 저장방식이 아닌 것은?
① 유수식
② 고압식
③ 가열식
④ 무수식

해설 기체연료 저장방식
- 저압식 : 유수식, 무수식
- 고압식

02 보일러의 급수 및 발생증기의 엔탈피를 각각 150, 670kcal/kg이라고 할 때 20,000kg/h의 증기를 얻으려면 공급열량은 약 몇 kcal/h인가?
① 9.6×10^6
② 10.4×10^6
③ 11.7×10^6
④ 12.2×10^6

해설 증기발생열량 = 670 − 150 = 520kcal/kg
공급열량 = 520 × 20,000 = 10,400,000kcal/h
= 10.4×10^6 kcal/h

03 일산화탄소 $1Sm^3$을 완전연소시키는 데 필요한 이론 공기량(Sm^3)은?
① 2.38
② 2.67
③ 4.31
④ 4.76

해설 $CO + 0.5O_2 \rightarrow CO_2$
이론공기량 = 이론산소량 × $\frac{1}{0.21}$ = $0.5 \times \frac{1}{0.21}$
= $2.38Sm^3/Sm^3$(공기 중 산소는 21% 용적)

04 고로가스의 주요 가연분(可燃分)은?
① 수소
② 탄소
③ 탄화수소
④ 일산화탄소

해설 고로가스(용광로가스)의 주성분(1,100kcal/Sm^3)
- N_2 : 55.8%
- CO : 25.4%
- H_2 : 13%

05 제조 기체연료에 포함된 성분이 아닌 것은?
① C
② H_2
③ CH_4
④ N_2

해설 고체연료, 액체연료의 주성분(가연성)
- 탄소(C)
- 수소(H)
- 황(S)

06 로트에서 고체연료 시료채취방법이 아닌 것은?
① 이단 시료 채취
② 계통 시료 채취
③ 층별 시료 채취
④ 계단 시료 채취

해설 로트(Lot)란 품위를 결정하고자 하는 단위량의 석탄 또는 석유를 말하며, 고체연료 시료채취방법은 ①, ②, ③이 해당된다.

07 다음 기체 중 폭발범위가 가장 넓은 것은?
① 수소
② 메탄
③ 프로판
④ 벤젠

해설 가스의 폭발범위(하·상한값)
① 수소 : 4~74%
② 메탄 : 5~15%
③ 프로판 : 2.1~9.5%
④ 벤젠 : 1.3~7.9%

08 어느 기체 혼합물을 10kPa, 20℃, $0.2m^3$인 초기상태로부터 $0.1m^3$로 실린더 내에서 가역단열압축할 때 최종상태의 온도는 약 몇 K인가?(단, 이 혼합 가스의 정적비열은 $0.7157kJ/kg \cdot K$, 기체상수는 $0.2695kJ/kg \cdot K$이다.)
① 381
② 387
③ 397
④ 400

ANSWER 1.③ 2.② 3.① 4.④ 5.① 6.④ 7.① 8.①

해설 비열비(K) = C_p/C_v
$C_p = C_v + R = 0.7157 + 0.2695 = 0.9852$ kJ/kg·K
$K = \dfrac{0.9852}{0.7157} = 1.377$
$T_1 = 20 + 273 = 293K$
$T_2 = T_1 \times \left(\dfrac{V_1}{V_2}\right)^{K-1} = 293 \times \left(\dfrac{0.2}{0.1}\right)^{1.377-1} = 381K$

09 질량비로 프로판 45%, 공기 55%인 혼합가스가 있다. 프로판가스의 발열량이 100MJ/m³일 때 혼합가스의 발열량은 몇 MJ/m³인가?
① 29 ② 31
③ 33 ④ 35

해설 분자량 : 프로판 = 44kg/kmol, 공기 = 29kg/kmol
연소가 가능한 유효율 = $\dfrac{29}{44} = 0.65(1-0.65 = 0.45)$
∴ $100 \times \dfrac{(1-0.65)}{1} = 35$MJ/m³

10 다음 조성의 액체연료를 완전연소시키기 위해 필요한 이론공기량은 약 몇 Sm³/kg인가?

| C : 0.70kg, H : 0.10kg, O : 0.05kg |
| S : 0.05kg, N : 0.09kg, ash : 0.01kg |

① 8.9 ② 11.5
③ 15.7 ④ 18.9

해설 이론공기량(A_0)
$A_0 = 8.89C + 26.67\left(H - \dfrac{O}{8}\right) + 3.33S$
$= 8.89 \times 0.70 + 26.67\left(0.10 - \dfrac{0.05}{8}\right) + 3.33 \times 0.05$
$= 6.223 + 2.50 + 0.1665 = 8.9$Sm³/kg

11 고위발열량이 9,000kcal/kg인 연료 3kg이 연소할 때의 총 저위발열량은 몇 kcal인가?(단, 이 연료 1kg당 수소분은 15%, 수분은 1%의 비율로 들어 있다.)
① 12,300 ② 24,552
③ 43,882 ④ 51,888

해설 고체·액체연료의 저위발열량
= 고위발열량 − 600(9H + W)
= {9,000 − 600(9×0.15 + 0.01)}×3 = 24,552 kcal

12 중량비로 조성이 C : 87%, H : 10%, S : 3%인 중유 1kg을 연소시킬 때 필요한 이론공기량은 얼마인가?
① 5.8Sm³ ② 10.5Sm³
③ 23.8Sm³ ④ 34.5Sm³

해설 • 이론산소량(Sm³/kg)
$= \dfrac{32}{12}C + \dfrac{16}{2}\left(H - \dfrac{O}{8}\right) + \dfrac{32}{32}S$
$= 2.67C + 8\left(H - \dfrac{O}{8}\right) + 1S$ (Sm³/kg)
$= (2.67 \times 0.87) + (8 \times 0.1) + (1 \times 0.03)$
$= 2.3229 + 0.8 + 0.03 = 3.1529$ kg/kg
• 이론공기량(A_0)
$= 8.89C + 26.67\left(H - \dfrac{O}{8}\right) + 3.33S$
$= (8.89 \times 0.87) + (26.67 \times 0.1) + (3.33 \times 0.03)$
$= 7.7343 + 2.667 + 0.0999 = 10.5$Sm³/kg

13 C중유 사용 시 그을음이 많이 나오기 때문에 원인을 체크하고 있다. 다음 방법 중 틀린 것은?
① 화염이 닿고 있지 않은지 점검한다.
② 연소실 온도가 너무 높지 않은지 점검한다.
③ 연소실 열부하가 많지 않은지 점검한다.
④ 통풍력이 부족하지 않은지 점검한다.

해설 연소실 온도가 너무 낮으면 불완전연소가 발생하고 그을음이 나타난다.

14 석탄, 코크스, 목재 등을 적열상태로 가열하고, 공기로 불완전연소시켜 얻는 연료는?
① 석탄가스 ② 수성가스
③ 발생로가스 ④ 증열수성가스

해설 발생로가스
석탄, 코크스, 목재 등을 적열상태로 가열하고 공기로 불완전연소시켜서 N₂ 55.8%, CO 25.4%, H₂ 13%, 발열량 1,100kcal/Sm³인 가스가 생성된다.

ANSWER | 9. ④ 10. ① 11. ② 12. ② 13. ② 14. ③

15 다음 중 석탄을 연료로 하는 보일러에서 회(Ash)의 부착이 가장 잘 생기는 곳은?

① 보일러 본체 ② 공기예열기
③ 절탄기 ④ 과열기

해설 과열기의 표면온도가 500℃ 이상이 되면 석탄의 재(회분)가 융착하여 전열면에 부착이 발생될 우려가 있다(고온부식 발생).

16 과잉공기량이 증가할 때 나타나는 현상이 아닌 것은?

① 연소실의 온도 저하
② 배기가스에 의한 열손실 증가
③ 불완전연소에 의한 매연 증가
④ 연소가스 중의 N_2O 발생이 심하여 대기오염 초래

해설
- 과잉공기량 = 실제공기량 − 이론공기량
- 과잉공기량이 증가하면 CO 가스가 감소하여 매연 발생이 억제된다(배기가스양, 노 내 온도 저하).

17 연소기의 배기가스 연도에 댐퍼를 부착하는 이유로 가장 거리가 먼 것은?

① 통풍력을 조절한다.
② 과잉공기를 조절한다.
③ 배기가스의 흐름을 차단한다.
④ 주연도, 부연도가 있는 경우에는 가스의 흐름을 바꾼다.

해설
- 연도 댐퍼의 설치목적은 ①, ③, ④이다.
- 댐퍼의 종류 : 공기댐퍼, 연도댐퍼

18 $(CO_2)_{max}$에 대한 식으로 맞는 것은?

① $(CO_2)_{max} = \dfrac{21(O_2)}{(CO_2)-21}$

② $(CO_2)_{max} = \dfrac{21(CO_2)}{21-(O_2)}$

③ $(CO_2)_{max} = \dfrac{21(O_2)}{21-(CO_2)}$

④ $(CO_2)_{max} = \dfrac{21(CO_2)}{(O_2)-21}$

해설 완전연소 시 탄산가스 최대량 계산식
$(CO_2)_{max} = \dfrac{21 \times (CO_2)}{21-(O_2)}(\%)$

19 연소반응에서 수소와 연소용 산소 및 연소가스(물)의 몰수비(mol) 관계가 옳은 것은?

① 1 : 1 : 1 ② 1 : 2 : 1
③ 2 : 1 : 2 ④ 2 : 1 : 3

해설
$H_2 + \dfrac{1}{2}O_2 \rightarrow H_2O$
1몰 + 0.5몰 → 1몰
2 : 1 : 2

20 SOx에 관한 설명으로 틀린 것은?

① 대기 중에서는 SO_2가 SO_3로, SO_3는 SO_2로 다시 변한다.
② 액체연료 연소 시 온도가 높을수록 SO_3의 생산량은 적다.
③ 대기 중에 존재하는 황화합물 중에서 가장 많은 것은 SO_2이다.
④ SOx는 연소 시 직접 생기는 수도 있고, SO_2가 산화하여 생기는 수도 있다.

해설 대기 중의 황산화물 중 가장 많은 것은 속스(SOx), SO_2, SO_3 순이다.

SECTION 02 열역학

21 스로틀링(Throttling) 밸브를 이용하여 Joule-Thomson 효과를 보고자 한다. 이때 압력이 감소함에 따라 온도가 감소하는 경우는 Joule-Thomson 계수 μ가 어떤 값을 가질 때인가?

① $\mu = 0$ ② $\mu > 0$
③ $\mu < 0$ ④ $\mu = -1$

해설 줄-톰슨 효과에서 압력이 감소하고 온도가 하강하는 경우에는 Joule-Thomson 계수(μ)가 양의 값을 가진다.
$\mu > 0$
※ μ의 단위 : ℃/kg·cm²

22 다음 과정 중 가역적인 과정이 아닌 것은?
① 마찰로 인한 손실이 없다.
② 작용 물체는 전 과정을 통하여 항상 평형상태에 있다.
③ 과정은 이를 조절하는 값을 무한소만큼씩 변화시켜도 역행할 수는 없다.
④ 과정은 어느 방향으로나 진행될 수 있다.

해설 가역, 비가역 구분을 알려면 열역학 제2법칙을 알아야 한다. 가역과정의 특징은 ①, ②, ④이다.

23 200℃의 고온 열원과 30℃의 저온 열원 사이에서 작동하는 카르노 사이클이 하는 일이 10kJ이라면 저온에서 방출되는 열은 얼마인가?
① 10.0kJ ② 15.6kJ
③ 17.8kJ ④ 27.8kJ

해설 $30 + 273 = 303K$, $200 + 273 = 473K$
$\eta = 1 - \dfrac{Q_2}{Q_1} = 1 - \dfrac{T_2}{T_1} = 1 - \dfrac{303}{473} = 0.3594$
저온 방출열(Q_2) = $\dfrac{10}{0.3594} \times (1 - 0.3594) = 17.8kJ$

24 다음의 4행정 사이클 구성에서 틀린 것은?
① 오토 사이클 : 가역단열압축, 가역정적가열, 가역단열팽창, 가역정적방열
② 디젤 사이클 : 가역단열압축, 가역정압가열, 가역단열팽창, 가역정압방열
③ 스털링 사이클 : 가역등온압축, 가역정적가열, 가역등온팽창, 가역정적방열
④ 브레이턴 사이클 : 가역단열압축, 가역정압가열, 가역단열팽창, 가역정압방열

해설 디젤 사이클

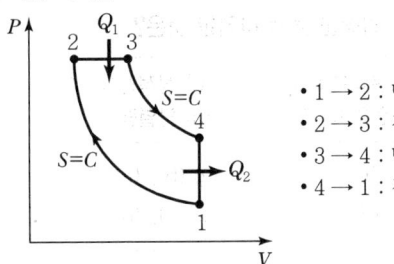

- 1 → 2 : 단열압축
- 2 → 3 : 정압가열
- 3 → 4 : 단열팽창
- 4 → 1 : 정적방열

25 중간 냉각기를 사용하여 다단압축을 하는 이유로서 다음 중 가장 타당한 것은?
① 공기가 너무 뜨거워지면 위험하기 때문이다.
② 압축기의 일을 적게 할 수 있기 때문이다.
③ 압축기의 크기가 제한되어 있기 때문이다.
④ 1단 압축을 할 경우 위험하기 때문이다.

해설 다단압축의 목적
압축기의 일을 적게 할 수 있다(단, 중간냉각기가 필요하다).

26 기체동력 사이클과 가장 거리가 먼 것은?
① 증기원동소   ② 가스터빈
③ 불꽃점화 자동차기관 ④ 디젤기관

해설 증기원동소
랭킨 사이클(Rankine Cycle)이며 물을 이용하여 과열증기를 발생시키고 전력을 생산하며 지역난방에 이용된다.

27 이상기체의 단위 질량당 내부에너지 u, 엔탈피 h, 엔트로피 s에 관한 다음의 관계식 중에서 모두 옳은 것은?(단, T는 절대온도, p는 압력, v는 비체적을 나타낸다.)
① $Tds = du - vdp$, $Tds = dh - pdv$
② $Tds = du + pdv$, $Tds = dh - vdp$
③ $Tds = du - vdp$, $Tds = dh + pdv$
④ $Tds = du + pdv$, $Tds = dh + vdp$

해설 엔트로피 가역변화
• 엔탈피(H) = $u + APV$(kcal)
• $Tds = du + pdv$, $Tds = dh - vdp$

ANSWER | 22. ③ 23. ③ 24. ② 25. ② 26. ① 27. ②

28 다음은 열역학적 사이클에서 일어나는 여러 가지의 과정이다. 이상적인 카르노(Carnot) 사이클에서 일어나는 과정을 옳게 나열한 것은?

(a) 등온압축과정	(b) 정적팽창과정
(c) 정압압축과정	(d) 단열팽창과정

① (a), (b) ② (b), (c)
③ (c), (d) ④ (a), (d)

해설 카르노 사이클

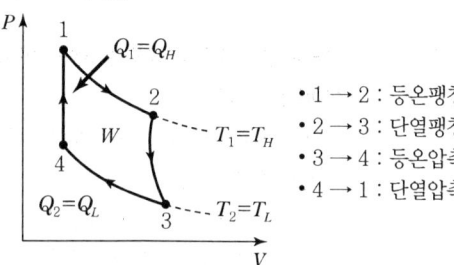

- 1 → 2 : 등온팽창
- 2 → 3 : 단열팽창
- 3 → 4 : 등온압축
- 4 → 1 : 단열압축

29 증기동력 사이클의 효율을 높이기 위하여 취하는 조치 중 가장 거리가 먼 것은?

① 작동유체의 순환량을 증가시킨다.
② 고온 측의 압력을 높인다.
③ 고온 측과 저온 측의 온도차를 크게 한다.
④ 필요에 따라서는 2유체 사이클로 한다.

해설 증기동력 사이클(랭킨 사이클)
터빈 입구에서 초온이나 초압이 높을수록 효율이 증가하고 배압이 낮을수록 효율이 증가한다. 단, 초압을 크게 하면 팽창 도중에 빨리 습증기가 되는데 이 습도의 증가는 터빈 효율을 저하시키고 터빈 날개를 부식시키므로 팽창 도중 증기를 터빈으로 뽑아내어 재열기에서 다시 가열시킨다.

30 아음속 유동에서 유체가 가속되려면 노즐 단면적은 유동방향에 따라 어떻게 되어야 하는가?

① 감소되어야 한다.
② 변화 없이 유지되어야 한다.
③ 커져야 한다.
④ 단면적과는 무관하다.

해설
- 노즐 : 단면적의 변화로 열에너지를 운동에너지로 바꾸는 기구이다.
- 마하수$(M) = \dfrac{V}{C} = \dfrac{속도}{음속}$
- 아음속 : 속도가 음속보다 작은 경우
- 초음속 : 속도가 음속보다 큰 경우
- 아음속 축소노즐 : 속도 증가, 압력 감소, 밀도 감소

31 다음 중 물의 증발잠열에 관한 사항은?

① 포화압력이 낮으면 증가한다.
② 포화압력이 높으면 증가한다.
③ 포화온도가 높으면 증가한다.
④ 온도와 압력에 무관하다.

해설 물의 증발잠열
- 1atm = 539kcal/kg(2,256kJ/kg)
- 225.65kg/cm² · a = 0kcal/kg
※ 증발열은 포화압력이 낮으면 증가, 압력이 높으면 감소한다.

32 냉장고가 저온에서 400kcal/h의 열을 흡수하고, 고온체에 560kcal/h로 열을 방출한다. 이 냉장고의 성능계수는?

① 0.5 ② 1.5
③ 2.5 ④ 20

해설 냉장고 압축기의 일의 열당량 = 560 − 400 = 160kcal/kg

성능계수$(COP) = \dfrac{Q_2}{Q_1 - Q_2} = \dfrac{400}{160} = 2.5$

33 단열 비가역 변화를 할 때 전체 엔트로피는 어떻게 변하는가?

① 감소한다.
② 증가한다.
③ 변화가 없다.
④ 주어진 조건으로는 알 수 없다.

해설 엔트로피 : 종량성 상태량
$$ds = \int_1^2 \dfrac{\delta Q}{T} = S_2 - S_1$$
- 단열 비가역 변화 : 엔트로피 증가$(ds > 0)$
- 가역 사이클 : 엔트로피는 항상 일정

34 냉동 사이클에서 압축기 입구의 냉매 엔탈피가 h_1, 응축기 입구의 냉매 엔탈피가 h_2, 증발기 입구의 엔탈피가 h_3라고 할 때, 냉동 사이클의 성능계수는 어떻게 표시되는가?

① $\dfrac{h_1 - h_3}{h_2 - h_1}$ ② $\dfrac{h_2 - h_3}{h_2 - h_1}$

③ $\dfrac{h_2 - h_1}{h_2 - h_3}$ ④ $\dfrac{h_2 - h_3}{h_1 - h_3}$

해설 역카르노 사이클

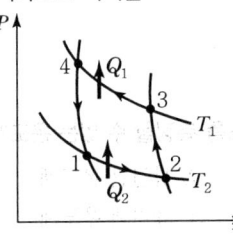

- 1 → 2 : 등온팽창(증발기)
- 2 → 3 : 단열압축(압축기)
- 3 → 4 : 등온압축(응축기)
- 4 → 1 : 단열팽창(팽창밸브)

냉동 사이클의 성능계수$(COP) = \dfrac{h_1 - h_3}{h_2 - h_1}$

35 다음 중 과열수증기(Superheated Steam)의 상태가 아닌 것은?
① 주어진 압력에서 포화증기 온도보다 높은 온도
② 주어진 체적에서 포화증기 압력보다 높은 압력
③ 주어진 온도에서 포화증기 체적보다 높은 체적
④ 주어진 온도에서 포화증기 엔탈피보다 큰 엔탈피

해설 과열 포화수증기(과열수증기)
건포화증기를 다시 가열하면 증기의 온도가 포화온도 이상으로 되는 과열증기가 되며 이때는 같은 압력하에서 온도가 증가하고 또한 체적도 증가한다. 이와 같이 된 증기가 과열증기(과열수증기)가 된다.

36 발전소 보일러실에서 소비되는 석탄의 양이 6시간 동안 20톤이라고 한다. 석탄 1kg의 연소에 의한 발열량은 29,300kJ이다. 석탄에서 얻을 수 있는 열의 20%가 전기에너지로 변한다고 하면 이 발전소에서 발전되는 전력은 몇 kW인가?

① 5,426   ② 10,862
③ 23,220   ④ 32,560

해설 1kWh = 3,600kJ
$\dfrac{20톤}{6시간} = 3.33톤/h(3,333kg/h)$
$3,333 \times 29,300 = 97,666,666 kJ/h$
동력 $= \dfrac{97,666,666}{3,600} \times 0.2 = 5,426 kW$

37 $k=1.4$의 공기를 작동유체로 하는 디젤엔진의 최고온도(T_3)가 2,500K, 최저온도(T_1)가 300K, 최고압력(P_3)이 4MPa, 최저 압력(P_1)이 100kPa일 때 차단비(Cut Off Ratio : r_c)는 얼마인가?

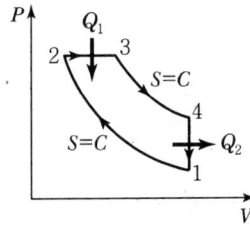

① 2.4   ② 2.9
③ 3.1   ④ 3.6

해설 내연기관 디젤 사이클(Diessl) : 정압 사이클
- 1 → 2 : 가역단열압축
- 2 → 3 : 정압가열
- 3 → 4 : 가역단열팽창
- 4 → 1 : 정적방열

체절비(차단비, $\sigma) = \dfrac{V_3}{V_2} = \dfrac{T_3}{T_2}$

$\sigma = \dfrac{2,500}{860} = 2.9$

※ 압축비$(\varepsilon) = \dfrac{V_1}{V_2} = \left(\dfrac{P_2}{P_1}\right)^{\frac{1}{K}} = \left(\dfrac{40}{1}\right)^{\frac{1}{1.4}} = 13.94$

$T_2 = T_1\left(\dfrac{V_1}{V_2}\right)^{K-1} = 300 \times (13.94)^{1.4-1} = 860K$

ANSWER | 34. ① 35. ③ 36. ① 37. ②

38 그림은 랭킨 사이클의 온도-엔트로피(T-S) 선도이다. h_1=192kJ/kg, h_2=194kJ/kg, h_3=2,802kJ/kg, h_4=2,010kJ/kg이라면 열효율은 약 얼마인가?

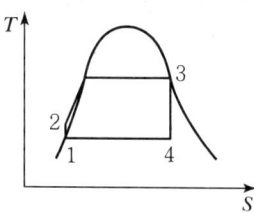

① 25.3% ② 30.3%
③ 43.6% ④ 49.7%

해설 랭킨 사이클 열효율 = $\dfrac{h_3 - h_4}{h_3 - h_2} = \dfrac{2,802 - 2,010}{2,802 - 194} = \dfrac{792}{2,608}$
= 0.303(30.3%)

39 카르노 사이클을 온도(T) - 엔트로피(S) 선도 및 압력(P) - 체적(V) 선도로 표시하였을 때, 각 선도의 한 사이클에 대한 적분식들의 관계가 옳은 것은?

① $\oint TdS = 0$
② $\oint TdS > \oint PdV$
③ $\oint TdS < \oint PdV$
④ $\oint TdS = \oint PdV$

해설 카르노 사이클 각 선도의 한 사이클 적분식
$TdS = \oint PdV$

40 비열이 일정한 이상기체 1kg이 팽창할 때 성립하는 식은?(단, P는 압력, V는 체적, T는 온도, C_p는 정압비열, C_v는 정적비열, U는 내부에너지)

① $\Delta U = C_p \Delta T$ ② $\Delta U = C_p \Delta V$
③ $\Delta U = C_v \Delta T$ ④ $\Delta U = C_v \Delta P$

해설 단열 내부에너지 변화(ΔU) = $C_v(T_2 - T_1) = C_v dT$

SECTION 03 계측방법

41 측정하고자 하는 액면을 직접 자로 측정, 자의 눈금을 읽음으로써 액면을 측정하는 방법의 액면계는?

① 검척식 액면계 ② 기포식 액면계
③ 직관식 액면계 ④ 플로트식 액면계

해설 직접식 액면계
• 검척식(자의 눈금 이용)
• 부저식(플로트식)
• 유리관식(액면 높이 읽음)

42 다음 중 가장 높은 온도를 측정할 수 있는 온도계는?

① 저항 온도계 ② 광전관 온도계
③ 열전대 온도계 ④ 유리제 온도계

해설 비접촉 고온계
• 광고온계
• 광전관 온도계
• 방사 온도계
• 색온도계

43 열전 온도계의 열전대 중 사용 온도가 가장 높은 것은?

① 동-콘스탄탄(CC) ② 철-콘스탄탄(IC)
③ 크로멜-알루멜(CA) ④ 백금-백금로듐(PR)

해설
① CC : -180~350℃
② IC : -20~800℃
③ CA : -20~1,200℃
④ PR : 0~1,600℃

44 제어계가 불안정하여 제어량이 주기적으로 변하는 상태를 무엇이라고 하는가?

① 외란 ② 헌팅
③ 오버슈트 ④ 오프셋

해설 헌팅
자동제어계가 불안정하여 제어량이 주기적으로 변하는 상태

45 광고온계의 발신부를 설치할 때 다음 중 어떠한 식이 성립하여야 하는가?(단, l : 렌즈로부터 수열판까지의 거리, d : 수열판의 직경, L : 렌즈로부터 물체까지의 거리, D : 물체의 직경이다.)

① $\dfrac{L}{D} < \dfrac{l}{d}$ ② $\dfrac{L}{D} > \dfrac{l}{d}$

③ $\dfrac{L}{D} = \dfrac{l}{d}$ ④ $\dfrac{L}{l} < \dfrac{d}{D}$

해설 광고온계(비접촉식 온도계) 발신부 설치 시 성립사항
$\dfrac{L}{D} < \dfrac{l}{d}$

46 시즈(Sheath) 열전대의 특징이 아닌 것은?

① 응답속도가 빠르다.
② 국부적인 온도 측정에 적합하다.
③ 피측온체의 온도저하 없이 측정할 수 있다.
④ 매우 가늘어서 진동이 심한 곳에는 사용할 수 없다.

해설 시즈 커플(Sheath Couple) 열전대
열전대가 있는 보호관 속에 마그네시아(MgO), 알루미나(Al_2O_3)를 넣고 다져서 길게 만든 것으로 매우 가늘어서 가소성이 있고 국부적인 측온이나 진동이 심한 곳에 사용된다. 그 특성은 ①, ②, ③ 및 시간 지연이 없다.

47 다음 중 정상편차에 대한 설명으로 옳은 것은?

① 목표치와 제어량의 차
② 입력의 시간 미분값에 비례하는 편차
③ 2개 이상의 양 사이에 어떤 비례관계를 갖는 편차
④ 과동응답에 있어서 충분한 시간이 경과하여 제어편차가 일정한 값으로 안정되었을 때의 값

해설 정상편차
자동제어에서 과도응답에 있어서 충분한 시간이 경과하여 제어편차가 일정한 값으로 안정되었을 때의 값이다.

48 가스분석계에 대한 설명으로 틀린 것은?

① 미연소가스계는 일산화탄소와 수소 분석에 사용된다.
② 세라믹 산소계는 기전력을 측정하여 산소 농도를 측정한다.
③ 이산화탄소계는 가스의 상자성을 이용하여 이산화탄소의 농도를 측정한다.
④ 적외선가스 분석계를 사용하면 일산화탄소와 메탄가스를 분석하는 것이 가능하다.

해설 이산화탄소(CO_2) 가스분석계
CO_2의 밀도$\left(\dfrac{44}{22.4} = 1.965 \text{kg/Nm}^3\right)$가 크다는 것을 이용한 물리적 가스분석계이다.

49 전자유량계의 특징이 아닌 것은?

① 유속검출에 지연시간이 없다.
② 유체의 밀도와 점성의 영향을 받는다.
③ 유로에 장애물이 없고 압력손실, 이물질 부착의 염려가 없다.
④ 다른 물질이 섞여 있거나 기포가 있는 액체도 측정이 가능하다.

해설 전자유량계(패러데이의 법칙 이용)는 유체의 밀도와 점성의 영향을 받지 않는다.

50 열전대를 보호하기 위해 사용되는 보호관 중 상용 사용온도가 가장 높으며 급랭, 급열에 강하고 방사고온계의 단망관이나 2중 보호관의 외관으로 주로 사용되는 것은?

① 석영관 ② 자기관
③ 내열강관 ④ 카보런덤관

해설 열전대 보호관의 상용 사용온도
- 석영관 : 1,000℃
- 자기관 : 1,600℃
- 내열성 점토관 : 1,300℃
- 카보런덤관 : 1,600℃(2중 보호관 외관용)

51 보일러를 자동 운전할 경우 송풍기가 작동되지 않으면 연료공급 전자밸브가 열리지 않는 인터록의 종류는?

① 송풍기 인터록 ② 불착화 인터록
③ 프리퍼지 인터록 ④ 전자밸브 인터록

해설 프리퍼지 인터록
송풍기 작동이 불가하면 연료공급이 차단되는 인터록(노 내 환기불량)

52 오리피스의 압력을 측정하기 위하여 관지름에 관계없이 오리피스판벽으로부터 상·하류 25mm 위치에 압력 탭을 설치하는 것은?

① 베나탭 ② 베벨탭
③ 모서리탭 ④ 플랜지탭

해설 플랜지탭 : 차압식 유량계(75mm 이하 관용)

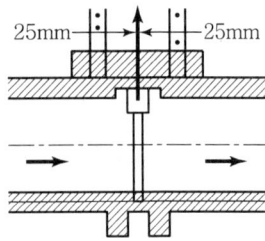

53 압력식 온도계가 아닌 것은?

① 고체팽창식 ② 기체팽창식
③ 액체팽창식 ④ 증기팽창식

해설 고체팽창식 온도계
바이메탈 온도계이며 사용온도는 −50~500℃ 정도이다. 자동제어에 많이 사용된다.

54 레이놀즈수를 나타낸 식으로 옳은 것은?(단, D는 관의 내경, μ는 유체의 점도, ρ는 유체의 밀도, U는 유체의 속도이다.)

① $\dfrac{D\mu U}{\rho}$ ② $\dfrac{DU\rho}{\mu}$
③ $\dfrac{D\mu\rho}{U}$ ④ $\dfrac{\mu\rho U}{D}$

해설 레이놀즈수(Re)
$$Re = \dfrac{D \cdot U \cdot \rho}{\mu}$$

55 가스분석 방법 중 CO_2의 농도를 측정할 수 없는 방법은?

① 자기법 ② 도전율법
③ 적외선법 ④ 열도전율법

해설 자기법
상자성체인 산소(O_2) 가스의 분석계로 사용한다.

56 다음 중 응답성이 가장 빠른 온도계는?

① 색온도계 ② 압력식 온도계
③ 저항식 온도계 ④ 바이메탈 온도계

해설 비접촉식 색온도계
• 600℃~2,500℃까지 측정 가능하다.
• 방사에너지 빛을 보고 온도를 측정한다.
• 자동평형계기를 이용하며 응답성이 매우 빠르다.

57 국소대기압이 740mmHg인 곳에서 게이지 압력이 0.4kgf/cm^2일 때 절대압력(kgf/cm^2)은?

① 1.0 ② 1.2
③ 1.4 ④ 1.6

해설 $760\text{mmHg} = 1.0332\text{kg/cm}^2 \cdot a$
절대압력(abs) = 대기압 + 게이지압
$1.0332 \times \dfrac{740}{760} = 1.0060\text{kg/cm}^2 \cdot a$
절대압력(abs) = $1.0060 + 0.4 = 1.4\text{kg/cm}^2 \cdot a$

58 가스크로마토그래피의 구성요소가 아닌 것은?

① 유량측정기 ② 칼럼검출기
③ 직류증폭장치 ④ 캐리어 가스통

해설 가스크로마토그래피(물리적 가스분석계)의 구성요소
• 유량측정기
• 칼럼검출기
• 캐리어 가스통(He, Ar, N_2, H_2 등)
※ 분리능력이 좋고 선택성이 우수하며 1대로 전체 분석이 가능하다.

59 저항온도계에 대한 설명으로 옳은 것은?
① 저항체로서 주로 Fe가 사용된다.
② 저항체는 저항온도계수가 적어야 한다.
③ 일정 온도에서 일정한 저항을 가져야 한다.
④ 일반적으로 온도가 증가함에 따라 금속의 전기저항이 감소하는 현상을 이용한 것이다.

해설 저항온도계
- 저항체 : 백금, 니켈, 구리, 서미스터(Thermistor)
- 온도계수가 커야 한다.
- 온도가 증가하면 전기의 저항(Ω)이 증가한다.

60 기체연료의 시험방법 중 CO의 흡수액은?
① 발연 황산액
② 수산화칼륨 30% 수용액
③ 알칼리성 피로갈롤 용액
④ 암모니아성 염화 제1동 용액

해설 흡수용액
- 중탄화수소 : 발연 황산
- CO_2 : 수산화칼륨(KOH) 용액 30%
- 산소(O_2) : 알칼리성 피로갈롤 용액

SECTION 04 열설비재료 및 관계법규

61 파형 노통에 대한 설명으로 틀린 것은?
① 강도가 크다.
② 제작비가 비싸다.
③ 스케일의 생성이 쉽다.
④ 열의 신축에 의한 탄력성이 나쁘다.

해설 파형 노통
열의 신축에 의한 탄력성이 크다.

62 용광로를 고로라고도 하는데 무엇을 제조하는 데 사용되는가?
① 주철   ② 주강
③ 선철   ④ 포금

해설
- 용광로(고로) : 선철 제조로
- 큐폴라 : 용해로
- 제강로 : 평로, 전로, 도가니로

63 에너지이용 합리화법에서 목표에너지원단위란 무엇인가?
① 연료의 단위당 제품생산목표량
② 제품의 단위당 에너지사용목표량
③ 제품의 생산목표량
④ 목표량에 맞는 에너지사용량

해설 목표에너지원단위(에너지이용 합리화법 제35조제1항)
에너지를 사용하여 만드는 제품의 단위당 에너지사용목표량 또는 건축물의 단위면적당 에너지사용목표량

64 냉난방온도의 제한대상인 건물에 해당하는 것은?
① 연간 에너지사용량이 5백 티오이 이상인 건물
② 연간 에너지사용량이 1천 티오이 이상인 건물
③ 연간 에너지사용량이 1천5백 티오이 이상인 건물
④ 연간 에너지사용량이 2천 티오이 이상인 건물

해설 ㉠ 냉난방온도의 제한 대상 건물(에너지이용 합리화법 시행령 제42조의2) : 연간 에너지사용량이 2천 티오이 이상인 건물
㉡ 온도 제한
  - 냉방 26℃ 이상
  - 난방 20℃ 이하

65 에너지공급자가 제출하여야 할 수요관리 투자계획에 포함되어야 할 사항이 아닌 것은?(단, 그 밖에 수요관리의 촉진을 위하여 필요하다고 인정하는 사항은 제외한다.)
① 장·단기 에너지 수요 전망
② 수요관리의 목표 및 그 달성방법
③ 에너지 연구 개발 내용
④ 에너지절약 잠재량의 추정 내용

ANSWER | 59. ③ 60. ④ 61. ④ 62. ③ 63. ② 64. ④ 65. ③

[해설] 에너지공급자의 수요관리 투자계획(에너지이용 합리화법 시행령 제16조제3항)에 포함되어야 하는 내용은 ①, ②, ④ 이다.

66 연속식 요가 아닌 것은?

① 등요 ② 윤요
③ 터널요 ④ 고리가마

[해설]
- 반연속요 : 등요, 셔틀요
- 연속요 : 윤요, 터널요, 고리가마

67 산성 내화물이 아닌 것은?

① 규석질 내화물
② 납석질 내화물
③ 샤모트질 내화물
④ 마그네시아 내화물

[해설] 염기성 내화물
- 마그네시아
- 크롬-마그네시아
- 돌로마이트질
- 포르스텔라이트

68 중유 소성을 하는 평로에서 축열실의 역할로서 가장 옳은 것은?

① 연소용 공기를 예열한다.
② 연소용 중유를 가열한다.
③ 원료를 예열한다.
④ 제품을 가열한다.

[해설] 제강로(평로)의 축열실 역할
폐가스를 이용하여 연소용 공기를 예열하는 폐열 회수장치 (열효율 증가)

69 국가에너지절약추진위원회에 대한 설명으로 틀린 것은?

① 국무총리실 소속이다.
② 위촉위원의 임기는 3년이다.
③ 에너지절약정책의 수립 및 추진에 관한 사항을 심의한다.
④ 위원회는 위원장을 포함하여 25명 이내의 위원으로 구성한다.

[해설] 국가에너지절약추진위원회의 위원장은 산업통상자원부장관이다.
※ 법령 개정(2018. 4. 17.)으로 국가에너지절약추진위원회가 폐지되었다.

70 내화물의 부피비중을 바르게 표현한 것은?(단, W_1 : 시료의 건조중량(kg), W_2 : 함수시료의 수중중량(kg), W_3 : 함수시료의 중량(kg)이다.)

① $\dfrac{W_1}{W_3 - W_2}$ ② $\dfrac{W_1}{W_2 - W_3}$
③ $\dfrac{W_3 - W_2}{W_1}$ ④ $\dfrac{W_2 - W_3}{W_1}$

71 보온재는 일반적으로 상온(20℃)에서 열전도율이 약 몇 kJ/m·h·K인 것을 말하는가?

① 0.04 ② 0.4
③ 4 ④ 40

[해설] 보온재의 열전도율 평균
- MKS 단위 : 0.095kcal/m·h·℃
- SI 단위 : 0.4kJ/m·h·K

72 바이오에너지가 아닌 것은?

① 식물의 유지를 변환시킨 바이오디젤
② 생물유기체를 변환시켜 얻어지는 연료
③ 폐기물의 소각열을 변환시킨 고체의 연료
④ 쓰레기매립장의 유기성 폐기물을 변환시킨 매립지가스

[해설] 바이오에너지
①, ②, ④의 연료 외에 쓰레기매립장의 유기성 폐기물을 변환시킨 매립지 가스 및 동물, 식물의 유지를 변환시킨 바이오디젤 등과 생물유기체를 변환시킨 땔감, 목재칩, 펠릿 및 목판 등의 고체연료이다.

66. ① 67. ④ 68. ① 69. ① 70. ① 71. ② 72. ③ | ANSWER

73 열사용기자재에 해당하지 않는 것은?

① 연료를 사용하는 기기
② 열을 사용하는 기기
③ 단열성 자재
④ 축전식 전기기기

[해설] 열사용기자재에 해당하는 것은 축전식 전기기기가 아니라 축열식 전기기기이다.

74 에너지 관련 용어의 정의로 틀린 것은?

① 에너지사용자라 함은 에너지사용시설의 소유자 또는 관리자를 말한다.
② 에너지사용 기자재라 함은 열사용 기자재나 그 밖에 에너지를 사용하는 기자재를 말한다.
③ 에너지공급설비라 함은 에너지를 생산·전환·수송·저장·판매하기 위하여 설치하는 설비를 말한다.
④ 에너지공급자라 함은 에너지를 생산·수입·전환·수송·저장 또는 판매하는 사업자를 말한다.

[해설] 에너지공급설비(에너지법 제2조)
에너지를 생산·전환·수송 또는 저장하기 위하여 설치하는 설비

75 전기와 열의 양도체로서 내식성·굴곡성이 우수하고 내압성도 있어 열교환기의 내관(Tube) 및 화학공업용으로 사용되는 관(Pipe)은?

① 주철관
② 강관
③ 알루미늄관
④ 동관

[해설] 동관
전기와 열의 양도체, 내식성, 굴곡성이 우수하고 열교환기 내관 등에 사용된다.

76 폴리스티렌폼의 최고안전사용온도(K)는?

① 323
② 343
③ 373
④ 3,230

[해설] 폴리스티렌폼
• 최고안전사용온도 : 70℃(343K)
• 열전도율 : 0.030kcal/m·h·℃
• 부피비중 : 0.03g/cm³

77 밸브의 몸통이 둥근 달걀형 밸브로서 유체의 압력 감소가 크므로 압력을 필요로 하지 않을 경우나 유량 조절용이나 차단용으로 적합한 밸브는?

① 글로브 밸브
② 체크 밸브
③ 버터플라이 밸브
④ 슬루스 밸브

[해설] 글로브 밸브(유량조절밸브)
유체의 압력 감소가 크고, 게이트보다 가격이 싸다.

78 배관의 경제적 보온 두께 산정 시 고려대상으로 가장 거리가 먼 것은?

① 열량 가격
② 배관공사비
③ 감가상각연수
④ 연간 사용시간

[해설] 배관의 경제적 보온 두께 산정 시 고려대상
• 열량 가격
• 감가상각연수
• 연간 사용시간

79 축요(築窯) 시 가장 중요한 것은 적합한 지반(地盤)을 고르는 것이다. 다음 중 지반의 적부 결정과 가장 거리가 먼 것은?

① 지내력시험
② 토질시험
③ 팽창시험
④ 지하탐사

[해설] 내화벽돌 축요 시 지반의 적부 결정 조건
• 지내력시험
• 토질시험
• 지하탐사

ANSWER | 73.④ 74.③ 75.④ 76.② 77.① 78.② 79.③

80 에너지사용계획을 수립하여 산업통상자원부장관에게 제출하여야 하는 민간사업 주관자의 규모는?

① 연간 5백만 킬로와트시 이상의 전력을 사용하는 시설
② 연간 1천만 킬로와트시 이상의 전력을 사용하는 시설
③ 연간 1천5백만 킬로와트시 이상의 전력을 사용하는 시설
④ 연간 2천만 킬로와트시 이상의 전력을 사용하는 시설

해설 민간사업 주관자의 규모
- 연간 5천 티오이 이상의 연료 및 열을 사용하는 시설
- 연간 2천만 킬로와트시 이상의 전력을 사용하는 시설

SECTION 05 열설비설계

81 전열면적 $10m^2$를 초과하는 보일러에서의 급수밸브 및 체크밸브는 관의 호칭 지름이 몇 mm 이상이어야 하는가?

① 10 ② 15
③ 20 ④ 25

해설 급수밸브, 체크밸브의 전열면적
- $10m^2$ 이하(15A 이상)
- $10m^2$ 초과(20A 이상)

82 육용강제 보일러에 있어서 접시모양 경판으로 노통을 설치할 경우, 경판의 최소 두께 t(mm)를 구하는 식은?(단, P: 최고 사용압력(kgf/cm²), R: 접시모양 경판의 중앙부에서의 내면 반지름(mm), σ_a: 재료의 허용 인장응력(kgf/mm²), η: 경판 자체의 이음 효율, A: 부식여유(mm))

① $t = \dfrac{PR}{150\sigma_a\eta} + A$ ② $t = \dfrac{150PR}{(\sigma_a+\eta)A}$

③ $t = \dfrac{PA}{150\sigma_a\eta} + R$ ④ $t = \dfrac{AR}{\sigma_a\eta} + 150$

83 다음 중 인젝터의 시동순서로 가장 옳은 것은?

㉠ 핸들을 연다.
㉡ 증기 밸브를 연다.
㉢ 급수 밸브를 연다.
㉣ 급수 출구관에 정지 밸브가 열렸는가를 확인한다.

① ㉣ → ㉢ → ㉡ → ㉠
② ㉡ → ㉢ → ㉠ → ㉣
③ ㉢ → ㉡ → ㉠ → ㉣
④ ㉣ → ㉢ → ㉠ → ㉡

해설 인젝터(소형 급수설비): 증기이용 급수설비
- 인젝터 시동순서: ㉣, ㉢, ㉡, ㉠을 순차적으로 개방한다.
- 인젝터 정지순서: ㉠, ㉡, ㉢, ㉣을 순차적으로 닫는다.

84 코르니시 보일러에서 노통은 몇 개인가?

① 1 ② 2
③ 3 ④ 4

해설 노통 보일러

85 파형 노통의 특징에 대한 설명으로 옳은 것은?

① 외압에 약하다.
② 전열면적이 좁다.
③ 열에 의한 신축에 대하여 탄력성이 적다.
④ 내부청소 및 제작이 어렵다.

해설 ①, ②, ③은 평형 노통의 특징에 해당된다.

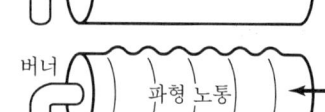

86. 보일러 안전사고의 종류로서 가장 거리가 먼 것은?
① 노통, 수관, 연관 등의 파열 및 균열
② 보일러 내의 스케일 부착
③ 동체, 노통, 화실의 압궤(Collapse) 및 수관, 연관 등 전열면의 팽출(Bulge)
④ 연도나 노 내의 가스폭발, 역화 그 외의 이상연소

해설 보일러 내의 스케일
전열을 방해하고 보일러를 과열시킨다.

87. 5kg/cm² · g의 응축수열을 회수하여 재사용하기 위하여 설치한 다음 조건의 Flash Tank의 재증발 증기량(kg/h)은 얼마인가?

- 응축수량 : 2t/h
- Flash Tank에서의 재증발 증기엔탈피 : 646kcal/kg
- 응축수 엔탈피 : 159kcal/kg
- Flash Tank 배출 응축수 엔탈피 : 120kcal/kg

① 26,974.3   ② 2,024.5
③ 1,851.7   ④ 148.3

해설 보일러 증발잠열 = 646 − 159 = 487kcal/kg
탱크 증발잠열 = 646 − 120 = 526kcal/kg
응축수 열량 차이 = 159 − 120 = 39kcal/kg
∴ 재증발 증기량 = $\frac{(2 \times 1,000) \times 39}{526}$ = 148.3kg/h

88. 보일러용 급수 1L를 분석한 결과 탄산칼슘($CaCO_3$) 2mg이 포함되어 있다. 이 급수의 탄산칼슘 경도는 몇 ppm인가?
① 0.5ppm   ② 2ppm
③ 4ppm   ④ 10ppm

해설 1L = 1,000cc, 1cc = 1mg, 1L = 1,000,000mg
∴ 2mg = 2ppm
※ 1ppm = 중량 100만분율(물 1L에 함유된 mg수)

89. 관의 분해 · 조립 시 사용하는 이음장치는?
① 행거   ② 플랜지
③ 밴드   ④ 팽창이음

해설 관의 분해 · 조립 시 사용하는 이음장치 : 플랜지, 유니언

90. 유류 연소버너의 노즐 압력이 증가하였을 때, 발생하는 현상이 아닌 것은?
① 분사각이 명백해진다.
② 유입자가 약간 안쪽으로 가는 현상이 나타난다.
③ 유량이 증가한다.
④ 유입자가 커진다.

해설 유류(오일) 버너에서 노즐 압력이 증가하면 오일의 입자(무화입경)가 작아진다.

91. 연관의 바깥지름이 75mm인 연관보일러 관판의 최소 두께는 얼마 이상이어야 하는가?
① 8.5mm   ② 9.5mm
③ 12.5mm   ④ 13.5mm

해설 관판의 최소 두께(t) = $5 + \frac{d}{10} = 5 + \frac{75}{10}$ = 12.5mm

92. 보일러 용수처리법 중 관외처리법(1차)에 속하지 않는 것은?
① 청관제 투입법   ② 탈기법
③ 기폭법   ④ 이온교환법

해설 청관제 투입법은 급수처리 내처리법에 해당한다.

93. 24,500kW의 증기원동소에 사용하고 있는 석탄의 발열량이 7,200kcal/kg이고, 원동소의 열효율을 23%라 하면 매시간당 필요한 석탄의 양(t/h)은? (단, 1kW는 860kcal/h로 한다.)
① 10.5   ② 12.7
③ 15.3   ④ 18.2

해설 증기원동소 발생열량 = 24,500 × 860 = 21,070,000kcal/h
석탄 1톤 = 1,000kg
∴ 석탄소비량 = $\frac{21,070,000}{7,200 \times 0.23} \times \frac{1}{1,000}$ = 12.7t/h

ANSWER | 86. ② 87. ④ 88. ② 89. ② 90. ④ 91. ③ 92. ① 93. ②

94 온수보일러에서의 안전밸브에 대한 설명으로 틀린 것은?

① 안전밸브는 보일러 상부에 설치해야 한다.
② 안전밸브는 보일러 내부의 관에 연결하여서는 안 된다.
③ 안전밸브는 중심선을 수직으로 하여 설치해야 한다.
④ 안전밸브 연결 시에 나사로 된 연결관을 사용하여서는 안 된다.

해설 온수온도가 120℃ 초과 시 방출밸브가 아닌 안전밸브가 설치되며, 본체에 나사로 된 연결관 사용이 가능하다.

95 감압밸브 설치 시 주의사항에 대한 설명으로 틀린 것은?

① 감압밸브는 부하설비에 가깝게 설치한다.
② 감압밸브는 반드시 스트레이너를 설치한다.
③ 감압밸브 1차 측에는 동심 리듀서가 설치되어야 한다.
④ 감압밸브 앞에는 기수분리기 또는 스팀트랩에 의해 응축수가 제거되어야 한다.

해설

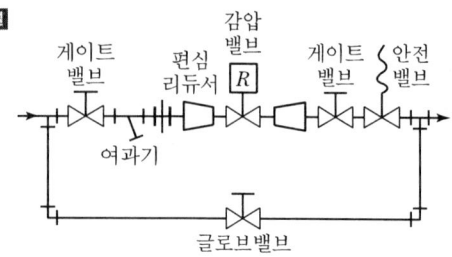

96 전열면적이 50m²인 연관보일러를 5시간 연소시킨 결과 10,000kg의 증기가 발생하였다면 이 보일러의 전열면 증발률은?

① 20kg/m²·h ② 30kg/m²·h
③ 40kg/m²·h ④ 50kg/m²·h

해설 전열면 증발률 = $\dfrac{증기발생량(kg/h)}{전열면적(m^2) \times 시간}$
$= \dfrac{10,000}{50 \times 5} = 40 kg/m^2 \cdot h$

97 두께 20mm 강판을 맞대기 용접이음할 때 적당한 끝벌림 형식은?

① V형 ② X형
③ H형 ④ 양면 W형

해설 맞대기 용접 끝벌림 형식(X형)

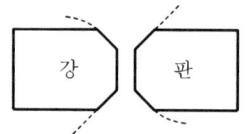

98 어느 보일러의 2시간 동안 증발량이 3,600kg이고, 증기압이 5kg/cm², 급수온도는 80℃라고 한다. 이 압력에서 증기의 엔탈피는 640kcal/kg, 급수엔탈피 80kcal/kg일 때 증발계수는 얼마인가?(단, 물의 잠열은 539kcal/kg이다.)

① 0.89 ② 1.04
③ 1.41 ④ 1.62

해설 증발계수(증발력) = $\dfrac{증기엔탈피 - 급수엔탈피}{잠열}$
$= \dfrac{640-80}{539} = 1.04$

99 전열요소가 회전하는 재생식 공기예열기는?

① 판형 공기예열기
② 관형 공기예열기
③ 융스트롬(Ljungstrom) 공기예열기
④ 로테뮬(Rothemuhle) 공기예열기

해설 공기예열기 종류(폐열회수장치)
• 전열식 : 관형, 판형
• 재생식 : 융스트롬식

100 보일러 사용 중 이상 감수(저수위사고)의 원인으로 가장 거리가 먼 것은?

① 급수펌프가 고장이 났을 때
② 수면계의 연락관이 막혀 수위를 모를 때
③ 증기의 발생량이 많을 때
④ 분출장치에서 누설이 될 때

해설 증기의 발생량이 많으면 보일러 부하량이 커진다.

2015년 1회 에너지관리기사

SECTION 01 연소공학

01 석탄을 완전연소시키기 위하여 필요한 조건에 대한 설명 중 틀린 것은?

① 공기를 적당하게 보내 피연물과 잘 접촉시킨다.
② 연료를 착화온도 이하로 유지한다.
③ 통풍력을 좋게 한다.
④ 공기를 예열한다.

해설 석탄을 완전연소시키려면 연료를 착화온도 이상으로 유지시킨다.

02 다음 중 연소 온도에 가장 많은 영향을 주는 것은?

① 외기온도
② 공기비
③ 공급되는 연료의 현열
④ 열매체의 온도

해설 연소 온도에 영향을 많이 미치는 인자
• 공기비(실제공기량/이론공기량)
• 노 내 산소공급량

03 고체연료의 전황분 측정방법에 해당되는 것은?

① 에슈카법
② 셰필드 고온법
③ 중량법
④ 리비히법

해설 고체연료의 전체 황분 측정법
• 에슈카법
• 연소용량법
• 산소봄브법

04 1차, 2차 연소 중 2차 연소란 어떤 것을 말하는가?

① 공기보다 먼저 연료를 공급했을 경우 1차, 2차 반응에 의해서 연소하는 것
② 불완전연소에 의해 발생하는 미연가스가 연도 내에서 다시 연소하는 것
③ 완전연소에 의한 연소가스가 2차 공기에 의해서 폭발되는 것
④ 점화할 때 착화가 늦었을 경우 재점화에 의해서 연소하는 것

해설 • 1차 공기 : 연료의 무화에 필요한 공기량
• 1차 연소 : 화실에서 연소하는 연소
• 2차 연소 : 불완전연소에 의해 미연가스(CO) 등이 연도 내에서 다시 연소하는 것

05 연소가스 중의 질소산화물 생성을 억제하기 위한 방법으로 틀린 것은?

① 2단 연소
② 고온 연소
③ 농담 연소
④ 배기가스 재순환 연소

해설 질소(N_2)는 고온에서 산소와 화합하여 오히려 질소산화물(NOx)을 증가시킨다.

06 프로판(Propane)가스 2kg을 완전연소시킬 때 필요한 이론공기량은?

① 약 $6Nm^3/kg$
② 약 $8Nm^3/kg$
③ 약 $16Nm^3/kg$
④ 약 $24Nm^3/kg$

해설 프로판가스의 연소반응식
$C_3H_8 + 5O_2 \rightarrow 3CO_2 + 4H_2O$
44kg　$5 \times 22.4Nm^3$　$3 \times 22.4Nm^3$　$4 \times 22.4Nm^3$

이론산소량$(A_0) = \dfrac{5 \times 22.4}{44} = 2.545 Nm^3/kg$

이론공기량$= \dfrac{이론산소량}{0.21} = \dfrac{2.545}{0.21} \times 2 = 24 Nm^3/kg$

ANSWER | 1.② 2.② 3.① 4.② 5.② 6.④

07 기계분(機械焚) 연소에 대한 설명으로 틀린 것은?
① 설비비 및 운전비가 높다.
② 산포식 스토커는 호퍼, 회전익차, 스크루피더가 주요 구성요소이다.
③ 고정화격자 연소의 경우 효율이 떨어진다.
④ 저질연료를 사용하여도 유효한 연소가 가능하다.

해설 화격자 연소방법
- 수분식 : 수평고정화격자, 요동수평화격자는 연소효율이 나쁘다.
- 기계식 : 스토커를 사용하여 연소효율이 좋다.

08 백 필터(Bag Filter)에 대한 설명으로 틀린 것은?
① 여과면의 가스 유속은 미세한 더스트일수록 적게 한다.
② 더스트 부하가 클수록 집진율은 커진다.
③ 여포재에 더스트 일차 부착층이 형성되면 집진율은 낮아진다.
④ 백의 밑에서 가스백 내부로 송입하여 집진한다.

해설 백 필터(여과식 집진장치) 여포재에 더스트 일차 부착층이 형성되면 집진율은 증가한다.

09 액체연료 중 고온건류하여 얻은 타르계 중유의 특징에 대한 설명으로 틀린 것은?
① 화염의 방사율이 크다.
② 황의 영향이 적다.
③ 슬러지를 발생시킨다.
④ 단위 용적당의 발열량이 적다.

해설 고온건류 타르계 중유
㉠ 종류 : 고온타르, 저온타르, 석유계 타르
㉡ 특징
- 화염의 방사율이 크다.
- 황의 영향이 적다.
- 슬러지를 발생시킨다.
- 단위 용적당 발열량이 크다.
- 탄화수소(C/H)비가 크다.

10 C(85%), H(15%)의 조성을 가진 중유를 10kg/h의 비율로 연소시키는 가열로가 있다. 오르자트 분석결과가 다음과 같다면 연소 시 필요한 시간당 실제공기량은?(단, CO_2=12.5%, O_2=3.2%, N_2=84.3%이다.)
① 약 121Nm³
② 약 124Nm³
③ 약 135Nm³
④ 약 143Nm³

해설 고체(액체) 실제공기량(A)=이론공기량×공기비
$$이론공기량(A_0) = 8.89C + 26.67\left(H - \frac{O}{8}\right) + 3.33S$$
$$= 8.89 \times 0.85 + 26.67 \times 0.15$$
$$= 11.557 Nm^3/kg$$
$$공기비(m) = \frac{N_2}{N_2 - 3.76(O_2 - 0.5CO)}$$
$$= \frac{84.3}{84.3 - 3.76 \times 3.2} = 1.17$$
$$\therefore A = (11.557 \times 1.17) \times 10 = 135 Nm^3$$

11 미분탄연소의 일반적인 특징에 대한 설명으로 틀린 것은?
① 사용연료의 범위가 좁다.
② 소량의 과잉공기로 단시간에 완전연소가 되므로 연소화율이 높다.
③ 부하변동에 대한 적응성이 좋다.
④ 회(灰), 먼지 등이 많이 발생하여 집진장치가 필요하다.

해설 미분탄으로 연소시키면 완전연소가 용이하여 사용연료의 선택범위가 넓다.

12 연소 배기가스 중에 가장 많이 포함된 기체는?
① O_2
② N_2
③ CO_2
④ SO_2

해설 공기(질소 79%, 산소 21%) → 화실 → 배기가스(질소, 탄산가스, 산소, 아황산가스)

13 벙커 C유 연소배기가스를 분석한 결과 CO_2의 함량이 12.5%였다. 이때 벙커 C유 500L/h 연소에 필요한 공기량은?(단, 벙커 C유의 이론공기량은 10.5Nm³/kg, 비중은 0.96, CO_{2max}는 15.5%로 한다.)

① 약 105Nm³/min ② 약 150Nm³/min
③ 약 180Nm³/min ④ 약 200Nm³/min

해설 연료소비량 = 500L/h × 0.96kg/L = 480kg/h

공기비$(m) = \dfrac{CO_{2max}}{CO_2} = \dfrac{15.5}{12.5} = 1.24$

실제 소요공기량(A) = 이론공기량 × 공기비(Nm³/kg)
전체 연소공기량 = 480 × (10.5 × 1.24)
= 6,249.6Nm³/h
= $\dfrac{6,249.6 Nm^3/h}{60 min/h}$ = 105Nm³/min

14 메탄 1Nm³를 이론 산소량으로 완전연소시켰을 때 습연소가스의 부피는 몇 Nm³인가?

① 1 ② 2
③ 3 ④ 4

해설
- 메탄의 연소반응식 : $CH_4 + 2O_2 \to CO_2 + 2H_2O$
- 이론습연소가스양$(G_{ow}) = (1-0.21)A_0 + CO_2 + H_2O$

이론공기량$(A_0) = \dfrac{이론산소량}{0.21}$

∴ $G_{ow} = (1-0.21) \times \left(\dfrac{2}{0.21}\right) + 1 + 2$
= 10.52Nm³/Nm³(이론공기량으로 연소한 경우)

- 산소량으로 연소시키면
CO_2 1Nm³, H_2O 2Nm³
∴ 1 + 2 = 3Nm³/Nm³

15 착화열에 대한 설명으로 옳은 것은?

① 연료가 착화해서 발생하는 전 열량
② 외부로부터의 점화에 의하지 않고 스스로 연소하여 발생하는 열량
③ 연료 1kg이 착화하여 연소할 때 발생하는 총 열량
④ 연료를 최초의 온도부터 착화 온도까지 가열하는 데 사용된 열량

해설 착화열(발화열) : 외부로부터의 점화에 의하지 않고 연료가 주위 산화열에 의해 연소하여 발생하는 열

16 건조한 석탄층을 공기 중에 오래 방치할 때 일어나는 현상 중에서 틀린 것은?

① 공기 중 산소를 흡수하여 서서히 발열량이 감소한다.
② 점결탄의 경우 점결성이 감소한다.
③ 불순물이 증발하여 발열량이 증가한다.
④ 산소에 의하여 산화와 직사광선으로 열을 발생하여 자연발화할 수도 있다.

해설 석탄의 풍화작용
- 건조 석탄을 공기 중에 60일 이상 방치하면 발생
- 특징 : ①, ②, ④ 외 휘발분 감소로 발열량 저하
- 석탄 표면 : 색깔의 탈색이 발생, 탄질 변화

17 연소 시 배기가스양을 구하는 식으로 옳은 것은? (단, G : 배기가스양, G_0 : 이론배기가스양, A_0 : 이론공기량, m : 공기비이다.)

① $G = G_0 + (m-1)A_0$
② $G = G_0 + (m+1)A_0$
③ $G = G_0 - (m+1)A_0$
④ $G = G_0 + (1-m)A_0$

해설 연소 시 실제 배기가스양(G)
= 이론배기가스양 + (공기비 - 1) × 이론공기량
= $G_0 + (m-1)A_0$

18 액체연료가 갖는 일반적인 특징이 아닌 것은?

① 연소온도가 높기 때문에 국부과열을 일으키기 쉽다.
② 발열량은 높지만 품질이 일정하지 않다.
③ 화재, 역화 등의 위험이 크다.
④ 연소할 때 소음이 발생한다.

해설 액체연료는 발열량도 높고 품질이 일정하다.

19 고체연료의 연소가스 관계식으로 옳은 것은?(단, G : 연소가스양, G_0 : 이론연소가스양, A : 실제공기량, A_0 : 이론공기량, a : 연소생성수증기량)

① $G_0 = A_0 + 1 - a$ ② $G = G_0 - A + A_0$
③ $G = G_0 + A - A_0$ ④ $G_0 = A_0 - 1 + a$

ANSWER | 13. ① 14. ③ 15. ② 16. ③ 17. ① 18. ② 19. ③

해설 연소가스양(G) = 이론연소가스양 + 실제공기량 − 이론공기량

20 연소실에서 연소된 연소가스의 자연통풍력을 증가시키는 방법으로 틀린 것은?
① 연돌의 높이를 높게 하면 증가한다.
② 배기가스의 비중량이 클수록 증가한다.
③ 배기가스 온도가 높아지면 증가한다.
④ 연도의 길이가 짧을수록 증가한다.

해설 배기가스의 비중량(kg/m³)이 작을수록 자연통풍력이 증가한다.

SECTION 02 열역학

21 300℃, 200kPa인 공기가 탱크에 밀폐되어 대기 공기로 냉각되었다. 이 과정에서 탱크 내 공기 엔트로피의 변화량을 ΔS_1, 대기 공기의 엔트로피의 변화량을 ΔS_2라 할 때 엔트로피 증가의 원리를 옳게 나타낸 것은?
① $\Delta S_1 + \Delta S_2 \leq 0$
② $\Delta S_1 + \Delta S_2 < 0$
③ $\Delta S_1 + \Delta S_2 > 0$
④ $\Delta S_1 + \Delta S_2 = 0$

해설 엔트로피 증가량(ΔS) = $\Delta S_1 + \Delta S_2 > 0$

$\Delta S = S_2 - S_1 = GC_p \ln \dfrac{V_2}{V_1} + GC_v \ln \dfrac{P_2}{P_1}$

$= GC_p \ln \dfrac{T_2 P_1}{T_1 P_2} + GC_v \ln \dfrac{P_2}{P_1}$

22 교축(스로틀) 과정에서 일정한 값을 유지하는 것은?
① 압력
② 비체적
③ 엔탈피
④ 엔트로피

해설 교축과정
• 증기의 엔탈피 일정
• 증기의 엔트로피 증가
• 증기의 건도 측정
• 압력 감소(온도 저하)

23 포화액의 온도를 유지하면서 압력을 높이면 어떤 상태가 되는가?
① 습증기
② 압축(과랭)액
③ 과열증기
④ 포화액

해설 포화액의 온도를 일정하게 유지한 채 압력을 증가시키면 압축(과랭)액이 발생한다.

24 열펌프(Heat Pump) 사이클에 대한 성능계수(COP)는 다음 중 어느 것을 입력일(Work Input)로 나누어 준 것인가?
① 저온부 압력
② 고온부 온도
③ 고온부 방출열
④ 저온부 부피

해설 히트펌프 성적계수(COP)
$COP = \dfrac{\text{고온부 방출열(응축기)}}{\text{입력일(압축기 일의 열당량)}}$

25 $H = H(T, P)$로부터 $dH = \left(\dfrac{\partial H}{\partial P}\right)_T dP + \left(\dfrac{\partial H}{\partial T}\right)_P dT$를 유도할 수 있다. 다음 중 옳은 것은?
① $\left(\dfrac{\partial H}{\partial T}\right)_P$는 P의 함수, $\left(\dfrac{\partial H}{\partial P}\right)_T$는 T의 함수이다.
② $\left(\dfrac{\partial H}{\partial P}\right)_T$는 P의 함수, $\left(\dfrac{\partial H}{\partial T}\right)_P$는 T의 함수이다.
③ $\left(\dfrac{\partial H}{\partial T}\right)_P$, $\left(\dfrac{\partial H}{\partial P}\right)_T$는 모두 T, P의 함수이다.
④ $\left(\dfrac{\partial H}{\partial T}\right)_P$, $\left(\dfrac{\partial H}{\partial P}\right)_T$ 둘 다 P만의 함수이다.

해설 $H = H(T, P)$, $dH = \left(\dfrac{\partial H}{\partial P}\right)_T dP + \left(\dfrac{\partial H}{\partial T}\right)_P dT$

∴ $\left(\dfrac{\partial H}{\partial T}\right)_P$, $\left(\dfrac{\partial H}{\partial P}\right)_T$는 모두 T, P의 함수이다.

26 공기표준 디젤 사이클에서 압축비가 17이고 단절비(Cut-off Ratio)가 3일 때의 열효율은 약 몇 %인가? (단, 공기의 비열비는 1.4이다.)
① 52
② 58
③ 63
④ 67

해설 디젤 사이클 열효율 $= 1 - \dfrac{T_1(a^k-1)}{kT_1\varepsilon^{k-1}(\sigma-1)}$

$= 1 - \dfrac{1}{\varepsilon^{k-1}} \cdot \dfrac{a^k-1}{k(\sigma-1)}$

$= 1 - \dfrac{1}{17^{1.4-1}} \cdot \dfrac{3^{1.4}-1}{1.4(3-1)}$

$= 0.58(58\%)$

27 용적 0.02m³의 실린더 속에 압력 1MPa, 온도 25℃의 공기가 들어 있다. 이 공기가 일정 온도하에서 압력 200kPa까지 팽창하였을 경우 공기가 행한 일의 양은 약 몇 kJ인가?(단, 공기는 이상기체이다.)

① 2.3
② 3.2
③ 23.1
④ 32.2

해설 1MPa=1,000kPa, 1,000kPa → 200kPa

등온팽창일($_1W_2$) $= P_1V_1\ln\dfrac{V_2}{V_1} = P_1V_1\ln\dfrac{P_1}{P_2}$

$= 1,000 \times 0.02\ln\left(\dfrac{1,000}{200}\right) = 32.2\text{kJ}$

28 다음 중 상대습도(Relative Humidity)를 가장 쉽고 빠르게 측정할 수 있는 방법은?

① 건구온도와 습구온도를 측정한 다음 습공기선도에서 상대습도를 읽는다.
② 건구온도와 습구온도를 측정한 다음 두 값 중 큰 값으로 작은 값을 나눈다.
③ 건구온도와 습구온도를 측정한 다음 Mollier Chart에서 읽는다.
④ 대기압을 측정한 다음 습도곡선에서 읽는다.

해설 습공기선도
수증기분압, 절대습도, 상대습도, 건구온도, 습구온도, 노점온도, 비체적, 엔탈피 등 각각의 상태값을 측정한다.

29 일반적으로 사용되는 냉매로 가장 거리가 먼 것은?

① 암모니아
② 프레온
③ 이산화탄소
④ 오산화인

해설 염화칼슘, 오산화인은 흡수제로 사용한다.

30 표준증기압축 냉동시스템에 비교하여 흡수식 냉동시스템의 주된 장점은 무엇인가?

① 압축에 소요되는 일이 줄어든다.
② 시스템의 효율이 상승한다.
③ 장치의 크기가 줄어든다.
④ 열교환기의 수가 줄어든다.

해설 흡수식 냉동기에는 압축기 대신 재생기(직화식, 중온수식, 증기식)가 부착된다.

31 질량 $m$kg의 이상기체로 구성된 밀폐계가 AkJ의 열을 받아 $0.5A$kJ의 일을 하였다면, 이 기체의 온도변화는 몇 K인가?(단, 이 기체의 정적비열은 C_v kJ/kg·K, 정압비열은 C_pkJ/kg·K이다.)

① $\dfrac{A}{mC_v}$
② $\dfrac{A}{mC_p}$
③ $\dfrac{A}{2mC_v}$
④ $\dfrac{A}{2mC_p}$

해설 기체의 온도변화(K) $= \dfrac{A}{2mC_v}$

• 받은 열 : AkJ
• 일열 : $0.5A$kJ
• 질량 : $m$kg

32 물 1kg이 50℃의 포화액 상태로부터 동일 압력에서 건포화증기로 증발할 때까지 2,280kJ을 흡수하였다. 이때 엔트로피의 증가는 몇 kJ/K인가?

① 7.06
② 15.3
③ 22.3
④ 47.6

해설 엔트로피 변화(ΔS) $= \dfrac{\delta Q}{T}$

$T = ℃ + 273 = 50 + 273 = 323\text{K}$

$\therefore \Delta S = \dfrac{2,280}{323} = 7.06\text{kJ/K}$

33 임의의 가역 사이클에서 성립되는 Clausius의 적분은 어떻게 표현되는가?

① $\oint \dfrac{dQ}{T} > 0$
② $\oint \dfrac{dQ}{T} < 0$
③ $\oint \dfrac{dQ}{T} = 0$
④ $\oint \dfrac{dQ}{T} \geq 0$

ANSWER | 27. ④ 28. ① 29. ④ 30. ① 31. ③ 32. ① 33. ③

해설
- Clausius 가역 사이클 폐적분 $\oint \dfrac{dQ}{T}=0$
- Clausius 비가역 사이클 폐적분 $\oint \dfrac{dQ}{T}<0$

34 열역학적 사이클에서 사이클의 효율이 고열원과 저열원의 온도만으로 결정되는 것은?

① 카르노 사이클 ② 랭킨 사이클
③ 재열 사이클   ④ 재생 사이클

해설 카르노 사이클(Carnot Cycle)
- 이론상의 이상적 사이클
- 2개의 등온변화, 2개의 단열변화로 구성

열효율$(\eta_c) = \dfrac{AW}{Q_1} = 1 - \dfrac{Q_2}{Q_1} = 1 - \dfrac{T_2(고온)}{T_1(저온)}$

35 이상적인 단순 랭킨 사이클로 작동되는 증기원동소에서 펌프 입구, 보일러 입구, 터빈 입구, 응축기 입구의 비엔탈피를 각각 h_1, h_2, h_3, h_4라고 할 때 열효율은?

① $1 - \dfrac{h_4 - h_1}{h_3 - h_2}$ ② $1 - \dfrac{h_4 - h_2}{h_3 - h_2}$

③ $1 - \dfrac{h_4 - h_2}{h_3 - h_1}$ ④ $1 - \dfrac{h_4 - h_1}{h_3 - h_1}$

해설 랭킨 사이클(Rankine Cycle)
- 열효율$(\eta_R) = 1 - \dfrac{h_4 - h_1}{h_3 - h_2}$
- 사이클 과정 : 단열압축(급수펌프) → 정압가열(보일러) → 단열팽창(터빈) → 정압방열(복수기의 응축기)

36 다음 중 열역학 2법칙과 관련된 것은?

① 상태변화 시 에너지는 보존된다.
② 일을 100% 열로 변환시킬 수 있다.
③ 사이클 과정에서 시스템(계)이 한 일은 시스템이 받은 열량과 같다.
④ 열은 저온부로부터 고온부로 자연적으로(저절로) 전달되지 않는다.

해설 열역학 제2법칙
열은 그 자신만으로는 저온에서 고온체로 이동이 불가능하다(에너지 방향성 표시). 또한 성능계수가 무한대인 냉동기의 제작은 불가능하다.

37 400K, 1MPa의 이상기체 1kmol이 700K, 1MPa으로 팽창할 때 엔트로피 변화는 몇 kJ/K인가?(단, 정압비열 C_p는 28kJ/kmol·K이다.)

① 15.7   ② 19.4
③ 24.3   ④ 39.4

해설 정압팽창 엔트로피(ΔS)

$\Delta S = S_2 - S_1 = C_v \ln \dfrac{T_2}{T_1} + AR \ln \dfrac{V_2}{V_1}$

$= C_p \ln \dfrac{T_2}{T_1} = C_p \ln \dfrac{V_2}{V_1}$

$\therefore \Delta S = 28 \ln \left(\dfrac{700}{400}\right) = 15.7 \text{kJ/K}$

38 물을 20℃에서 50℃까지 가열하는 데 사용된 열의 대부분은 무엇으로 변환되었는가?

① 물의 내부에너지
② 물의 운동에너지
③ 물의 유동에너지
④ 물의 위치에너지

해설
- 물의 온도 상승(현열 증가) : 물의 내부에너지로 변환
- 물의 비열 : 1kcal/kg·℃, 4.186kJ/kg·K

39 다음 중 부피팽창계수 β에 관한 식은?(단, P는 압력, V는 부피, T는 온도이다.)

① $\beta = -\dfrac{1}{V}\left(\dfrac{\partial V}{\partial T}\right)_P$ ② $\beta = -\dfrac{1}{V}\left(\dfrac{\partial V}{\partial P}\right)_T$

③ $\beta = \dfrac{1}{V}\left(\dfrac{\partial V}{\partial T}\right)_P$ ④ $\beta = \dfrac{1}{V}\left(\dfrac{\partial V}{\partial P}\right)_T$

해설 부피팽창계수$(\beta) = \dfrac{1}{V}\left(\dfrac{\partial V}{\partial T}\right)_P$

압축률$(E) = -V\left(\dfrac{dP}{dV}\right)$

40 다음 상태 중에서 이상기체 상태방정식으로 공기의 비체적을 계산할 때 오차가 가장 작은 것은?

① 1MPa, -100℃   ② 1MPa, 100℃
③ 0.1MPa, -100℃   ④ 0.1MPa, 100℃

해설 저압, 고온의 이상기체 상태방정식에서 공기의 비체적 오차가 가장 작다.

SECTION 03 계측방법

41 백금-백금·로듐 열전대 온도계에 대한 설명으로 옳은 것은?

① 측정 최고온도는 크로멜-알루멜 열전대보다 낮다.
② 다른 열전대에 비하여 정밀 측정용에 사용된다.
③ 열기전력이 다른 열전대에 비하여 가장 높다.
④ 200℃ 이하의 온도측정에 적당하다.

해설 백금-백금·로듐(P-R 온도계)
• 열전대 중 가장 고온 측정(0~1,600℃)이 가능하다.
• 다른 열전대에 비하여 정도가 높다.
• 열기전력이 작다(철-콘스탄탄, 크로멜-알루멜, 열전대는 열기전력이 크다).
• 산화분위기에 강하다.

42 내경이 50mm인 원관에 20℃ 물이 흐르고 있다. 층류로 흐를 수 있는 최대 유량은?(단, 20℃일 때 동점성계수(ν)=1.0064×10^{-6}m²/sec이고, 레이놀즈수(Re)는 2,320이다.)

① 약 5.33×10^{-5}m³/s
② 약 7.33×10^{-5}m³/s
③ 약 9.22×10^{-5}m³/s
④ 약 15.23×10^{-5}m³/s

해설 50mm=50cm=0.05m

단면적(A) = $\frac{3.14}{4} \times (0.05)^2 = 0.0019625$m²

$Re = 2,320 = \frac{Vd}{\nu}$, $V = \frac{2,320 \times \nu}{d}$

유량(Q) = 단면적×유속
$= \frac{2,320 \times (1.0064 \times 10^{-6})}{0.05} \times 0.0019625$
$= 9.22 \times 10^{-5}$m³/s

43 편차의 정(+), 부(-)에 의해서 조작신호가 최대, 최소가 되는 제어동작은?

① 다위치동작   ② 적분동작
③ 비례동작   ④ 온·오프동작

해설 온·오프동작
편차의 정, 부에 의해서 조작신호가 최대, 최소가 되는 불연속 동작

44 다음 중 사용온도 범위가 넓어 저항온도계의 저항체로서 가장 우수한 재질은?

① 백금   ② 니켈
③ 동   ④ 철

해설 저항온도계 저항체
• 백금(-200~500℃) : 정밀측정용
• 니켈(-50~300℃) : 저항온도계수가 크다.
• 구리(0~120℃) : 저항률이 낮다.
• Thermistor(서미스터) : 저항온도계수가 가장 크다.

45 접촉식 온도계에 대한 설명으로 틀린 것은?

① 일반적으로 1,000℃ 이하의 측온에 적합하다.
② 측정오차가 비교적 작다.
③ 방사율에 의한 보정을 필요로 한다.
④ 측온 소자를 접촉시킨다.

해설 방사고온계(비접촉식 온도계)의 단점은 방사율에 의한 보정이 필요하다는 것이다(50~300℃ 측정).

46 응답이 빠르고 감도가 높으며, 도선저항에 의한 오차를 작게 할 수 있으나 특성을 고르게 얻기가 어려우며, 흡습 등으로 열화되기 쉬운 특징을 가진 온도계는?

① 광고온계
② 열전대 온도계
③ 서미스터 저항체 온도계
④ 금속 측온 저항체 온도계

ANSWER | 40.④ 41.② 42.③ 43.④ 44.① 45.③ 46.③

[해설] 서미스터 저항체 온도계
- 재질 : 니켈, 코발트, 망간, 철, 구리 등의 금속산화물
- 온도계수 : -2~6%/℃(흡습 등으로 열화되기 쉽다.)
- 응답이 빠르고 저항온도가 매우 크다.
- 금속 특유의 균일성을 얻기가 어렵다.

47 오르자트식 가스분석계에서 CO_2 측정을 위해 일반적으로 사용하는 흡수제는?

① 수산화칼륨 수용액
② 암모니아성 염화제1구리 용액
③ 알칼리성 피로갈롤 용액
④ 발연 황산액

[해설]
① CO_2 측정액
② CO 측정액
③ O_2 측정액
④ $N_2 = 100 - (CO_2 + CO + O_2)(\%)$

48 열관리 측정기기 중 오벌(Oval)미터는 주로 무엇을 측정하기 위한 것인가?

① 온도 ② 액면
③ 위치 ④ 유량

[해설]
- 오벌기어식, 루트식 : 유량측정계(용적식 유량계)
- 용적식은 적산 정도가 0.2~0.5% 정도로 높아서 거래용으로 많이 사용한다. 또한 맥동에 의한 영향이 비교적 작다.

49 공기압식 조절계에 대한 설명으로 틀린 것은?

① 신호로 사용되는 공기압은 약 $0.2~1.0kg/cm^2$ 이다.
② 관로저항으로 전송지연이 생길 수 있다.
③ 실용상 2,000m 이내에서는 전송지연이 없다.
④ 신호 공기압은 충분히 제습, 제진한 것이 요구된다.

[해설] 공기압식 조절계
- 실용상 150m 이내에서는 전송지연이 없다.
- 공기압 : $0.2~1.0kg/cm^2$ 사용
- 전류신호 : 4~20mA 또는 10~50mA DC 전류를 통일 신호로 삼고 있다.

50 탄성체의 탄성변형을 이용하는 압력계가 아닌 것은?

① 단관식 ② 부르동관식
③ 벨로스식 ④ 다이어프램식

[해설]
- 단관식 : 저압용 액주식 압력계
- 압력 = 높이 × 밀도

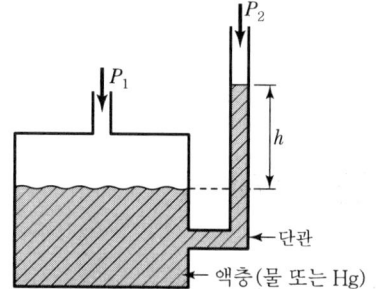

51 열전대 보호관의 구비조건으로 틀린 것은?

① 기밀(氣密)을 유지할 것
② 사용온도에 견딜 것
③ 화학적으로 강할 것
④ 열전도율이 낮을 것

[해설] 열전대 온도계(접촉식 온도계)의 보호관(금속보호관)
- 황동관
- 연강관
- 13Cr 강관
- 13Cr 카로라이즈 강관
- SUS 27, 32
- 내열강 SEH-5
※ 외부온도 변화 시 신속히 열전대에 전해야 한다.

52 다음 중 차압식 유량계가 아닌 것은?

① 오리피스(Orifice)
② 로터미터(Rotameter)
③ 벤투리(Venturi)관
④ 플로노즐(Flow Nozzle)

[해설] 로터미터 : 면적식 유량계(부자식, 게이트식)
조리개부의 횡단면적을 따라서 조리개 저항이 유속의 변화에 대응하여 변화하고 그 상하류의 압력차가 일정하게 되도록 한 면적식 유량계로서 소유량, 고점도 유체 측정 및 균등 유량 눈금이 얻어지며 압력손실이 적다.

53 열전대 온도계의 구성 부분으로 가장 거리가 먼 것은?
① 보상도선
② 저항코일과 저항선
③ 감온접점
④ 보호관

해설 열전대 온도계의 구성
- 열전대
- 기준접점 냉각기(0℃ 냉접점)
- 단자
- 표시계기(밀리볼트계)
- 보상도선

54 U자관에 수은이 채워져 있다. 여기에 어떤 액체를 넣었는데 이 액체 20cm와 수은 4cm가 평형을 이루었다면 이 액체의 비중은?(단, 수은의 비중은 13.6이다.)
① 6.82
② 0.59
③ 2.72
④ 3.44

해설 $4 : 20 = x \times 13.6$
비중$(x) = 13.6 \times \dfrac{4}{20} = 2.72$

55 열전대(Thermo Couple)의 구비조건으로 틀린 것은?
① 열전도율이 작을 것
② 전기저항과 온도계수가 클 것
③ 기계적 강도가 크고 내열성·내식성이 있을 것
④ 온도 상승에 따른 열기전력이 클 것

해설 열전대는 전기저항, 온도계수 및 열전도율이 작아야 한다. 또한 ③, ④ 및 재생도가 높고 가공성이 좋아야 한다.

56 다음 중 액체의 온도 팽창을 이용한 온도계는?
① 저항 온도계
② 색 온도계
③ 유리제 온도계
④ 광학 온도계

해설 유리제 온도계의 종류(액체의 온도 팽창 이용)
- 수은 온도계
- 알코올 온도계
- 베크만 온도계

57 다이어프램 재질의 종류로 가장 거리가 먼 것은?
① 가죽
② 스테인리스강
③ 구리
④ 탄소강

해설 다이어프램 탄성식 압력계
- 20~5,000mmH$_2$O까지 측정, 저압용
- 재질 : 고무, 양은, 인청동, 가죽, 스테인리스, 탄성체 박판

58 150°F는 몇 ℃인가?
① 65.5℃
② 88.5℃
③ 118.5℃
④ 123.5℃

해설 $℃ = \dfrac{5}{9}(°F - 32) = \dfrac{5}{9}(150 - 32) = 65.5℃$

59 적분동작(I 동작)을 가장 바르게 설명한 것은?
① 출력변화의 속도가 편차에 비례하는 동작
② 출력변화가 편차의 제곱근에 비례하는 동작
③ 출력변화가 편차의 제곱근에 반비례하는 동작
④ 조작량이 동작신호의 값을 경계로 완전 개폐되는 동작

해설 적분동작(I 동작, Integral Action)
조작량$(Y) = K_p \int \varepsilon dt$
조작량이 동작신호의 적분값에 비례하는 동작으로 Offset이 제거된다. 출력변화의 속도가 편차에 비례하는 연속동작으로서 일반적으로 진동하는 경향이 있으며, 제어의 안정성이 떨어진다.

60 체적유량 $\overline{V}$(m³/s)의 올바른 표현식은?(단, A(m²)는 유로의 단면적, $\overline{U}$(m/s)는 유로단면의 평균선속도이다.)
① $\overline{V} = \dfrac{\overline{U}}{A}$
② $\overline{V} = \overline{U}A$
③ $\overline{V} = \dfrac{A}{\overline{U}}$
④ $\overline{V} = \dfrac{1}{\overline{U}A}$

해설 체적유량$(\overline{V})$ = 유로단면의 평균선속도$(\overline{U})$
$\times$유로단면적(A)

ANSWER | 53. ② 54. ③ 55. ② 56. ③ 57. ④ 58. ① 59. ① 60. ②

SECTION 04 열설비재료 및 관계법규

61 진주암, 흑석 등을 소성·팽창시켜 다공질로 하여 접착제 및 3~15%의 석면 등과 같은 무기질 섬유를 배합하여 성형한 고온용 무기질 보온재는?

① 규산칼슘 보온재
② 세라믹 파이버
③ 유리섬유 보온재
④ 펄라이트

해설 펄라이트 무기질 보온재의 특성
- 재질 : 진주암, 흑석 등을 소성 팽창
- 석면 함유량 : 3~15%
- 고온용 무기질 보온재

62 검사대상기기 설치자가 검사대상기기 관리자를 선임 또는 해임한 경우 산업통상자원부령에 따라 시·도지사에게 해야 하는 행정 사항은?

① 승인
② 보고
③ 지정
④ 신고

해설 검사대상기기 설치자가 관리자를 선임 또는 해임한 경우 30일 이내에 신고하여야 한다.

63 고압배관용 탄소강 강관(KS D 3564)의 호칭지름의 기준이 되는 것은?

① 배관의 안지름 기준
② 배관의 바깥지름 기준
③ 배관의 (안지름+바깥지름)/2 기준
④ 배관나사의 바깥지름 기준

해설 고압배관용 탄소강 강관(SPPH)의 호칭지름

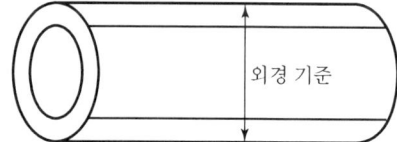

64 유체의 역류를 방지하기 위한 것으로 밸브의 무게와 밸브의 양면 간 압력차를 이용하여 밸브를 자동으로 작동시켜 유체가 한쪽 방향으로만 흐르도록 한 밸브는?

① 슬루스밸브
② 회전밸브
③ 체크밸브
④ 버터플라이밸브

해설 체크밸브(역류 방지 밸브)
- 급수설비용 등에 사용
- 밸브의 무게와 밸브의 양면 간 압력차 이용
- 유체가 한쪽 방향으로만 흐르게 함

65 보온재 내 공기 이외의 가스를 사용하는 경우 가스분자량이 공기의 분자량보다 작으면 보온재의 열전도율의 변화는?

① 동일하다.
② 작게 된다.
③ 크게 된다.
④ 크다가 작아진다.

해설 보온재의 열전도율(다공질 층)
- 공기 사용 : 열전도율 감소
- 공기 분자량보다 작은 가스 사용 : 열전도율 증가

66 에너지 사용 안정을 위한 에너지저장의무 부과 대상자에 해당되지 않는 사업자는?

① 전기사업법에 따른 전기사업자
② 석탄산업법에 따른 석탄가공업자
③ 집단에너지사업법에 따른 집단에너지사업자
④ 액화석유가스사업법에 따른 액화석유가스사업자

해설 에너지이용 합리화법 시행령 제12조제1항에 따른 에너지저장의무 부과 대상자는 ①, ②, ③ 외에도 도시가스사업법에 의한 도시가스사업자, 연간 2만 석유 환산톤 이상의 에너지 사용자가 있다.

67 크롬벽돌이나 크롬-마그벽돌이 고온에서 산화철을 흡수하여 표면이 부풀어 오르고 떨어져 나가는 현상은?

① 버스팅
② 큐어링
③ 슬래킹
④ 스폴링

해설 버스팅 현상
크롬벽돌이나 크롬-마그벽돌이 고온에서 산화철을 흡수하여 표면이 부풀어 오르고 떨어져 나가는 현상

61. ④ 62. ④ 63. ② 64. ③ 65. ③ 66. ④ 67. ① | ANSWER

68 효율관리기자재에 해당되지 않는 것은?
① 전기냉장고 ② 자동차
③ 삼상유도전동기 ④ 전동차

해설 에너지이용 합리화법 시행규칙 제7조제1항에 따른 효율관리기자재의 종류는 ①, ②, ③ 외에도 전기냉방기, 전기세탁기, 조명기기 등이 있다.

69 에너지이용 합리화법의 목적이 아닌 것은?
① 에너지의 합리적인 이용 증진
② 국민경제의 건전한 발전에 이바지
③ 지구온난화의 최소화에 이바지
④ 에너지자원의 보전 및 관리와 에너지수급 안정

해설 에너지이용 합리화법의 목적(제1조)
에너지의 수급을 안정시키고 에너지의 합리적이고 효율적인 이용을 증진하며 에너지소비로 인한 환경피해를 줄임으로써 국민경제의 건전한 발전 및 국민복지의 증진과 지구온난화의 최소화에 이바지함을 목적으로 한다.

70 검사대상기기의 검사유효기간 기준으로 틀린 것은?
① 검사에 합격한 날의 다음 날부터 계산한다.
② 검사에 합격한 날이 검사유효기간 만료일 이전 60일 이내인 경우 검사유효기간 만료일의 다음 날부터 계산한다.
③ 검사를 연기한 경우의 검사유효기간은 검사유효기간 만료일의 다음 날부터 계산한다.
④ 산업통상자원부장관은 검사대상기기의 안전관리 또는 에너지효율 향상을 위하여 부득이하다고 인정할 때에는 검사유효기간을 조정할 수 있다.

해설 에너지이용 합리화법 시행규칙 제31조의8에 따라 검사에 합격한 날이 검사유효기간 만료일 이전 30일 이내인 경우 검사유효기간 만료일의 다음 날부터 계산한다.

71 요로(窯爐)의 정의를 설명한 것으로 가장 적절한 것은?
① 물을 가열하여 수증기를 만드는 장치
② 물체를 가열시켜 소성 또는 용융하는 장치
③ 금속을 녹이는 장치
④ 도자기를 굽는 장치

해설 요로(요, 로)
물체를 가열시켜 소성 또는 용융하는 장치
• 요 : 연속요, 반연속요, 불연속요
• 로 : 용광로, 제강로, 용해로

72 단가마는 어떠한 형식의 가마인가?
① 불연속식
② 반연속식
③ 연속식
④ 불연속식과 연속식의 절충형식

해설 단가마(불연속식)의 종류
• 횡염식 요
• 승염식 요
• 도염식 요

73 에너지이용 합리화법에서 규정한 수요관리 전문기관은?
① 한국가스안전공사
② 한국에너지공단
③ 한국전력공사
④ 전기안전공사

해설 에너지이용 합리화법 시행령 제18조에서 규정한 수요관리 전문기관은 한국에너지공단이다.

74 에너지사용자가 수립하여야 할 자발적 협약 이행계획에 포함되지 않는 것은?
① 협약 체결 전년도 에너지 소비현황
② 에너지관리체제 및 관리방법
③ 전년도의 에너지사용량 · 제품생산량
④ 효율향상목표 등의 이행을 위한 투자계획

해설 에너지이용 합리화법 시행규칙 제26조에 따라 수립계획에는 ①, ②, ④ 및 온실가스배출 감축목표 등이 포함되어야 한다.

ANSWER | 68.④ 69.④ 70.② 71.② 72.① 73.② 74.③

75 에너지 사용계획 협의대상 사업으로 맞는 것은?(단, 기준면적 적용)

① 택지개발사업 중 면적이 10만 m² 이상
② 도시개발사업 중 면적이 30만 m² 이상
③ 국가산업단지개발사업 중 면적이 5만 m² 이상
④ 공항개발사업 중 면적이 20만 m² 이상

해설 에너지이용 합리화법 시행령 별표 1에 따라
① 30만 m² 이상
③ 15만 m² 이상
④ 40만 m² 이상

76 한국에너지공단이사장에게 권한이 위탁된 것이 아닌 것은?

① 에너지사용계획의 검토
② 에너지관리지도
③ 효율관리기자재의 측정결과 신고의 접수
④ 열사용기자재 제조업의 등록

해설 열사용기자재의 제조업 등록 권한자 : 시·도지사

77 에너지법에서 정의한 용어의 설명으로 틀린 것은?

① 열사용기자재라 함은 핵연료를 사용하는 기기, 축열식 전기기기와 단열성 자재로서 기획재정부령이 정하는 것을 말한다.
② 에너지사용기자재라 함은 열사용기자재, 그 밖에 에너지를 사용하는 기자재를 말한다.
③ 에너지공급설비라 함은 에너지를 생산·전환·수송·저장하기 위하여 설치하는 설비를 말한다.
④ 에너지사용시설이라 함은 에너지를 사용하는 공장·사업장 등의 시설이나 에너지를 전환하여 사용하는 시설을 말한다.

해설 열사용기자재(에너지법 제2조)
연료 및 열을 사용하는 기기, 축열식 전기기기와 단열성 자재로서 산업통상자원부령으로 정하는 것

78 사용연료를 변경함으로써 검사대상이 아닌 보일러가 검사대상으로 되었을 경우 해당되는 검사는?

① 구조검사 ② 설치검사
③ 개조검사 ④ 재사용검사

해설 사용연료 변경으로 미검사대상기기가 검사대상기기로 변경되면 설치검사를 받아야 한다(신설 보일러도 설치검사대상).

79 플라스틱 내화물에 대한 설명으로 틀린 것은?

① 소결력이 좋고 내식성이 크다.
② 캐스터블 소재보다 고온에 적합하다.
③ 내화도가 높고 하중 연화점이 낮다.
④ 팽창·수축이 적다.

해설 플라스틱 내화물(부정형 내화물)
• 내화도가 높고, 하중연화점이 높아야 한다.
• 재료는 유기질 결합제 및 내화골재+가소성 점토+물유리(규산소다)이다.

80 보온재로서 구비하여야 할 일반적인 조건이 아닌 것은?

① 불연성일 것
② 비중이 작을 것
③ 열전도율이 클 것
④ 어느 정도의 강도가 있을 것

해설 보온재, 단열재는 열손실을 줄이기 위하여 열전도율(kcal/m·h·℃)을 작게 하여야 한다.

SECTION 05 열설비설계

81 보일러의 용접 설계에서 두께가 다른 판을 맞대기 이음할 때 중심선을 일치시킬 경우 얼마 이하의 기울기로 가공하여야 하는가?

① $\frac{1}{2}$ ② $\frac{1}{3}$
③ $\frac{1}{4}$ ④ $\frac{1}{5}$

해설 중심선 일치형의 기울기를 $\frac{1}{3}$ 이하로 가공

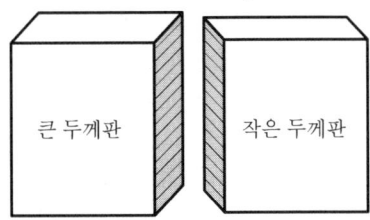

82 다음 그림과 같은 V형 용접이음의 인장응력(σ)을 구하는 식은?

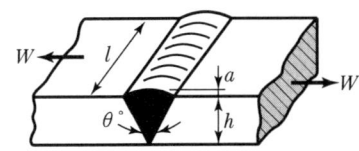

① $\sigma = \dfrac{W}{hl}$ ② $\sigma = \dfrac{2W}{hl}$

③ $\sigma = \dfrac{W}{ha}$ ④ $\sigma = \dfrac{W}{2hl}$

해설 V형 용접 이음의 인장응력(σ)
$\sigma = \dfrac{W}{hl} = \dfrac{중량}{판두께 \times 판넓이}(\text{kg/cm}^2)$

83 보일러에 설치된 과열기의 역할로 틀린 것은?

① 포화증기의 압력 증가
② 마찰저항 감소 및 관 내 부식 방지
③ 엔탈피 증가로 증기소비량 감소 효과
④ 과열증기를 만들어 터빈의 효율 증대

해설 과열기(복사형, 대류형, 복사대류형)는 압력은 일정하고 온도만 포화증기에서 상승시킨 증기를 만드는 폐열회수장치이다.

84 급수펌프 중 원심펌프는 어느 것인가?

① 워싱턴 펌프 ② 웨어 펌프
③ 볼류트 펌프 ④ 플랜저 펌프

해설 급수펌프의 종류
• 원심 펌프 : 볼류트 펌프, 다단 터빈 펌프
• 왕복식 펌프 : 워싱턴 펌프, 웨어 펌프, 플랜저 펌프

85 보일러에서 발생하는 저온부식의 방지방법이 아닌 것은?

① 연료 중의 황 성분을 제거한다.
② 배기가스의 온도를 노점온도 이하로 유지한다.
③ 과잉공기를 적게 하여 배기가스 중의 산소를 감소시킨다.
④ 전열면 표면에 내식재료를 사용한다.

해설 저온부식(H_2SO_4, 진한 황산)
• 인자 : 황(S)
• 반응식 : $S + O_2 \rightarrow SO_2$(아황산가스)
$SO_2 + H_2O \rightarrow H_2SO_3$(무수황산)
$H_2SO_3 + \dfrac{1}{2}O_2 \rightarrow H_2SO_4$(황산)
• 저온부식 방지 : 배기가스를 H_2O의 노점온도 이상 유지

86 노통 연관 보일러의 노통 바깥 면은 가장 가까운 연관의 면과 몇 mm 이상의 틈새를 두어야 하는가?

① 20mm ② 30mm
③ 40mm ④ 50mm

해설 노통 연관 보일러

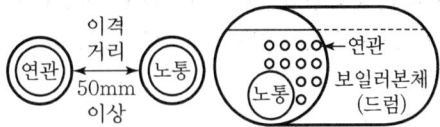

87 용존고형물이 증가하면 전기 전도도는 어떻게 되는가?

① 커지다 작아진다.
② 관계없다.
③ 작아진다.
④ 커진다.

해설 • 물속의 용존고형물이 증가하면 전기 전도도가 상승한다.
• 용존물의 화학적 처리법 : 중화법, 연화법, 기폭법, 탈기법, 증류법, 석회소다법, 이온교환법, 제올라이트법 등

ANSWER | 82. ① 83. ① 84. ③ 85. ② 86. ④ 87. ④

88 보일러 동체, 드럼 및 일반적인 원통형 고압용기 두께의 계산식은?(단, t는 원통판 두께, P는 내부 압력, D는 원통 안지름, σ는 허용인장응력(원통 단면의 원형 접선방향)이다.)

① $t = \dfrac{PD}{\sqrt{2}\,\sigma}$ ② $t = \dfrac{PD}{\sigma}$

③ $t = \dfrac{PD}{2\sigma}$ ④ $t = \dfrac{PD}{3\sigma}$

해설 원통형 보일러의 동체, 드럼 두께(t) 계산식
$$t = \frac{P \cdot D}{2 \cdot \sigma} = \frac{\text{내부압력} \times \text{원통 안지름}}{2 \times \text{허용인장응력}} \text{(mm)}$$

89 프라이밍(Priming)과 포밍(Foaming)의 발생 원인이 아닌 것은?

① 증기부하가 작을 때
② 보일러수에 불순물, 유지분이 포함되어 있을 때
③ 수면과 증기 취출구의 거리가 가까울 때
④ 주 증기 밸브를 급히 열었을 때

해설 보일러 드럼 내 프라이밍(수직상승 : 비수), 포밍(거품 발생)은 증기부하가 클 때 수면에서 발생하여 캐리오버(기수공발)가 일어난다.

90 압력이 20kgf/cm², 건도가 95%인 습포화증기를 시간당 5ton 발생시키는 보일러에서 급수온도가 50℃라면 상당증발량은?(단, 20kgf/cm²의 포화수와 건포화증기의 엔탈피는 각각 215.82kcal/kg, 668.5kcal/kg이다.)

① 5,528kg/h ② 8,345kg/h
③ 10,258kg/h ④ 12,573kg/h

해설 상당증발량(W_e) = $\dfrac{W(h_2 - h_1)}{539}$ (kg/h)

습포화증기 엔탈피(h_2) = $h_1 + x \cdot r$
$= 215.82 + 0.95 \times 452.68$
$= 645.866$ kcal/kg

증발잠열(r) = $668.5 - 215.82 = 452.68$ kcal/kg

∴ $W_e = \dfrac{5 \times 1,000(645.866 - 50)}{539} = 5,528$ kg/h

91 자연순환식 수관보일러에서 물의 순환에 관한 설명으로 틀린 것은?

① 순환을 높이기 위하여 수관을 경사지게 한다.
② 순환을 높이기 위하여 수관 직경을 크게 한다.
③ 순환을 높이기 위하여 보일러수의 비중차를 크게 한다.
④ 발생증기의 압력이 높을수록 순환력이 커진다.

해설 자연순환식 수관보일러
㉠ 압력이 높으면 포화수 온도 상승으로 증기와 밀도차(kg/m³)가 작아서 순환력이 작아진다.
㉡ 종류
  • 배브콕 보일러
  • 스네기지 보일러
  • 하이네 보일러
  • 2동 D형 보일러
  • 타쿠마 보일러

92 다음 중 ppm의 환산 단위로 가장 거리가 먼 것은?

① mg/kg ② g/ton
③ mg/L ④ kg/s

해설 1cc = 1,000mg, 1ton = 1,000kg, 1kg = 1,000g,
1L = 1,000cc, 1g = 1,000cc

∴ 1ppm = $\dfrac{1}{10^6}$ = $\dfrac{1}{\text{백만}}$

93 다음 [보기]에서 설명하는 증기트랩은?

• 가동 시 공기 배출이 필요 없다.
• 작동이 빈번하여 내구성이 낮다.
• 작동확률이 높고 소형이며 워터해머에 강하다.
• 고압용에는 부적당하나 과열증기 사용에는 적합하다.

① 디스크식 트랩(Disc Type Trap)
② 버킷형 트랩(Bucket Type Trap)
③ 플로트식 트랩(Float Type Trap)
④ 바이메탈식 트랩(Bimetal Type Trap)

해설 디스크식 증기트랩
• 과열증기에 사용한다.
• 공기빼기가 필요 없다.
• 워터해머에 강하다.

94 보일러 안전장치의 종류가 아닌 것은?
① 방폭문   ② 안전밸브
③ 체크밸브   ④ 고저수위경보기

해설 체크밸브(스윙식, 디스크식)는 급수설비의 역류 방지용 밸브이다.

95 열매체 보일러의 특징에 대한 설명으로 틀린 것은?
① 저압으로 고온의 증기를 얻을 수 있다.
② 겨울철에도 동결의 우려가 적다.
③ 물이나 스팀보다 전열 특성이 좋으며, 사용온도 한계가 일정하다.
④ 다우섬, 모빌섬, 카네크롤 보일러 등이 이에 해당한다.

해설 열매체 보일러(다우섬 A 및 E, 수은, 세큐리티, 모빌섬, 카네크롤 등의 열매체 사용)는 2kg/cm² 저압에서도 300℃의 고온의 액상이나 기상을 얻으며 그 특징은 ①, ②, ④와 같다.

96 내경 2,000mm, 사용압력 10kgf/cm²의 보일러 강판의 두께는 몇 mm로 해야 하는가?(단, 강판의 인장강도 40kgf/mm², 안전율 4.5, 이음효율 η=70%이며, 부식여유 2mm를 가산한다.)
① 16mm   ② 18mm
③ 20mm   ④ 24mm

해설 강판의 두께(t)
$t = \dfrac{PDS}{200\sigma\eta} = \dfrac{10 \times 2,000 \times 4.5}{200 \times 40 \times 0.7} + 2 = 18\text{mm}$
※ t 계산에서 부식여유가 주어지면 +한다.

97 다음과 같은 결과의 수관식 보일러에서 시간당 증발량(a)과 시간당 연료사용량(b)은?(단, 증기압력 0.7MPa, 급유량 1,000kg, 급수온도 24℃, 급수량 30,000kg, 시험시간 5시간이다.)
① (a) 3,000kg/h, (b) 100kg/h
② (a) 6,000kg/h, (b) 100kg/h
③ (a) 3,000kg/h, (b) 200kg/h
④ (a) 6,000kg/h, (b) 200kg/h

해설 (a) 시간당 급수량 = $\dfrac{30,000}{5}$ = 6,000kg/h

(b) 시간당 연료량 = $\dfrac{1,000}{5}$ = 200kg/h

98 보일러의 리벳 이음 시 양쪽 이음매 판의 최소 두께를 구하는 식으로 옳은 것은?(단, t_0는 양쪽 이음매 판의 최소 두께(mm), t는 드럼판의 두께(mm)이다.)
① $t_0 = 0.1t + 2$ ② $t_0 = 0.6t + 2$
③ $t_0 = 0.1t + 5$ ④ $t_0 = 0.6t + 5$

해설 보일러 제조 시 리벳 이음 이음매 판의 최소 두께(t_0)
$t_0 = 0.6t + 2$
여기서, t : 드럼판의 두께(mm)
※ 리벳 종류 : 둥근머리형, 접시머리형, 냄비머리형, 둥근 접시 머리형

99 원통형 보일러의 노통이 편심으로 설치되어 관수의 순환작용을 촉진시켜 줄 수 있는 보일러는?
① 코르니시 보일러
② 라몬트 보일러
③ 케와니 보일러
④ 기관차 보일러

해설

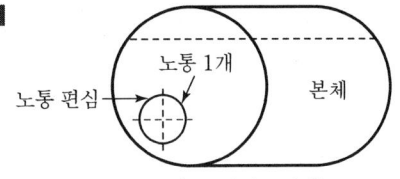
[코르니시 보일러]

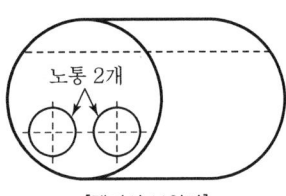
[랭커셔 보일러]

100 인젝터의 특징으로 틀린 것은?

① 급수온도가 높으면 작동이 불가능하다.
② 소형 저압보일러용으로 사용된다.
③ 구조가 간단하다.
④ 열효율은 좋으나 별도의 소요 동력이 필요하다.

해설 인젝터
㉠ 소형 급수설비로, 증기를 이용하여 급수 공급
㉡ 증기열에너지 → 운동에너지 전환 → 압력에너지 → 보일러 관 내로 급수
㉢ 종류
  • 메트로폴리탄형 : 급수온도 65℃ 이하 사용
  • 그레삼형 : 급수온도 50℃ 이하 사용

100. ④ | ANSWER

SECTION 01 연소공학

01 액체연료의 유동점은 응고점보다 몇 ℃ 높은가?

① 1.5℃   ② 2.0℃
③ 2.5℃   ④ 3.0℃

해설 액체연료 유동점(움직이는 점) = 응고점 + 2.5℃

02 고체연료에 비해 액체연료의 장점에 대한 설명으로 틀린 것은?

① 화재, 역화 등의 위험이 적다.
② 회분이 거의 없다.
③ 연소효율 및 열효율이 좋다.
④ 저장운반이 용이하다.

해설
- 액체연료는 화재나 역화의 위험성이 크다.
- 예혼합 가스연소는 역화의 위험성이 크다.

03 다음 각 성분의 조성을 나타낸 식 중에서 틀린 것은? (단, m: 공기비, L_0: 이론공기량, G: 가스양, G_0: 이론 건연소가스양이다.)

① $(CO_2) = \dfrac{1.867C - (CO)}{G} \times 100$

② $(O_2) = \dfrac{0.21(m-1)L_0}{G} \times 100$

③ $(N_2) = \dfrac{0.8N + 0.79mL_0}{G} \times 100$

④ $(CO_2)_{max} = \dfrac{1.867C + 0.7S}{G_0} \times 100$

해설 공기 중 산소량 21%, 질소량 79%이며, 분자량은 탄소(12), 산소(32), 질소(28), 황(32)

탄소의 산소요구량 = $\dfrac{22.4Nm^3}{12kg} = 1.867 Nm^3/kg$

황의 산소요구량 = $\dfrac{22.4}{32} = 0.7 Nm^3/kg$

질소배출량 = $\dfrac{22.4}{28} = 0.8 Nm^3/kg$

※ $1 kmol = 22.4 Nm^3$

①은 $\dfrac{1.867C + 0.7S}{G}$ 가 되어야 한다.

04 과잉공기가 너무 많을 때 발생하는 현상으로 옳은 것은?

① 이산화탄소 비율이 많아진다.
② 연소 온도가 높아진다.
③ 보일러 효율이 높아진다.
④ 배기가스의 열손실이 많아진다.

해설
- 과잉공기 = 실제공기량 − 이론공기량
- 과잉공기가 너무 많으면 화실 내 온도저하, 배기가스양 증가로 열손실 증가

05 집진장치에 대한 설명으로 틀린 것은?

① 전기 집진기는 방전극을 음(陰), 집진극을 양(陽)으로 한다.
② 전기집진은 쿨롱(Coulomb)력에 의해 포집된다.
③ 소형 사이클론을 직렬시킨 원심력 분리장치를 멀티 스크러버(Multi Scrubber)라 한다.
④ 여과집진기는 함진 가스를 여과재에 통과시키면서 입자를 분리하는 장치이다.

해설
- 스크러버형은 원심식(건식)이 아닌 습식 집진장치이다.
- 멀티 사이클론형은 건식 집진장치(원심식)이다.

06 로터리 버너(Rotary Burner)로 벙커 C유를 연소시킬 때 분무가 잘되게 하기 위한 조치로서 가장 거리가 먼 것은?

① 점도를 낮추기 위하여 중유를 예열한다.
② 중유 중의 수분을 분리, 제거한다.
③ 버너 입구 배관부에 스트레이너를 설치한다.
④ 버너 입구의 오일 압력을 100kPa 이상으로 한다.

ANSWER | 1.③ 2.① 3.① 4.④ 5.③ 6.④

해설 로터리 버너(중유 C급 수평로터리 회전식 버너)의 입구 오일 압력은 0.3~0.5kg/cm², 즉 30~50kPa 정도이다.

07 고위발열량과 저위발열량의 차이는 어떤 성분과 관련이 있는가?
① 황   ② 탄소
③ 질소 ④ 수소

해설
- H_2(수소) + O_2 → H_2O
- 수분(W), H_2O 1kg당 생성열 = 600kcal 열손실 발생
- 저위발열량(H_L) = 고위발열량(H_h) − 600(9H + W)

08 인화점이 50℃ 이상인 원유, 경유 등에 사용되는 인화점 시험방법으로 가장 적절한 것은?
① 태그 밀폐식   ② 아벨펜스키 밀폐식
③ 클리블랜드 개방식 ④ 펜스키마텐스 밀폐식

해설
- 태그 개방식 : 80℃ 이하 휘발성 물질 인화점 시험
- 아벨펜스키 밀폐식 : 50℃ 이하의 석유제품 인화점 시험
- 클리블랜드 개방식 : 80℃ 이상의 석유제품 인화점 시험
- 펜스키마텐스 밀폐식 : 50℃ 이상의 석유제품 인화점 시험

09 연소로에서의 흡출(吸出) 통풍에 대한 설명으로 틀린 것은?
① 노 안은 항상 부압(−)으로 유지된다.
② 흡출기로 배기가스를 방출하므로 연돌의 높이에 관계없이 연소할 수 있다.
③ 고온가스에 대해 송풍기의 재질이 견딜 수 있어야 한다.
④ 가열연소용 공기를 사용하며 경제적이다.

해설 압입통풍의 경우 가열 연소용 공기를 사용하면 경제적이다 (노 안은 항상 정압(+)이다).

10 탄소 1kg을 완전히 연소시키는 데 요구되는 이론산소량은?
① 약 $0.82Nm^3$ ② 약 $1.23Nm^3$
③ 약 $1.87Nm^3$ ④ 약 $2.45Nm^3$

해설 탄소(C)의 연소반응식
C + O_2 → CO_2
12kg 22.4m³ 22.4m³
- 이론산소요구량(O_0) = $\frac{22.4}{12}$ = $1.87Nm^3/kg$
- 이론공기량(A_0) = $\frac{1.87}{0.21}$ = $8.89Nm^3/kg$

11 다음의 무게조성을 가진 중유의 저위발열량은?

C : 84%, H : 13%, O : 0.5%, S : 2%, W : 0.5%

① 약 8,600kcal/kg   ② 약 10,547kcal/kg
③ 약 13,606kcal/kg ④ 약 17,606kcal/kg

해설 고체·액체 저위발열량(H_L)
$H_L = 8,100C + 28,600\left(H - \frac{O}{8}\right) + 2,500S - 600\left(9\frac{O}{8} + W\right)$
$= 8,100C + 28,600H - 4,270O + 2,500S - 600W$
$= 8,100 \times 0.84 + 28,600 \times 0.13 - 4,270 \times 0.005 + 2,500 \times 0.02 - 600 \times 0.005$
$= 6,804 + 3,718 - 21.35 + 50 - 3 = 10,547kcal/kg$

12 수분이나 회분을 많이 함유한 저품위 탄을 사용할 수 있으며 구조가 간단하고 소요동력이 적게 드는 연소장치는?
① 슬래그탭식   ② 클레이머식
③ 사이클론식   ④ 각우식

해설 클레이머식 연소방법
입경 1mm 정도 미분탄 중 수분이나 회분을 많이 함유한 저품질의 탄을 사용하는 연소방법으로 구조가 간단하고 소요 동력이 적게 든다.

13 다음 중 습식법과 건식법 배기가스 탈황설비에서 모두 사용할 수 있는 흡수제는?
① 수산화나트륨   ② 마그네시아
③ 아황산칼륨   ④ 활성 산화망간

해설 마그네시아
탈황설비에서 습식법, 건식법 사용이 가능한 배기가스 흡수제로 사용한다.

7. ④ 8. ④ 9. ④ 10. ③ 11. ② 12. ② 13. ② | ANSWER

14 순수한 탄소 1kg을 이론공기량으로 완전 연소시켜서 나오는 연소 가스양은?

① 약 $8.89 \text{Nm}^3/\text{kg}$
② 약 $10.59 \text{Nm}^3/\text{kg}$
③ 약 $12.89 \text{Nm}^3/\text{kg}$
④ 약 $14.59 \text{Nm}^3/\text{kg}$

해설 탄소(C)의 연소반응식
$$\begin{array}{ccc} C & + & O_2 & \to & CO_2 \\ 12\text{kg} & & 22.4\text{m}^3 & & 22.4\text{m}^3 \end{array}$$
- 이론산소요구량$(O_0) = \dfrac{22.4}{12} = 1.87 \text{Nm}^3/\text{kg}$
- 이론공기량$(A_0) = \dfrac{1.87}{0.21} = 8.89 \text{Nm}^3/\text{kg}$

15 연료 소비량이 50kg/h인 노(爐)의 연소실 체적이 50m^3, 사용연료의 저위발열량이 5,400kcal/kg이라 할 때 연소실의 열발생률은?(단, 공기의 예열온도에 의한 영향은 무시한다.)

① $5,400 \text{kcal/m}^3 \cdot \text{h}$
② $6,800 \text{kcal/m}^3 \cdot \text{h}$
③ $7,200 \text{kcal/m}^3 \cdot \text{h}$
④ $8,400 \text{kcal/m}^3 \cdot \text{h}$

해설 연소실 열발생률 = $\dfrac{\text{연소실 열생성량}}{\text{연소실 용적}}$
$= \dfrac{50 \times 5,400}{50} = 5,400 \text{kcal/m}^3 \cdot \text{h}$

16 배기가스 질소산화물 제거방법 중 건식법에서 사용되는 환원제가 아닌 것은?

① 질소가스
② 암모니아
③ 탄화수소
④ 일산화탄소

해설 질소산화물 제거법에서 건식법 환원제
- 암모니아
- 탄화수소
- 일산화탄소

17 습한 함진가스에 가장 부적당한 집진장치는?

① 사이클론
② 멀티클론
③ 여과식 집진기
④ 스크러버

해설 여과식(백필터)
건조한 함진가스의 집진장치로서 100℃ 이상의 고온가스나 습한 함진가스의 처리는 부적당하다. 또한 백(Bag)이 마모되기 쉽다.

18 가연성 액체에서 발생한 증기의 공기 중 농도가 연소범위 내에 있을 경우 불꽃을 접근시키면 불이 붙는데 이때 필요한 최저 온도를 무엇이라고 하는가?

① 기화온도
② 인화온도
③ 착화온도
④ 임계온도

해설 인화온도(인화점)
가연성 액체에서 발생한 증기의 공기 중 농도가 연소범위 내에 있을 경우 불꽃을 접근시키면 불이 붙는 필요한 최저온도

19 기체연료의 연소속도에 대한 설명으로 틀린 것은?

① 연소속도는 가연한계 내에서 혼합기체의 농도에 영향을 크게 받는다.
② 연소속도는 메탄의 경우 당량비가 1.1 부근에서 최저가 된다.
③ 보통의 탄화수소와 공기의 혼합기체 연소속도는 약 40~50cm/s 정도로 느린 편이다.
④ 혼합기체의 초기온도가 올라갈수록 연소속도도 빨라진다.

해설
- 당량비 : 화학반응에 있어서 물질의 양적 관계에 기초하여 각 원소 혹은 화합물마다 할당된 일정량의 비
- 연료혼합 당량비 : 실제 연소용 공기와 이론공기의 비로 정의되며 과농혼합기에서는 1보다 크고 희박혼합기에서는 1보다 작다.
- 기체연료에서 당량비 1.1~1.2 사이일 때 연소속도가 최대이다.

20 가연성 혼합기의 공기비가 1.0일 때 당량비는?

① 0
② 0.5
③ 1.0
④ 1.5

해설
- 공기비$(m) = \dfrac{\text{실제공기량}(A)}{\text{이론공기량}(A_0)}$
- 공기비가 1이면 당량비도 1이다.

ANSWER | 14. ① 15. ① 16. ① 17. ③ 18. ② 19. ② 20. ③

SECTION 02 열역학

21 카르노 사이클의 효율은 무엇에만 의존하는가?
  ① 두 열저장조(Heat Reservoir)의 온도
  ② 저온부의 온도
  ③ 카르노 사이클에 사용되는 작동 유체
  ④ 고온부의 온도

해설 카르노 사이클(Carnot Cycle)
고저 두 열원의 사이에 작동하는 가역 사이클, 즉 완전가스를 작업물질로 하는 이상적인 사이클로서 2개의 등온변화, 2개의 단열변화로 구성된다.

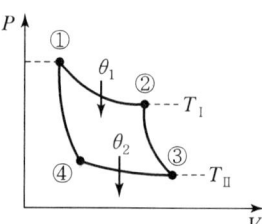

• ① → ② : 등온팽창
• ② → ③ : 단열팽창
• ③ → ④ : 등온압축
• ④ → ① : 단열압축

22 압력 500kPa, 온도 240℃인 과열증기와 압력 500kPa의 포화수가 정상상태로 흘러들어와 섞인 후 같은 압력의 포화증기 상태로 흘러나간다. 1kg의 과열증기에 대하여 필요한 포화수의 양을 구하면 약 몇 kg인가?(단, 과열증기의 엔탈피는 3,063kJ/kg이고, 포화수의 엔탈피는 636kJ/kg, 증발열은 2,109kJ/kg이다.)
  ① 0.15   ② 0.45
  ③ 1.12   ④ 1.45

해설 습포화 과열증기 엔탈피 = 2,109 + 636 = 2,745kcal/kg
과열증기 증발열 = 3,063 − 636 = 2,427kcal/kg
습포화 과열증기 증발열 차이 값 = 2,427 − 2,109
  = 318kJ/kg
∴ 포화수의 양 = $\frac{318}{2,109}$ = 0.15kg

23 시량적 성질(Extensive Property)에 해당하는 것은?
  ① 체적   ② 조성
  ③ 압력   ④ 절대온도

해설 • 시량적(종량성) 상태량 : 질량에 비례하는 상태량(무게, 체적, 질량, 엔트로피, 엔탈피, 내부에너지 등)
• 강도성 상태량 : 질량에 무관한 상태량(온도, 압력, 비체적 등)

24 이상기체에 대한 설명 중 틀린 것은?
  ① 분자와 분자 사이의 거리가 매우 멀다.
  ② 분자 사이의 인력이 없다.
  ③ 압축성 인자가 1이다.
  ④ 내부에너지는 온도와 무관하고 압력과 부피의 함수로 이루어진다.

해설 이상기체 내부에너지(du) = $C_v dT$에서 비열이 온도만의 함수이므로 내부에너지(du)도 온도만의 함수이다.

25 일정한 압력 300kPa로 체적 0.5m³의 공기가 외부로부터 160kJ의 열을 받아 그 체적이 0.8m³로 팽창하였다. 내부에너지의 증가는 얼마인가?
  ① 30kJ   ② 70kJ
  ③ 90kJ   ④ 160kJ

해설 정압변화 $P = C$, $\frac{V_1}{T_1} = \frac{V_2}{T_2}$
내부에너지 변화 $(u_2 - u_1) = C_v(T_2 - T_1)$
  $= \frac{A}{k-1}P(V_1 - V_1)$
∴ $P(V_2 - V_1) = 160 - 300(0.8 - 0.5) = 70$kJ

26 다음 중 표준냉동 사이클에서의 냉동능력이 가장 좋은 냉매는?
  ① 암모니아   ② R−12
  ③ R−22   ④ R−113

해설 냉매의 증발열 값 비교
암모니아 > R−12 > R−22 > R−113

27 증기에 대한 설명 중 틀린 것은?

① 동일 압력에서 포화수보다 포화증기는 온도가 높다.
② 동일 압력에서 건포화증기를 가열한 것이 과열증기이다.
③ 동일 압력에서 과열증기는 건포화증기보다 온도가 높다.
④ 동일 압력에서 습포화 증기와 건포화증기는 온도가 같다.

해설 동일 압력에서는 포화수와 포화증기의 온도가 같다(1atm = 100℃).

28 동일한 온도, 압력의 포화수 1kg과 포화증기 4kg을 혼합하였을 때 이 증기의 건도는?

① 20% ② 25%
③ 75% ④ 80%

해설 포화수 1kg + 포화증기 4kg = (건도) $\frac{4}{1+4}$ = 0.8(80%)

29 출력 50kW의 가솔린 엔진이 매시간 10kg의 가솔린을 소모한다. 이 엔진의 효율은?(단, 가솔린의 발열량은 42,000kJ/kg이다.)

① 21% ② 32%
③ 43% ④ 60%

해설 1W=1J/s, 1시간=3,600s
1kWh=860kcal(3,600kJ)
50×3,600=180,000kJ/h
∴ 효율 = $\frac{180,000}{10 \times 42,000} \times 100 = 43\%$

30 체적 500L인 탱크가 300℃로 보온되었고, 이 탱크 속에는 25kg의 습증기가 들어 있다. 이 증기의 건도를 구한 값은?(단, 증기표의 값은 300℃인 온도 기준일 때 v'=0.0014036m³/kg, v''=0.02163m³/kg이다.)

① 62% ② 72%
③ 82% ④ 92%

해설 500L=0.5m³, 건도(x)
습증기 비체적(V) = $v' + x(v'' - v')$
$v = \frac{V}{G} = \frac{0.5}{25} = 0.02$m³/kg
건조도(x) = $\frac{v-v'}{v''-v'} = \frac{0.02-0.0014036}{0.02163-0.0014036}$
= 0.9194(92%)

31 PV^n=일정인 과정에서 밀폐계가 하는 일을 나타낸 식은?

① $P_2 V_2 - P_1 V_1$
② $\frac{P_1 V_1 - P_2 V_2}{n-1}$
③ $\frac{P_2 V_2^{n-1} - P_1 V_1^{n-1}}{n-1}$
④ $P_1 V_1^n (V_2 - V_1)$

해설 폴리트로픽 변화(PV^n=일정)
팽창일($_1W_2$) = $\int Pdv = \frac{1}{n-1}(P_1 V_1 - P_2 V_2)$
= $\frac{P_1 V_1 - P_2 V_2}{n-1}$

32 랭킨 사이클에서 압력 및 온도의 영향에 대한 설명으로 틀린 것은?

① 응축기 압력이 낮아지면 배출열량은 적어지고 열효율은 증가한다.
② 배기온도를 낮추면 터빈을 떠나는 습증기의 건도가 증가한다.
③ 보일러 압력이 높아지면 열효율이 증가한다.
④ 주어진 압력에서 과열도가 높을수록 출력이 증가하여 열효율이 증가한다.

해설 랭킨 사이클에서는 터빈 입구에서 온도와 압력이 높을수록 또 복수기의 압력(배압)이 낮을수록 열효율이 좋아진다. 그러나 초압을 크게 하면 팽창 도중에 빨리 습증기가 되고 습도의 증가는 터빈 효율을 저하시키고 터빈날개를 부식시킨다. 배기온도를 높이면, 즉 배압을 낮추면 터빈효율은 커지나 반대로 건도는 감소한다.

ANSWER | 27. ① 28. ④ 29. ③ 30. ④ 31. ② 32. ②

33 다음 중 가스의 액화과정과 가장 관계가 먼 것은?

① 압축과정
② 등압냉각과정
③ 최종 상태는 압축액 또는 포화혼합물 상태
④ 등온팽창과정

해설 • 등온팽창 : 온도 일정
• 가스가 액화하려면 압력은 상승하고 온도는 하강해야 한다.

34 공기가 표준대기압하에 있을 때 산소의 분압은 몇 kPa인가?

① 1.0   ② 21.3
③ 80.0   ④ 101.3

해설 표준대기압(1atm) = 102kPa = 1.0332kg/cm^2
산소와 질소의 체적비 = 21 : 79이므로
∴ 산소의 분압 = 102×0.21 = 21.4kPa

35 냉동 사이클에서 냉매의 구비조건으로 가장 거리가 먼 것은?

① 임계온도가 높을 것
② 증발열이 클 것
③ 인화 및 폭발의 위험성이 낮을 것
④ 저온, 저압에서 응축이 되지 않을 것

해설 • 냉매는 응고점이 낮을 것
• 냉매는 응축압력이 너무 높지 않을 것
• 냉매는 증발압력이 너무 낮지 않을 것
• 냉매는 증발열이 크고 응축이 용이할 것

36 열역학 제2법칙을 설명한 것이 아닌 것은?

① 사이클로 작동하면서 하나의 열원으로부터 열을 받아서 이 열을 전부 일로 바꾸는 것은 불가능하다.
② 에너지는 한 형태에서 다만 다른 형태로 바뀔 뿐이다.
③ 제2종 영구기관을 만든다는 것은 불가능하다.
④ 주위에 아무런 변화를 남기지 않고 열을 저온의 열원으로부터 고온의 열원으로 전달하는 것은 불가능하다.

해설 • 열역학 제1법칙 : 열과 일은 모두 에너지의 한 형태로서 본질적으로 같으며 열은 일로, 일은 열로 서로 전환이 가능하고 이때 열과 일 사이에는 일정한 비례관계가 성립한다.
• 제2종 영구기관 : 입력과 출력이 같은 기관(열효율 100% 기관), 열역학 제2법칙에 위배

37 가스터빈에 대한 이상적인 공기표준 사이클로서 정압연소 사이클이라고도 하는 것은?

① Stirling 사이클   ② Ericsson 사이클
③ Diesel 사이클   ④ Brayton 사이클

해설 브레이턴 사이클 : 가스터빈의 이상 사이클

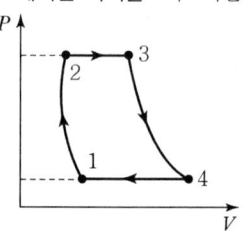

• 1 → 2 : 단열압축(압축기)
• 2 → 3 : 정압가열(연소기)
• 3 → 4 : 단열팽창(터빈)
• 4 → 1 : 정압방열(복수기)

38 다음 중 온도에 따라 증가하지 않는 것은?

① 증발잠열
② 포화액의 내부에너지
③ 포화증기의 엔탈피
④ 포화액의 엔트로피

해설 • 온도가 일정하면 증발잠열도 일정하다.
• 압력이 증가하면 증발잠열이 감소한다.
• 압력이 저하하면 증발잠열이 증가한다.

39 온도 127℃에서 포화수 엔탈피는 560kJ/kg, 포화증기의 엔탈피는 2,720kJ/kg일 때 포화수 1kg이 포화증기로 변화하는 데 따르는 엔트로피의 증가는 몇 kJ/kg·K인가?

① 1.4   ② 5.4
③ 6.8   ④ 21.4

해설 엔트로피 증가$(\Delta s) = \dfrac{Q}{T} = \dfrac{(2,720-560)}{(127+273)} = 5.4\,\text{kJ/kg}\cdot\text{K}$

여기서, Q : 잠열량

40 밀도가 $800\,\text{kg/m}^3$인 액체와 비체적이 $0.0015\,\text{m}^3/\text{kg}$인 액체를 질량비 1 : 1로 잘 섞으면 혼합액의 밀도는 몇 kg/m^3인가?

① 721 ② 727
③ 733 ④ 739

해설 액체 1의 비체적 = $\dfrac{1}{800\,\text{kg/m}^3} = 0.00125\,\text{m}^3/\text{kg}$

액체 2의 비체적 = $0.0015\,\text{m}^3/\text{kg}$

전체 비체적 = $0.00125 + 0.0015 = 0.00275\,\text{m}^3/\text{kg}$

평균 밀도 = $\dfrac{1}{0.00275} = 363.6\,\text{kg/m}^3$

∴ 혼합액 밀도 = $363.6 \times 2 = 727\,\text{kg/m}^3$

SECTION 03 계측방법

41 세라믹식 O_2계의 특징에 대한 설명으로 틀린 것은?

① 측정가스의 유량이나 설치장소 주위의 온도변화에 의한 영향이 적다.
② 연속측정이 가능하며, 측정범위가 넓다.
③ 측정부의 온도 유지를 위해 온도조절용 전기로가 필요하다.
④ 저농도 가연성 가스의 분석에 적합하고 대기오염 관리 등에서 사용된다.

해설 세라믹(O_2)계(지르코니아식 산소계)
ZrO_2를 주원료로 한 산소농담전지를 형성하고 기전력을 통해 O_2를 측정한다. 측정가스에 가연성 가스가 있으면 사용이 불가능하다.

42 열전대 온도계가 구비해야 할 사항에 대한 설명으로 틀린 것은?

① 주위의 고온체로부터 복사열의 영향으로 인한 오차가 생기지 않도록 주의해야 한다.
② 보호관 선택 및 유지관리에 주의한다.
③ 열전대는 측정하고자 하는 곳에 정확히 삽입하여 삽입한 구멍을 통하여 냉기가 들어가지 않게 한다.
④ 단자의 (+), (−)와 보상도선의 (−), (+)를 결선해야 한다.

해설 단자의 ⊕와 보상도선의 ⊕, 단자의 ⊖와 보상도선의 ⊖를 결선해야 한다.

43 배관의 유속을 피토관으로 측정한 결과 마노미터 수주의 높이가 29cm일 때 유속은?

① 1.69m/s ② 2.38m/s
③ 2.94m/s ④ 3.42m/s

해설 유속$(V) = \sqrt{2gh} = \sqrt{2 \times 9.8 \times 0.29} = 2.38\,\text{m/s}$

44 피토관(Pitot Tube)의 사용 시 주의사항으로 틀린 것은?

① 5m/s 이하의 기체에는 부적당하다.
② 더스트(Dust), 미스트(Mist) 등이 많은 유체에 적합하다.
③ 피토관의 헤드부분은 유동방향에 대해 평행하게 부착한다.
④ 흐름에 대해 충분한 강도를 가져야 한다.

해설
• 피토관의 사용 시 슬러지, 분진 등이 많은 유체의 유속, 유량 측정은 불가능하다.
• 노즐 마모에 의한 오차가 발생한다.

45 가스크로마토그래피법에서 사용하는 검출기 중 수소염 이온화검출기를 의미하는 것은?

① ECD ② FID
③ HCD ④ FTD

해설
- ECD : 할로겐 및 산소화합물에서 감도가 최고이며, 탄화수소는 감도가 나쁘다.
- TCD : 일반적으로 가장 널리 사용한다.
- FID : 탄화수소에서 감도가 최고이다. H_2, O_2, CO, CO_2, SO_2 가스에는 감도가 없다.

46 벤투리미터(Venturi Meter)의 특성으로 옳은 것은?

① 오리피스에 비해 가격이 저렴하다.
② 오리피스에 비해 공간을 적게 차지한다.
③ 압력손실이 적고 측정 정도가 높다.
④ 파이프와 목부분의 지름비를 변화시킬 수 있다.

해설 벤투리미터 차압식 유량계
- 제작비가 비싸다.
- 공간을 크게 차지한다.
- 교환이 곤란하다.
- 탭을 설치하여야 유량이 측정된다.

47 점성계수 $\mu=0.85$poise, 밀도 $\rho=85N \cdot s^2/m^4$인 유체의 동점성계수는?

① $1m^2/s$ ② $0.1m^2/s$
③ $0.01m^2/s$ ④ $0.001m^2/s$

해설 동점성계수$(\nu) = \dfrac{절대점도}{밀도} = \dfrac{0.85}{85 \times 9.8} = 0.001 m^2/s$

동점성계수의 단위는 m^2/sec, $1m^2/s = 10^4$ stokes
※ $1kg \cdot s/m^2 = 9.8N \cdot s/m^2 = 98P$

48 출력 측의 신호를 입력 측에 되돌려 비교하는 제어방법은?

① 인터록(Interlock)   ② 시퀀스(Sequence)
③ 피드백(Feedback)   ④ 리셋(Reset)

해설 피드백 자동제어
출력 측의 신호를 입력 측에 되돌려 비교하는 제어방법이다.

49 가스의 자기성(磁器性)을 이용한 분석계는?

① CO_2계   ② SO_2계
③ O_2계   ④ 가스크로마토그래피

해설 자기식 산소계
산소(O_2)는 자장에 흡입되는 강력한 상자성체이나(자기풍의 세기는 O_2의 농도에 비례하고 열선의 온도는 자기풍 세기에 반비례한다.) 자화율은 절대온도에 반비례하는 점을 이용한다.

50 방사온도계의 특징에 대한 설명으로 틀린 것은?

① 방사율에 대한 보정량이 크다.
② 측정거리에 따라 오차발생이 적다.
③ 발신기의 온도가 상승하지 않게 필요에 따라 냉각한다.
④ 노벽과의 사이에 수증기, 탄산가스 등이 있으면 오차가 생기므로 주의해야 한다.

해설
- 방사온도계(복사온도계) : 거리계수, 측정체, 온도체의 거리에 영향을 받는다(50~3,000℃ 측정).
- 거리계수= $\dfrac{렌즈와\ 수열판과의\ 거리}{수열판\ 직경}$
  (통상거리계수는 10~30 정도이다.)

51 2개의 제어계를 조합하여 1차 제어장치의 제어량을 측정하여 제어명령을 발하고 2차 제어장치의 목표치로 설정하는 제어방식은?

① 정치제어   ② 추치제어
③ 캐스케이드 제어   ④ 피드백 제어

해설 캐스케이드 제어
2개의 제어계를 조합하여 1차 제어장치의 제어량을 측정하여 제어명령을 발하고 2차 제어장치의 목표치로 설정하는 제어방식으로 일종의 추치제어방식이다.

52 다음 중 직접식 액위계에 해당하는 것은?

① 플로트식   ② 초음파식
③ 방사선식   ④ 정전용량식

해설 직접식 액위계(액면계)
- 플로트식(부자식)
- 검척봉식
- 게이지 글라스식(유리제)

53 열전대(Thermo Couple)는 어떤 원리를 이용한 온도계인가?

① 열팽창률차
② 전위차
③ 압력차
④ 전기저항차

해설 열전대 온도계
자유전자 밀도가 다른 두 종의 금속선 양단을 연결하여 온도차를 주면 자유전자의 이동으로 전위차가 발생하고 전류가 흐른다. 이때 전위차를 열기전력이라 하며 열기전력을 밀리볼트계나 전위차계를 사용하여 지시시켜 온도가 측정된다.

54 침종식 압력계에 대한 설명으로 틀린 것은?

① 봉입액은 자주 세정 혹은 교환하여 청정하도록 유지한다.
② 압력 취출구에서 압력계까지 배관은 가능한 한 길게 한다.
③ 계기 설치는 똑바로 수평으로 하여야 한다.
④ 봉입액의 양은 일정하게 유지해야 한다.

해설 침종식 압력계
- 단종식, 복종식이 있으며 아르키메데스의 원리를 이용한다.
- 사용액은 수은, 물, 기름 등이다.
- 과대 압력과 과대 차압을 피해야 한다.
- 압력 취출구에서 압력계까지의 배관은 짧아야 측정치의 지연이 생기지 않는다.

55 색온도계의 특징이 아닌 것은?

① 방사율의 영향이 크다.
② 광흡수에 영향이 적다.
③ 응답이 빠르다.
④ 구조가 복잡하며 주위로부터 빛 반사의 영향을 받는다.

해설 색온도계
600℃ 이상의 파장 0.4~0.7μm 가시광선을 이용한 온도계이다(고온의 복사파장 이용).
- 600℃ : 암적색
- 800℃ : 붉은색
- 1,000℃ : 등색 오렌지색
- 1,200℃ : 노란색
- 1,500℃ : 눈부신 황백색
- 2,000℃ : 눈부신 흰색
- 2,500℃ : 푸른기가 있는 눈부신 흰색

56 전기저항식 온도계 중 백금(Pt) 측온저항체에 대한 설명으로 틀린 것은?

① 0℃에서 500Ω을 표준으로 한다.
② 측정온도는 최고 약 500℃ 정도이다.
③ 저항온도계수는 작으나 안정성이 좋다.
④ 온도 측정 시 시간 지연의 결점이 있다.

해설 전기저항식 측온저항온도계
- 백금측온저항체(0℃에서) : 100Ω, 50Ω, 25Ω 사용
- 니켈측온저항체(0℃에서) : 500Ω 사용

57 수분흡수법에 의해 습도를 측정할 때 흡수제로 사용하기에 부적절한 것은?

① 오산화인
② 활성탄
③ 실리카겔
④ 황산

해설 활성탄 : 건조제로 사용된다.

58 시료 가스 중의 CO_2, 탄화수소, 산소, CO 및 질소 성분을 분석할 수 있는 방법으로 흡수법 및 연소법의 조합인 분석법은?

① 분젠-실링(Bunsen-Schiling)법
② 헴펠(Hempel)식 분석법
③ 정커스(Junkers)식 분석법
④ 오르자트(Orsat) 분석법

해설 헴펠식 가스 분석법(화학적 방법)
흡수법 및 연소법의 조합으로 분석순서는 CO_2, 중탄화수소, 산소, CO 가스, 질소성분 가스분석계이다.

59 다음 압력계 중 정도가 가장 높은 것은?

① 경사관식
② 부르동관식
③ 다이어프램식
④ 링밸런스식

해설 압력계 정도
- 경사관식(±0.01mmH₂O)
- 부르동관식(±1~±2%)
- 다이어프램식(±1~±2%)
- 링밸런스식(±1~±2%)

ANSWER | 53. ② 54. ② 55. ① 56. ① 57. ② 58. ② 59. ①

60 다음 중 자동조작장치로 쓰이지 않는 것은?

① 전자개폐기　② 안전밸브
③ 전동밸브　④ 댐퍼

해설 안전밸브
스프링이나 추, 레버를 이용하여 증기압력을 조정한다.

SECTION 04 열설비재료 및 관계법규

61 에너지사용계획에 대한 검토 결과 공공사업주관자가 조치요청을 받은 경우, 이를 이행하기 위하여 제출하는 이행계획에 포함되어야 할 내용이 아닌 것은?

① 이행주체　② 이행방법
③ 이행장소　④ 이행시기

해설 이행계획에 포함되어야 할 내용
- 산업통상자원부장관으로부터 요청받은 조치의 내용
- 이행주체
- 이행방법
- 이행시기

62 고온용 무기질 보온재로서 석영을 녹여 만들며, 내약품성이 뛰어나고, 최고사용온도가 1,100℃ 정도인 것은?

① 유리섬유(Glass Wool)
② 석면(Asbestos)
③ 펄라이트(Pearlite)
④ 세라믹 파이버(Ceramic Fiber)

해설 보온재 안전사용온도(융해석영섬유상 실리카, 세라믹)
- 실리카 파이버 : 1,000~1,100℃
- 세라믹 파이버 : 1,100~1,300℃
- 유리섬유(300℃), 석면(350℃), 펄라이트(1,100℃)

63 내화물 SK-26번이면 용융온도 1,580℃에 견디어야 한다. SK-30번이라면 약 몇 ℃에 견디어야 하는가?

① 1,460℃　② 1,670℃
③ 1,780℃　④ 1,800℃

해설
- SK-30번 : 1,670℃
- SK-40번 : 1,920℃
- SK-42번 : 2,000℃

64 검사대상기기 중 검사에 불합격된 검사대상기기를 사용한 자의 벌칙규정은?

① 5백만 원 이하의 벌금
② 1년 이하의 징역 또는 1천만 원 이하의 벌금
③ 2년 이하의 징역 또는 2천만 원 이하의 벌금
④ 3천만 원 이하의 벌금

해설 검사에 불합격된 검사대상기기를 사용한 자는 1년 이하의 징역 또는 1천만 원 이하의 벌금에 처한다.

65 다음 중 연속가열로의 종류가 아닌 것은?

① 푸셔(Pusher)식 가열로
② 워킹-빔(Working Beam)식 가열로
③ 대차식 가열로
④ 회전로상식 가열로

해설 ㉠ 반연속 요
- 등요(오름가마)
- 셔틀가마(대차식 가마)

㉡ 연속가열로
- 푸셔식
- 워킹-빔식
- 회전로상식

66 제조업자 등이 광고매체를 이용하여 효율관리기자재의 광고를 하는 경우에 그 광고내용에 포함시켜야 할 사항인 것은?

① 에너지 최저효율
② 에너지 사용량
③ 에너지 소비효율
④ 에너지 평균소비량

해설 제조업자 등이 광고매체를 이용하여 효율관리기자재의 광고를 하는 경우에는 그 광고내용에 에너지소비효율등급 또는 에너지소비효율을 포함하여야 한다.

67 용접검사가 면제되는 대상기기가 아닌 것은?

① 용접이음이 없는 강관을 동체로 한 헤더
② 최고사용압력이 0.35MPa 이하이고, 동체의 안지름이 600mm인 전열교환식 1종 압력용기
③ 전열면적이 30m² 이하의 유류용 주철제 증기 보일러
④ 전열면적이 18m² 이하이고, 최고사용압력이 0.35 MPa인 온수보일러

해설 ③은 설치검사가 면제된다.

68 인정검사대상기기 관리자(한국에너지공단에서 검사대상기기 관리에 관한 교육이수자)가 관리할 수 없는 검사대상 기기는?

① 압력용기
② 열매체를 가열하는 보일러로서 용량이 581.5kW 이하인 것
③ 온수를 발생하는 보일러로서 용량이 581.5kW 이하인 것
④ 증기보일러로서 최고사용압력이 2MPa 이하이고, 전열면적이 5m² 이하인 것

해설 인정검사대상기기 관리자 교육 이수자의 관리범위(에너지이용 합리화법 시행규칙 별표 3의9)
• 증기보일러로서 최고사용압력이 1MPa 이하이고, 전열면적이 10m² 이하인 것
• 온수발생 및 열매체를 가열하는 보일러로서 용량이 581.5 kW 이하인 것
• 압력용기

69 검사대상기기 관리자를 해임한 경우 한국에너지공단 이사장에게 신고는 신고 사유가 발생한 날부터 며칠 이내에 하여야 하는가?

① 7일   ② 10일
③ 20일   ④ 30일

해설 검사대상기기 관리자 선임, 해임신고 기간은 신고 사유 발생일로부터 30일 이내이다.

70 회전 가마(Rotary Kiln)에 대한 설명으로 틀린 것은?

① 일반적으로 시멘트, 석회석 등의 소성에 사용된다.
② 온도에 따라 소성대, 가소대, 예열대, 건조대 등으로 구분된다.
③ 소성대에는 황산염이 함유된 클링커가 용융되어 내화벽돌을 침식시킨다.
④ 시멘트 클링커의 제조방법에 따라 건식법, 습식법, 반건식법으로 분류된다.

해설 회전가마(시멘트 제조용 가마)
소성대는 1,380~1,500℃로 소성하고 건조대, 예열대, 소성대로 구성된다. 원료와 연소가스의 방향이 반대이다(클링커는 별도로 제거한다). 회전가마는 시멘트 제조서 황산염과는 관련성이 없다.

71 보온재의 열전도율에 대한 설명으로 틀린 것은?

① 재료의 두께가 두꺼울수록 열전도율이 작아진다.
② 재료의 밀도가 클수록 열전도율이 작아진다.
③ 재료의 온도가 낮을수록 열전도율이 작아진다.
④ 재질 내 수분이 작을수록 열전도율이 작아진다.

해설 보온재는 재료의 밀도(kg/m³)가 클수록 열전도율(W/m · h)이 커진다.

72 경화 건조 후 부피비중이 가장 큰 캐스터블 내화물은?

① 점토질   ② 고알루미나질
③ 크롬질   ④ 내화단열질

해설 캐스터블 내화물은 경화 건조 후 부피비중이 2.7~2.9로 가장 크다.
• 점토질 : 1.6~2.1
• 고알루미나질 : 1.9~2.1
• 내화단열질 : 1.0~1.3

73 파이프의 축 방향 응력(σ)을 나타낸 식은?(단, D는 파이프의 내경(mm), p는 원통의 내압(kg/cm²), σ는 축방향 응력(kg/mm²), t는 파이프의 두께(mm)이다.)

① $\sigma = \dfrac{\pi p D}{400t}$ ② $\sigma = \dfrac{pD}{400t}$

③ $\sigma = \dfrac{pD}{200t}$ ④ $\sigma = \dfrac{\pi p D}{200t}$

ANSWER | 67. ③ 68. ④ 69. ④ 70. ③ 71. ② 72. ③ 73. ②

해설 파이프 축방향 응력 $(\sigma) = \dfrac{p \cdot D}{400 \cdot t}$ (kg/mm^2)

③은 원주방향응력이다.

74 검사대상기기 관리자는 선임된 날부터 얼마 이내에 교육을 받아야 하는가?

① 1개월　　② 3개월
③ 6개월　　④ 1년

해설 검사대상기기 관리자는 선임된 날부터 6개월 이내에, 그 후에는 교육을 받은 날부터 3년마다 교육을 받아야 한다.

75 냉난방온도의 제한온도 기준 중 냉난방온도 제한건물(판매시설 및 공항은 제외)의 냉방제한온도는?

① 18℃ 이하　　② 20℃ 이상
③ 22℃ 이하　　④ 26℃ 이상

해설 냉난방온도 제한건물(냉방제한온도) : 26℃ 이상에서만 냉방기 가동이 허용된다.

76 에너지와 관련된 용어의 정의에 대한 설명으로 틀린 것은?

① 에너지라 함은 연료, 열 및 전기를 말한다.
② 연료라 함은 석유, 가스, 석탄, 그 밖에 열을 발생하는 열원을 말한다.
③ 에너지사용자라 함은 에너지를 전환하여 사용하는 자를 말한다.
④ 에너지사용기자재라 함은 열사용기자재나 그 밖의 에너지를 사용하는 기자재를 말한다.

해설 에너지사용자(에너지법 제2조)

에너지사용시설의 소유자, 관리자를 말한다.

77 제강 평로에서 채용되고 있는 배열회수방법으로서 배기가스의 현열을 흡수하여 공기나 연료가스 예열에 이용될 수 있도록 한 장치는?

① 축열실　　② 환열기
③ 폐열 보일러　　④ 판형 열교환기

해설 • 축열실 : 제강 평로에서 채용되고 있는 배열회수방법에서 배기가스 현열을 흡수하여 공기나 연료가스 예열에 이용한다(공기의 예열온도는 1,000~1,200℃).
• 환열기 : 리큐퍼레이터(연소가스가 600℃ 이하 저온인 경우 축열공기예열기이다.)

78 연료를 사용하지 않고 용선의 보유열과 용선 속의 불순물의 산화열에 의해서 노 내 온도를 유지하며 용강을 얻는 것은?

① 평로　　② 고로
③ 반사로　　④ 전로

해설 전로

연료를 사용하지 않고 용선의 보유열과 용선 속의 불순물의 산화열에 의해 제강을 얻는 제강로이다(염기성 전로, 산성 전로, 순산소전로, 칼도법이 있다). 공기공급방법에 따라 저취형, 횡치형, 상취형이 있다.

79 원관을 흐르는 층류에 있어서 유량의 변화는?

① 관의 반지름의 제곱에 비례해서 증가한다.
② 압력강하에 반비례하여 증가한다.
③ 관의 길이에 비례하여 증가한다.
④ 점성계수에 반비례해서 증가한다.

해설 유량은 점성계수에 반비례해서 증가한다.

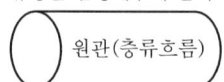
원관(층류흐름)

80 에너지사용계획을 수립하여 산업통상자원부장관에게 제출하여야 하는 공공사업주관자에 해당하는 시설 규모는?

① 연간 1천 티오이 이상의 연료 및 열을 사용하는 시설
② 연간 2천 티오이 이상의 연료 및 열을 사용하는 시설
③ 연간 2천5백 티오이 이상의 연료 및 열을 사용하는 시설
④ 연간 1만 티오이 이상의 연료 및 열을 사용하는 시설

[해설] 에너지사용계획을 제출하여야 하는 공공사업주관자 시설규모
- 연간 2천5백 티오이 이상의 연료 및 열을 사용하는 시설
- 연간 1천만 kWh 이상의 전력을 사용하는 시설

[해설] 경도
토양성분 중 칼슘과 마그네슘 기타 가용성 금속염은 스테아르산의 나트륨염을 주성분으로 한다.
MgO 1mg=CaO 1.4mg으로 환산한다.

SECTION 05 열설비설계

81 보일러의 부속장치 중 여열장치가 아닌 것은?
① 공기예열기   ② 송풍기
③ 재열기   ④ 절탄기

[해설] 송풍기
연소실로 공기를 공급하여 연소상태를 원활하게 한다(터보형은 보일러용으로 많이 사용한다).

82 보일러수에 녹아 있는 기체를 제거하는 탈기기(脫氣機)가 제거하는 대표적인 용존가스는?
① O_2 ② H_2SO_4
③ H_2S ④ SO_2

[해설]
- 탈기기에서 제거가 가능한 가스 : 용존산소
- 기폭법에서 제거가 가능한 가스 : CO_2, 철분, 망간

83 다음 중 보일러의 탈산소제로 사용되지 않는 것은?
① 아황산나트륨   ② 히드라진
③ 탄닌   ④ 수산화나트륨

[해설]
- pH 알칼리도 조정제 : 가성소다(수산화나트륨), 탄산소다, 제3인산나트륨(탄산나트륨은 고압보일러에서는 사용 불가)
- 아황산나트륨 : 저압보일러용 탈산소제
- 히드라진(N_2H_4) : 고압보일러용 탈산소제

84 보일러 급수 중에 함유되어 있는 칼슘(Ca) 및 마그네슘(Mg)의 농도를 나타내는 척도는?
① 탁도   ② 경도
③ BOD   ④ pH

85 두께 10mm의 강판으로 내경 1,000mm인 원통을 만들면 최대 어느 압력까지 사용할 수 있는가?(단, 허용인장응력 7kgf/mm², 이음효율은 70%로 한다.)
① 7.6kgf/cm²   ② 8.3kgf/cm²
③ 9.8kgf/cm²   ④ 10.5kgf/cm²

[해설] 압력$(P) = \dfrac{200 \times \eta \times t \times \sigma}{D_0}$
$= \dfrac{200 \times 0.7 \times 10 \times 7}{1,000}$
$= 9.8 \text{kgf/cm}^2$

86 두께 20cm의 벽돌의 내측에 10mm의 모르타르와 5mm의 플라스터 마무리를 시행하고, 외측은 두께 15mm의 모르타르 마무리를 시공하였다. 아래 계수를 참고할 때, 다층벽의 총 열관류율(W/m²·℃)은?

- 실내측벽 열전달계수 h_1 = 8W/m²·℃
- 실외측벽 열전달계수 h_2 = 20W/m²·℃
- 플라스터 열전도율 λ_1 = 0.5W/m·℃
- 모르타르 열전도율 λ_2 = 1.3W/m·℃
- 벽돌 열전도율 λ_3 = 0.65W/m·℃

① 1.99   ② 4.57
③ 8.72   ④ 12.31

[해설] 열관류율(k)
$= \dfrac{1}{저항(R)}$
$= \dfrac{1}{\dfrac{1}{h_1} + \dfrac{b_1}{\lambda_1} + \dfrac{b_2}{\lambda_2} + \dfrac{b_3}{\lambda_3} + \dfrac{1}{h_2}}$
$= \dfrac{1}{\dfrac{1}{8} + \dfrac{0.005}{0.5} + \dfrac{0.01}{1.3} + \dfrac{0.2}{0.65} + \dfrac{1}{20}}$
$= 1.99 \text{W/m}^2 \cdot ℃$

ANSWER | 81. ② 82. ① 83. ④ 84. ② 85. ③ 86. ①

87 용접에서 발생한 잔류응력을 제거하기 위한 열처리는?

① 뜨임(Tempering)
② 풀림(Annealing)
③ 담금질(Quenching)
④ 불림(Normalizing)

해설 풀림(어니얼링)
용접 후 발생한 잔류응력 제거(가공경화된 재료의 내부 응력을 제거하기 위해 600~650℃로 가열한 후 서서히 냉각시키는 조작)

88 보일러 연소 시 그을음의 발생 원인이 아닌 것은?

① 통풍력이 부족한 경우
② 연소실의 온도가 낮은 경우
③ 연소장치가 불량인 경우
④ 연소실의 면적이 큰 경우

해설 연소실 면적이 크면 공기소통이 원활하여 완전연소가 가능하여 그을음 부착이 방지된다.

89 강관의 두께가 10mm이고 리벳의 직경이 16.8mm이며 리벳 구멍의 피치가 60.2mm의 1줄 겹치기 리벳조인트가 있을 때 이 강판의 효율은?

① 58% ② 62%
③ 68% ④ 72%

해설 리벳이음의 강판 효율(η_1)
$\eta_1 = 1 - \dfrac{d}{P} = 1 - \dfrac{16.8}{60.2} = 0.72(72\%)$

90 관판의 두께가 10mm이고 관 구멍의 직경이 30mm인 연관보일러의 연관의 최소피치는?

① 약 37.2mm ② 약 43.5mm
③ 약 53.2mm ④ 약 64.9mm

해설 연관의 최소피치(P)
$P = \left(1 + \dfrac{4.5}{t}\right) \times d = \left(1 + \dfrac{4.5}{10}\right) \times 30 = 43.5\text{mm}$

91 직경 200mm 철관을 이용하여 매분 1,500L의 물을 흘려보낼 때 철관 내의 유속은?

① 0.59m/s ② 0.79m/s
③ 0.99m/s ④ 1.19m/s

해설 유속 $= \dfrac{\text{유량}}{\text{단면적}}$

단면적(A) $= \dfrac{\pi}{4}d^2 = \dfrac{3.14}{4} \times (0.2)^2 = 0.0314\text{m}^2$

$\therefore$ 유속(V) $= \dfrac{\left(\dfrac{1,500}{1,000}\right) \times \dfrac{1}{60}}{0.0314} = 0.79\text{m/s}$

※ 1,500L=1.5m³, 1분=60초

92 파이프의 내경 D(mm)를 유량 Q(m³/s)와 평균속도 V(m/s)로 표시한 식으로 옳은 것은?

① $D = 1,128\sqrt{\dfrac{Q}{V}}$ ② $D = 1,128\sqrt{\dfrac{\pi V}{Q}}$
③ $D = 1,128\sqrt{\dfrac{Q}{\pi V}}$ ④ $D = 1,128\sqrt{\dfrac{V}{Q}}$

해설 파이프 내 평균내경(D)
$D = 1,128\sqrt{\dfrac{Q}{V}}$ (mm)

93 급수처리에 있어서 양질의 급수를 얻을 수 있으나 비용이 많이 들어 보급수의 양이 적은 보일러 또는 선박보일러에서 해수로부터 청수를 얻고자 할 때 주로 사용하는 급수처리 방법은?

① 증류법 ② 여과법
③ 석회소다법 ④ 이온교환법

해설 증류법
용존물의 화학적 처리법에서 양질의 급수를 얻을 수 있으나 비용이 많이 들어 선박용 해수를 청수로 얻고자 하는 급수처리법

87. ② 88. ④ 89. ④ 90. ② 91. ② 92. ① 93. ① | ANSWER

94 두께 150mm인 적벽돌과 100mm인 단열벽돌로 구성되어 있는 내화벽돌의 노벽이 있다. 이것의 열전도율은 각각 1.2kcal/m·h·℃, 0.06kcal/m·h·℃이다. 이때 손실열량은?(단, 노 내 벽면의 온도는 800℃이고, 외벽면의 온도는 100℃이다.)

① 289kcal/m²·h ② 390kcal/m²·h
③ 505kcal/m²·h ④ 635kcal/m²·h

해설 열손실$(Q) = \dfrac{A(t_1-t_2)}{\dfrac{b_1}{\lambda_1}+\dfrac{b_2}{\lambda_2}} = \dfrac{(800-100)}{\dfrac{0.15}{1.2}+\dfrac{0.1}{0.06}}$
$= \dfrac{700}{1.79166} = \dfrac{700}{1.8} = 390\text{kcal/m}^2\cdot\text{h}$

95 피복 아크용접에서 루트의 간격이 크게 되었을 때 보수하는 방법으로 틀린 것은?

① 맞대기 이음에서 간격이 6mm 이하일 때에는 이음부의 한쪽 또는 양쪽에 덧붙이를 하고 깎아내어 간격을 맞춘다.
② 맞대기 이음에서 간격이 16mm 이상일 때에는 판의 전부 혹은 일부를 바꾼다.
③ 필릿 용접에서 간격이 1.5~4.5mm일 때에는 그대로 용접해도 좋지만 벌어진 간격만큼 각장을 작게 한다.
④ 필릿 용접에서 간격이 1.5mm 이하일 때에는 그대로 용접한다.

해설 피복아크 용접 홈의 보수에서 ③의 경우에는 각장을 크게 해야 한다.

96 분리하는 방식에 따라 구분되는 집진장치의 종류가 아닌 것은?

① 건식   ② 습식
③ 전기식 ④ 전자식

해설 매연 집진장치의 종류
• 건식 : 여과식, 사이클론식
• 습식 : 유수식, 가압수식, 회전식
• 전기식 : 코트렐식

97 관 스테이의 최소 단면적을 구하려고 한다. 이때 적용하는 설계 계산식은?(단, S : 관 스테이의 최소 단면적(mm²), A : 1개의 관 스테이가 지지하는 면적(cm²), a : A 중에서 관 구멍의 합계 면적(cm²), P : 최고 사용압력(kgf/cm²)이다.)

① $S=\dfrac{(A-a)P}{5}$ ② $S=\dfrac{(A-a)P}{10}$
③ $S=\dfrac{15P}{(A-a)}$ ④ $S=\dfrac{10P}{(A-a)}$

해설 관 스테이의 최소 단면적(S)
$S=\dfrac{(A-a)P}{5}$ (mm²)

98 증기압력 1.2kg/cm²의 포화증기(포화온도 104.25℃, 증발잠열 536.1kcal/kg)를 내경 52.9mm, 길이 50m인 강관을 통해 이송하고자 할 때 트랩 선정에 필요한 응축수량은?(단, 외부온도 0℃, 강관 총중량 300kg, 강관비열 0.11kcal/kg·℃이다.)

① 4.4kg   ② 6.4kg
③ 8.4kg   ④ 10.4kg

해설 증기열손실$(Q) = 300 \times 0.11 \times (104.25-0)$
$= 3,440.25\text{kcal}$
∴ 응축수량 $= \dfrac{\text{열손실}}{\text{증발잠열}} = \dfrac{3,440.25}{536.1} = 6.4\text{kg}$

99 내화물의 기계적 성질이 아닌 것은?

① 압축강도 ② 용적변화
③ 탄성률   ④ 인장강도

해설 내화물의 기계적 성질
• 압축강도
• 탄성률
• 인장강도

ANSWER | 94. ② 95. ③ 96. ④ 97. ① 98. ② 99. ②

100 압력용기의 설치상태에 대한 설명으로 틀린 것은?

① 압력용기는 1개소 이상 접지되어야 한다.
② 압력용기의 화상 위험이 있는 고온배관은 보온되어야 한다.
③ 압력용기의 기초는 약하여 내려앉거나 갈라짐이 없어야 한다.
④ 압력용기의 본체는 바닥에서 30mm 이상 높이에 설치되어야 한다.

해설

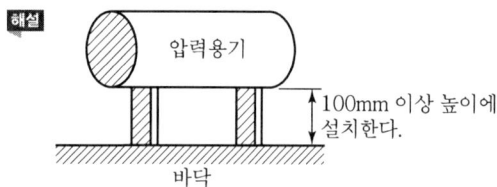

100. ④ | ANSWER

2015년 4회 에너지관리기사

SECTION 01 연소공학

01 탄소 1kg을 연소시키는 데 필요한 공기량은?
① 1.87Nm³/kg
② 3.93Nm³/kg
③ 8.89Nm³/kg
④ 13.51Nm³/kg

해설 탄소의 연소반응식
$$C + O_2 \rightarrow CO_2$$
12kg   22.4Nm³   22.4Nm³
(탄소분자량 : 12)

공기량(A_0) = 산소량 × $\frac{1}{0.21}$
= $\frac{22.4}{12} × \frac{1}{0.21}$ = 8.89Nm³/kg

02 어떤 중유 연소보일러의 연소 배기가스의 조성이 $CO_2(SO_2$ 포함)=11.6%, CO=0%, O_2=6.0%, N_2=82.4%였다. 중유의 분석 결과는 중량단위로 탄소 84.6%, 수소 12.9%, 황 1.6%, 산소 0.9%로서 비중은 0.924이었다. 연소할 때 사용된 공기의 공기비는?
① 1.08   ② 1.18
③ 1.28   ④ 1.38

해설 공기비$(m) = \frac{N_2}{N_2 - 3.76[(O_2) - 0.5(CO)]}$
= $\frac{82.4}{82.4 - 3.76(6.0 - 0.5 × 0)}$ = 1.38

03 여과 집진장치의 여과재 중 내산성, 내알칼리성이 모두 좋은 성질을 지닌 것은?
① 테트론   ② 사란
③ 비닐론   ④ 글라스

해설 화학섬유지인 비닐론 여과재는 집진장치 여과식에서 내산성, 내알칼리성 모두 좋은 성질을 가진다.

04 통풍방식 중 평형통풍에 대한 설명으로 틀린 것은?
① 통풍력이 커서 소음이 심하다.
② 안정한 연소를 유지할 수 있다.
③ 노 내 정압을 임의로 조절할 수 있다.
④ 중형 이상의 보일러에는 사용할 수 없다.

해설
- 인공통풍 : 압입통풍, 흡입통풍, 평형통풍
- 평형통풍 : 대형, 중형 이상의 보일러 통풍방식

05 연도가스를 분석한 결과 CO_2 10.6%, O_2 4.4%, CO가 0.0%였다. $(CO_2)_{max}$는?
① 13.4%   ② 19.5%
③ 22.6%   ④ 35.0%

해설 $(CO_2)_{max}$(탄산가스 최대량) 계산식
- CO가 0%일 때 = $\frac{21 × (CO_2)}{21 - (O_2)}$ = $\frac{21 × 10.6}{21 - 4.4}$ = 13.4%
- CO 가스 성분이 주어지는 경우
$(CO_2)_{max} = \frac{21(CO_2 + CO)}{21 - (O_2) + 0.395(CO)}$ (%)

06 순수한 CH_4를 건조공기로 연소시키고 난 기체화합물을 응축기로 보내 수증기를 제거시킨 다음, 나머지 자체를 Orsat법으로 분석한 결과, 부피비로 CO_2가 8.21%, CO가 0.41%, O_2가 5.02%, N_2가 86.36%였다. CH_4 1kmol당 약 몇 kmol의 건조공기가 필요한가?
① 7.3kmol   ② 8.5kmol
③ 10.3kmol   ④ 12.1kmol

해설 공기비$(m) = \frac{N_2}{N_2 - 3.76[(O_2) - 0.5(CO)]}$
= $\frac{86.36}{86.36 - 3.76(5.02 - 0.5 × 0.41)}$ = 1.268

메탄의 연소반응식 : $CH_4 + 2O_2 \rightarrow CO_2 + 2H_2O$
메탄의 이론공기량$(A_0) = 2 × \frac{1}{0.21}$ = 9.52Nm³/Nm³
∴ 메탄의 실제공기량(A) = 이론공기량 × 공기비
= 9.52 × 1.268 = 12.1

ANSWER | 1.③ 2.④ 3.③ 4.④ 5.① 6.④

07 화염이 공급 공기에 의해 꺼지지 않게 보호하며 선회기 방식과 보염판 방식으로 대별되는 장치는?

① 윈드박스 ② 스태빌라이저
③ 버너타일 ④ 콤버스터

해설 스태빌라이저
화염이 공급공기에 의해 꺼지지 않게 보호하는 장치로 선회기 방식과 보염판 방식이 있다.

08 분젠 버너의 가스유속을 빠르게 했을 때 불꽃이 짧아지는 이유는?

① 층류현상이 생기기 때문에
② 난류현상으로 연소가 빨라지기 때문에
③ 가스와 공기의 혼합이 잘 안 되기 때문에
④ 유속이 빨라서 미처 연소를 못하기 때문에

해설
- 분젠버너의 가스유속을 빠르게 하면 난류현상으로 불꽃이 짧아진다.
- 분젠버너 : 1차 공기 60%, 2차 공기 40%의 혼합공기를 이용하는 버너(일반 가스기구, 온수기, 가스레인지)

09 저위발열량이 1,784kcal/kg인 석탄을 연소시켜 13,200kg/h의 증기를 발생시키는 보일러의 효율은?(단, 석탄의 발열량은 6,040kcal/kg이고, 증기의 엔탈피는 742kcal/kg, 급수의 엔탈피는 23kcal/kg이다.)

① 64% ② 74%
③ 88% ④ 94%

해설 보일러 효율 = $\dfrac{증기발생량}{연료공급량} \times 100\%$

$= \dfrac{13,200 \times (742-23)}{1,784 \times 6,040} \times 100 = 88\%$

10 다음과 같은 조성의 석탄가스를 연소시켰을 때의 이론습연소가스양(Nm^3/Nm^3)은?

성분	CO	CO_2	H_2	CH_4	N_2
부피(%)	8	1	50	37	4

① 5.61 ② 4.61
③ 3.94 ④ 2.94

해설
- 가연성은 H_2, CH_4, 수소 · CO 가스 산소 값
$\dfrac{1}{2} = 0.5 Nm^3/Nm^3$
- 이론공기량(A_0) = $\dfrac{산소량}{0.21}$
- 연소반응식 : $CO + \dfrac{1}{2}O_2 \rightarrow CO_2$ (1×0.08)

$H_2 + \dfrac{1}{2}O_2 \rightarrow H_2O$ (1×0.5)

$CH_4 + 2O_2 \rightarrow CO_2 + 2H_2O$ (3×0.37)

CO_2 (1×0.01)

N_2 (1×0.04)

- 이론습연소가스양(G_{ow})
$= (1-0.21)A_0 + CO + CO_2 + H_2 + CH_4 + N_2$
$= (1-0.21) \times \dfrac{(0.5 \times 0.08) + (0.5 \times 0.5) + (2 \times 0.37)}{0.21}$
$+ 1 \times 0.08 + 1 \times 0.01 + 1 \times 0.5 + 3 \times 0.37 + 1 \times 0.04$
$= 5.61 Nm^3/Nm^3$

11 이론공기량의 정의로 옳은 것은?

① 연소장치의 공급 가능한 최대의 공기량
② 단위량의 연료를 완전연소시키는 데 필요한 최대의 공기량
③ 단위량의 연료를 완전연소시키는 데 필요한 최소의 공기량
④ 단위량의 연료를 지속적으로 연소시키는 데 필요한 최대의 공기량

해설 이론공기량
단위량(kg · Nm^3)의 연료를 완전연소시키는 데 필요한 최소의 공기량

12 다음 중 건식집진장치가 아닌 것은?

① 사이클론(Cyclone)
② 백필터(Bag Filter)
③ 멀티클론(Multiclone)
④ 사이클론 스크러버(Cyclone Scrubber)

해설 가압수식 집진장치(습식)
사이클론 스크러버, 벤투리 스크러버, 제트 스크러버, 충전탑 등

13 예혼합연소방식의 특징으로 틀린 것은?
① 내부 혼합형이다.
② 불꽃의 길이가 확산연소방식보다 짧다.
③ 가스와 공기의 사전 혼합형이다.
④ 역화 위험이 없다.

해설 가스연소방법
• 확산연소방식
• 예혼합연소방식 : 역화의 위험이 따른다.

14 기체연료의 장점이 아닌 것은?
① 연소 조절이 용이하다.
② 운반과 저장이 용이하다.
③ 회분이나 매연이 없어 청결하다.
④ 적은 공기로 완전연소가 가능하다.

해설 액체연료
운반, 저장, 취급이 용이하다.

15 중유연소에 있어서 화염이 불안정하게 되는 원인이 아닌 것은?
① 유압의 변동
② 노 내 온도가 높을 때
③ 연소용 공기의 과다(過多)
④ 물 및 기타 협잡물에 의한 분무의 단속(斷續)

해설 중유(중질오일)는 노 내 온도가 높으면 화염이 안정되고 연소상태가 양호하다.

16 고체연료의 연료비(Fuel Ratio)를 옳게 나타낸 것은?
① $\dfrac{휘발분}{고정탄소}$ ② $\dfrac{고정탄소}{휘발분}$
③ $\dfrac{탄소}{수소}$ ④ $\dfrac{수소}{탄소}$

해설 • 연료비 = $\dfrac{고정탄소}{휘발분}$
• 연료비가 크면 무연탄 등 양질의 고체 연료이다.

17 중유에 대한 일반적인 설명으로 틀린 것은?
① A중유는 C중유보다 점성이 적다.
② A중유는 C중유보다 수분 함유량이 적다.
③ 중유는 점도에 따라 A급, B급, C급으로 나뉜다.
④ C중유는 소형 디젤기관 및 소형 보일러에 사용된다.

해설 C중유(중질유)는 점성이 높아서 대형 보일러에 사용한다.

18 다음 중 매연 측정을 위해 사용하는 것은?
① 보염장치 ② 링겔만 농도표
③ 레드우드 점도계 ④ 사이클론장치

해설 링겔만 농도표 : 0~5도까지 6단계로 구성하며 매연 측정 농도가 가능하다(매연농도 1도당 매연이 20%이다).

19 배기가스 출구 연도에 댐퍼를 부착하는 주된 이유가 아닌 것은?
① 통풍력을 조절한다.
② 과잉공기를 조절한다.
③ 배기가스의 흐름을 차단한다.
④ 주연도, 부연도가 있는 경우에는 가스의 흐름을 바꾼다.

해설 과잉공기 조절은 연도 댐퍼가 아닌 공기 연도 댐퍼의 역할이다.

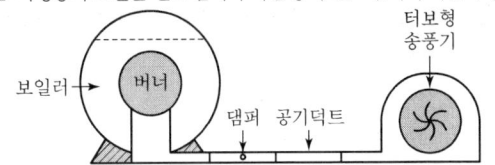

20 유압분무식 버너의 특징에 대한 설명 중 틀린 것은?
① 기름의 점도가 너무 높으면 무화가 나빠진다.
② 유지 및 보수가 간단하다.
③ 대용량의 버너 제작이 용이하다.
④ 분무 유량조절의 범위가 넓다.

해설 • 유압분무식 중유버너는 유량조절범위가 2 : 1로서 매우 좁다.
• 분무 : 오일을 안개방울화하여 연소시킨다.

ANSWER | 13. ④ 14. ② 15. ② 16. ② 17. ④ 18. ② 19. ② 20. ④

SECTION 02 열역학

21 다음 중 터빈에서 증기의 일부를 배출하여 급수를 가열하는 증기 사이클은?

① 사바테 사이클　② 재생 사이클
③ 재열 사이클　④ 오토 사이클

해설 재생 사이클(Regenerative Cycle)
터빈에서 증기의 일부를 배출하여 급수가열기를 이용하여 공급열량을 될 수 있는 한 작게 함으로써 열효율을 개선하고자 고안된 사이클이다(증기원동소에서는 터빈을 나오는 증기의 온도가 낮다).

22 비엔탈피가 326kJ/kg인 어떤 기체가 노즐을 통하여 단열적으로 팽창되어 비엔탈피가 322kJ/kg으로 되어 나간다. 유입 속도를 무시할 때 유출 속도는 몇 m/s인가?

① 4.4　② 22.6
③ 64.7　④ 89.4

해설 $W_2 = \sqrt{2g \cdot 102 \times (h_1 - h_2)}$
$= \sqrt{2 \times 9.8 \times 102 \times (326 - 322)} = 89.4 \text{m/s}$
※ 1kJ = 102kg · m/sec

23 다음의 열역학 선도 중 몰리에르 선도(Mollier Chart)를 나타낸 것은?

① $P-V$　② $T-s$
③ $H-P$　④ $H-s$

해설
• 증기터빈 : $H-s$ 선도, $T-s$ 선도가 많이 사용된다.
• 냉동기 : $P-H$ 선도, $T-s$ 선도가 많이 사용된다.
$H-s$ 선도(Mollier Chart)
열량을 구하는 경우에는 $T-s$ 선도의 면적을 측정하지만 $H-s$ 선도에서는 단열변화가 수직선으로 표시되어 있어서 단열변화에서는 엔탈피의 변화를 수직선 길이만 알면 구할 수 있다(증기터빈의 설계에서는 특별히 중요한 선도이다).

24 냉동능력을 나타내는 단위로 0℃의 물을 24시간 동안에 0℃의 얼음으로 만드는 능력을 무엇이라 하는가?

① 냉동효과　② 냉동마력
③ 냉동톤　④ 냉동률

해설
• 냉동톤(RT) : 냉동능력의 단위로 0℃의 물을 24시간 동안에 0℃의 얼음으로 만드는 능력(얼음의 융해잠열 = 79.68kcal/kg)
• 증기압축식 냉동기(1RT) = $79.68 \times \dfrac{1,000 \text{kg}}{24 \text{시간}}$
= 3,320kcal/h

25 동일한 압력에서 100℃, 3kg의 수증기와 0℃, 3kg의 물의 엔탈피 차이는 몇 kJ인가?(단, 평균정압비열은 4.184kJ/kg·K이고, 100℃에서 증발잠열은 2,250kJ/kg이다.)

① 638　② 1,918
③ 2,668　④ 8,005

해설
• 증기의 엔탈피 = 1,255.2 + 6,750 = 8,005.2kJ
  $3 \times 4.184 \times 100 = 1,255.2$kJ(100℃의 물의 현열)
  $3 \times 2,250 = 6,750$kJ(물의 증발잠열)
• 0℃의 물 3kg의 현열 = 0kJ

26 공기를 왕복식 압축기를 사용하여 1기압에서 9기압으로 압축한다. 이 경우에 압축에 소요되는 일을 가장 작게 하기 위해서는 중간 단의 압력을 다음 중 어느 정도로 하는 것이 가장 적당한가?

① 2기압　② 3기압
③ 4기압　④ 5기압

해설 2단 압축의 중간압력(P_m) = $\sqrt{P_1 \times P_2}$
∴ $P_m = \sqrt{1 \times 9} = 3$기압

27 이상기체 1몰이 온도가 23℃로 일정하게 유지되는 등온과정으로 부피가 23L에서 45L로 가역팽창하였을 때 엔트로피 변화는 몇 J/K인가?(단, $\overline{R}$ = 8.314 kJ/kmol·K이다.)

① -5.58　② 5.58
③ -1.67　④ 1.67

21. ② 22. ④ 23. ④ 24. ③ 25. ④ 26. ② 27. ② | ANSWER

해설 등온과정의 엔트로피 변화(Δs)
$= S_2 - S_1 = GAR \ln \dfrac{V_2}{V_1} = 1 \times 8.314 \times \ln \dfrac{45}{23} = 5.58 \text{J/K}$

여기서, $\overline{R} = 8.314 \text{J/mol} \cdot \text{K}$
SI 단위에서는 $A(427 \text{kg} \cdot \text{m/kcal})$가 빠진다.

28 다음 중 물의 임계압력에 가장 가까운 값은?
① 1.03kPa ② 100kPa
③ 22MPa   ④ 63MPa

해설 물의 임계점
• 임계온도: 374.15K
• 임계압력: 225.65kgf/cm²(22MPa)

29 이상적인 증기압축 냉동 사이클에서 증발온도가 동일하고 응축온도가 아래와 같을 때 성능계수가 가장 큰 경우는?
① 15℃ ② 20℃
③ 30℃ ④ 25℃

해설 냉동기 성능계수$(COP) = \dfrac{Q_2}{AW_c} = \dfrac{T_2}{T_1 - T_2}$

0℃=273K이므로
① 15+273=288K, $\dfrac{273}{288-273} = 18.2$
③ 30+273=303K, $\dfrac{273}{303-273} = 9.1$
증발온도가 일정할 때, 응축온도가 낮을수록 COP가 커진다.

30 용기 속에 절대압력이 850kPa, 온도 52℃인 이상기체가 49kg 들어 있다. 이 기체의 일부가 누출되어 용기 내 절대압력이 415kPa, 온도가 27℃가 되었다면 밖으로 누출된 기체는 약 몇 kg인가?
① 10.4 ② 23.1
③ 25.9 ④ 47.6

해설 52+273=325K, 27+273=300K
850-415=435kPa, 325-300=25K
$PV = GRT$, $\dfrac{P_2}{P_1} = \dfrac{G_2}{G_1} \times \dfrac{T_2}{T_1}$

$G_2 = G_1 \times \dfrac{P_2}{P_1} \times \dfrac{T_1}{T_2} = \dfrac{415}{850} \times \dfrac{325}{300} \times 49 = 25.917 \text{kg}$
∴ 누설량 = 49 - 25.917 = 23.1kg

31 그림은 디젤 사이클의 P-V 선도이다. 단절비(Cut-off Ratio)에 해당하는 것은?(단, P는 압력, V는 체적이다.)

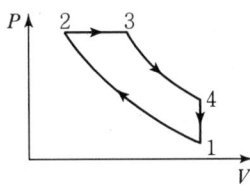

① V_1/V_2 ② V_3/V_2
③ V_4/V_3 ④ V_4/V_2

해설 디젤 사이클(내연기관 사이클)
• 1 → 2 : 단열변화(압축)
• 2 → 3 : 정압가열(σ : 연료단절비 $= \dfrac{V_3}{V_2}$)
• 3 → 4 : 단열팽창
• 4 → 1 : 정적방열

32 200℃, 2MPa의 질소 5kg을 정압과정으로 체적이 1/2이 될 때까지 냉각하는 데 필요한 열량은 약 얼마인가?(단, 질소의 비열비는 1.4, 기체상수는 0.297 kJ/kg·K이다.)
① -822kJ   ② -1,230kJ
③ -1,630kJ ④ -2,450kJ

해설 $K = \dfrac{C_p}{C_v}$

$C_p = \dfrac{K}{K-1} AR = \dfrac{1.4}{1.4-1} \times 0.297$
$= 1.0395 \text{kJ/kg} \cdot \text{K}$(정압비열)

정압변화에서 가열량은 모두 엔탈피 변화로 나타난다.
$T_2 = T_1 \times \dfrac{V_2}{V_1}$
$= (200+273) \times \dfrac{1}{2} = 236.5\text{K}$

∴ 가열량(Δh) = $5 \times 1.0395(236.5 - 473)$
$= -1,230 \text{kJ}$

ANSWER | 28. ③ 29. ① 30. ② 31. ② 32. ②

33 공기 온도가 15℃, 대기압이 758.7mmHg인 때에 습도계로 공기 중 증기의 분압이 9.5mmHg임을 알았다. 건조공기의 밀도는 얼마인가?(단, 0℃, 760mmHg 일 때의 건조공기 밀도는 1.293kg/m³이다.)

① 1.02kg/m³ ② 1.21kg/m³
③ 1.40kg/m³ ④ 1.6kg/m³

해설 건공기밀도 $= 1.293 \times \dfrac{273}{273+15} \times \dfrac{758.7-9.5}{760}$
$= 1.21 \text{kg/m}^3$

※ 밀도$(\rho) = \dfrac{질량}{체적}$ (kg/m³)

34 다음 그림은 어떤 사이클에 가장 가까운가?

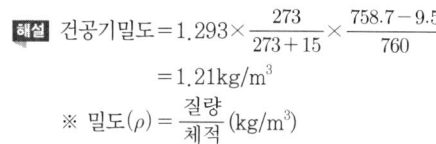

① 디젤 사이클 ② 냉동 사이클
③ 오토 사이클 ④ 랭킨 사이클

해설 랭킨 사이클
- A → B : 정적압축(가역단열압축)
- B → E : 정압가열(건포화증기)
- E → F : 터빈의 단열팽창(복수기 유입)
- E → A : 등압·등온방열(포화수 응축)

35 동일한 압력하에서 포화수, 건포화증기의 비체적을 각각 v', v''로 하고, 건도 x의 습증기의 비체적을 v_x로 할 때 건도 x는 어떻게 표시되는가?

① $x = \dfrac{v''-v'}{v_x+v'}$ ② $x = \dfrac{v_x+v'}{v''-v'}$
③ $x = \dfrac{v''-v'}{v_x-v'}$ ④ $x = \dfrac{v_x-v'}{v''-v'}$

해설 습증기 건도$(x) = \dfrac{v_x-v'}{v''-v'}$

36 30℃와 100℃ 사이에서 냉동기를 가동시키는 경우 최대의 성능계수(COP)는 약 얼마인가?

① 2.33 ② 3.33
③ 4.33 ④ 5.33

해설 30+273=303K
100+273=373K
성능계수$(COP) = \dfrac{T_2}{T_1-T_2} = \dfrac{303}{373-303} = 4.33$

37 압력을 일정하게 유지하면서 15kg의 이상기체를 300K에서 500K까지 가열하였다. 엔트로피 변화는 몇 kJ/K인가?(단, 기체상수는 0.189kJ/kg·K, 비열비는 1.289이다.)

① 5.273 ② 6.459
③ 7.441 ④ 8.175

해설 정압과정의 엔트로피 변화(ΔS)
$\Delta S = S_2 - S_1 = C_v \ln \dfrac{T_2}{T_1} + AR \ln \dfrac{V_2}{V_1}$
$= C_p \ln \dfrac{T_2}{T_1} = C_p \ln \dfrac{V_2}{V_1}$

정압비열$(C_p) = \dfrac{K}{K-1}R = \dfrac{1.289}{1.289-1} \times 0.189$
$= 0.842979238 \text{kJ/kg·K}$

∴ $\Delta S = 15 \times 0.842979238 \times \ln \dfrac{500}{300}$
$= 6.459 \text{kJ/K}$

38 출력이 100kW인 디젤 발전기에서 시간당 25kg의 연료를 소모한다. 연료의 발열량이 42,000kJ/kg일 때 이 발전기의 전환효율은 얼마인가?

① 34% ② 40%
③ 60% ④ 66%

해설 1kWh = 860kcal × 4.1865kJ/kcal = 3,600kJ
발전량 = 100 × 3,600 = 360,000kJ/h
연료발열량 = 25 × 42,000 = 1,050,000kJ/h

∴ 전환효율 $= \dfrac{360,000}{1,050,000} = 0.34(34\%)$

39 노점온도(Dew Point Temperature)를 가장 옳게 설명한 것은?

① 공기, 수증기의 혼합물에서 수증기의 분압에 대한 수증기 과열상태 온도
② 공기, 가스의 혼합물에서 가스의 분압에 대한 가스의 과랭상태 온도
③ 공기, 수증기의 혼합물을 가열시켰을 때 증기가 없어지는 온도
④ 공기, 수증기의 혼합물에서 수증기의 분압에 해당하는 수증기의 포화온도

해설 노점온도
공기, 수증기의 혼합물에서 수증기의 분압에 해당하는 수증기의 포화온도

40 물에 관한 다음 설명 중 틀린 것은?

① 물은 4℃ 부근에서 비체적이 최대가 된다.
② 물이 얼어 고체가 되면 밀도가 감소한다.
③ 임계온도보다 높은 온도에서는 액상과 기상을 구분할 수 없다.
④ 액체상태의 물을 가열하여 온도가 상승하는 경우, 이때 공급한 열을 현열이라고 한다.

해설 물은 0~4℃가 될 때까지 비체적(m^3/kg)이 가장 작고 4℃에서 1kg/L이다.

SECTION 03 계측방법

41 자동제어계에서 안정성의 척도가 되는 것은?

① 감쇠   ② 정상편차
③ 지연시간   ④ 오버슈트(Overshoot)

해설 • 오버슈트 : 최대편차량(제어량이 목푯값을 초과하여 최초로 나타내는 최댓값이다.)
• 오버슈트 = $\dfrac{최대\ 초과량}{최종목푯값} \times 100\%$

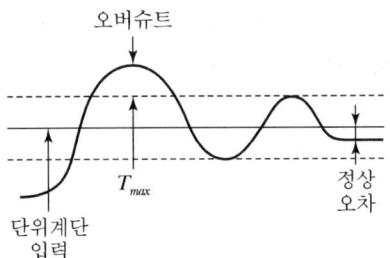

42 다음 중 액주식(液柱式) 압력계가 아닌 것은?

① U자관 압력계
② 단관식 압력계
③ 링밸런스식 압력계
④ 격막식(Diaphragm) 압력계

해설 탄성식 압력계
부르동관 압력계, 다이어프램식 압력계(격막식), 벨로스식 압력계

43 다음 [그림]은 열전대의 결선방법과 냉접점을 나타낸 것이다. 냉접점을 표시하는 부분은?

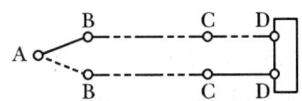

① A   ② B
③ C   ④ D

해설 • A : 열접점   • B : 열전대
• C : 냉접점   • D : 단자

44 연속동작으로 잔류편차(Offset) 현상이 발생하는 제어동작은?

① 온-오프(On-Off) 2위치 동작
② 비례동작(P 동작)
③ 비례적분동작(PI 동작)
④ 비례적분미분동작(PID 동작)

해설 • 비례동작 : 잔류 편차 발생
• 적분동작 : 잔류 편차 제거

ANSWER | 39. ④ 40. ① 41. ④ 42. ④ 43. ③ 44. ②

45 서로 다른 2개의 금속판을 접합시켜 만든 바이메탈 온도계의 기본 작동원리는?

① 두 금속판의 비열의 차
② 두 열전도도의 차
③ 두 금속판의 열팽창계수의 차
④ 두 금속판의 기계적 강도의 차

해설 • 바이메탈 온도계 : 선팽창계수(열팽창률)가 서로 다른 박판의 다른 금속을 맞붙여 놓고 온도변화에 따른 금속의 변형으로 온도를 측정한다.
• 측정범위 : $-50 \sim 500℃$ 정도

46 개방형 마노미터로 측정한 공기의 압력이 $150mmH_2O$일 때, 이 공기의 절대압력은?

① 약 $150kg/m^2$
② 약 $150kg/cm^2$
③ 약 $151.033kg/cm^2$
④ 약 $10,480kg/m^2$

해설 절대압력 = 게이지압 + 대기압, $1mmH_2O = 1kg/m^2$
표준대기압(1atm) = $1.0332kg/cm^2 = 10,332kg/m^2$
$150mmH_2O = 150kg/m^2$
∴ abs = $10,332 + 150 = 10,482kg/m^2$

47 휴대용으로 상온에서 비교적 정도가 좋은 아스만(Asman) 습도계는 다음 중 어디에 속하는가?

① 간이 건습구 습도계
② 저항 습도계
③ 통풍형 건습구 습도계
④ 냉각식 노점계

해설 통풍형 건습구 습도계
휴대용이며 상온에서 비교적 정도가 좋은 것은 아스만 습도계이다.

48 다음 중 물리적 가스 분석법으로 가장 거리가 먼 것은?

① 적외선 흡수식
② 열전도율식
③ 연소열식
④ 자기식

해설 화학적 가스분석계
• 자동 오르자트법(CO_2, CO, O_2 분석)
• 연소열식(H_2, CO, C_mH_n 등 분석)
• 헴펠식

49 부자식(Float) 면적 유량계에 대한 설명으로 틀린 것은?

① 압력손실이 적다.
② 정밀측정에는 부적당하다.
③ 대유량의 측정에 적합하다.
④ 수직배관에만 적용이 가능하다.

해설 면적식 유량계(부자식 유량계)
㉠ 종류
 • 부자식(로터미터)
 • 게이트식
 • 피스톤식
㉡ 특징 : 소유량이나 고점도의 유체 측정이 가능하고 순간 균등 유량눈금이 얻어지며 압력손실이 적다. 슬러리 액이나 부식성 액체 측정이 가능하다.

50 전기저항 온도계의 특징에 대한 설명으로 틀린 것은?

① 자동기록이 가능하다.
② 원격측정이 용이하다.
③ 700℃ 이상의 고온측정에서 특히 정확하다.
④ 온도가 상승함에 따라 금속의 전기저항이 증가하는 현상을 이용한 것이다.

해설 전기저항식 온도계(측온 저항체)
• 백금 : $-100 \sim 500℃$
• 니켈 : $-50 \sim 150℃$
• 구리 : $0 \sim 120℃$
• Thermister(서미스터 : 니켈, 코발트, 망간, 철, 구리 등의 금속산화물 분말 혼합 소결용 반도체) : $-100 \sim 300℃$

51 산소의 농도를 측정할 때 기전력을 이용하여 분석·계측하는 분석계는?

① 자기식 O_2계
② 세라믹식 O_2계
③ 연소식 O_2계
④ 밀도식 O_2계

해설 세라믹 산소계
산소 농도 측정 시 기전력을 이용한 가스분석계로 주 원료는 지르코니아(ZrO_2)이다. 응답이 빠르고 연속 측정이 가능하고 측정범위가 넓다. 단, 측정가스 중 가연성 가스가 있으면 사용이 불가하다.

52 정도가 높고 내열성은 강하나 환원성 분위기나 금속증기 중에는 약한 특징의 열전대는?

① 구리 - 콘스탄탄
② 철 - 콘스탄탄
③ 크로멜 - 알루멜
④ 백금 - 백금 · 로듐

해설 백금 - 백금 · 로듐(PR 온도계)
측정온도 범위 0~1,600℃ 정도의 접촉식 온도계이다. 정도가 높고 내열성이 강하다. 환원성 분위기나 금속증기 중에는 약하다.

53 제어계의 난이도가 큰 경우 가장 적합한 제어동작은?

① 헌팅동작   ② PD 동작
③ ID 동작   ④ PID 동작

해설 PID 연속제어(비례, 적분, 미분) 동작은 제어계의 난이도가 큰 경우에 적합한 제어동작이다.

54 열전대 재료의 구비 조건으로 틀린 것은?

① 장시간 사용에 견디며 이력현상(履歷現象)이 없을 것
② 내열성으로 고온에도 기계적 강도를 가지고 고온의 공기나 가스 중에서 내식성이 좋을 것
③ 재생도가 높고 제조와 가공이 용이할 것
④ 열기전력이 작고 온도상승에 따라 연속적으로 상승하지 않을 것

해설 열전대 온도계의 열전대는 열기전력이 크고 온도 증가에 따라 연속적으로 상승할 것

55 산소(O_2)를 측정하기 위한 가스분석기의 산소 분압이 양극에서 $0.5kg/cm^2$, 음극에서 $1.0kg/cm^2$로 각각 측정되었을 때 양극 사이의 기전력은?

① 16.8mV   ② 15.7mV
③ 14.6mV   ④ 13.5mV

해설 $E(\text{mV}) = 24.14 \times \ln\left(\dfrac{-P}{+P}\right)$
$= 24.14 \times \ln\left(\dfrac{1.0}{0.5}\right) = 16.8\text{mV}$

56 밀폐된 관에 수은 등과 같은 액체나 기체를 봉입한 것으로 온도에 따라 체적변화를 일으켜 관 내에 생기는 압력의 변화를 이용하여 온도를 측정하는 특징의 온도계 종류로 가장 거리가 먼 것은?

① 차압식   ② 기포식
③ 부자식   ④ 액저압식

해설 부자식은 유량계나 액면계로 많이 사용한다.

57 다음 중 압전 저항 효과를 이용한 압력계는?

① 액주형 압력계
② 아네로이드 압력계
③ 박막식 압력계
④ 스트레인 게이지식 압력계

해설 스트레인 게이지 압력계
압전 저항 효과를 이용한 압력계이다(자기변형 압력계). 즉, 물체에 압력을 가하면 발생한 전기량은 압력에 비례한다. 응답이 빨라서 백만분의 일 초 정도이며 급격한 압력변화를 측정한다.

58 오차와 관련된 설명으로 틀린 것은?

① 흩어짐이 큰 측정을 정밀하다고 한다.
② 오차가 작은 계량기는 정확도가 높다.
③ 계측기가 가지고 있는 고유의 오차를 기차라고 한다.
④ 눈금을 읽을 때 시선의 방향에 따른 오차를 시차라고 한다.

해설 계측기기의 오차에서 흩어짐이 큰 측정을 산포라고 한다(우연오차이다).
• 오차 = 측정값 - 참값
• 편차 = 측정값 - 평균값
• 감도 = $\dfrac{\text{지시량의 변화}}{\text{측정량의 변화}}$

59 다이얼게이지를 이용하여 두께를 측정하는 방법 등이 이에 해당하며, 정확한 기준과 비교 측정하여 측정기 자신의 부정확한 원인이 되는 오차를 제거하기 위하여 사용되는 방법은?

① 편위법 ② 영위법
③ 치환법 ④ 보상법

해설 치환법
정확한 기준과 비교 측정하여 계측기 자신의 부정확한 원인이 되는 오차를 제거하기 위하여 사용된다(다이얼게이지, 천칭 등 사용법).

60 피토관에서 얻은 압력차 $\Delta P(\text{kg/m}^2)$와 흐르는 유체와 유량 $W(\text{m}^3/\text{s})$의 관계는?(단, k는 정수, g는 중력가속도(9.8m/s^2), γ는 유체의 비중량(kg/m^3), A는 측정관의 단면적(m^2)을 나타낸다.)

① $W = k\sqrt{2g\gamma\Delta P}$ ② $W = k\sqrt{\gamma\Delta P}$
③ $W = k\sqrt{\dfrac{2g\Delta P}{\gamma}}$ ④ $W = k\sqrt{\dfrac{\gamma\Delta P}{2g}}$

해설 피토관 유속식 유량계의 유량(W)
$W(\text{m}^3/\text{sec}) = k\sqrt{2g\dfrac{\Delta P}{\gamma}} \times 단면적(\text{m}^2)$

SECTION 04 열설비재료 및 관계법규

61 캐스터블(Castable) 내화물의 특징이 아닌 것은?

① 소성할 필요가 없다.
② 접합부 없이 노체를 구축할 수 있다.
③ 사용 현장에서 필요한 형상으로 성형할 수 있다.
④ 온도의 변동에 따라 스폴링(Spalling)을 일으키기 쉽다.

해설 부정형 내화물(캐스터블)은 점토질, 샤모트를 치밀하게 소결시킨 내화성 골재에 수경성 알루미나 시멘트를 분말상태로 배합한 것으로 내스폴링성이 크다.

62 외경 76mm의 압력배관용 강관에 두께 50mm, 열전도율이 0.068kcal/m·h·℃인 보온재가 시공되어 있다. 보온재 내면온도가 260℃이고 외면온도가 30℃일 때 관 길이 10m당 열손실은?

① 313kcal/h ② 531kcal/h
③ 982kcal/h ④ 1,170kcal/h

해설 $r_1 = 76 \times \dfrac{1}{2} = 38\text{mm}$

- 평판 열전도 열손실(Q) = $\dfrac{A(t_1 - t_2)}{\dfrac{b_1}{\lambda_1} + \dfrac{b_2}{\lambda_2}}$

- 원형관 열전도 열손실(Q)

$Q = \dfrac{2\pi L(t_1 - t_2)}{\dfrac{1}{k} \cdot \ln\dfrac{r_2}{r_1}} = \dfrac{2 \times 3.14 \times 10(260 - 30)}{\dfrac{1}{0.068} \cdot \ln\dfrac{0.088}{0.038}}$

$= \dfrac{14,444}{12.349274} = 1,170\text{kcal/h}$

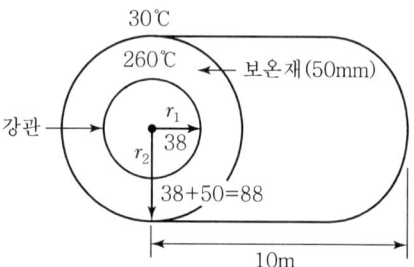

63 산업통상자원부장관은 에너지이용 합리화에 관한 기본계획을 몇 년마다 수립하는가?

① 5년 ② 3년
③ 2년 ④ 1년

해설 에너지 기본계획은 5년마다 수립한다.

64 점토질 단열재의 특징에 대한 설명으로 틀린 것은?

① 내스폴링성이 작다.
② 노벽이 얇아져서 노의 중량이 적다.
③ 내화재와 단열재의 역할을 동시에 한다.
④ 안전사용온도는 1,300~1,500℃ 정도이다.

해설 단열재
- 규조토질(900~1,200℃용)
- 점토질(1,300~1,500℃용) : 고온용 단열재이며 내스폴링성이 크다.

65 에너지이용 합리화법에 의거하여 산업통상자원부장관이 에너지 저장의무를 부과할 수 있는 자로 가장 거리가 먼 것은?

① 석탄산업법에 의한 석탄가공업자
② 석유사업법에 의한 석유판매업자
③ 집단에너지사업법에 의한 집단에너지사업자
④ 연간 2만 석유환산톤 이상의 에너지를 사용하는 자

해설 에너지 저장의무 부과 대상자(에너지이용 합리화법 시행령 제12조제1항)
- 전기사업법에 따른 전기사업자
- 도시가스사업법에 따른 도시가스사업자
- 석탄산업법에 따른 석탄가공업자
- 집단에너지사업법에 따른 집단에너지사업자
- 연간 2만 석유환산톤 이상의 에너지를 사용하는 자

66 에너지이용 합리화법에 의한 에너지관리자의 기본교육과정 교육기간은?

① 1일 ② 3일
③ 5일 ④ 7일

해설 에너지관리자 등의 법정 기본교육 기간은 1일이다.

67 효율기자재의 제조업자는 효율관리시험기관으로부터 측정결과를 통보받은 날로부터 며칠 이내에 그 측정결과를 한국에너지공단에 신고하여야 하는가?

① 15일 ② 30일
③ 90일 ④ 120일

해설 에너지이용 합리화법 시행규칙 제9조에 의거하여 90일 이내에 한국에너지공단에 신고하여야 한다.

68 산업통상자원부장관은 에너지이용 합리화를 위하여 필요하다고 인정하는 경우 효율관리기자재를 정하여 고시할 수 있다. 이에 따른 효율관리기자재에 해당하지 않는 것은?

① 전기냉장고 ② 조명기기
③ 개인용 PC ④ 자동차

해설 에너지이용 합리화법 시행규칙 제7조에 의거하여 ①, ②, ④ 외에 전기냉방기, 전기세탁기, 삼상유도전동기 등이 해당한다.

69 광석을 용해되지 않을 정도로 가열하는 배소(Roasting)의 목적이 아닌 것은?

① 물리적 변화의 방지
② 화합수와 탄산염의 분해를 촉진
③ 황(S), 인(P) 등의 유해성분을 제거
④ 산화도를 변화시켜 제련이 용이

해설 배소로
광석을 제련할 때 용해하지 않을 정도로 가열하여 유리한 상태로 변화시키는 노이다. 그 사용 목적은 ②, ③, ④이다.

70 에너지다소비사업자는 산업통상자원부령으로 정하는 바에 따라 에너지사용기자재의 현황을 매년 언제까지 시·도지사에게 신고하여야 하는가?

① 12월 31일까지 ② 1월 31일까지
③ 2월 말까지 ④ 3월 31일까지

해설 에너지다소비업자는 에너지사용기자재 현황을 시·도지사에게 매년 1월 31일까지 신고하여야 한다.
※ 에너지다소비사업자 : 연간 석유환산 2,000티오이 이상 사용자

71 성형물을 1,300℃ 정도의 고온으로 소성하고자 할 때 일반적으로 열효율이 좋고, 온도조절의 자동화가 쉬운 특징의 가마는?

① 터널 가마 ② 도염식 가마
③ 승염식 가마 ④ 도염식 둥근가마

해설 터널 가마
연속가마로서 일반적으로 성형물을 1,300℃의 고온으로 소성하는 요이다. 열효율이 좋고 온도 조절 자동화가 쉬운 가마로서 예열대, 소성대, 냉각대가 있고 대차가 필요하다.

ANSWER | 65. ② 66. ① 67. ③ 68. ③ 69. ① 70. ② 71. ①

72 사용압력이 비교적 낮은 증기, 물 등의 유체 수송관에 사용하며, 백관과 흑관으로 구분되는 강관은?

① SPP
② SPPH
③ SPHT
④ SPA

해설 SPP : 일반배관용 탄소강관이며 비교적 낮은 증기, 물 등의 유체수송관에 사용된다(백관, 흑관 압력 1MPa 이하용이다).

73 보온재의 시공방법에 대한 설명으로 틀린 것은?

① 물로 반죽하여 시공하는 보온재의 1차 시공 시 보온재의 두께는 50mm가 적당하다.
② 판상 보온재를 사용할 경우 두께가 75mm를 초과하는 경우에는 층을 두 개로 나누어 시공한다.
③ 보온재는 열전도성 및 내열성을 충분히 검토한 후 선택하여 사용하여야 한다.
④ 내화벽돌을 사용할 경우 일반보온재를 내층에, 내화벽돌은 외층으로 하여 밀착·시공한다.

해설 물반죽 시공은 25mm마다 보호망을 설치하고 70% 이상 건조했을 때 2차 시공을 한다(관이나 통으로 시공하는 것은 75mm 이상 넘으면 2층으로 시공한다).

74 산업통상자원부장관이 정하는 바에 따라 수수료를 납부하여야 하는 경우는?

① 제조업의 허가를 신청하는 경우
② 검사대상기기의 검사를 받고자 하는 경우
③ 에너지관리대상자의 지정을 받고자 하는 경우
④ 열사용 기자재의 형식 승인을 얻고자 하는 경우

해설 검사대상기기(보일러, 압력용기, 철금속가열로 등)의 검사 시에는 검사수수료를 용량에 따라 차등화하여 납부한다(검사권자 : 한국에너지공단).

75 스폴링(Spalling)의 종류로 가장 거리가 먼 것은?

① 열적 스폴링
② 기계적 스폴링
③ 화학적 스폴링
④ 조직적 스폴링

해설 스폴링 현상
박락현상이라고 하며 내화물이 쓰이는 도중에 갈라지거나 떨어져 나가는 현상이다.

- 열적 스폴링
- 기계적 스폴링
- 조직적 스폴링

76 다음 중 내화물의 구비조건으로 틀린 것은?

① 사용온도에서 연화변형하지 않아야 한다.
② 내마모성 및 내침식성이 뛰어나야 한다.
③ 재가열 시에 수축이 크게 일어나야 한다.
④ 상온에서 압축강도가 커야 한다.

해설 재가열 시 수축이 적어야 좋은 내화물이다.

77 강관 이음 방법이 아닌 것은?

① 나사이음
② 용접이음
③ 플랜지 이음
④ 플레어 이음

해설 플레어 이음 : 20mm 이하의 동관의 이음방법이다. 일명 압축이음이라고 한다.

78 에너지법상 연료에 해당되지 않는 것은?

① 석유
② 원유가스
③ 천연가스
④ 제품 원료로 사용되는 석탄

해설 석유, 가스, 석탄 등은 연료이나 제품 원료로 사용되는 석탄은 에너지법상 연료에 해당되지 않는다.

79 내화물에 대한 설명으로 틀린 것은?

① 샤모트질 벽돌은 카올린을 미리 SK 10~14 정도로 1차 소성하여 탈수 후 분쇄한 것으로서 고온에서 광물상을 안정화한 것이다.
② 제겔콘 22번의 내화도는 1,530℃이며, 내화물은 제겔콘 26번 이상의 내화도를 가진 벽돌을 말한다.
③ 중성질 내화물에는 고알루미나질, 탄소질, 탄화규소질, 크롬질 내화물이 있다.
④ 용융내화물은 원료를 일단 용융상태로 한 다음에 주조한 내화물이다.

해설 • 제겔콘(Seger Kegel Con)
　SK 022~01
　SK 1~20　　59종　SK : 022(600℃)
　SK 26~42　　　　 SK : 42(2,000℃)
　　　　　　　　　　SK : 26(1,580℃)
• 내화물은 SK 26~42까지이다.

80 에너지이용 합리화법에 의하면 국가에너지절약추진위원회는 위원장을 포함하여 몇 명으로 구성되는가?
① 10명 이내　　② 15명 이내
③ 20명 이내　　④ 25명 이내

해설 위원회는 위원장 포함 25인 이내로 한다.
※ 법령 개정(2018. 4. 17.)으로 국가에너지절약추진위원회가 폐지되었다.

SECTION 05 열설비설계

81 원통 보일러의 특징이 아닌 것은?
① 압력변동이 크다.
② 구조가 간단하다.
③ 보유수량이 많아 증기 발생시간이 길다.
④ 보유수량이 많아 파열 시 피해가 크다.

해설 수관식, 관류식 보일러 : 부하변동 시 압력변동이 크다.

82 보일러의 과열방지대책으로 가장 거리가 먼 것은?
① 보일러의 수위를 너무 높게 하지 말 것
② 고열부분에 스케일 슬러지를 부착시키지 말 것
③ 보일러수를 농축하지 말 것
④ 보일러수의 순환을 좋게 할 것

해설 보일러 수위를 높게 하면 습증기 유발 및 보일러 시동부하가 커지고 수격작용을 유발하는 원인이 된다.

83 지름이 5cm인 강관(50W/m·K) 내에 온도 98K의 온수가 0.3m/s로 흐를 때, 온수의 열전달계수(W/m²·K)는?(단, 온수의 열전도도는 0.68W/m·K이고, Nu(Nusselt Number)는 160이다.)
① 1,238　　② 2,176
③ 3,184　　④ 4,232

해설 강관의 열전도율=50W/m·K
온수의 열전도율=0.68W/m·K
강관의 표면적=$\pi dl = 3.14 \times 0.05 \times 1 = 0.157 m^2$
$Nu = 0.53(G_r \cdot P_r)^{\frac{1}{4}}$
열전달계수(a) = $Nu \frac{K}{D} = 160 \times \frac{0.68}{0.05} = 2,176 W/m^2 \cdot K$
※ 5cm=0.05m

84 저압용으로 내식성이 크고, 청소하기 쉬운 구조이며, 증기압이 2kg/cm² 이하인 경우에 사용되는 절탄기는?
① 강관식　　② 이중관식
③ 주철관식　　④ 황동관식

해설 주철제 보일러 : 저압용 보일러로서 증기압력이 0.2MPa 이하에 사용되며 내식성이 크고 청소가 용이하다.

85 다음 중 보일러 역화(Back Fire)의 원인으로 가장 옳은 것은?
① 점화 시 착화가 너무 빠르다.
② 연료보다 공기의 공급이 비교적 빠르다.
③ 흡입 통풍이 과대하다.
④ 연료가 불완전연소 및 미연소된다.

해설 보일러 화실 내 역화가 발생하는 원인은 연료가 불완전연소하거나 미연소가스의 충만 시에 점화하기 때문이다.

86 보일러에서 최고사용압력 초과로 인한 파열을 방지하기 위하여 설치하는 안전밸브의 분출압력 조정형식이 아닌 것은?
① 레버(지렛대)식　　② 중추식
③ 전자식　　④ 스프링식

ANSWER | 80. ④ 81. ① 82. ① 83. ② 84. ③ 85. ④ 86. ③

해설 증기 안전밸브 : 레버식, 중추식, 스프링식, 복합식

87 다음 중 보일러 구성의 3대 요소에 해당되지 않는 것은?
① 본체 ② 분출장치
③ 연소장치 ④ 부속장치

해설 부속장치
분출장치, 안전장치, 급수장치, 급유장치, 폐열회수장치, 집진장치, 지시장치, 송기장치 등

88 보일러 연소량을 일정하게 하고 저부하 시 잉여증기를 축적시켰다가 갑작스런 부하변동이나 과부하 등에 대처하기 위해 사용되는 장치는?
① 탈기기 ② 인젝터
③ 재열기 ④ 어큐뮬레이터

해설 어큐뮬레이터(증기축열기)
송기장치로서 보일러 저부하 시 잉여증기를 축적하였다가 부하변동 시 과부하 등에 잉여증기를 온수나 증기로 공급하는 장치이다.

89 증기로 공기를 가열하는 열교환기에서 가열원으로 150℃의 증기가 열교환기 내부에서 포화상태를 유지하고 이때 유입 공기의 입·출구 온도는 20℃와 70℃이다. 열교환기에서의 전열량이 3,090kJ/h, 전열면적이 12m²이라고 할 때 열교환기의 총괄열전달계수는?
① 2.5kJ/h·m²·℃
② 2.9kJ/h·m²·℃
③ 3.1kJ/h·m²·℃
④ 3.5kJ/h·m²·℃

해설 $150-20=130℃$, $150-70=80℃$
대수평균온도차$(\Delta t_m) = \dfrac{130-80}{\ln\dfrac{130}{80}} = 103℃$
전열량 = 면적 × 총괄열전달계수 × Δt_m
$3,090 = 12 \times K \times 103$
∴ 총괄열전달계수$(K) = \dfrac{3,090}{12 \times 103} = 2.5$kJ/h·m²·℃

90 용존산소와 반응하여 질소와 물이 생성되며 용해고형물 농도가 상승하지 않아 고압보일러에 주로 사용되는 탈산소제는?
① 탄산나트륨 ② 탄닌
③ 히드라진 ④ 아황산소다

해설 청관제 탈산소제 : 아황산소다(저압보일러용), 히드라진(N_2H_4, 고압보일러용)

91 긴 관의 일단에서 급수를 펌프로 압입하여 도중에서 가열, 증발, 과열을 한꺼번에 시켜 과열증기로 내보내는 보일러로서 드럼이 없고, 관만으로 구성된 보일러는?
① 이중 증발 보일러 ② 특수 열매 보일러
③ 연관 보일러 ④ 관류 보일러

해설 단관식 관류 보일러
긴 관의 일단에서 급수를 펌프로 압입하여 관에서 가열, 증발, 과열을 통하여 과열증기를 발생시키는 드럼이 없는 보일러이다.

92 맞대기 용접이음에서 하중이 120kg, 용접부의 길이가 3cm, 판의 두께가 2mm라 할 때 용접부의 인장응력은?
① 0.5kg/mm² ② 2kg/mm²
③ 20kg/mm² ④ 50kg/mm²

해설 용접부 인장응력$(\sigma) = \dfrac{P}{t \cdot l} = \dfrac{120}{2 \times 30} = 2$kg/mm²
※ 3cm = 30mm

93 최고사용압력이 490kPa, 내경이 0.6m인 주철제 드럼이 있다. 드럼 강판에 대한 최대인장강도는 8kg/mm², 안전계수는 2이며, 부식을 고려하지 않을 때, 드럼 동체에 대한 강판두께로 적당한 것은?(단, 이음효율 η=0.94이다.)
① 1mm ② 4mm
③ 5mm ④ 7mm

87. ② 88. ④ 89. ① 90. ③ 91. ④ 92. ② 93. ② | ANSWER

해설 $100\text{kPa}=1\text{kg/cm}^2$, $490\text{kPa}=4.9\text{kg/cm}^2$
$0.6\text{m}=600\text{mm}$
내압을 받는 동체의 강도 최소 두께(t)
$$t = \frac{P \cdot D \cdot S}{200 \cdot \sigma \cdot \eta} = \frac{4.9 \times 600 \times 2}{200 \times 8 \times 0.94} = 4\text{mm}$$

94 보일러의 설치방법에 대한 설명으로 옳은 것은?
① 증기 보일러에는 4개 이상의 유리수면계를 부착한다.
② 온도가 120℃를 초과하는 온수 보일러에는 방출밸브를 설치해야 한다.
③ 온도가 120℃를 초과하는 온수 보일러에는 안전밸브를 설치한다.
④ 보일러의 설치 시 수위계의 최고눈금은 보일러 최고사용압력의 3배 이상 5배 이하로 하여야 한다.

해설
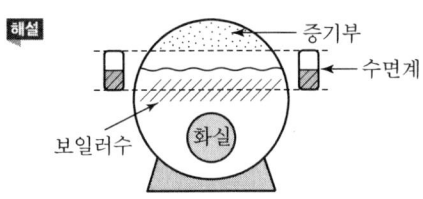
- 증기보일러는 수면계 2개(수위는 수면계 $\frac{1}{2}$)
- 액상식 열매체 보일러 및 온도 393K(120℃) 이하 온수보일러는 방출밸브, 393K(120℃) 초과용 온수보일러는 안전밸브 부착(수위계 수두압표시는 1.5배 이상~2배 이하)

95 급수 및 보일러수의 순도 표시방법에 대한 설명으로 틀린 것은?
① ppm의 단위는 100만분의 1의 단위이다.
② epm은 당량농도라 하고 용액 1kg 중의 용질 1mg 당량을 의미한다.
③ 보일러수에서는 재료의 부식을 방지하기 위하여 pH가 7인 중성을 유지하여야 한다.
④ 알칼리도는 물속에 녹아 있는 알칼리분을 중화시키기 위해 필요한 산의 양을 말한다.

해설 pH 7~9 급수를 넣어서 보일러수는 10.5~11.8로 유지한다(알칼리수).

96 1보일러 마력을 상당 증발량으로 환산하면 약 몇 kg/h가 되는가?
① 3.05   ② 15.65
③ 30.05   ④ 34.55

해설 보일러 1마력=8,435kcal/h=상당증발량 15.65kg/h

97 스케일의 주성분에 해당되지 않는 것은?
① 탄산칼슘   ② 규산칼슘
③ 탄산마그네슘 ④ 과산화수소

해설 과산화수소(H_2O_2)
무색의 무거운 기체로 3% 수용액은 옥시풀 등의 소독제로 사용하며, 과망산칼륨 등을 환원한다(옥시돌이라고도 하며 산화성 살균소독약이다).

98 고체연료의 연소방식이 아닌 것은?
① 화격자 연소방식   ② 확산 연소방식
③ 미분탄 연소방식   ④ 유동층 연소방식

해설 기체연료 연소방식
- 확산 연소방식
- 예혼합 연소방식

99 원통보일러와 비교하여 수관보일러의 장점으로 틀린 것은?
① 고압증기의 발생에 적합하다.
② 구조가 간단하고 청소가 용이하다.
③ 시동시간이 짧고 파열 시 피해가 적다.
④ 증발률이 크고 열효율이 높아 대용량에 적합하다.

해설
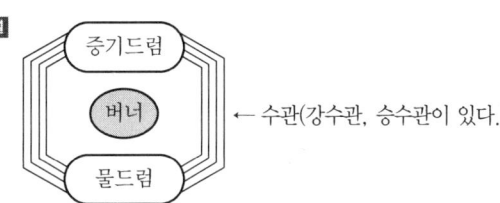
수관식 보일러는 구조가 복잡하고 청소가 불편하며 급수처리가 심각하나 보일러 효율이 높고 정격용량이 크다.

ANSWER | 94. ③ 95. ③ 96. ② 97. ④ 98. ② 99. ②

100 지름이 d(cm), 두께가 t(cm)인 얇은 두께의 밀폐된 원통 안에 압력 P(kg/cm²)가 작용할 때 원통에 발생하는 원주방향의 인장응력을 구하는 식은?

① $\dfrac{\pi dP}{2t}$ 　② $\dfrac{\pi dP}{4t}$

③ $\dfrac{dP}{2t}$ 　④ $\dfrac{dP}{4t}$

해설

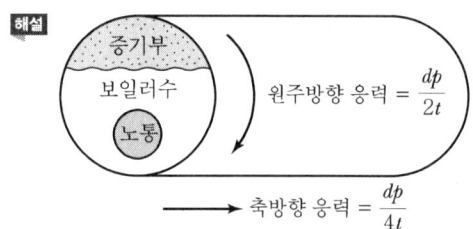

원주방향 응력 = $\dfrac{dp}{2t}$

축방향 응력 = $\dfrac{dp}{4t}$

100. ③ | ANSWER

2016년 1회 에너지관리기사

SECTION 01 연소공학

01 석탄가스에 대한 설명으로 틀린 것은?
① 주성분은 수소와 메탄이다.
② 저온건류 가스와 고온건류 가스로 분류된다.
③ 탄전에서 발생되는 가스이다.
④ 제철소의 코크스 제조 시 부산물로 생성되는 가스이다.

해설 ㉠ 탄전가스
- 메탄(CH_4) 가스가 주성분이다.
㉡ 석탄가스
- 콜타르(Coal Tar) 제조 시 잔분에 포함되어 있으며 가스 생성 시 주성분은 수소와 메탄이다(CO 가스 8% 포함).
- 건류장치는 레톨트가스식, 코크스로 가스식이 있다.

02 유압분무식 버너의 특징에 대한 설명으로 틀린 것은?
① 유량 조절 범위가 좁다.
② 연소의 제어 범위가 넓다.
③ 무화매체인 증기나 공기가 필요하지 않다.
④ 보일러 가동 중 버너 교환이 가능하다.

해설 유압분무식 버너(압력분사식 버너)는 유량조절범위가 1 : 2, 1 : 3 정도이므로 연소의 제어범위가 좁다(대용량 보일러나 연속대형 운전 보일러용이다).

03 배기가스 중 O_2의 계측값이 3%일 때 공기비는?(단, 완전연소로 가정한다.)
① 1.07 ② 1.11
③ 1.17 ④ 1.24

해설 공기비$(m) = \dfrac{21}{21-(O_2)} = \dfrac{21}{21-3} = 1.17$

04 상당증발량이 0.05ton/min인 보일러에서 5,800kcal/kg의 석탄을 태우고자 한다. 보일러의 효율이 87%라 할 때 필요한 화상 면적은?(단, 무연탄의 화상 연소율은 73kg/m²·h이다.)
① 2.3m² ② 4.4m²
③ 6.7m² ④ 10.9m²

해설 상당증발량 = 0.05×539kcal/kg×60분×1,000kg/ton
= 1,617,000kcal/h
∴ 화상면적 = $\dfrac{1,617,000}{5,800\times 0.87}\times\dfrac{1}{73} = 4.4m^2$

05 어떤 연료를 분석한 결과 탄소(C), 수소(H), 산소(O), 황(S) 등으로 나타낼 때 이 연료를 연소시키는 데 필요한 이론산소량을 구하는 계산식은?(단, 각 원소의 원자량은 산소 16, 수소 1, 탄소 12, 황 32이다.)

① $1.867C + 5.6\left(H + \dfrac{O}{8}\right) + 0.7S (Nm^3/kg)$

② $1.867C + 5.6\left(H - \dfrac{O}{8}\right) + 0.7S (Nm^3/kg)$

③ $1.867C + 11.2\left(H + \dfrac{O}{8}\right) + 0.7S (Nm^3/kg)$

④ $1.867C + 11.2\left(H - \dfrac{O}{8}\right) + 0.7S (Nm^3/kg)$

해설 고체, 액체연료의 이론산소량(O_o)
$O_o = 1.867C + 5.6\left(H - \dfrac{O}{8}\right) + 0.7S (Nm^3/kg)$
A_o(이론공기량) = 이론산소량$(O_o) \times \dfrac{1}{0.21} (Nm^3/kg)$

06 전기식 집진장치에 대한 설명 중 틀린 것은?
① 포집입자의 직경은 30~50μm 정도이다.
② 집진효율이 90~99.9%로서 높은 편이다.
③ 고전압장치 및 정전설비가 필요하다.
④ 낮은 압력손실로 대량의 가스 처리가 가능하다.

해설 전기식 집진장치(코트렐(Cotrel)식)의 매연 포집입자는 0.05~20μm 정도이다.

ANSWER | 1.③ 2.② 3.③ 4.② 5.② 6.①

07 CH_4 가스 $1Nm^3$를 30% 과잉공기로 연소시킬 때 완전연소에 의해 생성되는 실제 연소가스의 총량은 약 몇 Nm^3인가?

① 2.4　　② 13.4
③ 23.1　　④ 82.3

해설 실제 연소가스양$(G_w) = (m-0.21)A_o + CO_2 + H_2O$

$CH_4 + 2O_2 \rightarrow CO_2 + 2H_2O$

이론공기량(A_o) = 이론산소량$(O_o) \times \dfrac{1}{0.21}(Nm^3)$

$\therefore G_w = (1.3-0.21) \times \dfrac{2}{0.21} + (1+2) = 13.4 Nm^3$

08 다음과 같은 조성을 가진 액체 연료의 연소 시 생성되는 이론 건연소가스양은?

- 탄소 : 1.2kg
- 산소 : 0.2kg
- 질소 : 0.17kg
- 수소 : 0.31kg
- 황 : 0.2kg

① $13.5 Nm^3/kg$　　② $17.5 Nm^3/kg$
③ $21.4 Nm^3/kg$　　④ $29.4 Nm^3/kg$

해설 이론 건연소가스양(G_{od})

$G_{od} = (1-0.21)A_o + 1.867C + 0.7S + 0.8N$

$= 8.89C + 21.07\left(H - \dfrac{O}{8}\right) + 3.33S + 0.8N$

$= 8.89C + 21.07H - 2.63O + 3.33S + 0.8N$

$= 8.89 \times 1.2 + 21.07 \times 0.31 - 2.63 \times 0.2 + 3.33 \times 0.2 + 0.8 \times 0.17$

$= 17.5 Nm^3/kg$

09 세정식 집진장치의 집진형식에 따른 분류가 아닌 것은?

① 유수식　　② 가압수식
③ 회전식　　④ 관성식

해설
- 세정식 매연집진장치의 집진형식 : 유수식, 가압수식, 회전식
- 가압수식 매연집진장치 : 벤투리스크러버, 제트스크러버, 사이클론스크러버, 충진탑(세정탑)

10 중유 연소과정에서 발생하는 그을음의 주된 원인은?

① 연료 중 미립 탄소의 불완전연소
② 연료 중 불순물의 연소
③ 연료 중 회분과 수분의 중합
④ 연료 중 파라핀 성분 함유

해설 중유 연소과정에서 그을음의 발생 원인
연료 중 미립 탄소의 불완전연소분
원유 → 휘발유 → 등유 → 경유 → 중유(A, B, C급)
　　　　　경질유 오일　　　　중질유 오일

11 분자식이 C_mH_n인 탄화수소가스 $1Nm^3$을 완전연소시키는 데 필요한 이론 공기량(Nm^3)은?(단, C_mH_n의 m, n은 상수이다.)

① $4.76m + 1.19n$　　② $1.19m + 4.7n$
③ $m + \dfrac{n}{4}$　　④ $4m + 0.5n$

해설 공기 중 산소=21%, $\dfrac{공기 100\%}{산소 21\%} = 4.76$

$C + O_2 \rightarrow CO_2$, $H_2 + \dfrac{1}{2}O_2 \rightarrow H_2O$

산소값 $= m + \dfrac{n}{4}$, $\dfrac{4.76}{4} = 1.19n$

$\therefore$ 이론 공기량$(A_o) = 4.76m + 1.19n$

12 보일러의 연소장치에서 NOx의 생성을 억제할 수 있는 연소방법으로 가장 거리가 먼 것은?

① 2단 연소　　② 배기의 재순환 연소
③ 저산소 연소　　④ 연소용 공기의 고온예열

해설 산소(O_2)는 고온에서 질소(N_2)와 화합하여 녹스(NOx), 즉 질소산화물을 발생시킨다. 질소(N_2)는 저온에서는 O_2와 반응하지 않는다.

13 연돌의 높이 100m, 배기가스의 평균온도 210℃, 외기온도 20℃, 대기의 비중량 $\gamma_1 = 1.29 kg/Nm^3$, 배기가스 비중량 $\gamma_2 = 1.35 kg/Nm^3$일 때, 연돌의 통풍력은?

① $15.9 mmH_2O$　　② $16.4 mmH_2O$
③ $43.9 mmH_2O$　　④ $52.7 mmH_2O$

7. ② 8. ② 9. ④ 10. ① 11. ① 12. ④ 13. ③ **| ANSWER**

해설 연돌의 통풍력 $= 273 \times h \times \left[\left(\dfrac{\gamma_a}{273+t_a} - \dfrac{\gamma_g}{273+t_g}\right)\right]$

$= 273 \times 100 \times \left[\left(\dfrac{1.29}{273+20}\right) - \left(\dfrac{1.35}{273+210}\right)\right]$

$= 27,300\left(\dfrac{1.29}{293} - \dfrac{1.35}{483}\right)$

$\fallingdotseq 43.9\text{mmH}_2\text{O}$

14 석탄을 분석한 결과가 아래와 같을 때 연소성 황은 몇 %인가?

- 탄소 : 68.52%
- 수소 : 5.79%
- 전체 황 : 0.72%
- 불연성 황 : 0.21%
- 회분 : 22.31%
- 수분 : 2.45%

① 0.82% ② 0.70%
③ 0.65% ④ 0.53%

해설 연소성 황분 = 전 황분 $\times \dfrac{100}{100 - 수분(W)}$ − 불연성 황분

$= 0.72 \times \dfrac{100}{100 - 2.45} - 0.21 = 0.53\%$

15 탄소(C) $\dfrac{1}{12}$kmol을 완전연소시키는 데 필요한 이론 산소량은?

① $\dfrac{1}{12}$kmol ② $\dfrac{1}{2}$kmol
③ 1kmol ④ 2kmol

해설 C 1kmol = 12kg = 22.4m³
$C + O_2 \rightarrow CO_2$
$\therefore O_o = \dfrac{1}{12}$ kmol

16 연료 조성이 C : 80%, H₂ : 18%, O₂ : 2%인 연료를 사용하여 10.2%의 CO₂가 계측되었다면 이때의 최대 탄산가스율은?(단, 과잉공기량은 3Nm³/kg이다.)

① 12.78% ② 13.25%
③ 14.78% ④ 15.25%

해설 $CO_{2max} = \dfrac{1.867C + 0.7S}{G_{od}} \times 100\%$

이론 건배기가스양(G_{od}) $= (1 - 0.21)A_o + 1.887C + 0.7S + 0.8N$

이론공기량(A_0) $= 8.89C + 26.67\left(H - \dfrac{O}{8}\right) + 3.33S$

$= 8.89 \times 0.8 + 26.67\left(0.18 - \dfrac{0.02}{8}\right)$

$= 11.8\text{Nm}^3/\text{kg}$

실제공기량(A) = 이론공기량 + 과잉공기량
$= 11.8 + 3 = 14.8$

$G_{od} = 0.79 \times 14.8 = 11.692\text{Nm}^3/\text{kg}$

$\therefore CO_{2max} = \dfrac{1.867 \times 0.8}{11.692} \times 100 = 12.78\%$

17 질소산화물을 경감시키는 방법으로 틀린 것은?

① 과잉공기량을 감소시킨다.
② 연소온도를 낮게 유지한다.
③ 노 내 가스의 잔류시간을 늘려준다.
④ 질소성분을 함유하지 않은 연료를 사용한다.

해설 질소산화물(녹스, NOx)을 경감시키려면 ①, ②, ④를 이용하여야 한다.

18 공기비(m)에 대한 식으로 옳은 것은?

① $\dfrac{실제공기량}{이론공기량}$ ② $\dfrac{이론공기량}{실제공기량}$

③ $1 - \dfrac{과잉공기량}{이론공기량}$ ④ $\dfrac{실제공기량}{과잉공기량} - 1$

해설 $m(공기비) = \dfrac{실제공기량}{이론공기량} = \dfrac{CO_{2max}}{CO_2}$

공기비는 항상 1보다 커야 한다.

19 각종 천연가스(유전가스, 수용성가스, 탄전가스 등)의 주성분은?

① CH_4 ② C_2H_6
③ C_3H_8 ④ C_4H_{10}

해설
- 천연가스(NG), 액화천연가스(LNG), 탄전가스 등은 주성분이 메탄(CH_4)이다.
- 메탄의 연소반응식 : $CH_4 + 2O_2 \rightarrow CO_2 + 2H_2O$

ANSWER | 14. ④ 15. ① 16. ① 17. ③ 18. ① 19. ①

20 중유를 A급, B급, C급으로 구분하는 기준은?

① 발열량　　　　② 인화점
③ 착화점　　　　④ 점도

해설 중유의 성상

점성 ┌ A급 중유(예열이 필요 없다.)
　　　├ B급 중유(B, C급 중유는 사용 시 예열이 필요하다.)
　　　└ C급 중유(보일러 분무용 연료)

중유는 증발연소가 되지 않고 분무(무화)용으로 사용한다.

SECTION 02 열역학

21 단열계에서 엔트로피 변화에 대한 설명으로 옳은 것은?

① 가역변화 시 계의 전 엔트로피는 증가한다.
② 가역변화 시 계의 전 엔트로피는 감소한다.
③ 가역변화 시 계의 전 엔트로피는 변하지 않는다.
④ 가역변화 시 계의 전 엔트로피의 변화량은 비가역 변화 시보다 일반적으로 크다.

해설 단열변화

외부로부터 열의 출입이 없는 경우로서 변화 중에 마찰이나 와류 등으로 인한 손실이 전혀 없는 이상적인 변화

엔트로피 변화(ΔS) = $\frac{\delta Q}{T}$, $\delta Q = 0$

∴ $\Delta S = S_2 - S_1 = 0$

즉, 등엔트로피 변화이다.

22 증기동력 사이클 중 이상적인 랭킨(Rankine) 사이클에서 등엔트로피 과정이 일어나는 곳은?

① 펌프, 터빈　　　② 응축기, 보일러
③ 터빈, 응축기　　④ 응축기, 펌프

해설 랭킨 사이클

• 단열압축(급수펌프) → 정압가열(보일러) → 단열팽창(터빈) → 복수기(응축기 : 정압방열)
• 랭킨 사이클(급수펌프 : 단열압축)에서 $S = C$(등엔트로피)일 경우 터빈일량은 단열팽창을 일으킨다.

23 20MPa, 0℃의 공기를 100kPa로 교축(Throttling) 하였을 때의 온도는 약 몇 ℃인가?(단, 엔탈피는 20MPa, 0℃에서 439kJ/kg, 100kPa, 0℃에서 485kJ/kg이고, 압력이 100kPa인 등압과정에서 평균비열은 1.0kJ/kg·℃이다.)

① -11　　　　② -22
③ -36　　　　④ -46

해설 $\Delta h = h_1 - h_2 = C_p(T_2 - T_1)$

$T_2 = \frac{h_1 - h_2}{C_p} + T_1 = \frac{439 - 485}{1} + 0 = -46℃$

24 피스톤이 장치된 단열 실린더에 300kPa, 건도 0.4인 포화액-증기 혼합물 0.1kg이 들어 있고 실린더 내에는 전열기가 장치되어 있다. 220V의 전원으로부터 0.5A의 전류를 10분 동안 흘려보냈을 때 이 혼합물의 건도는 약 얼마인가?(단, 이 과정은 정압과정이고 300kPa에서 포화액의 엔탈피는 561.43kJ/kg이며, 포화증기의 엔탈피는 2,724.9kJ/kg이다.)

① 0.705　　　　② 0.642
③ 0.601　　　　④ 0.442

해설 $Q = I^2RT = \frac{0.5 \times 220 \times 10 \times 60}{1,000} = 66\text{kJ}$

$Q = m(x_2 - x_1)(h'' - h')$에서

$x_1 = \frac{Q}{m(h'' - h')} + x_1$

$= \frac{66}{0.1 \times (2,724.9 - 561.43)} + 0.4 = 0.705$

25 랭킨 사이클로 작동되는 발전소의 효율을 높이려고 할 때 증기터빈의 초압과 배압은 어떻게 하여야 하는가?

① 초압과 배압 모두 올림
② 초압을 올리고 배압을 낮춤
③ 초압은 낮추고 배압을 올림
④ 초압과 배압 모두 낮춤

해설 랭킨 사이클의 발전소 효율을 높이려면 초압(보일러 압력)을 올리고 배압(복수기 압력)을 낮춘다.

20. ④ 21. ③ 22. ① 23. ④ 24. ① 25. ② | ANSWER

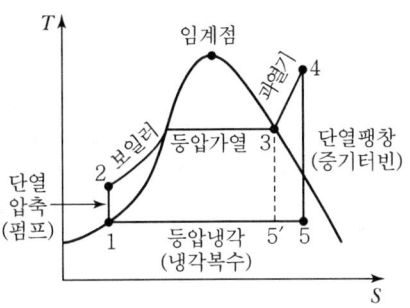

26 어느 과열증기의 온도가 325℃일 때 과열도를 구하면 약 몇 ℃인가?(단, 이 증기의 포화 온도는 495K이다.)

① 93　　② 103
③ 113　　④ 123

해설 495K − 273 = 222℃
∴ 과열도 = 325 − 222 = 103℃

27 이상기체의 상태변화와 관련하여 폴리트로픽(Poly-tropic) 지수 n에 대한 설명 중 옳은 것은?

① $n=0$이면 단열변화
② $n=1$이면 등온변화
③ $n=$비열비이면 정적변화
④ $n=\infty$이면 등압변화

해설 $PV^n = C$
여기서, n : 폴리트로픽 지수
- $n=0$: 정압변화
- $n=1$: 등온변화
- $n=K$: 단열변화
- $n=\infty$: 정적변화

28 건조 포화증기가 노즐 내를 단열적으로 흐를 때 출구 엔탈피가 입구 엔탈피보다 15kJ/kg만큼 작아진다. 노즐 입구에서의 속도를 무시할 때 노즐 출구에서의 속도는 약 몇 m/s인가?

① 173　　② 200
③ 283　　④ 346

해설 $V_2 = \sqrt{2(h_1 - h_2)}$
$= \sqrt{2 \times 15 \times 1,000} = 173.2$ m/s

29 다음 중 경로에 의존하는 값은?

① 엔트로피　　② 위치에너지
③ 엔탈피　　④ 일

해설
- 종량성 상태량 : 물질의 질량에 따라 크기가 결정되는 것 (체적, 내부에너지, 엔탈피, 엔트로피 등)
- 강도성 상태량 : 물질의 질량에 관계없이 그 크기가 결정되는 것(온도, 압력, 체적 등)

30 냉동기의 냉매로서 갖추어야 할 요구조건으로 적당하지 않은 것은?

① 불활성이고 안정해야 한다.
② 비체적이 커야 한다.
③ 증발온도에서 높은 잠열을 가져야 한다.
④ 열전도율이 커야 한다.

해설 냉매는 비체적(m³/kg)이 작아야 한다(냉매증기의 경우).

31 디젤 사이클로 작동되는 디젤 기관의 각 행정의 순서를 옳게 나타낸 것은?

① 단열압축 − 정적급열 − 단열팽창 − 정적방열
② 단열압축 − 정압급열 − 단열팽창 − 정압방열
③ 등온압축 − 정적급열 − 등온팽창 − 정적방열
④ 단열압축 − 정압급열 − 단열팽창 − 정적방열

해설 디젤 사이클
2개의 단열과정, 1개의 정압과정, 1개의 정적과정으로 구성된다.

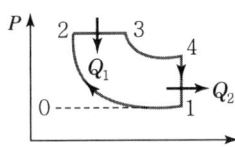

- 1 → 2 과정 : 단열압축
- 2 → 3 과정 : 정압가열
- 3 → 4 과정 : 단열팽창
- 4 → 1 과정 : 정적방열

32 비열이 0.473kJ/kg·K인 철 10kg의 온도를 20℃에서 80℃로 높이는 데 필요한 열량은 몇 kJ인가?

① 28　　② 60
③ 284　　④ 600

ANSWER | 26. ② 27. ② 28. ① 29. ④ 30. ② 31. ④ 32. ③

해설 $Q = m \cdot C_p \times \Delta t = 10 \times 0.473(80-20) = 284\text{kJ}$

33 20℃의 물 10kg을 대기압하에서 100℃의 수증기로 완전히 증발시키는 데 필요한 열량은 약 몇 kJ인가? (단, 수증기의 증발잠열은 2,257kJ/kg이고 물의 평균비열은 4.2kJ/kg·K이다.)

① 800 ② 6,190
③ 25,930 ④ 61,900

해설 물의 현열(Q_1) = $10 \times 4.2 \times (100-20) = 3,360\text{kJ}$
포화액 증발열(Q_2) = $10\text{kg} \times 2,257\text{kJ/kg} = 22,570\text{kJ}$
∴ $Q = Q_1 + Q_2 = 3,360 + 22,570 = 25,930\text{kJ}$

34 그림은 재생 과정이 있는 랭킨 사이클이다. 추기에 의하여 급수가 가열되는 과정은?

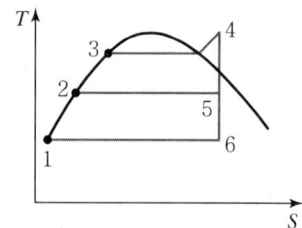

① 1-2 ② 4-5
③ 5-6 ④ 4-6

해설 재생 과정이 있는 랭킨 사이클

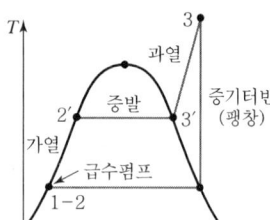

- 1 → 2 과정 : 급수가열
- 4 → 6 과정 : 단열팽창
- 2 → 3 과정 : 단열압축
- 5 → 2 과정 : 등압가열
- 3 → 4 과정 : 정압가열
- 6 → 1 과정 : 정압방열

35 Otto Cycle에서 압축비가 8일 때 열효율은 약 몇 %인가? (단, 비열비는 1.4이다.)

① 26.4 ② 36.4
③ 46.4 ④ 56.4

해설 오토 사이클(내연기관 사이클)

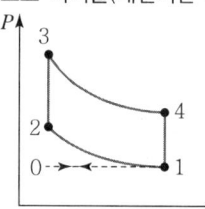

- 0 → 1 과정 : 정압변화
- 1 → 2 과정 : 단열압축
- 2 → 3 과정 : 정적연소
- 3 → 4 과정 : 단열팽창
- 4 → 1 과정 : 정적방열
- 1 → 0 과정 : 배기

$\eta_0 = 1 - \dfrac{1}{\varepsilon^{k-1}} = 1 - \dfrac{1}{8^{1.4-1}} = 0.564(56.4\%)$

36 다음 T-S 선도에서 냉동 사이클의 성능계수를 옳게 표시한 것은? (단, u는 내부에너지, h는 엔탈피를 나타낸다.)

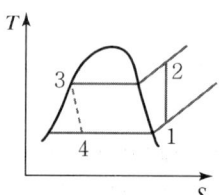

① $\dfrac{h_1 - h_4}{h_2 - h_1}$ ② $\dfrac{u_1 - u_4}{u_2 - u_1}$

③ $\dfrac{h_2 - h_1}{h_1 - h_4}$ ④ $\dfrac{u_2 - u_1}{u_1 - u_4}$

해설
- 1 → 2 과정 : 단열압축(압축기)
- 2 → 3 과정 : 정압압축(응축기)
- 3 → 4 과정 : 단열팽창(팽창밸브)
- 4 → 1 과정 : 정압팽창(증발기)

성능계수(ε) = $\dfrac{q_2}{A_w} = \dfrac{h_1 - h_4}{h_2 - h_1} = \dfrac{h_1 - h_3}{h_2 - h_1}$

37 냉동 사이클을 비교하여 설명한 것으로 잘못된 것은?

① 역 Carnot 사이클이 최고의 COP를 나타낸다.
② 가역팽창 엔진을 가진 증기압축 냉동 사이클의 성능계수는 최고값에 접근한다.
③ 보통의 증기압축 사이클은 역 Carnot 사이클의 COP보다 낮은 값을 갖는다.
④ 공기 냉동 사이클이 가장 높은 효율을 나타낸다.

33. ③ 34. ① 35. ④ 36. ① 37. ④ | ANSWER

해설 역브레이턴 사이클(공기냉동 사이클)

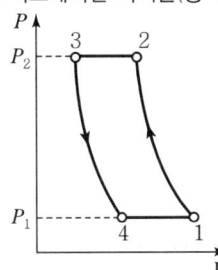

- 1 → 2 과정 : 단열압축
- 2 → 3 과정 : 정압방열
- 3 → 4 과정 : 단열팽창
- 4 → 1 과정 : 정압팽창

해설 1atm≒1bar=101,325Pa
$$W_2 = mRT \ln\frac{V_2}{V_1} = P_1 V_1 \ln\frac{P_1}{P_2}$$
$$= 2 \times 10^5 \times 0.5 \times \ln\frac{2}{1} = 69,314J ≒ 70kJ$$

SECTION 03 계측방법

38 정압과정으로 5kg의 공기에 20kcal의 열이 전달되어, 공기의 온도가 10℃에서 30℃로 올랐다. 이 온도 범위에서 공기의 평균 비열(kJ/kg · K)을 구하면?

① 0.152
② 0.321
③ 0.463
④ 0.837

해설 20kcal×4.1868kJ/kcal=83.736kJ
83.736=5×C_p×(30-10)
∴ $C_p = \frac{83.736}{5 \times (30-10)} = 0.837$ kJ/kg · K

39 포화증기를 등엔트로피 과정으로 압축시키면 상태는 어떻게 되는가?

① 습증기가 된다.
② 과열증기가 된다.
③ 포화액이 된다.
④ 임계성을 띤다.

해설 포화증기를 등엔트로피(단열압축) 과정으로 압축시키면 압력과 온도가 높아져 과열증기가 된다(포화증기를 교축팽창시키면 과열증기가 된다).

40 피스톤과 실린더로 구성된 밀폐된 용기 내에 일정한 질량의 이상기체가 차 있다. 초기 상태의 압력은 2atm, 체적은 0.5m³이다. 이 시스템의 온도가 일정하게 유지되면서 팽창하여 압력이 1atm이 되었다. 이 과정 동안에 시스템이 한 일은 몇 kJ인가?

① 64
② 70
③ 79
④ 83

41 열전대 온도계에서 주위 온도에 의한 오차를 전기적으로 보상할 때 주로 사용되는 저항선은?

① 서미스터(Thermistor)
② 구리(Cu) 저항선
③ 백금(Pt) 저항선
④ 알루미늄(Al) 저항선

해설 열전대 온도계 주위 오차를 전기적으로 보상할 때 주로 사용되는 저항선은 구리 저항선이다.

42 다음 열전대 보호관 재질 중 상용 온도가 가장 높은 것은?

① 유리
② 자기
③ 구리
④ Ni-Cr 스테인리스

해설 보호관의 상용 온도
- 자기관 : 1,600℃
- 구리황동관 : 400℃
- SEH-5(내열강 니켈-크롬) 스테인리스 : 1,050℃

43 비중량이 900kgf/m³인 기름 18L의 중량은?

① 12.5kgf
② 15.2kgf
③ 16.2kgf
④ 18.2kgf

해설 $G = \gamma V = 900 \times 18 \times 10^{-3} = 16.2$ kgf

44 부르동 게이지(Bourdon Gauge)는 유체의 무엇을 직접적으로 측정하기 위한 기기인가?

① 온도
② 압력
③ 밀도
④ 유량

ANSWER | 38. ④ 39. ② 40. ② 41. ② 42. ② 43. ③ 44. ②

해설 부르동 게이지
유체의 압력을 측정하는 2차 압력계(탄성식 압력계)로, 측정범위는 0.5~1,600kgf/cm²이다.

45 진동·충격의 영향이 적고, 미소 차압의 측정이 가능하며 저압가스의 유량을 측정하는 데 주로 사용되는 압력계는?

① 압전식 압력계 ② 분동식 압력계
③ 침종식 압력계 ④ 다이어프램 압력계

해설 침종식 압력계(단종식, 복종식)
- 진동이나 충격의 영향이 적다.
- 미소 차압의 측정이 가능하다.
- 저압가스의 유량을 측정한다.
- 측정범위 : 단종식 100mmH₂O 이하,
　　　　　　복종식 5~30mmH₂O 이하

46 관 속을 흐르는 유체가 층류로 되려면?

① 레이놀즈수가 4,000보다 많아야 한다.
② 레이놀즈수가 2,100보다 적어야 한다.
③ 레이놀즈수가 4,000이어야 한다.
④ 레이놀즈수와는 관계가 없다.

해설 층류 : 레이놀즈수(Re)가 2,100 이하

47 U자관 압력계에 관한 설명으로 가장 거리가 먼 것은?

① 차압을 측정할 경우에는 한쪽 끝에만 압력을 가한다.
② U자관의 크기는 특수한 용도를 제외하고는 보통 2m 정도로 한다.
③ 관 속에 수은, 물 등을 넣고 한쪽 끝에 측정압력을 도입하여 압력을 측정한다.
④ 측정 시 메니스커스, 모세관현상 등의 영향을 받으므로 이에 대한 보정이 필요하다.

해설 U자관 압력계(액주식 10~2,000mmH₂O)

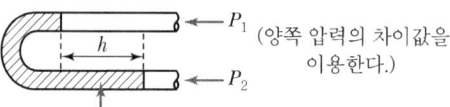

유체에 따라 Hg 또는 H₂O 액 투입

48 절대압력 700mmHg는 약 몇 kPa인가?

① 93kPa ② 103kPa
③ 113kPa ④ 123kPa

해설 1atm = 760mmHg = 102kPa
∴ $102 \times \dfrac{700}{760} = 93kPa$

49 가스 분석계의 측정법 중 전기적 성질을 이용한 것은?

① 세라믹스 측정방법 ② 연소열식 측정방법
③ 자동 오르자트법 ④ 가스크로마토그래피법

해설 세라믹 산소가스 분석계
지르코니아식 O₂계이며 세라믹 파이프 내외측에 백금 다공질 전극판을 부착하고 히터로 세라믹의 온도를 850℃ 이상 유지시키면 산소(O₂)이온만 통과시킨다.

50 주위 온도보상 장치가 있는 열전식 온도기록계에서 주위온도가 20℃인 경우 1,000℃의 지시치를 보려면 몇 mV를 주어야 하는가?(단, 20℃ : 0.80mV, 980℃ : 40.53mV, 1,000℃ : 41.31mV이다.)

① 40.51 ② 40.53
③ 41.31 ④ 41.33

해설 온도보상 지시치(mV)
- 20℃에서 0.80mV
- 1,000 − 20 = 980℃에서 40.53mV
∴ $0.80 + \dfrac{40.53 \times (1,000 - 20)}{1,000} = 40.51mV$

51 저항온도계에 활용되는 측온저항체의 종류에 해당되는 것은?

① 서미스터(Thermistor) 저항 온도계
② 철-콘스탄탄(IC) 저항 온도계
③ 크로멜(Chromel) 저항 온도계
④ 알루멜(Alumel) 저항 온도계

해설 측온저항체 온도계의 측정범위
- 백금 : −200~100℃
- 니켈 : −50~150℃
- 구리 : 0~120℃
- 서미스터 : −100~300℃

52 다음 중 속도수두 측정식 유량계는?
① Delta 유량계   ② Annubar 유량계
③ Oval 유량계   ④ Thermal 유량계

해설
- 연도와 같은 악조건하의 유량측정계 : 퍼지식, 아뉴바, 서밀 유량계 사용
- 용적식 유량계 : 오벌식, 루츠식, 드럼식, 피스톤형

53 세라믹(Ceramic)식 O_2계의 세라믹 주원료는?
① Cr_2O_3 ② Pb
③ P_2O_5 ④ ZrO_2

해설 세라믹식 물리적 가스분석계
주원료는 지르코니아(ZrO_2)이며 산소이온만 통과시킨다. 기전력을 이용하여 O_2 가스를 측정하며 응답이 빠르고 연속 측정이 가능하며, 측정범위가 넓다. 다만, 가연성 가스가 있으면 측정이 불가한 가스분석계이다.

54 다음은 증기압력제어의 병렬 제어방식의 구성을 나타낸 것이다. ( ) 안에 알맞은 용어를 바르게 나열한 것은?

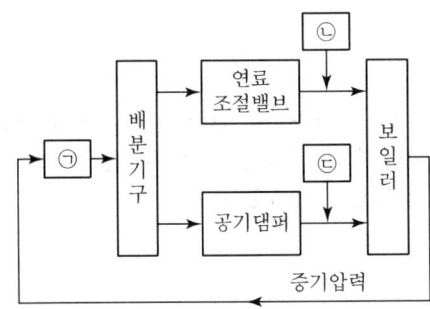

① ㉠ 동작신호   ㉡ 목표치   ㉢ 제어량
② ㉠ 조작량   ㉡ 설정신호 ㉢ 공기량
③ ㉠ 압력조절기 ㉡ 연료공급량 ㉢ 공기량
④ ㉠ 압력조절기 ㉡ 공기량   ㉢ 연료공급량

55 열전대 온도계에서 열전대의 구비조건으로 틀린 것은?
① 장시간 사용하여도 변형이 없을 것
② 재생도가 높고 가공이 용이할 것
③ 전기저항, 저항온도계수와 열전도율이 클 것
④ 열기전력이 크고 온도 상승에 따라 연속적으로 상승할 것

해설 열전대는 온도, 자계 등이 미치는 전기계기에 오차가 있으므로 전기저항, 저항온도계수 및 열전도율이 작아야 한다.

56 다음 중 방사고온계는 어느 이론을 응용한 것인가?
① 제백 효과   ② 필터 효과
③ 윈-프랑크 법칙   ④ 슈테판-볼츠만 법칙

해설 비접촉식 방사고온계
측정범위는 50~3,000℃이며, 슈테판-볼츠만 법칙을 이용한다.
$Q = 4.88 \times 방사율(\varepsilon) \times \left(\dfrac{T}{100}\right)^4 kcal/m^2 \cdot h$

57 보일러의 자동제어에서 인터록 제어의 종류가 아닌 것은?
① 압력초과   ② 저연소
③ 고온도   ④ 불착화

해설 보일러 인터록
①, ②, ④ 외 프리퍼지 인터록, 저수위 인터록이 있다.

58 압력식 온도계가 아닌 것은?
① 액체팽창식   ② 전기저항식
③ 기체압력식   ④ 증기압력식

해설 ㉠ 전기저항식 온도계
- 백금 : -200~100℃
- 니켈 : -50~150℃
- 구리 : 0~120℃
- 서미스터 : -100~300℃
㉡ 증기압력식 : -40~300℃
㉢ 기체압력식 : -130~420℃
㉣ 액체팽창식(압력식) : -30~600℃

59 큐폴라 상부의 배기가스 온도를 측정하기 위한 접촉식 온도계로 가장 적합한 것은?
① 광고온계   ② 색온도계
③ 수은온도계 ④ 열전대 온도계

ANSWER | 52.② 53.④ 54.③ 55.③ 56.④ 57.③ 58.② 59.④

해설 큐폴라(금속용해로) 상부 배기가스 온도측정계는 열전대 온도계가 적합하다.

60 차압식 유량계의 측정에 대한 설명으로 틀린 것은?
① 연속의 법칙에 의한다.
② 플로트 형상에 따른다.
③ 차압기구는 오리피스이다.
④ 베르누이의 정리를 이용한다.

해설
- 차압식 : 오리피스식, 플로노즐식, 벤투리미터식(유량은 관직경의 제곱에 비례하고, 차압의 제곱근에 비례한다.)
- 플로트 이용 유량계는 부자식(면적식 유량계로 사용)에 속한다.

SECTION 04 열설비재료 및 관계법규

61 특정열 사용 기자재와 설치, 시공 범위가 바르게 연결된 것은?
① 강철제 보일러 : 해당 기기의 설치·배관 및 세관
② 태양열 집열기 : 해당 기기의 설치를 위한 시공
③ 비철금속 용융로 : 해당 기기의 설치·배관 및 세관
④ 축열식 전기보일러 : 해당 기기의 설치를 위한 시공

해설
② 해당 기기의 설치를 위한 세관
③ 해당 기기의 설치·시공
④ 해당 기기의 설치·배관 및 세관

62 에너지이용 합리화법에 따라 검사대상기기의 계속사용검사 신청은 검사 유효기간 만료의 며칠 전까지 하여야 하는가?
① 3일 ② 10일
③ 15일 ④ 30일

해설 검사대상기기의 계속사용검사(안전, 성능검사) 신청은 한국에너지공단에 검사 유효기간 만료 10일 전까지 한다.

63 에너지이용 합리화법에 따라 검사대상기기 관리자의 업무 관리대행기관으로 지정을 받기 위하여 산업통상자원부장관에게 제출하여야 하는 서류가 아닌 것은?
① 장비명세서
② 기술인력 명세서
③ 기술인력 고용계약서 사본
④ 향후 1년간의 안전관리대행 사업계획서

해설 에너지이용 합리화법 시행규칙 제31조의29에 따라 ①, ②, ④ 외에 변경사항을 증명할 수 있는 서류가 필요하다(변경지정의 경우).

64 다음 중 MgO-SiO₂계 내화물은?
① 마그네시아질 내화물
② 돌로마이트질 내화물
③ 마그네시아 – 크롬질 내화물
④ 포스테라이트질 내화물

해설 포스테라이트(Forsterite)질 염기성 내화물은 주 원료가 포스테라이트(Mg_2SiO_4)와 듀나이트(Dunite) 및 사문석(Serpentine)이다.

65 유리 용융용 브리지 월(Bridge Wall) 탱크에서 용융부와 작업부 간의 연소가스 유통을 억제하는 역할을 담당하는 구조 부분은?
① 포트(Port)
② 스로트(Throat)
③ 브리지 월(Bridge Wall)
④ 섀도 월(Shadow Wall)

해설 유리 용융용 로

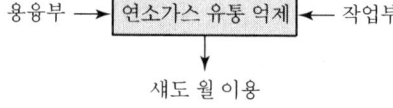

66 보온재의 열전도율에 대한 설명으로 옳은 것은?

① 열전도율 0.5kcal/m·h·℃ 이하를 기준으로 하고 있다.
② 재질 내 수분이 많을 경우 열전도율은 감소한다.
③ 비중이 클수록 열전도율은 작아진다.
④ 밀도가 작을수록 열전도율은 작아진다.

해설 밀도(kg/m³)가 작으면 보온재 다공도가 커서 열전도율(kJ/K·℃)이 작아진다.

67 보온재의 열전도율과 체적 비중, 온도, 습분 및 기계적 강도와의 관계에 관한 설명으로 틀린 것은?

① 열전도율은 일반적으로 체적 비중의 감소와 더불어 작아진다.
② 열전도율은 일반적으로 온도의 상승과 더불어 커진다.
③ 열전도율은 일반적으로 습분의 증가와 더불어 커진다.
④ 열전도율은 일반적으로 기계적 강도가 클수록 커진다.

해설 보온재는 어느 정도 기계적 강도가 있어야 한다(보온재의 구비조건). 부피 비중이 증가하면 열전도율이 커지고 수분을 함유하거나 온도가 상승하여도 커진다. 그리고 밀도가 클수록 커진다.

68 다음 마찰손실 중 국부저항 손실수두로 가장 거리가 먼 것은?

① 배관 중의 밸브, 이음쇠류 등에 의한 것
② 관의 굴곡부분에 의한 것
③ 관 내에서 유체와 관 내벽과의 마찰에 의한 것
④ 관의 축소, 확대에 의한 것

해설 ③은 국부저항 손실수두가 아닌 저항 손실수두이다.

69 다음 중 유리섬유의 내열도에 있어서 안전사용 온도 범위를 크게 개선시킬 수 있는 결합제는?

① 페놀 수지   ② 메틸 수지
③ 실리카겔   ④ 멜라민 수지

해설 유리섬유(글라스울 보온재)의 내열도에 있어서 안전사용 온도 범위를 크게 개선시키는 결합제는 실리카겔(SiO₂)이다.

70 한국에너지공단의 사업이 아닌 것은?

① 신에너지 및 재생에너지 개발사업의 촉진
② 열사용기자재의 안전관리
③ 에너지의 안정적 공급
④ 집단에너지사업의 촉진을 위한 지원 및 관리

해설 에너지의 안정적 공급은 국가에서 하는 정책사업이다.

71 다음 중 셔틀요(Shuttle Kiln)는 어디에 속하는가?

① 반연속 요   ② 승염식 요
③ 연속 요   ④ 불연속 요

해설 반연속 요(Semi Continous Kiln)
등요(Up Hill Kiln), 셔틀요(대차 이용 요)

72 스폴링(Spalling)에 대한 설명으로 옳은 것은?

① 마그네시아를 원료로 하는 내화물이 체적 변화를 일으켜 노벽이 붕괴하는 현상
② 온도의 급격한 변동으로 내화물에 열응력이 생겨 표면이 갈라지는 현상
③ 크롬마그네시아 벽돌이 1,600℃ 이상의 고온에서 산화철을 흡수하여 부풀어 오르는 현상
④ 내화물이 화학반응에 의하여 녹아내리는 현상

해설 스폴링 현상(박락현상)
화실 내 온도의 급격한 변동으로 내화물에 열응력이 생겨서 표면이 갈라지는 현상(열적, 기계적, 조직적 Spalling이 있다.)

ANSWER | 66. ④ 67. ④ 68. ③ 69. ③ 70. ③ 71. ① 72. ②

73 고로(Blast Furnace)의 특징에 대한 설명이 아닌 것은?

① 축열실, 탄화실, 연소실로 구분되며 탄화실에는 석탄장 입구와 가스를 배출시키는 상승관이 있다.
② 산소의 제거는 CO 가스에 의한 간접 환원반응과 코크스에 의한 직접 환원반응으로 이루어진다.
③ 철광석 등의 원료는 노의 상부에서 투입되고 용선은 노의 하부에서 배출된다.
④ 노 내부의 반응을 촉진시키기 위해 압력을 높이거나 열풍의 온도를 높이는 경우도 있다.

해설 고로(용광로)
선철 제조용 노이며 열풍로, 용광로, 원료권상기 등이 있다.

74 에너지이용 합리화 기본계획은 산업통상자원부장관이 몇 년마다 수립하여야 하는가?

① 3년　　② 4년
③ 5년　　④ 10년

해설 에너지이용 합리화 기본계획기간 : 5년

75 에너지이용 합리화법에 따라 검사대상기기 설치자는 검사대상기기 관리자를 선임하거나 해임할 때 산업통상자원부령에 따라 누구에게 신고하여야 하는가?

① 시·도지사
② 시장·군수
③ 경찰서장·소방서장
④ 한국에너지공단이사장

해설 선임, 해임 신고는 시장 또는 도지사에게 한다(다만, 시·도지사가 한국에너지공단이사장에게 위탁하였다).

76 제강로가 아닌 것은?

① 고로　　② 전로
③ 평로　　④ 전기로

해설 고로(高爐)
용광로이면서 선철 제조로이며 용량은 1일 생산량(Ton)으로 결정한다.

77 보일러 계속사용검사 유효기간 만료일이 9월 1일 이후인 경우 연기할 수 있는 최대 기한은?

① 2개월 이내　　② 4개월 이내
③ 6개월 이내　　④ 10개월 이내

해설
• 9월 1일 이전 : 연말까지 연기 가능
• 9월 1일 이후 : 4개월 이내까지 연기 가능

78 에너지이용 합리화법에 따라 검사대상기기 설치자의 변경신고는 변경일로부터 15일 이내에 누구에게 하여야 하는가?

① 한국에너지공단이사장
② 산업통상자원부장관
③ 지방자치단체장
④ 관할 소방서장

해설 설치자 변경신고는 설치자가 변경된 날로부터 15일 이내에 한국에너지공단이사장에게 신고하여야 한다.

79 에너지이용 합리화법의 목적이 아닌 것은?

① 에너지 수급 안정화
② 국민 경제의 건전한 발전에 이바지
③ 에너지 소비로 인한 환경피해 감소
④ 연료수급 및 가격 조정

해설 에너지이용 합리화법의 목적(제1조)
에너지의 수급을 안정시키고 에너지의 합리적이고 효율적인 이용을 증진하며 에너지소비로 인한 환경피해를 줄임으로써 국민경제의 건전한 발전 및 국민복지의 증진과 지구온난화의 최소화에 이바지함을 목적으로 한다.

80 두께 230mm의 내화벽돌이 있다. 내면의 온도가 320℃이고 외면의 온도가 150℃일 때 이 벽면 10m²에서 매시간당 손실되는 열량은?(단, 내화벽돌의 열전도율은 0.96kcal/m·h·℃이다.)

① 710kcal/h
② 1,632kcal/h
③ 7,096kcal/h
④ 14,391kcal/h

해설 $Q = \lambda \times \dfrac{A(t_1 - t_2)}{b}$

$= 0.96 \times \dfrac{10 \times (320-150)}{0.23\text{m}} = 7,096 \text{kcal/h}$

SECTION 05 열설비설계

81 보일러 설치검사 사항 중 틀린 것은?
① 5t/h 이하의 유류 보일러의 배기가스 온도는 정격 부하에서 상온과의 차가 315℃ 이하이어야 한다.
② 보일러의 안전장치는 사고를 방지하기 위해 먼저 연료를 차단한 후 경보를 울리게 해야 한다.
③ 수입 보일러의 설치검사의 경우 수압시험이 필요하다.
④ 보일러 설치검사 시 안전장치 기능 테스트를 한다.

해설 보일러는 경보기를 먼저 울린 후 30초 정도 후에 연료를 차단하는 것이 합당하다.

82 증기트랩의 설치목적이 아닌 것은?
① 관의 부식 방지   ② 수격작용 발생 억제
③ 마찰저항 감소   ④ 응축수 누출 방지

해설 증기트랩은 응축수를 배출시켜야 관 내 수격작용(워터해머)이 방지된다.

83 저위발열량이 10,000kcal/kg인 연료를 사용하고 있는 실제 증발량이 4t/h인 보일러에서 급수온도 40℃, 발생증기의 엔탈피가 650kcal/kg, 급수 엔탈피가 40kcal/kg일 때 연료 소비량은?(단, 보일러의 효율은 85%이다.)
① 251kg/h   ② 287kg/h
③ 361kg/h   ④ 397kg/h

해설 효율 $= \dfrac{4 \times 10^3 \times (650-40)}{G_f \times 10,000} \times 100 = 85\%$

∴ 연료 소비량 $G_f = \dfrac{4 \times 10^3 \times (650-40)}{0.85 \times 10,000} = 287\text{kg/h}$

84 보일러에서 사용하는 안전밸브의 방식으로 가장 거리가 먼 것은?
① 중추식   ② 탄성식
③ 지렛대식   ④ 스프링식

해설 탄성식 압력계: 부르동관식, 벨로스식, 다이어프램식

85 압력용기에 대한 수압시험 압력의 기준으로 옳은 것은?
① 최고사용압력이 0.1MPa 이상인 주철제 압력용기는 최고사용압력의 3배이다.
② 비철금속제 압력용기는 최고사용압력의 1.5배의 압력에 온도를 보정한 압력이다.
③ 최고사용압력이 1MPa 이하인 주철제 압력용기는 0.1MPa이다.
④ 법랑 또는 유리 라이닝한 압력용기는 최고사용압력의 1.5배의 압력이다.

해설 ①은 2배, ③은 0.2MPa, ④는 최고사용압력으로 수압시험을 한다.

86 대향류 열교환기에서 가열유체는 260℃에서 120℃로 나오고 수열유체는 70℃에서 110℃로 가열될 때 전열면적은?(단, 열관류율은 125W/m²·℃이고, 총 열부하는 160,000W이다.)
① 7.24m²   ② 14.06m²
③ 16.04m²   ④ 23.32m²

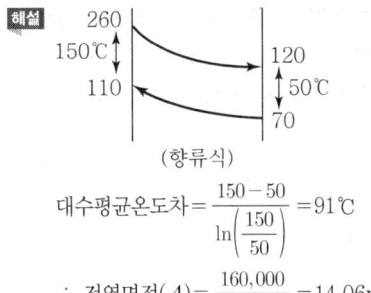

대수평균온도차 $= \dfrac{150-50}{\ln\left(\dfrac{150}{50}\right)} = 91℃$

∴ 전열면적 $(A) = \dfrac{160,000}{125 \times 91} = 14.06\text{m}^2$

87 보일러의 종류에 따른 수면계의 부착위치로 옳은 것은?

① 직립형 보일러는 연소실 천장판 최고부 위 95mm
② 수평연관 보일러는 연관의 최고부 위 100mm
③ 노통 보일러는 노통 최고부(플랜지부를 제외) 위 100mm
④ 직립형 연관보일러는 연소실 천장판 최고부 위 연관길이의 $\frac{2}{3}$

해설

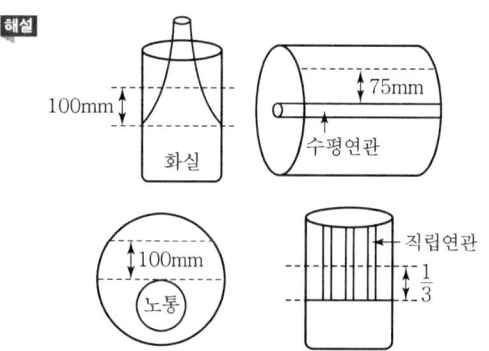

88 구조상 고압에 적당하여 배압이 높아도 작동하며, 드레인 배출온도를 변화시킬 수 있고 증기 누출이 없는 트랩의 종류는?

① 디스크(Disk)식
② 플로트(Float)식
③ 상향 버킷(Bucket)식
④ 바이메탈(Bimetal)식

해설
- 바이메탈형, 벨로스형 : 온도조절식 증기트랩
- 바이메탈형 : 고압용, 배압이 높아도 작동이 가능하고, 드레인 배출온도를 변화시킬 수 있으며, 증기 누출이 없다.

89 맞대기 이음 용접에서 하중이 3,000kg, 용접 높이가 8mm일 때 용접 길이는 몇 mm로 설계하여야 하는가?(단, 재료의 허용 인장응력은 5kg/mm²이다.)

① 52mm   ② 75mm
③ 82mm   ④ 100mm

해설 응력(σ) = $\frac{P}{hl}$ = $\frac{3,000}{8 \times l}$ = 5

∴ 용접길이(l) = $\frac{3,000}{8 \times 5}$ = 75mm

90 열교환기 설계 시 열교환 유체의 압력 강하는 중요한 설계인자이다. 관 내경, 길이 및 유속(평균)을 각각 D_i, l, u로 표시할 때 압력강하량 ΔP와의 관계는?

① $\Delta P \propto \dfrac{l}{D_i} \dfrac{1}{2g} u^2$
② $\Delta P \propto lD_i / \dfrac{1}{2g} u^2$
③ $\Delta P \propto \dfrac{D_i}{l} \dfrac{1}{2g} u^2$
④ $\Delta P \propto \dfrac{1}{2g} u^2 \cdot l \cdot D_i$

해설 열교환기의 압력강하(ΔP) $\propto \dfrac{l}{D_i} \times \dfrac{1}{2g} \times u^2$

91 일반적인 보일러 운전 중 가장 이상적인 부하율은?

① 20~30%   ② 30~40%
③ 40~60%   ④ 60~80%

해설 보일러 부하율 = $\dfrac{\text{실제 사용 용량}}{\text{보일러 설계용량}} \times 100\%$

가장 이상적인 부하율은 60~80%이다.

92 보일러 청소에 관한 설명으로 틀린 것은?

① 보일러의 냉각은 연화적(벽돌)이 있는 경우에는 24시간 이상 소요되어야 한다.
② 보일러는 적어도 40℃ 이하까지 냉각한다.
③ 부득이하게 냉각을 빨리시키고자 할 경우 찬물을 보내면서 취출하는 방법에 의해 압력을 저하시킨다.
④ 압력이 남아 있는 동안 취출밸브를 열어서 보일러 물을 완전 배출한다.

해설 보일러 청소 시에는 압력이 0인 상태에서 취출밸브(분출밸브)를 열고 물을 배출시킨다.

93 고온부식의 방지대책이 아닌 것은?

① 중유 중의 황 성분을 제거한다.
② 연소가스의 온도를 낮게 한다.
③ 고온의 전열면에 내식재료를 사용한다.
④ 연료에 첨가제를 사용하여 바나듐의 융점을 높인다.

해설 황의 연소 시(S+O₂ → SO₂) 진한 황산(H₂SO₄)은 절탄기, 공기예열기 등 폐열회수장치에 저온부식을 일으킨다.

94 점식(Pitting)에 대한 설명으로 틀린 것은?
① 진행속도가 아주 느리다.
② 양극 반응의 독특한 형태이다.
③ 스테인리스강에서 흔히 발생한다.
④ 재료 표면의 성분이 고르지 못한 곳에 발생하기 쉽다.

해설 점식은 물속의 용존산소에 의해 급격히 진행되는 피팅(Pitting) 부식이다.

95 급수배관의 비수방지관에 뚫려 있는 구멍의 면적은 주 증기관 면적의 최소 몇 배 이상이 되어야 증기 배출에 지장이 없는가?
① 1.2배   ② 1.5배
③ 1.8배   ④ 2배

해설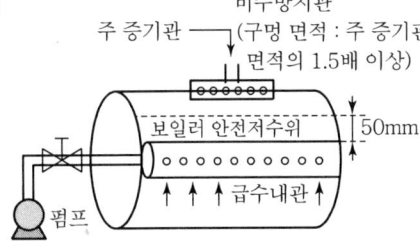
- 급수내관 : 보일러에 공급하는 급수를 보일러 드럼 내에 골고루 살포하여 열응력을 방지하고, 증기 생성에 지장을 주지 않는 급수장치의 일종
- 비수방지관 : 보일러 드럼 상부에 설치하여 물방울을 제거하고 건조증기를 취출하는 증기이송장치

96 2중관식 열교환기 내 68kg/min의 비율로 흐르는 물이 비열 1.9kJ/kg·℃의 기름으로 35℃에서 75℃까지 가열된다. 이때, 기름의 온도가 열교환기에 들어올 때 110℃, 나갈 때 75℃라면, 대수평균온도차는?(단, 두 유체는 향류형으로 흐른다.)
① 37℃   ② 49℃
③ 61℃   ④ 73℃

해설
110 (35)　　　　　→　75 (40℃)
75 　(향류식)　　　 35

대수평균온도차$(\Delta t_m) = \dfrac{40-35}{\ln\left(\dfrac{40}{35}\right)} = 37℃$

97 다음 [보기]에서 설명하는 보일러 보존방법은?

- 보존기간이 6개월 이상인 경우 적용한다.
- 1년 이상 보존할 경우 방청도료를 도포한다.
- 약품의 상태는 1~2주마다 점검하여야 한다.
- 동 내부의 산소 제거는 숯불 등을 이용한다.

① 건조보존법   ② 만수보존법
③ 질소보존법   ④ 특수보존법

해설
- 보일러 장기보존법(6개월 이상) : 밀폐건조보존법
- 보일러 단기보존법(6개월 미만) : 만수보존법(약품첨가법, 방청도료 도포, 생석회 건조재 사용)

98 다음 중 횡형 보일러의 종류가 아닌 것은?
① 노통식 보일러   ② 연관식 보일러
③ 노통연관식 보일러   ④ 수관식 보일러

해설 수관식 보일러(대용량 보일러)
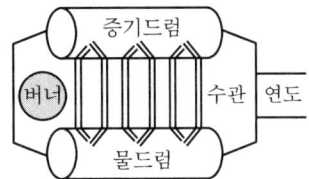

99 보일러 운전 중에 발생하는 기수공발(Carry Over) 현상의 발생 원인으로 가장 거리가 먼 것은?
① 인산나트륨이 많을 때
② 증발수 면적이 넓을 때
③ 증기 정지밸브를 급히 개방했을 때
④ 보일러 내의 수면이 비정상적으로 높을 때

ANSWER | 94.① 95.② 96.① 97.① 98.④ 99.②

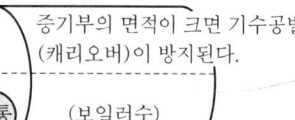

증기부의 면적이 크면 기수공발(캐리오버)이 방지된다.

100 급수조절기를 사용할 경우 충수 수압시험 또는 보일러를 시동할 때 조절기가 작동하지 않게 하거나 수리·교체하는 경우를 위하여 모든 자동 또는 수동제어밸브 주위에 설치하는 설비는?

① 블로오프관 ② 바이패스관
③ 과열저감기 ④ 수면계

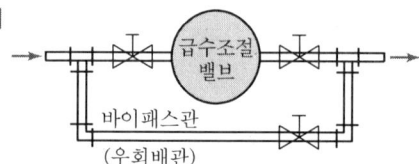

2016년 2회 에너지관리기사

SECTION 01 연소공학

01 연소효율은 실제의 연소에 의한 열량을 완전연소했을 때의 열량으로 나눈 것으로 정의할 때, 실제 연소에 의한 열량을 계산하는 데 필요한 요소가 아닌 것은?

① 연소가스 유출 단면적
② 연소가스 밀도
③ 연소가스 열량
④ 연소가스 비열

해설 실제 연소에 의한 열량계산 요소
- 연소가스 유출 단면적
- 연소가스 밀도
- 연소가스 비열

02 보일러의 흡입통풍(Induced Draft) 방식에 가장 많이 사용되는 송풍기의 형식은?

① 플레이트형   ② 터보형
③ 축류형   ④ 다익형

해설
- 플레이트형(판형) 송풍기 : 흡입통풍방식용 송풍기
- 터보형·다익형 송풍기 : 압입용 송풍기

03 중유의 점도가 높아질수록 연소에 미치는 영향에 대한 설명으로 틀린 것은?

① 오일탱크로부터 버너까지의 이송이 곤란해진다.
② 기름의 분무현상(Atomization)이 양호해진다.
③ 버너 화구(火口)에 유리탄소가 생긴다.
④ 버너의 연소상태가 나빠진다.

해설 중유(중질유)의 점도가 높아질수록 기름의 분무현상(안개방울화)이 불량해져서 연소에 곤란이 초래된다.

04 탄소(C) 80%, 수소(H) 20%의 중유를 완전연소시켰을 때 $CO_{2max}(\%)$는?

① 13.2   ② 17.2
③ 19.1   ④ 21.1

해설 CO_{2max}(탄산가스 최대량) = $\dfrac{1.867C + 0.7S}{G_{od}} \times 100$

A_o(이론공기량) = $8.89C + 26.67H - 3.33(O - S)$
= $8.89 \times 0.8 + 26.67 \times 0.2$
= $12.446 \, Nm^3/kg$

G_{od}(이론건연소가스양) = $(1 - 0.21)A_0 + 1.87C + 0.7S + 0.8N$
= $(1 - 0.21) \times 12.446 + 1.87 \times 0.8$
= $11.32834 \, Nm^3/kg$

$\therefore CO_{2max} = \dfrac{1.867 \times 0.8}{12.32834} = 0.13(13\%)$

05 연소의 정의를 가장 옳게 나타낸 것은?

① 연료가 환원하면서 발열하는 현상
② 화학변화에서 산화로 인한 흡열반응
③ 물질의 산화로 에너지의 전부가 직접 빛으로 변하는 현상
④ 온도가 높은 분위기 속에서 산소와 화합하여 빛과 열을 발생하는 현상

해설 연소의 정의
노 내 온도가 높은 분위기 속에서 연료가 산소와 화합하여 빛과 열을 발생하는 현상이다.

06 보일러 등의 연소장치에서 질소산화물(NOx)의 생성을 억제할 수 있는 연소 방법이 아닌 것은?

① 2단 연소
② 저산소(저공기비) 연소
③ 배기의 재순환 연소
④ 연소용 공기의 고온 예열

해설 연소용 공기의 고온예열에서는 질소산화물의 발생이 증가한다(고온에서 질소는 화합물 발생이 촉진된다).

ANSWER | 1.③ 2.① 3.② 4.① 5.④ 6.④

07 가연성 혼합기의 폭발방지를 위한 방법으로 가장 거리가 먼 것은?
① 산소농도의 최소화 ② 불활성 가스의 치환
③ 불활성 가스의 첨가 ④ 이중용기 사용

해설 이중용기 사용과 가연성 혼합기의 폭발방지는 관련성이 없다.

08 다음 기체연료 중 단위 체적당 고위발열량이 가장 높은 것은?
① LNG   ② 수성가스
③ LPG   ④ 유(油)가스

해설 고위발열량
① LNG : 10,500kcal/m³
② 수성가스 : 2,500kcal/m³
③ LPG : 26,000kcal/m³
④ 오일유가스 : 4,710kcal/m³

09 이론습연소가스양 G_{ow}와 이론건연소가스양 G_{od}의 관계를 나타낸 식으로 옳은 것은?(단, H는 수소, W는 수분을 나타낸다.)
① $G_{od} = G_{ow} + 1.25(9H + W)$
② $G_{od} = G_{ow} - 1.25(9H + W)$
③ $G_{od} = G_{ow} + (9H + W)$
④ $G_{od} = G_{ow} - (9H - W)$

해설
• 이론건연소가스양(G_{od}) = $G_{ow} - 1.25(9H + W)$
• 이론습연소가스양(G_{ow}) = $G_{od} + 1.25(9H + W)$
• 연소생성수증기량(W_g) = $1.25(9H + W)$

10 연소가스 부피 조성이 CO_2 13%, O_2 8%, N_2 79%일 때 공기 과잉계수(공기비)는?
① 1.2   ② 1.4
③ 1.6   ④ 1.8

해설 공기비$(m) = \dfrac{N_2}{N_2 - 3.76(O_2 - 0.5CO)}$
$= \dfrac{79}{79 - 3.76(8 - 0.5 \times 0)}$
$= \dfrac{79}{79 - 30.08} = 1.61$

11 액체연료에 대한 가장 적합한 연소방법은?
① 화격자연소   ② 스토커연소
③ 버너연소   ④ 확산연소

해설 액체연료 연소방법
• 버너연소
• 심지연소
• 포트형 연소

12 발열량이 5,000kcal/kg인 고체연료를 연소할 때 불완전연소에 의한 열손실이 5%, 연소재에 의한 열손실이 5%였다면 연소효율은?
① 80%   ② 85%
③ 90%   ④ 95%

해설
• 열손실 = 불완전열손실 + 미연탄소분에 의한 열손실 + 방사열손실 + 배기가스 열손실
• 연소효율 = $\dfrac{\text{불완전열손실} + \text{미연탄소분에 의한 열손실}}{\text{공급열}}$
∴ 100 − (5 + 5) = 90%

13 NOx의 배출을 최소화할 수 있는 방법이 아닌 것은?
① 미연소분을 최소화하도록 한다.
② 연료와 공기의 혼합을 양호하게 하여 연소온도를 낮춘다.
③ 저온배출가스 일부를 연소용 공기에 혼입해서 연소용 공기 중의 산소농도를 저하시킨다.
④ 버너 부근의 화염온도는 높이고 배기가스 온도는 낮춘다.

해설 버너 부근의 화염온도를 낮추면 질소산화물(NOx)이 감소하고 배기가스 온도가 높아지면 통풍력이 증가한다.

14 열병합 발전소에서 배기가스를 사이클론에서 전처리하고 전기 집진장치에서 먼지를 제거하고 있다. 사이클론 입구, 전기집진기 입구와 출구에서의 먼지농도가 각각 95, 10, 0.5g/Nm³일 때 종합집진율은?
① 85.7%   ② 90.8%
③ 95.0%   ④ 99.5%

해설 종합집진율 = $\frac{95-0.5}{95} \times 100 = 99.5\%$

15 연소배기가스를 분석한 결과 O_2의 측정치가 4%일 때 공기비(m)는?

① 1.10
② 1.24
③ 1.30
④ 1.34

해설 공기비(m) = $\frac{21}{21-(O_2)} = \frac{21}{21-4} = 1.24$

16 액체를 미립화하기 위해 분무를 할 때 분무를 지배하는 요소로서 가장 거리가 먼 것은?

① 액류의 운동량
② 액류와 기체의 표면적에 따른 저항력
③ 액류와 액공 사이의 마찰력
④ 액체와 기체 사이의 표면장력

해설 액체의 미립화(분무화)를 지배하는 요소는 ①, ②, ④이다.

17 가열실의 이론효율(E_1)을 옳게 나타낸 식은?(단, t_r : 이론연소온도, t_i : 피열물의 온도이다.)

① $E_1 = \frac{t_r + t_i}{t_r}$
② $E_1 = \frac{t_r - t_i}{t_r}$
③ $E_1 = \frac{t_i - t_r}{t_i}$
④ $E_1 = \frac{t_i + t_r}{t_i}$

해설 가열실(화실)의 이론효율(E_1) = $\frac{t_r - t_i}{t_r}$

18 산소 1Nm³을 연소에 이용하려면 필요한 공기량(Nm³)은?

① 1.9
② 2.8
③ 3.7
④ 4.8

해설 $\frac{공기\ 100\%}{산소\ 21\%} = 4.8배$

19 온도가 293K인 이상기체를 단열 압축하여 체적을 1/6로 하였을 때 가스의 온도는 약 몇 K인가?(단, 가스의 정적비열(C_v)은 0.7kJ/kg·K, 정압비열(C_p)은 0.98kJ/kg·K이다.)

① 393
② 493
③ 558
④ 600

해설 $T_2 = T_1 \times \left(\frac{V_1}{V_2}\right)^{K-1}$

$K(비열비) = \frac{C_p}{C_v} = \frac{0.98}{0.7} = 1.4$

∴ $T_2 = \left(\frac{6}{1}\right)^{1.4-1} \times 293 = 600K$

20 열효율 향상 대책이 아닌 것은?

① 과잉공기를 증가시킨다.
② 손실열을 가급적 적게 한다.
③ 전열량이 증가되는 방법을 취한다.
④ 장치의 최적 설계조건과 운전조건을 일치시킨다.

해설 열효율을 향상시키려면 배기가스 열손실을 줄여야 하므로 과잉공기는 가급적 감소시킨다.

SECTION 02 열역학

21 360℃와 25℃ 사이에서 작동하는 열기관의 최대 이론 열효율은 약 얼마인가?

① 0.450
② 0.529
③ 0.635
④ 0.735

해설 $T_1 = 360 + 273 = 633K$
$T_2 = 25 + 273 = 298K$
$\eta = 1 - \frac{T_2}{T_1} = 1 - \frac{298}{633} = 0.529(52.9\%)$

ANSWER | 15. ② 16. ③ 17. ② 18. ④ 19. ④ 20. ① 21. ②

22 다음 중 냉동 사이클의 운전특성을 잘 나타내고, 사이클의 해석을 하는 데 가장 많이 사용되는 선도는?

① 온도-체적 선도 ② 압력-엔탈피 선도
③ 압력-체적 선도 ④ 압력-온도 선도

해설 $P-h$ 선도

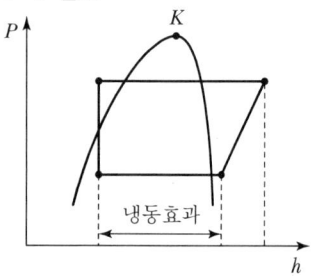

몰리에르 선도에서 교축과정은 등엔탈피 과정으로 수직선이다.

23 터빈에서 2kg/s의 유량으로 수증기를 팽창시킬 때 터빈의 출력이 1,200kW라면 열손실은 몇 kW인가? (단, 터빈 입구와 출구에서 수증기의 엔탈피는 각각 3,200kJ/kg와 2,500kJ/kg이다.)

① 600 ② 400
③ 300 ④ 200

해설 2kg/s×1h×3,600s/h=7,200kg/h
1kWh=860kcal
1,200×860=1,032,000kcal/h
1,032,000×4.186=4,319,952kJ/hr
$\therefore \frac{7,200 \times (3,200-2,500) - 4,319,952}{3,600} = 200\text{kW}$

24 엔탈피가 3,140kJ/kg인 과열증기가 단열노즐에 저속상태로 들어와 출구에서 엔탈피가 3,010kJ/kg인 상태로 나갈 때 출구에서의 증기 속도(m/s)는?

① 8 ② 25
③ 160 ④ 510

해설 1kJ=102kg·m/sec
유속(V) = $\sqrt{2g \times 102(h_1 - h_2)}$
$\therefore V = \sqrt{2 \times 9.8 \times 102(3,140 - 3,010)} = 510\text{m/s}$

25 엔트로피에 대한 설명으로 틀린 것은?

① 엔트로피는 상태함수이다.
② 엔트로피는 분자들의 무질서도 척도가 된다.
③ 우주의 모든 현상은 총 엔트로피가 증가하는 방향으로 진행되고 있다.
④ 자유팽창, 종류가 다른 가스의 혼합, 액체 내의 분자의 확산 등의 과정에서 엔트로피가 변하지 않는다.

해설 엔트로피는 감소하지 않는다(가역이면 불변이고 비가역이면 항상 증가한다). 완전가스의 엔트로피는 상태량의 함수로 나타낸다. 우주 간의 엔트로피는 항상 증가하며 언젠가는 무한대가 된다.

26 포화증기를 가역단열압축시켰을 때의 설명으로 옳은 것은?

① 압력과 온도가 올라간다.
② 압력은 올라가고 온도는 떨어진다.
③ 온도는 불변이며 압력은 올라간다.
④ 압력은 온도 모두 변하지 않는다.

해설 포화증기를 가역단열압축 시 압력과 온도가 상승한다.

27 $PV^n = C$에서 이상기체의 등온변화인 경우 폴리트로픽 지수(n)는?

① ∞ ② 1.4
③ 1 ④ 0

해설

변화	지수(n)	비열(C_n)
정압변화	0	C_p
등온변화	1	∞
단열변화	K	0
정적변화	∞	C_v

28 증기의 교축과정에 대한 설명으로 옳은 것은?

① 습증기 구역에서 포화온도가 일정한 과정
② 습증기 구역에서 포화압력이 일정한 과정
③ 가역과정에서 엔트로피가 일정한 과정
④ 엔탈피가 일정한 비가역 정상류 과정

22. ② 23. ④ 24. ④ 25. ④ 26. ① 27. ③ 28. ④ | ANSWER

[해설] 증기의 교축과정은 엔탈피가 일정한 비가역 정상류 과정이며, 엔트로피는 항상 증가한다.

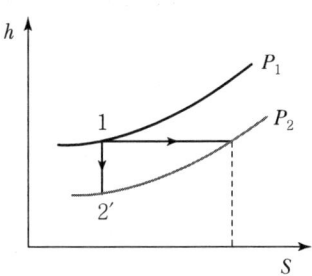

여기서, h : 엔탈피, S : 엔트로피

29 공기 50kg을 일정 압력하에서 100℃에서 700℃까지 가열할 때 엔탈피 변화는 얼마인가?(단, C_p=1.0 kJ/kg·K, C_v=0.71kJ/kg·K이다.)

① 600kJ
② 21,300kJ
③ 30,000kJ
④ 42,600kJ

[해설] $Q = G \cdot C_p(t_1 - t_2)$
$= 50 \times 1.0 \times (700-100) = 30,000$kJ
※ 비열비$(k) = \dfrac{1.0}{0.71} = 1.41$

30 비열이 일정하고 비열비가 k인 이상기체의 등엔트로피 과정에서 성립하지 않는 것은?(단, T, P, v는 각각 절대온도, 압력, 비체적이다.)

① Pv^k = 일정
② Tv^{k-1} = 일정
③ $PT^{\frac{k}{k-1}}$ = 일정
④ $TP^{\frac{1-k}{k}}$ = 일정

[해설] 등엔트로피 과정(단열변화)
$\dfrac{T_2}{T_1} = \left(\dfrac{P_2}{P_1}\right)^{\frac{k-1}{k}} = TV^{k-1} = PV^k = TP^{\frac{1-k}{k}} = \left(\dfrac{V_1}{V_2}\right)^{k-1}$

31 그림은 공기 표준 Otto Cycle이다. 효율 η에 관한 식으로 틀린 것은?(단, r은 압축비, k는 비열비이다.)

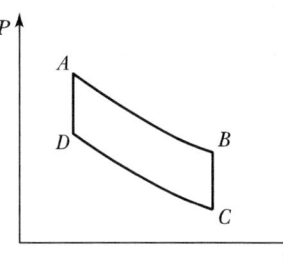

① $\eta = 1 - \left(\dfrac{T_B - T_C}{T_A - T_D}\right)$
② $\eta = 1 - r\left(\dfrac{1}{r}\right)^k$
③ $\eta = 1 - \left(\dfrac{P_B - P_C}{P_A - P_D}\right)$
④ $\eta = 1 - \left(\dfrac{T_B}{T_A}\right)$

[해설]
• C-D 과정 : 단열압축
• D-A 과정 : 정적연소
• A-B 과정 : 단열팽창
• B-C 과정 : 정적방열
③에서는 $\eta = 1 - \dfrac{T_B - T_C}{r^{k-1}(T_B - T_C)}$

32 냉동 사이클의 T-S 선도에서 냉매단위질량당 냉각열량 q_L과 압축기의 소용동력 w를 옳게 나타낸 것은?(단, h는 엔탈피를 나타낸다.)

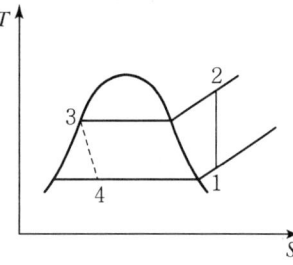

① $q_L = h_3 - h_4$, $w = h_2 - h_1$
② $q_L = h_1 - h_4$, $w = h_2 - h_1$
③ $q_L = h_2 - h_3$, $w = h_1 - h_4$
④ $q_L = h_3 - h_4$, $w = h_1 - h_2$

[해설] • 냉매단위질량당 냉각열량$(q_L) = h_1 - h_4$
• 압축기 소요동력$(w) = h_2 - h_1$

ANSWER | 29. ③ 30. ③ 31. ③ 32. ②

33 압력이 P로 일정한 용기 내에 이상기체 1kg이 들어 있고, 이 이상기체를 외부에서 가열하였다. 이때 전달된 열량은 Q이며, 온도가 T_1에서 T_2로 변하였고, 기체의 부피가 V_1에서 V_2로 변하였다. 공기의 정압비열 C_p은 어떻게 계산되는가?

① $C_p = \dfrac{Q}{P}$ ② $C_p = \dfrac{Q}{T_2 - T_1}$

③ $C_p = \dfrac{Q}{V_2 - V_1}$ ④ $C_p = \dfrac{P \times (V_2 - V_1)}{T_1 - T_2}$

해설 공기의 정압비열(C_p) = $\dfrac{Q}{T_2 - T_1}$

34 온도 250℃, 질량 50kg인 금속을 20℃의 물속에 넣었다. 최종 평형 상태에서의 온도가 30℃이면 물의 양은 약 몇 kg인가?(단, 열손실은 없으며, 금속의 비열은 0.5kJ/kg·K, 물의 비열은 4.18kJ/kg·K이다.)

① 108.3   ② 131.6
③ 167.7   ④ 182.3

해설 금속의 열량 = $50 \times 0.5 \times (250 - 30) = 5,500$ kJ
물이 얻는 열량 = $G \times 4.18(30 - 20)$
∴ $G = \dfrac{5,500}{4.18 \times (30 - 20)} = 131.6$ kg

35 $\int F dx$는 무엇을 나타내는가?(단, F는 힘, x는 변위를 나타낸다.)

① 일   ② 열
③ 운동에너지   ④ 엔트로피

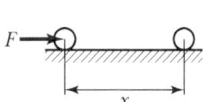
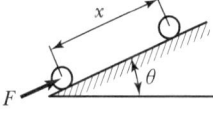

일(w) = $F \cdot x$ (kg·m)   일(w) = $F \cdot x \cos\theta$ (kg·m)

36 비열이 3kJ/kg·℃인 액체 10kg을 20℃로부터 80℃까지 전열기로 가열시키는 데 필요한 소요전력량은 약 몇 kWh인가?(단, 전열기의 효율은 88%이다.)

① 0.46   ② 0.57
③ 480   ④ 530

해설 1kW = 102kg·m/s = 860kcal/h = 3,600kJ/h
소요열량 = $10 \times 3 \times (80 - 20) = 1,800$ kJ
∴ 소요전력량 = $\dfrac{1,800}{3,600 \times 0.88} = 0.57$ kWh

37 저열원 10℃, 고열원 600℃ 사이에 작용하는 카르노 사이클에서 사이클당 방열량이 3.5kJ이면 사이클당 실제 일의 양은 약 몇 kJ인가?

① 3.5   ② 5.7
③ 6.8   ④ 7.3

해설 $T_1 = 10 + 273 = 283$K, $T_2 = 600 + 273 = 873$K
효율(η) = $1 - \dfrac{T_1}{T_2} = 1 - \dfrac{283}{873} = 0.6758$
∴ 실제 일의 양(W) = $\dfrac{3.5}{1 - 0.6758} \times 0.6758 = 7.3$ kJ

38 직경 40cm의 피스톤이 800kPa의 압력에 대항하여 20cm 움직였을 때 한 일은 약 몇 kJ인가?

① 20.1   ② 63.6
③ 254   ④ 1,350

해설 일($_1W_2$) = $\int_1^2 \delta W = \int_1^2 dV$
1kPa = kN/m², 1J = 1N·m, 1Pa = 1N/m²
일(J) = 힘(N) × 거리(m) = 압력(N/m²) × 체적(m³)
∴ $_1W_2 = P \cdot A \cdot S = 800 \times \dfrac{3.14}{4} \times (0.4)^2 \times 0.2$
= 21kJ ≒ 20.1

39 일정 정압비열($C_p = 1.0$ kJ/kg·K)을 가정하고, 공기 100kg을 400℃에서 120℃로 냉각할 때 엔탈피 변화는?

① $-24,000$ kJ   ② $-26,000$ kJ
③ $-28,000$ kJ   ④ $-30,000$ kJ

33. ② 34. ② 35. ① 36. ② 37. ④ 38. ① 39. ③ | ANSWER

해설 냉각엔탈피 변화=100×1.0×(120-400)=-28,000kJ

40 냉동(Refrigeration) 사이클에 대한 성능계수(COP)는 다음 중 어느 것을 해준 일(Work Input)로 나누어 준 것인가?

① 저온 측에서 방출된 열량
② 저온 측에서 흡수한 열량
③ 고온 측에서 방출된 열량
④ 고온 측에서 흡수한 열량

해설 성능계수$(COP) = \dfrac{\text{저온 냉매액 증기 증발열량}}{\text{압축기 일의 열당량}}$

SECTION 03 계측방법

41 진공에 대한 폐관식 압력계로서 측정하려고 하는 기체를 압축하여 수은주로 읽게 하여 그 체적변화로부터 원래의 압력을 측정하는 형식의 진공계는?

① 눗슨(Knudsen)식
② 피라니(Pirani)식
③ 맥리오드(Mcleod)식
④ 벨로스(Bellows)식

해설 맥리오드 진공압력계
• 폐관식 압력계(기체를 압축하여 수은주로 읽으며 체적변화로 원래 압력을 측정)
• 모세폐관정부의 높이를 이용한 압력계

42 아래 열교환기에 대한 제어내용은 다음 중 어느 제어방법에 해당하는가?

| 유체의 온도를 제어하는 데 온도조절의 출력으로 열교환기에 유입되는 증기의 유량을 제어하는 유량조절기의 설정치를 조절한다. |

① 추종제어   ② 프로그램 제어
③ 정치제어   ④ 캐스케이드 제어

해설 캐스케이드 제어
증기의 유량을 조절시키며 유체온도를 제어하는 제어계로 1차 제어계, 2차 제어계가 있다.

43 저항식 습도계의 특징으로 틀린 것은?

① 저온도의 측정이 가능하다.
② 응답이 늦고 정도가 좋지 않다.
③ 연속기록, 원격측정, 자동제어에 이용된다.
④ 교류전압에 의하여 저항치를 측정하여 상대습도를 표시한다.

해설
• 전기저항식 습도계는 응답이 빠르고 온도계수가 크다(경년변화가 발생한다).
• 상대습도 측정계에는 전해질에 의한 것, 전기절연재료의 표면저항에 의한 것이 있다.

44 화염검출방식으로 가장 거리가 먼 것은?

① 화염의 열을 이용
② 화염의 빛을 이용
③ 화염의 전기전도성을 이용
④ 화염의 색을 이용

해설 화염의 색 : 온도계로 사용(색온도계)

45 입구의 지름이 40cm, 벤투리목의 지름이 20cm인 벤투리미터로 공기의 유량을 측정하여 물-공기 시차액주계가 300mmH₂O를 나타냈다. 이때 유량은?(단, 물의 밀도는 1,000kg/m³, 공기의 밀도는 1.5kg/m³, 유량계수는 1이다.)

① 4m³/sec   ② 3m³/sec
③ 2m³/sec   ④ 1m³/sec

해설 단면적$(A) = \dfrac{\pi}{4}d^2 = \dfrac{3.14}{4} \times (0.2)^2 = 0.0314\text{m}^2$
압력차$(R) = 300(0.3\text{m})$
유속$(V) = C\sqrt{2g\dfrac{r_0-r}{r}R}$
∴ 유량$(Q) = A \cdot V$
$= 0.0314 \times 1 \times \sqrt{2 \times 9.8\left(\dfrac{1,000}{1.5}-1\right) \times 0.3}$
$= 2\text{m}^3/\text{s}$

ANSWER | 40. ② 41. ③ 42. ④ 43. ② 44. ④ 45. ③

46 다음 중 접촉식 온도계가 아닌 것은?

① 방사온도계 ② 제겔콘
③ 수은온도계 ④ 백금저항온도계

해설 방사고온계(비접촉식 온도계)
50~3,000℃의 측정온도로 연속측정, 기록, 제어가 가능하나 방사율에 의한 보정량이 크고 H_2O, CO_2, 연기 등의 흡습제 영향으로 오차가 발생한다.

47 100mL 시료가스를 CO_2, O_2, CO 순으로 흡수시켰더니 남은 부피가 각각 50mL, 30mL, 20mL이었으며, 최종 질소가스가 남았다. 이때 가스 조성으로 옳은 것은?

① CO_2 50% ② O_2 30%
③ CO 20% ④ N_2 10%

해설 $CO_2 = 100 - 50 = 50\text{mL}(50\%)$
$O_2 = 50 - 30 = 20\text{mL}(20\%)$
$CO = 30 - 20 = 10\text{mL}(10\%)$
∴ $N_2 = 100 - (50 + 20 + 10) = 20\text{mL}$

48 다음 블록선도에서 출력을 바르게 나타낸 것은?

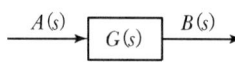

① $B(s) = G(s)A(s)$ ② $B(s) = \dfrac{G(s)}{A(s)}$
③ $B(s) = \dfrac{A(s)}{G(s)}$ ④ $B(s) = \dfrac{1}{G(s)A(s)}$

해설 출력 $B(s) = G(s)A(s)$

49 수면계의 안전관리 사항으로 옳은 것은?

① 수면계의 최상부와 안전저수위가 일치하도록 장착한다.
② 수면계의 점검은 2일에 1회 정도 실시한다.
③ 수면계가 파손되면 물 밸브를 신속히 닫는다.
④ 보일러는 가동완료 후 이상 유무를 점검한다.

해설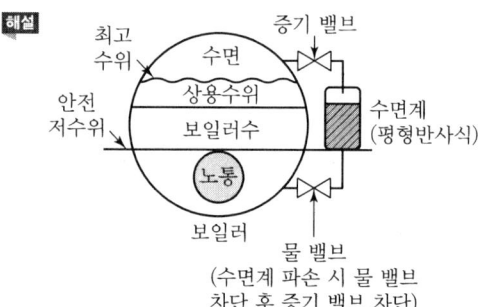

50 액체 온도계 중 수은온도계 비하여 알코올온도계에 대한 설명으로 틀린 것은?

① 저온측정용으로 적합하다.
② 표면장력이 작다.
③ 열팽창계수가 작다.
④ 액주상승 후 하강시간이 길다.

해설
- 수은온도계 : 모세관 현상이 적어 정밀도가 좋다(팽창률이 일정).
- 알코올온도계 : 표면장력이 작아서 모세관 현상이 크다(열팽창계수가 수은보다 크다).

51 흡습염(염화리튬)을 이용하여 습도 측정을 위해 대기 중의 습도를 흡수하면 흡습체 표면에 포화용액층을 형성하게 되는데, 이 포화용액과 대기와의 증기 평형을 이루는 온도를 측정하는 방법은?

① 이슬점법 ② 흡습법
③ 건구습도계법 ④ 습구습도계법

해설 이슬점법 온도계
염화리튬(LiBr)을 이용하여 포화용액과 대기가 증기평형을 이루는 온도를 측정하는 온도계이다.

52 비접촉식 온도계 중 색온도계의 특징에 대한 설명으로 틀린 것은?

① 방사율의 영향이 적다.
② 휴대와 취급이 간편하다.
③ 고온측정이 가능하며 기록조절용으로 사용된다.
④ 주변 빛의 반사에 영향을 받지 않는다.

해설 색온도계는 600℃ 이상의 온도만 측정이 가능하고 주위로부터 빛의 반사 영향을 받는다(구조가 복잡하다).

53 오르자트(Orsat) 분석기에서 CO_2의 흡수액은?

① 산성 염화제1구리 용액
② 알칼리성 염화제1구리 용액
③ 염화암모늄 용액
④ 수산화칼륨 용액

해설 ②는 CO 가스 분석, ④는 CO_2 가스 측정에 사용된다.

54 다음 중 구조상 먼지 등을 함유한 액체나 점도가 높은 액체에도 적합하여 주로 연소가스의 통풍계로 사용되는 압력계는?

① 다이어프램식   ② 벨로스식
③ 링밸런스식   ④ 분동식

해설
- 다이어프램식(격막계) 압력계($20 \sim 5,000 mmH_2O$ 측정)는 연소로의 통풍계로 사용하며 먼지나 액체의 점도가 높아도 사용이 가능한 탄성식 저압력계이다.
- Diaphragm : 고무, 양은, 인청동, 스테인리스 사용

55 열전대 온도계로 사용되는 금속이 구비하여야 할 조건이 아닌 것은?

① 이력현상이 커야 한다.
② 열기전력이 커야 한다.
③ 열적으로 안정해야 한다.
④ 재생도가 높고, 가공성이 좋아야 한다.

해설
- 열전대는 장기간 사용해도 이력현상이 없어야 한다.
- 열전대 : 백금-백금로듐, 크로멜-알루멜, 철-콘스탄탄, 구리-콘스탄탄

56 보일러 냉각기의 진공도가 700mmHg일 때 절대압은 몇 $kg/cm^2 \cdot a$인가?

① $0.02kg/cm^2 \cdot a$ ② $0.04kg/cm^2 \cdot a$
③ $0.06kg/cm^2 \cdot a$ ④ $0.08kg/cm^2 \cdot a$

해설 절대압력 = 대기압 - 진공압
= 760 - 700 = 60mmHg(abs)
절대압 = $1.033 \times \dfrac{60}{760} = 0.08kg/cm^2 \cdot a$

57 유체의 흐름 중에 전열선을 넣고 유체의 온도를 높이는 데 필요한 에너지를 측정하여 유체의 질량유량을 알 수 있는 것은?

① 토마스식 유량계   ② 정전압식 유량계
③ 정온도식 유량계   ④ 마그네틱식 유량계

해설 토마스식 유량계
유체의 흐름 중에 전열선을 넣고 유체의 온도를 높여 에너지를 측정하여 유체질량으로 유량을 측정한다.

58 최고 약 1,600℃ 정도까지 측정할 수 있는 열전대는?

① 동-콘스탄탄   ② 크로멜-알루멜
③ 백금-백금·로듐   ④ 철-콘스탄탄

해설
① 동-콘스탄탄 : -180~350℃
② 크로멜-알루멜 : -20~1,200℃
③ 백금-백금·로듐 : 0~1,600℃
④ 철-콘스탄탄 : -20~460℃

59 비접촉식 온도측정방법 중 가장 정확한 측정을 할 수 있으나 기록, 경보, 자동제어가 불가능한 온도계는?

① 압력식 온도계   ② 방사온도계
③ 열전온도계   ④ 광고온계

해설 광고온계(700~3,000℃ 측정)
비교적 정도가 높고 구조가 간단하고 휴대용으로 편리하지만, 연속측정, 자동제어에는 이용이 불가능하다.

60 노 내압을 제어하는 데 필요하지 않은 조작은?

① 공기량 조작   ② 연료량 조작
③ 급수량 조작   ④ 댐퍼의 조작

해설
- 증기압력 조작량 : 연료량, 공기량
- 노 내압 조작량 : 연소가스양
- 급수 보일러 수위 조작량 : 급수량
- 증기온도 조작량 : 전열량

SECTION 04 열설비재료 및 관계법규

61 에너지이용 합리화법에 따른 효율관리기자재의 종류로 가장 거리가 먼 것은?(단, 산업통상자원부장관이 그 효율의 향상이 특히 필요하다고 인정하여 고시하는 기자재 및 설비는 제외한다.)

① 전기냉방기　　② 전기세탁기
③ 조명기기　　　④ 전자레인지

해설 효율관리기자재의 종류에는 전기냉장고, 전기냉방기, 전기세탁기, 조명기기, 삼상유도전동기, 자동차 등이 있다.

62 요의 구조 및 형상에 의한 분류가 아닌 것은?

① 터널요　　② 셔틀요
③ 횡요　　　④ 승염식 요

해설 불꽃진행방법에 따른 분류
- 승염식 요(오름 불꽃가마)
- 횡염식 요(옆 불꽃가마)
- 도염식 요(꺾임 불꽃가마)

63 에너지이용 합리화법에 따라 인정검사대상기기 관리자의 교육을 이수한 사람의 관리범위는 증기보일러로서 최고사용압력이 1MPa 이하이고 전열면적이 얼마 이하일 때 가능한가?

① $1m^2$　　② $2m^2$
③ $5m^2$　　④ $10m^2$

해설 증기보일러로서 최고사용압력이 1MPa 이하이고 전열면적 $10m^2$ 이하에 해당하면 인정검사대상기기 관리자 교육 이수자가 운전 가능하다.

64 에너지이용 합리화법에 따라 에너지다소비사업자가 그 에너지사용시설이 있는 지역을 관할하는 시·도지사에게 신고하여야 할 사항에 해당하지 않는 것은?

① 전년도의 분기별 에너지사용량·제품생산량
② 에너지 사용기자재의 현황
③ 사용 에너지원의 종류 및 사용처
④ 해당 연도의 분기별 에너지사용예정량·제품생산 예정량

해설 에너지다소비사업자의 신고사항(에너지이용 합리화법 제31조제1항)
- 전년도의 분기별 에너지사용량·제품생산량
- 해당 연도의 분기별 에너지사용예정량·제품생산예정량
- 에너지사용기자재의 현황
- 전년도의 분기별 에너지이용 합리화 실적 및 해당 연도의 분기별 계획
- 위의 사항에 관한 업무를 담당하는 자의 현황

65 다음 중 구리합금 용해용 도가니로에 사용될 도가니의 재료로 가장 적합한 것은?

① 흑연질　　② 점토질
③ 구리　　　④ 크롬질

해설 도가니로
- 비철금속, 특수강용
- 도가니로 재료 : 흑연질
- 1회 용량 용해량수 : 구리 용해 중량(kg)으로 표시

66 에너지절약전문기업의 등록이 취소된 에너지 절약전문기업은 원칙적으로 등록 취소일로부터 최소 얼마의 기간이 지나면 다시 등록을 할 수 있는가?

① 1년　　② 2년
③ 3년　　④ 5년

해설 에너지이용 합리화법 제27조에 의해 등록취소일로부터 2년이 지나지 아니하면 등록을 할 수 없다.

67 소성가마 내 열의 전열방법으로 가장 거리가 먼 것은?

① 복사　　② 전도
③ 전이　　④ 대류

해설 소성가마(요로)의 전열방법
복사열, 전도열, 대류열

61. ④ 62. ④ 63. ④ 64. ③ 65. ① 66. ② 67. ③ | ANSWER

68 에너지이용 합리화법에 따라 한국에너지공단이 하는 사업이 아닌 것은?

① 에너지이용 합리화 사업
② 재생에너지 개발사업의 촉진
③ 에너지기술의 개발, 도입, 지도 및 보급
④ 에너지 자원 확보 사업

해설 에너지이용 합리화법 제57조에 따른 한국에너지공단의 사업에는 ①, ②, ③ 외 에너지진단 및 에너지관리지도, 에너지관리에 관한 조사, 연구, 교육 및 홍보 등이 있다.

69 다음 중 열전도율이 낮은 재료에서 높은 재료 순으로 바르게 표기된 것은?

① 물 – 유리 – 콘크리트 – 석고보드 – 스티로폼 – 공기
② 공기 – 스티로폼 – 석고보드 – 물 – 유리 – 콘크리트
③ 스티로폼 – 유리 – 공기 – 석고보드 – 콘크리트 – 물
④ 유리 – 스티로폼 – 물 – 콘크리트 – 석고보드 – 공기

해설 열전도율(kcal/m·h·K)의 크기
공기<스티로폼<석고보드<물<유리<콘크리트

70 도염식 가마(Down Draft Kiln)에서 불꽃의 진행방향으로 옳은 것은?

① 불꽃이 올라가서 가마 천장에 부딪쳐 가마 바닥의 흡입구멍으로 빠진다.
② 불꽃이 처음부터 가마바닥과 나란하게 흘러 굴뚝으로 나간다.
③ 불꽃이 연소실에서 위로 올라가 천장에 닿아서 수평으로 흐른다.
④ 불꽃이 방향이 일정하지 않으나 대개 가마 밑에서 위로 흘러나간다.

해설 불연속 요 중 도염식 요(꺾임 불꽃가마)의 불꽃 진행방향은 ①과 같다.

71 슬래그(Slag)가 잘 생성되기 위한 조건으로 틀린 것은?

① 유가금속의 비중이 낮을 것
② 유가금속의 용해도가 클 것
③ 유가금속의 용융점이 낮을 것
④ 점성이 낮고 유동성이 좋을 것

해설 유가금속의 용해도가 작아야 슬래그 발생이 심하다.

72 내화물의 구비조건으로 틀린 것은?

① 내마모성이 클 것
② 화학적으로 침식되지 않을 것
③ 온도의 급격한 변화에 의해 파손이 적을 것
④ 상온 및 사용온도에서 압축강도가 적을 것

해설 내화물(산성, 중성, 염기성)의 구비조건으로 상온이나 사용온도에서 압축강도가 커야 한다.

73 배관재료 중 온도범위 0~100℃ 사이에서 온도변화에 의한 팽창계수가 가장 큰 것은?

① 동
② 주철
③ 알루미늄
④ 스테인리스강

해설 온도변화 팽창계수(0~100℃ 사이)
① 동 : 1.71
② 주철 : 1.2
③ 알루미늄 : 2.38
④ 스테인리스강 : 1.73

74 에너지이용 합리화법에 따라 검사대상기기 검사 중 개조검사의 적용 대상이 아닌 것은?

① 온수보일러를 증기보일러로 개조하는 경우
② 보일러 섹션의 증감에 의하여 용량을 변경하는 경우
③ 동체·경판·관판·관모음 또는 스테이의 변경으로서 산업통상자원부장관이 정하여 고시하는 대수리의 경우
④ 연료 또는 연소방법을 변경하는 경우

해설 증기보일러를 온수보일러로 만드는 검사가 개조검사의 적용 대상이 된다.

75 염기성 내화벽돌에서 공통적으로 일어날 수 있는 현상은?

① 스폴링(Spalling)
② 슬래킹(Slaking)
③ 더스팅(Dusting)
④ 스웰링(Swelling)

해설 슬래킹 현상
소화성이며 염기성(마그네시아, 돌로마이트 벽돌) 벽돌은 저장 중이나 사용 후에 수증기(H_2O)를 흡수하여 체적이 변화되므로 분화하고 떨어져 나가는 현상이다.

76 용광로에 장입되는 물질 중 탈황 및 탈산을 위해 첨가하는 것은?

① 철광석   ② 망간광석
③ 코크스   ④ 석회석

해설 용광로(고로)의 장입물질 탈황 및 탈산용 첨가제 : 망간광석

77 에너지이용 합리화법에 따라 시공업의 기술인력 및 검사대상기기 관리자에 대한 교육과정과 그 기간으로 틀린 것은?

① 난방시공업 제1종 기술자 과정 : 1일
② 난방시공업 제2종 기술자 과정 : 1일
③ 소형 보일러 · 압력용기 관리자 과정 : 1일
④ 중 · 대형 보일러 관리자 과정 : 2일

해설 ④의 관리자 교육기간은 1일이다.

78 보온면의 방산열량 $1,100kJ/m^2$, 나면의 방산열량 $1,600kJ/m^2$일 때 보온재의 보온 효율은?

① 25%   ② 31%
③ 45%   ④ 69%

해설 보온 후 열손실 = $1,600 - 1,100 = 500kJ/m^2$
∴ 효율(η) = $\dfrac{500}{1,600} \times 100 = 31.25\%$

79 에너지이용 합리화법에 따라 한국에너지공단이사장 또는 검사기관의 장이 검사를 받는 자에게 그 검사의 종류에 따라 필요한 사항에 대한 조치를 하게 할 수 있는 사항이 아닌 것은?

① 검사수수료의 준비
② 기계적 시험의 준비
③ 운전성능 측정의 준비
④ 수압시험의 준비

해설 검사수수료는 검사를 받는 자가 준비하여 납부하면 된다.

80 실리카(Silica) 전이특성에 대한 설명으로 옳은 것은?

① 규석(Quartz)은 상온에서 가장 안정된 광물이며 상압에서 573℃ 이하 온도에서 안정된 형이다.
② 실리카(Silica)의 결정형은 규석(Quartz), 트리디마이트(Tridymite), 크리스토발라이트(Cristobalite), 카올린(Kaoline)의 4가지 주형으로 구성된다.
③ 결정형이 바뀌는 것을 전이라고 하며 전이속도를 빠르게 작용토록 하는 성분을 광화제라 한다.
④ 크리스토발라이트(Cristobalite)에서 용융실리카(Fused Silica)로 전이에 따른 부피변화 시 20%가 수축한다.

해설
• 실리카(SiO_2)의 원료 : 이산화규소
• 결정형이 바뀌는 것을 전이라고 하며 전이속도를 빠르게 작용토록 하는 성분이 광화제이다.

SECTION 05 열설비설계

81 다음 중 pH 조정제가 아닌 것은?

① 수산화나트륨   ② 탄닌
③ 암모니아   ④ 인산소다

해설 슬러지 조정제
탄닌, 리그린, 전분

ANSWER 75. ② 76. ② 77. ④ 78. ② 79. ① 80. ③ 81. ②

82 흑체로부터의 복사 전열량은 절대온도(T)의 몇 제곱에 비례하는가?

① $\sqrt{2}$ ② 2
③ 3   ④ 4

해설 복사에너지 $= \varepsilon\sigma T^4 (\text{kcal/m}^2 \cdot \text{h})$

83 원통 보일러의 노통은 주로 어떤 열응력을 받는가?
① 압축응력   ② 인장응력
③ 굽힘응력   ④ 전단응력

해설
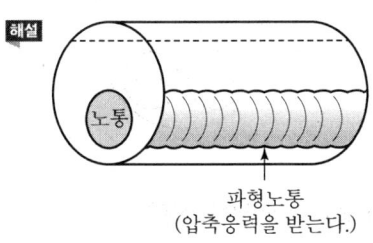
파형노통
(압축응력을 받는다.)

84 다음 중 보일러수를 pH 10.5~11.5의 약알칼리로 유지하는 주된 이유는?
① 첨가된 염산이 강재를 보호하기 때문에
② 보일러수 중에 적당량의 수산화나트륨을 포함시켜 보일러의 부식 및 스케일 부착을 방지하기 위하여
③ 과잉 알칼리성이 더 좋으나 약품이 많이 소요되므로 원가를 절약하기 위하여
④ 표면에 딱딱한 스케일이 생성되어 부식을 방지하기 때문에

해설 보일러수를 약알칼리로 하는 이유는 부식 및 스케일 부착을 방지하기 위함이다. 농알칼리의 경우 가성취화가 발생한다.

85 다음 중 열교환기의 성능이 저하되는 요인은?
① 온도차의 증가
② 유체의 느린 유속
③ 향류 방향의 유체 흐름
④ 높은 열전도율의 재료 사용

해설
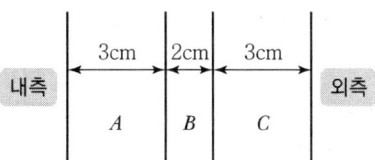
유체는 속도가 빨라야 한다.

86 열관류율에 대한 설명으로 옳은 것은?
① 인위적인 장치를 설치하여 강제로 열이 이동되는 현상이다.
② 고온의 물체에서 방출되는 빛이나 열이 전자파의 형태로 저온의 물체에 도달되는 현상이다.
③ 고체의 벽을 통하여 고온 유체에서 저온 유체로 열이 이동되는 현상이다.
④ 어떤 물질을 통하지 않는 열의 직접 이동을 말하며 정지된 공기층에서 열 이동이 가장 적다.

해설 열관류율(열통과율)
고체의 벽을 통하여 고온 유체에서 저온 유체로 열이 이동하는 현상이다(단위 : $\text{kcal/m}^2 \cdot \text{h} \cdot ℃$).

87 다음 그림의 3겹층으로 되어 있는 평면벽의 평균 열전도율은?(단, 열전도율은 $\lambda_A = 1.0 \text{kcal/m} \cdot \text{h} \cdot ℃$, $\lambda_B = 2.0 \text{kcal/m} \cdot \text{h} \cdot ℃$, $\lambda_C = 1.0 \text{kcal/m} \cdot \text{h} \cdot ℃$)

① $0.94 \text{kcal/m} \cdot \text{h} \cdot ℃$
② $1.14 \text{kcal/m} \cdot \text{h} \cdot ℃$
③ $1.24 \text{kcal/m} \cdot \text{h} \cdot ℃$
④ $2.44 \text{kcal/m} \cdot \text{h} \cdot ℃$

해설 평균 열전도율 $= \dfrac{\dfrac{3}{100} + \dfrac{2}{100} + \dfrac{3}{100}}{\dfrac{\left(\dfrac{3}{100}\right)}{1.0} + \dfrac{\left(\dfrac{2}{100}\right)}{2.0} + \dfrac{\left(\dfrac{3}{100}\right)}{1.0}} = 1.14$

※ 1m=100cm

88 피치가 200mm 이하이고, 골의 깊이가 38mm 이상인 것의 파형 노통의 종류로 가장 적절한 것은?

① 모리슨형　② 브라운형
③ 폭스형　④ 리즈포지형

해설
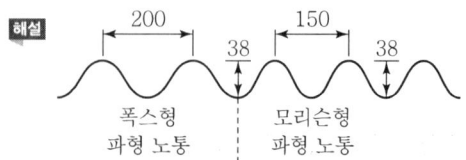
폭스형 파형 노통　모리슨형 파형 노통

89 온수발생보일러에서 안전밸브를 설치해야 할 최소 운전 온도 기준은?

① 80℃ 초과　② 100℃ 초과
③ 120℃ 초과　④ 140℃ 초과

해설 온수보일러
• 120℃ 이하 : 방출밸브 부착
• 120℃ 초과 : 안전밸브 부착

90 물을 사용하는 설비에서 부식을 초래하는 인자로 가장 거리가 먼 것은?

① 용존산소　② 용존 탄산가스
③ pH　④ 실리카(SiO_2)

해설 실리카(SiO_2)는 산성 내화물의 전형적인 원료로 사용되며, 보일러에서는 악성 스케일을 발생시킨다.

91 보일러 형식에 따른 분류 중 원통형 보일러에 해당하지 않는 것은?

① 관류 보일러　② 노통 보일러
③ 입형 보일러　④ 노통연관식 보일러

해설 관류 보일러 : 수관식 보일러

92 강판의 두께가 20mm이고, 리벳의 직경이 28.2mm이며, 피치 50.1mm의 1줄 겹치기 리벳조인트가 있다. 이 강판의 효율은?

① 34.7%　② 43.7%
③ 53.7%　④ 63.7%

해설 강판효율(η) = $\left(1 - \dfrac{28.2}{50.1}\right) \times 100 = 43.7\%$

93 노통 보일러 중 원통형의 노통이 2개인 보일러는?

① 라몬트 보일러　② 바브콕 보일러
③ 다우삼 보일러　④ 랭커셔 보일러

해설
• 라몬트 보일러 : 강제순환보일러
• 바브콕 보일러 : 자연순환식 수관보일러
• 다우섬 보일러 : 특수보일러

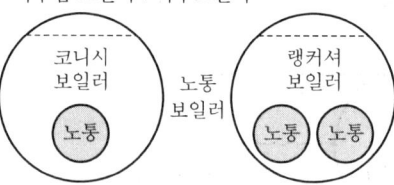

94 다음 중 열전도율이 가장 낮은 것은?

① 니켈　② 탄소강
③ 스케일　④ 그을음

해설 열전도율의 크기 : 그을음 < 스케일

95 두께 4mm 강의 평판에서 고온 측 면의 온도가 100℃이고 저온 측 면의 온도가 80℃이며 단위 면적당 매분 30,000kJ의 전열을 한다고 하면 이 강판의 열전도율은?

① 50W/m · K　② 100W/m · K
③ 150W/m · K　④ 200W/m · K

해설
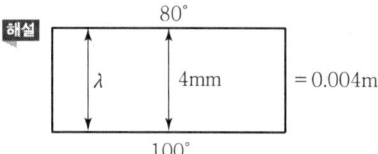
= 0.004m

30,000kJ/min = 30,000 × 60 = 1,800,000kJ/h
1kWh = 860kcal = 3,600kJ/h

$\dfrac{1,800,000}{3,600}$ = 500kW = 500,000W

500,000 = $\lambda \times \dfrac{100-80}{0.004}$

∴ 열전도율(λ) = $\dfrac{500,000 \times 0.004}{100-80}$ = 100W/m · K

88. ③　89. ③　90. ④　91. ①　92. ②　93. ④　94. ④　95. ②　| ANSWER

96 원통형 보일러의 내면이나 관벽 등 전열면에 스케일이 부착될 때 발생되는 현상이 아닌 것은?

① 열전달률이 매우 작아 열전달 방해
② 보일러의 파열 및 변형
③ 물의 순환속도 저하
④ 전열면의 과열에 의한 증발량 증가

해설 전열면이 과열되면 보일러 파열사고가 발생하고 스케일은 증발량을 감소시킨다(전열을 방해한다).

97 외경 76mm, 내경 68mm, 유효길이 4,800mm의 수관 96개로 된 수관식 보일러가 있다. 이 보일러의 시간당 증발량은?(단, 수관 이외 부분의 전열면적은 무시하며, 전열면적 1m²당의 증발량은 26.9kg/h이다.)

① 2,659kg/h ② 2,759kg/h
③ 2,859kg/h ④ 2,959kg/h

해설 수관의 전열면적
$A = \pi DL = 3.14 \times (76 \times 10^{-3}) \times (4,800 \times 10^{-3})$
$= 1.145472 \text{m}^2$
$\therefore 1.145472 \times 96 \times 26.9 = 2,959 \text{kg/h}$

98 열정산에 대한 설명으로 틀린 것은?

① 원칙적으로 정격부하 이상에서 정상상태로 적어도 2시간 이상의 운전결과에 따른다.
② 발열량은 원칙적으로 사용 시 연료의 총발열량으로 한다.
③ 최대 출열량을 시험할 경우에는 반드시 최대부하에서 시험을 한다.
④ 증기의 건도는 98% 이상인 경우에 시험함을 원칙으로 한다.

해설 열수지(열정산) : 정격부하에서 시험을 한다.

99 3×1.5×0.1인 탄소강판의 열전도계수가 35kcal/m·h·℃, 아래 면의 표면온도는 40℃로 단열되고, 위 표면온도는 30℃일 때, 주위 공기 온도를 20℃라 하면 아래 표면에서 위 표면으로 강판을 통한 전열량은?(단, 기타 외기온도에 의한 열량은 무시한다.)

① 12,750kcal/h ② 13,750kcal/h
③ 14,750kcal/h ④ 15,750kcal/h

해설 $(3 \times 1.5 \times 0.1) \times 10^3 \text{mm/m} \times 35 = 15,750 \text{kcal/m} \cdot \text{h} \cdot ℃$

100 고유황인 벙커C를 사용하는 보일러의 부대장치 중 공기예열기의 적정온도는?

① 30~50℃ ② 60~100℃
③ 110~120℃ ④ 180~350℃

해설 유황(S)은 저온부식을 초래하므로 노점 150℃보다 높게 공기를 예열한다.

2016년 4회 에너지관리기사

SECTION 01 연소공학

01 기체연료의 일반적인 특징에 대한 설명으로 틀린 것은?
① 화염온도의 상승이 비교적 용이하다.
② 연소 후에 유해성분의 잔류가 거의 없다.
③ 연소장치의 온도 및 온도분포의 조절이 어렵다.
④ 액체연료에 비해 연소공기비가 적다.

해설 기체연료(LNG, LPG 가스 등)는 버너연소장치이므로 자동 제어조절이 가능하여 가스양이나 노 내 온도분포 조절이 용이하다.

02 다음 연료 중 발열량(kcal/kg)이 가장 큰 것은?
① 중유   ② 프로판
③ 무연탄 ④ 코크스

해설 가스 및 고체연료의 발열량(kcal/kg)
① 중유 : 10,000~10,800
② 프로판 : 23,200
③ 무연탄 : 6,000~7,200
④ 코크스 : 6,000~7,500

03 고체연료를 사용하는 어느 열기관의 출력이 3,000kW이고 연료소비율이 매시간 1,400kg일 때, 이 열기관의 열효율은?(단, 고체연료의 중량비는 C=81.5%, H=4.5%, O=8%, S=2%, W=4%이다.)
① 25%   ② 28%
③ 30%   ④ 32%

해설 출력=1kWh=860kcal
3,000×860=2,580,000kcal
연료의 저위발열량(H_l)
$H_l = 8,100C + 28,600\left(H - \dfrac{O}{8}\right) + 2,500S - 600W$
$= 1,400 \times \left[8,100 \times 0.815 + 28,600\left(0.045 - \dfrac{0.08}{8}\right)\right.$
$\left. + 2,500 \times 0.02 - 600 \times 0.04\right] = 10,679,900\text{kcal}$

∴ 열효율 $= \dfrac{2,580,000}{10,679,900} \times 100 ≒ 25\%$

04 수소 4kg을 과잉공기계수 1.4의 공기로 완전 연소시킬 때 발생하는 연소가스 중의 산소량은?
① 3.20kg   ② 4.48kg
③ 6.40kg   ④ 12.8kg

해설 $2H_2 + O_2 \rightarrow 2H_2O$
4kg   32kg   36kg
• 과잉공기계수가 없는 경우 배기가스양
$= (1 - 0.232) \times \dfrac{32}{0.232} + 36 = 141.94\text{kg}$
• 과잉공기계수 1.4에서 배기가스양
$= (1.4 - 0.232) \times \dfrac{32}{0.232} + 36 = 197.104$
• 공기 중 산소량은 중량당 23.2%이므로
∴ $(197.104 - 141.94) \times 0.232 = 12.8\text{kg}$

05 연소 시 점화 전에 연소실가스를 몰아내는 환기를 무엇이라 하는가?
① 프리퍼지   ② 가압퍼지
③ 불착화퍼지 ④ 포스트퍼지

해설 프리퍼지(환기=치환) : 연소 시 점화 전에 연소실 내 CO 가스 등을 몰아내는 환기이다(송풍기 작동).

06 연소 배기가스 중의 O_2나 CO_2 함유량을 측정하는 경제적인 이유로 가장 적당한 것은?
① 연소 배가스양 계산을 위하여
② 공기비를 조절하여 열효율을 높이고 연료소비량을 줄이기 위하여
③ 환원염의 판정을 위하여
④ 완전 연소가 되는지 확인하기 위하여

해설 배기가스 중 O_2나 CO_2의 함유량을 측정하면 공기비(실제공기량/이론공기량)를 조절할 수 있고 열효율을 높이고 연료소비량을 줄일 수 있다.

1. ③ 2. ② 3. ① 4. ④ 5. ① 6. ② | ANSWER

07 연소가스와 외부공기의 밀도 차에 의해서 생기는 압력 차를 이용하는 통풍 방법은?

① 자연통풍   ② 평행통풍
③ 압입통풍   ④ 유인통풍

해설 자연통풍(굴뚝에 의존하는 통풍)
연소가스와 외부공기의 밀도(kg/m^3) 차에 의해서 생기는 압력차를 이용한다.

08 중량비로 C(86%), H(14%)의 조성을 갖는 액체 연료를 매시간당 100kg 연소시켰을 때 생성되는 연소가스의 조성이 체적비로 CO_2(12.5%), O_2(3.7%), N_2(83.8%)일 때 1시간당 필요한 연소용 공기량은?

① 11.4Sm^3 ② 1,140Sm^3
③ 13.7Sm^3 ④ 1,368Sm^3

해설 공기비(과잉공기계수) = $\dfrac{N_2}{N_2 - 3.76(O_2 - 0.5CO)}$

$= \dfrac{83.8}{83.8 - 3.76 \times 3.7} = 1.2$

소요공기량(A_o) = $8.89C + 26.67\left(H - \dfrac{O}{8}\right) + 3.33S$

$= 100 \times [8.89 \times 0.8 + 26.67 \times 0.14]$
$= 1,138Nm^3$

∴ 실제 연소용 공기량
$A = m \times A_o = 1.2 \times 1,138 = 1,366Nm^3$

09 기체연료의 연소방법에 해당하는 것은?

① 증발연소   ② 표면연소
③ 분무연소   ④ 확산연소

해설 기체연료 연소방법
- 확산연소방식
- 예혼합연소방식

10 어떤 중유연소 가열로의 발생가스를 분석했을 때 체적비로 CO_2 12.0%, O_2 8.0%, N_2 80%의 결과를 얻었다. 이 경우 공기비는?(단, 연료 중에는 질소가 포함되어 있지 않다.)

① 1.2   ② 1.4
③ 1.6   ④ 1.8

해설 공기비(m) = $\dfrac{N_2}{N_2 - 3.76(O_2 - 0.5CO)}$

$= \dfrac{80}{80 - 3.76 \times 8.0} = 1.6$

11 CO_2와 연료 중의 탄소분을 알고 있을 때 건연소가스양(G)을 구하는 식은?

① $\dfrac{1.867 \cdot C}{CO_2}$ (Nm^3/kg)

② $\dfrac{CO_2}{1.867 \cdot C}$ (Nm^3/kg)

③ $\dfrac{1.867 \cdot C}{21 \cdot CO_2}$ (Nm^3/kg)

④ $\dfrac{21 \cdot CO_2}{1.867 \cdot C}$ (Nm^3/kg)

해설 배기가스 중 탄산가스(CO_2)와 연료성분 중 탄소(C)를 알 때
건조연소가스양 = $\dfrac{1.867 \cdot C}{CO_2}$ (Nm^3/kg)

- 탄소 1kg당 산소량 = $\dfrac{22.4}{12}$ = 1.867Nm^3/kg
- 탄소의 연소반응식 : C + O_2 → CO_2
  12kg   22.4Nm^3 22.4Nm^3

12 고체연료의 일반적인 특징에 대한 설명으로 틀린 것은?

① 회분이 많고 발열량이 적다.
② 연소효율이 낮고 고온을 얻기 어렵다.
③ 점화 및 소화가 곤란하고 온도조절이 어렵다.
④ 완전연소가 가능하고 연료의 품질이 균일하다.

해설 고체연료(석탄, 장작)는 완전연소가 불가능하고 연료의 품질이 불균일하다(발열량과 연소성분이 균일하지 못하다).

13 화염검출기와 가장 거리가 먼 것은?

① 플레임 아이   ② 플레임 로드
③ 스테빌라이저   ④ 스택 스위치

해설 스테빌라이저(보염장치)
에어레지스터(보염기)라고 하며 버너선단에 디퓨저(선회기)를 부착한 보염판 형식과 보염판(슬리트)을 부착한 형식이 있다.
※ 선회기 : 축류식, 반경류식, 혼류식

ANSWER | 7. ① 8. ④ 9. ④ 10. ③ 11. ① 12. ④ 13. ③

14 건타입 버너에 대한 설명으로 옳은 것은?

① 연소가 다소 불량하다.
② 비교적 대형이며 구조가 복잡하다.
③ 버너에 송풍기가 장치되어 있다.
④ 보일러나 열교환기에는 사용할 수 없다.

해설 건타입 버너(권총타입)
유압식과 기류식 겸용 버너이다. 버너 내에 송풍기가 내장된다. 비교적 소형으로 연소가 양호하고 구조가 간단해 보일러나 열교환기에 사용하며 가정용 온수보일러에도 사용이 편리하다.

15 석탄 연소 시 발생하는 버드 네스트(Bird Nest) 현상은 주로 어느 전열 면에서 가장 많은 피해를 일으키는가?

① 과열기
② 공기예열기
③ 급수예열기
④ 화격자

해설 과열기, 재열기 등의 표면에 탄화물이나 재가 융해하여 전열면에 부착하는 불순물이 버드 네스트이다(고온의 전열면에 부착한다).

16 고체연료의 연소방법 중 미분탄연소의 특징이 아닌 것은?

① 연소실의 공간을 유효하게 이용할 수 있다.
② 부하변동에 대한 응답성이 우수하다.
③ 소형의 연소로에 적합하다.
④ 낮은 공기비로 높은 연소효율을 얻을 수 있다.

해설 미분탄(석탄의 분쇄화 : 200메시의 입경)은 대형의 연소로에 버너로 연소시킨다.
- 선회식 버너
- 교차형 버너
- 미분탄 분쇄기 : 롤 밀(원심식), 볼 밀(중력식), 해머 밀(충격식)

17 화염온도를 높이려고 할 때 조작방법으로 틀린 것은?

① 공기를 예열한다.
② 과잉공기를 사용한다.
③ 연료를 완전 연소시킨다.
④ 노 벽 등의 열손실을 막는다.

해설 화염온도를 높이려면 공기비가 1에 가까워야 한다. 따라서 과잉공기를 적게 소요시킨다(과잉공기 = 실제공기 − 이론공기).

18 건조공기를 사용하여 수성가스를 연소시킬 때 공기량은?(단, 공기과잉률 : 1.30, CO_2 : 4.5%, O_2 : 0.2%, CO : 38%, H_2 : 52.0%, N_2 : 5.3%이다.)

① $4.95Nm^3/kg$
② $4.27Nm^3/kg$
③ $3.50Nm^3/kg$
④ $2.77Nm^3/kg$

해설
- 이론공기량(A_o)
$A_o = 2.38H_2 + 2.38CO + 9.52CH_4 + 11.91C_2H_2$
$\quad + 14.29C_2H_4 + 16.67C_2H_6 + 23.81C_3H_8$
$\quad + 30.96C_4H_{10} + 4.762O_2$
$= 2.38(H_2 + CO) - 4.762O_2 \times 2.38(0.38 + 0.52)$
$\quad - 4.762 \times 0.002$
$= 2.132Nm1/Nm^3$

- 실제공기량(A)
$A = 이론공기량(A_o) \times 공기비(m)$
$= 2.132 \times 1.30 = 2.77Nm^3/Nm^3$

19 과잉공기량이 많을 때 일어나는 현상으로 옳은 것은?

① 배기가스에 의한 열손실이 감소한다.
② 연소실의 온도가 높아진다.
③ 연료소비량이 적어진다.
④ 불완전연소물의 발생이 적어진다.

해설 과잉공기 사용 시는 CO가스의 발생이 없어서 불완전연소물의 발생이 적어지고 배기가스 열손실 증가, 연소실 온도 저하, 연료소비량 증가가 발생한다.

20 연료 중에 회분이 많을 경우 연소에 미치는 영향으로 옳은 것은?

① 발열량이 증가한다.
② 연소상태가 고르게 된다.
③ 클링커의 발생으로 통풍을 방해한다.
④ 완전연소되어 잔류물을 남기지 않는다.

해설
- 회분(재)은 고체연료에서 많이 발생하며 재가 전열면의 고온부에 부착하면 클링커의 발생으로 통풍을 방해한다.
- 재 가운데 황분이 많으면 클링커(Clinker)를 생성시킨다.

SECTION 02 열역학

21 냉동 사이클의 성능계수와 동일한 온도 사이에서 작동하는 역 Carnot 사이클의 성능계수에 관계되는 사항으로서 옳은 것은?(단, T_H = 고온부, T_L = 저온부의 절대온도이다.)

① 냉동 사이클의 성능계수가 역 Carnot 사이클의 성능계수보다 높다.
② 냉동 사이클의 성능계수는 냉동 사이클에 공급한 일을 냉동효과로 나눈 것이다.
③ 역 Carnot 사이클의 성능계수는 $\dfrac{T_L}{T_H - T_L}$로 표시할 수 있다.
④ 냉동 사이클의 성능계수는 $\dfrac{T_H}{T_H - T_L}$로 표시할 수 있다.

해설
- 역카르노 사이클(냉동 사이클)
$= \dfrac{Q_2}{A_W} = \dfrac{Q_2}{Q_1 - Q_2} = \dfrac{T_L}{T_H - T_L}$
- 히트펌프 사이클
$= \dfrac{Q_1}{A_W} = \dfrac{Q_1}{Q_1 - Q_2} = \dfrac{T_H}{T_H - T_L}$

22 다음 중 상온에서 비열비 C_p/C_v 값이 가장 큰 기체는?

① He   ② O_2
③ CO_2 ④ CH_4

해설 비열비$(K) = \dfrac{\text{정압비열}(kJ/kg \cdot K)}{\text{정적비열}(kJ/kg \cdot K)}$ (항상 1보다 크다.)
가스정수$(R) = \dfrac{8.314 kJ/kmol \cdot K}{\text{분자량}(kg)/kmol}$ $(kJ/kg \cdot K)$
분자량이 작을수록 가스정수가 크며 비열비가 크다.
※ 분자량 : He(4), O_2(32), CO_2(44), CH_4(16)

23 가역 또는 비가역과 관련된 식으로 옳게 나타낸 것은?

① $\oint_{\text{가역}} \dfrac{\delta Q}{T} = 0$ ② $\oint_{\text{비가역}} \dfrac{\delta Q}{T} = 0$

③ $\oint_{\text{비가역}} \dfrac{\delta Q}{T} > 0$ ④ $\oint_{\text{가역}} \dfrac{\delta Q}{T} < 0$

해설
- 가역과정 : $\oint \dfrac{\delta Q}{T} = 0$
- 비가역과정 : $\oint \dfrac{\delta Q}{T} < 0$
- 클라우지우스 적분값(부등식) : $\oint \dfrac{\delta Q}{T} \leq 0$

24 0℃의 물 1,000kg을 24시간 동안 0℃의 얼음으로 냉각하는 냉동능력은 몇 kW인가?(단, 얼음의 융해열은 335kJ/kg이다.)

① 2.15   ② 3.88
③ 14   ④ 14,000

해설 얼음의 응고열 = $1,000 \times 335 = 335,000$ kJ
$\dfrac{33,500}{3,600 \times 24} = 3.88$ kW/h
※ 1kWh = 860kcal, 860×4.2kJ/kcal = 3,600kJ

25 실린더 내에 있는 온도 300K의 공기 1kg을 등온압축할 때 냉각된 열량이 114kJ이다. 공기의 초기 체적이 V라면 최종 체적은 약 얼마가 되는가?(단, 이 과정은 이상기체의 가역과정이며, 공기의 기체상수는 0.287kJ/kg · K이다.)

① 0.27V ② 0.38V
③ 0.46V ④ 0.59V

해설 등온변화 : $\dfrac{P_2}{P_1} = \dfrac{V_1}{V_2}$

$Q = AGRT \ln \dfrac{V_2}{V_1}$ 에서, $\ln \dfrac{V_2}{V_1} = \dfrac{J \cdot Q}{GRT_1}$

$\dfrac{114}{0.287 \times 300} = 1.32$

∴ $\ln 1.32 = 0.27 V$

ANSWER | 21. ③ 22. ① 23. ① 24. ② 25. ①

26 액화공정을 나타낸 그래프에서 Ⓐ, Ⓑ, Ⓒ 과정 중 액화가 불가능한 공정을 나타낸 것은?

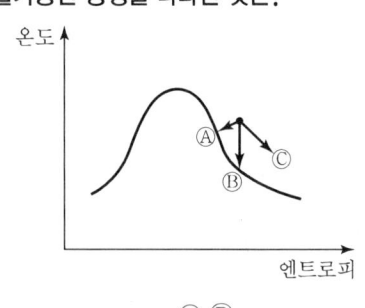

① Ⓐ　　　　　　② Ⓑ
③ Ⓒ　　　　　　④ Ⓐ, Ⓑ, Ⓒ

해설 Ⓒ는 임계점(K)을 넘었으므로 액화가 불가능하다.

27 "일을 열로 바꾸는 것은 용이하고 완전히 되는 데 반하여 열을 일로 바꾸는 것은 그 효율이 절대로 100%가 될 수 없다."는 말은 어떤 법칙에 해당되는가?
① 열역학 제1법칙
② 열역학 제2법칙
③ 줄(Joule)의 법칙
④ 푸리에(Fourier)의 법칙

해설 열역학 제2법칙
일을 열로 바꾸는 것은 용이하고 완전히 되는 데 반하여 열을 일로 바꾸는 것은 그 효율이 절대로 100%가 될 수 없다는 법칙이다. 제2종 영구기관(입력과 출력이 같은 기관)은 열역학 제2법칙에 위배된다.

28 다음 그림은 어떠한 사이클과 가장 가까운가?

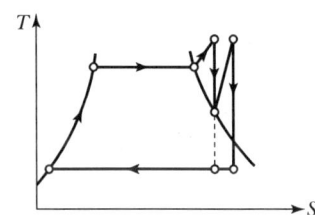

① 디젤(Diesel) 사이클
② 재열(Reheat) 사이클
③ 합성(Composite) 사이클
④ 재생(Regenerative) 사이클

해설 재열 사이클(Reheat Cycle)
팽창일을 증대시키고 또 터빈 출구증기의 건도를 떨어뜨리지 않는 수단으로서 팽창 도중의 증기를 뽑아내어 가열장치(재열기)로 재가열한 후 다시 터빈에 보내는 사이클이다.
- $1 \to 2$: 단열압축
- $2 \to 3 \to 4$: 등압가열
- $4 \to 5$: 단열팽창
- $5 \to 6$: 등압가열
- $6 \to 7$: 단열팽창
- $7 \to 1$: 등압냉각

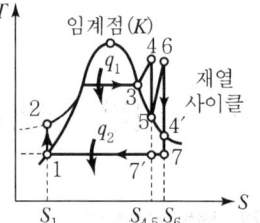

29 이상기체가 정압과정으로 온도가 150℃ 상승하였을 때 엔트로피 변화는 정적과정으로 동일 온도만큼 상승하였을 때 엔트로피 변화의 몇 배인가?(단, k는 비열비이다.)
① $\dfrac{1}{k}$　　　　② k
③ 1　　　　　　④ $k-1$

해설 정적과정의 엔트로피 변화
$$\Delta s = s_2 - s_1 = C_v \ln \dfrac{T_2}{T_1} = C_p \ln \dfrac{T_2}{T_1} - AR \ln \dfrac{P_2}{P_1}$$
$$= C_p \ln \dfrac{V_2}{V_1} = C_v \ln \dfrac{P_2}{P_1}$$
정적과정에서 열량의 변화는 내부에너지 변화량과 같다.

30 Carnot 사이클로 작동하는 가역기관이 800℃의 고온열원으로부터 5,000kW의 열을 받고 30℃의 저온열원에 열을 배출할 때 동력은 약 몇 kW인가?
① 440　　　　② 1,600
③ 3,590　　　④ 4,560

해설 카르노 사이클 열효율(η_c) $= \dfrac{w}{Q_1} = 1 - \dfrac{Q_2}{Q_1} = 1 - \dfrac{T_2}{T_1}$
∴ 소요동력 $= 5,000 \times \left(1 - \dfrac{273+30}{273+800}\right) ≒ 3,590\text{kW}$

31 1기압 30℃의 물 3kg을 1기압 건포화 증기로 만들려면 약 몇 kJ의 열량을 가하여야 하는가?(단, 30℃와 100℃ 사이의 물의 평균정압비열은 4.19kJ/kg·K, 1기압 100℃에서의 증발잠열은 2,257kJ/kg, 1기압 30℃ 물의 엔탈피는 126kJ/kg이다.)

① 4,130 ② 5,100
③ 6,240 ④ 7,650

해설 포화수 엔탈피=3×4.19×(100-30)=879.9kJ
물의 증발잠열=3×2,257=6,771kJ
건포화증기 엔탈피=포화수 엔탈피+물의 증발잠열
=877.9+6,771=7,650.9kJ

32 물체 A와 B가 각각 물체 C와 열평형을 이루었다면 A와 B도 서로 열평형을 이룬다는 열역학 법칙은?

① 제0법칙 ② 제1법칙
③ 제2법칙 ④ 제3법칙

해설 열역학 제0법칙
물체 A와 B가 각각 물체 C와 열평형을 이루었다면 A와 B도 열평형을 이룬다는 법칙이다(온도평형의 법칙=열평형의 법칙).

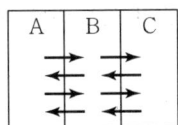

$T_A = T_B$, $T_B = T_C$
∴ $T_A = T_B = T_C$

33 2.4MPa, 450℃인 과열증기를 160kPa이 될 때까지 단열적으로 분출시킬 때, 출구속도는 960m/s이었다. 속도계수는 얼마인가?(단, 초속은 무시하고 입구와 출구 엔탈피는 각각 h_1=3,350kJ/kg, h_2=2,692kJ/kg이다.)

① 0.225 ② 0.543
③ 0.769 ④ 0.837

해설 속도계수$(\phi) = \dfrac{\text{실제출구속도}(W_2')}{\text{이론출구속도}(W_2)}$

노즐의 출구속도$(V_2) = \sqrt{2(h_1-h_2)\times10^3}$ (m/s)

∴ 속도계수$(\phi) = \dfrac{960}{\sqrt{2(3,350-2,692)\times10^3}} = 0.837$

34 800℃의 고온열원과 20℃의 저온열원 사이에서 작동하는 카르노 사이클의 효율은?

① 0.727 ② 0.542
③ 0.458 ④ 0.273

해설 $T_2 = 20+273 = 293K$, $T_1 = 800+273 = 1,073K$
∴ $\eta_c = 1 - \dfrac{T_2}{T_1} = 1 - \dfrac{293}{1,073} = 0.727$

35 압력 150kPa, 온도 97℃의 압축공기를 대기 중으로 분출시키는 과정이 가역단열과정이라면 분출속도는 몇 m/s인가?(단, 공기의 비열비는 1.4, 기체상수는 0.287kJ/kg·K이며 최초의 속도는 무시한다.)

① 150 ② 282
③ 320 ④ 415

해설 최초속도를 무시하지 않은 경우
분출속도$(V_2) = \sqrt{V_1^2 + 2(h_1-h_2)}$
비체적$(v_1) = \dfrac{RT_1}{P_1} = \dfrac{0.287\times(273+97)}{150} = 0.71\text{m}^3/\text{kg}$
대기압=101.3kPa
$\left(\dfrac{P_2}{P_1}\right)^{\frac{k-1}{k}} = \left(\dfrac{101.3}{150}\right)^{\frac{1.4-1}{1.4}} = 0.894$

∴ $V_2 = \sqrt{\dfrac{2k}{k-1}P_1 v_1\left[1-\left(\dfrac{P_2}{P_1}\right)^{\frac{k-1}{k}}\right]}$
$= \sqrt{\dfrac{2\times1.4}{1.4-1}\times150\times0.71(1-0.894)\times10^3}$
$= 282\text{m/sec}$

36 증기의 속도가 빠르고, 입출구 사이의 높이 차도 존재하여 운동에너지 및 위치에너지를 무시할 수 없다고 가정하고, 증기는 이상적인 단열 상태에서 개방시스템 내로 흘러 들어가 단위질량유량당 축일(w_s)을 외부로 제공하고 시스템으로부터 흘러나온다고 할 때, 단위질량유량당 축일을 어떻게 구할 수 있는가?(단, v는 비체적, P는 압력, V는 속도, g는 중력가속도, z는 높이를 나타내며, 하첨자 i는 입구, e는 출구를 나타낸다.)

① $w_s = \int_i^e Pdv$

② $w_s = -\int_i^e vdP$

③ $w_s = \int_i^e Pdv + \frac{1}{2}(V_i^2 - V_e^2) + g(z_i - z_e)$

④ $w_s = -\int_i^e vdP + \frac{1}{2}(V_i^2 - V_e^2) + g(z_i - z_e)$

해설 증기단위질량당 축일(w_s) : 운동에너지 + 위치에너지
$$w_s = -\int_1^2 VdP + \frac{1}{2}(V_i^2 - V_e^2) + g(z_i - z_e)$$

37 그림과 같은 T-S 선도를 갖는 사이클은?

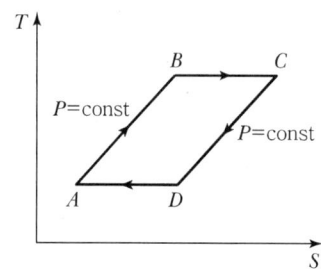

① Brayton 사이클   ② Ericsson 사이클
③ Carnot 사이클   ④ Stirling 사이클

해설 에릭슨(Ericsson) 사이클
- 브레이턴 사이클의 단열압축, 단열팽창을 각각 등온압축, 등온팽창으로 바꾸어 놓은 사이클이다.
- 등온과정 중 에너지 전달이 어려워 실현하기 어려운 이론적 사이클이다.

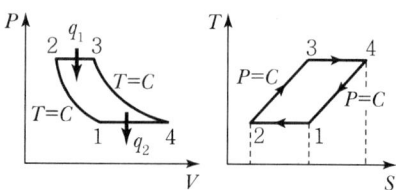

- 1 → 2 과정 : 등온압축
- 2 → 3 과정 : 등압가열
- 3 → 4 과정 : 등온팽창
- 4 → 1 과정 : 등압방열

38 증기압축 냉동 사이클에서 응축온도는 동일하고 증발온도가 다음과 같을 때 성능계수가 가장 큰 것은?

① -20℃   ② -25℃
③ -30℃   ④ -40℃

해설 응축온도가 일정하면 증발온도가 높을수록 성능계수는 커진다.

39 보일러에서 송풍기 입구의 공기가 15℃, 100kPa 상태에서 공기예열기로 매분 500m³가 들어가 일정한 압력하에서 140℃까지 온도가 올라갔을 때 출구에서의 공기유량은 몇 m³/min인가?(단, 이상기체로 가정한다.)

① 617m³/min   ② 717m³/min
③ 817m³/min   ④ 917m³/min

해설 $P_1 V_1 = P_2 V_2$
$$V_2 = V_1 \times \frac{T_2}{T_1} \times \frac{P_1}{P_2}$$
$P_1 P_2 =$ 불변이므로
$$\therefore V_2 = V_1 \times \frac{T_2}{T_1} = 500 \times \frac{140+273}{15+273} = 717 \text{m}^3/\text{min}$$

40 저발열량 11,000kcal/kg인 연료를 연소시켜서 900kW의 동력을 얻기 위해서는 매분당 약 몇 kg의 연료를 연소시켜야 하는가?(단, 연료는 완전연소되며 발생한 열량의 50%가 동력으로 변환된다고 가정한다.)

① 1.37   ② 2.34
③ 3.82   ④ 4.17

36. ④ 37. ② 38. ① 39. ② 40. ② | ANSWER

해설 1kWh=860kcal

$$\frac{900 \times 860}{60} = 12,900 \text{kcal/min}$$

∴ 분당 연료소비량 $= \frac{12,900}{11,000 \times 0.5}$
$= 2.34$kg/min

SECTION 03 계측방법

41 다음 [보기]의 특징을 가지는 가스분석계는?

- 가동부분이 없고 구조도 비교적 간단하며, 취급이 용이하다.
- 가스의 유량, 압력, 점성의 변화에 대하여 지시오차가 거의 발생하지 않는다.
- 열선은 유리로 피복되어 있어 측정가스 중의 가연성 가스에 대한 백금의 촉매작용을 막아준다.

① 연소식 O_2계   ② 적외선 가스분석계
③ 자기식 O_2계   ④ 밀도식 CO_2계

해설 자기식 산소계 가스분석기
- O_2는 상자성체이다.
- 저항선에는 백금선이 사용된다.
- 가동부분이 없다.
- 다른 가스의 영향은 없고 계기 자체로서는 지연시간이 적다.
- 감도가 크고 가스의 점성 압력변화에 오차가 생기지 않는다.

42 다음 중 피토관(Pitot Tube)의 유속 V(m/sec)를 구하는 식은?(단, P_t : 전압(kg/m²), P_s : 정압(kg/m²), γ : 비중량(kg/m³), g : 중력가속도(m/s²)이다.)

① $V = \sqrt{2g(P_s+P_t)/\gamma}$
② $V = \sqrt{2g^2(P_t+P_s)/\gamma}$
③ $V = \sqrt{2g(P_s^2-P_t)/\gamma}$
④ $V = \sqrt{2g(P_t-P_s)/\gamma}$

해설 피토관 차압식 유량계의 유속(V)

$$V = \sqrt{2g\frac{(P_t-P_s)}{\gamma}} \text{ (m/s)}$$

43 피드백(Feedback) 제어계에 관한 설명으로 틀린 것은?

① 입력과 출력을 비교하는 장치는 반드시 필요하다.
② 다른 제어계보다 정확도가 증가된다.
③ 다른 제어계보다 제어 폭이 감소된다.
④ 급수제어에 사용된다.

해설 피드백 제어(정량적 수정제어)
- 다른 제어계보다 수정동작이 가능하여 제어의 폭이 증가된다(오차가 있는 경우 그것을 없애도록 신호를 되돌려 놓는다).
- 제어회로가 폐회로가 되기 때문에 Closed Loop Control(폐회로 제어)이라고 한다.

44 개수로에서의 유량은 위어(Weir)로 측정한다. 다음 중 위어(Weir)에 속하지 않는 것은?

① 예봉위어   ② 이각위어
③ 삼각위어   ④ 광정위어

해설
- 위어(Weir)로 물이 흐르는 수로를 막고 그 일부분을 흐르게 한 다음 유량을 측정한다(둑 유량계이다).
- 위어의 종류 : 예봉위어, 삼각위어, 광정위어, 사각위어, 사다리꼴위어, 원통위어, 나팔형 위어, 옆물넘어위어 등

45 월트만(Waltman)식과 관련된 설명으로 옳은 것은?

① 전자식 유량계의 일종이다.
② 용적식 유량계 중 박막식이다.
③ 유속식 유량계 중 터빈식이다.
④ 차압식 유량계 중 노즐식과 벤투리식을 혼합한 것이다.

해설 월트만식 유량계
유속식 유량계로서 터빈식이다(유속식은 임펠러식 수도미터기, 아뉴바 유량계도 있다).

ANSWER | 41. ③ 42. ④ 43. ③ 44. ② 45. ③

46 하겐-포아젤 방정식의 원리를 이용한 점도계는?
① 낙구식 점도계 ② 모세관 점도계
③ 회전식 점도계 ④ 오스트발트 점도계

해설 오스트발트 점도계
Hagen-Poiseuille Flow 방정식을 이용한 점도계이다.

47 다음 중 실제 값이 나머지 3개와 다른 값을 갖는 것은?
① 273.15K ② 0℃
③ 460°R   ④ 32°F

해설 273.15K=0℃=32°F
°R=°F+460이므로 460°R=0°F

48 다음 중 고온의 노 내 온도 측정을 위해 사용되는 온도계로 가장 부적절한 것은?
① 제겔콘(Seger Cone)온도계
② 백금저항온도계
③ 방사온도계
④ 광고온계

해설 백금저항온도계는 측정범위가 -200~500℃ 정도로 고온의 노 내 온도측정에 부적당하다.

49 다음 가스 분석법 중 흡수식인 것은?
① 오르자트법 ② 밀도법
③ 자기법   ④ 음향법

해설 흡수식 가스 분석계
• 오르자트법
• 헴펠법
※ 흡수액 : 수산화칼륨 용액, 알칼리성 피로갈롤 용액, 암모니아성 염화제1동 용액, 포화식염수 등

50 방사온도계의 특징에 대한 설명으로 옳은 것은?
① 방사율에 의한 보정량이 적다.
② 이동물체에 대한 온도측정이 가능하다.
③ 저온도에 대한 측정에 적합하다.
④ 응답속도가 느리다.

해설 방사온도계
• 방사율에 의한 보정량이 크다.
• 고온도(50~3,000℃) 측정이 가능하다.
• 이동물체의 온도 측정이 가능하다.
• 연속측정, 기록이나 제어가 가능하고 응답속도가 빠르다.

51 액주식 압력계에 사용되는 액체의 구비조건으로 틀린 것은?
① 온도변화에 의한 밀도변화가 커야 한다.
② 액면은 항상 수평이 되어야 한다.
③ 점도와 팽창계수가 작아야 한다.
④ 모세관 현상이 적어야 한다.

해설 액주식 압력계
• 액체 : 물·수은 등을 사용한다.
• 온도변화에 의한 밀도(kg/m^3)변화가 적어야 한다.

52 베르누이 방정식을 적용할 수 있는 가정으로 옳게 나열된 것은?
① 무마찰, 압축성유체, 정상상태
② 비점성유체, 등유속, 비정상상태
③ 뉴턴유체, 비압축성유체, 정상상태
④ 비점성유체, 비압축성유체, 정상상태

해설 베르누이 방정식 : 비점성유체, 비압축성유체, 정상상태 모두 방정식 대입이 가능하다.
$$\frac{P}{\gamma}+\frac{V^2}{2g}+z=H$$
• 유속(V_a)= $C_v V = C_v \sqrt{2gh}$
• 유량(Q_a)= $A_a V_a = C \cdot A \sqrt{2gh}$

53 내경 10cm의 관에 물이 흐를 때 피토관에 의해 측정된 유속이 5m/s이라면 유량은?
① 19kg/s ② 29kg/s
③ 39kg/s ④ 49kg/s

해설 단면적(A_a)= $\frac{\pi}{4}d^2 = \frac{3.14}{4} \times 0.1^2 = 0.00785m^2$
물의 유량=5×0.00785=0.03925m^3/s
=39.25kg/s

46. ④ 47. ③ 48. ② 49. ① 50. ② 51. ① 52. ④ 53. ③ | ANSWER

54 가스분석계의 특징에 관한 설명으로 틀린 것은?
① 적정한 시료가스의 채취장치가 필요하다.
② 선택성에 대한 고려가 필요 없다.
③ 시료가스의 온도 및 압력의 변화로 측정오차를 유발할 우려가 있다.
④ 계기의 교정에는 화학분석에 의해 검정된 표준시료 가스를 이용한다.

해설 가스분석계는 분석계마다 특성이 있어서 선택성에 대한 고려가 반드시 필요하다.

55 유속 측정을 위해 피토관을 사용하는 경우 양쪽 관 높이의 차(Δh)를 측정하여 유속(V)을 구하는데 이때 V는 Δh와 어떤 관계가 있는가?
① Δh에 반비례
② Δh의 제곱에 반비례
③ $\sqrt{\Delta h}$에 비례
④ $\dfrac{1}{\Delta h}$에 비례

해설 피토관 유속식 유량계에서 유속(V)은 피토관 높이차(Δh)의 제곱근에 비례한다.
$V = \sqrt{2g\Delta h}$ (m/s)

56 광고온계의 특징에 대한 설명으로 옳은 것은?
① 비접촉식 온도 측정법 중 가장 정도가 높다.
② 넓은 측정온도(0~3,000℃) 범위를 갖는다.
③ 측정이 자동적으로 이루어져 개인오차가 발생하지 않는다.
④ 방사온도계에 비하여 방사율에 대한 보정량이 크다.

해설 광고온도계
• 비접촉식 온도계 중 가장 정도가 높다.
• 측정범위는 700~3,000℃이다.
• 개인 오차가 있어 여러 사람이 모여서 측정한다.
• 방사온도계에 비하여 보정량이 적다.
• 연속측정이나 자동 제어에는 이용할 수 없다.

57 다음 중 급열, 급랭에 약하며 이중 보호관 외관에 사용되는 비금속 보호관은?(단, 상용온도는 약 1,450℃이다.)
① 자기관
② 유리관
③ 석영관
④ 내열강

해설 열전대 온도계 비금속 보호관(자기관의 특성)
• 상용사용온도 : 1,450℃
• 급랭, 급열에 특히 약하다.
• 알칼리, 용융금속, 연소가스에 약하다.
• Al_2O_3 60% + SiO_2 40% 혼합물이다.

58 다음 측정방법 중 화학적 가스분석 방법은?
① 열전도율법
② 도전율법
③ 적외선흡수법
④ 연소열법

해설 연소열법, 오르자트법, 자동화학식 CO_2계 등이 화학적 가스분석계이다. ①, ②, ③은 물리적 가스분석계에 해당한다.

59 조리개부가 유선형에 가까운 형상으로 설계되어 축류의 영향을 비교적 적게 받게 하고 조리개에 의한 압력손실을 최대한으로 줄인 조리개 형식의 유량계는?
① 원판(Disc)
② 벤투리(Venturi)
③ 노즐(Nozzle)
④ 오리피스(Orifice)

해설 벤투리 차압식 유량계

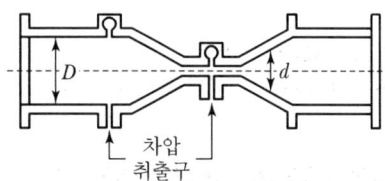

• 축류의 영향이 비교적 적다.
• 조리개에 의한 압력손실을 최대한 줄일 수 있다.
• 벤투리관은 조리개부가 유선형이라서 협잡물이 있는 유체 측정도 용이하다.
• 정도는 높으나 비용이 많이 든다.

60 자동제어장치에서 조절계의 입력신호 전송방법에 따른 분류로 가장 거리가 먼 것은?
① 전기식
② 수증기식
③ 유압식
④ 공기압식

해설 조절계 신호전달의 크기 순서
전기식 > 유압식 > 공기압식

SECTION 04 열설비재료 및 관계법규

61 최고안전사용온도 600℃ 이상의 고온용 무기질 보온재는?

① 펄라이트(Pearlite) ② 폼 유리(Foam Glass)
③ 석면 ④ 규조토

해설 펄라이트 보온재
㉠ 원료 : 흑요석, 진주암
㉡ 사용온도 : 1,100℃
 • 폼 유리(발포초자) : 350℃
 • 석면(아스베스트) : 350~550℃
 • 규조토(규조토 건조분말+석면이나 삼여물) : 250~500℃

62 샤모트질(Chamotte) 벽돌의 주성분은?

① Al_2O_3, $2SiO_2$, $2H_2O$
② Al_2O_3, $7SiO_2$, H_2O
③ FeO, Cr_2O_3
④ $MgCO_3$

해설 샤모트질(산성벽돌)의 주성분
샤모트(소분 Chamotte) = $Al_2O_3 + 2SiO_2 + 2H_2O$

63 에너지법에서 정의하는 에너지가 아닌 것은?

① 연료 ② 열
③ 원자력 ④ 전기

해설 에너지 : 연료, 열, 전기

64 단열효과에 대한 설명으로 틀린 것은?

① 열확산계수가 작아진다.
② 열전도계수가 작아진다.
③ 노 내 온도가 균일하게 유지된다.
④ 스폴링 현상을 촉진시킨다.

해설 단열효과
내·외부 온도차를 줄이고 축열용량을 작게 하기 때문에 스폴링(박락현상)이 방지된다.

65 에너지이용 합리화법에 따라 1년 이하의 징역 또는 1천만 원 이하의 벌금기준에 해당하는 자는?

① 검사대상기기의 검사를 받지 아니한 자
② 생산 또는 판매 금지명령을 위반한 자
③ 검사대상기기 관리자를 선임하지 아니한 자
④ 효율관리기자재에 대한 에너지사용량의 측정결과를 신고하지 아니한 자

해설 ② 2천만 원 이하의 벌금에 처한다.
③ 1천만 원 이하의 벌금에 처한다.
④ 500만 원 이하의 벌금에 처한다.

66 에너지이용 합리화법에 따라 에너지다소비사업자라 함은 연료, 열 및 전력의 연간 사용량의 합계가 몇 티오이(TOE) 이상인가?

① 1,000 ② 1,500
③ 2,000 ④ 3,000

해설 에너지다소비사업자
연간 석유환산 2,000티오이 이상 사용하는 사업자

67 보온재, 단열재 및 보랭재 등을 구분하는 기준은?

① 열전도율 ② 안전사용온도
③ 압력 ④ 내화도

해설 안전사용온도에 따른 구분
• 보온재 : 800℃ 이하
• 단열재 : 800~1,200℃ 이하
• 보랭재 : 100℃ 이하
• 내화물 : 1,580~2,000℃ 이하

68 용광로에 장입하는 코크스의 역할이 아닌 것은?

① 철광석 중의 황분을 제거
② 가스상태로 선철 중에 흡수
③ 선철을 제조하는 데 필요한 열원을 공급
④ 연소 시 환원성 가스를 발생시켜 철의 환원을 도모

해설 용광로에 장입하는 코크스의 역할은 ②, ③, ④와 같다.

61. ① 62. ① 63. ③ 64. ④ 65. ① 66. ③ 67. ② 68. ① | ANSWER

69 에너지이용 합리화법에 따라 에너지사용량이 대통령령이 정하는 기준량 이상이 되는 에너지다소비사업자는 전년도의 분기별 에너지사용량·제품생산량 등의 사항을 언제까지 신고하여야 하는가?

① 매년 1월 31일   ② 매년 3월 31일
③ 매년 6월 30일   ④ 매년 12월 31일

해설 에너지이용 합리화법 제31조제1항에 따라 매년 1월 31일까지 그 에너지사용시설이 있는 지역을 관할하는 시·도지사에게 신고하여야 한다.

70 민간사업 주관자 중 에너지 사용계획을 수립하여 산업통상자원부장관에게 제출하여야 하는 사업자의 기준은?

① 연간 연료 및 열을 2천 TOE 이상 사용하거나 전력을 5백만 kWh 이상 사용하는 시설을 설치하고자 하는 자
② 연간 연료 및 열을 3천 TOE 이상 사용하거나 전력을 1천만 kWh 이상 사용하는 시설을 설치하고자 하는 자
③ 연간 연료 및 열을 5천 TOE 이상 사용하거나 전력을 2천만 kWh 이상 사용하는 시설을 설치하고자 하는 자
④ 연간 연료 및 열을 1만 TOE 이상 사용하거나 전력을 4천만 kWh 이상 사용하는 시설을 설치하고자 하는 자

해설 민간사업 주관자 중 에너지사용계획을 수립하여 산업통상자원부장관에게 제출하여야 하는 사업자의 기준(에너지이용 합리화법 시행령 제20조)
• 연간 5천 TOE 이상의 연료 및 열을 사용하는 시설
• 연간 2,000만 kWh 이상의 전력을 사용하는 시설

71 에너지이용 합리화법에 따라 국가에너지절약추진위원회의 당연직 위원에 해당되지 않는 자는?

① 한국전력공사사장
② 국무조정실 국무2차장
③ 고용노동부차관
④ 한국에너지공단이사장

해설 고용노동부차관은 당연직 위원에 해당하지 않는다.
※ 법령 개정(2018. 4. 17.)으로 국가에너지절약추진위원회가 폐지되었다.

72 다음 중 최고안전사용온도가 가장 높은 보온재는?

① 탄화 코르크   ② 폴리스틸렌 발포제
③ 폼글라스   ④ 세라믹 파이버

해설 보온재 안전사용온도
① 탄화 코르크 : 130℃   ② 폴리스틸렌 발포제 : 80℃
③ 폼글라스 : 300℃   ④ 세라믹 파이버 : 1,300℃

73 진주암, 흑석 등을 소성, 팽창시켜 다공질로 하여 접착제와 석면 등과 같은 무기질 섬유를 배합하여 성형한 것은?

① 유리면   ② 펄라이트
③ 석고   ④ 규산칼슘

해설 펄라이트 보온재
흑요석, 진주암 등을 1,000℃ 정도에서 팽창시켜 다공질로 하고 접착제 및 석면 등을 배합하여 판상, 통상으로 제작한 무기질 보온재

74 에너지이용 합리화법에 따라 규정된 검사의 종류와 적용대상의 연결로 틀린 것은?

① 용접검사 : 동체·경판 및 이와 유사한 부분을 용접으로 제조하는 경우의 검사
② 구조검사 : 강판, 관 또는 주물류를 용접, 확대, 조립, 주조 등에 따라 제조하는 경우의 검사
③ 개조검사 : 증기보일러를 온수보일러로 개조하는 경우의 검사
④ 재사용검사 : 사용 중 연속 재사용하고자 하는 경우의 검사

해설 재사용검사는 사용중지 후 재사용하고자 하는 경우의 검사를 말한다. 검사대상기기는 사용하지 않으면 한국에너지공단에 사용중지신고(15일 이내)를 내고 재사용 시에는 반드시 재사용검사를 받고 사용한다.

ANSWER | 69. ① 70. ③ 71. ③ 72. ④ 73. ② 74. ④

75 유체의 역류를 방지하여 한쪽 방향으로만 흐르게 하는 밸브로 리프트식과 스윙식으로 대별되는 것은?

① 회전밸브　② 게이트밸브
③ 체크밸브　④ 앵글밸브

해설 체크밸브(역류방지밸브)
스윙식, 리프트식, 판형식

76 산업통상자원부장관의 에너지손실요인을 줄이기 위한 개선명령을 정당한 사유 없이 이행하지 아니한 자에 대한 1회 위반 시 과태료 부과 금액은?

① 10만 원　② 50만 원
③ 100만 원　④ 300만 원

해설 에너지이용 합리화법 시행령 별표 5에 의해
- 1회 위반 시 : 300만 원
- 2회 위반 시 : 500만 원
- 3회 위반 시 : 700만 원

77 마그네시아 벽돌에 대한 설명으로 틀린 것은?

① 마그네사이트 또는 수산화마그네슘을 주원료로 한다.
② 산성벽돌로서 비중과 열전도율이 크다.
③ 열팽창성이 크며 스폴링이 약하다.
④ 1,500℃ 이상으로 가열하여 소성한다.

해설 마그네시아 벽돌(염기성 벽돌)
- 소성 내화물과 불소성 내화물로 구분할 수 있다.
- SK 36(1,790℃) 이상에서 사용한다.
- 특징은 ①, ③, ④와 같으며, 열전도율이 낮다.

78 셔틀요(Shuttle Kiln)의 특징에 대한 설명으로 가장 거리가 먼 것은?

① 가마의 보유열보다 대차의 보유열이 열 절약의 요인이 된다.
② 급랭파가 생기지 않을 정도의 고온에서 제품을 꺼낸다.
③ 가마 1개당 2대 이상의 대차가 있어야 한다.
④ 작업이 불편하여 조업하기가 어렵다.

해설 셔틀요(반연속 요)는 1개의 가마에 2대의 대차를 준비하여 가마재임을 하므로 작업이 용이하고 조업하기가 수월하다.

79 에너지법에 따라 국가에너지기본계획 및 에너지 관련 시책의 효과적인 수립·시행을 위한 에너지 총조사는 몇 년을 주기로 하여 실시하는가?

① 1년마다　② 2년마다
③ 3년마다　④ 5년마다

해설 에너지법 시행령 제15조에 따라 에너지 총조사는 3년마다 실시하되, 산업통상자원부장관이 필요하다고 인정할 때에는 간이조사를 실시할 수 있다.

80 내화도가 높고 용융점 부근까지 하중에 견디기 때문에 각종 가마의 천장에 주로 사용되는 내화물은?

① 규석 내화물　② 납석 내화물
③ 샤모트 내화물　④ 마그네시아 내화물

해설 규석질 내화물(산성내화물)
- 용도 : 가마천장용, 산성제강로 가마의 벽, 전기로, 축열실, 코크스 가마의 벽
- 내화도 : SK 31~34
- 하중연화점 : 1,750℃로 높다.

SECTION 05 열설비설계

81 보일러 배기가스에 대한 설명으로 틀린 것은?

① 배기가스 열손실은 같은 연소 조건일 경우에 연소 가스양이 적을수록 작아진다.
② 배기가스의 열량을 회수하기 위한 방법으로 급수예열기와 공기예열기를 적용한다.
③ 배기가스의 열량을 회수함에 따라 배기가스의 온도가 낮아지고 효율이 상승하지만 160℃ 이상부터는 효율이 일정하다.
④ 배기가스 온도는 발생증기의 포화온도 이하로 낮출 수 없어 보일러의 증기압력이 높아짐에 따라 배기가스 손실도 크다.

해설
- 배기가스는 온도가 상승할수록 열효율이 떨어진다.
- 배기가스현열(kcal/h) = 배기가스양(Nm^3/h) × 배기가스비열($kcal/m^3 \cdot ℃$) × (입구온도 − 출구온도)

82 줄-톰슨계수(Joule-Thomson Coefficient, μ)에 대한 설명으로 옳은 것은?

① μ가 (−)일 때 기체가 팽창함에 따라 온도는 내려간다.
② μ가 (+)일 때 기체가 팽창해도 온도는 일정하다.
③ μ의 부호는 온도의 함수이다.
④ μ의 부호는 열량의 함수이다.

해설 줄-톰슨계수(μ)는 온도의 함수이다.

83 다음 중 사이펀 관(Siphon Tube)과 관련이 있는 것은?

① 수면계
② 안전밸브
③ 압력계
④ 어큐뮬레이터

해설 사이펀 관(압력계에 부착)
- 안지름 : 6.5mm
- 내용물 : 물이 고여 있다.
- 용도 : 압력계 부르동관을 보호한다.

84 맞대기 용접은 용접방법에 따라서 그루브를 만들어야 한다. 판의 두께가 50mm 이상인 경우에 적합한 그루브의 형상은?(단, 자동용접은 제외한다.)

① V형
② H형
③ R형
④ A형

해설 맞대기 용접에서 판의 두께(t)가 50mm 이상일 때 그루브(Groove) 형상

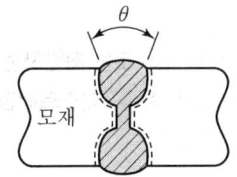
t : 19mm 이상은 용접 H형 사용

85 보일러의 용기에 판 두께가 12mm, 용접길이가 230cm인 판을 맞대기 용접했을 때 45,000kg의 인장하중이 작용한다면 인장응력은?

① $100kg/cm^2$
② $145kg/cm^2$
③ $163kg/cm^2$
④ $255kg/cm^2$

해설 인장응력(kg/cm^2) = $\dfrac{하중}{판두께 \times 용접길이}$
= $\dfrac{45,000}{1.2 \times 230}$ = $163kg/cm^2$

86 원통형 보일러의 특징이 아닌 것은?

① 구조가 간단하고 취급이 용이하다.
② 부하변동에 의한 압력변화가 적다.
③ 보유수량이 적어 파열 시 피해가 적다.
④ 고압 및 대용량에는 부적당하다.

해설 원통형 보일러
수관식에 비해 보유수가 많아서 파열 시 피해가 크다.

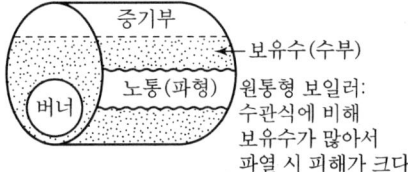

원통형 보일러 : 수관식에 비해 보유수가 많아서 파열 시 피해가 크다.

87 보일러의 만수보존법에 대한 설명으로 틀린 것은?

① 밀폐 보존방식이다.
② 겨울철 동결에 주의하여야 한다.
③ 2~3개월의 단기보존에 사용된다.
④ 보일러수는 pH가 6 정도로 유지되도록 한다.

해설 보일러가 6개월 이하 휴지하고 만수보존 시에는 pH가 12~13 정도가 되도록 가성소다, 탄산소다, 아황산소다, 히드라진, 암모니아 등을 넣는다.

ANSWER | 82.③ 83.③ 84.② 85.③ 86.③ 87.④

88 육용강제 보일러에서 동체의 최소 두께에 대한 설명으로 틀린 것은?

① 안지름이 900mm 이하인 것은 6mm(단, 스테이를 부착할 경우)
② 안지름이 900mm 초과 1,350mm 이하의 것은 8mm
③ 안지름이 1,350mm 초과 1,850mm 이하의 것은 10mm
④ 안지름이 1,850mm 초과하는 것은 12mm

해설 육용강제 보일러 동체의 최소두께
안지름 900mm 이하(단, 스테이를 부착한 경우) : 8mm
(단, 스테이를 부착하지 않은 경우는 6mm)

89 보일러 급수처리 중 사용목적에 따른 청관제의 연결로 틀린 것은?

① pH 조정제 : 암모니아
② 연화제 : 인산소다
③ 탈산소제 : 히드라진
④ 가성취화방지제 : 아황산소다

해설 가성취화방지제
질산나트륨, 인산나트륨, 탄닌, 리그린
※ 아황산소다 : 저압보일러의 탈산소제
　히드라진 : 고압보일러 탈산소제

90 보일러의 효율을 입·출열법에 의하여 계산하려고 할 때, 입열항목에 속하지 않는 것은?

① 연료의 현열
② 연소가스의 현열
③ 공기의 현열
④ 연료의 발열량

해설 열정산 출열
• 연소가스의 현열(배기가스 현열)
• 발생증기 보유열
• 방사열손실 및 불완전열손실
• 미연탄소분에 의한 열손실

91 향류열교환기의 대수평균온도차가 300℃, 열관류율이 15kcal/m²·h·℃, 열교환면적이 8m²일 때 열교환 열량은?

① 16,000kcal/h　② 26,000kcal/h
③ 36,000kcal/h　④ 46,000kcal/h

해설 열교환기의 열교환량
＝열교환면적×열관류율×대수평균온도차
＝8×15(300−0)＝36,000kcal/h

92 관 스테이를 용접으로 부착하는 경우에 대한 설명으로 옳은 것은?

① 용접의 다리길이는 10mm 이상으로 한다.
② 스테이의 끝은 판의 외면보다 안쪽에 있어야 한다.
③ 관 스테이의 두께는 4mm 이상으로 한다.
④ 스테이의 끝은 화염에 접촉하는 판의 바깥으로 5mm를 초과하여 돌출해서는 안 된다.

해설 ① 10mm 이상은 봉 스테이의 경우이다.
② 외면보다 바깥쪽에 있어야 한다.
④ 5mm가 아닌 10mm 초과이다.

93 열매체보일러의 특징이 아닌 것은?

① 낮은 압력에서도 고온의 증기를 얻을 수 있다.
② 물 처리장치나 청관제 주입장치가 필요하다.
③ 겨울철 동결의 우려가 적다.
④ 안전관리상 보일러 안전밸브는 밀폐식 구조로 한다.

해설 열매체보일러
• 열매체 : 수은, 다우섬, 카네크롤, 모빌썸 등
• 물을 사용하지 않으므로 청관제가 불필요하다.
• 사용목적 : 저압에서 고온을 얻는다(액상식, 기상식).

94 열팽창에 의한 배관의 이동을 구속 또는 제한하는 것을 레스트레인트(Restraint)라 한다. 레스트레인트의 종류에 해당하지 않는 것은?

① 앵커(Anchor)　② 스토퍼(Stopper)
③ 리지드(Rigid)　④ 가이드(Guide)

88. ① 89. ④ 90. ② 91. ③ 92. ③ 93. ② 94. ③ | ANSWER

PART 02 | 과년도 기출문제(2016. 10. 1. 시행)

해설
- 레스트레인트 : 앵커, 스토퍼, 가이드
- 행거 : 리지드 행거, 스프링 행거, 콘스탄트 행거
- 서포트 : 스프링 서포트, 롤러 서포트, 파이프 슈, 리지드 서포트

95 수관식 보일러에 속하지 않는 것은?
① 코르니쉬 보일러   ② 바브콕 보일러
③ 라몬트 보일러   ④ 벤손 보일러

해설 ②, ③, ④는 수관식 보일러이며 코르니쉬, 랭커셔, 입형, 노통, 노통연관식 보일러는 원통형 보일러이다.

96 급수펌프인 인젝터의 특징에 대한 설명으로 틀린 것은?
① 구조가 간단하여 소형에 사용된다.
② 별도의 소요동력이 필요하지 않다.
③ 송수량의 조절이 용이하다.
④ 소량의 고압증기로 다량을 급수할 수 있다.

해설 인젝터는 급수 펌프의 고장 시나 모터 정전 등으로 급수가 불가능한 경우 임시로 보일러 증기에 의한 급수 설비로 사용하므로 송수량 조절이 불가하다(급수의 온도가 50℃ 이상이면 사용이 어렵다).

97 다음 중 3kg/cm²g 압력의 증기 2.8ton/h를 공급하는 배관의 지름으로 가장 적합한 것은?(단, 증기의 비체적은 0.4709m³/kg이며, 평균 유속은 30m/s 이다.)
① 1inch   ② 3inch
③ 4inch   ④ 5inch

해설 관의 단면적$(A) = \frac{\pi}{4}d^2$
$1m = 100cm$, $1inch = 2.54cm$
유량(Q) = 유속(m/s)×단면적(m²)×3,600sec(m³/h)
$2,800 \times 0.4709 = 1,318.52 m^3/h(0.367 m^3/s)$
$d(지름) = \sqrt{\frac{4Q}{\pi V}} = \sqrt{\frac{4 \times 0.367}{3.14 \times 30}} \times 100 = 12.48 cm$
∴ $12.48 \times \frac{1}{2.54} = 5 inch$

98 리벳이음 대비 용접이음의 장점으로 옳은 것은?
① 이음효율이 좋다.
② 잔류응력이 발생되지 않는다.
③ 진동에 대한 감쇠력이 높다.
④ 응력집중에 대하여 민감하지 않다.

해설 리벳이음은 용접이음에 비하여 이음효율이 나쁘다.

99 최고 사용압력이 7kgf/cm²인 증기용 강제보일러의 수압시험 압력은 얼마로 하여야 하는가?
① 10.1kgf/cm²   ② 11.1kgf/cm²
③ 12.1kgf/cm²   ④ 13.1kgf/cm²

해설 증기압력 4.3kg/cm² 초과~15kg/cm² 이하인 경우
최고압력×1.3배+3kg/cm²
=7×1.3+3=12.1kg/cm²

100 보일러를 옥내에 설치하는 경우에 대한 설명으로 틀린 것은?
① 불연성 물질의 격벽으로 구분된 장소에 설치한다.
② 보일러 동체 최상부로부터 천장, 배관 등 보일러 상부에 있는 구조물까지의 거리는 0.3m 이상으로 한다.
③ 연도의 외측으로부터 0.3m 이내에 있는 가연성 물체에 대하여는 금속 이외의 불연성 재료로 피복한다.
④ 연료를 저장할 때에는 소형보일러의 경우 보일러 외측으로부터 1m 이상 거리를 두거나 반격벽으로 할 수 있다.

해설 ④에서 대형보일러는 연료저장탱크와 2m 이상 거리가 필요하다.

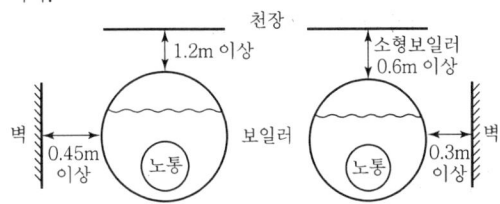

ANSWER | 95. ① 96. ③ 97. ④ 98. ① 99. ③ 100. ②

2017년 1회 에너지관리기사

SECTION 01 연소공학

01 프로판(C_3H_8) 5Nm³를 이론산소량으로 완전연소시켰을 때의 건연소가스양은 몇 Nm³인가?

① 5 ② 10
③ 15 ④ 20

해설 프로판의 연소반응식 : $C_3H_8 + 5O_2 \rightarrow 3CO_2 + 4H_2O$
이론 건연소가스양(G_{od}) : CO_2 값
$G_{od} = (1-0.21) \times A_o + CO_2$
이론공기량(A_o) = 이론산소량 × $\frac{1}{0.21}$
∴ 건연소가스양(CO_2) = 3×5 = 15Nm³

02 다음 집진장치 중에서 미립자 크기에 관계없이 집진효율이 가장 높은 장치는?

① 세정 집진장치
② 여과 집진장치
③ 중력 집진장치
④ 원심력 집진장치

해설 집진효율
• 세정식 : 80~95%
• 여과식 : 90~99%
• 중력식 : 40~60%
• 원심식 : 75~95%

03 연소 시 100℃에서 500℃로 온도가 상승하였을 경우 500℃의 열복사에너지는 100℃에서의 열복사에너지의 약 몇 배가 되겠는가?

① 16.2 ② 17.1
③ 18.5 ④ 19.3

해설 복사에너지는 절대온도의 4승에 비례한다.
∴ $\left(\frac{500+273}{100+273}\right)^4 ≒ 18.5$배

04 고체연료의 연료비를 식으로 바르게 나타낸 것은?

① $\frac{고정탄소(\%)}{휘발분(\%)}$
② $\frac{회분(\%)}{휘발분(\%)}$
③ $\frac{고정탄소(\%)}{회분(\%)}$
④ $\frac{가연성\ 성분\ 중\ 탄소(\%)}{유리\ 수소(\%)}$

해설 • 고체연료의 연료비 = $\frac{고정탄소}{휘발분}$
• 고체연료의 공업분석 : 고정탄소, 수분, 회분, 휘발분 발생

05 일산화탄소 1Nm³를 연소시키는 데 필요한 공기량(Nm³)은 약 얼마인가?

① 2.38 ② 2.67
③ 4.31 ④ 4.76

해설 일산화탄소(CO) 연소용 공기량
공기량(A_o) = 이론산소량(O_o) × $\frac{1}{0.21}$
$CO + 0.5O_2 \rightarrow CO_2$ 이므로
∴ $A_o = 0.5 \times \frac{1}{0.21} = 2.38$Nm³/Nm³

06 기체연료의 특징으로 틀린 것은?

① 연소효율이 높다.
② 고온을 얻기 쉽다.
③ 단위 용적당 발열량이 크다.
④ 누출되기 쉽고 폭발의 위험성이 크다.

해설 일부의 가스는 단위 체적당(Nm³) 발열량이 크다(다만, 비중이 큰 중질가스 외는 단위 용적당 발열량이 적다).

07 기체 연료의 저장방식이 아닌 것은?

① 유수식 ② 고압식
③ 가열식 ④ 무수식

---

1. ③ 2. ② 3. ③ 4. ① 5. ① 6. ③ 7. ③ | ANSWER

해설 기체 연료 저장 홀더
- 저압식 : 유수식, 무수식
- 고압식

08 어떤 열설비에서 연료가 완전연소하였을 경우 배기가스 내의 과잉 산소 농도가 10%이었다. 이 때 연소기기의 공기비는 약 얼마인가?

① 1.0 ② 1.5
③ 1.9 ④ 2.5

해설 공기비$(m) = \dfrac{실제공기량}{이론공기량} = \dfrac{21}{21 - O_2}$

$= \dfrac{21}{21 - 10} = 1.9$

09 부탄(C_4H_{10}) 1kg의 이론 습배기가스양은 약 몇 Nm^3/kg인가?

① 10 ② 13
③ 16 ④ 19

해설 $C_4H_{10} + 6.5O_2 \rightarrow 4CO_2 + 5H_2O$
- 이론 습배기가스양(G_{ow})
  $= (1 - 0.21)A_o + CO_2 + H_2O(Nm^3/Nm^3)$
- 이론 습배기가스양$(Nm^3/Nm^3) \times$ 가스비체적
  $= \left[(1 - 0.21) \times \dfrac{6.5}{0.21} + 9\right] \times \dfrac{22.4}{58} ≒ 13Nm^3/kg$

※ 프로판 분자량 : 44
   부탄 분자량 : 58

10 코크스 고온 건류온도(℃)는?

① 500~600 ② 1,000~1,200
③ 1,500~1,800 ④ 2,000~2,500

해설 ㉠ 코크스
- 역청탄, 즉 점결탄을 고온 건류하여 얻은 잔사
- 용도 : 제철공업용, 가정용 등
㉡ 건류 : 공기의 공급없이 가열하여 열분해시키는 조작
- 고온 건류온도 : 1,000℃ 내외
- 저온 건류온도 : 500~600℃ 내외

11 액화석유가스를 저장하는 가스설비의 내압성능에 대한 설명으로 옳은 것은?

① 최대압력의 1.2배 이상의 압력으로 내압시험을 실시하여 이상이 없어야 한다.
② 최대압력의 1.5배 이상의 압력으로 내압시험을 실시하여 이상이 없어야 한다.
③ 상용압력의 1.2배 이상의 압력으로 내압시험을 실시하여 이상이 없어야 한다.
④ 상용압력의 1.5배 이상의 압력으로 내압시험을 실시하여 이상이 없어야 한다.

해설 액화석유가스(LPG)의 저장설비 내압시험
상용압력의 1.5배 이상 압력으로 실시

12 메탄 50V%, 에탄 25V%, 프로판 25V%가 섞여 있는 혼합 기체의 공기 중에서의 연소하한계는 약 몇 %인가?(단, 메탄, 에탄, 프로판의 연소하한계는 각각 5V%, 3V%, 2.1V%이다.)

① 2.3 ② 3.3
③ 4.3 ④ 5.3

해설 가스연료의 연소하한계$\left(\dfrac{100}{L}\right)$ 계산식

연소하한계 $= \dfrac{100\%}{\left(\dfrac{50}{5}\right) + \left(\dfrac{25}{3}\right) + \left(\dfrac{25}{2.1}\right)} = 3.3\%$

13 환열실의 전열면적(m^2)과 전열량(kcal/h) 사이의 관계는?(단, 전열면적은 F, 전열량은 Q, 총괄 전열계수는 V이며, Δt_m은 평균온도차이다.)

① $Q = \dfrac{F}{\Delta t_m}$

② $Q = F \times \Delta t_m$

③ $Q = F \times V \times \Delta t_m$

④ $Q = \dfrac{V}{F \times \Delta t_m}$

해설 환열실(리큐퍼레이터)
전열량(Q) = 전열면적×총괄 전열계수×평균온도차

14 탄소의 발열량은 약 몇 kcal/kg인가?

$$C + O_2 \rightarrow CO_2 + 97,600 \text{kcal/kmol}$$

① 8,133　　② 9,760
③ 48,800　　④ 97,600

해설
$$\begin{array}{cccc} C & + & O_2 & \rightarrow & CO_2 \\ 12\text{kg} & & 32\text{kg} & & 44\text{kg} \end{array}$$
$$\therefore \frac{97,600}{12} = 8,133 \text{kcal/kg}$$
※ 분자량 : 탄소(12), 산소(32), 탄산가스(44)

15 고체연료의 일반적인 특징으로 옳은 것은?
① 점화 및 소화가 쉽다.
② 연료의 품질이 균일하다.
③ 완전연소가 가능하며 연소효율이 높다.
④ 연료비가 저렴하고 연료를 구하기 쉽다.

해설 고체연료는 일반적으로 점화나 소화가 불편하고 연료의 품질이 균일하지 못하며 불완전연소가 심하여 연소효율이 낮다.

16 연소가스의 조성에서 O_2를 옳게 나타낸 식은?(단, L_o : 이론 공기량, G : 실제 습연소가스양, m : 공기비이다.)

① $\frac{L_o}{G} \times 100$　　② $\frac{0.21 L_o}{G} \times 100$

③ $\frac{(m-1)L_o}{G} \times 100$　　④ $\frac{0.21(m-1)L_o}{G} \times 100$

해설 연소가스 조성에서 산소(O_2) 계산식
$$\frac{0.21(m-1)L_o}{G} \times 100\%$$
※ 공기 중 산소는 21%이다.

17 고체연료의 연소방식으로 옳은 것은?
① 포트식 연소　　② 화격자 연소
③ 심지식 연소　　④ 증발식 연소

해설 고체연료의 연소방식
- 화격자 연소방식(수분식, 기계식)
- 유동층 연소방식
- 미분탄 연소방식

18 CO_{2max}는 19.0%, CO_2는 10.0%, O_2는 3.0%일 때 과잉공기계수(m)는 얼마인가?
① 1.25　　② 1.35
③ 1.46　　④ 1.90

해설 과잉공기계수(공기비 : m)
$$m = \frac{CO_{2\max}}{CO_2} = \frac{19.0}{10.0} = 1.90$$

19 1mol의 이상기체가 40℃, 35atm으로부터 1atm까지 단열 가역적으로 팽창하였다. 최종 온도는 약 몇 K이 되는가?(단, 비열비는 1.67이다.)
① 75　　② 88
③ 98　　④ 107

해설 단열변화 최종 온도 $= T \times \left(\frac{P_2}{P_1}\right)^{\frac{k-1}{k}}$
$$= (40+273) \times \left(\frac{1}{35}\right)^{\frac{1.67-1}{1.67}}$$
$$= 75\text{K}(-198℃)$$

20 중유 1kg 속에 수소 0.15kg, 수분 0.003kg이 들어 있다면 이 중유의 고발열량이 10^4kcal/kg일 때, 이 중유 2kg의 총 저위발열량은 약 몇 kcal인가?
① 12,000　　② 16,000
③ 18,400　　④ 20,000

해설 $10^4 = 10,000$kcal/kg
저위발열량(H_l) = 고위발열량(H_h) $- W_g$
연소 시 생성된 수증기 열량 $W_g = 600(9H + W)$
$\therefore H_l = H_h - 600(9H + W)$
$= \{10,000 - 600(9 \times 0.15 + 0.003)\} \times 2$
$= 18,400$kcal

SECTION 02 열역학

21 50℃의 물의 포화액체와 포화증기의 엔트로피는 각각 0.703kJ/kg·K, 8.07kJ/kg·K이다. 50℃ 습증기의 엔트로피가 4kJ/kg·K일 때 습증기의 건도는 약 몇 %인가?

① 31.7 ② 44.8
③ 51.3 ④ 62.3

해설 습포화증기 엔트로피(x_s)
x_s = 포화수 엔트로피
　　+ 건도(건포화증기 엔트로피 – 포화수 엔트로피)
　　= 0.703 + x(8.07 – 0.703) = 4
∴ x = 0.448(44.8%)

22 스로틀링(Throttling) 밸브를 이용하여 Joule–Thomson 효과를 보고자 한다. 압력이 감소함에 따라 온도가 반드시 감소하려면 Joule–Thomson 계수 μ는 어떤 값을 가져야 하는가?

① $\mu = 0$ ② $\mu > 0$
③ $\mu < 0$ ④ $\mu \neq 0$

해설 줄–톰슨 계수(μ)는 항상 0보다 커야 한다.
$\mu = \left(\dfrac{\partial T}{\partial P}\right)_h$
※ 줄–톰슨 계수는 약 0.6℃$\left(\dfrac{kg}{cm^2}\right)$

23 이상적인 증기압축식 냉동장치에서 압축기 입구를 1, 응축기 입구를 2, 팽창밸브 입구를 3, 증발기 입구를 4로 나타낼 때 온도(T)-엔트로피(S) 선도(수직축 T, 수평축 S)에서 수직선으로 나타나는 과정은?

① 1–2 과정
② 2–3 과정
③ 3–4 과정
④ 4–1 과정

해설 증기압축식 냉동장치

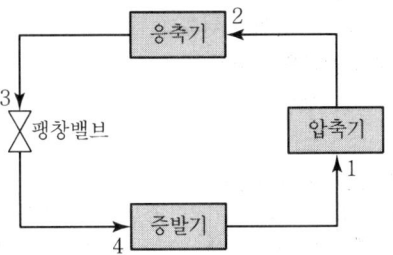

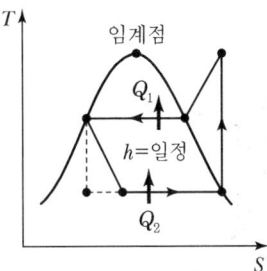

24 이상기체로 구성된 밀폐계의 변화과정을 나타낸 것 중 틀린 것은?(단, δq는 계로 들어온 순열량, dh는 엔탈피 변화량, δw는 계가 한 순일, du는 내부에너지의 변화량, ds는 엔트로피 변화량을 나타낸다.)

① 등온과정에서 $\delta q = \delta w$
② 단열과정에서 $\delta q = 0$
③ 정압과정에서 $\delta q = ds$
④ 정적과정에서 $\delta q = du$

해설 이상기체로 구성된 밀폐계의 변화과정
정압과정에서 $\delta q = du$(가열량은 모두 엔탈피 변화로 나타난다.)

25 공기의 기체상수가 0.287kJ/kg·K일 때 표준상태(0℃, 1기압)에서 밀도는 약 몇 kg/m³인가?

① 1.29 ② 1.87
③ 2.14 ④ 2.48

해설 표준상태 공기 1kmol = 22.4m³ = 29kg
∴ 밀도(ρ) = $\dfrac{29}{22.4}$ = 1.29kg/m³

ANSWER | 21. ② 22. ② 23. ① 24. ③ 25. ①

26 랭킨(Rankine) 사이클에서 재열을 사용하는 목적은?

① 응축기 온도를 높이기 위해서
② 터빈 압력을 높이기 위해서
③ 보일러 압력을 낮추기 위해서
④ 열효율을 개선하기 위해서

해설 재열 사이클(Reheating Cycle)
습증기의 습도를 감소하기 위하여 팽창 도중의 증기를 터빈으로부터 뽑아내어 다시 가열시켜 과열도를 높이면 사이클의 이론적 열효율이 증가하며 날개의 부식을 방지한다.

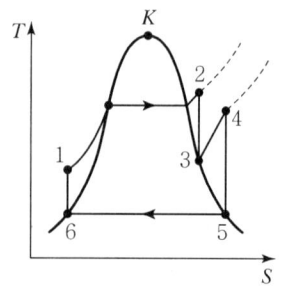

27 불꽃 점화기관의 기본 사이클인 오토 사이클에서 압축비가 10이고, 기체의 비열비가 1.4일 때 이 사이클의 효율은 약 몇 %인가?

① 43.6 ② 51.4
③ 60.2 ④ 68.5

해설 오토 사이클(Otto Cycle, 내연기관 사이클)

효율$(\eta_o) = 1 - \left(\dfrac{1}{\varepsilon}\right)^{k-1} = 1 - \left(\dfrac{1}{10}\right)^{1.4-1} = 0.6018(60.2\%)$

28 110kPa, 20℃의 공기가 정압과정으로 온도가 50℃ 만큼 상승한 다음(즉 70℃가 됨), 등온과정으로 압력이 반으로 줄어들었다. 최종 비체적은 최초 비체적의 약 몇 배인가?

① 0.585 ② 1.17
③ 1.71   ④ 2.34

해설
- 정압과정 : $\dfrac{T_2}{T_1} = \dfrac{V_2}{V_1}$
- 등온과정 : $\dfrac{P_2}{P_1} = \dfrac{V_1}{V_2}$

압력이 반으로 줄어들었으므로

$\therefore \dfrac{273+70}{273+20} \times \dfrac{1}{0.5} = 2.34$배

29 초기 조건이 100kPa, 60℃인 공기를 정적과정을 통해 가열한 후 정압에서 냉각과정을 통하여 500kPa, 60℃로 냉각할 때 이 과정에서 전체 열량의 변화는 약 몇 kJ/kmol인가?(단, 정적비열은 20kJ/kmol · K, 정압비열은 28kJ/kmol · K이며, 이상기체로 가정한다.)

① -964   ② -1,964
③ -10,656   ④ -20,656

해설
- 정적변화 : 부피 변화가 없어서 일$(W) = 0$, 즉 $Q = du$ (가해준 열이 내부에너지로 변화)이며, $PV = nRT$에서 V는 변화가 없으나 P가 증가해서 T가 증가한다.
- 정압변화 : 체적 증가, 온도 증가, 압력 일정

$T_2 = T_1 \times \dfrac{P_2}{P_1} = \dfrac{500}{100} \times (273+60) = 1,665\text{K}$

$q_1 = mC_V(T_2 - T_1) = 20 \times (1,665 - 333) = 26,640\text{kJ}$

$q_2 = -mC_P(T_2 - T_1)$
$= -28 \times (1,665 - 333) = -37,296\text{kJ}$

$\therefore$ 전체 열량변화$(Q) = q_1 + q_2 = 26,640 - 37,296$
$= -10,656\text{kJ/kmol}$

30 최저온도, 압축비 및 공급 열량이 같을 경우 사이클의 효율이 큰 것부터 작은 순서대로 옳게 나타낸 것은?

① 오토 사이클>디젤 사이클>사바테 사이클
② 사바테 사이클>오토 사이클>디젤 사이클
③ 디젤 사이클>오토 사이클>사바테 사이클
④ 오토 사이클>사바테 사이클>디젤 사이클

해설 가열량이 일정한 경우 사이클의 효율
$\eta_o > \eta_s > \eta_d$

31 냉매가 구비해야 할 조건 중 틀린 것은?

① 증발열이 클 것
② 비체적이 작을 것
③ 임계온도가 높을 것
④ 비열비(정압비열/정적비열)가 클 것

해설 냉매는 비열비(K)가 크면 토출가스의 온도가 상승하여 열손실이 증대한다.

32 보일러로부터 압력 1MPa로 공급되는 수증기의 건도가 0.95일 때 이 수증기 1kg당의 엔탈피는 약 몇 kcal인가?(단, 1MPa에서 포화액의 비엔탈피는 181.2kcal/kg, 포화증기의 비엔탈피는 662.9kcal/kg이다.)

① 457.6　　② 638.8
③ 810.9　　④ 1,120.5

해설 습증기 엔탈피 = 포화수 엔탈피
　　　　　　　+ 건도(포화증기 엔탈피 - 포화수 엔탈피)
　　　　　　= 181.2 + 0.95(662.9 - 181.2)
　　　　　　= 638.8kcal/kg

33 Gibbs의 상률(상법칙, Phase Rule)에 대한 설명 중 틀린 것은?

① 상태의 자유도와 혼합물을 구성하는 성분 물질의 수, 그리고 상의 수에 관계되는 법칙이다.
② 평형이든 비평형이든 무관하게 존재하는 관계식이다.
③ Gibbs의 상률은 강도성 상태량과 관계한다.
④ 단일성분의 물질이 기상, 액상, 고상 중 임의의 2상이 공존할 때 상태의 자유도는 1이다.

해설 $P + F = C + 2$
여기서, P : 공존상의 수
　　　F : 자유도
　　　C : 계가 구성하는 독립적인 화학물질의 수
※ 깁스의 상의 규칙 : 1878년 평형조건을 사용해서 J. W. Gibbs에 의해 유도된 규칙. 계에서 공존상 P의 수는 다음처럼 주어진다($P + F = C + 2$).

34 열역학 제2법칙에 관한 다음 설명 중 옳지 않은 것은?

① 100%의 열효율을 갖는 열기관은 존재할 수 없다.
② 단일열원으로부터 열을 전달받아 사이클 과정을 통해 모두 일로 변화시킬 수 있는 열기관이 존재할 수 있다.
③ 열은 저온부로부터 고온부로 자연적으로 전달되지 않는다.
④ 고립계에서 엔트로피는 항상 증가하거나 일정하게 보존된다.

해설 열역학 제2법칙
단일열원으로부터 열을 전달받아 사이클 과정을 통해 모두 일로 변화시킬 수 있는 열기관은 존재할 수 없다.

35 1MPa, 400℃인 큰 용기 속의 공기가 노즐을 통하여 100kPa까지 등엔트로피 팽창을 한다. 출구속도는 약 몇 m/s인가?(단, 비열비는 1.4이고 정압비열은 1.0 kJ/kg·K이며, 노즐 입구에서의 속도는 무시한다.)

① 569　　② 805
③ 910　　④ 1,107

해설 출구속도

$$V_2 = \sqrt{\frac{2K}{K-1} \times R \times T_1 \left(1 - \left(\frac{P_2}{P_1}\right)^{\frac{K-1}{K}}\right)}$$

$$= \sqrt{\frac{2 \times 1.4}{1.4 - 1} \times 287 \times (400 + 27) \times \left[1 - \left(\frac{100}{1,000}\right)^{\frac{1.4-1}{1.4}}\right]}$$

$= 805 \text{m/s}$

※ 공기의 기체상수 = 287J/kg·K

36 온도가 400℃인 열원과 300℃인 열원 사이에서 작동하는 카르노 열기관이 있다. 이 열기관에서 방출되는 300℃의 열은 또 다른 카르노 열기관으로 공급되어, 300℃의 열원과 100℃의 열원 사이에서 작동한다. 이와 같은 복합 카르노 열기관의 전체 효율은 약 몇 %인가?

① 44.57%　　② 59.43%
③ 74.29%　　④ 29.72%

해설 효율(η_c) $= 1 - \frac{T_L}{T_H} = 1 - \frac{300 + 273}{400 + 273} = 0.1485$

$400 + 273 = 673K$, $100 + 273 = 373K$

∴ η_c(복합효율) $= 1 - \frac{373}{673} = 0.4457(44.57\%)$

ANSWER | 32. ② 33. ② 34. ② 35. ② 36. ①

37 온도가 각각 −20℃, 30℃인 두 열원 사이에서 작동하는 냉동 사이클이 이상적인 역카르노 사이클을 이루고 있다. 냉동기에 공급된 일이 15kW이면 냉동용량(냉각열량)은 약 몇 kW인가?

① 2.5　　② 3.0
③ 76　　　④ 91

해설　273−20=253K, 273+30=303K
성적계수$(COP) = \dfrac{T_2}{T_1 - T_2} = \dfrac{253}{303-253} = 5.06$
∴ 냉동용량 = $COP \times$공급일 = $5.06 \times 15 ≒ 76$kW

38 이상기체 5kg이 250℃에서 120℃까지 정적과정으로 변화한다. 엔트로피 감소량은 약 몇 kJ/K인가? (단, 정적비열은 0.653kJ/kg·K이다.)

① 0.933　　② 0.439
③ 0.274　　④ 0.187

해설　250−120=130℃(온도변화)
250+273=523K
120+273=393K
∴ 엔트로피 변화$(\Delta S) = C_V \ln\left(\dfrac{T_2}{T_1}\right)$
$= 0.653 \times \ln\left(\dfrac{250+273}{120+273}\right) \times 5$
$= 0.933$kJ/K

39 압력이 200kPa로 일정한 상태로 유지되는 실린더 내의 이상기체가 체적 0.3m³에서 0.4m³로 팽창될 때 이상기체가 한 일의 양은 몇 kJ인가?

① 20　　② 40
③ 60　　④ 80

해설　등압변화 = 팽창일$(_1W_2) = P(V_2 - V_1)$
$= 200 \times (0.4 - 0.3) = 20$kJ

40 500K의 고온 열저장조와 300K의 저온열저장조 사이에서 작동되는 열기관이 낼 수 있는 최대 효율은?

① 100%　　② 80%
③ 60%　　　④ 40%

해설　최대 효율 = $1 - \dfrac{T_1}{T_2} = 1 - \dfrac{300}{500} = 0.4(40\%)$

SECTION 03 계측방법

41 열전대 온도계에 대한 설명으로 옳은 것은?

① 흡습 등으로 열화된다.
② 밀도차를 이용한 것이다.
③ 자기가열에 주의해야 한다.
④ 온도에 대한 열기전력이 크며 내구성이 좋다.

해설　열전대 온도계의 구비조건
열기전력이 크고 온도 상승에 따른 연속적 상승이 가능할 것

42 지름이 400mm인 관 속을 5kg/s로 공기가 흐르고 있다. 관 속의 압력은 200kPa, 온도는 23℃, 공기의 기체상수 R이 287J/kg·K이라 할 때 공기의 평균 속도는 약 몇 m/s인가?

① 2.4　　② 7.7
③ 16.9　　④ 24.1

해설　관의 단면적$(A) = \dfrac{3.14}{4} \times (0.4)^2 = 0.1256$m²
5kg/s $= 22.4$m³ $\times \dfrac{5}{29} = 3.862$m³/s (공기유량)
$3.862 \times \dfrac{100}{200} \times \dfrac{23+273}{273} = 2.1219$m³/s (변화 후 체적)
∴ 유속 = $\dfrac{2.1219}{0.1256} = 16.9$m/s

43 다음 열전대의 종류 중 측정온도에 대한 기전력의 크기로 옳은 것은?

① IC > CC > CA > PR
② IC > PR > CC > CA
③ CC > CA > PR > IC
④ CC > IC > CA > PR

ANSWER　37. ③　38. ①　39. ①　40. ④　41. ④　42. ③　43. ①

[해설] 열전대 온도계의 기전력 크기
- IC(철-콘스탄탄) : 열기전력이 가장 크다.
- CC(구리-콘스탄탄) : 열기전력이 크다.
- CA(크로멜-알루멜) : 열기전력이 보통이다.
- PR(백금-백금로듐) : 열기전력이 보통이다.

44 2,000℃까지 고온 측정이 가능한 온도계는?
① 방사 온도계
② 백금저항 온도계
③ 바이메탈 온도계
④ Pt-Rh 열전식 온도계

[해설]
- 백금저항 온도계 : -200~500℃
- 바이메탈 온도계 : -50~500℃
- 백금-백금로듐 온도계 : 0~1,600℃
- 방사 온도계 : 50~3,000℃

45 다음 그림과 같은 경사관식 압력계에서 P_2는 50kg/m²일 때 측정압력 P_1은 약 몇 kg/m²인가?(단, 액체의 비중은 1이다.)

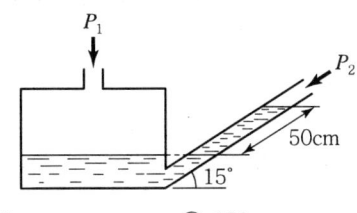

① 130 ② 180
③ 320 ④ 530

[해설] $P_1 = P_2 + rx\sin\theta$
$= 50 + 1,000 \times 0.5 \times \sin 15 ≒ 180 \text{kg/m}^2$
※ 액체의 비중은 물이 기준이다(1,000kg/m³).

46 SI 기본단위를 바르게 표현한 것은?
① 시간 : 분 ② 질량 : 그램
③ 길이 : 밀리미터 ④ 전류 : 암페어

[해설] SI 기본단위
- 시간 : 초(s)
- 질량 : kg
- 길이 : m

47 전자유량계의 특징으로 틀린 것은?
① 응답이 빠른 편이다.
② 압력손실이 거의 없다.
③ 높은 내식성을 유지할 수 있다.
④ 모든 액체의 유량 측정이 가능하다.

[해설] 전자유량계
패러데이의 전자유도법칙을 이용한다. 유량계로서 도전성이 있는 유체의 유량만 측정이 가능하다.

48 오르자트식 가스분석계로 측정하기 어려운 것은?
① O_2 ② CO_2
③ CH_4 ④ CO

[해설] 오르자트식 가스분석계를 이용한 측정(화학적 가스분석)
$CO_2 \rightarrow O_2 \rightarrow CO$ 순

49 불연속 제어로서 탱크의 액위를 제어하는 방법으로 주로 이용되는 것은?
① P 동작 ② PI 동작
③ PD 동작 ④ 온-오프 동작

[해설] 불연속동작
- 온-오프 동작(2위치 동작)
- 다위치 동작
- 간헐 동작

50 관로에 설치된 오리피스 전후의 압력차는?
① 유량의 제곱에 비례한다.
② 유량의 제곱근에 비례한다.
③ 유량의 제곱에 반비례한다.
④ 유량의 제곱근에 반비례한다.

[해설] $Q(유량) = C \cdot A\sqrt{2gh}$ (m³/s)
유량은 측정압력의 평방근에 비례한다.

차압식 유량계
- 벤투리미터
- 플로노즐
- 오리피스

ANSWER | 44. ① 45. ② 46. ④ 47. ④ 48. ③ 49. ④ 50. ①

51 염화리튬이 공기 수증기압과 평형을 이룰 때 생기는 온도저하를 저항온도계로 측정하여 습도를 알아내는 습도계는?

① 듀셀 노점계
② 아스만 습도계
③ 광전관식 노점계
④ 전기저항식 습도계

해설 듀셀 노점계
염화리튬이 공기수증기압과 평형을 이룰 때 생기는 온도 저하를 저항온도계로 측정하여 알아내는 습도계
※ 염화리튬(리튬이온+염화이온) : LiCl(흡습용해성의 고체결정체)

52 유량 측정에 쓰이는 Tap 방식이 아닌 것은?

① 베나 탭
② 코너 탭
③ 압력 탭
④ 플랜지 탭

해설 차압식 유량계(오리피스)의 탭
- 베나 탭
- 코너 탭
- 플랜지 탭

53 다음에서 설명하는 제어동작은?

• 부하 변화가 커도 잔류편차가 생기지 않는다. • 급변할 때 큰 진동이 생긴다. • 전달이 느리거나 쓸모없는 시간이 크면 사이클링의 주기가 커진다.

① D 동작　② PI 동작
③ PD 동작　④ P 동작

해설 PI(비례적분) 동작
- 잔류편차가 생기지 않는다.
- 급변화 시 큰 진동이 생긴다.
- 전달이 느리거나 쓸모없는 시간이 크면 사이클링의 주기가 커진다.

54 제어 시스템에서 응답이 계단변화가 도입된 후에 얻게 될 최종적인 값을 얼마나 초과하게 되는지를 나타내는 척도는?

① 오프셋　② 쇠퇴비
③ 오버슈트　④ 응답시간

해설 오버슈트
제어 시스템에서 응답이 계단변화가 도입된 후에 얻게 될 최종적인 값을 얼마나 초과하게 되는지를 나타내는 척도를 말한다.

55 다음 온도계 중 측정범위가 가장 높은 것은?

① 광고온계　② 저항온도계
③ 열전온도계　④ 압력온도계

해설 고온측정계
- 광고온계 : 700~3,000℃
- 방사온도계 : 50~3,000℃
- 광전관식 온도계 : 700~3,000℃

56 기체연료의 시험방법 중 CO의 흡수액은?

① 발연 황산액
② 수산화칼륨 30% 수용액
③ 알칼리성 피로갈롤 용액
④ 암모니아성 염화제1동 용액

해설 ① 중탄화수소(기체연료)의 분석 흡수액
② CO_2 분석 흡수액
③ O_2 분석 흡수액
④ CO 분석 흡수액

57 차압식 유량계의 종류가 아닌 것은?

① 벤투리　② 오리피스
③ 터빈 유량계　④ 플로노즐

해설 ㉠ 차압식 유량계
- 오리피스
- 벤투리
- 플로노즐

㉡ 터빈유량계 : 용적식 유량계

51. ① 52. ③ 53. ② 54. ③ 55. ① 56. ④ 57. ③ | ANSWER

58 단열식 열량계로 석탄 1.5g을 연소시켰더니 온도가 4℃ 상승하였다. 통 내의 유량이 2,000g, 열량계의 물당량이 500g일 때 이 석탄의 발열량은 약 몇 J/g인가?(단, 물의 비열은 4.19J/g·K이다.)

① 2.23×10^4　　② 2.79×10^4
③ 4.19×10^4　　④ 6.98×10^4

해설 단열식 열량계를 통한 발열량

$$= \frac{\text{내통수 비열} \times \text{상승온도} \times (\text{내통수량}+\text{수당량}) - \text{발열보정}}{\text{시료}} \times \frac{100}{100-\text{수분}}$$

$$= \frac{4.19 \times 4 \times (2,000+500)}{1.5}$$

$$= 27,933 \text{J/g} (2.79 \times 10^4)$$

59 2원자 분자를 제외한 CO_2, CO, CH_4 등의 가스를 분석할 수 있으며, 선택성이 우수하고 저농도의 분석에 적합한 가스 분석법은?

① 적외선법　　② 음향법
③ 열전도율법　　④ 도전율법

해설 적외선법
2원자 분자의 가스를 제외한 가스의 분석이 가능하며 선택성이 우수하고 가스의 저농도의 분석에 적합하다.

60 국제단위계(SI)에서 길이단위의 설명으로 틀린 것은?

① 기본단위이다.
② 기호는 K이다.
③ 명칭은 미터이다.
④ 빛이 진공에서 1/229792458초 동안 진행한 경로의 길이이다.

해설
• SI 단위계에서 온도의 단위는 캘빈(K)이 기본이고 길이는 미터(m)가 기본이다.
• SI 기본단위 : 질량(kg), 시간(s), 전류(A), 열역학 온도(K), 물질량(mol), 광도(cd)

SECTION 04 열설비재료 및 관계법규

61 샤모트(Chamotte) 벽돌에 대한 설명으로 옳은 것은?

① 일반적으로 기공률이 크고 비교적 낮은 온도에서 연화되며 내스폴링성이 좋다.
② 흑연질 등을 사용하며 내화도와 하중 연화점이 높고 열 및 전기전도도가 크다.
③ 내식성과 내마모성이 크며 내화도는 SK 35 이상으로 주로 고온부에 사용된다.
④ 하중 연화점이 높고 가소성이 커 염기성 제강로에 주로 사용된다.

해설 샤모트(Chamotte) 내화벽돌
내화점토를 SK 10~13 정도로 하소하여 분쇄한 것(샤모트, 소분)으로, 보일러 등 일반가마용이며 일반적으로 기공률이 크고 비교적 낮은 온도에서 연화되며 내스폴링성이 크다.
• 내화도 : SK 28~34
• 가소성이 없어서 10~30% 생점토를 가하여 벽돌 제작

62 에너지이용 합리화법에 따라 최대 1천만 원 이하의 벌금에 처할 대상자에 해당되는 않는 자는?

① 검사대상기기 관리자를 정당한 사유 없이 선임하지 아니한 자
② 검사대상기기의 검사를 정당한 사유 없이 받지 아니한 자
③ 검사에 불합격한 검사대상기기를 임의로 사용한 자
④ 최저소비효율기준에 미달된 효율관리기자재를 생산한 자

해설 ①의 해당자는 1천만 원 이하의 벌금, ②, ③의 해당자는 1천만 원 이하의 벌금 또는 1년 이하의 징역에 처하고, ④의 해당자는 과태료 부과 또는 개선명령을 통보한다.

ANSWER | 58. ② 59. ① 60. ② 61. ① 62. ④

63 배관설비의 지지를 위한 필요조건에 관한 설명으로 틀린 것은?

① 온도의 변화에 따른 배관신축을 충분히 고려하여야 한다.
② 배관 시공 시 필요한 배관기울기를 용이하게 조정할 수 있어야 한다.
③ 배관설비의 진동과 소음을 외부로 쉽게 전달할 수 있어야 한다.
④ 수격현상 및 외부로부터 진동과 힘에 대하여 견고하여야 한다.

해설 배관설비의 진동·소음은 외부로 쉽게 전달하지 못하게 브레이스 등으로 차단한다.

64 길이 7m, 외경 200mm, 내경 190mm의 탄소강관에 360℃ 과열증기를 통과시키면 이때 늘어나는 관의 길이는 몇 mm인가?(단, 주위온도는 20℃이고, 관의 선팽창계수는 0.000013mm/mm·℃이다.)

① 21.15　　② 25.71
③ 30.94　　④ 36.48

해설 7m=7,000mm
선팽창 길이(l) = 7,000×0.000013×(360−20)
= 30.94mm

65 에너지이용 합리화법에 따라 에너지사용계획을 수립하여 산업통상자원부장관에게 제출하여야 하는 민간사업주관자의 기준은?

① 연간 5백만 킬로와트시 이상의 전력을 사용하는 시설을 설치하려는 자
② 연간 1천만 킬로와트시 이상의 전력을 사용하는 시설을 설치하려는 자
③ 연간 1천5백만 킬로와트시 이상의 전력을 사용하는 시설을 설치하려는 자
④ 연간 2천만 킬로와트시 이상의 전력을 사용하는 시설을 설치하려는 자

해설 민간사업주관자의 시설기준
• 연간 5천 티오이 이상의 연료 및 열을 사용하는 시설
• 연간 2천만 킬로와트시 이상의 전력을 사용하는 시설

66 관의 신축량에 대한 설명으로 옳은 것은?

① 신축량은 관의 열팽창계수, 길이, 온도차에 반비례한다.
② 신축량은 관의 열팽창계수, 길이, 온도차에 비례한다.
③ 신축량은 관의 길이, 온도차에는 비례하지만 열팽창계수에는 반비례한다.
④ 신축량은 관의 열팽창계수에 비례하고 온도차와 길이에 반비례한다.

해설 관(배관)의 신축량(mm)은 관의 열팽창계수, 관의 길이, 온도차에 비례한다.

67 에너지이용 합리화법에 따라 인정검사대상기기 관리자의 교육을 이수한 자가 관리할 수 없는 것은?

① 압력용기
② 용량이 581.5킬로와트인 열매체를 가열하는 보일러
③ 용량 700킬로와트의 온수 발생 보일러
④ 최고사용압력이 1MPa 이하이고, 전열면적이 10제곱미터 이하인 증기보일러

해설 인정검사대상기기 관리자 교육 이수자의 관리범위(에너지이용 합리화법 시행규칙 별표 3의9)
• 증기보일러로서 최고사용압력이 1MPa 이하이고, 전열면적이 10m² 이하인 것
• 온수발생 및 열매체를 가열하는 보일러로서 용량이 581.5kW 이하인 것
• 압력용기

68 에너지이용 합리화법상의 "목표에너지원단위"란?

① 열사용기기당 단위시간에 사용할 열의 사용목표량
② 각 회사마다 단위기간 동안 사용할 열의 사용목표량
③ 에너지를 사용하여 만드는 제품의 단위당 에너지 사용목표량
④ 보일러에서 증기 1톤을 발생할 때 사용할 연료의 사용목표량

63. ③　64. ③　65. ④　66. ②　67. ③　68. ③ | ANSWER

해설 목표에너지원단위
에너지를 사용하여 만드는 제품의 단위당 에너지 사용목표량 또는 건축물의 에너지 사용목표량

69 에너지이용 합리화법상의 효율관리기자재에 속하지 않는 것은?
① 전기철도   ② 삼상유도전동기
③ 전기세탁기   ④ 자동차

해설 효율관리기자재의 종류에는 전기냉장고, 전기냉방기, 전기세탁기, 조명기기, 삼상유도전동기, 자동차 등이 있다.

70 가마를 축조할 때 단열재를 사용함으로써 얻을 수 있는 효과로 틀린 것은?
① 작업 온도까지 가마의 온도를 빨리 올릴 수 있다.
② 가마의 벽을 얇게 할 수 있다.
③ 가마 내의 온도 분포가 균일하겐 된다.
④ 내화벽돌의 내·외부 온도가 급격히 상승한다.

해설
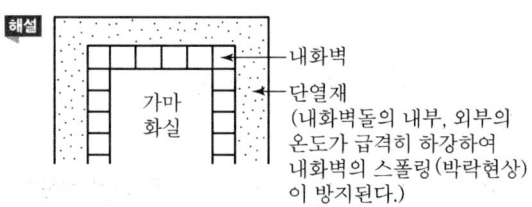

71 에너지이용 합리화법에 따라 검사대상기기 관리자의 신고사유가 발생한 경우 발생한 날로부터 며칠 이내에 신고하여야 하는가?
① 7일   ② 15일
③ 30일   ④ 60일

해설 검사대상기기(보일러, 압력용기) 관리자는 사유가 발생한 날로부터 30일 이내에 한국에너지공단에 신고하여야 한다.

72 다음은 보일러의 급수밸브 및 체크밸브 설치기준에 관한 설명이다. ( ) 안에 알맞은 것은?

> 급수밸브 및 체크밸브의 크기는 전열면적 $10m^2$ 이하의 보일러에서는 관의 호칭 (㉠) 이상, 전열면적 $10m^2$를 초과하는 보일러에서는 호칭 (㉡) 이상이어야 한다.

① ㉠ 5A, ㉡ 10A   ② ㉠ 10A, ㉡ 15A
③ ㉠ 15A, ㉡ 20A   ④ ㉠ 20A, ㉡ 30A

해설
• 전열면적 $10m^2$ 이하 : 15A 이상
• 전열면적 $10m^2$ 초과 : 20A 이상

73 에너지이용 합리화법에 따라 산업통상자원부장관은 에너지를 합리적으로 이용하게 하기 위하여 몇 년마다 에너지이용 합리화에 관한 기본계획을 수립하여야 하는가?
① 2년   ② 3년
③ 5년   ④ 10년

해설 에너지이용 합리화 기본계획은 5년마다 수립한다(계획기간 : 20년).

74 산성 내화물이 아닌 것은?
① 규석질 내화물   ② 납석질 내화물
③ 샤모트질 내화물   ④ 마그네시아 내화물

해설 염기성 내화물
• 마그네시아   • 돌로마이트
• 크롬－마그네시아   • 폴스테라이트질

75 고압 배관용 탄소강관에 대한 설명으로 틀린 것은?
① 관의 소재로는 킬드강을 사용하여 이음매 없이 제조된다.
② KS 규격 기호로 SPPS라고 표기한다.
③ 350℃ 이하, $100kg/cm^2$ 이상 압력범위에서 사용이 가능하다.
④ NH_3 합성용 배관, 화학공업의 고압유체 수송용에 사용한다.

ANSWER | 69. ① 70. ④ 71. ③ 72. ③ 73. ③ 74. ④ 75. ②

해설
- 압력배관용 : SPPS(10~100kg/cm²)
- 고압배관용 : SPPH(100kg/cm² 이상)

76 크롬이나 크롬마그네시아 벽돌이 고온에서 산화철을 흡수하여 표면이 부풀어 오르고 떨어져 나가는 현상은?

① 버스팅(Bursting)
② 스폴링(Spalling)
③ 슬래킹(Slaking)
④ 큐어링(Curing)

해설 버스팅 현상
크롬 벽돌, 마그네시아 벽돌이 고온에서 산화철을 흡수하여 표면이 부풀어 오르고 박락되는(떨어져 나가는) 현상

77 내화물의 구비조건으로 틀린 것은?

① 상온에서 압축강도가 작을 것
② 내마모성 및 내침식성을 가질 것
③ 재가열 시 수축이 적을 것
④ 사용온도에서 연화 변형하지 않을 것

해설 내화물(내화벽돌)은 상온에서 압축강도가 커야 한다.

78 에너지이용 합리화법에 따라 에너지 저장의무를 부과할 수 있는 대상자가 아닌 자는?

① 전기사업법에 의한 전기사업자
② 도시가스사업법에 의한 도시가스사업자
③ 풍력사업법에 의한 풍력사업자
④ 석탄산업법에 의한 석탄가공업자

해설 에너지 저장의무 부과 대상자(에너지이용 합리화법 시행령 제12조제1항)
- 전기사업법에 따른 전기사업자
- 도시가스사업법에 따른 도시가스사업자
- 석탄산업법에 따른 석탄가공업자
- 집단에너지사업법에 따른 집단에너지사업자
- 연간 2만 석유환산톤 이상의 에너지를 사용하는 자

79 배관의 신축이음에 대한 설명으로 틀린 것은?

① 슬리브형은 단식과 복식의 2종류가 있으며 고온, 고압에 사용한다.
② 루프형은 고압에 잘 견디며, 주로 고압증기의 옥외배관에 사용한다.
③ 벨로스형은 신축으로 인한 응력을 받지 않는다.
④ 스위블형은 온수 또는 저압증기의 배관에 사용하며, 큰 신축에 대하여는 누설의 염려가 있다.

해설 고온, 고압의 신축이음은 루프형(곡관형) 신축이음이다.

80 에너지이용 합리화법에 따른 특정열사용기자재가 아닌 것은?

① 주철제 보일러
② 금속 소둔로
③ 2종 압력용기
④ 석유난로

해설 석유난로는 에너지이용 합리화법 시행규칙 별표 3의2에 따른 특정열사용기자재에 해당하지 않는다.

SECTION 05 열설비설계

81 급수에서 ppm 단위에 대한 설명으로 옳은 것은?

① 물 1mL 중에 함유된 시료의 양을 g으로 표시한 것
② 물 100mL 중에 함유된 시료의 양을 mg으로 표시한 것
③ 물 1,000mL 중에 함유된 시료의 양을 g으로 표시한 것
④ 물 1,000mL 중에 함유된 시료의 양을 mg으로 표시한 것

해설 $1\text{ppm}\left(\dfrac{1}{10^6}\right)$ 단위이므로
물 1,000mL 중 불순물 함유 1mg을 표시한다.
※ 1mL=1,000mg

82 그림과 같이 가로×세로×높이가 $3×1.5×0.03m$인 탄소 강판이 놓여 있다. 열전도계수(K)가 43W/m·K이며, 표면온도는 20℃였다. 이때 탄소강판 아랫면에 열유속($q''=q/A$) 600kcal/m²·h을 가할 경우, 탄소강판에 대한 표면온도 상승[ΔT(℃)]은?

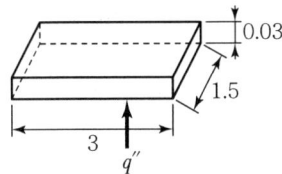

① 0.243℃ ② 0.264℃
③ 0.486℃ ④ 1.973℃

해설 43W×0.86kcal/W=36.98kcal
높이 0.03m이므로
∴ 표면온도 상승(ΔT) = $\frac{600}{36.98}×0.03 = 0.486℃$

83 금속판을 전열체로 하여 유체를 가열하는 방식으로 열팽창에 대한 염려가 없고 플랜지 이음으로 되어 있어 내부수리가 용이한 열교환기 형식은?

① 유동두식 ② 플레이트식
③ 융그스트롬식 ④ 스파이럴식

해설 스파이럴식 열교환기
금속판을 전열체로 하여 유체를 가열하는 방식으로 열팽창에 대한 염려가 없고 플랜지 이음으로 되어 있어 내부수리가 용이한 열교환기이다.

84 보일러의 용량을 산출하거나 표시하는 값으로 적합하지 않은 것은?

① 상당증발량 ② 보일러 마력
③ 전열면적 ④ 재열계수

해설 보일러 용량 산출 표시값
• 상당증발량
• 보일러 마력
• 전열면적
• 상당방열면적
• 정격출력

85 강제 순환식 수관 보일러는?

① 라몬트(Lamont) 보일러
② 타쿠마(Takuma) 보일러
③ 슐저(Sulzer) 보일러
④ 벤슨(Benson) 보일러

해설 강제 순환식 수관 보일러
• 라몬트 노즐 보일러
• 벨록스 보일러

86 연료 1kg이 연소하여 발생하는 증기량의 비를 무엇이라고 하는가?

① 열발생률 ② 환산증발배수
③ 전열면 증발률 ④ 증기량 발생률

해설 환산증발배수 = $\frac{환산증발량}{연료소비량}$

※ 단위 : 연소실 열발생률(kcal/m³·h), 전열면 증발률(kg/m²·h), 증기발생량(kg/m²·h), 증발배수(kg/kg)

87 저온부식의 방지방법이 아닌 것은?

① 과잉공기를 적게 하여 연소한다.
② 발열량이 높은 황분을 사용한다.
③ 연료첨가제(수산화마그네슘)를 이용하여 노점 온도를 낮춘다.
④ 연소 배기가스의 온도가 너무 낮지 않게 한다.

해설 S(황)+O₂ → SO₂
SO₂+H₂O → H₂SO₃
H₂SO₃+0.5O₂ → H₂SO₄(저온부식 발생 : 절탄기, 공기예열기)

88 보일러 송풍장치의 회전수 변환을 통한 급기풍량 제어를 위하여 2극 유도전동기에 인버터를 설치하였다. 주파수가 55Hz일 때 유도전동기의 회전수는?

① 1,650rpm ② 1,800rpm
③ 3,300rpm ④ 3,600rpm

해설 유도전동기의 동기속도(N_s)

$N_s = \frac{120f}{P} = \frac{120×55}{2} = 3,300rpm$

ANSWER | 82. ③ 83. ④ 84. ④ 85. ① 86. ② 87. ② 88. ③

89 보일러의 성능시험방법 및 기준에 대한 설명으로 옳은 것은?

① 증기건도의 기준은 강철제 또는 주철제로 나누어 정해져 있다.
② 측정은 매 1시간마다 실시한다.
③ 수위는 최초 측정치에 비해서 최종 측정치가 적어야 한다.
④ 측정기록 및 계산양식은 제조사에서 정해진 것을 사용한다.

해설 보일러 열정산에서 건도(증기건조도)
- 강철제 : 0.98 이상
- 주철제 : 0.97 이상
- 증기는 건도가 높을수록 질이 좋다.
※ 측정은 10분마다 한다.

90 동일 조건에서 열교환기의 온도효율이 높은 순서대로 나열한 것은?

① 향류>직교류>병류
② 병류>직교류>향류
③ 직교류>향류>병류
④ 직교류>병류>향류

역교환기 흐름 방향

효과가 크다.   효과가 나쁘다.   효과가 중간이다.
[향류]   [병류]   [직교류]

91 어떤 연료 1kg당 발열량이 6,320kcal이다. 이 연료 50kg/h을 연소시킬 때 발생하는 열이 모두 일로 전환된다면 이때 발생하는 동력은?

① 300PS   ② 400PS
③ 500PS   ④ 600PS

해설 1PSh=632kcal(동력값)
50kg/h×6,320kcal/kg=316,000kcal/h
∴ $\frac{316,000}{632}$ = 500PS

92 유체의 압력손실은 배관 설계 시 중요한 인자이다. 압력손실과의 관계로 틀린 것은?

① 압력손실은 관마찰계수에 비례한다.
② 압력손실은 유속의 제곱에 비례한다.
③ 압력손실은 관의 길이에 반비례한다.
④ 압력손실은 관의 내경에 반비례한다.

해설 압력손실은 관의 길이에 비례한다.

93 공기예열기의 효과에 대한 설명으로 틀린 것은?

① 연소효율을 증가시킨다.
② 과잉공기량을 줄일 수 있다.
③ 배기가스 저항이 줄어든다.
④ 저질탄 연소에 효과적이다.

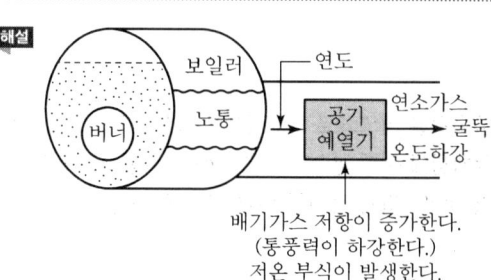

배기가스 저항이 증가한다.
(통풍력이 하강한다.)
저온 부식이 발생한다.

94 이중 열교환기의 총괄전열계수가 69kcal/m²·h·℃일 때, 더운 액체와 찬 액체를 향류로 접속시켰더니 더운 면의 온도가 65℃에서 25℃로 내려가고 찬 면의 온도가 20℃에서 53℃로 올라갔다. 단위면적당의 열교환량은?

① 498kcal/m²·h   ② 552kcal/m²·h
③ 2,415kcal/m²·h ④ 2,760kcal/m²·h

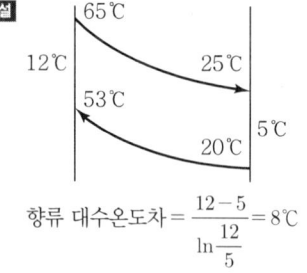

향류 대수온도차 = $\frac{12-5}{\ln\frac{12}{5}}$ = 8℃

∴ 열교환량 = 69×8 = 552kcal/m²·h

95 연관식 패키지 보일러와 랭커셔 보일러의 장단점에 대한 비교 설명으로 틀린 것은?

① 열효율은 연관식 패키지 보일러가 좋다.
② 부하변동에 대한 대응성은 랭커셔 보일러가 적다.
③ 설치 면적당의 증발량은 연관식 패키지 보일러가 크다.
④ 수처리는 연관식 패키지 보일러가 더 간단하다.

해설

수처리가 용이하다.   연관(관 내 청소가 불편하다.)

[랭커셔 보일러]   [연관식 패키지 보일러]

96 인젝터의 작동순서로 옳은 것은?

㉠ 인젝터의 정지밸브를 연다.
㉡ 증기밸브를 연다.
㉢ 급수밸브를 연다.
㉣ 인젝터의 핸들을 연다.

① ㉠ → ㉡ → ㉢ → ㉣
② ㉠ → ㉢ → ㉡ → ㉣
③ ㉣ → ㉡ → ㉢ → ㉠
④ ㉣ → ㉢ → ㉡ → ㉠

해설
• 인젝터(급수설비)의 작동순서 : ㉠ → ㉢ → ㉡ → ㉣
• 인젝터 정지순서 : ㉣ → ㉡ → ㉢ → ㉠(작동의 반대)

97 프라이밍 및 포밍 발생 시의 조치에 대한 설명으로 틀린 것은?

① 안전밸브를 전개하여 압력을 강하시킨다.
② 증기 취출을 서서히 한다.
③ 연소량을 줄인다.
④ 저압운전을 하지 않는다.

해설 보일러 운전 중 프라이밍(비수 : 물방울의 솟음), 포밍(물거품 발생)이 발생하면 보일러의 주 증기밸브를 차단시킨다 (안전밸브 : 증기압력에 관계되는 안전장치).

98 방열 유체의 전열 유닛 수(NTU)가 3.5, 온도차가 105℃이고, 열교환기의 전열효율이 1일 때 대수평균온도차(LMTD)는?

① 22.3℃
② 30℃
③ 62℃
④ 367.5℃

해설 대수평균온도차 $= \dfrac{105}{3.5} = 30℃$

99 보일러수로서 가장 적절한 pH는?

① 5 전후
② 7 전후
③ 11 전후
④ 14 이상

해설
• 보일러수 : pH 9~11 전후
• 급수 : pH 7~9 전후

100 노통식 보일러에서 파형부의 길이가 230mm 미만인 파형 노통의 최소 두께(t)를 결정하는 식은?(단, P는 최고 사용압력(MPa), D는 노통 파형부에서의 최대 내경과 최소 내경의 평균치(mm), C는 노통의 종류에 따른 상수이다.)

① $10PD$
② $\dfrac{10P}{D}$
③ $\dfrac{C}{10PD}$
④ $\dfrac{10PD}{C}$

해설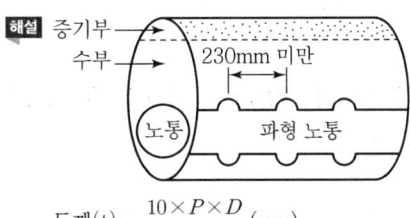

두께$(t) = \dfrac{10 \times P \times D}{C}$ (mm)

ANSWER | 95. ④ 96. ② 97. ① 98. ② 99. ③ 100. ④

2017년 2회 에너지관리기사

SECTION 01 연소공학

01 액체연료의 미립화 시 평균 분무입경에 직접적인 영향을 미치는 것이 아닌 것은?

① 액체연료의 표면장력
② 액체연료의 점성계수
③ 액체연료의 탁도
④ 액체연료의 밀도

해설 탁도는 '증류수 1L에 카올린 1mg이 섞여 있을 때 물의 흐린 정도'를 나타내는 것으로, 수질분석에 주로 사용된다.

02 연돌의 통풍력은 외기온도에 따라 변화한다. 만일 다른 조건이 일정하게 유지되고 외기온도만 높아진다면 통풍력은 어떻게 되겠는가?

① 통풍력은 감소한다.
② 통풍력은 증가한다.
③ 통풍력은 변화하지 않는다.
④ 통풍력은 증가하다 감소한다.

해설 외기온도가 높아지면 배기가스 온도와의 밀도 차이가 작아져서 통풍력이 감소한다.

03 집진장치 중 하나인 사이클론의 특징으로 틀린 것은?

① 원심력 집진장치이다.
② 다량의 물 또는 세정액을 필요로 한다.
③ 함진가스의 충돌로 집진기의 마모가 쉽다.
④ 사이클론 전체로서의 압력손실은 입구 헤드의 4배 정도이다.

해설 다량의 물 또는 세정액이 필요한 집진장치는 습식(회전식, 유수식, 가압수식)이고, 사이클론 집진장치는 건식(원심식)이다.

04 증기운 폭발의 특징에 대한 설명으로 틀린 것은?

① 폭발보다 화재가 많다.
② 연소에너지의 약 20%만 폭풍파로 변한다.
③ 증기운의 크기가 클수록 점화될 가능성이 커진다.
④ 점화위치가 방출점에서 가까울수록 폭발위력이 크다.

해설 증기운 폭발(UVCE)
대기 중에 다량의 가연성 가스나 인화성 액체가 유출 시 대기 중의 공기와 혼합하여 폭발성의 증기구름이 생기는데, 이때 착화원에 의한 화구를 형성하여 폭발하는 형태이다. 점화위치가 방출점에서 멀어지면 폭발력이 커진다.

05 보일러의 열정산 시 출열에 해당하지 않는 것은?

① 연소배가스 중 수증기의 보유열
② 불완전연소에 의한 손실열
③ 건연소배가스의 현열
④ 급수의 현열

해설 열정산 시 입열
- 급수의 현열
- 연료의 현열
- 연료의 연소열

06 연소를 계속 유지시키는 데 필요한 조건에 대한 설명으로 옳은 것은?

① 연료에 산소를 공급하고 착화온도 이하로 억제한다.
② 연료에 발화온도 미만의 저온 분위기를 유지시킨다.
③ 연료에 산소를 공급하고 착화온도 이상으로 유지한다.
④ 연료에 공기를 접촉시켜 연소속도를 저하시킨다.

해설 연소의 3요소
연료(가연물), 열(점화원), 산소

1. ③ 2. ① 3. ② 4. ④ 5. ④ 6. ③ | ANSWER

07 비중이 0.8(60°F/60°F)인 액체연료의 API도는?

① 10.1   ② 21.9
③ 36.8   ④ 45.4

해설 액체연료 비중시험 API도
$$API = \frac{141.5}{(60°F/60°F)\ 비중} - 131.5$$
$$= \frac{141.5}{0.8} - 131.5 = 45.4$$

08 다음의 혼합가스 $1Nm^3$의 이론공기량(Nm^3/Nm^3)은? (단, C_3H_8 : 70%, C_4H_{10} : 30%이다.)

① 24   ② 26
③ 28   ④ 30

해설 이론공기량 = 이론산소량 $\times \frac{1}{0.21}$
$C_3H_8 + 5O_2 \rightarrow 3CO_2 + 4H_2O$
$C_4H_{10} + 6.5O_2 \rightarrow 4CO_2 + 5H_2O$
혼합가스 C_3H_8 70%, C_4H_{10} 30%이므로
$\therefore (5 \times 0.7 + 6.5 \times 0.3) \times \frac{1}{0.21} = 26 Nm^3/Nm^3$

09 액체연료 연소장치 중 회전식 버너의 특징에 대한 설명으로 틀린 것은?

① 분무각은 10~40° 정도이다.
② 유량조절범위는 1 : 5 정도이다.
③ 자동제어에 편리한 구조로 되어 있다.
④ 부속설비가 없으며 화염이 짧고 안정한 연소를 얻을 수 있다.

해설 회전식 버너(수평로터리 버너)의 분무각도는 30~80° 정도이며 에어노즐 각도로 조절한다.

10 일반적인 천연가스에 대한 설명으로 가장 거리가 먼 것은?

① 주성분은 메탄이다.
② 발열량은 비교적 높다.
③ 프로판가스보다 무겁다.
④ LNG는 대기압하에서 비등점이 -162°C인 액체이다.

해설
- 천연가스(메탄, CH_4) 분자량 : 16
- 프로판가스(C_3H_8) 분자량 : 44
- 공기의 분자량 : 29
$\therefore$ 공기 중 천연가스 비중 = $\frac{16}{29} = 0.55$
공기 중 프로판가스 비중 = $\frac{44}{29} = 1.52$

11 200kg의 물체가 10m의 높이에서 지면으로 떨어졌다. 최초의 위치 에너지가 모두 열로 변했다면 약 몇 kcal의 열이 발생하겠는가?

① 2.5   ② 3.6
③ 4.7   ④ 5.8

해설 일의 양 = $\frac{1}{427}$ kcal/kg·m
$\therefore 200 \times 10 \times \frac{1}{427} = 4.7$ kcal

12 연료의 발열량에 대한 설명으로 틀린 것은?

① 기체 연료는 그 성분으로부터 발열량을 계산할 수 있다.
② 발열량의 단위는 고체와 액체 연료의 경우 단위중량당(통상 연료 kg당) 발열량으로 표시한다.
③ 고위발열량은 연료의 측정열량에 수증기 증발잠열을 포함한 연소열량이다.
④ 일반적으로 액체 연료는 비중이 크면 체적당 발열량은 감소하고, 중량당 발열량은 증가한다.

해설 일반적으로 액체 연료는 비중이 크면 중량이 무겁고 1kg 중량당 발열량이 증가한다.

13 최소 점화에너지에 대한 설명으로 틀린 것은?

① 혼합기의 종류에 의해서 변한다.
② 불꽃 방전 시 일어나는 에너지의 크기는 전압의 제곱에 비례한다.
③ 최소 점화에너지는 연소속도 및 열전도가 작을수록 큰 값을 갖는다.
④ 가연성 혼합기체를 점화시키는 데 필요한 최소 에너지를 최소 점화에너지라 한다.

ANSWER | 7.④ 8.② 9.① 10.③ 11.③ 12.④ 13.③

해설 최소 점화에너지는 연소속도 및 열전도가 작을수록 작은 값을 갖는다.

최소 점화에너지$(E) = \frac{1}{2}CV^2$(J)

여기서, C : 방전전극과 병렬 연결한 축전기의 전용량
V : 불꽃전압

14 다음 중 분젠식 가스버너가 아닌 것은?
① 링버너 ② 슬릿버너
③ 적외선버너 ④ 블라스트버너

해설 ④는 강제 혼합식 버너(공기와 연료 혼합)에 해당한다.

15 다음 중 열정산의 목적이 아닌 것은?
① 열효율을 알 수 있다.
② 장치의 구조를 알 수 있다.
③ 새로운 장치설계를 위한 기초자료를 얻을 수 있다.
④ 장치의 효율 향상을 위한 개조 또는 운전조건의 개선 등의 자료를 얻을 수 있다.

해설 보일러 장치의 구조는 설계과정에서 확정된다.

16 다음 중 일반적으로 연료가 갖추어야 할 구비조건이 아닌 것은?
① 연소 시 배출물이 많아야 한다.
② 저장과 운반이 편리해야 한다.
③ 사용 시 위험성이 적어야 한다.
④ 취급이 용이하고 안전하며 무해하여야 한다.

해설 연료는 연소 시 배출물(재)이 적어야 한다.

17 어떤 연도가스의 조성이 아래와 같을 때 과잉공기의 백분율이 얼마인가?(단, CO_2는 11.9%, CO는 1.6%, O_2는 4.1%, N_2는 82.4%이고 공기 중 질소와 산소의 부피비는 79 : 21이다.)
① 15.7% ② 17.7%
③ 19.7% ④ 21.7%

해설 과잉공기 백분율 = (공기비 − 1)×100%

공기비$(m) = \dfrac{N_2}{N_2 - 3.76(O_2 - 0.5CO)}$

$\therefore \left(\dfrac{82.4}{82.4 - 3.76(4.1 - 0.5 \times 1.6)} - 1\right) \times 100 = 17.7\%$

18 연료를 공기 중에서 연소시킬 때 질소산화물에서 가장 많이 발생하는 오염물질은?
① NO ② NO_2
③ N_2O ④ NO_3

해설 연료의 연소 시 고온에서 NOx(녹스)가 발생하는데, 그중 NO의 비율이 가장 높다.

19 연소장치의 연소효율(E_c)식이 아래와 같을 때 H_2는 무엇을 의미하는가?(단, H_c : 연료의 발열량, H_1 : 연재 중의 미연탄소에 의한 손실이다.)

$$E_c = \dfrac{H_c - H_1 - H_2}{H_c}$$

① 전열손실
② 현열손실
③ 연료의 저발열량
④ 불완전연소에 따른 손실

해설 H_2 : CO의 불완전연소에 따른 손실

20 고위발열량이 9,000kcal/kg인 연료 3kg이 연소할 때의 총저위발열량은 몇 kcal인가?(단, 이 연료 1kg당 수소분은 15%, 수분은 1%의 비율로 들어 있다.)
① 12,300 ② 24,552
③ 43,882 ④ 51,888

해설 저위발열량(H_l) = 고위발열량$(H_h) - 600(9H + W)$
$= [9,000 - 600(9 \times 0.15 + 0.01)] \times 3$
$= 24,552$kcal

14. ④ 15. ② 16. ① 17. ② 18. ① 19. ④ 20. ② | ANSWER

SECTION 02 열역학

21 체적이 3L, 질량이 15kg인 물질의 비체적(cm^3/g)은?

① 0.2 ② 1.0
③ 3.0 ④ 5.0

해설 3L=3,000g(3,000cc), 15kg=15,000g

∴ 비체적 = $\frac{3,000}{15,000} = 0.2 cm^3/g$

22 압력 1MPa, 온도 400℃의 이상기체 2kg이 가역단열과정으로 팽창하여 압력이 500kPa로 변화한다. 이 기체의 최종온도는 약 몇 ℃인가?(단, 이 기체의 정적비열은 3.12kJ/kg · K, 정압비열은 5.21kJ/kg · K이다.)

① 237 ② 279
③ 510 ④ 622

해설 단열변화(T_2) = $T_1 \times \left(\frac{P_2}{P_1}\right)^{\frac{k-1}{k}}$

비열비(k) = $\frac{5.21}{3.12} = 1.67$

1MPa = $10kg/cm^2$ = 980kPa

∴ $(273+400) \times \left(\frac{500}{980}\right)^{\frac{1.67-1}{1.67}} = 513K (≒ 237℃)$

23 랭킨 사이클의 순서를 차례대로 옳게 나열한 것은?

① 단열압축 → 정압가열 → 단열팽창 → 정압냉각
② 단열압축 → 등온가열 → 단열팽창 → 정적냉각
③ 단열압축 → 등적가열 → 등압팽창 → 정압냉각
④ 단열압축 → 정압가열 → 단열팽창 → 정적냉각

해설 랭킨 사이클(단열압축 → 정압가열 → 단열팽창 → 정압냉각)
- 단열압축 : 펌프 일량
- 정압가열 : 보일러 일량
- 단열팽창 : 터빈 일량
- 정압냉각 : 복수기 일량

24 다음 중 열역학적 계에 대한 에너지 보존의 법칙에 해당하는 것은?

① 열역학 제0법칙 ② 열역학 제1법칙
③ 열역학 제2법칙 ④ 열역학 제3법칙

해설 에너지 보존의 법칙 : 열역학 제1법칙
- 일의 열당량(A) = $\frac{1}{427}$ kcal/kg · m
- 열의 일당량(J) = 427kg · m/kcal

25 성능계수가 4.8인 증기압축 냉동기의 냉동능력 1kW당 소요동력(kW)은?

① 0.21 ② 1.0
③ 2.3   ④ 4.8

해설 성능계수(COP) = 4.8

소요동력 = $\frac{냉동능력}{성능계수} = \frac{1}{4.8} = 0.21$

26 역카르노 사이클로 운전되는 냉방장치가 실내온도 10℃에서 30kW의 열량을 흡수하여 20℃ 응축기에서 방열한다. 이때 냉방에 필요한 최소 동력은 약 몇 kW인가?

① 0.03 ② 1.06
③ 30   ④ 60

해설 10+273=283K, 20+273=293K

∴ $30 \times \frac{293-283}{283} = 1.06kW$

27 이상기체 1kg의 압력과 체적이 각각 P_1, V_1에서 P_2, V_2로 등온 가역적으로 변할 때 엔트로피 변화(ΔS)는?(단, R은 기체상수이다.)

① $\Delta S = R \ln \frac{P_1}{P_2}$ ② $\Delta S = \frac{V_1}{V_2} \ln R$

③ $\Delta S = R \ln \frac{V_1}{V_2}$ ④ $\Delta S = \frac{P_1}{P_2} \ln R$

해설 가역변화 엔트로피(ΔS)

SI 단위에서 $S_2 - S_1 = R \ln \frac{V_2}{V_1} = R \ln \frac{P_1}{P_2}$

ANSWER | 21. ① 22. ① 23. ① 24. ② 25. ① 26. ② 27. ①

28 다음 가스 동력 사이클에 대한 설명으로 틀린 것은?

① 오토 사이클의 이론 열효율은 작동유체의 비열비와 압축비에 의해서 결정된다.
② 카르노 사이클의 최고 및 최저 온도와 스털링 사이클의 최고 및 최저 온도가 서로 같을 경우 두 사이클의 이론 열효율은 동일하다.
③ 디젤 사이클에서 가열과정은 정적과정으로 이루어진다.
④ 사바테 사이클의 가열과정은 정적과 정압과정이 복합적으로 이루어진다.

해설 디젤 사이클에서 가열과정은 정압가열과정으로 이루어진다.

29 다음 중 어떤 압력 상태의 과열 수증기 엔트로피가 가장 작은가?(단, 온도는 동일하다고 가정한다.)

① 5기압 ② 10기압
③ 15기압 ④ 20기압

해설 과열 수증기 온도가 동일한 가운데 엔트로피가 작은 것은 압력이 높을 때이다. $\Delta S = \dfrac{\delta Q}{T}$ 이므로 증기는 압력이 높을수록 증발잠열이 감소한다.

30 물의 삼중점(Triple Point)의 온도는?

① 0K ② 273.16℃
③ 73K ④ 273.16K

해설 물의 삼중점
• 온도 : 0.0098℃(273.15+0.0098=273.16K)
• 압력 : 4.579mmHg

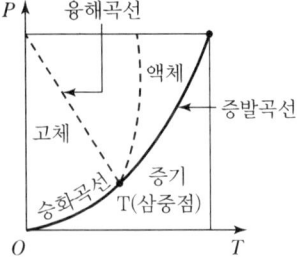

31 이상기체가 등온과정에서 외부에 하는 일에 대한 관계식으로 틀린 것은?(단, R은 기체상수이고, 계에 대해서 m은 질량, V는 부피, P는 압력을 나타낸다. 또한 하첨자 "1"은 변경 전, 하첨자 "2"는 변경 후를 나타낸다.)

① $P_1 V_1 \ln \dfrac{V_2}{V_1}$ ② $P_1 V_1 \ln \dfrac{P_2}{P_1}$
③ $mRT \ln \dfrac{P_1}{P_2}$ ④ $mRT \ln \dfrac{V_2}{V_1}$

해설 등온과정 외부일(공업일)
공업일$(W_t) = P_1 V_1 \ln \dfrac{P_1}{P_2} = mRT \ln \dfrac{P_1}{P_2}$
$= P_1 V_1 \ln \dfrac{V_2}{V_1} = mRT \ln \dfrac{V_2}{V_1}$

32 100℃ 건포화증기 2kg이 온도 30℃인 주위로 열을 방출하여 100℃ 포화액으로 되었다. 전체(증기 및 주위)의 엔트로피 변화는 약 얼마인가?(단, 100℃에서의 증발잠열은 2,257kJ/kg이다.)

① -12.1kJ/K ② 2.8kJ/K
③ 12.1kJ/K ④ 24.2kJ/K

해설 엔트로피 변화(ΔS)
$\Delta S = \dfrac{\delta Q}{T} = \left[\left(\dfrac{2,257}{273+30}\right) - \left(\dfrac{2,257}{273+100}\right)\right] \times 2 = 2.8 \text{kJ/K}$

33 증기동력 사이클의 구성 요소 중 복수기(Condenser)가 하는 역할은?

① 물을 가열하여 증기로 만든다.
② 터빈에 유입되는 증기의 압력을 높인다.
③ 증기를 팽창시켜서 동력을 얻는다.
④ 터빈에서 나오는 증기를 물로 바꾼다.

해설 복수기(콘덴서)
터빈에서 나오는 증기를 물로 바꾼다. 즉, 증기를 냉각해 응축수로 회수한다. 이때 물은 펌프로 급수되고 열교환된 외부 물은 난방, 급탕 지역에서 사용된다.

34 대기압이 100kPa인 도시에서 두 지점의 계기압력비가 "5 : 2"라면 절대 압력비는?

① 1.5 : 1
② 1.75 : 1
③ 2 : 1
④ 주어진 정보로는 알 수 없다.

해설 압력비는 압축기에서만 나타난다(응축압력/증발압력).

35 이상기체의 단위질량당 내부에너지 u, 엔탈피 h, 엔트로피 s에 관한 다음의 관계식 중에서 모두 옳은 것은?(단, T는 온도, p는 압력, v는 비체적을 나타낸다.)

① $Tds = du - vdp$, $Tds = dh - pdv$
② $Tds = du + pdv$, $Tds = dh - vdp$
③ $Tds = du - vdp$, $Tds = dh + pdv$
④ $Tds = du + pdv$, $Tds = dh + vdp$

해설 이상기체 단위질량당 관계식
$Tds = du + pdv$, $Tds = dh - vdp$

36 오존층 파괴와 지구 온난화 문제로 인해 냉동장치에 사용하는 냉매의 선택에 있어서 주의를 요한다. 이와 관련하여 다음 중 오존파괴지수가 가장 큰 냉매는?

① R-134a   ② R-123
③ 암모니아   ④ R-11

해설 냉매의 오존파괴지수(ODP) 크기
R-11, R-12 > R-113 > R-115 > R-22
※ 대체 냉매 : R-12는 HFC-134a, R-11은 HCFC-123으로 대체 가능

37 체적 4m³, 온도 290K의 어떤 기체가 가역단열과정으로 압축되어 체적 2m³, 온도 340K로 되었다. 이상기체라고 가정하면 기체의 비열비는 약 얼마인가?

① 1.091   ② 1.229
③ 1.407   ④ 1.667

해설 비열비$(k) = \dfrac{정압비열}{정적비열}$

단열과정 = $\dfrac{T_2}{T_1} = \left(\dfrac{V_1}{V_2}\right)^{n-1} = 290 \times \left(\dfrac{4}{2}\right)^{n-1} = 340K$

$\therefore n(k) = 1 + \dfrac{\ln\left(\dfrac{290}{340}\right)}{\ln\left(\dfrac{2}{4}\right)} = 1.229$

38 다음 중 이상적인 교축과정(Throttling Process)은?

① 등온과정
② 등엔트로피 과정
③ 등엔탈피 과정
④ 정압과정

해설 교축과정
압력이 강하하며 등엔탈피 과정이 된다. 비가역변화이므로 엔트로피는 항상 증가한다.

39 피스톤이 장치된 용기 속의 온도 100℃, 압력 200kPa, 체적 0.1m³의 이상기체 0.5kg이 압력이 일정한 과정으로 체적이 0.2m³으로 되었다. 이때 전달된 열량은 약 몇 kJ인가?(단, 이 기체의 정압비열은 5kJ/kg·K이다.)

① 200   ② 250
③ 746   ④ 933

해설 등압과정 일량
$T_2 = T_1 \times \left(\dfrac{V_2}{V_1}\right) = (100+273) \times \left(\dfrac{0.2}{0.1}\right) = 746K$

내부에너지 변화량$(\Delta U) = C_p(T_2 - T_1)$
$= 5 \times (746 - 373)$
$= 1,865 kJ$

$\therefore 1,865 \times 0.5 = 933 kJ$

ANSWER | 34. ④ 35. ② 36. ④ 37. ② 38. ③ 39. ④

40 그림과 같이 작동하는 열기관 사이클(Cycle)은?(단, γ는 비열비이고, P는 압력, V는 체적, T는 온도, S는 엔트로피이다.)

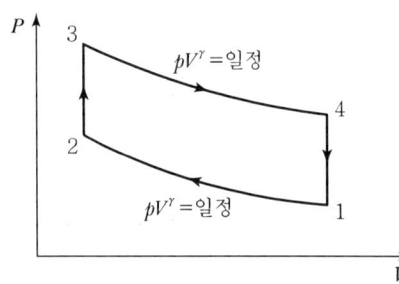

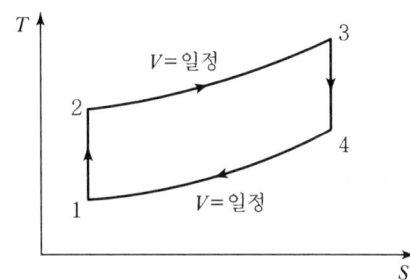

① 스털링(Stirling) 사이클
② 브레이턴(Brayton) 사이클
③ 오토(Otto) 사이클
④ 카르노(Carnot) 사이클

해설 오토 사이클
등온 사이클(내연기관 사이클)이며, 정적가열, 정적방열, 단열압축, 단열팽창의 4개 과정으로 이루어진다.
• 1→2 : 단열압축   • 3→4 : 단열팽창
• 2→3 : 정적가열   • 4→1 : 정적방열

SECTION 03 계측방법

41 피토관 유량계에 관한 설명이 아닌 것은?
① 흐름에 대해 충분한 강도를 가져야 한다.
② 더스트가 많은 유체측정에는 부적당하다.
③ 피토관의 단면적은 관 단면적의 10% 이상이어야 한다.
④ 피토관을 유체흐름의 방향으로 일치시킨다.

해설 피토관 유속식 유량계는 관의 단면적과 $\frac{1}{8} \sim \frac{1}{4}$ 정도 일치한다.

42 온도의 정의 정점 중 평형수소의 삼중점은 얼마인가?
① 13.80K   ② 17.04K
③ 20.24K   ④ 27.10K

해설
• 평형수소의 삼중점 : 13.81K
• 평형수소의 26/76 기압의 비점 : 17.042K
• 평형수소의 비점 : 20.24K
• 네온의 비점 : 27.102K

43 물을 함유한 공기와 건조공기의 열전도율 차이를 이용하여 습도를 측정하는 것은?
① 고분자 습도센서   ② 염화리튬 습도센서
③ 서미스터 습도센서   ④ 수정진동자 습도센서

해설 서미스터 습도센서
습공기와 건조공기와의 열전도율 차를 이용하는 습도계

44 다음 각 습도계의 특징에 대한 설명으로 틀린 것은?
① 노점 습도계는 저습도를 측정할 수 있다.
② 모발 습도계는 2년마다 모발을 바꾸어 주어야 한다.
③ 통풍 건습구 습도계는 2.5~5m/s의 통풍이 필요하다.
④ 저항식 습도계는 직류전압을 사용하여 측정한다.

해설 전기저항식 습도계
염화리튬이나 교류전압을 사용하며, 저온도의 측정이 가능하고 응답이 빠르다. 연속기록, 원격측정, 자동제어에 이용된다.

45 부자(Float)식 액면계의 특징으로 틀린 것은?
① 원리 및 구조가 간단하다.
② 고압에도 사용할 수 있다.
③ 액면이 심하게 움직이는 곳에 사용하기 좋다.
④ 액면 상·하한계에 경보용 리밋 스위치를 설치할 수 있다.

해설 부자식(플로트식) 액면계
개방형 탱크 내 액면이 고정되어 있는 곳에 액면의 높이 차를 측정한다. 즉, 액면의 상하운동에 의한 액면을 측정한다.

46 다음 중 접촉식 온도계가 아닌 것은?
① 저항온도계 ② 방사온도계
③ 열전온도계 ④ 유리온도계

해설 방사고온계(비접촉식)
- 측정범위 50~3,000℃
- 방사율의 보정량이 크다.
- 이동물체의 표면 고온을 측정한다.
- 자동제어, 자동기록이 가능하다.

47 순간치를 측정하는 유량계에 속하지 않는 것은?
① 오벌(Oval) 유량계
② 벤투리(Venturi) 유량계
③ 오리피스(Orifice) 유량계
④ 플로노즐(Flow Nozzle) 유량계

해설 오벌 유량계, 루트식 유량계, 가스미터기 등은 용적식 유량계이다(회전자의 적산유량계).

48 바이메탈 온도계의 특징으로 틀린 것은?
① 구조가 간단하다.
② 온도 변화에 대하여 응답이 빠르다.
③ 오래 사용 시 히스테리시스 오차가 발생한다.
④ 온도자동조절이나 온도보상장치에 이용된다.

해설 바이메탈 고체 팽창식 온도계
현장지시용, 자동제어용 온도계로서 측정범위는 −56~500℃이다(온도 변화에 대하여 응답이 느리다).

49 가스크로마토그래피의 특징에 대한 설명으로 틀린 것은?
① 미량성분의 분석이 가능하다.
② 분리성능이 좋고 선택성이 우수하다.
③ 1대의 장치로는 여러 가지 가스를 분석할 수 없다.
④ 응답속도가 다소 느리고 동일한 가스의 연속측정이 불가능하다.

해설 가스크로마토그래피 가스 분석계
H_2, N_2, He, Ar 등의 캐리어 가스(Carrier Gas)가 필요하다. SO_2, NO_2 등을 제외하고는 전부 가스분석이 가능하다.

50 자동제어의 일반적인 동작순서로 옳은 것은?
① 검출 → 판단 → 비교 → 조작
② 검출 → 비교 → 판단 → 조작
③ 비교 → 검출 → 판단 → 조작
④ 비교 → 판단 → 검출 → 조작

해설 자동제어 동작순서
검출(온도계, 유량계 등) → 비교(목표치) → 판단(조절부) → 조작(밸브 등)

51 램, 실린더, 기름탱크, 가압펌프 등으로 구성되어 있으며 탄성식 압력계의 일반교정용으로 주로 사용되는 압력계는?
① 분동식 압력계 ② 격막식 압력계
③ 침종식 압력계 ④ 벨로스식 압력계

해설 분동식 압력계 : 램, 실린더, 기름탱크(경유, 스핀들유, 피마자유, 마진유, 모벤유 등 사용) 등이 필요하며 탄성식(2차 압력계) 압력계의 교정용에 쓰인다.

52 보일러의 자동제어 중에서 ACC가 나타내는 것은?
① 연소제어 ② 급수제어
③ 온도제어 ④ 유압제어

해설 보일러 자동제어(ABC) 종류
- 연소제어 : ACC
- 급수제어 : FWC
- 증기온도제어 : STC

53 화학적 가스분석계인 연소식 O_2계의 특징이 아닌 것은?
① 원리가 간단하다.
② 취급이 용이하다.
③ 가스의 유량 변동에도 오차가 없다.
④ O_2 측정 시 팔라듐계가 이용된다.

ANSWER | 46. ② 47. ① 48. ② 49. ③ 50. ② 51. ① 52. ① 53. ③

해설 연소식 산소(O_2)계
수소(H_2) 등의 사용연료가스가 필요하며, 측정용 가스의 유량 변동은 측정오차에 영향을 미친다.

54 다음 중 유도단위에 속하지 않는 것은?
① 비열 ② 압력
③ 습도 ④ 열량

해설 유도단위 54종에 습도는 해당하지 않는다.

55 자동제어계와 직접 관련이 없는 장치는?
① 기록부 ② 검출부
③ 조절부 ④ 조작부

해설
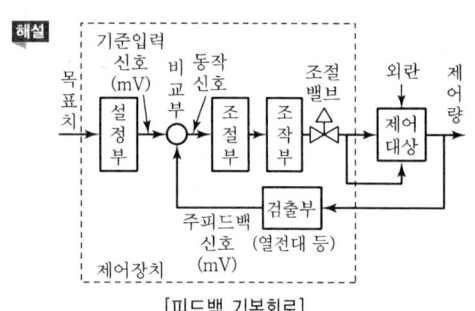
[피드백 기본회로]

56 관로의 유속을 피토관으로 측정할 때 마노미터의 수주가 50cm였다. 이때 유속은 약 몇 m/s인가?
① 3.13 ② 2.21
③ 1.0 ④ 0.707

해설 유속(V) = $K\sqrt{2gh}$ = $\sqrt{2 \times 9.8 \times 0.5}$ = 3.13m/s

57 유량 측정기기 중 유체가 흐르는 단면적이 변함으로써 직접 유체의 유량을 읽을 수 있는 기기, 즉 압력차를 측정할 필요가 없는 장치는?
① 피토튜브 ② 로터미터
③ 벤투리미터 ④ 오리피스미터

해설 로터미터
면적 유량계로서 부자의 변위에 의한 순간유량을 측정한다.

58 광고온계의 사용상 주의점이 아닌 것은?
① 광학계의 먼지, 상처 등을 수시로 점검한다.
② 측정자 간의 오차가 발생하지 않고 정확하다.
③ 측정하는 위치와 각도를 같은 조건으로 한다.
④ 측정체와의 사이에 연기나 먼지 등이 생기지 않도록 주의한다.

해설 광고온계(비접촉식 온도계)
700~3,000℃ 측정이 가능하나 개인오차가 발생한다(800℃ 이하 온도는 휘도 저하로 온도 측정 시 오차가 발생하며 여러 번 측정하여 오차를 줄인다).

59 열전대 온도계의 보호관으로 사용되는 다음 재료 중 상용 사용 온도가 높은 순으로 옳게 나열된 것은?
① 석영관>자기관>동관
② 석영관>동관>자기관
③ 자기관>석영관>동관
④ 동관>자기관>석영관

해설 자기관(1,450℃) > 석영관(1,000℃) > 동관(400℃)

60 측정하고자 하는 상태량과 독립적 크기를 조정할 수 있는 기준량과 비교하여 측정, 계측하는 방법은?
① 보상법 ② 편위법
③ 치환법 ④ 영위법

해설 영위법
미리 알고 있는 양과 측정량을 평형시켜 알고 있는 양의 크기로부터 측정량을 알아내는 방법이며 편위법보다 정밀도가 높다(천칭으로 질량 측정).

SECTION 04 열설비재료 및 관계법규

61 다음 보온재 중 최고안전사용온도가 가장 높은 것은?
① 석면 ② 펄라이트
③ 폼 글라스 ④ 탄화마그네슘

해설
- 펄라이트 보온재 : 1,100℃
- 석면 : 350~550℃
- 폼 글라스 : 300℃
- 탄화마그네슘 : 250℃ 이하

62 에너지이용 합리화법에 따라 냉난방온도의 제한 대상 건물에 해당하는 것은?

① 연간 에너지사용량이 5백 티오이 이상인 건물
② 연간 에너지사용량이 1천 티오이 이상인 건물
③ 연간 에너지사용량이 1천 5백 티오이 이상인 건물
④ 연간 에너지사용량이 2천 티오이 이상인 건물

해설 에너지다소비사업자는 연간 석유환산 에너지사용량이 2천 티오이 이상인 사용자이다.

63 중성내화물 중 내마모성이 크며 스폴링을 일으키기 쉬운 것으로 염기성 평로에서 산성 벽돌과 염기성 벽돌을 섞어서 축로할 때 서로의 침식을 방지하는 목적으로 사용하는 것은?

① 탄소질 벽돌   ② 크롬질 벽돌
③ 탄화규소질 벽돌   ④ 폴스테라이트 벽돌

해설 중성 크롬질 내화물은 내스폴링성이 비교적 작고 SK 38 정도 내화벽이며 산성 소재와 염기성 소재의 접촉부나 균열로에 사용한다(크롬철광 + 내화점토 2~5%로 성형건조한다).

64 에너지이용 합리화법에 따라 산업통상자원부장관은 에너지이용 합리화에 관한 기본계획을 몇 년마다 수립하여야 하는가?

① 3년   ② 5년
③ 7년   ④ 10년

해설 에너지이용 합리화 기본계획은 산업통상자원부장관이 5년마다 수립한다.

65 용광로를 고로라고도 하는데, 이는 무엇을 제조하는 데 사용되는가?

① 주철   ② 주강
③ 선철   ④ 포금

해설 용광로(고로) : 선철 제조용
- 종류 : 철피식, 철대식, 절충식
- 용량 표시 : 24시간 총 선철량을 톤으로 표시

66 노재의 화학적 성질을 잘못 짝지은 것은?

① 샤모트질 벽돌 : 산성
② 규석질 벽돌 : 산성
③ 돌로마이트질 벽돌 : 염기성
④ 크롬질 벽돌 : 염기성

해설 크롬질 벽돌
중성 내화물 벽돌(크롬철광 + 점결제)이며 내화도가 SK 38 (1,850℃)이고 하중연화점이 낮다.

67 다음 중 에너지이용 합리화법에 따라 에너지관리산업 기사의 자격을 가진 자가 관리할 수 없는 보일러는?

① 용량이 10t/h인 보일러
② 용량이 20t/h인 보일러
③ 용량이 581.5kW인 온수 발생 보일러
④ 용량이 40t/h인 보일러

해설 에너지관리산업기사는 30t/h 이하의 보일러 운전이 가능하다(30t/h 초과 보일러 : 에너지관리기사, 에너지관리기능장).

68 윤요(Ring Kiln)에 대한 설명으로 옳은 것은?

① 석회소성용으로 사용된다.
② 열효율이 나쁘다.
③ 소성이 균일하다.
④ 종이 칸막이가 있다.

해설 윤요(Ring Kiln)
고리가마이며 고리 주위에 소성실이 12~18개 정도이다(종이 칸막이를 옮겨 다니면서 일부는 소성가마 내기, 재임 등을 연속적으로 한다).
- 건축자재 소성에 사용된다.
- 열효율이 높다.
- 소성이 균일하지 못하다.

ANSWER | 62. ④ 63. ② 64. ② 65. ③ 66. ④ 67. ④ 68. ④

69 글로브밸브(Globe Valve)에 대한 설명으로 틀린 것은?

① 유량조절이 용이하므로 자동조절밸브 등에 응용시킬 수 있다.
② 유체의 흐름방향이 밸브 몸통 내부에서 변한다.
③ 디스크 형상에 따라 앵글밸브, Y형 밸브, 니들밸브 등으로 분류된다.
④ 조작력이 작아 고압의 대구경 밸브에 적합하다.

해설 글로브밸브(유량조절밸브)
조작력이 커서 저압의 소구경 밸브에 적합하다. 증기라인에 주증기밸브로 많이 사용한다. 유체의 저항은 크나(압력손실이 크다) 가볍고 가격이 싸다.

70 배관용 강관의 기호로서 틀린 것은?

① SPP : 일반배관용 탄소강관
② SPPS : 압력배관용 탄소강관
③ SPHT : 고온배관용 탄소강관
④ STS : 저온배관용 탄소강관

해설 STS : 스테인리스 강관

71 다음 중 연속식 요가 아닌 것은?

① 등요　　　　　② 윤요
③ 터널요　　　　④ 고리가마

해설 반연속요 : 등요, 셔틀요(Shuttle Kiln)

72 에너지이용 합리화법에 따라 에너지 수급안정을 위해 에너지 공급을 제한 조치하고자 할 경우, 산업통상자원부장관은 조치 예정일 며칠 전에 이를 에너지공급자 및 에너지사용자에게 예고하여야 하는가?

① 3일　　　　　② 7일
③ 10일　　　　④ 15일

해설 산업통상자원부장관은 조치 예정일 7일 이전에 에너지사용자·에너지공급자 또는 에너지사용기자재의 소유자와 관리자에게 예고하여야 한다.

73 온수탱크의 나면과 보온면으로부터 방산열량을 측정한 결과 각각 $1,000kcal/m^2 \cdot h$, $300kcal/m^2 \cdot h$ 이었을 때, 이 보온재의 보온효율(%)은?

① 30　　　　　② 70
③ 93　　　　　④ 233

해설 $1,000 - 300 = 700 kcal/m^2 \cdot h$
∴ 효율$(\eta) = \dfrac{700}{1,000} \times 100 = 70\%$

74 내화 모르타르의 구비조건으로 틀린 것은?

① 시공성 및 접착성이 좋아야 한다.
② 화학성분 및 광물조성이 내화벽돌과 유사해야 한다.
③ 건조, 가열 등에 의한 수축 팽창이 커야 한다.
④ 필요한 내화도를 가져야 한다.

해설 건조, 가열 등에 의한 수축 팽창이 작아야 한다.

75 다이어프램 밸브(Diaphragm Valve)의 특징이 아닌 것은?

① 유체의 흐름이 주는 영향이 비교적 적다.
② 가열을 유지하기 위한 패킹이 불필요하다.
③ 주된 용도가 유체의 역류를 방지하기 위한 것이다.
④ 산 등의 화학약품을 차단하는 데 사용하는 밸브이다.

해설 주된 용도는 유체의 압력손실을 줄이기 위한 것이다.

76 에너지이용 합리화법에 따라 검사대상기기의 적용범위에 해당하는 것은?

① 최고사용압력이 0.05MPa이고, 동체의 안지름이 300mm이며, 길이가 500mm인 강철제 보일러
② 정격용량이 0.3MW인 철금속가열로
③ 내용적 $0.05m^3$, 최고사용압력이 0.3MPa인 기체를 보유하는 2종 압력용기
④ 가스사용량이 10kg/h인 소형 온수보일러

ANSWER | 69.④ 70.④ 71.① 72.② 73.② 74.③ 75.③ 76.③

해설 ① 최고사용압력이 0.1MPa 이하이고, 동체의 안지름이 300mm 이하이며, 길이가 600mm 이하인 강철제 보일러는 검사대상에서 제외한다.
② 정격용량이 0.58MW를 초과하는 철금속가열로가 검사대상이다.
④ 가스사용량이 17kg/h를 초과하는 소형 온수보일러가 검사대상이다.

77 에너지이용 합리화법에 따라 검사를 받아야 하는 검사대상기기 중 소형 온수보일러의 적용범위 기준은?
① 가스사용량이 10kg/h를 초과하는 보일러
② 가스사용량이 17kg/h를 초과하는 보일러
③ 가스사용량이 21kg/h를 초과하는 보일러
④ 가스사용량이 25kg/h를 초과하는 보일러

해설 소형 온수보일러
가스사용량이 17kg/h를 초과하거나 도시가스 사용량이 232.6kW(20만 kcal/h)를 초과하는 보일러

78 요로의 정의가 아닌 것은?
① 전열을 이용한 가열장치
② 원재료의 산화반응을 이용한 장치
③ 연료의 환원반응을 이용한 장치
④ 열원에 따라 연료의 발열반응을 이용한 장치

해설 요로는 원재료의 화학적·물리적 변화를 강제로 행하게 하는 장치이다.

79 에너지이용 합리화법에 따라 에너지다소비사업자가 그 에너지사용시설이 있는 지역을 관할하는 시·도지사에게 신고하여야 하는 사항이 아닌 것은?
① 전년도의 분기별 에너지사용량·제품생산량
② 해당 연도의 분기별 에너지사용예정량·제품생산예정량
③ 내년도의 분기별 에너지이용 합리화 계획
④ 에너지사용기자재의 현황

해설 에너지다소비사업자의 신고사항(에너지이용 합리화법 제31조제1항)
• 전년도의 분기별 에너지사용량·제품생산량
• 해당 연도의 분기별 에너지사용예정량·제품생산예정량
• 에너지사용기자재의 현황
• 전년도의 분기별 에너지이용 합리화 실적 및 해당 연도의 분기별 계획
• 위의 사항에 관한 업무를 담당하는 자의 현황

80 에너지이용 합리화법에 따라 에너지다소비사업자에게 에너지손실요인의 개선명령을 할 수 있는 자는?
① 산업통상자원부장관
② 시·도지사
③ 한국에너지공단이사장
④ 에너지관리진단기관협회장

해설 에너지이용 합리화법 제34조제1항에 따라 산업통상자원부장관은 에너지다소비사업자에게 에너지손실요인의 개선을 명할 수 있다.

SECTION 05 열설비설계

81 노통 보일러의 수면계 최저 수위 부착 기준으로 옳은 것은?
① 노통 최고부위 50mm
② 노통 최고부위 100mm
③ 연관의 최고부위 10mm
④ 연소실 천장판 최고부위 연관길이의 1/3

해설

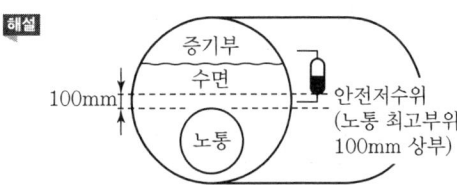

ANSWER | 77. ② 78. ② 79. ③ 80. ① 81. ②

82 증기 및 온수보일러를 포함한 주철제 보일러의 최고사용압력이 0.43MPa 이하일 경우의 수압시험 압력은?

① 0.2MPa로 한다.
② 최고사용압력의 2배의 압력으로 한다.
③ 최고사용압력의 2.5배의 압력으로 한다.
④ 최고사용압력의 1.3배에 0.3MPa를 더한 압력으로 한다.

83 수관식 보일러에서 핀패널식 튜브가 한쪽 면에는 방사열, 다른 면에는 접촉열을 받을 경우 열전달계수를 얼마로 하여 전열면적을 계산하는가?

① 0.4   ② 0.5
③ 0.7   ④ 1.0

해설 핀패널식 수관식 보일러의 열전달계수(전열면적 계산)
• 한쪽 면에 방사열, 다른 면에는 접촉열을 받는 경우 : 0.7
• 양쪽 면에 방사열을 받는 경우 : 1.0
• 양쪽 면에 접촉열을 받는 경우 : 0.4

84 순환식(자연 또는 강제) 보일러가 아닌 것은?

① 타쿠마 보일러   ② 야로 보일러
③ 벤슨 보일러   ④ 라몬트 보일러

해설 벤슨 보일러, 슬저 보일러는 관류식 수관 보일러(순환식이 아닌 상승식 수관 보일러)에 해당한다.

85 다음 그림의 용접이음에서 생기는 인장응력은 약 몇 kgf/cm²인가?

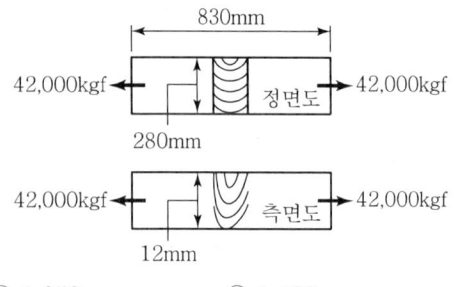

① 1,250   ② 1,400
③ 1,550   ④ 1,600

해설 인장응력$(\sigma) = \dfrac{P}{t \cdot l} = \dfrac{42,000}{12 \times 280}$
$= 12.5 \text{kg/mm}^2 (1,250 \text{kg/cm}^2)$

86 보일러 부하의 급변으로 인하여 동 수면에서 작은 입자의 물방울이 증기와 혼입하여 튀어 오르는 현상을 무엇이라고 하는가?

① 캐리오버   ② 포밍
③ 프라이밍   ④ 피팅

해설 프라이밍(비수)
보일러 부하의 급변으로 동 수면에서 작은 입자의 물방울이 증기와 혼입되어 튀어 오르는 현상(외부로 이송되면 캐리오버이다.)

87 노통 보일러에 두께 13mm 이하의 경판을 부착하였을 때 거싯 스테이의 하단과 노통 상단과의 완충폭(브레이징 스페이스)은 몇 mm 이상으로 하여야 하는가?

① 230mm   ② 260mm
③ 280mm   ④ 300mm

해설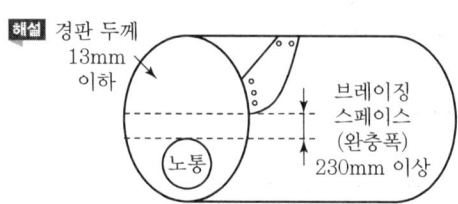

경판 두께	완충폭
13mm 이하	230mm 이상
15mm 이하	260mm 이상
17mm 이하	280mm 이상
19mm 이하	300mm 이상
19mm 초과	320mm 이상

88 수관식과 비교하여 노통연관식 보일러의 특징으로 옳은 것은?

① 설치 면적이 크다.
② 연소실을 자유로운 형상으로 만들 수 있다.
③ 파열 시 비교적 위험하다.
④ 청소가 곤란하다.

82. ② 83. ③ 84. ③ 85. ① 86. ③ 87. ① 88. ③ | ANSWER

해설 노통연관식은 수관식에 비해 수부가 크고 CO가스가 빈번하게 발생하여 파열 시 피해가 크나 증기의 질이 좋다.

89 전열면에 비등 기포가 생겨 열유속이 급격하게 증대하며, 가열면상에 서로 다른 기포의 발생이 나타나는 비등과정을 무엇이라고 하는가?
① 단상액체 자연대류
② 핵비등(Nucleate Boiling)
③ 천이비등(Transition Boiling)
④ 포밍(Foaming)

90 보일러의 열정산 시 출열 항목이 아닌 것은?
① 배기가스에 의한 손실열
② 발생증기 보유열
③ 불완전연소에 의한 손실열
④ 공기의 현열

해설 보일러의 열정산 시 입열 항목
• 공기의 현열
• 연료의 현열
• 연료의 연소열

91 과열기에 대한 설명으로 틀린 것은?
① 보일러에서 발생한 포화증기를 가열하여 증기의 온도를 높이는 장치이다.
② 저압 보일러의 효율을 상승시키기 위하여 주로 사용된다.
③ 증기의 열에너지가 커 열손실이 많아질 수 있다.
④ 고온부식의 우려와 연소가스의 저항으로 압력손실이 크다.

해설 • 포화수 → 포화습증기 → 가열 → 건조포화증기 → 가열 → 과열증기(압력은 변동이 없고 온도만 높인다.)
• 과열증기 : 엔탈피가 크고 이론상 열효율이 높다.

92 온수보일러에 있어서 급탕량이 500kg/h이고 공급 주관의 온수온도가 80℃, 환수 주관의 온수온도가 50℃이라 할 때, 이 보일러의 출력은?(단, 물의 평균비열은 1kcal/kg · ℃이다.)
① 10,000kcal/h
② 12,500kcal/h
③ 15,000kcal/h
④ 17,500kcal/h

해설 보일러 출력 = 500kg/h × 1kcal/kg · ℃ × (80 − 50)℃
= 15,000kcal/h

93 용접봉 피복제의 역할이 아닌 것은?
① 용융금속의 정련작용을 하며 탈산제 역할을 한다.
② 용융금속의 급랭을 촉진시킨다.
③ 용융금속에 필요한 원소를 보충해 준다.
④ 피복제의 강도를 증가시킨다.

해설 용접봉의 피복제는 용융금속의 급랭을 완화시켜 용착금속의 접합을 용이하게 한다.

94 보일러수의 분출 목적이 아닌 것은?
① 물의 순환을 촉진한다.
② 가성 취화를 방지한다.
③ 프라이밍 및 포밍을 촉진한다.
④ 관수의 pH를 조절한다.

해설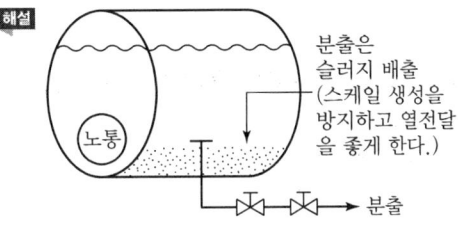
분출은 슬러지 배출(스케일 생성을 방지하고 열전달을 좋게 한다.)
보일러수의 분출로 프라이밍, 포밍이 방지된다.

95 보일러의 노통이나 화실과 같은 원통 부분이 외측으로부터의 압력에 견딜 수 없게 되어 눌려 찌그러져 찢어지는 현상을 무엇이라 하는가?
① 블리스터
② 압궤
③ 팽출
④ 라미네이션

해설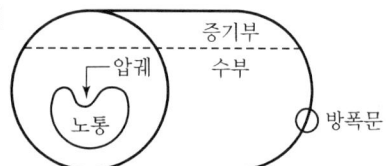

96 스팀트랩(Steam Trap)을 부착 시 얻는 효과가 아닌 것은?

① 베이퍼락 현상을 방지한다.
② 응축수로 인한 설비의 부식을 방지한다.
③ 응축수를 배출함으로써 수격작용을 방지한다.
④ 관 내 유체의 흐름에 대한 마찰 저항을 감소시킨다.

해설
• 베이퍼락 : 유체의 압력이 저하하면 액에서 기포로 전환하여 발생하는 것
• 스팀트랩 : 응축수 제거장치

97 스케일(Scale)에 대한 설명으로 틀린 것은?

① 스케일로 인하여 연료소비가 많아진다.
② 스케일은 규산칼슘, 황산칼슘이 주성분이다.
③ 스케일로 인하여 배기가스의 온도가 낮아진다.
④ 스케일은 보일러에서 열전도의 방해물질이다.

해설 스케일이 발생하면 배기가스의 온도가 상승한다(물에 열전달을 제대로 하지 못하기 때문이다).

98 보일러의 일상점검 계획에 해당하지 않는 것은?

① 급수배관 점검
② 압력계 상태점검
③ 자동제어장치 점검
④ 연료의 수요량 점검

해설 보일러 연료의 수요량은 일상점검이 아닌 1주일, 30일 정도마다 실시한다.

99 열교환기의 격벽을 통해 정상적으로 열교환이 이루어지고 있을 경우 단위시간에 대한 교환열량 $\dot{q}$(열유속, kcal/m² · h)의 식은?(단, $\dot{Q}$는 열 교환량 (kcal/h), A는 전열면적(m²)이다.)

① $\dot{q} = A\dot{Q}$
② $\dot{q} = \dfrac{A}{\dot{Q}}$
③ $\dot{q} = \dfrac{\dot{Q}}{A}$
④ $\dot{q} = A(\dot{Q}-1)$

해설 열교환기의 단위시간당 교환열량$(q) = \dfrac{Q}{A}$ kcal/m² · h

100 10kg/cm²의 압력하에 2,000kg/h로 증발하고 있는 보일러의 급수온도가 20℃일 때 환산증발량은? (단, 발생증기의 엔탈피는 600kcal/kg이다.)

① 2,152kg/h
② 3,124kg/h
③ 4,562kg/h
④ 5,260kg/h

해설 환산증발량(w_e)
$$w_e = \dfrac{증기량(엔탈피 - 급수온도)}{539}$$
$$= \dfrac{2,000(600-20)}{539} = 2,152 \text{kg/h}$$

96. ① 97. ③ 98. ④ 99. ③ 100. ① | ANSWER

2017년 4회 에너지관리기사

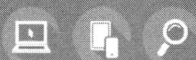

SECTION 01 연소공학

01 단일기체 10Nm³의 연소가스를 분석한 결과 CO_2 : 8Nm³, CO : 2Nm³, H_2O : 20Nm³을 얻었다면 이 기체연료는?

① CH_4
② C_2H_2
③ C_2H_4
④ C_2H_6

해설
$$\frac{CH_4(메탄)}{22.4m^3} + \frac{2O_2}{2\times22.4} \rightarrow \frac{CO_2}{22.4} + \frac{2H_2O}{2\times22.4}$$

- $H_2O = 10 \times \frac{2\times22.4}{22.4} = 20Nm^3$
- $CO_2 + CO = 10 \times \frac{22.4}{22.4} = 10Nm^3 (CO_2\ 8Nm^3,\ CO\ 2Nm^3)$

02 공기를 사용하여 중유를 무화시키는 형식으로 아래의 조건을 만족하면서 부하 변동이 많은 데 가장 적합한 버너의 형식은?

- 유량 조절범위 = 1 : 10 정도
- 연소 시 소음 발생
- 점도가 커도 무화 가능
- 분무각도가 30° 정도로 작음

① 로터리식
② 저압기류식
③ 고압기류식
④ 유압식

해설 고압기류식 버너(공기, 증기로 중질유 무화)
- 유량 조절범위는 1 : 10
- 분무각도는 30°
- 점도가 커도 무화 가능, 연소 시 소음 발생

03 중량비로 탄소 84%, 수소 13%, 유황 2%의 조성으로 되어 있는 경유의 이론공기량은 약 몇 Nm³/kg인가?

① 5
② 7
③ 9
④ 11

해설 액체·고체 이론공기량(A_0)
$$A_0 = 8.89C + 26.67\left(H - \frac{O}{8}\right) + 3.33S$$
$$= 8.89 \times 0.84 + 26.67 \times 0.13 + 3.33 \times 0.02$$
$$= 11.6Nm^3/kg$$

04 산포식 스토커를 이용한 강제통풍일 때 일반적인 화격자 부하는 어느 정도인가?

① 90~110kg/m² · h
② 150~200kg/m² · h
③ 210~250kg/m² · h
④ 260~300kg/m² · h

해설 고체연료의 기계식 화상 스토커(산포식 스토커)
화격자 연소율 : 150~200kg/m² · h 연소 가능

05 기체연료의 체적 분석결과 H_2가 45%, CO가 40%, CH_4가 15%이다. 이 연료 1m³를 연소하는 데 필요한 이론공기량은 몇 m³인가?(단, 공기 중 산소 : 질소의 체적비는 1 : 3.77이다.)

① 3.12
② 2.14
③ 3.46
④ 4.43

해설 연소반응식
$$H_2 + \frac{1}{2}O_2 \rightarrow H_2O$$
$$CO + \frac{1}{2}O_2 \rightarrow CO_2$$
$$CH_4 + 2O_2 \rightarrow CO_2 + 2H_2O$$

이론공기량 = 이론산소량 $\times \frac{1}{0.21}$
$$= [(0.5 \times 0.45) + (0.5 \times 0.4) + (2 \times 0.15)] \times \frac{1}{0.21}$$
$$= 3.46Nm^3$$

※ 공기 중 체적비 = $\frac{질소\ 79\%}{산소\ 21\%} = 3.77$

ANSWER | 1. ① 2. ③ 3. ④ 4. ② 5. ③

06 다음 중 연소온도에 직접적인 영향을 주는 요소로 가장 거리가 먼 것은?

① 공기 중의 산소 농도
② 연료의 저위발열량
③ 연소실의 크기
④ 공기비

해설 연소실의 크기(용적)는 연소온도에 간접적인 영향을 준다.

07 공기나 연료의 예열효과에 대한 설명으로 옳지 않은 것은?

① 연소실 온도를 높게 유지
② 착화열을 감소시켜 연료 절약
③ 연소효율 향상과 연소상태의 안정
④ 이론공기량의 감소

해설 이론공기량은 연료의 성분, 연료의 조성, 공기 중 수증기의 혼합비 등에 따라 영향을 받는다.

08 1차, 2차 연소 중 2차 연소에 대한 설명으로 가장 적절한 것은?

① 불완전연소에 의해 발생한 미연가스가 연도 내에서 다시 연소하는 것
② 공기보다 먼저 연료를 공급했을 경우 1차, 2차 반응에 의해서 연소하는 것
③ 완전연소에 의한 연소가스가 2차 공기에 의해서 폭발되는 것
④ 점화할 때 착화가 늦었을 경우 재점화에 의해서 연소하는 것

해설
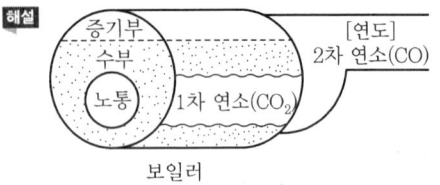
보일러

09 다음 중 연소범위에 대한 설명으로 옳은 것은?

① 온도가 높아지면 좁아진다.
② 압력이 상승하면 좁아진다.
③ 연소상한계 이상의 농도에서는 산소 농도가 너무 높다.
④ 연소하한계 이하의 농도에서는 가연성 증기의 농도가 너무 낮다.

해설 • 연소의 위험도 = $\dfrac{폭발범위상한 - 폭발범위하한}{폭발범위하한}$

• 폭발범위하한계(연소하한계) 이하는 가연성 증기 농도가 너무 낮고, 폭발범위상한계 이상에서는 가연성 공기 농도가 너무 낮다.

10 다음 중 중유의 성질에 대한 설명으로 옳은 것은?

① 점도에 따라 1, 2, 3급 중유로 구분한다.
② 원소 조성은 H가 가장 많다.
③ 비중은 약 0.72~0.76 정도이다.
④ 인화점은 약 60~150℃ 정도이다.

해설 중유
• 점도에 따라 A, B, C급으로 분류한다.
• 조성 원소 : 탄소 84~87%로 가장 많다.
• 비중 : 0.83~0.88
• 인화점 : 60~150℃

11 폭굉(Detonation)현상에 대한 설명으로 옳지 않은 것은?

① 확산이나 열전도의 영향을 주로 받는 기체역학적 현상이다.
② 물질 내에 충격파가 발생하여 반응을 일으킨다.
③ 충격파에 의해 유지되는 화학반응 현상이다.
④ 반응의 전파속도가 그 물질 내에서 음속보다 빠른 것을 말한다.

해설 폭굉은 보기의 ②, ③, ④ 외에 다음과 같은 특성을 갖는다.
• 화염의 전파속도 : 1,000~3,500m/s
• 정상연소보다 압력이 2배 상승(밀폐공간은 7~8배)
• C_2H_2 가스의 폭굉범위 : 공기 중 4.2~5.0, 산소 중 3.5~92%

6. ③ 7. ④ 8. ① 9. ④ 10. ④ 11. ① | ANSWER

12 연료시험에 사용되는 장치 중에서 주로 기체연료 시험에 사용되는 것은?

① 세이볼트(Saybolt) 점도계
② 톰슨(Thomson) 열량계
③ 오르자트(Orsat) 분석장치
④ 펜스키-마텐스(Pensky-Martens) 장치

해설 기체연료의 화학적 가스분석기
- 오르자트법 : CO_2, O_2, CO 분석
- 헴펠법 : CO_2, C_mH_n, O_2, CO 분석
- 게겔법 : 저급탄화수소 분석

13 다음 중 중유 첨가제의 종류에 포함되지 않는 것은?

① 슬러지 분산제   ② 안티녹제
③ 조연제   ④ 부식 방지제

해설
- 안티녹제 : 자동차용 연료첨가제(옥탄가 향상제)
- 옥탄가(Octane Number) : 가솔린이 연소할 때 이상 폭발을 일으키지 않는 정도를 나타내는 수치

14 다음 중 집진장치의 특성에 대한 설명으로 옳지 않은 것은?

① 사이클론 집진기는 분진이 포함된 가스를 선회운동시켜 원심력에 의해 분진을 분리한다.
② 전기식 집진장치는 대치시킨 2개의 전극 사이에 고압의 교류전장을 가해 통과하는 미립자를 집진하는 장치이다.
③ 가스흡입구에 벤투리관을 조합하여 먼지를 세정하는 장치를 벤투리 스크러버라 한다.
④ 백 필터는 바닥을 위쪽으로 달아매고 하부에서 백 내부로 송입하여 집진하는 방식이다.

해설 전기식 집진장치
30,000~100,000V의 직류전장을 가해 통과시켜 0.05~20μm 정도 집진한다(집진극 양극 - 침상방전극 음극 사용).
- 종류 : 코트렐(Cotrel)식
- 집진효율 : 90~99.9%

15 탄화수소계 연료(C_xH_y)를 연소시켜 얻은 연소생성물을 분석한 결과 CO_2 9%, CO 1%, O_2 8%, N_2 82%의 체적비를 얻었다. y/x의 값은 얼마인가?

① 1.52   ② 1.72
③ 1.92   ④ 2.12

해설 $C_xH_y + a(O_2 + 3.76N_2) \rightarrow 9CO_2 + CO + 8O_2 + bH_2O + 82N_2$
- C : $x = 9 + 1 = 10$
- H : $y = 2b$, $y = 2 \times 8.6 = 17.2$
- O : $2a = 18 + 1 + 16 + b$, $b = 8.6$
- N : $a \times 2 \times 3.76 = 82 \times 2$, $a = 21.8$

$\therefore C_xH_y = C_{10}H_{17.2} \left(\dfrac{y}{x} = \dfrac{17.2}{10} = 1.72 \right)$

16 다음의 무게조성을 가진 중유의 저위발열량은 약 몇 kcal/kg인가?(단, 아래의 조성은 중유 1kg당 함유된 각 성분의 양이다.)

C : 84%, H : 13%, O : 0.5%, S : 2%, W : 0.5%

① 8,600   ② 10,590
③ 13,600   ④ 17,600

해설 저위발열량(H_l) $= 8,100C + 28,600\left(H - \dfrac{O}{8}\right) + 2,500S$

$\therefore H_l = 8,100 \times 0.84 + 28,600\left(0.13 - \dfrac{0.005}{8}\right) + 2,500 \times 0.02$
$= 6,804 + 3,700.125 + 50 = 10,556 \text{kcal/kg}$

또는 $H_l = 8,100 \times 0.84 + 28,600 \times 0.13 + 2,500 \times 0.02 - (4,250 \times 0.005 + 600 \times 0.005)$
$= 6,804 + 3,718 + 50 - 24.25$
$= 10,548 \text{kcal/kg}$

17 다음 연소반응식 중 옳은 것은?

① $C_2H_6 + 3O_2 \rightarrow 2CO_2 + 4H_2O$
② $C_3H_8 + 5O_2 \rightarrow 2CO_2 + 6H_2O$
③ $C_4H_{10} + 6O_2 \rightarrow 4CO_2 + 5H_2O$
④ $CH_4 + 2O_2 \rightarrow CO_2 + 2H_2O$

해설 ① $C_2H_6 + 3.5O_2 \rightarrow 2CO_2 + 3H_2O$
② $C_3H_8 + 5O_2 \rightarrow 3CO_2 + 4H_2O$
③ $C_4H_{10} + 6.5O_2 \rightarrow 4CO_2 + 5H_2O$

ANSWER | 12. ③ 13. ② 14. ② 15. ② 16. ② 17. ④

18 $(CO_2)_{max}$가 24.0%, CO_2가 14.2%, CO가 3.0%라면 연소가스 중의 산소는 약 몇 %인가?

① 3.8　　② 5.0
③ 7.1　　④ 10.1

해설 $CO_{2max} = \dfrac{21(CO_2 + CO)}{21 - O_2 + 0.395 \times CO}$

$24 = \dfrac{21(14.2 + 3)}{21 - O_2 + 0.395 \times 3}$

$21 - O_2 = \dfrac{21(14.2 + 3)}{24} - (0.395 \times 3) = 13.863$

∴ 산소$(O_2) = 21 - 13.863 = 7.1$

19 다음 대기오염 방지를 위한 집진장치 중 습식 집진장치에 해당하지 않는 것은?

① 백필터
② 충진탑
③ 벤투리 스크러버
④ 사이클론 스크러버

해설 건식 집진장치
- 백필터(여과식)
- 원심식(사이클론식)
- 관성식
- 중력식

20 다음 중 착화온도가 가장 높은 연료는?

① 갈탄　　② 메탄
③ 중유　　④ 목탄

해설 착화온도
- 갈탄 : 300℃ 이하
- 메탄 : 505℃
- 중유 : 254~405℃
- 목탄 : 320~370℃

SECTION 02 열역학

21 다음 중 압력이 일정한 상태에서 온도가 변하였을 때의 체적팽창계수 β에 관한 식으로 옳은 것은?(단, 식에서 V는 부피, T는 온도, P는 압력을 의미한다.)

① $\beta = -\dfrac{1}{P}\left(\dfrac{\partial P}{\partial T}\right)_V$　　② $\beta = -\dfrac{1}{V}\left(\dfrac{\partial V}{\partial P}\right)_T$

③ $\beta = \dfrac{1}{V}\left(\dfrac{\partial V}{\partial T}\right)_P$　　④ $\beta = \dfrac{1}{T}\left(\dfrac{\partial T}{\partial P}\right)_V$

해설 압력 일정, 온도 변화 시

체적팽창계수$(\beta) = \dfrac{1}{V}\left(\dfrac{\partial V}{\partial T}\right)_P$

22 이상적인 카르노(Carnot) 사이클의 구성에 대한 설명으로 옳은 것은?

① 2개의 등온과정과 2개의 단열과정으로 구성된 가역 사이클이다.
② 2개의 등온과정과 2개의 정압과정으로 구성된 가역 사이클이다.
③ 2개의 등온과정과 2개의 단열과정으로 구성된 비가역 사이클이다.
④ 2개의 등온과정과 2개의 정압과정으로 구성된 비가역 사이클이다.

해설 카르노 사이클(Carnot Cycle)

2개의 등온변화, 2개의 단열과정으로 이루어진 가역 사이클이다.

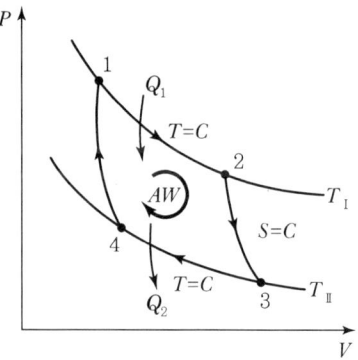

- 1 → 2 과정 : 등온팽창　　• 2 → 3 과정 : 단열팽창
- 3 → 4 과정 : 등온압축　　• 4 → 1 과정 : 단열압축

23 폐쇄계에서 경로 $A \to C \to B$를 따라 110J의 열이 계로 들어오고 50J의 일을 외부에 할 경우 $B \to D \to A$를 따라 계가 되돌아올 때 계가 40J의 일을 받는다면 이 과정에서 계는 얼마의 열을 방출 또는 흡수하는가?

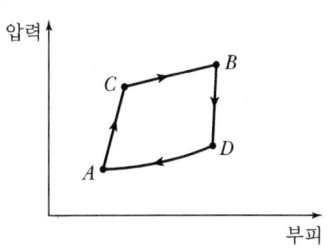

① 30J 방출
② 30J 흡수
③ 100J 방출
④ 100J 흡수

해설
- 110J : 계로 들어온다($A \to C \to B$)
- 50J : 외부에 일을 한다.
- 40J : 일을 받는다($B \to D \to A$)
- ∴ $110 - 50 + 40 = 100$J 방출

24 다음 중 수증기를 사용하는 증기동력 사이클은?

① 랭킨 사이클
② 오토 사이클
③ 디젤 사이클
④ 브레이턴 사이클

해설 랭킨 사이클(수증기 동력 사이클)

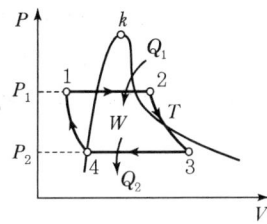

- 1 → 2 과정 : 등온팽창
- 2 → 3 과정 : 단열팽창
- 3 → 4 과정 : 등온압축
- 4 → 1 과정 : 단열압축

25 그림은 단열, 등압, 등온, 등적을 나타내는 압력(P) - 부피(V), 온도(T) - 엔트로피(S) 선도이다. 각 과정에 대한 설명으로 옳은 것은?

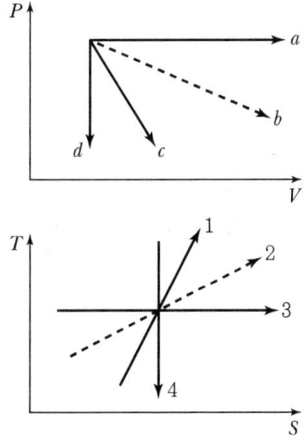

① a는 등적과정이고 4는 가역단열과정이다.
② b는 등온과정이고 3은 가역단열과정이다.
③ c는 등적과정이고 2는 등압과정이다.
④ d는 등적과정이고 4는 가역단열과정이다.

해설

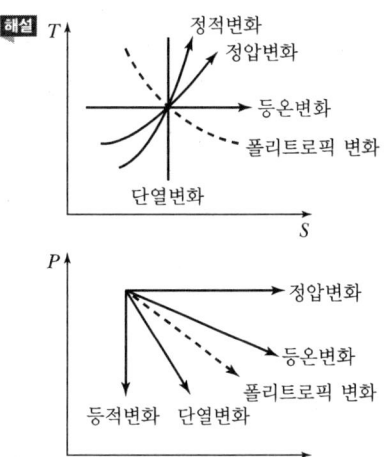

26 1MPa의 포화증기가 등온 상태에서 압력이 700kPa까지 내려갈 때 최종 상태는?

① 과열증기
② 습증기
③ 포화증기
④ 포화액

ANSWER | 23. ③ 24. ① 25. ④ 26. ①

해설 1MPa = 10^6Pa = 1,000kPa
등온 상태 포화증기가 1,000kPa → 700kPa 하강 시
- 포화증기 교축 : 압력강하, 과열증기 발생
- 포화액 온도일정 압력상승 : 과랭액 발생
- 포화증기 단열압축 : 압력과 온도상승, 과열증기 발생

27 이상기체 2kg을 정압과정으로 50℃에서 150℃로 가열할 때, 필요한 열량은 약 몇 kJ인가?(단, 이 기체의 정적비열은 3.1kJ/kg·K이고, 기체상수는 2.1 kJ/kg·K이다.)

① 210　　② 310
③ 620　　④ 1,040

해설 정압과정
$$PVT = \frac{T_2}{T_1} = \frac{V_2}{V_1}, \ R = C_p - C_v$$
정압비열(C_p) = $C_v + R$ = 3.1 + 2.1 = 5.2kJ/kg·K
∴ 가열량(Q) = $G \cdot C_p(T_2 - T_1)$
　　　　　　= 2×5.2(150−50) = 1,040kJ

28 비가역 사이클에 대한 클라우지우스(Clausius) 적분에 대하여 옳은 것은?(단, Q는 열량, T는 온도이다.)

① $\oint \frac{\delta Q}{T} > 0$　　② $\oint \frac{\delta Q}{T} \geq 0$
③ $\oint \frac{\delta Q}{T} = 0$　　④ $\oint \frac{\delta Q}{T} < 0$

해설 클라우지우스 적분
㉠ 가역 사이클 : $\oint \frac{\delta Q}{T} = 0$
㉡ 비가역 사이클 : $\oint \frac{\delta Q}{T} < 0$
- 비가역과정 : 마찰, 혼합, 교축, 열이동, 자유팽창, 화학반응, 팽창, 압축
- 비가역 사이클에서는 마찰 등의 열손실로 방열량이 가역 사이클의 방열량보다 더 크므로 그 적분치는 0보다 작다.

29 다음 중 열역학 제1법칙을 설명한 것으로 가장 옳은 것은?

① 제3의 물체와 열평형에 있는 두 물체는 그들 상호 간에도 열평형에 있으며, 물체의 온도는 서로 같다.
② 열을 일로 변환할 때 또는 일을 열로 변환할 때 전체 계의 에너지 총량은 변화지 않고 일정하다.
③ 흡수한 열을 전부 일로 바꿀 수는 없다.
④ 절대 영도, 즉 0K에는 도달할 수 없다.

해설 열역학 제1법칙
열 → 일, 일 → 열로 에너지 전환이 가능(에너지 보존의 법칙)
- 열량(Q) = AW, $A = \frac{1}{427}$ kcal/kg·m
- 일량(W) = $\frac{1}{A}Q = JQ$, $J = \frac{1}{A} = 427$kg·m/kcal

30 일반적으로 사용되는 냉매로 가장 거리가 먼 것은?

① 암모니아　　② 프레온
③ 이산화탄소　　④ 오산화인

해설 오산화인(P_2O_5)
인이 연소할 때 생기는 백색 가루이다. 일명 무수인산이라고 하며, 건조제로 사용한다.

31 다음 중 과열증기(Superheated Steam)의 상태가 아닌 것은?

① 주어진 압력에서 포화증기 온도보다 높은 온도
② 주어진 비체적에서 포화증기 압력보다 높은 압력
③ 주어진 온도에서 포화증기 비체적보다 낮은 비체적
④ 주어진 온도에서 포화증기 엔탈피보다 높은 엔탈피

해설 급수 → 포화수 → 포화증기 → 과열증기
　　　　　　　　　　　　(압력 일정, 온도 상승)

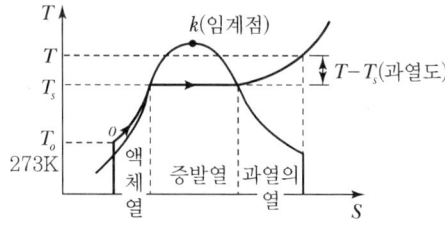

과열증기 비체적은 포화증기 비체적(m^3/kg)보다 높다.

27. ④　28. ④　29. ②　30. ④　31. ③ | ANSWER

32 저위발열량이 40,000kJ/kg인 연료를 쓰고 있는 열기관에서 이 열이 전부 일로 바꾸어지고, 연료소비량이 20kg/h이라면 발생되는 동력은 약 몇 kW인가?

① 110　　　② 222
③ 316　　　④ 820

해설 1kW = 102kg · m/s
1kWh = 860kcal = 3,600kJ
동력 = $\dfrac{20 \times 40,000}{3,600}$ = 222kW

33 N_2와 O_2의 기체상수는 각각 0.297kJ/kg · K 및 0.260kJ/kg · K이다. N_2가 0.7kg, O_2가 0.3kg인 혼합가스의 기체상수는 약 몇 kJ/kg · K인가?

① 0.213　　　② 0.254
③ 0.286　　　④ 0.312

해설 혼합가스의 기체상수(R) = (0.297×0.7) + (0.260×0.3)
= 0.286kJ/kg · K

34 밀폐계의 등온과정에서 이상기체가 행한 단위 질량당 일은?(단, 압력과 부피는 P_1, V_1에서 P_2, V_2로 변하며, T는 온도, R은 기체상수이다.)

① $RT \ln\left(\dfrac{P_1}{P_2}\right)$　　② $\ln\left(\dfrac{V_1}{V_2}\right)$

③ $(P_2 - P_1)(V_2 - V_1)$　　④ $R \ln\left(\dfrac{P_1}{P_2}\right)$

해설 밀폐계 등온과정 일량(W) = $RT \ln\left(\dfrac{P_1}{P_2}\right)$

35 성능계수가 5.0, 압축기에서 냉매의 단위 질량당 압축하는 데 요구되는 에너지가 200kJ/kg인 냉동기에서 냉동능력 1kW당 냉매의 순환량(kg/h)은?

① 1.8　　　② 3.6
③ 5.0　　　④ 20.0

해설 1kWh = 860kcal = 3,600kJ
냉매 순환량 = $\dfrac{3,600}{200 \times 5.0}$ = 3.6kg/h

36 디젤 사이클에서 압축비가 20, 단절비(Cut-off Ratio)가 1.7일 때 열효율은 약 몇 %인가?(단, 비열비는 1.4이다.)

① 43　　　② 66
③ 72　　　④ 84

해설 디젤 내연기관 사이클
열효율(η_d) = $1 - \left(\dfrac{1}{\varepsilon}\right)^{k-1} \times \dfrac{\sigma^k - 1}{k(\sigma-1)}$
= $1 - \left(\dfrac{1}{20}\right)^{1.4-1} \times \dfrac{1.7^{1.4} - 1}{1.4(1.7-1)}$ = 0.66(66%)

37 다음 중 랭킨 사이클의 열효율을 높이는 방법으로 옳지 않은 것은?

① 복수기의 압력을 상승시킨다.
② 사이클의 최고 온도를 높인다.
③ 보일러의 압력을 상승시킨다.
④ 재열기를 사용하여 재열 사이클로 운전한다.

해설 랭킨 사이클
- 보일러의 압력이 높고 복수기의 압력이 낮을수록 열효율이 증가한다.
- 터빈의 초온, 초압이 클수록, 터빈 출구에서 압력이 낮을수록 열효율이 증가한다.

38 온도와 관련된 설명으로 옳지 않은 것은?

① 온도 측정의 타당성에 대한 근거는 열역학 제0법칙이다.
② 온도가 0℃에서 10℃로 변화하면, 절대 온도는 0K에서 283.15K으로 변화한다.
③ 섭씨온도는 물의 어는점과 끓는점을 기준으로 삼는다.
④ SI 단위계에서 온도의 단위는 켈빈 단위를 사용한다.

해설 K = ℃ + 273.15 = 10 + 273.15 = 283.15K
K = ℃ + 273.15 = 0 + 273.15 = 273.15K
∴ 283.15 - 273.15K = 10K 변화
※ 절대 0도 = 273.15K, 물의 삼중점 = 273.16K(0.01℃)

ANSWER | 32. ② 33. ③ 34. ① 35. ② 36. ② 37. ① 38. ②

39 압력이 100kPa인 공기가 정적과정으로 200kPa의 압력이 되었다. 그 후 정압과정으로 비체적이 $1m^3/kg$에서 $2m^3/kg$으로 변하였다고 할 때 이 과정 동안의 총 엔트로피의 변화량은 약 몇 $kJ/kg \cdot K$인가? (단, 공기의 정적비열은 $0.7kJ/kg \cdot K$, 정압비열은 $1.0kJ/kg \cdot K$이다.)

① 0.31 ② 0.52
③ 1.04 ④ 1.18

해설 엔트로피 변화(ΔS)
$100kPa \rightarrow 200kPa$, $1m^3/kg \rightarrow 2m^3/kg$
$$\Delta S = G \cdot C_v \cdot \ln\frac{P_2}{P_1} + G \cdot C_p \cdot \ln\frac{V_2}{V_1}$$
$$= 0.7 \times \ln\left(\frac{200}{100}\right) + 1.0 \times \ln\left(\frac{2}{1}\right) = 1.18 kJ/kg \cdot K$$

40 역카르노 사이클로 작동하는 냉동 사이클이 있다. 저온부가 -10℃로 유지되고, 고온부가 40℃로 유지되는 상태를 A상태라고 하고, 저온부가 0℃, 고온부가 50℃로 유지되는 상태를 B상태라 할 때, 성능계수는 어느 상태의 냉동 사이클이 얼마나 높은가?

① A상태의 사이클이 약 0.8만큼 높다.
② A상태의 사이클이 약 0.2만큼 높다.
③ B상태의 사이클이 약 0.8만큼 높다.
④ B상태의 사이클이 약 0.2만큼 높다.

해설 성능계수

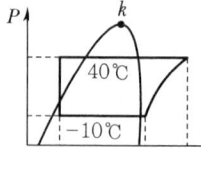 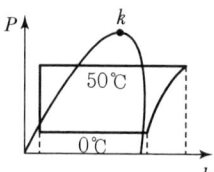

- $A = \dfrac{T_2}{T_1 - T_2} = \dfrac{273-10}{(273+40)-(273-10)} = 5.26$
- $B = \dfrac{T_2}{T_1 - T_2} = \dfrac{273-0}{(273+50)-(273-0)} = 5.46$

∴ $5.46 - 5.26 = 0.2$ (B상태가 0.2만큼 높다.)

SECTION 03 계측방법

41 다음 중 가스분석 측정법이 아닌 것은?

① 오르자트법
② 적외선 흡수법
③ 플로노즐법
④ 가스크로마토그래피법

해설 차압식 유량계
- 벤투리미터
- 플로노즐
- 오리피스

42 마노미터의 종류 중 압력 계산 시 유체의 밀도에는 무관하고 단지 마노미터 액의 밀도에만 관계되는 마노미터는?

① Open-End 마노미터
② Sealed-End 마노미터
③ 차압(Differential) 마노미터
④ Open-End 마노미터와 Sealed-End 마노미터

해설 차압식 마노미터
유체의 밀도에는 무관하고 단지 마노미터 내부 액의 밀도에만 관계되는 마노미터이다.

43 다음 중 바이메탈 온도계의 측온 범위는?

① -200~200℃
② -30~360℃
③ -50~500℃
④ -100~700℃

해설 바이메탈 온도계(선팽창계수 이용)는 접촉식 온도계이며, 측정온도 범위는 -50~500℃이다.

44 수지관 속에 비중이 0.9인 기름이 흐르고 있다. 아래 그림과 같이 액주계를 설치하였을 때 압력계의 지시값은 몇 kg/cm²인가?

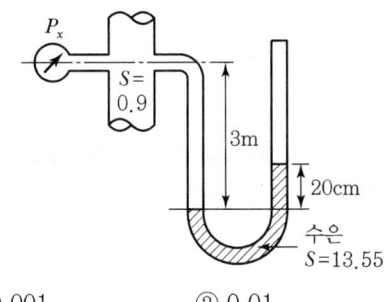

① 0.001 ② 0.01
③ 0.1 ④ 1.0

해설 기름 = 0.9 = 900kg/m³, 수은 = 13.55 = 13,550kg/m³
$20 \times \frac{1.033}{76} = 0.271 \text{kg/cm}^2$ (압력차)
$3 \times \frac{1}{10} \times 0.9 = 0.27 \text{kg/cm}^2$ (높이차)
∴ 압력계 지시값 = 0.271 − 0.27 = 0.001kg/cm²
※ 10mH₂O = 1kg/cm², 76cmHg = 1,033kg/cm²

45 연소 가스 중의 CO와 H₂의 측정에 주로 사용되는 가스 분석계는?

① 과잉공기계 ② 질소가스계
③ 미연소가스계 ④ 탄산가스계

해설 미연소가스 분석계
CO, H₂ 측정

46 열전온도계에 대한 설명으로 틀린 것은?

① 접촉식 온도계에서 비교적 낮은 온도 측정에 사용한다.
② 열기전력이 크고 온도 증가에 따라 연속적으로 상승해야 한다.
③ 기준접점의 온도를 일정하게 유지해야 한다.
④ 측온 저항체와 열전대는 소자를 보호관 속에 넣어 사용한다.

해설 접촉식 온도계 중 열전온도계(P−R)
R온도계이며 0~1,600℃까지 측정이 가능하여 접촉식 온도계 중 가장 고온을 측정한다.

47 다음 중 열전대 온도계에서 사용되지 않는 것은?

① 동−콘스탄탄 ② 크로멜−알루멜
③ 철−콘스탄탄 ④ 알루미늄−철

해설 열전대 온도계
• 동−콘스탄탄(−200~350℃) : T형
• 크로멜−알루멜(0~1,200℃) : K형
• 철−콘스탄탄(−200~800℃) : J형
• 백금−백금로듐(0~1,600℃) : R형

48 미리 정해진 순서에 따라 순차적으로 진행하는 제어방식은?

① 시퀀스 제어 ② 피드백 제어
③ 피드포워드 제어 ④ 적분 제어

해설 시퀀스 제어(Sequence Control)
미리 정해진 순서에 따라서 제어의 각 단계를 차례로 진행시키는 제어

49 측정량과 크기가 거의 같은 미리 알고 있는 양의 분동을 준비하여 분동과 측정량의 차이로부터 측정량을 구하는 방식은?

① 편위법 ② 보상법
③ 치환법 ④ 영위법

해설 보상법
측정량과 크기가 거의 같은 미리 알고 있는 양의 분동을 준비하여 분동과 측정량의 차이로부터 측정량을 알아내는 측정 방법이다.

50 자동제어에서 동작신호의 미분값을 계산하여 이것과 동작신호를 합한 조작량의 변화를 나타내는 동작은?

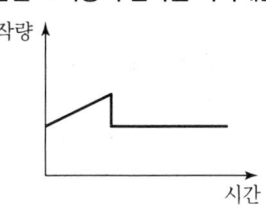

① I 동작 ② P 동작
③ PD 동작 ④ PID 동작

해설
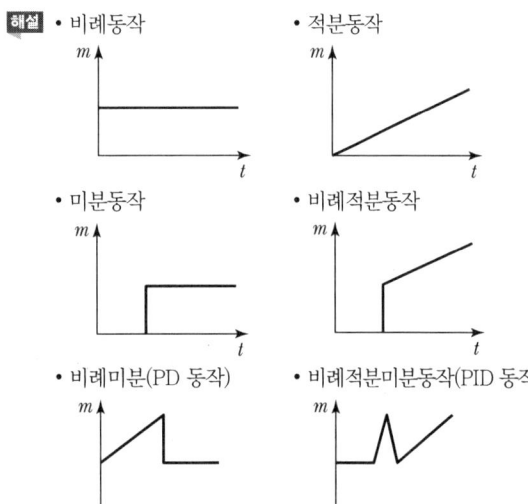
- 비례동작
- 적분동작
- 미분동작
- 비례적분동작
- 비례미분(PD 동작)
- 비례적분미분동작(PID 동작)

51 베크만 온도계에 대한 설명으로 옳은 것은?
① 빠른 응답성의 온도를 얻을 수 있다.
② 저온용으로 적합하여 약 -100℃까지 측정할 수 있다.
③ -60~350℃ 정도의 측정온도 범위인 것이 보통이다.
④ 모세관의 상부에 수은을 봉입한 부분에 대해 측정 온도에 따라 남은 수은의 양을 가감하여 그 온도 부분의 온도차를 0.01℃까지 측정할 수 있다.

해설 베크만 수은 계량형 온도계
- 미세한 온도차(0.01~0.005℃) 측정
- 최고 150℃까지 측정
- 구조가 간단하여 즉시 눈금을 읽을 수 있음
- 모세관 상부에 보조기구를 설치하여 수은 양을 조절할 수 있고 실험, 시험용 및 열량계로도 사용 가능

52 차압식 유량계에 대한 설명으로 옳지 않은 것은?
① 관로에 오리피스, 플로노즐 등이 설치되어 있다.
② 정도(精度)가 좋으나, 측정범위가 좁다.
③ 유량은 압력차의 평방근에 비례한다.
④ 레이놀즈수 10^5 이상에서 유량계수가 유지된다.

해설 차압식 유량계
- Orifice
- Venture Meter
- Flow Nozzle
※ 유량이 적으면 정도가 떨어진다.

53 다음 중 스로틀(Throttle) 기구에 의하여 유량을 측정하지 않는 유량계는?
① 오리피스미터 ② 플로노즐
③ 벤투리미터 ④ 오벌미터

해설 오벌기어식 미터기
기어의 회전이 유량에 비례하는 원리를 이용한 용적식 유량계이다.

54 관로의 유속을 피토관으로 측정할 때 수주의 높이가 30cm이었다. 이때 유속은 약 몇 m/s인가?
① 1.88 ② 2.42
③ 3.88 ④ 5.88

해설 유속(V) = $\sqrt{2gh} = \sqrt{2 \times 9.8 \times 0.3} = 2.42$m/s

55 유량계의 교정방법 중 기체 유량계의 교정에 가장 적합한 방법은?
① 막식 가스미터기를 사용하여 교정한다.
② 기준 탱크를 사용하여 교정한다.
③ 기준 유량계를 사용하여 교정한다.
④ 기준 체적관을 사용하여 교정한다.

해설 기체의 유량계 교정원리 : 기준 체적관을 사용하여 교정한다.

56 2.2kΩ의 저항에 220V의 전압이 사용되었다면 1초당 발생한 열량은 몇 W인가?
① 12 ② 22
③ 32 ④ 42

해설 $2.2\text{k}\Omega = 2,200\Omega$, $H = 0.24I^2Rt$ (cal)
$P = IV = \dfrac{V^2}{R} = \dfrac{(220)^2}{2,200} = 22$W

51. ④ 52. ② 53. ④ 54. ② 55. ④ 56. ② | ANSWER

57 가스분석방법 중 CO_2의 농도를 측정할 수 없는 방법은?

① 자기법　② 도전율법
③ 적외선법　④ 열도전율법

해설 | 자기식(O_2) 계
산소에 자기풍을 일으키고 이것을 검출하여 자화율이 큰 산소 분석계이다.

58 제어시스템에서 조작량이 제어 편차에 의해서 정해진 두 개의 값이 어느 편인가를 택하는 제어방식으로 제어결과가 다음과 같은 동작은?

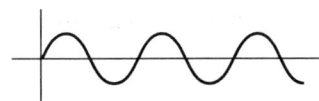

① 온 – 오프동작　② 비례동작
③ 적분동작　④ 미분동작

해설 | 온 – 오프동작(2위치 동작) : 불연속 동작

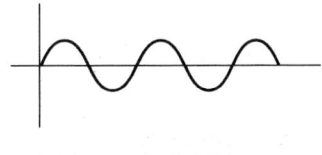

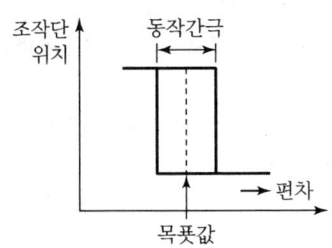

59 벨로스(Bellows) 압력계에서 Bellows 탄성의 보조로 코일 스프링을 조합하여 사용하는 주된 이유는?

① 감도를 증대시키기 위하여
② 측정압력 범위를 넓히기 위하여
③ 측정지연 시간을 없애기 위하여
④ 히스테리시스 현상을 없애기 위하여

해설 | • 탄성식 벨로스 압력계에서 보조 코일스프링을 조합하여 사용하는 것은 히스테리시스 현상의 예방을 위한 것이다.
• 일반적인 미압 측정용 : 0.01~10kg/cm^2

60 액체와 고체연료의 열량을 측정하는 열량계는?

① 봄브식
② 융커스식
③ 클리블랜드식
④ 타그식

해설 | ㉠ 열량계
　• 단열식(봄브식) : 액체 · 고체연료용
　• 융커스식, 시그마식 : 기체연료용
㉡ 인화점계
　• 타그식 : 인화점 시험(인화점 80℃ 이하 석유)
　• 클리블랜드식 : 인화점 시험(인화점 80℃ 이상 석유)

SECTION 04 | 열설비재료 및 관계법규

61 내화물의 스폴링(Spalling) 시험방법에 대한 설명으로 틀린 것은?

① 시험체는 표준형 벽돌을 110±5℃에서 건조하여 사용한다.
② 전 기공률 45% 이상의 내화벽돌은 공랭법에 의한다.
③ 시험편을 노 내에 삽입 후 소정의 시험온도에 도달하고 나서 약 15분간 가열한다.
④ 수랭법의 경우 노 내에서 시험편을 꺼내어 재빠르게 가열면 측을 눈금의 위치까지 물에 잠기게 하여 약 10분간 냉각한다.

해설 | 스폴링 시험(내화물 박락시험) 방법
• 수랭법 : 시험체의 한 끝을 소정온도로 일정시간 가열한 후 수중에서 급랭한다. 이것을 반복하여 시험한다.
• 공랭법(고온법)
• 패널스폴링 시험법 : 가장 실제적인 방법

ANSWER | 57. ① 58. ① 59. ④ 60. ① 61. ④

62 에너지이용 합리화법에 따라 고효율에너지 인증대상 기자재에 해당되지 않는 것은?

① 펌프
② 무정전 전원장치
③ 가정용 가스보일러
④ 발광다이오드 등 조명기기

해설 고효율에너지 인증대상 기자재는 ①, ②, ④ 외에 폐열회수형 환기장치, 산업건물용 보일러 등이 있다.

63 내화물의 제조공정의 순서로 옳은 것은?

① 혼련 → 성형 → 분쇄 → 소성 → 건조
② 분쇄 → 성형 → 혼련 → 건조 → 소성
③ 혼련 → 분쇄 → 성형 → 소성 → 건조
④ 분쇄 → 혼련 → 성형 → 건조 → 소성

해설 내화물의 제조공정
분쇄 → 혼련 → 성형 → 건조 → 소성

64 에너지이용 합리화법에 따른 열사용기자재 중 제2종 압력용기의 적용범위로 옳은 것은?

① 최고사용압력이 0.1MPa을 초과하는 기체를 그 안에 보유하는 용기로서 내부 부피가 $0.05m^3$ 이상인 것
② 최고사용압력이 0.2MPa을 초과하는 기체를 그 안에 보유하는 용기로서 내부 부피가 $0.04m^3$ 이상인 것
③ 최고사용압력이 0.1MPa을 초과하는 기체를 그 안에 보유하는 용기로서 내부 부피가 $0.03m^3$ 이상인 것
④ 최고사용압력이 0.2MPa을 초과하는 기체를 그 안에 보유하는 용기로서 내부 부피가 $0.02m^3$ 이상인 것

해설 제2종 압력용기
최고사용압력이 0.2MPa을 초과하는 기체를 그 안에 보유하는 용기로서 다음의 하나에 해당하는 것
- 내용적이 $0.04m^3$ 이상인 것
- 동체의 안지름이 200mm 이상(증기헤더의 경우에는 동체의 안지름이 300mm를 초과)이고, 그 길이가 1,000mm 이상인 것

65 에너지이용 합리화법에 따라 에너지이용 합리화에 관한 기본계획 사항에 포함되지 않는 것은?

① 에너지 절약형 경제구조로의 전환
② 에너지이용 합리화를 위한 기술개발
③ 열사용기자재의 안전관리
④ 국가에너지정책목표를 달성하기 위하여 대통령령으로 정하는 사항

해설 기본계획은 ①, ②, ③ 외에 에너지원 간 대체, 에너지이용 효율의 증대, 에너지이용 합리화를 위한 홍보 및 교육 등이 있다.

66 다음 중 전로법에 의한 제강 작업 시의 열원은?

① 가스의 연소열
② 코크스의 연소열
③ 석회석의 반응열
④ 용선 내의 불순원소의 산화열

해설 전로제강법
- 강철제조로
- 열원 : 용선 내 불순원소의 산화열을 이용

67 요로에 대한 설명으로 틀린 것은?

① 재료를 가열하여 물리적 및 화학적 성질을 변화시키는 가열장치이다.
② 석탄, 석유, 가스, 전기 등의 에너지를 다량으로 사용하는 설비이다.
③ 사용목적은 연료를 가열하여 수증기를 만들기 위함이다.
④ 조업방식에 따라 불연속식, 반연속식, 연속식으로 분류된다.

해설 요로
물체를 가열, 용융, 소성하는 장치로서 화학적·물리적 변화를 강제적으로 행하게 하는 장치이다. 그 특징은 ①, ②, ④와 같다.
- 요(Kiln) : 도자기, 벽돌 등
- 로(Furnace) : 용선 제조, 제강, 특수강, 비철금속

68 에너지이용 합리화법에서 정한 에너지다소비사업자의 에너지관리기준이란?

① 에너지를 효율적으로 관리하기 위하여 필요한 기준
② 에너지관리 현황 조사에 대한 필요한 기준
③ 에너지 사용량 및 제품 생산량에 맞게 에너지를 소비하도록 만든 기준
④ 에너지관리 진단 결과 손실요인을 줄이기 위하여 필요한 기준

해설 에너지다소비사업자(연간 석유 환산 2,000TOE 이상 사용자)의 에너지관리기준은 에너지를 효율적으로 관리하기 위하여 필요한 기준을 의미한다.

69 에너지이용 합리화법에 따라 산업통상자원부장관이 국내외 에너지 사정의 변동으로 에너지 수급에 중대한 차질이 발생될 경우 수급안정을 위해 취할 수 있는 조치 사항이 아닌 것은?

① 에너지의 배급
② 에너지의 비축과 저장
③ 에너지의 양도·양수의 제한 또는 금지
④ 에너지 수급의 안정을 위하여 산업통상자원부령으로 정하는 사항

해설 에너지 수급안정 조치사항은 ①, ②, ③ 외에 에너지 사용의 시기, 방법 및 에너지 사용 기자재의 사용 제한 또는 금지 등 대통령령으로 정하는 사항, 에너지 도입, 수출입 및 위탁가공, 에너지공급자 상호 간의 에너지의 교환 또는 분배사용 등이 있다.

70 규산칼슘 보온재에 대한 설명으로 가장 거리가 먼 것은?

① 규산에 석회 및 석면 섬유를 섞어서 성형하고 다시 수증기로 처리하여 만든 것이다.
② 플랜트 설비의 탑조류, 가열로, 배관류 등의 보온 공사에 많이 사용된다.
③ 가볍고 단열성과 내열성은 뛰어나지만 내산성이 적고 끓는 물에 쉽게 붕괴된다.
④ 무기질 보온재로 다공질이며 최고 안전 사용온도는 약 650℃ 정도이다.

해설 규산칼슘 보온재의 특징
- ①, ②, ④ 외에도 접착제를 사용하지 않고 압축강도가 크다.
- 내수성이 크다.
- 열전도율이 0.05~0.065kcal/m·h·℃이다.

71 에너지용 합리화법에서 에너지의 절약을 위해 정한 "자발적 협약"의 평가 기준이 아닌 것은?

① 계획 대비 달성률 및 투자실적
② 자원 및 에너지의 재활용 노력
③ 에너지 절약을 위한 연구개발 및 보급 촉진
④ 에너지 절감량 또는 에너지의 합리적인 이용을 통한 온실가스 배출 감축량

해설 자발적 협약 평가기준은 ①, ②, ④ 외에 에너지 절감 또는 에너지의 합리적인 이용을 통한 온실가스 배출 감축에 관한 사항을 포함한다.

72 보온을 두껍게 하면 방산열량(Q)은 적게 되지만 보온재의 비용(P)은 증대된다. 이때 경제성을 고려한 최소치의 보온재 두께를 구하는 식은?

① $Q+P$
② Q^2+P
③ $Q+P^2$
④ Q^2+P^2

해설 경제성을 고려한 보온재의 최소두께 산정식
$= Q(방산열량) + P(보온재의 비용)$

73 고알루미나(High Alumina)질 내화물의 특성에 대한 설명으로 옳은 것은?

① 급열, 급랭에 대한 저항성이 적다.
② 고온에서 부피 변화가 크다.
③ 하중 연화온도가 높다.
④ 내마모성이 적다.

해설 고알루미나질(중성) 내화물은 하중 연화온도가 1,600℃ 정도로 높고, 내스폴링성이 크며, 열전도율이 크고, 용적변화가 적고, 기계적 강도가 매우 크다.

ANSWER | 68. ① 69. ④ 70. ③ 71. ③ 72. ① 73. ③

74 에너지이용 합리화법에 따라 검사대상 기기의 설치자가 변경된 경우 새로운 검사대상 기기의 설치자는 그 변경일부터 최대 며칠 이내에 검사대상 기기 설치자 변경신고서를 제출하여야 하는가?

① 7일
② 10일
③ 15일
④ 20일

해설 검사대상 기기(보일러, 압력용기, 철금속가열로 등)의 설치자는 설치자 변경 시 15일 이내에 한국에너지공단이사장에게 변경신고서를 제출한다.

75 배관 내 유체의 흐름을 나타내는 무차원수인 레이놀즈수(Re)의 층류흐름 기준은?

① $Re < 1,000$
② $Re < 2,100$
③ $2,100 < Re$
④ $2,100 < Re < 4,000$

해설 층류
레이놀즈수(Re)가 2,100 이하인 유체 흐름이다.

76 다음 중 배관의 호칭법으로 사용되는 스케줄 번호를 산출하는 데 직접적인 영향을 미치는 것은?

① 관의 외경
② 관의 사용온도
③ 관의 허용응력
④ 관의 열팽창계수

해설 관의 스케줄 번호 $= 10 \times \dfrac{P}{S}$
여기서, S : 허용응력
P : 사용압력

77 보온 단열재의 재료에 따른 구분에서 약 850~1,200℃ 정도까지 견디며, 열손실을 줄이기 위해 사용되는 것은?

① 단열재
② 보온재
③ 보랭재
④ 내화 단열재

해설 단열재
• 850~1,200℃ 정도까지 견디며 열손실을 줄이는 데 사용한다(내화단열재 : 1,300~1,500℃).
• 단열재의 종류 : 규조토질, 점토질(내화단열재)

78 터널가마(Tunnel Kiln)의 장점이 아닌 것은?

① 소성이 균일하여 제품의 품질이 좋다.
② 온도조절의 자동화가 쉽다.
③ 열효율이 좋아 연료비가 절감된다.
④ 사용연료의 제한을 받지 않고 전력소비가 적다.

해설 터널가마(연속요)
• 예열대, 소성대, 냉각대의 3대 구성요소로 이루어지며 부속장치로 대차, 푸셔, 샌드실, 공기순환장치가 있다.
• 사용연료에 제한을 받고 전력소비가 발생한다.

79 견요의 특징에 대한 설명으로 틀린 것은?

① 석회석 클링커 제조에 널리 사용된다.
② 하부에서 연료를 장입하는 형식이다.
③ 제품의 예열을 이용하여 연소용 공기를 예열한다.
④ 이동 화상식이며 연속요에 속한다.

해설 견요(선가마) : 시멘트 소성요(회전가마도 있다)
• 원료는 상부에서 장입한다. 연속요이며 제품의 여열을 이용하여 연소용 공기를 예열한다.
• 화염은 오름불꽃가마이며 직화식 가마이다.

80 에너지이용 합리화법에 따라 에너지다소비사업자는 연료 · 열 및 전력의 연간 사용량의 합계가 얼마 이상인 자를 나타내는가?

① 1천 티오이 이상인 자
② 2천 티오이 이상인 자
③ 3천 티오이 이상인 자
④ 5천 티오이 이상인 자

해설 에너지다소비사업자는 대통령령으로 정하는 연간 에너지사용량이 2천 티오이(TOE) 이상인 자이다.
※ TOE(석유환산톤) : Ton of Oil Equivalent

SECTION 05 열설비설계

81 수관보일러에서 수랭 노벽의 설치 목적으로 가장 거리가 먼 것은?

① 고온의 연소열에 의해 내화물이 연화, 변형되는 것을 방지하기 위하여
② 물의 순환을 좋게 하고 수관의 변형을 방지하기 위하여
③ 복사열을 흡수시켜 복사에 의한 열손실을 줄이기 위하여
④ 절연면적을 증가시켜 전열효율을 상승시키고, 보일러 효율을 높이기 위하여

해설 수랭로 수관벽의 설치 목적은 ①, ③, ④이다.

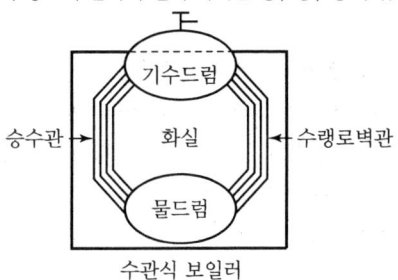
수관식 보일러

82 보일러에 부착되어 있는 압력계의 최고눈금은 보일러 최고사용압력의 최대 몇 배 이하의 것을 사용해야 하는가?

① 1.5배   ② 2.0배
③ 3.0배   ④ 3.5배

해설 압력계의 최고눈금은 보일러 최고사용압력의 1.5배 이상 ~3배 이하의 것을 사용한다.

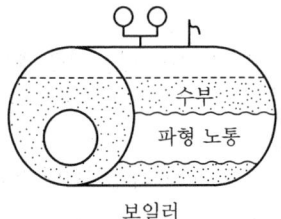
보일러

83 코르니시 보일러의 노통을 한쪽으로 편심 부착시키는 주된 목적은?

① 강도상 유리하므로
② 전열면적을 크게 하기 위하여
③ 내부 청소를 간편하게 하기 위하여
④ 보일러 물의 순환을 좋게 하기 위하여

해설
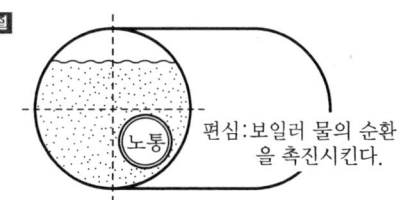
편심:보일러 물의 순환을 촉진시킨다.

84 다음 무차원수에 대한 설명으로 틀린 것은?

① Nusselt 수는 열전달계수와 관계가 있다.
② Prandtl 수는 동점성계수와 관계가 있다.
③ Reynolds 수는 층류 및 난류와 관계가 있다.
④ Stanton 수는 확산계수와 관계가 있다.

해설 Stanton 수
전열에서 '너셀수'에 대한 '레이놀즈수×프란틀수'의 비, 즉 $\left(\dfrac{너셀수}{레이놀즈수 \times 프란틀수}\right)$이다. 일명 열전달계수라고 한다.

85 노통 보일러에서 갤로웨이관(Galloway Tube)을 설치하는 이유가 아닌 것은?

① 전열면적의 증가
② 물의 순환 증가
③ 노통의 보강
④ 유동저항 감소

해설 노통 보일러나 입형 보일러에는 갤로웨이관을 설치한다.
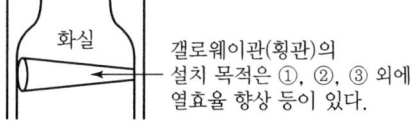
갤로웨이관(횡관)의 설치 목적은 ①, ②, ③ 외에 열효율 향상 등이 있다.

ANSWER | 81. ② 82. ③ 83. ④ 84. ④ 85. ④

86 피복 아크 용접에서 루트 간격이 크게 되었을 때 보수하는 방법으로 틀린 것은?

① 맞대기 이음에서 간격이 6mm 이하일 때에는 이음부의 한쪽 또는 양쪽에 덧붙이를 하고 깎아내어 간격을 맞춘다.
② 맞대기 이음에서 간격이 16mm 이상일 때에는 판의 전부 혹은 일부를 바꾼다.
③ 필릿 용접에서 간격이 1.5~4.5mm일 때에는 그대로 용접해도 좋지만 벌어진 간격만큼 각장을 작게 한다.
④ 필릿 용접에서 간격이 1.5mm 이하일 때에는 그대로 용접한다.

해설

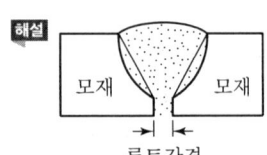

- 맞대기 필릿용접(F ; Flat Position) : 아래보기자세 용접
- 루트간격이 1.5~4.5mm 정도의 크기일 때는 벌어진 간격만큼 각장을 크게 한다.

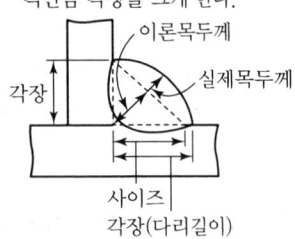

87 유량 7m³/s의 주철제 도수관의 지름(mm)은?(단, 평균유속(V)은 3m/s이다.)

① 680 ② 1,312
③ 1,723 ④ 2,163

해설 유량(Q)=관의 단면적(m²)×유속(m/s)
지름(d) = $\sqrt{\dfrac{4Q}{\pi V}}$ = $\sqrt{\dfrac{4 \times 7}{3.14 \times 3}}$ = 1.723m(1,723mm)
※ 7=단면적×3, 단면적=2.333m²

88 보일러 응축수 탱크의 가장 적절한 설치위치는?

① 보일러 상단부와 응축수 탱크의 하단부를 일치시킨다.
② 보일러 하단부와 응축수 탱크의 하단부를 일치시킨다.
③ 응축수 탱크는 응축수 회수배관보다 낮게 설치한다.
④ 응축수 탱크는 송출 증기관과 동일한 양정을 갖는 위치에 설치한다.

해설

89 보일러수의 분출시기가 아닌 것은?

① 보일러 가동 전 관수가 정지되었을 때
② 연속운전일 경우 부하가 가벼울 때
③ 수위가 지나치게 낮아졌을 때
④ 프라이밍 및 포밍이 발생할 때

해설

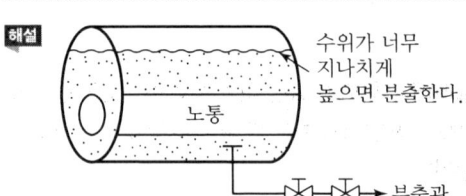

90 이온 교환체에 의한 경수의 연화 원리에 대한 설명으로 옳은 것은?

① 수지의 성분과 Na형의 양이온이 결합하여 경도 성분 제거
② 산소 원자와 수지가 결합하여 경도 성분 제거
③ 물속의 음이온과 양이온이 동시에 수지와 결합하여 경도 성분 제거
④ 수지가 물속의 모든 이물질과의 결합하여 경도 성분 제거

해설
- 양이온 교환수지 : N형, H형(재생재 : NaCl, H₂SO₄)
- 음이온 교환수지 : Cl형, OH형(NaCl, NaOH)
※ 경도 : 물 100cc당 CaO 1mg 함유(독일 경도 1°dH)

91 증발량 2ton/h, 최고사용압력 10kg/cm², 급수온도 20℃, 최대 증발률 25kg/m²·h인 원통 보일러에서 평균 증발률을 최대 증발률의 90%로 할 때, 평균 증발량(kg/h)은?

① 1,200   ② 1,500
③ 1,800   ④ 2,100

해설 증발량 2ton/h=2,000kg/h
평균 증발량=2,000×0.9=1,800kg/h

92 동체의 안지름이 2,000mm, 최고사용압력이 12kg/cm²인 원통보일러 동판의 두께(mm)는?(단, 강판의 인장강도 40kg/mm², 안전율 4.5, 용접부의 이음효율(η) 0.71, 부식여유는 2mm이다.)

① 12   ② 16
③ 19   ④ 21

해설 $t = \dfrac{P \cdot D}{200\eta\sigma_a - 1.2P}$

$= \dfrac{12 \times 2{,}000}{200 \times 0.71 \times \left(40 \times \dfrac{1}{4.5}\right) - 1.2 \times 12} + 2 ≒ 22\text{mm}$

93 아래 벽체구조의 열관류율(kcal/h·m²·℃)은?(단, 내측 열전도저항 값은 0.05m²·h·℃/kcal이며, 외측 열전도저항 값은 0.13m²·h·℃/kcal이다.)

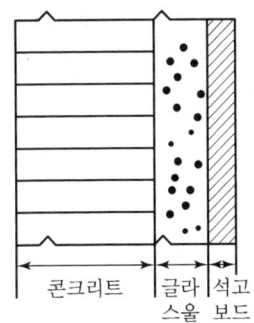

재료	두께(mm)	열전도율(kcal/h·m·℃)
내측		
콘크리트	200	1.4
글라스울	75	0.033
석고보드	20	0.21
외측		

① 0.37   ② 0.57
③ 0.87   ④ 0.97

해설 열관류율$(K) = \dfrac{1}{\dfrac{1}{a_1} + \dfrac{b_1}{\lambda_1} + \dfrac{b_2}{\lambda_2} + \dfrac{b_3}{\lambda_3} + \dfrac{1}{a_2}}$

$= \dfrac{1}{0.05 + \dfrac{0.2}{1.4} + \dfrac{0.075}{0.033} + \dfrac{0.02}{0.21} + 0.13}$

$= 0.37\text{kcal/m}^2 \cdot \text{h} \cdot ℃$

여기서, $\dfrac{1}{a_1} = 0.05$, $\dfrac{1}{a_2} = 0.13$

a_1, a_2 : 실내, 실외 측 열전달률(kcal/m²·h·℃)

94 보일러의 과열에 의한 압궤(Collapse)의 발생부분이 아닌 것은?

① 노통 상부   ② 화실 천장
③ 연관   ④ 거싯 스테이

해설
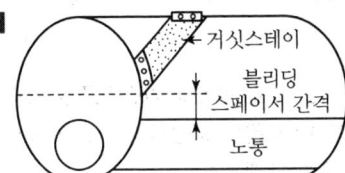

- 팽출 : 횡연관보일러 동저부, 수관

- 압궤 : 노통, 연소실, 관판 등

ANSWER | 91. ③   92. ④   93. ①   94. ④

95 보일러 설치공간의 계획 시 바닥으로부터 보일러 동체의 최상부까지의 높이가 4.4m라면, 바닥으로부터 상부 건축구조물까지의 최소높이는 얼마 이상을 유지하여야 하는가?

① 5.0m 이상　② 5.3m 이상
③ 5.6m 이상　④ 5.9m 이상

해설
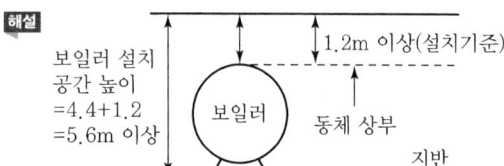
보일러 설치 공간 높이
=4.4+1.2
=5.6m 이상

96 결정조직을 조정하고 연화시키기 위한 열처리 조작으로 용접에서 발생한 잔류응력을 제거하기 위한 것은?

① 뜨임(Tempering)
② 풀림(Annealing)
③ 담금질(Quenching)
④ 불림(Normalizing)

해설 풀림 열처리(소둔, Annealing)
- 내부 잔류응력 제거, 재질의 연화, 결정립 크기의 조절, 펄라이트 구상화 목적
- 723~910℃ 범위에서 가열하여 금속의 성질을 개선

97 최고사용압력 1.5MPa, 파형 형상에 따른 정수(C)를 1,100으로 할 때 노통의 평균지름이 1,100mm인 파형 노통의 최소 두께는?

① 10mm　② 15mm
③ 20mm　④ 25mm

해설 파형 노통의 최소두께(t) = $\dfrac{P \cdot D}{C}$

= $\dfrac{(1.5 \times 10) \times 1,100}{1,100}$

= 15mm

※ 1.5MPa×10=15kg/cm²

98 상향 버킷식 증기트랩에 대한 설명으로 틀린 것은?

① 응축수의 유입구와 유출구의 차압이 없어도 배출이 가능하다.
② 가동 시 공기 빼기를 하여야 하며 겨울철 동결 우려가 있다.
③ 배관계통에 설치하여 배출용으로 사용된다.
④ 장치의 설치는 수평으로 한다.

해설 상향 버킷식 증기트랩은 배기능력이 빈약하여 유입구와 유출구의 차압이 있어야 응축수 배출이 가능한 기계식 트랩이다(대형이며 동결의 우려가 있고 체크밸브가 부착된다).

99 NaOH 8g을 200L의 수용액에 녹이면 pH는?

① 9　② 10
③ 11　④ 12

해설 pH = $-\log[\text{H}^+]$
여기서, p는 마이너스 로그($-\log$)를 뜻한다.
물 200L=200kg
NaOH 1kmol=40kg(1mol=40g)
NaOH $\dfrac{8g}{40g}$=0.2M

[OH$^-$]= $\dfrac{0.2}{200}$ = 0.001

pOH= $\log \dfrac{1}{[\text{H}^+]}$ = $\log \dfrac{1}{0.001}$ = 3

∴ pH=14−pOH=14−3=11

100 프라이밍 및 포밍이 발생한 경우 조치방법으로 틀린 것은?

① 압력을 규정압력으로 유지한다.
② 보일러수의 일부를 분출하고 새로운 물을 넣는다.
③ 증기밸브를 열고 수면계의 수위 안정을 기다린다.
④ 안전밸브, 수면계의 시험과 압력계 연락관을 취출하여 본다.

해설 • 프라이밍 : 비수, 물방울 혼입
• 포밍 : 물거품 발생
프라이밍 및 포밍 발생이 심하면 캐리오버(기수공발) 현상을 방지하기 위하여 증기밸브를 닫고 수면계 수위의 안정을 도모한다.

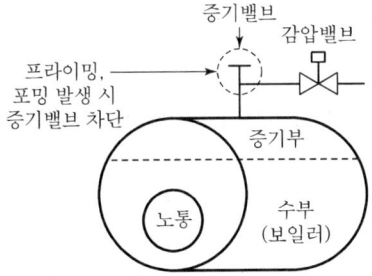

2018년 1회 에너지관리기사

SECTION 01 연소공학

01 고체연료 대비 액체연료의 성분 조성비는?
① H_2 함량이 적고 O_2 함량이 적다.
② H_2 함량이 많고 O_2 함량이 적다.
③ O_2 함량이 많고 H_2 함량이 많다.
④ O_2 함량이 많고 H_2 함량이 적다.

해설
- 기체연료(CH_4) 등은 수소(H) 성분이 많다.
- 고체·액체연료는 탄소(C) 성분이 많다.
- 액체연료는 H_2 함량이 고체연료(석탄)보다 많고 산소(O_2) 함량이 적다.

02 연돌에서 배출되는 연기의 농도를 1시간 동안 측정한 결과가 다음과 같을 때 매연의 농도율은 몇 %인가?

| • 농도 4도 : 10분 | • 농도 3도 : 15분 |
| • 농도 2도 : 15분 | • 농도 1도 : 20분 |

① 25　② 35
③ 45　④ 55

해설 매연농도율(R)
$$R = \frac{\text{총매연값}}{\text{측정시간}} \times 20$$
$$= \frac{4 \times 10 + 3 \times 15 + 2 \times 15 + 1 \times 20}{10 + 15 + 15 + 20} \times 20 = 45\%$$

03 탄산가스최대량(CO_{2max})에 대한 설명 중 (　)에 알맞은 것은?

(　　)으로 연료를 완전연소시킨다고 가정할 경우에 연소가스 중의 탄산가스양을 이론 건연소가스양에 대한 백분율로 표시한 것이다.

① 실제공기량　② 과잉공기량
③ 부족공기량　④ 이론공기량

해설 $C + O_2 \rightarrow CO_2$
이론공기량으로 완전연소가 가능하다면 CO_2가 가장 많이 생성되고 CO나 기타 가스 발생이 감소한다.

04 연소 배기가스 중 가장 많이 포함된 기체는?
① O_2　② N_2
③ CO_2　④ SO_2

해설 배기가스 중 질소(N_2)가 가장 많이 배출된다. 이론공기량의 79%가 질소량이다.

05 '전압은 분압의 합과 같다'는 법칙은?
① 아마겟의 법칙　② 뤼삭의 법칙
③ 돌턴의 법칙　④ 헨리의 법칙

해설 돌턴의 분압법칙 : 전압은 분압의 합과 같다.

06 액화석유가스(LPG)의 성질에 대한 설명으로 틀린 것은?
① 인화폭발의 위험성이 크다.
② 상온, 대기압에서는 액체이다.
③ 가스의 비중은 공기보다 무겁다.
④ 기화잠열이 커서 냉각제로도 이용 가능하다.

해설 액화석유가스(LPG)는 상온 대기압하에서 항상 기체로 존재한다(프로판 비점 : -42.1℃, 부탄 비점 : -0.5℃).

07 다음 중 매연의 발생 원인으로 가장 거리가 먼 것은?
① 연소실 온도가 높을 때
② 연소장치가 불량한 때
③ 연료의 질이 나쁠 때
④ 통풍력이 부족할 때

해설 연소실 온도가 높으면 소요공기량이 감소하고 완전연소가 가능하며 매연 발생이 줄어든다.

1. ②　2. ③　3. ④　4. ②　5. ③　6. ②　7. ① | ANSWER

08 일반적으로 기체연료의 연소방식을 크게 2가지로 분류한 것은?

① 등심연소와 분산연소
② 액면연소와 증발연소
③ 증발연소와 분해연소
④ 예혼합연소와 확산연소

해설 기체연료의 연소방식
- 확산연소방식
- 예혼합연소방식 : 역화의 우려가 있다.

09 연소에 관한 용어, 단위 및 수식의 표현으로 옳은 것은?

① 화격자 연소율의 단위 : $kg/m^2 \cdot h$
② 공기비(m) : $\dfrac{이론공기량(A_0)}{실제공기량(A)}(m>1.0)$
③ 이론연소가스양(고체연료인 경우) : Nm^3/Nm^3
④ 고체연료의 저위발열량(H_l)의 관계식 :
   $H_l = H_h + 600(9H - W)(kcal/kg)$

해설
② 공기비(m) = 실제공기량/이론공기량
③ 고체연료 이론연소가스양 : Nm^3/kg
④ 고체연료의 저위발열량$(H_l) = H_h - 600(9H + W)$

10 연소관리에 있어 연소배기가스를 분석하는 가장 직접적인 목적은?

① 공기비 계산   ② 노 내압 조절
③ 연소열량 계산   ④ 매연농도 산출

해설 배기가스 분석 목적은 공기비를 파악하는 것이다(연소상태 점검 용이). 공기비가 크면 배기가스양이 많이 발생하고 열손실이 커진다.

11 코크스로 가스를 $100Nm^3$ 연소한 경우 습연소가스양과 건연소가스양의 차이는 약 몇 Nm^3인가?(단, 코크스로 가스의 조성(용량%)은 CO_2 3%, CO 8%, CH_4 30%, C_2H_4 4%, H_2 50% 및 N_2 5%이다.)

① 108   ② 118
③ 128   ④ 138

해설 $CO + (1/2)O_2 \rightarrow CO_2$, $H_2 + (1/2)O_2 \rightarrow H_2O$
$CH_4 + 2O_2 \rightarrow CO_2 + 2H_2O$
$C_2H_4 + 3O_2 \rightarrow 2CO_2 + 2H_2O$

- 건연소가스양(G_{od})
  $= (1 - 0.21)A_0 + CH_4 + C_2H_4 + CO + CO_2 + N_2$
- 습연소가스양(G_{ow})
  $= (1 - 0.21)A_0 + CO_2 + CO + CH_4 + C_2H_4 + H_2 + N_2$
- 이론공기량(A_0)
  $=$ 이론산소량$\times \dfrac{1}{0.21} = (0.5 \times 0.08) + (2 \times 0.3)$
  $\quad + (3 \times 0.04) + (0.5 \times 0.5) \times \dfrac{1}{0.21}$
  $= 4.81 Nm^3/Nm^3$
- 이론건배기가스양
  $= (1 - 0.21) \times 4.81 + (1 \times 0.03) + (1 \times 0.08)$
  $\quad + (1 \times 0.3) + (2 \times 0.04) + (1 \times 0.05)$
  $= 4.4189 Nm^3/Nm^3$
- 이론습배기가스양
  $= (1 - 0.21) \times 4.81 + (1 \times 0.03) + (1 \times 0.08)$
  $\quad + (3 \times 0.3) + (4 \times 0.04) + (1 \times 0.5) + (1 \times 0.05)$
  $= 5.5989 Nm^3/Nm^3$
∴ 습연소가스양과 건연소가스양의 차이값
  $= (5.5989 - 4.4189) \times 100 = 118 Nm^3$

12 석탄을 연소시킬 경우 필요한 이론산소량은 약 몇 Nm^3/kg인가?(단, 중량비 조성은 C : 86%, H : 4%, O : 8%, S : 2%이다.)

① 1.49   ② 1.78
③ 2.03   ④ 2.45

해설 고체연료의 이론산소량(O_0)
$= 1.867C + 5.6\left(H - \dfrac{O}{8}\right) + 0.7S$
$= 1.87 \times 0.86 + 5.6\left(0.04 - \dfrac{0.08}{8}\right) + 0.7 \times 0.02$
$= 1.79 Nm^3/kg$

13 불꽃연소(Flaming Combustion)에 대한 설명으로 틀린 것은?

① 연소속도가 느리다.
② 연쇄반응을 수반한다.
③ 연소사면체에 의한 연소이다.
④ 가솔린의 연소가 이에 해당한다.

해설 불꽃연소는 연소속도가 매우 빠르다.

14 N_2와 O_2의 가스정수가 다음과 같을 때, N_2가 70%인 N_2와 O_2의 혼합가스의 가스정수는 약 몇 kgf·m/kg·K인가?(단, 가스정수는 N_2 : 30.26kgf·m/kg·K, O_2 : 26.49kgf·m/kg·K이다.)

① 19.24   ② 23.24
③ 29.13   ④ 34.47

해설 $N_2 = 70\%$, $O_2 = 100 - 70 = 30\%$
∴ 가스정수$(R) = 30.26 \times 0.7 + 26.49 \times 0.3$
　　　　　　$= 29.13 \text{kgf} \cdot \text{m/kg} \cdot \text{K}$

15 다음 대기오염물 제거방법 중 분진의 제거방법으로 가장 거리가 먼 것은?

① 습식세정법   ② 원심분리법
③ 촉매산화법   ④ 중력침전법

해설 집진장치
습식세정법, 원심분리법, 중력침전법, 전기식, 여과식 등

16 고체연료의 공업분석에서 고정탄소를 산출하는 식은?

① 100 − [수분(%) + 회분(%) + 질소(%)]
② 100 − [수분(%) + 회분(%) + 황분(%)]
③ 100 − [수분(%) + 황분(%) + 휘발분(%)]
④ 100 − [수분(%) + 회분(%) + 휘발분(%)]

해설 고체연료의 고정탄소 = 100 − (수분 + 회분 + 휘발분)

17 세정집진장치의 입자 포집원리에 대한 설명으로 틀린 것은?

① 액적에 입자가 충돌하여 부착한다.
② 입자를 핵으로 한 증기의 응결에 의하여 응집성을 증가시킨다.
③ 미립자의 확산에 의하여 액적과의 접촉을 좋게 한다.
④ 배기의 습도 감소에 의하여 입자가 서로 응집한다.

해설 습식집진장치(매연처리장치)
• 유수식 방식
• 가압수식 방식
• 회전식 방식

18 다음 중 연료 연소 시 최대탄산가스농도(CO_{2max})가 가장 높은 것은?

① 탄소   ② 연료유
③ 역청탄   ④ 코크스로 가스

해설 $C + O_2 \rightarrow CO_2$
CO_{2max}가 가장 많이 발생하려면 탄소(C) 함량이 많거나 완전연소되어야 한다.

19 프로판가스 1kg 연소시킬 때 필요한 이론 공기량은 약 몇 Sm^3/kg인가?

① 10.2   ② 11.3
③ 12.1   ④ 13.2

해설 $C_3H_8 + 5O_2 \rightarrow 3CO_2 + 4H_2O$
프로판 가스 분자량 = $22.4Nm^3 = 44kg$
공기 중 산소량은 중량비로 23.2%
중량당 이론 공기량(A_0) = 이론 산소량 $\times \dfrac{1}{0.232}$ (Nm^3/kg)
$5 \times \dfrac{1}{0.21} = 23.81 Nm^3/Nm^3$ (체적당 계산식)
이론 공기량$(A_0) = 5 \times \dfrac{1}{0.21} \times \dfrac{22.4}{44} = 12.1 Nm^3/kg$

20 다음 기체 중 폭발범위가 가장 넓은 것은?

① 수소   ② 메탄
③ 벤젠   ④ 프로판

해설 기체연료 폭발 범위
• 수소 : 4~74%
• 메탄 : 5~15%
• 벤젠 : 1.3~7.9%
• 프로판 : 2.1~9.5%

SECTION 02 열역학

21 그림과 같은 압력-부피선도($P-V$선도)에서 A에서 C로의 정압과정 중 계는 50J의 일을 받아들이고 25J의 열을 방출하며, C에서 B로의 정적과정 중 75J의 열을 받아들인다면, B에서 A로의 과정이 단열일 때 계가 얼마의 일(J)을 하겠는가?

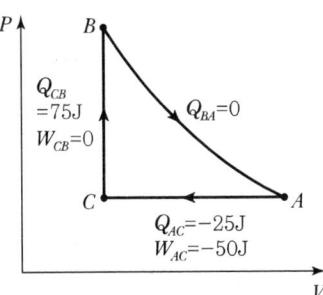

① 25J ② 50J
③ 75J ④ 100J

해설 • 받아들인 일 :
  $A → C$과정 50J, $C → B$과정 75J
 • 방출한 열 : 25J
 ∴ $B → A$로 단열일 : $(50+75)-25=100J$

22 다음 엔트로피에 관한 설명으로 옳은 것은?

① 비가역 사이클에서 클라우지우스(Clausius)의 적분은 영(0)이다.
② 두 상태 사이의 엔트로피 변화는 경로에는 무관하다.
③ 여러 종류의 기체가 서로 확산되어 혼합하는 과정은 엔트로피가 감소한다고 볼 수 있다.
④ 우주 전체의 엔트로피는 궁극적으로 감소되는 방향으로 변화한다.

해설 엔트로피
변화량이 경로에 관계 없이 결정되는 값이다. 즉 점함수(Point Function)이다. 상태만의 함수로서 수량적으로 표시가 가능하다(완전가스의 엔트로피는 상태량의 함수이다).

23 폴리트로픽 과정을 나타내는 다음 식에서 폴리트로픽 지수 n과 관련하여 옳은 것은?(단, P는 압력, V는 부피이고, C는 상수이다. 또한, k는 비열비이다.)

$$PV^n = C$$

① $n=\infty$: 단열과정 ② $n=0$: 정압과정
③ $n=k$: 등온과정 ④ $n=1$: 정적과정

해설 폴리트로픽 지수(n), 폴리트로픽 비열(C_n)

상태변화	지수(n)	비열(C_n)
정압변화	0	C_p
등온변화	1	∞
단열변화	K	0
정적변화	∞	C_v

24 어떤 연료의 1kg의 발열량이 36,000kJ이다. 이 열이 전부 일로 바뀌고, 1시간마다 30kg의 연료가 소비된다고 하면 발생하는 동력은 약 몇 kW인가?

① 4 ② 10
③ 300 ④ 1,200

해설 $1kW = 102 kg \cdot m/sec$
$1kWh = 102 kg \cdot m/sec \times 1hr \times 60min/hr$
$\quad \times \dfrac{1}{427} kcal/kg \cdot m$
$\quad = 860 kcal/hr = 3,600 kJ/hr$
∴ 동력 $= \dfrac{36,000 \times 30}{3,600} = 300 kW$

25 다음 설명과 가장 관계되는 열역학적 법칙은?

• 열은 그 자신만으로는 저온의 물체로부터 고온의 물체로 이동할 수 없다.
• 외부에 어떠한 영향을 남기지 않고 한 사이클 동안에 계가 열원으로부터 받은 열을 모두 일로 바꾸는 것은 불가능하다.

① 열역학 제0법칙 ② 열역학 제1법칙
③ 열역학 제2법칙 ④ 열역학 제3법칙

ANSWER | 21. ④ 22. ② 23. ② 24. ③ 25. ③

해설 열역학 제2법칙
- 열은 그 자신만으로는 저온의 물체로부터 고온의 물체로 이동할 수 없다.
- 제2종 영구기관 : 입력과 출력이 같은 기관, 즉 열효율이 100%인 기관으로 열역학 제2법칙에 위배되는 기관

26 다음 중 일반적으로 냉매로 쓰이지 않는 것은?
① 암모니아 ② CO
③ CO_2 ④ 할로겐화탄소

해설 $CO + \frac{1}{2}O_2 \rightarrow CO_2$

$C + \frac{1}{2}O_2 \rightarrow CO$

여기서, CO : 불완전연소가스

27 카르노 사이클에서 최고 온도는 600K이고, 최저 온도는 250K일 때 이 사이클의 효율은 약 몇 %인가?
① 41 ② 49
③ 58 ④ 64

해설 카르노 사이클$(\eta_c) = \frac{Aw}{Q_1} = 1 - \frac{Q_2}{Q_1} = 1 - \frac{T_2}{T_1}$

$= \frac{600-250}{600} = 0.58(58\%)$

28 CO_2 기체 20kg을 15℃에서 215℃로 가열할 때 내부에너지의 변화는 약 몇 kJ인가?(단, 이 기체의 정적비열은 0.67kJ/kg·K이다.)
① 134 ② 200
③ 2,680 ④ 4,000

해설 내부에너지 변화$(Q) = G \cdot C_v \cdot (t_2 - t_1)$
$= 20 \times 0.67 \times (215 - 15)$
$= 2,680$ kJ

29 그림과 같은 피스톤-실린더 장치에서 피스톤의 질량은 40kg이고, 피스톤 면적이 $0.05m^2$일 때 실린더 내의 절대압력은 약 몇 bar인가?(단, 국소 대기압은 0.96bar이다.)

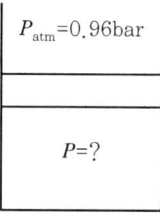

① 0.964 ② 0.982
③ 1.038 ④ 1.122

해설 1atm = 760mmHg = 1.0332kgf/cm^2
= 101,325Pa = 1.01325bar

$\frac{40}{0.05} = 800$kgf/m^2 = $\frac{800}{10^4}$ = 0.08kgf/cm^2

∴ 절대압력 = $\left(1.01325 \times \frac{0.08}{1.0332}\right) + 0.96 = 1.038$bar

30 처음 온도, 압축비, 공급열량이 같을 경우 열효율의 크기를 옳게 나열한 것은?
① Otto Cycle > Sabathe Cycle > Diesel Cycle
② Sabathe Cycle > Diesel Cycle > Otto Cycle
③ Diesel Cycle > Sabathe Cycle > Otto Cycle
④ Sabathe Cycle > Otto Cycle > Diesel Cycle

해설
- 온도, 압축비, 공급열량이 같은 경우 열효율
  오토 사이클 > 사바테 사이클 > 디젤 사이클
- 가열량 및 최고 압력이 일정한 경우 열효율
  오토 사이클 > 사바테 사이클 > 디젤 사이클

31 증기 터빈의 노즐 출구에서 분출하는 수증기의 이론 속도와 실제속도를 각각 C_t와 C_a라고 할 때 노즐효율 η_n의 식으로 옳은 것은?(단, 노즐 입구에서의 속도는 무시한다.)

① $\eta_n = \frac{C_a}{C_t}$ ② $\eta_n = \left(\frac{C_a}{C_t}\right)^2$

③ $\eta_n = \sqrt{\frac{C_a}{C_t}}$ ④ $\eta_n = \left(\frac{C_a}{C_t}\right)^3$

[해설] 증기터빈 노즐 효율 $(\eta_n) = \left(\dfrac{C_a}{C_t}\right)^2$

32 냉장고가 저온체에서 30kW의 열을 흡수하여 고온체로 40kW의 열을 방출한다. 이 냉장고의 성능계수는?

① 2 ② 3
③ 4 ④ 5

[해설] 증발열량=30kW, 응축열량=40kW
압축열량=40−30=10kW
∴ 성적계수$(COP) = \dfrac{30}{10} = 3$

33 임계점(Critical Point)에 대한 설명 중 옳지 않은 것은?

① 액상, 기상, 고상이 함께 존재하는 점을 말한다.
② 임계점에서는 액상과 기상을 구분할 수 없다.
③ 임계압력 이상이 되면 상변화 과정에 대한 구분이 나타나지 않는다.
④ 물의 임계점에서의 압력과 온도는 약 22.09MPa, 374.14℃이다.

[해설]

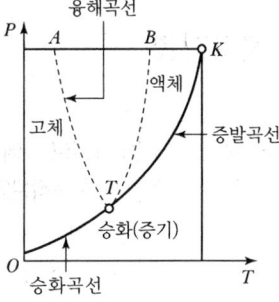

①은 삼중점에 대한 설명이다.

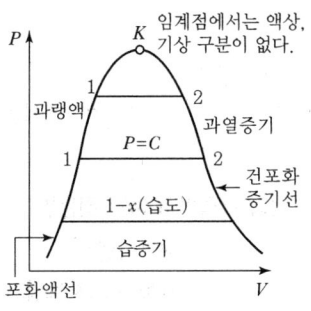

34 −30℃, 200atm의 질소를 단열과정을 거쳐서 5atm까지 팽창했을 때의 온도는 약 얼마인가?(단, 이상기체의 가역과정이고 질소의 비열비는 1.41이다.)

① 6℃ ② 83℃
③ −172℃ ④ −190℃

[해설] 단열과정 : $\dfrac{T_2}{T_1} = \left(\dfrac{V_1}{V_2}\right)^{k-1} = \left(\dfrac{P_2}{P_1}\right)^{\frac{k-1}{k}}$

∴ 팽창 후 온도$(T_2) = T_1 \times \left(\dfrac{P_2}{P_1}\right)^{\frac{k-1}{k}}$

$= \left[(273-30) \times \left(\dfrac{5}{200}\right)^{\frac{1.41-1}{1.41}}\right] - 273$

$= -190℃$

35 그림과 같은 브레이턴 사이클에서 효율(η)은?(단, P는 압력, v는 비체적이며, T_1, T_2, T_3, T_4는 각각의 지점에서의 온도이다. 또한, q_{in}과 q_{out}은 사이클에서 열이 들어오고 나감을 의미한다.)

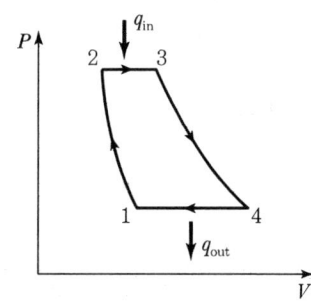

① $\eta = 1 - \dfrac{T_3 - T_2}{T_4 - T_1}$ ② $\eta = 1 - \dfrac{T_1 - T_2}{T_3 - T_4}$

③ $\eta = 1 - \dfrac{T_4 - T_1}{T_3 - T_2}$ ④ $\eta = 1 - \dfrac{T_3 - T_4}{T_1 - T_2}$

[해설] 브레이턴 사이클(Brayton Cycle)
공기냉동 사이클의 역사이클이다.
• 1 → 2 과정 : 가역단열압축
• 2 → 3 과정 : 정압가열
• 3 → 4 과정 : 단열팽창
• 4 → 1 과정 : 정압방열

$\eta = 1 - \dfrac{C_p(T_4 - T_1)}{C_p(T_3 - T_2)} = 1 - \dfrac{(T_4 - T_1)}{(T_3 - T_2)}$

$T_2 = T_1\left(\dfrac{P_2}{P_1}\right)^{\frac{k-1}{k}}$, $T_3 = T_4\left(\dfrac{P_3}{P_4}\right)^{\frac{k-1}{k}}$

ANSWER | 32. ② 33. ① 34. ④ 35. ③

36 온도 30℃, 압력 350kPa에서 비체적이 0.449m³/kg인 이상기체의 기체상수는 몇 kJ/kg·K인가?

① 0.143　　② 0.287
③ 0.518　　④ 0.842

해설 SI 단위 기준 $R = C_p - C_v$, $K = \dfrac{C_p}{C_v}$, $C_v = \dfrac{AR}{K-1}$

$C_p = KC_v = \dfrac{KAR}{K-1}$, $PV = GRT$

기체상수$(R) = \dfrac{P \cdot V}{G \cdot T} = \dfrac{350 \times 0.449}{1 \times (30+273)}$
$= 0.518 \text{kJ/kg} \cdot \text{K}$

37 열펌프(Heat Pump) 사이클에 대한 성능계수(COP)는 다음 중 어느 것을 입력 일(Work Input)로 나누어 준 것인가?

① 고온부 방출열
② 저온부 흡수열
③ 고온부가 가진 총에너지
④ 저온부가 가진 총에너지

해설 히트펌프 성능계수$(\varepsilon_h) = \varepsilon_r + 1$
냉동기 성적계수$(\varepsilon_r) = \varepsilon_h - 1$

$\dfrac{Q_2}{Aw} = \dfrac{Q_2}{Q_1 - Q_2} = \dfrac{T_2}{T_1 - T_2}$

38 다음 괄호 안에 들어갈 말로 옳은 것은?

> 일반적으로 교축(Throttling) 과정에서는 외부에 대하여 일을 하지 않고, 열교환이 없으며, 속도변화가 거의 없음에 따라 (　　)(은)는 변하지 않는다고 가정한다.

① 엔탈피　　② 온도
③ 압력　　　④ 엔트로피

해설 교축과정(등엔탈피 과정)

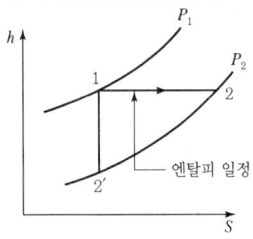

교축과정은 비가역변화(압력감소, 엔트로피는 항상 증가)

39 랭킨 사이클로 작동하는 증기 동력 사이클에서 효율을 높이기 위한 방법으로 거리가 먼 것은?

① 복수기에서의 압력을 상승시킨다.
② 터빈 입구의 온도를 높인다.
③ 보일러의 압력을 상승시킨다.
④ 재열 사이클(Reheat Cycle)로 운전한다.

해설 랭킨 사이클(Rankine Cycle)
- 보일러 압력이 높고 복수기 압력이 낮을수록 열효율 증가
- 터빈 출구의 압력이 낮을수록 열효율 증가(단, 터빈 출구의 온도가 낮으면 터빈 깃이 부식되므로 열효율 감소)

40 가역적으로 움직이는 열기관이 300℃의 고열원으로부터 200kJ의 열을 흡수하여 40℃의 저열원으로 열을 배출하였다. 이때 40℃의 저열원으로 배출한 열량은 약 몇 kJ인가?

① 27　　② 45
③ 73　　④ 109

해설 273+300=573K, 40+273=313K
∴ 배출열량$(Q) = 200 \times \dfrac{313}{573} = 109 \text{kJ}$

SECTION 03 계측방법

41 불연속 제어동작으로 편차의 정(+), 부(-)에 의해서 조작신호가 최대, 최소가 되는 제어 동작은?

① 미분동작　　② 적분동작
③ 비례동작　　④ 온-오프동작

해설 온-오프동작
- 불연속 동작
- 편차의 +, -에 의한 조작신호가 최대, 최소가 되는 동작

42 물리적 가스분석계의 측정법이 아닌 것은?

① 밀도법　　　② 세라믹법
③ 열전도율법　④ 자동 오르자트법

PART 02 | 과년도 기출문제(2018. 3. 4. 시행)

해설 화학적인 가스분석계
- 자동 오르자트법
- 헴펠식
- 연소열법
- 게겔법

43 다음 중 압력식 온도계를 이용하는 방법으로 가장 거리가 먼 것은?
① 고체팽창식   ② 액체팽창식
③ 기체팽창식   ④ 증기팽창식

해설 고체팽창식 온도계 : 바이메탈 온도계(원호형, 나선형)
- 측정범위 : $-50 \sim 500℃$
- 현장지시용, 자동제어용으로 많이 사용한다.

44 유속 10m/s의 물속에 피토관을 세울 때 수주의 높이는 약 몇 m인가?(단, 여기서 중력가속도 $g=9.8m/s^2$이다.)
① 0.51   ② 5.1
③ 0.12   ④ 1.2

해설 유속$(V) = \sqrt{2gh}$
$10 = \sqrt{2 \times 9.8 \times h}$
높이$(h) = \dfrac{V^2}{2 \cdot g} = \dfrac{10^2}{2 \times 9.8} = 5.1\text{m}$

45 내경이 50mm인 원관에 20℃ 물이 흐르고 있다. 층류로 흐를 수 있는 최대 유량은 약 몇 m^3/s인가?(단, 임계 레이놀즈수(Re)는 2,320이고, 20℃일 때 동점성계수$(\nu)=1.0064 \times 10^{-6} m^2/s$이다.)
① 5.33×10^{-5} ② 7.36×10^{-5}
③ 9.16×10^{-5} ④ 15.23×10^{-5}

해설 유속$(V) = \dfrac{2,320 \times 1.0064 \times 10^{-6}}{0.05} = 0.04669696\text{m/s}$
유량$(Q) = $단면적$\times$유속(m/s)$ = A \times V(m^3/s)$
A(단면적)$ = \dfrac{\pi}{4}d^2 = \dfrac{3.14}{4} \times (0.05)^2 = 0.0019625 m^2$
∴ 유량$(Q) = 0.04669696 \times 0.0019625$
$= 9.16 \times \times 10^{-5} m3/s$

46 다음 중 액면 측정 방법으로 가장 거리가 먼 것은?
① 유리관식   ② 부자식
③ 차압식   ④ 박막식

해설 액면 측정 방법
유리관식, 검척식, 부자식, 차압식, 편위식, 방사선식

47 전기저항 온도계의 특징에 대한 설명으로 틀린 것은?
① 원격측정에 편리하다.
② 자동제어의 적용이 용이하다.
③ 1,000℃ 이상의 고온 측정에서 특히 정확하다.
④ 자기가열오차가 발생하므로 보정이 필요하다.

해설
- 전기저항식 온도계 : 백금온도계, 니켈온도계, 구리온도계, 서미스터 온도계
- 측정범위 : $-200 \sim 500℃$ 정도

48 피드백 제어에 대한 설명으로 틀린 것은?
① 폐회로방식이다.
② 다른 제어계보다 정확도가 증가한다.
③ 보일러 점화 및 소화 시에 제어한다.
④ 다른 제어계보다 제어폭이 증가한다.

해설 시퀀스 정성적 제어 : 보일러 점화 시나 소화 시에 제어한다.

49 서로 맞서 있는 2개 전극 사이의 정전용량은 전극 사이에 있는 물질 유전율의 함수이다. 이러한 원리를 이용한 액면계는?
① 정전용량식 액면계
② 방사선식 액면계
③ 초음파식 액면계
④ 중추식 액면계

해설 정전용량식 액면계
서로 맞서 있는 2개의 전극 사이 정전용량은 전극 사이에 있는 물질 유전율의 함수임을 이용한 간접식 액면계이다. 탱크 안의 전극을 이용하여 액의 위치변화에 의한 정전용량 변화를 이용하여 액면을 측정한다.

ANSWER | 43. ① 44. ② 45. ③ 46. ④ 47. ③ 48. ③ 49. ①

50 기준 수위에서의 압력과 측정 액면계에서 압력의 차이로부터 액위를 측정하는 방식으로 고압 밀폐형 탱크의 측정에 적합한 액면계는?

① 차압식 액면계 ② 편위식 액면계
③ 부자식 액면계 ④ 유리관식 액면계

해설 차압식(햄프슨식) 액면계
액화 산소 등과 같은 극저온의 저장탱크 액면 측정에 유리하며 일정한 액면 기준을 유지하고 있는 기준기의 정압과 탱크 내의 유체의 부압과의 압력차를 이용한다.

51 SI 단위계에서 물리량과 기호가 틀린 것은?

① 질량 : kg ② 온도 : ℃
③ 물질량 : mol ④ 광도 : cd

해설
- 온도 : K
- 길이 : m
- 전류 : A
- 시간 : s

52 다음 중 습도계의 종류로 가장 거리가 먼 것은?

① 모발 습도계 ② 듀셀 노점계
③ 초음파식 습도계 ④ 전기저항식 습도계

해설 초음파식은 액면계, 유량계로 사용한다.

53 액주에 의한 압력측정에서 정밀측정을 위한 보정으로 반드시 필요로 하지 않는 것은?

① 모세관 현상의 보정 ② 중력의 보정
③ 온도의 보정 ④ 높이의 보정

해설 액주에 의한 압력측정 보정의 종류
- 모세관에 의한 보정
- 중력의 보정
- 온도의 보정

54 다음 중 1,000℃ 이상의 고온을 측정하는 데 적합한 온도계는?

① CC(동-콘스탄탄) 열전온도계
② 백금저항 온도계
③ 바이메탈 온도계
④ 광고온계

해설 고온측정용 온도계
- 광고온도계
- 광전관온도계
- 방사(복사)온도계

55 자동제어에서 전달함수의 블록선도를 그림과 같이 등가변환시킨 것으로 적합한 것은?

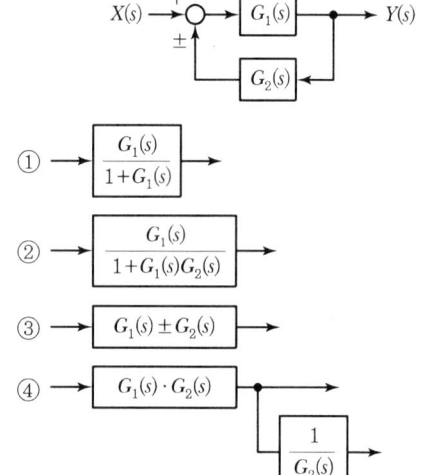

해설 $[X(s) - Y(s)G_2(s)]G_1(s) = Y(s)$

$$\therefore \frac{Y(s)}{X(s)} = \frac{G_1(s)}{1+G_1(s)G_2(s)}$$

56 다음 중 백금-백금·로듐 열전대 온도계에 대한 설명으로 가장 적절한 것은?

① 측정 최고온도는 크로멜-알루멜 열전대보다 낮다.
② 열기전력이 다른 열전대에 비하여 가장 높다.
③ 안정성이 양호하여 표준용으로 사용된다.
④ 200℃ 이하의 온도측정에 적당하다.

해설 백금-백금·로듐 온도계(열전대 온도계)
- 1,600℃까지 측정이 가능하다.
- 산화성 분위기에는 강하나 환원성 분위기에는 약하다.
- 금속증기에도 약하다.
- 안정성이 양호하며 표준용으로 사용한다.

50. ① 51. ② 52. ③ 53. ④ 54. ④ 55. ② 56. ③ | ANSWER

57 다이어프램 압력계의 특징이 아닌 것은?
① 점도가 높은 액체에 부적합하다.
② 먼지가 함유된 액체에 적합하다.
③ 대기압과의 차가 적은 미소압력의 측정에 사용한다.
④ 다이어프램으로 고무, 스테인리스 등의 탄성체 박판이 사용된다.

해설 다이어프램식 압력계(탄성식 압력계)
- 미소한 측정용(1~2,000mmH₂O)으로 금속식은 0.01~20kg/cm² 범위에서 측정 가능하다.
- 응답속도가 빠르고 부식성 유체의 측정이 가능하다.
- 온도의 영향을 받기 쉽다.

58 다음 중 차압식 유량계가 아닌 것은?
① 오리피스(Orifice)
② 벤투리관(Venturi)
③ 로터미터(Rotameter)
④ 플로노즐(Flow Nozzle)

해설 차압식 유량계는 ①, ②, ④이며 로터미터 유량계는 면적식 유량계이다.

59 다음 유량계 중 유체압력 손실이 가장 적은 것은?
① 유속식(Impeller식) 유량계
② 용적식 유량계
③ 전자식 유량계
④ 차압식 유량계

해설 전자식 유량계(패러데이 법칙 유량계)
- 유체의 흐름을 교란시키지 않고 압력손실이 거의 없다.
- 감도가 높고 정도가 비교적 좋다.
- 액체의 도전율 값에 좌우되지 않는다.
- 유속의 측정범위에 제한이 없다.

60 2개의 수은 유리온도계를 사용하는 습도계는?
① 모발 습도계
② 건습구 습도계
③ 냉각식 습도계
④ 저항식 습도계

해설 건습구 습도계
2개의 유리 수은 온도계를 사용한다. 구조나 취급이 간단하고 휴대하기 편리하며 가격이 싸다.

SECTION 04 열설비재료 및 관계법규

61 에너지이용 합리화법에 따라 대통령령으로 정하는 일정 규모 이상의 에너지를 사용하는 사업을 실시하거나 시설을 설치하려는 경우 에너지사용계획을 수립하여, 사업 실시 전 누구에게 제출하여야 하는가?
① 대통령
② 시 · 도지사
③ 산업통상자원부장관
④ 에너지 경제연구원장

해설 에너지이용 합리화법 제10조에 의거 공공사업주관자나 민간사업주관자가 대통령령으로 정하는 일정 규모 이상의 에너지를 사용하는 경우 그 평가에 관한 에너지 사용계획을 수립하여 사업 실시 전 산업통상자원부장관에게 제출하여야 한다.

62 관의 신축량에 대한 설명으로 옳은 것은?
① 신축량은 관의 열팽창계수, 길이, 온도차에 반비례한다.
② 신축량은 관의 길이, 온도차에는 비례하지만 열팽창계수에는 반비례한다.
③ 신축량은 관의 열팽창계수, 길이, 온도차에 비례한다.
④ 신축량은 관의 열팽창계수에 비례하고 온도차와 길이에 반비례한다.

해설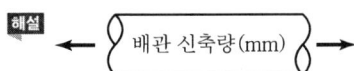
신축량은 관의 열팽창계수, 길이, 온도차에 비례한다.

63 유체가 관 내를 흐를 때 생기는 마찰로 인한 압력손실에 대한 설명으로 틀린 것은?
① 유체의 흐르는 속도가 빨라지면 압력손실도 커진다.
② 관의 길이가 짧을수록 압력손실은 작아진다.
③ 비중량이 큰 유체일수록 압력손실이 작다.
④ 관의 내경이 커지면 압력손실은 작아진다.

해설 관 내 유체의 비중량(kg/m³)이 클수록 압력손실이 크다.

64 열팽창에 의한 배관의 측면 이동을 구속 또는 제한하는 장치가 아닌 것은?

① 앵커　　　　② 스톱
③ 브레이스　　④ 가이드

해설 브레이스(Brace)
펌프, 압축기 등에서 발생하는 진동, 밸브류 등의 급속 개폐에 따른 수격작용, 충격 및 지진 등에 의한 진동현상을 제한하는 지지쇠(방진기 : 진동방지용, 완충기 : 충격완화용)

65 제철 및 제강 공정 중 배소로의 사용 목적으로 가장 거리가 먼 것은?

① 유해성분의 제거
② 산화도의 변화
③ 분상광석의 괴상으로의 소결
④ 원광석의 결합수의 제거와 탄산염의 분해

해설 • 배소로 : 광석이 용해되지 않을 정도로 가열하는 노
• 괴상화 용로 : 분상의 철광석을 괴상화시켜 통풍이 잘되고 용광로의 능률을 향상시키는 노

66 에너지이용 합리화법에 따라 용접검사가 면제되는 대상범위에 해당되지 않는 것은?

① 주철제 보일러
② 강철제 보일러 중 전열면적이 $5m^2$ 이하이고, 최고사용압력이 0.35MPa 이하인 것
③ 압력용기 중 동체의 두께가 6mm 미만인 것으로서 최고사용압력(MPa)과 내부 부피(m^3)를 곱한 수치가 0.02 이하인 것
④ 온수보일러로서 전열면적이 $20m^2$ 이하이고, 최고사용압력이 0.3MPa 이하인 것

해설 온수보일러가 용접 검사 면제가 되려면 전열면적 $18m^2$ 이하이고 최고사용압력이 0.35MPa 이하인 것이어야 한다.

67 규조토질 단열재의 안전사용온도는?

① 300~500℃　　② 500~800℃
③ 800~1,200℃　④ 1,200~1,500℃

해설 규조토질 단열재의 안전사용온도
• 저온용 : 800~1,200℃
• 고온용 : 1,300~1,500℃
※ 단열재 종류 : 규조토질, 점토질

68 에너지원별 에너지열량 환산기준으로 총발열량(kcal)이 가장 높은 연료는?(단, 1L 또는 1kg 기준이다.)

① 휘발유　　② 항공유
③ B-C유　　④ 천연가스

해설 발열량(kcal/kg)
① 휘발유 : 8,000
② 항공유 : 8,750
③ B-C유 : 9,900
④ 천연가스 : 13,000

69 에너지이용 합리화법에 따라 에너지 사용 안정을 위한 에너지 저장의무 부과 대상자에 해당되지 않는 사업자는?

① 전기사업법에 따른 전기사업자
② 석탄산업법에 따른 석탄가공업자
③ 집단에너지사업법에 따른 집단에너지사업자
④ 액화석유가스사업법에 따른 액화석유가스사업자

해설 에너지 저장의무 부과 대상자(에너지이용 합리화법 시행령 제12조제1항)
• 전기사업법에 따른 전기사업자
• 도시가스사업법에 따른 도시가스사업자
• 석탄산업법에 따른 석탄가공업자
• 집단에너지사업법에 따른 집단에너지사업자
• 연간 2만 석유환산톤 이상의 에너지를 사용하는 자

70 용광로에서 코크스가 사용되는 이유로 가장 거리가 먼 것은?

① 열량을 공급한다.
② 환원성 가스를 생성시킨다.
③ 일부의 탄소는 선철 중에 흡수된다.
④ 철광석을 녹이는 용제 역할을 한다.

해설 코크스는 점결탄을 고온건류하여 얻으며(야금용), 용광로에서 선철의 용제가 된다.

71 내화물의 부피비중을 바르게 표현한 것은?(단, W_1 : 시료의 건조중량(kg), W_2 : 함수시료의 수중중량(kg), W_3 : 함수시료의 중량(kg)이다.)

① $\dfrac{W_1}{W_3 - W_2}$ ② $\dfrac{W_3}{W_1 - W_2}$

③ $\dfrac{W_3 - W_2}{W_1}$ ④ $\dfrac{W_2 - W_3}{W_1}$

해설
- 부피비중 $= \dfrac{W_1}{W_3 - W_2}$
- 겉보기 비중 $= \dfrac{W_1}{W_1 - W_2}$
- 흡수율 $= \dfrac{W_3 - W_1}{W_3} \times 100\%$

72 다음 중 피가열물이 연소가스에 의해 오염되지 않는 가마는?

① 직화식 가마 ② 반머플가마
③ 머플가마   ④ 직접식 가마

해설 머플가마
- 단 가마의 일종이다. 직화식 가마가 아닌 간접가열식 가마이다(주로 꺾임 불꽃가마이다).
- 피가열물이 간접식이라서 연소가스에 의해 오염되지 않는다. 제품의 가격이 비싸나 제품이 우수하다.

73 에너지법에 따른 용어의 정의에 대한 설명으로 틀린 것은?

① 에너지사용시설이란 에너지를 사용하는 공장·사업장 등의 시설이나 에너지를 전환하여 사용하는 시설을 말한다.
② 에너지사용자란 에너지를 사용하는 소비자를 말한다.
③ 에너지공급자란 에너지를 생산·수입·전환·수송·저장 또는 판매하는 사업자를 말한다.
④ 에너지란 연료·열 및 전기를 말한다.

해설 에너지사용자란 에너지사용시설의 소유자 또는 관리자를 말한다.

74 에너지이용 합리화법에 따라 에너지이용 합리화 기본계획에 포함되지 않는 것은?

① 에너지이용 합리화를 위한 기술개발
② 에너지의 합리적인 이용을 통한 공해성분(SOx, NOx)의 배출을 줄이기 위한 대책
③ 에너지이용 합리화를 위한 가격예시제의 시행에 관한 사항
④ 에너지이용 합리화를 위한 홍보 및 교육

해설 에너지이용 합리화 기본계획에 포함되어야 하는 사항
- 에너지절약형 경제구조로의 전환
- 에너지이용효율의 증대
- 에너지이용 합리화를 위한 기술개발
- 에너지이용 합리화를 위한 홍보 및 교육
- 에너지원 간 대체
- 열사용기자재의 안전관리
- 에너지이용 합리화를 위한 가격예시제의 시행에 관한 사항
- 에너지의 합리적인 이용을 통한 온실가스의 배출을 줄이기 위한 대책
- 그 밖에 에너지이용 합리화를 추진하기 위하여 필요한 사항으로서 산업통상자원부령으로 정하는 사항

75 에너지이용 합리화법에 따라 효율관리기자재의 제조업자가 효율관리시험기관으로부터 측정결과를 통보받은 날 또는 자체 측정을 완료한 날부터 그 측정결과를 며칠 이내에 한국에너지공단에 신고하여야 하는가?

① 15일 ② 30일
③ 60일 ④ 90일

해설 효율관리기자재의 제조업자는 효율관리시험기관으로부터 측정결과를 통보받은 날로부터 한국에너지공단에 90일 이내에 신고하여야 한다.

76 에너지이용 합리화법에 따른 특정열사용기자재 품목에 해당하지 않는 것은?

① 강철제 보일러   ② 구멍탄용 온수보일러
③ 태양열 집열기   ④ 태양광 발전기

해설 태양광 발전기는 전기사업법에서 규정하고 있다.

77 시멘트 제조에 사용하는 회전가마(Rotary Kiln)는 다음 여러 구역으로 구분된다. 다음 중 탄산염 원료가 주로 분해되는 구역은?

① 예열대   ② 하소대
③ 건조대   ④ 소성대

해설 하소대 : 탄산염 원료의 분해 구역

78 내화물 SK-26번이면 용융온도 1,580℃에 견디어야 한다. SK-30번이라면 약 몇 ℃에 견디어야 하는가?

① 1,460℃   ② 1,670℃
③ 1,780℃   ④ 1,800℃

해설
- SK 26 : 1,580℃
- SK 30 : 1,670℃
- SK 42 : 2,000℃

79 에너지이용 합리화법에 따라 에너지다소비사업자가 산업통상자원부령으로 정하는 바에 따라 신고하여야 하는 사항이 아닌 것은?

① 전년도의 분기별 에너지 사용량 · 제품 생산량
② 해당 연도의 분기별 에너지 사용예정량 · 제품생산예정량
③ 에너지사용기자재의 현황
④ 에너지이용효과 · 에너지수급체계의 영향분석 현황

해설 에너지다소비사업자의 신고사항(에너지이용 합리화법 제31조제1항)
- 전년도의 분기별 에너지사용량 · 제품생산량
- 해당 연도의 분기별 에너지사용예정량 · 제품생산예정량
- 에너지사용기자재의 현황
- 전년도의 분기별 에너지이용 합리화 실적 및 해당 연도의 분기별 계획
- 위의 사항에 관한 업무를 담당하는 자의 현황

80 에너지법에 따라 지역에너지계획은 몇 년 이상을 계획 기간으로 하여 수립 · 시행하는가?

① 3년   ② 5년
③ 7년   ④ 10년

해설 국가에너지이용 합리화 기본계획은 5년마다 산업통상자원부장관이 계획하고 지역에너지계획은 시 · 도지사가 5년마다 계획한다.

SECTION 05 열설비설계

81 내화벽의 열전도율이 0.9kcal/m · h · ℃인 재질로 된 평면 벽의 양측 온도가 800℃와 100℃이다. 이 벽을 통한 단위면적당 열전달량이 1,400kcal/m² · h 일 때, 벽두께(cm)는?

① 25   ② 35
③ 45   ④ 55

해설 고체벽의 열전달량 $(Q) = \lambda \times \dfrac{A(t_1 - t_2)}{S}$

$1,400 = 0.9 \times \dfrac{1 \times (800 - 100)}{S}$

※ 두께$(S) = \dfrac{1 \times (800 - 100) \times 0.9}{1,400} = 0.45\text{m}(45\text{cm})$

82 보일러에서 용접 후에 풀림처리를 하는 주된 이유는?

① 용접부의 열응력을 제거하기 위해
② 용접부의 균열을 제거하기 위해
③ 용접부의 연신율을 증가시키기 위해
④ 용접부의 강도를 증가시키기 위해

해설 용접 후 풀림 열처리를 하는 목적은 용접부위의 열응력을 제거하기 위함이다.

83 보일러 운전 및 성능에 대한 설명으로 틀린 것은?

① 보일러 송출증기의 압력을 낮추면 방열손실이 감소한다.
② 보일러의 송출압력이 증가할수록 가열에 이용할 수 있는 증기의 응축잠열은 작아진다.
③ LNG를 사용하는 보일러의 경우 총 방열량의 약 10%는 배기가스 내부의 수증기에 흡수된다.
④ LNG를 사용하는 보일러의 경우 배기가스로부터 발생되는 응축수의 pH는 11~12 범위에 있다.

해설 보일러 운전 후 LNG(CH_4)의 배기가스 중 수증기(H_2O)가 응축하면 pH 4 정도이며 산성으로 변화한다.

84 보일러 내처리제와 그 작용에 대한 연결로 틀린 것은?

① 탄산나트륨 – pH 조정
② 수산화나트륨 – 연화
③ 탄닌 – 슬러지 조정
④ 암모니아 – 포밍 방지

해설 포밍 방지제
고급지방산 에스테르, 폴리아미드, 고급지방산 알코올, 프탈산 아미드 등

85 급수처리방법 중 화학적 처리방법은?

① 이온교환법   ② 가열연화법
③ 증류법   ④ 여과법

해설 화학적 급수처리법
• pH 조정법   • 탈기법
• 연화 이온교환법 • 염소처리법
• 기폭법   • 증류법

86 보일러에서 연소용 공기 및 연소가스가 통과하는 순서로 옳은 것은?

① 송풍기 → 절탄기 → 과열기 → 공기예열기 → 연소실 → 굴뚝
② 송풍기 → 연소실 → 공기예열기 → 과열기 → 절탄기 → 굴뚝
③ 송풍기 → 공기예열기 → 연소실 → 과열기 → 절탄기 → 굴뚝
④ 송풍기 → 연소실 → 공기예열기 → 절탄기 → 과열기 → 굴뚝

해설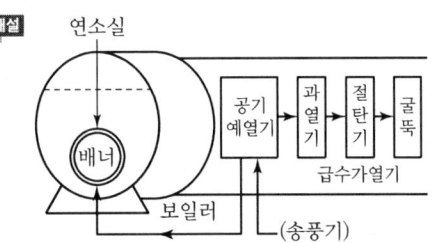

87 자연순환식 수관보일러에서 물의 순환에 관한 설명으로 틀린 것은?

① 순환을 높이기 위하여 수관을 경사지게 한다.
② 발생증기의 압력이 높을수록 순환력이 커진다.
③ 순환을 높이기 위하여 수관 직경을 크게 한다.
④ 순환을 높이기 위하여 보일러수의 비중차를 크게 한다.

해설 수관식(자연순환식) 보일러는 압력이 높으면 보일러수의 온도가 높아서 밀도(kg/m^3)가 감소하여 보일러수의 순환이 느려진다.

88 최고사용압력이 1MPa인 수관보일러의 보일러수 수질관리 기준으로 옳은 것은?(pH는 25℃ 기준으로 한다.)

① pH 7~9, M알칼리도 100~800mg$CaCO_3$/L
② pH 7~9, M알칼리도 80~600mg$CaCO_3$/L
③ pH 11~11.8, M알칼리도 100~800mg$CaCO_3$/L
④ pH 11~11.8, M알칼리도 80~600mg$CaCO_3$/L

해설 25℃에서 물의 pH가 11.0~11.8(압력 1MPa 이하 보일러)이고 M알칼리도가 100~800mg$CaCO_3$/L이어야 한다.

ANSWER | 83. ④ 84. ④ 85. ① 86. ③ 87. ② 88. ③

89 보일러 운전 시 유지해야 할 최저 수위에 관한 설명으로 틀린 것은?

① 노통 연관 보일러에서 노통이 높은 경우에는 노통 상면보다 75mm 상부(플랜지 제외)
② 노통 연관 보일러에서 연관이 높은 경우에는 연관 최상위보다 75mm 상부
③ 횡연관 보일러에서 연관 최상위보다 75mm 상부
④ 입형 보일러에서 연소실 천정판 최고부보다 75mm 상부(플랜지 제외)

해설
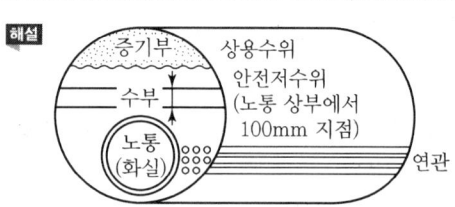

90 긴 관의 일단에서 급수를 펌프로 압입하여 도중에서 가열, 증발, 과열을 한꺼번에 시켜 과열증기로 내보내는 보일러로서 드럼이 없고, 관만으로 구성된 보일러는?

① 이중 증발 보일러   ② 특수 열매 보일러
③ 연관 보일러   ④ 관류 보일러

해설 관류 보일러
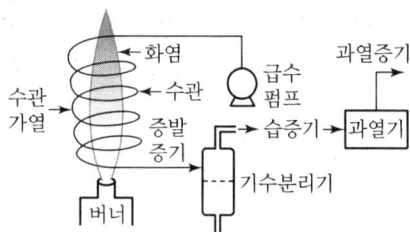

91 저온가스 부식을 억제하기 위한 방법이 아닌 것은?

① 연료 중의 유황 성분을 제거한다.
② 첨가제를 사용한다.
③ 공기예열기 전열면 온도를 높인다.
④ 배기가스 중 바나듐의 성분을 제거한다.

해설 보일러 과열기, 재열기 부식
고온부식은 바나듐이 용융하여 발생한다(550~650℃ 부근).
• V_2S_5(670℃)
• Na_2O, V_2S_5(630℃)
• Na_2O, V_2O_4, HV_2O_5(535℃)

92 태양열 보일러가 800W/m²의 비율로 열을 흡수한다. 열효율이 9%인 장치로 12kW의 동력을 얻으려면 전열면적(m²)의 최소 크기는 얼마이어야 하는가?

① 0.17   ② 1.35
③ 107.8   ④ 166.7

해설 12kW = 12,000W
800W/m² × 0.09 = 72W/m² 흡수
∴ 태양열 전열면적 = $\frac{12,000}{72}$ = 166.7m²

93 내압을 받는 어떤 원통형 탱크의 압력은 3kg/cm², 직경은 5m, 강판 두께는 10mm이다. 이 탱크의 이음효율을 75%로 할 때, 강판의 인장강도(kg/mm²)는 얼마로 하여야 하는가?(단, 탱크의 반경방향으로 두께에 응력이 유기되지 않는 이론값을 계산한다.)

① 10   ② 20
③ 300   ④ 400

해설
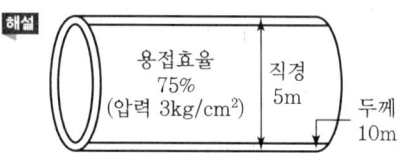

두께(t) = $\frac{PDS}{200\eta\sigma}$ = $\frac{3 \times 5 \times 10^3 \times 1}{200 \times 0.75 \times \sigma}$ = 10

∴ 인장강도(σ) = $\frac{3 \times 5 \times 10^3 \times 1}{200 \times 0.75 \times 10}$ = 10kg/mm²

※ 안전율(S)은 문제에서 주어지지 않으면 1로 본다.

94 연도(굴뚝) 설계 시 고려사항으로 틀린 것은?

① 가스유속을 적당한 값으로 한다.
② 적절한 굴곡저항을 위해 굴곡부를 많이 만든다.
③ 급격한 단면 변화를 피한다.
④ 온도강하가 적도록 한다.

해설 연도나 굴뚝에서는 직선으로 설치한다. 굴곡부가 많으면 배기가스의 저항으로 압력손실이 크다.

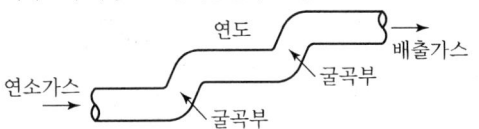

95 과열증기의 특징에 대한 설명으로 옳은 것은?
① 관 내 마찰저항이 증가한다.
② 응축수로 되기 어렵다.
③ 표면에 고온부식이 발생하지 않는다.
④ 표면의 온도를 일정하게 유지한다.

해설 포화온도보다 온도는 높으나 압력변동은 없다. 마찰저항이 작고 고온부식이 발생하며, 표면의 온도를 일정하게 유지하기 어렵다.

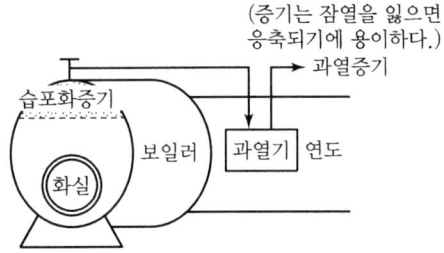

96 프라이밍이나 포밍의 방지대책에 대한 설명으로 틀린 것은?
① 주증기 밸브를 급히 개방한다.
② 보일러수를 농축시키지 않는다.
③ 보일러수 중의 불순물을 제거한다.
④ 과부하가 되지 않도록 한다.

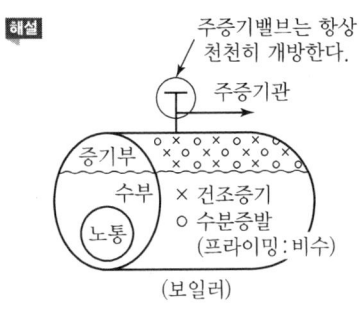

97 보일러수 5ton 중에 불순물이 40g 검출되었다. 함유량은 몇 ppm인가?
① 0.008   ② 0.08
③ 8   ④ 80

해설 $1\text{ppm} = \dfrac{1}{10^6}$, 1톤=1,000L, 1g=1,000mg
$1\text{L} = 1,000\text{cc(g)}$
함유량(ppm) $= \dfrac{40}{5 \times (1,000 \times 1,000)} = 8 \times 10^{-6}$
∴ 8ppm

98 2중관 열교환기에서 열관류율(K)의 근사식은?(단, F_i : 내관 내면적, F_o : 내관 외면적, α_i : 내관 내면과 유체 사이의 경막계수, α_o : 내관 외면과 유체 사이의 경막계수, 전열계산은 내관 외면 기준일 때이다.)

① $\dfrac{1}{\left(\dfrac{1}{\alpha_i F_i} + \dfrac{1}{\alpha_o F_o}\right)}$ ② $\dfrac{1}{\left(\dfrac{1}{\alpha_i \dfrac{F_i}{F_o}} + \dfrac{1}{\alpha_o}\right)}$

③ $\dfrac{1}{\left(\dfrac{1}{\alpha_i} + \dfrac{1}{\alpha_o \dfrac{F_i}{F_o}}\right)}$ ④ $\dfrac{1}{\left(\dfrac{1}{\alpha_o F_i} + \dfrac{1}{\alpha_i F_o}\right)}$

해설
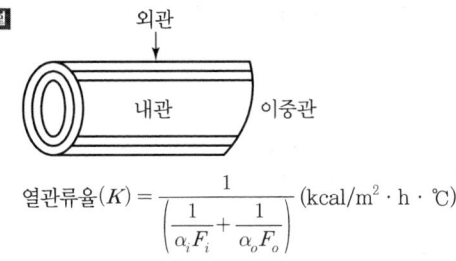

열관류율(K) $= \dfrac{1}{\left(\dfrac{1}{\alpha_i F_i} + \dfrac{1}{\alpha_o F_o}\right)}$ (kcal/m² · h · ℃)

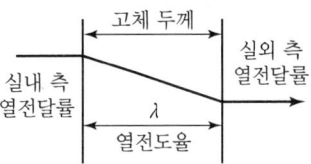

99 24,500kW의 증기원동소에 사용하고 있는 석탄의 발열량이 7,200kcal/kg이고 원동소의 열효율이 23%이라면, 매시간당 필요한 석탄의 양(ton/h)은?(단, lkW는 860kcal/h로 한다.)

① 10.5 ② 12.7
③ 15.3 ④ 18.2

해설 1kWh=860kcal, 1톤=1,000kg
24,500kW=21,070,000kcal/h
$23\% = \dfrac{21,070,000}{석탄소비량 \times 7,200} \times 100$

석탄소비량 $= \dfrac{21,070,000}{0.23 \times 7,200} = 12,723$ kg/h

∴ $\dfrac{12,723}{1,000} = 12.7$ ton/h

증기원동소 랭킨 사이클

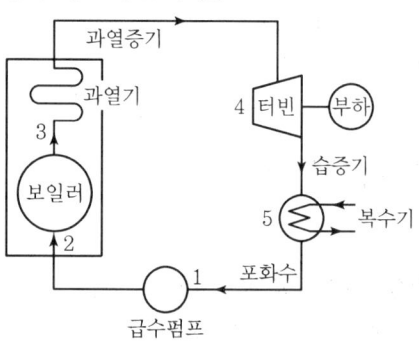

100 다음 중 증기관의 크기를 결정할 때 고려해야 할 사항으로 가장 거리가 먼 것은?

① 가격 ② 열손실
③ 압력강하 ④ 증기온도

해설 증기관의 크기 결정 요소
- 가격
- 열손실
- 압력강하

※ 증기온도는 압력에 따라 다르다.

랭킨 사이클

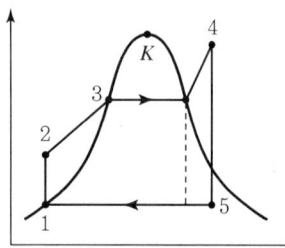

- 1 → 2 과정 : 단열압축(급수펌프)
- 2 → 3 → 4 과정 : 정압가열(보일러)
- 4 → 5 과정 : 단열팽창(증기터빈)
- 5 → 1 과정 : 정압방열(복수기)

99. ② 100. ④ | ANSWER

2018년 2회 에너지관리기사

SECTION 01 연소공학

01 다음 중 연소 전에 연료와 공기를 혼합하여 버너에서 연소하는 방식인 예혼합연소방식 버너의 종류가 아닌 것은?

① 저압버너　　② 중압버너
③ 고압버너　　④ 송풍버너

해설 예혼합연소방식(강제통풍방식) 버너의 종류
- 저압버너
- 고압버너
- 송풍버너

02 프로판(Propane)가스 2kg을 완전 연소시킬 때 필요한 이론공기량은 약 몇 Nm^3인가?

① 6　　② 8
③ 16　　④ 24

해설 프로판 연소반응
$C_3H_8 + 5O_2 \rightarrow 3CO_2 + 4H_2O$
$C + O_2 \rightarrow CO_2,\ H_2 + \frac{1}{2}O_2 \rightarrow H_2O$
$C_3H_8\ 1kmol = 22.4Nm^3 = 44kg(분자량)$
이론공기량(A_0) = 이론산소량$(O_0) \times \frac{1}{0.21}(Nm^3/m^3)$
중량당 A_0 = 이론공기량 × 비체적(m^3/kg) = (Nm^3/kg)
$\therefore \left(5 \times \frac{1}{0.21}\right) \times \frac{22.4}{44} \times 2 = 24.24Nm^3$

03 기체연료용 버너의 구성요소가 아닌 것은?

① 가스양 조절부
② 공기/가스 혼합부
③ 보염부
④ 통풍구

해설 공기투입 통풍구는 통풍장치 및 연소장치이다.

04 등유($C_{10}H_{20}$)를 연소시킬 때 필요한 이론공기량은 약 몇 Nm^3/kg인가?

① 15.6　　② 13.5
③ 11.4　　④ 9.2

해설 $C_{10}H_{20} + 15O_2 \rightarrow 10CO_2 + 10H_2O(Nm^3/kg)$
$C_{10}H_{20}$ 분자량 = $12 \times 10 + 1 \times 20 = 140$
이론공기량$(A_0) = \left(15 \times \frac{1}{0.21}\right) \times \frac{22.4}{140} = 11.4Nm^3/kg$

05 연도가스 분석결과 CO_2 12.0%, O_2 6.0%, CO 0.0%이라면 CO_{2max}는 몇 %인가?

① 13.8　　② 14.8
③ 15.8　　④ 16.8

해설 탄산가스 최대량(CO_{2max})
$CO_{2max} = \frac{21 \times CO_2}{21 - O_2} = \frac{21 \times 12.0}{21 - 6.0} = 16.8\%$

06 연소상태에 따라 매연 및 먼지의 발생량이 달라진다. 다음 설명 중 잘못된 것은?

① 매연은 탄화수소가 분해 연소할 경우에 미연의 탄소입자가 모여서 된 것이다.
② 매연의 종류 중 질소산화물 발생을 방지하기 위해서는 과잉공기량을 늘리고 노 내압을 높게 한다.
③ 배기 먼지를 적게 배출하기 위한 건식 집진장치에는 사이클론, 멀티클론, 백필터 등이 있다.
④ 먼지 입자는 연료에 포함된 회분의 양, 연소방식, 생산물질의 처리방법 등에 따라서 발생하는 것이다.

해설 질소산화물(NOx)은 공해물질이며 독성 기체이다. 그 발생을 방지하려면 과잉공기량을 적게 하고 노 내 온도를 낮추고 연소압력을 감소시켜야 한다.

ANSWER | 1.② 2.④ 3.④ 4.③ 5.④ 6.②

07 다음 중 중유연소의 장점이 아닌 것은?
① 회분을 전혀 함유하지 않으므로 이것에 의한 장해는 없다.
② 점화 및 소화가 용이하며, 화력의 가감이 자유로워 부하 변동에 적용이 용이하다.
③ 발열량이 석탄보다 크고, 과잉공기가 적어도 완전 연소시킬 수 있다.
④ 재가 적게 남으며, 발열량, 품질 등이 고체연료에 비해 일정하다.

해설 중유(A · B · C급)는 중질유라서 증발연소를 하지 못하고 중유 B · C급은 일반적으로 안개화(무화)하여 연소시킨다. 일부는 회분을 함유하고 클링커를 발생시킨다(클링커 : 회분이 용융하여 전열면에 부착되는 덩어리로 전열을 방해한다).

08 연소가스에 들어 있는 성분을 CO_2, C_mH_n, O_2, CO의 순서로 흡수 분리시킨 후 체적 변화로 조성을 구하고, 이어 잔류가스에 공기나 산소를 혼합, 연소시켜 성분을 분석하는 기체연료 분석방법은?
① 헴펠법
② 치환법
③ 리비히법
④ 에슈카법

해설 헴펠법을 이용한 화학적 가스 분석계의 가스 측정순서
$CO_2 \to C_mH_n$ (중탄화수소) $\to O_2 \to CO$

09 수소가 완전 연소하여 물이 될 때 수소와 연소용 산소와 물의 몰(mol)비는?
① 1 : 1 : 1
② 1 : 2 : 1
③ 2 : 1 : 2
④ 2 : 1 : 3

해설 $2H_2 + O_2 \to 2H_2O$
∴ (2 : 1 : 2)

10 연소가스 중의 질소산화물 생성을 억제하기 위한 방법으로 틀린 것은?
① 2단 연소
② 고온연소
③ 농담연소
④ 배기가스 재순환 연소

해설 질소산화물(N_2O)은 고온연소, 과잉공기에 의해 공해물질이 발생한다.

11 최소착화에너지(MIE)의 특징에 대한 설명으로 옳은 것은?
① 질소농도의 증가는 최소착화에너지를 감소시킨다.
② 산소농도가 많아지면 최소착화에너지는 증가한다.
③ 최소착화에너지는 압력 증가에 따라 감소한다.
④ 일반적으로 분진의 최소착화에너지는 가연성 가스보다 작다.

해설 최소점화에너지(E) = $\frac{1}{2}C \cdot V^2 = \frac{1}{2}Q \cdot V$
여기서, E : 방전에너지
C : 방전극과 병렬 연결한 축전기의 전 용량
V : 불꽃전압
Q : 전기량
• 최소점화에너지가 작을수록 위험성이 커진다.
• 압력이 증가하면 최소점화에너지가 감소한다.

12 액체연료 1kg 중에 같은 질량의 성분이 포함될 때, 다음 중 고위발열량에 가장 크게 기여하는 성분은?
① 수소
② 탄소
③ 황
④ 회분

해설 고위발열량(H_h) = 저위발열량(H_l) + 600(9H + W)
H_2O 증발열 = 600kcal/kg
수소(H_2) 1kg의 연소 시 34,000kcal/kg 발생(고위발열량)

13 버너에서 발생하는 역화의 방지대책과 거리가 먼 것은?
① 버너 온도를 높게 유지한다.
② 리프트 한계가 큰 버너를 사용한다.
③ 다공 버너의 경우 각각의 연료분출구를 작게 한다.
④ 연소용 공기를 분할 공급하여 일차공기를 착화범위보다 적게 한다.

해설 버너보다 연소실, 화실, 노, 노통에서 온도를 높게 유지하여야 한다.

14 연소관리에 있어서 과잉공기량 조절 시 다음 중 최소가 되게 조절하여야 할 것은?(단, L_s : 배가스에 의한 열손실량, L_i : 불완전연소에 의한 열손실량, L_c : 연소에 의한 열손실량, L_r : 열복사에 의한 열손실량일 때를 나타낸다.)

① $L_s + L_i$　　② $L_s + L_r$
③ $L_i + L_c$　　④ L_i

해설 열손실
- 배기가스 열손실 : 공기로 조절
- 불완전 열손실(CO 가스) : 공기로 조절
- 미연탄소분에 의한 열손실
- 복사열손실

15 보일러실에 자연환기가 안 될 때 실외로부터 공급하여야 할 공기는 벙커 C유 1L당 최소 몇 Nm³이 필요한가?(단, 벙커 C유의 이론공기량은 10.24Nm³/kg, 비중은 0.96, 연소장치의 공기비는 1.3으로 한다.)

① 11.34　　② 12.78
③ 15.69　　④ 17.85

해설 연료의 실제 공기량(A)
= 이론공기량 × 공기비(Nm³/kg)
= 이론공기량 × 연료비중 × 공기비(Nm³/L)
= 10.24 × 0.96 × 1.3 = 12.78Nm³/L

16 다음 중 분해폭발성 물질이 아닌 것은?

① 아세틸렌　　② 히드라진
③ 에틸렌　　　④ 수소

해설 수소의 연소반응식
$H_2 + \frac{1}{2}O_2 \rightarrow H_2O$

17 과잉공기량이 연소에 미치는 영향으로 가장 거리가 먼 것은?

① 열효율　　　② CO 배출량
③ 노 내 온도　④ 연소 시 와류 형성

해설 연소 시 와류 형성은 화실 주위의 윈드박스의 역할이다.

18 다음 중 습식 집진장치의 종류가 아닌 것은?

① 멀티클론(Multiclone)
② 제트 스크러버(Jet Scrubber)
③ 사이클론 스크러버(Cyclone Scrubber)
④ 벤투리 스크러버(Venturi Scrubber)

해설 건식(원심식) 집진매연장치
- 사이클론식
- 멀티 사이클론식

19 다음 석탄의 성질 중 연소성과 가장 관계가 적은 것은?

① 비열　　　② 기공률
③ 점결성　　④ 열전도율

해설
- 석탄의 점결성은 코크스 제조와 관계된다.
- 역청탄 등은 온도 350℃ 이상에서 용해하여 굳어지는 성질이 점결성이며 연료로 사용하기에는 부적당하다.

20 미분탄 연소의 특징이 아닌 것은?

① 큰 연소실이 필요하다.
② 마모부분이 많아 유지비가 많이 든다.
③ 분쇄시설이나 분진처리시설이 필요하다.
④ 중유연소기에 비해 소요동력이 적게 필요하다.

해설 미분탄은 분쇄화(200메시 정도)하여 버너로 연소시킴으로써 동력 소비가 많다.

SECTION 02 열역학

21 압력이 1,000kPa이고 온도가 400℃인 과열증기의 엔탈피는 약 몇 kJ/kg인가?(단, 압력이 1,000kPa일 때 포화온도는 179.1℃, 포화증기의 엔탈피는 2,775kJ/kg이고, 과열증기의 평균비열은 2.2kJ/kg·K이다.)

① 1,547　　② 2,452
③ 3,261　　④ 4,453

ANSWER | 14.① 15.② 16.④ 17.④ 18.① 19.③ 20.④ 21.③

해설 과열증기 엔탈피(h_c'')
 =발생증기엔탈피+증기비열(과열증기온도-포화증기온도)
 =2,775+2.2(400-179.1)=3,261kJ/kg
 ※ 발생증기엔탈피(h)=포화수엔탈피+증발잠열(kJ/kg)

22 밀폐계에서 비가역 단열과정에 대한 엔트로피 변화를 옳게 나타낸 식은?(단, S는 엔트로피, C_P는 정압비열, T는 온도, R은 기체상수, P는 압력, Q는 열량을 나타낸다.)

① $dS=0$
② $dS>0$
③ $dS=C_P\dfrac{dT}{T}-R\dfrac{dP}{P}$
④ $dS=\dfrac{\delta Q}{T}$

해설 밀폐계 비가역 단열과정의 엔트로피 변화(Δs)
 $ds=\dfrac{\delta q}{T}$에서 $\Delta s=S_2-S_1=0$
• 가역과정 : $\oint\dfrac{\delta Q}{T}=0$
• 비가역과정 : $\oint\dfrac{\delta Q}{T}>0$

23 이상기체 1mol이 그림의 b과정(2→3과정)을 따를 때 내부에너지의 변화량은 약 몇 J인가?(단, 정적비열은 $1.5\times R$이고, 기체상수 R은 8.314kJ/kmol·K이다.)

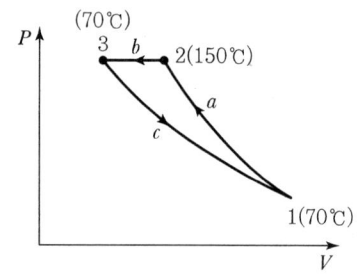

① -333
② -665
③ -998
④ -1,662

해설 내부에너지 변화량(Δu)
∴ $\Delta u=1.5\times R=1.5\times 8.314\times(70-150)=-998$J

24 다음 공기표준 사이클(Air Standard Cycle) 중 두 개의 등온과정과 두 개의 정압과정으로 구성된 사이클은?

① 디젤(Diesel) 사이클
② 사바테(Sabathe) 사이클
③ 에릭슨(Ericsson) 사이클
④ 스털링(Stirling) 사이클

해설 에릭슨 사이클

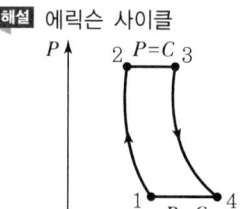

내연기관 사이클
(공기표준 사이클)
• 1→2 과정 : 등온압축
• 2→3 과정 : 정압연소
• 3→4 과정 : 등온팽창
• 4→1 과정 : 정압배기

25 동일한 온도, 압력 조건에서 포화수 1kg과 포화증기 4kg을 혼합하여 습증기가 되었을 때 이 증기의 건도는?

① 20%
② 25%
③ 75%
④ 80%

해설 혼합증기=1+4=5kg
∴ 증기건도=$\dfrac{5-1}{5}\times 100=80\%$

26 압력 200kPa, 체적 1.66m³의 상태에 있는 기체가 정압조건에서 초기 체적의 $\dfrac{1}{2}$로 줄었을 때 이 기체가 행한 일은 약 몇 kJ인가?

① -166
② -198.5
③ -236
④ -245.5

해설 일(w)=$\int_c \delta w=\int F\cdot ds$
여기서, δw : 미소량
 F : 힘
 ds : 변위
∴ $w=200\times\left(\dfrac{1}{2}-1\right)\times 1.66=-166$kJ

27 공기를 작동유체로 하는 Diesel Cycle의 온도범위가 32℃~3,200℃이고 이 Cycle의 최고 압력이 6.5 MPa, 최초 압력이 160kPa일 경우 열효율은 약 얼마인가?(단, 공기의 비열비는 1.4이다.)

① 41.4% ② 46.5%
③ 50.9% ④ 55.8%

해설 내연기관 디젤 사이클 열효율(η_d)

$$\eta_d = 1 - \left(\frac{1}{\varepsilon}\right)^{k-1} \cdot \frac{\sigma^k - 1}{k(\sigma - 1)}$$

여기서, σ : 체절비(단절비), k : 비열비, ε : 압축비

압축비(ε) = $\left(\frac{6,500}{160}\right)^{\frac{1}{1.4}} = 14.1$

체절비(σ) = $\frac{273 + 3,200}{(273 + 32) \times 14.1^{1.4-1}} = 3.95$

$\therefore \eta_d = 1 - \left[-\frac{1}{\left(\frac{6,500}{160}\right)}\right]^{1.4-1} \times \frac{3.95^{1.4} - 1}{1.4(3.95 - 1)}$

$= 0.509(50.9\%)$

※ $T_2 = T_1\left(\frac{V_1}{V_2}\right)^{k-1} = T_2 = T_1\varepsilon^{k-1}$

$= (273 + 32) \times \left(\frac{6,500}{160}\right)^{1.4-1} = 1,342K$

1MPa = 1,000kPa

28 실린더 속에 100g의 기체가 있다. 이 기체가 피스톤의 압축에 따라서 2kJ의 일을 받고 외부로 3kJ의 열을 방출했다. 이 기체의 단위 kg당 내부에너지는 어떻게 변화하는가?

① 1kJ/kg 증가한다.
② 1kJ/kg 감소한다.
③ 10kJ/kg 증가한다.
④ 10kJ/kg 감소한다.

해설 100g = 0.1kg
전체 열량 = 2 + 3 = 5kJ
전체 내부에너지 = 3 - 2 = 1kJ 감소

$\therefore$ 단위 kg당 내부에너지 = $\frac{1}{0.1}$ = 10kJ/kg 감소

29 냉동기에 사용되는 냉매의 구비조건으로 옳지 않은 것은?

① 응고점이 낮을 것
② 액체의 표면장력이 작을 것
③ 임계점(Critical Point)이 낮을 것
④ 비열비가 작을 것

해설 냉매는 임계점이 높아야 액화가 용이하여 잠열을 사용할 수가 있다.

30 다음 온도(T)-엔트로피(s) 선도에 나타난 랭킨(Rankine) 사이클의 효율을 바르게 나타낸 것은?

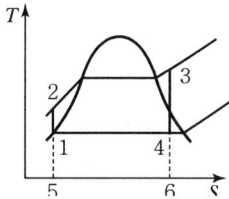

① $\dfrac{\text{면적 } 1-2-3-4-1}{\text{면적 } 5-2-3-6-5}$

② $1 - \dfrac{\text{면적 } 1-2-3-4-1}{\text{면적 } 5-2-3-6-5}$

③ $\dfrac{\text{면적 } 1-4-6-5-1}{\text{면적 } 5-2-3-6-5}$

④ $\dfrac{\text{면적 } 1-2-3-4-1}{\text{면적 } 5-1-4-6-5}$

해설 랭킨 사이클의 효율(η)

$\eta = \dfrac{\text{터빈의 일량}}{\text{공급열량}} = \dfrac{\text{면적 } 1-2-3-4-1}{\text{면적 } 5-2-3-6-5}$

31 어떤 기체의 이상기체상수는 2.08kJ/kg·K이고 정압비열은 5.24kJ/kg·K일 때, 이 가스의 정적비열은 약 몇 kJ/kg·K인가?

① 2.18 ② 3.16
③ 5.07 ④ 7.20

해설 $C_p - C_v = AR$, $C_p - C_v = R$(SI 단위)

$C_v = \dfrac{AR}{k-1}$, $C_p = kC_v = \dfrac{kAR}{k-1}$, 비열비($k$) = $\dfrac{C_p}{C_v}$

여기서, C_v : 정적비열, C_p : 정압비열

$\therefore C_v = C_p - R = 5.24 - 2.08 = 3.16$ kJ/kg·K

ANSWER | 27. ③ 28. ④ 29. ③ 30. ① 31. ②

32 98.1kPa, 60℃에서 질소 2.3kg, 산소 1.8kg의 기체 혼합물이 등엔트로피 상태로 압축되어 압력이 343kPa로 되었다. 이때 내부에너지 변화는 약 몇 kJ인가?(단, 혼합 기체의 정적비열은 0.711kJ/kg·K이고, 비열비는 1.4이다.)

① 325   ② 417
③ 498   ④ 562

해설 등엔트로피(단열압축) 내부에너지 $du = \Delta u = C_v dT$
$\Delta u = u_2 - u_1 = C_v(T_2 - T_1)$
$T_2 = T_1 \times \left(\dfrac{P_2}{P_1}\right)^{\frac{k-1}{k}}$
$= (273+60) \times \left(\dfrac{343}{98.1}\right)^{\frac{1.4-1}{1.4}}$
$= 476.17K$
질량 = 2.3 + 1.8 = 4.1kg
$T_1 = 60 + 273 = 333K$
∴ 내부에너지 변화(Δu) = 4.1 × 0.711 × (476.17 − 333)
= 417kJ

33 그림과 같은 카르노 냉동 사이클에서 성적계수는 약 얼마인가?(단, 각 사이클에서의 엔탈피(h)는 $h_1 = h_4 = 98 = kJ/kg$, $h_2 = 231kJ/kg$, $h_3 = 282kJ/kg$이다.)

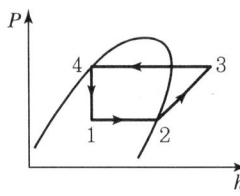

① 1.9   ② 2.3
③ 2.6   ④ 3.3

해설 카르노 사이클의 성적계수(COP)
$P = \dfrac{Aw}{Q_1} = 1 - \dfrac{Q_2}{Q_1} = 1 - \dfrac{T_2}{T_1}$
압축기 일의 열량 = 3 − 2 = 282 − 231 = 51kJ/kg
증발기의 흡수열량 = 2 − 1 = 231 − 98 = 133kJ/kg
∴ 성적계수(COP) = $\dfrac{133}{51} = 2.60$

34 일정한 질량유량으로 수평하게 증기가 흐르는 노즐이 있다. 노즐 입구에서 엔탈피는 3,205kJ/kg이고, 증기속도는 15m/s이다. 노즐 출구에서의 증기 엔탈피가 2,994kJ/kg일 때 노즐 출구에서 증기의 속도는 약 몇 m/s인가?(단, 정상상태로서 외부와의 열교환은 없다고 가정한다.)

① 500   ② 550
③ 600   ④ 650

해설 노즐 출구속도(W_2)
$W_2 = \phi \sqrt{2g \cdot \dfrac{k}{k-1} P_1 V_1 \left[1 - \left(\dfrac{P_2}{P_1}\right)^{\frac{k-1}{k}}\right]}$
$= \sqrt{2 \cdot g \cdot 102(h_1 - h_2)}$ (SI 단위)
$= \sqrt{2 \times 9.8 \times 102(3,205 - 2,994)} = 650m/s$
※ 1kJ = 102kg·m/sec

35 비압축성 유체의 체적팽창계수 β에 대한 식으로 옳은 것은?

① $\beta = 0$ ② $\beta = 1$
③ $\beta > 0$ ④ $\beta > 1$

해설 물 등의 비압축성 유체의 체적팽창계수(β)는 0과 같다.

36 이상기체를 등온과정으로 초기 체적의 $\dfrac{1}{2}$로 압축하려 한다. 이때 필요한 압축일의 크기는?(단, m은 질량, R은 기체상수, T는 온도이다.)

① $\dfrac{1}{2}mRT \times \ln 2$ ② $mRT \times \ln 2$
③ $2mRT \times \ln 2$ ④ $mRT \times \left(\ln\dfrac{1}{2}\right)^2$

해설 이상기체 등온변화에서 압축일(W) = 공업일(W_t)
∴ $W_t = mRT \times \ln 2$
※ 등온변화에서 공업일(W_t) = 절대일($_1W_2$)이다.

37 표준 증기압축 냉동 사이클을 설명한 것으로 옳지 않은 것은?

① 압축과정에서는 기체상태의 냉매가 단열압축되어 고온고압의 상태가 된다.
② 증발과정에서는 일정한 압력상태에서 저온부로부터 열을 공급받아 냉매가 증발한다.
③ 응축과정에서는 냉매의 압력이 일정하며 주위로의 연방출을 통해 냉매가 포화액으로 변한다.
④ 팽창과정은 단열상태에서 일어나며, 대부분 등엔트로피 팽창을 한다.

해설 증기냉동 표준 사이클에서 단열압축과정은 등엔트로피 과정이며, 팽창과정은 등엔탈피 과정이다. 증발기의 온도가 높을수록 성적계수는 증가한다.

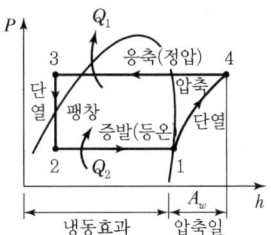

- 1 → 4 과정 : 단열압축(압축기)
- 4 → 3 과정 : 정압방열(응축기)
- 3 → 2 과정 : 등엔탈피(팽창밸브)
- 2 → 1 과정 : 등온팽창(증발기)

38 Rankine Cycle의 4개 과정으로 옳은 것은?

① 가역단열팽창 → 정압방열 → 가역단열압축 → 정압가열
② 가역단열팽창 → 가역단열압축 → 정압가열 → 정압방열
③ 정압가열 → 정압방열 → 가역단열압축 → 가역단열팽창
④ 정압방열 → 정압가열 → 가역단열압축 → 가역단열팽창

해설

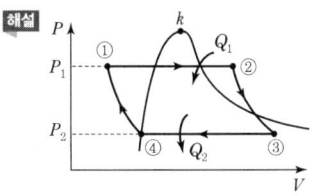

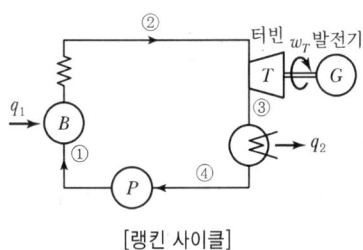

[랭킨 사이클]

39 온도가 800K이고 질량이 10kg인 구리를 온도 290K인 100kg의 물속에 넣었을 때 이 계 전체의 엔트로피 변화는 몇 kJ/K인가?(단, 구리와 물의 비열은 각각 $0.398kJ/kg \cdot K$, $4.185kJ/kg \cdot K$이고, 물은 단열된 용기에 담겨 있다.)

① -3.973 ② 2.897
③ 4.424 ④ 6.870

해설 평균 혼합온도(T_m)
$$= \frac{10 \times 0.398 \times 800 + 100 \times 4.185 \times 290}{10 \times 0.398 + 100 \times 4.185}$$
$= 294.80K(21.80℃)$

엔트로피 변화량(ΔS) $= mS\dfrac{C_p dT}{T} = mC_p \ln \dfrac{T_2}{T_1}$

$\therefore \Delta S = 10 \times 0.398 \times \ln \dfrac{294.80}{800} + 100 \times 4.185 \times \ln \dfrac{294.80}{290}$
$= 2.897 kJ/K$

40 다음 중 포화액과 포화증기의 비엔트로피 변화량에 대한 설명으로 옳은 것은?

① 온도가 올라가면 포화액의 비엔트로피는 감소하고 포화증기의 비엔트로피는 증가한다.
② 온도가 올라가면 포화액의 비엔트로피는 증가하고 포화증기의 비엔트로피는 감소한다.
③ 온도가 올라가면 포화액과 포화증기의 비엔트로피는 감소한다.
④ 온도가 올라가면 포화액과 포화증기의 비엔트로피는 증가한다.

해설 엔트로피$(dS) = \dfrac{dQ}{T}$, $\Delta S = S_2 - S_1 = \int_1^2 dS = \dfrac{\Delta Q}{T}$

포화증기 엔탈피 = 포화수 엔탈피 + 증발잠열
온도가 올라가면 포화수 엔탈피가 증가하고 증발잠열은 감소한다.

ANSWER | 37. ④ 38. ① 39. ② 40. ②

SECTION 03 계측방법

41 다음 중 용적식 유량계에 해당하는 것은?
① 오리피스미터 ② 습식가스미터
③ 로터미터 ④ 피토관

해설
- 용적식 가스미터 및 유량계 : 건식가스미터, 습식가스미터, 오벌형, 터빈형, 루트식
- 면적식 유량계 : 로터미터(부자형, 피스톤형)
- 유속식 유량계 : 피토관

42 다음 중 계량단위에 대한 일반적인 요건으로 가장 적절하지 않은 것은?
① 정확한 기준이 있을 것
② 사용하기 편리하고 알기 쉬울 것
③ 대부분의 계량단위를 60진법으로 할 것
④ 보편적이고 확고한 기반을 가진 안정된 원기가 있을 것

해설 대부분의 계량단위는 10진법이다.

43 베르누이 정리를 응용하며 유량을 측정하는 방법으로 액체의 전압과 정압과의 차로부터 순간치 유량을 측정하는 유량계는?
① 로터미터 ② 피토관
③ 임펠러 ④ 휘트스톤 브리지

해설 피토관에서 전압 − 정압 = 동압
전압 = 정압 + 동압
유속 = $\sqrt{2g\left(\dfrac{P_s - P_o}{r}\right)}$ (m/s)

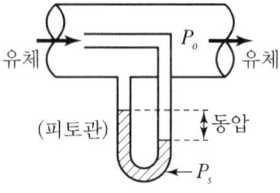

44 다음 중 공기식 전송을 하는 계장용 압력계의 공기압 신호는 몇 kg/cm²인가?
① 0.2~1.0 ② 1.5~2.5
③ 3~5 ④ 4~20

해설
- 공기식 전송기의 공기압 신호 : 0.2~1.0kg/cm²
- 전기식 : 4~20mA 또는 10~50mA DC 사용

45 다음 가스분석방법 중 물리적 성질을 이용한 것이 아닌 것은?
① 밀도법
② 연소열법
③ 열전도율법
④ 가스크로마토그래피법

해설 화학식 가스 분석계
- 오르자트법
- 헴펠법
- 연소열법
- 미연소가스계
- 자동화학식계

46 다음 그림과 같은 U자관에서 유도되는 식은?

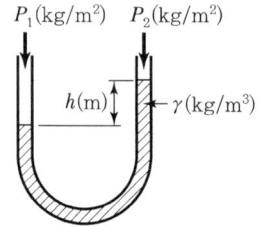

① $P_1 = P_2 - h$ ② $h = \gamma(P_1 - P_2)$
③ $P_1 + P_2 = \gamma h$ ④ $P_1 = P_2 + \gamma h$

해설 U자관 압력(P_1) = $P_2 + \gamma h$ (kg/m²)

47 다음 중 송풍량을 일정하게 공급하려고 할 때 가장 적당한 제어방식은?
① 프로그램제어   ② 비율제어
③ 추종제어   ④ 정치제어

해설 정치제어는 목푯값이 시간에 따라 일정한 값을 가진다.

48 다음 중 비접촉식 온도계는?
① 색온도계   ② 저항온도계
③ 압력식 온도계 ④ 유리온도계

해설 비접촉식 온도계에는 색온도계, 광고온도계, 광전관식 온도계, 방사고온계 등이 있다.

49 열전대 온도계 보호관 중 내열강 SEH-5에 대한 설명으로 옳지 않은 것은?
① 내식성, 내열성 및 강도가 좋다.
② 자기관에 비해 저온 측정에 사용된다.
③ 유황가스 및 산화염에도 사용이 가능하다.
④ 상용온도는 800℃이고 최고 사용온도는 850℃까지 가능하다.

해설 내열강 금속보호관(니켈-크롬강)의 사용온도는 1,000℃이고 최고 사용온도는 1,200℃이다.

50 열전대 온도계의 보호관 중 상용 사용온도가 약 1,000℃이며, 내열성, 내산성이 우수하나 환원성 가스에 기밀성이 약간 떨어지는 것은?
① 카보런덤관   ② 자기관
③ 석영관   ④ 황동관

해설 열전대 온도계 보호관의 사용온도
• 석영관 : 1,000℃
• 자기관 : 1,450℃
• 황동관 : 400℃
• 카보런덤관 : 1,600℃

51 다음 중 가스의 열전도율이 가장 큰 것은?
① 공기   ② 메탄
③ 수소   ④ 이산화탄소

해설 수소(H_2)는 열전도도가 매우 크고 열에 대해 안정하다.

52 1차 제어장치가 제어량을 측정하여 제어 명령을 발하고 2차 제어장치가 이 명령을 바탕으로 제어량을 조절할 때, 다음 중 측정제어로 가장 적절한 것은?
① 추치제어   ② 프로그램 제어
③ 캐스케이드 제어 ④ 시퀀스 제어

해설 제어방법
• 정치제어
• 추치제어
• 캐스케이드 제어(측정제어) : 2개의 제어계로 조합하며 1차 제어장치가 제어량을 측정하여 제어명령을 내리고 2차 제어장치가 이 명령을 바탕으로 제어량을 조절한다.

53 폐루프를 형성하여 출력 측의 신호를 입력 측에 되돌리는 제어를 의미하는 것은?
① 뱅뱅   ② 리셋
③ 시퀀스   ④ 피드백

해설
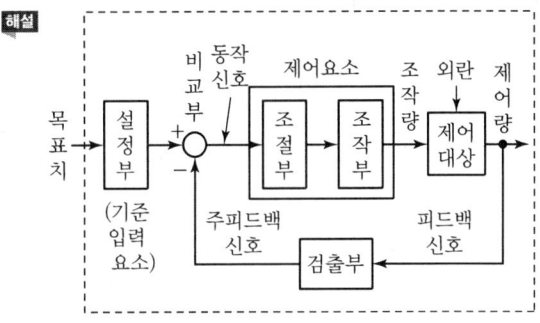
피드백(Feedback) 제어

54 20L인 물의 온도를 15℃에서 80℃로 상승시키는 데 필요한 열량은 약 몇 kJ인가?
① 4,680   ② 5,442
③ 6,320   ④ 6,860

ANSWER | 47. ④ 48. ① 49. ④ 50. ③ 51. ③ 52. ③ 53. ④ 54. ②

해설 물의 비열 = 4.186kJ/kg · K
물의 현열(Q) = 20×4.186×(80−15) = 5,442kJ

55 U자관 압력계에 사용되는 액주의 구비조건이 아닌 것은?

① 열팽창계수가 작을 것
② 모세관 현상이 적을 것
③ 화학적으로 안정될 것
④ 점도가 클 것

해설 U자관 저압력계에 사용되는 액주(물, 수은)는 점도, 모세관 현상, 열팽창계수가 작아야 한다.

56 온도계의 동작 지연에 있어서 온도계의 최초 지시치가 T_o(℃), 측정한 온도가 x(℃)일 때, 온도계 지시치 T(℃)와 시간 τ와의 관계식은?(단, λ는 시정수이다.)

① $\dfrac{dT}{d\tau} = \dfrac{x - T_o}{\lambda}$ ② $\dfrac{dT}{d\tau} = \dfrac{\lambda}{x - T_o}$

③ $\dfrac{dT}{d\tau} = \dfrac{\lambda - x}{T_o}$ ④ $\dfrac{dT}{d\tau} = \dfrac{T_o}{\lambda - x}$

해설 온도계의 동작지연
$\dfrac{dT}{d\tau} = \dfrac{(X - T_o)}{\lambda}$

57 다음 용어에 대한 설명으로 옳지 않은 것은?

① 측정량 : 측정하고자 하는 양
② 값 : 양의 크기를 함께 수화 기준
③ 제어편차 : 목표치에 제어량을 더한 값
④ 양 : 수와 기준으로 표시할 수 있는 크기를 갖는 현상이나 물체 또는 물질의 성질

해설 제어편차는 목표치에서 제어량을 뺀 값이다.

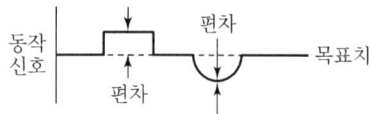

58 다음 집진장치 중 코트렐식과 관계가 있는 방식으로 코로나 방전을 일으키는 것과 관련 있는 집진기로 가장 적절한 것은?

① 전기식 집진기
② 세정식 집진기
③ 원심식 집진기
④ 사이클론 집진기

해설 전기식 집진장치는 코트렐식이 대표적이다(코로나 방전을 이용한다).

59 다음 중 수분 흡수법에 의해 습도를 측정할 때 흡수제로 사용하기에 가장 적절하지 않은 것은?

① 오산화인   ② 피크린산
③ 실리카겔   ④ 황산

해설 피크린산(Plcric Acid)은 매실에 있는 성분이다.

60 다음 중 오리피스(Orifice), 벤투리관(Venturi Tube)을 이용하여 유량을 측정하고자 할 때 필요한 값으로 가장 적절한 것은?

① 측정기구 전후의 압력차
② 측정기구 전후의 온도차
③ 측정기구 입구에 가해지는 압력
④ 측정기구의 출구 압력

해설 차압식 유량계 : 오리피스, 플로노즐, 벤투리미터

$Q(\text{유량}) = 0.01252a\varepsilon\beta^2 Dt^2 \sqrt{\dfrac{P_1 - P_2}{\gamma_1}}$ (m³/s)

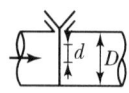   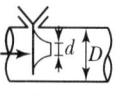   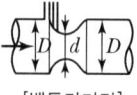
[오리피스]   [노즐]   [벤투리미터]

SECTION 04 열설비재료 및 관계법규

61 에너지이용 합리화법에서 목표에너지원단위란 무엇인가?
① 연료의 단위당 제품 생산목표량
② 제품의 단위당 에너지사용목표량
③ 제품의 생산목표량
④ 목표량에 맞는 에너지사용량

해설 목표에너지원단위는 제품의 단위당 에너지사용목표량을 말한다.

62 연료를 사용하지 않고 용선의 보유열과 용선 속 불순물의 산화열에 의해서 노 내 온도를 유지하며 용강을 얻는 것은?
① 평로   ② 고로
③ 반사로   ④ 전로

해설 전로
제강로(강철제조로)이며 용선의 보유열과 용선 속 불순물의 산화열에 의해서 노 내 온도를 유지하며 용강을 얻은 노이다.

63 보온재 내 공기 이외의 가스를 사용하는 경우 가스분자량이 공기의 분자량보다 작으면 보온재의 열전도율의 변화는?
① 동일하다.
② 낮아진다.
③ 높아진다.
④ 높아지다가 낮아진다.

 보온재

공기 외의 다공질 가스일 경우 (분자량이 공기분자량(29)보다 작으면 열전도율이 높아진다.)
배관

64 에너지법에서 정의하는 용어에 대한 설명으로 틀린 것은?
① "에너지사용자"란 에너지사용시설의 소유자 또는 관리자를 말한다.
② "에너지사용시설"이란 에너지를 사용하는 공장, 사업장 등의 시설이나 에너지를 전환하여 사용하는 시설을 말한다.
③ "에너지공급자"란 에너지를 생산, 수입, 전환, 수송, 저장, 판매하는 사업자를 말한다.
④ "연료"란 석유, 석탄, 대체에너지 기타 열 등으로 제품의 원료로 사용되는 것을 말한다.

해설 제품의 원료로 사용되는 연료는 에너지법에서 정의하는 연료에서 제외된다.

65 연속가마, 반연속가마, 불연속가마의 구분 방식은 어떤 것인가?
① 온도상승속도   ② 사용목적
③ 조업방식   ④ 전열방식

해설 요로(가마)의 조업방식 분류
• 연속가마(터널요, 윤요)
• 반연속가마(등요, 셔틀요)
• 불연속가마(횡염식, 승염식, 도염식)

66 터널가마에서 샌드실(Sand Seal) 장치가 마련되어 있는 주된 이유는?
① 내화벽돌 조각이 아래로 떨어지는 것을 막기 위하여
② 열 절연의 역할을 하기 위하여
③ 찬바람이 가마 내로 들어가지 않도록 하기 위하여
④ 요차를 잘 움직이게 하기 위하여

해설 샌드실(Sand Seal)
• 연속요의 터널가마 부속장치인 샌드실은 열의 절연을 위해 사용한다.
• 노 내 고온부의 열이 레일 위치부, 즉 저온부로 이동하지 않도록 하는 장치이다.

ANSWER | 61. ② 62. ④ 63. ③ 64. ④ 65. ③ 66. ②

67 외경 65mm의 증기관이 수평으로 설치되어 있다. 증기관의 보온된 표면온도는 55℃, 외기온도는 20℃일 때 관의 열손실량(W)은?(단, 이때 복사열은 무시한다.)

① 29.5   ② 36.6
③ 44.0   ④ 60.0

해설

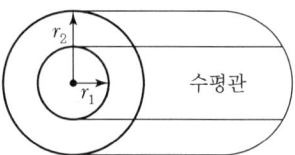

평균표면적$(F_m) = \dfrac{F_2 - F_1}{\ln\left(\dfrac{F_2}{F_1}\right)} = \dfrac{F_2 - F_1}{2.3\log\left(\dfrac{F_2}{F_1}\right)}$

$= \dfrac{3.14 \times L(r_1 - r_2)}{2.3\log\left(\dfrac{r_1}{r_2}\right)}$

열손실(W) $= \lambda \cdot F_m \times \dfrac{t_1 - t_2}{b}$

※ 문제에서 열전달률 또는 보온재의 열전도율 누락, 보온재 두께 누락

68 다음 중 중성 내화물에 속하는 것은?

① 납석질 내화물
② 고알루미나질 내화물
③ 반규석질 내화물
④ 샤모트질 내화물

해설
- 산성 내화물 : 납석질, 반규석질, 샤모트질
- 중성 내화물 : 고알루미나질, 탄소질, 탄화규소질, 크롬질

69 에너지이용 합리화법에 따라 인정검사 대상기기 관리자의 교육을 이수한 자의 관리범위에 해당하지 않는 것은?

① 용량이 3t/h인 노통 연관식 보일러
② 압력용기
③ 온수를 발생하는 보일러로서 용량이 300kW인 것
④ 증기 보일러로서 최고사용 압력이 0.5MPa이고 전열면적이 9m²인 것

해설 인정검사대상기기 관리자 교육 이수자의 관리범위(에너지이용 합리화법 시행규칙 별표 3의9)
- 증기보일러로서 최고사용압력이 1MPa 이하이고, 전열면적이 10m² 이하인 것
- 온수발생 및 열매체를 가열하는 보일러로서 용량이 581.5 kW 이하인 것
- 압력용기

70 관로의 마찰손실수두의 관계에 대한 설명으로 틀린 것은?

① 유체의 비중량에 반비례한다.
② 관 지름에 반비례한다.
③ 유체의 속도에 비례한다.
④ 관 길이에 비례한다.

해설 마찰손실수두(H)

$H = \lambda \times \dfrac{L}{D} \times \dfrac{V^2}{2g}$, $V = \dfrac{4Q}{\pi D^2}$

여기서, λ : 마찰손실계수
L : 관의 길이
D : 관의 지름
V : 유속

71 작업이 간편하고 조업주기가 단축되며 요체의 보유열을 이용할 수 있어 경제적인 반연속식 요는?

① 셔틀요   ② 윤요
③ 터널요   ④ 도염식 요

해설
- 반연속요 : 셔틀요, 등요
- 연속요 : 터널요, 윤요
- 불연속요 : 등염식 요, 횡염식 요, 도염식 요

72 에너지이용 합리화법에 따라 검사대상기기의 관리자의 해임신고는 신고 사유가 발생한 날로부터 며칠 이내에 하여야 하는가?

① 15일   ② 20일
③ 30일   ④ 60일

해설 검사대상기기 관리자(보일러, 압력용기 관리자)의 해임, 선임, 퇴직 신고는 사유가 발생한 날로부터 30일 이내에 한국에너지공단이사장에게 하여야 한다.

PART 02 | 과년도 기출문제(2018. 4. 28. 시행)

73 다음 열사용기자재에 대한 설명으로 가장 적절한 것은?

① 연료 및 열을 사용하는 기기, 축열식 전기기기와 단열성 자재를 말한다.
② 일명 특정 열사용기자재라고도 한다.
③ 연료 및 열을 사용하는 기기만을 말한다.
④ 기기의 설치 및 시공에 있어 안전관리, 위해방지 또는 에너지이용의 효율관리가 특히 필요하다고 인정되는 기자재를 말한다.

해설 열사용기자재는 축열식 전기기기와 연료 및 열을 사용하는 기기 등을 말한다.

74 보온재의 열전도율에 대한 설명으로 틀린 것은?

① 재료의 두께가 두꺼울수록 열전도율이 낮아진다.
② 재료의 밀도가 클수록 열전도율이 낮아진다.
③ 재료의 온도가 낮을수록 열전도율이 낮아진다.
④ 재질 내 수분이 적을수록 열전도율이 낮아진다.

해설 보온재는 재료의 밀도(kg/m^3)가 작을수록 열전도율이 낮아진다.

75 다이어프램 밸브(Diaphragm Valve)에 대한 설명으로 틀린 것은?

① 화학약품을 차단함으로써 금속 부분의 부식을 방지한다.
② 기밀을 유지하기 위한 패킹을 필요로 하지 않는다.
③ 저항이 적어 유체의 흐름이 원활하다.
④ 유체가 일정 이상의 압력이 되면 작동하여 유체를 분출시킨다.

해설 다이어프램 밸브(Diaphragm Valve)
둑(Weir)과 고무로 만들어진 다이어프램이 구조로 된 밸브이다. 각종 가스류나 침식성의 산·알칼리류, 묽은 죽 형상의 물질을 포함하고 있는 유체 또는 압력손실을 줄이려는 배관 등에 사용한다.
④는 안전밸브나 방출밸브의 기능에 대한 설명이다.

76 에너지이용 합리화법에 따라 자발적 협약체결기업에 대한 지원을 받기 위해 에너지 사용자와 정부 간 자발적 협약의 평가기준에 해당하지 않는 것은?

① 에너지 절감량 또는 온실가스 배출 감축량
② 계획 대비 달성률 및 투자실적
③ 자원 및 에너지의 재활용 노력
④ 에너지이용 합리화자금 활용실적

해설 자발적 협약체결기업에 대한 지원을 받기 위해 에너지 사용자와 정부 간 자발적 협약의 평가기준은 ①, ②, ③이다.

77 다음 중 고온용 보온재가 아닌 것은?

① 우모 펠트   ② 규산칼슘
③ 세라믹 파이버   ④ 펄라이트

해설 우모펠트
저온에서 사용하는 유기질 보온재로 안전사용온도는 120 ℃, 열전도율은 일반적으로 0.042~0.040kcal/m·h·℃이다. 방습처리가 필요한 보온재이다.

78 에너지이용 합리화법에 따른 검사 대상기기에 해당하지 않는 것은?

① 가스 사용량이 17kg/h를 초과하는 소형 온수보일러
② 정격용량이 0.58MW를 초과하는 철금속가열로
③ 온수를 발생시키는 보일러로서 대기개방형인 주철제 보일러
④ 최고사용압력이 0.2MPa를 초과하는 증기를 보유하는 용기로서 내용적이 0.004m^3 이상인 용기

해설 ④는 최고사용압력 0.2MPa(2kg/cm^2) 초과로서 그 내용적이 0.04m^3 이상인 것만 검사대상기기이다.

79 에너지이용 합리화법에 따라 검사대상기기의 설치자가 사용 중인 검사대상기기를 폐기한 경우에는 폐기한 날부터 최대 며칠 이내에 검사대상기기 폐기신고서를 한국에너지공단이사장에게 제출하여야 하는가?

① 7일   ② 10일
③ 15일   ④ 20일

ANSWER | 73.① 74.② 75.④ 76.④ 77.① 78.④ 79.③

해설 검사대상기기 폐기 및 사용중지 신고 제출기한은 15일이다.

80 에너지이용 합리화법에 따라 냉난방온도의 제한온도 기준 및 건물의 지정기준에 대한 설명으로 틀린 것은?

① 공공기관의 건물은 냉방온도 26℃ 이상, 난방온도 20℃ 이하의 제한온도를 둔다.
② 판매시설 및 공항은 냉방온도의 제한온도는 25℃ 이상으로 한다.
③ 숙박시설 중 객실 내부 구역은 냉방온도의 제한온도는 25℃ 이상으로 한다.
④ 의료법에 의한 의료기관의 실내구역은 제한온도를 적용하지 않을 수 있다.

해설 냉난방제한온도 적용 제외구역
• 의료기관의 실내구역
• 식품 등의 품질관리를 위해 냉난방온도의 제한온도 적용이 적절하지 않은 구역
• 숙박시설 중 객실 내부구역
• 그 밖에 관련 법령 또는 국제기준에서 특수성을 인정하거나 건물의 용도상 냉난방온도의 제한온도를 적용하는 것이 적절하지 않다고 산업통상자원부장관이 고시하는 구역

SECTION 05 열설비설계

81 다음 중 기수분리의 방법에 따른 분류로 가장 거리가 먼 것은?

① 장애판을 이용한 것
② 그물을 이용한 것
③ 방향전환을 이용한 것
④ 압력을 이용한 것

해설 기수분리기(건조증기 취출기) 분류
㉠ 배관설치용
• 방향 전환 이용
• 장애판 이용
• 원심력 이용
• 여러 겹의 그물 이용

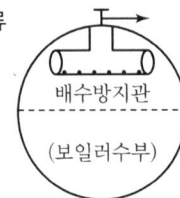

㉡ 보일러 동(드럼) 내부 설치용
• 장애판 조립
• 파도형 다수 강판 이용
• 원심력 분리기 이용

82 맞대기 용접은 용접방법에 따라 그루브를 만들어야 한다. 판 두께 10mm에 할 수 있는 그루브의 형상이 아닌 것은?

① V형   ② R형
③ H형   ④ J형

해설 H홈 형상 그루브
맞대기 용접 시 두꺼운 판(20~30mm 초과)에 사용하는 그루브

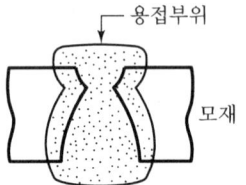

83 보일러와 압력용기에서 일반적으로 사용되는 계산식에 의해 산정되는 두께에 부식 여유를 포함한 두께를 무엇이라 하는가?

① 계산 두께   ② 실제 두께
③ 최소 두께   ④ 최대 두께

해설 계산상 두께+부식 여유 두께=최소 두께

84 바이메탈 트랩에 대한 설명으로 옳은 것은?

① 배기능력이 탁월하다.
② 과열증기에도 사용할 수 있다.
③ 개폐온도의 차가 작다.
④ 밸브폐색의 우려가 있다.

해설 온도조절 트랩
• 벨로스형 : 배기능력이 탁월하다.
• 바이메탈형 : 배기능력이 탁월하다.
• 팽창형

80. ③ 81. ④ 82. ③ 83. ③ 84. ① | ANSWER

85 보일러의 증발량이 20ton/h이고, 보일러 본체의 전열면적이 450m²일 때, 보일러의 증발률(kg/m²·h)은?

① 24 ② 34
③ 44 ④ 54

해설 전열면의 증발률 = $\dfrac{\text{시간당 증발량}}{\text{전열면적}} = \dfrac{20 \times 10^3}{450}$
= 44kg/m²·h

86 히트파이프의 열교환기에 대한 설명으로 틀린 것은?

① 열저항이 적어 낮은 온도하에서도 열회수 가능
② 전열면적을 크게 하기 위해 핀튜브 사용
③ 수평, 수직, 경사구조로 설치 가능
④ 별도 구동장치의 동력이 필요

해설 히트파이프(Heat Pipe : 전열관)
- 진공의 관 내에 적당한 양의 액체를 봉입한 기구이며 이것으로 같은 단면적을 갖는 금속봉에 비하면 상당히 많은 열을 전달할 수가 있다.
- 본체 재료는 구리, 스테인리스, 세라믹스, 텅스텐 등, 안벽은 다공질의 파이퍼 등이 사용된다. 내부 휘발성 물질은 메탄올, 아세톤, 물, 수은 등이 사용된다.

87 열교환기에 입구와 출구의 온도차가 각각 $\Delta\theta'$, $\Delta\theta''$일 때 대수평균 온도차($\Delta\theta_m$)의 식은?(단, $\Delta\theta' > \Delta\theta''$이다.)

① $\dfrac{\ln\dfrac{\Delta\theta'}{\Delta\theta''}}{\Delta\theta' - \Delta\theta''}$ ② $\dfrac{\ln\dfrac{\Delta\theta''}{\Delta\theta'}}{\Delta\theta' - \Delta\theta''}$

③ $\dfrac{\Delta\theta' - \Delta\theta''}{\ln\dfrac{\Delta\theta'}{\Delta\theta''}}$ ④ $\dfrac{\Delta\theta' - \Delta\theta''}{\ln\dfrac{\Delta\theta''}{\Delta\theta'}}$

해설
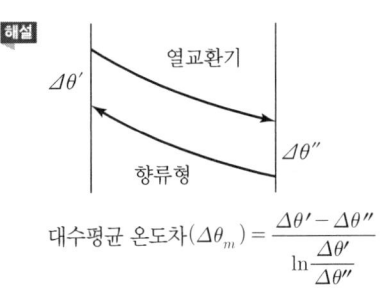
대수평균 온도차($\Delta\theta_m$) = $\dfrac{\Delta\theta' - \Delta\theta''}{\ln\dfrac{\Delta\theta'}{\Delta\theta''}}$

88 물의 탁도(Turbidity)에 대한 설명으로 옳은 것은?

① 증류수 1L 속에 정제카올린 1mg을 함유하고 있는 색과 동일한 색의 물을 탁도 1도의 물로 한다.
② 증류수 1L 속에 정제카올린 1g을 함유하고 있는 색과 동일한 색의 물을 탁도 1도의 물로 한다.
③ 증류수 1L 속에 황산칼슘 1mg을 함유하고 있는 색과 동일한 색의 물을 탁도 1도의 물로 한다.
④ 증류수 1L 속에 황산칼슘 1g을 함유하고 있는 색과 동일한 색의 물을 탁도 1도의 물로 한다.

해설 탁도 1도 : 증류수 1L 속에 정제카올린 1mg을 함유하고 있는 색과 동일한 물이다.

89 육용강제 보일러에서 길이 스테이 또는 경사 스테이를 핀 이음으로 부착할 경우, 스테이 휠 부분의 단면적은 스테이 소요 단면적의 얼마 이상으로 하여야 하는가?

① 1.0배 ② 1.25배
③ 1.5배 ④ 1.75배

해설 길이 스테이, 경사 스테이 핀 이음에서 스테이 휠 부분의 단면적은 스테이 소요 단면적의 1.5배 이상으로 한다.

90 증기 10t/h를 이용하는 보일러의 에너지 진단 결과가 아래 표와 같다. 이때 공기비 개선을 통한 에너지 절감률(%)은?

명칭	결과값
입열합계(kcal/kg - 연료)	9,800
개선 전 공기비	1.8
개선 후 공기비	1.1
배기가스온도(℃)	110
이론공기량(Nm³/kg - 연료)	10.696
연소공기 평균비열(kcal/kg·℃)	0.31
송풍공기온도(℃)	20
연료의 저위발열량(kcal/Nm³)	9,540

① 1.6 ② 2.1
③ 2.8 ④ 3.2

ANSWER | 85. ③ 86. ④ 87. ③ 88. ① 89. ② 90. ②

해설
- 공기비 조절 전 손실열
  $10.696 \times 0.31 \times (1.8-1) \times (110-20)$
  $= 238.73 \text{kcal/kg}$
- 공기비 조절 후 손실열
  $10.696 \times 0.31 \times (1.1-1) \times (110-20)$
  $= 29.84 \text{kcal/kg}$
- $\therefore$ 연질절감률 $= \dfrac{238.73 - 29.84}{9,540} \times 100 = 2.1\%$

91 저압용으로 내식성이 크고, 청소하기 쉬운 구조이며, 증기압이 2kg/cm^2 이하의 경우에 사용되는 절탄기는?

① 강관식 ② 이중관식
③ 주철관식 ④ 황동관식

해설
- 여열장치 절탄기(급수예열기)에는 강관제(고압용), 주철제(저압용)가 있다.
- 급수온도 10℃ 상승 시 보일러 효율이 1.5% 향상된다.

92 다음 [보기]에서 설명하는 보일러 보존방법은?

- 보존기간이 6개월 이상인 경우 적용한다.
- 1년 이상 보존할 경우 방청도료를 도포한다.
- 약품의 상태는 1~2주마다 점검하여야 한다.
- 동 내부의 산소제거는 숯불 등을 이용한다.

① 석회밀폐 건조보존법
② 만수보존법
③ 질소가스 봉입보존법
④ 가열건조법

해설 보일러 휴지법

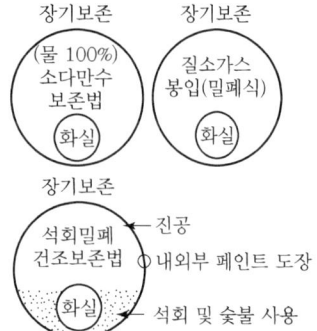

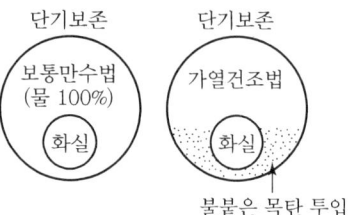

93 노통 보일러의 평형 노통을 일체형으로 제작하면 강도가 약해지는 결점이 있다. 이러한 결점을 보완하기 위하여 몇 개의 플랜지형 노통으로 제작하는데 이때의 이음부를 무엇이라 하는가?

① 브리징 스페이스
② 거싯 스테이
③ 평형 조인트
④ 애덤슨 조인트

해설
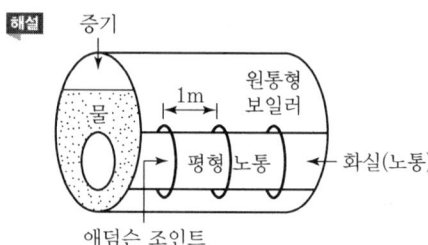

94 해수 마그네시아 침전 반응을 바르게 나타낸 식은?

① $3\text{MgO} \cdot 2\text{SiO}_2 \cdot 2\text{H}_2\text{O} + 3\text{CO}_2$
  $\rightarrow 3\text{MgCO}_3 + 2\text{SO}_2 + 2\text{H}_2\text{O}$
② $\text{CaCO}_3 + \text{MgCO}_3 \rightarrow \text{CaMg}(\text{CO}_3)_2$
③ $\text{CaMg}(\text{CO}_3)_2 + \text{MgCO}_3 \rightarrow 2\text{MgCO}_3 + \text{CaCO}_3$
④ $\text{MgCO}_3 + \text{Ca}(\text{OH})_2 \rightarrow \text{Mg}(\text{OH})_2 + \text{CaCO}_3$

해설
- 해수 마그네시아 침전
  $\text{MgCO}_3 + \text{Ca}(\text{OH})_2 \rightarrow \text{Mg}(\text{OH})_2 + \text{CaCO}_3$
- 전 경도 CaCO_3 ppm
  = 마그네슘 경도(Mg^{2+}ppm) + 칼슘 경도(Ca^{2+}ppm)

95 다음 중 인젝터의 시동순서로 옳은 것은?

㉠ 핸들을 연다.
㉡ 증기 밸브를 연다.
㉢ 급수 밸브를 연다.
㉣ 급수 출구관에 정지 밸브가 열렸는지 확인한다.

① ㉣ → ㉢ → ㉡ → ㉠
② ㉡ → ㉢ → ㉠ → ㉣
③ ㉢ → ㉡ → ㉣ → ㉠
④ ㉣ → ㉡ → ㉠ → ㉡

해설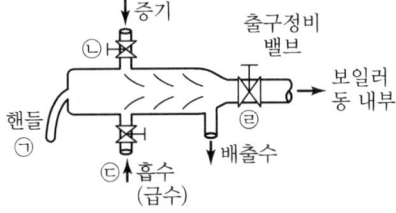
작동(시동)순서는 ㉣ → ㉢ → ㉡ → ㉠ 이다.

96 원수(原水) 중의 용존 산소를 제거할 목적으로 사용되는 약제가 아닌 것은?
① 탄닌   ② 히드라진
③ 아황산나트륨   ④ 폴리아미드

해설 폴리아미드(Polyamide)는 내수성, 내약품성이 뛰어나 포밍(거품) 방지제로 사용된다.

97 지름이 5cm인 강관(50W/m·K) 내에 98K의 온수가 0.3m/s로 흐를 때, 온수의 열전달계수(W/m²·K)는?(단, 온수의 열전도도는 0.68W/m·K이고, Nu 수(Nusselt Number)는 1600이다.)
① 1,238   ② 2,176
③ 3,184   ④ 4,232

해설 $Nu = \dfrac{a \cdot D}{k} = \dfrac{경계층내에서\ 열전달률 \times 원관지름}{유체의\ 열전도율}$

∴ 열전달계수(a) = $160 \times \dfrac{0.68}{0.05}$ = 2,176 W/m²·K

98 보일러 사고의 원인 중 제작상의 원인으로 가장 거리가 먼 것은?
① 재료불량   ② 구조 및 설계불량
③ 용접불량   ④ 급수처리불량

해설 급수처리불량, 저수위사고, 가스폭발 등은 보일러 취급상의 사고 원인이다.

99 급수처리에서 양질의 급수를 얻을 수 있으나 비용이 많이 들어 보급수의 양이 적은 보일러 또는 선박보일러에서 해수로부터 청수를 얻고자 할 때 주로 사용하는 급수처리 방법은?
① 증류법   ② 여과법
③ 석회소다법   ④ 이온교환법

해설 증류법은 용존물을 처리하는 기계적 방법으로 비용이 많이 들어 보급수가 적은 선박보일러에서 사용하는 급수처리법이다. 양질의 급수처리가 가능한 일명 순수제조법이다.

100 육용강제 보일러에서 오목면에 압력을 받는 스테이가 없는 접시형 경판으로 노통을 설치할 경우, 경판의 최소 두께(mm)를 구하는 식으로 옳은 것은?(단, P: 최고 사용압력(kg/cm²), R: 접시모양 경판의 중앙부에서의 내면 반지름(mm), σ_a: 재료의 허용인장응력(kg/mm²), η: 경판 자체의 이음효율, A: 부식여유(mm)이다.)

① $t = \dfrac{PR}{150\sigma_a\eta} + A$ ② $t = \dfrac{150PR}{(\sigma_a + \eta)A}$

③ $t = \dfrac{PA}{150\sigma_a\eta} + R$ ④ $t = \dfrac{AR}{\sigma_a\eta} + 150$

해설 접시형 경판(스테이가 없고 오목면에 압력을 받는 경판)의 최소 두께(t)
$t = \dfrac{P \cdot R}{150 \times \sigma_a \times \eta} + A$ (mm)

ANSWER | 95. ① 96. ④ 97. ② 98. ④ 99. ① 100. ①

SECTION 01 연소공학

01 부탄가스의 폭발 하한값은 1.8Vol%이다. 크기가 10m×20m×3m인 실내에서 부탄의 질량이 최소 약 몇 kg일 때 폭발할 수 있는가?(단, 실내 온도는 25℃이다.)

① 24.1 ② 26.1
③ 28.5 ④ 30.5

해설 용적 = $10 \times 20 \times 3 = 600m^3$

표준량 = $600 \times \dfrac{273}{273+25} = 550Nm^3$

$550 \times \dfrac{1.8}{10^2} = 10m^3$

∴ 폭발량(G) = $\dfrac{10}{22.4} \times 58 = 26kg$

※ 부탄 $22.4m^3 = 1kmol = 58kg$

02 순수한 CH_4를 건조 공기로 연소시키고 난 기체 화합물을 응축기로 보내 수증기를 제거시킨 다음, 나머지 기체를 Orsat법으로 분석한 결과, 부피비로 CO_2가 8.21%, CO가 0.41%, O_2가 5.02%, N_2가 86.36%이었다. CH_4 1kmol 당 약 몇 kmol의 건조공기가 필요한가?

① 7.3 ② 8.5
③ 10.3 ④ 12.1

해설 메탄의 연소반응식 : $CH_4 + 2O_2 \rightarrow CO_2 + 2H_2O$

이론공기량(A_0) = $2 \times \dfrac{1}{0.21} = 9.52 Nm^3/Nm^3$

실제공기량(A) = $A_0 \times$ 공기비(m)

공기비(m) = $\dfrac{N_2}{N_2 - 3.76(O_2 - 0.5CO)}$

$= \dfrac{86.36}{86.36 - 3.76(5.02 - 0.5 \times 0.41)} = 1.26$

∴ 실제공기량(A) = $9.52 \times 1.26 = 12 Nm^3/Nm^3$

03 체적이 $0.3m^3$인 용기 안에 메탄(CH_4)과 공기 혼합물이 들어있다. 공기는 메탄을 연소시키는 데 필요한 이론 공기량보다 20% 더 들어 있고, 연소 전 용기의 압력은 300kPa, 온도는 90℃이다. 연소 전 용기 안에 있는 메탄의 질량은 약 몇 g인가?

① 27.6 ② 33.7
③ 38.4 ④ 42.1

해설 $CH_4 + 2O_2 \rightarrow CO_2 + 2H_2O$

이론공기량 = $2 \times \dfrac{1}{0.21} = 9.52 Nm^3/Nm^3$

실제공기량 = $9.52 \times (1+0.2) = 11.4 Nm^3/Nm^3$

CH_4 1mol = 22.4L = 16g

메탄 저장량 = $11.4 \times \dfrac{273+90}{273} = 15 Nm^3$

∴ 메탄질량 = $\dfrac{15}{22.4} = 0.6 mol$

용기압력 = $\dfrac{300+100}{100} = 4 atm$

$4 \times 0.6 \times 16 = 38.4g$

04 프로판가스(C_3H_8) $1Nm^3$을 완전연소시키는 데 필요한 이론공기량은 약 몇 Nm^3인가?

① 23.8 ② 11.9
③ 9.52 ④ 5

해설 $C_3H_8 + 5O_2 \rightarrow 3CO_2 + 4H_2O$

이론공기량(A_0) = 산소량 $\times \dfrac{1}{0.21} = 5 \times \dfrac{1}{0.21}$

$= 23.8 Nm^3/Nm^3$

05 탄소 1kg의 연소에 소요되는 공기량은 약 몇 Nm^3인가?

① 5.0 ② 7.0
③ 9.0 ④ 11.0

해설 탄소(C) 분자량 = 12
산소 분자량 = $32 = 22.4 Nm^3$

∴ $\dfrac{22.4}{12} \times \dfrac{1}{0.21} = 9 Nm^3/kg$

1. ② 2. ④ 3. ③ 4. ① 5. ③ | ANSWER

06 연돌에서의 배기가스 분석 결과 CO_2 14.2%, O_2 4.5%, CO 0%일 때 탄산가스의 최대량 CO_{2max} (%)는?

① 10.5　　② 15.5
③ 18.0　　④ 20.5

해설 $CO_{2max} = \dfrac{21 \times CO_2}{21 - O_2} = \dfrac{21 \times 14.2}{21 - 4.5} = 18.0\%$

07 경유 1,000L를 연소시킬 때 발생하는 탄소량은 약 몇 TC인가?(단, 경유의 석유환산계수는 0.92TOE/kL, 탄소배출계수는 0.837TC/TOE이다.)

① 77　　② 7.7
③ 0.77　　④ 0.077

해설 석유환산량 $= \dfrac{1,000}{10^3} \times 0.92 = 0.92$TOE (1kL=1,000L)
∴ 탄소배출량(TC) $= 0.92 \times 0.837 = 0.77$

08 표준 상태에서 고위발열량과 저위발열량의 차이는?

① 80cal/g　　② 539kcal/mol
③ 9,200kcal/g　　④ 9,702cal/mol

해설 $H_2 + \dfrac{1}{2}O_2 \rightarrow H_2O$
2kg　16kg　18kg(1kmol)
(2g)　(16g)　(18g)(1mol)
100℃에서 물 1g의 잠열 : 539cal/g
∴ $18 \times 539 = 9,702$cal/mol

09 연소기의 배기가스 연도에 댐퍼를 부착하는 이유로 가장 거리가 먼 것은?

① 통풍력을 조절한다.
② 과잉공기를 조절한다.
③ 배기가스의 흐름을 차단한다.
④ 주연도, 부연도가 있는 경우에는 가스의 흐름을 바꾼다.

해설
• 공기댐퍼 : 과잉공기 조절
• 연도댐퍼 : 배기가스양 조절

10 다음과 같이 조성된 발생로 내 가스를 15%의 과잉공기로 완전 연소시켰을 때 건연소가스양(Sm^3/Sm^3)은?(단, 발생로 가스의 조성은 CO 31.3%, CH_4 2.4%, H_2 6.3%, CO_2 0.7%, N_2 59.3%이다.)

① 1.99　　② 2.54
③ 2.87　　④ 3.01

해설 가스 연소반응식
$CO + \dfrac{1}{2}O_2 \rightarrow CO_2$
$CH_4 + 2O_2 \rightarrow CO_2 + 2H_2O$
$H_2 + \dfrac{1}{2}O_2 \rightarrow H_2O$

• 실제 건연소가스양
$G_d = (m - 0.21)A_0 + CO + CO_2 + CH_4 + N_2$
• 공기비 $m = 100 + 15 = 115\% = 1.15$
• 이론공기량(A_0) = 이론산소량 $\times \dfrac{1}{0.21}$
• 이론산소량$(O_0) = 0.5 \times 0.313 + 2 \times 0.024 + 0.5 \times 0.063$
$= 0.236 Nm^3/Nm^3$

∴ $G_d = (1.15 - 0.21) \times \dfrac{0.236}{0.21} + (1 \times 0.313) + (1 \times 0.024) + (1 \times 0.007) + (1 \times 0.593)$
$= 1.99 Nm^3/Nm^3$

※ 건연소에서는 H_2O 값을 삭제한다.

11 다음 중 기상폭발에 해당되지 않는 것은?

① 가스폭발　　② 분무폭발
③ 분진폭발　　④ 수증기폭발

해설 수증기폭발은 증기압력폭발(물리적 폭발)이다.

12 다음 액체연료 중 비중이 가장 낮은 것은?

① 중유　　② 등유
③ 경유　　④ 가솔린

해설 경질유 : 가솔린(휘발유), 등유, 경유 등

ANSWER | 6. ③ 7. ③ 8. ④ 9. ② 10. ① 11. ④ 12. ④

13 다음 기체연료에 대한 설명 중 틀린 것은?
① 고온연소에 의한 국부가열의 염려가 크다.
② 연소조절 및 점화, 소화가 용이하다.
③ 연료의 예열이 쉽고 전열효율이 좋다.
④ 적은 공기로 완전 연소시킬 수 있으며 연소효율이 높다.

해설 액체연료는 고온연소에서 국부가열의 염려가 크다(중유 C급 등의 연소 시).

14 석탄을 완전 연소시키기 위하여 필요한 조건에 대한 설명 중 틀린 것은?
① 공기를 예열한다.
② 통풍력을 좋게 한다.
③ 연료를 착화온도 이하로 유지한다.
④ 공기를 적당하게 보내 피연물과 잘 접촉시킨다.

해설 석탄은 항상 연료 착화온도 이상(300℃ 내외)에서 연소시킨다(고체연료는 착화온도가 높다).

15 가스버너로 연료가스를 연소시키면서 가스의 유출속도를 점차 빠르게 하였다. 이때 어떤 현상이 발생하겠는가?
① 불꽃이 엉클어지면서 짧아진다.
② 불꽃이 엉클어지면서 길어진다.
③ 불꽃형태는 변함없으나 밝아진다.
④ 별다른 변화를 찾기 힘들다.

해설 가스의 유출속도를 점차 빠르게 하면 난류현상에 의해 불꽃이 엉클어지면서 짧아진다.

16 다음 석탄류 중 연료비가 가장 높은 것은?
① 갈탄 ② 무연탄
③ 흑갈탄 ④ 반역청탄

해설 고체 연료비 = $\dfrac{고정탄소}{휘발분}$
- 연료비 : 무연탄 > 반역청탄 > 흑갈탄 > 갈탄
- 무연탄은 연료비가 12 이상으로 발열량이 높으나 점화가 어렵다.

17 공기비 1.3에서 메탄을 연소시킨 경우 단열 연소온도는 약 몇 K인가?(단, 메탄의 저발열량은 49MJ/kg, 배기가스의 평균비열은 1.29kJ/kg·K이고 고온에서의 열분해는 무시하고, 연소 전 온도는 25℃이다.)
① 1,663 ② 1,932
③ 1,965 ④ 2,230

해설 $CH_4 + 2O_2 \rightarrow CO_2 + 2H_2O$
이론공기량$(A_0) = 2 \times \dfrac{1}{0.21} = 9.52 Nm^3/Nm^3$
이론배기가스양$(G_{ow}) = (1-0.21)A_0 + CO_2 + H_2O$
$= (1-0.21) \times 9.52 + (1+2)$
$= 10.52 Nm^3/Nm^3$
실제습배기가스양$(G_w) = G_{ow} + (m-1)A_0$
$= 10.52 + (1.3-1) \times 9.52 = 13.37$
$13.37 \times \dfrac{273+25}{273} = 14.59 Nm^3/Nm^3$
$14.59 \times \dfrac{22.4}{16} = 20 Nm^3/kg$
$\therefore t = \dfrac{H_l}{G_w \times C_p} = \dfrac{49 \times 10^3}{20 \times 1.29} + 25 = 1,933℃$

18 내화재로 만든 화구에서 공기와 가스를 따로 연소실에 송입하여 연소시키는 방식으로 대형가마에 적합한 가스연료 연소장치는?
① 방사형 버너 ② 포트형 버너
③ 선회형 버너 ④ 건타입형 버너

해설 포트형 버너
가스 연소장치로서 공기와 가스를 따로 연소실에 투입하는 확산형 연소방식이며 대형가마용이다.

19 다음 중 습한 함진가스에 가장 적절하지 않은 집진장치는?
① 사이클론 ② 멀티클론
③ 스크러버 ④ 여과식 집진기

해설 백필터 여과식 집진기는 건식이므로 습한 함진가스는 처리가 어렵다(세정식 집진장치로 처리함).

20 로터리 버너를 장시간 사용하였더니 노벽에 카본이 많이 붙어 있었다. 다음 중 주된 원인은?

① 공기비가 너무 컸다.
② 화염이 닿는 곳이 있었다.
③ 연소실 온도가 너무 높았다.
④ 중유의 예열 온도가 너무 높았다.

해설 로터리 중유 C급 버너 타화물(카본)이 노벽에 부착하는 것은 화염의 접촉이 심한 원인에 의해 발생한다.

SECTION 02 열역학

21 어떤 기체의 정압비열(C_p)이 다음 식으로 표현될 때 32℃와 800℃ 사이에서 이 기체의 평균정압비열($\overline{C_p}$)은 약 몇 kJ/kg · ℃인가?(단, C_p의 단위는 kJ/kg · ℃이고, T의 단위는 ℃이다.)

$$C_p = 353 + 0.24T - 0.9 \times 10^{-4}T^2$$

① 353 ② 433
③ 574 ④ 698

해설 $Q = m \int_{T_1}^{T_2} C_p dT$

$\overline{C_p} = \dfrac{1}{T_2 - T_1} \int_{T_1}^{T_2} (353 + 0.24T - 0.9 \times 10^{-4}T^2) dT$

$= \dfrac{1}{800 - 32} \left[\left(353 \times 800 + 0.24 \times \dfrac{800^2}{2} - 0.9 \times 10^{-4} \times \dfrac{800^3}{3} \right) \right.$
$\left. - \left(353 \times 32 + 0.24 \times \dfrac{32^2}{2} - 0.9 \times 10^{-4} \times \dfrac{32^3}{3} \right) \right]$

$= 433 \text{ kJ/kg} \cdot ℃$

22 이상기체 상태식은 사용 조건이 극히 제한되어 있어서 이를 실제 조건에 적용하기 위한 여러 상태식이 개발되었다. 다음 중 실제 기체(Real Gas)에 대한 상태식에 속하지 않는 것은?

① 오일러(Euler) 상태식
② 비리얼(Virial) 상태식
③ 반데르발스(Van der Waals) 상태식
④ 비티-브리지먼(Beattie-Bridgeman) 상태식

해설 오일러식 : 허수를 사용함으로써 지수함수와 삼각함수의 관련을 보여온 오일러 공식
$e^{ix} = \cos x + i \sin x$
$e^{i\pi} + 1 = 0$

23 비열이 일정한 이상기체 1kg에 대하여 다음 중 옳은 식은?(단, P는 압력, V는 체적, T는 온도, C_p는 정압비열, C_v는 정적비열, U는 내부에너지이다.)

① $\Delta U = C_p \times \Delta T$ ② $\Delta U = C_p \times \Delta V$
③ $\Delta U = C_v \times \Delta T$ ④ $\Delta U = C_v \times \Delta P$

해설 정적상태 내부에너지 변화(ΔU) = $C_v \times \Delta T$

24 다음 4개의 물질에 대해 비열비가 거의 동일하다고 가정할 때, 동일한 온도 T에서 음속이 가장 큰 것은?

① Ar(평균분자량 : 40g/mol)
② 공기(평균분자량 : 29g/mol)
③ CO(평균분자량 : 28g/mol)
④ H_2(평균분자량 : 2g/mol)

해설 비열비가 동일할 때 분자량이 작을수록 동일 온도에서 음속이 빠르다.

25 건포화증기(Dry Saturated Vapor)의 건도는 얼마인가?

① 0 ② 0.5
③ 0.7 ④ 1

해설 건도(x)
• 건포화증기 : 1
• 포화수 : 0
• 습포화증기 : 1 이하

26 400K으로 유지되는 항온조 내의 기체에 80kJ의 열이 공급되었을 때, 기체의 엔트로피 변화량은 몇 kJ/K인가?

① 0.01 ② 0.03
③ 0.2 ④ 0.3

해설 $\Delta S = \dfrac{\delta Q}{T} = \dfrac{80}{400} = 0.2 \text{kJ/K}$

27 0℃, 1기압(101.3kPa)하에 공기 10m³가 있다. 이를 정압 조건으로 80℃까지 가열하는 데 필요한 열량은 약 몇 kJ인가?(단, 공기의 정압비열은 1.0kJ/kg·K이고, 정적비열은 0.71kJ/kg·K이며 공기의 분자량은 28.96kg/kmol이다.)

① 238 ② 546
③ 1,033 ④ 2,320

해설 공기질량= $10 \times \dfrac{29}{22.4} = 12.91 \text{kg}$

∴ $Q = G \cdot C_p \cdot \Delta t$
   $= 12.91 \times 1.0 \times (80-0) = 1,033 \text{kJ}$

28 피스톤이 설치된 실린더에 압력 0.3MPa, 체적 0.8m³인 습증기 4kg이 들어있다. 압력이 일정한 상태에서 가열하여 습증기의 건도가 0.9가 되었을 때 수증기에 의한 일은 몇 kJ인가?(단, 0.3MPa에서 비체적은 포화액이 0.001m³/kg, 건포화증기가 0.60 m³/kg이다.)

① 205.5 ② 237.2
③ 305.5 ④ 408.1

해설 습포화증기 비체적= $\dfrac{0.8}{4} = 0.2 \text{m}^3/\text{kg}$

처음의 건조도(x) = $\dfrac{0.2 - 0.001}{0.60 - 0.001} = 0.33\%$

건조도 향상=0.9−0.33=0.57
0.3MPa=300kPa

∴ 일량(W) = $G \times x' \times (V_2 - V_1)$
   $= 4 \times 0.57 \times 300 \times (0.60 - 0.001) = 408.1 \text{kJ}$

29 제1종 영구기관이 실현 불가능한 것과 관계있는 열역학 법칙은?

① 열역학 제0법칙 ② 열역학 제1법칙
③ 열역학 제2법칙 ④ 열역학 제3법칙

해설 제1종 영구기관
입력보다 출력이 더 큰 기관(즉, 열효율이 100% 이상인 기관)으로 열역학 제1법칙에 위배된다.

30 열펌프(Heat Pump)의 성능계수에 대한 설명으로 옳은 것은?

① 냉동 사이클의 성능계수와 같다.
② 가해준 일에 의해 발생한 저온체에서 흡수한 열량과의 비이다.
③ 가해준 일에 의해 발생한 고온체에 방출한 열량과의 비이다.
④ 열펌프의 성능계수는 1보다 작다.

해설 열펌프(히트펌프) 성적계수(ε_h)

$\varepsilon_h = \dfrac{\text{고온체로 방출한 열량}}{\text{공급열량}} = \dfrac{T_1}{T_1 - T_2} = \dfrac{Q_2}{Aw}$
$= \dfrac{Q_1}{Q_1 - Q_2}$

∴ ε_h =냉동기 성적계수+1

31 증기압축 냉동 사이클에서 증발기 입·출구에서의 냉매의 엔탈피는 각각 29.2, 306.8kcal/kg이다. 1시간에 1냉동 톤당의 냉매 순환량(kg/h·RT)은 얼마인가?(단, 1냉동톤(RT)은 3,320kcal/h이다.)

① 15.04 ② 11.96
③ 13.85 ④ 18.06

해설 냉매의 증발잠열=306.8−29.2
            =277.6kcal/kg

냉매 순환량= $\dfrac{3,320}{277.6}$
           =11.96kg/h

32 증기터빈에서 증기 유량이 1.1kg/s이고, 터빈 입구와 출구의 엔탈피는 각각 3,100kJ/kg, 2,300kJ/kg이다. 증기 속도는 입구에서 15m/s, 출구에서는 60m/s이고, 이 터빈의 축 출력이 800kW일 때 터빈과 주위 사이에서 발생하는 열전달량은?

① 주위로 78.1kW의 열을 방출한다.
② 주위로 95.8kW의 열을 방출한다.
③ 주위로 124.9kW의 열을 방출한다.
④ 주위로 168.4kW의 열을 방출한다.

27. ③ 28. ④ 29. ② 30. ③ 31. ② 32. ① | ANSWER

해설 실제출력=800kW, 1시간=3,600s, 1kWh=3,600kJ
손실 전 출력(W)

$$W = (h_1 - h_2) + \frac{V_i^2 - V_e^2}{2}$$

$$= 1.1 \times \left[(3,100-2,800) + \frac{(15^2-60^2)}{2} \times 10^{-3}\right] \times 3,600$$

$$= 3,161,317.5 \text{kJ/h}$$

$$\therefore \text{열전달량} = \frac{3,161,317.5 - (800 \times 3,600)}{3,600} = 78.1 \text{kW}$$

33 다음 중 냉매가 구비해야할 조건으로 옳지 않은 것은?
① 비체적이 클 것
② 비열비가 작을 것
③ 임계점(Critical Point)이 높을 것
④ 액화하기가 쉬울 것

해설 냉매는 비체적(m³/kg)이 작아야 냉매 순환이 용이하고 냉매 배관의 지름이 작아진다.

34 온도 127℃에서 포화수 엔탈피는 560kJ/kg, 포화증기의 엔탈피는 2,720kJ/kg일 때 포화수 1kg이 포화증기로 변화하는 데 따르는 엔트로피의 증가는 몇 kJ/K인가?
① 1.4
② 5.4
③ 9.8
④ 21.4

해설 증발잠열=2,720-560=2,160kJ/kg

$$\therefore \Delta S = \frac{\Delta Q}{T} = \frac{2,160}{127+273} = 5.4 \text{kJ/K}$$

35 다음 그림은 Otto Cycle을 기반으로 작동하는 실제 내연기관에서 나타나는 압력(P)-부피(V) 선도이다. 다음 중 이 사이클에서 일(Work) 생산과정에 해당하는 것은?
① 2 → 3
② 3 → 4
③ 4 → 5
④ 5 → 6

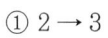 오토 사이클(내연기관)

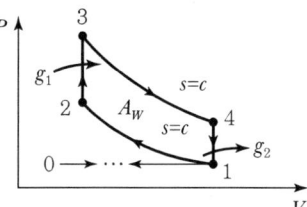

• 1 → 2 과정 : 단열압축
• 2 → 3 과정 : 등적가열
• 3 → 4 과정 : 단열팽창
• 4 → 1 과정 : 등적방열
• 0 → 1 과정 : 기체흡입

36 어떤 압축기에 23℃의 공기 1.2kg이 들어있다. 이 압축기를 등온과정으로 하여 100kPa에서 800kPa까지 압축하고자 할 때 필요한 일은 약 몇 kJ인가? (단, 공기의 기체상수는 0.287kJ/kg·K이다.)
① 212
② 367
③ 509
④ 673

해설 등온압축과정

$$W_t = P_1 V_1 \ln \frac{P_1}{P_2}$$

$$1.2 \times \frac{22.4}{28.8} \times \frac{23+273}{273} = 1.02 \text{m}^3$$

$$\therefore \text{필요한 일}(W) = 100 \times 1.02 \times \ln\left(\frac{800}{100}\right) = 212 \text{kJ}$$

37 다음 그림은 어떤 사이클에 가장 가까운가?(단, T는 온도, S는 엔트로피이며, 사이클 순서는 A→B→C→D→E→F→A 순으로 작동한다.)

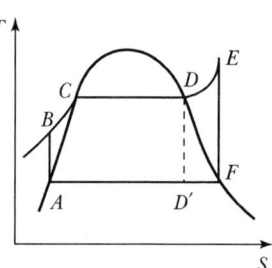

① 디젤 사이클
② 냉동 사이클
③ 오토 사이클
④ 랭킨 사이클

ANSWER | 33. ① 34. ② 35. ③ 36. ① 37. ④

해설 랭킨 사이클(Rankine Cycle)

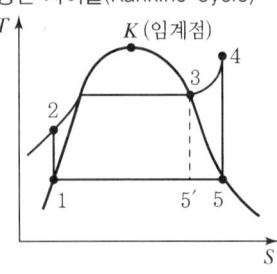

- 1 → 2 과정 : 단열압축
- 2 → 3 → 4 과정 : 정압가열
- 4 → 5 과정 : 단열팽창
- 5 → 1 과정 : 정압방열

38 보일러의 게이지 압력이 800kPa일 때 수은기압계가 측정한 대기 압력이 856mmHg를 지시했다면 보일러 내의 절대압력은 약 몇 kPa인가?

① 810　　② 914
③ 1,320　　④ 1,656

해설 $1.033 kg/cm^2 = 1atm = 76cmHg = 760mmHg$
$= 101.325kPa$

$856 \times \dfrac{101.325}{760} = 114.13kPa$

∴ 절대압(abs) = 800 + 114.13 = 914kPa

39 그림과 같이 역카르노 사이클로 운전하는 냉동기의 성능계수(COP)는 약 얼마인가?(단, T_1는 24℃, T_2는 −6℃이다.)

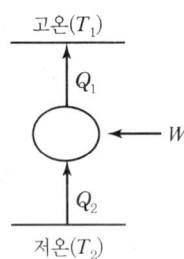

① 7.124　　② 8.905
③ 10.048　　④ 12.845

해설 $T_1 = 24 + 273 = 297K$
$T_2 = -6 + 273 = 267K$

$297 - 267 = 30K$

∴ $COP = \dfrac{T_2}{T_1 - T_2} = \dfrac{267}{30} = 8.9$

40 카르노 사이클에서 온도 T의 고열원으로부터 열량 Q를 흡수하고, 온도 T_0의 저열원으로 열량 Q_0를 방출할 때, 방출열량 Q_0에 대한 식으로 옳은 것은?(단, η_c는 카르노 사이클의 열효율이다.)

① $\left(1 - \dfrac{T_0}{T}\right)Q$　　② $(1+\eta_c)Q$

③ $(1-\eta_c)Q$　　④ $\left(1 + \dfrac{T_0}{T}\right)Q$

해설 카르노 사이클(Carnot Cycle)

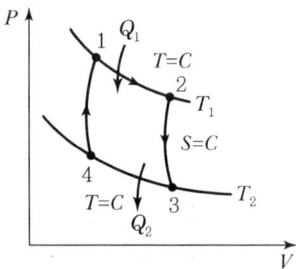

- 1 → 2 과정 : 등온팽창
- 2 → 3 과정 : 단열팽창
- 3 → 4 과정 : 등온압축
- 4 → 1 과정 : 단열압축

방출열량 $(Q_0) = (1-\eta_c)Q_1$

SECTION 03 계측방법

41 다음 연소가스 중 미연소가스계로 측정 가능한 것은?

① CO　　② CO_2
③ NH_3　　④ CH_4

해설
- 미연소 가스분석계 측정가스 : CO 가스
- 연소식 O_2계 측정가스 : H_2 가스

PART 02 | 과년도 기출문제(2018. 9. 15. 시행)

42 차압식 유량계에서 교축 상류 및 하류에서의 압력이 P_1, P_2일 때 체적 유량이 Q_1이라면, 압력이 각각 처음보다 2배만큼씩 증가했을 때 Q_2는 얼마인가?

① $Q_2 = 2Q_1$
② $Q_2 = \frac{1}{2}Q_1$
③ $Q_2 = \sqrt{2}\,Q_1$
④ $Q_2 = \frac{1}{\sqrt{2}}Q_1$

해설 $Q = A \cdot V = \frac{\pi}{4}d^2 \times V'$
$V' = \sqrt{2gh}\,(\text{m/s}),\ V^2 = \frac{2g(P_t - P_s)}{r}$
∴ $Q_2 = \sqrt{2}\,Q_1$

43 다음 중 압력식 온도계가 아닌 것은?
① 고체팽창식
② 기체팽창식
③ 액체팽창식
④ 증기팽창식

해설 고체팽창식 온도계인 바이메탈 온도계는 선팽창계수 차이를 이용하며, 측정범위는 −50~500℃이다.

44 저항식 습도계의 특징으로 틀린 것은?
① 저온도의 측정이 가능하다.
② 응답이 늦고 정도가 좋지 않다.
③ 연속기록, 원격측정, 자동제어에 이용된다.
④ 교류전압에 의하여 저항치를 측정하여 상대습도를 표시한다.

해설 전기저항식 습도계
감도가 좋고 좁은 범위의 상대습도 측정에 유리하다. 염화리튬 용액을 절연판에 바르고 전주를 놓아 저항치를 측정하여 상대습도를 측정하며, 그 특징은 ①, ③, ④ 등이다.

45 전기저항식 온도계 중 백금(Pt) 측온 저항체에 대한 설명으로 틀린 것은?
① 0℃에서 500Ω을 표준으로 한다.
② 측정온도는 최고 약 500℃ 정도이다.
③ 저항온도계수는 작으나 안정성이 좋다.
④ 온도 측정 시 시간 지연의 결점이 있다.

해설 전기저항식 온도계
0℃에서 저항(25Ω, 50Ω, 100Ω, 200Ω의 기준값)을 이용

46 −200~500℃의 측정범위를 가지며 측온저항체 소선으로 주로 사용되는 저항소자는?
① 구리선
② 백금선
③ Ni선
④ 서미스터

해설 저항소자의 측정범위
• 백금선 : −200~500℃(저항체 직경 : 0.01~0.2mm 정도 사용)
• Ni선 : −50~150℃
• 서미스터 : −100~300℃
• 구리선 : 0~120℃

47 헴펠식(Hempel Type) 가스분석장치에 흡수되는 가스와 사용하는 흡수제의 연결이 잘못된 것은?
① CO − 차아황산소다
② O_2 − 알칼리성 피로갈롤용액
③ CO_2 − 30% KOH 수용액
④ C_mH_n − 진한 황산

해설
• 헴펠식 가스분석에서 CO 가스 분석 시 흡수제 : 암모니아성 염화제1동 용액
• 차아황산소다(Sodium Hydrosulfite) : 환원 표백제로 물에 쉽게 녹고 알코올에는 녹지 않는다. 아황산 표백제 중 강한 환원력을 가지며, 습한 공기에서는 아황산염과 황산염으로 분해된다.

48 시즈(Sheath) 열전대의 특징이 아닌 것은?
① 응답속도가 빠르다.
② 국부적인 온도측정에 적합하다.
③ 피측온체의 온도저하 없이 측정할 수 있다.
④ 매우 가늘어서 진동이 심한 곳에는 사용할 수 없다.

해설 시즈 열전대는 열전대 보호관 속에 MgO, Al_2O_3 등을 넣은 것으로 매우 가늘고 가요성으로 만든 보호관이다. 관의 직경은 0.25~12mm 정도로서 그 특징은 ①, ②, ③ 등이다.

ANSWER | 42. ③ 43. ① 44. ② 45. ① 46. ② 47. ① 48. ④

49 다음 액주계에서 γ, γ_1 이 비중량을 표시할 때 압력 (P_x)을 구하는 식은?

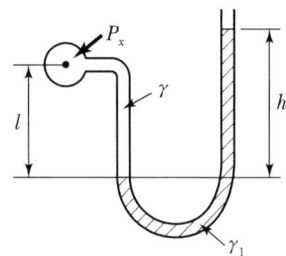

① $P_x = \gamma_1 h + \gamma l$
② $P_x = \gamma_1 h - \gamma l$
③ $P_x = \gamma_1 l - \gamma h$
④ $P_x = \gamma_1 l + \gamma h$

해설 액주계 비중량이 주어진 경우 압력(P_x)
$P_x = \gamma_1 h - \gamma l$

50 다음 중 가장 높은 온도를 측정할 수 있는 온도계는?
① 저항 온도계
② 열전대 온도계
③ 유리제 온도계
④ 광전관 온도계

해설 ① 저항 온도계 : $-200 \sim 300℃$
② 열전대 온도계 : $-200 \sim 1,600℃$
③ 유리제 온도계 : $-100 \sim 600℃$
④ 광전관 비접촉식 온도계 : $700 \sim 3,000℃$

51 스프링저울 등 측정량이 원인이 되어 그 직접적인 결과로 생기는 지시로부터 측정량을 구하는 방법으로 정밀도는 낮으나 조작이 간단한 것은?
① 영위법
② 치환법
③ 편위법
④ 보상법

해설 스프링저울은 편위법을 이용하여(측정량이 원인이 되어서 그 직접적인 결과로 생기는 지시로부터) 측정량을 구한다.

52 다음 유량계 종류 중에서 적산식 유량계는?
① 용적식 유량계
② 차압식 유량계
③ 면적식 유량계
④ 동압식 유량계

해설 용적식 유량계는 적산식 유량계로서 정밀도가 우수하다.

53 정전용량식 액면계의 특징에 대한 설명 중 틀린 것은?
① 측정범위가 넓다.
② 구조가 간단하고 보수가 용이하다.
③ 유전율이 온도에 따라 변화되는 곳에도 사용할 수 있다.
④ 습기가 있거나 전극에 피측정체를 부착하는 곳에는 부적당하다.

해설 정전용량식 액면계는 측정물의 유전율(전기장)을 이용하여 탱크 안에 전극을 넣고 액유 변화에 의한 정전용량 변화를 측정한다.

54 피토관으로 측정한 동압이 $10mmH_2O$일 때 유속이 $15m/s$이었다면 동압이 $20mmH_2O$일 때의 유속은 약 몇 m/s인가?(단, 중력가속도는 $9.8m/s^2$이다.)
① 18
② 21.2
③ 30
④ 40.2

해설 유속(V_2) $= V_1 \times \dfrac{\sqrt{4p}}{\sqrt{\Delta p}} = 15 \times \dfrac{\sqrt{20}}{\sqrt{10}} = 21.2 m/s$

55 보일러 공기예열기의 공기유량을 측정하는 데 가장 적합한 유량계는?
① 면적식 유량계
② 차압식 유량계
③ 열선식 유량계
④ 용적식 유량계

해설 공기예열기는 열선식 유량계로 공기유량을 측정한다(열선식 : 유체의 온도를 전열로 일정 온도만큼 상승시키는 데 필요한 전기량을 측정한다).

56 원인을 알 수 없는 오차로서 측정할 때마다 측정값이 일정하지 않고 분포현상을 일으키는 오차는?
① 과오에 의한 오차
② 계통적 오차
③ 계량기 오차
④ 우연 오차

해설 우연 오차 : 원인을 알 수 없는 오차이다.

57 편차의 정(+), 부(−)에 의해서 조작신호가 최대, 최소가 되는 제어동작은?

① 온·오프동작 ② 다위치동작
③ 적분동작 ④ 비례동작

해설 온·오프 제어동작 : 2위치 동작(불연속동작)으로 조작신호의 최대, 최소가 제어된다.

58 가스크로마토그래피법에서 사용하는 검출기 중 수소염이온화검출기를 의미하는 것은?

① ECD ② FID
③ HCD ④ FTD

해설
- FID : 수소이온화 검출기
- TCD : 열전도도형 검출기
- ECD : 전자포획이온화 검출기

59 출력 측의 신호를 입력 측에 되돌려 비교하는 제어방법은?

① 인터록(Interlock)
② 시퀀스(Sequence)
③ 피드백(Feedback)
④ 리셋(Reset)

해설
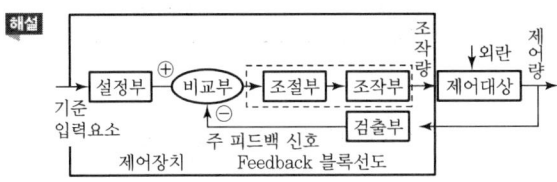

60 다음 제어방식 중 잔류편차(Offset)를 제거하여 응답시간이 가장 빠르며 진동이 제거되는 제어방식은?

① P ② I
③ PI ④ PID

해설
- P 동작(비례동작) : 잔류편차 발생
- I 동작(적분동작)
- D 동작(미분동작)
- PID 동작(비례적분미분동작) : 연속복합동작

SECTION 04 열설비재료 및 관계법규

61 에너지이용 합리화법에 따라 연간 에너지사용량이 30만 티오이인 자가 구역별로 나누어 에너지 진단을 하고자 할 때 에너지 진단주기는?

① 1년 ② 2년
③ 3년 ④ 5년

해설 에너지 진단주기(TOE 진단일시주기)
㉠ 석유환산 20만 톤 이상인 업체
- 전체진단 : 5년마다
- 구역별 부분진단 : 3년마다(부분진단은 에너지 사용량 10만 TOE 이상을 기준으로 나누어 순차적으로 실시한다.)

㉡ 석유환산 20만 톤 미만인 업체 : 전체진단 5년마다

62 에너지이용 합리화법에 따라 에너지사용계획을 수립하여 산업통상자원부장관에게 제출하여야 하는 사업주관자가 실시하려는 사업의 종류가 아닌 것은?

① 도시개발사업
② 항만건설사업
③ 관광단지개발사업
④ 박람회 조경사업

해설 ①, ②, ③ 외 산업단지개발사업, 에너지개발사업, 철도건설사업, 공항건설사업 등이 있다.

63 에너지이용 합리화법에 따라 검사대상기기의 검사유효 기간으로 틀린 것은?

① 보일러의 개조검사는 2년이다.
② 보일러의 계속사용검사는 1년이다.
③ 압력용기의 계속사용검사는 2년이다.
④ 보일러의 설치장소 변경검사는 1년이다.

해설 보일러의 개조검사 기간은 1년이다.
- 검사권자 : 한국에너지공단
- 검사내용 : 연소방법 개선, 증기보일러를 온수보일러로 개조 등

ANSWER | 57. ① 58. ② 59. ③ 60. ④ 61. ③ 62. ④ 63. ①

64 에너지이용 합리화법에 따라 가스를 사용하는 소형 온수보일러인 경우 검사대상기기의 적용 기준은?

① 가스사용량이 시간당 17kg을 초과하는 것
② 가스사용량이 시간당 20kg을 초과하는 것
③ 가스사용량이 시간당 27kg을 초과하는 것
④ 가스사용량이 시간당 30kg을 초과하는 것

해설 검사대상기기(소형온수보일러 기준)
• 가스사용량 : 17kg/h 초과 사용
• 도시가스 : 232.6kW 초과 사용

65 에너지이용 합리화법에 따라 에너지 사용량이 대통령령으로 정하는 기준량 이상인 자는 산업통상자원부령으로 정하는 바에 따라 매년 언제까지 시·도지사에게 신고하여야 하는가?

① 1월 31일까지
② 3월 31일까지
③ 6월 30일까지
④ 12월 31일까지

해설 에너지 사용량이 매년 석유환산 2,000TOE 이상이면 시·도지사에게 1월 31일까지 에너지 사용량을 신고한다.

66 다음 보온재 중 재질이 유기질 보온재에 속하는 것은?

① 우레탄폼   ② 펄라이트
③ 세라믹 파이버   ④ 규산칼슘 보온재

해설 유기질 보온재
• 우레탄폼(폴리우레탄폼)
• 콜크
• 우모 및 양모
• 합성수지(기포성 수지)
• 폴리스티렌폼

67 에너지이용 합리화법에 따라 열사용기자재 관리에 대한 설명으로 틀린 것은?

① 계속사용검사는 검사유효기간의 만료일이 속하는 연도의 말까지 연기할 수 있으며, 연기하려는 자는 검사대상기기 검사연기 신청서를 한국에너지공단이사장에게 제출하여야 한다.

② 한국에너지공단이사장은 검사에 합격한 검사대상기기에 대해서 검사 신청인에게 검사 일부터 7일 이내에 검사증을 발급하여야 한다.
③ 검사대상기기관리자의 선임신고는 신고 사유가 발생한 날로부터 20일 이내에 하여야 한다.
④ 검사대상기기의 설치자가 사용 중인 검사대상기기를 폐기한 경우에는 폐기한 날부터 15일 이내에 검사대상기기 폐기신고서를 한국에너지공단이사장에게 제출하여야 한다.

해설 ③에서는 30일 이내에 한국에너지공단에 신고한다.

68 에너지법에서 정한 에너지에 해당하지 않는 것은?
① 열   ② 연료
③ 전기   ④ 원자력

해설 핵연료 및 원자력은 에너지법에서 정한 에너지에서 제외된다.

69 그림의 배관에서 보온하기 전 표면 열전달률(a)이 12.3kcal/m²·h·℃이었다. 여기에 글라스울 보온통으로 시공하여 방산열량이 28kcal/m·h가 되었다면 보온효율은 얼마인가?(단, 외기온도는 20℃이다.)

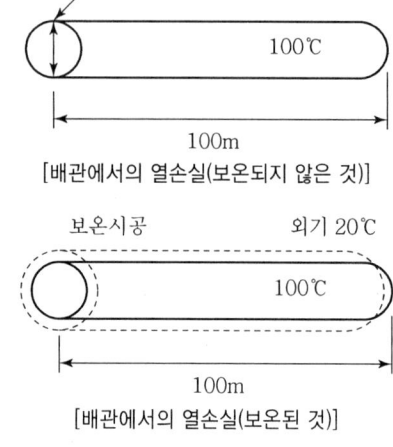

① 44%   ② 56%
③ 85%   ④ 93%

해설
- 전체면적 $(A) = \pi DL = 3.14 \times \frac{61}{10^3} \times 100 = 19.154 \text{m}^2$
- 손실열 $= 19.154 \times 12.3 \times (100-20)$
  $= 18,847.536 \text{kcal/h}$
- 보온 후 손실열량 $= 28 \times 100 = 2,800 \text{kcal/h}$
- ∴ 보온효율 $= \frac{18,847.536 - 2,800}{18,847.536} \times 100 = 85\%$

70 열처리로 경화된 재료를 변태점 이상의 적당한 온도로 가열한 다음 서서히 냉각하여 강의 입도를 미세화하여 조직을 연화, 내부응력을 제거하는 로는?

① 머플로
② 소성로
③ 풀림로
④ 소결로

해설 풀림처리(소둔 : Annealing)
열처리로 경화된 재료를 변태점 이상의 적당한 온도로 가열한 다음 서서히 냉각하여 강의 입도를 미세화하여 조직을 연화, 내부 응력을 제거한다(뜨임온도보다 약간 높은 온도).

71 원관을 흐르는 층류에 있어서 유량의 변화는?

① 관의 반지름의 제곱에 반비례해서 변한다.
② 압력강하에 반비례하여 변한다.
③ 점성계수에 비례하여 변한다.
④ 관의 길이에 반비례해서 변한다.

해설
원관에서 흐르는 층류상태 유량변화
: 관의 길이에 반비례해서 변한다.

72 에너지이용 합리화법에 따라 특정열사용기자재의 설치·시공이나 세관을 업으로 하는 자는 어디에 등록을 하여야 하는가?

① 행정안전부장관
② 한국열관리시공협회
③ 한국에너지공단이사장
④ 시·도지사

해설 특정열사용기자재의 설치, 시공, 세관(국토교통부령 전문건설업)을 하고자 하는 자는 시·도지사에게 등록하여야 한다.

73 에너지이용 합리화법에 따라 에너지공급자의 수요관리 투자계획에 대한 설명으로 틀린 것은?

① 한국지역난방공사는 수요관리투자계획 수립대상이 되는 에너지공급자이다.
② 연차별 수요관리투자계획은 해당 연도 개시 2개월 전까지 제출하여야 한다.
③ 제출된 수요관리투자 계획을 변경하는 경우에는 그 변경한 날부터 15일 이내에 변경사항을 제출하여야 한다.
④ 수요관리투자계획 시행 결과는 다음 연도 6월 말일까지 산업통상자원부장관에게 제출하여야 한다.

해설 ④에서는 2월 말까지 산업통상자원부 장관에게 투자계획을 제출한다.

74 샤모트(Chamotte) 벽돌의 원료로서 샤모트 이외에 가소성 생점토(生粘土)를 가하는 주된 이유는?

① 치수 안정을 위하여
② 열전도성을 좋게 하기 위하여
③ 성형 및 소결성을 좋게 하기 위하여
④ 건조 소성, 수축을 미연에 방지하기 위하여

해설
- 샤모트 산성 내화물에 샤모트(燒粉) 이외의 접착용 가소성 생점토를 가하는 주된 이유는 성형 및 소결성을 좋게 하기 위함이다.
- 주성분 : Kaolin, Al_2O_3, $2SiO_2$, $2H_2O$

75 다음 중 노체 상부로부터 노구(Throat), 샤프트(Shaft), 보시(Bosh), 노상(Hearth)으로 구성된 노(爐)는?

① 평로
② 고로
③ 전로
④ 코크스로

해설 고로(용광로)의 구성
- 노구
- 샤프트
- 보시
- 노상

76 도염식 요는 조업방법에 의해 분류할 경우 어떤 형식에 속하는가?

① 불연속식
② 반연속식
③ 연속식
④ 불연속식과 연속식의 절충형식

해설 불연속 요
- 도염식 요
- 승염식 요
- 횡염식 요
※ 반연속요 : 등요, 셔틀요(연속식과 불연속식의 절충형)

77 보온재 시공 시 주의해야 할 사항으로 가장 거리가 먼 것은?

① 사용개소의 온도에 적당한 보온재를 선택한다.
② 보온재의 열전도성 및 내열성을 충분히 검토한 후 선택한다.
③ 사용처의 구조 및 크기 또는 위치 등에 적합한 것을 선택한다.
④ 가격이 가장 저렴한 것을 선택한다.

해설 보온재는 어느 정도 강도가 있고 수명이 연장되고 가격이 경제적이어야 한다. 또한 내구성, 내식성, 내열성 및 열전도율이 작아야 하며, 부피비중이 가벼워야 한다.

78 에너지이용 합리화법에 따라 대기전력 경고표지 대상 제품인 것은?

① 디지털 카메라
② 텔레비전
③ 셋톱박스
④ 유무선전화기

해설 대기전력 경고표지 대상 제품
프린터, 복합기, 전자레인지, 팩시밀리, 복사기, 스캐너, 오디오, DVD플레이어, 라디오카세트, 도어폰, 유무선전화기, 비데, 모뎀, 홈 게이트웨이

79 요로 내에서 생성된 연소가스의 흐름에 대한 설명으로 틀린 것은?

① 가열물의 주변에 저온가스가 체류하는 것이 좋다.
② 같은 흡입조건하에서 고온가스는 천장 쪽으로 흐른다.
③ 가연성 가스를 포함하는 연소가스는 흐르면서 연소가 진행된다.
④ 연소가스는 일반적으로 가열실 내에 충만되어 흐르는 것이 좋다.

해설 요로 내에서 연소가스는 가열물의 주변에 고온의 가스가 체류하는 것이 좋다.

80 일반적으로 압력배관용에 사용되는 강관의 온도 범위는?

① 800℃ 이하   ② 750℃ 이하
③ 550℃ 이하   ④ 350℃ 이하

해설 SPP(배관용 탄소강관)나 SPPS(압력배관용 탄소강관)의 사용온도범위는 350℃ 이하이다.

SECTION 05 열설비설계

81 연소실에서 연도까지 배치된 보일러 부속 설비의 순서를 바르게 나타낸 것은?

① 과열기 → 절탄기 → 공기예열기
② 절탄기 → 과열기 → 공기예열기
③ 공기예열기 → 과열기 → 절탄기
④ 과열기 → 공기예열기 → 절탄기

해설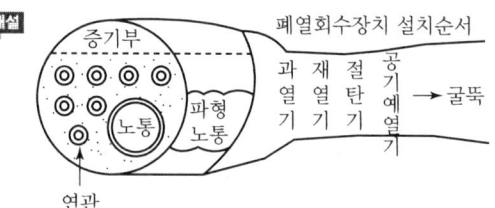

82 보일러의 발생증기가 보유한 열량이 3.2×10^6 kcal/h일 때 이 보일러의 상당 증발량은?

① 2,500kg/h ② 3,512kg/h
③ 5,937kg/h ④ 6,847kg/h

해설 열량 = 3.2×10^6 = 3,200,000kcal/h
물의 증발잠열(100℃에서) = 539kcal/kg
∴ $\frac{3,200,000}{539}$ = 5,937kg/h

83 다음 보일러 중에서 드럼이 없는 구조의 보일러는?

① 야로 보일러 ② 슐저 보일러
③ 타쿠마 보일러 ④ 베록스 보일러

해설 관류보일러
• 슐저 보일러
• 벤손 보일러
• 소형 관류보일러
• 가와사키 보일러
※ 다관식은 드럼이 없다.

84 보일러수 내의 산소를 제거할 목적으로 사용하는 약품이 아닌 것은?

① 탄닌
② 아황산나트륨
③ 가성소다
④ 히드라진

해설 가성소다(NaOH) : 경수연화제, PH조정제, 알칼리조정제

85 보일러의 연소가스에 의해 보일러 급수를 예열하는 장치는?

① 절탄기 ② 과열기
③ 재열기 ④ 복수기

해설 절탄기(이코노마이저)
• 폐열회수장치이며 연소가스 현열로 보일러용 급수를 예열하여 열효율을 높인다.
• 급수온도 10℃ 상승 시 보일러 효율은 1.5% 향상된다.
• 종류 : 강관제, 주철제

86 압력용기를 옥내에 설치하는 경우에 관한 설명으로 옳은 것은?

① 압력용기와 천장과의 거리는 압력용기 본체 상부로부터 1m 이상이어야 한다.
② 압력용기의 본체와 벽과의 거리는 최소 1m 이상이어야 한다.
③ 인접한 압력용기와의 거리는 최소 1m 이상이어야 한다.
④ 유독성 물질을 취급하는 압력용기는 1개 이상의 출입구 및 환기장치가 있어야 한다.

해설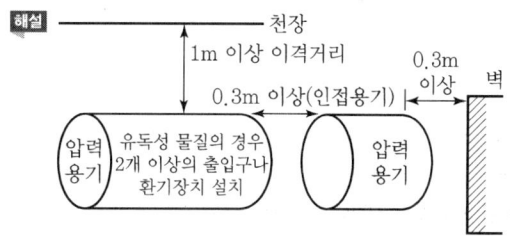

87 인젝터의 장단점에 관한 설명으로 틀린 것은?

① 급수를 예열하므로 열효율이 좋다.
② 급수온도가 55℃ 이상으로 높으면 급수가 잘된다.
③ 증기압이 낮으면 급수가 곤란하다.
④ 별도의 소요동력이 필요 없다.

해설 인젝터(소형 급수설비)의 동력은 증기스팀으로 급수온도가 50℃ 이상이면 급수불량이 된다(압력이 0.2MPa 이하이면 급수가 불량해진다).

88 보일러 안전사고의 종류가 아닌 것은?

① 노통, 수관, 연관 등의 파열 및 균열
② 보일러 내의 스케일 부착
③ 동체, 노통, 화실의 압궤 및 수관, 연관 등 전열면의 팽출
④ 연도나 노 내의 가스폭발, 역화, 그 외의 이상연소

해설 보일러에 스케일, 그을음 발생 시 나타나는 현상
• 열전도 저하
• 전열 방해
• 강도 저하

ANSWER | 82. ③ 83. ② 84. ③ 85. ① 86. ① 87. ② 88. ②

89 서로 다른 고체 물질 A, B, C인 3개의 평판이 서로 밀착되어 복합체를 이루고 있다. 정상 상태에서의 온도분포가 그림과 같을 때, 어느 물질의 열전도도가 가장 작은가?(단, 온도 T_1=1,000℃, T_2=800℃, T_3=550℃, T_4=250℃이다.)

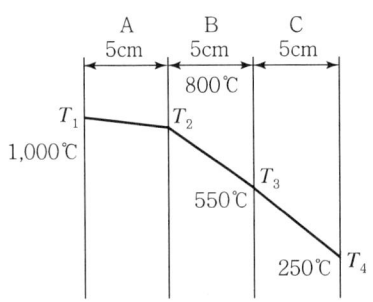

① A
② B
③ C
④ 모두 같다.

해설 단일 두께의 경우에서 온도가 저하될수록 물질의 열전도도가 작아진다.
- A평판 $= \dfrac{Q \times 0.05}{1 \times (1,000-800)} = 2.5 \times 10^{-4} Q$
- B평판 $= \dfrac{Q \times 0.05}{1 \times (800-550)} = 2.0 \times 10^{-4} Q$
- C평판 $= \dfrac{Q \times 0.05}{1 \times (550-250)} = 1.67 \times 10^{-4} Q$

90 열의 이동에 대한 설명으로 틀린 것은?
① 전도란 정지하고 있는 물체 속을 열이 이동하는 현상을 말한다.
② 대류란 유동 물체가 고온 부분에서 저온 부분으로 이동하는 현상을 말한다.
③ 복사란 전자파의 에너지 형태로 열이 고온 물체에서 저온 물체로 이동하는 현상을 말한다.
④ 열관류란 유체가 열을 받으면 밀도가 작아져서 부력이 생기기 때문에 상승현상이 일어나는 것을 말한다.

해설 ④는 열관류가 아닌 열대류작용의 설명이다.
- 열관류율 : $kcal/m^2 \cdot h \cdot ℃$
- 대류열전달 대류열 : $kcal/h$
- 복사 전열 : $kcal/h$

91 그림과 같이 폭 150mm, 두께 10mm의 맞대기 용접이음에 작용하는 인장응력은?

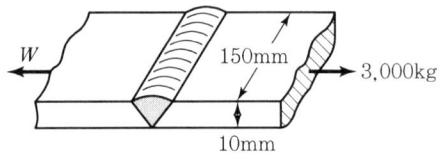

① $2kg/cm^2$
② $15kg/cm^2$
③ $100kg/cm^2$
④ $200kg/cm^2$

해설 인장응력 $= \dfrac{W}{l \cdot t} = \dfrac{3,000}{\left(\dfrac{150 \times 10}{10^2}\right)} = 200kg/cm^2$

※ 150mm=15cm, 10mm=1cm

92 노통 연관 보일러의 노통 바깥면과 이에 가장 가까운 연관의 면과는 얼마 이상의 틈새를 두어야 하는가?
① 5mm
② 10mm
③ 20mm
④ 50mm

해설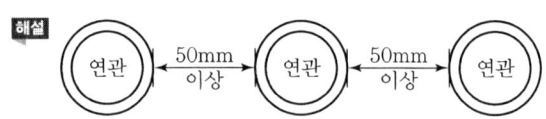

93 보일러 급수처리 방법에서 수중에 녹아있는 기체 중 탈기기 장치에서 분리, 제거하는 대표적 용존 가스는?
① O_2, CO_2
② SO_2, CO
③ NO_3, CO
④ NO_2, CO_2

해설
- 탈기법 : O_2, CO_2 제거
- 폭기법 : CO_2, Fe 제거

94 보일러 사용 중 저수위 사고의 원인으로 가장 거리가 먼 것은?
① 급수펌프가 고장이 났을 때
② 급수내관이 스케일로 막혔을 때
③ 보일러의 부하가 너무 작을 때
④ 수위 검출기가 이상이 있을 때

해설
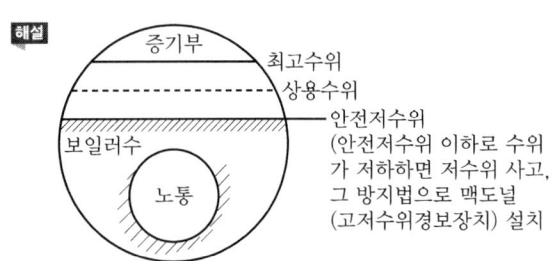
안전저수위 이하로 수위가 저하하면 저수위 사고, 그 방지법으로 맥도널(고저수위경보장치) 설치

95 수증기관에 만곡관을 설치하는 주된 목적은?
① 증기관 속의 응결수를 배제하기 위하여
② 열팽창에 의한 관의 팽창작용을 흡수하기 위하여
③ 증기의 통과를 원활히 하고 급수의 양을 조절하기 위하여
④ 강수량의 순환을 좋게 하고 급수량의 조절을 쉽게 하기 위하여

해설
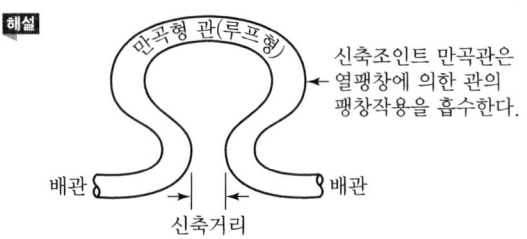
신축조인트 만곡관은 열팽창에 의한 관의 팽창작용을 흡수한다.

96 보일러의 성능시험 시 측정은 매 몇 분마다 실시하여야 하는가?
① 5분 ② 10분
③ 15분 ④ 20분

해설 보일러의 성능시험
• 측정 : 10분마다 실시
• 증기건도 : 0.98
• 압력의 변동 : ±7% 이내
• 유량계 오차 : ±1% 범위 내

97 판형 열교환기의 일반적인 특징에 대한 설명으로 틀린 것은?
① 구조상 압력손실이 적고 내압성은 크다.
② 다수의 파형이나 반구형의 돌기를 프레스 성형하여 판을 조합한다.
③ 전열면의 청소나 조립이 간단하고, 고점도에도 적용할 수 있다.
④ 판의 매수 조절이 가능하여 전열면적 증감이 용이하다.

해설 판형(플레이트형)의 열교환기는 지역난방 등에서 사용하며 압력손실이 다소 크다. 기타 특징은 ②, ③, ④와 같다.

98 최고사용압력이 1.5MPa을 초과한 강철제 보일러의 수압시험압력은 그 최고사용압력의 몇 배로 하는가?
① 1.5 ② 2
③ 2.5 ④ 3

해설 수압시험압력
• 0.43MPa 이하 : 2배
• 0.43MPa 초과~1.5MPa 이하 : $P \times 1.3$배 + 0.3MPa
• 1.5MPa 초과 : 1.5배

99 노통 보일러에서 브레이징 스페이스란 무엇을 말하는가?
① 노통과 거싯 스테이와의 거리
② 관군과 거싯 스테이 사이의 거리
③ 동체와 노통 사이의 최소거리
④ 거싯 스테이 간의 거리

해설
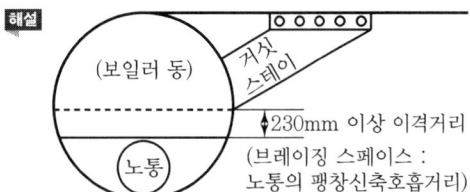
230mm 이상 이격거리
(브레이징 스페이스 : 노통의 팽창신축흡수거리)

100 두께 25mm인 철판의 넓이 $1m^2$당 전열량이 매시간 2,000kcal가 되려면 양면의 온도차는 얼마이어야 하는가?(단, 철판의 열전도율은 50kcal/m·h·℃이다.)

① 1℃ ② 2℃
③ 3℃ ④ 4℃

해설 전열량$(Q) = \lambda \times \dfrac{A(t_1 - t_2)}{b}$

$2,000 = 50 \times \dfrac{1 \times (t_1 - t_2)}{\left(\dfrac{25}{10^3}\right)}$

$\therefore (t_1 - t_2) = \dfrac{2,000 \times \left(\dfrac{25}{10^3}\right)}{1 \times 50} = 1℃$

100. ① | ANSWER

2019년 1회 에너지관리기사

SECTION 01 연소공학

01 위험성을 나타내는 성질에 관한 설명으로 옳지 않은 것은?

① 착화온도와 위험성은 반비례한다.
② 비등점이 낮으면 인화 위험성이 높아진다.
③ 인화점이 낮은 연료는 대체로 착화온도가 낮다.
④ 물과 혼합하기 쉬운 가연성 액체는 물과의 혼합에 의해 증기압이 높아져 인화점이 낮아진다.

해설 가연성 액체는 물과의 혼합에 의해 증기압이 높아져서 인화점이 높아지므로 위험성이 감소한다.

02 다음 조성의 액체연료를 완전 연소시키기 위해 필요한 이론공기량은 약 몇 Sm^3/kg인가?

| C : 0.70kg | H : 0.10kg | O : 0.05kg |
| S : 0.05kg | N : 0.09kg | Ash : 0.01kg |

① 8.9 ② 11.5
③ 15.7 ④ 18.9

해설 이론공기량$(A_0) = 8.89C + 26.67\left(H - \dfrac{O}{8}\right) + 3.33S$

$= 8.89 \times 0.70 + 26.67\left(0.10 - \dfrac{0.05}{8}\right) + 3.33 \times 0.05$

$= 6.223 + 2.5003125 + 0.1665 = 8.9\,Sm^3/kg$

03 중유의 탄수소비가 증가함에 따른 발열량의 변화는?

① 무관하다.
② 증가한다.
③ 감소한다.
④ 초기에는 증가하다가 점차 감소한다.

해설
- 탄수소비 = $\dfrac{탄소}{수소}$
- 탄수소비가 증가하면 발열량이 감소한다(발열량이 높은 수소보다 발열량이 낮은 탄소성분이 많아지기 때문이다).
- 탄소 : 8,100kcal/kg, 수소 : 28,600kcal/kg

04 다음 기체연료 중 고위발열량(MJ/Sm^3)이 가장 큰 것은?

① 고로가스 ② 천연가스
③ 석탄가스 ④ 수성가스

해설 고위발열량
① 고로가스 : $3,780\,MJ/Sm^3$
② 천연가스 : $37,800\,MJ/Sm^3$
③ 석탄가스 : $21,000\,MJ/Sm^3$
④ 수성가스 : $11,130\,MJ/Sm^3$

05 다음 연료의 발열량을 측정하는 방법으로 가장 거리가 먼 것은?

① 열량계에 의한 방법
② 연소방식에 의한 방법
③ 공업분석에 의한 방법
④ 원소분석에 의한 방법

해설 연소방식
- 고체연료 연소방식
- 액체연료 연소방식
- 기체연료 연소방식

06 99% 집진을 요구하는 어느 공장에서 70% 효율을 가진 전처리 장치를 이미 설치하였다. 주처리 장치는 약 몇 %의 효율을 가진 것이어야 하는가?

① 98.7 ② 96.7
③ 94.7 ④ 92.7

해설 $\eta_T = \eta_1 + \eta_2(1-\eta_1)$
$99 = 0.7 + \eta_2(1-0.7)$
$\therefore \eta_2 = \dfrac{0.99-0.7}{1-0.7} = 0.967(96.7\%)$

ANSWER | 1.④ 2.① 3.③ 4.② 5.② 6.②

07 고체 및 액체연료의 발열량을 측정할 때 정압 열량계가 주로 사용된다. 이 열량계 중에 2L의 물이 있는데 5g의 시료를 연소시킨 결과, 물의 온도가 20℃ 상승하였다. 이 열량계의 열손실률을 10%라고 가정할 때, 발열량은 약 몇 cal/g인가?

① 4,800　　　② 6,800
③ 8,800　　　④ 10,800

해설 발열량 = $\dfrac{\text{내통수비열} \times \text{상승온도} - \text{발열보정}}{\text{시료}}$

$\times \dfrac{100}{100 - \text{수분}(\%)}$

$= \dfrac{1 \times 20 \times (2 \times 10^3)}{5} \times \dfrac{1}{1 - 0.1}$

$= \dfrac{8,000}{(1 - 0.1)} = 8,888 \text{cal/g}$

※ 물 1L = 1,000g
상승온도 = 내통수량 + 수당량

08 목탄이나 코크스 등 휘발분이 없는 고체연료에서 일어나는 일반적인 연소형태는?

① 표면연소　　　② 분해연소
③ 증발연소　　　④ 확산연소

해설 ① 표면연소 : 숯, 목탄, 코크스
② 분해연소 : 석탄, 목제, 고체연료, 중유 등
③ 증발연소 : 경질유 액체연료
④ 확산연소 : 기체연료

09 저탄장 바닥의 구배와 실외에서의 탄층높이로 가장 적절한 것은?

① 구배 : 1/50~1/100, 높이 : 2m 이하
② 구배 : 1/100~1/150, 높이 : 4m 이하
③ 구배 : 1/150~1/200, 높이 : 2m 이하
④ 구배 : 1/200~1/250, 높이 : 4m 이하

해설

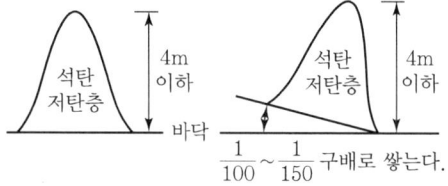

10 질량 기준으로 C 85%, H 12%, S 3%의 조성으로 되어 있는 중유를 공기비 1.1로 연소시킬 때 건연소가스양은 약 몇 Nm³/kg인가?

① 9.7　　　② 10.5
③ 11.3　　　④ 12.1

해설 건연소가스양(G_{od})
$= 8.89\text{C} + 21.07\left(\text{H} - \dfrac{\text{O}}{8}\right) + 3.33\text{S} + 0.8\text{N}$
$= 8.89 \times 0.85 + 21.07 \times 0.12 + 3.33 \times 0.03$
$= 7.5565 + 2.5284 + 0.0999 = 10.19 \text{Nm}^3/\text{kg}$
∴ $10.19 \times 1.1 = 11.3 \text{Nm}^3/\text{kg}$

11 기체연료가 다른 연료에 비하여 연소용 공기가 적게 소요되는 가장 큰 이유는?

① 확산연소가 되므로
② 인화가 용이하므로
③ 열전도도가 크므로
④ 착화온도가 낮으므로

해설 기체연료의 연소방식
• 확산연소방식
• 예혼합연소방식
※ 연소용 공기가 타 연료에 비하여 적게 소모된다.

12 통풍방식 중 평형통풍에 대한 설명으로 틀린 것은?

① 통풍력이 커서 소음이 심하다.
② 안정한 연소를 유지할 수 있다.
③ 노 내 정압을 임의로 조절할 수 있다.
④ 중형 이상의 보일러에는 사용할 수 없다.

해설 중형 보일러(평형통풍방식)

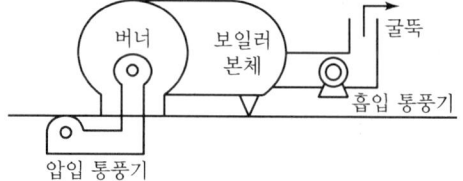

13 공기와 연료의 혼합기체의 표시에 대한 설명 중 옳은 것은?

① 공기비는 연공비의 역수와 같다.
② 연공비(Fuel Air Ratio)라 함은 가연 혼합기 중의 공기와 연료의 질량비로 정의된다.
③ 공연비(Air Fuel Ratio)라 함은 가연 혼합기 중의 연료와 공기의 질량비로 정의된다.
④ 당량비(Equivalence Ratio)는 실제연공비와 이론연공비의 비로 정의된다.

해설
• 공기비 = $\dfrac{\text{실제공기량}}{\text{이론공기량}}$ (항상 1보다 크다.)
• 연공비(AFR) = 공기비의 역수(공연비)
• 등가비(ϕ) = $\dfrac{(\text{실제연료량}/\text{산화제})\text{의 비}}{(\text{완전연소를 위한 이상적 연료량}/\text{산화제})\text{의 비}}$
• 당량비 = $\dfrac{\text{실제연공비}}{\text{이론연공비}}$

14 보일러의 열효율(η) 계산식으로 옳은 것은?(단, h_s : 발생증기, h_w : 급수의 엔탈피, G_a : 발생증기량, G_f : 연료소비량, H_l : 저위발열량이다.)

① $\eta = \dfrac{H_l \times G_f}{(h_s + h_w) G_a}$
② $\eta = \dfrac{(h_s - h_w) G_a}{H_l \times G_f}$
③ $\eta = \dfrac{(h_s + h_w) G_a}{H_l \times G_f}$
④ $\eta = \dfrac{(h_s - h_w) G_a G_f}{H_l}$

해설 보일러 열효율(η)
$\eta = \dfrac{\text{유효열}}{\text{공급열}} = \dfrac{G_a(h_s - h_w)}{H_l \times G_f} \times 100\%$

15 석탄에 함유되어 있는 성분 중 ㉠ 수분, ㉡ 휘발분, ㉢ 황분이 연소에 미치는 영향으로 가장 적합하게 각각 나열한 것은?

① ㉠ 발열량 감소 ㉡ 연소 시 긴 불꽃 생성 ㉢ 연소기관의 부식
② ㉠ 매연 발생 ㉡ 대기오염 감소 ㉢ 착화 및 연소 방해
③ ㉠ 연소 방해 ㉡ 발열량 감소 ㉢ 매연 발생
④ ㉠ 매연 발생 ㉡ 발열량 감소 ㉢ 점화 방해

해설 석탄의 공업분석
• 고정탄소 : 발열량 증가
• 수분, 휘발분 : 발열량 감소
• 황분 : 발열량 증가, 대기오염 증가
• 휘발분 : 점화에 도움

16 다음 중 중유의 착화온도(℃)로 가장 적합한 것은?

① 250~300℃
② 325~400℃
③ 400~440℃
④ 530~580℃

해설
• 중유의 착화온도 : 530~580℃
• 중유의 인화점 : 60℃ 이상

17 댐퍼를 설치하는 목적으로 가장 거리가 먼 것은?

① 통풍력을 조절한다.
② 가스의 흐름을 조절한다.
③ 가스가 새어나가는 것을 방지한다.
④ 덕트 내 흐르는 공기 등의 양을 제어한다.

해설 댐퍼 : 흡입공기댐퍼, 배기가스 토출댐퍼
댐퍼의 설치목적은 ①, ②, ④이다.

18 그림은 어떤 노의 열정산도이다. 발열량이 2,000kcal/Nm³인 연료를 이 가열로에서 연소시켰을 때 강재가 함유하는 열량은 약 몇 kcal/Nm³인가?

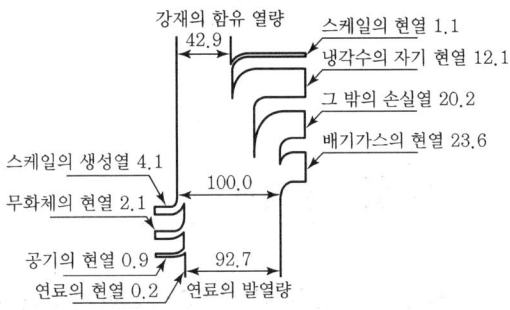

① 259.75
② 592.25
③ 867.43
④ 925.57

해설 공급열=92.7+4.1+2.1+0.9+0.2=100%
출열=42.9+1.1+12.1+20.2+23.6=99.9%
92.7-42.9=49.8%
$\frac{(2,000 \times 0.927)}{0.999} \times 0.498 = 925 \text{kcal/Nm}^3$

19 증기의 성질에 대한 설명으로 틀린 것은?
① 증기의 압력이 높아지면 증발열이 커진다.
② 증기의 압력이 높아지면 비체적이 감소한다.
③ 증기의 압력이 높아지면 엔탈피가 커진다.
④ 증기의 압력이 높아지면 포화온도가 높아진다.

해설 증기의 성질
- 압력이 높아지면 엔탈피 증가
- 압력이 높아지면 잠열(증발열) 감소

20 배기가스와 외기의 평균온도가 220℃와 25℃이고, 0℃, 1기압에서 배기가스와 대기의 밀도는 각각 0.770 kg/m³와 1.186kg/m³일 때 연돌의 높이는 약 몇 m 인가?(단, 연돌의 통풍력 $Z=52.85$ mmH₂O이다.)
① 60 ② 80
③ 100 ④ 120

해설 통풍력$(Z) = 273H\left[\frac{\gamma_a}{273+t_a} - \frac{\gamma_g}{273+t_g}\right]$
$= 273 \times H\left[\frac{1.186}{273+25} - \frac{0.770}{273+220}\right] = 52.85$
$\therefore 연돌높이(H) = \frac{52.85}{273 \times \left[\frac{1.186}{298} - \frac{0.770}{493}\right]} = 80\text{m}$

SECTION 02 열역학

21 다음 중 가스터빈의 사이클로 가장 많이 사용되는 사이클은?
① 오토 사이클 ② 디젤 사이클
③ 랭킨 사이클 ④ 브레이턴 사이클

해설 가스터빈의 사이클
- 브레이턴 사이클(공기냉동 사이클의 역사이클)
- 에릭슨 사이클
- 스터링 사이클
- 앳킨슨 사이클
- 르누아 사이클

22 물체의 온도 변화 없이 상(Phase, 相) 변화를 일으키는 데 필요한 열량은?
① 비열 ② 점화열
③ 잠열 ④ 반응열

해설
- 잠열 : 물체의 온도 변화 없이 상 변화를 일으키는 데 필요한 열
- 현열 : 물체의 상 변화는 없고 온도 변화 시에 필요한 열

23 압력이 1.2MPa이고 건도가 0.65인 습증기 10m³의 질량은 약 몇 kg인가?(단, 1.2MPa에서 포화액과 포화증기의 비체적은 각각 0.0011373m³/kg, 0.1662 m³/kg이다.)
① 87.83 ② 92.23
③ 95.11 ④ 99.45

해설 $V_1 = V' + x(V'' - V')$
$= 0.0011373 + 0.65(0.1662 - 0.0011373)$
$= 0.108428 \text{m}^3/\text{kg}$
여기서, V' : 포화액 비체적, V'' : 건포화증기 비체적
x : 증기건도, V_1 : 습포화증기 비체적
$V_1 = \frac{V}{G}$, $G = \frac{10}{0.108428} = 92.23\text{kg}$

24 100kPa의 포화액이 펌프를 통과하여 1,000kPa까지 단열압축된다. 이때 필요한 펌프의 단위 질량당 일은 약 몇 kJ/kg인가?(단, 포화액의 비체적은 0.001 m³/kg으로 일정하다.)
① 0.9 ② 1.0
③ 900 ④ 1,000

해설 펌프일(단열압축)
$W = V(P_2 - P_1) = 0.001(1,000 - 100) = 0.9 \text{kJ/kg}$

25 다음 중 랭킨 사이클의 과정을 옳게 나타낸 것은?

① 단열압축 → 정적가열 → 단열팽창 → 정압냉각
② 단열압축 → 정압가열 → 단열팽창 → 정적냉각
③ 단열압축 → 정압가열 → 단열팽창 → 정압냉각
④ 단열압축 → 정적가열 → 단열팽창 → 정적냉각

해설 랭킨 사이클(증기원동소)

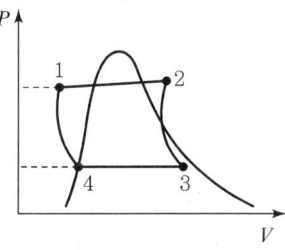

- 1 → 2 과정 : 정압가열
- 2 → 3 과정 : 가역단열팽창
- 3 → 4 과정 : 등압·등온방열, 냉각
- 4 → 1 과정 : 단열압축

26 자동차 타이어의 초기 온도와 압력은 각각 15℃, 150kPa이었다. 이 타이어에 공기를 주입하여 타이어 안의 온도가 30℃가 되었다고 하면 타이어의 압력은 약 몇 kPa인가?(단, 타이어 내의 부피는 0.1m³이고, 부피 변화는 없다고 가정한다.)

① 158 ② 177
③ 211 ④ 233

해설 정적과정이므로 $\dfrac{T_2}{T_1} = \dfrac{P_2}{P_1}$

$\therefore P_2 = P_1 \times \left(\dfrac{T_2}{T_1}\right) = 150 \times \left(\dfrac{273+30}{273+15}\right) = 158\text{kPa}$

27 랭킨 사이클의 열효율 증대 방안으로 가장 거리가 먼 것은?

① 복수기의 압력을 낮춘다.
② 과열 증기의 온도를 높인다.
③ 보일러의 압력을 상승시킨다.
④ 응축기의 온도를 높인다.

해설 랭킨 사이클의 열효율 증대 방안
- 보일러 압력은 높이고 복수기의 압력은 낮춘다.
- 터빈의 초온, 초압을 크게 한다.
- 터빈 출구의 압력을 낮게 한다.

28 냉동 사이클에서 냉매의 구비조건으로 가장 거리가 먼 것은?

① 임계온도가 높을 것
② 증발열이 클 것
③ 인화 및 폭발의 위험성이 낮을 것
④ 저온, 저압에서 응축이 잘 되지 않을 것

해설
- 냉매는 저온, 저압(팽창밸브)에서 응축이 용이해야 한다.
- 증발기 → 압축기 → 응축기(냉매응축) → 팽창밸브

29 노즐에서 가역단열팽창에서 분출하는 이상기체가 있다고 할 때 노즐 출구에서의 유속에 대한 관계식으로 옳은 것은?(단, 노즐 입구에서의 유속은 무시할 수 있을 정도로 작다고 가정하고, 노즐 입구의 단위질량당 엔탈피는 h_i, 노즐 출구의 단위질량당 엔탈피는 h_o이다.)

① $\sqrt{h_i - h_o}$ ② $\sqrt{h_o - h_i}$
③ $\sqrt{2(h_i - h_o)}$ ④ $\sqrt{2(h_o - h_i)}$

해설 노즐의 출구유속(W_2)
$W_2 = 91.48\sqrt{(h_1 - h_2)} = \sqrt{2(h_i - h_o)}$ (m/s)

30 물 1kg이 100℃의 포화액 상태로부터 동일 압력에서 100℃의 건포화증기로 증발할 때까지 2,280kJ을 흡수하였다. 이때 엔트로피의 증가는 약 몇 kJ/K인가?

① 6.1 ② 12.3
③ 18.4 ④ 25.6

해설 엔트로피 변화량(ΔS)

$\Delta S = \dfrac{dQ}{T} = \dfrac{2,280}{100+273} = 6.1\text{kJ/K}$

ANSWER | 25. ③ 26. ① 27. ④ 28. ④ 29. ③ 30. ①

31 -50℃인 탄산가스가 있다. 이 가스가 정압과정으로 0℃가 되었을 때 변경 후의 체적은 변경 전의 체적 대비 약 몇 배가 되는가?(단, 탄산가스는 이상기체로 간주한다.)

① 1.094배 ② 1.224배
③ 1.375배 ④ 1.512배

해설 $T_1 = 273 - 50 = 223\text{K}$
$T_2 = 273 + 0 = 273\text{K}$
∴ 체적비 $= \dfrac{273}{223} = 1.224$배

32 열역학 2법칙과 관련하여 가역 또는 비가역 사이클 과정 중 항상 성립하는 것은?(단, Q는 시스템에 출입하는 열량이고, T는 절대온도이다.)

① $\oint \dfrac{\delta Q}{T} = 0$ ② $\oint \dfrac{\delta Q}{T} > 0$
③ $\oint \dfrac{\delta Q}{T} \geq 0$ ④ $\oint \dfrac{\delta Q}{T} \leq 0$

해설 폐적분($\oint$)
- 가역과정 : $\oint \dfrac{\delta Q}{T} = 0$
- 비가역과정 : $\oint \dfrac{\delta Q}{T} < 0$
- 클라우지우스 적분값(부등식) : $\oint \dfrac{\delta Q}{T} \leq 0$
  (항상 성립한다.)

33 어느 밀폐계와 주위 사이에 열의 출입이 있다. 이것으로 인한 계와 주위의 엔트로피의 변화량을 각각 ΔS_1, ΔS_2로 하면 엔트로피 증가의 원리를 나타내는 식으로 옳은 것은?

① $\Delta S_1 > 0$ ② $\Delta S_2 > 0$
③ $\Delta S_1 + \Delta S_2 > 0$ ④ $\Delta S_1 - \Delta S_2 > 0$

해설 엔트로피 변화량(ΔS) $= \dfrac{dQ}{T}$
등엔트로피(가역단열) 과정에서
계의 엔트로피 변화량 $= \Delta S_1 + \Delta S_2 > 0$

34 디젤 사이클에서 압축비는 16, 기체의 비열비는 1.4, 체절비(또는 분사 단절비)는 2.5라고 할 때 이 사이클의 효율은 약 몇 %인가?

① 59% ② 62%
③ 65% ④ 68%

해설 디젤 사이클(정압 사이클) 열효율(η_d)
$\eta_d = 1 - \left(\dfrac{1}{\varepsilon}\right)^{k-1} \cdot \dfrac{\sigma^k - 1}{k(\sigma - 1)}$
$= 1 - \left[\left(\dfrac{1}{16}\right)^{1.4-1} \times \dfrac{2.5^{1.4} - 1}{1.4(2.5 - 1)}\right] = 0.59(59\%)$

35 비열비가 1.41인 이상기체가 1MPa, 500L에서 가역단열과정으로 120kPa로 변할 때 이 과정에서 한 일은 약 몇 kJ인가?

① 561 ② 625
③ 715 ④ 825

해설 단열팽창($_1W_2$) $= \dfrac{P_1 V_1}{k-1} \times \left[1 - \left(\dfrac{P_2}{P_1}\right)^{\frac{k-1}{k}}\right]$
$= \dfrac{1{,}000 \times 0.5}{1.4 - 1} \times \left[1 - \left(\dfrac{120}{1{,}000}\right)^{\frac{1.4-1}{1.4}}\right]$
$= 561\text{kJ}$
※ $1\text{MPa} = 1{,}000\text{kPa}$, $500\text{L} = 0.5\text{m}^3$

36 다음 중 용량성 상태량(Extensive Property)에 해당하는 것은?

① 엔탈피 ② 비체적
③ 압력   ④ 절대온도

해설 용량성(종량성) 상태량 : 내부에너지, 엔탈피, 엔트로피 등

37 어떤 열기관이 역카르노 사이클로 운전하는 열펌프와 냉동기로 작동될 수 있다. 동일한 고온열원과 저온열원 사이에서 작동될 때, 열펌프와 냉동기의 성능계수(COP)는 다음과 같은 관계식으로 표시될 수 있는데, ( ) 안에 알맞은 값은?

$COP_{열펌프} = COP_{냉동기} + (\quad)$

① 0   ② 1
③ 1.5 ④ 2

31. ② 32. ④ 33. ③ 34. ① 35. ① 36. ① 37. ② | ANSWER

해설 열펌프(히트펌프) 성적계수 = 1 + COP(냉동기 성적계수)

38 냉동용량이 6RT(냉동톤)인 냉동기의 성능계수가 2.4이다. 이 냉동기를 작동하는 데 필요한 동력은 약 몇 kW인가?(단, 1RT(냉동톤)은 3.86kW이다.)

① 3.33 ② 5.74
③ 9.65 ④ 18.42

해설 냉동기 성능동력 = 6 × 3.86 = 23.16kW(냉동부하)

압축기 동력 = $\frac{23.16}{2.4}$ = 9.65kW

39 40m³의 실내에 있는 공기의 질량은 약 몇 kg인가? (단, 공기의 압력은 100kPa, 온도는 27℃이며, 공기의 기체상수는 0.287kJ/kg·K이다.)

① 93 ② 46
③ 10 ④ 2

해설 공기 1kmol = 22.4Nm³ = 29kg

$PV = mRT$

∴ $m(질량) = \frac{PV}{RT} = \frac{100 \times 40}{0.287 \times (27+273)} = 46kg$

40 이상기체에서 정적비열 C_v와 정압비열 C_p와의 관계를 나타낸 것으로 옳은 것은?(단, R은 기체상수이고, k는 비열비이다.)

① $C_v = k \times C_p$ ② $C_v = \frac{1}{2} \times C_p$
③ $C_v = C_p + R$ ④ $C_v = C_p - R$

해설 $C_p - C_v = R$
$C_p - R = C_v$
$R = C_p - C_v$

SECTION 03 계측방법

41 다음 중 1,000℃ 이상인 고온체의 연속측정에 가장 적합한 온도계는?

① 저항온도계
② 방사온도계
③ 바이메탈식 온도계
④ 액체압력식 온도계

해설 고온계의 측정범위
- 광고온계 : 700~3,000℃
- 방사고온계 : 50~3,000℃
- 광전관 고온계 : 700~3,000℃
- 색온도계 : 700~3,000℃

42 응답이 빠르고 감도가 높으며, 도선저항에 의한 오차를 적게 할 수 있으나, 재현성이 없고 흡습 등으로 열화되기 쉬운 특징을 가진 온도계는?

① 광고온계
② 열전대 온도계
③ 서미스터 저항체 온도계
④ 금속 측온 저항체 온도계

해설 서미스터 전기저항 온도계
- 재질 : 금속산화물(니켈, 망간, 코발트, 철, 구리)
- 온도계수가 크다.
- 응답이 빠르다.
- 재현성이 없다.
- 소결반도체로서 온도변화에 대한 온도계수가 크다.
- 흡습 등으로 열화되기 쉽다.

43 2개의 제어계를 조합하여 1차 제어장치의 제어량을 측정하여 제어명령을 발하고 2차 제어장치의 목표치로 설정하는 제어방법은?

① On-Off 제어 ② Cascade 제어
③ Program 제어 ④ 수동제어

해설 캐스케이드 제어
2개의 제어계인 1차, 2차 제어장치로 구성된다.

ANSWER | 38. ③ 39. ② 40. ④ 41. ② 42. ③ 43. ②

44 오차와 관련된 설명으로 틀린 것은?
① 흩어짐이 큰 측정을 정밀하다고 한다.
② 오차가 적은 계량기는 정확도가 높다.
③ 계측기가 가지고 있는 고유의 오차를 기차라고 한다.
④ 눈금을 읽을 때 시선의 방향에 따른 오차를 시차라고 한다.

해설
- 흩어짐이 적은 측정기기가 정밀하다(정밀도).
- 정밀도가 좋으려면 우연오차가 작아야 한다.
- 정확도는 계통오차가 작을수록 높다.

45 단요소식 수위제어에 대한 설명으로 옳은 것은?
① 발전용 고압 대용량 보일러의 수위제어에 사용되는 방식이다.
② 보일러의 수위만을 검출하여 급수량을 조절하는 방식이다.
③ 부하변동에 의한 수위변화 폭이 대단히 적다.
④ 수위조절기의 제어동작은 PID 동작이다.

해설 보일러
- 단요소식 : 수위 검출
- 2요소식 : 수위, 증기량 검출
- 3요소식 : 수위, 증기량, 급수량 검출

46 램, 실린더, 기름탱크, 가압펌프 등으로 구성되어 있으며 다른 압력계의 기준기로 사용되는 것은?
① 환상 스프링식 압력계
② 부르동관식 압력계
③ 액주형 압력계
④ 분동식 압력계

해설 분동식 압력계(기준압력계)
- 부속기구 : 램, 실린더, 기름탱크, 가압펌프 등
- 사용기름 : 경유, 스핀들유, 피마자유, 모빌유

47 다이어프램식 압력계의 압력증가 현상에 대한 설명으로 옳은 것은?
① 다이어프램에 가해진 압력에 의해 격막이 팽창한다.
② 링크가 아래 방향으로 회전한다.
③ 섹터기어가 시계방향으로 회전한다.
④ 피니언은 시계방향으로 회전한다.

해설 다이어프램식 압력계(탄성식의 격막식)
㉠ 격막
  - 금속 : 베릴륨, 구리, 인청동, 스테인리스 등
  - 비금속 : 가죽, 특수고무, 천연고무 등
㉡ 격막식은 피니언(시계바늘)이 시계방향으로 회전한다.

48 다음 중 직접식 액위계에 해당하는 것은?
① 정전용량식   ② 초음파식
③ 플로트식   ④ 방사선식

해설 직접식 액면계
- 검척식
- 부자식(플로트식)
- 유리관식

49 다음 중 사용온도 범위가 넓어 저항온도계의 저항체로서 가장 우수한 재질은?
① 백금   ② 니켈
③ 동   ④ 철

해설 저항온도계 종류(사용온도 범위)
- 백금($-200 \sim 500$℃)
- 니켈($-50 \sim 150$℃)
- 동($0 \sim 120$℃)
- 서미스터 소결물($-100 \sim 300$℃)

50 지름이 10cm 되는 관 속을 흐르는 유체의 유속이 16 m/s이었다면 유량은 약 몇 m^3/s인가?
① 0.125   ② 0.525
③ 1.605   ④ 1.725

[해설] 유량(Q) = 단면적$\left(\dfrac{\pi}{4}d^2\right) \times$ 유속

$= \dfrac{3.14}{4} \times (0.1)^2 \times 16$

$= 0.1256 \text{m}^3/\text{s}(125.6\text{L/s})$

51 휴대용으로 상온에서 비교적 정도가 좋은 아스만(Asman) 습도계는 다음 중 어디에 속하는가?

① 저항 습도계 ② 냉각식 노점계
③ 간이 건습구 습도계 ④ 통풍형 건습구 습도계

[해설] 건습구 습도계(간이 건습구 습도계, 통풍형 건습구 습도계)
- 휴대가 편리하고 가격이 싸다.
- 구조 및 취급이 간단하다.
- 물이 필요하고 헝겊이 잠긴 방향과 바람에 따라 오차가 생기기 쉽다.

52 유로에 고정된 교축기구를 두어 그 전후의 압력차를 측정하여 유량을 구하는 유량계의 형식이 아닌 것은?

① 벤투리미터 ② 플로노즐
③ 로터미터 ④ 오리피스

[해설] 로터미터
- 면적식 유량계이다.
- 플로트식이다.
- 압력 손실이 적고 측정치는 균등유량 눈금을 얻을 수 있다.

53 측정하고자 하는 액면을 직접 자로 측정, 자의 눈금을 읽음으로써 액면을 측정하는 방법의 액면계는?

① 검척식 액면계 ② 기포식 액면계
③ 직관식 액면계 ④ 플로트식 액면계

[해설] 검척식 직접식 액면계
액면을 직접 자로 측정하고 자의적인 눈금을 읽어서 측정한다.

54 고온 물체로부터 방사되는 특정 파장을 온도계 속으로 통과시켜 온도계 내의 전구 필라멘트의 휘도를 육안으로 직접 비교하여 온도를 측정하는 것은?

① 열전온도계 ② 광고온계
③ 색온도계 ④ 방사온도계

[해설] 광고온계
고온 물체로부터 방사되는 특정 파장을 온도계 속으로 통과시켜 온도계 내의 전구 필라멘트의 휘도를 육안으로 직접(수동식) 비교하여 온도 700~3,000℃까지 측정하는 비접촉식 온도계이다(자동식은 광전관식 온도계이다). 에너지의 특정한 $0.65\mu\text{m}$의 광파장의 방사에너지를 이용한다.

55 조절계의 제어작동 중 제어편차에 비례한 제어동작은 잔류편차(Offset)가 생기는 결점이 있는데, 이 잔류편차를 없애기 위한 제어동작은?

① 비례동작 ② 미분동작
③ 2위치동작 ④ 적분동작

[해설] 적분동작(I 동작): $Y = K_1 \int e\,dt$
- 잔류편차(Offset)가 제어된다.
- 제어의 안정성이 떨어진다.
- 일반적으로 진동하는 경향이 있다.

56 다음 중 열전대의 구비조건으로 가장 적절하지 않은 것은?

① 열기전력이 크고 온도 증가에 따라 연속적으로 상승할 것
② 저항온도계수가 높을 것
③ 열전도율이 작을 것
④ 전기저항이 작을 것

[해설] 전기저항식 온도계는 온도에 의한 전기저항의 변화(온도계수)가 커야 한다.

57 전자유량계로 유량을 측정하기 위해서 직접 계측하는 것은?

① 유체에 생기는 과전류에 의한 온도 상승
② 유체에 생기는 압력 상승
③ 유체 내에 생기는 와류
④ 유체에 생기는 기전력

[해설] 전자유량계(Q) $= C \times D \times \dfrac{E}{H}$, $E = \varepsilon BDV \times 10^{-8}$

여기서, E: 기전력, ε: 자속분포의 수정계수
B: 자속밀도, V: 유체속도, D: 관경

압력 손실이 없는 유량계로서 슬러지나 고점도 액체의 측정이 가능하다.

ANSWER | 51. ④ 52. ③ 53. ① 54. ② 55. ④ 56. ② 57. ④

58 다음 중 액면 측정방법이 아닌 것은?
① 액압측정식　　② 정전용량식
③ 박막식　　　　④ 부자식

해설　박막식(격막식) : 다이어프램식 탄성식 압력계

59 환상천평식(링밸런스식) 압력계에 대한 설명으로 옳은 것은?
① 경사관식 압력계의 일종이다.
② 히스테리시스 현상을 이용한 압력계이다.
③ 압력에 따른 금속의 신축성을 이용한 것이다.
④ 저압가스의 압력측정이나 드래프트게이지로 주로 이용된다.

해설　환상천평식 압력계는 25~3,000mmAq의 저압가스나 통풍력 게이지로 사용한다(봉입액 : 물, 기름, 수은 등).

60 Thermister(서미스터)의 특징이 아닌 것은?
① 소형이며 응답이 빠르다.
② 온도계수가 금속에 비하여 매우 작다.
③ 흡습 등에 의하여 열화되기 쉽다.
④ 전기저항체 온도계이다.

해설　서미스터 전기저항 온도계는 -100 ~ 300℃까지 측정하는 소결용 반도체 온도계이다. 저항변화가 커서 백금 등 금속에 비하여 온도계수가 크므로 약간의 온도 변화도 감지된다.

SECTION 04 열설비재료 및 관계법규

61 에너지이용 합리화법에 따른 한국에너지공단의 사업이 아닌 것은?
① 에너지의 안정적 공급
② 열사용기자재의 안전관리
③ 신에너지 및 재생에너지 개발사업의 촉진
④ 집단에너지 사업의 촉진을 위한 지원 및 관리

해설　에너지의 안정적 공급은 국가의 책무이다.

62 다음 중 용광로에 장입되는 물질 중 탈황 및 탈산을 위해 첨가하는 것으로 가장 적당한 것은?
① 철광석　　② 망간광석
③ 코크스　　④ 석회석

해설　용광로(고로)
• 선철을 제조한다.
• 탈황, 탈산을 위해 망간(Mn)광석을 첨가한다.
• 용량표시는 1일 동안 선철 출탕량을 톤(ton)으로 한다.
• 종류 : 철피식, 철대식, 절충식

63 에너지이용 합리화법에 따라 매년 1월 31일까지 전년도의 분기별 에너지사용량·제품생산량을 신고하여야 하는 대상은 연간 에너지사용량의 합계가 얼마 이상인 경우 해당되는가?
① 1천 티오이　　② 2천 티오이
③ 3천 티오이　　④ 5천 티오이

해설　연간 에너지사용량의 합계가 2천 TOE(Ton of Equivalent) 이상인 자는 전년도의 분기별 에너지사용량·제품생산량을 신고하여야 한다.

64 도염식 가마의 구조에 해당되지 않는 것은?
① 흡입구　　② 대차
③ 지연도　　④ 화교

해설　• 대차 사용 가마 : 반연속식 가마, 연속식 터널요
• 도염식 가마 : 불연속식 가마(꺾임불꽃가마)

65 마그네시아 또는 돌로마이트를 원료로 하는 내화물이 수증기의 작용을 받아 $Ca(OH)_2$나 $Mg(OH)_2$를 생성하게 된다. 이때 체적 변화로 인해 노벽에 균열이 발생하거나 붕괴하는 현상을 무엇이라고 하는가?
① 버스팅　　② 스폴링
③ 슬래킹　　④ 에로존

해설 슬래킹(소화성 현상)
마그네시아, 돌로마이트 등 염기성 내화벽돌에서 저장 중 H_2O를 흡수하여 체적의 변화로 노벽에 균열이 발생하거나 붕괴하는 현상

66 버터플라이 밸브의 특징에 대한 설명으로 틀린 것은?
① 90° 회전으로 개폐가 가능하다.
② 유량 조절이 가능하다.
③ 완전 열림 시 유체저항이 크다.
④ 밸브몸통 내에서 밸브대를 축으로 하여 원판 형태의 디스크의 움직임으로 개폐하는 밸브이다.

해설 버터플라이 밸브는 유량 조절이 가능하며 완전 열림 시 유체의 저항이 작다.

67 에너지이용 합리화법에 따라 효율관리기자재의 제조업자가 광고매체를 이용하여 효율관리기자재의 광고를 하는 경우에 그 광고내용에 포함시켜야 할 사항은?
① 에너지 최고효율
② 에너지 사용량
③ 에너지 소비효율
④ 에너지 평균소비량

해설 효율관리기자재의 광고를 하는 경우에는 그 광고내용에 에너지 소비효율등급 또는 에너지 소비효율을 포함하여야 한다.

68 연소실의 연도를 축조하려 할 때 유의사항으로 가장 거리가 먼 것은?
① 넓거나 좁은 부분의 차이를 줄인다.
② 가스 정체 공극을 만들지 않는다.
③ 가능한 한 굴곡 부분을 여러 곳에 설치한다.
④ 댐퍼로부터 연도까지의 길이를 짧게 한다.

해설
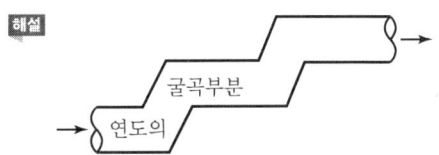
연도는 직선, 수평으로 하며, 굴곡 부분은 피한다.

69 85℃의 물 120kg의 온탕에 10℃의 물 140kg을 혼합하면 약 몇 ℃의 물이 되는가?
① 44.6
② 56.6
③ 66.9
④ 70.0

해설 $(85-x) \times 120 = (x-10) \times 140$
∴ $x = 44.6$

70 에너지이용 합리화법에 따라 시공업의 기술인력 및 검사대상기기관리자에 대한 교육과정과 교육기간의 연결로 틀린 것은?
① 난방시공업 제1종 기술자 과정 : 1일
② 난방시공업 제2종 기술자 과정 : 1일
③ 소형 보일러·압력용기 관리자 과정 : 1일
④ 중·대형 보일러 관리자 과정 : 2일

해설 중·대형 보일러 관리자 과정 교육기간 : 1일

71 에너지이용 합리화법에 따라 냉난방온도의 제한온도 기준 중 난방온도는 몇 ℃ 이하로 정해져 있는가?
① 18
② 20
③ 22
④ 26

해설 시행규칙 제31조의2 기준
• 냉방 : 26℃ 이상
• 난방 : 20℃ 이하

72 에너지이용 합리화법에 의해 에너지사용의 제한 또는 금지에 관한 조정·명령, 기타 필요한 조치를 위반한 자에 대한 과태료 기준은 얼마인가?
① 50만 원 이하
② 100만 원 이하
③ 300만 원 이하
④ 500만 원 이하

해설 에너지이용 합리화법 제78조제4항제1호에 따라 300만 원 이하 과태료를 부과한다.

ANSWER | 66. ③ 67. ③ 68. ③ 69. ① 70. ④ 71. ② 72. ③

73 가스로 중 주로 내열강재의 용기를 내부에서 가열하고 그 용기 속에 열처리품을 장입하여 간접 가열하는 노를 무엇이라고 하는가?

① 레토르트로 ② 오븐로
③ 머플로 ④ 라디안트튜브로

해설 머플로(간접가열식 가마)는 고급제품을 만들며 열충격이나 균열 발생을 방지하기 위한 가마로서 용기 속에서 열처리품을 장입한다.

74 에너지이용 합리화법에 따라 검사대상기기의 검사유효기간 기준으로 틀린 것은?

① 검사유효기간은 검사에 합격한 날의 다음 날부터 계산한다.
② 검사에 합격한 날이 검사유효기간 만료일 이전 60일 이내인 경우 검사유효기간 만료일의 다음 날부터 계산한다.
③ 검사를 연기한 경우의 검사유효기간은 검사유효기간 만료일의 다음 날부터 계산한다.
④ 산업통상자원부장관은 검사대상기기의 안전관리 또는 에너지효율 향상을 위하여 부득이하다고 인정할 때에는 검사유효기간을 조정할 수 있다.

해설 에너지이용 합리화법 시행규칙 제31조의8에 따라 ②는 60일이 아닌 30일 이내인 경우이다.

75 파이프의 열변형에 대응하기 위해 설치하는 이음은?

① 가스이음 ② 플랜지이음
③ 신축이음 ④ 소켓이음

해설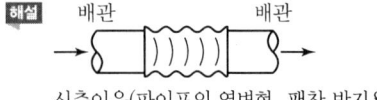
신축이음(파이프의 열변형, 팽창 방지용)

76 에너지이용 합리화법에 따른 에너지 저장의무 부과 대상자가 아닌 것은?

① 전기사업자
② 석탄생산자
③ 도시가스사업자
④ 연간 2만 석유환산톤 이상의 에너지를 사용하는 자

해설 에너지 저장의무 부과 대상자는 에너지이용 합리화법 시행령 제12조에 따라 ①, ③, ④ 외에 석탄가공업자, 집단에너지사업자가 있다.

77 에너지이용 합리화법의 목적이 아닌 것은?

① 에너지의 합리적인 이용을 증진
② 국민경제의 건전한 발전에 이바지
③ 지구온난화의 최소화에 이바지
④ 신재생에너지의 기술개발에 이바지

해설 에너지이용 합리화법의 목적(제1조)
에너지의 수급을 안정시키고 에너지의 합리적이고 효율적인 이용을 증진하며 에너지소비로 인한 환경피해를 줄임으로써 국민경제의 건전한 발전 및 국민복지의 증진과 지구온난화의 최소화에 이바지함을 목적으로 한다.

78 에너지이용 합리화법에 따라 검사대상기기에 해당되지 않는 것은?

① 정격용량이 0.4MW인 철금속가열로
② 가스사용량이 18kg/h인 소형 온수보일러
③ 최고사용압력이 0.1MPa이고, 전열면적이 $5m^2$인 주철제 보일러
④ 최고사용압력이 0.1MPa이고, 동체의 안지름이 300mm이며, 길이가 600mm인 강철제 보일러

해설 에너지이용 합리화법 시행규칙 별표 3의3에 따라 철금속가열로는 정격용량이 0.58MW(50만 kcal/h)를 초과해야 검사대상기기에 속한다.

79 보온재의 열전도계수에 대한 설명으로 틀린 것은?

① 보온재의 함수율이 크게 되면 열전도계수도 증가한다.
② 보온재의 기공률이 클수록 열전도계수는 작아진다.
③ 보온재의 열전도계수가 작을수록 좋다.
④ 보온재의 온도가 상승하면 열전도계수는 감소된다.

해설 보온재는 온도가 상승하면 열전도계수가 커지면서 열손실이 발생하므로 철저한 보온이 필요하다.
※ 함수율 : 수분흡수율

73. ③ 74. ② 75. ③ 76. ② 77. ④ 78. ① 79. ④ | ANSWER

80 다음 보온재 중 최고 안전 사용온도가 가장 낮은 것은?

① 석면 ② 규조토
③ 우레탄 폼 ④ 펄라이트

해설 ① 석면 : 350~550℃(무기질)
② 규조토 : 250~500℃(무기질)
③ 우레탄 폼 : 100~130℃(유기질)
④ 펄라이트 : 650℃(무기질)

SECTION 05 열설비설계

81 "어떤 주어진 온도에서 최대 복사강도에서의 파장(λ_{max})은 절대온도에 반비례한다"와 관련된 법칙은?

① Wien의 법칙
② Planck의 법칙
③ Fourier의 법칙
④ Stefan-Boltzmann의 법칙

해설 빈(Wien)의 법칙
어떤 주어진 온도에서 최대 복사강도에서의 파장은 절대온도에 반비례한다.

82 연소실의 체적을 결정할 때 고려사항으로 가장 거리가 먼 것은?

① 연소실의 열부하 ② 연소실의 열발생률
③ 연소실의 연소량 ④ 내화벽돌의 내압강도

해설 • 연소실을 구축할 때 내화벽돌의 내압강도를 고려한다.
• 내화벽돌(SK 26 : 1,580℃, SK 42 : 2,000℃)

83 보일러 운전 시 캐리오버(Carry Over)를 방지하기 위한 방법으로 틀린 것은?

① 주증기밸브를 서서히 연다.
② 관수의 농축을 방지한다.
③ 증기관을 냉각한다.
④ 과부하를 피한다.

해설 캐리오버(기수공발)를 방지하려면 증기관을 보온하여 온도 하강이 발생하지 않도록 해야 한다(기수공발 : 보일러 동 내부에서 화합물이나 비수(물방울)가 함께 보일러 외부 증기배관으로 이송되는 현상).

84 강제순환식 보일러의 특징에 대한 설명으로 틀린 것은?

① 증기 발생 소요시간이 매우 짧다.
② 자유로운 구조의 선택이 가능하다.
③ 고압 보일러에 대해서도 효율이 좋다.
④ 동력 소비가 적어 유지비가 비교적 적게 든다.

해설 강제순환식 보일러에는 라몬트 보일러, 베록스 보일러 등이 있고 노즐이나 순환펌프로 보일러수를 강제 순환시키므로 동력 소비가 증가한다.

85 유속을 일정하게 하고 관의 직경을 2배로 증가시켰을 경우 유량은 어떻게 변하는가?

① 2배로 증가 ② 4배로 증가
③ 6배로 증가 ④ 8배로 증가

해설 $\dfrac{\dfrac{3.14}{4}\times(2)^2}{\dfrac{3.14}{4}\times(1)^2}=4배$

86 내경 250mm, 두께 3mm인 주철관에 압력 4kgf/cm²의 증기를 통과시킬 때 원주방향의 인장응력(kgf/mm²)은?

① 1.23 ② 1.66
③ 2.12 ④ 3.28

해설 원주방향 응력(σ_2) $=\dfrac{PD}{2t}=\dfrac{4\times250}{2\times3}\times\dfrac{1}{10^2}$
$=1.66\text{kgf/mm}^2$
※ 1cm=10mm, 1cm²=100mm²

ANSWER | 80. ③ 81. ① 82. ④ 83. ③ 84. ④ 85. ② 86. ②

87 용접부에서 부분 방사선 투과시험의 검사길이 계산은 몇 mm 단위로 하는가?

① 50　　② 100
③ 200　　④ 300

해설　방사선 투과시험
- 판 두께의 2% 결함을 검출한다.
- 300mm 단위로 부분 방사선 투과시험을 실시한다.

88 보일러의 파형 노통에서 노통의 평균지름을 1,000mm, 최고사용압력을 11kgf/cm²라 할 때 노통의 최소두께(mm)는?(단, 평형부 길이는 230mm 미만이며, 정수 C는 1,100이다.)

① 5　　② 8
③ 10　　④ 13

해설　노통 최소두께$(t) = \dfrac{PD}{C} = \dfrac{11 \times 1000}{1,100} = 10\text{mm}$

89 급수 및 보일러수의 순도 표시방법에 대한 설명으로 틀린 것은?

① ppm의 단위는 100만 분의 1의 단위이다.
② epm은 당량농도라 하고 용액 1kg 중에 용존되어 있는 물질의 mg당량수를 의미한다.
③ 알칼리도는 수중에 함유하는 탄산염 등의 알칼리성 성분의 농도를 표시하는 척도이다.
④ 보일러수에서는 재료의 부식을 방지하기 위하여 pH가 7인 중성을 유지하여야 한다.

해설
- 급수 : pH 7~9
- 보일러수 : pH 10.5~11.8

90 보일러를 사용하지 않고, 장기간 휴지상태로 놓을 때 부식을 방지하기 위해서 채워두는 가스는?

① 이산화탄소　　② 질소가스
③ 아황산가스　　④ 메탄가스

해설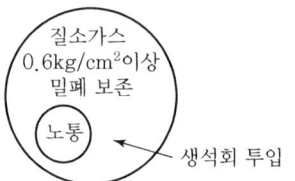

보일러 장기휴지기간이 6개월 이상인 경우 건조 보존한다.

91 보일러 수랭관과 연소실벽 내에 설치된 방사과열기의 보일러 부하에 따른 과열온도 변화에 대한 설명으로 옳은 것은??

① 보일러의 부하 증대에 따라 과열온도는 증가하다가 최대 이후 감소한다.
② 보일러의 부하 증대에 따라 과열온도는 감소하다가 최소 이후 증가한다.
③ 보일러의 부하 증대에 따라 과열온도는 증가한다.
④ 보일러의 부하 증대에 따라 과열온도는 감소한다.

해설

보일러 부하가 증대하면 방사과열기 과열온도는 감소한다 (과열온도=과열증기온도－포화증기온도).

92 압력용기의 설치상태에 대한 설명으로 틀린 것은?

① 압력용기의 본체는 바닥보다 30mm 이상 높이 설치되어야 한다.
② 압력용기를 옥내에 설치하는 경우 유독성 물질을 취급하는 압력용기는 2개 이상의 출입구 및 환기장치가 되어 있어야 한다.
③ 압력용기를 옥내에 설치하는 경우 압력용기의 본체와 벽과의 거리는 0.3m 이상이어야 한다.
④ 압력용기의 기초가 약하여 내려앉거나 갈라짐이 없어야 한다.

PART 02 | 과년도 기출문제(2019. 3. 3. 시행)

해설
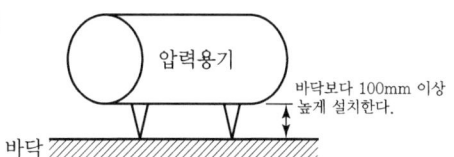

93 강판의 두께가 20mm이고, 리벳의 직경이 28.2mm이며, 피치 50.1mm인 1줄 겹치기 리벳조인트가 있다. 이 강판의 효율은?

① 34.7% ② 43.7%
③ 53.7% ④ 63.7%

해설 리벳이음의 강판효율(η)
$\eta = 1 - \dfrac{d}{p} = 1 - \left(\dfrac{28.2}{50.1}\right) = 0.437(43.7\%)$

94 보일러수 처리의 약제로서 pH를 조정하여 스케일을 방지하는 데 주로 사용되는 것은?

① 리그닌 ② 인산나트륨
③ 아황산나트륨 ④ 탄닌

해설 pH 알칼리도 조정제
가성소다, 제3인산나트륨, 탄산소다 등
(단, 탄산소다는 고압보일러에는 사용 불가)

95 다음 중 보일러 안전장치로 가장 거리가 먼 것은?

① 방폭문 ② 안전밸브
③ 체크밸브 ④ 고저수위경보기

해설 급수장치
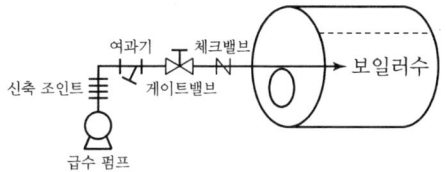

96 육용 강재 보일러의 구조에 있어서 동체의 최소 두께 기준으로 틀린 것은?

① 안지름이 900mm 이하인 것은 4mm
② 안지름이 900mm 초과, 1,350mm 이하인 것은 8mm
③ 안지름이 1,350mm 초과, 1,850mm 이하인 것은 10mm
④ 안지름이 1,850mm를 초과하는 것은 12mm

해설 안지름이 900mm 이하인 동체의 최소 두께는 6mm(단, 스테이를 부착한 경우에는 8mm)이다.

97 계속사용검사기준에 따라 설치한 날로부터 15년 이내인 보일러에 대한 순수처리 수질기준으로 틀린 것은?

① 총경도(mg CaCO₃/L) : 0
② pH[298K(25℃)에서] : 7~9
③ 실리카(mg SiO₂/L) : 흔적이 나타나지 않음
④ 전기 전도율[298K(25℃)에서의] : $0.05\mu s/cm$ 이하

해설 검사의 특례에서 순수처리 수질기준
전기전도율(15년 이내인 보일러)은 298K(25℃)에서 $0.5\mu s/cm$ 이하를 요구한다.

98 급수조절기를 사용할 경우 수압시험 또는 보일러를 시동할 때 조절기가 작동하지 않게 하거나, 모든 자동 또는 수동제어 밸브 주위에 수리, 교체하는 경우를 위하여 설치하는 설비는?

① 블로오프관 ② 바이패스관
③ 과열 저감기 ④ 수면계

해설
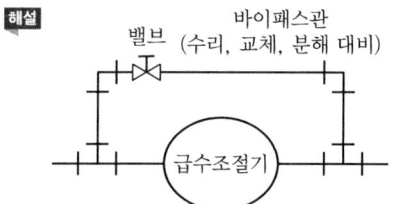

ANSWER | 93. ② 94. ② 95. ③ 96. ① 97. ④ 98. ②

99 어느 가열로에서 노벽의 상태가 다음과 같을 때 노벽을 관류하는 열량(kcal/h)은 얼마인가?(단, 노벽의 상하 및 둘레가 균일하며, 평균방열면적 120.5m², 노벽의 두께 45cm, 내벽표면온도 1,300℃, 외벽표면온도 175℃, 노벽재질의 열전도율 0.1kcal/m·h·℃이다.)

① 301.25
② 30,125
③ 13.556
④ 13,556

해설 단층의 열전도에 의한 손실열량(Q)

$$Q = \frac{A(t_1 - t_2) \times \lambda}{b}$$

$$= \frac{120.5(1,300 - 175) \times 0.1}{0.45} = 30,125 \text{kcal/h}$$

※ 45cm = 0.45m

100 보일러 재료로 이용되는 대부분의 강철제는 200~300℃에서 최대의 강도를 유지하나, 몇 ℃ 이상이 되면 재료의 강도가 급격히 저하되는가?

① 350℃
② 450℃
③ 550℃
④ 650℃

해설 보일러 재료로 이용하는 강철제는 350℃ 이상 상승하면 강도가 급격하게 저하한다.

2019년 2회 에너지관리기사

SECTION 01 연소공학

01 여과 집진장치의 여과재 중 내산성, 내알칼리성 모두 좋은 성질을 갖는 것은?
① 테트론 ② 사란
③ 비닐론 ④ 글라스

해설 여과식 집진장치 여과재
- 비닐론 : 내산성, 내알칼리성이 겸비된다(기타 데비론, 카네카론 등).
- 비닐론(Vinylon)은 합성섬유이다.

02 C_mH_n $1Nm^3$를 완전 연소시켰을 때 생기는 H_2O의 양(Nm^3)은?(단, 분자식의 첨자 m, n과 답항의 n은 상수이다.)
① $\dfrac{n}{4}$ ② $\dfrac{n}{2}$
③ n ④ $2n$

해설
- $C_3H_8 + 5O_2 \rightarrow 3CO_2 + 4H_2O + Q$
- $C_mH_n + \left(m + \dfrac{n}{4}\right)O_2 \rightarrow mCO_2 + \dfrac{n}{2}H_2O + Q$

03 탄소 1kg을 완전 연소시키는 데 필요한 공기량(Nm^3)은?(단, 공기 중의 산소와 질소의 체적 함유비를 각각 21%와 79%로 하며 공기 1kmol의 체적은 $22.4m^3$이다.)
① 6.75 ② 7.23
③ 8.89 ④ 9.97

해설 $C + O_2 \rightarrow CO_2$
$12kg + 22.4m^3 \rightarrow 22.4m^3$
이론공기량 = 이론산소량 × $\dfrac{1}{0.21}$
∴ $\dfrac{22.4}{12} \times \dfrac{1}{0.21} = 8.89m^3$

04 연료 중에 회분이 많을 경우 연소에 미치는 영향으로 옳은 것은?
① 발열량이 증가한다.
② 연소상태가 고르게 된다.
③ 클링커의 발생으로 통풍을 방해한다.
④ 완전연소되어 잔류물을 남기지 않는다.

해설 연료 중 회분(재)이 많으면 노 내 고온에 의해 클링커 발생이 심하고 전열면이나 화실에 부착하여 통풍을 방해한다.

05 다음 중 고체연료의 공업분석에서 계산만으로 산출되는 것은?
① 회분 ② 수분
③ 휘발분 ④ 고정탄소

해설 $C + O_2 \rightarrow CO_2 + 8,100 kcal/kg$
(공업분석 : 수분, 회분, 고정탄소, 휘발분)

06 다음 중 매연 생성에 가장 큰 영향을 미치는 것은?
① 연소속도 ② 발열량
③ 공기비 ④ 착화온도

해설 공기비(m) = $\dfrac{\text{실제공기량}}{\text{이론공기량}}$ (m은 항상 1보다 크다.)
공기가 부족하면 매연이 발생한다.

07 탄소 87%, 수소 10%, 황 3%의 중유가 있다. 이때 중유의 탄산가스최대량 CO_{2max}는 약 몇 %인가?
① 10.23 ② 16.58
③ 21.35 ④ 25.83

해설 $CO_{2max} = \dfrac{1.87C + 0.7S}{\text{이론건배기가스양}}$
- 이론공기량(A_o)
$A_o = 8.89C + 26.67\left(H - \dfrac{O}{8}\right) + 3.33S$
$= 8.89 \times 0.87 + 26.67 \times 0.10 + 3.33 \times 0.03$
$= 10.51119 Nm^3/kg$

ANSWER | 1.③ 2.② 3.③ 4.③ 5.④ 6.③ 7.②

- 이론건배기가스양(G_{od})
  $= (1-0.21)A_o + 1.87C + 0.7S$
  $= 0.79 \times 10.5119 + 1.867 \times 0.78 + 0.7 \times 0.03$
  $= 9.951740 \, Nm^3/kg$
  $\therefore \dfrac{1.87 \times 0.87 + 0.7 \times 0.03}{9.951740} = 0.1658(16.58\%)$

08 도시가스의 호환성을 판단하는 데 사용되는 지수는?
① 웨버지수(Wobbe Index)
② 듀롱지수(Dulong Index)
③ 릴리지수(Lilly Index)
④ 제이도비흐지수(Zeldovich Index)

해설 호환성(웨버지수)= $\dfrac{H}{\sqrt{d}} = \dfrac{도시가스발열량}{\sqrt{도시가스비중}}$

09 연소 설비에서 배출되는 다음의 공해물질 중 산성비의 원인이 되며 가성소다나 석회 등을 통해 제거할 수 있는 것은?
① SOx　　② NOx
③ CO　　④ 매연

해설 황산화물(SOx)은 공해물질 중 산성비의 원인이 된다(가성소다나 석회를 통해 제거 가능).

10 다음 기체연료 중 고발열량(kcal/Sm³)이 가장 큰 것은?
① 고로가스　　② 수성가스
③ 도시가스　　④ 액화석유가스

해설 고위발열량
- 고로가스 : 900kcal/Sm³
- 수성가스 : 2,650kcal/Sm³
- 도시가스 : 4,500kcal/Sm³
- 액화석유가스 : 10,000kcal/Sm³

11 보일러의 급수 및 발생증기의 엔탈피를 각각 150, 670kcal/kg이라고 할 때 20,000kg/h의 증기를 얻으려면 공급열량은 약 몇 kcal/h인가?
① 9.6×10^6　　② 10.4×10^6
③ 11.7×10^6　　④ 12.2×10^6

해설 증발잠열=670−150=520kcal/kg
∴ 공급열량=520×20,000=10,400,000
　　　　　=10.4×10^6 kcal/h

12 액체의 인화점에 영향을 미치는 요인으로 가장 거리가 먼 것은?
① 온도　　② 압력
③ 발화지연시간　　④ 용액의 농도

해설 발화지연시간
어느 온도에서 가열하기 시작하여 발화에 이르기까지 걸리는 시간이다. 고온 고압에서는 지연시간이 단축된다.

13 고부하의 연소설비에서 연료의 점화나 화염안정화를 도모하고자 할 때 사용할 수 있는 장치로서 가장 적절하지 않은 것은?
① 분젠 버너　　② 파일럿 버너
③ 플라스마 버너　　④ 스파크 플러그

해설 분젠버너
1차 공기가 40~70%, 2차 공기가 60~30%인 버너이다. 화염이 짧고 온도가 1,200~1,300℃로서 각종 현장의 버너로 사용하며 점화용은 불가하다.

14 어느 용기에서 압력(P)과 체적(V)의 관계가 $P=(50V+10)\times 10^2$ kPa과 같을 때 체적이 2m³에서 4m³로 변하는 경우 일량은 몇 MJ인가?(단, 체적의 단위는 m³이다.)
① 32　　② 34
③ 36　　④ 38

해설 $W_2 = \int_1^2 P_o \, dV = \int_1^2 (50V+10) \times 10^2 \, dV$
$= \left[10(V_2-V_1) + 50 \dfrac{(V_2^2-V_1^2)}{2} \right] \times 10^2$
$= \left[10(4-2) + \dfrac{50}{2}(4^2-2^2) \right] \times 10^2$
$= 32,000 \, kJ = 32 \, MJ$

15 다음 중 폭발의 원인이 나머지 셋과 크게 다른 것은?

① 분진 폭발
② 분해 폭발
③ 산화 폭발
④ 증기 폭발

해설 증기 폭발
압력에 의한 물리적 폭발이다(보일러 증기 드럼 폭발).

16 과잉 공기가 너무 많을 때 발생하는 현상으로 옳은 것은?

① 연소 온도가 높아진다.
② 보일러 효율이 높아진다.
③ 이산화탄소 비율이 많아진다.
④ 배기가스의 열손실이 많아진다.

해설 과잉 공기
- 노 내 온도 저하
- 배기가스양 증가로 배기가스 열손실 증가
- 배기가스 중 산소량 증가

17 연소 생성물(CO_2, N_2) 등의 농도가 높아지면 연소속도에 미치는 영향은?

① 연소속도가 빨라진다.
② 연소속도가 저하된다.
③ 연소속도가 변화 없다.
④ 처음에는 저하되나, 나중에는 빨라진다.

해설 불활성 가스나 CO_2 등 연소 생성물이 혼입되면 공기량이 부족하여 연소속도가 저하된다.

18 $1Nm^3$의 메탄가스를 공기를 사용하여 연소시킬 때 이론 연소온도는 약 몇 ℃인가?(단, 대기 온도는 15℃이고, 메탄가스의 고발열량은 $39,767kJ/Nm^3$이고, 물의 증발잠열은 $2,017.7kJ/Nm^3$이고, 연소가스의 평균정압비열은 $1.423kJ/Nm^3 \cdot ℃$이다.)

① 2,387
② 2,402
③ 2,417
④ 2,432

해설 연소온도$(t) = \dfrac{H_l}{G \times C_p} + t_a$

저위발열량$(H_l) = H_h - r$
$= 39,767 - (2,017.7 \times 2)$
$= 35,731.6 kJ/Nm^3$

메탄의 연소반응식 : $CH_4 + 2O_2 \rightarrow CO_2 + 2H_2O$

배기가스양$(G) = (1-0.21)A_o + CO_2 + 2H_2O$
$= 0.79 \times \dfrac{2}{0.21} + 3 ≒ 10.54 Nm^3/Nm^3$

$\therefore t = \dfrac{35,731.6}{10.54 \times 1.423} + 20 = 2,402℃$

19 연소배기가스양의 계산식(Nm^3/kg)으로 틀린 것은? (단, 습연소가스양 V, 건연소가스양 V', 공기비 m, 이론공기량 A이고, H, O, N, C, S는 원소, W는 수분이다.)

① $V = mA + 5.6H + 0.7O + 0.8N + 1.25W$
② $V = (m-0.21)A + 1.87C + 11.2H + 0.7S + 0.8N + 25W$
③ $V' = mA - 5.6H - 0.7O + 0.8N$
④ $V' = (m-0.21)A + 1.87C + 0.7S + 0.8N$

해설 $V' = mA + 5.6H - 0.7O + 0.8N$이 되어야 연소배기가스양이 된다.
여기서, mA = 공기비 × 이론공기량 = 실제공기량

20 열정산을 할 때 입열항에 해당하지 않는 것은?

① 연료의 연소열
② 연료의 현열
③ 공기의 현열
④ 발생증기열

해설 열정산을 할 때 출열에는 발생증기열, 배기가스손실열, 방사열손실, 불완전열손실 등이 있다.

ANSWER | 15. ④ 16. ④ 17. ② 18. ② 19. ③ 20. ④

SECTION 02 열역학

21 초기온도가 20℃인 암모니아(NH_3) 3kg을 정적과정으로 가열시킬 때, 엔트로피가 1.255kJ/K만큼 증가하는 경우 가열량은 약 몇 kJ인가?(단, 암모니아의 정적비열은 1.56kJ/kg·K이다.)

① 62.2　　② 101
③ 238　　④ 422

해설 엔트로피 변화(ΔS) = $\dfrac{dQ}{T}$

정적변화(ΔS) = $S_2 - S_1 = C_v \ln \dfrac{T_2}{T_1} = C_v \ln \dfrac{V_2}{V_1}$

$1.255 = 3 \times 1.56 \times \ln\left(\dfrac{T_2}{273+20}\right)$

$T_2 = 383K$

∴ 가열량(Q) = $3 \times 1.56 \times (383-293) ≒ 422kJ$

22 오토(Otto) 사이클을 온도 – 엔트로피($T-S$) 선도로 표시하면 그림과 같다. 작동유체가 열을 방출하는 과정은?

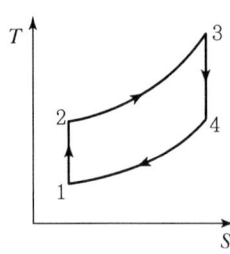

① 1 → 2 과정　　② 2 → 3 과정
③ 3 → 4 과정　　④ 4 → 1 과정

해설 정적 오토 내연 사이클(공기표준 사이클)
• 1 → 2 과정 : 단열압축
• 2 → 3 과정 : 등적가열
• 3 → 4 과정 : 단열팽창
• 4 → 1 과정 : 등적방열
이론열효율은 압축비만의 함수이다.

23 밀도가 800kg/m³인 액체와 비체적이 0.0015m³/kg인 액체를 질량비 1 : 1로 잘 섞으면 혼합액의 밀도는 약 몇 kg/m³인가?

① 721　　② 727
③ 733　　④ 739

해설 밀도(ρ_1) = 800kg/m³, 비체적 = $\dfrac{1}{800}$ = 0.00125m³/kg

밀도(ρ_2) = $\dfrac{1}{0.0015}$ = 667kg/m³

$\dfrac{0.00125 + 0.0015}{2}$ = 0.001375m³/kg

∴ 혼합액의 밀도(ρ) = $\dfrac{1}{0.001375}$ = 727kg/m³

24 성능계수(COP)가 2.5인 냉동기가 있다. 15냉동톤(Refrigeration Ton)의 냉동 용량을 얻기 위해서 냉동기에 공급해야 할 동력(kW)은?(단, 1냉동톤은 3.861kW이다.)

① 20.5　　② 23.2
③ 27.5　　④ 29.7

해설 냉동용량 = 15 × 3.861 = 57.915kW

∴ 공급 동력 = $\dfrac{RT}{COP}$ = $\dfrac{57.915}{2.5}$ = 23.2kW

25 증기압축 냉동 사이클에서 압축기 입구의 엔탈피는 223kJ/kg, 응축기 입구의 엔탈피는 268kJ/kg, 증발기 입구의 엔탈피는 91kJ/kg인 냉동기의 성적계수는 약 얼마인가?

① 1.8　　② 2.3
③ 2.9　　④ 3.5

해설 성적계수(C_{op}) = $\dfrac{냉동능력}{압축기 동력}$ = $\dfrac{223-91}{268-223}$ = 2.9

26 다음과 관계있는 법칙은?

> 계가 흡수한 열을 완전히 일로 전환할 수 있는 장치는 없다.

① 열역학 제3법칙　　② 열역학 제2법칙
③ 열역학 제1법칙　　④ 열역학 제0법칙

21. ④　22. ④　23. ②　24. ②　25. ③　26. ② | ANSWER

해설 열역학 제2법칙
계가 흡수한 열을 완전히 일로 전환할 수 있는 장치는 없다.

27 동일한 압력에서 100℃, 3kg의 수증기와 0℃, 3kg의 물의 엔탈피 차이는 약 몇 kJ인가?(단, 물의 평균 정압비열은 4.184kJ/kg·K이고, 100℃에서 증발잠열은 2,250kJ/kg이다.)

① 8,005 ② 2,668
③ 1,918 ④ 638

해설 증발열 = 3 × 2,250 = 6,750kJ
물의 엔탈피 = 100 × 4.184 = 418.4
∴ 6,750 + (418.4 × 3) = 8,005kJ

28 압력 1MPa, 온도 210℃인 증기는 어떤 상태의 증기인가?(단, 1MPa에서의 포화온도는 179℃이다.)

① 과열증기 ② 포화증기
③ 건포화증기 ④ 습증기

해설 과열도 = 210 - 179 = 31℃
과열도가 보기에 있으므로 과열증기이다.

29 디젤 사이클로 작동되는 디젤기관의 각 행정의 순서를 옳게 나타낸 것은?

① 단열압축 → 정적가열 → 단열팽창 → 정적방열
② 단열압축 → 정압가열 → 단열팽창 → 정압방열
③ 등온압축 → 정적가열 → 등온팽창 → 정적방열
④ 단열압축 → 정압가열 → 단열팽창 → 정적방열

해설 디젤 사이클

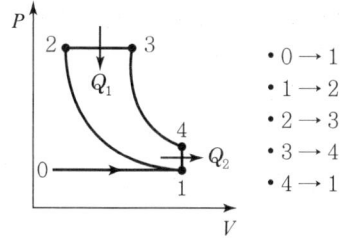

• 0 → 1 과정 : 흡입
• 1 → 2 과정 : 단열압축
• 2 → 3 과정 : 정압가열
• 3 → 4 과정 : 단열팽창
• 4 → 1 과정 : 정적방열

30 다음 과정 중 가역적인 과정이 아닌 것은?

① 과정은 어느 방향으로나 진행될 수 있다.
② 마찰을 수반하지 않아 마찰로 인한 손실이 없다.
③ 변화 경로의 어느 점에서도 역학적, 열적, 화학적 등의 모든 평형을 유지하면서 주위에 어떠한 영향도 남기지 않는다.
④ 과정은 이를 조절하는 값을 무한소만큼씩 변화시켜도 역행할 수는 없다.

해설 가역과정
사이클의 상태변화가 모든 가역변화로 이루어지는 사이클, 즉 열적평형을 유지하며 이루어지는 과정으로 계나 주위에 영향을 주거나 아무런 변화도 남기지 않고 이루어지며 역과정으로 원상태로 되돌려질 수 있는 과정이다.

31 1.5MPa, 250℃의 공기 5kg이 폴리트로픽 지수 1.3인 폴리트로픽 변화를 통해 팽창비가 5가 될 때까지 팽창하였다. 이때 내부에너지의 변화는 약 몇 kJ인가?(단, 공기의 정적비열은 0.72kJ/kg·K이다.)

① -1,002 ② -721
③ -144   ④ -72

해설 내부에너지변화(Δh) = $C_v(T_2 - T_1)$

$PV^n = C$, $\dfrac{T_2}{T_1} = \left(\dfrac{V_1}{V_2}\right)^{n-1}$

$T_2 = (250 + 273) \times \left(\dfrac{1}{5}\right)^{1.3-1} = 323K$

∴ 내부에너지 변화(Δh) = $5 \times 0.72 \times (323 - 523) = -720$

32 수증기를 사용하는 기본 랭킨 사이클에서 응축기 압력을 낮출 경우 발생하는 현상에 대한 설명으로 옳지 않은 것은?

① 열이 방출되는 온도가 낮아진다.
② 열효율이 높아진다.
③ 터빈 날개의 부식 발생 우려가 커진다.
④ 터빈 출구에서 건도가 높아진다.

해설 응축기(복수기)의 압력이나 온도가 낮을수록 열효율이 증가하나 터빈의 깃이 부식되므로 열효율이 감소한다(즉, 건도가 저하하기 때문에 부식된다). 방지책은 재열 사이클을 활용하는 것이다.

ANSWER | 27. ① 28. ① 29. ④ 30. ④ 31. ② 32. ④

33 80℃의 물 100kg과 50℃의 물 50kg을 혼합한 물의 온도는 약 몇 ℃인가?(단, 물의 비열은 일정하다.)
① 70 ② 65
③ 60 ④ 55

해설 $Q = (80 \times 1 \times 100) + (50 \times 1 \times 50) = 10,500$ kcal
∴ 평균온도 $= \dfrac{10,500}{100 \times 1 + 50 \times 1} = 70$℃

34 열역학 제1법칙은 기본적으로 무엇에 관한 내용인가?
① 열의 전달 ② 온도의 정의
③ 엔트로피의 정의 ④ 에너지의 보존

해설 열역학 제1법칙 : 에너지 보존의 법칙
일의 열당량 : $\dfrac{1}{427}$ kcal/kg · m
열의 일당량 : 427kg · m/kcal
∴ 비엔탈피$(h) = du + AP\,dV$ kcal/kg

35 이상적인 가역단열변화에서 엔트로피는 어떻게 되는가?
① 감소한다. ② 증가한다.
③ 변하지 않는다. ④ 감소하다 증가한다.

해설 • 가역단열변화 : 엔트로피 불변
• 비가역단열변화 : 엔트로피 증가

36 반지름이 0.55cm이고, 길이가 1.94cm인 원통형 실린더 안에 어떤 기체가 들어 있다. 이 기체의 질량이 8g이라면, 실린더 안에 들어 있는 기체의 밀도는 약 몇 g/cm³인가?
① 2.9 ② 3.7
③ 4.3 ④ 5.1

해설 $V = A \times L = \dfrac{3.14}{4} \times (0.55 \times 2)^2 \times 1.94 = 4.3$ g/cm³
또는, $\dfrac{8}{(0.55 \times 0.55) \times 3.14 \times 1.94} = 4.3$ g/cm³

37 다음 사이클(Cycle) 중 물과 수증기를 오가면서 동력을 발생시키는 플랜트에 적용하기 적합한 것은?
① 랭킨 사이클 ② 오토 사이클
③ 디젤 사이클 ④ 브레이턴 사이클

해설 랭킨 사이클
물과 수증기를 오가면서 동력을 발생시키는 플랜트에 적용이 가능하다.
• 보일러 : 정압가열   • 터빈 : 단열팽창
• 복수기(콘덴서) : 정압방열   • 급수펌프 : 단열압축

38 압력 100kPa, 체적 3m³인 이상기체가 등엔트로피 과정을 통하여 체적이 2m³로 변하였다. 이 과정 중에 기체가 한 일은 약 몇 kJ인가?(단, 기체상수는 0.488 kJ/kg · K, 정적비열은 1.642kJ/kg · K이다.)
① -113 ② -129
③ -137 ④ -143

해설 등엔트로피(단열상태)
일량$(W) = -\int V dP = \dfrac{(P_1 V_1 - P_2 V_2)}{k-1}$
여기서, k : 비열비
$C_p = C_v + R = 1.642 + 0.488 = 2.139$(정압비열)
$k = \dfrac{C_p}{C_v} = \dfrac{2.13}{1.642} = 1.297$
$T_2 = T_1 \times \left(\dfrac{V_1}{V_2}\right)^k = T_1 \times \left(\dfrac{P_2}{P_1}\right)^{\frac{k-1}{k}}$
$P_2 = P_1 \times \left(\dfrac{V_1}{V_2}\right)^k = 100 \times \left(\dfrac{3}{2}\right)^{1.297} = 169$ kPa
∴ $\dfrac{(100 \times 3 - 169 \times 2)}{1.297 - 1} = -129$ kJ

39 카르노 사이클(Carnot Cycle)로 작동하는 가역기관에서 650℃의 고열원으로부터 18,830kJ/min의 에너지를 공급받아 일을 하고 65℃의 저열원에 방열시킬 때 방열량은 약 몇 kW인가?
① 1.92 ② 2.61
③ 115.0 ④ 156.5

해설 $T_1 = 650 + 273 = 923$K
$T_2 = 65 + 273 = 338$K

33. ① 34. ④ 35. ③ 36. ③ 37. ① 38. ② 39. ③ | ANSWER

$$효율(\eta) = 1 - \frac{T_2}{T_1} = 1 - \frac{338}{923} = 0.6338$$

$1kWh = 3,600kJ(1시간 = 60분)$

$18,830 \times 60 = 1,129,800 kJ/h$

$$\therefore (1 - 0.6338) \times \frac{1,129,800}{3,600} = 115kW$$

40 냉동기의 냉매로서 갖추어야 할 요구조건으로 옳지 않은 것은?

① 비체적이 커야 한다.
② 불활성이고 안정적이어야 한다.
③ 증발온도에서 높은 잠열을 가져야 한다.
④ 액체의 표면장력이 작아야 한다.

해설 냉매는 비체적(m^3/kg)이 작아야 유속이 증가하고 관의 지름이 작아도 된다.

SECTION 03 계측방법

41 국제단위계(SI)를 분류한 것으로 옳지 않은 것은?

① 기본단위   ② 유도단위
③ 보조단위   ④ 응용단위

해설 국제단위계(SI)
- 기본단위
- 유도단위
- 보조단위

42 색온도계의 특징이 아닌 것은?

① 방사율의 영향이 크다.
② 광흡수에 영향이 적다.
③ 응답이 빠르다.
④ 구조가 복잡하며 주위로부터 빛 반사의 영향을 받는다.

해설 비접촉식 방사온도계의 특성은 방사율의 영향이 크다는 것이다.

43 탄성 압력계에 속하지 않는 것은?

① 부자식 압력계   ② 다이어프램 압력계
③ 벨로스 압력계   ④ 부르동관 압력계

해설 부자식
직접식 액면계(플로트식 액면계)

44 다음 중 차압식 유량계가 아닌 것은?

① 플로노즐   ② 로터미터
③ 오리피스미터   ④ 벤투리미터

해설 순간유량 면적식 유량계
- 로터미터
- 게이트식

45 용적식 유량계에 대한 설명으로 틀린 것은?

① 측정유체의 맥동에 의한 영향이 적다.
② 점도가 높은 유량의 측정은 곤란하다.
③ 고형물의 혼입을 막기 위해 입구 측에 여과기가 필요하다.
④ 종류에는 오벌식, 루트식, 로터리 피스톤식 등이 있다.

해설 용적식 유량계 : 점도가 높아도 사용 가능
- 로터리 피스톤형   - 로터리 베인형
- 오벌기어형   - 루트형
- 가스미터기   - 디스크형, 피스톤형

46 다음 중 파스칼의 원리를 가장 바르게 설명한 것은?

① 밀폐 용기 내의 액체에 압력을 가하면 압력은 모든 부분에 동일하게 전달된다.
② 밀폐 용기 내의 액체에 압력을 가하면 압력은 가한 점에만 전달된다.
③ 밀폐 용기 내의 액체에 압력을 가하면 압력은 가한 반대편으로만 전달된다.
④ 밀폐 용기 내의 액체에 압력을 가하면 압력은 가한 점으로부터 일정 간격을 두고 차등적으로 전달된다.

ANSWER | 40. ① 41. ④ 42. ① 43. ① 44. ② 45. ② 46. ①

해설 **파스칼의 원리**
밀폐 용기 내의 액체에 압력을 가하면 압력은 모든 부분에 동일하게 전달된다.

47 다음 중 화학적 가스 분석계에 해당하는 것은?
① 고체 흡수제를 이용하는 것
② 가스의 밀도와 점도를 이용하는 것
③ 흡수용액의 전기전도도를 이용하는 것
④ 가스의 자기적 성질을 이용하는 것

해설 오르자트 화학적 가스 분석계의 고체 흡수제
- KOH 30% 수용액(CO_2)
- 차아황산소다, 황인, 알칼리성 피로갈롤(O_2)
- 암모니아성 염화제1동 용액(CO)

48 측온저항체의 구비조건으로 틀린 것은?
① 호환성이 있을 것
② 저항의 온도계수가 작을 것
③ 온도와 저항의 관계가 연속적일 것
④ 저항 값이 온도 이외의 조건에서 변하지 않을 것

해설
- 측온저항(R) = $R_n[1+a(t-t_o)]$
  여기서, a : 전기저항 온도계수
- 니켈저항온도계 : 온도계수가 0.6%/deg로 커서 감도가 좋다.
- 저항온도계의 저항체 : 백금, 니켈, 구리, 서미스터 등

49 비접촉식 온도측정 방법 중 가장 정확한 측정을 할 수 있으나 연속측정이나 자동제어에 응용할 수 없는 것은?
① 광고온도계   ② 방사온도계
③ 압력식 온도계   ④ 열전대 온도계

해설 **광고온도계**
700~3,000℃ 범위의 온도를 측정하며 고온에서 정도가 높지만 연속측정이나 제어에는 이용이 불가하다.

50 화염검출방식으로 가장 거리가 먼 것은?
① 화염의 열을 이용
② 화염의 빛을 이용
③ 화염의 색을 이용
④ 화염의 전기전도성을 이용

해설 화염검출기 종류
- 스택스위치 : 화염의 발열체를 이용
- 플레임아이 : 광전관식
- 플레임로드 : 전기전도성을 이용

51 가스온도를 열전대 온도계를 써서 측정할 때 주의해야 할 사항으로 틀린 것은?
① 열전대는 측정하고자 하는 곳에 정확히 삽입하며 삽입된 구멍에 냉기가 들어가지 않게 한다.
② 주위의 고온체로부터의 복사열의 영향으로 인한 오차가 생기지 않도록 해야 한다.
③ 단자의 +, -를 보상도선의 -, +와 일치하도록 연결하여 감온부의 열팽창에 의한 오차가 발생하지 않도록 한다.
④ 보호관의 선택에 주의한다.

해설 **열전대 온도계의 연결**
단자의 +를 보상도선의 +와 일치시키고, 단자의 -를 보상도선의 -와 일치시킨다.

52 공기압식 조절계에 대한 설명으로 틀린 것은?
① 신호로 사용되는 공기압은 약 0.2~1.0kg/cm²이다.
② 관로저항으로 전송지연이 생길 수 있다.
③ 실용상 2,000m 이내에서는 전송지연이 없다.
④ 신호 공기압은 충분히 제습, 제진한 것이 요구된다.

해설 조절계 중 공기압식 신호전송기 사용거리는 100~150m 이내이다. ③은 전기식 조절계에 해당한다.

53 다음 중 융해열을 측정할 수 있는 열량계는?
① 금속 열량계   ② 융커스형 열량계
③ 시차주사 열량계   ④ 디페닐에테르 열량계

47. ① 48. ② 49. ① 50. ③ 51. ③ 52. ③ 53. ③ | ANSWER

해설 융해열 측정열량계
- 시차주사 열량계 사용(Differential Scanning Calorimetry)
- 소량으로 측정이 가능하고 조작이 간편하며 자동화가 된다.

54 자동제어시스템의 입력신호에 따른 출력변화의 설명으로 과도응답에 해당되는 것은?

① 1차보다 응답속도가 느린 지연요소
② 정상상태에 있는 계에 격한 변화의 입력을 가했을 때 생기는 출력의 변화
③ 입력변화에 따른 출력에 지연이 생겨 시간의 경과 후 어떤 일정한 값에 도달하는 요소
④ 정상상태에 있는 요소의 입력을 스텝 형태로 변화할 때 출력이 새로운 값에 도달 스텝입력에 의한 출력의 변화 상태

해설 ㉠ 자동제어 과도응답 : 정상상태에 있는 계에 격한 변화의 입력을 가했을 때 생기는 출력의 변화이다(Transient Response).
㉡ 응답
- 과도응답 : 임펄스응답, 스텝응답
- 주파수응답

55 보일러의 계기에 나타난 압력이 6kg/cm²이다. 이를 절대압력으로 표시할 때 가장 가까운 값은 몇 kg/cm²인가?

① 3 ② 5
③ 6 ④ 7

해설 절대압력(abs) = 게이지 압력 + 대기압
= 6 + 1 = 7kg/cm²

56 세라믹식 O₂계의 특징으로 틀린 것은?

① 연속측정이 가능하며, 측정범위가 넓다.
② 측정부의 온도 유지를 위해 온도 조절용 전기로가 필요하다.
③ 측정가스의 유량이나 설치장소 주위의 온도 변화에 의한 영향이 적다.
④ 저농도 가연성 가스의 분석에 적합하고 대기오염 관리 등에서 사용된다.

해설 세라믹 산소계
산소농담전지를 이용하여 기전력을 측정한 후 산소(O₂)를 측정한다(세라믹의 주원료 : ZrO₂).

57 화씨(°F)와 섭씨(℃)의 눈금이 같게 되는 온도는 몇 ℃인가?

① 40 ② 20
③ -20 ④ -40

해설 $t_℃ = \dfrac{5}{9}(t_F - 32)$

$t_℃ = t_F$ 일 때

$x = \dfrac{5}{9}(x - 32)$

∴ $x = -40$

58 다음 중 자동제어에서 미분동작을 설명한 것으로 가장 적절한 것은?

① 조절계의 출력변화가 편차에 비례하는 동작
② 조절계의 출력변화의 크기와 지속시간에 비례하는 동작
③ 조절계의 출력변화가 편차의 변화속도에 비례하는 동작
④ 조작량이 어떤 동작 신호의 값을 경계로 하여 완전히 전개 또는 전폐되는 동작

해설 미분동작(D 동작 : Derivative Action)

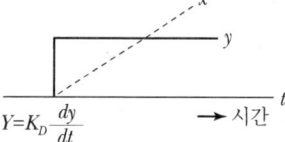

$Y = K_D \dfrac{dy}{dt}$ → 시간

출력편차의 시간변화에 비례하여 제어편차가 검출될 때 편차가 변화하는 속도에 비례해 조작량이 증가하도록 작용하는 제어동작이다(Y : 출력, K_D : 비례상수).

59 일반적으로 오르자트 가스분석기로 어떤 가스를 분석할 수 있는가?

① CO₂, SO₂, CO ② CO₂, SO₂, O₂
③ SO₂, CO, O₂ ④ CO₂, O₂, CO

ANSWER | 54. ② 55. ④ 56. ④ 57. ④ 58. ③ 59. ④

해설 오르자트 화학적 분석계의 가스분석 순서
CO_2, O_2, CO 순이다.

60 전자유량계의 특징이 아닌 것은?

① 유속검출에 지연시간이 없다.
② 유체의 밀도와 점성의 영향을 받는다.
③ 유로에 장애물이 없고 압력 손실, 이물질 부착의 염려가 없다.
④ 다른 물질이 섞여 있거나 기포가 있는 액체도 측정이 가능하다.

해설 전자식 유량계
패러데이의 기전력을 이용한 유량계로서 액체의 물리적 구성이나 성상, 즉 불순물의 혼합, 점성, 비중, 밀도의 영향을 받지 않는다.

SECTION 04 열설비재료 및 관계법규

61 소성내화물의 제조공정으로 가장 적절한 것은?

① 분쇄 → 혼련 → 건조 → 성형 → 소성
② 분쇄 → 혼련 → 성형 → 건조 → 소성
③ 분쇄 → 건조 → 혼련 → 성형 → 소성
④ 분쇄 → 건조 → 성형 → 소성 → 성형

해설 소성내화물 제조공정
원료 분쇄 → 혼련 → 성형 → 건조 → 소성

62 에너지이용 합리화법에 따라 에너지 사용의 제한 또는 금지에 관한 조정·명령, 그 밖에 필요한 조치를 위반한 에너지 사용자에 대한 과태료 부과기준은?

① 300만 원 이하   ② 100만 원 이하
③ 50만 원 이하   ④ 10만 원 이하

해설 에너지 사용의 제한 또는 금지에 관한 조정·명령, 그 밖에 필요한 조치를 위반한 자에게는 300만 원 이하의 과태료를 부과한다.

63 소성이 균일하고 소성시간이 짧고 일반적으로 열효율이 좋으며 온도조절의 자동화가 쉬운 특징의 연속식 가마는?

① 터널 가마   ② 도염식 가마
③ 승염식 가마   ④ 도염식 둥근가마

해설 연속식 터널 가마
내화물 제조 시 소성이 균일하고 소성시간이 짧으며 일반적으로 열효율이 좋고 온도조절의 자동화가 용이하다. 예열대, 소성대, 냉각대로 구성된다.

64 내화물에 대한 설명으로 틀린 것은?

① 샤모트질 벽돌은 카올린을 미리 SK 10~14 정도로 1차 소성하여 탈수 후 분쇄한 것으로서 고온에서 광물상을 안정화한 것이다.
② 제겔콘 22번의 내화도는 1,530℃이며, 내화물은 제겔콘 26번 이상의 내화도를 가진 벽돌을 말한다.
③ 중성질 내화물은 고알루미나질, 탄소질, 탄화규소질, 크롬질 내화물이 있다.
④ 용융내화물은 원료를 일단 용융상태로 한 다음에 주조한 내화물이다.

해설
• 제겔콘 26 : 1,580℃
• 제겔콘 42 : 2,000℃
• 제겔콘 21~25번은 내화도가 없다.

65 에너지이용 합리화법에 따라 검사대상기기 관리대행기관으로 지정(변경지정)받으려는 자가 첨부하여 제출해야 하는 서류가 아닌 것은?

① 장비명세서
② 기술인력명세서
③ 변경사항을 증명할 수 있는 서류(변경지정의 경우만 해당)
④ 향후 3년간의 안전관리대행 사업계획서

해설 에너지이용 합리화법 시행규칙 제31조의29제3항에 의거하여 첨부서류는 ①, ②, ③ 및 향후 1년간의 안전관리대행 사업계획서가 필요하다.

60. ② 61. ② 62. ① 63. ① 64. ② 65. ④ | ANSWER

66 에너지법에 따른 지역에너지계획에 포함되어야 할 사항이 아닌 것은?
① 해당 지역에 대한 에너지 수급의 추이와 전망에 관한 사항
② 해당 지역에 대한 에너지의 안정적 공급을 위한 대책에 관한 사항
③ 해당 지역에 대한 에너지 효율적 사용을 위한 기술개발에 관한 사항
④ 해당 지역에 대한 미활용 에너지원의 개발·사용을 위한 대책에 관한 사항

해설 에너지법 제7조에 의거하여 지역에너지계획에 포함되어야 할 사항은 ①, ②, ④ 외에 신재생에너지 등 환경친화적 에너지 사용을 위한 대책에 관한 사항 등이 포함된다.

67 실리카(Silica) 전이특성에 대한 설명으로 옳은 것은?
① 규석(Quartz)은 상온에서 가장 안정된 광물이며 상압에서 573℃ 이하 온도에서 안정된 형이다.
② 실리카(Silica)의 결정형은 규석(Quartz), 트리디마이트(Tridymite), 크리스토발라이트(Cristo-balite), 카올린(Kaoline)의 4가지 주형으로 구성된다.
③ 결정형이 바뀌는 것을 전이라고 하며 전이속도를 빠르게 작용토록 하는 성분을 광화제라 한다.
④ 크리스토발라이트(Cristobalite)에서 용융실리카(Fused Silica)로 전이에 따른 부피변화 시 20%가 수축한다.

해설 실리카(SiO_2)
이산화규소이며 규석질 산성 내화물이다. SK 31~34용이며, 1,470℃에서 크리스토발라이트로 체적변화가 발생한다.
※ 전이 : 결정형이 바뀌는 것
  광화제 : 전이속도를 빠르게 작용하도록 하는 성분

68 에너지이용 합리화법에 따라 평균에너지 소비효율의 산정방법에 대한 설명으로 틀린 것은?
① 기자재의 종류별 에너지소비효율의 산정방법은 산업통상자원부장관이 정하여 고시한다.
② 평균에너지 소비효율은

$$\frac{기자재\ 판매량}{\sum \dfrac{기자재\ 종류별\ 국내판매량}{기자재\ 종류별\ 에너지소비효율}}\ 이다.$$

③ 평균에너지소비효율의 개선기간은 개선명령을 받은 날부터 다음해 1월 31일까지로 한다.
④ 평균에너지소비효율의 개선명령을 받은 자는 개선명령을 받은 날부터 60일 이내에 개선명령 이행계획을 수립하여 제출하여야 한다.

해설 에너지이용 합리화법 시행규칙 제12조에 의거하여 평균에너지 소비효율의 개선 기간은 개선명령을 받은 날로부터 다음 해 12월 31일까지로 한다.

69 다음 중 MgO–SiO_2계 내화물은?
① 마그네시아질 내화물
② 돌로마이트질 내화물
③ 마그네시아–크롬질 내화물
④ 포스테라이트질 내화물

해설
• 마그네시아 : MgO계
• 돌로마이트 : CaO, MgO계
• 포스테라이트 : MgO, SiO_2계
• 크롬질 : (Fe·Mg)O, (Cr·Al$_2$)O$_3$계

70 노통 연관 보일러에서 파형 노통에 대한 설명으로 틀린 것은?
① 강도가 크다.
② 제작비가 비싸다.
③ 스케일의 생성이 쉽다.
④ 열의 신축에 의한 탄력성이 나쁘다.

해설
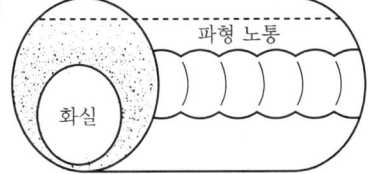
파형 노통이 아닌 평형 노통의 경우 열의 신축에 의한 탄력성이 나쁘다.

ANSWER | 66. ③ 67. ③ 68. ③ 69. ④ 70. ④

71 다음 중 에너지이용 합리화법에 따라 산업통상자원부장관 또는 시·도지사가 한국에너지공단이사장에게 위탁한 업무가 아닌 것은?

① 에너지사용계획의 검토
② 에너지절약전문기업의 등록
③ 냉난방온도의 유지·관리 여부에 대한 점검 및 실태 파악
④ 에너지이용 합리화 기본계획의 수립

해설 ④는 산업통상자원부장관이 수립한다.

72 에너지이용 합리화법에 따라 효율관리기자재의 제조업자는 효율관리시험기관으로부터 측정결과를 통보받은 날부터 며칠 이내에 그 측정결과를 한국에너지공단에 신고하여야 하는가?

① 15일   ② 30일
③ 60일   ④ 90일

해설 효율관리기자재의 제조업자는 효율관리시험기관으로부터 측정 결과를 통보받은 날부터 90일 이내에 그 측정 결과를 한국에너지공단에 신고하여야 한다.

73 에너지이용 합리화법에 따라 소형 온수보일러의 적용범위에 대한 설명으로 옳은 것은?(단, 구멍탄용 온수보일러·축열식 전기보일러 및 가스 사용량이 17 kg/h 이하인 가스용 온수보일러는 제외한다.)

① 전열면적이 10m² 이하이며, 최고사용압력이 0.35 MPa 이하의 온수를 발생하는 보일러
② 전열면적이 14m² 이하이며, 최고사용압력이 0.35 MPa 이하의 온수를 발생하는 보일러
③ 전열면적이 10m² 이하이며, 최고사용압력이 0.45 MPa 이하의 온수를 발생하는 보일러
④ 전열면적이 14m² 이하이며, 최고사용압력이 0.45 MPa 이하의 온수를 발생하는 보일러

해설 소형 온수보일러
전열면적이 14m² 이하이고, 최고사용압력이 0.35MPa 이하의 온수를 발생하는 것. 다만, 구멍탄용 온수보일러·축열식 전기보일러·가정용 화목보일러 및 가스사용량이 17 kg/h(도시가스는 232.6킬로와트) 이하인 가스용 온수보일러는 제외한다.

74 에너지이용 합리화법에 따라 온수발생 및 열매체를 가열하는 보일러의 용량은 몇 kW를 1t/h로 구분하는가?

① 477.8   ② 581.5
③ 697.8   ④ 789.5

해설 1kWh=860kcal
증기 1t/h=697.8만 kcal
697.8×860=60만 kcal/h

75 다음은 에너지이용 합리화법에서의 보고 및 검사에 관한 내용이다. ⓐ, ⓑ에 들어갈 단어를 나열한 것으로 옳은 것은?

> 공단이사장 또는 검사기관의 장은 매달 검사대상기기의 검사 실적을 다음 달 (ⓐ)일까지 (ⓑ)에게 보고하여야 한다.

① ⓐ : 5, ⓑ : 시·도지사
② ⓐ : 10, ⓑ : 시·도지사
③ ⓐ : 5, ⓑ : 산업통상자원부장관
④ ⓐ : 10, ⓑ : 산업통상자원부장관

해설 공단이사장 또는 검사기관의 장은 매달 검사대상기기의 검사 실적을 다음 달 10일까지 시·도지사에게 보고하여야 한다.

76 보온재의 열전도율이 작아지는 조건으로 틀린 것은?

① 재료의 두께가 두꺼워야 한다.
② 재료의 온도가 낮아야 한다.
③ 재료의 밀도가 커야 한다.
④ 재료 내 기공이 작고 기공률이 커야 한다.

해설 재료의 밀도(kg/m³)가 크면 공기층이 적어서 열전도율(kcal/m·h·℃)이 증가한다.

77 볼밸브의 특징에 대한 설명으로 틀린 것은?

① 유로가 배관과 같은 형상으로 유체의 저항이 적다.
② 밸브의 개폐가 쉽고 조작이 간편하여 자동조작밸브로 활용된다.
③ 이음쇠 구조가 없기 때문에 설치공간이 작아도 되며 보수가 쉽다.
④ 밸브대가 90° 회전하므로 패킹과의 원주방향 움직임이 크기 때문에 기밀성이 약하다.

해설 볼밸브는 90° 회전하므로 패킹과의 원주방향 움직임이 적어서 기밀성이 강화된다.

78 에너지이용 합리화법에 따른 양벌규정 사항에 해당되지 않는 것은?

① 에너지 저장시설의 보유 또는 저장의무의 부과 시 정당한 이유 없이 이를 거부하거나 이행하지 아니한 자
② 검사대상기기의 검사를 받지 아니한 자
③ 검사대상기기관리자를 선임하지 아니한 자
④ 공무원이 효율관리기자재 제조업자 사무소의 서류를 검사할 때 검사를 방해한 자

해설 에너지이용 합리화법 제77조에 따라 제72조~제76조에 해당하는 경우 양벌규정에 속한다.
①은 제72조, ②는 제73조, ③은 제75조에 해당한다.

79 내화물의 구비조건으로 틀린 것은?

① 사용온도에서 연화, 변형되지 않을 것
② 상온 및 사용온도에서 압축강도가 클 것
③ 열에 의한 팽창 수축이 클 것
④ 내마모성 및 내침식성을 가질 것

해설 내화물(산성, 중성, 염기성 벽돌)은 열에 의한 팽창 수축이 적어야 한다.

80 제강 평로에서 채용되고 있는 배열회수 방법으로서 배기가스의 현열을 흡수하여 공기나 연료가스 예열에 이용될 수 있도록 한 장치는?

① 축열실
③ 폐열 보일러
② 환열기
④ 판형 열교환기

해설 축열실
1,000~1,200℃ 정도의 고온용이며, 평로, 균열로 등의 연소용 공기 예열에 사용된다.

SECTION 05 열설비설계

81 최고사용압력이 3MPa 이하인 수관보일러의 급수 수질에 대한 기준으로 옳은 것은?

① pH(25℃) : 8.0~9.5, 경도 : 0mg CaCO$_3$/L, 용존산소 : 0.1mg O/L 이하
② pH(25℃) : 10.5~11.0, 경도 : 2mg CaCO$_3$/L, 용존산소 : 0.1mg O/L 이하
③ pH(25℃) : 8.5~9.6, 경도 : 0mg CaCO$_3$/L, 용존산소 : 0.007mg O/L 이하
④ pH(25℃) : 8.5~9.6, 경도 : 2mg CaCO$_3$/L, 용존산소 : 1mg O/L 이하

해설 수관보일러의 급수 수질
압력 3MPa 이하 온도 25℃에서
• pH : 8.0~9.5
• 경도 : 0mg CaCO$_3$/L
• 용존산소 : 0.1mg O/L

82 맞대기 용접은 용접방법에 따라서 그루브를 만들어야 한다. 판의 두께가 50mm 이상인 경우에 적합한 그루브의 형상은?(단, 자동용접은 제외한다.)

① V형
③ R형
② H형
④ A형

해설 50mm 두께 이상 홈(Groove)

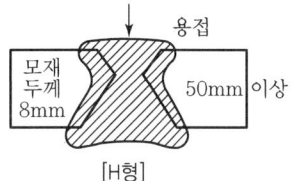

[H형]

83 육용강제 보일러에서 동체의 최소 두께로 틀린 것은?

① 안지름이 900mm 이하인 것은 6mm(단, 스테이를 부착할 경우)
② 안지름이 900mm 초과 1,350mm 이하인 것은 8mm
③ 안지름이 1,350mm 초과 1,850mm 이하인 것은 10mm
④ 안지름이 1,850mm 초과하는 것은 12mm

해설 육용강제 보일러 동체 최소 두께

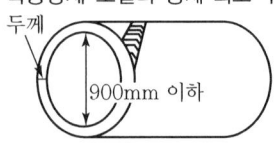

스테이를 부착하지 않으면 6mm,
스테이 부착의 경우 8mm

84 표면응축기의 외측에 증기를 보내며 관 속에 물이 흐른다. 사용하는 강관의 내경이 30mm, 두께가 2mm이고 증기의 전열계수는 6,000kcal/m²·h·℃, 물의 전열계수는 2,500kcal/m²·h·℃이다. 강관의 열전도도가 35kcal/m·h·℃일 때 총괄전열계수(kcal/m²·h·℃)는?

① 16 ② 160
③ 1,603 ④ 16,031

해설 총괄전열계수$(K) = \dfrac{1}{R} = \dfrac{1}{\dfrac{1}{6,000} + \dfrac{0.002}{35} + \dfrac{1}{2,500}}$
$= 1,603 \text{kcal/m}^2 \cdot \text{h} \cdot ℃$

85 내경 800mm이고, 최고사용압력이 12kg/cm²인 보일러의 동체를 설계하고자 한다. 세로이음에서 동체판의 두께(mm)는 얼마이어야 하는가?(단, 강판의 인장강도는 35kg/mm², 안전계수는 5, 이음효율은 85%, 부식여유는 1mm로 한다.)

① 7 ② 8
③ 9 ④ 10

해설 두께$(t) = \dfrac{P \cdot D_i}{200\sigma \times \eta - 1.2P} + a$
$= \dfrac{12 \times 800}{200 \times 35 \times \dfrac{1}{5} \times 0.85 - 1.2 \times 12} + 1 = 9.12\text{mm}$

86 보일러 전열면에서 연소가스가 1,000℃로 유입하여 500℃로 나가며 보일러수의 온도는 210℃로 일정하다. 열관류율이 150kcal/m²·h·℃일 때, 단위면적당 열교환량(kcal/m²·h)은?(단, 대수평균온도차를 활용한다.)

① 21,118 ② 46,812
③ 67,135 ④ 74,839

해설 대수평균온도차 $= \dfrac{790 - 290}{\ln\left(\dfrac{790}{290}\right)}$

$1,000 - 500 = 500$
$\begin{pmatrix} 1,000 - 210 = 790℃ \\ 500 - 210 = 290℃ \end{pmatrix}$

∴ 교환량 $= 150 \times \dfrac{790 - 290}{\ln\left(\dfrac{790}{290}\right)} = 74,839\text{kcal/m}^2 \cdot \text{h}$

87 직경 200mm 철관을 이용하여 매분 1,500L의 물을 흘려보낼 때 철관 내의 유속(m/s)은?

① 0.59 ② 0.79
③ 0.99 ④ 1.19

해설 $1,500\text{L/min} = 1.5\text{m}^3/\text{min} = 0.025\text{m}^3/\text{s}$

단면적$(A) = \dfrac{3.14}{4} \times (0.2)^2 = 0.0314\text{m}^2$

∴ 유속 $= \dfrac{Q}{A} = \dfrac{0.025}{0.0314} = 0.79\text{m/s}$

88 다음 그림과 같은 V형 용접이음의 인장응력(σ)을 구하는 식은?

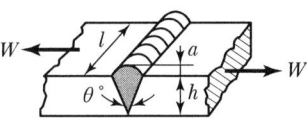

① $\sigma = \dfrac{W}{hl}$ ② $\sigma = \dfrac{2W}{hl}$
③ $\sigma = \dfrac{W}{ha}$ ④ $\sigma = \dfrac{W}{2hl}$

해설 V형 이음 용접 시
인장응력$(\sigma) = \dfrac{W}{h \cdot l}$ (kg/mm²)
여기서, W : 하중(kg), h : 모재두께(mm)
l : 용접길이(mm)

89 라미네이션의 재료가 외부로부터 강하게 열을 받아 소손되어 부풀어 오르는 현상을 무엇이라고 하는가?
① 크랙 ② 압궤
③ 블리스터 ④ 만곡

해설
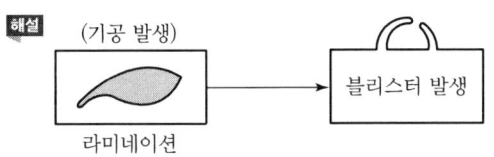

90 물의 탁도에 대한 설명으로 옳은 것은?
① 카올린 1g이 증류수 1L 속에 들어 있을 때의 색과 같은 색을 가지는 물을 탁도 1도의 물이라 한다.
② 카올린 1mg이 증류수 1L 속에 들어 있을 때의 색과 같은 색을 가지는 물을 탁도 1도의 물이라 한다.
③ 탄산칼슘 1g이 증류수 1L 속에 들어 있을 때의 색과 같은 색을 가지는 물을 탁도 1도의 물이라 한다.
④ 탄산칼슘 1mg이 증류수 1L 속에 들어 있을 때의 색과 같은 색을 가지는 물을 탁도 1도의 물이라 한다.

해설
- 물의 탁도 1도란 증류수 1L 속의 카올린 1mg의 색을 가지는 것이다.
- 카올린(Kaolin)은 화학식이 $Al_2Si_2O_5(OH)_4$이다. 백토 또는 자토라고 하며 도자기의 주원료로 쓰인다.

91 보일러수에 녹아 있는 기체를 제거하는 탈기기가 제거하는 대표적인 용존 가스는?
① O_2 ② H_2SO_4
③ H_2S ④ SO_2

해설 탈기기
용존산소(O_2)나 CO_2를 제거하는 급수처리기기로서 점식을 방지한다.

92 보일러 연소량을 일정하게 하고 저부하 시 잉여증기를 축적시켰다가 갑작스런 부하변동이나 과부하 등에 대처하기 위해 사용되는 장치는?
① 탈기기 ② 인젝터
③ 재열기 ④ 어큐뮬레이터

해설 증기축열기(어큐뮬레이터)
당일 저부하 시 남는 잉여증기를 물탱크에 넣어서 보온한 후에 고부하 시 배수하여 보일러에서 재사용하여 열효율을 증가시키는 증기이송장치

93 다음 중 보일러수를 pH 10.5~11.5의 약알칼리로 유지하는 주된 이유는?
① 첨가된 염산이 강재를 보호하기 때문에
② 보일러의 부식 및 스케일 부착을 방지하기 위하여
③ 과잉 알칼리성이 더 좋으나 약품이 많이 소요되므로 원가를 절약하기 위하여
④ 표면에 딱딱한 스케일이 생성되어 부식을 방지하기 때문에

해설
- 보일러 급수 : pH 7~9
- 보일러수 : pH 10.5~11.8(약알칼리로 사용)

94 다음 급수펌프 종류 중 회전식 펌프는?
① 워싱턴펌프 ② 피스톤펌프
③ 플런저펌프 ④ 터빈펌프

해설 회전식(원심식) 펌프
- 터빈펌프
- 볼류트펌프

95 노 앞과 연도 끝에 통풍 팬을 설치하여 노 내의 압력을 임의로 조절할 수 있는 방식은?
① 자연통풍식 ② 압입통풍식
③ 유인통풍식 ④ 평형통풍식

해설
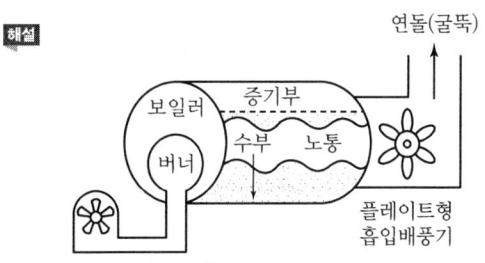
평형통풍=압입+흡입의 겸용

96 **다음 중 보일러 부속장치와 연소가스의 접촉과정을 나타낸 것으로 가장 적합한 것은?**

① 과열기 → 공기예열기 → 절탄기
② 절탄기 → 공기예열기 → 과열기
③ 과열기 → 절탄기 → 공기예열기
④ 공기예열기 → 절탄기 → 과열기

해설 보일러 열효율 증가장치(여열장치)
보일러 → 노통(화실) → 과열기 → 재열기 → 절탄기(급수가열기) → 공기예열기 → 굴뚝

97 **보일러의 전열면적이 $10m^2$ 이상 $15m^2$ 미만인 경우 방출관의 안지름은 최소 몇 mm 이상이어야 하는가?**

① 10　② 20
③ 30　④ 50

해설 온수보일러 방출관(mm)

전열면적	10 미만	10~15 미만	15 이상 20 미만
안지름	20 이상	30 이상	40 이상

98 **보일러의 형식에 따른 종류의 연결로 틀린 것은?**

① 노통식 원통보일러 – 코르니시 보일러
② 노통연관식 원통보일러 – 라몬트 보일러
③ 자연순환식 수관보일러 – 다쿠마 보일러
④ 관류보일러 – 슐처 보일러

해설 강제순환식 수관보일러
• 라몬트 노즐 보일러
• 베록스 보일러

99 **부식 중 점식에 대한 설명으로 틀린 것은?**

① 전기화학적으로 일어나는 부식이다.
② 국부부식으로서 그 진행상태가 느리다.
③ 보호피막이 파괴되었거나 고열을 받은 수열면 부분에 발생되기 쉽다.
④ 수중 용존산소를 제거하면 점식 발생을 방지할 수 있다.

해설 • 점식 : 용존산소(O_2)에 의한 부식
• 국부부식 : 전열면 내면이나 외면에 발생하는 얼룩모양의 국부부식

100 **랭커셔 보일러에 대한 설명으로 틀린 것은?**

① 노통이 2개이다.
② 부하변동 시 압력변화가 적다.
③ 연관보일러에 비해 전열면적이 작고 효율이 낮다.
④ 급수처리가 까다롭고 가동 후 증기 발생시간이 길다.

해설 랭커셔 보일러의 특징에 해당하는 것은 ①, ②, ③이다. 랭커셔 보일러는 급수처리가 용이하나 가동 후 증기 발생시간이 수관식에 비해 길다.

96. ③ 97. ③ 98. ② 99. ② 100. ④ | ANSWER

2019년 4회 에너지관리기사

SECTION 01 연소공학

01 연소 배출가스 중 CO_2 함량을 분석하는 이유로 가장 거리가 먼 것은?
① 연소상태를 판단하기 위하여
② CO 농도를 판단하기 위하여
③ 공기비를 계산하기 위하여
④ 열효율을 높이기 위하여

해설 $CO + \frac{1}{2}O_2 \rightarrow CO_2$
CO 가스는 공기비 부족으로 불완전 연소한다.

02 분무기로 노 내에 분사된 연료에 연소용 공기를 유효하게 공급하여 연소를 좋게 하고, 확실한 착화와 화염의 안정을 도모하기 위해서 공기류를 적당히 조정하는 장치는?
① 자연통풍(Natural Draft)
② 에어레지스터(Air Register)
③ 압입통풍시스템(Forced Draft System)
④ 유인통풍시스템(Induced Draft System)

해설 에어레지스터 : 공기조절장치
• 연소상태를 좋게 한다.
• 착화를 돕는다.
• 화염을 안정화시킨다.

03 다음 중 층류연소속도의 측정방법이 아닌 것은?
① 비누거품법
② 적하수은법
③ 슬롯노즐버너법
④ 평면화염버너법

해설 수은법
흑연을 양극, 수은을 음극으로 한 전해조에서 식염수를 전기분해하여 염소 및 수산화나트륨을 만드는 대표적인 제조법이다.

04 연료를 구성하는 가연원소로만 나열된 것은?
① 질소, 탄소, 산소
② 탄소, 질소, 불소
③ 탄소, 수소, 황
④ 질소, 수소, 황

해설 • 가연성 성분 : C, H, S
• 불연성 성분 : 질소, 불소, 산소, CO_2, H_2O, SO_2, 공기 등

05 상온, 상압에서 프로판-공기의 가연성 혼합기체를 완전 연소시킬 때 프로판 1kg을 연소시키기 위하여 공기는 약 몇 kg이 필요한가?(단, 공기 중 산소는 23.15wt%이다.)
① 13.6
② 15.7
③ 17.3
④ 19.2

해설 $C_3H_8 + 5O_2 \rightarrow 3CO_2 + 4H_2O$
프로판(C_3H_8) 1kmol=44kg=22.4m³
산소분자량=32kg=22.4m³
∴ 소요공기량=이론산소량×$\left(\frac{1}{0.2315}\right)$
$= 5 \times \frac{32}{44} \times \frac{1}{0.2315} = 15.7$kg

06 연소 시 배기가스양을 구하는 식으로 옳은 것은?(단, G : 배기가스양, G_o : 이론배기가스양, A_o : 이론공기양, m : 공기비이다.)
① $G = G_o + (m-1)A_o$
② $G = G_o + (m+1)A_o$
③ $G = G_o - (m+1)A_o$
④ $G = G_o + (1-m)/A_o$

해설 실제 연소가스양(G)
=이론배기가스양+(공기비-1)×이론공기양

ANSWER | 1.② 2.② 3.② 4.③ 5.② 6.①

07 연료의 조성(wt%)이 다음과 같을 때의 고위발열량은 약 몇 kcal/kg인가?(단, C, H, S의 고위발열량은 각각 8,100kcal/kg, 34,200kcal/kg, 2,500kcal/kg이다.)

| C : 47.20 | H : 3.96 | O : 8.36 | S : 2.79 |
| N : 0.61 | H_2O : 14.54 | Ash : 22.54 | |

① 4,129　　② 4,329
③ 4,890　　④ 4,998

해설 고위발열량(H_h) = $8,100C + 34,000\left(H - \dfrac{O}{8}\right) + 2,500S$
= $8,100 \times 0.472$
　+ $34,000\left(0.0396 - \dfrac{0.0836}{8}\right)$
　+ $2,500 \times 0.0279$
= 4,890kcal/kg

08 연소가스는 연돌에 200℃로 들어가서 30℃가 되어 대기로 방출된다. 배기가스가 일정한 속도를 가지려면 연돌 입구와 출구의 면적비를 어떻게 하여야 하는가?

① 1.56　　② 1.93
③ 2.24　　④ 3.02

해설 $T_1 = 200 + 273 = 473K$
$T_2 = 30 + 273 = 303K$
평균온도(T_3) = $\dfrac{473 + 303}{2} = 388K$
∴ 면적비 = $\dfrac{473}{303} = 1.56$

09 다음 연소범위에 대한 설명 중 틀린 것은?
① 연소 가능한 상한치와 하한치의 값을 가지고 있다.
② 연소에 필요한 혼합가스의 농도를 말한다.
③ 연소범위가 좁으면 좁을수록 위험하다.
④ 연소범위의 하한치가 낮을수록 위험도는 크다.

해설 연소범위(폭발범위)가 넓을수록 위험하다.
• 메탄 폭발범위 : 5~15%
• 프로판 폭발범위 : 2.1~9.5%
• 아세틸렌 폭발범위 : 2.5~81%

10 액체연료의 유동점은 응고점보다 몇 ℃ 높은가?
① 1.5　　② 2.0
③ 2.5　　④ 3.0

해설 액체연료 유동점 = 액체연료 응고점 + 2.5℃

11 도시가스의 조성을 조사하니 H_2 30v%, CO 6v%, CH_4 40v%, CO_2 24v%이었다. 이 도시가스를 연소하기 위해 필요한 이론산소량보다 20% 많게 공급했을 때 실제공기량은 약 몇 Nm^3/Nm^3인가?(단, 공기 중 산소는 21v%이다.)

① 2.6　　② 3.6
③ 4.6　　④ 5.6

해설 $H_2 + \dfrac{1}{2}O_2 \to H_2O$
$CO + \dfrac{1}{2}O_2 \to CO_2$
$CH_4 + 2O_2 \to CO_2 + 2H_2O$
공기비(m) = 20% + 100% = 120% = 1.2
이론공기량(A_o) = 이론산소량 × $\dfrac{1}{0.21}$ (Nm^3)
이론산소량(O_o) = $0.5 \times 0.3 + 0.5 \times 0.06 + 2 \times 0.4$
= $0.98 Nm^3/Nm^3$
∴ 실제공기량(A) = 이론공기량 × 공기비
= $\dfrac{0.98}{0.21} \times 1.2 = 5.6 Nm^3/Nm^3$

12 배기가스 출구 연도에 댐퍼를 부착하는 주된 이유가 아닌 것은?
① 통풍력을 조절한다.
② 과잉공기를 조절한다.
③ 가스의 흐름을 차단한다.
④ 주연도, 부연도가 있는 경우에는 가스의 흐름을 바꾼다.

해설 연도댐퍼의 주된 설치목적은 ①, ③, ④이다.

13 가연성 혼합 가스의 폭발한계 측정에 영향을 주는 요소로 가장 거리가 먼 것은?

① 온도 ② 산소농도
③ 점화에너지 ④ 용기의 두께

해설 용기의 두께는 용기의 강도와 관계된다.

14 액체연료의 미립화 방법이 아닌 것은?

① 고속기류 ② 충돌식
③ 와류식 ④ 혼합식

해설 가스연료 연소방식
- 확산연소방식
- 예혼합연소방식 : 내부형, 외부형

15 연돌 내의 배기가스 비중량 γ_1, 외기 비중량 γ_2, 연돌의 높이가 H일 때 연돌의 이론통풍력(Z)을 구하는 식은?

① $Z = \dfrac{H}{\gamma_1 - \gamma_2}$ ② $Z = \dfrac{\gamma_2 - \gamma_1}{H}$

③ $Z = \dfrac{\gamma_2 - 2\gamma_1}{2H}$ ④ $Z = (\gamma_2 - \gamma_1) \times H$

해설
- 이론통풍력(Z)
 $Z = (\gamma_2 - \gamma_1) \times H (\text{mmH}_2\text{O})$
- 실제통풍력(Z_1)
 $Z_1 = (\gamma_2 - \gamma_1) \times H \times 0.8$

16 다음 중 분진의 중력침강속도에 대한 설명으로 틀린 것은?

① 점도에 반비례한다.
② 밀도차에 반비례한다.
③ 중력가속도에 비례한다.
④ 입자직경의 제곱에 비례한다.

해설 분진의 중력침강속도는 밀도차에 비례한다. 즉, 밀도차가 크면 중력침강속도가 빠르다.

17 메탄(CH_4) 64kg을 연소시킬 때 이론적으로 필요한 산소량은 몇 kmol인가?

① 1 ② 2
③ 4 ④ 8

해설 메탄 $1\text{kmol} = 22.4\text{m}^3 = 16\text{kg}$(분자량)
$CH_4 + 2O_2 \rightarrow CO_2 + 2H_2O$
- 중량식 : $16\text{kg} + (2 \times 32\text{kg}) = 44\text{kg} + (2 \times 18\text{kg})$
- 체적식 : $16\text{kg} + 2 \times 22.4\text{m}^3 = 22.4\text{m}^3 + 2 \times 22.4\text{m}^3$

∴ 요구하는 산소량 $= \dfrac{64}{16} \times 2 = 8\text{kmol}$

18 다음 중 연소효율(η_c)을 옳게 나타낸 식은?(단, H_L : 저위발열량, L_i : 불완전연소에 따른 손실열, L_C : 탄 찌꺼기 속의 미연탄소분에 의한 손실열이다.)

① $\dfrac{H_L - (L_C + L_i)}{H_L}$ ② $\dfrac{H_L + (L_C - L_i)}{H_L}$

③ $\dfrac{H_L}{H_L + (L_C + L_i)}$ ④ $\dfrac{H_L}{H_L - (L_C - L_i)}$

해설 연소효율 $= \dfrac{\text{저위발열량} - (\text{불완전손실} + \text{미연탄소분})}{\text{저위발열량}} (\%)$

19 A회사에 입하된 석탄의 성질을 조사하였더니 회분 6%, 수분 3%, 수소 5% 및 고위발열량이 6,000kcal/kg이었다. 실제 사용할 때의 저발열량은 약 몇 kcal/kg인가?

① 3,341 ② 4,341
③ 5,712 ④ 6,341

해설 석탄의 저위발열량(H_l)

$H_l = 8,100C + 28,600\left(H - \dfrac{O}{8}\right) + 2,500S - 600\text{kcal/kg}$

산소가 없으면
$H_l = 8,100C + 28,600H + 2,500S - 600$
문제에서 고위발열량(H_h)이 주어졌으므로
∴ $H_l = H_h - 600(9H + W)$
$= 6,000 - 600(9 \times 0.05 + 0.03)$
$= 5,712\text{kcal/kg}$

ANSWER | 13. ④ 14. ④ 15. ④ 16. ② 17. ④ 18. ① 19. ③

20 화염면이 벽면 사이를 통과할 때 화염면에서의 발열량보다 벽면으로의 열손실이 더욱 커서 화염이 더 이상 진행하지 못하고 꺼지게 될 때 벽 사이의 거리는?

① 소염거리 ② 화염거리
③ 연소거리 ④ 점화거리

해설 소염거리
화염면이 벽면 사이를 통과할 때 화염면에서의 발열량보다 벽면으로의 열손실이 더욱 커서 화염이 소멸될 때 벽면 사이의 거리

SECTION 02 열역학

21 다음 중 엔트로피 과정에 해당하는 것은?

① 등적과정
② 등압과정
③ 가역단열과정
④ 가역등온과정

해설
- 가역단열과정은 등엔트로피 과정에 해당한다.
- 단열변화 시 내부에너지 변화량은 절대일량이며, 엔탈피 변화량은 공업일량과 같다. 이때 열의 이동은 없다.

22 이상적인 교축과정(Throttling Process)에 대한 설명으로 옳은 것은?

① 압력이 증가한다.
② 엔탈피가 일정하다.
③ 엔트로피가 감소한다.
④ 온도는 항상 증가한다.

해설 교축과정
- 엔탈피가 일정하다.
- 엔트로피가 증가한다.
- 비가역변화이다.

23 랭킨 사이클로 작동되는 발전소의 효율을 높이려고 할 때 초압(터빈입구의 압력)과 배압(복수기 압력)은 어떻게 하여야 하는가?

① 초압과 배압 모두 올림
② 초압을 올리고 배압을 낮춤
③ 초압은 낮추고 배압을 올림
④ 초압과 배압 모두 낮춤

해설 랭킨 사이클의 열효율을 증가시키는 방법
- 보일러 압력은 올리고, 복수기 압력은 내린다.
- 터빈의 초온이나 초압을 올린다.
※ 터빈출구에서 온도를 낮추면 터빈의 깃을 부식시키므로 열효율이 감소한다.

24 다음 중 증발열이 커서 중형 및 대형의 산업용 냉동기에 사용하기에 가장 적정한 냉매는?

① 프레온-12 ② 탄산가스
③ 아황산가스 ④ 암모니아

해설 냉매의 잠열(-15℃에서)
① R-12 : 38.57kcal/kg
② CO_2 : 65.3kcal/kg
③ SO_2 : 94.2kcal/kg
④ NH_3 : 313.5kcal/kg

25 압력 1,000kPa, 부피 $1m^3$의 이상기체가 등온과정으로 팽창하여 부피가 $1.2m^3$가 되었다. 이때 기체가 한 일(kJ)은?

① 82.3 ② 182.3
③ 282.3 ④ 382.3

해설
- 정압과정 절대일(W)
$$W = \int PdV = P(V_2 - V_1)$$
$$= 1,000 \times (1.2 - 1) = 200kJ$$
- 등온과정 절대일(W)
$$W = P_1 V_1 \ln \frac{V_2}{V_1}$$
$$= 1,000 \times 1 \times \ln\left(\frac{1.2}{1}\right) = 182kJ$$

20. ① 21. ③ 22. ② 23. ② 24. ④ 25. ② | ANSWER

PART 02 | 과년도 기출문제(2019. 9. 21. 시행)

26 열역학적 계란 고려하고자 하는 에너지 변화에 관계되는 물체를 포함하는 영역을 말하는데 이 중 폐쇄계(Closed System)는 어떤 양의 교환이 없는 계를 말하는가?
① 질량
② 에너지
③ 일
④ 열

해설 폐쇄계 영역은 질량의 교환이 없는 계이다.

27 피스톤이 장치된 용기 속의 온도 T_1(K), 압력 P_1(Pa), 체적 V_1(m³)의 이상기체 m(kg)이 있고, 정압과정으로 체적이 원래의 2배가 되었다. 이때 이상기체로 전달된 열량은 어떻게 나타내는가?(단, C_V는 정적비열이다.)
① mC_VT_1
② $2mC_VT_1$
③ $mC_VT_1 + P_1V_1$
④ $mC_VT_1 + 2P_1V_1$

해설 $_1W_2 = P(V_2 - V_1)$
$P(2V_1 - V_1) = P_1V_1$
$\dfrac{P_1 \times 2V_1}{T_2}$, $T_2 = 2T_1 = mC_V(2T_1 - T_1) + {_1W_2}$
∴ $mC_VT_1 + P_1V_1$

28 카르노 사이클에서 공기 1kg이 1사이클마다 하는 일이 100kJ이고 고온 227℃, 저온 27℃ 사이에서 작용한다. 이 사이클의 작동과정에서 생기는 저온 열원의 엔트로피 증가(kJ/K)는?
① 0.2
② 0.4
③ 0.5
④ 0.8

해설 효율 $= 1 - \dfrac{27+273}{227+273} = 0.4$
저온에서 받은 열 $= \dfrac{100}{0.4} = 250$kJ
엔트로피 증가량$(\Delta s) = \dfrac{dQ}{T}$
$= \dfrac{250}{227+273} = 0.5$kJ/K

29 열역학 제1법칙에 대한 설명으로 틀린 것은?
① 열은 에너지의 한 형태이다.
② 일을 열로 또는 열을 일로 변환할 때 그 에너지 총량은 변하지 않고 일정하다.
③ 제1종의 영구기관을 만드는 것은 불가능하다.
④ 제1종의 영구기관은 공급된 열에너지를 모두 일로 전환하는 가상적인 기관이다.

해설 제1종 영구기관
입력보다 출력이 더 큰 기관으로 열역학 제1법칙을 위배하는 기관이다.
※ ④는 제2종 영구기관이다.

30 카르노 열기관이 600K의 고열원과 300K의 저열원 사이에서 작동하고 있다. 고열원으로부터 300kJ의 열을 공급받을 때 기관이 하는 일(kJ)은 얼마인가?
① 150
② 160
③ 170
④ 180

해설 열량식$(\eta_c) = \dfrac{Q_a}{Q_1} \times 100\%$
$= 1 - \dfrac{T_2}{T_1} = 1 - \dfrac{300}{600} = 0.5$
∴ $300 \times 0.5 = 150$kJ

31 비열비 1.3의 고온 공기를 작동물질로 하는 압축비 5의 오토 사이클에서 최소압력이 206kPa, 최고압력이 5,400kPa일 때 평균유효압력(kPa)은?
① 594
② 794
③ 1,190
④ 1,390

해설 내연기관 오토 사이클의 평균유효압력(P_m)
$P_m = P_1 \times \dfrac{(\rho-1)(\varepsilon^k - \varepsilon)}{(k-1)(\varepsilon-1)}$
여기서, ρ : 압력비 $= \left(\dfrac{P_3}{P_2}\right)$, ε : 압축비
$P_2 = 206 \times 5^{1.3} = 1,669$kPa
$\rho = \dfrac{5,400}{1,669} = 3.24$
∴ $P_m = 206 \times \dfrac{(3.24-1) \times (5^{1.3}-5)}{(1.3-1) \times (5-1)} = 1,190$kPa

ANSWER | 26. ① 27. ③ 28. ③ 29. ④ 30. ① 31. ③

32 증기의 속도가 빠르고, 입출구 사이의 높이 차도 존재하여 운동에너지 및 위치에너지를 무시할 수 없다고 가정하고, 증기는 이상적인 단열상태에서 개방시스템 내로 흘러 들어가 단위질량유량당 축일(w_s)을 외부로 제공하고 시스템으로부터 흘러나온다고 할 때, 단위질량유량당 축일을 어떻게 구할 수 있는가?(단, v는 비체적, P는 압력, V는 속도, g는 중력가속도, z는 높이를 나타내며, 하첨자 i는 입구, e는 출구를 나타낸다.)

① $w_s = \int_i^e Pdv$

② $w_s = \int_i^e vdP$

③ $w_s = \int_i^e Pdv + \frac{1}{2}(V_i^2 - V_e^2) + g(z_i - z_e)$

④ $w_s = -\int_i^e vdP + \frac{1}{2}(V_i^2 - V_e^2) + g(z_i - z_e)$

해설 증기의 단위질량유량당 축일(w_s)
$$w_s = -\int_i^e vdP + \frac{1}{2}(V_i^2 - V_e^2) + g(z_i - z_e)$$

33 랭킨 사이클의 구성요소 중 단열압축이 일어나는 곳은?

① 보일러 ② 터빈
③ 펌프   ④ 응축기

해설 랭킨 사이클
- 보일러 : 정압가열
- 복수기 : 등압·등온방열
- 급수펌프 : 단열압축

34 암모니아 냉동기의 증발기 입구의 엔탈피가 377kJ/kg, 증발기 출구의 엔탈피가 1,668kJ/kg이며 응축기 입구의 엔탈피가 1,894kJ/kg이라면 성능계수는 얼마인가?

① 4.44   ② 5.71
③ 6.90   ④ 9.84

해설 냉매증발열 = 1,668 − 377 = 1,291
압축기 동력소비열 = 1,894 − 1,668 = 226
∴ 성능계수(COP) = $\frac{1,291}{226}$ = 5.71

35 공기표준 디젤 사이클에서 압축비가 17이고 단절비(Cut-off Ratio)가 3일 때 열효율(%)은?(단, 공기의 비열비는 1.4이다.)

① 52   ② 58
③ 63   ④ 67

해설 디젤 사이클의 효율(η_{thd})
$$\eta_{thd} = 1 - \left(\frac{1}{\varepsilon}\right)^{k-1} \times \frac{\sigma^k - 1}{k(\sigma - 1)}$$
$$= 1 - \left(\frac{1}{17}\right)^{1.4-1} \times \frac{3^{1.4} - 1}{1.4(3-1)} = 0.58(58\%)$$

36 표준 증기압축식 냉동 사이클의 주요 구성요소는 압축기, 팽창밸브, 응축기, 증발기이다. 냉동기가 동작할 때 작동유체(냉매)의 흐름의 순서로 옳은 것은?

① 증발기 → 응축기 → 압축기 → 팽창밸브 → 증발기
② 증발기 → 압축기 → 팽창밸브 → 응축기 → 증발기
③ 증발기 → 응축기 → 팽창밸브 → 압축기 → 증발기
④ 증발기 → 압축기 → 응축기 → 팽창밸브 → 증발기

해설 증발기 → 압축기 → 응축기 → 팽창밸브(냉동기 사이클)

37 애드벌룬에 어떤 이상기체 100kg을 주입하였더니 팽창 후의 압력이 150kPa, 온도 300K가 되었다. 애드벌룬의 반지름(m)은?(단, 애드벌룬은 완전한 구형(Sphere)이라고 가정하며, 기체상수는 250J/kg·K이다.)

① 2.29   ② 2.73
③ 3.16   ④ 3.62

해설 $PV = GRT$
$$V = \frac{GRT}{P} = \frac{100 \times \left(\frac{250}{10^3}\right) \times 300}{150} = 50 \text{m}^3$$

구형용기 내용적 $(V_1) = \frac{4}{3}\pi r^3 (\text{m}^3)$

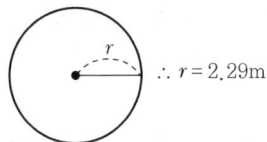

$\therefore r = 2.29\text{m}$

※ $V_1 = \frac{4}{3} \times 3.14 \times 2.29^3 = 50\text{m}^3$

38 이상기체의 상태변화와 관련하여 폴리트로픽(Polytropic) 지수 n에 대한 설명으로 옳은 것은?

① $n=0$이면 단열변화
② $n=1$이면 등온변화
③ $n=$비열비이면 정적변화
④ $n=\infty$이면 등압변화

해설
- $n=0$: 정압변화
- $n=1$: 등온변화
- $n=k$: 단열변화
- $n=\infty$: 정적변화

39 80℃의 물(엔탈피 335kJ/kg)과 100℃의 건포화수 증기(엔탈피 2,676kJ/kg)를 질량비 1 : 2로 혼합하여 열손실 없는 정상유동과정으로 95℃의 포화액-증기 혼합물 상태로 내보낸다. 95℃ 포화상태에서의 포화액 엔탈피가 398kJ/kg, 포화증기의 엔탈피가 2,668kJ/kg이라면 혼합실 출구의 건도는 얼마인가?

① 0.44   ② 0.58
③ 0.66   ④ 0.72

해설
$398 - 335 = 63\text{kJ/kg}$
$2,676 - 2,668 = 8\text{kJ/kg}$
건조도 $(x) = \frac{335 - (63+8)}{398} = 0.66$ 또는
$335 + 2 \times 2,676 = (1+2) \times \{398 + x(2,668-398)\}$
$\therefore x = 0.66$

40 증기원동기의 랭킨 사이클에서 열을 공급하는 과정에서 일정하게 유지되는 상태량은 무엇인가?

① 압력   ② 온도
③ 엔트로피   ④ 비체적

해설 랭킨 사이클에서 증기압력은 일정하고, 온도는 변화한다.

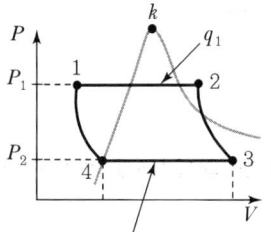

- 1→2 과정 : 정압가열
- 2→3 과정 : 단열팽창
- 3→4 과정 : 정압방열
- 4→1 과정 : 단열압축

SECTION 03 계측방법

41 다음 중 가장 높은 압력을 측정할 수 있는 압력계는?

① 부르동관 압력계   ② 다이어프램식 압력계
③ 벨로스식 압력계   ④ 링밸런스식 압력계

해설 압력계의 측정압력 범위
- 부르동관 : 0~3,000kgf/cm^2
- 다이어프램식 : 25~5,000mmAq
- 벨로스식 : 0.01~10kgf/cm^2
- 링밸런스식 : 25~3,000mmAq

42 피드백(Feedback) 제어계에 관한 설명으로 틀린 것은?

① 입력과 출력을 비교하는 장치는 반드시 필요하다.
② 다른 제어계보다 정확도가 증가된다.
③ 다른 제어계보다 제어폭이 감소된다.
④ 급수제어에 사용된다.

해설 피드백 제어계는 다른 제어계보다 제어폭이 증가된다.

43 U자관 압력계에 대한 설명으로 틀린 것은?

① 측정 압력은 1~1,000kPa 정도이다.
② 주로 통풍력을 측정하는 데 사용된다.
③ 측정의 정도는 모세관 현상의 영향을 받으므로 모세관 현상에 대한 보정이 필요하다.
④ 수은, 물, 기름 등을 넣어 한쪽 또는 양쪽 끝에 측정압력을 도입한다.

ANSWER | 38. ② 39. ③ 40. ① 41. ① 42. ③ 43. ①

해설 U자관(액주식) 압력계
- 측정 범위 : 10~2,000mmH$_2$O
- 측정 정도 : 0.5mmH$_2$O
※ 1atm(101.325kPa)=10,332mmH$_2$O

44 다음 중 유량측정의 원리와 유량계를 바르게 연결한 것은?

① 유체에 작용하는 힘 – 터빈 유량계
② 유속변화로 인한 압력차 – 용적식 유량계
③ 흐름에 의한 냉각효과 – 전자기 유량계
④ 파동의 전파 시간차 – 조리개 유량계

해설
- 용적식 유량계 : 체적식(유체에 작용하는 힘 이용)
- 전자식 유량계 : 기전력이 발생하는 패러데이의 법칙 이용
- 조리개 유량계 : 면적식, 차압식
※ 터빈형 유량계 : 용적식 또는 유속식 유량계이다.

45 수은 및 알코올 온도계를 사용하여 온도를 측정할 때 계측의 기본 원리는 무엇인가?

① 비열 ② 열팽창
③ 압력 ④ 점도

해설 수은, 알코올 액주식 온도계 계측의 기본 원리는 액주의 열팽창을 이용하는 것이다.

46 다음 각 물리량에 대한 SI 유도단위의 기호로 틀린 것은?

① 압력 – Pa ② 에너지 – cal
③ 일률 – W   ④ 자기선속 – Wb

해설 에너지의 SI 유도단위는 J(줄)이다.

47 산소의 농도를 측정할 때 기전력을 이용하여 분석, 계측하는 분석계는?

① 자기식 O$_2$계   ② 세라믹식 O$_2$계
③ 연소식 O$_2$계   ④ 밀도식 O$_2$계

해설 세라믹식 O$_2$계
산소의 농도 측정 시 850℃ 이상에서 산소이온 통과로 산소 농담전지가 만들어지고 기전력(E)이 얻어진다.

48 아르키메데스의 부력 원리를 이용한 액면측정기기는?

① 차압식 액면계   ② 퍼지식 액면계
③ 기포식 액면계   ④ 편위식 액면계

해설 편위식 액면계
일명 Displacement 액면계라고 하며 회전각이 변화하여 회전각에 따라 액위를 지시하는, 즉 아르키메데스의 부력에 의한 액면계이다.

49 다음 중 온도는 국제단위계(SI 단위계)에서 어떤 단위에 해당하는가?

① 보조단위   ② 유도단위
③ 특수단위   ④ 기본단위

해설 SI 기본단위
길이, 질량, 시간, 온도, 전류, 광도, 물질량 등

50 가스열량 측정 시 측정 항목에 해당되지 않는 것은?

① 시료가스의 온도   ② 시료가스의 압력
③ 실내온도   ④ 실내습도

해설 가스열량 측정 시 측정항목
- 시료가스 온도
- 시료가스 압력
- 실내온도

51 방사온도계의 발신부를 설치할 때 다음 중 어떠한 식이 성립하여야 하는가?(단, l : 렌즈로부터 수열판까지의 거리, d : 수열판의 직경, L : 렌즈로부터 물체까지의 거리, D : 물체의 직경이다.)

① $\dfrac{L}{D} < \dfrac{l}{d}$ ② $\dfrac{L}{D} > \dfrac{l}{d}$
③ $\dfrac{L}{D} = \dfrac{l}{d}$ ④ $\dfrac{L}{l} < \dfrac{d}{D}$

44. ① 45. ② 46. ② 47. ② 48. ④ 49. ④ 50. ④ 51. ① | ANSWER

해설 방사고온계(비접촉식 온도계)

$$\frac{L}{D} < \frac{l}{d}$$

50~3,000℃ 연속측정이 가능하고 기록이나 제어가 용이하며 이동물체의 온도측정이 가능하다.

52 다음 중에서 비접촉식 온도측정방법이 아닌 것은?
① 광고온계　② 색온도계
③ 서미스터　④ 광전관식 온도계

해설 서미스터 접촉식 온도계
니켈, 코발트, 망간, 철, 구리 등의 금속산화물을 이용하여 만든 저항식 온도계이다. 측정범위는 -100~300℃이다.

53 1차 지연요소에서 시정수(T)가 클수록 응답속도는 어떻게 되는가?
① 응답속도가 빨라진다.
② 응답속도가 느려진다.
③ 응답속도가 일정해진다.
④ 시정수와 응답속도는 상관이 없다.

해설 1차 지연요소(자동제어) $Y = 1 - e^{-\frac{t}{T}}$ (t : 시간)에서 시정수 T가 클수록 응답속도가 느려지고, T가 작아지면 시간지연이 적고 응답이 빠르다.

54 가스 채취 시 주의하여야 할 사항에 대한 설명으로 틀린 것은?
① 가스의 구성 성분의 비중을 고려하여 적정위치에서 측정하여야 한다.
② 가스 채취구는 외부에서 공기가 잘 통할 수 있도록 하여야 한다.
③ 채취된 가스의 온도, 압력의 변화로 측정오차가 생기지 않도록 한다.
④ 가스성분과 화학반응을 일으키지 않는 관을 이용하여 채취한다.

해설 연소가스 분석 시 가스 채취구는 외부에서 공기가 통하지 못하게 하여야 농도측정이 정확하게 된다.

55 직경 80mm인 원관 내에 비중 0.9인 기름이 유속 4m/s로 흐를 때 질량유량은 약 몇 kg/s인가?
① 18　② 24
③ 30　④ 36

해설 유량(Q) = 단면적 × 유속(m³/s)
$$= \frac{3.14}{4} \times (0.08)^2 \times 4 = 0.020096 \text{m}^3/\text{s}$$
∴ $Q = 0.020096 \times 0.9 \times 10^3 = 18$kg/s
※ 1m³ = 1,000kg(물의 경우)

56 염화리튬이 공기 수증기압과 평형을 이룰 때 생기는 온도저하를 저항온도계로 측정하여 습도를 알아내는 습도계는?
① 듀셀 노점계　② 아스만 습도계
③ 광전관식 노점계　④ 전기저항식 습도계

해설 듀셀 노점계
전기노점계이며, 유리섬유에 함침(含浸)된 염화리튬 등의 포화증기압이 기체 중의 수증기압력과 평형할 때의 온도로부터 습도를 재는 노점계이다.

57 보일러의 자동제어에서 인터록 제어의 종류가 아닌 것은?
① 압력초과　② 저연소
③ 고온도　④ 불착화

해설 보일러의 인터록
압력초과, 저연소, 불착화, 프리퍼지, 저수위 등의 인터록이 있다.

58 다음 중 단위에 따른 차원식으로 틀린 것은?
① 동점도 : $L^2 T^{-1}$　② 압력 : $ML^{-1}T^{-2}$
③ 가속도 : LT^{-2}　④ 일 : MLT^{-2}

해설 일의 차원 : FL
(무게 F, 질량 M, 길이 L, 시간 T)

ANSWER | 52. ③ 53. ② 54. ② 55. ① 56. ① 57. ③ 58. ④

59 유체의 와류를 이용하여 측정하는 유량계는?

① 오벌 유량계
② 델타 유량계
③ 로터리피스톤 유량계
④ 로터미터

해설 와류식 유량계
카르만 와열(渦列)은 레이놀즈수의 범위에서 유속과 관계된 정해진 발생수를 나타낸다. 즉, 소용돌이 발생수를 알면 유속을 알 수 있는 원리를 이용한 유량계로서 델타 유량계, 스와르미터 유량계, 카르만 유량계가 있다.

60 액주에 의한 압력 측정에서 정밀 측정을 할 때 다음 중 필요하지 않은 보정은?

① 온도의 보정
② 중력의 보정
③ 높이의 보정
④ 모세관 현상의 보정

해설 액주의 압력 보정
- 온도 보정
- 중력 보정
- 모세관 보정

SECTION 04 열설비재료 및 관계법규

61 유체의 역류를 방지하기 위한 것으로 밸브의 무게와 밸브의 양면 간 압력차를 이용하여 밸브를 자동으로 작동시켜 유체가 한쪽 방향으로만 흐르도록 한 밸브는?

① 슬루스밸브
② 회전밸브
③ 체크밸브
④ 버터플라이밸브

해설 체크밸브
- 종류 : 스윙식, 리프트식, 판형
- 역류방지용(—N—)

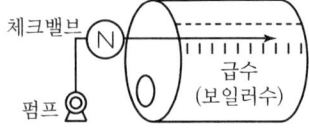

62 주철관에 대한 설명으로 틀린 것은?

① 제조방법은 수직법과 원심력법이 있다.
② 수도용, 배수용, 가스용으로 사용된다.
③ 인성이 풍부하여 나사이음과 용접이음에 적합하다.
④ 주철은 인장강도에 따라 보통 주철과 고급주철로 분류된다.

해설 주철관
충격에 약하고 인성이 부족하며 소켓이음에 유리하다. 부식이 없고 보통주철, 고급주철로 구분된다.

63 다음 중 에너지이용 합리화법에 따라 에너지다소비사업자에게 에너지관리 개선명령을 할 수 있는 경우는?

① 목표원단위보다 과다하게 에너지를 사용하는 경우
② 에너지관리 지도 결과 10% 이상의 에너지효율 개선이 기대되는 경우
③ 에너지 사용실적이 전년도보다 현저히 증가한 경우
④ 에너지 사용계획 승인을 얻지 아니한 경우

해설 에너지다소비사업자(연간 석유환산 2,000TOE 이상 사용자)의 에너지관리 지도 결과 10% 이상의 에너지효율 개선이 기대되는 경우에는 에너지관리 개선명령을 할 수 있다.

64 산화 탈산을 방지하는 공구류의 담금질에 가장 적합한 노는?

① 용융염류 가열로
② 직접저항 가열로
③ 간접저항 가열로
④ 아크 가열로

해설 용융염류 가열로
산화나 탈산을 방지하는 공구류의 담금질(열처리)에 적합한 노이다.

65 에너지이용 합리화법에 따라 용접검사가 면제되는 대상 범위에 해당되지 않는 것은?

① 용접이음이 없는 강관을 동체로 한 헤더
② 최고사용압력이 0.35MPa 이하이고, 동체의 안지름이 600mm인 전열교환식 1종 압력용기
③ 전열면적이 30m² 이하의 유류용 강철제 증기보일러
④ 전열면적이 18m² 이하이고, 최고사용압력이 0.35MPa인 온수보일러

해설 강철제 보일러는 전열면적이 5m² 이하이고 최고사용압력이 0.35MPa 이하인 경우에만 용접검사(제조검사)가 면제된다.

66 마그네시아질 내화물이 수증기에 의해서 조직이 약화되어 노벽에 균열이 발생하여 붕괴하는 현상은?

① 슬래킹 현상   ② 더스팅 현상
③ 침식 현상   ④ 스폴링 현상

해설 슬래킹(Slacking : 소화성)
마그네시아 벽돌이나 돌로마이트 벽돌에서 사용 중 H_2O를 흡수하여 체적 변화를 일으켜 벽돌이 분화하는 현상이다.

67 에너지이용 합리화법에 따라 에너지다소비사업자의 신고에 대한 설명으로 옳은 것은?

① 에너지다소비사업자는 매년 12월 31일까지 사무소가 소재하는 지역을 관할하는 시·도지사에게 신고하여야 한다.
② 에너지다소비사업자의 신고를 받은 시·도지사는 이를 매년 2월 말까지 산업통상자원부장관에게 보고하여야 한다.
③ 에너지다소비사업자의 신고에는 에너지를 사용하여 만드는 제품·부가가치 등의 단위당 에너지 이용효율 향상목표 또는 온실가스배출 감소목표 및 이행방법을 포함하여야 한다.
④ 에너지다소비사업자는 연료·열의 연간 사용량의 합계가 2,000 티오이 이상이고, 전력의 연간 사용량이 400만 킬로와트시 이상인 자를 의미한다.

해설 ① 매년 1월 31일까지 신고하여야 한다.
③ 단위당 에너지 이용효율 향상목표, 온실가스배출 감소목표 및 이행방법은 신고사항에 포함되지 않는다.
④ 에너지다소비사업자는 연료·열 및 전력의 연간 사용량의 합계가 2천 티오이 이상인 자를 의미한다.

68 셔틀요(Shuttle Kiln)의 특징으로 틀린 것은?

① 가마의 보유열보다 대차의 보유열이 열 절약의 요인이 된다.
② 급랭파가 생기지 않을 정도의 고온에서 제품을 꺼낸다.
③ 가마 1개당 2대 이상의 대차가 있어야 한다.
④ 작업이 불편하여 조업하기가 어렵다.

해설 셔틀요나 등요는 반연속요이므로 작업이나 조업하기가 불연속요에 비하여 매우 용이하다.

69 두께 230mm의 내화벽돌, 114mm의 단열벽돌, 230mm의 보통벽돌로 된 노의 평면 벽에서 내벽면의 온도가 1,200℃이고 외벽면의 온도가 120℃일 때, 노벽 1m²당 열손실(W)은?(단, 내화벽돌, 단열벽돌, 보통벽돌의 열전도도는 각각 1.2, 0.12, 0.6W/m·℃이다.)

① 376.9   ② 563.5
③ 708.2   ④ 1,688.1

해설 전도전열량(Q)

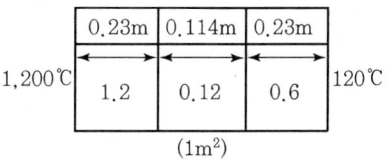

$$Q = \frac{A \times (t_1 - t_2)}{\frac{b_1}{\lambda_1} + \frac{b_2}{\lambda_2} + \frac{b_3}{\lambda_3}} = \frac{1 \times (1,200 - 120)}{\frac{0.23}{0.2} + \frac{0.114}{0.12} + \frac{0.23}{0.6}} = 708.2W$$

70 에너지이용 합리화법에 따라 에너지 저장의무부과 대상자가 아닌 자는?
① 전기사업법에 따른 전기사업자
② 석탄산업법에 따른 석탄가공업자
③ 액화가스사업법에 따른 액화가스사업자
④ 연간 2만 석유환산톤 이상의 에너지를 사용하는 자

해설 에너지 저장의무 부과 대상자(에너지이용 합리화법 시행령 제12조제1항)
- 전기사업법에 따른 전기사업자
- 도시가스사업법에 따른 도시가스사업자
- 석탄산업법에 따른 석탄가공업자
- 집단에너지사업법에 따른 집단에너지사업자
- 연간 2만 석유환산톤 이상의 에너지를 사용하는 자

71 다음 중 최고사용온도가 가장 낮은 보온재는?
① 유리면 보온재 ② 페놀폼
③ 펄라이트 보온재 ④ 폴리에틸렌폼

해설 보온재의 사용온도
① 유리면 : 300℃ 이하
② 페놀폼 : 480℃ 이하
③ 펄라이트 : 1,100℃ 이하
④ 폴리에틸렌 : 80℃ 이하

72 요로를 균일하게 가열하는 방법이 아닌 것은?
① 노 내 가스를 순환시켜 연소 가스양을 많게 한다.
② 가열시간을 되도록 짧게 한다.
③ 장염이나 축차연소를 행한다.
④ 벽으로부터의 방사열을 적절히 이용한다.

해설 요로 내 피열물을 균일하게 가열하려면 어느 정도 가열시간이 길어야 한다.

73 에너지이용 합리화법에 따라 에너지 절약형 시설투자 시 세제지원이 되는 시설투자가 아닌 것은?
① 노후 보일러 등 에너지다소비 설비의 대체
② 열병합발전사업을 위한 시설 및 기기류의 설치
③ 5% 이상의 에너지 절약 효과가 있다고 인정되는 설비
④ 산업용 요로 설비의 대체

해설 에너지이용 합리화법 시행령 제27조에 의거 세제지원대상 항목은 ①, ②, ④의 경우이다. 또는 10% 이상의 에너지 절약 효과가 있다고 인정되는 설비이다.

74 에너지이용 합리화법에 따라 에너지이용 합리화 기본계획에 대한 설명으로 틀린 것은?
① 기본계획에는 에너지이용효율의 증대에 관한 사항이 포함되어야 한다.
② 기본계획에는 에너지절약형 경제구조로의 전환에 관한 사항이 포함되어야 한다.
③ 산업통상자원부장관은 기본계획을 수립하기 위하여 필요하다고 인정하는 경우 관계 행정기관의 장에게 필요자료 제출을 요청할 수 있다.
④ 시·도지사는 기본계획을 수립하려면 관계행정기관의 장과 협의한 후 산업통상자원부장관의 심의를 거쳐야 한다.

해설 시·도지사는 매년 에너지이용 합리화 기본계획을 수립하고 그 계획을 해당 연도 1월 31일까지, 그리고 그 시행계획을(결과물) 다음 연도 2월 말까지 각각 산업통상자원부장관에게 제출하여야 한다.

75 에너지이용 합리화법에서 규정한 수요관리 전문기관에 해당하는 것은?
① 한국가스안전공사 ② 한국에너지공단
③ 한국전력공사 ④ 전기안전공사

해설 수요관리 전문기관 : 한국에너지공단

76 에너지이용 합리화법에 따라 공공사업주관자는 에너지사용계획의 조정 등 조치 요청을 받은 경우에는 산업통상자원부령으로 정하는 바에 따라 조치 이행계획을 작성하여 제출하여야 한다. 다음 중 이행계획에 반드시 포함되어야 하는 항목이 아닌 것은?
① 이행예산 ② 이행주체
③ 이행방법 ④ 이행시기

해설 이행계획에 포함되어야 하는 항목
- 요청받은 조치의 내용
- 이행주체
- 이행방법
- 이행시기

77 보온재의 열전도율에 대한 설명으로 옳은 것은?

① 열전도율이 클수록 좋은 보온재이다.
② 보온재 재료의 온도에 관계없이 열전도율은 일정하다.
③ 보온재 재료의 밀도가 작을수록 열전도율은 커진다.
④ 보온재 재료의 수분이 적을수록 열전도율은 작아진다.

해설 ① 열전도율이 작은 것(수분이 적은 것)이 좋은 보온재이다.
② 재료의 온도에 따라 열전도율이 달라진다.
③ 보온재의 밀도가 작을수록(다공질) 열전도율이 작아진다.

78 다음 중 에너지이용 합리화법에 따른 에너지사용계획의 수립대상 사업이 아닌 것은?

① 고속도로건설사업 ② 관광단지개발사업
③ 항만건설사업   ④ 철도건설사업

해설 에너지사용계획 수립대상 사업에는 ②, ③, ④ 외에 도시개발사업, 산업단지개발사업, 에너지개발사업, 공항건설사업 등이 있다.

79 다음 중 규석벽돌로 쌓은 가마 속에서 소성하기에 가장 적절하지 못한 것은?

① 규석질 벽돌   ② 샤모트질 벽돌
③ 납석질 벽돌   ④ 마그네시아질 벽돌

해설 마그네시아질 벽돌은 염기성 슬랙이나 용융금속에 대하여 저항성이 크기 때문에 산성벽돌인 규석벽돌로 쌓은 가마에서는 소성하기가 어렵다.

80 에너지법에 의한 에너지 총조사는 몇 년 주기로 시행하는가?

① 2년   ② 3년
③ 4년   ④ 5년

해설 에너지법 시행령 제15조에 따라 에너지 총조사는 3년마다 실시하되, 산업통상자원부장관이 필요하다고 인정할 때에는 간이조사를 실시할 수 있다.

SECTION 05 열설비설계

81 보일러에서 스케일 및 슬러시의 생성 시 나타나는 현상에 대한 설명으로 가장 거리가 먼 것은?

① 스케일이 부착되면 보일러 전열면을 과열시킨다.
② 스케일이 부착되면 배기가스 온도가 떨어진다.
③ 보일러에 연결한 코크, 밸브, 그 외의 구멍을 막히게 한다.
④ 보일러 전열 성능을 감소시킨다.

해설 보일러에 스케일(관석)이 쌓이면 열전달 방해로 열이 물로 전달되기 어려워서 그대로 배기되어 연돌로 배출하므로 배기가스온도가 떨어지지 않는다.

82 보일러의 부대장치 중 공기예열기 사용 시 나타나는 특징으로 틀린 것은?

① 과잉공기가 많아진다.
② 가스온도 저하에 따라 저온부식을 초래할 우려가 있다.
③ 보일러 효율이 높아진다.
④ 질소산화물에 의한 대기오염의 우려가 있다.

해설 공기예열기 사용 시 과잉공기가 감소한다.

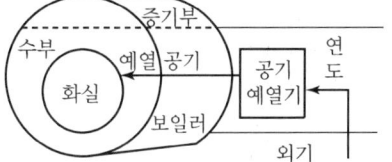

ANSWER | 77.④ 78.① 79.④ 80.② 81.② 82.①

83 보일러수 1,500kg 중 불순물 30g이 검출되었다. 이는 몇 ppm인가?(단, 보일러수의 비중은 1이다.)
① 20　　② 30
③ 50　　④ 60

해설 1kg=1,000g, 1,500kg=1,500,000g, 1ppm=$\frac{1}{10^6}$

∴ $10^6 \times \frac{30}{1,500,000}$ =20ppm

84 열사용설비는 많은 전열면을 가지고 있는데 이러한 전열면이 오손되면 전열량이 감소하고, 열설비의 손상을 초래한다. 이에 대한 방지대책으로 틀린 것은?
① 황분이 적은 연료를 사용하여 저온부식을 방지한다.
② 첨가제를 사용하여 배기가스의 노점을 상승시킨다.
③ 과잉공기를 적게 하여 저공기비 연소를 시킨다.
④ 내식성이 강한 재료를 사용한다.

해설 전열면의 오손을 방지하기 위하여 첨가제를 사용하여 배기가스의 노점을 낮추면 저온부식(황산에 의한 부식)을 방지할 수 있다.

85 노통 보일러에 거싯 스테이를 부착할 경우 경판과의 부착부 하단과 노통 상부 사이에는 완충폭(브리딩 스페이스)이 있어야 한다. 이때 경판의 두께가 20mm인 경우 완충폭은 최소 몇 mm 이상이어야 하는가?
① 230　　② 280
③ 320　　④ 350

해설 경판두께에 따른 브리딩 스페이스(mm)

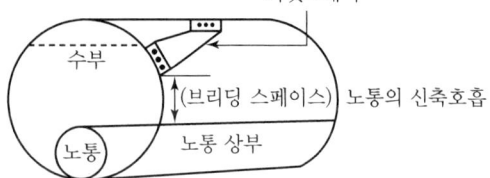

• 13mm 이하(230 이상)
• 15mm 이하(260 이상)
• 17mm 이하(280 이상)
• 19mm 이하(300 이상)
• 19mm 초과(320 이상)

86 보일러의 효율 향상을 위한 운전 방법으로 틀린 것은?
① 가능한 한 정격부하로 가동되도록 조업을 계획한다.
② 여러 가지 부하에 대해 열정산을 행하여, 그 결과로 얻은 결과를 통해 연소를 관리한다.
③ 전열면의 오손, 스케일 등을 제거하여 전열효율을 향상시킨다.
④ 블로 다운을 조업 중지 때마다 행하여, 이상 물질이 보일러 내에 없도록 한다.

해설

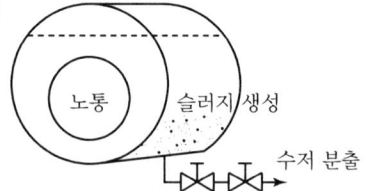

분출(슬러지 배출 블로)을 자주 하면 온수 배출이 심하여 열손실이 증가하고 급수 사용량이 증가하여 효율이 감소한다.

87 다음 [보기]의 특징을 가지는 증기트랩의 종류는?

• 다량의 드레인을 연속적으로 처리할 수 있다.
• 증기 누출이 거의 없다.
• 가동 시 공기빼기를 할 필요가 없다.
• 수격작용에 다소 약하다.

① 플로트식 트랩
② 버킷형 트랩
③ 바이메탈식 트랩
④ 디스크식 트랩

해설 기계식 증기트랩
• 플로트식(볼식, 레버식) : 다량 연속식
• 버킷식(상향, 하향식)

88 지름 5cm의 파이프를 사용하여 매시간 4t의 물을 공급하는 수도관이 있다. 이 수도관에서의 물의 속도(m/s)는?(단, 물의 비중은 1이다.)
① 0.12　　② 0.28
③ 0.56　　④ 0.93

해설 $4t/h = 4m^3/h$

유량(Q) = 단면적 × 유속

유속(V) = $\dfrac{\text{유량(m}^3\text{/h)}}{\text{단면적} \times 3,600}$ (m/s)

단면적(A) = $\dfrac{3.14}{4} \times (0.05)^2 = 0.0019625 m^2$

∴ $V = \dfrac{4}{0.0019625 \times 3,600} = 0.56 m/s$

※ $4,000L = 4,000L \times 1kg/L = 4,000kg$
1시간 = 3,600초

89 용접이음에 대한 설명으로 틀린 것은?

① 두께의 한도가 없다.
② 이음효율이 우수하다.
③ 폭음이 생기지 않는다.
④ 기밀성이나 수밀성이 낮다.

해설 용접이음은 강도가 크고 기밀성이나 수밀성이 큰 이음이다.

90 내경이 150mm인 연동제 파이프의 인장강도가 80 MPa이라 할 때, 파이프의 최고사용압력이 4,000kPa이면 파이프의 최소두께(mm)는?(단, 이음효율은 1, 부식여유는 1mm, 안전계수는 1로 한다.)

① 2.63
② 3.71
③ 4.75
④ 5.22

해설 $t = \dfrac{Pd}{2\sigma_a} + c(mm) = \dfrac{4 \times 150}{2 \times 80} + 1 = 4.75mm$

※ $4,000kPa = 4MPa$

91 점식(Pitting) 부식에 대한 설명으로 옳은 것은?

① 연료 내의 유황성분이 연소할 때 발생하는 부식이다.
② 연료 중에 함유된 바나듐에 의해서 발생하는 부식이다.
③ 산소농도차에 의한 전기화학적으로 발생하는 부식이다.
④ 급수 중에 함유된 암모니아가스에 의해 발생하는 부식이다.

해설 점식(피팅)

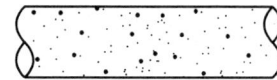

급수 등에 포함된 용존산소(O_2)에 의한 부식이다. 보일러 등의 수면 부근에서 발생한다.

92 다음 중 스케일의 주성분에 해당되지 않는 것은?

① 탄산칼슘
② 규산칼슘
③ 탄산마그네슘
④ 과산화수소

해설 스케일의 주성분
• 탄산칼슘
• 규산칼슘
• 탄산마그네슘
※ 과산화수소 : H_2O_2이며 수소와 산소의 화합물이다. 물보다 점성이 크고 표백제, 비닐중합의 원료이다.

93 줄-톰슨계수(Joule-Thomson Coefficient, μ)에 대한 설명으로 옳은 것은?

① μ의 부호는 열량의 함수이다.
② μ의 부호는 온도의 함수이다.
③ μ가 (−)일 때 유체의 온도는 교축과정 동안 내려간다.
④ μ가 (+)일 때 유체의 온도는 교축과정 동안 일정하게 유지된다.

해설 줄-톰슨계수

$\mu = \left(\dfrac{\partial T}{\partial P}\right)_h$

고압의 가스나 유체가 밸브나 노즐을 통과할 때 단열팽창이 일어난다. 이 경우 엔탈피는 일정하고, 동작유체의 온도는 압력강하에 비례하여 감소한다. 이때의 계수가 줄-톰슨계수이다.

94 물을 사용하는 설비에서 부식을 초래하는 인자로 가장 거리가 먼 것은?

① 용존산소
② 용존 탄산가스
③ pH
④ 실리카

ANSWER | 89. ④ 90. ③ 91. ③ 92. ④ 93. ② 94. ④

해설 실리카(SiO_2)
급수 중의 칼슘성분과 결합하여 규산칼슘을 생성한다. 실리카 함유량이 많은 스케일은 대단히 경질이기 때문에 기계적, 화학적으로는 제거하기가 어려운 스케일이다.

95 보일러의 만수보존법에 대한 설명으로 틀린 것은?

① 밀폐 보존방식이다.
② 겨울철 동결에 주의하여야 한다.
③ 보통 2~3개월의 단기보존에 사용된다.
④ 보일러수는 pH 6 정도 유지되도록 한다.

해설 보일러 단기 보존인 만수보전에서 pH는 약 10.5~11.8 정도로 보관한다. 소다 보존이며(가성소다, 아황산소다), 다만 고압보일러는 가성소다, 히드라진, 암모니아 등을 사용한다.

96 테르밋(Thermit) 용접에서 테르밋이란 무엇과 무엇의 혼합물인가?

① 붕사와 붕산의 분말
② 탄소와 규소의 분말
③ 알루미늄과 산화철의 분말
④ 알루미늄과 납의 분말

해설 테르밋 용접
알루미늄과 산화철의 분말을 이용하여(약 3 : 1 정도 혼합) 만든 테르밋제에 과산화바륨과 마그네슘의 혼합분말로 된 점화제를 용기에 넣고 이것을 불로 붙여서 약 1,100℃ 이상의 고온을 이용하여 강렬한 반응으로 테르밋의 온도가 2,800℃에 달하면 용접이 된다(레일, 커넥팅로드, 크랭크 샤프트, 선박의 강봉용접).

97 노통 보일러 중 원통형의 노통이 2개 설치된 보일러를 무엇이라고 하는가?

① 랭커셔 보일러
② 라몬트 보일러
③ 바브콕 보일러
④ 다우삼 보일러

해설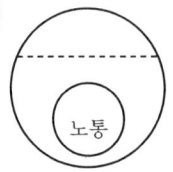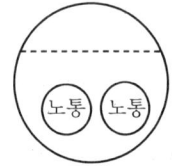
[코르니시 보일러]   [랭커셔 보일러]

98 흑체로부터의 복사에너지는 절대온도의 몇 제곱에 비례하는가?

① $\sqrt{2}$ ② 2
③ 3   ④ 4

해설 복사열량(Q)
$$Q = 4.88 \cdot \varepsilon \cdot C_b \left[\left(\frac{T_1}{100}\right)^4 - \left(\frac{T_2}{100}\right)^4 \right] (\text{kcal/h})$$

99 보일러 동체, 드럼 및 일반적인 원통형 고압용기의 동체두께(t)를 구하는 계산식으로 옳은 것은?(단, P는 최고사용압력, D는 원통 안지름, σ는 허용인장응력(원주방향)이다.)

① $t = \dfrac{PD}{\sqrt{2}\sigma}$ ② $t = \dfrac{PD}{\sigma}$
③ $t = \dfrac{PD}{2\sigma}$ ④ $t = \dfrac{PD}{4\sigma}$

해설 원통형 고압용기 두께(t)
$$t = \frac{PD}{2\sigma} (\text{mm})$$

100 아래 표는 소용량 주철제 보일러에 대한 정의이다. ㉠, ㉡에 들어갈 내용으로 옳은 것은?

주철제 보일러 중 전열면적이 (㉠)m² 이하이고 최고사용압력이 (㉡)MPa 이하인 것

① ㉠ 4 ㉡ 1   ② ㉠ 5 ㉡ 0.1
③ ㉠ 5 ㉡ 1   ④ ㉠ 4 ㉡ 0.1

해설 소용량 주철제 보일러 기준
• 전열면적 5m² 이하
• 최고사용압력 0.1MPa 이하

2020년 1·2회 에너지관리기사

SECTION 01 연소공학

01 다음과 같은 질량조성을 가진 석탄의 완전연소에 필요한 이론공기량(kg/kg)은 얼마인가?

| C : 64.0% | H : 5.3% | S : 0.1% | O : 8.8% |
| N : 0.8% | Ash : 12.0% | Water : 9.0% |

① 7.5 ② 8.8
③ 9.7 ④ 10.4

해설 • 고체중량당 이론공기량(kg/kg)
$C = \dfrac{32}{12}$, $H = \dfrac{16}{2}$, $S = \dfrac{32}{32}$
(분자량 : C=12, H=2, S=32, O_2=32)
• 공기 중 산소는 중량당 23.2%
• 이론공기량(A_0)
$= 이론산소량 \times \dfrac{1}{0.232}$
$= \left\{ \dfrac{32}{12} \times 0.64 + \dfrac{16}{2} \left(0.053 - \dfrac{0.088}{8} \right) + \dfrac{32}{32} \times 0.001 \right\} \times \dfrac{1}{0.232}$
$= 8.8 \, kg/kg$
※ $A_0 = 11.5C + 34.49\left(H + \dfrac{O}{8}\right) + 4.31S$

02 링겔만 농도표의 측정 대상은?
① 배출가스 중 매연 농도
② 배출가스 중 CO 농도
③ 배출가스 중 CO_2 농도
④ 화염의 투명도

해설 링겔만 매연 농도표
배출가스 중 매연 농도 측정(1도=20%, 2도=40%, 3도=60%, 4도=80%, 5도=100%)

03 다음 중 연소 시 발생하는 질소산화물(NOx)의 감소 방안으로 틀린 것은?
① 질소 성분이 적은 연료를 사용한다.
② 화염의 온도를 높게 연소한다.
③ 화실을 크게 한다.
④ 배기가스 순환을 원활하게 한다.

해설 화염의 온도를 높이면 질소와 산소의 반응 촉진으로 질소산화물(녹스)의 발생이 증가하여 대기오염을 유발시킨다.

04 연료의 일반적인 연소 반응의 종류로 틀린 것은?
① 유동층연소 ② 증발연소
③ 표면연소   ④ 분해연소

해설 유동층연소 : 미분탄의 연소반응
• 증발연소 : 액체연소
• 표면연소, 분해연소 : 고체연소

05 공기와 혼합 시 가연범위(폭발범위)가 가장 넓은 것은?
① 메탄   ② 프로판
③ 메틸알코올 ④ 아세틸렌

해설 가스의 폭발범위(가연범위)
• 메탄 : 5~15%
• 프로판 : 2.1~9.5%
• 메틸알코올 : 7.3~36%
• 아세틸렌 : 2.1~81%

06 11g의 프로판의 완전연소 시 생성되는 물의 질량(g)은?
① 44 ② 34
③ 28 ④ 18

해설 $C_3H_8 + 5O_2 \rightarrow 3CO_2 + 4H_2O$
44g   5×32g   3×44g   4×18g
물(H_2O)의 질량 $= \dfrac{4 \times 18}{44} \times 11 = 18 \, g/g$
※ 분자량 : 프로판(44), 물(18), 이산화탄소(44)

ANSWER | 1.② 2.① 3.② 4.① 5.④ 6.④

07 다음 중 역화의 위험성이 가장 큰 연소방식으로서, 설비의 시동 및 정지 시에 폭발 및 화재에 대비한 안전 확보에 각별한 주의를 요하는 방식은?

① 예혼합 연소 ② 미분탄 연소
③ 분무식 연소 ④ 확산 연소

해설 가스 연소 : 확산 연소, 예혼합 연소
- 확산 연소 : CO 생성 우려
- 예혼합 연소 : 완전연소는 가능하나 혼합공기와 가스양의 밸런스가 불량이면 역화 발생

08 액체 연료에 대한 가장 적합한 연소방법은?

① 화격자 연소 ② 스토커 연소
③ 버너 연소 ④ 확산 연소

해설 액체 연료, 기체 연료 : 버너 연소가 가장 이상적이다.

09 연료의 발열량에 대한 설명으로 틀린 것은?

① 기체 연료는 그 성분으로부터 발열량을 계산할 수 있다.
② 발열량의 단위는 고체와 액체 연료의 경우 단위 중량당(통상 연료 kg당) 발열량으로 표시한다.
③ 고위발열량은 연료의 측정 열량에 수증기 증발잠열을 포함한 연소열량이다.
④ 일반적으로 액체 연료는 비중이 크면 체적당 발열량은 감소하고, 중량당 발열량은 증가한다.

해설 액체 연료의 발열량
일반적으로 액체 연료의 비중이 증가하면 체적당 발열량이 증가한다.
※ 발열량(kcal/kg)은 고위발열량, 저위발열량이 있다.

10 고체 연료의 연료비(Fuel Ratio)를 옳게 나타낸 것은?

① $\dfrac{고정탄소(\%)}{휘발분(\%)}$ ② $\dfrac{휘발분(\%)}{고정탄소(\%)}$
③ $\dfrac{고정탄소(\%)}{수분(\%)}$ ④ $\dfrac{수분(\%)}{고정탄소(\%)}$

해설 고체(석탄)의 연료비 = $\dfrac{고정탄소(\%)}{휘발분(\%)}$
- 연료비가 크면 점화가 어려우나 발열량이 증가하고 연소속도가 느리다.
- 연료비가 12 이상이면 질이 좋은 무연탄이 된다.

11 고체 연료의 연소방식으로 옳은 것은?

① 포트식 연소 ② 화격자 연소
③ 심지식 연소 ④ 증발식 연소

해설 고체연료의 연소방식
화격자 연소, 미분탄 연소, 유동층 연소

12 고체 연료의 연소가스 관계식으로 옳은 것은?(단, G : 연소가스양, G_0 : 이론연소가스양, A : 실제공기량, A_0 : 이론공기량, a : 연소생성 수증기량)

① $G_0 = A_0 + 1 - a$ ② $G = G_0 - A + A_0$
③ $G = G_0 + A - A_0$ ④ $G_0 = A_0 - 1 + a$

해설 연소가스양(G) = 이론연소가스양(G_0) + 실제공기량(A) − 이론공기량(A_0)

13 백필터(Bag Filter)에 대한 설명으로 틀린 것은?

① 여과면의 가스 유속은 미세한 더스트일수록 작게 한다.
② 더스트 부하가 클수록 집진율은 커진다.
③ 여포재에 더스트 일차 부착층이 형성되면 집진율은 낮아진다.
④ 백의 밑에서 가스백 내부로 송입하여 집진한다.

해설 여과식 집진장치(백필터 건식 집진장치)
여포재에 더스트 일차 부착층이 형성되면 집진율이 증가한다.

14 유압분무식 버너의 특징에 대한 설명으로 틀린 것은?

① 유량 조절 범위가 좁다.
② 연소의 제어범위가 넓다.
③ 무화 매체인 증기나 공기가 필요하지 않다.
④ 보일러 가동 중 버너 교환이 가능하다.

해설
- 유압분무식 버너 : 유량 조절 범위가 약 1 : 2 정도로 제어 범위가 좁다.
- 기류식이나 회전분무식은 1 : 10~1 : 5 정도로 유량 조절 범위가 넓어서 연소의 제어범위가 넓다.

15 다음 중 배기가스와 접촉되는 보일러 전열면으로 증기나 압축공기를 직접 분사시켜서 보일러에 회분, 그을음 등 열전달을 막는 퇴적물을 청소하고 쌓이지 않도록 유지하는 설비는?

① 수트블로어 ② 압입통풍 시스템
③ 흡입통풍 시스템 ④ 평형통풍 시스템

해설 보일러 화실, 전열면의 회분, 그을음 제거용 처리설비는 수트블로어(압축공기식, 증기식)이다. 처리 시에는 내부의 수분을 제거하고 사용한다.

16 관성력 집진장치의 집진율을 높이는 방법이 아닌 것은?
① 방해판이 많을수록 집진효율이 우수하다.
② 충돌 직전 처리가스 속도가 느릴수록 좋다.
③ 출구가스 속도가 느릴수록 미세한 입자가 제거된다.
④ 기류의 방향 전환각도가 작고, 전환횟수가 많을수록 집진효율이 증가한다.

해설
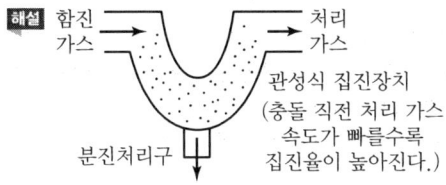
관성식 집진장치
(충돌 직전 처리 가스 속도가 빠를수록 집진율이 높아진다.)

17 보일러 연소장치에 과잉공기 10%가 필요한 연료를 완전연소할 경우 실제 건연소가스양(Nm³/kg)은 얼마인가?(단, 연료의 이론 공기량 및 이론 건연소가스양은 각각 10.5, 9.9Nm³/kg이다.)

① 12.03 ② 11.84
③ 10.95 ④ 9.98

해설 과잉공기량 $=10.5 \times 0.1 = 1.05$
실제 건연소가스양(G_d) $= 9.9 + 1.05 = 10.95 \text{Nm}^3/\text{kg}$

18 연소가스양 10Nm³/kg, 연소가스의 정압비열 1.34 kJ/Nm³·℃인 어떤 연료의 저위발열량이 27,200 kJ/kg이었다면 이론 연소온도(℃)는?(단, 연소용 공기 및 연료 온도는 5℃이다.)

① 1,000 ② 1,500
③ 2,000 ④ 2,500

해설 이론 연소온도 $= \dfrac{\text{연료의 저위발열양}}{\text{연소가스양} \times \text{정압비열}} + \text{기준온도}$
$= \dfrac{27,200}{10 \times 1.34} + 5 = 2,034.85\ ℃$

19 표준상태인 공기 중에서 완전연소비로 아세틸렌이 함유되어 있을 때 이 혼합기체 1L당 발열량(kJ)은 얼마인가?(단, 아세틸렌의 발열량은 1,308kJ/mol이다.)

① 4.1 ② 4.5
③ 5.1 ④ 5.5

해설 1mol=22.4L
아세틸렌의 연소반응식 : $C_2H_2 + 2.5O_2 \rightarrow 2CO_2 + H_2O$
이론 소요 공기량(A_0) $= \dfrac{2.5}{0.21} \times 22.4 = 267 \text{Nm}^3/\text{mol}$
혼합기체 공기량(A) $= 22.4 + 267 = 289.4 \text{Nm}^3$
∴ 혼합기체 발열량 $= \dfrac{1,308}{289.4} = 4.5 \text{kJ/L}$

20 연소장치의 연소효율(E_c) 식이 아래와 같을 때 H_2는 무엇을 의미하는가?(단, H_c : 연료의 발열량, H_1 : 연재 중의 미연탄소에 의한 손실이다.)

$$E_c = \dfrac{H_c - H_1 - H_2}{H_c}$$

① 전열손실
② 현열손실
③ 연료의 저발열량
④ 불완전연소에 따른 손실

해설
- H_1 : 연재 중의 미연탄소분(C) 손실
- H_2 : 불완전연소에 따른(CO) 손실

ANSWER | 15. ① 16. ② 17. ③ 18. ③ 19. ② 20. ④

SECTION 02 열역학

21 이상기체를 가역단열팽창시킨 후의 온도는?
① 처음 상태보다 낮게 된다.
② 처음 상태보다 높게 된다.
③ 변함이 없다.
④ 높을 때도 있고 낮을 때도 있다.

해설 이상기체 가역단열팽창 : 처음 상태보다 온도가 낮아진다.

22 공기 100kg을 400℃에서 120℃로 냉각할 때 엔탈피(kJ) 변화는?(단, 일정 정압비열은 1.0kJ/kg·K이다.)
① -24,000
② -26,000
③ -28,000
④ -30,000

해설 냉각 시 배출열(Q) = $100 \times 1.0 \times (120-400)$
= $-28,000$kJ/kg·K

23 성능계수가 2.5인 증기압축 냉동 사이클에서 냉동용량이 4kW일 때 소요일은 몇 kW인가?
① 1
② 1.6
③ 4
④ 10

해설 압축기 소요일 = $\dfrac{냉동용량}{성능계수} = \dfrac{4}{2.5} = 1.6$kW

24 열역학 제2법칙을 설명한 것이 아닌 것은?
① 사이클로 작동하면서 하나의 열원으로부터 열을 받아서 이 열을 전부 일로 바꾸는 것은 불가능하다.
② 에너지는 한 형태에서 다른 형태로 바꿀 뿐이다.
③ 제2종 영구기관을 만든다는 것은 불가능하다.
④ 주위에 아무런 변화를 남기지 않고 열을 저온의 열원으로부터 고온의 열원으로 전달하는 것은 불가능하다.

해설
• '에너지는 한 형태에서 다른 형태로 바꿀 뿐이다'는 열역학 제1법칙이다.
• 제2법칙은 ①, ③, ④ 외에도 상태 변화의 과정이 가역인지 비가역인지를 제시하며, 제2종 영구기관(입력과 출력이 같은 기관)은 존재할 수 없다.

25 다음 중 터빈에서 증기의 일부를 배출하여 급수를 가열하는 증기 사이클은?
① 사바테 사이클
② 재생 사이클
③ 재열 사이클
④ 오토 사이클

해설
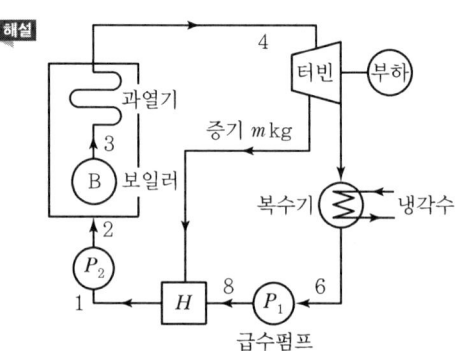

26 80℃의 물 50kg과 20℃의 물 100kg을 혼합하면 이 혼합된 물의 온도는 약 몇 ℃인가?(단, 물의 비열은 4.2kJ/kg·K이다.)
① 33
② 40
③ 45
④ 50

해설 혼합된 물의 온도를 x라 하면 혼합 시 작용하는 열량이 같으므로 다음 식이 성립한다.
$50 \times 4.2 \times (80-x) = 100 \times 4.2 \times (x-20)$
$3x = 120$
∴ $x = \dfrac{120}{3} = 40$

27 랭킨 사이클에서 각 지점의 엔탈피가 다음과 같을 때 사이클의 효율은 약 몇 %인가?

• 펌프 입구 : 190kJ/kg
• 보일러 입구 : 200kJ/kg
• 터빈 입구 : 2,900kJ/kg
• 응축기 입구 : 2,000kJ/kg

① 25
② 30
③ 33
④ 37

PART 02 | 과년도 기출문제(2020. 6. 6. 시행)

해설 효율$(\eta_R) = \dfrac{(h_4-h_5)-(h_2-h_1)}{h_4-h_2}$

$= \dfrac{(2,900-2,000)-(200-190)}{2,900-200}$

$= \dfrac{910}{2,700} = 0.33(33\%)$

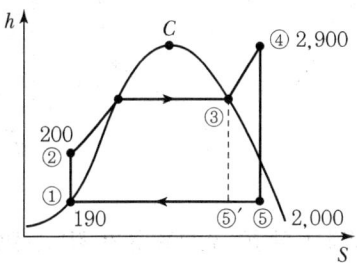

28 냉동 사이클의 작동 유체인 냉매의 구비조건으로 틀린 것은?

① 화학적으로 안정될 것
② 임계온도가 상온보다 충분히 높을 것
③ 응축압력이 가급적 높을 것
④ 증발잠열이 클 것

해설 응축압력이 높으면 냉동능력이 감소하고, 압축비가 증가(동력소비가 증가)한다.

29 압력 500kPa, 온도 240℃인 과열증기와 압력 500 kPa의 포화수가 정상상태로 흘러들어와 섞인 후 같은 압력의 포화증기 상태로 흘러나간다. 1kg의 과열증기에 대하여 필요한 포화수의 양은 약 몇 kg인가? (단, 과열증기의 엔탈피는 3,063kJ/kg이고, 포화수의 엔탈피는 636kJ/kg, 증발열은 2,109kJ/kg 이다.)

① 0.15   ② 0.45
③ 1.12   ④ 1.45

해설
과열증기 → 포화증기 ← 포화수

$\therefore G = \dfrac{3,063-(636+2,109)}{2,109} = 0.15\text{kg}$

30 30℃에서 150L의 이상기체를 20L로 가역단열압축 시킬 때 온도가 230℃로 상승하였다. 이 기체의 정적비열은 약 몇 kJ/kg·K인가?(단, 기체상수는 0.287 kJ/kg·K이다.)

① 0.17   ② 0.24
③ 1.14   ④ 1.47

해설 $C_p - C_v = AR$, $R = C_p - C_v$, $K = \dfrac{C_p}{C_v}$, $C_v = \dfrac{AR}{K-1}$

단열변화에서 PVT 관계 $\dfrac{T_2}{T_1} = \left(\dfrac{V_1}{V_2}\right)^{k-1}$

$\ln\left(\dfrac{T_2}{T_1}\right) = (K-1) \times \ln\left(\dfrac{V_1}{V_2}\right)$

비열비$(K) = \dfrac{\ln\left(\dfrac{T_2}{T_1}\right)}{\ln\left(\dfrac{V_1}{V_2}\right)} + 1 = \dfrac{\ln\left(\dfrac{273+230}{273+30}\right)}{\ln\left(\dfrac{150}{20}\right)} + 1 = 1.25$

$\therefore$ 정적비열 $C_v = \dfrac{R}{K-1} = \dfrac{0.287}{1.25-1} = 1.14\text{kJ/kg}\cdot\text{K}$

31 증기에 대한 설명 중 틀린 것은?

① 포화액 1kg을 정압하에서 가열하여 포화증기로 만드는 데 필요한 열량을 증발잠열이라 한다.
② 포화증기를 일정 체적하에서 압력을 상승시키면 과열증기가 된다.
③ 온도가 높아지면 내부에너지가 커진다.
④ 압력이 높아지면 증발잠열이 커진다.

해설 증기의 압력이 높아지면 증발잠열(kJ/kg)은 감소한다.

32 최고 온도 500℃와 최저 온도 30℃ 사이에서 작동되는 열기관의 이론적 효율(%)은?

① 6   ② 39
③ 61   ④ 94

해설 $T_1 = 500+273 = 773\text{K}$
$T_2 = 30+273 = 303\text{K}$
$\therefore \eta = \dfrac{A_w}{Q_1} = 1-\dfrac{Q_2}{Q_1} = 1-\dfrac{T_2}{T_1} = 1-\left(\dfrac{303}{773}\right) = 0.61(61\%)$

ANSWER | 28. ③ 29. ① 30. ③ 31. ④ 32. ③

33 비열이 $\alpha+\beta t+\gamma t^2$으로 주어질 때, 온도가 t_1으로부터 t_2까지 변화할 때의 평균 비열(C_m)의 식은?(단, α, β, γ는 상수이다.)

① $C_m = \alpha + \frac{1}{2}\beta(t_2+t_1) + \frac{1}{3}\gamma(t_2^2+t_2t_1+t_1^2)$

② $C_m = \alpha + \frac{1}{2}\beta(t_2-t_1) + \frac{1}{3}\gamma(t_2^2+t_2t_1+t_1^2)$

③ $C_m = \alpha - \frac{1}{2}\beta(t_2+t_1) + \frac{1}{3}\gamma(t_2^2-t_2t_1-t_1^2)$

④ $C_m = \alpha - \frac{1}{2}\beta(t_2+t_1) - \frac{1}{3}\gamma(t_2^2+t_2t_1-t_1^2)$

34 다음은 열역학 기본법칙을 설명한 것이다. 0법칙, 1법칙, 2법칙, 3법칙 순으로 옳게 나열된 것은?

> ㉠ 에너지 보존에 관한 법칙이다.
> ㉡ 에너지의 전달 방향에 관한 법칙이다.
> ㉢ 절대온도 0K에서 완전결정질의 절대 엔트로피는 0이다.
> ㉣ 시스템 A가 시스템 B와 열적평형을 이루고 동시에 시스템 C와도 열적평형을 이룰 때 시스템 B와 C의 온도는 동일하다.

① ㉠-㉡-㉢-㉣ ② ㉣-㉠-㉡-㉢
③ ㉢-㉣-㉠-㉡ ④ ㉡-㉠-㉣-㉢

해설 ㉠ 에너지 보존 : 제1법칙
㉡ 에너지 전달 : 제2법칙
㉢ 절대온도 0K에서 완전결정질의 절대 엔트로피 : 제3법칙
㉣ 열적평형에서 온도 동일 : 제0법칙

35 그림은 물의 압력-체적($P-V$) 선도를 나타낸다. A'ACBB' 곡선은 상들 사이의 경계를 나타내며, T_1, T_2, T_3는 물의 $P-V$ 관계를 나타내는 등온곡선들이다. 이 그림에서 점 C는 무엇을 의미하는가?

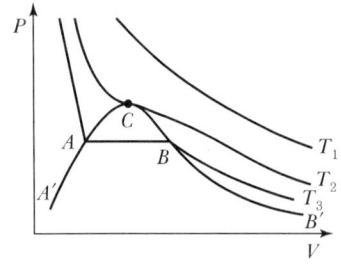

① 변곡점 ② 극대점
③ 삼중점 ④ 임계점

해설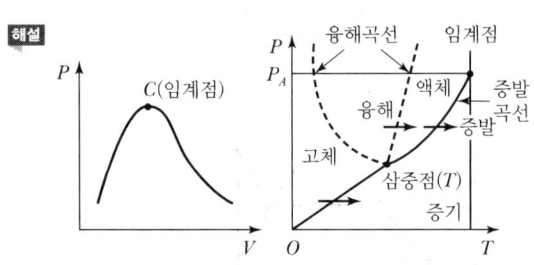

36 어떤 상태에서 질량이 반으로 줄면 강도성질(Intensive Property) 상태량의 값은?

① 반으로 줄어든다. ② 2배로 증가한다.
③ 4배로 증가한다. ④ 변하지 않는다.

해설 • 강도성 상태량 : 물질의 질량에 관계없이 그 크기가 결정되는 상태량(온도, 압력, 비체적 등)
• 종량성 상태량 : 물질의 질량에 따라 그 크기가 결정되는 상태량(체적, 내부에너지, 엔탈피, 엔트로피 등)

37 카르노 냉동 사이클의 설명 중 틀린 것은?

① 성능계수가 가장 좋다.
② 실제적인 냉동 사이클이다.
③ 카르노 열기관 사이클의 역이다.
④ 냉동 사이클의 기준이 된다.

해설 역카르노 사이클 : 실제적인 냉동 사이클이다.

38 비열비는 1.3이고 정압비열이 0.845kJ/kg·K인 기체의 기체상수(kJ/kg·K)는 얼마인가?

① 0.195 ② 0.5
③ 0.845 ④ 1.345

해설 정적비열 $C_v = \frac{C_p}{K} = \frac{0.845}{1.3} = 0.65\text{kJ/kg}\cdot\text{K}$

비열비 $K = \frac{0.845}{0.65} = 1.3$

∴ 기체상수 $R = C_p - C_v = 0.845 - 0.65$
$= 0.195\text{kJ/kg}\cdot\text{K}$

39 오토 사이클에서 열효율이 56.5%가 되려면 압축비는 얼마인가?(단, 비열비는 1.4이다.)
① 3　　② 4
③ 8　　④ 10

해설 내연기관 오토 사이클

열효율 $\eta_0 = 1 - \left(\dfrac{1}{\varepsilon}\right)^{k-1} = 1 - \left(\dfrac{1}{\varepsilon}\right)^{1.4-1} = 0.565$

∴ 압축비(ε) = 8

40 유체가 담겨 있는 밀폐계가 어떤 과정을 거칠 때 그 에너지 식은 $\Delta U_{12} = Q_{12}$으로 표현된다. 이 밀폐계와 관련된 일은 팽창일 또는 압축일 뿐이라고 가정할 경우 이 계가 거쳐 간 과정에 해당하는 것은?(단, U는 내부에너지, Q는 전달된 열량을 나타낸다.)
① 등온과정　　② 정압과정
③ 단열과정　　④ 정적과정

해설 정적변화
- 절대일($_1W_2$) = $\int_1^2 p\,dV = 0$
- 공업일(W_t) = $-\int_1^2 V\,dp = R(T_1 - T_2)$
- 열량(δq) = $du + A p\,dV = {}_1q_2 = \Delta u = u_2 - u_1$

※ 팽창일=절대일, 공업일=압축일

SECTION 03 계측방법

41 피드백 제어에 대한 설명으로 틀린 것은?
① 고액의 설비비가 요구된다.
② 운영하는 데 비교적 고도의 기술이 요구된다.
③ 일부 고장이 있어도 전체 생산에 영향을 미치지 않는다.
④ 수리가 비교적 어렵다.

해설 제어에서 일부 고장이 있으면 전체 생산에 영향을 미친다.

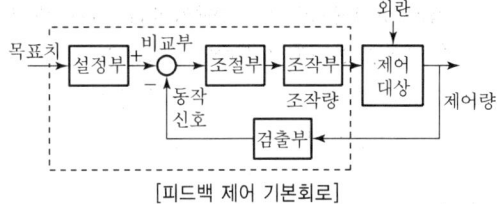

[피드백 제어 기본회로]

42 가스의 상자성을 이용하여 만든 세라믹식 가스 분석계는?
① O_2 가스계　　② CO_2 가스계
③ SO_2 가스계　　④ 가스크로마토그래피

해설 자기식 산소계는 다른 가스에 비해 강한 상자성체이므로 자장에 흡인되는 성질을 이용하여 자장을 형성시켜 자기풍을 일으켜 전류로써 O_2 양을 측정하는 가스 분석계이다.

43 하겐-포아젤의 법칙을 이용한 점도계는?
① 세이볼트 점도계　　② 낙구식 점도계
③ 스토머 점도계　　④ 맥미첼 점도계

해설 하겐-포아젤의 법칙을 이용한 점도계는 세이볼트 점도계이다(점도 : 절대점도, 동점도).

44 적분동작(I 동작)에 대한 설명으로 옳은 것은?
① 조작량이 동작신호의 값을 경계로 완전 개폐되는 동작
② 출력 변화가 편차의 제곱근에 반비례하는 동작
③ 출력 변화가 편차의 제곱근에 비례하는 동작
④ 출력 변화의 속도가 편차에 비례하는 동작

해설 제어동작
- 온-오프 동작(2위치 동작)
- P 동작 : 제어편차량이 검출되면 그것에 비례하여 조작량을 가감하는 비례조절동작
- I 동작 : 제어편차량의 시간적분에 비례한 속도로 조작량을 가감하는 적분동작(적분조절동작)
- D 동작 : 제어편차가 검출될 때 편차가 변화하는 속도의 미분에 비례하여 조작량을 가감하는 미분조절동작

45 흡습염(염화리튬)을 이용하여 습도 측정을 위해 대기 중의 습도를 흡수하면 흡수체 표면에 포화용액층을 형성하게 되는데, 이 포화용액과 대기와의 증기 평형을 이루는 온도를 측정하는 방법은?

① 흡습법 ② 이슬점법
③ 건구습도계법 ④ 습구습도계법

해설 이슬점법
흡수제 염화리튬을 이용하여 습도와 함께 포화용액과 대기와의 평형을 이루는 온도 측정법이다.

46 실온 22℃, 습도 45%, 기압 765mmHg인 공기의 증기분압(P_w)은 약 몇 mmHg인가?(단, 공기의 가스상수는 29.27kg·m/kg·K, 22℃에서 포화압력(P_s)은 18.66mmHg이다.)

① 4.1 ② 8.4
③ 14.3 ④ 20.7

해설 공기 중의 습도=45%
공기 중 수증기 포화압력=18.66mmHg
∴ 증기분압(P_w)=18.66×0.45=8.4mmHg

47 다음 계측기 중 열관리용에 사용되지 않는 것은?

① 유량계 ② 온도계
③ 다이얼 게이지 ④ 부르동관 압력계

해설
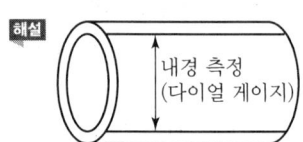

48 압력을 측정하는 계기가 그림과 같을 때 용기 안에 들어있는 물질로 적절한 것은?

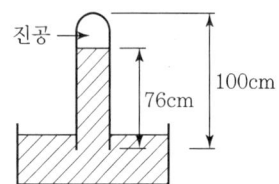

① 알코올 ② 물
③ 공기 ④ 수은

해설 1atm=76cmHg=10.33mH₂O
=1.033kg/cm²=101,325Pa

$$1atm = 76cmHg = 10.33mH_2O = 1.033kg/cm^2 = 101,325Pa$$

49 다음에서 열전온도계 종류가 아닌 것은?

① 철과 콘스탄탄을 이용한 것
② 백금과 백금·로듐을 이용한 것
③ 철과 알루미늄을 이용한 것
④ 동과 콘스탄탄을 이용한 것

해설 열전대 온도계

형별	열전대	측정온도(℃)
R	백금-백금·로듐	0~1,600
K	크로멜-알루멜	-20~1,200
J	철-콘스탄탄	-20~800
T	동-콘스탄탄	-180~350

50 다음 중 계통오차(Systematic Error)가 아닌 것은?

① 계측기오차 ② 환경오차
③ 개인오차 ④ 우연오차

해설 오차의 종류
- 과오에 의한 오차
- 계통적 오차(계측기오차, 환경오차, 개인적 오차)
- 우연오차
- 기차

51 유량계에 대한 설명으로 틀린 것은?

① 플로트형 면적유량계는 정밀측정이 어렵다.
② 플로트형 면적유량계는 고점도 유체에 사용하기 어렵다.
③ 플로노즐식 교축유량계는 고압유체의 유량 측정에 적합하다.
④ 플로노즐식 교축유량계는 노즐의 교축을 완만하게 하여 압력 손실을 줄인 것이다.

해설 플로트형 면적식 유량계
소유량이나 고점도 유체 측정이 가능하며, 특히 슬러리나 부식성 유체 측정도 가능하다. 또한 균등 유량의 눈금이 얻어지고 압력 손실이 적다.

52 다음 중 광고온계의 측정원리는?

① 열에 의한 금속 팽창을 이용하여 측정
② 이종금속 접합점의 온도 차에 따른 열기전력을 측정
③ 피측정물의 전 파장의 복사 에너지를 열전대로 측정
④ 피측정물의 휘도와 전구의 휘도를 비교하여 측정

해설 광고온계(비접촉식)
피측정물의 휘도($0.65\mu m$의 적외선 파장)와 전구의 휘도를 측정하여 700~3,000℃까지 측정한다. 단, 700℃ 이하의 낮은 온도 측정은 어렵다.

53 전기저항온도계의 특징에 대한 설명으로 틀린 것은?

① 자동기록이 가능하다.
② 원격측정이 용이하다.
③ 1,000℃ 이상의 고온 측정에서 특히 정확하다.
④ 온도가 상승함에 따라 금속의 전기저항이 증가하는 현상을 이용한 것이다.

해설 전기저항온도계(측온 저항체)는 백금, 니켈, 동, 서미스터(금속소결소자 Ni, Co, Mn, Fe, Cu 이용) 등이 있고 일반적으로 500℃ 이하의 온도 측정용이다.

54 다음 중 자동 조작 장치로 쓰이지 않는 것은?

① 전자개폐기   ② 안전밸브
③ 전동밸브   ④ 댐퍼

해설 안전밸브는 스프링, 레버, 중추로 작동한다.

55 액주식 압력계에서 액주에 사용되는 액체의 구비조건으로 틀린 것은?

① 모세관 현상이 클 것
② 점도나 팽창계수가 작을 것
③ 항상 액면을 수평으로 만들 것
④ 증기에 의한 밀도 변화가 되도록 적을 것

해설 액주식 압력계(U자관, 단관식, 경사관식, 호르단형, 폐관식, 환산천평식)는 모세관 현상이 적어야 한다.

56 다음 중 물리적 가스 분석계와 거리가 먼 것은?

① 가스크로마토그래피법
② 자동 오르자트법
③ 세라믹식
④ 적외선 흡수식

해설 화학적 가스 분석계
• 자동 오르자트법   • 헴펠식
• 자동화학식 CO_2계 • 연소식 O_2계

57 다음 중 탄성 압력계의 탄성체가 아닌 것은?

① 벨로스   ② 다이어프램
③ 리퀴드 벌브   ④ 부르동관

해설
• 탄성식 압력계는 부르동관식, 다이어프램식, 벨로스식의 3가지 탄성체가 대표적이다.
• 부르동관(C형, 와권형, 나선형)의 재질은 저압용인 인청동, 황동, 니켈청동이 있고 고압용인 니켈강이 있다.

58 초음파 유량계의 특징이 아닌 것은?

① 압력 손실이 없다.
② 대유량 측정용으로 적합하다.
③ 비전도성 액체의 유량 측정이 가능하다.
④ 미소 기전력을 증폭하는 증폭기가 필요하다.

해설 초음파 유량계는 흐르는 유체에 초음파를 발사하여 초음파의 유속이 도달하는 시간(t_1)을 이용한다.

59 차압식 유량계에서 압력 차가 처음보다 4배 커지고 관의 지름이 $\frac{1}{2}$로 되었다면 나중 유량(Q_2)과 처음 유량(Q_1)의 관계를 옳게 나타낸 것은?

① $Q_2 = 0.71 \times Q_1$ ② $Q_2 = 0.5 \times Q_1$
③ $Q_2 = 0.35 \times Q_1$ ④ $Q_2 = 0.25 \times Q_1$

해설 차압식 유량계의 유량(Q)
$$Q = 0.01252 ma D^2 \sqrt{2g\frac{\Delta P}{\gamma}} \text{ (m}^3\text{/s)}$$
여기서, m : 개구비, a : 유량계수, D : 관경
ΔP : 차압, γ : 유체비중량

ANSWER | 52.④ 53.③ 54.② 55.① 56.② 57.③ 58.④ 59.②

$\Delta P \to 4\Delta P$, $D \to \dfrac{1}{2}D$이므로 바뀐 계수만 식에 대입하여 계산하면 $\sqrt{4} \times \left(\dfrac{1}{2}\right)^2 = \dfrac{1}{2}$로 $\dfrac{1}{2}Q$가 된다.

∴ $Q_2 = 0.5 \times Q_1$

※ 차압식 : 오리피스미터, 벤투리미터, 플로노즐

60 방사고온계로 물체의 온도를 측정하니 1,000℃였다. 전방사율이 0.7이면 진온도는 약 몇 ℃인가?

① 1,119 ② 1,196
③ 1,284 ④ 1,392

해설 방사온도계
전방사율(ε) = 0.7
1,000 + 273 = 1,273K
진온도 $T = \dfrac{R}{\sqrt[4]{\varepsilon}} = \dfrac{1,273}{\sqrt[4]{0.7}} = 1,392K$
∴ 1,392 − 273 = 1,119℃

SECTION 04 열설비재료 및 관계법규

61 매끈한 원관 속을 흐르는 유체의 레이놀즈수가 1,800일 때의 관마찰계수는?

① 0.013 ② 0.015
③ 0.036 ④ 0.053

해설 달시 − 바이스바하 식(층류일 때)
관마찰계수(λ) = $\dfrac{64}{Re} = \dfrac{64}{1,800} = 0.036$

62 사용압력이 비교적 낮은 증기, 물 등의 유체 수송관에 사용하며, 백관과 흑관으로 구분되는 강관은?

① SPP ② SPPH
③ SPPY ④ SPA

해설 SPP
• 일반용 배관 탄소강관 : 1MPa 이하 배관용
• 증기, 가스, 기체, 물 등의 수송 강관

63 축요(築窯) 시 가장 중요한 것은 적합한 지반(地盤)을 고르는 것이다. 다음 중 지반의 적부시험으로 틀린 것은?

① 지내력시험 ② 토질시험
③ 팽창시험 ④ 지하탐사

해설 지반 적부시험

64 밸브의 몸통이 둥근 달걀형 밸브로서 유체의 압력 감소가 크므로 압력이 필요하지 않을 경우나 유량 조절용이나 차단용으로 적합한 밸브는?

① 글로브 밸브 ② 체크 밸브
③ 버터플라이 밸브 ④ 슬루스 밸브

해설

글로브 밸브　슬루스 밸브　체크 밸브
(유량 조절용)

65 에너지이용 합리화법에 따라 산업통상자원부장관은 에너지 사정 등의 변동으로 에너지 수급에 중대한 차질이 발생할 우려가 있다고 인정되면 필요한 범위에서 에너지 사용자, 공급자 등에게 조정·명령, 그 밖에 필요한 조치를 할 수 있다. 이에 해당되지 않는 항목은?

① 에너지의 개발
② 지역별, 주요 수급자별 에너지 할당
③ 에너지의 비축
④ 에너지의 배급

해설 수급안정을 위한 조치에 해당하는 사항(에너지이용 합리화법 제7조제2항)
• 지역별 · 주요 수급자별 에너지 할당
• 에너지공급설비의 가동 및 조업
• 에너지의 비축과 저장
• 에너지의 도입 · 수출입 및 위탁가공
• 에너지공급자 상호 간의 에너지의 교환 또는 분배 사용
• 에너지의 유통시설과 그 사용 및 유통경로

- 에너지의 배급
- 에너지의 양도·양수의 제한 또는 금지
- 에너지사용의 시기·방법 및 에너지사용기자재의 사용 제한 또는 금지 등 대통령령으로 정하는 사항
- 그 밖에 에너지수급을 안정시키기 위하여 대통령령으로 정하는 사항

66 에너지이용 합리화법상 온수 발생 용량이 0.5815 MW를 초과하며 10t/h 이하인 보일러에 대한 검사대상기기 관리자의 자격을 모두 고른 것은?

> ㄱ. 에너지관리기능장
> ㄴ. 에너지관리기사
> ㄷ. 에너지관리산업기사
> ㄹ. 에너지관리기능사
> ㅁ. 인정검사대상기기 관리자의 교육을 이수한 자

① ㄱ, ㄴ
② ㄱ, ㄴ, ㄷ
③ ㄱ, ㄴ, ㄷ, ㄹ
④ ㄱ, ㄴ, ㄷ, ㄹ, ㅁ

해설 인정검사대상기기 관리자의 교육을 이수한 자는 용량이 581.5kW(0.5815MW) 이하인 온수발생 보일러에 한해 관리할 수 있다.

67 다음 중 내화 모르타르의 분류에 속하지 않는 것은?

① 열경성
② 화경성
③ 기경성
④ 수경성

해설 내화 모르타르
- 열경화성 : 열을 받으면 더 단단해진다.
- 기경성 : 공기 중 건조하면 더 단단해진다.
- 수경성 : 물속에서 더 단단해진다.

68 염기성 슬래그나 용융금속에 대한 내침식성이 크므로 염기성 제강로의 노재로 주로 사용되는 내화벽돌은?

① 마그네시아질
② 규석질
③ 샤모트질
④ 알루미나질

해설 ㉠ 염기성
- 마그네시아질
- 크롬-마그네시아질
- 돌로마이트질
- 포스터라이트질

㉡ 규석질, 샤모트질 : 산성
㉢ 알루미나질 : 중성

69 에너지법에서 정한 용어의 정의에 대한 설명으로 틀린 것은?

① 에너지란 연료·열 및 전기를 말한다.
② 연료란 석유·가스·석탄, 그 밖에 열을 발생하는 열원을 말한다.
③ 에너지사용자란 에너지를 전환하여 사용하는 자를 말한다.
④ 에너지사용기자재란 열사용기자재나 그 밖에 에너지를 사용하는 기자재를 말한다.

해설 에너지사용자란 에너지사용시설의 소유자 또는 관리자를 말한다.

70 에너지이용 합리화법에서 정한 열사용기자재의 적용범위로 옳은 것은?

① 전열면적이 20m² 이하인 소형 온수보일러
② 정격소비전력이 50kW 이하인 축열식 전기보일러
③ 1종 압력용기로서 최고사용압력(MPa)과 부피(m³)를 곱한 수치가 0.01을 초과하는 것
④ 2종 압력용기로서 최고사용압력이 0.2MPa을 초과하는 기체를 그 안에 보유하는 용기로서 내부 부피가 0.04m³ 이상인 것

해설 ① 전열면적이 14m² 이하이고, 최고사용압력이 0.35MPa 이하인 소형 온수보일러
② 정격소비전력이 30kW 이하이고, 최고사용압력이 0.35MPa 이하인 축열식 전기보일러
③ 1종 압력용기로서 최고사용압력(MPa)과 부피(m³)를 곱한 수치가 0.004를 초과하고 다음의 어느 하나에 해당하는 것
- 증기 그 밖의 열매체를 받아들이거나 증기를 발생시켜 고체 또는 액체를 가열하는 기기로서 용기 안의 압력이 대기압을 넘는 것
- 용기 안의 화학반응에 따라 증기를 발생시키는 용기로서 용기 안의 압력이 대기압을 넘는 것
- 용기 안의 액체의 성분을 분리하기 위하여 해당 액체를 가열하거나 증기를 발생시키는 용기로서 용기 안의 압력이 대기압을 넘는 것
- 용기 안의 액체의 온도가 대기압에서의 비점을 넘는 것

71 에너지이용 합리화법에서 정한 에너지 저장시설의 보유 또는 저장의무의 부과 시 정당한 이유 없이 이를 거부하거나 이행하지 아니한 자에 대한 벌칙 기준은?

① 500만 원 이하의 벌금
② 1천만 원 이하의 벌금
③ 1년 이하의 징역 또는 1천만 원 이하의 벌금
④ 2년 이하의 징역 또는 2천만 원 이하의 벌금

해설 에너지이용 합리화법 제72조 벌칙사항에 따라 에너지 저장시설의 이행을 위반하면 2년 이하의 징역 또는 2천만 원 이하의 벌금을 부과한다.

72 에너지이용 합리화법에 따라 검사대상기기 검사 중 개조검사의 적용 대상이 아닌 것은?

① 온수보일러를 증기보일러로 개조하는 경우
② 보일러 섹션의 증감에 의하여 용량을 변경하는 경우
③ 동체·경판·관판·관모음 또는 스테이의 변경으로서 산업통상자원부장관이 정하여 고시하는 대수리의 경우
④ 연료 또는 연소방법을 변경하는 경우

해설 증기보일러를 온수보일러로 개조하는 경우가 개조검사의 대상이 된다(검사권자 : 한국에너지공단).

73 에너지이용 합리화법상 특정열사용기자재 및 설치·시공범위에 해당하지 않는 품목은?

① 압력용기   ② 태양열 집열기
③ 태양광 발전장치   ④ 금속요로

해설 태양광 발전장치는 전기사업법을 적용한다.

74 에너지이용 합리화법상 검사대상기기 설치자가 해당 기기의 검사를 받지 않고 사용하였을 경우 벌칙기준으로 옳은 것은?

① 2년 이하의 징역 또는 2천만 원 이하의 벌금
② 1년 이하의 징역 또는 1천만 원 이하의 벌금
③ 2천만 원 이하의 과태료
④ 1천만 원 이하의 과태료

해설 검사대상기기 설치자가 해당 기기의 검사를 받지 않으면 에너지이용 합리화법 제73조에 의거하여 1년 이하의 징역 또는 1천만 원 이하의 벌금을 부과한다.

75 에너지이용 합리화법상 공공사업주관자는 에너지사용계획을 수립하여 산업통상자원부장관에게 제출하여야 한다. 공공사업주관자가 설치하려는 시설기준으로 옳은 것은?

① 연간 2,500TOE 이상의 연료 및 열을 사용, 또는 연간 2천만 kWh 이상의 전력을 사용
② 연간 2,500TOE 이상의 연료 및 열을 사용, 또는 연간 1천만 kWh 이상의 전력을 사용
③ 연간 5,000TOE 이상의 연료 및 열을 사용, 또는 연간 2천만 kWh 이상의 전력을 사용
④ 연간 5,000TOE 이상의 연료 및 열을 사용, 또는 연간 1천만 kWh 이상의 전력을 사용

해설 ②는 공공사업주관자의 시설기준이고, ③은 민간사업주관자의 시설기준이다.

76 에너지법에서 정한 열사용기자재의 정의에 대한 내용이 아닌 것은?

① 연료를 사용하는 기기
② 열을 사용하는 기기
③ 단열성 자재 및 축열식 전기기기
④ 폐열 회수장치 및 전열장치

해설
• 폐열회수장치는 열효율을 높이는 장치이다.
• 폐열회수장치 : 과열기, 재열기, 절탄기, 공기예열기

77 공업용로에 있어서 폐열회수장치로 가장 적합한 것은?

① 댐퍼   ② 백필터
③ 바이패스 연도   ④ 리큐퍼레이터

해설 리큐퍼레이터
고온 가스와 저온 가스의 상호 열교환이 이루어지므로 금속으로 시공되는 환열기이다. 열교환장치로, 폐열회수장치이며 병류형, 향류형, 직교류형이 있다.

78 다음 중 산성 내화물에 속하는 벽돌은?

① 고알루미나질   ② 크롬-마그네시아질
③ 마그네시아질   ④ 샤모트질

해설
- 산성 내화물 : 샤모트질, 규석질, 반규석질, 납석질
- 염기성 내화물 : 고알루미나질, 마그네시아질, 크롬-마그네시아질

79 보온재의 열전도율에 대한 설명으로 옳은 것은?

① 배관 내 유체의 온도가 높을수록 열전도율은 감소한다.
② 재질 내 수분이 많을 경우 열전도율은 감소한다.
③ 비중이 클수록 열전도율은 감소한다.
④ 밀도가 작을수록 열전도율은 감소한다.

해설 밀도가 작은 보온재는 균일화 다공질 층으로 공기구멍이 많아서 열전도율이 감소하여 열손실이 방지된다.

80 다음 중 불연속식 요에 해당하지 않는 것은?

① 횡염식 요   ② 승염식 요
③ 터널 요   ④ 도염식 요

해설 연속식 요
- 터널 요
- 윤요(고리요)
- 석회소성요

SECTION 05 열설비설계

81 입형 횡관 보일러의 안전저수위로 가장 적당한 것은?

① 하부에서 75mm 지점
② 횡관 전 길이의 1/3 높이
③ 화격자 하부에서 100mm 지점
④ 화실 천장판에서 상부 75mm 지점

해설 안전저수위

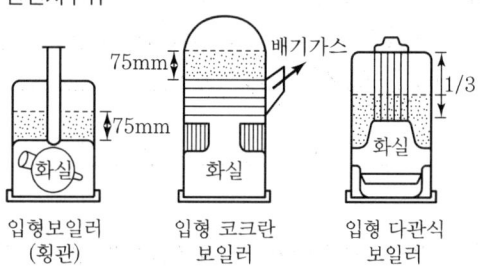

입형보일러 (횡관)   입형 코크란 보일러   입형 다관식 보일러

82 보일러 급수 중에 함유되어 있는 칼슘(Ca) 및 마그네슘(Mg)의 농도를 나타내는 척도는?

① 탁도   ② 경도
③ BOD   ④ pH

해설 경도
급수 중 Ca, Mg의 농도를 환산한 수치로 그 크기에 따라 경수와 연수를 구분한다.

83 보일러 운전 중 경판의 적절한 탄성을 유지하기 위한 완충 폭을 무엇이라고 하는가?

① 애덤슨 조인트   ② 브레이징 스페이스
③ 용접 간격   ④ 그루빙

해설

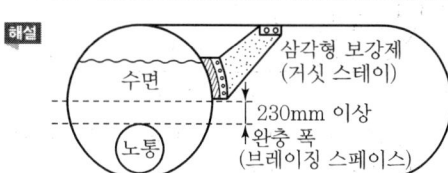

84 보일러 장치에 대한 설명으로 틀린 것은?

① 절탄기는 연료 공급을 적당히 분배하여 완전연소를 위한 장치이다.
② 공기예열기는 연소 가스의 예열로 공급 공기를 가열시키는 장치이다.
③ 과열기는 포화증기를 가열시키는 장치이다.
④ 재열기는 원동기에서 팽창한 포화증기를 재가열시키는 장치이다.

해설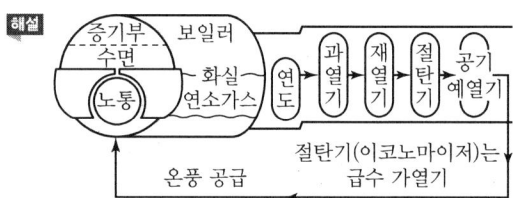

85 보일러수의 처리방법 중 탈기장치가 아닌 것은?
① 가압 탈기장치 ② 가열 탈기장치
③ 진공 탈기장치 ④ 막식 탈기장치

해설 보일러수 처리 시 O_2를 제거하는 탈기장치의 종류는 ②, ③, ④이다.

86 보일러의 과열 방지 대책으로 가장 거리가 먼 것은?
① 보일러 수위를 낮게 유지할 것
② 고열 부분에 스케일 슬러지 부착을 방지할 것
③ 보일러수를 농축하지 말 것
④ 보일러수의 순환을 좋게 할 것

해설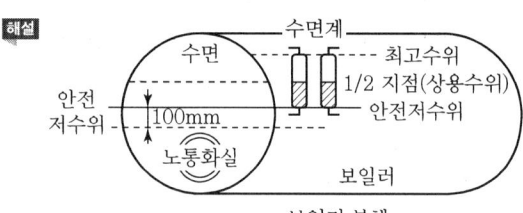

수위가 안전저수위 이하로 이상 감수가 생기면 보일러 폭발이 발생한다(과열이 증가한다).

87 최고사용압력이 3.0MPa 초과 5.0MPa 이하인 수관 보일러의 급수 수질기준에 해당하는 것은?(단, 25℃를 기준으로 한다.)
① pH : 7~9, 경도 : 0mg CaCO₃/L
② pH : 7~9, 경도 : 1mg CaCO₃/L 이하
③ pH : 8~9.5, 경도 : 0mg CaCO₃/L
④ pH : 8~9.5, 경도 : 1mg CaCO₃/L 이하

해설 수관보일러 압력(3~5MPa 이하 보일러)의 급수 수질(25℃ 기준)
• pH : 8~9.5(보일러수라면 11~11.8)
• 경도 : 0mg CaCO₃/L 이하

88 다음 중 보일러 본체의 구조가 아닌 것은?
① 노통 ② 노벽
③ 수관 ④ 절탄기

해설 수관 보일러

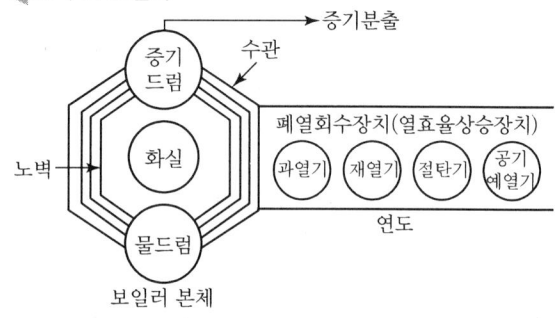

89 보일러 수압시험에서 시험수압은 규정된 압력의 몇 % 이상 초과하지 않도록 하여야 하는가?
① 3%   ② 6%
③ 9%   ④ 12%

해설  수압시험 설정에서 6% 이상 초과하지 않도록 주의한다.

90 평형 노통과 비교한 파형 노통의 장점이 아닌 것은?
① 청소 및 검사가 용이하다.
② 고열에 의한 신축과 팽창이 용이하다.
③ 전열면적이 크다.
④ 외압에 대한 강도가 크다.

해설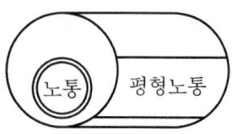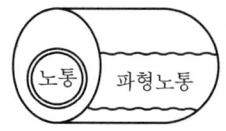

청소나 검사가 용이하다.   청소나 검사가 불편하다.

91 내부로부터 155mm, 97mm, 224mm의 두께를 가지는 3층의 노벽이 있다. 이들의 열전도율(W/m·℃)은 각각 0.121, 0.069, 1.21이다. 내부의 온도 710℃, 외벽의 온도 23℃일 때, 1m²당 열손실량(W/m²)은?

① 58
② 120
③ 239
④ 564

해설 전도열손실$(Q) = \dfrac{A(t_1 - t_2)}{\dfrac{d_1}{a_1} + \dfrac{d_2}{a_2} + \dfrac{d_3}{a_3}}$

$= \dfrac{1 \times (710 - 23)}{\dfrac{0.155}{0.121} + \dfrac{0.097}{0.069} + \dfrac{0.224}{1.21}}$

$= \dfrac{687}{2.871} = 239 \, W/m^2$

92 다음 중 수관식 보일러의 장점이 아닌 것은?

① 드럼이 작아 구조상 고온 고압의 대용량에 적합하다.
② 연소실 설계가 자유롭고 연료의 선택범위가 넓다.
③ 보일러수의 순환이 좋고 전열면 증발률이 크다.
④ 보유수량이 많아 부하변동에 대하여 압력변동이 적다.

해설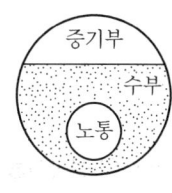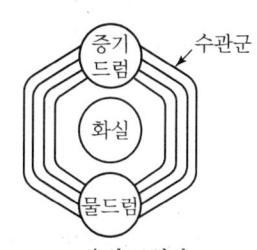

원통 보일러 (보유수가 많다.)   수관 보일러 (드럼이 작아서 보유수가 적다.)

93 다음 중 보일러의 탈산소제로 사용되지 않는 것은?

① 탄닌
② 하이드라진
③ 수산화나트륨
④ 아황산나트륨

해설
• 수산화나트륨(가성소다) : pH 알칼리 조정제로 사용
• 산소제거제(탈산소제) : 탄닌, 하이드라진, 아황산나트륨

94 외경과 내경이 각각 6cm, 4cm이고 길이가 2m인 강관이 두께 2cm인 단열재로 둘러싸여 있다. 이때 관으로부터 주위 공기로의 열손실이 400W라 하면 관 내벽과 단열재 외면의 온도 차는?(단, 주어진 강관과 단열재의 열전도율은 각각 15W/m·℃, 0.2W/m·℃이다.)

① 53.5℃
② 82.2℃
③ 120.6℃
④ 155.6℃

해설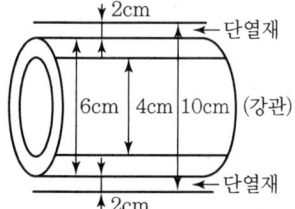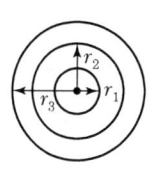

$\dfrac{6}{2} = 3\,cm = 0.03\,m$, $\dfrac{10}{2} = 5\,cm = 0.05\,m$

$\dfrac{\ln\left(\dfrac{0.05}{0.03}\right)}{2 \times 3.14(15) \times 2} = 0.00271\,℃/W$

$\dfrac{\ln\left(\dfrac{0.05}{0.03}\right)}{2 \times 3.14(0.2) \times 2} = 0.2033\,℃/W$

$R = 0.2033 + 0.00271 = 0.20606\,℃/W$

$\therefore 400 \times 0.206 = 82.2\,℃$

95 보일러의 과열에 의한 압궤의 발생 부분이 아닌 것은?

① 노통 상부
② 화실 천장
③ 연관
④ 거싯 스테이

ANSWER | 91. ③ 92. ④ 93. ③ 94. ② 95. ④

해설 압궤 발생부위 : 노통 상부, 화실, 천장, 연관 등

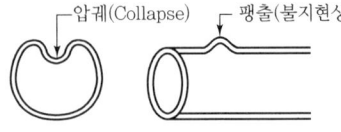
[압궤와 팽출]

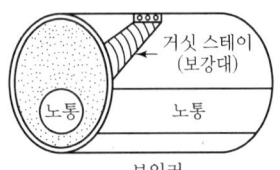
[보일러의 거싯 스테이]

96 보일러의 성능 시험방법 및 기준에 대한 설명으로 옳은 것은?

① 증기건도의 기준은 강철제 또는 주철제로 나누어 정해져 있다.
② 측정은 매 1시간마다 실시한다.
③ 수위는 최초 측정치에 비해서 최종 측정치가 적어야 한다.
④ 측정기록 및 계산양식은 제조사에서 정해진 것을 사용한다.

해설 보일러 성능시험 기준
- 측정시간 : 매 10분마다
- 수위 : 일정하게 유지한다.
- 측정기록 계산양식 : 열정산에 의한다.
- 증기건도 : 강철제(98%), 주철제(97%)

97 보일러 설치 · 시공기준상 보일러를 옥내에 설치하는 경우에 대한 설명으로 틀린 것은?

① 불연성 물질의 격벽으로 구분된 장소에 설치한다.
② 보일러 동체 최상부로부터 천장, 배관 등 보일러 상부에 있는 구조물까지의 거리는 0.3m 이상으로 한다.
③ 연도의 외측으로부터 0.3m 이내에 있는 가연성 물체에 대하여는 금속 이외의 불연성 재료로 피복한다.
④ 연료를 저장할 때에는 소형 보일러의 경우 보일러 외측으로부터 1m 이상 거리를 두거나 반격벽으로 할 수 있다.

해설 상부와의 거리

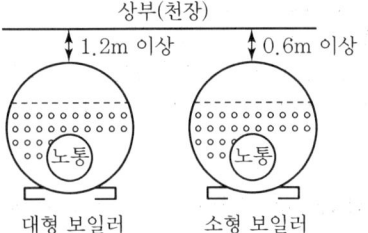

98 보일러에 설치된 기수분리기에 대한 설명으로 틀린 것은?

① 발생된 증기 중에서 수분을 제거하고 건포화증기에 가까운 증기를 사용하기 위한 장치이다.
② 증기부의 체적이나 높이가 작고 수면의 면적이 증발량에 비해 작은 때는 기수공발이 일어날 수 있다.
③ 압력이 비교적 낮은 보일러의 경우는 압력이 높은 보일러보다 증기와 물의 비중량 차이가 극히 작아 기수분리가 어렵다.
④ 사용원리는 원심력을 이용한 것, 스크러버를 지나게 하는 것, 스크린을 사용하는 것 또는 이들의 조합을 이루는 것 등이 있다.

해설 압력이 높으면 증기의 온도가 높고 밀도(비중량)가 작아서 증기와 물의 비중량 차이가 작아서 반드시 건조 증기 취출을 위해 기수분리기가 설치된다.

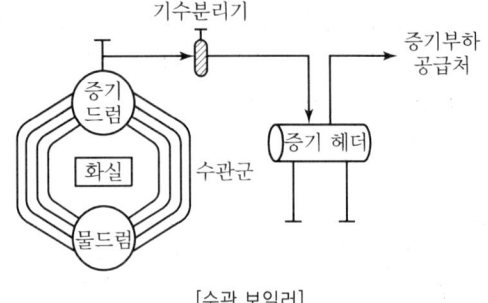
[수관 보일러]

99 안지름이 30mm, 두께가 2.5mm인 절탄기용 주철관의 최소 분출압력(MPa)은?(단, 재료의 허용인장응력은 80MPa이고 핀 붙이를 하였다.)

① 0.92
② 1.14
③ 1.31
④ 2.61

해설 절탄기(급수 가열기)

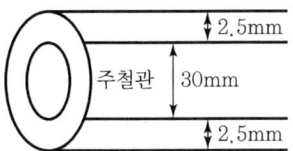

분출압력$(P) = \dfrac{2 \cdot \alpha_a(t-a)}{1.2(t-a)+D} = \dfrac{2 \times 80 \times (2.5-2)}{1.2 \times (2.5-2)+30}$
$= 2.61 \text{MPa}$

※ a : 핀 붙이는 2mm, 핀이 안 붙은 것은 4mm이다.

100 외경 30mm의 철관에 두께 15mm의 보온재를 감은 증기관이 있다. 관 표면의 온도가 100℃, 보온재의 표면온도가 20℃인 경우 관의 길이가 15m인 관의 표면으로부터의 열손실(W)은?(단, 보온재의 열전도율은 0.06W/m·℃이다.)

① 312 ② 464
③ 542 ④ 653

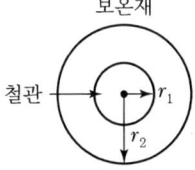

- $r_1 = \dfrac{30}{2} = 15\text{mm}$
- $r_2 = \dfrac{30+(15+15)}{2} = 15+15 = 30\text{mm}$

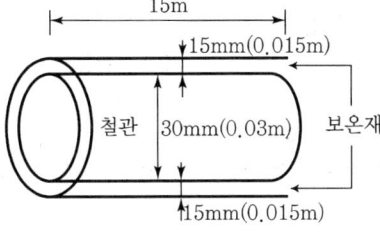

열전도 손실$(Q) = \dfrac{2\pi(T_1 - T_2)L}{\dfrac{1}{\lambda} \times \ln\left(\dfrac{r_2}{r_1}\right)}$

∴ $Q = \dfrac{2 \times \pi \times (100-20) \times 15}{\dfrac{1}{0.06} \times \ln\left(\dfrac{0.015+0.015}{0.015}\right)} = 653\text{W}$

ANSWER | 100. ④

2020년 3회 에너지관리기사

SECTION 01 연소공학

01 링겔만 농도표는 어떤 목적으로 사용되는가?
① 연돌에서 배출되는 매연 농도 측정
② 보일러수의 pH 측정
③ 연소가스 중의 탄산가스 농도 측정
④ 연소가스 중의 SOx 농도 측정

해설 링겔만 매연 농도표(0~5도)
농도 1도당 매연이 20%이며 연돌(굴뚝)에서 배출하는 매연 농도를 측정한다.

02 연소가스를 분석한 결과 CO_2 : 12.5%, O_2 : 3.0% 일 때, $(CO_2)_{max}$%는?(단, 해당 연소가스에 CO는 없는 것으로 가정한다.)
① 12.62 ② 13.45
③ 14.58 ④ 15.03

해설 완전연소 시 $(CO_2)_{max} = \dfrac{21 \times CO_2}{21-O_2} = \dfrac{21 \times 12.5}{21-3} = 14.58$

03 화염 온도를 높이려고 할 때 조작방법으로 틀린 것은?
① 공기를 예열한다.
② 과잉공기를 사용한다.
③ 연료를 완전연소시킨다.
④ 노 벽 등의 열손실을 막는다.

해설 과잉공기가 화실에 투입되면 노 내 온도가 하강한다(온도가 낮은 공기의 다량 투입이므로).

04 일반적인 정상연소의 연소속도를 결정하는 요인으로 가장 거리가 먼 것은?
① 산소농도 ② 이론공기량
③ 반응온도 ④ 촉매

해설 정상연소의 속도 결정 요인
• 산소농도 • 반응온도
• 촉매   • 실제 공기량

05 다음과 같은 조성의 석탄가스를 연소시켰을 때의 이론 습연소가스양(Nm^3/Nm^3)은?

성분	CO	CO_2	H_2	CH_4	N_2
부피(%)	8	1	50	37	4

① 2.94 ② 3.94
③ 4.61 ④ 5.61

해설 가연성 가스 : CO, H_2, CH_4
이론 습연소가스양 $(G_{ow}) = (1-0.21)A_o + CO_2 + N_2 + CH_4$
$CO + \dfrac{1}{2}O_2 \to CO_2 \quad \left(\dfrac{1}{2} \times 0.08 = 0.04\right)$
$H_2 + \dfrac{1}{2}O_2 \to H_2O \quad \left(\dfrac{1}{2} \times 0.5 = 0.25\right)$
$CH_4 + 2O_2 \to CO_2 + 2H_2O \quad (2 \times 0.37 = 0.74)$
$\therefore G_{ow} = 0.79 \times \left(\dfrac{0.04+0.25+0.74}{0.21}\right)$
$\quad\quad\quad + 1 \times 0.01 + 1 \times 0.04 + 3 \times 0.37$
$\quad = 3.88 + 1.16$
$\quad = 5.04 Nm^3/Nm^3$

06 다음 연소가스의 성분 중 대기 오염 물질이 아닌 것은?
① 입자상 물질 ② 이산화탄소
③ 황산화물   ④ 질소산화물

해설 $C + O_2 \to CO_2$(이산화탄소)
CO_2는 매연이나 독성물질은 아니다(단, 온실효과를 촉진시킨다).

07 옥테인(C_8H_{18})이 과잉공기율 2로 연소 시 연소가스 중의 산소 부피비(%)는?
① 6.4   ② 10.1
③ 12.9 ④ 20.2

1.① 2.③ 3.② 4.② 5.④ 6.② 7.② | ANSWER

해설 $C_8H_{18} + 12.5O_2 \rightarrow 8CO_2 + 9H_2O$

이론 공기량$(A_o) = 12.5 \times \dfrac{1}{0.21} = 59.54 Nm^3/Nm^3$

실제 공기량$(A) = A_o \times m = 59.54 \times 2 = 119.08 Nm^3/Nm^3$

∴ 산소 부피비 = $\dfrac{12.5}{119.08} = 10.4\%$

08 C_2H_6 $1Nm^3$를 연소했을 때의 건연소가스양(Nm^3)은?(단, 공기 중 산소의 부피비는 21%이다.)

① 4.5　　② 15.2　　③ 18.1　　④ 22.4

해설 에틸렌$(C_2H_6) + 3.5O_2 \rightarrow 2CO_2 + 3H_2O$

건연소가스양$(G_{od}) = (1-0.21)A_o + CO_2$

∴ $G_{od} = 0.79 \times \dfrac{3.5}{0.21} + 2 = 15.2 Nm^3/Nm^3$

09 연소장치의 연돌통풍에 대한 설명으로 틀린 것은?

① 연돌의 단면적은 연도의 경우와 마찬가지로 연소량과 가스의 유속에 관계한다.
② 연돌의 통풍력은 외기온도가 높아짐에 따라 통풍력이 감소하므로 주의가 필요하다.
③ 연돌의 통풍력은 공기의 습도 및 기압에 관계없이 외기온도에 따라 달라진다.
④ 연돌의 설계에서 연돌 상부 단면적을 하부 단면적보다 작게 한다.

해설 연돌의 통풍력은 공기의 습도나 기압에 의해 증감된다.

10 고체 연료 연소장치 중 쓰레기 소각에 적합한 스토커는?

① 계단식 스토커
② 고정식 스토커
③ 산포식 스토커
④ 하입식 스토커

해설 계단식 스토커(화격자 연소장치)

저질 석탄, 쓰레기 소각 등에 적합한 구조의 스토커이며 화격자가 30~40°인 계단식이다.

11 헵테인(C_7H_{16}) 1kg을 완전연소하는 데 필요한 이론 공기량(kg)은?(단, 공기 중 산소 질량비는 23%이다.)

① 11.64　　② 13.21　　③ 15.30　　④ 17.17

해설
$C_7H_{16} + 11O_2 \rightarrow 7CO_2 + 8H_2O$
　100　　　11×32　7×44　8×18

이론 산소량$(O_o) = 32 \times 11 = 352 kg/kmol$

헵테인 분자량 = 100 kg/kmol

이론 공기량$(A_o) = \dfrac{352}{0.23} \times \dfrac{1}{100} = 15.30 kg/kg$

※ 분자량(C_7H_{16} : 100, O_2 : 32, CO_2 : 44, H_2O : 18)

12 액체 연료 중 고온 건류하여 얻은 타르계 중유의 특징에 대한 설명으로 틀린 것은?

① 화염의 방사율이 크다.
② 황의 영향이 적다.
③ 슬러지를 발생시킨다.
④ 석유계 액체 연료이다.

해설 타르계 중유

황의 함유량이 석유계 중유보다 적고 화염의 방사율이 크다. 석유계 연료와 혼합 시 슬러지를 발생시킨다(석탄계 중유이다).

13 고체 연료의 연료비를 식으로 바르게 나타낸 것은?

① $\dfrac{고정탄소(\%)}{휘발분(\%)}$

② $\dfrac{회분(\%)}{휘발분(\%)}$

③ $\dfrac{고정탄소(\%)}{회분(\%)}$

④ $\dfrac{가연성\ 성분\ 중\ 탄소(\%)}{유리수소(\%)}$

해설 연료비 = $\dfrac{고정탄소}{휘발분}$

고정탄소가 많으면 연료비가 커지며 연료비가 12 이상이면 가장 좋은 무연탄이다.

ANSWER | 8. ② 9. ③ 10. ① 11. ③ 12. ④ 13. ①

14 어떤 탄화수소 C_aH_b의 연소가스를 분석한 결과, 용적%에서 CO_2 : 8.0%, CO : 0.9%, O_2 : 8.8%, N_2 : 82.3%이다. 이 경우의 공기와 연료의 질량비(공연비)는?(단, 공기 분자량은 28.96이다.)
① 6 ② 24
③ 36 ④ 162

해설 $C_mH_n + a(O_2 + 3.76N_2) \rightarrow 8CO_2 + 0.9CO + 8.8O_2$
$\qquad\qquad\qquad\qquad\quad + 82.3N_2 + bH_2O$
C : $m = 8.9$, H : $n = 2b$
$O_2 : a = 8 + \left(\dfrac{0.9}{2}\right) + 8.8 + \left(\dfrac{b}{2}\right)$, $N_2 : 3.76a = 82.3$
∴ $a = 82.3 \div 3.76 = 21.9$, $b = 18.6 \div 2 = 9.3$
$m = 8 + 0.9 = 8.9$, $n = 9.3 \times 2 = 18.6$
연소반응식 : $C_{8.9}H_{18.6} + 21.9O_2 + 82.3N_2 \rightarrow$
$\qquad\qquad 8CO_2 + 0.9CO + 8.8O_2 + 82.3N_2 + 9.3H_2O$
∴ 공연비 $\left(\dfrac{A}{F}\right) = \dfrac{21.9 \times 32 + 82.3 \times 28}{12 \times 8.9 + 18.6} = 24$
※ 산소분자량 : 32, 질소분자량 : 28

15 LPG 용기의 안전관리 유의사항으로 틀린 것은?
① 밸브는 천천히 열고 닫는다.
② 통풍이 잘 되는 곳에 저장한다.
③ 용기의 저장 및 운반 중에는 항상 40℃ 이상을 유지한다.
④ 용기의 전락 또는 충격을 피하고 가까운 곳에 인화성 물질을 피한다.

해설 모든 가스는 항상 팽창을 대비하여 40℃ 이하를 유지하여야 한다.

16 연료비가 크면 나타나는 일반적인 현상이 아닌 것은?
① 고정탄소량이 증가한다.
② 불꽃은 단염이 된다.
③ 매연의 발생이 적다.
④ 착화온도가 낮아진다.

해설 연료비 $\left(\dfrac{고정탄소}{휘발분}\right)$가 크면 휘발분 성분이 적어서 착화온도가 높아진다.

17 연소가스 부피조성이 CO_2 : 13%, O_2 : 8%, N_2 : 79%일 때 공기과잉계수(공기비)는?
① 1.2 ② 1.4
③ 1.6 ④ 1.8

해설 공기비$(m) = \dfrac{N_2}{N_2 - 3.76(O_2 - 0.5CO)}$
$\qquad\qquad = \dfrac{79}{79 - 3.76(8 - 0.5 \times 0)}$
$\qquad\qquad = \dfrac{79}{79 - (3.76 \times 8)} = 1.6$

18 $1Nm^3$의 질량이 2.59kg인 기체는 무엇인가?
① 메테인(CH_4) ② 에테인(C_2H_6)
③ 프로페인(C_3H_8) ④ 뷰테인(C_4H_{10})

해설 ① 메테인 : $\dfrac{16kg}{22.4Nm^3} = 0.71$
② 에테인 : $\dfrac{30kg}{22.4Nm^3} = 1.34$
③ 프로페인 : $\dfrac{44kg}{22.4Nm^3} = 1.964$
④ 뷰테인 : $\dfrac{58kg}{22.4Nm^3} = 2.59$
※ $1kmol = 22.4Nm^3$

19 액체 연료의 미립화 시 평균 분무입경에 직접적인 영향을 미치는 것이 아닌 것은?
① 액체 연료의 표면장력
② 액체 연료의 점성계수
③ 액체 연료의 탁도
④ 액체 연료의 밀도

해설 중질유 액체 연료의 미립화 시 평균 분무입경에 직접적인 영향을 미치는 인자
• 표면장력
• 점성계수
• 밀도

20 품질이 좋은 고체 연료의 조건으로 옳은 것은?
① 고정탄소가 많을 것 ② 회분이 많을 것
③ 황분이 많을 것 ④ 수분이 많을 것

14. ② 15. ③ 16. ④ 17. ③ 18. ④ 19. ③ 20. ① | **ANSWER**

해설 품질이 좋은 고체연료는 연료비가 커야 한다. 연료비가 크면 고정탄소량이 증가한다.

SECTION 02 열역학

21 디젤 사이클에서 압축비가 20, 단절비(Cut-off Ratio)가 1.7일 때 열효율(%)은?(단, 비열비는 1.4이다.)

① 43　② 66
③ 72　④ 84

해설 디젤 사이클(내연기관 사이클)

$$\therefore \eta_d = 1 - \left(\frac{1}{\varepsilon}\right)^{K-1} \times \frac{\sigma^{K-1}}{K(\sigma-1)}$$

$$= 1 - \left(\frac{1}{20}\right)^{1.4-1} \times \frac{1.7^{1.4}-1}{1.4(1.7-1)} = 0.66\,(66\%)$$

22 열역학적 사이클에서 열효율이 고열원과 저열원의 온도만으로 결정되는 것은?

① 카르노 사이클　② 랭킨 사이클
③ 재열 사이클　④ 재생 사이클

해설 카르노 사이클

등온팽창 → 단열팽창 → 등온압축 → 단열압축

효율(η_c) = $\frac{Aw}{Q_1} = 1 - \frac{Q_2}{Q_1} = 1 - \frac{T_2}{T_1}$

여기서, T_1 : 고열원 온도, T_2 : 저열원 온도

23 비엔탈피가 326kJ/kg인 어떤 기체가 노즐을 통하여 단열적으로 팽창되어 비엔탈피가 322kJ/kg으로 되어 나간다. 유입 속도를 무시할 때 유출 속도(m/s)는? (단, 노즐 속의 유동은 정상류이며 손실은 무시한다.)

① 4.4　② 22.5
③ 64.7　④ 89.4

해설 1kJ = 102kg·m

$V = \sqrt{2gJ(h_1-h_2)} = \sqrt{2 \times 9.8 \times 102(326-322)}$

$= 89.4\text{m/s}$

24 다음 T-S 선도에서 냉동 사이클의 성능계수를 옳게 나타낸 것은?(단, u는 내부에너지, h는 엔탈피를 나타낸다.)

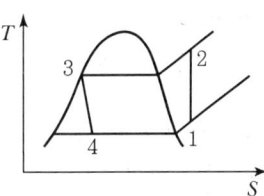

① $\dfrac{h_1-h_4}{h_2-h_1}$　② $\dfrac{h_2-h_1}{h_1-h_4}$
③ $\dfrac{u_1-u_4}{u_2-u_1}$　④ $\dfrac{u_2-u_1}{u_1-u_4}$

해설

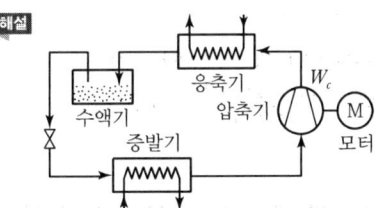

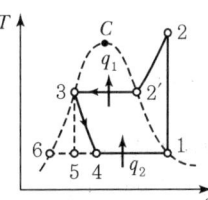

[증기압축 냉동 사이클]

성능계수(COP) = $\dfrac{h_1-h_4}{h_2-h_1}$

25 열역학 제2법칙에 대한 설명이 아닌 것은?

① 제2종 영구기관의 제작은 불가능하다.
② 고립계의 엔트로피는 감소하지 않는다.
③ 열은 자체적으로 저온에서 고온으로 이동이 곤란하다.
④ 열과 일은 변환이 가능하며, 에너지 보존 법칙이 성립한다.

해설 열역학 제1법칙
- 열과 일은 변환이 가능하며, 에너지 보존 법칙이 성립한다.
- 절연계의 저장 에너지는 일정하다.
- 고립계의 엔트로피는 증가하거나 불변이다.

ANSWER | 21. ② 22. ① 23. ④ 24. ① 25. ④

26 좋은 냉매의 특성으로 틀린 것은?

① 낮은 응고점
② 낮은 증기의 비열비
③ 낮은 열전달계수
④ 단위 질량당 높은 증발열

해설 냉매는 열전달계수가 커야 한다.
• 열전달계수 단위 : $W/m^2 \cdot K$
• 열전도율 단위 : $W/m \cdot ℃$

27 다음 중에서 가장 높은 압력을 나타내는 것은?

① 1atm
② $10kgf/cm^2$
③ $10^5 Pa$
④ 14.7psi

해설
• $1atm = 101,325Pa = 14.7psi = 1.033kgf/cm^2$
• $10^5 Pa = 10^5 Pa \times \dfrac{1.033kgf/cm^2}{101,325Pa} = 0.00107kgf/cm^2$

28 랭킨 사이클에서 복수기 압력을 낮추면 어떤 현상이 나타나는가?

① 복수기의 포화온도는 상승한다.
② 열효율이 낮아진다.
③ 터빈 출구부에 부식 문제가 생긴다.
④ 터빈 출구부의 증기 건도가 높아진다.

해설 랭킨 사이클
복수기 압력이 낮을수록 열효율이 증가한다. 터빈 출구에서 온도가 낮아지면 터빈 깃을 부식시키므로 열효율이 낮아진다.

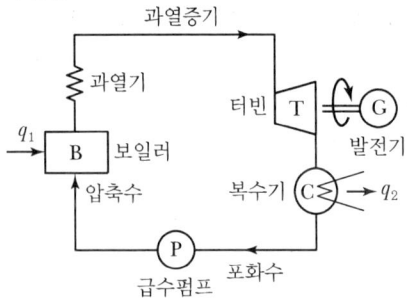

29 다음 관계식 중에서 틀린 것은?(단, m은 질량, U는 내부에너지, H는 엔탈피, W는 일, C_p와 C_v는 각각 정압비열과 정적비열이다.)

① $dU = mC_v dT$
② $C_p = \dfrac{1}{m}\left(\dfrac{\partial H}{\partial T}\right)_p$
③ $dW = mC_p dT$
④ $C_v = \dfrac{1}{m}\left(\dfrac{\partial U}{\partial T}\right)_v$

해설 내부에너지 $dU = mC_v dT$
엔탈피 변화량 $dH = mC_p dT$

30 유동하는 기체의 압력을 P, 속력을 V, 밀도를 ρ, 중력가속도를 g, 높이를 z, 절대온도를 T, 정적비열을 C_v라고 할 때, 기체의 단위 질량당 역학적 에너지에 포함되지 않는 것은?

① $\dfrac{P}{\rho}$
② $\dfrac{V^2}{2}$
③ gz
④ $C_v T$

해설 역학적 에너지
기계적 에너지(운동에너지, 위치에너지)

31 1kg의 이상기체(C_p=1.0kJ/kg·K, C_v=0.71kJ/kg·K)가 가역단열과정으로 P_1=1MPa, V_1=0.6m³에서 P_2=100kPa로 변한다. 가역단열과정 후 이 기체의 부피 V_2와 온도 T_2는 각각 얼마인가?

① $V_2 = 2.24m^3$, $T_2 = 1,000K$
② $V_2 = 3.08m^3$, $T_2 = 1,000K$
③ $V_2 = 2.24m^3$, $T_2 = 1,060K$
④ $V_2 = 3.08m^3$, $T_2 = 1,060K$

해설 비열비$(K) = \dfrac{C_p}{C_v} = \dfrac{1.0}{0.71} = 1.408$, $1MPa = 1,000kPa$

단열변화의 PVT 관계 $\dfrac{T_2}{T_1} = \left(\dfrac{V_1}{V_2}\right)^{K-1} = \left(\dfrac{P_2}{P_1}\right)^{\frac{K-1}{K}}$

$T_2 = T_1 \times \left(\dfrac{V_1}{V_2}\right)^{K-1} = T_1 \times \left(\dfrac{P_2}{P_1}\right)^{\frac{K-1}{K}}$

$$V_2 = \frac{V_1}{\left(\frac{P_2}{P_1}\right)^{\frac{1}{K}}} = \frac{0.6}{\left(\frac{100}{1,000}\right)^{\frac{1}{1.408}}} = 3.08\text{m}^3$$

32 그림은 랭킨 사이클의 온도 – 엔트로피($T-S$) 선도이다. 상태 1~4의 비엔탈피 값이 $h_1=192\text{kJ/kg}$, $h_2=194\text{kJ/kg}$, $h_3=2,802\text{kJ/kg}$, $h_4=2,010\text{kJ/kg}$ 이라면 열효율(%)은?

① 25.3
② 30.3
③ 43.6
④ 49.7

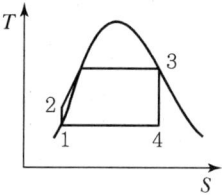

해설 랭킨 사이클(η_R)
- 1→2 과정 : 단열압축
- 2→3 과정 : 정압가열
- 3→4 과정 : 단열팽창
- 4→1 과정 : 등온방열

$$\eta_R = \frac{2,802-2,010}{2,802-192} = \frac{h_3-h_4}{h_3-h_1} = 0.303\ (30.3\%)$$

33 그림에서 압력 P_1, 온도 t_s의 과열증기의 비엔트로피는 $6.16\text{kJ/kg}\cdot\text{K}$이다. 상태 1로부터 2까지의 가역 단열팽창 후, 압력 P_2에서 습증기로 되었으면 상태 2인 습증기의 건도 x는 얼마인가?(단, 압력 P_2에서 포화수, 건포화증기의 비엔트로피는 각각 $1.30\text{kJ/kg}\cdot\text{K}$, $7.36\text{kJ/kg}\cdot\text{K}$이다.)

① 0.69
② 0.75
③ 0.79
④ 0.80

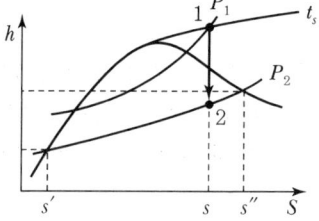

해설 $6.16-1.30=4.86$
$7.36-1.30=6.06$
∴ 건도$(x)=\dfrac{4.86}{6.06}=0.80$

- $S_X = s' + x(s''-s')$
$x = \dfrac{S_X-s'}{s''-s'},\ x = \dfrac{V-V'}{V''-V'}$
- 압력을 낮추면 건도가 감소한다.

34 압력 500kPa, 온도 423K의 공기 1kg이 압력이 일정한 상태로 변하고 있다. 공기의 일이 122kJ이라면 공기에 전달된 열량(kJ)은 얼마인가?(단, 공기의 정적비열은 $0.7165\text{kJ/kg}\cdot\text{K}$, 기체상수는 $0.287\text{kJ/kg}\cdot\text{K}$이다.)

① 426
② 526
③ 626
④ 726

해설 $V_1 = \dfrac{1\times 0.287\times 423}{500} = 0.2428\text{m}^3$

$\dfrac{0.2428}{423} = \dfrac{0.4868}{T_2} \quad T_2 = 848\text{K}$

∴ 가열량$(Q) = 1\times(0.7165+0.287)\times(848-32) = 426\text{kJ}$

35 압력이 1,300kPa인 탱크에 저장된 건포화증기가 노즐로부터 100kPa로 분출되고 있다. 임계압력 P_c는 몇 kPa인가?(단, 비열비는 1.135이다.)

① 751
② 643
③ 582
④ 525

해설 임계압력$(P_c) = \left(\dfrac{2}{K+1}\right)^{\frac{K}{K-1}} \times P_1$

$= \left(\dfrac{2}{1.135+1}\right)^{\frac{1.135}{1.135-1}} \times 1,300 = 751\text{kPa}$

36 압력이 일정한 용기 내에 이상기체를 외부에서 가열하였다. 온도가 T_1에서 T_2로 변화하였고, 기체의 부피가 V_1에서 V_2로 변하였다. 공기의 정압비열 C_p에 대한 식으로 옳은 것은?(단, 이 이상기체의 압력은 p, 전달된 단위 질량당 열량은 q이다.)

① $C_p = \dfrac{q}{p}$
② $C_p = \dfrac{q}{T_2-T_1}$
③ $C_p = \dfrac{q}{V_2-V_1}$
④ $C_p = p\times\dfrac{V_2-V_1}{T_2-T_1}$

ANSWER | 32. ② 33. ④ 34. ① 35. ① 36. ②

해설 $T_1 \to T_2$, $V_1 \to V_2$

공기의 정압비열(C_p) = $\dfrac{q}{T_2 - T_1}$

37 최저 온도, 압축비 및 공급 열량이 같을 경우 사이클의 효율이 큰 것부터 작은 순서대로 옳게 나타낸 것은?

① 오토 사이클 > 디젤 사이클 > 사바테 사이클
② 사바테 사이클 > 오토 사이클 > 디젤 사이클
③ 디젤 사이클 > 오토 사이클 > 사바테 사이클
④ 오토 사이클 > 사바테 사이클 > 디젤 사이클

해설 내연기관 사이클의 열효율 비교
- 가열량 및 압축비 일정 시 : $\eta_o > \eta_s > \eta_d$
- 가열량 및 압력 일정 시 : $\eta_o < \eta_s < \eta_d$

38 다음 중 상온에서 비열비 값이 가장 큰 기체는?

① He ② O_2
③ CO_2 ④ CH_4

해설 비열비(K)
① He(헬륨) : 1.66 ② O_2(산소) : 1.4
③ CO_2(탄산가스) : 1.3 ④ CH_4 : 1.3
※ 1원자 분자 : 1.66, 2원자 분자 : 1.4, 3원자 분자 : 1.3

39 $-35°C$, 22MPa의 질소를 가역단열과정으로 500kPa까지 팽창했을 때의 온도(°C)는?(단, 비열비는 1.41이고 질소를 이상기체로 가정한다.)

① -180 ② -194
③ -200 ④ -206

해설 단열변화의 PVT 관계

$$\dfrac{T_2}{T_1} = \left(\dfrac{V_1}{V_2}\right)^{K-1} = \left(\dfrac{P_2}{P_1}\right)^{\frac{K-1}{K}}$$

$$T_2 = T_1\left(\dfrac{P_2}{P_1}\right)^{\frac{K-1}{K}}$$

$-35°C + 273 = 238K$

$\therefore T_2 = 238 \times \left(\dfrac{500}{22 \times 10^3}\right)^{\frac{1.41-1}{1.41}} = 79.1942K\,(-194°C)$

40 역카르노 사이클로 작동하는 냉장고가 있다. 냉장고 내부의 온도가 0°C이고 이곳에서 흡수한 열량이 10kW이고, 30°C의 외기로 열이 방출된다고 할 때 냉장고를 작동하는 데 필요한 동력(kW)은?

① 1.1 ② 10.1
③ 11.1 ④ 21.1

해설 성적계수(COP) = $\dfrac{Q_2}{Q_1 - Q_2} = \dfrac{T_2}{T_1 - T_2}$

$0 + 273 = 273K$, $30 + 273 = 303K$

$COP = \dfrac{273}{303 - 273} = 9.1$, $1kW = 3,600kJ/h$

$\therefore$ 동력(kW) = $\dfrac{10 \times 3,600}{9.1 \times 3,600} = 1.1$

SECTION 03 계측방법

41 국소대기압이 740mmHg인 곳에서 게이지압력이 0.4bar일 때 절대압력(kPa)은?

① 100 ② 121
③ 139 ④ 156

해설 대기압 = $1.033 \times \dfrac{740}{760} = 1.0058 kg/cm^2$

$1atm = 101.325kPa = 1.013bar = 1.033kg/cm^2$

$1.033 \times \dfrac{0.4}{1.013} = 0.4078 kg/cm^2$

$\therefore 101.325 \times \left(\dfrac{1.0058 + 0.4078}{1.033}\right) = 139kPa$

42 0°C에서 저항이 80Ω이고 저항온도계수가 0.002인 저항온도계를 노 안에 삽입했더니 저항이 160Ω이 되었을 때 노 안의 온도는 약 몇 °C인가?

① 160°C ② 320°C
③ 400°C ④ 500°C

해설 노 안의 온도 $t = t_0 + \dfrac{1}{a}\left(\dfrac{R_t}{R_0} - 1\right)$

$= 0 + \dfrac{1}{0.002}\left(\dfrac{160}{80} - 1\right) = 500°C$

43 차압식 유량계에 관한 설명으로 옳은 것은?

① 유량은 교축기구 전후의 차압에 비례한다.
② 유량은 교축기구 전후의 차압의 제곱근에 비례한다.
③ 유량은 교축기구 전후의 차압의 근삿값이다.
④ 유량은 교축기구 전후의 차압에 반비례한다.

해설 차압식 유량계(오리피스, 플로노즐, 벤투리미터)의 유량은 교축기구 전후의 차압의 제곱근에 비례한다.

44 금속의 전기저항 값이 변화되는 것을 이용하여 압력을 측정하는 전기저항 압력계의 특성으로 맞는 것은?

① 응답속도가 빠르고 초고압에서 미압까지 측정한다.
② 구조가 간단하여 압력 검출용으로 사용한다.
③ 먼지의 영향이 적고 변동에 대한 적응성이 적다.
④ 가스폭발 등 급속한 압력변화를 측정하는 데 사용한다.

해설 전기저항식 압력계(자기변형, 피에조)는 물체에 압력을 가하면 발생한 전기량은 압력에 비례하는 원리를 이용하여 압력을 측정한다. 응답이 빨라서 백만 분의 일 초 정도이며 급격한 압력 변화를 측정하는 데 유효하다.

45 다음 각 습도계의 특징에 대한 설명으로 틀린 것은?

① 노점 습도계는 저습도를 측정할 수 있다.
② 모발 습도계는 2년마다 모발을 바꾸어주어야 한다.
③ 통풍 건습구 습도계는 2.5~5m/s의 통풍이 필요하다.
④ 저항식 습도계는 직류전압을 사용하여 측정한다.

해설 통풍 건습구 습도계
• 온도계의 감온부에 풍속 3~5m/s의 통풍을 행하는 것
• 종류 : Assmann형, 기상대형, 저항온도계식

46 기준입력과 주 피드백 신호와의 차에 의해서 일정한 신호를 조작요소에 보내는 제어장치는?

① 조절기   ② 전송기
③ 조작기   ④ 계측기

해설 조절기
기준입력과 주 피드백 신호와의 차에 의해서 신호를 조작요소에 보내는 제어장치이다.
• 종류 : 공기압식, 전기식, 유압식
• 자동제어 동작순서 : 검출, 비교, 판단, 조작

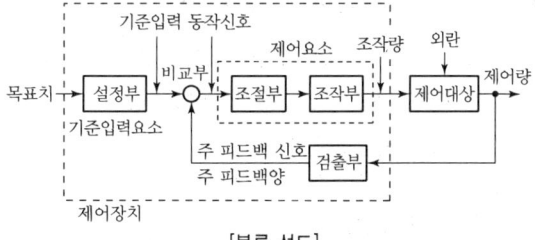

[블록 선도]

47 다음 온도계 중 비접촉식 온도계로 옳은 것은?

① 유리제 온도계   ② 압력식 온도계
③ 전기저항식 온도계   ④ 광고온계

해설 비접촉식 온도계
• 광고온도계   • 광전관식 온도계
• 적외선온도계   • 방사온도계

48 전자유량계의 특징에 대한 설명 중 틀린 것은?

① 압력 손실이 거의 없다.
② 내식성 유지가 곤란하다.
③ 전도성 액체에 한하여 사용할 수 있다.
④ 미소한 측정전압에 대하여 고성능의 증폭기가 필요하다.

해설 전자유량계
전기도체가 자계 내에서 자력선을 자를 때 기전력이 발생한다는 패러데이의 법칙을 이용한 유량계로서 유전율이 낮은 증기와 같은 유체는 측정이 곤란하다. 점도가 높은 유체나 슬러리에 대하여 정도가 높다.

49 가스크로마토그래피는 기체의 어떤 특성을 이용하여 분석하는 장치인가?

① 분자량 차이   ② 부피 차이
③ 분압 차이   ④ 확산속도 차이

해설 가스크로마토그래피 가스 분석계는 기체의 확산속도 차이를 이용하여 가스를 분석한다. 캐리어가스로는 H_2, N_2, He 이 필요하다. 분리능력과 선택성이 우수하다.

50 피토관에 의한 유속 측정식은 $v = \sqrt{\dfrac{2g(P_1 - P_2)}{\gamma}}$ 이다. 이때 P_1, P_2의 각각의 의미는?(단, v는 유속, g는 중력가속도이고, γ는 비중량이다.)

① 동압과 전압을 뜻한다.
② 전압과 정압을 뜻한다.
③ 정압과 동압을 뜻한다.
④ 동압과 유체압을 뜻한다.

해설 피토관 유속식 유량계

유량$(Q) = Av_1 = A \cdot C_v \sqrt{2g \dfrac{P_1 - P_2}{\gamma}}$ (m^3/sec)

여기서, v_1 : 유속(=유량/단면적)
  A : 단면적
  g : 중력가속도($9.8m/s^2$)
  C_v : 유량계수
  P_1 : 전압, P_2 : 정압
$P_1 - P_2$ = 전압 - 정압 = 동압

51 다음 각 압력계에 대한 설명으로 틀린 것은?

① 벨로스 압력계는 탄성식 압력계이다.
② 다이어프램 압력계의 박판재료로 인청동, 고무를 사용할 수 있다.
③ 침종식 압력계는 압력이 낮은 기체의 압력 측정에 적당하다.
④ 탄성식 압력계의 일반 교정용 시험기로는 전기식 표준압력계가 주로 사용된다.

해설 ㉠ 표준 분동식 압력계
  • 탄성식 압력계의 교정용 시험기이다.
  • 측정범위 : 50MPa
  • 사용기름 : 경유, 스핀들유, 피마자유, 마진유, 모빌유
㉡ 탄성식 압력계의 종류
  • 부르동관식
  • 벨로스식
  • 디이어프램식

52 서로 다른 2개의 금속판을 접합시켜서 만든 바이메탈 온도계의 기본 작동원리는?

① 두 금속판의 비열의 차
② 두 금속판의 열전도율의 차
③ 두 금속판의 열팽창계수의 차
④ 두 금속판의 기계적 강도의 차

해설 바이메탈 온도계
황동-인바, 모넬메탈-니켈강 등의 서로 다른 2개의 금속판을 접합시켜서 열팽창계수 차를 이용하여 만든 온도계
• 측정범위 : -50~500℃
• 관의 두께 : 0.1~0.2mm
• 형상 : 원호형, 나선형

53 자동연소제어장치에서 보일러 증기압력의 자동제어에 필요한 조작량은?

① 연료량과 증기압력
② 연료량과 보일러 수위
③ 연료량과 공기량
④ 증기압력과 보일러 수위

해설 보일러 자동제어

제어장치의 명칭	제어량	조작량
ACC 연소제어	증기압력	연료량
		공기량
	노 내 압력	연소 가스양
FWC 급수제어	보일러 수위	급수량
STC 증기온도제어	증기온도	전열량

54 제백(Seebeck) 효과에 대하여 가장 바르게 설명한 것은?

① 어떤 결정체를 압축하면 기전력이 일어난다.
② 성질이 다른 두 금속의 접점에 온도 차를 두면 열기전력이 일어난다.
③ 고온체로부터 모든 파장의 전방사에너지는 절대온도의 4승에 비례하여 커진다.
④ 고체가 고온이 되면 단파장 성분이 많아진다.

50. ② 51. ④ 52. ③ 53. ③ 54. ② | ANSWER

해설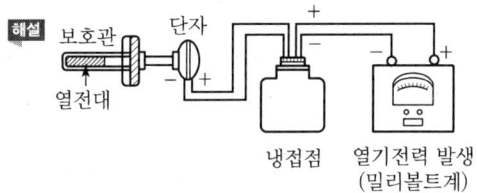

55 유량 측정에 사용되는 오리피스가 아닌 것은?
① 베나탭 ② 게이지탭
③ 코너탭 ④ 플랜지탭

해설 오리피스 차압식 유량계의 Tap
- Corner Tap
- Vena Tap
- Flange Tap

56 유량계의 교정방법 중 기체 유량계의 교정에 가장 적합한 방법은?
① 밸런스를 사용하여 교정한다.
② 기준 탱크를 사용하여 교정한다.
③ 기준 유량계를 사용하여 교정한다.
④ 기준 체적관을 사용하여 교정한다.

해설 기체 유량계의 교정에는 기준 체적관을 사용한다.

57 저항온도계에 활용되는 측온 저항체 종류에 해당되는 것은?
① 서미스터(Thermistor) 저항온도계
② 철-콘스탄탄(IC) 저항온도계
③ 크로멜(Chromel) 저항온도계
④ 알루멜(Alumel) 저항온도계

해설 저항온도계의 저항체
- 백금 : $-200 \sim 500℃$
- 니켈 : $-50 \sim 150℃$
- 구리 : $0 \sim 120℃$
- 서미스터(소결 반도체 : Ni, Co, Mn, Fe, Cu 사용) : $-100 \sim 300℃$
※ 0℃ 표준저항치 : 25Ω, 50Ω, 100Ω

58 공기 중에 있는 수증기 양과 그때의 온도에서 공기 중에 최대로 포함할 수 있는 수증기의 양을 백분율로 나타낸 것은?
① 절대습도 ② 상대습도
③ 포화증기압 ④ 혼합비

해설 상대습도(H_R)
$$= \frac{\text{온도 } T \text{에서 그 수증기 분압}}{\text{온도 } T \text{에서 그 수증기 포화압력}} \times 100(\%)$$

59 다음 가스 분석계 중 화학적 가스 분석계가 아닌 것은?
① 밀도식 CO_2계 ② 오르자트식
③ 헴펠식 ④ 자동화학식 CO_2계

해설 밀도식 가스분석계의 CO_2 밀도 $= \frac{\text{질량}}{\text{체적}} = \frac{44\text{kg/kmol}}{22.4\text{m}^3}$
$= 1.964\text{kg/m}^3$

60 가스크로마토그래피의 구성요소가 아닌 것은?
① 유량계
② 컬럼 검출기
③ 직류증폭장치
④ 캐리어 가스통

해설 가스크로마토그래피의 구성요소
- 유량조절밸브
- 캐리어 가스 고압용기
- 검출기
- 분리관
- 압력계
- 시료도입장치
- 감압장치
- 기록계
※ 3대 구성요소 : 분리관, 검출기, 기록계

ANSWER | 55. ② 56. ④ 57. ① 58. ② 59. ① 60. ③

SECTION 04 열설비재료 및 관계법규

61 에너지이용 합리화법령에 따라 산업통상자원부장관은 에너지 수급 안정을 위하여 에너지 사용자에게 필요한 조치를 할 수 있는데 이 조치의 해당 사항이 아닌 것은?
① 지역별, 주요 수급자별 에너지 할당
② 에너지 공급설비의 정지명령
③ 에너지의 비축과 저장
④ 에너지사용기자재의 사용 제한 또는 금지

해설 수급안정을 위한 조치에 해당하는 사항(에너지이용 합리화법 제7조제2항)
- 지역별·주요 수급자별 에너지 할당
- 에너지공급설비의 가동 및 조업
- 에너지의 비축과 저장
- 에너지의 도입·수출입 및 위탁가공
- 에너지공급자 상호 간의 에너지의 교환 또는 분배 사용
- 에너지의 유통시설과 그 사용 및 유통경로
- 에너지의 배급
- 에너지의 양도·양수의 제한 또는 금지
- 에너지사용의 시기·방법 및 에너지사용기자재의 사용 제한 또는 금지 등 대통령령으로 정하는 사항
- 그 밖에 에너지수급을 안정시키기 위하여 대통령령으로 정하는 사항

62 에너지이용 합리화법령에 따라 검사대상기기 관리자는 선임된 날부터 얼마 이내에 교육을 받아야 하는가?
① 1개월   ② 3개월
③ 6개월   ④ 1년

해설 검사대상기기 관리자는 선임된 날로부터 6개월 이내에 교육을 받아야 한다.

63 내화물 사용 중 온도의 급격한 변화 혹은 불균일한 가열 등으로 균열이 생기거나 표면이 박리되는 현상을 무엇이라 하는가?
① 스폴링   ② 버스팅
③ 연화   ④ 수화

해설 스폴링(박락 현상)
- 내화벽돌 사용 중 온도의 급격한 변화, 혹은 불균일한 가열, 조직의 불균일 등으로 내화벽 표면 일부가 떨어져 나가는 박리 현상이다.
- 종류 : 열적 스폴링, 기계적 스폴링, 조직적 스폴링

64 무기질 보온재에 대한 설명으로 틀린 것은?
① 일반적으로 안전사용온도 범위가 넓다.
② 재질 자체가 독립기포로 안정되어 있다.
③ 비교적 강도가 높고 변형이 적다.
④ 최고 사용온도가 높아 고온에 적합하다.

해설 유기질 보온재
재질 자체가 독립기포로 된 다공성이라서 안정되어 있다.

65 다음 밸브 중 유체가 역류하지 않고 한쪽 방향으로만 흐르게 하는 밸브는?
① 감압밸브   ② 체크밸브
③ 팽창밸브   ④ 릴리프밸브

해설 역류 방지 체크밸브(체크밸브 기호 : ⟶N⟶)
- 스윙식   • 리프트식
- 해머리스식   • 판형

66 에너지이용 합리화법령에서 에너지 사용의 제한 또는 금지에 대한 내용으로 틀린 것은?
① 에너지 사용의 시기 및 방법의 제한
② 에너지 사용 시설 및 에너지 사용 기자재에 사용할 에너지의 지정 및 사용 에너지의 전환
③ 특정 지역에 대한 에너지 사용의 제한
④ 에너지 사용 설비에 관한 사항

해설 에너지 사용의 제한 또는 금지사항(에너지이용 합리화법 시행령 제14조제1항)
- 에너지사용시설 및 에너지사용기자재에 사용할 에너지의 지정 및 사용 에너지의 전환
- 위생 접객업소 및 그 밖의 에너지사용시설에 대한 에너지 사용의 제한
- 차량 등 에너지사용기자재의 사용제한
- 에너지 사용의 시기 및 방법의 제한
- 특정 지역에 대한 에너지 사용의 제한

61. ② 62. ③ 63. ① 64. ② 65. ② 66. ④ | ANSWER

67 단열효과에 대한 설명으로 틀린 것은?
① 열확산계수가 작아진다.
② 열전도계수가 작아진다.
③ 노 내 온도가 균일하게 유지된다.
④ 스폴링 현상을 촉진시킨다.

해설
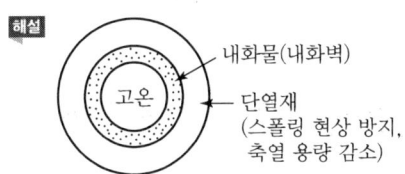

68 고압 증기의 옥외 배관에 가장 적당한 신축이음 방법은?
① 오프셋형   ② 벨로스형
③ 루프형   ④ 슬리브형

해설 루프형 신축 조인트(곡관형)
• 옥외 배관용
• 대형 배관용

69 중유 소성을 하는 평로에서 축열실의 역할로서 가장 옳은 것은?
① 제품을 가열한다.
② 급수를 예열한다.
③ 연소용 공기를 예열한다.
④ 포화증기를 가열하여 과열증기로 만든다.

해설
• 축열실 : 평로, 균열로 등으로 연소용 공기의 예열에 사용된다. 구조와 강도상 제약이 적고 공기의 예열온도는 1,000~1,200℃ 정도이므로 고온용이다.
• 환열기(리큐퍼레이터) : 일종의 공기 예열기이다. 고온 가스와 저온 가스의 상호 열교환이 이루어지며 금속 시공이 많은 편이다(연소 가스 온도 약 600℃ 이하용). 고온 공업에서 환열기를 설치하여 열효율을 향상시킨다.

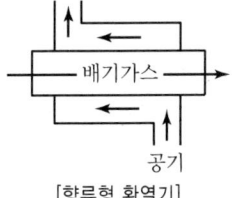
[항류형 환열기]

70 다음 중 셔틀 요(Shuttle Kiln)는 어디에 속하는가?
① 반연속 요   ② 승염식 요
③ 연속 요   ④ 불연속 요

해설 반연속 요
등요, 셔틀 요

71 에너지이용 합리화법령에 따라 인정검사대상기기 관리자의 교육을 이수한 자가 관리할 수 없는 검사대상 기기는?
① 압력 용기
② 열매체를 가열하는 보일러로서 용량이 581.5kW 이하인 것
③ 온수를 발생하는 보일러로서 용량이 581.5kW 이하인 것
④ 증기보일러로서 최고사용압력이 2MPa 이하이고, 전열면적이 5m^2 이하인 것

해설 인정검사대상기기 관리자 교육 이수자의 관리범위(에너지이용 합리화법 시행규칙 별표 3의9)
• 증기보일러로서 최고사용압력이 1MPa 이하이고, 전열면적이 10m^2 이하인 것
• 온수발생 및 열매체를 가열하는 보일러로서 용량이 581.5 kW 이하인 것
• 압력용기

72 에너지이용 합리화법령에 따른 에너지이용 합리화 기본계획에 포함되어야 할 내용이 아닌 것은?
① 에너지 이용 효율의 증대
② 열사용기자재의 안전관리
③ 에너지 소비 최대화를 위한 경제구조의 전환
④ 에너지원 간 대체

해설 에너지 소비 최대화가 아니라 에너지 절약형 경제구조로의 전환이 포함되어야 한다.

73 단열재를 사용하지 않는 경우의 방출열량이 350W이고, 단열재를 사용할 경우의 방출열량이 100W라 하면 이때의 보온효율은 약 몇 %인가?
① 61 ② 71
③ 81 ④ 91

해설 이득열량 = 350W − 100W = 250W
보온효율 = $\frac{250}{350} \times 100 = 71\%$

74 에너지이용 합리화법령에 따라 검사대상기기 관리대행기관으로 지정을 받기 위하여 산업통상자원부장관에게 제출하여야 하는 서류가 아닌 것은?
① 장비명세서
② 기술인력 명세서
③ 기술인력 고용계약서 사본
④ 향후 1년간 안전관리대행 사업계획서

해설 에너지이용 합리화법 시행규칙 제31조의29에 의거한 지정 신청서류는 ①, ②, ④ 외에 변경사항을 증명할 수 있는 서류(변경지정의 경우에만 해당)가 필요하다.

75 에너지이용 합리화법의 목적으로 가장 거리가 먼 것은?
① 에너지의 합리적 이용을 증진
② 에너지 소비로 인한 환경피해 감소
③ 에너지원의 개발
④ 국민 경제의 건전한 발전과 국민복지의 증진

해설 에너지이용 합리화법 제1조 목적에는 ①, ②, ④와 '지구온난화의 최소화에 이바지함'이 있다.

76 에너지이용 합리화법령상 산업통상자원부장관이 에너지다소비사업자에게 개선명령을 할 수 있는 경우는 에너지관리지도 결과 몇 % 이상의 에너지 효율 개선이 기대될 때로 규정하고 있는가?
① 10 ② 20
③ 30 ④ 50

해설 에너지이용 합리화법 시행령 제40조 개선명령의 요건에서 에너지관리지도 결과 10% 이상의 에너지 효율 개선이 기대되고 효율의 개선을 위한 투자의 경제성이 있다고 인정되는 경우로 규정하고 있다.

77 용광로에서 선철을 만들 때 사용되는 주원료 및 부재료가 아닌 것은?
① 규선석 ② 석회석
③ 철광석 ④ 코크스

해설 용광로(고로)에서의 선철 제조 시 주원료, 부재료 석회석, 철광석, 코크스 등

78 에너지이용 합리화법령상 특정열사용기자재 설치·시공 범위가 아닌 것은?
① 강철제 보일러 세관 ② 철금속가열로의 시공
③ 태양열 집열기 배관 ④ 금속균열로의 배관

해설 에너지이용 합리화법 시행규칙 별표 3의2에서 금속균열로는 해당 기기의 설치를 위한 시공이 범위이다.

79 에너지이용 합리화법령에서 정한 에너지사용자가 수립하여야 할 자발적 협약이행계획에 포함되지 않는 것은?
① 협약 체결 전년도의 에너지 소비 현황
② 에너지 관리체제 및 관리방법
③ 전년도의 에너지사용량·제품생산량
④ 효율향상목표 등의 이행을 위한 투자계획

해설 에너지이용 합리화법 시행규칙 제26조에 따라 ①, ②, ④ 외에 에너지를 사용하여 만드는 제품, 부가가치 등의 단위당 에너지이용효율 향상목표 또는 온실가스배출 감축목표 및 그 이행방법 등이 포함된다.

80 터널 가마(Tunnel Kiln)의 특징에 대한 설명 중 틀린 것은?
① 연속식 가마이다.
② 사용 연료에 제한이 없다.
③ 대량생산이 가능하고 유지비가 저렴하다.
④ 노 내 온도 조절이 용이하다.

73. ② 74. ③ 75. ③ 76. ① 77. ① 78. ④ 79. ③ 80. ② | ANSWER

[해설] 터널 가마는 사용 연료에 제약이 많다.

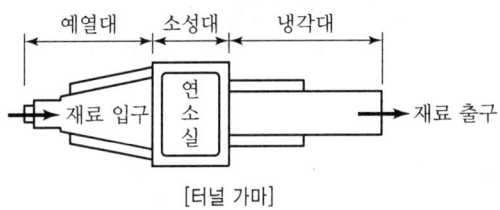

[터널 가마]

SECTION 05 열설비설계

81 연도 등의 저온의 전열면에 주로 사용되는 수트 블로어의 종류는?

① 삽입형 ② 예열기 클리너형
③ 로터리형 ④ 건형(Gun Type)

[해설] 보일러

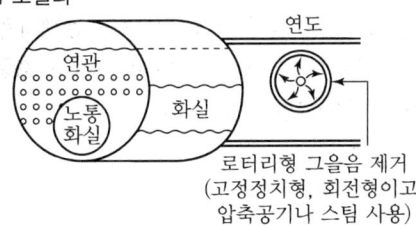

로터리형 그을음 제거
(고정정치형, 회전형이고
압축공기나 스팀 사용)

82 플래시 탱크의 역할로 옳은 것은?

① 저압의 증기를 고압의 응축수로 만든다.
② 고압의 응축수를 저압의 증기로 만든다.
③ 고압의 증기를 저압의 응축수로 만든다.
④ 저압의 응축수를 고압의 증기로 만든다.

[해설] 플래시 탱크
고압 보일러에서 고온의 응축수를 저압의 증기 생산에 의해 증기로 회수하고 일부는 응축수 상태로 재사용한다.

83 다이어프램 밸브의 특징에 대한 설명으로 틀린 것은?

① 역류를 방지하기 위한 것이다.
② 유체의 흐름에 주는 저항이 적다.
③ 기밀(氣密)할 때 패킹이 불필요하다.
④ 화학약품을 차단하여 금속 부분의 부식을 방지한다.

[해설] 체크밸브
역류방지용, 급수설비용

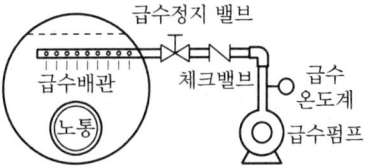

84 그림과 같은 노 냉수벽의 전열면적(m²)은?(단, 수관의 바깥지름 30mm, 수관의 길이 5m, 수관의 수 200개이다.)

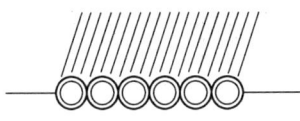

① 24 ② 47
③ 72 ④ 94

[해설] 수랭로벽 전열면적 $F = \pi DLN$
$$= 3.14 \times \left(\frac{30}{10^3}\right) \times 5 \times 200 = 94.2 m^2$$

한쪽 면만 열을 흡수하는 형태이므로
전열면적 $= \frac{94.2}{2} = 47.1 m^2$

85 지름이 d, 두께가 t인 얇은 살두께의 원통 안에 압력 P가 작용할 때 원통에 발생하는 길이 방향의 인장응력은?

① $\dfrac{\pi dP}{4t}$ ② $\dfrac{\pi dP}{t}$

③ $\dfrac{dP}{4t}$ ④ $\dfrac{dP}{2t}$

ANSWER | 81. ③ 82. ② 83. ① 84. ② 85. ③

해설 응력

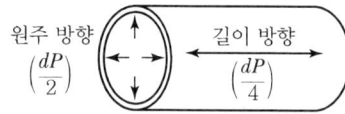

86 스케일(Scale)에 대한 설명으로 틀린 것은?
① 스케일로 인하여 연료 소비가 많아진다.
② 스케일은 규산칼슘, 황산칼슘이 주성분이다.
③ 스케일은 보일러에서 열전달을 저하시킨다.
④ 스케일로 인하여 배기가스의 온도가 낮아진다.

해설 스케일이 부착되면 화실의 열을 수관으로 전달하지 못하므로 전열을 방해하여 배기가스 온도만 상승한다.

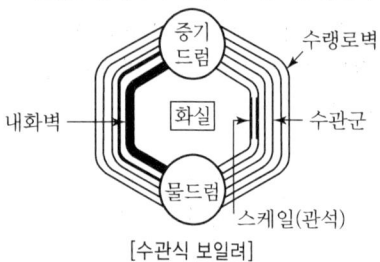

[수관식 보일러]

87 노통연관식 보일러에서 평형부의 길이가 230mm 미만인 파형 노통의 최소 두께(mm)를 결정하는 식은? (단, P는 최고 사용압력(MPa), D는 노통의 파형부에서의 최대 내경과 최소 내경의 평균치(모리슨형 노통에서는 최소 내경에 50mm를 더한 값)(mm), C는 노통의 종류에 따른 상수이다.)

① $10PDC$
② $\dfrac{10PC}{D}$
③ $\dfrac{C}{10PD}$
④ $\dfrac{10PD}{C}$

해설
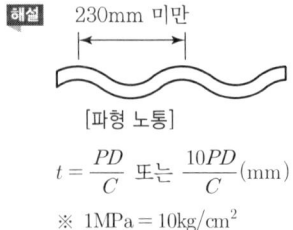
[파형 노통]

$t = \dfrac{PD}{C}$ 또는 $\dfrac{10PD}{C}$ (mm)

※ $1\text{MPa} = 10\text{kg/cm}^2$

88 가로 50cm, 세로 70cm인 300℃로 가열된 평판에 20℃의 공기를 불어주고 있다. 열전달계수가 25W/m²·℃일 때 열전달량은 몇 kW인가?
① 2.45
② 2.72
③ 3.34
④ 3.96

해설 열전달량$(Q) = A \times K \times \Delta t = \left(\dfrac{50 \times 70}{10^4}\right) \times 25 \times (300-20)$
$= 24,500\text{W}(2.45\text{kW})$

89 수질(水質)을 나타내는 ppm의 단위는?
① 1만 분의 1 단위
② 십만 분의 1 단위
③ 백만 분의 1 단위
④ 1억 분의 1 단위

해설 ppm : 미량농도단위, $\dfrac{1}{10^6}$(백만 분의 1) 단위

90 유량 2,200kg/h인 80℃의 벤젠을 40℃까지 냉각시키고자 한다. 냉각수 온도를 입구 30℃, 출구 45℃로 하여 대향류열교환기 형식의 이중관식 냉각기를 설계할 때 적당한 관의 길이(m)는?(단, 벤젠의 평균 비열은 1,884J/kg·℃, 관 내경 0.0427m, 총괄전열계수는 600W/m²·℃이다.)
① 8.7
② 18.7
③ 28.6
④ 38.7

해설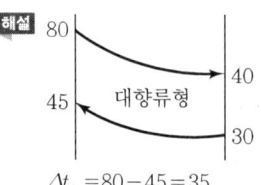

$\Delta t_1 = 80 - 45 = 35$
$\Delta t_2 = 40 - 30 = 10$

• $LMTD = \Delta t_m = \dfrac{\Delta t_1 - \Delta t_2}{\ln\left(\dfrac{\Delta t_1}{\Delta t_2}\right)} = \dfrac{35-10}{\ln\left(\dfrac{35}{10}\right)} ≒ 20℃$

• $600\text{W} = 0.6\text{kW}$
  $0.6 \times 3,600 = 2,160\text{kJ/h}$

• 벤젠 냉각 열량$(Q) = 2,200 \times \dfrac{1,884}{10^3} \times (80-40)$
  $= 165,792\text{kJ/h}$

∴ 이중관식 면적$(F) = \dfrac{165,792}{2,160 \times 20} = 3.83\text{m}^2$

86. ④ 87. ④ 88. ① 89. ③ 90. ③ | ANSWER

$$3.83 = 3.14 \times d \times L = 3.14 \times 0.0427 \times L$$
$$\therefore \text{관의 길이}(L) = \frac{3.83}{3.14 \times 0.0427} = 28.6\text{m}$$

91 가스용 보일러의 배기가스 중 이산화탄소에 대한 일산화탄소의 비는 얼마 이하여야 하는가?

① 0.001 ② 0.002
③ 0.003 ④ 0.005

해설 가스용 보일러의 CO비(CO/CO_2) : 0.002 이하

92 오일 버너로서 유량 조절 범위가 가장 넓은 버너는?

① 스팀 제트 ② 유압분무식 버너
③ 로터리 버너 ④ 고압공기식 버너

해설 유량 조절 범위
- 스팀 제트 1 : 5
- 유압분무식 1 : 1.5
- 로터리식 1 : 5
- 고압공기식 1 : 10

93 원통형 보일러의 내면이나 관벽 등 전열면에 스케일이 부착될 때 발생되는 현상이 아닌 것은?

① 열전달률이 매우 작아 열전달 방해
② 보일러의 파열 및 변형
③ 물의 순환속도 저하
④ 전열면의 과열에 의한 증발량 증가

해설 보일러 내면·전열면에 스케일 부착 시 전열면의 과열로 파열의 원인이 되고 열전달 방해로 증발량이 감소한다.

94 배관용 탄소강관을 압력용기의 부분에 사용할 때에는 설계압력이 몇 MPa 이하일 때 가능한가?

① 0.1 ② 1
③ 2 ④ 3

해설 배관용 탄소강관(SPP)은 최고사용압력 1MPa(10kg/cm²) 이하, 350℃ 이하에서 안전한 배관이다(물, 공기, 급수, 오일 배관용).

95 보일러의 급수처리방법에 해당되지 않는 것은?

① 이온교환법 ② 응집법
③ 희석법 ④ 여과법

해설 1. 보일러 급수의 외처리법
  ㉠ 고체 협잡물 처리
    - 침강법
    - 응집법
    - 여과법
  ㉡ 용존 가스체 처리
    - 탈기법(산소 제거)
    - 기폭법(이산화탄소, 철분 제거)
  ㉢ 용해 고형물 처리
    - 이온교환법
    - 증류법
    - 약품처리법
2. 보일러 급수의 내처리법
  ㉠ pH 조정제 : 가성소다, 인산 제1·3 소다, 암모니아
  ㉡ 경수연화제 : 탄산소다, 인산소다
  ㉢ 슬러지 조정제 : 전분, 탄닌, 리그닌, 덱스트린
  ㉣ 탈산소제 : 탄닌, 아황산나트륨, 히드라진
  ㉤ 기포 방지제 : 폴리아미드, 알코올, 고급 지방산에스테르

96 수관식 보일러에 속하지 않는 것은?

① 코르니시 보일러 ② 바브콕 보일러
③ 라몬트 보일러 ④ 벤슨 보일러

해설 원통형 보일러 : 저압용 보일러

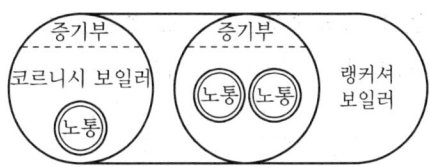

97 평노통, 파형 노통, 화실 및 직립 보일러 화실판의 최고 두께는 몇 mm 이하이어야 하는가?(단, 습식 화실 및 조합노통 중 평노통은 제외한다.)

① 12 ② 22
③ 32 ④ 42

해설 평노통, 파형 노통, 직립(입형) 보일러 화실판의 최고 두께는 22mm 이하이어야 한다.

ANSWER | 91. ② 92. ④ 93. ④ 94. ② 95. ③ 96. ① 97. ②

98 다음 중 보일러의 전열효율을 향상시키기 위한 장치로 가장 거리가 먼 것은?

① 수트 블로어　　② 인젝터
③ 공기예열기　　④ 절탄기

해설 인젝터
- 보일러 증기를 이용한 무동력 소형 급수설비(일종의 소형 급수펌프 장치)
- 2 이상 ~10kg/cm² 증기를 사용

99 보일러수의 분출 목적이 아닌 것은?

① 프라이밍 및 포밍을 촉진한다.
② 물의 순환을 촉진한다.
③ 가성 취화를 방지한다.
④ 관수의 pH를 조절한다.

해설 보일러 분출(수저, 수면 분출)
프라이밍(비수), 포밍(거품)을 방지한다.

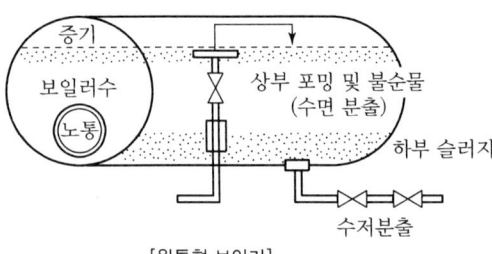

[원통형 보일러]

100 수관식 보일러에 대한 설명으로 틀린 것은?

① 증기 발생의 소요시간이 짧다.
② 보일러 순환이 좋고 효율이 높다.
③ 스케일의 발생이 적고 청소가 용이하다.
④ 드럼이 작아 구조적으로 고압에 적당하다.

해설 원통형 보일러
수관식 보일러에 비해 스케일 발생이 적고 청소나 점검이 용이하다.

98. ② 99. ① 100. ③ | ANSWER

2020년 4회 에너지관리기사

SECTION 01 연소공학

01 집진장치에 대한 설명으로 틀린 것은?
① 전기 집진기는 방전극을 음(陰), 집진극을 양(陽)으로 한다.
② 전기집진은 쿨롱(Coulomb)력에 의해 포집된다.
③ 소형 사이클론을 직렬시킨 원심력 분리장치를 멀티 스크러버(Multi Scrubber)라 한다.
④ 여과 집진기는 함진 가스를 여과재에 통과시키면서 입자를 분리하는 장치이다.

해설
- 멀티 사이클론 : 소형 사이클론을 여러 개 직렬시킨 원심력 분리집진장치이다.
- 스크러버 : 기수분리기이며, 보일러 동체에 부착한다.

02 제조 기체연료에 포함된 성분이 아닌 것은?
① C ② H_2
③ CH_4 ④ N_2

해설 C(탄소)는 고체·액체연료의 성분이다.
※ 액화천연가스(LNG)의 주성분은 메탄가스(CH_4)이다.

03 저압공기 분무식 버너의 특징이 아닌 것은?
① 구조가 간단하여 취급이 간편하다.
② 공기압이 높으면 무화공기량이 줄어든다.
③ 점도가 낮은 중유도 연소할 수 있다.
④ 대형 보일러에 사용된다.

해설 중유 기류식 버너
- 고압기류식 버너 : 대형 보일러의 분무 버너(고압의 증기 사용)
- 저압기류식 버너 : 중소형 보일러의 분무 버너(저압의 공기 사용)

04 환열실의 전열면적(m^2)과 전열량(W) 사이의 관계는?(단, 전열면적은 F, 전열량은 Q, 총괄전열계수는 V이며, Δt_m은 평균온도차이다.)
① $Q = \dfrac{F}{\Delta t_m}$ ② $Q = F \times \Delta t_m$
③ $Q = F \times V \times \Delta t_m$ ④ $Q = \dfrac{V}{F \times \Delta t_m}$

해설 연속요로에서 환열실(리큐퍼레이터)의 전열량(Q)
Q = 전열면적 × 전열계수 × 평균온도차

05 효율이 60%인 보일러에서 12,000kJ/kg의 석탄을 150kg 연소시켰을 때의 열손실은 몇 MJ인가?
① 720 ② 1,080
③ 1,280 ④ 1,440

해설 열손실 = 100 − 60 = 40%
총연소열량 = 150 × 12,000 = 1,800,000kJ
∴ 손실열 = 1,800,000 × 0.4 = 720,000kJ = 720MJ
※ 1MJ = 1,000kJ

06 연료의 연소 시 CO_{2max}(%)는 어느 때의 값인가?
① 실제공기량으로 연소 시
② 이론공기량으로 연소 시
③ 과잉공기량으로 연소 시
④ 이론양보다 적은 공기량으로 연소 시

해설 이산화탄소 최대 발생량(CO_{2max})은 이론공기량으로 완전연소 시 발생한다.

07 중유에 대한 설명으로 틀린 것은?
① A중유는 C중유보다 점성이 작다.
② A중유는 C중유보다 수분 함유량이 작다.
③ 중유는 점도에 따라 A급, B급, C급으로 나뉜다.
④ C중유는 소형 디젤 기관 및 소형 보일러에 사용된다.

ANSWER | 1.③ 2.① 3.④ 4.③ 5.① 6.② 7.④

해설
- 중유의 점도에 따라 A, B, C급으로 분류하고 점도가 매우 높은 C급 중유는 대형 산업용 보일러에 사용한다.
- 소형 디젤 기관이나 소형 보일러에는 경유나 등유를 사용한다.

08 다음 각 성분의 조성을 나타낸 식 중에서 틀린 것은? (단, m : 공기비, L_o : 이론공기량, G : 가스양, G_o : 이론 건연소가스양이다.)

① $(CO_2) = \dfrac{1.867C - (CO)}{G} \times 100$

② $(O_2) = \dfrac{0.21(m-1)L_o}{G} \times 100$

③ $(N_2) = \dfrac{0.8N + 0.79mL_o}{G} \times 100$

④ $(CO_2)_{max} = \dfrac{1.867C + 0.7S}{G_o} \times 100$

해설 배기가스 중 CO_2양 계산식
$CO_2 = \dfrac{1.867C + 0.7S}{G} \times 100\%$

09 다음 성분 중 연료의 조성을 분석하는 방법 중에서 공업분석으로 알 수 없는 것은?

① 수분(W)
② 회분(A)
③ 휘발분(V)
④ 수소(H)

해설
- 원소분석 : 탄소(C), 수소(H), 황(S), 산소(O), 질소(N)
- 공업분석 : ①, ②, ③ 외 고정탄소(F)가 포함됨

10 액체 연료의 연소방법으로 틀린 것은?

① 유동층연소
② 등심연소
③ 분무연소
④ 증발연소

해설 유동층연소, 미분탄연소, 화격자 연소 : 고체 연료의 연소방법

11 이론 습연소가스양 G_{ow}와 이론 건연소가스양 G_{od}의 관계를 나타낸 식으로 옳은 것은?(단, H는 수소체적비, w는 수분체적비를 나타내고, 식의 단위는 Nm^3/kg이다.)

① $G_{od} = G_{ow} + 1.25(9H + w)$
② $G_{od} = G_{ow} - 1.25(9H + w)$
③ $G_{od} = G_{ow} + (9H + w)$
④ $G_{od} = G_{ow} - (9H - w)$

해설 이론 건연소가스양$(G_{od}) = G_{ow} - 1.25(9H + w)$

- H_2O : $\dfrac{22.4Nm^3}{18kg} = 1.25$
- H_2 + $0.5O_2$ → H_2O
  2kg + 16kg → 19kg
  1kg + 8kg → 9kg

12 연소 가스와 외부 공기의 밀도 차에 의해서 생기는 압력 차를 이용하는 통풍 방법은?

① 자연 통풍
② 평행 통풍
③ 압입 통풍
④ 유인 통풍

해설 연소 가스의 밀도는 공기의 밀도(kg/m^3)보다 작다. 이것을 이용한 것이 자연 통풍력이다.

13 중유의 저위발열량이 41,860kJ/kg인 원료 1kg을 연소시킨 결과 연소열이 31,400kJ/kg이고 유효출열이 30,270kJ/kg일 때, 전열효율과 연소효율은 각각 얼마인가?

① 96.4%, 70%
② 96.4%, 75%
③ 72.3%, 75%
④ 72.3%, 96.4%

해설 실제 연소열 = 31,400

- 연소효율 = $\dfrac{연소열}{발열량} \times 100 = \dfrac{31,400}{41,860} \times 100 = 75\%$
- 전열효율 = $\dfrac{유효출열}{연소열} \times 100 = \dfrac{30,270}{31,400} \times 100 = 96.4\%$
- ※ 열효율 = $\dfrac{유효출열}{발열량} \times 100$

14 기체 연료의 장점이 아닌 것은?

① 열효율이 높다.
② 연소의 조절이 용이하다.
③ 다른 연료에 비하여 제조 비용이 싸다.
④ 다른 연료에 비하여 회분이나 매연이 나오지 않고 청결하다.

해설 기체 연료는 다른 연료에 비하여 제조 비용이 많이 든다.

15 분젠 버너를 사용할 때 가스의 유출 속도를 점차 빠르게 하면 불꽃 모양은 어떻게 되는가?

① 불꽃이 엉클어지면서 짧아진다.
② 불꽃이 엉클어지면서 길어진다.
③ 불꽃의 형태는 변화 없고 밝아진다.
④ 아무런 변화가 없다.

해설 분젠 버너
㉠ 분젠 버너 사용 시 가스 유출 속도를 점차 빠르게 하면 불꽃이 엉클어지면서 난류상태로 불꽃이 짧아진다.
㉡ 분젠버너 연소 시 공급 공기량
 • 1차 공기 : 40~70%
 • 2차 공기 : 30~60%
㉢ 화염 길이가 짧고 청록색이며 화염 온도는 1,300℃이다.

16 메탄 50v%, 에탄 25v%, 프로판 25v%가 섞여 있는 혼합 기체의 공기 중에서 연소하한계는 약 몇 %인가? (단, 메탄, 에탄, 프로판의 연소하한계는 각각 5v%, 3v%, 2.1v%이다.)

① 2.3
② 3.3
③ 4.3
④ 5.3

해설 연소하한계 $L = \dfrac{100}{\dfrac{V_1}{L_1} + \dfrac{V_2}{L_2} + \dfrac{V_3}{L_3}}$

$= \dfrac{100}{\dfrac{50}{5} + \dfrac{25}{3} + \dfrac{25}{2.1}}$

$= \dfrac{100}{30.24} = 3.3\%$

17 다음 중 굴뚝의 통풍력을 나타내는 식은?(단, h는 굴뚝 높이, γ_a는 외기의 비중량, γ_g는 굴뚝 속의 가스의 비중량, g는 중력가속도이다.)

① $h(\gamma_g - \gamma_a)$
② $h(\gamma_a - \gamma_g)$
③ $\dfrac{h(\gamma_g - \gamma_a)}{g}$
④ $\dfrac{h(\gamma_a - \gamma_g)}{g}$

해설 굴뚝(연돌)의 유체밀도에 의한 통풍력(Z) $= h(\gamma_a - \gamma_g)$
(화실의 연소상태에서 통풍력 측정)

18 B중유 5kg을 완전 연소시켰을 때 저위발열량은 약 몇 MJ인가?(B중유의 고위발열량은 41,900kJ/kg, 중유 1kg에 수소 H는 0.2kg, 수증기 W는 0.1kg 함유되어 있다.)

① 96
② 126
③ 156
④ 186

해설 저위발열량(H_l) $= H_h - 2,512(9H + W)$
$= 41,900 - 2,512(9 \times 0.2 + 0.1)$
$= 37,127.2 \text{kJ/kg}$

$\therefore H_l \times 5 = \dfrac{37,127.2 \times 5}{10^3} = 186 \text{MJ}$

※ $1\text{MJ} = 10^6 \text{J} = 10^3 \text{kJ}$

19 수소 1kg을 완전히 연소시키는 데 요구되는 이론산소량은 몇 Nm³인가?

① 1.86
② 2.8
③ 5.6
④ 26.7

해설
$H_2 \quad + \quad \dfrac{1}{2}O_2 \quad \rightarrow \quad H_2O$
$2\text{kg} \quad + \quad 16\text{kg} \quad \rightarrow \quad 18\text{kg}$
$22.4\text{m}^3 \quad + \quad 11.2\text{m}^3 \quad \rightarrow \quad 22.4\text{m}^3$

$\therefore$ 이론산소량(O_0) $= \dfrac{11.2}{2} = 5.6 \text{Nm}^3/\text{kg}$

20 가연성 혼합기의 공기비가 1.0일 때 당량비는?

① 0
② 0.5
③ 1.0
④ 1.5

해설 공기비 = 실제공기량/이론공기량

당량비 = 이론공기량/실제공기량 = 1/공기비 = 1/1.0 = 1.0

※ 당량비 : 화합물을 구성하는 각 원소의 당량 간 비율로서 등가비이다.

SECTION 02 열역학

21 임의의 과정에 대한 가역성과 비가역성을 논의하는 데 적용되는 법칙은?

① 열역학 제0법칙 ② 열역학 제1법칙
③ 열역학 제2법칙 ④ 열역학 제3법칙

해설 임의의 과정에 대한 가역성과 비가역성을 논의하는 데 적용되는 법칙은 열역학 제2법칙이다.

22 그림은 공기 표준 오토 사이클이다. 효율 η에 관한 식으로 틀린 것은?(단, ε은 압축비, k는 비열비이다.)

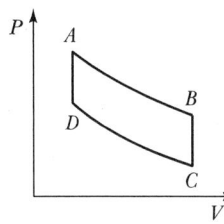

① $\eta = 1 - \dfrac{T_B - T_C}{T_A - T_D}$ ② $\eta = 1 - \varepsilon\left(\dfrac{1}{\varepsilon}\right)^k$

③ $\eta = 1 - \dfrac{T_B}{T_A}$ ④ $\eta = 1 - \dfrac{P_B - P_C}{P_A - P_D}$

해설 오토 사이클(정적 내연 사이클)

대표적인 효율(η) = $1 - \dfrac{1}{\varepsilon^{k-1}} = 1 - \dfrac{T_B}{T_A}$

$= 1 - \dfrac{C_v(T_D - T_A)}{C_v(T_C - T_B)} = 1 - \dfrac{T_B - T_C}{T_A - T_D}$

압축비(ε) = $\sqrt[k-1]{\dfrac{1}{1-\eta}}$

23 랭킨 사이클의 터빈 출구 증기의 건도를 상승시켜 터빈 날개의 부식을 방지하기 위한 사이클은?

① 재열 사이클   ② 오토 사이클
③ 재생 사이클   ④ 사바테 사이클

해설 재열 사이클은 팽창일을 증대시키고 또 터빈 출구 증기의 건도를 떨어뜨리지 않는 수단으로서 팽창 도중의 증기를 뽑아내어 가열장치로 보내 재가열한 후 다시 터빈에 보내는 사이클이다.

24 1mol의 이상기체가 25℃, 2MPa로부터 100kPa까지 가역단열적으로 팽창하였을 때 최종온도(K)는? (단, 정적비열 C_v는 $\dfrac{3}{2}R$이다.)

① 60   ② 70
③ 80   ④ 90

해설 단열과정일 때

$\dfrac{T_2}{T_1} = \left(\dfrac{V_1}{V_2}\right)^{k-1} = \left(\dfrac{P_2}{P_1}\right)^{\frac{k-1}{k}}$, $T_2 = T_1\left(\dfrac{V_2}{V_1}\right)^{k-1}$

2MPa = 2,000kPa

이상기체상수(R) = $\dfrac{8.314}{M} = \dfrac{8.314}{29} = 0.287$kJ/kg·K

정적비열(C_v) = $0.287 \times \dfrac{3}{2} = 0.430$kJ/kg·K

비열비(k) = $\dfrac{C_p}{C_v} = \dfrac{0.430 + 0.287}{0.430} = 1.66$

∴ $(25+273) \times \left(\dfrac{100}{2,000}\right)^{\frac{1.66-1}{1.66}} = 90$K

25 분자량이 29인 1kg의 이상기체가 실린더 내부에 채워져 있다. 처음에 압력 400kPa, 체적 0.2m³인 이 기체를 가열하여 체적 0.076m³, 온도 100℃가 되었다. 이 과정에서 받은 일(kJ)은?(단, 폴리트로픽 과정으로 가열한다.)

① 90   ② 95
③ 100 ④ 104

해설 폴리트로픽 과정
• 팽창절대일 = $\dfrac{P_1V_1 - P_2V_2}{n-1}$

- 공업압축일 = $\dfrac{n(P_1V_1 - P_2V_2)}{n-1}$
- 폴리트로픽 절대일($_1W_2$)

  $= \dfrac{1}{n-1} \times (P_1V_1 - P_2V_2) = \dfrac{P_1V_1}{n-1}\left\{1 - \left(\dfrac{V_1}{V_2}\right)^{n-1}\right\}$

  $= \dfrac{400 \times 0.2}{1.3-1}\left\{1 - \left(\dfrac{0.2}{0.076}\right)^{1.3-1}\right\} = 90\text{kJ}$

  여기서, $PV^n = C(n=1.3)$

  ※ 일(W) : 외부에서 받은 일(−), 외부에 한 일(+)

  ※ $\left\{\dfrac{278\text{K}}{(100+200)\text{K}}\right\}^{\frac{n}{n-1}} = \dfrac{0.076\text{m}^3}{0.2\text{m}^3}$, $n=1.3$

26 비열비(k)가 1.4인 공기를 작동유체로 하는 디젤엔진의 최고온도(T_3)가 2,500K, 최저온도(T_1)가 300K, 최고압력(P_3)이 4MPa, 최저압력(P_1)이 100kPa일 때 차단비(Cut-off Ratio : r_c)는 얼마인가?

① 2.4
② 2.9
③ 3.1
④ 3.6

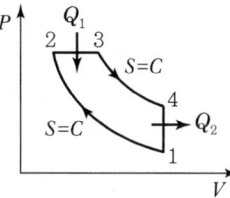

해설 σ = 단절비 = 차단비 = $\dfrac{V_3}{V_2} = \dfrac{T_3}{T_2} > 1$

1−2 과정은 단열과정이다.

$\dfrac{T_2}{T_1} = \left(\dfrac{P_2}{P_1}\right)^{\frac{k-1}{k}}$, $T_2 = \left(\dfrac{4,000}{100}\right)^{\frac{1.4-1}{1.4}} \times 300 = 860.7\text{K}$

∴ $\sigma = \dfrac{T_3}{T_2} = \dfrac{2,500}{860.7} = 2.9$

27 정상상태에서 작동하는 개방 시스템에 유입되는 물질의 비엔탈피가 h_1이고, 이 시스템 내에 단위 질량당 열을 q만큼 전달해 주는 것과 동시에, 축을 통한 단위 질량당 일을 w만큼 시스템으로 가해 주었을 때 시스템으로부터 유출되는 물질의 비엔탈피 h_2를 옳게 나타낸 것은?(단, 위치에너지와 운동에너지는 무시한다.)

① $h_2 = h_1 + q - w$
② $h_2 = h_1 - q - w$
③ $h_2 = h_1 + q + w$
④ $h_2 = h_1$

해설 유출 물질의 비엔탈피 h_2(kJ/kg)

$h_2 = h_1 + q + w$

28 다음 중 오존층을 파괴하며 국제협약에 의해 사용이 금지된 CFC 냉매는?

① R−12
② HFO1234yf
③ NH₃
④ CO₂

해설 사용이 금지된 프레온(CFC) 냉매

R−12, R−22 등

29 증기압축 냉동 사이클의 증발기 출구, 증발기 입구에서 냉매의 비엔탈피가 각각 1,284kJ/kg, 122kJ/kg이면 압축기 출구 측에서 냉매의 비엔탈피(kJ/kg)는?(단, 성능계수는 4.4이다.)

① 1,316
② 1,406
③ 1,548
④ 1,632

해설 $1,284 - 122 = 1,162\text{kJ/kg}$

$\dfrac{1,162}{4.4} = 264\text{kJ/kg}$(압축기 일당량)

∴ $x = 1,284 + 264 = 1,548\text{kJ/kg}$

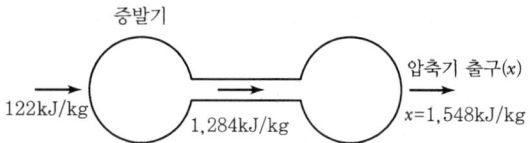

30 수증기를 사용하는 기본 랭킨 사이클의 복수기 압력이 10kPa, 보일러 압력이 2MPa, 터빈 일이 792kJ/kg, 복수기에서 방출되는 열량이 1,800kJ/kg일 때 열효율(%)은?(단, 펌프에서 물의 비체적은 $1.01 \times 10^{-3}\text{m}^3/\text{kg}$이다.)

① 30.5
② 32.5
③ 34.5
④ 36.5

해설 물의 비체적 = $1.01 \times 10^{-3}\text{m}^3/\text{kg} = 1.01\text{L/kg}$

$2\text{MPa} = 2,000\text{kPa}$

터빈 공급 열량(Q) = $792 + 1,800 = 2,592\text{kJ/kg}$

ANSWER | 26. ② 27. ③ 28. ① 29. ③ 30. ①

열효율$(\eta_R) = \dfrac{792}{2,592} = 0.305\ (30.5\%)$

※ $\eta_R = \dfrac{\text{터빈일량} - \text{펌프일량}}{\text{가열량}} = \dfrac{(h_2 - h_3) - (h_1 - h_4)}{h_2 - h_1}$

(펌프일은 터빈일에 비해 대단히 작다. 즉 $h_1 \fallingdotseq h_4$이다.)

31 97℃로 유지되고 있는 항온조가 실내 온도 27℃인 방에 놓여 있다. 어떤 시간에 1,000kJ의 열이 항온조에서 실내로 방출되었다면 다음 설명 중 틀린 것은?

① 항온조 속의 물질의 엔트로피 변화는 약 −2.7 kJ/K이다.
② 실내 공기의 엔트로피의 변화는 약 3.3kJ/K이다.
③ 이 과정은 비가역적이다.
④ 항온조와 실내 공기의 총 엔트로피는 감소하였다.

해설 97℃에서 27℃로 1,000kJ의 열이 항온조에서 방출되므로
$\dfrac{1,000}{273+97} = 2.70$, $\dfrac{1,000}{273+27} = 3.33$
∴ 총 엔트로피 = 2.70 + 3.33 = 6.03kJ/K
총 엔트로피가 증가하였다.

32 증기의 기본적 성질에 대한 설명으로 틀린 것은?

① 임계압력에서 증발열은 0이다.
② 증발잠열은 포화압력이 높아질수록 커진다.
③ 임계점에서는 액체와 기체의 상에 대한 구분이 없다.
④ 물의 3중점은 물과 얼음과 증기의 3상이 공존하는 점이며 이 점의 온도는 0.01℃이다.

해설
• 포화압력이 상승하면 엔탈피는 증가하고, 증발잠열은 감소한다.
• 증기의 기본적 성질은 ①, ③, ④와 같다.
※ 1atm에서 잠열은 539kcal/kg이다.
225.65atm에서 잠열은 0이다.

33 표준기압(101.3kPa), 20℃에서 상대습도 65%인 공기의 절대습도(kg/kg)는?(단, 건조 공기와 수증기는 이상기체로 간주하며, 각각의 분자량은 29, 18로 하고, 20℃의 수증기의 포화압력은 2.24kPa로 한다.)

① 0.0091
② 0.0202
③ 0.0452
④ 0.0724

해설 절대습도$(x) = 0.622 \dfrac{\phi P_s}{P - \phi P_s} = 0.622 \dfrac{P_w}{P_a}$

∴ $x = 0.622 \times \dfrac{0.65 \times 2.24}{101.3 - 0.65 \times 2.24} = 0.0091$kg/kg

34 이상적인 표준 증기 압축식 냉동 사이클에서 등엔탈피 과정이 일어나는 곳은?

① 압축기
② 응축기
③ 팽창밸브
④ 증발기

해설 역카르노 사이클(냉동 사이클)

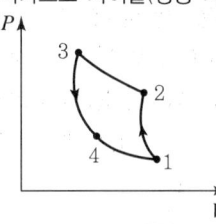

• 1 → 2 : 단열압축(압축기)
• 2 → 3 : 등온압축(응축기)
• 3 → 4 : 단열팽창(팽창밸브)
• 4 → 1 : 등온팽창(증발기)
냉매의 등엔탈피 과정이 일어나는 곳은 팽창밸브이다.

35 열손실이 없는 단단한 용기 안에 20℃의 헬륨 0.5kg을 15W의 전열기로 20분간 가열하였다. 최종 온도(℃)는?(단, 헬륨의 정적비열은 3.116kJ/kg·K, 정압비열은 5.193kJ/kg·K이다.)

① 23.6
② 27.1
③ 31.6
④ 39.5

해설 1Wh = 0.86kcal, 15 × 0.86 = 12.9kcal/h, 1Ws = 1J/s
1kWh = 3,600kJ, 1시간 = 60분
소요열량$(Q) = \dfrac{15 \times 10^{-3} \times 20 \times 3,600}{60\text{min}} = 18$kJ/20min
$18 = 0.5\text{kg} \times 3.116\text{kJ/kg·K} \times (t - 20)$
∴ $t = \dfrac{18}{0.5 \times 3.116} + 20 = 31.6$℃

36 이상기체가 등온과정에서 외부에 하는 일에 대한 관계식으로 틀린 것은?(단, R은 기체상수이고, 계에 대해서 m은 질량, V는 부피, P는 압력, T는 온도를 나타낸다. 하첨자 "1"은 변경 전, 하첨자 "2"는 변경 후를 나타낸다.)

① $P_1 V_1 \ln \dfrac{V_2}{V_1}$ ② $P_1 V_1 \ln \dfrac{P_2}{P_1}$

③ $mRT\ln \dfrac{P_1}{P_2}$ ④ $mRT\ln \dfrac{V_2}{V_1}$

해설 등온과정

절대일 $= P_1 V_1 \ln\left(\dfrac{V_2}{V_1}\right)$, 공업일 $= P_1 V_1 \ln\left(\dfrac{P_1}{P_2}\right)$

37 초기의 온도, 압력이 100℃, 100kPa 상태인 이상기체를 가열하여 200℃, 200kPa 상태가 되었다. 기체의 초기상태 비체적이 0.5m³/kg일 때, 최종상태의 기체 비체적(m³/kg)은?

① 0.16 ② 0.25
③ 0.32 ④ 0.50

해설 비체적$(v) = \dfrac{V}{G}(\text{m}^3/\text{kg}_f)$

$0.5 - 0.5\ln\left(\dfrac{200}{100}\right) \times \left(\dfrac{100}{200}\right) = 0.32\text{m}^3/\text{kg}$

※ 기체는 고온 고압에서 비체적이 감소한다.

38 다음 중 강도성 상태량이 아닌 것은?

① 압력 ② 온도
③ 비체적 ④ 체적

해설
- 강도성 상태량 : 온도, 압력, 전압 등
- 종량성 상태량 : 체적, 내부에너지, 엔탈피, 엔트로피 등

39 2kg, 30℃인 이상기체가 100kPa에서 300kPa까지 가역단열과정으로 압축되었다면 최종온도(℃)는?(단, 이 기체의 정적비열은 750J/kg·K, 정압비열은 1,000J/kg·K이다.)

① 99 ② 126
③ 267 ④ 399

해설 비열비$(k) = \dfrac{C_p}{C_v} = \dfrac{1{,}000}{750} = 1.333$

$T_2 = T_1 \times \left(\dfrac{P_2}{P_1}\right)^{\frac{k-1}{k}} = (273+30) \times \left(\dfrac{300}{100}\right)^{\frac{0.333}{1.333}} = 399\text{K}$

∴ ℃ = K − 273 = 399 − 273 = 126℃

40 100kPa, 20℃의 공기를 0.1kg/s의 유량으로 900kPa까지 등온압축할 때 필요한 공기압축기의 동력(kW)은?(단, 공기의 기체상수는 0.287kJ/kg·K이다.)

① 18.5 ② 64.5
③ 75.7 ④ 185

해설 등온압축 : $P_1 V_1 \ln\left(\dfrac{V_2}{V_1}\right) = mRT\ln\left(\dfrac{P_1}{P_2}\right)$

유량 $V_1 = \dfrac{mRT_1}{P_1} = \dfrac{0.1 \times 0.287 \times (20+273)}{100}$

$= 0.084\text{m}^3/\text{s}$

$0.1 \times 0.287 \times (20+273) \times \ln\left(\dfrac{900}{100}\right) = 18.5\text{kJ/s}$

1kWh = 3,600kJ, 1시간 = 3,600s

∴ $\dfrac{18.5 \times 3{,}600}{3{,}600} = 18.5\text{kW}$

SECTION 03 계측방법

41 지름이 각각 0.6m, 0.4m인 파이프가 있다. (1)에서의 유속이 8m/s이면 (2)에서의 유속(m/s)은 얼마인가?

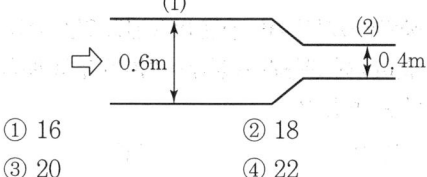

① 16 ② 18
③ 20 ④ 22

해설 단면적(1) $= \dfrac{\pi}{4}d^2 = \dfrac{3.14}{4} \times (0.6)^2 = 0.2826\text{m}^2$

단면적(2) $= \dfrac{\pi}{4}d^2 = \dfrac{3.14}{4} \times (0.4)^2 = 0.1256\text{m}^2$

∴ (2)에서 유속 $= \dfrac{0.2826}{0.1256} \times 8 = 18\text{m/s}$

ANSWER | 36. ② 37. ③ 38. ④ 39. ② 40. ① 41. ②

42 관 속을 흐르는 유체가 층류로 되려면?
① 레이놀즈수가 4,000보다 커야 한다.
② 레이놀즈수가 2,100보다 작아야 한다.
③ 레이놀즈수가 4,000이어야 한다.
④ 레이놀즈수와는 관계가 없다.

해설 층류 : 레이놀즈수(Re)가 2,100보다 작아야 하며 그 이상은 난류이다.

43 제어량에 편차가 생겼을 경우 편차의 적분 차를 가감해서 조작량의 이동속도가 비례하는 동작으로서 잔류편차가 제어되나 제어 안정성은 떨어지는 특징을 가진 동작은?
① 비례동작 ② 적분동작
③ 미분동작 ④ 다위치동작

해설 적분동작(I 동작)
제어편차량이 생겼을 경우 편차의 적분 차를 가감해서 잔류편차를 제거한다. 단, 제어의 안정성은 떨어진다.

44 물을 함유한 공기와 건조공기의 열전도율 차이를 이용하여 습도를 측정하는 것은?
① 고분자 습도 센서   ② 염화리튬 습도 센서
③ 서미스터 습도 센서 ④ 수정진동자 습도 센서

해설 서미스터 반도체 저항온도계(서미스터 습도 센서)
물을 함유한 공기와 건조공기의 열전도율 차이를 이용하여 습도를 측정한다.

45 측정량과 크기가 거의 같은 미리 알고 있는 양의 분동을 준비하여 분동과 측정량의 차이로부터 측정량을 구하는 방식은?
① 편위법 ② 보상법
③ 치환법 ④ 영위법

해설 보상법
측정량과 크기가 거의 같은 미리 알고 있는 양의 분동을 준비하여 분동과 측정량의 차이로부터 측정량을 구하는 방식이다. 보상법은 영위법을 혼용한 방식이나 치환법은 보상법과 원리적으로 같은 경우가 많다.

46 방사율에 의한 보정량이 적고 비접촉법으로는 정확한 측정이 가능하나 사람 손이 필요한 결점이 있는 온도계는?
① 압력계형 온도계 ② 전기저항 온도계
③ 열전대 온도계   ④ 광고온계

해설 광고온계
방사온도계에 비하여 보정량이 적고 비접촉법으로 정확한 측정(700~3,000℃)이 가능하나 사람 손이 필요한 수동 방식이다. 개인오차가 발생한다.

47 가스크로마토그래피의 구성요소가 아닌 것은?
① 검출기   ② 기록계
③ 컬럼(분리관) ④ 지르코니아

해설 지르코니아(ZrO_2)를 주원료로 한 특수 세라믹은 온도 850℃ 이상에서 산소(O_2) 이온만 통과시키는 특수한 성질을 이용한 세라믹 산소계로 O_2 농도 가스 분석기이다.

48 열전대 온도계에서 열전대선을 보호하는 보호관 단자로부터 냉접점까지는 보상도선을 사용한다. 이때 보상도선의 재료로서 가장 적합한 것은?
① 백금로듐 ② 알루멜
③ 철선   ④ 동-니켈 합금

해설 열전대 온도계
제백 효과를 이용한 온도계로, 열전대와 보상도선을 이용하는 온도계이다.

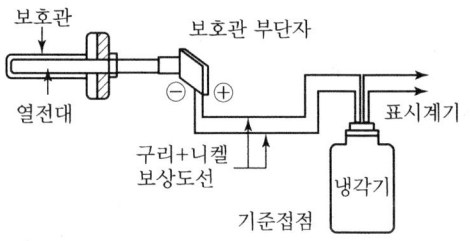

49 점도 1Pa · s와 같은 값은?
① 1kg/m · s   ② 1P
③ 1kgf · s/m²   ④ 1cP

[해설]
- 점성계수의 단위 : Pa·s, kg/m·s, N·s/m²
- $Pa = \dfrac{kg \cdot m/s^2}{m^2} = kg/m \cdot s^2$
  $Pa \cdot s = (kg/m \cdot s^2) \times s = kg/m \cdot s$가 된다.

50 자동제어계에서 응답을 나타낼 때 목표치를 기준한 앞뒤의 진동으로 시간의 지연을 필요로 하는 시간적 동작의 특성을 의미하는 것은?

① 동특성 ② 스텝응답
③ 정특성 ④ 과도응답

[해설] 동특성
자동제어 응답에서 목표치를 기준한 앞뒤의 진동으로 시간의 지연을 필요로 하는 시간적 동작의 특성이다. 입력을 변화시켰을 때 출력을 변화시키는 성질이다.

51 시스(Sheath) 열전대 온도계에서 열전대가 있는 보호관 속에 충전되는 물질로 구성된 것은?

① 실리카, 마그네시아
② 마그네시아, 알루미나
③ 알루미나, 보크사이트
④ 보크사이트, 실리카

[해설] 시스 열전대 온도계

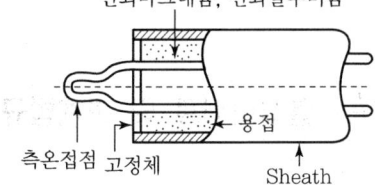

52 다음 중 그림과 같은 조작량 변화 동작은?

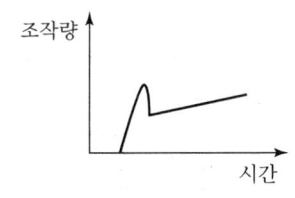

① PI 동작 ② ON-OFF 동작
③ PID 동작 ④ PD 동작

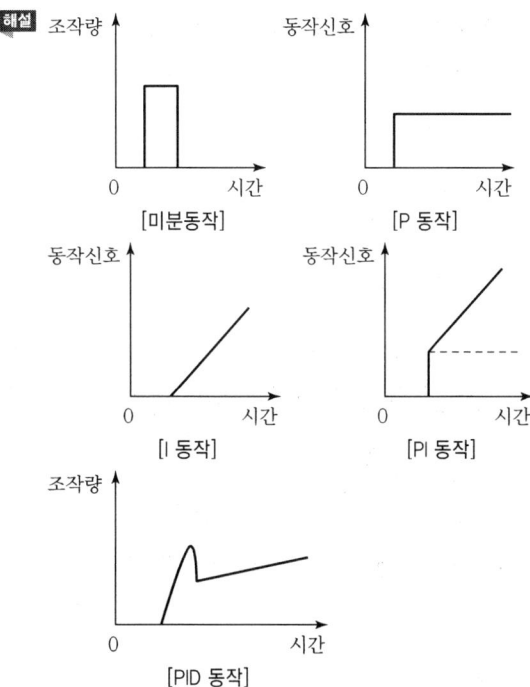

53 다음 중 간접식 액면측정 방법이 아닌 것은?

① 방사선식 액면계 ② 초음파식 액면계
③ 플로트식 액면계 ④ 저항전극식 액면계

[해설] 플로트식 액면계(부자식, 직접식)
밀폐식 탱크와 개방용 탱크에 공용되며 조작력이 크기 때문에 자력 조절에도 사용된다.

54 다음 중 미세한 압력 차를 측정하기에 적합한 액주식 압력계는?

① 경사관식 압력계 ② 부르동관 압력계
③ U자관식 압력계 ④ 저항선 압력계

[해설] 경사관식 압력계
정밀한 측정이 가능하며 경사각도는 $\dfrac{1}{10}$ 정도 이내가 가장 좋다. 유입액주로는 물이나 알코올이 사용되며, 측정범위는 $10 \sim 50 mmH_2O$이다.
$P_1 - P_2 = \gamma h$, $h = x \cdot \sin\theta$
$\therefore P_1 - P_2 = \gamma \cdot x \sin\theta$

55 분동식 압력계에서 300MPa 이상 측정할 수 있는 것에 사용되는 액체로 가장 적합한 것은?
① 경유
② 스핀들유
③ 피마자유
④ 모빌유

해설 분동식 압력계 내부 오일액
① 경유 : 4~10MPa
② 스핀들유 : 10~100MPa
③ 피마자유 : 10~100MPa
④ 모빌유 : 300MPa 이상

56 색온도계에 대한 설명으로 옳은 것은?
① 온도에 따라 색이 변하는 일원적인 관계로부터 온도를 측정한다.
② 바이메탈 온도계의 일종이다.
③ 유체의 팽창 정도를 이용하여 온도를 측정한다.
④ 기전력의 변화를 이용하여 온도를 측정한다.

해설 색온도계
600℃ 이상의 발광물질의 온도 측정(비접촉식)에 사용된다. 온도가 높아지면 단파장의 성분이 많아지는 물체의 특성을 이용하는 온도계로서 구조가 복잡하고 응답은 빠르나 주위로부터의 빛 반사에 영향을 받는다.

57 다음 중 사하중계(Dead Weight Gauge)의 주된 용도는?
① 압력계 보정
② 온도계 보정
③ 유체 밀도 측정
④ 기체 무게 측정

해설 사하중계의 주된 용도는 압력계의 보정이다.

58 액체와 고체 연료의 열량을 측정하는 열량계는?
① 봄브식
② 융커스식
③ 클리블랜드식
④ 타그식

해설
- 봄브식 : 고체 연료, 액체 연료 발열량 측정
- 융커스식, 시그마식 : 기체 연료 발열량 측정
- 클리블랜드식, 타그 : 석유 제품이나 휘발성 가연물질 인화점 시험에 사용

59 오리피스 유량계에 대한 설명으로 틀린 것은?
① 베르누이의 정리를 응용한 계기이다.
② 기체와 액체에 모두 사용이 가능하다.
③ 유량계수 C는 유체의 흐름이 층류이거나 와류의 경우 모두 같고 일정하며 레이놀즈수와 무관하다.
④ 제작과 설치가 쉬우며, 경제적인 교축기구이다.

해설 차압식 유량계
- 종류 : 벤투리미터, 플로노즐, 오리피스
- 유량계수(C) : 검정에 의해 결정되나 보통 그 값은 0.9~1의 범위이다.

60 열전도율형 CO_2 분석계의 사용 시 주의사항에 대한 설명 중 틀린 것은?
① 브리지의 공급 전류의 점검을 확실하게 한다.
② 셀의 주위 온도와 측정가스 온도는 거의 일정하게 유지시키고 온도의 과도한 상승을 피한다.
③ H_2를 혼입시키면 정확도를 높이므로 같이 사용한다.
④ 가스의 유속을 일정하게 하여야 한다.

해설 열전도율형 가스분석계인 CO_2계 가스 분석계는 CO_2의 분자량이 44(밀도는 $\frac{44}{29} = 1.52$)로 무거운 것을 이용하여 CO_2 가스 분석을 한다. 단, 열전도율이 큰 수소(H_2) 가스가 혼입되면 오차의 영향이 크다.

SECTION 04 열설비재료 및 관계법규

61 다음 강관의 표시기호 중 배관용 합금강 강관은?
① SPPH
② SPHT
③ SPA
④ STA

해설
- SPPH : 고압배관용 탄소강관
- SPHT : 고온배관용 탄소강관
- SPA : 배관용 합금강 강관
- STA : 구조용 합금강 강관
- SPP : 일반배관용 탄소강관

62 기밀을 유지하기 위한 패킹이 불필요하고 금속 부분이 부식될 염려가 없어, 산 등의 화학약품을 차단하는 데 주로 사용하는 밸브는?

① 앵글 밸브
② 체크 밸브
③ 다이어프램 밸브
④ 버터플라이 밸브

해설 다이어프램 밸브
기밀을 유지하기 위한 패킹이 불필요하고 금속 부분이 부식될 염려가 없다. 화학약품의 약품 차단에 주로 사용된다.

63 전기와 열의 양도체로서 내식성, 굴곡성이 우수하고 내압성도 있어 열교환기의 내관 및 화학공업용으로 사용되는 관은?

① 동관
② 강관
③ 주철관
④ 알루미늄관

해설 동관(구리관)
전기와 열의 양도체로서 내식성, 굴곡성이 우수하고 내압성도 있어 열교환기의 내관 및 화학공업용으로 사용되는 비철금속관이다.

64 에너지이용 합리화법령상 최고사용압력(MPa)과 내부 부피(m^3)를 곱한 수치가 0.004를 초과하는 압력용기 중 1종 압력용기에 해당되지 않는 것은?

① 증기를 발생시켜 액체를 가열하며 용기 안의 압력이 대기압을 초과하는 압력용기
② 용기 안의 화학반응에 의하여 증기를 발생하는 것으로 용기 안의 압력이 대기압을 초과하는 압력용기
③ 용기 안의 액체의 성분을 분리하기 위하여 해당 액체를 가열하는 것으로 용기 안의 압력이 대기압을 초과하는 압력용기
④ 용기 안의 액체의 온도가 대기압에서의 비점을 초과하지 않는 압력용기

해설 ④에서 용기 안의 액체의 온도가 대기압에서의 비점을 초과하는 것이 1종 압력용기에 해당된다.

65 용선로(Cupola)에 대한 설명으로 틀린 것은?

① 대량생산이 가능하다.
② 용해 특성상 용탕에 탄소, 황, 인 등의 불순물이 들어가기 쉽다.
③ 다른 용해로에 비해 열효율이 좋고 용해시간이 빠르다.
④ 동합금, 경합금 등 비철금속 용해로로 주로 사용된다.

해설 용선로(큐폴라)
고철이나 주철(무쇠)을 용해하는 노이다(동합금, 경합금은 용선로나 제강로가 아닌 도가니로에 해당된다).

66 에너지이용 합리화법령에 따라 인정검사대상기기 관리자의 교육을 이수한 사람의 관리범위 기준은 증기보일러로서 최고사용압력이 1MPa 이하이고 전열면적이 최대 얼마 이하일 때인가?

① $1m^2$
② $2m^2$
③ $5m^2$
④ $10m^2$

해설 인정검사대상기기 관리자 교육 이수자
관류형 증기 보일러에서 최고사용압력 1MPa 이하(10kg$_f$/cm^2)이고 전열면적 10m^2 이하용 관리자이다.

67 옥내 온도는 15℃, 외기 온도가 5℃일 때 콘크리트 벽(두께 10cm, 길이 10m 및 높이 5m)을 통한 열손실이 1,700W라면 외부 표면 열전달계수(W/m^2 · ℃)는?(단, 내부 표면 열전달계수는 9.0W/m^2 · ℃이고 콘크리트 열전도율은 0.87W/m · ℃이다.)

① 12.7
② 14.7
③ 16.7
④ 18.7

해설 열전달계수 손실량 $Q=1,700W$, 두께 $b_1=10cm=0.1m$, 면적 $A=$가로×세로

손실열량 $Q = \dfrac{(t_1 - t_2) \times A}{\dfrac{1}{a_1} + \dfrac{b_1}{\lambda} + \dfrac{1}{a_2}}$

ANSWER | 62. ③ 63. ① 64. ④ 65. ④ 66. ④ 67. ②

외부표면 열전달계수(q_2)

$$q_2 = \cfrac{1}{\cfrac{A \cdot \Delta t}{Q} - \left(\cfrac{1}{a_1} - \cfrac{b_1}{\lambda}\right)}$$

$$= \cfrac{1}{\cfrac{(10 \times 5) \times (15-5)}{1,700} - \left(\cfrac{1}{9.0} + \cfrac{0.1}{0.87}\right)}$$

$$= 14.7 \text{W/m}^2 \cdot \text{℃}$$

68 에너지이용 합리화법에서 정한 에너지절약전문기업 등록의 취소요건이 아닌 것은?

① 규정에 의한 등록기준에 미달하게 된 경우
② 사업수행과 관련하여 다수의 민원을 일으킨 경우
③ 동법에 따른 에너지절약전문기업에 대한 업무에 관한 보고를 하지 아니하거나 거짓으로 보고한 경우
④ 정당한 사유 없이 등록 후 3년 이상 계속하여 사업수행실적이 없는 경우

해설 에너지이용 합리화법 제26조 에너지절약전문기업의 등록취소 등에서 ①, ③, ④에 해당되면 등록의 취소요건이 된다.

69 에너지이용 합리화법상 에너지이용 합리화 기본계획에 따라 실시계획을 수립하고 시행하여야 하는 대상이 아닌 것은?

① 기초지방자치단체 시장
② 관계 행정기관의 장
③ 특별자치도지사
④ 도지사

해설 에너지이용 합리화법 제6조 에너지이용 합리화 실시계획에서 실시계획을 수립하고 시행하여야 하는 대상은 관계 행정기관의 장과 특별시장, 광역시장, 도지사 또는 특별자치도지사이다.
※ 에너지이용 합리화법 제4조 에너지이용 합리화 기본계획에서 산업통상자원부장관은 에너지를 합리적으로 이용하게 하기 위하여 기본계획을 수립하여야 한다.

70 에너지이용 합리화법에 따라 에너지다소비사업자가 그 에너지사용시설이 있는 지역을 관할하는 시·도지사에게 신고하여야 할 사항에 해당되지 않는 것은?

① 전년도의 분기별 에너지사용량·제품생산량
② 에너지 사용기자재의 현황
③ 사용 에너지원의 종류 및 사용처
④ 해당 연도의 분기별 에너지사용예정량·제품생산 예정량

해설 에너지이용 합리화법 제31조에 의하여 ①, ②, ④ 외에 전년도의 분기별 에너지이용 합리화 실적 및 해당 연도의 분기별 계획과 에너지관리자의 현황이 해당된다.

71 크롬이나 크롬마그네시아 벽돌이 고온에서 산화철을 흡수하여 표면이 부풀어 오르고 떨어져 나가는 현상은?

① 버스팅(Bursting) ② 스폴링(Spalling)
③ 슬래킹(Slaking)   ④ 큐어링(Curing)

해설 버스팅 현상 : 크롬이나 크롬마그네시아 벽돌 등 Cr 철광을 원료로 하는 내화물이 1,600℃ 이상의 온도에서 산화철을 흡수하여 표면이 부풀어 오르고 떨어져 나가는 현상이다.

72 에너지이용 합리화법령상 에너지사용계획을 수립하여 제출하여야 하는 사업주관자로서 해당되지 않는 사업은?

① 항만건설사업   ② 도로건설사업
③ 철도건설사업   ④ 공항건설사업

해설 에너지이용 합리화법 시행령 제20조에 의거하여 사업주관자는 ①, ③, ④ 및 도시개발사업, 산업단지개발사업, 에너지개발사업, 관광단지개발사업, 개발촉진지구개발사업 등의 에너지사용계획을 수립하여 제출하여야 한다.

73 에너지이용 합리화법령상 산업통상자원부장관 또는 시·도지사가 한국에너지공단이사장에게 권한을 위탁한 업무가 아닌 것은?

① 에너지관리지도
② 에너지사용계획의 검토
③ 열사용기자재 제조업의 등록
④ 효율관리기자재의 측정 결과 신고의 접수

해설 열사용기자재 제조업 등록권자는 시장 또는 도지사이다.

74 요로의 정의가 아닌 것은?

① 전열을 이용한 가열장치
② 원재료의 산화반응을 이용한 장치
③ 연료의 환원반응을 이용한 장치
④ 열원에 따라 연료의 발열반응을 이용한 장치

해설 요로 : 물체를 가열, 용융, 소성하는 장치로서 화학적 물리적 변화를 강제적으로 행하게 하는 장치이다.

75 견요의 특성에 대한 설명으로 틀린 것은?

① 석회석 클링커 제조에 널리 사용된다.
② 하부에서 연료를 장입하는 형식이다.
③ 제품의 예열을 이용하여 연소용 공기를 예열한다.
④ 이동 화상식이며 연속요에 속한다.

해설 견요(선가마)
석회적 클링커 제조에 널리 사용되는 수직가마이다. 상부에서 원료를 장입하고 화염은 오름불꽃, 직화식 형태인 가마이다.

76 다음 중 터널 요에 대한 설명으로 옳은 것은?

① 예열, 소성, 냉각이 연속적으로 이루어지며 대차의 진행방향과 같은 방향으로 연소가스가 진행된다.
② 소성시간이 길기 때문에 소량생산에 적합하다.
③ 인건비, 유지비가 많이 든다.
④ 온도조절의 자동화가 쉽지만 제품의 품질, 크기, 형상 등에 제한을 받는다.

해설 터널 요

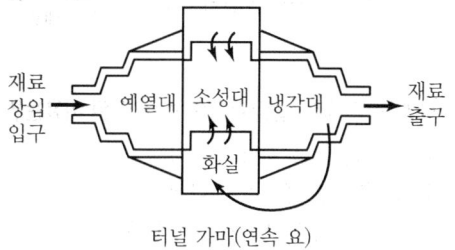

터널 가마(연속 요)

- 구성요소 : 예열대, 소성대, 냉각대
- 부대장치 : 대차, 푸셔, 샌드실, 공기재순환장치
- 연소가스는 소성대 굴뚝으로 배기된다.
- 인건비, 유지비가 불연속요보다 적게 든다.
- 소성시간이 짧아서 대량 생산용이다.

77 에너지이용 합리화법령상 열사용기자재에 해당하는 것은?

① 금속요로   ② 선박용 보일러
③ 고압가스 압력용기   ④ 철도차량용 보일러

해설 열사용기자재(에너지이용 합리화법 시행규칙 별표 1)
- 보일러 : 강철제 보일러, 주철제 보일러, 소형 온수보일러, 구멍탄용 온수보일러, 축열식 전기보일러, 캐스케이드 보일러, 가정용 화목보일러
- 태양열 집열기
- 압력용기 : 1종 압력용기, 2종 압력용기
- 요로 : 요업요로, 금속요로

78 다음 중 연속가열로의 종류가 아닌 것은?

① 푸셔식 가열로   ② 워킹-빔식 가열로
③ 대차식 가열로   ④ 회전로상식 가열로

해설 대차는 반연속요나 연속터널요에 요의 장입물을 레일로 밀어넣는 것으로, 피소성품의 운반용 대기차이다.

79 지르콘(ZrSiO₄) 내화물의 특징에 대한 설명 중 틀린 것은?

① 열팽창률이 작다.
② 내스폴링성이 크다.
③ 염기성 용재에 강하다.
④ 내화도는 일반적으로 SK 37~38 정도이다.

해설 지르콘 내화물
지르콘(ZrSiO₂) 철광을 1,800℃ 정도에서 SiO₂(규석질)를 휘발시키고 정제시켜 강하게 굽고 가루에 물, 유리, 기타 결합제를 가한 특수 내화물이며 염기성이 아닌 산화용재에 강하다.

ANSWER | 74. ② 75. ② 76. ④ 77. ① 78. ③ 79. ③

80 에너지이용 합리화법령에서 정한 검사대상기기의 계속사용검사에 해당하는 것은?

① 운전성능검사 ② 개조검사
③ 구조검사 ④ 설치검사

해설 검사의 종류(에너지이용 합리화법 시행규칙 별표 3의4)
- 제조검사 : 용접검사, 구조검사
- 설치검사
- 개조검사
- 설치장소 변경검사
- 재사용검사
- 계속사용검사 : 안전검사, 운전성능검사

SECTION 05 열설비설계

81 두께 10mm의 판을 지름 18mm의 리벳으로 1열 리벳 겹치기 이음할 때, 피치는 최소 몇 mm 이상이어야 하는가?(단, 리벳구멍의 지름은 21.5mm이고, 리벳의 허용 인장응력은 40N/mm², 허용 전단응력은 36N/mm²으로 하며, 강판의 인장응력과 전단응력은 같다.)

① 40.4 ② 42.4
③ 44.4 ④ 46.4

해설 1줄 겹치기 이음 최소 피치(P)
$P = D + \dfrac{\pi d^2 \tau}{4 t \sigma_t} = 21.5 + \dfrac{3.14 \times 18^2 \times 36}{4 \times 10 \times 40} = 44.4\text{mm}$ 이상

82 증발량이 1,200kg/h이고 상당증발량이 1,400kg/h일 때 사용 연료가 140kg/h이고, 비중이 0.8kg/L이면 상당증발배수는 얼마인가?

① 8.6 ② 10
③ 10.7 ④ 12.5

해설 상당증발배수 = $\dfrac{상당증발량(\text{kg}_f/\text{h})}{연료소비량(\text{kg}_f/\text{h})} = \dfrac{1,400}{140}$
= 10kg/kg

83 관석(Scale)에 대한 설명으로 틀린 것은?

① 규산칼슘, 황산칼슘 등이 관석의 주성분이다.
② 관석에 의해 배기가스의 온도가 올라간다.
③ 관석에 의해 관내수의 순환이 불량해진다.
④ 관석의 열전도율이 아주 높아 전열면이 과열되어 각종 부작용을 일으킨다.

해설 스케일(관석)은 열전도율이 아주 낮아서 보일러수가 그 열을 흡수하지 못하므로 전열면이 과열된다.

84 입형 보일러의 특징에 대한 설명으로 틀린 것은?

① 설치면적이 좁다.
② 전열면적이 작고 효율이 낮다.
③ 증발량이 적으며 습증기가 발생한다.
④ 증기실이 커서 내부 청소 및 검사가 쉽다.

해설 입형(버티컬형) 수직 보일러는 소형 보일러로서 증기실이 작고 내부 청소와 검사 및 수리가 매우 불편하고 습증기 발생이 심각하다.

85 보일러수의 분출시기가 아닌 것은?

① 보일러 가동 전 관수가 정지되었을 때
② 연속운전일 경우 부하가 가벼울 때
③ 수위가 지나치게 낮아졌을 때
④ 프라이밍 및 포밍이 발생할 때

해설
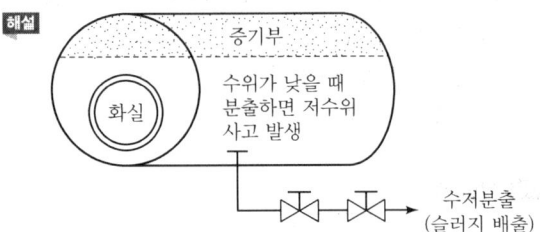

86 보일러에서 용접 후에 풀림처리를 하는 주된 이유는?

① 용접부의 열응력을 제거하기 위해
② 용접부의 균열을 제거하기 위해
③ 용접부의 연신율을 증가시키기 위해
④ 용접부의 강도를 증가시키기 위해

해설 강판 용접 후 풀림 열처리의 목적은 용접부의 열응력을 제거하여 인성을 부여하기 위함이다.

87 보일러의 노통이나 화실과 같은 원통 부분이 외측으로부터의 압력에 견딜 수 없게 되어 눌려 찌그러져 찢어지는 현상을 무엇이라 하는가?
① 블리스터   ② 압궤
③ 팽출   ④ 라미네이션

해설
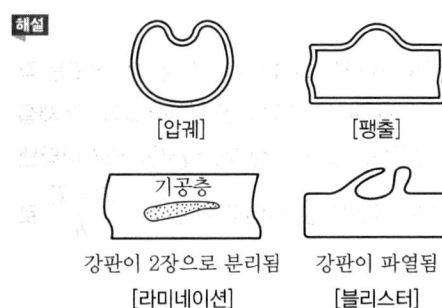

88 두께 150mm인 적벽돌과 100mm인 단열벽돌로 구성되어 있는 내화벽돌의 노벽이 있다. 적벽돌과 단열벽돌의 열전도율은 각각 1.4W/m·℃, 0.07W/m·℃일 때 단위 면적당 손실열량은 약 몇 W/m²인가? (단, 노 내 벽면의 온도는 800℃이고, 외벽면의 온도는 100℃이다.)
① 336   ② 456
③ 587   ④ 635

해설 열전도 단위 면적당 열손실(Q)
$$Q = \frac{A \times \Delta t}{\frac{b_1}{\lambda_1} + \frac{b_2}{\lambda_2}} = \frac{1 \times (800-100)}{\frac{0.15}{1.4} + \frac{0.1}{0.07}} = \frac{700}{1.53} = 456 \text{W/m}^2$$

89 보일러의 일상점검 계획에 해당하지 않는 것은?
① 급수배관 점검   ② 압력계 상태 점검
③ 자동제어장치 점검   ④ 연료의 수요량 점검

해설 연료의 수요량 점검은 정기적 또는 월별 점검에 해당된다.

90 점식(Pitting)에 대한 설명으로 틀린 것은?
① 진행속도가 아주 느리다.
② 양극반응의 독특한 형태이다.
③ 스테인리스강에서 흔히 발생한다.
④ 재료 표면의 성분이 고르지 못한 곳에 발생하기 쉽다.

해설 점식(피팅)
용존산소에 의해 발생하는 보일러 동체 내의 부식이다. 용존산소(O_2)가 많으면 부식의 진행속도가 빠르다.

91 과열기에 대한 설명으로 틀린 것은?
① 포화증기를 과열증기로 만드는 장치이다.
② 포화증기의 온도를 높이는 장치이다.
③ 고온부식이 발생하지 않는다.
④ 연소가스의 저항으로 압력손실이 크다.

해설
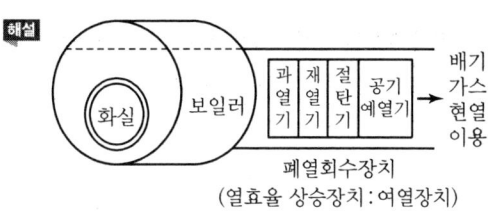
폐열회수장치
(열효율 상승장치 : 여열장치)
• 과열기는 500℃ 이상에서 고온부식이 발생한다.
• 절탄기 등은 150℃ 이하에서 저온부식이 발생한다.

92 수관보일러의 특징에 대한 설명으로 옳은 것은?
① 최대 압력이 1MPa 이하인 중소형 보일러에 적용이 일반적이다.
② 연소실 주위에 수관을 비치하여 구성한 수랭벽을 노에 구성한다.
③ 수관의 특성상 기수분리의 필요가 없는 드럼리스 보일러의 특징을 갖는다.
④ 열량을 전열면에서 잘 흡수시키기 위해 2-패스, 3-패스, 4-패스 등의 흐름 구성을 갖도록 설계한다.

해설 수관식 보일러
• 1MPa 이상 고압용
• 대용량 보일러
• 기수분리기 장착(건조증기 취출)

ANSWER | 87. ② 88. ② 89. ④ 90. ① 91. ③ 92. ②

- 강수관, 승수관으로 분리
- 수랭로 벽 설치
- 2~4 패스용 보일러(노통연관 원통형 보일러)

93 외경 76mm, 내경 68mm, 유효길이가 4,800mm의 수관 96개로 된 수관식 보일러가 있다. 이 보일러의 시간당 증발량은 약 몇 kg/h인가?(단, 수관 이외 부분의 전열면적은 무시하며, 전열면적 $1m^2$당 증발량은 26.9kg/h이다.)

① 2,660 ② 2,760
③ 2,860 ④ 2,960

해설 수관 전열면적(F)
$= \pi DLN = 3.14 \times \left(\dfrac{76}{10^3}\right) \times \left(\dfrac{4,800}{10^3}\right) \times 96 = 110m^2$
∴ 시간당 증기 발생량 = $110 \times 26.9 ≒ 2,960 kg_f/h$
※ 수관은 외경 기준, 연관은 내경 기준이다.

94 보일러의 부속장치 중 여열장치가 아닌 것은?
① 공기예열기 ② 송풍기
③ 재열기 ④ 절탄기

해설 ㉠ 여열장치
 • 과열기
 • 재열기
 • 절탄기
 • 공기예열기
㉡ 통풍장치
 • 압입통풍
 • 흡입통풍
 • 평형통풍

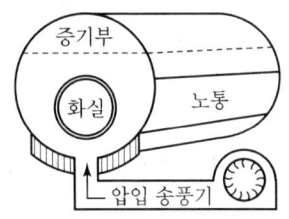

95 급수 불순물과 그에 따른 보일러 장해와의 연결이 틀린 것은?
① 철 – 수지산화 ② 용존산소 – 부식
③ 실리카 – 캐리오버 ④ 경도성분 – 스케일 부착

해설 Fe(철분) : 부식을 초래(일반부식, 전면부식)
$Fe \rightleftarrows Fe^{2+} + 2e^-$
$H_2O \rightleftarrows H^+ + OH^-$
$Fe^{2+} + 2OH \rightleftarrows Fe(OH)_2$
pH가 낮으면 $Fe + 2H_2O \rightarrow Fe(OH)_2 + H_2$
용존산소가 있으면 $4Fe(OH)_2 + O_2 \rightarrow 2H_2O$

96 보일러에서 발생하는 저온부식의 방지 방법이 아닌 것은?
① 연료 중의 황 성분을 제거한다.
② 배기가스의 온도를 노점온도 이하로 유지한다.
③ 과잉공기를 적게 하여 배기가스 중의 산소를 감소시킨다.
④ 전열 표면에 내식재료를 사용한다.

해설 절탄기, 공기예열기 등의 저온부식을 방지하려면 배기가스의 온도를 노점온도 이상으로 유지한다(150℃ 이상).

97 그림과 같이 내경과 외경이 D_i, D_o일 때, 온도는 각각 T_i, T_o, 관 길이가 L인 중공 원관이 있다. 관 재질에 대한 열전도율을 k라 할 때, 열저항 R을 나타낸 식으로 옳은 것은?[단, 전열량(W)은 $Q = \dfrac{T_i - T_o}{R}$로 나타낸다.]

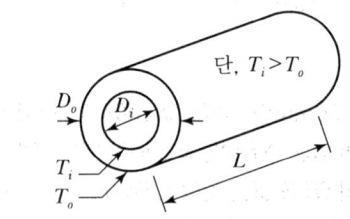

① $\dfrac{D_o - D_i}{2}$ ② $\dfrac{D_o - D_i}{2\pi(D_o - D_i)Lk}$

③ $\dfrac{D_o - D_i}{2\pi(D_o + D_i)Lk}$ ④ $\dfrac{\ln\dfrac{D_o}{D_i}}{2\pi Lk}$

해설

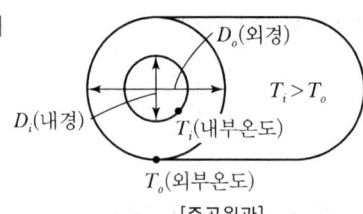

[중공원관]

∴ 열저항(R) = $\dfrac{\ln\dfrac{D_o}{D_i}}{2\pi Lk}$

98 주위 온도가 20℃, 방사율이 0.3인 금속 표면의 온도가 150℃인 경우에 금속 표면으로부터 주위로 대류 및 복사가 발생될 때의 열유속(Heat Flux)은 약 몇 W/m²인가?(단, 대류 열전달계수는 $h=20W/m^2 \cdot K$, 슈테판-볼츠만 상수는 $\sigma=5.7\times10^{-8} W/m^2 K^4$이다.)

① 3,020　　② 3,330
③ 4,270　　④ 4,630

해설
- 복사열손실(Q) = $A_1 \cdot \varepsilon \cdot (T_1^4 - T_2^4)$
  = $5.7 \times 10^{-8} \times 0.3 \times [(150+273)^4 - (20+273)^4]$
  = $422 W/m^2$
- 대류열손실(Q) = $20 \times (150-20)$
  = $2,600 W/m^2$
∴ 총 열유속 = 복사 + 대류
  = $422 + 2,600 = 3,022 W/m^2$

99 열정산에 대한 설명으로 틀린 것은?

① 원칙적으로 정격부하 이상에서 정상상태로 적어도 2시간 이상의 운전결과에 따른다.
② 발열량은 원칙적으로 사용 시 연료의 총발열량으로 한다.
③ 최대 출열량을 시험할 경우에는 반드시 최대 부하에서 시험을 한다.
④ 증기의 건도는 98% 이상인 경우에 시험함을 원칙으로 한다.

해설 열정산
최대 부하가 아닌 정격부하에서 시험하며, 입열과 출열은 항상 같아야 한다.
㉠ 입열
  - 연료의 현열
  - 연소용 공기의 현열
  - 연료의 연소열
㉡ 출열
  - 증기나 온수의 보유열량
  - 불완전 연소에 의한 열손실
  - 미연탄소분에 의한 열손실
  - 배기가스의 보유열
  - 재의 현열
㉢ 순환열 : 공기예열기 흡수열량, 축열기의 흡수열량, 환열기의 흡수열량

100 보일러의 성능 계산 시 사용되는 증발률(kg/m² · h)에 대한 설명으로 옳은 것은?

① 실제 증발량에 대한 발생 증기 엔탈피와의 비
② 연료 소비량에 대한 상당 증발량과의 비
③ 상당 증발량에 대한 실제 증발량과의 비
④ 전열면적에 대한 실제 증발량과의 비

해설 전열면의 증발률(kg/m² · h) = $\dfrac{\text{실제 증발량(kg/h)}}{\text{전열면적(m}^2)}$

ANSWER | 98. ① 99. ③ 100. ④

2021년 1회 에너지관리기사

SECTION 01 연소공학

01 고체연료의 연소방법이 아닌 것은?

① 미분탄 연소
② 유동층 연소
③ 화격자 연소
④ 액중 연소

해설 ㉠ 고체연료의 연소방법
- 미분탄 연소
- 유동층 연소
- 화격자 연소
㉡ 액체연료의 연소방법 : 액중 연소(증발 연소), 무화 연소

02 다음 연료 중 저위발열량이 가장 높은 것은?

① 가솔린
② 등유
③ 경유
④ 중유

해설 액체연료의 일반적인 발열량
① 가솔린 : $H_l = 11,000$
② 등유 : $H_l = 10,000$
③ 경유 : $H_l = 9,000$
④ 중유 : $H_h = 10,250$

03 고체연료를 사용하는 어떤 열기관의 출력이 3,000kW이고 연료소비율이 1,400kg/h일 때 이 열기관의 열효율은 약 몇 %인가?(단, 이 고체연료의 저위발열량은 28MJ/kg이다.)

① 28
② 38
③ 48
④ 58

해설 1kWh = 3,600kJ(3.6MJ)
연료 소비열량 = 28 × 1,400 = 39,200MJ/h
∴ 열효율(η) = $\dfrac{출력}{공급열} \times 100 = \dfrac{3,000 \times 3.6}{39,200} \times 100 = 28\%$

04 연소가스 분석결과가 CO_2 13%, O_2 8%, CO 0%일 때 공기비는 약 얼마인가?(단, $(CO_2)_{max}$는 21%이다.)

① 1.22
② 1.42
③ 1.62
④ 1.82

해설 공기비(m) = $\dfrac{(CO_2)_{max}}{(CO_2)} = \dfrac{21}{13} = 1.62$

05 연소가스 중 질소산화물의 생성을 억제하기 위한 방법으로 틀린 것은?

① 2단 연소
② 고온 연소
③ 농담 연소
④ 배기가스 재순환 연소

해설 질소산화물(NOx) 억제방법(고온에서 산소와 질소 혼합)
- 2단 연소
- 저온 연소
- 농담 연소
- 배기가스 재순환 연소

06 C_8H_{18} 1mol을 공기비 2로 연소시킬 때 연소가스 중 산소의 몰분율은?

① 0.065
② 0.073
③ 0.086
④ 0.101

해설 옥탄(C_8H_{18})의 연소반응식
$C_8H_{18} + 12.5O_2 \rightarrow 8CO_2 + 9H_2O$
실제공기량(A) = 이론공기량 × 공기비
$= \dfrac{12.5}{0.21} \times 2 = 119 \text{mol}$
∴ $\dfrac{12.5}{119.48} = 0.101$

07 메탄(CH_4)가스를 공기 중에 연소시키려 한다. CH_4의 저위발열량이 50,000kJ/kg이라면 고위발열량은 약 몇 kJ/kg인가?(단, 물의 증발잠열은 2,450kJ/kg으로 한다.)

① 51,700
② 55,500
③ 58,600
④ 64,200

1. ④ 2. ① 3. ① 4. ③ 5. ② 6. ④ 7. ② | ANSWER

해설 $CH_4 + 2O_2 \rightarrow CO_2 + 2H_2O$
총증발열량 $= 2 \times 2,450 = 4,900 kJ/kg$
고위발열량 = 저위발열량 + 증발열
$= 50,000 + 4,900 = 54,900 kJ/kg$

08 연돌의 실제 통풍압이 $35mmH_2O$, 송풍기의 효율은 70%, 연소가스양이 $200m^3/min$일 때 송풍기의 소요동력은 약 몇 kW인가?

① 0.84 ② 1.15
③ 1.63 ④ 2.21

해설 $1kW = 102kg \cdot m/s$, $1min = 60$초
소요동력 $(P) = \dfrac{Z \cdot Q}{102 \times \eta} = \dfrac{35 \times 200 \times \dfrac{1}{60}}{102 \times 0.7} = 1.63kW$

09 기체연료의 장점이 아닌 것은?

① 연소조절이 용이하다.
② 운반과 저장이 용이하다.
③ 회분이나 매연이 적어 청결하다.
④ 적은 공기로 완전연소가 가능하다.

해설 기체연료는 가연성 가스이므로 폭발의 위험성이 커서 운반이나 저장이 불편하다.

10 질량비로 프로판 45%, 공기 55%인 혼합가스가 있다. 프로판 가스의 발열량이 $100MJ/Nm^3$일 때 혼합가스의 발열량은 약 몇 MJ/Nm^3인가?(단, 공기의 발열량은 무시한다.)

① 29 ② 31
③ 33 ④ 35

해설 $100 \times 0.45 = 45MJ$
$45 \times \dfrac{55}{45} = 55MJ$
$\therefore 45 - (55 - 45) = 35MJ/Nm^3$
또는 $\left(1 - \dfrac{29}{44}\right) \times 100 = 35MJ/Nm^3$
(분자량 : 공기 29, 프로판 44)

11 다음 중 중유의 성질에 대한 설명으로 옳은 것은?

① 점도에 따라 1, 2, 3급 중유로 구분한다.
② 원소 조성은 H가 가장 많다.
③ 비중은 약 0.72~0.76 정도이다.
④ 인화점은 약 60~150℃ 정도이다.

해설 중유의 성질
• 점도에 따라 A · B · C급 중유로 구분한다.
• 원소 조성은 탄소(C)가 가장 많다.
• 인화점 : 약 60~150℃
• 착화점 : 약 530℃

12 연소에서 고온부식의 발생에 대한 설명으로 옳은 것은?

① 연료 중 황분의 산화에 의해서 일어난다.
② 연료 중 바나듐의 산화에 의해서 일어난다.
③ 연료 중 수소의 산화에 의해서 일어난다.
④ 연료의 연소 후 생기는 수분이 응축해서 일어난다.

해설 고온부식(V_2O_5)
• 발생장소 : 과열기나 재열기
• 부식반응 온도 : 550~650℃
• 바나듐, 나트륨, 황분에 의한 부식

13 다음 연료 중 이론공기량(Nm^3/Nm^3)이 가장 큰 것은?

① 오일가스 ② 석탄가스
③ 액화석유가스 ④ 천연가스

해설 ① 오일가스 : $H_2 = 53.5\%$
② 석탄가스 : $H_2 = 51\%$
③ 액화석유가스 : $C_3H_8 + C_4H_{10}$
  • 산소비량이 크면 이론공기량이 많다.
  • $H_2 + \dfrac{1}{2}O_2$
  • $CH_4 + 2O_2$
  • $C_3H_8 + 5O_2$
  • $C_4H_{10} + 6.5O_2$
④ 천연가스 : CH_4

ANSWER | 8. ③ 9. ② 10. ④ 11. ④ 12. ② 13. ③

14 연소 시 점화 전에 연소실가스를 몰아내는 환기를 무엇이라 하는가?

① 프리퍼지
② 가압퍼지
③ 불착화퍼지
④ 포스트퍼지

해설
- 점화 전 환기 : 프리퍼지
- 점화 후, 연소중지 후 : 포스트퍼지

15 다음 반응식을 이용하여 CH_4의 생성엔탈피를 구하면 약 몇 kJ인가?

- $C + O_2 \rightarrow CO_2 + 394kJ$
- $H + \frac{1}{2}O_2 \rightarrow H_2O + 241kJ$
- $CH_4 + 2O_2 \rightarrow CO_2 + 2H_2O + 802kJ$

① -66
② -70
③ -74
④ -78

해설 생성엔탈피
홑원소 물질이 반응하여 화합물 1몰이 생성될 때의 열이다.
$Q = 394 + 2 \times 241 = 876 kJ/mol$
∴ $802 - 876 = -74 kJ/mol$

16 다음 중 매연의 발생원인으로 가장 거리가 먼 것은?

① 연소실 온도가 높을 때
② 연소장치가 불량할 때
③ 연료의 질이 나쁠 때
④ 통풍력이 부족할 때

해설 연소실 온도가 높으면 완전연소가 가능하여 CO 가스 등 매연의 발생이 감소한다.

17 가연성 액체에서 발생한 증기의 공기 중 농도가 연소범위 내에 있을 경우 불꽃을 접근시키면 불이 붙는데 이때 필요한 최저온도를 무엇이라고 하는가?

① 기화온도
② 인화온도
③ 착화온도
④ 임계온도

해설 인화온도
가연성 액체에서 발생한 증기의 공기 중 농도가 연소범위 내에 있을 경우 불꽃을 접근시키면 불이 붙는 최저온도이다.

18 다음 기체 중 폭발범위가 가장 넓은 것은?

① 수소
② 메탄
③ 벤젠
④ 프로판

해설 가스폭발범위(연소범위)
① 수소 : 4~74%
② 메탄 : 5~15%
③ 벤젠 : 1.4~7.1%
④ 프로판 : 2.1~9.5%

19 다음 중 로터리 버너로 벙커 C유를 연소시킬 때 분무가 잘 되게 하기 위한 조치로서 가장 거리가 먼 것은?

① 점도를 낮추기 위하여 중유를 예열한다.
② 중유 중의 수분을 분리, 제거한다.
③ 버너 입구 배관부에 스트레이너를 설치한다.
④ 버너 입구의 오일 압력을 100kPa 이상으로 한다.

해설 로터리회전 무화식 버너의 입구 오일 압력은 $0.3 \sim 0.5 (kgf/cm^2) = 30 \sim 50 kPa$ 정도이다.

20 분자식이 C_mH_n인 탄화수소가스 $1Nm^3$를 완전연소시키는 데 필요한 이론공기량은 약 몇 Nm^3인가?(단, C_mH_n의 m, n은 상수이다.)

① $m + 0.25n$
② $1.19m + 4.76n$
③ $4m + 0.5n$
④ $4.76m + 1.19n$

해설 연소반응식
$C_mH_n + \left(m + \frac{n}{4}\right)O_2 \rightarrow mCO_2 + \frac{n}{2}H_2O + Q$
이론공기량 = $4.76m + 1.19n$

14. ① 15. ③ 16. ① 17. ② 18. ① 19. ④ 20. ④ | **ANSWER**

SECTION 02 열역학

21 원통형 용기에 기체상수 0.529kJ/kg·K의 가스가 온도 15℃에서 압력 10MPa로 충전되어 있다. 이 가스를 대부분 사용한 후에 온도가 10℃로, 압력이 1MPa로 떨어졌다. 소비된 가스는 약 몇 kg인가?(단, 용기의 체적은 일정하며 가스는 이상기체로 가정하고, 초기상태에서 용기 내의 가스 질량은 20kg이다.)

① 12.5 ② 18.0
③ 23.7 ④ 29.0

해설 용기체적(V) = $\dfrac{GRT}{P}$

$= \dfrac{20 \times 0.529 \times (273+15)}{10 \times 10^3 \text{kPa}}$

$= 0.3 \text{m}^3$

소비된 가스량(G) = $20 - \dfrac{10^3 \text{kPa} \times 0.3 \text{m}^3}{0.529 \times (273+10)}$

$= 18 \text{kg}$

22 0℃의 물 1,000kg을 24시간 동안에 0℃의 얼음으로 냉각하는 냉동능력은 약 몇 kW인가?(단, 얼음의 융해열은 335kJ/kg이다.)

① 2.15 ② 3.88
③ 14   ④ 14,000

해설 얼음의 응고열(Q) = $\dfrac{1,000 \times 335}{24}$ = 13,958kJ/h

1kWh = 3,600kJ

∴ $\dfrac{13,958}{3,600}$ = 3.88kW

23 부피 500L인 탱크 내에 건도 0.95의 수증기가 압력 1,600kPa로 들어있다. 이 수증기의 질량은 약 몇 kg인가?(단, 이 압력에서 건포화증기의 비체적은 v_g=0.1237m³/kg, 포화수의 비체적은 v_f=0.001m³/kg이다.)

① 4.83 ② 4.55
③ 4.25 ④ 3.26

해설 수증기 비체적(V) = $V' + x(V'' - V')$
$= 0.001 + 0.95(0.1237 - 0.001)$
$= 0.117565 \text{m}^3/\text{kg}$

∴ $G = \dfrac{500 \times 10^{-3}}{0.117565}$ = 4.25kg

24 단열변화에서 압력, 부피, 온도를 각각 P, V, T로 나타낼 때, 항상 일정한 식은?(단, k는 비열비이다.)

① PV^{k-1} ② $TV^{\frac{1-k}{k}}$

③ TP^k ④ $TP^{\frac{1-k}{k}}$

해설 단열변화

$\left(\dfrac{T_2}{T_1}\right) = \left(\dfrac{V_1}{V_2}\right)^{k-1} = \left(\dfrac{P_2}{P_1}\right)^{\frac{k-1}{k}}$ ∴ $TP^{\frac{1-k}{k}}$

25 오존층 파괴와 지구 온난화 문제로 인해 냉동장치에 사용하는 냉매의 선택에 있어서 주의를 요한다. 이와 관련하여 다음 중 오존파괴지수가 가장 큰 냉매는?

① R-134a ② R-123
③ 암모니아 ④ R-11

해설
- CFC 냉매(염소 Cl, 불소 F, 탄소 C) : 규제 대상이다.
- HFC 냉매(수소 H, 불소 F, 탄소 C) : 오존층을 파괴하는 염소(Cl)가 화합물 중에 포함되어 있지 않다(대체냉매 : R-134a, R-152a).

26 다음 그림은 Rankine 사이클의 $h-s$ 선도이다. 등엔트로피 팽창과정을 나타내는 것은?

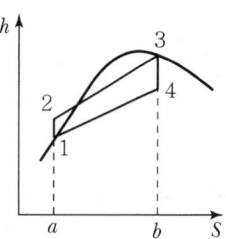

① 1→2 ② 2→3
③ 3→4 ④ 4→1

ANSWER | 21. ② 22. ② 23. ③ 24. ④ 25. ④ 26. ③

해설 랭킨 사이클
- 3→4 과정 : 단열팽창
- 2→1 과정 : 단열압축
- 3→1 과정 : 정압가열
- 4→1 과정 : 정압방열

27 이상기체의 내부에너지 변화 du를 옳게 나타낸 것은?(단, C_P는 정압비열, C_V는 정적비열, T는 온도이다.)

① $C_P dT$ ② $C_V dT$
③ $\dfrac{C_P}{C_V} dT$ ④ $C_V C_P dT$

해설 이상기체의 내부에너지 변화(du)
$du = C_V dT \left(C_P - C_V = R, \ k = \dfrac{C_P}{C_V} \right)$

28 그림은 Carnot 냉동 사이클을 나타낸 것이다. 이 냉동기의 성능계수를 옳게 표현한 것은?

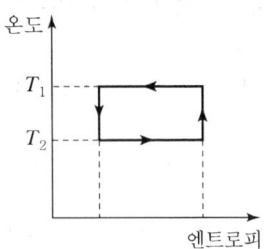

① $\dfrac{T_1 - T_2}{T_1}$ ② $\dfrac{T_1 - T_2}{T_2}$
③ $\dfrac{T_2}{T_1 - T_2}$ ④ $\dfrac{T_1}{T_1 - T_2}$

해설 카르노 사이클(η_c) = $\dfrac{AW}{Q_1} = 1 - \dfrac{Q_2}{Q_1} = 1 - \dfrac{T_2}{T_1} = \dfrac{T_2}{T_1 - T_2}$

29 교축과정에서 일정한 값을 유지하는 것은?
① 압력 ② 엔탈피
③ 비체적 ④ 엔트로피

해설 교축과정은 비가역변화로서 등엔탈피 과정이며, 압력이 감소하고 엔트로피는 항상 증가한다.

30 분자량이 16, 28, 32 및 44인 이상기체를 각각 같은 용적으로 혼합하였다. 이 혼합가스의 평균분자량은?
① 30 ② 33
③ 35 ④ 40

해설 평균분자량 = $\dfrac{16 + 28 + 32 + 44}{4} = 30$

31 초기조건이 100kPa, 60℃인 공기를 정적과정을 통해 가열한 후 정압에서 냉각과정을 통하여 500kPa, 60℃로 냉각할 때 이 과정에서 전체 열량의 변화는 약 몇 kJ/kmol인가?(단, 정적비열은 20kJ/kmol·K, 정압비열은 28kJ/kmol·K이며, 이상기체로 가정한다.)
① -964 ② -1,964
③ -10,656 ④ -20,656

해설 정적가열은 내부에너지 온도만의 함수이므로,
$\dfrac{T_2}{T_1} = \dfrac{P_2}{P_1}$, $T_2 = T_1 \times \dfrac{P_2}{P_1} = (273 + 60) \times \dfrac{500}{100} = 1,665K$
∴ 전체 열량 변화 = {1 × 20 × (1,665 - 333)}
 - {1 × 28 × (1,665 - 333)}
 = -10,656kJ/kmol

32 피스톤이 설치된 실린더 안의 기체가 체적 V_1에서 V_2로 팽창할 때 피스톤에 해 준 일은 $W = \int_{V_1}^{V_2} PdV$로 표시될 수 있다. 이 기체는 이 과정을 통하여 $PV^2 = C$(상수)의 관계를 만족시켜 준다면 W를 옳게 나타낸 것은?
① $P_1V_1 - P_2V_2$ ② $P_2V_2 - P_1V_1$
③ $P_1V_1^2 - P_2V_2^2$ ④ $P_2V_2^2 - P_1V_1^2$

해설 체적 팽창 시 피스톤에 해 준 일 = $P_1V_1 - P_2V_2$

33 다음 설명과 가장 관련있는 열역학적 법칙은?

- 열은 그 자신만으로는 저온의 물체로부터 고온의 물체로 이동할 수 없다.
- 외부에 어떠한 영향을 남기지 않고 한 사이클 동안에 계가 열원으로부터 받은 열을 모두 일로 바꾸는 것은 불가능하다.

① 열역학 제0법칙 ② 열역학 제1법칙
③ 열역학 제2법칙 ④ 열역학 제3법칙

해설 열역학 제2법칙
열은 그 자신만으로는 저온의 물체로부터 고온의 물체로 이동할 수 없다.

34 이상기체가 A상태(T_A, P_A)에서 B상태(T_B, P_B)로 변화하였다. 정압비열 C_P가 일정할 경우 비엔트로피의 변화 Δs를 옳게 나타낸 것은?

① $\Delta s = C_P \ln \dfrac{T_A}{T_B} + R \ln \dfrac{P_B}{P_A}$

② $\Delta s = C_P \ln \dfrac{T_B}{T_A} + R \ln \dfrac{P_B}{P_A}$

③ $\Delta s = C_P \ln \dfrac{T_A}{T_B} - R \ln \dfrac{P_B}{P_A}$

④ $\Delta s = C_P \ln \dfrac{T_B}{T_A} - R \ln \dfrac{P_B}{P_A}$

해설 정압비열이 일정한 경우
비엔트로피 변화(Δs) = $C_P \ln \dfrac{T_B}{T_A} - R \ln \dfrac{P_B}{P_A}$

35 보일러에서 송풍기 입구의 공기가 15℃, 100kPa 상태에서 공기예열기로 500m³/min이 들어가 일정한 압력하에서 140℃까지 온도가 올라갔을 때 출구에서의 공기유량은 약 몇 m³/min인가?(단, 이상기체로 가정한다.)

① 617 ② 717
③ 817 ④ 917

해설 $V_2 = V_1 \times \dfrac{T_2}{T_1} = 500 \times \dfrac{273+140}{273+15} = 717 \text{m}^3/\text{min}$

36 다음 그림은 물의 상평형도를 나타내고 있다. $a \sim d$에 대한 용어로 옳은 것은?

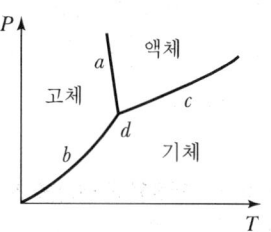

① a : 승화 곡선 ② b : 용융 곡선
③ c : 증발 곡선 ④ d : 임계점

해설
- $b-d$: 승화 곡선
- $a-d$: 융해 곡선
- $d-c$: 증발 곡선
- P, T : 압력, 온도

37 스로틀링(Throttling) 밸브를 이용하여 Joule-Thomson 효과를 보고자 한다. 압력이 감소함에 따라 온도가 반드시 감소하게 되는 Joule-Thomson 계수 μ의 값으로 옳은 것은?

① $\mu = 0$ ② $\mu > 0$
③ $\mu < 0$ ④ $\mu \neq 0$

해설 줄-톰슨 효과
- 줄-톰슨계수(μ) = $\left(\dfrac{\partial T}{\partial P}\right)_h$
- 줄-톰슨계수는 항상 0보다 크다.

38 터빈 입구에서의 내부에너지 및 엔탈피가 각각 3,000 kJ/kg, 3,300kJ/kg인 수증기가 압력이 100kPa, 건도 0.9인 습증기로 터빈을 나간다. 이때 터빈의 출력은 약 몇 kW인가?(단, 발생되는 수증기의 질량 유량은 0.2kg/s이고, 입출구의 속도차와 위치에너지는 무시한다. 100kPa에서의 상태량은 다음 표와 같다.)

(단위 : kJ/kg)	포화수	건포화증기
내부에너지 u	420	2,510
엔탈피 h	420	2,680

① 46.2 ② 93.6
③ 124.2 ④ 169.2

ANSWER | 33. ③ 34. ④ 35. ② 36. ③ 37. ② 38. ④

해설 증발잠열(γ) = 2,680 − 420 = 2,260kJ/kg
3,300 − 2,680 = 620kJ/kg(출구 소비열량)
∴ 터빈출력 = $\frac{0.2 \times 620 \times 3,600}{3,600}$ = 124kW
※ 1kW = 3,600kJ/h

39 오토 사이클의 열효율에 영향을 미치는 인자들만 모은 것은?
① 압축비, 비열비 ② 압축비, 차단비
③ 차단비, 비열비 ④ 압축비, 차단비, 비열비

해설 오토 사이클(Otto Cycle)
• 압축비(ε) = $\frac{V_1}{V_2}$
• 열효율(η_o) = $1 - \left(\frac{1}{\varepsilon}\right)^{k-1}$

40 Rankine 사이클의 4개 과정으로 옳은 것은?
① 가역단열팽창 → 정압방열 → 가역단열압축 → 정압가열
② 가역단열팽창 → 가역단열압축 → 정압가열 → 정압방열
③ 정압가열 → 정압방열 → 가역단열압축 → 가역단열팽창
④ 정압방열 → 정압가열 → 가역단열압축 → 가역단열팽창

해설 랭킨 사이클

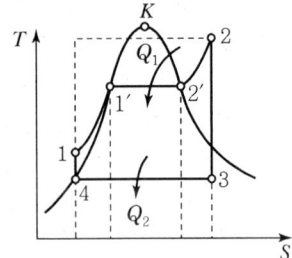

• 1 → 2 과정 : 정압가열
• 2 → 3 과정 : 가역단열팽창
• 3 → 4 과정 : 등온방열
• 4 → 1 과정 : 단열압축

SECTION 03 계측방법

41 레이놀즈수를 나타낸 식으로 옳은 것은?(단, D는 관의 내경, μ는 유체의 점도, ρ는 유체의 밀도, U는 유체의 속도이다.)
① $\frac{D\mu U}{\rho}$ ② $\frac{DU\rho}{\mu}$
③ $\frac{D\mu\rho}{U}$ ④ $\frac{\mu\rho U}{U}$

해설 레이놀즈수(Re)
$Re = \frac{DU\rho}{\mu} = \frac{관의 내경 \times 유체의 유속 \times 유체의 밀도}{유체의 점도}$
Re가 2,100 이하이면 층류이다.

42 복사온도계에서 전복사에너지는 절대온도의 몇 승에 비례하는가?
① 2 ② 3
③ 4 ④ 5

해설 슈테판 − 볼츠만의 법칙
흑체복사력(E_b) = $\sigma \cdot T^4 = C_b \left(\frac{T}{100}\right)^4$
여기서, $\sigma = 5.669 \times 10^{-8}$ W/m² · K⁴
C_b(슈테판 − 볼츠만의 흑체복사정수)
= 5.669W/m² · K⁴

43 물리량과 SI 기본단위의 기호가 틀린 것은?
① 질량 : kg ② 온도 : ℃
③ 물질량 : mol ④ 광도 : cd

해설 SI 기본단위
• 질량 : kg
• 온도 : K
• 물질량 : mol
• 광도 : cd
• 전류 : A
• 길이 : m
• 시간 : s

39. ① 40. ① 41. ② 42. ③ 43. ② | ANSWER

44 단열식 열량계로 석탄 1.5g을 연소시켰더니 온도가 4℃ 상승하였다. 통 내 물의 질량이 2,000g, 열량계의 물당량이 500g일 때 이 석탄의 발열량은 약 몇 J/g인가?(단, 물의 비열은 4.19J/g·K이다.)

① 2.23×10^4 ② 2.79×10^4
③ 4.19×10^4 ④ 6.98×10^4

해설 단열식 발열량계의 발열량
$= \dfrac{\text{내통수의 비열} \times \text{상승온도}(\text{내통수량}+\text{수당량}) - \text{발열보정}}{\text{시료}}$
$= \dfrac{4.19 \times 4 \times (2,000+500)}{1.5} = 27,933 \text{J/g} = 2.79 \times 10^4 \text{J/g}$

45 다음 중 유도단위 대상에 속하지 않는 것은?
① 비열 ② 압력
③ 습도 ④ 열량

해설 습도는 특수단위이다.

46 피드백 제어에 대한 설명으로 틀린 것은?
① 폐회로로 구성된다.
② 제어량에 대한 수정동작을 한다.
③ 미리 정해진 순서에 따라 순차적으로 제어한다.
④ 반드시 입력과 출력을 비교하는 장치가 필요하다.

해설 시퀀스 제어
미리 정해진 순서에 따라 순차적으로 제어한다.

47 그림과 같이 수은을 넣은 차압계를 이용하는 액면계에 있어 수은면의 높이 차(h)가 50.0mm일 때 상부의 압력 취출구에서 탱크 내 액면까지의 높이(H)는 약 몇 mm인가?(단, 액의 밀도(ρ)는 999kg/m³이고, 수은의 밀도(ρ_0)는 13,550kg/m³이다.)

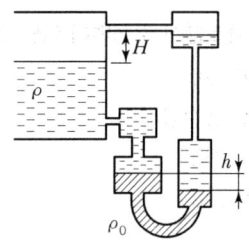

① 578 ② 628
③ 678 ④ 728

해설 $H = \left(\dfrac{r_o}{r} - 1 \right)$
$= \left(\dfrac{13,550}{999} - 1 \right) \times 50 = 628 \text{mm}$

48 열전대 온도계에 대한 설명으로 옳은 것은?
① 흡습 등으로 열화된다.
② 밀도차를 이용한 것이다.
③ 자기가열에 주의해야 한다.
④ 온도에 대한 열기전력이 크며 내구성이 좋다.

해설 열전대 온도계
• 제백(Seebeck)효과를 이용하는 열전대 온도계는 온도에 대한 열기전력이 크며 내구성이 좋다.
• J형(I-C 온도계), K형(C-A 온도계), T형(구리-콘스탄탄), R형(백금-백금로듐) 등이 있다.

49 다음 열교환기 제어에 해당하는 제어의 종류로 옳은 것은?

> 유체의 온도를 제어하는 데 온도조절의 출력으로 열교환기에 유입되는 증기의 유량을 제어하는 유량조절기의 설정치를 조절한다.

① 추종제어 ② 프로그램 제어
③ 정치제어 ④ 캐스케이드 제어

해설 목푯값에 따른 자동제어
• 추치제어 : 추종제어, 비율제어, 프로그램 제어
• 정치제어
• 캐스케이드 제어 : 측정제어이며 2개의 제어계를 조합하여 1차 제어가 제어량을 측정하고 2차 제어가 명령을 바탕으로 제어량을 조절한다.

50 다음 중 수분 흡수법에 의해 습도를 측정할 때 흡수제로 사용하기에 가장 적절하지 않은 것은?
① 오산화인 ② 피크린산
③ 실리카겔 ④ 황산

ANSWER | 44. ② 45. ③ 46. ③ 47. ② 48. ④ 49. ④ 50. ②

해설 피크린산
Picric Acid($C_6H_3N_3O_7$)의 수용액은 강산성이며, 불안정하고 폭발성을 가진 가연성 물질이다. 페놀을 니트로화하여 얻으며, 비극성 용매에는 용해되나 극성 용매에는 잘 녹지 않는다.

51 저항온도계에 관한 설명 중 틀린 것은?
① 구리는 -200~500℃에서 사용한다.
② 시간지연이 적어 응답이 빠르다.
③ 저항선의 재료로는 저항온도계수가 크며, 화학적으로나 물리적으로 안정한 백금, 니켈 등을 쓴다.
④ 저항온도계는 금속의 가는 선을 절연물에 감아서 만든 측온저항체의 저항치를 재서 온도를 측정한다.

해설 구리측온 저항온도계 사용온도 범위
- 백금측온 : -200~500℃
- 니켈측온 : -50~150℃
- 구리측온 : 0~120℃

52 가스크로마토그래피는 다음 중 어떤 원리를 응용한 것인가?
① 증발   ② 증류
③ 건조   ④ 흡착

해설 가스크로마토그래피는 활성탄, 알루미나, 실리카겔 등의 고체 충진제에 혼합시료가스를 투입하면 흡수 또는 흡착에 의해 통과하는 가스의 속도 차이를 분석한다(혼합가스 분석을 위한 캐리어가스 : H_2, N_2, He 등).

53 직각으로 굽힌 유리관의 한쪽을 수면 바로 밑에 넣고 다른 쪽은 연직으로 세워 수평방향으로 0.5m/s의 속도로 움직이면 물은 관 속에서 약 몇 m 상승하는가?

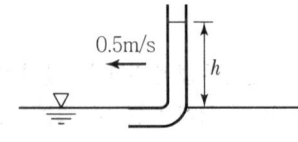

① 0.01   ② 0.02
③ 0.03   ④ 0.04

해설 유속(V) = $\sqrt{2gh}$
$0.5 = \sqrt{2 \times 9.8 \cdot h}$
∴ $h = \dfrac{V^2}{2g} = \dfrac{0.5^2}{2 \times 9.8} = 0.01$m

54 관로에 설치된 오리피스 전후의 차압이 1,936mmH₂O일 때 유량이 22m³/h이다. 차압이 1,024mmH₂O이면 유량은 몇 m³/h인가?
① 15   ② 16
③ 17   ④ 18

해설 차압식 유량계의 유량은 차압의 제곱근에 비례한다.
∴ 유량(θ) = $\dfrac{\sqrt{1,024}}{\sqrt{1,936}} \times 22 = 16$m³/h

55 다음 중 탄성 압력계에 속하는 것은?
① 침종 압력계   ② 피스톤 압력계
③ U자관 압력계   ④ 부르동관 압력계

해설
- 탄성식 압력계 : 부르동관, 벨로스식, 다이어프램식
- 액주식 압력계 : 침종식, 피스톤식, U자관식

56 액주식 압력계에 사용되는 액체의 구비조건으로 틀린 것은?
① 온도 변화에 의한 밀도 변화가 커야 한다.
② 액면은 항상 수평이 되어야 한다.
③ 점도와 팽창계수가 작아야 한다.
④ 모세관 현상이 적어야 한다.

해설 액주식 압력계의 액체는 온도 변화에 의한 밀도(kg/L) 변화가 적어야 한다.

57 다음 중 가스분석 측정법이 아닌 것은?
① 오르자트법
② 적외선 흡수법
③ 플로노즐법
④ 열전도율법

해설 플로노즐(차압식 유량계)
5~30MPa의 고압유체 측정이 가능하다.

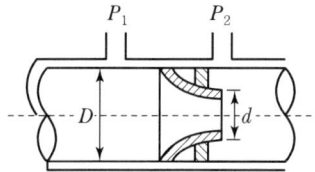

58 액체의 팽창하는 성질을 이용하여 온도를 측정하는 것은?
① 수은온도계
② 저항온도계
③ 서미스터 온도계
④ 백금-로듐 열전대 온도계

해설 수은온도계
수은이나 알코올 등의 액체의 팽창하는 성질을 이용하는 액주식 온도계이다.

59 전자 유량계에 대한 설명으로 틀린 것은?
① 응답이 매우 빠르다.
② 제작 및 설치비용이 비싸다.
③ 고점도 액체는 측정이 어렵다.
④ 액체의 압력에 영향을 받지 않는다.

해설 전자식 유량계(패러데이 법칙 이용)는 불순물의 혼합, 점성, 비중, 부식 등에 영향을 받지 않는다. 또한, 감도가 높고 정도가 비교적 작다.

60 다음 중 비례동작만 사용할 경우와 비교할 때 적분동작을 같이 사용하면 제거할 수 있는 문제로 옳은 것은?
① 오프셋   ② 외란
③ 안정성   ④ 빠른 응답

해설
• 비례동작(P 동작) : 잔류편차가 발생한다.
• 적분동작(I 동작) : 오프셋(잔류편차)이 제거된다.
• 미분동작(D 동작) : 진동이 제어되어 빨리 안정된다.

SECTION 04 열설비재료 및 관계법규

61 다음 중 용광로의 원료 중 코크스의 역할로 옳은 것은?
① 탈황작용   ② 흡탄작용
③ 매용제(媒熔劑) ④ 탈산작용

해설 용광로
• 종류 : 철피식, 철대식, 절충식
• 원료 : 철광석, 망간광석, 석회석, 코크스(흡탄작용)
• 철강제 가열로의 연소가스는 환원성 분위기이어야 한다.

62 단조용 가열로에서 재료에 산화스케일이 가장 많이 생기는 가열방식은?
① 반간접식
② 직화식
③ 무산화 가열방식
④ 급속 가열방식

해설
㉠ 가열로 : 압연공장에서 압연하기에 적당한 온도로 가열하기 위하여 사용하는 노이다.
㉡ 단조용 가열로
• 반간접식
• 직화식(재료에 산화스케일이 가장 많이 생긴다.)
• 무산화 가열방식
• 급속 가열방식

63 에너지이용 합리화법령상 에너지사용계획을 수립하여 산업통상자원부장관에게 제출하여야 하는 공공사업주관자가 설치하려는 시설기준으로 옳은 것은?
① 연간 1천 티오이 이상의 연료 및 열을 사용하는 시설
② 연간 2천 티오이 이상의 연료 및 열을 사용하는 시설
③ 연간 2천5백 티오이 이상의 연료 및 열을 사용하는 시설
④ 연간 1만 티오이 이상의 연료 및 열을 사용하는 시설

ANSWER | 58. ① 59. ③ 60. ① 61. ② 62. ② 63. ③

해설 ㉠ 공공사업주관자
- 연간 2천5백 티오이 이상의 연료 및 열을 사용하는 시설
- 연간 1천만 킬로와트시 이상의 전력을 사용하는 시설

㉡ 민간사업주관자
- 연간 5천 티오이 이상의 연료 및 열을 사용하는 시설
- 연간 2천만 킬로와트시 이상의 전력을 사용하는 시설

64 고온용 무기질 보온재로서 석영을 녹여 만들며, 내약품성이 뛰어나고, 최고사용온도가 1,100℃ 정도인 것은?
① 유리섬유(Glass Wool)
② 석면(Asbestos)
③ 펄라이트(Pearlite)
④ 세라믹 파이버(Ceramic Fiber)

해설 세라믹 파이버
무기질 보온재이며 안전사용온도는 1,300℃이고 융해석영을 섬유상으로 만든 실리카울이나 고석화질로 만든다.

65 다음 중 전기로에 해당되지 않는 것은?
① 푸셔로
② 아크로
③ 저항로
④ 유도로

해설
- 푸셔 : 연속터널요에서 노 안으로 대차를 밀어넣는 장치이다.
- 전기로 : 저항가마, 아크가마(전호도), 유도가마

66 내화물의 분류방법으로 적합하지 않은 것은?
① 원료에 의한 분류
② 형상에 의한 분류
③ 내화도에 의한 분류
④ 열전도율에 의한 분류

해설 내화물의 분류
①, ②, ③ 외에 조성광물, 용도, 가열처리, 화학조성, 내화도, 원료의 종류 등으로 분류한다.

67 유체의 역류를 방지하여 한쪽 방향으로만 흐르게 하는 밸브로 리프트식과 스윙식으로 대별되는 것은?
① 회전밸브
② 게이트밸브
③ 체크밸브
④ 앵글밸브

해설 체크밸브(역류방지밸브)
- 스윙식
- 리프트식
- 판형

68 에너지이용 합리화법령에 따라 에너지절약전문기업의 등록이 취소된 에너지절약전문기업은 원칙적으로 등록 취소일로부터 최소 얼마의 기간이 지나면 다시 등록을 할 수 있는가?
① 1년
② 2년
③ 3년
④ 5년

해설 에너지절약전문기업(ESCO)은 등록이 취소되면 2년이 경과되어야 한국에너지공단에 재신청이 가능하다.

69 신·재생에너지법령상 신·재생에너지 중 의무공급량이 지정되어 있는 에너지 종류는?
① 해양에너지
② 지열에너지
③ 태양에너지
④ 바이오에너지

해설 신·재생에너지
- 신에너지 : 석탄액화가스화, 수소에너지, 연료전지 등
- 재생에너지 : 태양열, 태양광, 풍력, 수력, 폐기물, 바이오, 해양에너지, 지열 등
※ 태양광발전에너지는 의무공급량이 지정되어 있다.

70 에너지이용 합리화법령에 따라 에너지다소비사업자에게 에너지손실요인의 개선명령을 할 수 있는 자는?
① 산업통상자원부장관
② 시·도지사
③ 한국에너지공단이사장
④ 에너지관리진단기관협회장

해설 에너지다소비사업자에게 에너지손실요인의 개선명령을 할 수 있는 자는 산업통상자원부장관이다.

71 연소가스(화염)의 진행방향에 따라 요로를 분류할 때의 종류로 옳은 것은?
① 연속식 가마 ② 도염식 가마
③ 직화식 가마 ④ 셔틀 가마

해설 도염식 요(꺾임불꽃가마)
연소가스의 진행방향에 따라 요로를 분류할 때 불연속 요에 해당하며, 도자기, 내화벽돌, 연삭지석, 소성에 사용된다.

72 에너지이용 합리화법령상 산업통상자원부장관이 에너지저장의무를 부과할 수 있는 대상자의 기준으로 틀린 것은?
① 연간 1만 석유환산톤 이상의 에너지를 사용하는 자
② 전기사업법에 따른 전기사업자
③ 석탄산업법에 따른 석탄가공업자
④ 집단에너지사업법에 따른 집단에너지사업자

해설 연간 2만 석유환산톤 이상이어야 에너지저장의무 부과 대상자이다.

73 에너지이용 합리화법령상 검사대상기기의 검사유효기간에 대한 설명으로 옳은 것은?
① 설치 후 3년이 지난 보일러로서 설치장소 변경검사 또는 재사용검사를 받은 보일러는 검사 후 1개월 이내에 운전성능검사를 받아야 한다.
② 보일러의 계속사용검사 중 운전성능검사에 대한 검사유효기간은 해당 보일러가 산업통상자원부장관이 정하여 고시하는 기준에 적합한 경우에는 3년으로 한다.
③ 개조검사 중 연료 또는 연소방법의 변경에 따른 개조검사의 경우에는 검사유효기간을 1년으로 한다.
④ 철금속가열로의 재사용검사의 검사유효기간은 1년으로 한다.

해설 ② 보일러의 계속사용검사 중 운전성능검사에 대한 검사유효기간은 해당 보일러가 산업통상자원부장관이 정하여 고시하는 기준에 적합한 경우에는 2년으로 한다.
③ 개조검사 중 연료 또는 연소방법의 변경에 따른 개조검사의 경우에는 유효기간을 적용하지 않는다.
④ 철금속가열로의 재사용검사의 검사유효기간은 2년으로 한다.

74 에너지이용 합리화법령에 따라 산업통상자원부령으로 정하는 광고매체를 이용하여 효율관리기자재의 광고를 하는 경우에는 그 광고내용에 동법에 따른 에너지소비효율등급 또는 에너지소비효율을 포함하여야 한다. 이때 효율관리기자재 관련업자에 해당하지 않는 것은?
① 제조업자 ② 수입업자
③ 판매업자 ④ 수리업자

해설 효율관리기자재 수리업자는 에너지소비효율등급 또는 에너지소비효율을 표시해야 할 의무가 없다.

75 고압배관용 탄소강관(KS D 3564)의 호칭지름의 기준이 되는 것은?
① 배관의 안지름
② 배관의 바깥지름
③ 배관의 $\dfrac{안지름 + 바깥지름}{2}$
④ 배관나사의 바깥지름

해설
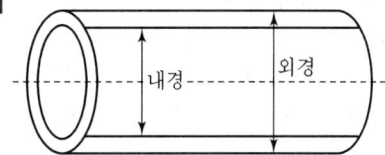
고압배관용 탄소강관(SPPH)의 호칭지름은 외경을 기준으로 한다.

76 다음 중 배관의 신축이음에 대한 설명으로 틀린 것은?
① 슬리브형은 단식과 복식의 2종류가 있으며, 고온, 고압에 사용한다.
② 루프형은 고압에 잘 견디며, 주로 고압증기의 옥외 배관에 사용한다.
③ 벨로스형은 신축으로 인한 응력을 받지 않는다.
④ 스위블형은 온수 또는 저압증기의 배관에 사용하며, 큰 신축에 대하여는 누설의 염려가 있다.

ANSWER | 71. ② 72. ① 73. ① 74. ④ 75. ② 76. ①

해설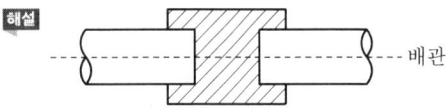
[슬리브형 신축이음]
벨로스형 배관의 신축이음에는 단식, 복식이 있다.

77 고알루미나(High Alumina)질 내화물의 특성에 대한 설명으로 옳은 것은?

① 내마모성이 적다.
② 하중 연화온도가 높다.
③ 고온에서 부피변화가 크다.
④ 급열, 급랭에 대한 저항성이 적다.

해설 고알루미나질 내화물(중성내화물)
$Al_2O_3 + SiO_2$계 내화물이다. 내화물의 기공상태가 균일하며 또한 조직이 매우 치밀하다. 기계적 강도가 아주 크고, 하중연화점이 1,600℃로 매우 높으며, 열전도율이 크고 내스폴링성이 크다.

78 에너지이용 합리화법령에 따라 에너지사용량이 대통령령이 정하는 기준량 이상이 되는 에너지다소비사업자는 전년도의 분기별 에너지사용량·제품생산량 등의 사항을 언제까지 신고하여야 하는가?

① 매년 1월 31일
② 매년 3월 31일
③ 매년 6월 30일
④ 매년 12월 31일

해설 에너지다소비사업자(연간 석유환산 2,000TOE 이상 사용자)는 매년 전년도 분기별 사항을 1월 31일까지 시·도지사에게 신고하여야 한다.

79 신재생에너지법령상 바이오에너지가 아닌 것은?

① 식물의 유지를 변환시킨 바이오디젤
② 생물유기체를 변환시켜 얻어지는 연료
③ 폐기물의 소각열을 변환시킨 고체의 연료
④ 쓰레기매립장의 유기성 폐기물을 변환시킨 매립지가스

해설 ③은 폐기물에너지이다.

80 보온이 안 된 어떤 물체의 단위면적당 손실열량이 $1,600kJ/m^2$이었는데, 보온한 후에 단위면적당 손실열량이 $1,200kJ/m^2$라면 보온효율은 얼마인가?

① 1.33
② 0.75
③ 0.33
④ 0.25

해설 보온 후 열손실 = $1,600 - 1,200 = 400kJ/m^2$
∴ 보온효율 = $\frac{400}{1,600} \times 100 = 25\%(0.25)$

SECTION 05 열설비설계

81 노통 보일러에서 브리딩 스페이스란 무엇을 말하는가?

① 노통과 거싯 스테이와의 거리
② 관군과 거싯 스테이와의 거리
③ 동체와 노통 사이의 최소거리
④ 거싯 스테이 간의 거리

해설 노통 보일러
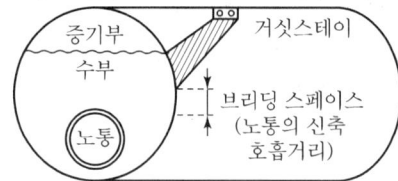

82 연관의 바깥지름이 75mm인 연관보일러 관판의 최소 두께는 몇 mm 이상이어야 하는가?

① 8.5
② 9.5
③ 12.5
④ 13.5

해설 관판의 두께$(t) = 5 + \frac{d}{10} = 5 + \frac{75}{10} = 12.5mm$

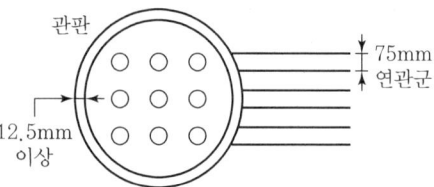

83 보일러 부하의 급변으로 인하여 동 수면에서 작은 입자의 물방울이 증기와 혼입하여 튀어 오르는 현상을 무엇이라고 하는가?

① 캐리오버   ② 포밍
③ 프라이밍   ④ 피팅

해설 프라이밍(비수)
보일러의 부하 변동 급변으로 동 수면에서 작은 입자의 물방울이 증기와 혼입하여 튀어 오르는 현상

84 맞대기 용접이음에서 질량이 120kg, 용접부의 길이가 3cm, 판의 두께가 2mm라 할 때 용접부의 인장응력은 약 몇 MPa인가?

① 4.9   ② 19.6
③ 196   ④ 490

해설 용접부 인장응력
재료에 인장하중이 걸렸을 때 재료 내에 생기는 응력으로 인장력을 단면적으로 나눈 값이다.

단면적 $(A) = \dfrac{\pi}{4}d^2 = \dfrac{3.14}{4} \times 3^2 = 7.065 \text{cm}^2$

$\therefore \dfrac{120}{7.065} = 19.6 \text{MPa}$

85 보일러에 스케일이 1mm 두께로 부착되었을 때 연료의 손실은 몇 %인가?

① 0.5   ② 1.1
③ 2.2   ④ 4.7

해설 일반적으로 보일러에 스케일이 1mm 두께로 부착되면 연료의 손실은 약 2.2%이다.

86 다음 중 용해경도성분 제거방법으로 적절하지 않은 것은?

① 침전법   ② 소다법
③ 석회법   ④ 이온법

해설 침전법
고체협잡물(모래 등)의 제거법이다.

87 급수펌프인 인젝터의 특징에 대한 설명으로 틀린 것은?

① 구조가 간단하여 소형에 사용된다.
② 별도의 소요동력이 필요하지 않다.
③ 송수량의 조절이 용이하다.
④ 소량의 고압증기로 다량의 급수가 가능하다.

해설 소형 급수설비인 인젝터는 송수량의 조절이 불가능하다.

88 보일러 사고의 원인 중 제작상의 원인으로 가장 거리가 먼 것은?

① 재료불량   ② 구조 및 설계불량
③ 용접불량   ④ 급수처리불량

해설 보일러 운전 중 급수처리불량, 점화불량, 압력초과, 가스폭발 등은 보일러 취급상의 원인이다.

89 육용강제 보일러에서 오목면에 압력을 받는 스테이가 없는 접시형 경판으로 노통을 설치할 경우, 경판의 최소 두께(mm)를 구하는 식으로 옳은 것은?(단, P : 최고사용압력(MPa), R : 접시모양 경판의 중앙부에서의 내면 반지름(mm), σ_a : 재료의 허용인장응력(MPa), η : 경판 자체의 이음효율, A : 부식여유(mm)이다.)

① $t = \dfrac{PR}{1.5\sigma_a\eta} + A$ ② $t = \dfrac{1.5PR}{(\sigma_a+\eta)A}$

③ $t = \dfrac{PA}{1.5\sigma_a\eta} + R$ ④ $t = \dfrac{AR}{\sigma_a\eta} + 1.5$

해설 노통 설치형의 경우 접시형 경판의 최소 두께(t)
$t = \dfrac{PR}{1.5\sigma_a\eta} + A$

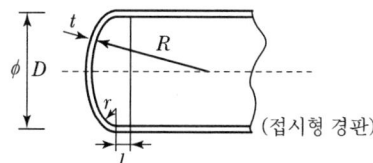
(접시형 경판)

90 노통 보일러의 설명으로 틀린 것은?

① 구조가 비교적 간단하다.
② 노통에는 파형과 평형이 있다.
③ 내분식 보일러의 대표적인 보일러이다.
④ 코르니시 보일러와 랭커셔 보일러의 노통은 모두 1개이다.

해설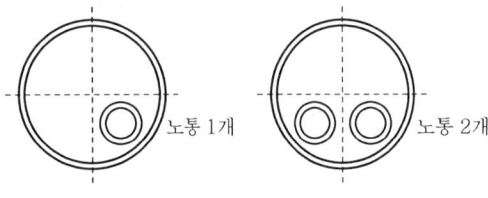

[코르니시 보일러]　　　　[랭커셔 보일러]

91 연관의 안지름이 140mm이고, 두께가 5mm일 때 연관의 최고사용압력은 약 몇 MPa인가?

① 1.12　　② 1.63
③ 2.25　　④ 2.83

해설 연관의 최고사용압력(P)

$t = \dfrac{PD}{700} + 1.5$

$P = \dfrac{700(t-1.5)}{d} = \dfrac{700(5-1.5)}{(140+5)}$

$= 16.89 \text{kg}_f/\text{cm}^2 = 1.68\text{MPa}$

92 최고사용압력 1.5MPa, 파형 형상에 따른 정수(C)를 1,100, 노통의 평균 안지름이 1,100mm일 때, 파형 노통 판의 최소 두께는 몇 mm인가?

① 12　　② 15
③ 24　　④ 30

해설 파형 노통(t) $= \dfrac{P \cdot D}{C}$

$= \dfrac{(1.5 \times 10) \times 1,100}{1,100} = 15\text{mm}$

※ $1\text{MPa} = 10\text{kg}_f/\text{cm}^2$

93 다음 그림과 같이 길이가 L인 원통 벽에서 전도에 의한 열전달률 $q(\text{W})$를 아래 식으로 나타낼 수 있다. 아래 식 중 R을 그림에 주어진 r_o, r_i, L로 표시하면? (단, k는 원통 벽의 열전도율이다.)

$$q = \dfrac{T_i - T_o}{R}$$

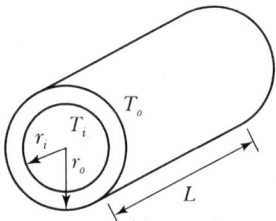

① $\dfrac{2\pi L}{\ln(r_o/r_i)k}$　　② $\dfrac{\ln(r_o/r_i)}{2\pi Lk}$

③ $\dfrac{2\pi L}{\ln(r_o-r_i)k}$　　④ $\dfrac{\ln(r_o-r_i)}{2\pi Lk}$

해설 횡형 중공원관 원통 벽의 전도에 의한 열전달률(q)

$q = \dfrac{\ln\left(\dfrac{r_o}{r_i}\right)}{2\pi Lk}(\text{W})$

94 급수에서 ppm 단위에 대한 설명으로 옳은 것은?

① 물 1mL 중에 함유된 시료의 양을 g으로 표시한 것
② 물 100mL 중에 함유된 시료의 양을 mg으로 표시한 것
③ 물 1,000mL 중에 함유된 시료의 양을 g으로 표시한 것
④ 물 1,000mL 중에 함유된 시료의 양을 mg으로 표시한 것

해설 $1\text{ppm}\left(\dfrac{1}{10^6}\right)$: 물 1,000mL 중에 함유된 시료의 양을 mg으로 표시한 것

95 횡연관식 보일러에서 연관의 배열을 바둑판 모양으로 하는 주된 이유는?

① 보일러 강도 증가　　② 증기발생 억제
③ 물의 원활한 순환　　④ 연소가스의 원활한 흐름

[해설] 횡연관 보일러 연관의 배열방식

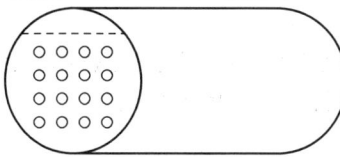

물의 원활한 순환을 위하여 바둑판 모양으로 배열한다.

96 상당증발량이 5.5t/h, 연료소비량이 350kg/h인 보일러의 효율은 약 몇 %인가?(단, 효율산정 시 연료의 저위발열량 기준으로 하며, 값은 40,000kJ/kg이다.)
① 38 ② 52
③ 65 ④ 89

[해설] 1t = 1,000kg, 물의 증발열 = 2,256kJ/kg

$$효율(\eta) = \frac{증기이용열}{공급열} \times 100$$
$$= \frac{5.5 \times 10^3 \times 2,256}{350 \times 40,000} \times 100 = 89\%$$

97 보일러 안전사고의 종류가 아닌 것은?
① 노통, 수관, 연관 등의 파열 및 균열
② 보일러 내의 스케일 부착
③ 동체, 노통, 화실의 압궤 및 수관, 연관 등 전열면의 팽출
④ 연도나 노 내의 가스폭발, 역화 그 외의 이상연소

[해설] 보일러 내 전열면적부의 스케일 부착 1mm : 연료손실 약 2.2%

98 실제증발량이 1,800kg/h인 보일러에서 상당증발량은 약 몇 kg/h인가?(단, 증기엔탈피와 급수엔탈피는 각각 2,780kJ/kg, 80kJ/kg이다.)
① 1,210 ② 1,480
③ 2,020 ④ 2,150

[해설] 상당증발량(W_e) = $\frac{W(h_2 - h_1)}{2,256}$
$= \frac{1,800 \times (2,780 - 80)}{2,256} = 2,150 \text{kg}_f/\text{h}$

99 노벽의 두께가 200mm이고, 그 외측은 75mm의 보온재로 보온되어 있다. 노벽의 내부온도가 400℃이고, 외측온도가 38℃일 경우 노벽의 면적이 10m²라면 열손실은 약 몇 W인가?(단, 노벽과 보온재의 평균 열전도율은 각각 3.3W/m·℃, 0.13W/m·℃이다.)
① 4,678 ② 5,678
③ 6,678 ④ 7,678

[해설] 열전도 손실열량(Q)

$$Q = \frac{A(t_1 - t_2)}{\frac{b_1}{\lambda_1} + \frac{b_2}{\lambda_2}} = \frac{10 \times (400 - 38)}{\frac{0.2}{3.3} + \frac{0.075}{0.13}} = 5,678 \text{W}$$

100 다음 중 보일러 내처리를 위한 pH 조정제가 아닌 것은?
① 수산화나트륨 ② 암모니아
③ 제1인산나트륨 ④ 아황산나트륨

[해설] 탈산소제(청관제)
• 아황산나트륨 : 저압보일러용
• 히드라진 : 고압보일러용

2021년 2회 에너지관리기사

SECTION 01 연소공학

01 폐열회수에 있어서 검토해야 할 사항이 아닌 것은?

① 폐열의 증가 방법에 대해서 검토한다.
② 폐열회수의 경제적 가치에 대해서 검토한다.
③ 폐열의 양 및 질과 이용 가치에 대해서 검토한다.
④ 폐열회수 방법과 이용 방안에 대해서 검토한다.

해설 에너지 절약 차원에서 폐열은 증가보다는 감소하여야 한다.

02 프로판(C_3H_8) 및 부탄(C_4H_{10})이 혼합된 LPG를 건조 공기로 연소시킨 가스를 분석하였더니 CO_2 11.32%, O_2 3.76%, N_2 84.92%의 부피조성을 얻었다. LPG 중의 프로판의 부피는 부탄의 약 몇 배인가?

① 8배 ② 11배
③ 15배 ④ 20배

해설
- 연소반응식 : $C_3H_8 + 5O_2 \rightarrow 3CO_2 + 4H_2O$
  $C_4H_{10} + 6.5O_2 \rightarrow 4CO_2 + 5H_2O$
- 공기비$(m) = \dfrac{N_2}{N_2 - 3.76(O_2)}$
  $= \dfrac{84.92}{84.92 - 3.76 \times 3.76} = 1.20$
- 혼합가스 전체
  실제공기량$(A) = A_0 \times m$
  $= \left(5 \times \dfrac{1}{0.21} + 6.5 \times \dfrac{1}{0.21}\right) \times 1.20$
  $= 65.71 Nm^3$
  과잉공기량 $= 65.71 \times (1.20 - 1) = 13.412 Nm^3$
- 각 50%의 혼합 프로판·부탄($1 Nm^3$)
  실제공기량 $= 5 \times \dfrac{1}{0.21} \times 0.5 + 6.5 \times \dfrac{1}{0.21} \times 0.5$
  $= 32.855 Nm^3$
  과잉공기량 $= 32.855 \times 0.20 = 6.571 Nm^3/Nm^3$
- 부탄의 부피비 $= \dfrac{6.571}{65.71 + 13.412} \times 100 = 8.33\%$
  프로판의 비율 $100 - 8.33 = 91.67\%$
  프로판과 부탄의 부피비 $= \dfrac{91.67}{8.33} = 11$
  ∴ 프로판의 부피는 부탄의 11배이다.

03 황 2kg을 완전연소시키는 데 필요한 산소의 양은 몇 Nm^3인가?(단, S의 원자량은 32이다.)

① 0.70 ② 1.00
③ 1.40 ④ 3.33

해설 $S + O_2 \rightarrow SO_2$
$32 kg + 22.4 Nm^3 \rightarrow 22.4 Nm^3$
$32 : 22.4 = 2 : x$
$x = 22.4 \times \dfrac{2}{32} = 1.4 Nm^3$

04 다음 가스 중 저위발열량(MJ/kg)이 가장 낮은 것은?

① 수소 ② 메탄
③ 일산화탄소 ④ 에탄

해설 연료의 저위발열량(단위 : kJ/g)
- 메탄 : 54.2
- 일산화탄소 : 10.1
- 프로판 : 50.4
- 에탄 : 51.8

05 매연을 발생시키는 원인이 아닌 것은?

① 통풍력이 부족할 때
② 연소실 온도가 높을 때
③ 연료를 너무 많이 투입했을 때
④ 공기와 연료가 잘 혼합되지 않을 때

해설 연소실 온도가 높거나 연소실 용적이 다소 넓으면 매연의 발생량이 감소한다.

06 연돌에서의 배기가스 분석 결과 CO_2 14.2%, O_2 4.5%, CO 0%일 때 탄산가스의 최대량 $CO_{2max}(\%)$는?

① 10 ② 15
③ 18 ④ 20

해설 탄산가스 최대량(CO_{2max})
$CO_{2max} = \dfrac{21 \times CO_2}{21 - O_2} = \dfrac{21 \times 14.2}{21 - 4.5} = 18\%$

1. ① 2. ② 3. ③ 4. ③ 5. ② 6. ③ | ANSWER

07 CH₄와 공기를 사용하는 열 설비의 온도를 높이기 위해 산소(O_2)를 추가로 공급하였다. 연료 유량 $10Nm^3/h$의 조건에서 완전연소가 이루어졌으며, 수증기 응축 후 배기가스에서 계측된 산소의 농도가 5%이고 이산화탄소(CO_2)의 농도가 10%라면, 추가로 공급된 산소의 유량은 약 몇 Nm^3/h인가?

① 2.4　　② 2.9
③ 3.4　　④ 3.9

해설 $CH_4 + 2O_2 \rightarrow CO_2 + 2H_2O$
이론소요산소량(O_o) = $2 \times 10 = 20Nm^3/h$
이론공기량(A_o) = $20 \times \dfrac{1}{0.21 \times 0.05} = 2.4Nm^3/h$

08 수소가 완전연소하여 물이 될 때, 수소와 연소용 산소와 물의 몰(mol)비는?

① 1:1:1　　② 1:2:1
③ 2:1:2　　④ 2:1:3

해설 $H_2 + \dfrac{1}{2}O_2 \rightarrow H_2O$
$1 : 0.5 : 1 = 2 : 1 : 2$

09 액체연료가 갖는 일반적인 특징이 아닌 것은?

① 연소온도가 높기 때문에 국부과열을 일으키기 쉽다.
② 발열량은 높지만 품질이 일정하지 않다.
③ 화재, 역화 등의 위험이 크다.
④ 연소할 때 소음이 발생한다.

해설 기체, 고체연료는 품질이 일정하지 않지만 액체연료는 품질이 일정하다.

10 중유의 탄수소비가 증가함에 따른 발열량의 변화는?

① 무관하다.
② 증가한다.
③ 감소한다.
④ 초기에는 증가하다가 점차 감소한다.

해설 중유의 탄수소비 : $\dfrac{C}{H}$
- A중유 : 고, B중유 : 중, C중유 : 저
- 탄수소비가 커지면 탄소량이 증가하고, 발열량이 높은 수소가 감소하여 발열량이 감소한다.

11 다음 연소반응식 중에서 틀린 것은?

① $CH_4 + 2O_2 \rightarrow CO_2 + 2H_2O$
② $C_2H_6 + 3\dfrac{1}{2}O_2 \rightarrow 2CO_2 + 3H_2O$
③ $C_3H_8 + 5O_2 \rightarrow 3CO_2 + 4H_2O$
④ $C_4H_{10} + 9O_2 \rightarrow 4CO_2 + 5H_2O$

해설 $C_mH_n + \left(m + \dfrac{n}{4}\right)O_2 \rightarrow mCO_2 + \dfrac{n}{2}H_2O$
$C_4H_{10} + 6.5O_2 \rightarrow 4CO_2 + 5H_2O$
※ 이론공기량(A_o) = $\dfrac{m}{0.21} + \dfrac{n}{4 \times 0.21} = 4.76m + 1.19n$

12 탄소 1kg을 완전연소시키는 데 필요한 공기량은 몇 Nm^3인가?

① 22.4　　② 11.2
③ 9.6　　　④ 8.89

해설　C　+　O_2　→　CO_2
　　　12kg　$22.4Nm^3$
산소량(O_o) = $\dfrac{22.4}{12}$
공기량(A_o) = $\dfrac{22.4}{12} \times \dfrac{100\%}{21\%} = 8.89Nm^3/kg$
※ 공기 100% 중 산소 21%$\left(\dfrac{1}{0.21}\right)$

13 액체연료 연소장치 중 회전식 버너의 특징에 대한 설명으로 틀린 것은?

① 분무각은 10~40° 정도이다.
② 유량조절범위는 1 : 5 정도이다.
③ 자동제어에 편리한 구조로 되어 있다.
④ 부속설비가 없으며 화염이 짧고 안정한 연소를 얻을 수 있다.

ANSWER | 7. ① 8. ③ 9. ② 10. ③ 11. ④ 12. ④ 13. ①

해설 회전식 버너의 분무각(광각도)

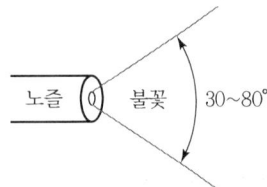

14 폭굉(Detonation) 현상에 대한 설명으로 옳지 않은 것은?
① 확산이나 열전도의 영향을 주로 받는 기체역학적 현상이다.
② 물질 내에 충격파가 발생하여 반응을 일으킨다.
③ 충격파에 의해 유지되는 화학반응 현상이다.
④ 반응의 전파속도가 그 물질 내에서 음속보다 빠른 것을 말한다.

해설 폭굉(디토네이션)
- 대규모 충격파의 가스 폭발로, 물리·화학적 가연성 가스의 가스폭발이다.
- 화염의 전파속도(1,000~3,500m/s)가 음속보다 빠르다.

15 연소 배기가스의 분석 결과 CO_2의 함량이 13.4%이다. 벙커 C유(55L/h)의 연소에 필요한 공기량은 약 몇 Nm^3/min인가?(단, 벙커 C유의 이론공기량은 $12.5Nm^3/kg$이고, 밀도는 $0.93g/cm^3$이며 CO_{2max}는 15.5%이다.)
① 12.33 ② 49.03
③ 63.12 ④ 73.99

해설 공기비$(m) = \dfrac{CO_{2max}}{CO_2} = \dfrac{15.5}{13.4} = 1.1567$
실제공기량(A)=이론공기량(A_o)×공기비(m)
연료소비량 = 55×0.93
　　　　　= 51.15kg/h
　　　　　= 0.8525kg/min
∴ 연소에 필요한 실제 공기량 = 0.8525×12.5×1.1567
　　　　　　　　　　　　　= 12.33Nm^3/min

16 위험성을 나타내는 성질에 관한 설명으로 옳지 않은 것은?
① 착화온도와 위험성은 반비례한다.
② 비중점이 낮으면 인화 위험성이 높아진다.
③ 인화점이 낮은 연료는 대체로 착화온도가 낮다.
④ 물과 혼합하기 쉬운 가연성 액체는 물과의 혼합에 의해 증기압이 높아져 인화점이 낮아진다.

해설 물과 혼합하기 쉬운 암모니아 가스 등은 혼합에 의해 증기압력이 높아져서 인화점이 높아진다.

17 고체연료의 공업분석에서 고정탄소를 산출하는 식은?
① 100 − [수분(%) + 회분(%) + 질소(%)]
② 100 − [수분(%) + 회분(%) + 황분(%)]
③ 100 − [수분(%) + 황분(%) + 휘발분(%)]
④ 100 − [수분(%) + 회분(%) + 휘발분(%)]

해설 공업분석 고정탄소 $F = 100 −$ (수분 + 회분 + 휘발분)

18 저질탄 또는 조분탄의 연소방식이 아닌 것은?
① 분무식 ② 산포식
③ 쇄상식 ④ 계단식

해설 분무연소는 점성이 높은 중유, 콜타르, 크레오소트유 등 중질 액체연료의 무화방식 연료에 해당한다.

19 기체연료의 저장방식이 아닌 것은?
① 유수식 ② 고압식
③ 가열식 ④ 무수식

해설 기체연료의 저장방식
- 저압식 : 유수식, 무수식
- 고압식 : 탱크방식

20 연소실에서 연소된 연소가스의 자연통풍력을 증가시키는 방법으로 틀린 것은?

① 연돌의 높이를 높인다.
② 배기가스의 비중량을 크게 한다.
③ 배기가스 온도를 높인다.
④ 연도의 길이를 짧게 한다.

해설 배기가스 비중량(kgf/m^3)을 크게 하면 자연통풍력(mmAq)이 감소한다.

SECTION 02 열역학

21 냉매가 갖추어야 하는 요건으로 거리가 먼 것은?

① 증발잠열이 작아야 한다.
② 화학적으로 안정되어야 한다.
③ 임계온도가 높아야 한다.
④ 증발온도에서 압력이 대기압보다 높아야 한다.

해설 냉매는 증발기에서 냉매의 증발잠열을 이용하므로 증발잠열(kJ/kg)이 커야 한다.
※ 사이클 : 증발기 → 압축기 → 응축기 → 팽창밸브

22 20℃의 물 10kg을 대기압하에서 100℃의 수증기로 완전히 증발시키는 데 필요한 열량은 약 몇 kJ인가? (단, 수증기의 증발잠열은 2,257kJ/kg이고 물의 평균비열은 4.2kJ/kg · K이다.)

① 800
② 6,190
③ 25,930
④ 61,900

해설
Q_1 = 물의 현열 = $10kg \times 4.2 \times (100-20) = 3,360 kJ$
Q_2 = 물의 증발열 = $10kg \times 2,257 kJ/kg = 22,570 kJ$
총 소요열량(Q) = $Q_1 + Q_2$
= $3,360 + 22,570$
= $25,930 kJ$

23 증기압축 냉동 사이클을 사용하는 냉동기에서 냉매의 상태량은 압축 전 · 후 엔탈피가 각각 379.11kJ/kg과 424.77kJ/kg이고 교축팽창 후 엔탈피가 241.46 kJ/kg이다. 압축기의 효율이 80%, 소요동력이 4.14 kW라면 이 냉동기의 냉동용량은 약 몇 kW인가?

① 6.98
② 9.98
③ 12.98
④ 15.98

해설 성적계수(COP) = $\dfrac{379.11 - 241.46}{424.77 - 379.11} = \dfrac{137.65}{45.66} = 3.0146$
냉동기용량 = $(3.0146 \times 0.8) \times 4.14 = 9.98 kW$
※ $1kWh = 3,600 kJ$

24 초기체적이 V_1 상태에 있는 피스톤이 외부로 일을 하여 최종적으로 체적이 V_1인 상태로 되었다. 다음 중 외부로 가장 많은 일을 한 과정은?(단, n은 폴리트로픽 지수이다.)

① 등온과정
② 정압과정
③ 단열과정
④ 폴리트로픽 과정($n > 0$)

해설 정압과정 $P = C(dP = 0)$, 가열량은 모두 엔탈피로 변화한다.
PVT 관계 : $\dfrac{T_2}{T_1} = \dfrac{V_2}{V_1}$
절대일 $W = \int PdV$, $P(V_2 - V_1) = R(T_2 - T_1)$
공업일 $W_2 = -\int VdP = 0$ (압축일)
정압과정에서 가스가 가열되면 온도가 상승하고, 체적이 증가한다. 공급열량은 내부에너지 및 기체 팽창에 따르는 일에 소비된다.

25 가스동력 사이클에 대한 설명으로 틀린 것은?

① 에릭슨 사이클은 2개의 정압과정과 2개의 단열과정으로 구성된다.
② 스털링 사이클은 2개의 등온과정과 2개의 정적과정으로 구성된다.
③ 아트킨스 사이클은 2개의 단열과정과 정적 및 정압과정으로 구성된다.
④ 르누아 사이클은 정적과정으로 급열하고 정압과정으로 방열하는 사이클이다.

해설 에릭슨 사이클(가스터빈 사이클)
- 2개의 정압과정과 2개의 등온과정으로 구성된다.
- 등온압축 → 정압가열 → 등온팽창 → 정압방열

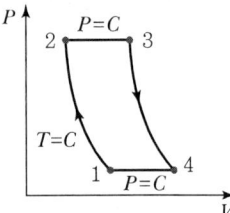

26 노즐에서 임계상태에서의 압력을 P_c, 비체적을 v_c, 최대유량을 G_c, 비열비를 k라 할 때, 임계단면적에 대한 식으로 옳은 것은?

① $2G_c\sqrt{\dfrac{v_c}{kP_c}}$ ② $G_c\sqrt{\dfrac{v_c}{2kP_c}}$

③ $G_c\sqrt{\dfrac{v_c}{kP_c}}$ ④ $G_c\sqrt{\dfrac{2v_c}{kP_c}}$

해설
- 임계압력(P_c) = $P_1\left(\dfrac{2}{k+1}\right)^{\frac{k}{k-1}}$
- 임계최대유량(G_{max}) = $F_2\sqrt{gk\dfrac{P_c}{v_c}}$
- 임계비체적(v_c) = $V_1\left(\dfrac{2}{k+1}\right)^{\frac{1}{k-1}}$
- 임계단면적 = $G_c\sqrt{\dfrac{V_c}{kP_c}}$

27 증기터빈에서 상태 ⓐ의 증기를 규정된 압력까지 단열에 가깝게 팽창시켰다. 이때 증기터빈 출구에서의 증기 상태는 각각 ⓑ, ⓒ, ⓓ, ⓔ이다. 이 중 터빈의 효율이 가장 좋을 때 출구의 증기 상태로 옳은 것은?

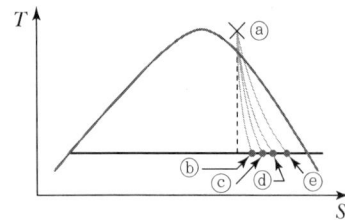

① ⓑ ② ⓒ
③ ⓓ ④ ⓔ

해설 랭킨 사이클
터빈 같은 밀폐계는 비가역변화이므로 엔트로피가 무질서하게 증가한다. 습증기가 유발되면 비가역이므로 터빈효율 증가를 위하여 엔트로피가 작은 값이 가역변화하므로, 즉 효율이 높아지므로 ⓐ → ⓑ 과정이 터빈효율이 좋다.

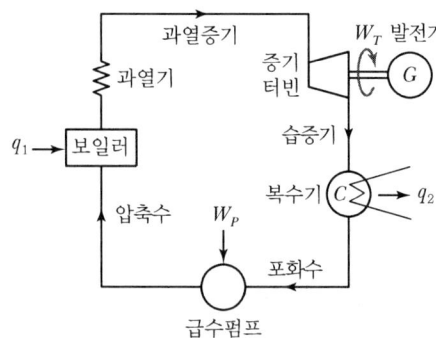

28 물의 임계압력에서의 잠열은 몇 kJ/kg인가?
① 0 ② 333
③ 418 ④ 2,260

해설 물(H_2O)
- 1atm에서 잠열은 2,256kJ/kg이다.
- 임계압력(225.65atm)에서 잠열은 0kJ/kg이다.

29 랭킨 사이클에 과열기를 설치할 경우 과열기의 영향으로 발생하는 현상에 대한 설명으로 틀린 것은?
① 열이 공급되는 평균 온도가 상승한다.
② 열효율이 증가한다.
③ 터빈 출구의 건도가 높아진다.
④ 펌프일이 증가한다.

해설 랭킨 사이클은 초온이나 초압이 높을수록, 배압이 낮을수록 효율이 증가한다(과열기에서 과열증기를 생산하면 효율은 증가하나 방출열량이 증가하기 때문에 복수기의 용량이 커야 한다). 복수기에서는 압력이나 온도가 낮아지면 효율은 증가하나 수분증가, 건도 감소로 터빈날개의 부식이 초래된다.

30 110kPa, 20℃의 공기가 반지름 20cm, 높이 40cm인 원통형 용기 안에 채워져 있다. 이 공기의 무게는 몇 N인가?(단, 공기의 기체상수는 287J/kg·K이다.)

① 0.066 ② 0.64
③ 6.7   ④ 66

해설

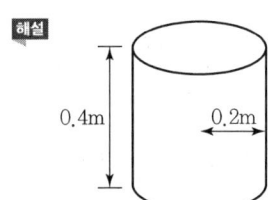

용적 $V = \pi r^2 L = \pi \times 0.2^2 \times 0.4 = 0.05024 \text{m}^3$
1kgf = 9.8N
∴ 공기무게 $= \frac{PV}{RT}$
$= \frac{110 \times (\pi \times 0.2^2 \times 0.4)}{0.287 \times (20+273)} \times 9.8$
≒ 0.64N

31 냉동효과가 200kJ/kg인 냉동 사이클에서 4kW의 열량을 제거하는 데 필요한 냉매순환량은 몇 kg/min인가?

① 0.02 ② 0.2
③ 0.8   ④ 1.2

해설 1kWh = 3,600kJ
4 × 3,600 = 14,400kJ/h = 240kJ/min
∴ 냉매순환량 $(G) = \frac{240}{200} = 1.2$kg/min

32 온도와 관련된 설명으로 틀린 것은?

① 온도 측정의 타당성에 대한 근거는 열역학 제0법칙이다.
② 온도가 0℃에서 10℃로 변화하면, 절대온도는 0K에서 283.15K로 변화한다.
③ 섭씨온도는 물의 어는점과 끓는점을 기준으로 삼는다.
④ SI 단위계에서 온도의 단위는 켈빈 단위를 사용한다.

해설 0℃ = 273.15K
10℃ = (273.15+10)K = 283.15K

33 압력 3,000kPa, 온도 400℃인 증기의 내부에너지가 2,926kJ/kg이고 엔탈피는 3,230kJ/kg이다. 이 상태에서 비체적은 약 몇 m³/kg인가?

① 0.0303 ② 0.0606
③ 0.101   ④ 0.303

해설 유동에너지 = 3,230 − 2,926 = 304kJ/kg
∴ 비체적 = $1 \text{m}^3/\text{kg} \times \frac{304}{2,926} ≒ 0.101 \text{m}^3/\text{kg}$

34 아래와 같이 몰리에르(엔탈피−엔트로피) 선도에서 가역단열과정을 나타내는 선의 형태로 옳은 것은?

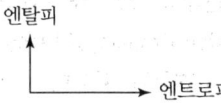

① 엔탈피 축에 평행하다.
② 기울기가 양수(+)인 곡선이다.
③ 기울기가 음수(−)인 곡선이다.
④ 엔트로피 축에 평행하다.

해설 $h-s$ 선도(Mollier Chart)
단열변화가 수직선으로 표시되어 있어 수직선 길이만 알면 단열변화에 따른 엔탈피의 변화를 구할 수 있다.

35 노점온도(Dew Point Temperature)에 대한 설명으로 옳은 것은?

① 공기, 수증기의 혼합물에서 수증기의 분압에 대한 수증기 과열상태 온도
② 공기, 가스의 혼합물에서 가스의 분압에 대한 가스의 과랭상태 온도
③ 공기, 수증기의 혼합물을 가열시켰을 때 증기가 없어지는 온도
④ 공기, 수증기의 혼합물에서 수증기의 분압에 해당하는 수증기의 포화온도

ANSWER | 30. ② 31. ④ 32. ② 33. ③ 34. ① 35. ④

해설 노점온도
공기, 수증기의 혼합물에서 수증기의 분압에 해당하는 수증기의 포화온도이다.

36 정압과정에서 어느 한 계(System)에 전달된 열량은 그 계에서 어떤 상태량의 변화량과 양이 같은가?

① 내부에너지 ② 엔트로피
③ 엔탈피 ④ 절대일

해설 정압변화(등압변화)에서 가열량은 모두 엔탈피 변화로 나타난다.
$dh = C_p dT$ 에서 $\Delta h = h_2 - h_1 = C_p(T_2 - T_1)$
열량$(\delta q) = du + APdV = h - AvdP$
$\therefore {}_1q_2 = \Delta h = h_2 - h_1$

37 열역학적 관계식 $TdS = dH - VdP$ 에서 용량성 상태량(Extensive Property)이 아닌 것은?(단, S : 엔트로피, H : 엔탈피, V : 체적, P : 압력, T : 절대온도이다.)

① S ② H
③ V ④ P

해설
- 강도성 상태량 : 물질의 질량에 관계없이 그 크기가 결정되는 상태량(온도, 압력, 비체적 등)
- 용량성 상태량 : 물질의 질량에 따라 그 크기가 결정되는 상태량(체적, 내부에너지, 엔탈피, 엔트로피 등)

38 30°C에서 기화잠열이 173kJ/kg인 어떤 냉매의 포화액-포화증기 혼합물 4kg을 가열하여 건도가 20%에서 70%로 증가되었다. 이 과정에서 냉매의 엔트로피 증가량은 약 몇 kJ/K인가?

① 11.5 ② 2.31
③ 1.14 ④ 0.29

해설 $\Delta S = \dfrac{173}{30+273} = 0.57095 \text{kJ/K}$
건도증가 $= 70 - 20 = 50\%$
$\therefore$ 냉매 엔트로피 증가$(\Delta S) = (0.57095 \times 4) \times 0.5$
$= 1.14 \text{kJ/K}$

39 다음과 같은 압축비와 차단비를 가지고 공기로 작동되는 디젤 사이클 중에서 효율이 가장 높은 것은?(단, 공기의 비열비는 1.4이다.)

① 압축비 : 11, 차단비 : 2
② 압축비 : 11, 차단비 : 3
③ 압축비 : 13, 차단비 : 2
④ 압축비 : 13, 차단비 : 3

해설 디젤 사이클(내연기관)
압축비$(\varepsilon) = \dfrac{V_1}{V_2} = \dfrac{V_4}{V_2}$, 단절비$(\sigma) = \left(\dfrac{V_3}{V_2}\right) =$ 차단비
효율$(\eta_d) = 1 - \left(\dfrac{1}{\varepsilon}\right)^{k-1} \cdot \dfrac{\sigma^k - 1}{k(\sigma - 1)}$

사이클에서 압축비가 크고 단절비가 작을수록 열효율이 증가한다.

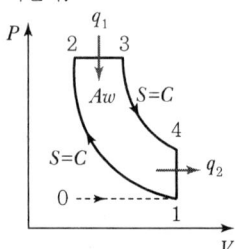

- 1→2 과정 : 단열압축
- 2→3 과정 : 정압가열
- 3→4 과정 : 단열팽창
- 4→1 과정 : 정적방열

40 이상기체가 '$Pv^n =$ 일정' 과정을 가지고 변하는 경우에 적용할 수 있는 식으로 옳은 것은?(단, q : 단위 질량당 공급된 열량, u : 단위 질량당 내부에너지, T : 온도, P : 압력, v : 비체적, R : 기체상수, n : 상수이다.)

① $\delta q = du + \dfrac{nRdT}{1-n}$

② $\delta q = du + \dfrac{RdT}{1-n}$

③ $\delta q = du + \dfrac{(1-n)RdT}{n}$

④ $\delta q = du + (1-n)RdT$

해설 $Pv^n =$ 일정
$\delta q = du + \dfrac{RdT}{1-n}$

SECTION 03 계측방법

41 방사고온계의 장점이 아닌 것은?
① 고온 및 이동물체의 온도측정이 쉽다.
② 측정시간의 지연이 작다.
③ 발신기를 이용한 연속기록이 가능하다.
④ 방사율에 의한 보정량이 작다.

해설 방사고온계(비접촉식 온도계)의 특성
- 측정범위 : 50~3,000℃
- 방사율의 보정량이 크다.
- 온도계를 수랭이나 공랭으로 냉각시켜야 오차가 적다.
- 기타 특성으로는 ①, ②, ③ 등이 있다.

42 액주식 압력계의 종류가 아닌 것은?
① U자관형   ② 경사관식
③ 단관형   ④ 벨로스식

해설 탄성식 압력계의 종류
- 벨로스식
- 부르동관식
- 다이어프램식

43 불규칙하게 변하는 주변 온도와 기압 등이 원인이 되며, 측정 횟수가 많을수록 오차의 합이 0에 가까운 특징이 있는 오차의 종류는?
① 개인오차   ② 우연오차
③ 과오오차   ④ 계통오차

해설 우연오차(산포)
원인을 알 수가 없는 오차이다. 측정 횟수가 많을수록 오차가 0에 가깝다. 주위 온도, 기압의 영향을 받는다.

44 열전대(Thermocouple)는 어떤 원리를 이용한 온도계인가?
① 열팽창률 차   ② 전위 차
③ 압력 차   ④ 전기저항 차

해설 열전대 온도계는 제백 효과(전위 차)를 이용한 온도계이다.

45 다음 중 압력식 온도계가 아닌 것은?
① 액체팽창식 온도계   ② 열전 온도계
③ 증기압식 온도계   ④ 가스압력식 온도계

해설 열전대 온도계의 종류

형별	온도계 종류	측정온도(℃)
R	백금-백금·로듐	0~1,600
K	크로멜-알루멜	-20~1,200
J	철-콘스탄탄	-20~800
T	동-콘스탄탄	-180~350

46 액면계에 대한 설명으로 틀린 것은?
① 유리관식 액면계는 경유탱크의 액면을 측정하는 것이 가능하다.
② 부자식은 액면이 심하게 움직이는 곳에는 사용하기 곤란하다.
③ 차압식 유량계는 정밀도가 좋아서 액면 제어용으로 가장 많이 사용된다.
④ 편위식 액면계는 아르키메데스의 원리를 이용하는 액면계이다.

해설 차압식 액면계는 압력검출형이고 U자관, 힘평형식, 변위평형식 등이 있으며 정밀도는 보통이다. 차압식 액면계보다는 부자식 액면계가 많이 사용된다.

47 다음 중 습도계의 종류로 가장 거리가 먼 것은?
① 모발 습도계
② 듀셀 노점계
③ 초음파식 습도계
④ 전기저항식 습도계

해설 초음파식 액면계
초음파를 발산시켜 진동막의 진동 변화를 측정하여 액면을 측정하는 간접식 액면계이다.

ANSWER | 41. ④ 42. ④ 43. ② 44. ② 45. ② 46. ③ 47. ③

48 1차 지연 요소에서 시정수 T가 클수록 응답속도는 어떻게 되는가?
① 일정하다.　　② 빨라진다.
③ 느려진다.　　④ T와 무관하다.

해설
- 프로세스 제어의 난이 정도를 표시하는 값으로 L(Dead Time)과 T(Time Constant)의 비인 L/T가 사용되는데 이 값이 크면 제어가 어렵다.
- T : 시정수 목표치의 63.2%에 도달하는 시간을 말하며 T의 값이 커지면 제어가 용이해진다.

49 차압식 유량계의 종류가 아닌 것은?
① 벤투리　　② 오리피스
③ 터빈유량계　　④ 플로노즐

해설 차압식 유량계
- 종류 : 오리피스형, 플로노즐형, 벤투리미터형
- 차압식 유량계의 유량은 차압의 제곱근에 비례한다(순간 유량계).

50 압력 측정에 사용되는 액체의 구비조건 중 틀린 것은?
① 열팽창계수가 클 것
② 모세관 현상이 작을 것
③ 점성이 작을 것
④ 일정한 화학성분을 가질 것

해설 액주식 압력계
- 액체(수은, 물)를 사용하며 단관식, U자관식, 경사관식, 2액 마노미터식, 플로트식이 있다.
- 압력계 내부 액체는 열팽창계수가 작아야 한다.
- 물, 수은 외에도 물-톨루엔, 물-클로로포름 등이 사용된다.

51 기체크로마토그래피에 대한 설명으로 틀린 것은?
① 캐리어 기체로는 수소, 질소 및 헬륨 등이 사용된다.
② 충전재로는 활성탄, 알루미나 및 실리카겔 등이 사용된다.
③ 기체의 확산속도 특성을 이용하여 기체의 성분을 분리하는 물리적인 가스분석기이다.
④ 적외선 가스분석기에 비하여 응답속도가 빠르다.

해설 가스크로마토그래피법은 캐리어가스(N_2, H_2, He, Ar)가 필요하며 SO_2, NO_x 가스는 분석이 불가능하다.

52 20L인 물의 온도를 15℃에서 80℃로 상승시키는 데 필요한 열량은 약 몇 kJ인가?
① 4,200　　② 5,400
③ 6,300　　④ 6,900

해설 물의 비열 = 1kcal/kg·℃
현열(Q) = $G \times C_p \times \Delta t$
　　　　= $20 \times 1 \times (80-15) = 1,300$kcal
1kcal = 4.186kJ
∴ $1,300 \times 4.186 ≒ 5,441.8$kJ
※ 물은 4℃에서 1L가 1kg이나 언급이 없으면 4℃가 아닌 경우도 이렇게 가정한다.

53 다음 중 송풍량을 일정하게 공급하려고 할 때 가장 적당한 제어방식은?
① 프로그램 제어　　② 비율제어
③ 추종제어　　④ 정치제어

해설
- 송풍량 일정 : 정치제어
- 송풍량 변동 : 추치제어(추종, 프로그램, 비율)

54 피토관에 대한 설명으로 틀린 것은?
① 5m/s 이하의 기체에서는 적용하기 힘들다.
② 먼지나 부유물이 많은 유체에는 부적당하다.
③ 피토관의 머리 부분은 유체의 방향에 대하여 수직으로 부착한다.
④ 흐름에 대하여 충분한 강도를 가져야 한다.

해설
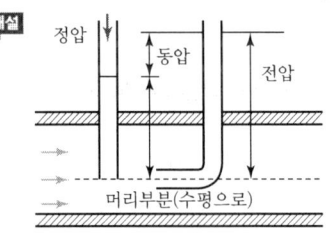
[피토관]

48. ③ 49. ③ 50. ① 51. ④ 52. ② 53. ④ 54. ③ | ANSWER

55 다음 중 1,000℃ 이상의 고온체의 연속 측정에 가장 적합한 온도계는?
① 저항 온도계
② 방사 온도계
③ 바이메탈식 온도계
④ 액체압력식 온도계

해설 비접촉식 방사고온계로 50~3,000℃까지 측정할 수 있다 (슈테판-볼츠만의 법칙 이용).

56 가스분석계의 특징에 관한 설명으로 틀린 것은?
① 적정한 시료가스의 채취장치가 필요하다.
② 선택성에 대한 고려가 필요 없다.
③ 시료가스의 온도 및 압력의 변화로 측정오차를 유발할 우려가 있다.
④ 계기의 교정에는 화학분석에 의해 검정된 표준시료 가스를 이용한다.

해설 가스분석계는 반드시 가스 성분 선택성에 대한 고려가 필요하다.

57 차압식 유량계에 있어 조리개 전후의 압력 차이가 P_1에서 P_2로 변할 때, 유량은 Q_1에서 Q_2로 변했다. Q_2에 대한 식으로 옳은 것은?(단, $P_2=2P_1$이다.)
① $Q_2 = Q_1$
② $Q_2 = \sqrt{2}\, Q_1$
③ $Q_2 = 2Q_1$
④ $Q_2 = 4Q_1$

해설 차압식 유량계 : $Q_2 = \sqrt{2}\, Q_1$
유량계수, 압축계수, 조리개의 넓이, 중력가속도, 유체의 비중량이 일정하면 차압의 크기($P_2 - P_1$)에 따라 유량이 변화함을 알 수 있다.

58 용적식 유량계에 대한 설명으로 옳은 것은?
① 적산유량의 측정에 적합하다.
② 고점도에는 사용할 수 없다.
③ 발신기 전후에 직관부가 필요하다.
④ 측정유체의 맥동에 의한 영향이 크다.

해설 용적식 유량계(로터리피스톤형, 로터리베인형, 피스톤형, 디스크형, 오벌기어형, 루트형, 건식 가스미터기, 습식 가스미터기)는 정도가 높고 상거래용으로 사용된다. 고점도 유체의 측정이 가능하고 유량의 맥동에 의한 영향이 작다.

59 편차의 정(+), 부(−)에 의해서 조작신호가 최대, 최소가 되는 제어동작은?
① 온 · 오프동작
② 다위치동작
③ 적분동작
④ 비례동작

60 다이어프램 압력계의 특징이 아닌 것은?
① 점도가 높은 액체에 부적합하다.
② 먼지가 함유된 액체에 적합하다.
③ 대기압과의 차가 작은 미소 압력의 측정에 사용한다.
④ 다이어프램으로 고무, 스테인리스 등의 탄성체 박판이 사용된다.

해설 다이어프램 탄성식 압력계는 점도가 큰 유체의 압력 측정이 가능하다. 감도가 좋고 정확성이 높지만 온도의 영향을 많이 받는다.

SECTION 04 열설비재료 및 관계법규

61 내식성, 굴곡성이 우수하고 양도체이며 내압성도 있어서 열교환기용 전열관, 급수관 등 화학공업용으로 주로 사용되는 관은?
① 주철관
② 동관
③ 강관
④ 알루미늄관

해설 동관
• 내식성, 굴곡성이 우수
• 열전기의 양도체
• 열교환기용 전열관 등의 화학공업용 관

ANSWER | 55.② 56.② 57.② 58.① 59.① 60.① 61.②

62 크롬벽돌이나 크롬-마그벽돌이 고온에서 산화철을 흡수하여 표면이 부풀어 오르고 떨어져 나가는 현상은?

① 버스팅 ② 큐어링
③ 슬래킹 ④ 스폴링

해설 버스팅
염기성 벽돌인 크롬-마그네시아 벽돌이 고온에서 산화철을 흡수하여 표면이 부풀어 오르는 현상

63 에너지이용 합리화법령에 따라 열사용기자재 관리에 대한 설명으로 틀린 것은?

① 계속사용검사는 검사유효기간의 만료일이 속하는 연도의 말까지 연기할 수 있으며, 연기하려는 자는 검사대상기기 검사연기신청서를 한국에너지공단이사장에게 제출하여야 한다.
② 한국에너지공단이사장은 검사에 합격한 검사대상기기에 대해서 검사 신청인에게 검사일부터 7일 이내에 검사증을 발급하여야 한다.
③ 검사대상기기관리자의 선임신고는 신고사유가 발생한 날로부터 20일 이내에 하여야 한다.
④ 검사대상기기의 설치자가 사용 중인 검사대상기기를 폐기한 경우에는 폐기한 날부터 15일 이내에 검사대상기기 폐기신고서를 한국에너지공단이사장에게 제출하여야 한다.

해설 선임·해임·퇴직신고는 신고 사유가 발생한 날부터 30일 이내에 한국에너지공단에 신고한다.

64 다음 중 에너지이용 합리화법령에 따른 검사대상기기에 해당하는 것은?

① 정격용량이 0.5MW인 철금속가열로
② 가스사용량이 20kg/h인 소형 온수보일러
③ 최고사용압력이 0.1MPa이고, 전열면적이 $4m^2$인 강철제 보일러
④ 최고사용압력이 0.1MPa이고, 동체 안지름이 300mm이며, 길이가 500mm인 강철제 보일러

해설 ① 정격용량이 0.58MW를 초과하는 철금속가열로가 검사대상이다.
③ 최고사용압력이 0.1MPa 이하이고, 전열면적이 $5m^2$ 이하인 강철제 보일러는 검사대상에서 제외한다.
④ 최고사용압력이 0.1MPa 이하이고, 동체의 안지름이 300mm 이하이며, 길이가 600mm 이하인 강철제 보일러는 검사대상에서 제외한다.

65 배관의 축 방향 응력 σ(kPa)를 나타낸 식은?(단, d : 배관의 내경(mm), p : 배관의 내압(kPa), t : 배관의 두께(mm)이며, t는 충분히 얇다.)

① $\sigma = \dfrac{p\pi d}{4t}$ ② $\sigma = \dfrac{pd}{4t}$
③ $\sigma = \dfrac{p\pi d}{2t}$ ④ $\sigma = \dfrac{pd}{2t}$

해설
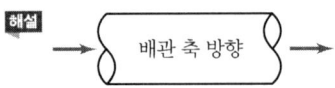

- 축 방향 응력(σ) = $\dfrac{pd}{4t}$
- 원주 방향 응력(σ) = $\dfrac{pd}{2t}$

66 에너지이용 합리화법령상 효율관리기자재에 대한 에너지소비효율등급을 거짓으로 표시한 자에 해당하는 과태료는?

① 3백만 원 이하 ② 5백만 원 이하
③ 1천만 원 이하 ④ 2천만 원 이하

해설 효율관리기자재에 대한 에너지효율등급을 거짓으로 표시한 자에게는 2천만 원 이하의 과태료를 부과한다.

67 고온용 무기질 보온재로서 경량이고 기계적 강도가 크며 내열성, 내수성이 강하고 내마모성이 있어 탱크, 노벽 등에 적합한 보온재는?

① 암면 ② 석면
③ 규산칼슘 ④ 탄산마그네슘

해설 규산칼슘 무기질 보온재
- 안전사용온도 : 650℃
- 압축강도와 곡강도가 높고 반영구적이다. 내구성, 내수성이 우수하고 노벽, 탱크, 화학공업용 탑류, 제철, 발전소 등에 사용한다.

68 에너지이용 합리화법령에 따라 효율관리기자재의 제조업자 또는 수입업자는 효율관리시험기관에서 해당 효율관리기자재의 에너지 사용량을 측정받아야 한다. 이 시험기관은 누가 지정하는가?

① 과학기술정보통신부장관
② 산업통상자원부장관
③ 기획재정부장관
④ 환경부장관

해설 효율관리기자재 시험기관 지정권자는 산업통상자원부장관이다.

69 아래는 에너지이용 합리화법령상 에너지의 수급 차질에 대비하기 위하여 산업통상자원부장관이 에너지 저장의무를 부과할 수 있는 대상자의 기준이다. ( )에 들어갈 용어는?

| 연간 (   ) 석유환산톤 이상의 에너지를 사용하는 자 |

① 1천
② 5천
③ 1만
④ 2만

해설 연간 2만 TOE(석유환산톤) 이상의 에너지를 사용하는 자에게는 에너지 수급 차질에 대비하여 산업통상자원부장관이 에너지저장의무를 부과할 수 있다.

70 에너지이용 합리화법령에 따라 자발적 협약체결기업에 대한 지원을 받기 위해 에너지사용자와 정부 간 자발적 협약의 평가기준에 해당하지 않는 것은?

① 계획 대비 달성률 및 투자실적
② 에너지이용 합리화 자금 활용실적
③ 자원 및 에너지의 재활용 노력
④ 에너지절감량 또는 에너지의 합리적인 이용을 통한 온실가스배출 감축량

해설 자발적 협약의 평가기준에는 ①, ③, ④ 외에 에너지 절감 또는 에너지의 합리적인 이용을 통한 온실가스 배출 감축에 관한 사항 등이 있다.

71 보온재의 구비 조건으로 틀린 것은?

① 불연성일 것
② 흡수성이 클 것
③ 비중이 작을 것
④ 열전도율이 작을 것

해설 보온재는 흡수성이나 흡습성이 없어야 열손실이 방지된다. 물은 비열이 커서 열용량이 크다.

72 작업이 간편하고 조업주기가 단축되며 요체의 보유열을 이용할 수 있어 경제적인 반연속식 요는?

① 셔틀요
② 윤요
③ 터널요
④ 도염식 요

해설 ㉠ 반연속식 요
  • 등요
  • 셔틀요(대차 이용 요)
㉡ 연속식 요
  • 윤요
  • 터널요
  • 석회소성요

73 에너지법령상 시·도지사는 관할 구역의 지역적 특성을 고려하여 저탄소 녹색성장 기본법에 따른 에너지기본계획의 효율적인 달성과 지역경제의 발전을 위한 지역에너지계획을 몇 년마다 수립·시행하여야 하는가?

① 2년
② 3년
③ 4년
④ 5년

해설 시·도지사는 지역에너지계획을 5년마다 수립, 시행하여야 한다.

74 에너지이용 합리화법령에 따라 에너지절약 전문기업의 등록신청 시 등록신청서에 첨부해야 할 서류가 아닌 것은?

① 사업계획서
② 보유장비명세서
③ 기술인력명세서(자격증명서 사본 포함)
④ 감정평가업자가 평가한 자산에 대한 감정평가서 (법인인 경우)

해설 첨부서류는 ①, ②, ③ 외에도 개인인 경우에는 ④의 감정평가서가 필요하고 법인인 경우에는 공인회계사 또는 세무사가 검증한 최근 1년 이내의 대차대조표가 필요하다.

75 에너지이용 합리화법령상 검사의 종류가 아닌 것은?
① 설계검사　　② 제조검사
③ 계속사용검사　　④ 개조검사

해설 에너지이용 합리화법령상 검사의 종류
- 제조검사 : 용접검사, 구조검사
- 설치검사
- 개조검사
- 설치장소 변경검사
- 재사용검사
- 계속사용검사 : 안전검사, 운전성능검사

76 제철 및 제강공정 중 배소로의 사용 목적으로 가장 거리가 먼 것은?
① 유해성분의 제거
② 산화도의 변화
③ 분상광석의 괴상으로의 소결
④ 원광석의 결합수의 제거와 탄산염의 분해

해설
- 배소로의 사용 목적으로는 유해성분 제거, 산화도의 변화, 원광석의 결합수의 제거와 탄산염의 분해 등이 있다.
- 배소로는 광석을 용해하지 않을 정도로 가열하여 연소성 유기물을 제거한다.

77 샤모트(Chamotte) 벽돌의 원료로서 샤모트 이외에 가소성 생점토(生粘土)를 가하는 주된 이유는?
① 치수 안정을 위하여
② 열전도성을 좋게 하기 위하여
③ 성형 및 소결성을 좋게 하기 위하여
④ 건조 소실, 수축을 미연에 방지하기 위하여

해설 샤모트 벽돌(산성벽돌)에서 가소성 생점토를 첨가하는 이유로 ①, ②, ④ 외에 가소성을 부여하여 제작이 용이하게 하기 위함이 있다.

78 에너지이용 합리화법령상 특정열사용기자재의 설치·시공이나 세관(洗罐)을 업으로 하는 자는 어떤 법령에 따라 누구에게 등록하여야 하는가?
① 건설산업기본법, 시·도지사
② 건설산업기본법, 과학기술정보통신부장관
③ 건설기술진흥법, 시장·구청장
④ 건설기술진흥법, 산업통상자원부장관

해설 특정열사용기자재의 설치·시공·세관을 업으로 하는 자는 건설산업기본법에 따라서 시·도지사에게 등록한다.

79 소성가마 내 열의 전열방법으로 가장 거리가 먼 것은?
① 복사　　② 전도
③ 전이　　④ 대류

해설 내화벽돌 등 소성가마(요)의 전열방법은 전도, 대류, 복사에 의한다.

80 도염식 가마(Down Draft Kiln)에서 불꽃의 진행방향으로 옳은 것은?
① 불꽃이 올라가서 가마천장에 부딪쳐 가마바닥의 흡입구멍으로 빠진다.
② 불꽃이 처음부터 가마바닥과 나란하게 흘러 굴뚝으로 나간다.
③ 불꽃이 연소실에서 위로 올라가 천장에 닿아서 수평으로 흐른다.
④ 불꽃의 방향이 일정하지 않으나 대개 가마 밑에서 위로 흘러나간다.

해설 도염식 연소가마의 불꽃 이동 경로

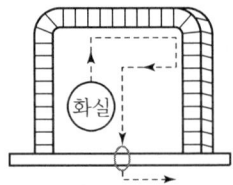

SECTION 05 열설비설계

81 프라이밍 및 포밍의 발생 원인이 아닌 것은?
① 보일러를 고수위로 운전할 때
② 증기부하가 적고 증발수면이 넓을 때
③ 주증기밸브를 급히 열었을 때
④ 보일러수에 불순물, 유지분이 많이 포함되어 있을 때

해설 증기부하가 크고 증발수면적이 좁으면 프라이밍(비수), 포밍이 발생한다.

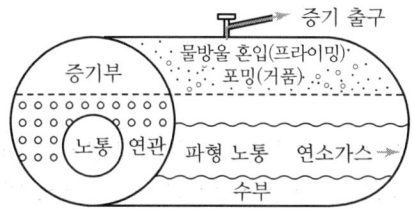

[노통연관식 보일러]

82 노통 보일러에 갤러웨이 관을 직각으로 설치하는 이유로 적절하지 않은 것은?
① 노통을 보강하기 위하여
② 보일러수의 순환을 돕기 위하여
③ 전열면적을 증가시키기 위하여
④ 수격작용을 방지하기 위하여

해설 수격작용 방지법
• 배관에 기울기 적용
• 증기트랩 부착

83 다음 각 보일러의 특징에 대한 설명 중 틀린 것은?
① 입형 보일러는 좁은 장소에도 설치할 수 있다.
② 노통 보일러는 보유수량이 적어 증기발생 소요시간이 짧다.
③ 수관 보일러는 구조상 대용량 및 고압용에 적합하다.
④ 관류 보일러는 드럼이 없어 초고압 보일러에 적합하다.

해설 노통 보일러

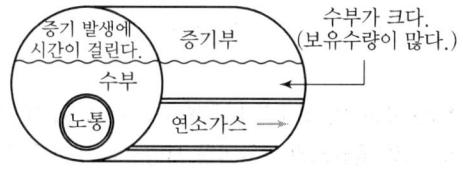

84 수관식 보일러에 급수되는 TDS가 $2,500\mu S/cm$이고 보일러수의 TDS는 $5,000\mu S/cm$이다. 최대 증기발생량이 $10,000kg/h$라고 할 때 블로다운양(kg/h)은?
① 2,000　② 4,000
③ 8,000　④ 10,000

해설 분출량 $= \dfrac{W(1-R)d}{r-d} = \dfrac{wd}{r-d}$

$= \dfrac{10,000\text{kg/h} \times 2,500\mu S/cm}{5,000\mu S/sm - 2,500\mu S/cm}$

$= 10,000\text{kg/h}$

85 일반적으로 보일러에 사용되는 중화방청제가 아닌 것은?
① 암모니아　② 히드라진
③ 탄산나트륨　④ 포름산나트륨

해설 포름산나트륨($NaHCO_2$)
환원제로서 유기합성, 염색공업, 귀금속 침전제로 사용한다. 백색 단사 결정계의 결정성 분말이다.

ANSWER | 81. ② 82. ④ 83. ② 84. ④ 85. ④

86 원통형 보일러의 노통이 편심으로 설치되어 관수의 순환작용을 촉진시켜 줄 수 있는 보일러는?

① 코르니시 보일러　② 라몬트 보일러
③ 케와니 보일러　　④ 기관차 보일러

해설

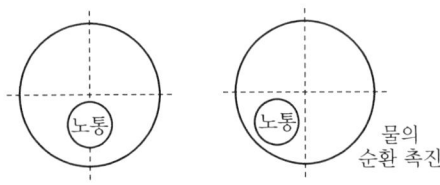

[동심노통]　　[편심노통(코르니시 보일러)]

87 두께 20cm의 벽돌의 내측에 10mm의 모르타르와 5mm의 플라스터 마무리를 시행하고, 외측은 두께 15mm의 모르타르 마무리를 시공하였다. 아래 계수를 참고할 때, 다층벽의 총 열관류율(W/m² · ℃)은?

- 실내측벽 열전달계수 h_1 = 8W/m² · ℃
- 실외측벽 열전달계수 h_2 = 20W/m² · ℃
- 플라스터 열전도율 λ_1 = 0.5W/m · ℃
- 모르타르 열전도율 λ_2 = 1.3W/m · ℃
- 벽돌 열전도율 λ_3 = 0.65W/m · ℃

① 1.99　② 4.57
③ 8.72　④ 12.31

해설 열관류율$(k) = \dfrac{1}{저항(R)}$

$= \dfrac{1}{\dfrac{1}{h_1} + \dfrac{b_1}{\lambda_1} + \dfrac{b_2}{\lambda_2} + \dfrac{b_3}{\lambda_3} + \dfrac{1}{h_2}}$

$= \dfrac{1}{\dfrac{1}{8} + \dfrac{0.005}{0.5} + \dfrac{0.01}{1.3} + \dfrac{0.2}{0.65} + \dfrac{1}{20}}$

$= \dfrac{1}{0.501} = 1.99 \text{W/m}^2 \cdot ℃$

88 공기예열기 설치에 따른 영향으로 틀린 것은?

① 연소효율을 증가시킨다.
② 과잉공기량을 줄일 수 있다.
③ 배기가스 저항이 줄어든다.
④ 질소산화물에 의한 대기오염의 우려가 있다.

해설 연도 및 부속장치

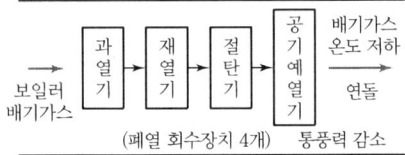

89 관판의 두께가 20mm이고, 관 구멍의 지름이 51mm인 연관의 최소 피치(mm)는 얼마인가?

① 35.5　② 45.5
③ 52.5　④ 62.5

해설 $P = \left(1 + \dfrac{4.5}{t}\right)d = \left(1 + \dfrac{4.5}{20}\right) \times 51 = 62.5\text{mm}$

90 100kN의 인장하중을 받는 한쪽 덮개판 맞대기 리벳이음이 있다. 리벳의 지름이 15mm, 리벳의 허용전단력이 60MPa일 때 최소 몇 개의 리벳이 필요한가?

① 10　② 8
③ 6　④ 4

해설 하중$(W) = n\tau \dfrac{\pi d^2}{4}$

$n = \dfrac{4W}{\pi d^2} = \dfrac{4 \times 100 \times 10^3}{3.14 \times 6 \times (15)^2} \times \dfrac{N}{(10^3 \text{mm})^2} = 9.44$

91 이상적인 흑체에 대하여 단위 면적당 복사에너지 E와 절대온도 T의 관계식으로 옳은 것은?(단, σ는 슈테판-볼츠만 상수이다.)

① $E = \sigma T^2$　② $E = \sigma T^4$
③ $E = \sigma T^6$　④ $E = \sigma T^8$

해설 복사에너지 $E = \sigma T^4$
여기서, 슈테판-볼츠만 상수, $\sigma = 5.67\text{W/m}^2 \cdot K^4$

92 보일러의 내부청소 목적에 해당하지 않는 것은?

① 스케일 슬러지에 의한 보일러 효율 저하 방지
② 수면계 노즐 막힘에 의한 장해 방지
③ 보일러수 순환 저해 방지
④ 수트블로어에 의한 매연 제거

해설 보일러의 수트블로어는 연소실의 그을음 제거기이므로 내부가 아닌 외부청소법이다.

93 증기압력 120kPa의 포화증기(포화온도 104.25℃, 증발잠열 2,245kJ/kg)를 내경 52.9mm, 길이 50m인 강관을 통해 이송하고자 할 때 트랩 선정에 필요한 응축수량(kg)은?(단, 외부온도 0℃, 강관의 질량 300kg, 강관비열 0.46kJ/kg·℃이다.)

① 4.4 ② 6.4
③ 8.4 ④ 10.4

해설 응축수량 $G = \dfrac{Q}{r}$

$Q = 300 \times 0.46 \times (104.25 - 0) = 14,386.5\,\text{kJ}$
$r = 2,245\,\text{kJ/kg}$
$\therefore G = \dfrac{14,386.5}{2,245} = 6.4082\,\text{kg}$

94 프라이밍 현상을 설명한 것으로 틀린 것은?

① 절탄기의 내부에 스케일이 생긴다.
② 안전밸브, 압력계의 기능을 방해한다.
③ 워터해머(Water Hammer)를 일으킨다.
④ 수면계의 수위가 요동해서 수위를 확인하기 어렵다.

해설 프라이밍은 보일러 본체 부하 증대 등에 의하여 증기 발생 시 증기 내부에 물방울이 흡입되는 비수현상이다. 절탄기는 연도에 설치한다.

95 노통연관식 보일러의 특징에 대한 설명으로 옳은 것은?

① 외분식이므로 방산손실열량이 크다.
② 고압이나 대용량 보일러로 적당하다.
③ 내부청소가 간단하므로 급수처리가 필요 없다.
④ 보일러의 크기에 비하여 전열면적이 크고 효율이 좋다.

해설 수관식 보일러는 보일러 크기에 비하여 전열면적(m^2)이 크고 효율이 높다(수관식 보일러는 수관이 전열면이다).

96 압력용기에 대한 수압시험의 압력기준으로 옳은 것은?

① 최고 사용압력이 0.1MPa 이상의 주철제 압력용기는 최고 사용압력의 3배이다.
② 비철금속제 압력용기는 최고 사용압력의 1.5배의 압력에 온도를 보정한 압력이다.
③ 최고 사용압력이 1MPa 이하의 주철제 압력용기는 0.1MPa이다.
④ 법랑 또는 유리 라이닝한 압력용기는 최고사용압력의 1.5배의 압력이다.

해설 ① 최고 사용압력 0.1MPa 이상의 주철계 압력용기는 최고 사용압력의 2배이다.
③ 최고 사용압력 1MPa 이하의 주철계 압력용기는 0.2MPa이다.
④ 법랑 또는 유리 라이닝한 압력용기는 최고 사용압력이다.

97 내압을 받는 보일러 동체의 최고 사용압력은?(단, t: 두께(mm), P: 최고 사용압력(MPa), D_i: 동체 내경(mm), η: 길이 이음 효율, σ_a: 허용인장응력(MPa), α: 부식여유, k: 온도상수이다.)

① $P = \dfrac{2\sigma_a \eta (t-\alpha)}{D_i + (1-k)(t-\alpha)}$

② $P = \dfrac{2\sigma_a \eta (t-\alpha)}{D_i + 2(1-k)(t-\alpha)}$

③ $P = \dfrac{4\sigma_a \eta (t-\alpha)}{D_i + 2(1-k)(t-\alpha)}$

④ $P = \dfrac{4\sigma_a \eta (t-\alpha)}{D_i + (1-k)(t-\alpha)}$

해설 내압을 받는 최고 사용압력(P)[ASME 규격(안지름 기준)]

$P = \dfrac{2\sigma_a \eta (t-\alpha)}{D_i + 2(1-k)(t-\alpha)}\,(\text{MPa})$

98 보일러의 스테이를 수리·변경하였을 경우 실시하는 검사는?

① 설치검사 ② 대체검사
③ 개조검사 ④ 개체검사

ANSWER | 93. ② 94. ① 95. ④ 96. ② 97. ② 98. ③

해설 개조검사 실시 기준
- 증기보일러를 온수보일러로 개조하는 경우
- 보일러 섹션의 증감에 의하여 용량을 변경하는 경우
- 동체, 돔, 노통, 연소실, 경판, 천장판, 관판, 관모음(헤더) 또는 스테이의 변경으로 산업통상자원부장관이 정하여 고시하는 대수리의 경우
- 연료 또는 연소방법의 변경
- 철금속가열로서 산업통상자원부장관이 정하여 고시하는 경우

99 보일러의 전열면에 부착된 스케일 중 연질 성분인 것은?

① $Ca(HCO_3)_2$
② $CaSO_4$
③ $CaCl_2$
④ $CaSiO_3$

해설 중탄산칼슘 $[Ca(HCO_3)_2]$ + 열 → $CaCO_3 \downarrow$ + H_2O + $CO_2 \uparrow$

100 보일러의 용량을 산출하거나 표시하는 값으로 틀린 것은?

① 상당증발량
② 보일러마력
③ 재열계수
④ 전열면적

해설 보일러 용량 산출/표시 값
문제 보기의 ①, ②, ④ 외 상당방열면적, 정격출력 등이 있다.

99. ① 100. ③ | ANSWER

2021년 4회 에너지관리기사

SECTION 01 연소공학

01 과잉공기를 공급하여 어떤 연료를 연소시켜 건연소 가스를 분석하였다. 그 결과 CO_2, O_2, N_2의 함유율이 각각 16%, 1%, 83%이었다면 이 연료의 최대 탄산가스율(CO_{2max})은 몇 %인가?

① 15.6 ② 16.8
③ 17.4 ④ 18.2

해설 $CO_{2max} = \dfrac{21 \times CO_2}{21 - O_2} = \dfrac{21 \times 16}{21 - 1} = 16.8\%$

02 전기식 집진장치에 대한 설명 중 틀린 것은?

① 포집입자의 직경은 30~50μm 정도이다.
② 집진효율이 90~99.9%로서 높은 편이다.
③ 고전압장치 및 정전설비가 필요하다.
④ 낮은 압력손실로 대량의 가스처리가 가능하다.

해설 전기식 집진장치(코트렐 집진기)
• 집진포집입자의 직경은 일반적으로 0.05~20μm이다.
• 대용량이며 초기 설비비가 많이 든다.

03 C_2H_4가 10g 연소할 때 표준상태인 공기는 160g 소모되었다. 이때 과잉공기량은 약 몇 g인가?(단, 공기 중 산소의 중량비는 23.2%이다.)

① 12.22 ② 13.22
③ 14.22 ④ 15.22

해설 • 에틸렌(C_2H_4) 분자량 : 28
• 산소 분자량 : 32
• 반응식 : $C_2H_4 + 3O_2 \rightarrow 2CO_2 + 2H_2O$
  28g   3×32g   2×44g   2×18g

소요공기량(A_o)을 x라 하면 $28 : \left(\dfrac{3 \times 32}{0.232}\right) = 10 : x$

$x = \dfrac{10}{28} \times \left(\dfrac{3 \times 32}{0.232}\right) = 147.7832g$

∴ 과잉공기량 = 160 − 147.7832 = 12.22g

04 공기를 사용하여 기름을 무화시키는 형식으로, 200~700kPa의 고압공기를 이용하는 고압식과 5~200kPa의 저압공기를 이용하는 저압식이 있으며, 혼합 방식에 의해 외부혼합식과 내부혼합식으로도 구분하는 버너의 종류는?

① 유압분무식 버너   ② 회전식 버너
③ 기류분무식 버너   ④ 건타입 버너

해설 기류분무식 무화버너
㉠ • 고압공기식 : 200~700kPa
   • 저압공기식 : 5~200kPa
㉡ 외부혼합식, 내부혼합식이 있다.

05 증기운 폭발의 특징에 대한 설명으로 틀린 것은?

① 폭발보다 화재가 많다.
② 연소에너지의 약 20%만 폭풍파로 변한다.
③ 증기운의 크기가 클수록 점화될 가능성이 커진다.
④ 점화위치가 방출점에서 가까울수록 폭발위력이 크다.

해설 증기운 폭발(UVCE)
• 대기 중에 가연성 가스가 누출되거나, 인화성 액체 유출 시 다량의 증기가 대기 중의 공기와 혼합하여 폭발성의 증기운(Vapor Cloud)을 형성하고 이때 착화원으로 인한 화구(Fire Ball)를 형성하여 폭발하는 것이다.
• 방출점으로부터 먼 지점에서의 증기운의 점화는 폭발의 충격을 증가시킨다.

06 다음 중 연소 전에 연료와 공기를 혼합하여 버너에서 연소하는 방식인 예혼합연소방식 버너의 종류가 아닌 것은?

① 포트형 버너   ② 저압버너
③ 고압버너   ④ 송풍버너

해설 기체연료의 연소방식
• 확산연소방식 : 포트형, 버너형
• 예혼합연소방식 : 저압버너, 고압버너, 송풍버너

ANSWER | 1.② 2.① 3.① 4.③ 5.④ 6.①

07 프로판 $1Nm^3$를 공기비 1.1로서 완전연소시킬 경우 건연소가스양은 약 몇 Nm^3인가?

① 20.2　② 24.2
③ 26.2　④ 33.2

해설 $C+O_2 \rightarrow CO_2$, $H_2 + \frac{1}{2}O_2 \rightarrow H_2O$

$C_3H_8(프로판) + 5O_2 \rightarrow 3CO_2 + 4H_2O$

이론공기량(A_o) = 이론산소량$(O_o) \times \frac{1}{0.21}$

실제 건연소가스양(G_d)
$= (m-0.21)A_o + CO_2$
$= (1.1-0.21) \times \frac{5}{0.21} + 3 = 24.2 Nm^3$

여기서, m : 공기비(과잉공기계수)

08 인화점이 50℃ 이상인 원유, 경유 등에 사용되는 인화점 시험방법으로 가장 적절한 것은?

① 태그 밀폐식
② 아벨펜스키 밀폐식
③ 클리블랜드 개방식
④ 펜스키마텐스 밀폐식

해설 인화점 시험방법
- 태그 밀폐식 : 80℃ 이하
- 아벨펜스키 밀폐식 : 50℃ 이하
- 클리블랜드 개방식 : 80℃ 이상

09 탄소 12kg을 과잉공기계수 1.2의 공기로 완전연소시킬 때 발생하는 연소가스양은 약 몇 Nm^3인가?

① 84　② 107
③ 128　④ 149

해설　$C\ +\ O_2\ \rightarrow\ CO_2$
　　12kg　$22.4Nm^3$　$22.4Nm^3$

실제공기 = 이론공기량 × 과잉공기계수(m)

이론공기량(A_o) = 이론산소량 × $\frac{1}{0.21}$

연소가스양$(G_d) = (m-0.21)A_o + CO_2$
$= (1.2-0.21) \times \frac{22.4}{0.21} + 22.4$
$= 128 Nm^3$

10 아래 표와 같은 질량분율을 갖는 고체연료의 총 질량이 2.8kg일 때 고위발열량과 저위발열량은 각각 약 몇 MJ인가?

- C(탄소) : 80.2%　· H(수소) : 12.3%
- S(황) : 2.5%　· W(수분) : 1.2%
- O(산소) : 1.1%　· 회분 : 2.7%

반응식	고위발열량 (MJ/kg)	저위발열량 (MJ/kg)
$C+O_2 \rightarrow CO_2$	32.79	32.79
$H + \frac{1}{4}O_2 \rightarrow \frac{1}{2}H_2O$	141.9	120.0
$S+O_2 \rightarrow SO_2$	9.265	9.265

① 44, 41　② 123, 115
③ 156, 141　④ 723, 786

해설 · 고위발열량(H_h)
$= (32.79 \times 0.802 + 141.9 \times 0.123 + 9.265 \times 0.025) \times 2.8$
$= 123 MJ$

· 저위발열량(H_l)
$= (32.79 \times 0.802 + 120.0 \times 0.123 + 9.265 \times 0.025) \times 2.8$
$= 115 MJ$

11 CH_4 가스 $1Nm^3$를 30% 과잉공기로 연소시킬 때 완전연소에 의해 생성되는 실제 연소가스의 총량은 약 몇 Nm^3인가?

① 2.4　② 13.4
③ 23.1　④ 82.3

해설 실제 연소가스양$(G_w) = (m-0.21)A_o + CO_2 + H_2O$

$CH_4 + 2O_2 \rightarrow CO_2 + 2H_2O$

이론공기량(A_o) = 이론산소량$(O_o) \times \frac{1}{0.21}(Nm^3)$

∴ $G_w = (1.3-0.21) \times \frac{2}{0.21} + (1+2) = 13.4 Nm^3$

12 가스 연소 시 강력한 충격파와 함께 폭발의 전파속도가 초음속이 되는 현상은?

① 폭발연소　② 충격파연소
③ 폭연(Deflagration)　④ 폭굉(Detonation)

PART 02 | 과년도 기출문제(2021. 9. 12. 시행)

해설 폭굉
- 가스연소 시 강력한 충격파와 함께 폭발의 전파속도가 초음속이 되는 강력한 가스폭발이다.
  (연소→폭발→폭연→폭굉)
- 전파속도 : 1,000~3,500m/s

13 다음 연소범위에 대한 설명으로 옳은 것은?
① 온도가 높아지면 좁아진다.
② 압력이 상승하면 좁아진다.
③ 연소상한계 이상의 농도에서는 산소농도가 너무 높다.
④ 연소하한계 이하의 농도에서는 가연성 증기의 농도가 너무 낮다.

해설 연료의 농도가 연소하한계 이하이거나 연소상한계 초과일 경우 연소폭발이 일어나지 않는다.
※ 메탄(CH_4)의 폭발범위(연소범위)는 5~15%로, 5% 이하나 15% 초과 시 폭발하기 어렵다.

14 연돌의 설치 목적이 아닌 것은?
① 배기가스의 배출을 신속히 한다.
② 가스를 멀리 확산시킨다.
③ 유효 통풍력을 얻는다.
④ 통풍력을 조절해 준다.

해설 통풍력을 조절해 주는 것은 댐퍼이다.

15 고체연료에 비해 액체연료의 장점에 대한 설명으로 틀린 것은?
① 화재, 역화 등의 위험이 적다.
② 회분이 거의 없다.
③ 연소효율 및 열효율이 좋다.
④ 저장운반이 용이하다.

해설 액체연료(휘발유, 등유, 경유, 중유 등)는 화재나 역화의 위험성이 크다.

16 고온부식을 방지하기 위한 대책이 아닌 것은?
① 연료에 첨가제를 사용하여 바나듐의 융점을 낮춘다.
② 연료를 전처리하여 바나듐, 나트륨, 황분을 제거한다.
③ 배기가스 온도를 550℃ 이하로 유지한다.
④ 전열면을 내식재료로 피복한다.

해설 고온부식
- 발생장소 : 과열기, 재열기
- 발생인자 : 바나듐(V), 나트륨(Na)
- 발생온도 : 500℃ 이상
- 방지법 : 바나듐의 융점을 높이고, 보기 ②, ③, ④에 따른다.

17 과잉공기량이 증가할 때 나타나는 현상이 아닌 것은?
① 연소실의 온도가 저하된다.
② 배기가스에 의한 열손실이 많아진다.
③ 연소가스 중의 SO_3이 현저히 줄어 저온부식이 촉진된다.
④ 연소가스 중의 질소산화물 발생이 심하여 대기오염을 초래한다.

해설 저온부식
- 발생장소 : 절탄기, 공기예열기
- 발생인자 : 황(S)
- 부식인자 : 황산(H_2SO_4)
- 발생온도 : 150℃ 이하
- 발생촉진 : 과잉공기 중 산소량 증가 시

18 어떤 연료 가스를 분석하였더니 [보기]와 같았다. 이 가스 $1Nm^3$를 연소시키는 데 필요한 이론산소량은 몇 Nm^3인가?

| 수소 : 40%, 일산화탄소 : 10%, 메탄 : 10% |
| 질소 : 25%, 이산화탄소 : 10%, 산소 : 5% |

① 0.2
② 0.4
③ 0.6
④ 0.8

ANSWER | 13. ④ 14. ④ 15. ① 16. ① 17. ③ 18. ②

해설 수소$(H_2) + 0.5O_2 \rightarrow H_2O$
메탄$(CH_4) + 2O_2 \rightarrow CO_2 + 2H_2O$
일산화탄소$(CO) + 0.5O_2 \rightarrow CO_2$
∴ 이론산소량$(O_o) = 0.5 \times 0.4 + 0.5 \times 0.1 + 2 \times 0.1$
$= 0.2 + 0.05 + 0.2 = 0.45 Nm^3$

19 기체연료에 대한 일반적인 설명으로 틀린 것은?
① 회분 및 유해물질의 배출량이 적다.
② 연소조절 및 점화, 소화가 용이하다.
③ 인화의 위험성이 적고 연소장치가 간단하다.
④ 소량의 공기로 완전연소할 수 있다.

해설 기체연료는 인화나 가스폭발의 우려가 크고 일부의 연소장치(버너) 등이 복잡하며 취급, 운반, 저장이 불편하다.

20 298.15K, 0.1MPa 상태의 일산화탄소를 같은 온도의 이론공기량으로 정상유동 과정으로 연소시킬 때 생성물의 단열화염온도를 주어진 표를 이용하여 구하면 약 몇 K인가?(단, 이 조건에서 CO 및 CO_2의 생성엔탈피는 각각 $-110,529$kJ/kmol, $-393,522$kJ/kmol이다.)

CO_2의 기준상태에서 각각의 온도까지 엔탈피 차

온도(K)	엔탈피 차(kJ/kmol)
4,800	266,500
5,000	279,295
5,200	292,123

① 4,835   ② 5,058
③ 5,194   ④ 5,306

해설 $CO + 0.5O_2 \rightarrow CO_2 + Q$
• 생성열량(Q)
$-110,529 = -393,522 + Q$
$Q = 393,522 - 110,529 = 282,993$ kJ/kmol
• 282,993은 5,000K과 5,200K 사이에 속한다.
∴ 생성물 단열화염온도
$= 5,000 + \dfrac{282,993 - 279,295}{\left(\dfrac{292,123 - 279,295}{5,200 - 5,000}\right)}$
$= 5,000 + \dfrac{3,698 \text{kJ/kmol}}{\left(\dfrac{12,828 \text{kJ/kmol}}{200 \text{K}}\right)} = 5,058$K

SECTION 02 열역학

21 온도가 T_1인 이상기체를 가역단열과정으로 압축하였다. 압력이 P_1에서 P_2로 변하였을 때, 압축 후의 온도 T_2를 옳게 나타낸 것은?(단, k는 이상기체의 비열비를 나타낸다.)

① $T_2 = T_1 \left(\dfrac{P_2}{P_1}\right)^{\frac{k}{k-1}}$

② $T_2 = T_1 \left(\dfrac{P_2}{P_1}\right)^{\frac{k}{1-k}}$

③ $T_2 = T_1 \left(\dfrac{P_2}{P_1}\right)^{\frac{k-1}{k}}$

④ $T_2 = T_1 \left(\dfrac{P_2}{P_1}\right)^{\frac{1-k}{k}}$

해설 가역단열압축$(P_1 \rightarrow P_2$ 변화$)$의 PVT 관계
$T_2 = T_1 \left(\dfrac{P_2}{P_1}\right)^{\frac{k-1}{k}} = T_1 \left(\dfrac{V_1}{V_2}\right)^{k-1}$

22 공기가 압력 1MPa, 체적 $0.4m^3$인 상태에서 50℃의 등온과정으로 팽창하여 체적이 4배로 되었다. 엔트로피의 변화는 약 몇 kJ/K인가?
① 1.72   ② 5.46
③ 7.32   ④ 8.83

해설 엔트로피 변화량$(\Delta s) = \dfrac{dQ}{T} = \dfrac{GCdT}{T} = GR\ln\left(\dfrac{V_2}{V_1}\right)$

$T = C$, $T_1 = T_2$, 가스상수$(R) = \dfrac{8.314}{분자량}$

$\Delta s = C_p \ln\dfrac{V_2}{V_1} + C_v \ln\dfrac{P_2}{P_1}$

공기질량$(G) = \dfrac{PV}{RT} = \dfrac{1 \times 1,000 \text{kPa} \times 0.4 m^3}{\dfrac{8.314}{29} \times (50+273)} = 4.32$kg

$0.4m^3 \times 4배 = 1.6m^3$

∴ $\Delta s = 4.32 \times 0.287 \times \ln\left(\dfrac{1.6}{0.4}\right) = 1.72$kJ/K

23 수증기가 노즐 내를 단열적으로 흐를 때 출구 엔탈피가 입구 엔탈피보다 15kJ/kg만큼 작아진다. 노즐 입구에서의 속도를 무시할 때 노즐 출구에서의 수증기 속도는 약 몇 m/s인가?

① 173　　② 200
③ 283　　④ 346

해설 노즐 출구속도(W_2) = $\sqrt{2g(h_1-h_2)}$
1kJ = 102kg·m
∴ 입구속도를 무시할 경우
$W_2 = \sqrt{2 \times 9.8 \times (102 \times 15)}$ ≒ 173m/s

24 오토 사이클과 디젤 사이클의 열효율에 대한 설명 중 틀린 것은?

① 오토 사이클의 열효율은 압축비와 비열비만으로 표시된다.
② 차단비가 1에 가까워질수록 디젤 사이클의 열효율은 오토 사이클의 열효율에 근접한다.
③ 압축 초기 압력과 온도, 공급 열량, 최고 온도가 같을 경우 디젤 사이클의 열효율이 오토 사이클의 열효율보다 높다.
④ 압축비와 차단비가 클수록 디젤 사이클의 열효율은 높아진다.

해설 내연기관 디젤 사이클

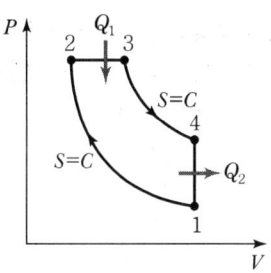

- 1→2 과정 : 단열변화
- 2→3 과정 : 정압가열
- 3→4 과정 : 단열팽창
- 4→1 과정 : 정적방열

- 압축비가 커지면 열효율이 높아진다.
- 차단비가 작아지면 열효율이 높아진다.

25 정상상태로 흐르는 유체의 에너지방정식을 다음과 같이 표현할 때 ( ) 안에 들어갈 용어로 옳은 것은? (단, 유체에 대한 기호의 의미는 아래와 같고, 첨자 1과 2는 각각 입·출구를 나타낸다.)

$$\dot{Q}+\dot{m}\left[h_1+\frac{V_1^2}{2}+(\ )_1\right] = \dot{W}_s+\dot{m}\left[h_2+\frac{V_2^2}{2}+(\ )_2\right]$$

기호	의미	기호	의미
$\dot{Q}$	시간당 받는 열량	$\dot{W}_s$	시간당 주는 일량
$\dot{m}$	질량유량	s	비엔트로피
h	비엔탈피	u	비내부에너지
V	속도	P	압력
g	중력가속도	z	높이

① s　　② u
③ gz　　④ P

해설 정상상태 유체의 에너지방정식
$$\dot{Q}+\dot{m}\left[h_1+\frac{V_1^2}{2}+(gz)_1\right] = \dot{W}_s+\dot{m}\left[h_2+\frac{V_2^2}{2}+(gz)_2\right]$$
여기서, gz = 중력가속도×높이

26 증기에 대한 설명 중 틀린 것은?

① 동일 압력에서 포화증기는 포화수보다 온도가 더 높다.
② 동일 압력에서 건포화증기를 가열한 것이 과열증기이다.
③ 동일 압력에서 과열증기는 건포화증기보다 온도가 더 높다.
④ 동일 압력에서 습포화증기와 건포화증기는 온도가 같다.

해설 동일 압력에서 포화수, 포화증기의 온도는 일정하나 엔탈피(kJ/kg)는 포화증기가 더 크다.
※ 과열증기는 포화온도보다 높다.

ANSWER | 23. ① 24. ④ 25. ③ 26. ①

27 매시간 2,000kg의 포화수증기를 발생하는 보일러가 있다. 보일러 내의 압력은 200kPa이고, 이 보일러에는 매시간 150kg의 연료가 공급된다. 이 보일러의 효율은 약 얼마인가?(단, 보일러에 공급되는 물의 엔탈피는 84kJ/kg이고, 200kPa에서의 포화증기의 엔탈피는 2,700kJ/kg이며, 연료의 발열량은 42,000kJ/kg이다.)

① 77% ② 80%
③ 83% ④ 86%

해설 효율$(\eta) = \dfrac{S_h(h_2 - h_1)}{f_h \times H_l} \times 100(\%)$

여기서, S_h : 시간당 증기발생량
h_2 : 습포화증기 엔탈피
h_1 : 급수 엔탈피
f_h : 시간당 연료소비량
H_l : 연료의 저위발열량

$\therefore \eta = \dfrac{2,000 \times (2,700 - 84)}{150 \times 42,000} \times 100 = 83\%$

28 보일러의 게이지 압력이 800kPa일 때 수은기압계가 측정한 대기압력이 856mmHg를 지시했다면 보일러 내의 절대압력은 약 몇 kPa인가?(단, 수은의 비중은 13.6이다.)

① 810 ② 914
③ 1,320 ④ 1,656

해설 표준대기압(1atm) = 76cmHg = 1.0332kgf/cm²
= 101.325kPa = 760mmHg
절대압력(abs) = 대기압 + 게이지압
$\therefore$ abs = $856 \times \dfrac{101.325}{760} + 800 = 914$kPa

29 정상상태(Steady State)에 대한 설명으로 옳은 것은?

① 특정 위치에서만 물성값을 알 수 있다.
② 모든 위치에서 열역학적 함수값이 같다.
③ 열역학적 함수값은 시간에 따라 변하기도 한다.
④ 유체 물성이 시간에 따라 변하지 않는다.

해설 유체의 정상상태
유체의 물성이 시간에 따라 변하지 않는 상태

30 대기압이 100kPa인 도시에서 두 지점의 계기압력비가 '5 : 2'라면 절대압력비는?

① 1.5 : 1
② 1.75 : 1
③ 2 : 1
④ 주어진 정보로는 알 수 없다.

해설 절대압력(abs) = 게이지압력 + 대기압

31 실온이 25℃인 방에서 역카르노 사이클 냉동기가 작동하고 있다. 냉동공간은 -30℃로 유지되며, 이 온도를 유지하기 위해 작동유체가 냉동공간으로부터 100kW를 흡열하려 할 때 전동기가 해야 할 일은 약 몇 kW인가?

① 22.6 ② 81.5
③ 207 ④ 414

해설 $T_1 = 25 + 273 = 298$K
$T_2 = -30 + 273 = 243$K

성능계수$(COP) = \dfrac{T_2}{T_1 - T_2}$
$= \dfrac{243}{298 - 243} \fallingdotseq 4.42$

$\therefore$ 전동기 동력 = $\dfrac{100\text{kW}}{4.42} \fallingdotseq 22.6$kW

32 열역학 제2법칙과 관련하여 가역 또는 비가역 사이클 과정 중 항상 성립하는 것은?(단, Q는 시스템에 출입하는 열량이고, T는 절대온도이다.)

① $\oint \dfrac{\delta Q}{T} = 0$ ② $\oint \dfrac{\delta Q}{T} > 0$
③ $\oint \dfrac{\delta Q}{T} \geq 0$ ④ $\oint \dfrac{\delta Q}{T} \leq 0$

해설
• 가역 사이클 : $\oint \dfrac{\delta Q}{T} = 0$
• 비가역 사이클 : $\oint \dfrac{\delta Q}{T} < 0$
※ 가역, 비가역을 합한 클라우지우스 부등식(적분)
$\oint \dfrac{\delta Q}{T} \leq 0$

33 다음 중 열역학 제2법칙과 관련된 것은?

① 상태 변화 시 에너지는 보존된다.
② 일을 100% 열로 변환시킬 수 있다.
③ 사이클 과정에서 시스템이 한 일은 시스템이 받은 열량과 같다.
④ 열은 저온부로부터 고온부로 자연적으로 전달되지 않는다.

해설 열역학 제2법칙
열은 고온물체에서 저온물체로 자연적으로 이동하지만 저온물체에서 고온물체로는 그 자신만으로는 이동할 수 없으며 열의 기계적 일의 변환은 열이 고온물체에서 저온물체로 이동한다는 현상에 입각한 과정에서 가능하다.

34 터빈에서 2kg/s의 유량으로 수증기를 팽창시킬 때 터빈의 출력이 1,200kW라면 열손실은 몇 kW인가?(단, 터빈 입구와 출구에서 수증기의 엔탈피는 각각 3,200kJ/kg과 2,500kJ/kg이다.)

① 600   ② 400
③ 300   ④ 200

해설 1kW=1kJ/s
$(3,200-2,500)$kJ/kg $=700$kJ/kg
∴ 열손실$=700$kJ/kg$\times 2$kg/s$-1,200$kW
$=1,400$kJ/s$-1,200$kW
$=200$kW
※ 1W=1J/s, 1kW=1,000W, 1kJ=1,000J
1hr=3,600s, 1J/s=3,600J/h

35 이상기체의 폴리트로픽 변화에서 항상 일정한 것은? (단, P: 압력, T: 온도, V: 부피, n: 폴리트로픽 지수)

① VT^{n-1} ② $\dfrac{PT}{V}$
③ TV^{1-n} ④ PV^n

해설 폴리트로픽 비열(C_n)$=\dfrac{n-k}{n-1}C_v$
$PV^n=C$
$n=0$, $n=1$, $n=k$, $n=\infty$일 때

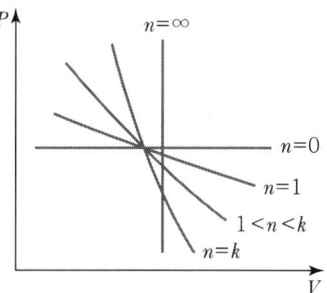

36 공기 오토 사이클에서 최고 온도가 1,200K, 압축 초기 온도가 300K, 압축비가 8일 경우 열 공급량은 약 몇 kJ/kg인가?(단, 공기의 정적비열은 0.7165kJ/kg·K, 비열비는 1.4이다.)

① 366   ② 466
③ 566   ④ 666

해설 $T_2 = T_1 \times \varepsilon^{k-1} = 300K \times 8^{1.4-1} = 689K$
∴ $Q = 0.7165 \times (1,200 - 689) = 366$kJ/kg

37 온도 45℃인 금속 덩어리 40g을 15℃인 물 100g에 넣었을 때, 열평형이 이루어진 후 두 물질의 최종 온도는 몇 ℃인가?(단, 금속의 비열은 0.9J/g·℃, 물의 비열은 4J/g·℃이다.)

① 17.5   ② 19.5
③ 27.4   ④ 29.4

해설 금속의 열량(Q)$=40\times 0.9\times (45-T_x)$
물의 열량(Q)$=100\times 4\times (T_x-15)$
$100\times 4\times (T_x-15)=40\times 0.9\times (45-T_x)$
∴ 최종온도(T_x)$=\dfrac{(36\times 45)+(400\times 15)}{400+36} ≒ 17.47$

38 온도차가 있는 두 열원 사이에서 작동하는 역카르노 사이클을 냉동기로 사용할 때 성능계수를 높이려면 어떻게 해야 하는가?

① 저열원의 온도를 높이고 고열원의 온도를 높인다.
② 저열원의 온도를 높이고 고열원의 온도를 낮춘다.
③ 저열원의 온도를 낮추고 고열원의 온도를 높인다.
④ 저열원의 온도를 낮추고 고열원의 온도를 낮춘다.

ANSWER | 33. ④ 34. ④ 35. ④ 36. ① 37. ① 38. ②

해설 **역카르노 사이클**
성능계수를 높이려면 저열원의 온도(증발기)를 높이고 고열원(응축온도)의 온도는 낮춘다(냉동기의 일반적인 사이클).
$$\varepsilon_R = \frac{T_2}{T_1 - T_2}$$

39 일정한 압력 300kPa로, 체적 $0.5m^3$의 공기와 외부로부터 160kJ의 열을 받아 그 체적이 $0.8m^3$로 팽창하였다. 내부에너지의 증가량은 몇 kJ인가?
① 30 ② 70
③ 90 ④ 160

해설 등압변화 시 내부에너지 변화$(U_2 - U_1)$
$$GC_v(T_2 - T_1) = \frac{GAR}{k-1}(T_2 - T_1)$$
$$= \frac{AP}{k-1}(V_2 - V_1) = \frac{1}{k}Q_2$$
$300 \times (0.8 - 0.5) = 90kJ$
∴ 내부에너지 증가량$(U_2 - U_1) = 160 - 90 = 70kJ$

40 냉동기의 냉매로서 갖추어야 할 요구조건으로 틀린 것은?
① 증기의 비체적이 커야 한다.
② 불활성이고 안정적이어야 한다.
③ 증발온도에서 높은 잠열을 가져야 한다.
④ 액체의 표면장력이 작아야 한다.

해설 냉매는 증기 및 액체의 밀도(kg/m^3)가 작고 비체적(m^3/kg)이 작아야 단위 능력당 압축기의 피스톤 배출량이 적어지고 수액기 용량도 작아진다.

SECTION 03 계측방법

41 계측에 있어 측정의 참값을 판단하는 계의 특성 중 동특성에 해당하는 것은?
① 감도 ② 직선성
③ 히스테리시스 오차 ④ 응답

해설 응답
계측기기 계측에 있어 측정의 참값을 판단하는 계의 동특성이다.

42 광고온계의 측정온도 범위로 가장 적합한 것은?
① 100~300℃ ② 100~500℃
③ 700~2,000℃ ④ 4,000~5,000℃

해설 **비접촉식 광고온도계**
- 측정 범위는 700~2,000℃ 정도이다(비접촉식 중 정도가 가장 좋다).
- 700℃ 이하는 측정 시 오차가 발생한다(저온에서는 발광에너지가 낮으므로).

43 오리피스에 의한 유량측정에서 유량에 대한 설명으로 옳은 것은?
① 압력차에 비례한다.
② 압력차의 제곱근에 비례한다.
③ 압력차에 반비례한다.
④ 압력차의 제곱근에 반비례한다.

해설 **차압식 유량계**
- 오리피스, 플로노즐, 벤투리미터
- 유량측정에서 유량은 압력차(차압)의 제곱근에 비례한다(베르누이 정리를 이용한 유량계).
$$유량(Q) = \frac{\pi d^2}{4} \times C \times \frac{1}{\sqrt{1-m^2}} \times \sqrt{2gh\left(\frac{\gamma_o}{\gamma} - 1\right)} \, (m^3/s)$$

44 휴대용으로 상온에서 비교적 정밀도가 좋은 아스만 습도계는 다음 중 어디에 속하는가?
① 저항 습도계
② 냉각식 노점계
③ 간이 건습구 습도계
④ 통풍형 건습구 습도계

해설 **통풍형 건습구 습도계**
3~5m/s의 일정한 풍속을 이용하며, 독일의 아스만이 휴대용으로 발명한 건습구 습도계이다. 비교적 정밀도가 좋고 통풍장치 부착이 필요하다.

39. ② 40. ① 41. ④ 42. ③ 43. ② 44. ④ | ANSWER

45 서미스터 온도계의 특징이 아닌 것은?

① 소형이며 응답이 빠르다.
② 저항온도계수가 금속에 비하여 매우 작다.
③ 흡습 등에 의하여 열화되기 쉽다.
④ 전기저항체 온도계이다.

해설 서미스터 반도체 전기저항식 온도계(금속산화물 분말 혼합용)
- 저항온도계수가 금속에 비하여 가장 크다.
- 재현성이 좋지 않고 자기가열에 주의하여야 한다.
- 합금체 : Ni, Co, Mn, Fe, Cu 등
- −200~500℃ 측정

46 다음 유량계 중에서 압력손실이 가장 적은 것은?

① Float형 면적 유량계
② 열전식 유량계
③ Rotary Piston형 용적식 유량계
④ 전자식 유량계

해설 전자식 유량계
기전력을 이용한 유량계로서 압력손실이 전혀 없고 맥동현상도 없다. 고점도 유체의 유량측정이 가능하고 응답이 빠르나 가격이 비싸다.

47 다음 중 가스크로마토그래피의 흡착제로 쓰이는 것은?

① 미분탄 ② 활성탄
③ 유연탄 ④ 신탄

해설 가스크로마토그래피 가스분석계
- 흡착제 : 실리카겔, 활성탄, 활성알루미나, 합성제올라이트
- 컬럼 : 흡착제를 채운 길쭉한 통
- 캐리어가스 : H_2, He, N_2, Ar 등
- 종류 : ECD, FID, FPD, TCD, FTD 등

48 다음 중 상온·상압에서 열전도율이 가장 큰 기체는?

① 공기 ② 메탄
③ 수소 ④ 이산화탄소

해설 가스의 열전도율(100℃에서)

구분	열전도율($\times 10^{-4}$ kcal/cm·sec·deg)
공기	0.719
O_2	0.743
N_2	0.718
CO_2	0.496
H_2	4.999

49 노 내압을 제어하는 데 필요하지 않은 조작은?

① 급수량 ② 공기량
③ 연료량 ④ 댐퍼

해설 급수제어
- 조작량 : 급수량
- 제어량 : 수위

50 오르자트식 가스분석계로 CO를 흡수제에 흡수시켜 조성을 정량하려 한다. 이때 흡수제의 성분으로 옳은 것은?

① 발연 황산액
② 수산화칼륨 30% 수용액
③ 알칼리성 피로갈롤 용액
④ 암모니아성 염화제1동 용액

해설
- CO_2 : KOH 30% 수용액
- O_2 : 알칼리성 피로갈롤 용액
- CO : 암모니아성 염화제1동 용액

51 스프링저울 등 측정량이 원인이 되어 그 직접적인 결과로 생기는 지시로부터 측정량을 구하는 방법으로 정밀도는 낮으나 조작이 간단한 방법은?

① 영위법 ② 치환법
③ 편위법 ④ 보상법

해설 측정방법
- 영위법 : 천칭 사용
- 편위법 : 스프링 저울 사용
- 치환법 : 다이얼게이지 사용(보상법과 원리가 같은 경우가 많다.)
- 보상법 : 영위법과 혼용

ANSWER | 45. ② 46. ④ 47. ② 48. ③ 49. ① 50. ④ 51. ③

52 다음은 피드백 제어계의 구성을 나타낸 것이다. ( ) 안에 가장 적절한 것은?

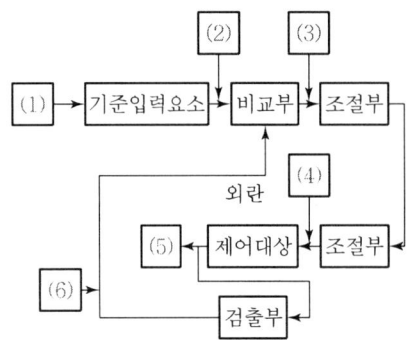

① (1) 조작량, (2) 동작신호, (3) 목표치, (4) 기준입력신호, (5) 제어편차, (6) 제어량
② (1) 목표치, (2) 기준입력신호, (3) 동작신호, (4) 조작량, (5) 제어량, (6) 주 피드백 신호
③ (1) 동작신호, (2) 오프셋, (3) 조작량, (4) 목표치, (5) 제어량, (6) 설정신호
④ (1) 목표치, (2) 설정신호, (3) 동작신호, (4) 오프셋, (5) 제어량, (6) 주 피드백 신호

해설 피드백 제어 기본회로

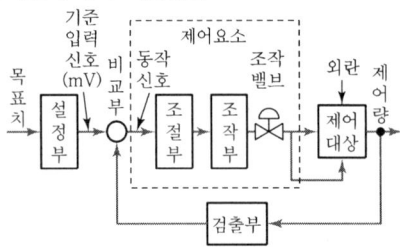

53 압력 측정을 위해 지름 1cm의 피스톤을 갖는 사하중계(Dead Weight)를 이용할 때, 사하중계의 추, 피스톤 그리고 팬(Pan)의 전체 무게가 6.14kgf라면 게이지압력은 약 몇 kPa인가?(단, 중력가속도는 9.81 m/s²이다.)

① 76.7   ② 86.7
③ 767   ④ 867

해설 면적$(A) = \dfrac{3.14}{4} \times (1)^2 = 0.785\text{cm}^2$

압력$(P) = \dfrac{6.14}{0.785} = 7.82\text{kgf/cm}^2$

$1\text{kgf/cm}^2 = 98\text{kPa}$

∴ $P = 7.82 \times 98 ≒ 767\text{kPa}$

※ $1\text{atm} = 760\text{mmHg} = 101.3\text{kPa}(0.1\text{MPa})$
$1\text{at} = 735.6\text{mmHg} = 98\text{kPa}$
$1\text{kgf} = 9.81\text{N}$

54 오차와 관련된 설명으로 틀린 것은?

① 흩어짐이 큰 측정을 정밀하다고 한다.
② 오차가 적은 계량기는 정확도가 높다.
③ 계측기가 가지고 있는 고유의 오차를 기차라고 한다.
④ 눈금을 읽을 때 시선의 방향에 따른 오차를 시차라고 한다.

해설
• 우연오차(흩어짐)가 작을수록 정밀도가 높고 오차가 작다.
• 정확도가 높으면 계통적인 오차가 작다.
• 감도 = $\dfrac{\text{지시량 변화}}{\text{측정량 변화}}$
(감도가 좋으려면 측정시간이 길어지고 측정범위가 좁아져야 한다.)

55 다음 중 면적식 유량계는?

① 오리피스미터   ② 로터미터
③ 벤투리미터   ④ 플로노즐

해설 유량계
• 차압식 : 오리피스, 플로노즐, 벤투리미터
• 면적식 : 게이트식, 로터미터

56 열전대용 보호관으로 사용되는 재료 중 상용 온도가 높은 순으로 나열한 것은?

① 석영관 > 자기관 > 동관
② 석영관 > 동관 > 자기관
③ 자기관 > 석영관 > 동관
④ 동관 > 자기관 > 석영관

해설 열전대용 보호관 상용 온도
• 석영관 : 1,000℃
• 자기관 : 1,450℃
• 황동관 : 400℃
• 카보런덤관 : 1,600℃

52. ② 53. ③ 54. ① 55. ② 56. ③ | ANSWER

57 측온 저항체의 설치방법으로 틀린 것은?

① 내열성, 내식성이 커야 한다.
② 유속이 가장 빠른 곳에 설치하는 것이 좋다.
③ 가능한 한 파이프 중앙부의 온도를 측정할 수 있게 한다.
④ 파이프 길이가 아주 짧을 때에는 유체의 방향으로 굴곡부에 설치한다.

해설 측온 저항체 온도계는 온도와 전기저항과의 저항을 측정하여 온도계수를 보고 온도를 측정하므로 유속이 느린 곳의 물질의 온도 측정에 사용된다.

58 −200~500℃의 측정범위를 가지며 측온저항체 소선으로 주로 사용되는 저항소자는?

① 백금선   ② 구리선
③ Ni선   ④ 서미스터

해설 측온저항체의 측정범위
- 백금 : −200~500℃
- 니켈 : −50~300℃
- 구리 : 0~120℃
- 서미스터 : −100~300℃

59 대기압 750mmHg에서 계기압력이 325kPa이다. 이때 절대압력은 약 몇 kPa인가?

① 223   ② 327
③ 425   ④ 501

해설 절대압력(abs) = 게이지압 + 대기압
대기압 = 760mmHg = 101.3kPa
∴ 절대압력(abs) = $101.3 \times \frac{750}{760} + 325 ≒ 425$kPa

60 특정 파장을 온도계 내에 통과시켜 온도계 내의 전구 필라멘트의 휘도를 육안으로 직접 비교하여 온도를 측정하므로 정밀도는 높지만 측정인력이 필요한 비접촉 온도계는?

① 광고온계   ② 방사온도계
③ 열전대온도계   ④ 저항온도계

해설 광고온계(비접촉식 온도계)
- 파장 : $0.65\mu m$ 적색 단색광
- 측정온도 : 700~3,000℃
- 표준전구의 필라멘트 휘도를 비교하여 온도를 측정한다.

SECTION 04 열설비재료 및 관계법규

61 염기성 내화벽돌이 수증기의 작용을 받아 생성되는 물질이 비중 변화에 의하여 체적 변화를 일으켜 노벽에 균열이 발생하는 현상은?

① 스폴링(Spalling)   ② 필링(Peeling)
③ 슬래킹(Slaking)   ④ 스웰링(Swelling)

해설 슬래킹 현상
염기성 내화벽돌이 수증기의 작용을 받아 생성되는 물질이 비중변화에 의하여 체적 변화를 일으켜 노벽에 균열이 발생하는 현상
※ 염기성 벽돌 : 마그네시아, 포스테라이트, 마그네시아·크롬질, 돌로마이트질

62 배관용 강관 기호에 대한 명칭이 틀린 것은?

① SPP : 배관용 탄소 강관
② SPPS : 압력 배관용 탄소 강관
③ SPPH : 고압 배관용 탄소 강관
④ STS : 저온 배관용 탄소 강관

해설
- STS : 배관용 스테인리스 강관
- SPLT : 저온 배관용 탄소 강관
- SPHT : 고온 배관용 탄소 강관

63 에너지이용 합리화법령상 특정열사용기자재와 설치·시공범위 기준이 바르게 연결된 것은?

① 강철제 보일러 : 해당 기기의 설치·배관 및 세관
② 태양열 집열기 : 해당 기기의 설치를 위한 시공
③ 비철금속 용융로 : 해당 기기의 설치·배관 및 세관
④ 축열식 전기보일러 : 해당 기기의 설치를 위한 시공

ANSWER | 57. ② 58. ① 59. ③ 60. ① 61. ③ 62. ④ 63. ①

해설 특정열사용기자재 설치·시공 범위(에너지이용 합리화법 시행규칙 별표 3의2)
- 해당 기기의 설치·배관 및 세관 : 보일러, 태양열 집열기, 압력용기
- 해당 기기의 설치를 위한 시공 : 요업요로(가마), 금속요로(용선로, 비철금속용융로, 금속소둔로, 철금속가열로, 금속균열로)

64 에너지이용 합리화법령상 에너지사용계획의 협의대상사업 범위 기준으로 옳은 것은?

① 택지의 개발사업 중 면적이 10만 m² 이상
② 도시개발사업 중 면적이 30만 m² 이상
③ 공항개발사업 중 면적이 20만 m² 이상
④ 국가산업단지의 개발사업 중 면적이 5만 m² 이상

해설 에너지사용계획의 협의대상사업 범위 기준
도시개발사업 중 면적이 30만 m² 이상

65 에너지이용 합리화법령에 따라 사용연료를 변경함으로써 검사대상이 아닌 보일러가 검사대상으로 되었을 경우에 해당되는 검사는?

① 구조검사   ② 설치검사
③ 개조검사   ④ 재사용검사

해설 설치검사의 적용대상(에너지이용 합리화법 시행규칙 별표 3의4)
- 검사대상기기(보일러 등)를 신설한 경우
- 사용연료 변경에 의하여 검사대상이 아닌 보일러가 검사대상으로 되는 경우의 검사를 포함한다.

66 요의 구조 및 형상에 의한 분류가 아닌 것은?

① 터널요   ② 셔틀요
③ 횡요   ④ 승염식 요

해설 구조 및 형상에 따른 요의 분류
터널요, 회전요, 등요, 윤요, 각요, 견요, 반터널요, 셔틀요, 연속식 가마

승염식 요(불연속가마 요)
- 오름불꽃가마이다.
- 1층 가마, 2층 가마로 구분한다.

67 다음 중 에너지이용 합리화법령상 2종 압력용기에 해당하는 것은?

① 보유하고 있는 기체의 최고사용압력이 0.1MPa이고 내부 부피가 0.05m³인 압력용기
② 보유하고 있는 기체의 최고사용압력이 0.2MPa이고 내부 부피가 0.02m³인 압력용기
③ 보유하고 있는 기체의 최고사용압력이 0.3MPa이고 동체의 안지름이 350mm이며 그 길이가 1,050mm인 증기헤더
④ 보유하고 있는 기체의 최고사용압력이 0.4MPa이고 동체의 안지름이 150mm이며 그 길이가 1,500mm인 압력용기

해설 제2종 압력용기

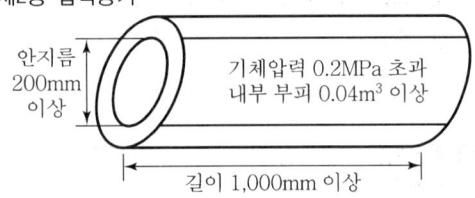

최고사용압력이 0.2MPa을 초과하는 기체를 그 안에 보유하는 용기로서 다음 어느 하나에 해당하는 것
- 내부 부피가 0.04m³ 이상인 것
- 동체의 안지름이 200mm 이상(증기헤더의 경우에는 동체의 안지름이 300mm 초과)이고, 그 길이가 1,000mm 이상인 것

68 규산칼슘 보온재에 대한 설명으로 거리가 가장 먼 것은?

① 규산에 석회 및 석면 섬유를 섞어서 성형하고 다시 수증기로 처리하여 만든 것이다.
② 플랜트 설비의 탑조류, 가열로, 배관류 등의 보온공사에 많이 사용된다.
③ 가볍고 단열성과 내열성은 뛰어나지만 내산성이 적고 끓는 물에 쉽게 붕괴된다.
④ 무기질 보온재로 다공질이며 최고 안전사용온도는 약 650℃ 정도이다.

해설 규산칼슘 보온재(무기질 보온재)
- 보기 ①, ②, ④ 외에 압축강도와 곡강도가 높고 반영구적이며, 내수성이 크고 내구성이 우수하며 시공이 편리하다는 특징이 있다.
- 열전도율 : 0.05~0.065kcal/m·h·℃

64. ② 65. ② 66. ④ 67. ③ 68. ③ | ANSWER

69 관의 신축량에 대한 설명으로 옳은 것은?

① 신축량은 관의 열팽창계수, 길이, 온도차에 반비례한다.
② 신축량은 관의 길이, 온도차에는 비례하지만 열팽창계수에는 반비례한다.
③ 신축량은 관의 열팽창계수, 길이, 온도차에 비례한다.
④ 신축량은 관의 열팽창계수에 비례하고 온도차와 길이에 반비례한다.

해설 관의 신축

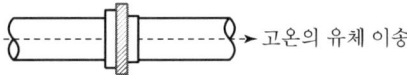

신축량= $\alpha \times L \times \Delta t$
관의 신축량(약 0.12mm)은 관의 열팽창계수(α), 길이(L), 온도차(Δt)에 비례한다.

70 에너지이용 합리화법령상 검사대상기기 검사 중 용접검사 면제 대상 기준이 아닌 것은?

① 압력용기 중 동체의 두께가 8mm 미만인 것으로서 최고사용압력(MPa)과 내부 부피(m³)를 곱한 수치가 0.02 이하인 것
② 강철제 또는 주철제 보일러이며, 온수 보일러 중 전열면적이 18m² 이하이고, 최고사용압력이 0.35 MPa 이하인 것
③ 강철제 보일러 중 전열면적이 5m² 이하이고, 최고사용압력이 0.35MPa 이하인 것
④ 압력용기 중 전열교환식인 것으로서 최고사용압력이 0.35MPa 이하이고, 동체의 안지름이 600 mm 이하인 것

해설 제1, 2종 압력용기 용접검사 면제 기준

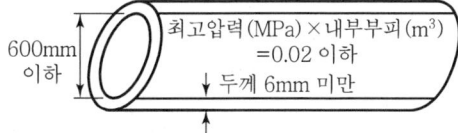

• 용접이음(동체와 플랜지와의 용접이음은 제외한다)이 없는 강관을 동체로 한 헤더

• 압력용기 중 동체의 두께가 6mm 미만인 것으로서 최고사용압력(MPa)과 내부 부피(m³)를 곱한 수치가 0.02 이하(난방용의 경우에는 0.05 이하)인 것
• 전열교환식인 것으로서 최고사용압력이 0.35MPa 이하이고, 동체의 안지름이 600mm 이하인 것

71 폴스테라이트에 대한 설명으로 옳은 것은?

① 주성분은 Mg_2SiO_4이다.
② 내식성이 나쁘고 기공률은 작다.
③ 돌로마이트에 비해 소화성이 크다.
④ 하중연화점은 크나 내화도는 SK 28로 작다.

해설 폴스테라이트 염기성 벽돌
• 주원료 : 고토 감람석
• 주성분 : Mg_2SiO_4
• 조성광물 : 폴스테라이트

72 선철을 강철로 만들기 위하여 고압 공기나 산소를 취입시키고, 산화열에 의해 노 내 온도를 유지하며 용강을 얻는 노(Furnace)는?

① 평로   ② 고로
③ 반사로   ④ 전로

해설 전로
• 선철을 강철로 만들기 위하여 고압 공기나 산소를 취입시키고, 산화열에 의해 노 내 온도를 유지하며 용강을 얻는 노이다.
• 염기성 전로, 산성 전로, 순산소 전로, 칼도법

73 에너지이용 합리화법령상 에너지사용량이 대통령령으로 정하는 기준량 이상인 자는 산업통상자원부령으로 정하는 바에 따라 매년 언제까지 시·도지사에게 신고하여야 하는가?

① 1월 31일까지   ② 3월 31일까지
③ 6월 30일까지   ④ 12월 31일까지

해설 연료, 열, 전력의 연간 사용량 합계(연간 에너지사용량)가 기준량 2천 티오이 이상인 자(에너지다소비사업자)는 매년 1월 31일까지 법령에서 정한 사항을 신고해야 한다.

74 다음 중 에너지이용 합리화법령상 에너지이용 합리화 기본계획에 포함될 사항이 아닌 것은?

① 열사용기자재의 안전관리
② 에너지절약형 경제구조로의 전환
③ 에너지이용 합리화를 위한 기술개발
④ 한국에너지공단의 운영 계획

해설 에너지이용 합리화 기본계획에 포함되어야 하는 사항
- 에너지절약형 경제구조로의 전환
- 에너지이용효율의 증대
- 에너지이용 합리화를 위한 기술개발
- 에너지이용 합리화를 위한 홍보 및 교육
- 에너지원 간 대체
- 열사용기자재의 안전관리
- 에너지이용 합리화를 위한 가격예시제의 시행에 관한 사항
- 에너지의 합리적인 이용을 통한 온실가스의 배출을 줄이기 위한 대책
- 그 밖에 에너지이용 합리화를 추진하기 위하여 필요한 사항으로서 산업통상자원부령으로 정하는 사항

75 에너지이용 합리화법령상 효율관리기자재의 제조업자가 효율관리시험기관으로부터 측정 결과를 통보받은 날 또는 자체측정을 완료한 날부터 그 측정 결과를 며칠 이내에 한국에너지공단에 신고하여야 하는가?

① 15일 ② 30일
③ 60일 ④ 90일

해설 효율관리기자재의 제조업자 또는 수입업자는 효율관리시험기관으로부터 측정 결과를 통보받은 날 또는 자체측정을 완료한 날부터 각각 90일 이내에 그 측정 결과를 한국에너지공단에 신고하여야 한다.

76 제강 평로에서 채용되고 있는 배열회수방법으로서 배기가스의 현열을 흡수하여 공기나 연료가스 예열에 이용될 수 있도록 한 장치는?

① 축열실 ② 환열기
③ 폐열 보일러 ④ 판형 열교환기

해설 축열실 : 제강 평로에서 채용하고 있는 배열회수방법으로서 배기가스의 현열을 흡수하여 공기나 연료가스 예열에 이용될 수 있도록 한 장치이다. 내화벽돌로 샤모트 벽돌, 고알루미나질 벽돌이 채용된다.

77 산 등의 화학약품을 차단하는 데 주로 사용하며 내약품성, 내열성의 고무로 만든 것을 밸브시트에 밀어붙여 기밀용으로 사용하는 밸브는?

① 다이어프램 밸브 ② 슬루스 밸브
③ 버터플라이 밸브 ④ 체크 밸브

해설 ① 다이어프램 밸브(격막용 밸브) : 산 등의 화학약품을 차단하는 데 주로 사용하며 내약품성, 내열성의 고무로 만든 것을 밸브시트에 밀어붙여 기밀용으로 사용하는 밸브이다.
② 슬루스 밸브(게이트 밸브) : 유량 조절이 불가능하다.
③ 버터플라이 밸브 : 집게형, 기어형이 있다.
④ 체크 밸브(역류 방지 밸브) : 리프트형, 스윙형이 있다.

78 용광로에 장입하는 코크스의 역할이 아닌 것은?

① 철광석 중의 황분을 제거
② 가스 상태로 선철 중에 흡수
③ 선철을 제조하는 데 필요한 열원을 공급
④ 연소 시 환원성 가스를 발생시켜 철의 환원을 도모

해설 코크스
열원으로 사용되는 연료이며 연소 시 발생하는 CO, H_2 등의 환원성 가스로 산화철(FeO)을 환원한다. 또한 탄소의 일부가 가스 상태로 선철 중에 흡수되는 흡탄작용을 일어나게 하여 선철이 제조된다.
※ 망간광석 : 황분을 제거(탈황)하고, 탈산작용을 돕는다.

79 고알루미나질 내화물의 특징에 대한 설명으로 거리가 가장 먼 것은?

① 중성 내화물이다.
② 내식성, 내마모성이 적다.
③ 내화도가 높다.
④ 고온에서 부피 변화가 적다.

해설
- 고알루미나 중성 내화물은 내스폴링성이 크고 산성, 염기성 슬래그 용융물에 대한 내침식성이 크다.
- 기공률이 극히 낮고 조직이 매우 치밀하다.
- 내화도는 SK 38 이상이며, 화학성분은 $Al_2O_3 - SiO_2$계이다.

74. ④ 75. ④ 76. ① 77. ① 78. ① 79. ② | ANSWER

80 에너지이용 합리화법령상 검사에 불합격된 검사대상 기기를 사용한 자의 벌칙 기준은?

① 5백만 원 이하의 벌금
② 1년 이하의 징역 또는 1천만 원 이하의 벌금
③ 2년 이하의 징역 또는 2천만 원 이하의 벌금
④ 3천만 원 이하의 벌금

해설 검사에 불합격된 검사대상기기(보일러, 압력용기, 요로)를 사용한 자는 1년 이하의 징역 또는 1천만 원 이하의 벌금에 처한다.

SECTION 05 열설비설계

81 저온가스 부식을 억제하기 위한 방법이 아닌 것은?

① 연료 중의 유황성분을 제거한다.
② 첨가제를 사용한다.
③ 공기예열기 전열면 온도를 높인다.
④ 배기가스 중 바나듐의 성분을 제거한다.

해설 ㉠ 저온부식
• 부식인자 : 황(S), 진한황산(H_2SO_4)
• 발생처 : 절탄기, 공기예열기
• 150℃ 이하에서 발생
㉡ 고온부식
• 부식인자 : 바나듐(V), 나트륨(Na)
• 발생처 : 과열기, 재열기
• 535℃ 이상에서 발생

82 보일러에서 과열기의 역할로 옳은 것은?

① 포화증기의 압력을 높인다.
② 포화증기의 온도를 높인다.
③ 포화증기의 압력과 온도를 높인다.
④ 포화증기의 압력은 낮추고 온도를 높인다.

해설 보일러

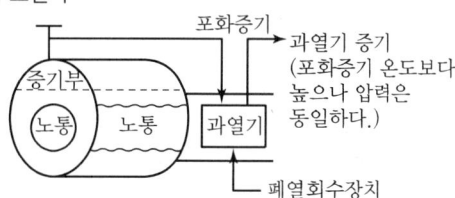

83 맞대기 용접은 용접방법에 따라서 그루브를 만들어야 한다. 판의 두께가 50mm 이상인 경우에 적합한 그루브의 형상은?(단, 자동용접은 제외한다.)

① V형 ② R형
③ H형 ④ A형

해설 맞대기 용접 Groove의 형상에 따른 판의 두께
• I형 : 1~5mm
• V형, R형, J형 : 6~16mm
• X형, K형, 양면 J형, U형 : 12~38mm
• H형 : 19mm 이상

84 연료 1kg이 연소하여 발생하는 증기량의 비를 무엇이라고 하는가?

① 열발생률 ② 증발배수
③ 전열면 증발률 ④ 증기량 발생률

해설 증발배수
• 증발배수$(kg/kg) = \dfrac{증기발생량(kg)}{연료\ 사용량(kg)}$
• 숫자가 크면 성능이 우수하다.

85 노통연관 보일러의 노통의 바깥면과 이것에 가까운 연관의 면 사이에는 몇 mm 이상의 틈새를 두어야 하는가?

① 10 ② 20
③ 30 ④ 50

해설 노통연관 보일러

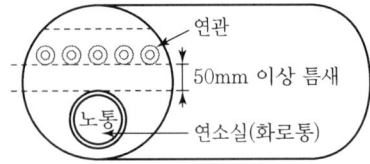

86 열매체보일러에 대한 설명으로 틀린 것은?
① 저압으로 고온의 증기를 얻을 수 있다.
② 겨울철에도 동결의 우려가 적다.
③ 물이나 스팀보다 전열특성이 좋으며, 열매체 종류와 상관없이 사용온도한계가 일정하다.
④ 다우섬, 모빌섬, 카네크롤 보일러 등이 이에 해당한다.

해설 열매체(다우섬 등)는 물이나 스팀보다 전열 특성이 좋으나 열매체는 종류마다 사용온도가 다르다.
- KSK-260 : 100~350℃
- KSK-280 : 100~340℃
- KSK-330 : 0~330℃
- 다우섬 A : 100~399℃
- 모빌섬 : 0~280℃

87 파형 노통의 최소두께가 10mm, 노통의 평균지름이 1,200mm일 때, 최고사용압력은 약 몇 MPa인가? (단, 끝의 평형부 길이가 230mm 미만이며, 정수 C는 985이다.)
① 0.56　　② 0.63
③ 0.82　　④ 0.95

해설 파형 노통 두께$(t) = \dfrac{PD}{C}$

$P(압력) = \dfrac{t \cdot C}{D} = \dfrac{10 \times 985}{1,200} = 8.2 \text{kgf/cm}^2$
$= 0.82 \text{MPa}$

88 보일러수에 녹아있는 기체를 제거하는 탈기기가 제거하는 대표적인 용존 가스는?
① O_2　　② H_2SO_4
③ H_2S　　④ SO_2

해설 보일러수의 기체 제거
- 탈기법 : 용존 산소(O_2) 제거
- 기폭법 : 용존 이산화탄소(CO_2) 제거

89 보일러의 과열 방지책이 아닌 것은?
① 보일러수를 농축시키지 않을 것
② 보일러수의 순환을 좋게 할 것
③ 보일러의 수위를 낮게 유지할 것
④ 보일러 동 내면의 스케일 고착을 방지할 것

해설 노통횡관 보일러

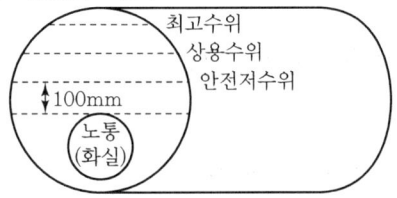

90 프라이밍이나 포밍의 방지대책에 대한 설명으로 틀린 것은?
① 주증기 밸브를 급히 개방한다.
② 보일러수를 농축시키지 않는다.
③ 보일러수 중의 불순물을 제거한다.
④ 과부하가 되지 않도록 한다.

해설

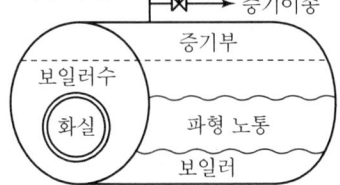

프라이밍(비수), 포밍(거품)을 방지하려면 주증기 밸브를 서서히 열어야 한다.

86. ③　87. ③　88. ①　89. ③　90. ① | ANSWER

91 물의 탁도에 대한 설명으로 옳은 것은?

① 카올린 1g이 증류수 1L 속에 들어 있을 때의 색과 같은 색을 가지는 물을 탁도 1도의 물이라 한다.
② 카올린 1mg이 증류수 1L 속에 들어 있을 때의 색과 같은 색을 가지는 물을 탁도 1도의 물이라 한다.
③ 탄산칼슘 1g이 증류수 1L 속에 들어 있을 때의 색과 같은 색을 가지는 물을 탁도 1도의 물이라 한다.
④ 탄산칼슘 1mg이 증류수 1L 속에 들어 있을 때의 색과 같은 색을 가지는 물을 탁도 1도의 물이라 한다.

해설 **물의 탁도**
탁도 1도는 카올린 1mg이 증류수 1L 속에 들어 있을 때의 색과 같은 색을 가지는 탁도이다.
※ 카올린 : $Al_2O_3 2SiO_2 2H_2O$ (현탁성 점토)

92 그림과 같이 가로×세로×높이가 3m×1.5m×0.03m인 탄소강판이 놓여 있다. 강판의 열전도율은 43W/m·K이고, 탄소강판 아래 면에 열유속 700 W/m²를 가한 후, 정상상태가 되었다면 탄소강판의 윗면과 아랫면의 표면온도 차이는 약 몇 ℃인가?(단, 열유속은 아래에서 위 방향으로만 진행한다.)

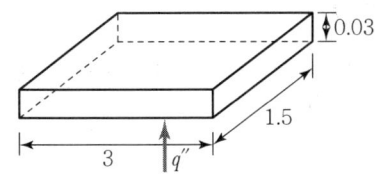

① 0.243 ② 0.264
③ 0.488 ④ 1.973

해설 $Q = \dfrac{\lambda}{b} \times A \times \Delta t (W/h)$

저항$(R) = \dfrac{43}{0.03} = 1,440 m·K/W$

∴ 온도차 $= \dfrac{700}{1,440} = 0.486℃$

※ $Q = 700 \times (3 \times 1.5) = 3,150 W/h$
※ • 열유속 : W/m^2, $kcal/m^2·h$
  • 열관류율 : $W/m^2·K$, $kcal/m^2·h·℃$
  • 열전도율 : $W/m·K$, $kcal/m·h·℃$
  • 열전달률 : $W/m^2·K$, $kcal/m^2·h·℃$

93 연관 보일러에서 연관의 최소피치를 구하는 데 사용하는 식은?(단, p는 연관의 최소피치(mm), t는 관판의 두께(mm), d는 관 구멍의 지름(mm)이다.)

① $p = \left(1 + \dfrac{t}{4.5}\right)d$
② $p = (1+d)\dfrac{4.5}{t}$
③ $p = \left(1 + \dfrac{4.5}{t}\right)d$
④ $p = \left(1 + \dfrac{d}{4.5}\right)t$

해설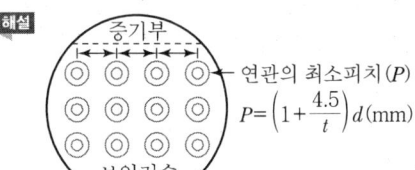

$P = \left(1 + \dfrac{4.5}{t}\right)d (mm)$

94 증기보일러에 수질관리를 위한 급수처리 또는 스케일 부착방지 및 제거를 위한 시설을 해야 하는 용량 기준은 몇 t/h 이상인가?

① 0.5 ② 1
③ 3 ④ 5

해설 보일러 용량 1톤(600,000kcal/h) 이상이면 급수처리 또는 스케일 부착 방지시설을 설치해야 한다.

95 보일러의 열정산 시 출열 항목이 아닌 것은?

① 배기가스에 의한 손실열
② 발생증기 보유열
③ 불완전연소에 의한 손실열
④ 공기의 현열

해설 **열정산 시 입열 항목**
• 연료의 연소열
• 공기의 현열
• 연료의 현열
• 분입증기에 의한 입열

96 보일러에서 사용하는 안전밸브의 방식으로 가장 거리가 먼 것은?

① 중추식 ② 탄성식
③ 지렛대식 ④ 스프링식

ANSWER | 91. ② 92. ③ 93. ③ 94. ② 95. ④ 96. ②

해설 탄성식 등은 부르동관 압력계 등에 사용이 가능하다.
※ 탄성식 압력계 : 부르동관, 다이어프램식, 벨로스식 등

97 내경 200mm, 외경 210mm의 강관에 증기가 이송되고 있다. 증기 강관의 내면온도는 240℃, 외면온도는 25℃이며, 강관의 길이는 5m일 경우 발열량(kW)은 얼마인가?(단, 강관의 열전도율은 50W/m·℃, 강관의 내외면의 온도는 시간 경과에 관계없이 일정하다.)

① 6.6×10^3 ② 6.9×10^3
③ 7.3×10^3 ④ 7.6×10^3

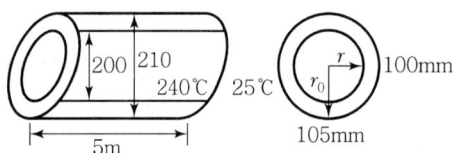

$200mm = 0.2m$, $210mm = 0.21m$

$$Q = \frac{2\pi l(t_1 - t_2)}{\frac{1}{\lambda} \times \ln\left(\frac{r_o}{r}\right)} = \frac{2 \times 3.14 \times 5(240-25)}{\frac{1}{50} \times \ln\left(\frac{0.105}{0.1}\right)}$$

$≒ 6,918,425W ≒ 6.9 \times 10^3 kW$

98 보일러에 대한 용어의 정의 중 잘못된 것은?

① 1종 관류보일러 : 강철제 보일러 중 전열면적이 $5m^2$ 이하이고 최고사용압력이 0.35MPa 이하인 것
② 설계압력 : 보일러 및 그 부속품 등의 강도계산에 사용되는 압력으로서 가장 가혹한 조건에서 결정한 압력
③ 최고사용온도 : 설계압력을 정할 때 설계압력에 대응하여 사용조건으로부터 정해지는 온도
④ 전열면적 : 한쪽 면이 연소가스 등에 접촉하고 다른 면이 물에 접촉하는 부분의 면을 연소가스 등의 쪽에서 측정한 면적

해설 제1종 관류보일러
• 전열면적 $5m^2$ 초과
• 증기압력 1MPa 이하

99 다음 중 보일러수의 pH를 조절하기 위한 약품으로 적당하지 않은 것은?

① NaOH ② Na_2CO_3
③ Na_3PO_4 ④ $Al_2(SO_4)_3$

해설 pH 알칼리도 조정제
• 가성소다(NaOH)
• 탄산소다(Na_2CO_3) : 저압 보일러용
• 제3인산나트륨(Na_3PO_4)

100 육용강제 보일러에서 길이 스테이 또는 경사스테이를 핀 이음으로 부착할 경우, 스테이 휠 부분의 단면적은 스테이 소요 단면적의 얼마 이상으로 하여야 하는가?

① 1.0배 ② 1.25배
③ 1.5배 ④ 1.75배

해설
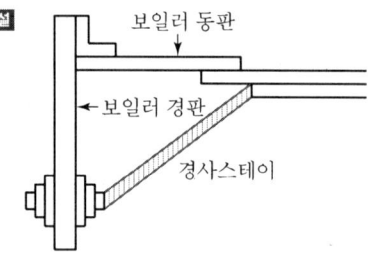

경사스테이 휠 부분의 단면적은 스테이 소요 단면적의 1.25배 이상이다.

2022년 1회 에너지관리기사

SECTION 01 연소공학

01 보일러 등의 연소장치에서 질소산화물(NOx)의 생성을 억제할 수 있는 연소방법이 아닌 것은?

① 2단 연소
② 저산소(저공기비) 연소
③ 배기의 재순환 연소
④ 연소용 공기의 고온 예열

해설 질소(N_2)가스는 고온에서 산화되어 질소산화물이 생성되므로 연소용 공기의 고온예열은 질소산화물의 억제가 아닌 촉진방법이 된다.

02 다음 중 연료 연소 시 최대탄산가스농도(CO_{2max})가 가장 높은 것은?

① 탄소
② 연료유
③ 역청탄
④ 코크스로가스

해설 탄소(C) + O_2 → CO_2
탄소성분이 많을수록 CO_{2max}가 크다.

03 체적비로 메탄이 15%, 수소가 30%, 일산화탄소가 55%인 혼합기체가 있다. 각각의 폭발 상한계가 다음 표와 같을 때 이 기체의 공기 중에서 폭발 상한계는 약 몇 vol%인가?

구분	메탄	수소	일산화탄소
폭발 상한계 (vol%)	15	75	74

① 46.7
② 45.1
③ 44.3
④ 42.5

해설 $\dfrac{100}{L} = \dfrac{100}{\dfrac{V_1}{L_1}+\dfrac{V_2}{L_2}+\dfrac{V_3}{L_3}} = \dfrac{100}{\dfrac{15}{15}+\dfrac{30}{75}+\dfrac{55}{74}}$

$= \dfrac{100}{1+0.4+0.743} = 46.7\%$

04 어떤 고체연료를 분석하니 중량비로 수소 10%, 탄소 80%, 회분 10%이었다. 이 연료 100kg을 완전연소시키기 위하여 필요한 이론공기량은 약 몇 Nm^3인가?

① 206
② 412
③ 490
④ 978

해설 고체, 액체연료의 이론공기량(A_0)

$A_0 = 8.89C + 26.67\left(H - \dfrac{O}{8}\right) + 3.33S$

$= 8.89 \times 0.8 + 26.67 \times 0.1$

$= 9.779 Nm^3/kg$

∴ $9.779 \times 100kg = 978 Nm^3$

05 점화에 대한 설명으로 틀린 것은?

① 연료가스의 유출속도가 너무 느리면 실화가 발생한다.
② 연소실의 온도가 낮으면 연료의 확산이 불량해진다.
③ 연료의 예열온도가 낮으면 무화불량이 발생한다.
④ 점화시간이 늦으면 연소실 내로 역화가 발생한다.

해설 연소실에서 연소가스의 유출속도가 너무 느리면 역화가 발생한다(유출속도가 너무 빠르면 선화가 발생한다).

06 고체연료의 일반적인 특징에 대한 설명으로 틀린 것은?

① 회분이 많고 발열량이 적다.
② 연소효율이 낮고 고온을 얻기 어렵다.
③ 점화 및 소화가 곤란하고 온도조절이 어렵다.
④ 완전연소가 가능하고 연료의 품질이 균일하다.

해설 고체연료(목탄, 장작, 석탄 등)는 완전연소가 불가능하고, 연료의 품질이 균일하지 못하다.
※ 오일은 연료의 품질이 균일하다.

ANSWER | 1.④ 2.① 3.① 4.④ 5.① 6.④

07 등유, 경유 등의 휘발성이 큰 연료를 접시모양의 용기에 넣어 증발 연소시키는 방식은?

① 분해 연소 ② 확산 연소
③ 분무 연소 ④ 포트식 연소

해설

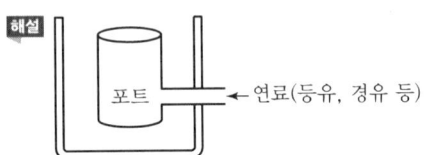

08 액체 연소장치 중 회전식 버너의 일반적인 특징으로 옳은 것은?

① 분사각은 20~50° 정도이다.
② 유량조절범위는 1 : 3 정도이다.
③ 사용 유압은 30~50kPa 정도이다.
④ 화염이 길어 연소가 불안정하다.

해설 B-C유 회전식 버너(수평 로터리 버너)
① 분사각(분무각)은 30~80°이다.
② 유량조절범위는 1 : 5 정도이다.
③ 사용 유압은 30~50kPa(0.3~0.5kg/cm²) 정도이다.
④ 화염이 길어 연소가 안정하다.

09 C_mH_n $1Nm^3$를 공기비 1.2로 연소시킬 때 필요한 실제 공기량은 약 몇 Nm^3인가?

① $\dfrac{1.2}{0.21}\left(m+\dfrac{n}{2}\right)$ ② $\dfrac{1.2}{0.21}\left(m+\dfrac{n}{4}\right)$
③ $\dfrac{1.2}{0.79}\left(m+\dfrac{n}{2}\right)$ ④ $\dfrac{1.2}{0.79}\left(m+\dfrac{n}{4}\right)$

해설 실제 공기량(A) = 이론 공기량(A_0) × 공기비
$= \dfrac{1.2}{0.21}\left(m+\dfrac{n}{4}\right)$
여기서, $A_0 = \dfrac{1}{0.21}\left(m+\dfrac{n}{4}\right)$

10 메탄올(CH_3OH) 1kg을 완전연소하는 데 필요한 이론공기량은 약 몇 Nm^3인가?

① 4.0 ② 4.5
③ 5.0 ④ 5.5

해설 $C+O_2 \rightarrow CO_2$, $H_2+\dfrac{1}{2}O_2 \rightarrow H_2O$, $O_2 = C_m+\dfrac{n}{4}$
$CH_3OH+\dfrac{3}{2}O_2 \rightarrow CO_2+2H_2O$, $A_0 = \dfrac{1}{0.21} ≒ 5Nm^3/kg$
∴ $C=1$, $H_1=4$, $O_2=1$, 전체산소 $= 1+\dfrac{4}{4}-1=1$

11 중량비가 C : 87%, H : 11%, S : 2%인 중유를 공기비 1.3으로 연소할 때 건조배출가스 중 CO_2의 부피비는 약 몇 %인가?

① 8.7 ② 10.5
③ 12.2 ④ 15.6

해설 $C+O_2 \rightarrow CO_2$, $H_2+\dfrac{1}{2}O_2 \rightarrow H_2O$

이론공기량$(A_0) = 8.89C+26.67\left(H-\dfrac{O}{8}\right)+3.33S$
$= 8.89 \times 0.87 + 26.67 \times 0.11 + 3.33 \times 0.02$
$= 10.47Nm^3/kg$

실제 건배기가스양(G_d)
$= (m-0.21)A_0+1.867C+0.7S+0.8N$
$= (1.3-0.21) \times 10.47 + 1.867 \times 0.87 + 0.7 \times 0.02$
$= 13.05Nm^3/kg$

$CO_2 = \dfrac{22.4}{12} \times 0.87 = 1.62Nm^3/kg$

∴ $\dfrac{1.62}{13.05} \times 100 = 12\%$

12 액체의 인화점에 영향을 미치는 요인으로 가장 거리가 먼 것은?

① 온도 ② 압력
③ 발화지연시간 ④ 용액의 농도

해설 인화점
• 착화원에 의해서 불이 붙는 최소온도이다.
• 압력, 온도, 용액의 농도는 액체연료의 인화점에 영향을 미친다.

13 고위발열량이 37.7MJ/kg인 연료 3kg이 연소할 때의 저위발열량은 몇 MJ인가?(단, 이 연료의 중량비는 수소 15%, 수분 1%이다.)

① 52 ② 103
③ 184 ④ 217

7. ④ 8. ③ 9. ② 10. ③ 11. ③ 12. ③ 13. ② | **ANSWER**

해설 저위발열량(H_l) = H_h - 2.51(9H + W)
= [37.7 - 2.51(9×0.15 + 0.01)] × 3
= 103MJ

14 다음 중 고속운전에 적합하고 구조가 간단하며 풍량이 많아 배기 및 환기용으로 적합한 송풍기는?
① 다익형 송풍기 ② 플레이트형 송풍기
③ 터보형 송풍기 ④ 축류형 송풍기

해설 축류형 송풍기(프로펠러형)는 고속운전에 적합하고 구조가 간단하며 풍량이 풍부하여 배기 및 환기용에 적합한 송풍기이다.

15 통풍방식 중 평형통풍에 대한 설명으로 틀린 것은?
① 통풍력이 커서 소음이 심하다.
② 안정한 연소를 유지할 수 있다.
③ 노 내 정압을 임의로 조절할 수 있다.
④ 중형 이상의 보일러에는 사용할 수 없다.

해설
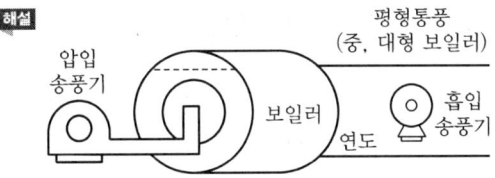

16 저위발열량 7,470kJ/kg의 석탄을 연소시켜 13,200 kg/h의 증기를 발생시키는 보일러의 효율은 약 몇 %인가?(단, 석탄의 공급은 6,040kg/h이고, 증기의 엔탈피는 3,107kJ/kg, 급수의 엔탈피는 96kJ/kg이다.)
① 64 ② 74
③ 88 ④ 94

해설 효율(η) = $\dfrac{증기보유열}{공급열}$ × 100%
= $\dfrac{13,200 \times (3,107 - 96)}{6,040 \times 7,470}$ × 100 = 88%

17 불꽃연소(Flaming Combustion)에 대한 설명으로 틀린 것은?
① 연소속도가 느리다.
② 연쇄반응을 수반한다.
③ 연소사면체에 의한 연소이다.
④ 가솔린의 연소가 이에 해당한다.

해설 화석연료의 불꽃연소는 연소속도가 빠르다.

18 폭굉유도거리(DID)가 짧아지는 조건으로 틀린 것은?
① 관지름이 크다.
② 공급압력이 높다.
③ 관 속에 방해물이 있다.
④ 연소속도가 큰 혼합가스이다.

해설
• 가스관의 지름이 작을수록 폭굉유도거리가 짧아진다.
• 폭굉유속(디토네이션)은 1,000~3,500m/s이다.
※ 폭굉 : 화염의 전파속도가 음속보다 빠른 가스폭발이다.

19 버너에서 발생하는 역화의 방지대책과 거리가 먼 것은?
① 버너온도를 높게 유지한다.
② 리프트 한계가 큰 버너를 사용한다.
③ 다공 버너의 경우 각각의 연료분출구를 작게 한다.
④ 연소용 공기를 분할공급하여 1차 공기를 착화범위보다 적게 한다.

해설 버너에서 역화의 방지대책은 버너온도가 아닌 노통, 화실의 온도를 높게 유지하는 것이다.

20 다음 기체연료 중 단위질량당 고위발열량이 가장 큰 것은?
① 메탄 ② 수소
③ 에탄 ④ 프로판

해설 고위발열량 = 저위발열량 + 연소생성수증기량(W_g)
W_g = 1.244W + 11.2H = 1.244(9H + W)
= 2.51MW(9H + W)
※ H(수소), W(수분), 메탄(CH_4), 수소(H_2), 에탄(C_2H_6), 프로판(C_3H_8)
수소의 고위발열량은 34,000kcal/kg, 저위발열량은 28,600kcal/kg

ANSWER | 14. ④ 15. ④ 16. ③ 17. ① 18. ① 19. ① 20. ②

SECTION 02 열역학

21 순수물질로 된 밀폐계가 가역단열과정 동안 수행한 일의 양과 같은 것은?(단, U는 내부에너지, H는 엔탈피, Q는 열량이다.)

① $-\Delta H$ ② $-\Delta U$
③ 0 ④ Q

해설 단열변화 시 내부에너지 변화(ΔU)
$\Delta U = C_v(T_2 - T_1) = -{}_1W_2(-\Delta U)$
내부에너지 변화량은 절대일량과 같다.

22 물체의 온도 변화 없이 상(Phase, 相) 변화를 일으키는 데 필요한 열량은?

① 비열 ② 점화열
③ 잠열 ④ 반응열

해설 잠열
- 물 → 수증기 : 539kcal/kg
- 얼음 → 얼음물 : 80kcal/kg

23 다음 중 포화액과 포화증기의 비엔트로피 변화에 대한 설명으로 옳은 것은?

① 온도가 올라가면 포화액의 비엔트로피는 감소하고 포화증기의 비엔트로피는 증가한다.
② 온도가 올라가면 포화액의 비엔트로피는 증가하고 포화증기의 비엔트로피는 감소한다.
③ 온도가 올라가면 포화액과 포화증기의 비엔트로피는 감소한다.
④ 온도가 올라가면 포화액과 포화증기의 비엔트로피는 증가한다.

해설 포화액 등 온도나 압력이 증가하면 엔트로피(kJ/kg·K)가 증가한다.

24 다음 중 과열증기(Superheated Steam)의 상태가 아닌 것은?

① 주어진 압력에서 포화증기 온도보다 높은 온도
② 주어진 비체적에서 포화증기 압력보다 높은 압력
③ 주어진 온도에서 포화증기 비체적보다 낮은 비체적
④ 주어진 온도에서 포화증기 엔탈피보다 높은 엔탈피

해설 과열증기 발생
포화수 → 습포화증기 → 건포화증기 → (온도상승), (압력 일정) → 과열증기(포화증기보다 엔탈피가 크다)
※ 포화증기, 과열증기는 주어진 동일 온도에서는 비체적(m^3/kg)이 동일하다.

25 400K, 1MPa의 이상기체 1kmol이 700K, 1MPa로 정압팽창할 때 엔트로피 변화는 약 몇 kJ/K인가? (단, 정압비열은 28kJ/kmol·K이다.)

① 15.7 ② 19.4
③ 24.3 ④ 39.4

해설
- 400K → 700K
- 1MPa → 1MPa

엔트로피 변화(ΔS) $= \dfrac{\delta Q}{T} = \dfrac{GC_p dT}{T}$ (kJ/K)
$= GC_P \ln \dfrac{T_2}{T_1} = 1 \times 28 \times \ln\left(\dfrac{700}{400}\right)$
$= 15.7 \text{kJ/K}$

26 체적이 일정한 용기에 400kPa의 공기 1kg이 들어 있다. 용기에 달린 밸브를 열고 압력이 300kPa이 될 때까지 대기 속으로 공기를 방출하였다. 용기 내의 공기가 가역단열변화라면 용기에 남아 있는 공기의 질량은 약 몇 kg인가?(단, 공기의 비열비는 1.4이다.)

① 0.614 ② 0.714
③ 0.814 ④ 0.914

해설

용기 1kg 400kPa → 300kPa, $k=1.4$

잔류질량(m') $= m \times \left(\dfrac{P_2}{P_2}\right)^{\frac{1}{k}} = 1 \times \left(\dfrac{300}{400}\right)^{\frac{1}{1.4}} = 0.814 \text{kg}$

21. ② 22. ③ 23. ② 24. ③ 25. ① 26. ③ | ANSWER

27 다음 중 이상기체에 대한 식으로 옳은 것은?(단, 각 기호에 대한 설명은 아래와 같다.)

- u : 단위질량당 내부에너지
- h : 비엔탈피
- T : 온도
- R : 기체상수
- P : 압력
- v : 비체적
- k : 비열비
- C_v : 정적비열
- C_P : 정압비열

① $\dfrac{du}{dT} - \dfrac{dh}{dT} = R$ ② $h = u + \dfrac{Pv}{RT}$

③ $C_v = \dfrac{R}{k-1}$ ④ $C_P = \dfrac{kC_v}{k-1}$

해설 $C_v = \dfrac{R}{k-1}$, $C_P = \dfrac{k}{k-1}R$

∴ $C_P - C_v = R$

28 밀폐된 피스톤-실린더 장치 안에 들어 있는 기체가 팽창을 하면서 일을 한다. 압력 P(MPa)와 부피 V(L)의 관계가 아래와 같을 때, 내부에 있는 기체의 부피가 5L에서 두 배로 팽창하는 경우 이 장치가 외부에 한 일은 약 몇 kJ인가?(단, a=3MPa/L², b=2 MPa/L, c=1MPa)

$$P = 5(aV^2 + bV + c)$$

① 4,175 ② 4,375
③ 4,575 ④ 4,775

해설 밀폐계의 일=절대일

$\delta W = PdV$

$_1W_2 = \int_1^2 PdV = \int_1^2 5(aV^2 + bV + c)dV$

$= \int_5^{10} 5(3V^2 + 2V + 1)dV = \int_5^{10}(15V^2 + 10V + 5)dV$

$= 5[V^3]_5^{10} + 5[V^2]_5^{10} + 5[V]_5^{10}$

$= 5(1,000 - 125) + 5(100 - 25) + 5(10 - 5) = 4,775\text{kJ}$

29 다음 중 열역학 제2법칙에 대한 설명으로 틀린 것은?
① 에너지 보존에 대한 법칙이다.
② 제2종 영구기관은 존재할 수 없다.
③ 고립계에서 엔트로피는 감소하지 않는다.
④ 열은 외부 동력 없이 저온체에서 고온체로 이동할 수 없다.

해설 열역학 제1법칙(에너지 보존의 법칙)

$Q = AW$, $A = \dfrac{1}{427}\text{kcal/kg}\cdot\text{m}$

$Q = \Delta U + AW$, $W = \dfrac{1}{A}Q = JQ$

열의 일당량(J) = $\dfrac{1}{A} = 427\text{kg}\cdot\text{m/kcal}$

30 이상기체의 단위질량당 내부에너지 u, 비엔탈피 h, 비엔트로피 s에 관한 다음의 관계식 중에서 모두 옳은 것은?(단, T는 온도, p는 압력, v는 비체적을 나타낸다.)

① $Tds = du - vdp$, $Tds = dh - pdv$
② $Tds = du + pdv$, $Tds = dh - vdp$
③ $Tds = du - vdp$, $Tds = dh + pdv$
④ $Tds = du + pdv$, $Tds = dh + vdp$

해설 Maxwell의 관계식
비엔트로피(kJ/kg·K) s에 대하여
$Tds = du + pdv = dh - vdp$
$du = Tds - pdv$
$dh = Tds + vdp$

31 폴리트로픽 과정에서의 지수(Polytropic Index)가 비열비와 같을 때의 변화는?
① 정적변화 ② 가역단열변화
③ 등온변화 ④ 등압변화

해설 폴리트로픽 지수(n), 폴리트로픽 비열(C_n)

상태변화	n	C_n
정압변화	0	C_p
등온변화	1	∞
단열변화	k	0
정적변화	∞	C_v

※ 지수가 비열비(k)와 같을 때는 가역단열변화이다.

32 체적 0.4m³인 단단한 용기 안에 100℃의 물 2kg이 들어 있다. 이 물의 건도는 얼마인가?(단, 100℃의 물에 대해 포화수 비체적 v_f=0.00104m³/kg, 건포화증기 비체적 v_g=1.672m³/kg이다.)

① 11.9% ② 10.4%
③ 9.9% ④ 8.4%

ANSWER | 27. ③ 28. ④ 29. ① 30. ② 31. ② 32. ①

해설 $V = V' + x(V'' - V')$, 건도$(x) = \dfrac{V - V'}{V'' - V'}$

비체적$(V) = \dfrac{V}{G} = \dfrac{0.4}{2} = 0.2 \text{m}^3/\text{kg}$

∴ 건도$(x) = \dfrac{0.2 - 0.00104}{1.672 - 0.00104} \times 100 = 11.9\%$

33 그림과 같은 브레이턴 사이클에서 열효율(η)은?(단, P는 압력, v는 비체적이며, T_1, T_2, T_3, T_4는 각각의 지점에서의 온도이다. 또한 q_{in}과 q_{out}은 사이클에서 열이 들어오고 나감을 의미한다.)

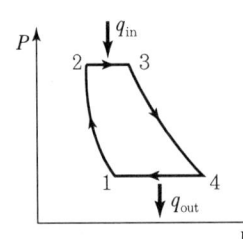

① $\eta = 1 - \dfrac{T_3 - T_2}{T_4 - T_1}$ ② $\eta = 1 - \dfrac{T_1 - T_2}{T_3 - T_4}$

③ $\eta = 1 - \dfrac{T_4 - T_1}{T_3 - T_2}$ ④ $\eta = 1 - \dfrac{T_3 - T_4}{T_1 - T_2}$

해설 가스터빈 브레이턴 사이클

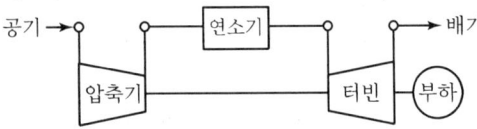

- 1 → 2 : 단열압축(압축기)
- 2 → 3 : 정압가열(연소기)
- 3 → 4 : 단열팽창(터빈)
- 4 → 1 : 정압방열

∴ 열효율$(\eta_B) = 1 - \dfrac{q_2}{q_1} = 1 - \dfrac{T_4 - T_1}{T_3 - T_2} = 1 - \left(\dfrac{1}{\gamma}\right)^{\frac{k-1}{k}}$

34 역카르노 사이클로 작동하는 냉동 사이클이 있다. 저온부가 -10℃, 고온부가 40℃로 유지되는 상태를 A상태라고 하고, 저온부가 0℃, 고온부가 50℃로 유지되는 상태를 B상태라 할 때, 성능계수는 어느 상태의 냉동 사이클이 얼마나 더 높은가?

① A상태의 사이클이 0.8만큼 더 높다.
② A상태의 사이클이 0.2만큼 더 높다.
③ B상태의 사이클이 0.8만큼 더 높다.
④ B상태의 사이클이 0.2만큼 더 높다.

해설 A(T_1)상태 : -10℃(263K), 40℃(313K)
B(T_2)상태 : 0℃(273K), 50℃(323K)

∴ $COP = \dfrac{T_2}{T_1 - T_2} = 1 - \dfrac{40}{50} = 0.2$

또는, $\left(\dfrac{273}{323 - 273}\right) - \left(\dfrac{263}{313 - 263}\right) = 5.46 - 5.26 = 0.2$

35 가솔린 기관의 이상표준 사이클인 오토 사이클(Otto Cycle)에 대한 설명 중 옳은 것을 모두 고른 것은?

ㄱ. 압축비가 증가할수록 열효율이 증가한다.
ㄴ. 가열과정은 일정한 체적하에서 이루어진다.
ㄷ. 팽창과정은 단열상태에서 이루어진다.

① ㄱ, ㄴ   ② ㄱ, ㄷ
③ ㄴ, ㄷ   ④ ㄱ, ㄴ, ㄷ

해설 오토 사이클(공기표준 사이클)
전기 점화기관의 이상 사이클로서 동적 사이클이다.

- 1 → 2 : 단열압축
- 2 → 3 : 등적가열
- 3 → 4 : 단열팽창
- 4 → 1 : 등적방열

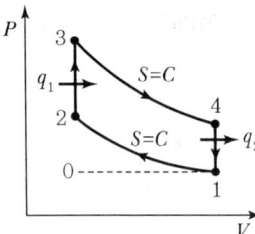

36 다음과 같은 특징이 있는 냉매의 종류는?

- 냉동창고 등 저온용으로 사용
- 산업용의 대용량 냉동기에 널리 사용
- 아연 등을 침식시킬 우려가 있음
- 연소성과 폭발성이 있음

① R-12   ② R-22
③ R-134a   ④ NH_3

해설 암모니아(NH_3) 냉매
- 가연성 가스이다.
- 아연(Zn) 등을 침식시킨다.
- 폭발범위 : 15~28%

33. ③ 34. ④ 35. ④ 36. ④ | ANSWER

37 압축기에서 냉매의 단위질량당 압축하는 데 요구되는 에너지가 200kJ/kg일 때, 냉동기에서 냉동능력 1kW당 냉매의 순환량은 약 몇 kg/h인가?(단, 냉동기의 성능계수는 5.0이다.)

① 1.8   ② 3.6
③ 5.0   ④ 20.0

해설 1kWh = 3,600kJ
증발량 = 200×5 = 1,000kJ/h
∴ 냉매순환량(G) = $\dfrac{냉동능력}{증발량}$ = $\dfrac{3,600}{1,000}$ = 3.6kg/h

38 40m³의 실내에 있는 공기의 질량은 약 몇 kg인가? (단, 공기의 압력은 100kPa, 온도는 27℃이며, 공기의 기체상수는 0.287kJ/kg·K이다.)

① 93   ② 46
③ 10   ④ 2

해설 $PV = GRT$
∴ 질량(G) = $\dfrac{PV}{RT}$ = $\dfrac{100 \times 40}{0.287 \times (27+273)}$ = 46.45kg

39 동일한 최고 온도, 최저 온도 사이에 작동하는 사이클 중 최대의 효율을 나타내는 사이클은?

① 오토 사이클   ② 디젤 사이클
③ 카르노 사이클   ④ 브레이턴 사이클

해설 카르노 사이클
완전가스를 작업물체로 하는 이상적인 사이클로서 2개의 등온변화, 2개의 단열변화로 이루어진다. 사이클 중 최대의 효율을 나타낸다.
- 1 → 2 : 등온팽창
- 2 → 3 : 단열팽창
- 3 → 4 : 등온압축
- 4 → 1 : 단열압축

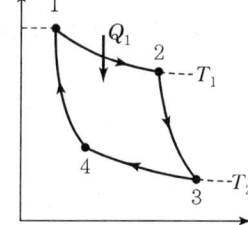

40 랭킨(Rankine) 사이클에서 응축기의 압력을 낮출 때 나타나는 현상으로 옳은 것은?

① 이론열효율이 낮아진다.
② 터빈 출구의 증기건도가 낮아진다.
③ 응축기의 포화온도가 높아진다.
④ 응축기 내의 절대압력이 증가한다.

해설 랭킨 사이클에서 보일러압력이 높아지면 터빈에서 나오는 증기의 습도가 감소한다. 다만, 터빈의 출구에서 온도를 낮게 하면 터빈깃을 부식시키고 열효율이 감소된다.
※ 복수기(응축기 : 정압방열) 압력을 낮추면 열효율 증가, 증기건도는 터빈에서 높아진다.

SECTION 03 계측방법

41 다음 가스분석법 중 흡수식인 것은?

① 오르자트법   ② 밀도법
③ 자기법   ④ 음향법

해설 흡수식 가스분석
오르자트법, 헴펠법, 자동화학식, 게겔법

42 상온, 1기압에서 공기유속을 피토관으로 측정할 때 동압이 100mmAq이면 유속은 약 몇 m/s인가?(단, 공기의 밀도는 1.3kg/m³이다.)

① 3.2   ② 13.2
③ 38.8   ④ 50.5

해설 $V = \sqrt{2g\left(\dfrac{\rho_1 - \rho}{\gamma}\right)h}$
여기서, h = 100mm = 0.1m, Aq 밀도 = 1,000kg/m³
∴ $V = \sqrt{2 \times 9.8 \left(\dfrac{1,000 - 1.3}{1.3}\right) \times 0.1}$ = 38.8m/s

43 유량 측정에 쓰이는 탭(Tap) 방식이 아닌 것은?

① 베나 탭   ② 코너 탭
③ 압력 탭   ④ 플랜지 탭

ANSWER | 37. ② 38. ② 39. ③ 40. ② 41. ① 42. ③ 43. ③

해설 오리피스 차압식 유량계 탭
베나 탭, 코너 탭, 플랜지 탭

44 보일러의 자동제어에서 제어장치의 명칭과 제어량의 연결이 잘못된 것은?

① 자동연소 제어장치 – 증기압력
② 자동급수 제어장치 – 보일러 수위
③ 과열증기온도 제어장치 – 증기온도
④ 캐스케이드 제어장치 – 노 내 압력

해설 캐스케이드 제어(Cascade Control) : 측정제어
- 2개의 제어계 조합
- 1차 제어는 제어량 측정, 2차 제어는 제어량 조절

45 측정하고자 하는 상태량과 독립적 크기를 조정할 수 있는 기준량과 비교하여 측정, 계측하는 방법은?

① 보상법
② 편위법
③ 치환법
④ 영위법

해설
- 편위법 : 측정량이 원인이 되어 그 직접적인 결과로 생기는 지시로부터 측정량을 아는 방법이다. 정밀도는 낮으나 조작이 간단하다.
- 보상법 : 측정량과 거의 같은 미리 알고 있는 양을 준비하여 측정량과 그 미리 알고 있는 양의 차이로 측정량을 알아낸다.
- 치환법 : 지시량과 미리 알고 있는 양으로부터 측정량을 알아내는 방법이다.

46 다음 비례적분 동작에 대한 설명에서 ( ) 안에 들어갈 알맞은 용어는?

비례 동작에 발생하는 ( )을(를) 제거하기 위해 적분 동작과 결합한 제어

① 오프셋
② 빠른 응답
③ 지연
④ 외란

해설 비례적분(PI) 동작
오프셋(편차)을 제거하는 동작이다.

47 안지름 1,000mm의 원통형 물탱크에서 안지름 150mm인 파이프로 물을 수송할 때 파이프의 평균 유속이 3m/s이었다. 이때 유량(Q)과 물탱크 속의 수면이 내려가는 속도(V)는 약 얼마인가?

① $Q=0.053\text{m}^3/\text{s}$, $V=6.75\text{cm/s}$
② $Q=0.831\text{m}^3/\text{s}$, $V=6.75\text{cm/s}$
③ $Q=0.053\text{m}^3/\text{s}$, $V=8.31\text{cm/s}$
④ $Q=0.831\text{m}^3/\text{s}$, $V=8.31\text{cm/s}$

해설 원통형 물탱크 내용적(V) $= \dfrac{\pi}{6}D^3 = \dfrac{3.14}{6}\times 1^3$
$= 0.5233\text{m}^3$

물수송량(Q) $= A\times V = \dfrac{\pi}{4}d^2 \times V$
$= \dfrac{3.14}{4}\times 0.15^2 \times 3 = 0.053\text{m}^3/\text{s}$

$Q = \dfrac{\pi}{4}d^2 \times V_\text{하} = \dfrac{\pi}{4}\times (1\text{m})^2 \times V_\text{하}$

(유속) $V_\text{하} = \dfrac{4Q}{\pi} = \dfrac{4\times 0.053}{\pi} = 0.06748\text{m/s} ≒ 6.75\text{cm/s}$

48 램, 실린더, 기름탱크, 가압펌프 등으로 구성되어 있으며 탄성식 압력계의 일반교정용으로 주로 사용되는 압력계는?

① 분동식 압력계
② 격막식 압력계
③ 침종식 압력계
④ 벨로스식 압력계

해설 분동식 압력계
- 탄성식 2차 압력계 교정용
- 압력계 구성은 램, 실린더, 기름탱크, 가압펌프 등
- 측정범위는 기름에 따라 다르며 0.2~400MPa 정도 측정이 가능하다.

49 다음 측정 관련 용어에 대한 설명으로 틀린 것은?

① 측정량 : 측정하고자 하는 양
② 값 : 양의 크기를 함께 표현하는 수와 기준
③ 제어편차 : 목표치에 제어량을 더한 값
④ 양 : 수와 기준으로 표시할 수 있는 크기를 갖는 현상이나 물체 또는 물질의 성질

해설 제어편차
목표치에서 제어량을 뺀 값이다.

44. ④ 45. ④ 46. ① 47. ① 48. ① 49. ③ | ANSWER

50 부자식(Float) 면적유량계에 대한 설명으로 틀린 것은?

① 압력손실이 적다.
② 정밀측정에는 부적합하다.
③ 대유량의 측정에 적합하다.
④ 수직배관에만 적용이 가능하다.

해설 면적식 부자식 유량계
테이퍼관을 사용하며, 일반적으로 소유량 측정에 용이하다. 부자는 상류와 하류의 차압에 의해
$P = P_1 - P_2 = C \times \dfrac{1}{2}\rho V^2$
여기서, C : 보정계수, ρ : 밀도, V : 유속
$Q = (S - S_o) \times \sqrt{\dfrac{2P}{C \cdot \rho}} = (S - S_o)\sqrt{\dfrac{2W}{C \cdot \rho \cdot S_o}}$
여기서, S : 횡단면적
S_o : 부자의 유효횡단면적
W : 부자의 중량에서 유체에 의한 부력을 뺀 값

51 액주식 압력계에 필요한 액체의 조건으로 틀린 것은?

① 점성이 클 것
② 열팽창계수가 작을 것
③ 성분이 일정할 것
④ 모세관현상이 작을 것

해설 액주식 압력계에서 액체(물, 수은 등)의 조건은 점성이 적을 것

52 서미스터의 재질로서 적합하지 않은 것은?

① Ni
② Co
③ Mn
④ Pb

해설 서미스터 저항온도계 재질은 ①, ②, ③ 외 철(Fe), 구리(Cu) 등이 있다.

53 저항식 습도계의 특징으로 틀린 것은?

① 저온도의 측정이 가능하다.
② 응답이 늦고 정밀도가 좋지 않다.
③ 연속기록, 원격측정, 자동제어에 이용된다.
④ 교류전압에 의하여 저항치를 측정하여 상대습도를 표시한다.

해설 전기저항식 습도계 특징은 ①, ③, ④ 외에도 응답이 빠르고 온도계수가 크며 경년변화가 있는 결점이 있다.

54 가스미터의 표준기로도 이용되는 가스미터의 형식은?

① 오벌형
② 드럼형
③ 다이어프램형
④ 로터리 피스톤형

해설 가스미터 표준기
습식형이며 대표적으로 드럼형을 많이 이용한다.

55 물체의 온도를 측정하는 방사고온계에서 이용하는 원리는?

① 제백 효과
② 필터 효과
③ 윈-프랑크의 법칙
④ 슈테판-볼츠만의 법칙

해설 방사고온계는 슈테판-볼츠만의 법칙을 이용하며 측정범위는 50~3,000℃이다.
방사에너지$(Q) = 4.88 \times \varepsilon \left(\dfrac{T}{100}\right)^4 (\text{kcal/m}^2 \cdot \text{h})$
여기서, ε : 방사율

56 자동제어의 특성에 대한 설명으로 틀린 것은?

① 작업능률이 향상된다.
② 작업에 따른 위험 부담이 감소된다.
③ 인건비는 증가하나 시간이 절약된다.
④ 원료나 연료를 경제적으로 운영할 수 있다.

해설 자동제어는 인건비가 감소하고 시간이 절약되며 그 외에도 ①, ②, ④의 특성을 지닌다.

57 1,000℃ 이상인 고온의 노 내 온도측정을 위해 사용되는 온도계로 가장 적합하지 않은 것은?

① 제겔콘(Seger Cone) 온도계
② 백금저항온도계
③ 방사온도계
④ 광고온계

해설
① 제겔콘 온도계 : 1,580~2,000℃(또는 600~2,000℃)
② 백금저항온도계 : -200~500℃
③ 방사온도계 : 50~3,000℃
④ 광고온계 : 700~3,000℃

ANSWER | 50. ③ 51. ① 52. ④ 53. ② 54. ② 55. ④ 56. ③ 57. ②

58 내열성이 우수하고 산화분위기 중에서도 강하며, 가장 높은 온도까지 측정이 가능한 열전대의 종류는?

① 구리-콘스탄탄
② 철-콘스탄탄
③ 크로멜-알루멜
④ 백금-백금·로듐

해설 열전대 온도계의 측정범위
① 구리-콘스탄탄 : -200~350℃(300℃ 이상이면 산화분위기에 약하다)
② 철-콘스탄탄 : -200~800℃(산화분위기에 약하다)
③ 크로멜-알루멜 : 0~1,200℃(환원분위기에 강하다)
④ 백금-백금·로듐 : 0~1,600℃(산화분위기에 강하다)

59 열전대 온도계에 대한 설명으로 틀린 것은?

① 보호관 선택 및 유지관리에 주의한다.
② 단자의 (+)와 보상도선의 (-)를 결선해야 한다.
③ 주위의 고온체로부터 복사열의 영향으로 인한 오차가 생기지 않도록 주의해야 한다.
④ 열전대는 측정하고자 하는 곳에 정확히 삽입하여 삽입한 구멍을 통하여 냉기가 들어가지 않게 한다.

해설 보호관부 단자 이음
• 단자의 ⊕와 보상도선의 ⊕를 결선
• 단자의 ⊖와 보상도선의 ⊖를 결선

60 압력센서인 스트레인 게이지의 응용원리로 옳은 것은?

① 온도의 변화
② 전압의 변화
③ 저항의 변화
④ 금속선의 굵기 변화

해설 전기식 압력계
• 전기저항식 : 전기저항 이용
• 압전기식(피에조식 압력계) : 전기기전력 이용
• 자기 스트레인 게이지 : 전기저항 이용

SECTION 04 열설비재료 및 관계법규

61 다음 중 중성 내화물에 속하는 것은?

① 납석질 내화물   ② 고알루미나질 내화물
③ 반규석질 내화물 ④ 샤모트질 내화물

해설 산성 내화물
• 규석질 내화물   • 반규석질 내화물
• 납석질 내화물   • 샤모트질 내화물

62 에너지이용 합리화법령상 검사대상기기에 대한 검사의 종류가 아닌 것은?

① 계속사용검사   ② 개방검사
③ 개조검사   ④ 설치장소 변경검사

해설 검사의 종류(에너지이용 합리화법 시행규칙 별표 3의4)
• 제조검사 : 용접검사, 구조검사
• 설치검사
• 개조검사
• 설치장소 변경검사
• 재사용검사
• 계속사용검사 : 안전검사, 운전성능검사

63 에너지이용 합리화법령상 규정된 특정열사용기자재 품목이 아닌 것은?

① 축열식 전기보일러   ② 태양열 집열기
③ 철금속 가열기   ④ 용광로

해설 요로
• 금속요로(용광로, 재강로 등)
• 요업요로

64 회전가마(Rotary Kiln)에 대한 설명으로 틀린 것은?

① 일반적으로 시멘트, 석회석 등의 소성에 사용된다.
② 온도에 따라 소성대, 가소대, 예열대, 건조대 등으로 구분된다.
③ 소성대에는 황산염이 함유된 클링커가 용융되어 내화벽돌을 침식시킨다.
④ 시멘트 클링커의 제조방법에 따라 건식법, 습식법, 반건식법으로 분류된다.

58. ④ 59. ② 60. ③ 61. ② 62. ② 63. ④ 64. ③ | ANSWER

해설 시멘트 제조용 가마 : 직접가열식, 간접가열식, 회전용융형
- 건식가마(회전가마) : 긴가마, 짧은가마
- 긴가마(건조대, 예열대, 소성대)

65 에너지이용 합리화법령상 검사대상기기관리자를 해임한 경우 한국에너지공단이사장에게 그 사유가 발생한 날부터 신고해야 하는 기간은 며칠 이내인가? (단, 국방부장관이 관장하고 있는 검사대상기기관리자는 제외한다.)
① 7일 ② 10일
③ 20일 ④ 30일

해설 검사대상기기관리자의 해임, 선임, 퇴직의 경우 그 사유가 발생한 날로부터 30일 이내에 한국에너지공단에 신고하여야 한다.

66 강관이음방법이 아닌 것은?
① 나사이음 ② 용접이음
③ 플랜지이음 ④ 플레어이음

해설 동관의 이음
- 플레어이음(압축이음)
- 용접접합
- 분기관접합

67 다이어프램 밸브(Diaphragm Valve)의 특징이 아닌 것은?
① 유체의 흐름이 주는 영향이 비교적 적다.
② 기밀을 유지하기 위한 패킹이 불필요하다.
③ 주된 용도가 유체의 역류를 방지하기 위한 것이다.
④ 산 등의 화학약품을 차단하는 데 사용하는 밸브이다.

해설 체크밸브(역류방지밸브)
- 리프트식
- 스윙식
- 디스크식

68 연속가마, 반연속가마, 불연속가마의 구분방식은 어떤 것인가?
① 온도상승속도 ② 사용목적
③ 조업방식 ④ 전열방식

해설 조업방식의 요의 구분(가마구분)
- 연속가마
- 반연속가마
- 불연속가마

69 다음 보온재 중 최고안전사용온도가 가장 낮은 것은?
① 유리섬유 ② 규조토
③ 우레탄폼 ④ 펄라이트

해설 최고안전사용온도
① 유리섬유 : 300℃ 이하
② 규조토 : 500℃ 이하
③ 우레탄폼 : 80℃ 이하
④ 펄라이트 : 1,100℃ 이하

70 윤요(Ring Kiln)에 대한 일반적인 설명으로 옳은 것은?
① 종이 칸막이가 있다.
② 열효율이 나쁘다.
③ 소성이 균일하다.
④ 석회소성용으로 사용된다.

해설 윤요의 특징
- 고리가마이다(종이 칸막이가 있다).
- 열효율이 높다.
- 내화벽 등의 소성용으로 사용된다.
- 소성이 균일하지 못하다.

71 에너지이용 합리화법령상 에너지절약전문기업의 사업이 아닌 것은?
① 에너지사용시설의 에너지절약을 위한 관리·용역사업
② 에너지절약형 시설투자에 관한 사업
③ 신에너지 및 재생에너지원의 개발 및 보급사업
④ 에너지절약 활동 및 성과에 대한 금융상·세제상의 지원

해설 에너지절약 활동 및 성과에 대한 금융상·세제상의 지원은 정부에서 한다.

72 에너지이용 합리화법령상 검사대상기기의 계속사용검사 유효기간 만료일이 9월 1일 이후인 경우 계속사용검사를 연기할 수 있는 기간기준은 몇 개월 이내인가?

① 2개월 ② 4개월
③ 6개월 ④ 10개월

해설 검사연기
- 9월 1일 이전 연기 : 연말까지
- 9월 1일 이후 : 4개월 이내

73 에너지이용 합리화법에 따라 에너지이용 합리화에 관한 기본계획 사항에 포함되지 않는 것은?

① 에너지절약형 경제구조로의 전환
② 에너지이용 합리화를 위한 기술개발
③ 열사용기자재의 안전관리
④ 국가에너지정책목표를 달성하기 위하여 대통령령으로 정하는 사항

해설 에너지이용법에서 에너지이용 합리화법 기본계획(제4조 관련)
①, ②, ③ 외 에너지원 간 대체, 에너지이용 효율의 증대, 에너지이용 합리화를 위한 홍보 및 교육, 그 밖에 에너지이용 합리화를 추진하기 위해 필요한 사항으로서 산업통상자원부령으로 정하는 사업

74 에너지이용 합리화법령상 시공업자단체에 대한 설명으로 틀린 것은?

① 시공업자는 산업통상자원부장관의 인가를 받아 시공업자단체를 설립할 수 있다.
② 시공업자단체는 개인으로 한다.
③ 시공업자는 시공업자단체에 가입할 수 있다.
④ 시공업자단체는 시공업에 관한 사항을 정부에 건의할 수 있다.

해설 에너지이용 합리화법 제41조에서 시공업자단체의 설립은 법인으로 하여야 한다.

75 에너지이용 합리화법령상 검사대상기기에 해당되지 않는 것은?

① 2종 관류보일러
② 정격용량이 1.2MW인 철금속가열로
③ 도시가스 사용량이 300kW인 소형온수보일러
④ 최고사용압력이 0.3MPa, 내부 부피가 0.04m^3인 2종 압력용기

해설 전열면적 5m^2 이하, 최고사용압력 0.1MPa 이하나 최고사용압력 1MPa 이하, 전열면적 5m^2 이하 관류보일러(제2종)는 검사대상기기에서 제외한다.

76 두께 230mm의 내화벽돌이 있다. 내면의 온도가 320℃이고 외면의 온도가 150℃일 때 이 벽면 10m^2에서 손실되는 열량(W)은?(단, 내화벽돌의 열전도율은 0.96W/m·℃이다.)

① 710 ② 1,632
③ 7,096 ④ 14,391

해설 열량손실(Q) = 면적 × 열관류율 × 온도차
$$= \frac{면적 × 열전도율 × 온도차}{벽체두께}$$
$$= \frac{10 × 0.96 × (320-150)}{0.23}$$
$$= 7,096W$$
※ 230mm = 0.23m

77 에너지법령상 에너지원별 에너지열량 환산기준으로 총발열량이 가장 낮은 연료는?(단, 1L 기준이다.)

① 윤활유 ② 항공유
③ B-C유 ④ 휘발유

해설 연료의 고위(총)발열량
① 윤활유 : 9,550kcal/L
② 항공유 : 8,720kcal/L
③ B-C유 : 9,960kcal/L
④ 휘발유 : 7,810kcal/L

72. ② 73. ④ 74. ② 75. ① 76. ③ 77. ④ | ANSWER

78 보온재의 구비조건으로 가장 거리가 먼 것은?

① 밀도가 작을 것
② 열전도율이 작을 것
③ 재료가 부드러울 것
④ 내열, 내약품성이 있을 것

해설 보온재는 부드러운 것보다는 어느 정도 강도가 있어야 한다. 기타 ①, ②, ④의 특성이 요구된다.

79 에너지이용 합리화법령상 연간 에너지사용량이 20만 티오이 이상인 에너지다소비사업자의 사업장이 받아야 하는 에너지진단 주기는 몇 년인가?(단, 에너지진단은 전체진단이다.)

① 3   ② 4
③ 5   ④ 6

해설 20만 티오이 이상 에너지다소비사업자의 에너지진단 전체 진단 주기는 5년이다. 단, 부분진단은 3년마다 실시한다.

80 감압밸브에 대한 설명으로 틀린 것은?

① 작동방식에는 직동식과 파일럿식이 있다.
② 증기용 감압밸브의 유입측에는 안전밸브를 설치하여야 한다.
③ 감압밸브를 설치할 때는 직관부를 호칭경의 10배 이상으로 하는 것이 좋다.
④ 감압밸브를 2단으로 설치할 경우에는 1단의 설정 압력을 2단보다 높게 하는 것이 좋다.

해설 감압밸브 안전밸브 위치 선정

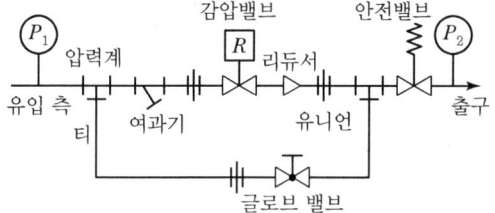

SECTION 05 열설비설계

81 epm(equivalents per million)에 대한 설명으로 옳은 것은?

① 물 1L에 함유되어 있는 불순물의 양을 mg으로 나타낸 것
② 물 1톤에 함유되어 있는 불순물의 양을 mg으로 나타낸 것
③ 물 1L 중에 용해되어 있는 물질을 mg당량수로 나타낸 것
④ 물 1gallon 중에 함유된 grain의 양을 나타낸 것

해설
- ppm(mg/kg, g/ton) : 100만분율
- ppb(mg/ton) : 10억분율
- epm(meq/L) : 100만 단위 중량당량 중 1
- 탁도 : 증류수 1L 중 카올린 1mg 함유

82 증기트랩장치에 관한 설명으로 옳은 것은?

① 증기관의 도중이나 상단에 설치하여 압력의 급상승 또는 급히 물이 들어가는 경우 다른 곳으로 빼내는 장치이다.
② 증기관의 도중이나 말단에 설치하여 증기의 일부가 응축되어 고여 있을 때 자동적으로 빼내는 장치이다.
③ 보일러 동에 설치하여 드레인을 빼내는 장치이다.
④ 증기관의 도중이나 말단에 설치하여 증기를 함유한 침전물을 분리시키는 장치이다.

해설
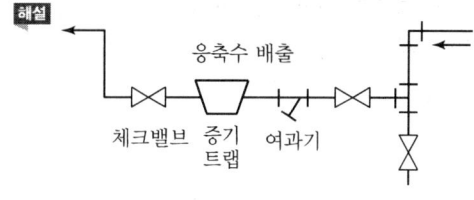

83 저온부식의 방지방법이 아닌 것은?
① 과잉공기를 적게 하여 연소한다.
② 발열량이 높은 황분을 사용한다.
③ 연료첨가제(수산화마그네슘)를 이용하여 노점온도를 낮춘다.
④ 연소 배기가스의 온도가 너무 낮지 않게 한다.

해설 황(S) : 저온부식인자
$S + O_2 \rightarrow SO_2$ (아황산 : 2,500kcal/kg)
$SO_2 + \dfrac{1}{2}O_2 \rightarrow SO_3$
$SO_3 + H_2O \rightarrow H_2SO_4$ (진한 황산 : 저온부식)

84 급수처리에서 양질의 급수를 얻을 수 있으나 비용이 많이 들어 보급수의 양이 적은 보일러 또는 선박보일러에서 해수로부터 청수(Pure Water)를 얻고자 할 때 주로 사용하는 급수처리방법은?
① 증류법　　② 여과법
③ 석회소다법　　④ 이온교환법

해설 급수처리 용존물 처리(화학적 방법)
• 중화법
• 연화법
• 기폭법
• 탈기법
• 증류법 : 양질의 급수를 얻을 수 있으나 비용 부담이 큼

85 보일러 설치·시공기준상 대형보일러를 옥내에 설치할 때 보일러 동체 최상부에서 보일러실 상부에 있는 구조물까지의 거리는 얼마 이상이어야 하는가? (단, 주철제보일러는 제외한다.)
① 60cm　　② 1m
③ 1.2m　　④ 1.5m

해설
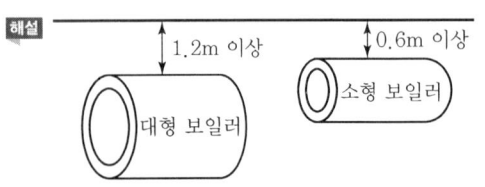

86 보일러에 설치된 과열기의 역할로 틀린 것은?
① 포화증기의 압력증가
② 마찰저항 감소 및 관 내 부식 방지
③ 엔탈피 증가로 증기소비량 감소 효과
④ 과열증기를 만들어 터빈의 효율 증대

해설
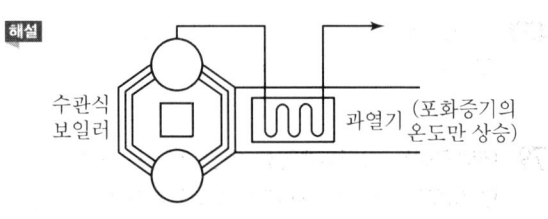

87 지름이 d(cm), 두께가 t(cm)인 얇은 두께의 밀폐된 원통 안에 압력 P(MPa)가 작용할 때 원통에 발생하는 원주방향의 인장응력(MPa)을 구하는 식은?
① $\dfrac{\pi dP}{2t}$　　② $\dfrac{\pi dP}{4t}$
③ $\dfrac{dP}{2t}$　　④ $\dfrac{dP}{4t}$

해설
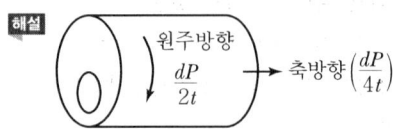

88 일반적으로 리벳이음과 비교할 때 용접이음의 장점으로 옳은 것은?
① 이음효율이 좋다.
② 잔류응력이 발생되지 않는다.
③ 진동에 대한 감쇠력이 높다.
④ 응력집중에 대하여 민감하지 않다.

해설 용접이음 특성
• 이음효율이 좋다.
• 잔류응력이 발생한다.
• 진동에 의한 감쇠력이 약화된다.
• 응력집중에 대하여 민감하다.

89 보일러 설치검사기준에 대한 사항 중 틀린 것은?

① 5t/h 이하의 유류보일러의 배기가스 온도는 정격부하에서 상온과의 차가 300℃ 이하이어야 한다.
② 저수위안전장치는 사고를 방지하기 위해 먼저 연료를 차단한 후 경보를 울리게 해야 한다.
③ 수입보일러의 설치검사의 경우 수압시험은 필요하다.
④ 수압시험 시 공기를 빼고 물을 채운 후 천천히 압력을 가하여 규정된 시험수압에 도달된 후 30분이 경과된 뒤에 검사를 실시하여 검사가 끝날 때까지 그 상태를 유지한다.

해설

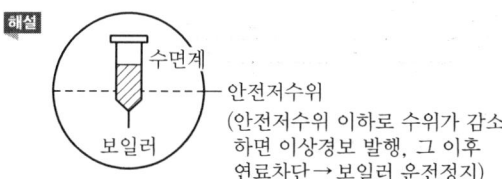

(안전저수위 이하로 수위가 감소하면 이상경보 발생, 그 이후 연료차단→보일러 운전정지)

90 열사용기자재의 검사 및 검사면제에 관한 기준상 보일러 동체의 최소두께로 틀린 것은?

① 안지름이 900mm 이하의 것 : 6mm(단, 스테이를 부착할 경우)
② 안지름이 900mm 초과 1,350mm 이하의 것 : 8mm
③ 안지름이 1,350mm 초과 1,850m 이하의 것 : 10mm
④ 안지름이 1,850mm 초과하는 것 : 12mm

해설 동체의 최소두께 중 안지름이 900mm 이하의 것에서, 스테이를 부착한 경우는 8mm 이상이어야 한다.

91 노통 보일러 중 원통형의 노통이 2개 설치된 보일러를 무엇이라고 하는가?

① 라몬트 보일러   ② 바브콕 보일러
③ 다우섬 보일러   ④ 랭커셔 보일러

해설

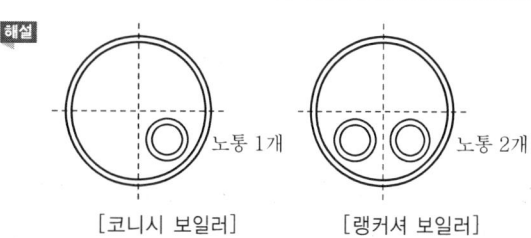

[코니시 보일러]   [랭커셔 보일러]

• 수관식 보일러 : 라몬트, 바브콕
• 열매체 보일러 : 다우섬

92 급수온도 20℃인 보일러에서 증기압력이 1MPa이며 이때 온도 300℃의 증기가 1t/h씩 발생될 때 상당증발량은 약 몇 kg/h인가?(단, 증기압력 1MPa에 대한 300℃의 증기엔탈피는 3,052kJ/kg, 20℃에 대한 급수엔탈피는 83kJ/kg이다.)

① 1,315   ② 1,565
③ 1,895   ④ 2,325

해설 상당증발량(W_e)

$$= \frac{증기발생량 \times (증기엔탈피 - 급수엔탈피)}{2,257}$$

$$= \frac{1 \times 10^3 \times (3,052 - 83)}{2,257} = 1,315 \text{kgf/h}$$

93 전열면에 비등기포가 생겨 열유속이 급격하게 증대하며, 가열면상에 서로 다른 기포의 발생이 나타나는 비등과정을 무엇이라고 하는가?

① 단상액체 자연대류   ② 핵비등
③ 천이비등   ④ 포밍

해설 핵비등
전열면에 비등기포가 생겨 열유속이 급격하게 증대하며 가열면상에 서로 다른 기포의 발생이 나타나는 비등이다.

94 고압증기터빈에서 팽창되어 압력이 저하된 증기를 가열하는 보일러의 부속장치는?

① 재열기   ② 과열기
③ 절탄기   ④ 공기예열기

ANSWER | 89.② 90.① 91.④ 92.① 93.② 94.①

해설 재열기
과열증기가 고압증기터빈에서 팽창되어 압력이 저하된 증기를 재가열하는 부속장치

95 보일러·슬러지 중에 염화마그네슘이 용존되어 있을 경우 180℃ 이상에서 강의 부식을 방지하기 위한 적정 pH는?

① 5.2±0.7 ② 7.2±0.7
③ 9.2±0.7 ④ 11.2±0.7

해설 염화마그네슘($MgCl_2$)의 슬러지가 물속에 용존되어 180℃ 이상에서 강의 부식을 방지하기 위하여 적정한 pH 값은 (11.2±0.7) 정도이다.

96 다음 중 보일러 내처리에 사용하는 pH 조정제가 아닌 것은?

① 수산화나트륨 ② 탄닌
③ 암모니아 ④ 제3인산나트륨

해설 슬러지 조정제
탄닌, 리그린, 전분(녹말)이며 CO_2가 발생하므로 저압보일러에 사용한다.

97 소용량 주철제 보일러에 대한 설명에서 ( ) 안에 들어갈 내용으로 옳은 것은?

> 소용량 주철제 보일러는 주철제 보일러 중 전열면적이 (㉠)m² 이하이고 최고사용압력이 (㉡)MPa 이하인 보일러다.

① ㉠ 4 ㉡ 0.1   ② ㉠ 5 ㉡ 0.1
③ ㉠ 4 ㉡ 0.5   ④ ㉠ 5 ㉡ 0.5

해설 소용량 보일러(강철제, 주철제)의 기준
• 최고사용압력 : 0.1MPa 이하(1kgf/cm²)
• 전열면적 : 5m² 이하

98 외경 30mm, 벽두께 2mm의 관 내측과 외측의 열전달계수는 모두 3,000W/m²·K이다. 관 내부온도가 외부보다 30℃만큼 높고, 관의 열도도율이 100W/m·K일 때 관의 단위길이당 열손실량은 약 몇 W/m인가?

① 2,979 ② 3,324
③ 3,824 ④ 4,174

해설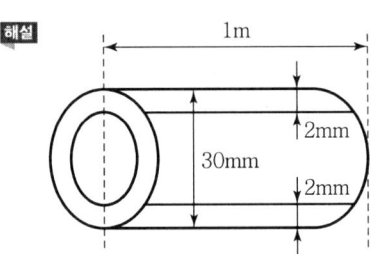

$\Delta t = 30℃$
$\gamma_0 = 3.0mm = 0.03m$
$\gamma = 30 - (2+2) = 26mm(0.026m)$

평균면적$(A) = \pi \left[\dfrac{\gamma_0 - \gamma}{\ln\left(\dfrac{\gamma_0}{\gamma}\right)} \right]$

$= 3.14 \times \left[\dfrac{0.03 - 0.026}{\ln\left(\dfrac{0.03}{0.026}\right)} \right] \times 1 = 0.0877 m^2$

손실열량$(Q) = \dfrac{A \times \Delta t}{\dfrac{1}{a_1} + \dfrac{b}{\lambda} + \dfrac{1}{a_2}}$

$= \left(\dfrac{0.0877 \times 30}{\dfrac{1}{3,000} + \dfrac{0.002}{100} + \dfrac{1}{3,000}} \right) \times 1$

$= 3,824 W/m$

99 다음 그림과 같은 V형 용접이음의 인장응력(σ)을 구하는 식은?

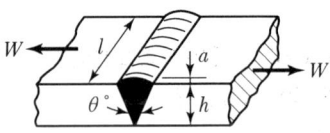

① $\sigma = \dfrac{W}{hl}$ ② $\sigma = \dfrac{2W}{hl}$
③ $\sigma = \dfrac{W}{ha}$ ④ $\sigma = \dfrac{W}{2hl}$

해설 V형 맞대기 용접이음의 인장응력(σ)
$$\sigma = \left(\frac{W}{h \cdot l}\right) = \frac{하중}{두께 \times 길이}$$

100 대향류 열교환기에서 고온 유체의 온도는 T_{H1}에서 T_{H2}로, 저온 유체의 온도는 T_{C1}에서 T_{C2}로 열교환에 의해 변화된다. 열교환기의 대수평균온도차(LMTD)를 옳게 나타낸 것은?

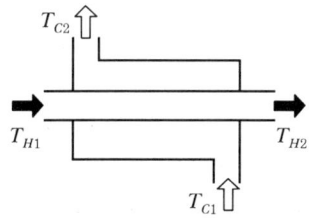

① $\dfrac{T_{H1} - T_{H2} + T_{C2} - T_{C1}}{\ln\left(\dfrac{T_{H1} - T_{C1}}{T_{H2} - T_{C2}}\right)}$

② $\dfrac{T_{H1} + T_{H2} - T_{C1} - T_{C2}}{\ln\left(\dfrac{T_{H1} - T_{H2}}{T_{C2} - T_{C1}}\right)}$

③ $\dfrac{T_{H2} - T_{H1} + T_{C2} - T_{C1}}{\ln\left(\dfrac{T_{H1} - T_{C2}}{T_{H2} - T_{C1}}\right)}$

④ $\dfrac{T_{H1} - T_{H2} + T_{C1} - T_{C2}}{\ln\left(\dfrac{T_{H1} - T_{C2}}{T_{H2} - T_{C1}}\right)}$

해설 대향류형 열교환기(LMTD)
$$= \frac{(T_{H1} - T_{H2}) + (T_{C1} - T_{C2})}{\ln\left(\dfrac{T_{H1} - T_{C2}}{T_{H2} - T_{C1}}\right)}(℃)$$

$$LMTD = \frac{\Delta t_1 - \Delta t_2}{\ln\left(\dfrac{\Delta t_1}{\Delta t_2}\right)}$$

ANSWER | 100. ④

2022년 2회 에너지관리기사

SECTION 01 연소공학

01 세정집진장치의 입자 포집원리에 대한 설명으로 틀린 것은?
① 액적에 입자가 충돌하여 부착한다.
② 입자를 핵으로 한 증기의 응결에 의하여 응집성을 증가시킨다.
③ 미립자의 확산에 의하여 액적과의 접촉을 좋게 한다.
④ 배기의 습도 감소에 의하여 입자가 서로 응집한다.

해설

세정집진장치 ┬ 습식 ┬ 유수식
　　　　　　　│　　 ├ 가압수식
　　　　　　　│　　 └ 회전식
　　　　　　　├ 건식
　　　　　　　└ 전기식

세정식은 배기의 습도 증가에 의하여 입자가 서로 응집한다.

02 저위발열량 93,766kJ/Nm³의 C_3H_8을 공기비 1.2로 연소시킬 때 이론연소온도는 약 몇 K인가?(단, 배기가스의 평균비열은 1.653kJ/Nm³·K이고 다른 조건은 무시한다.)
① 1,656　② 1,756
③ 1,856　④ 1,956

해설
- 이론연소온도(t) = $\dfrac{H_l}{C_p \times G}$
- 프로판의 배기가스양(G)
  $G = (m - 0.21)A_0 + CO_2 + H_2O$
  $C_3H_8 + 5O_2 \rightarrow 3CO_2 + 4H_2O$
  $= (1.2 - 0.21) \times \dfrac{5}{0.21} + 3 + 4 = 30.57\,kJ/Nm^3$

∴ $t = \dfrac{93,766}{1.653 \times 30.57} = 1,856\,K$

※ 이론공기량(A_0) = 이론산소량 × $\dfrac{1}{0.21}$

03 탄소(C) 84w%, 수소(H) 12w%, 수분 4w%의 중량조성을 갖는 액체연료에서 수분을 완전히 제거한 다음 1시간당 5kg을 완전연소시키는 데 필요한 이론공기량은 약 몇 Nm³/h인가?
① 55.6　② 65.8
③ 73.5　④ 89.2

해설 이론공기량(A_0) = $8.89C + 26.67\left(H - \dfrac{O}{8}\right) + 3.33S$

황(S)과 산소(O)는 없으므로
$A_0 = 8.89 \times 0.84 + 26.67 \times 0.12 = 10.668\,Nm^3/kg$
$10.668\,Nm^3/kg \times 5kg = 53.34\,Nm^3$

∴ $53.34 \times \dfrac{100\%}{100\% - 4\%} = 55.56\,Nm^3$

04 다음 체적비(%)의 코크스로 가스 1Nm³를 완전연소시키기 위하여 필요한 이론공기량은 약 몇 Nm³인가?

| CO_2: 2.1 | C_2H_4 : 3.4 | O_2 : 0.1 | N_2 : 3.3 |
| CO : 6.6 | CH_4 : 32.5 | H_2 : 52.0 | |

① 0.97　② 2.97
③ 4.97　④ 6.97

해설
- 가연성 가스양: 에틸렌 C_2H_4, 일산화탄소 CO, 메탄 CH_4, 수소 H_2, 산소 O_2(0.1%)

  $C_2H_4 + 3O_2 \rightarrow 2CO_2 + 2H_2O$, $CO + \dfrac{1}{2}O_2 \rightarrow CO_2$,
  $H_2 + 0.5O_2 \rightarrow H_2O$, $CH_4 + 2O_2 \rightarrow CO_2 + 2H_2O$

- 이론산소량 = $[3 \times 0.033 + 0.5 \times 0.066 + 0.5 \times 0.52 + 2 \times 0.325] - 0.001 = 1.041\,Nm^3/Nm^3$

∴ 이론공기량(A_0) = $\dfrac{\text{이론산소량}}{0.21} = \dfrac{1.041}{0.21}$
　　　　　　　　　　　$= 4.96\,Nm^3/Nm^3$

05 표준 상태에서 메탄 1mol이 연소할 때 고위발열량과 저위발열량의 차이는 약 몇 kJ인가?(단, 물의 증발잠열은 44kJ/mol이다.)
① 42　② 68
③ 76　④ 88

1. ④　2. ③　3. ①　4. ③　5. ④ | ANSWER

해설 메탄(CH_4) + $2O_2$ → CO_2 + $2H_2O$
고위발열량(H_h) = 저위발열량 + 물의 증발잠열
메탄 1몰 연소 시 H_2O는 2몰 생성되므로
∴ $44 \times 2 = 88kJ/mol$

06 가연성 혼합가스의 폭발한계 측정에 영향을 주는 요소로 가장 거리가 먼 것은?
① 온도
② 산소 농도
③ 점화에너지
④ 용기의 두께

해설 혼합가스 폭발한계 측정에 영향을 주는 요소
온도, 산소 농도, 점화에너지, 용기의 구조 등

07 가스폭발 위험 장소의 분류에 속하지 않는 것은?
① 제0종 위험장소
② 제1종 위험장소
③ 제2종 위험장소
④ 제3종 위험장소

해설 전기설비의 방폭성능기준 위험장소 등급분류
• 제0종 위험장소
• 제1종 위험장소
• 제2종 위험장소

08 기계분(스토커) 화격자 중 연소하고 있는 석탄의 화층 위에 석탄을 기계적으로 산포하는 방식은?
① 횡입(쇄상)식
② 상입식
③ 하입식
④ 계단식

해설 상입식 스토커 : 연소하고 있는 석탄의 화층 위에 석탄을 기계적으로 골고루 산포하는 방식이다. 그 반대는 하입식이다.

09 중유를 연소하여 발생된 가스를 분석하였을 때 체적비로 CO_2는 14%, O_2는 7%, N_2는 79%이었다. 이때 공기비는 약 얼마인가?(단, 연료에 질소는 포함하지 않는다.)
① 1.4
② 1.5
③ 1.6
④ 1.7

해설 공기비(과잉공기계수) = $\dfrac{N_2}{N_2 - 3.76(O_2 - 0.5CO)}$
CO 성분이 없으므로
공기비(m) = $\dfrac{79}{79 - 3.76 \times 7} = 1.5$

10 일반적인 천연가스에 대한 설명으로 가장 거리가 먼 것은?
① 주성분은 메탄이다.
② 옥탄가가 높아 자동차 연료로 사용이 가능하다.
③ 프로판가스보다 무겁다.
④ LNG는 대기압하에서 비등점이 −162℃인 액체이다.

해설
• 천연가스(NG)의 주성분 : 메탄(CH_4)
• 석유가스의 주성분 : 프로판(C_3H_8), 부탄(C_4H_{10})
• 공기의 분자량 29, 메탄 분자량 16, 프로판 분자량 44이므로
메탄의 비중 = $\dfrac{16}{29} = 0.55$, 프로판의 비중 = $\dfrac{44}{29} = 1.52$

11 다음 중 일반적으로 연료가 갖추어야 할 구비조건이 아닌 것은?
① 연소 시 배출물이 많아야 한다.
② 저장과 운반이 편리해야 한다.
③ 사용 시 위험성이 적어야 한다.
④ 취급이 용이하고 안전하며 무해하여야 한다.

해설 연료는 연소 시 배출물(회분 : 재)이 적어야 관리가 편리하다(석탄, 장작 등 고체연료는 배출물이 많다).

12 코크스의 적정 고온건류온도(℃)는?
① 500~600
② 1,000~1,200
③ 1,500~1,800
④ 2,000~2,500

해설 코크스(역청탄)의 건류온도
• 고온건류 : 1,000℃ 내외
• 저온건류 : 500~600℃ 내외

ANSWER | 6. ④ 7. ④ 8. ② 9. ② 10. ③ 11. ① 12. ②

13 수소 4kg을 과잉공기계수 1.4의 공기로 완전연소시킬 때 발생하는 연소가스 중의 산소량은 약 몇 kg인가?

① 3.20
② 4.48
③ 6.40
④ 12.8

해설
$H_2 + \frac{1}{2}O_2 \rightarrow H_2O$
2kg   16kg → 18kg
1kg   8kg → 9kg
∴ $O_2 = 8 \times (1.4-1) \times 4 = 12.8kg$

14 액화석유가스(LPG)의 성질에 대한 설명으로 틀린 것은?

① 인화폭발의 위험성이 크다.
② 상온, 대기압에서는 액체이다.
③ 가스의 비중은 공기보다 무겁다.
④ 기화잠열이 커서 냉각제로도 이용 가능하다.

해설 LPG 가스 중 프로판의 비점은 −41.2℃, 부탄의 비점은 −0.5℃이므로 상온 대기압하에서는 기체이다.

15 다음 대기오염 방지를 위한 집진장치 중 습식집진장치에 해당하지 않는 것은?

① 백필터
② 충진탑
③ 벤투리 스크러버
④ 사이클론 스크러버

해설 건식집진장치 : 전기식, 백필터식, 원심식 등

16 황(S) 1kg을 이론공기량으로 완전연소시켰을 때 발생하는 연소가스양은 약 몇 Nm^3인가?

① 0.70
② 2.00
③ 2.63
④ 3.33

해설
$S + O_2 \rightarrow SO_2$ (공기량이 연소가스양이다.)
32kg   22.4Nm^3 22.4Nm^3
연소가스양$(G) = \frac{22.4}{32} \times \frac{1}{0.21} = 3.33Nm^3/Nm^3$
※ 공기 중 질소 79%, 산소 21%

17 대도시의 광화학 스모그(Smog) 발생의 원인 물질로 문제가 되는 것은?

① NOx
② He
③ CO
④ CO_2

해설 대도시 광화학 스모그 발생원인 : 질소산화물(녹스 : NOx)

18 기체연료의 일반적인 특징으로 틀린 것은?

① 연소효율이 높다.
② 고온을 얻기 쉽다.
③ 단위 용적당 발열량이 크다.
④ 누출되기 쉽고 폭발의 위험성이 크다.

해설 기체연료는 고체연료나 액체연료에 비하여 단위 질량당 발열량이 크다.

19 다음 반응식으로부터 프로판 1kg의 발열량은 약 몇 MJ인가?

$C + O_2 \rightarrow CO_2 + 406kJ/mol$
$H_2 + \frac{1}{2}O_2 \rightarrow H_2O + 241kJ/mol$

① 33.1
② 40.0
③ 49.6
④ 65.8

해설 프로판(C_3H_8)의 반응식
$C_3H_8 + 5O_2 \rightarrow 3CO_2 + 4H_2O$
44kg   5×32kg   3×44kg   4×18kg
1mol=44g, 1kmol=44kg, 1kmol=1,000mol
$1MJ = 10^6 J = 1,000kJ$
∴ $\frac{406 \times 3 + 241 \times 4}{44} = 49.6MJ$

20 석탄, 코크스, 목재 등을 적열상태로 가열하고, 공기로 불완전 연소시켜 얻는 연료는?

① 천연가스
② 수성가스
③ 발생로가스
④ 오일가스

해설 발생로가스
석탄, 코크스, 목재 등을 적열상태로 가열하고 공기로 불완전 연소시켜 얻는(N_2 : 55.8%, CO : 25.4%, H_2 : 13%) 발열량 1,100kcal/Nm^3의 가스이다.

SECTION 02 열역학

21 다음 중 물의 임계압력에 가장 가까운 값은?
① 1.03kPa ② 100kPa
③ 22MPa   ④ 63MPa

해설 물의 임계점
- 임계압력 : 22.556MPa
- 임계온도 : 374.15℃

22 27℃, 100kPa에 있는 이상기체 1kg을 700kPa까지 가역단열압축하였다. 이때 소요된 일의 크기는 몇 kJ인가?(단, 이 기체의 비열비는 1.4, 기체상수는 0.287kJ/kg·K이다.)
① 100 ② 160
③ 320 ④ 400

해설 단열압축 $\left(\dfrac{T_2}{T_1}\right) = \left(\dfrac{V_1}{V_2}\right)^{k-1} = \left(\dfrac{P_2}{P_1}\right)^{\frac{k-1}{k}}$

일량($_1W_2$) = $\dfrac{GR}{k-1} \times (T_2 - T_1)$

$T_2 = T_1 \times \left(\dfrac{P_2}{P_1}\right)^{\frac{k-1}{k}} = (27+273) \times \left(\dfrac{700}{100}\right)^{\frac{1.4-1}{1.4}} = 523\text{K}$

$\therefore \ _1W_2 = \dfrac{1 \times 0.287}{1.4-1} \times (523-300) = 160\text{kJ}$

23 "PV^n = 일정"인 과정에서 밀폐계가 하는 일을 나타낸 식은?(단, P는 압력, V는 부피, n은 상수이며, 첨자 1, 2는 각각 과정 전·후 상태를 나타낸다.)

① $P_2V_2 - P_1V_1$ ② $\dfrac{P_1V_1 - P_2V_2}{n-1}$

③ $\dfrac{P_2V_2^{n-1} - P_1V_1^{n-1}}{n-1}$ ④ $P_1V_1^n(V_2 - V_1)$

해설 "PV^n = 일정"인 과정에서 밀폐계가 하는 일
- 절대일 = $\dfrac{(P_1V_1 - P_2V_2)}{n-1}$
- 공업일 = $\dfrac{n(P_1V_1 - P_2V_2)}{n-1}$

24 압력 1MPa인 포화액의 비체적 및 비엔탈피는 각각 0.0012m³/kg, 762.8kJ/kg이고, 포화증기의 비체적 및 비엔탈피는 각각 0.1944m³/kg, 2,778.1kJ/kg이다. 이 압력에서 건도가 0.7인 습증기의 단위 질량당 내부에너지는 약 몇 kJ/kg인가?
① 2,037.1 ② 2,173.8
③ 2,251.3 ④ 2,393.5

해설 ㉠ 포화액
- 비체적 : 0.0012m³/kg
- 비엔탈피 : 762.8kJ/kg

㉡ 포화증기
- 비체적 : 0.1944m³/kg
- 비엔탈피 : 2,778.1kJ/kg

㉢ 건도 : 0.7, 압력 1MPa

증기 엔탈피(h) = 762.8 + 0.7(2,778.1 - 762.8)
= 2,174kJ/kg

$\therefore$ 내부에너지 = 2,174 - [762.8 × (0.1944 - 0.0012)]
= 2,027kJ/kg

25 냉동능력을 나타내는 단위로 0℃의 물 1,000kg을 24시간 동안에 0℃의 얼음으로 만드는 능력을 무엇이라 하는가?
① 냉동계수 ② 냉동마력
③ 냉동톤   ④ 냉동률

해설 1RT(냉동톤) : 0℃의 물 1,000kg을 24시간 동안 0℃의 얼음으로 만드는 능력(Ton of Refrigeration)

1RT = 79.68kcal/kg × $\dfrac{1,000\text{kg}}{24\text{hr}}$ = 3,320kcal/hr

※ 얼음의 융해잠열 : 79.68kcal/kg

26 압축비가 5인 오토 사이클 기관이 있다. 이 기관이 10~1,500℃의 온도범위에서 작동할 때 최고압력은 약 몇 kPa인가?(단, 최저압력은 100kPa, 비열비는 1.4이다.)
① 3,080 ② 2,650
③ 1,961 ④ 1,247

해설 오토 사이클 압축비$(\varepsilon) = \dfrac{V_1}{V_2} = \dfrac{V_4}{V_3}$

열효율$(\eta_0) = 1 - \left(\dfrac{1}{\varepsilon}\right)^{k-1}$

$T_2 = T_1 \times \varepsilon^{k-1} = (15+273) \times 5^{1.4-1} = 548\text{K}$

$P_2 = P_1 \times \varepsilon^{1.4} = 100 \times 5^{1.4} = 952$

$\therefore P_3 = P_2 \times \left(\dfrac{T_3}{T_2}\right) = 952 \times \left(\dfrac{1,773}{548}\right) = 3,080\text{kPa}$

27 온도 30℃, 압력 350kPa에서 비체적이 0.449m³/kg인 이상기체의 기체상수는 약 몇 kJ/kg·K인가?

① 0.143　② 0.287
③ 0.518　④ 0.842

해설 기체상수$(R) = C_p - C_v$, $k = \dfrac{C_p}{C_v}$ (비열비)

비체적$(V) = \dfrac{RT}{P} = 0.449 = \dfrac{R \times (30+273)}{350}$

$\therefore R = \dfrac{350 \times 0.449}{30+273} = 0.518\text{kJ/kg}\cdot\text{K}$

28 브레이턴 사이클의 이론 열효율을 높일 수 있는 방법으로 틀린 것은?

① 공기의 비열비를 감소시킨다.
② 터빈에서 배출되는 공기의 온도를 낮춘다.
③ 연소기로 공급되는 공기의 온도를 낮춘다.
④ 공기압축기의 압력비를 증가시킨다.

해설 브레이턴 사이클의 이론 열효율은 압력비만의 함수이며 압력비가 클수록 열효율이 증가한다.

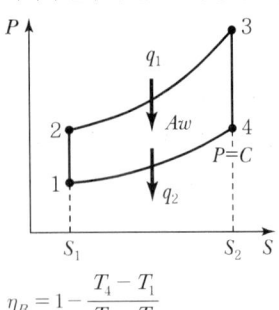

$\eta_B = 1 - \dfrac{T_4 - T_1}{T_3 - T_2}$

$T_2 = T_1 \rho^{\frac{k-1}{k}} = T_1 \left(\dfrac{P_2}{P_1}\right)^{\frac{k-1}{k}}$

29 다음 중 이상적인 랭킨 사이클의 과정으로 옳은 것은?

① 단열압축 → 정적가열 → 단열팽창 → 정압방열
② 단열압축 → 정압가열 → 단열팽창 → 정적방열
③ 단열압축 → 정압가열 → 단열팽창 → 정압방열
④ 단열압축 → 정적가열 → 단열팽창 → 정적방열

해설 랭킨 사이클
• 2개의 정압변화, 2개의 단열변화로 구성
• 단열압축 → 정압가열 → 단열팽창 → 정압방열

30 열역학 제1법칙을 설명한 것으로 옳은 것은?

① 절대 영도, 즉 0K에는 도달할 수 없다.
② 흡수한 열을 전부 일로 바꿀 수는 없다.
③ 열을 일로 변환할 때 또는 일을 열로 변환할 때 전체 계의 에너지 총량은 변하지 않고 일정하다.
④ 제3의 물체와 열평형에 있는 두 물체는 그들 상호간에도 열평형에 있으며, 물체의 온도는 서로 같다.

해설 • 열역학 제1법칙 : 열을 일로 변환할 때 또는 일을 열로 변환할 때 전체 계의 에너지 총량은 변하지 않고 일정하다(밀폐계가 한 사이클에서 한 참일은 받은 참열량과 같다).
• 열역학 제2법칙 : 엔트로피 증가의 법칙이다.

31 냉매가 구비해야 할 조건 중 틀린 것은?

① 증발열이 클 것
② 비체적이 작을 것
③ 임계온도가 높을 것
④ 비열비가 클 것

해설 냉매가 비열비가 크면 냉매가스의 토출가스 온도가 높아지며 압축기의 실린더가 과열된다.

32 성능계수가 4.3인 냉동기가 1시간 동안 30MJ의 열을 흡수한다. 이 냉동기를 작동하기 위한 동력은 약 몇 kW인가?

① 0.25　② 1.94
③ 6.24　④ 10.4

27. ③　28. ①　29. ③　30. ③　31. ④　32. ② | ANSWER

해설 성능계수$(COP) = \dfrac{냉매의 증발열(\gamma)}{전동기의 일의 열당량(A)}$

$4.3 = \dfrac{\gamma}{A} = \dfrac{30}{A}$, $A = \dfrac{8.33}{4.3} = 1.94$

※ 1kWh=3,600J
  30MJ=30×10^6J=30,000,000J
  =30,000kJ=8.33kW

33 단열 밀폐되어 있는 탱크 A, B가 밸브로 연결되어 있다. 두 탱크에 들어있는 공기(이상기체)의 질량은 같고, A탱크의 체적은 B탱크 체적의 2배, A탱크의 압력은 200kPa, B탱크의 압력은 100kPa이다. 밸브를 열어서 평형이 이루어진 후 최종 압력은 약 몇 kPa인가?

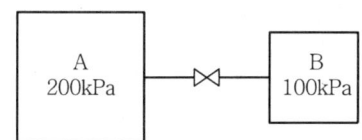

① 120 ② 133
③ 150 ④ 167

해설 A탱크 체적 : 2배, B탱크 체적 : 1배
2+1=3배
$\dfrac{200}{3} = 67$kPa

∴ 통합 후의 압력$(P_3) = \dfrac{200+100}{3} + 67 = 167$kPa

34 한 과학자가 자기가 만든 열기관이 80℃와 10℃ 사이에서 작동하면서 100kJ의 열을 받아 20kJ의 유용한 일을 할 수 있다고 주장한다. 이 주장에 위배되는 열역학 법칙은?

① 열역학 제0법칙   ② 열역학 제1법칙
③ 열역학 제2법칙   ④ 열역학 제3법칙

해설 • 제2종 영구기관은 열역학 제2법칙에 위배된다.
• 제2종 영구기관 : 입력과 출력이 같은 기관. 즉, 열효율이 100%인 기관

열효율$(\eta) = 1 - \dfrac{T_2}{T_1} = 1 - \dfrac{10+273}{80+273} = 1 - \dfrac{283}{353}$
  $= 0.198(19.8\%)$

방출열량$(Q_2) = 100 \times 0.198 = 19.8$kJ

35 랭킨 사이클로 작동하는 증기동력 사이클에서 효율을 높이기 위한 방법으로 거리가 먼 것은?

① 복수기(응축기)에서의 압력을 상승시킨다.
② 터빈 입구의 온도를 높인다.
③ 보일러의 압력을 상승시킨다.
④ 재열 사이클(Reheat Cycle)로 운전한다.

해설 랭킨 사이클 열효율 증가의 요인
• 보일러 압력 증가
• 복수기 압력 저하

36 CH_4의 기체상수는 약 몇 kJ/kg·K인가?

① 3.14   ② 1.57
③ 0.83   ④ 0.52

해설 일반기체상수$(\overline{R}) = 8.314$kJ/kmol·K

기체상수$(R) = \dfrac{8.314}{M} = \dfrac{8.314}{16} = 0.52$kJ/kg·K

37 압력 300kPa인 이상기체 150kg이 있다. 온도를 일정하게 유지하면서 압력을 100kPa로 변화시킬 때 엔트로피 변화는 약 몇 kJ/K인가?(단, 기체의 정적비열은 1.735kJ/kg·K, 비열비는 1.299이다.)

① 62.7   ② 73.1
③ 85.5   ④ 97.2

해설 비열비$(k) = \dfrac{C_p}{C_v} = 1.299 = \dfrac{C_p}{1.735}$

정압비열$(C_p) = 1.299 \times 1.735 = 2.253$kJ/kg

엔트로피$(\Delta S) = GC_p \ln \dfrac{P_1}{P_2} + GC_v \ln \dfrac{P_2}{P_1}$
  $= 150 \times 2.253 \ln \dfrac{300}{100} + 150 \times 1.735 \ln \dfrac{100}{300}$
  $= 371 + (-285.91) = 85.5$kJ

38 밀폐계가 300kPa의 압력을 유지하면서 체적이 0.2m³에서 0.4m³로 증가하였고 이 과정에서 내부에너지는 20kJ 증가하였다. 이때 계가 받은 열량은 약 몇 kJ인가?

① 9   ② 80
③ 90   ④ 100

ANSWER | 33. ④ 34. ③ 35. ① 36. ④ 37. ③ 38. ②

해설 일량(W) = $P(V_2 - V_1) = 300 \times (0.4 - 0.2) = 60$kJ
∴ 계가 받은 열량(Q) = 60 + 20 = 80kJ

39 그림에서 이상기체를 A에서 가역적으로 단열압축시킨 후 정적과정으로 C까지 냉각시키는 과정에 해당되는 것은?

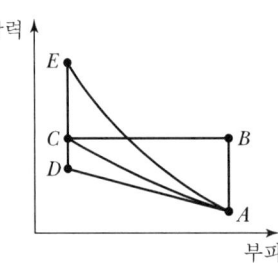

① A − B − C   ② A − C
③ A − D − C   ④ A − E − C

해설 A에서 가역단열압축 후 정적과정 C까지 냉각과정에 해당하는 것은 A − E − C이다.
• 정적변화 : 가열량 전부가 내부에너지 변화로 표시된다.
• 단열변화 : 내부에너지 변화량은 절대일량과 같고, 엔탈피 변화량은 공업일량과 같다.
열량 $q = c$, 즉 $\delta q = 0$(열의 이동이 없다.)

40 다음 식 중 이상기체 상태에서의 가역단열과정을 나타내는 식으로 옳지 않은 것은?(단, P, T, V, k는 각각 압력, 온도, 부피, 비열비이고, 아래 첨자 1, 2는 과정 전·후를 나타낸다.)

① $\dfrac{T_2}{T_1} = \left(\dfrac{V_1}{V_2}\right)^{k-1}$ ② $\dfrac{V_1}{V_2} = \left(\dfrac{P_2}{P_1}\right)^{\frac{1}{k}}$

③ $P_1 V_1^{\,k} = P_2 V_2^{\,k}$ ④ $\dfrac{T_2}{T_1} = \left(\dfrac{P_2}{P_1}\right)^{\frac{1-k}{k}}$

해설 단열과정
$$\dfrac{T_2}{T_1} = \left(\dfrac{P_2}{P_1}\right)^{\frac{k-1}{k}} = \left(\dfrac{V_1}{V_2}\right)^{k-1}$$

SECTION 03 계측방법

41 링밸런스식 압력계에 대한 설명으로 옳은 것은?
① 도압관은 가늘고 긴 것이 좋다.
② 측정 대상 유체는 주로 액체이다.
③ 계기를 압력원에 가깝게 설치해야 한다.
④ 부식성 가스나 습기가 많은 곳에서도 정밀도가 좋다.

해설 링밸런스식 액주식 압력계
• 봉입액체는 수은, 물, 기름이다.
• 측정범위는 25~3,000mmH₂O(정밀도는 ±1~2%)이다.
• 원격전송이 가능하며, 수직·수평으로 설치하고, 지시치는 눈의 높이로 설정한다.
• 계기를 압력원에 가깝게 설치해야 오차가 줄어든다.

42 다음과 같이 자동제어에서 응답속도를 빠르게 하고 외란에 대해 안정적으로 제어하려 한다. 이때 추가해야 할 제어 동작은?

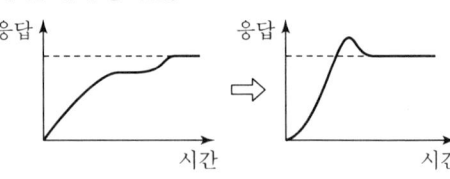

① 다위치 동작   ② P 동작
③ I 동작   ④ D 동작

해설 비례(P) 동작   비례적분(PI) 동작
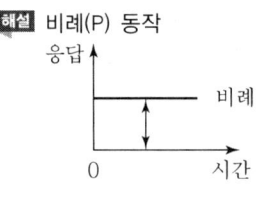   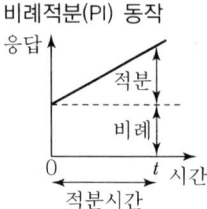

비례적분미분(PID) 동작
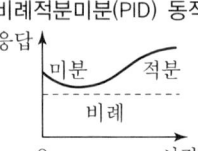

PID 동작은 응답속도가 빠르며 잔류편차가 제거되고 외란에 대해 안정적이다.

39. ④ 40. ④ 41. ③ 42. ④ | ANSWER

43 가스 온도를 열전대 온도계를 사용하여 측정할 때 주의해야 할 사항이 아닌 것은?

① 열전대는 측정하고자 하는 곳에 정확히 삽입하며 삽입된 구멍에 냉기가 들어가지 않게 한다.
② 주위의 고온체로부터의 복사열의 영향으로 인한 오차가 생기지 않도록 해야 한다.
③ 단자와 보상도선의 +, −를 서로 다른 기호끼리 연결하여 감온부의 열팽창에 의해 오차가 발생하지 않도록 한다.
④ 보호관의 선택에 주의한다.

해설 열전대 온도계 구성

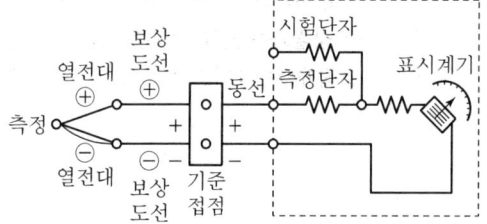

44 다음 중에서 측온저항체로 사용되지 않는 것은?

① Cu ② Ni
③ Pt ④ Cr

해설 저항온도계의 저항체
- 백금(Pt)
- 니켈(Ni)
- 구리(Cu)
- 서미스터(Ni, Co, Mn, Fe, Cu)
※ 서미스터는 저항체에 큰 전류가 흐르면 줄열에 의해 자기가열이 일어난다.

45 다음 중 용적식 유량계에 해당하는 것은?

① 오리피스미터 ② 습식가스미터
③ 로터미터 ④ 피토관

해설 유량계
- 오리피스미터 : 차압식
- 로터미터 : 면적식
- 피토관 : 유속식

46 측정온도범위가 약 0~700℃ 정도이며, (−)측이 콘스탄탄으로 구성된 열전대는?

① J형 ② R형
③ K형 ④ S형

해설 열전대 온도계

구분	+측	−측	측정온도범위
J형	순철	콘스탄탄, 니켈	−20~800℃
K형	크로멜	알루멜	−20~1,200℃
T형	순동	콘스탄탄	−180~350℃
R형	백금로듐	백금	0~1,600℃

47 측온 저항체에 큰 전류가 흐를 때 줄열에 의해 측정하고자 하는 온도보다 높아지는 현상인 자기가열(自己加熱) 현상이 있는 온도계는?

① 열전대 온도계 ② 압력식 온도계
③ 서미스터 온도계 ④ 광고온계

해설 서미스터 저항온도계는 자기가열에 주의하여야 한다.

48 중유를 사용하는 보일러의 배기가스를 오르자트 가스분석계의 가스뷰렛에 시료 가스양을 50mL 채취하였다. CO_2 흡수피펫을 통과한 후 가스뷰렛에 남은 시료는 44mL이었고, O_2 흡수피펫에 통과한 후에는 41.8mL, CO 흡수피펫에 통과한 후 남은 시료량은 41.4mL이었다. 배기가스 중에 CO_2, O_2, CO는 각각 몇 vol%인가?

① 6, 2.2, 0.4 ② 12, 4.4, 0.8
③ 15, 6.4, 1.2 ④ 18, 7.4, 1.8

해설 가스뷰렛 총 50mL 용적에 의한
$CO_2 = 50 - 44 = 6$mL
$O_2 = 44 - 41.8 = 2.2$mL
$CO = 0.4$mL
$\therefore CO_2 = \dfrac{6}{50} \times 100 = 12\%$
$O_2 = \dfrac{2.2}{50} \times 100 = 4.4\%$
$CO = \dfrac{0.4}{50} \times 100 = 0.8\%$

ANSWER | 43.③ 44.④ 45.② 46.① 47.③ 48.②

49 세라믹(Ceramic)식 O_2계의 세라믹 주원료는?

① Cr_2O_3
② Pb
③ P_2O_5
④ ZrO_2

해설 세라믹 산소(O_2) 측정용 물리적 가스분석기의 세라믹에서 지르코니아(ZrO_2)를 주원료로 한 세라믹의 온도를 높여서 O_2 이온을 측정한다.

50 국제단위계(SI)에서 길이의 설명으로 틀린 것은?

① 기본단위이다.
② 기호는 m이다.
③ 명칭은 미터이다.
④ 소리가 진공에서 1/229792458초 동안 진행한 경로의 길이이다.

해설 빛의 파장을 이용한 길이표준제안(기본단위)
1m는 크립톤 $-86(^{86}Kr)$ 원자의 준위 $2p_{10}$과 $5d_5$ 사이의 전이에 대응하는 스펙트럼선 파장의 1650763.73배로 결정

51 오벌(Oval)식 유량계로 유량을 측정할 때 지시값의 오차 중 히스테리시스 차의 원인이 되는 것은?

① 내부 기어의 마모
② 유체의 압력 및 점성
③ 측정자의 눈의 위치
④ 온도 및 습도

해설 오벌기어식 유량계로 측정 시 지시값의 오차는 내부 기어의 마모에 의한 히스테리시스 차의 원인이 되는 용적식 유량계이다.

52 다음 중 압전 저항효과를 이용한 압력계는?

① 액주형 압력계
② 아네로이드 압력계
③ 박막식 압력계
④ 스트레인 게이지식 압력계

해설 스트레인 게이지 압력계는 압전의 저항효과를 이용한다(전기식 압력계).

53 가스분석계에서 연소가스 분석 시 비중을 이용하여 가장 측정이 용이한 기체는?

① NO_2
② O_2
③ CO_2
④ H_2

해설 밀도가 큰 이산화탄소(분자량 44)는 연소가스 분석 시 비중을 이용하여 측정이 용이하다.

이산화탄소의 비중 $= \dfrac{44}{29} = 1.52$

※ 밀도식 CO_2계로 사용된다.

54 전자유량계에서 안지름이 4cm인 파이프에 3L/s의 액체가 흐르고, 자속밀도 1,000gauss의 평등자계 내에 있다면 이때 검출되는 전압은 약 몇 mV인가?(단, 자속분포의 수정계수는 1이고, 액체의 비중은 1이다.)

① 5.5
② 7.5
③ 9.5
④ 11.5

해설 전자식 유량계(패러데이의 전자유도 법칙 이용)
기전력(E) = 자속밀도 × 길이 × 속도 = BLV
길이(L) = 4cm = 0.04m
단면적(A) = $\dfrac{\pi}{4}d^2 = \dfrac{3.14}{4} \times 4^2 = 12.56\text{cm}^2$
유속(V) = $\dfrac{3}{12.56} = 0.2388$cm/s
∴ 전압 = $1,000 \times 0.04 \times 0.2388 = 9.5$mV

55 액주형 압력계 중 경사관식 압력계의 특징에 대한 설명으로 옳은 것은?

① 일반적으로 U자관보다 정밀도가 낮다.
② 눈금을 확대하여 읽을 수 있는 구조이다.
③ 통풍계로는 사용할 수 없다.
④ 미세압 측정이 불가능하다.

해설 경사관식 압력계
- 유입액 : 물, 알코올 등
- 경사각도 : $\dfrac{1}{10}$ 이내가 좋다.
- 측정범위 : 10~50mmH$_2$O
- 눈금 확대가 가능하여 U자관 압력계보다 정밀한 측정이 가능하다.

49. ④ 50. ④ 51. ① 52. ④ 53. ③ 54. ③ 55. ② | **ANSWER**

56 자동제어에서 비례동작에 대한 설명으로 옳은 것은?

① 조작부를 측정값의 크기에 비례하여 움직이게 하는 것
② 조작부를 편차의 크기에 비례하여 움직이게 하는 것
③ 조작부를 목푯값의 크기에 비례하여 움직이게 하는 것
④ 조작부를 외란의 크기에 비례하여 움직이게 하는 것

해설 비례(P) 동작 : 조작부를 편차의 크기에 비례하여 움직이게 하나 잔류편차가 발생한다.

57 흡착제에서 관을 통해 각각 기체의 독자적인 이동속도에 의해 분리시키는 방법으로, CO_2, CO, N_2, H_2, CH_4 등을 모두 분석할 수 있어 분리 능력과 선택성이 우수한 가스분석계는?

① 밀도법
② 기체크로마토그래피법
③ 세라믹법
④ 오르자트법

해설 기체크로마토그래피법은 기체의 이동속도에 의해 분리시키며 거의 대부분의 가스나 기체 분석이 가능하며 분리능력과 선택성이 우수한 가스분석계이다.

58 보일러의 자동제어에서 인터록 제어의 종류가 아닌 것은?

① 고온도
② 저연소
③ 불착화
④ 압력초과

해설 보일러의 인터록 제어
- 저연소 인터록
- 압력초과 인터록
- 저수위 인터록
- 프리퍼지 인터록
- 불착화 인터록
- 온도상한스위치 인터록

59 광고온계의 특징에 대한 설명으로 옳은 것은?

① 비접촉식 온도 측정법 중 가장 정밀도가 높다.
② 넓은 측정온도범위(0~3,000℃)를 갖는다.
③ 측정이 자동적으로 이루어져 개인오차가 발생하지 않는다.
④ 방사온도계에 비하여 방사율에 대한 보정량이 크다.

해설 광고온계
- 측정범위 : 700~3,000℃
- 측정정도 : 10~15℃
- 연속측정이나 자동제어에는 이용이 불가능하다.
- 비접촉식 온도계 중 가장 정밀도가 높다.

60 열전대 온도계의 보호관으로 석영관을 사용하였을 때의 특징으로 틀린 것은?

① 급랭, 급열에 잘 견딘다.
② 기계적 충격에 약하다.
③ 산성에 대하여 약하다.
④ 알칼리에 대하여 약하다.

해설 보호관
- 자기관 : 급랭, 급열에 약하며, 알칼리에 약하다.
- 카보런덤관 : 다공질로서 급랭, 급열에 강하다.
- 석영관 : 급랭, 급열에 잘 견디고, 알칼리에는 약하나 산에는 강하다.

SECTION 04 열설비재료 및 관계법규

61 다음은 보일러의 급수밸브 및 체크밸브 설치 기준에 관한 설명이다. ( ) 안에 알맞은 것은?

> 급수밸브 및 체크밸브의 크기는 전열면적 $10m^2$ 이하의 보일러에서는 호칭 (㉠) 이상, 전열면적 $10m^2$를 초과하는 보일러에서는 호칭 (㉡) 이상이어야 한다.

① ㉠ 5A, ㉡ 10A
② ㉠ 10A, ㉡ 15A
③ ㉠ 15A, ㉡ 20A
④ ㉠ 20A, ㉡ 30A

해설 급수밸브, 체크밸브 크기
보일러 전열면적 $10m^2$ 이하에서는 호칭 15A 이상, $10m^2$ 초과 시에는 호칭 20A 이상이어야 한다.

ANSWER | 56.② 57.② 58.① 59.① 60.③ 61.③

62 에너지이용 합리화법령상 에너지사용계획을 수립하여 산업통상자원부장관에게 제출하여야 하는 공공사업주관자의 설치 시설 기준으로 옳은 것은?

① 연간 2천5백 티오이 이상의 연료 및 열을 사용하는 시설
② 연간 5천 티오이 이상의 연료 및 열을 사용하는 시설
③ 연간 2천5백만 킬로와트시 이상의 전력을 사용하는 시설
④ 연간 5천만 킬로와트시 이상의 전력을 사용하는 시설

해설 공공사업주관자는 연간 2천5백 티오이 이상의 연료 및 열을 사용하는 시설 또는 연간 1천만 kWh 이상의 전력을 사용하는 시설을 하려면 산업통상자원부장관에게 수립서를 제출하여야 한다.

63 에너지이용 합리화법령에 따라 에너지관리산업기사 자격을 가진 자는 관리가 가능하나, 에너지관리기능사 자격을 가진 자는 관리할 수 없는 보일러 용량의 범위는?

① 5t/h 초과 10t/h 이하
② 10t/h 초과 30t/h 이하
③ 20t/h 초과 40t/h 이하
④ 30t/h 초과 60t/h 이하

해설
- 보일러 용량 10t/h 초과~30t/h 이하 : 에너지관리산업기사 이상
- 30t/h 초과 : 기사, 기능장 등의 자격증 취득자

64 터널가마의 일반적인 특징이 아닌 것은?

① 소성이 균일하여 제품의 품질이 좋다.
② 온도 조절의 자동화가 쉽다.
③ 열효율이 좋아 연료비가 절감된다.
④ 사용연료의 제한을 받지 않고 전력소비가 적다.

해설 터널가마(연속요)
대차 이동에 관한 전력소비가 크고 사용연료의 제한을 받으므로 고급연료가 필요하다.

65 점토질 단열재의 특징으로 틀린 것은?

① 내스폴링성이 작다.
② 노벽이 얇아져서 노의 중량이 적다.
③ 내화재와 단열재의 역할을 동시에 한다.
④ 안전사용온도는 1,300~1,500℃ 정도이다.

해설 점토질 단열재는 내스폴링성이 크다.

66 에너지이용 합리화법령상 에너지다소비사업자는 산업통상자원부령으로 정하는 바에 따라 에너지사용기자재의 현황을 매년 언제까지 시·도지사에게 신고하여야 하는가?

① 12월 31일까지
② 1월 31일까지
③ 2월 말까지
④ 3월 31일까지

해설 에너지다소비사업자(연간 석유환산 2,000티오이 이상)는 매년 1월 31일까지 에너지사용기자재의 현황을 시·도지사에게 신고하여야 한다.

67 글로브밸브(Glove Valve)에 대한 설명으로 틀린 것은?

① 밸브 디스크 모양은 평면형, 반구형, 원뿔형, 반원형이 있다.
② 유체의 흐름방향이 밸브 몸통 내부에서 변한다.
③ 디스크 형상에 따라 앵글밸브, Y형밸브, 니들밸브 등으로 분류된다.
④ 조작력이 작아 고압의 대구경 밸브에 적합하다.

해설 글로브밸브는 조작력이 작아 저압 소구경 밸브에 적합하다.

68 에너지법령에 의한 에너지 총조사는 몇 년 주기로 시행하는가?(단, 간이조사는 제외한다.)

① 2년
② 3년
③ 4년
④ 5년

해설 간이조사가 아닌 정기적 에너지 총조사는 3년마다 시행한다(간이조사 : 필요한 경우 수시로).

69 캐스터블 내화물의 특징이 아닌 것은?

① 소성할 필요가 없다.
② 접합부 없이 노체를 구축할 수 있다.
③ 사용 현장에서 필요한 형상으로 성형할 수 있다.
④ 온도의 변동에 따라 스폴링을 일으키기 쉽다.

해설 캐스터블 내화물(내화성 골재+수경성 알루미나시멘트)의 특성은 ①, ②, ③ 외 내스폴링성이 크다.

70 다음 중 보랭재가 구비해야 할 조건이 아닌 것은?

① 탄력성이 있고 가벼워야 한다.
② 흡수성이 적어야 한다.
③ 열전도율이 작아야 한다.
④ 복사열의 투과에 대한 저항성이 없어야 한다.

해설 보랭재(100℃ 이하 보온)는 복사열의 투과에 대한 저항성이 커야 한다.

71 열팽창에 의한 배관의 측면 이동을 구속 또는 제한하는 장치가 아닌 것은?

① 앵커   ② 스토퍼
③ 브레이스   ④ 가이드

해설
• 지지대(리지드 레인트) : 앵커, 스톱, 가이드
• 브레이스 : 펌프에서 진동이나 방진을 도와준다.

72 다음 중 에너지이용 합리화법령에 따라 에너지다소비사업자에게 에너지관리 개선명령을 할 수 있는 경우는?

① 목표원단위보다 과다하게 에너지를 사용하는 경우
② 에너지관리지도 결과 10% 이상의 에너지효율 개선이 기대되는 경우
③ 에너지 사용실적이 전년도보다 현저히 증가한 경우
④ 에너지 사용계획 승인을 얻지 아니한 경우

해설 에너지다소비사업자의 에너지진단 결과 10% 이상의 에너지효율 개선이 기대되는 경우 개선명령을 할 수 있다.

73 에너지이용 합리화법령에 따라 에너지사용계획에 대한 검토 결과 공공사업주관자가 조치 요청을 받은 경우, 이를 이행하기 위하여 제출하는 이행계획에 포함되어야 할 내용이 아닌 것은?(단, 산업통상자원부장관으로부터 요청받은 조치의 내용은 제외한다.)

① 이행주체   ② 이행방법
③ 이행장소   ④ 이행시기

해설 에너지사용계획 검토결과 공공사업주관자가 조치 요청을 받은 경우 제출하는 이행계획에 포함되는 내용
• 이행주체   • 이행방법   • 이행시기

74 도염식 요는 조업방법에 의해 분류할 경우 어떤 형식인가?

① 불연속식
② 반연속식
③ 연속식
④ 불연속식과 연속식의 절충형식

해설 불연속요 : 도염식 요, 승염식 요, 횡염식 요

75 에너지이용 합리화법에 따라 산업통상자원부장관이 국내외 에너지 사정의 변동으로 에너지 수급에 중대한 차질이 발생될 경우 수급안정을 위해 취할 수 있는 조치 사항이 아닌 것은?

① 에너지의 배급
② 에너지의 비축과 저장
③ 에너지의 양도·양수의 제한 또는 금지
④ 에너지 수급의 안정을 위하여 산업통상자원부령으로 정하는 사항

해설 ④는 산업통상자원부령이 아닌 대통령령으로 한다.

76 에너지이용 합리화법령에 따라 효율관리기자재의 제조업자는 효율관리시험기관으로부터 측정 결과를 통보받은 날부터 며칠 이내에 그 측정 결과를 한국에너지공단에 신고하여야 하는가?

① 15일   ② 30일
③ 60일   ④ 90일

ANSWER | 69. ④ 70. ④ 71. ③ 72. ② 73. ③ 74. ① 75. ④ 76. ④

해설 에너지효율관리기자재의 제조업자는 효율관리시험기관으로부터 측정 결과를 통보받으면 90일 이내에 한국에너지공단에 신고하여야 한다.

77 에너지이용 합리화법령에 따라 산업통상자원부장관이 위생 접객업소 등에 에너지사용의 제한 조치를 할 때에는 며칠 이전에 제한 내용을 예고하여야 하는가?
① 7일 ② 10일
③ 15일 ④ 20일

해설 에너지사용의 제한조치 내용 예고기간 : 7일 이전

78 에너지이용 합리화법상 에너지다소비사업자의 신고와 관련하여 다음 (   )에 들어갈 수 없는 것은?(단, 대통령령은 제외한다.)

산업통상자원부장관 및 시·도지사는 에너지다소비사업자가 신고한 사항을 확인하기 위하여 필요한 경우 (   )에 대하여 에너지다소비사업자에게 공급한 에너지의 공급량 자료를 제출하도록 요구할 수 있다.

① 한국전력공사 ② 한국가스공사
③ 한국가스안전공사 ④ 한국지역난방공사

해설 한국가스안전공사는 가스의 안전관리와 관련된 기관이다.

79 다음 보온재 중 재질이 유기질 보온재에 속하는 것은?
① 우레탄 폼 ② 펄라이트
③ 세라믹 파이버 ④ 규산칼슘 보온재

해설 유기질 보온재
• 우레탄 폼(폼류) • 콜크(탄화콜크)
• 펠트류 • 텍스류

80 다음 중 제강로가 아닌 것은?
① 고로 ② 전로
③ 평로 ④ 전기로

해설 고로(용광로)
• 선철을 제조한다.
• 종류 : 철피식, 철대식, 절충식

SECTION 05 열설비설계

81 급수처리 방법 중 화학적 처리방법은?
① 이온교환법 ② 가열연화법
③ 증류법 ④ 여과법

해설 화학적 급수처리 방법
• 중화법(pH 조정)
• 연화법(이온교환법)
• 탈기법, 기폭법(O_2, CO_2 등 제거)
• 염소처리법, 증류법

82 서로 다른 고체 물질 A, B, C인 3개의 평판이 서로 밀착되어 복합체를 이루고 있다. 정상상태에서의 온도 분포가 그림과 같을 때, 어느 물질의 열전도도가 가장 작은가?(단, 온도 T_1 = 1,000℃, T_2 = 800℃, T_3 = 550℃, T_4 = 250℃이다.)

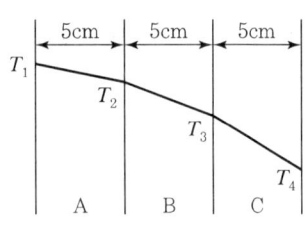

① A ② B
③ C ④ 모두 같다.

해설
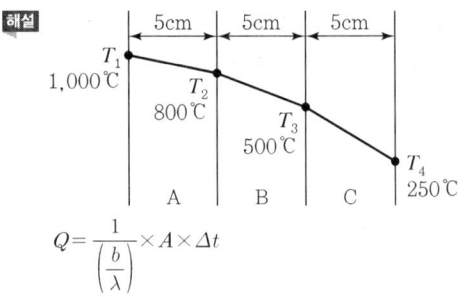

$$Q = \frac{1}{\left(\frac{b}{\lambda}\right)} \times A \times \Delta t$$

온도가 낮을수록 열전도도가 작아진다.

83 다음 중 사이펀관이 직접 부착된 장치는?
① 수면계 ② 안전밸브
③ 압력계 ④ 어큐뮬레이터

해설
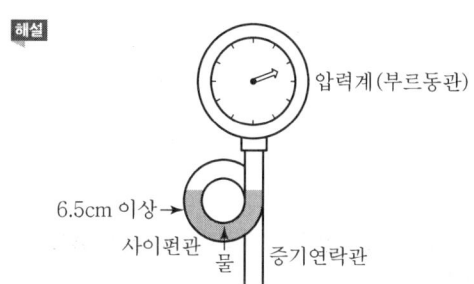

84 파이프의 내경 $D(\text{mm})$를 유량 $Q(\text{m}^3/\text{s})$와 평균속도 $V(\text{m/s})$로 표시한 식으로 옳은 것은?
① $D = 1,128\sqrt{\dfrac{Q}{V}}$ ② $D = 1,128\sqrt{\dfrac{\pi V}{Q}}$
③ $D = 1,128\sqrt{\dfrac{Q}{\pi V}}$ ④ $D = 1,128\sqrt{\dfrac{V}{Q}}$

해설 파이프 내경$(D) = 1,128\sqrt{\dfrac{Q}{V}}$
유량(Q) = 파이프 단면적 × 유속 (m^3/s)

85 수관 보일러와 비교한 원통 보일러의 특징에 대한 설명으로 틀린 것은?
① 구조상 고압용 및 대용량에 적합하다.
② 구조가 간단하고 취급이 비교적 용이하다.
③ 전열면적당 수부의 크기는 수관보일러에 비해 크다.
④ 형상에 비해서 전열면적이 작고 열효율은 낮은 편이다.

해설 수관식
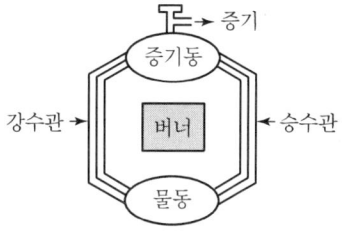
구조상 수관식은 고압, 대용량 보일러이다.

원통형
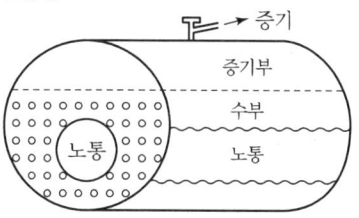

86 보일러의 강도 계산에서 보일러 동체 속에 압력이 생기는 경우 원주방향의 응력은 축방향 응력의 몇 배 정도인가?(단, 동체 두께는 매우 얇다고 가정한다.)
① 2배 ② 4배
③ 8배 ④ 16배

해설 원주방향$\left(\dfrac{PD}{2t}\right)$, 축방향$\left(\dfrac{PD}{4t}\right)$
∴ σ(응력비) = 2 : 1

87 다음 중 특수열매체 보일러에서 가열 유체로 사용되는 것은?
① 폴리아미드 ② 다우섬
③ 덱스트린 ④ 에스테르

해설 특수열매체 보일러의 열매체
• 다우섬 • 카네크롤
• 모빌섬 • 세큐리티

88 다음 중 보일러 안전장치로 가장 거리가 먼 것은?
① 방폭문 ② 안전밸브
③ 체크밸브 ④ 고저수위경보기

해설
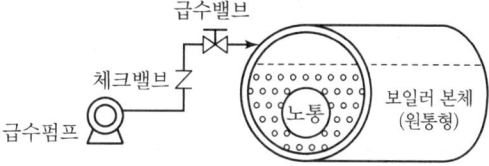

ANSWER | 83. ③ 84. ① 85. ① 86. ① 87. ② 88. ③

89 보일러의 만수보존법에 대한 설명으로 틀린 것은?

① 밀폐 보존방식이다.
② 겨울철 동결에 주의하여야 한다.
③ 보통 2~3개월의 단기보존에 사용된다.
④ 보일러수는 pH 6 정도 유지되도록 한다.

해설 보일러 단기보존 급수처리 : 보일러수는 pH 10.5~11.8 정도 약알칼리로 보존하여 부식을 방지한다.

90 유체의 압력손실에 대한 설명으로 틀린 것은?(단, 관 마찰계수는 일정하다.)

① 유체의 점성으로 인해 압력손실이 생긴다.
② 압력손실은 유속의 제곱에 비례한다.
③ 압력손실은 관의 길이에 반비례한다.
④ 압력손실은 관의 내경에 반비례한다.

해설 유체의 압력손실은 관의 길이에 정비례한다(배관이 길면 압력손실이 크다).

91 다음 중 고압보일러용 탈산소제로서 가장 적합한 것은?

① $(C_6H_{10}O_5)_n$ ② Na_2SO_3
③ N_2H_4 ④ $NaHSO_3$

해설 급수처리 탈산소제 : 급수 중 산소(O_2) 제거
• 저압용 : 아황산소다 · 히드라진(공용)
• 고압용 : 히드라진(N_2H_4)

92 인젝터의 특징으로 틀린 것은?

① 급수온도가 높으면 작동이 불가능하다.
② 소형 저압보일러용으로 사용된다.
③ 구조가 간단하다.
④ 열효율은 좋으나 별도의 소요 동력이 필요하다.

해설 인젝터(소형 급수설비)
• 증기를 이용하여 급수하며 열효율이 좋고 소요동력이 필요 없다.
• 증기압 0.2~1MPa이 적당하다.
• 전기 정전 시 잠시 이용한다.

93 일반적인 주철제 보일러의 특징으로 적절하지 않은 것은?

① 내식성이 좋다.
② 인장 및 충격에 강하다.
③ 복잡한 구조라도 제작이 가능하다.
④ 좁은 장소에서도 설치가 가능하다.

해설 주철은 탄소(C) 함량이 많아서 인장이나 충격에 약하다.

94 프라이밍 및 포밍 발생 시 조치사항에 대한 설명으로 틀린 것은?

① 안전밸브를 전개하여 압력을 강하시킨다.
② 증기 취출을 서서히 한다.
③ 연소량을 줄인다.
④ 수위를 안정시킨 후 보일러수의 농도를 낮춘다.

해설 프라이밍(비수), 포밍(거품)이 발생하면 캐리오버(기수공발)가 발생하므로 주증기밸브나 안전밸브 등을 차단한다(단, 압력 초과 시는 안전밸브를 개방시킨다).

95 이온 교환체에 의한 경수의 연화 원리에 대한 설명으로 옳은 것은?

① 수지의 성분과 Na형의 양이온과 결합하여 경도성분 제거
② 산소 원자와 수지가 결합하여 경도성분 제거
③ 물속의 음이온과 양이온이 동시에 수지와 결합하여 경도성분 제거
④ 수지가 물속의 모든 이물질과 결합하여 경도성분 제거

해설 이온교환체를 이용한 경수의 연화 원리
수지의 성분과 나트륨(Na)형의 양이온과 결합하여 경도성분을 제거하고 경수를 연수로 만드는 화학적 급수처리법이다.

96 수관 1개의 길이가 2,200mm, 수관의 내경이 60mm, 수관의 두께가 4mm인 수관 100개를 갖는 수관 보일러의 전열면적은 약 몇 m²인가?

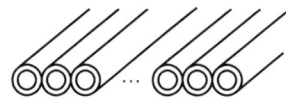

① 42
② 47
③ 52
④ 57

해설 수관의 전열면적$(A) = \pi DLN$
$1m = 10^3 mm$
외경$(D) =$ 내경$+ ($두께$\times 2)$
∴ $\dfrac{(2,200 \times (60+4\times 2) \times 100) \times 3.14}{10^3 \times 10^3} = 47 m^2$

97 방사 과열기에 대한 설명 중 틀린 것은?
① 주로 고온, 고압 보일러에서 접촉 과열기와 조합해서 사용한다.
② 화실의 천장부 또는 노벽에 설치한다.
③ 보일러 부하와 함께 증기온도가 상승한다.
④ 과열온도의 변동을 적게 하는 데 사용된다.

해설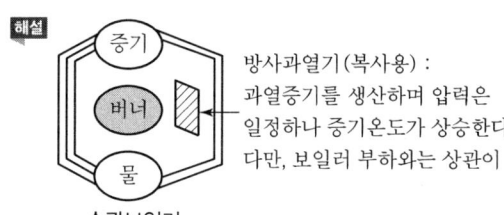
방사과열기(복사용) : 과열증기를 생산하며 압력은 일정하나 증기온도가 상승한다. 다만, 보일러 부하와는 상관이 없다.

98 내압을 받는 어떤 원통형 탱크의 압력이 0.3MPa, 직경이 5m, 강판 두께가 10mm이다. 이 탱크의 이음효율을 75%로 할 때, 강판의 인장응력(N/mm²)은 얼마인가?(단, 탱크의 반경방향으로 두께에 응력이 유기되지 않는 이론값을 계산한다.)
① 200
② 100
③ 20
④ 10

해설 $t = \dfrac{PD}{20\sigma\eta - 2P} + a$
$\sigma = \dfrac{PD}{t} + 2P$, $1kgf = 9.81N$
$\sigma = \dfrac{\dfrac{0.3 \times 5 \times 10^3}{10} + 2 \times 0.3}{20 \times 0.75} = 10.0401 kgf/mm^2$
∴ $10.0401 \times 9.81 = 100 N/mm^2$

99 물을 사용하는 설비에서 부식을 초래하는 인자로 가장 거리가 먼 것은?
① 용존 산소
② 용존 탄산가스
③ pH
④ 실리카

해설 실리카(SiO₂)는 스케일 생성의 요인인자이다. 실리카는 경질 스케일이나, 칼슘성분과 결합하여 규산칼슘의 스케일을 생산한다.

100 보일러의 모리슨형 파형 노통에서 노통의 최소 안지름이 950mm, 최고사용압력을 1.1MPa이라 할 때 노통의 최소 두께는 몇 mm인가?(단, 평형부 길이가 230mm 미만이며, 상수 C는 1,100이다.)
① 5
② 8
③ 10
④ 13

해설 파형 노통
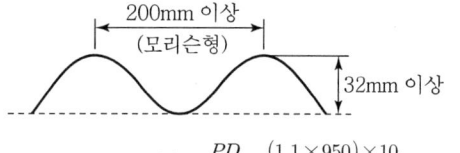

노통의 최소 두께$(t) = \dfrac{PD}{C} = \dfrac{(1.1 \times 950) \times 10}{1,100} = 10.45$
※ $1MPa = 10 kgf/cm^2$

에너지관리기사 필기는 2022년 4회 시험부터 CBT(Computer Based Test)로 전면 시행됩니다.

ANSWER | 96. ② 97. ③ 98. ② 99. ④ 100. ③

에너지관리기사 필기 과년도 문제풀이 10개년
ENGINEER ENERGY MANAGEMENT

PART

03

CBT 실전모의고사

01 | CBT 실전모의고사
02 | CBT 실전모의고사
03 | CBT 실전모의고사

1과목 연소공학

01 액체연료에 대한 가장 적당한 연소방법은?
① 화격자연소　　② 스토커연소
③ 버너연소　　　④ 확산연소

02 연소온도에 영향을 주는 여러 원인 중 변화가 없는 것은?
① 연료의 발열량
② 공기비
③ 연소용 공기 중의 산소농도
④ 연소효율

03 액체연료 중 고온건류하여 얻은 타르계 중유의 특징에 대한 설명으로 틀린 것은?
① 화염의 방사율이 크다.
② 황의 영향이 적다.
③ 슬러지를 발생시킨다.
④ 단위 용적당의 발열량이 극히 적다.

04 가스시설에 대한 위험 장소의 분류에 속하지 않는 것은?
① 0종 장소　　② 1종 장소
③ 2종 장소　　④ 3종 장소

05 공기비 1.3에서 메탄을 연소시킨 경우 단열 연소온도는 약 몇 K인가?(단, 메탄의 저발열량은 49MJ/kg, 배기가스의 평균비열은 1.29kJ/kg·K이고 고온에서의 열분해는 무시하고, 연소 전 온도는 25℃이다.)
① 1,663　　② 1,932
③ 1,965　　④ 2,230

06 메탄의 반응식이 다음과 같을 때 총(고위) 발열량은 약 몇 kcal/Sm³인가?

$$CH_4 + 2O_2 \rightarrow CO_2 + 2H_2O(l) + 213,500cal$$

① 5,720
② 9,500
③ 12,300
④ 16,100

07 어떤 연료의 성분이 다음과 같을 때 이론공기량(Sm³/kg)은?

$$C=0.85, H=0.13, O=0.02$$

① 8.24
② 9.32
③ 10.96
④ 11.98

08 온도가 293K인 이상기체를 단열 압축하여 체적을 1/6로 하였을 때 가스의 온도는 약 몇 K인가?(단, 가스의 정적비열(C_V)은 0.7kJ/kg · K, 정압비열(C_P)은 0.98 kJ/kg · K이다.)

① 393
② 493
③ 558
④ 600

09 다음 연소장치 중 연소부하율이 가장 높은 것은?

① 중유 연소 보일러
② 가스터빈
③ 마플로
④ 미분탄 연소 보일러

10 "압력이 일정할 때 기체의 부피는 온도에 비례하여 변한다."라는 법칙은 무슨 법칙인가?

① Boyle의 법칙
② Gay Lussac의 법칙
③ Joule의 법칙
④ Boyle-Charle의 법칙

11 어떤 중유연소 가열로의 발생가스를 분석했을 때 체적비로 CO_2가 12.0%, O_2가 8.0%, N_2가 80%인 결과를 얻었다. 이 경우의 공기비는?(단, 연료 중에는 질소가 포함되어 있지 않다.)

① 1.2
② 1.4
③ 1.6
④ 1.8

12 석탄을 연료분석한 결과 다음과 같은 결과를 얻었다면 고정탄소분은 약 몇 %인가?

- 수분 – 시료량 : 1.0030g, 건조감량 : 0.0232g
- 회분 – 시료량 : 1.0070g, 잔류 회분량 : 0.2872g
- 휘발분 – 시료량 : 0.9998g, 가열감량 : 0.3432g

① 21.72
② 32.53
③ 37.15
④ 53.17

13 어떤 굴뚝가스가 50mol% N_2, 20mol% CO_2, 10mol O_2와 나머지가 H_2O인 조성을 가지고 있다. 이 기체 중 CO_2 가스의 건기준의 몰분율은?

① 0.125
② 0.2
③ 0.25
④ 0.55

14 전기식 집진장치에 대한 설명 중 틀린 것은?

① 포집입자의 직경은 30~50μm 정도이다.
② 집진효율이 90~99.9%로서 높은 편이다.
③ 광범위한 온도범위에서 설계가 가능하다.
④ 낮은 압력손실로 대량의 가스 처리가 가능하다.

15 메탄가스 8kg을 연소시키는 데 소요되는 이론공기량은 약 몇 Sm^3인가?
① 46 ② 69
③ 86 ④ 107

16 중유의 탄수소비가 증가함에 따른 발열량의 변화는?
① 감소한다. ② 증가한다.
③ 무관하다. ④ 초기에는 증가하다가 점차 감소한다.

17 다음 중 과잉 공기가 너무 많을 때 발생하는 현상은?
① 연소 속도가 빨라진다. ② 연소 온도가 높아진다.
③ 보일러 효율이 높아진다. ④ 배기가스의 열손실이 많아진다.

18 부생(副生)가스 중 CH_4와 H_2가 주성분인 가스는?
① 수성가스 ② 코크스로가스
③ 고로가스 ④ 전로가스

19 고체 및 액체연료의 발열량을 측정할 때 정압 열량계가 주로 사용된다. 이 열량계 중에 2L의 물이 있는데 5g의 시료를 연소시킨 결과 물의 온도가 20℃ 상승하였다. 이 열량계의 열손실율을 10%라고 가정할 때의 발열량은 약 몇 cal/g인가?
① 4,800 ② 6,800
③ 8,800 ④ 10,800

20 연소가스 중의 질소산화물 생성을 억제하기 위한 방법으로 틀린 것은?
① 2단 연소 ② 고온 연소
③ 농담 연소 ④ 배가스 재순환 연소

2과목 열역학

21 100kPa, 20℃의 공기를 5kg/min의 유량으로 공기압축기를 통과시켜 1,000kPa까지 등온압축시킨다. 이때 필요한 동력을 구하면?(단, 공기의 기체상수는 0.287 kJ/kg·K이다.)

① 16.1kW
② 77.3kW
③ 450kW
④ 900kW

22 30℃에서 150L의 이상기체를 20L로 가역단열압축시킬 때 온도가 230℃로 상승하였다. 이 기체의 정적비열은 약 몇 kJ/kg·K인가?(단, 기체상수는 0.287kJ/kg·K이다.)

① 0.17
② 0.24
③ 1.14
④ 1.47

23 엔트로피에 대한 설명으로 틀린 것은?

① 엔트로피는 분자들의 무질서도 척도가 된다.
② 엔트로피는 상태함수이다.
③ 우주의 모든 현상은 총 엔트로피가 증가하는 방향으로 진행되고 있다.
④ 자유팽창, 종류가 다른 가스의 혼합, 액체 내의 분자의 확산 등의 과정에서 엔트로피가 변하지 않는다.

24 성능계수 3.4인 냉동기에서 냉동능력 1kW당 압축기의 구동 동력은 약 몇 kW인가?

① 0.29
② 1.14
③ 2.37
④ 3.06

25 다음 중 랭킨 사이클을 개선한 사이클은?

① 재열 사이클 ② 오토 사이클
③ 디젤 사이클 ④ 사바테 사이클

26 냉동능력을 나타내는 단위로 0℃의 물을 24시간 동안 0℃의 얼음으로 만드는 능력을 무엇이라고 하는가?

① 냉동효과 ② 냉동마력
③ 냉동톤 ④ 냉동률

27 실제기체가 이상기체의 상태방정식을 근사적으로 만족시키는 조건으로 가장 관계가 먼 것은?

① 분자 간의 인력이 작아야 한다. ② 압력이 낮아야 한다.
③ 비체적이 커야 한다. ④ 온도가 낮아야 한다.

28 CO_2 50kg을 50℃에서 250℃로 가열할 때 내부에너지의 변화는 몇 kJ인가?(단, 정적비열 C_v는 0.67kJ /kg · K이다.)

① 134 ② 168
③ 3,200 ④ 6,700

29 교축(Throttling)과정을 전후하여 일반적으로 변화하지 않는 열역학적 양은?

① 내부에너지 ② 엔탈피
③ 엔트로피 ④ 압력

30 저열원 10℃, 고열원 600℃ 사이에 작용하는 카르노 사이클에서 사이클당 방열량이 3.5kJ이면 사이클당 실제 일의 양은 약 몇 kJ인가?

① 3.5 ② 5.7
③ 6.8 ④ 7.3

1	①	②	③	④
2	①	②	③	④
3	①	②	③	④
4	①	②	③	④
5	①	②	③	④
6	①	②	③	④
7	①	②	③	④
8	①	②	③	④
9	①	②	③	④
10	①	②	③	④
11	①	②	③	④
12	①	②	③	④
13	①	②	③	④
14	①	②	③	④
15	①	②	③	④
16	①	②	③	④
17	①	②	③	④
18	①	②	③	④
19	①	②	③	④
20	①	②	③	④
21	①	②	③	④
22	①	②	③	④
23	①	②	③	④
24	①	②	③	④
25	①	②	③	④
26	①	②	③	④
27	①	②	③	④
28	①	②	③	④
29	①	②	③	④
30	①	②	③	④

31 어느 과열증기의 온도가 325℃일 때 과열도를 구하면 약 몇 ℃인가?(단, 이 증기의 포화온도는 495K이다.)

① 93 ② 103
③ 113 ④ 123

32 그림의 열기관 사이클(Cycle)에 해당하는 것은?

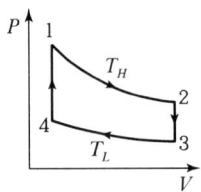 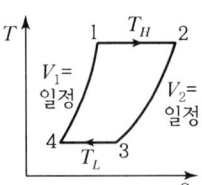

① 스털링(Stirling) 사이클 ② 오토(Otto) 사이클
③ 브레이턴(Brayton) 사이클 ④ 랭킨(Rankine) 사이클

33 체적 $4m^3$, 온도 290K의 어떤 기체가 가역단열과정으로 압축되어 체적 $2m^3$, 온도 340K으로 되었다. 이상기체라고 가정하면 기체의 비열비는 약 얼마인가?

① 1.091 ② 1.229
③ 1.407 ④ 1.667

34 질량 m kg의 어떤 기체로 구성된 밀폐계가 A kJ의 열을 받아 $0.5A$ kJ의 일을 하였다면, 이 기체의 온도변화는 몇 K인가?(단, 이 기체의 정적비열은 C_v kJ/kg·K, 정압비열은 C_p kJ/kg·K이다.)

① $\dfrac{A}{mC_v}$ ② $\dfrac{A}{mC_p}$

③ $\dfrac{A}{2mC_v}$ ④ $\dfrac{A}{2mC_p}$

35 30℃와 100℃ 사이에서 냉동기를 가동시키는 경우 최대성능계수(COP)는 약 얼마인가?

① 2.33   ② 3.33
③ 4.33   ④ 5.33

36 비열비 $k = 1.3$이고 정적비열이 0.65kJ/kg·K이면 이 기체의 기체상수는 얼마인가?

① 0.195kJ/kg·K   ② 0.5kJ/kg·K
③ 0.845kJ/kg·K   ④ 1.345kJ/kg·K

37 정압과정으로 5kg의 공기에 20kcal의 열이 전달되어, 공기의 온도가 10℃에서 30℃로 올랐다. 이 온도범위에서 공기의 평균 비열(kJ/kg·K)을 구하면?

① 0.152   ② 0.321
③ 0.463   ④ 0.837

38 공기를 작동 유체로 하는 그림과 같은 Diesel Cycle의 온도범위가 40~1,000℃일 때 압축비는 약 얼마인가?(단, 비열비는 1.4, 최고압력 P_2는 5MPa, 최저압력 P_1은 100kPa이다.)

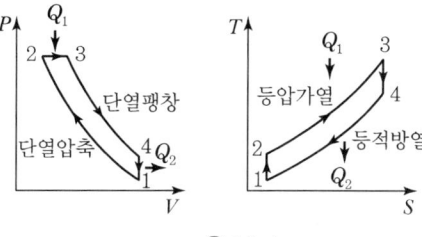

① 4.8   ② 16.4
③ 27.3   ④ 39.5

39 엔탈피에 대한 설명 중 잘못된 것은?

① 열역학적으로 경로함수이다.
② 정압과정에서는 엔탈피 변화량이 열량을 나타낸다.
③ $H = U + PV$로 정의된다.
④ 이상기체의 엔탈피는 온도만의 함수이다.

40 물의 삼중점(Triple Point)의 온도는?

① 0K
② 273.16℃
③ 73K
④ 273.16K

3과목 계측방법

41 방사온도계로 흑체가 아닌 피측정체의 실제온도 T를 구하는 식은?(단, E : 전방사에너지, E_t : 전방사율이다.)

① $T = \dfrac{E}{\sqrt[4]{E_t}}$
② $T = \dfrac{E}{\sqrt[3]{E_t}}$
③ $T = \dfrac{E}{\sqrt{E_t}}$
④ $T = \dfrac{E}{E_t}$

42 차압식 유량계에서 교축 상류 및 하류에서의 압력이 P_1, P_2일 때 체적 유량이 Q_1이라면, 압력이 각각 처음보다 2배만큼씩 증가했을 때의 Q_2는 얼마인가?

① $Q_2 = \sqrt{2}\, Q_1$
② $Q_2 = 2Q_1$
③ $Q_2 = \dfrac{1}{2} Q_1$
④ $Q_2 = \dfrac{1}{\sqrt{2}} Q_1$

43 압력게이지에 나타내는 압력은 어느 것인가?
① 절대압력
② 대기압
③ 절대압력 − 대기압
④ 절대압력 + 대기압

44 CO, CO₂, CH₄를 함유한 어떤 기체를 분석 시 Gas Chromatography를 사용하여 그림과 같은 스트립 차트를 얻었다. 이들 3가지 물질에 대한 CO : CH₄ : CO₂의 몰분율 비는?

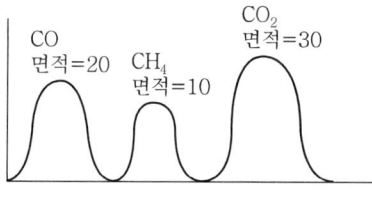

① 2 : 1 : 3
② 4 : 1 : 9
③ 8 : 1 : 27
④ 14 : 16 : 15

45 다음 열전대 보호관 재질 중 상용온도가 가장 높은 것은?

① 유리
② 자기
③ 구리
④ Ni－Cr Stainless

46 적분동작(I 동작)에 가장 많이 사용되는 제어는?

① 증기압력제어
② 유량압력제어
③ 증기속도제어
④ 유량속도제어

47 유체의 와류에 의해 측정하는 유량계는?

① 오벌(Oval) 유량계
② 델타(Delta) 유량계
③ 로터리 피스톤(Rotary Piston) 유량계
④ 로터미터(Rotameter)

48 경유를 사용한 분동식 압력계의 사용압력(kg/cm^2) 범위는?

① 40～100
② 100～300
③ 300～500
④ 500～1,000

49 기준입력과 주 피드백 신호와의 차에 의해서 일정한 신호를 조작요소에 보내는 제어장치는?

① 조절기(Controller)
② 전송기(Transmitter)
③ 조작기(Actuator)
④ 계측기(Measuring Meter)

31	①	②	③	④
32	①	②	③	④
33	①	②	③	④
34	①	②	③	④
35	①	②	③	④
36	①	②	③	④
37	①	②	③	④
38	①	②	③	④
39	①	②	③	④
40	①	②	③	④
41	①	②	③	④
42	①	②	③	④
43	①	②	③	④
44	①	②	③	④
45	①	②	③	④
46	①	②	③	④
47	①	②	③	④
48	①	②	③	④
49	①	②	③	④
50	①	②	③	④
51	①	②	③	④
52	①	②	③	④
53	①	②	③	④
54	①	②	③	④
55	①	②	③	④
56	①	②	③	④
57	①	②	③	④
58	①	②	③	④
59	①	②	③	④
60	①	②	③	④

50 열선식 유량계에 대한 설명으로 틀린 것은?

① 열선의 전기저항이 감소하는 것을 이용한 유량계를 열선풍속계라 한다.
② 유체가 필요로 하는 열량이 유체의 양에 비례하는 것을 이용한 유량계는 토마스식 유량계이다.
③ 기체의 종류가 바뀌거나 조성이 변해도 정도가 높다.
④ 기체의 질량유량을 직접 측정이 가능하다.

51 다음 [보기]의 특징을 가지는 가스분석계는?

- 가동부분이 없고 구조도 비교적 간단하며, 취급이 용이하다.
- 가스의 유량, 압력, 점성의 변화에 대하여 지시오차가 거의 발생하지 않는다.
- 열선은 유리로 피복되어 있어 측정가스 중의 가연성 가스에 대한 백금의 촉매작용을 막아 준다.

① 연소식 O_2계
② 적외선 가스분석계
③ 자기식 O_2계
④ 밀도식 CO_2계

52 냉접점의 온도가 0℃가 아닐 때 지시온도의 보정이 필요한 온도계는?

① 압력 온도계
② 광고온계
③ 열전대 온도계
④ 저항 온도계

53 다음 [보기]의 특징을 가지는 제어동작은?

- 부하변화가 커도 잔류편차가 남지 않는다.
- 전달느림이나 쓸모없는 시간이 크면 사이클링의 주기가 커진다.
- 급변할 때는 큰 진동이 생긴다.
- 반응속도가 빠른 프로세스나 느린 프로세스에 주로 사용된다.

① PID 동작
② 뱅뱅 동작
③ PI 동작
④ P 동작

54 관로에 설치한 오리피스 전, 후의 차압이 1.936mmH₂O일 때 유량이 22m³/h이었다. 차압이 1.024mmH₂O이었을 때의 유량은 얼마인가?

① 15.4m³/h
② 16m³/h
③ 25m³/h
④ 28m³/h

55 액주에 의한 압력측정에서 정밀측정을 위한 보정으로 적당하지 않은 것은?

① 모세관 현상의 보정
② 높이의 보정
③ 중력의 보정
④ 온도의 보정

56 0℃에서 저항이 80Ω이고 저항온도계수가 0.002인 저항온도계를 노 안에 삽입했더니 저항이 160Ω이 되었을 때 노 안의 온도는 약 몇 ℃이겠는가?

① 160℃
② 320℃
③ 400℃
④ 500℃

57 방사온도계의 특징에 대한 설명 중 옳지 않은 것은?

① 방사율에 대한 보정량이 크다.
② 측정거리에 따라 오차 발생이 적다.
③ 발신기의 온도가 상승하지 않게 필요에 따라 냉각한다.
④ 노 벽과의 사이에 수증기, 탄산가스 등이 있으면 오차가 생기므로 주의해야 한다.

58 액주식 압력계에 사용되는 액체의 구비조건이 아닌 것은?

① 점도가 작을 것
② 열팽창계수가 작을 것
③ 모세관 현상이 클 것
④ 화학적으로 안정할 것

59 면적식 유량계(Variable Area Flow Meter)의 구성장치로만 바르게 나열된 것은?

① 테이퍼관(Taper Tube), U자관
② U자관, 플로트(Float)
③ 수평관, 조리개
④ 테이퍼관(Taper Tube), 플로트

60 자기가열(自己加熱) 현상이 있는 온도계는?

① 열전대 온도계
② 압력식 온도계
③ 서미스터 온도계
④ 광고온계

4과목 열설비재료 및 관계법규

61 두께 230mm의 내화벽돌, 114mm의 단열벽돌, 230mm의 보통벽돌로 된 노의 평면벽에서 내벽면의 온도가 1,200℃이고 외벽면의 온도가 120℃일 때 노벽 1m² 당 열손실은 매 시간당 약 몇 kcal인가?(단, 벽돌의 열전도도는 각각 1.2, 0.12, 0.6kcal/m·h·℃이다.)

① 376
② 563
③ 708
④ 1,688

62 민간사업 주관자 중 에너지 사용계획을 수립하여 산업통상자원부장관에게 제출하여야 하는 사업자의 기준은?

① 연간 연료 및 열을 2천 TOE 이상 사용하거나 전력을 5백만 kWh 이상 사용하는 시설을 설치하고자 하는 자
② 연간 연료 및 열을 3천 TOE 이상 사용하거나 전력을 1천만 kWh 이상 사용하는 시설을 설치하고자 하는 자
③ 연간 연료 및 열을 5천 TOE 이상 사용하거나 전력을 2천만 kWh 이상 사용하는 시설을 설치하고자 하는 자
④ 연간 연료 및 열을 1만 TOE 이상 사용하거나 전력을 4천만 kWh 이상 사용하는 시설을 설치하고자 하는 자

63 열전도율이 낮은 재료에서 높은 재료 순으로 된 것은?

① 물 – 유리 – 콘크리트 – 석고보드 – 스티로폼 – 공기
② 공기 – 스티로폼 – 석고보드 – 물 – 유리 – 콘크리트
③ 스티로폼 – 유리 – 공기 – 석고보드 – 콘크리트 – 물
④ 유리 – 스티로폼 – 물 – 콘크리트 – 석고보드 – 공기

64 다음 중 조직의 화학변화를 동반하는 소성, 가소를 목적으로 하는 로는?

① 고로
② 균열로
③ 용해로
④ 소성로

65 감압밸브에 대한 설명으로 틀린 것은?
① 작동방식에는 직동식과 파일럿 작동식이 있다.
② 증기용 감압밸브의 유입 측에는 안전밸브를 설치하여야 한다.
③ 감압밸브를 설치할 때는 직관부를 호칭경의 10배 이상으로 하는 것이 좋다.
④ 감압밸브를 2단으로 설치할 경우에는 1단의 설정압력을 2단보다 높게 하는 것이 좋다.

66 에너지 절약 전문기업의 등록 신청 시 신청서 첨부서류가 아닌 것은?
① 사업계획서
② 등기부등본(법인인 경우)
③ 보유장비 명세서 및 기술인력 명세서(자격증명서 사본 포함)
④ 감정평가업자가 행한 자산에 대한 감정평가서(법인인 경우)

67 용광로에서 선철을 만들 때 사용되는 주원료가 아닌 것은?
① 규선석(珪線石)
② 석회석(石灰石)
③ 철광석(鐵鑛石)
④ 코크스(Cokes)

68 다음 강관의 표시기호 중 배관용 합금강 강관은?
① SPPH
② SPHT
③ SPA
④ STA

69 다음 중 대기전력 경고표지 대상 제품인 것은?
① 디지털 카메라
② 텔레비전
③ 셋톱박스
④ 유무선전화기

70 연소가스(화염)의 진행방향에 따라 요로를 분류한 것은?
① 연속식 가마 ② 도염식 가마
③ 직화식 가마 ④ 셔틀 가마

71 연속식 가마로서 피열물을 정지시켜 놓고 소성대의 위치를 바꾸어 가며 주로 벽돌, 기와 등의 건축재료를 소성하는 가마는?
① 오름가마 ② 꺾임불꽃식 가마
③ 터널가마 ④ 고리가마

72 에너지 사용계획의 내용이 아닌 것은?
① 사업일정 ② 에너지 수급예측 및 공급계획
③ 에너지 이용효율 향상 방안 ④ 사후 관리계획

73 다음 중 최고사용온도가 가장 낮은 보온재는?
① 폴리우레탄폼 ② 페놀폼
③ 펄라이트 보온재 ④ 폴리에틸렌폼

74 최고사용압력(MPa)과 내용적(m^3)을 곱한 수치가 0.004를 초과하는 압력용기 중 1종 압력용기에 해당되지 않는 것은?
① 증기를 발생시켜 액체를 가열하며 용기 안의 압력이 대기압을 초과하는 압력용기
② 용기 안의 화학반응에 의하여 증기를 발생하는 것으로 용기 안의 압력이 대기압을 초과하는 압력용기
③ 용기 안의 액체 성분을 분리하기 위하여 해당 액체를 가열하는 것으로 용기 안의 압력이 대기압을 초과하는 압력용기
④ 용기 안의 액체의 온도가 대기압에서의 비점을 초과하지 않는 압력용기

75 다음 중 계속 사용검사에 해당하는 것은?
① 개조검사
② 구조검사
③ 설치검사
④ 운전성능검사

76 인정검사대상기기 관리자의 교육을 이수한 자의 관리범위에 해당되지 않는 것은?
① 용량이 3t/h인 노통 연관식 보일러
② 압력용기
③ 온수를 발생하는 보일러로서 용량이 300kW인 것
④ 증기 보일러로서 최고사용압력이 0.5MPa이고 전열면적이 $9m^2$인 것

77 단열재, 보온재 및 보랭재는 무엇을 기준으로 분류하는가?
① 열전도율
② 내화도
③ 안전사용온도
④ 내압강도

78 고 알루미나질 내화물의 특징에 대한 설명으로 틀린 것은?
① 중성 내화물이다.
② 내식성, 내마모성이 적다.
③ 내화도가 높다.
④ 고온에서 부피변화가 적다.

79 보온재 시공 시 주의하여야 할 사항으로 가장 거리가 먼 것은?
① 사용개소의 온도에 적당한 보온재를 선택한다.
② 보온재의 열전도성 및 내열성을 충분히 검토한 후 선택한다.
③ 사용처의 구조 및 크기 또는 위치 등에 적합한 것을 선택한다.
④ 가격이 가장 저렴한 것을 선택한다.

80 소성 가마 내의 열의 전열방법에 포함되지 않는 것은?
① 복사
② 전도
③ 전이
④ 대류

5과목 열설비설계

81 보일러 연소량을 일정하게 하고 수요처의 저부하 시 잉여증기를 축적시켰다가 급작한 부하변동이나 저부하 등에 대처하기 위해 사용되는 장치는?

① 탈기기
② 인젝터
③ 어큐뮬레이터
④ 재열기

82 벤졸의 혼합액을 증류하여 매시 1,000kg의 순 벤졸을 얻은 정류탑이 있다. 그 환류비는 2.5이다. 이 정류탑의 환류비가 1.5로 되었다면 1시간에 몇 kcal의 열량을 절약할 수 있는가?(단, 벤졸의 증발열은 95kcal/kg이다.)

① 950kcal
② 9,500kcal
③ 95,000kcal
④ 950,000kcal

83 보일러 급수 중에 함유되어 있는 칼슘(Ca) 및 마그네슘(Mg)의 농도를 나타내는 척도는?

① 탁도
② 경도
③ BOD
④ pH

84 이중관 열교환기(Double－pipe Heat Exchanger) 중 병류식, 단류 교환기를 향류식과 비교할 때의 설명으로 옳지 않은 것은?

① 전열량이 적다.
② 일반적으로 거의 사용되지 않는다.
③ 한 유체의 출구온도가 다른 유체의 입구온도까지 접근이 불가능하다.
④ 전열면적이 많이 필요하다.

85 용량이 몇 t/h 이상의 증기보일러에 수질관리를 위한 급수처리 또는 스케일 부착방지나 제거를 위한 시설을 하여야 하는가?

① 0.5
② 1
③ 3
④ 5

61	①	②	③	④
62	①	②	③	④
63	①	②	③	④
64	①	②	③	④
65	①	②	③	④
66	①	②	③	④
67	①	②	③	④
68	①	②	③	④
69	①	②	③	④
70	①	②	③	④
71	①	②	③	④
72	①	②	③	④
73	①	②	③	④
74	①	②	③	④
75	①	②	③	④
76	①	②	③	④
77	①	②	③	④
78	①	②	③	④
79	①	②	③	④
80	①	②	③	④
81	①	②	③	④
82	①	②	③	④
83	①	②	③	④
84	①	②	③	④
85	①	②	③	④
86	①	②	③	④
87	①	②	③	④
88	①	②	③	④
89	①	②	③	④
90	①	②	③	④

86. 소형 보일러를 옥내에 설치 시 보일러 외측으로부터 보일러실 벽과의 거리는 얼마 이상이어야 하는가?
   ① 0.1m
   ② 0.3m
   ③ 0.45m
   ④ 0.6m

87. 다음 중 사이펀 관(Siphon Tube)과 관련이 있는 것은?
   ① 수면계
   ② 안전밸브
   ③ 압력계
   ④ 어큐뮬레이터

88. 지름이 d, 두께가 t인 얇은 살두께의 원통 안에 압력 P가 작용할 때 원통에 발생하는 길이방향의 인장응력은?
   ① $\dfrac{\pi dP}{4t}$
   ② $\dfrac{\pi dP}{t}$
   ③ $\dfrac{dP}{4t}$
   ④ $\dfrac{dP}{2t}$

89. 판형 열교환기의 일반적인 특징에 대한 설명으로 틀린 것은?
   ① 구조상 압력손실이 적고 내압성은 크다.
   ② 다수의 파형이나 반구형의 돌기를 프레스 성형하여 판을 조합한다.
   ③ 전열면의 청소나 조립이 간단하고, 고점도에도 적용할 수 있다.
   ④ 판의 매수 조절이 가능하여 전열면적 증감이 용이하다.

90. 노통 보일러에 있어 원통 연소실 또는 노통의 길이 이음에 가장 적합한 용접방법은?
   ① 필릿용접
   ② 플러그용접
   ③ 맞대기 양쪽 용접
   ④ 비트용접

91 관 스테이의 최소 단면적을 구하려고 한다. 이때 적용하는 설계 계산식은?(단, S : 관 스테이의 최소 단면적(mm^2), A : 1개의 관 스테이가 지시하는 면적(cm^2), a : A 중에서 관구멍의 합계 면적(cm^2), P : 최고사용압력(kgf/cm^2)이다.)

① $S = \dfrac{(A-a)P}{5}$ ② $S = \dfrac{(A-a)P}{15}$

③ $S = \dfrac{5P}{(A-a)}$ ④ $S = \dfrac{15P}{(A-a)}$

92 열교환기의 기본형을 크게 병류(Parallel Flow)형, 향류(Counter Flow)형, 직교류(Cross Flow)형으로 구분하여 같은 조건에서 비교할 때 온도효율의 크기를 옳게 나타낸 것은?

① 직교류=병류=향류   ② 향류＞직교류＞병류
③ 직교류＞병류＞향류   ④ 병류＞향류＞직교류

93 육용강제 보일러에서 동체의 최소 두께에 대하여 옳지 않게 나타낸 것은?

① 안지름이 900mm 이하의 것은 6mm(단, 스테이를 부착할 경우)
② 안지름이 900mm 초과 1,350mm 이하의 것은 8mm
③ 안지름이 1,350mm 초과 1,850mm 이하의 것은 10mm
④ 안지름이 1,850mm 초과시 12mm 이상

94 다음 그림과 같이 열전도계수 K가 25W/m·℃인 중공구(中空球)가 있다. 이때 온도는 r_i가 3cm일 때 T_i는 300K, r_o가 6cm일 때 T_o는 200K으로 나타났다. 중공구를 통한 열이동량은?

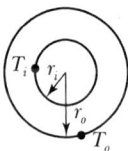

① 177W   ② 1,885W
③ 1,993   ④ 2,827W

95 가스용접에서 사용하는 불꽃에 산소량이 많으면 어떤 결과를 가져오는가?

① 용접봉이 많이 소모된다.
② 아세틸렌이 많이 소비된다.
③ 용착금속이 산화, 탈탄된다.
④ 용제의 사용이 필요 없게 된다.

96 향류 열교환기에서의 저온 측의 온도효율 E_c를 옳게 나타낸 것은?(단, 아래 첨자 c는 저온 측, 1은 입구, h는 고온 측, 2는 출구를 나타낸다.)

① $\dfrac{T_{c2} - T_{c1}}{T_{h1} - T_{c1}}$

② $\dfrac{T_{c1} - T_{c2}}{T_{h1} - T_{c1}}$

③ $\dfrac{T_{c1} - T_{c2}}{T_{h1} - T_{c2}}$

④ $\dfrac{T_{c2} - T_{c1}}{T_{h1} - T_{c2}}$

97 증기 및 온수보일러를 포함한 주철보일러의 경우 최고사용압력이 0.43MPa 이하일 경우의 수압시험압력은?

① 0.2MPa로 한다.
② 최고사용압력의 2.0배의 압력으로 한다.
③ 최고사용압력의 2.5배의 압력으로 한다.
④ 최고사용압력의 1.3배에 0.3MPa을 더한 압력으로 한다.

98 송풍기의 출구 풍압을 $h(\text{mmAq})$, 송풍량을 $V(\text{m}^3/\text{min})$, 송풍기 효율을 η로 표기하면 송풍기 마력(N)은 어떻게 표시되는가?

① $N = \dfrac{h^2 V}{60 \times 75 \times \eta}$

② $N = \dfrac{hV}{60 \times 75 \times \eta}$

③ $N = \dfrac{hV\eta}{60 \times 75}$

④ $N = \dfrac{\eta}{60 \times 75 \times hV}$

99 증기실 부하를 600m³/m³·h로 할 때 증기압력 45kg/cm²·g 증발량 60t/h의 수관보일러의 기수드럼의 증기부 용적은 얼마인가?(단, 45kg/cm²·g의 포화증기의 비체적은 0.044m³/kg이다.)

① 4.4m³
② 15.84m³
③ 26.4m³
④ 100m³

100 저위발열량이 10,000kcal/kg인 연료를 사용하고 있는 실제증발량이 4t/h인 보일러에서 급수온도 40℃, 발생증기의 엔탈피가 650kcal/kg일 때 연료소비량은 약 몇 kg/h인가?(단, 보일러의 효율은 85%이다.)

① 251
② 287
③ 361
④ 397

CBT 정답 및 해설

01	02	03	04	05	06	07	08	09	10
③	①	④	④	②	②	③	④	②	②
11	12	13	14	15	16	17	18	19	20
③	③	③	①	④	①	④	②	③	②
21	22	23	24	25	26	27	28	29	30
①	③	④	①	①	③	④	④	②	④
31	32	33	34	35	36	37	38	39	40
②	①	②	③	③	①	④	②	①	④
41	42	43	44	45	46	47	48	49	50
①	①	③	①	②	④	②	①	①	③
51	52	53	54	55	56	57	58	59	60
③	③	③	②	④	②	④	③	④	③
61	62	63	64	65	66	67	68	69	70
③	③	②	①	②	④	①	③	④	②
71	72	73	74	75	76	77	78	79	80
④	①	④	④	④	①	③	②	④	③
81	82	83	84	85	86	87	88	89	90
③	③	②	④	②	③	④	③	①	③
91	92	93	94	95	96	97	98	99	100
①	②	①	②	③	③	②	②	①	②

01 정답 | ③
풀이 | ① 화격자연소 : 고체연료
② 스토커연소 : 석탄
③ 버너연소 : 액체, 가스
④ 확산연소 : 가스

02 정답 | ①
풀이 | 연소온도에 영향을 주는 인자
• 공기비(과잉공기계수)
• 공기 중 산소농도
• 연소효율

03 정답 | ④
풀이 | 타르계 중유는 단위 용적당 발열량이 크다.

04 정답 | ④
풀이 | 가스의 위험장소 등급구분
• 0종 장소
• 1종 장소
• 2종 장소

05 정답 | ②
풀이 | $CH_4(메탄) + 2O_2 \rightarrow CO_2 + 2H_2O$, $1MJ = 1,000kJ$
$CO_2 + 2H_2O$ 양 $= 3Nm^3/Nm^3$

연소온도 $= \dfrac{발열량}{비열 \times 배기가스양}$

이론공기량$(A_0) = 2 \times \dfrac{1}{0.21} = 9.52Nm^3/m^3$

이론습배기가스양$(G_{ow}) = (1-0.21) \times 9.52 + 3$
$= 10.52Nm^3/Nm^3$

실제습배기가스양$(G_w) = G_{ow} + (m-1)A_0$
$= 10.52 + (1.3-1) \times 9.52$
$= 14Nm^3/Nm^3$

$14 \times \dfrac{22.4}{16} = 19.6Nm^3/kg$

메탄 $1kmol = 22.4m^3 = 16kg$

$\therefore \dfrac{49 \times 1,000}{1.29 \times 19.6} = 1,937K$

06 정답 | ②
풀이 | 메탄(CH_4) $1kmol = 22.4m^3 = 16kg$
$213,500cal/mol = 213,500kcal/kmol$

$\therefore \dfrac{213,500}{22.4} = 9,531kcal/Sm^3$

07 정답 | ③
풀이 | 이론공기량(A_0)

$A_0 = \left(1.867C + 5.6\left(H - \dfrac{O}{8}\right) + 0.7S\right) \times \dfrac{1}{0.21}$

$= 8.89C + 26.67\left(H - \dfrac{O}{8}\right) + 3.33S$

$= 8.89 \times 0.85 + 26.67\left(0.13 - \dfrac{0.02}{8}\right)$

$= 7.5565 + 3.400425 = 10.96Sm^3/kg$

08 정답 | ④
풀이 | 비열비$(k) = \dfrac{C_V}{C_P} = \dfrac{0.98}{0.7} = 1.4$

단열압축 $T_2 = T_1 \times \left(\dfrac{V_1}{V_2}\right)^{k-1}$

$= 293 \times \left(\dfrac{6}{1}\right)^{1.4-1} = 600K$

09 정답 | ②
풀이 | 연소부하율$(kcal/m^3 \cdot h)$
가스터빈 > 미분탄 > 중유보일러 > 마플로

CBT 정답 및 해설

10 정답 | ②
풀이 | 샤를, 게이뤼삭 법칙
압력이 일정할 때 기체의 부피는 온도에 비례하여 변한다.
$$\frac{V_1}{T_1} = \frac{V_2}{T_2}$$
$$\therefore \frac{V}{T} = \text{Const}$$

11 정답 | ③
풀이 | CO 가스가 없을 때 공기비(m)
$$m = \frac{N_2}{N_2 - 3.76(O_2)} = \frac{80}{80 - 3.76 \times 8.0} = 1.6$$
(공기비가 크면 연소상태 불량)

12 정답 | ③
풀이 | 고정탄소(F) = 100 − (수분 + 회분 + 휘발분)
※ 휘발분에서는 수분값을 빼준다.
수분 = $\frac{0.0232}{1.0030} \times 100 = 2.313\%$
회분 = $\frac{0.2872}{1.0070} \times 100 = 28.52\%$
휘발분 = $\left(\frac{0.3432}{0.9998} \times 100\right) - 2.313 = 32.0138\%$
$\therefore F = 100 - (2.313 + 28.52 + 32.0138) = 37.15\%$

13 정답 | ③
풀이 | N_2 : 50mol, CO_2 : 20mol, O_2 : 10mol
$50 + 20 + 10 = 80$mol(건기준)
$\therefore \frac{20}{80} = 0.25$

14 정답 | ①
풀이 | 전기식 포집입자
$0.05 \sim 20\mu$m 입자의 집진이 가능하다.

15 정답 | ④
풀이 | $CH_4 + 2O_2 \rightarrow CO_2 + 2H_2O$
공기 중 산소는 21%(0.21)이다.
16kg + 2×22.4m³ → 44kg + 2×18kg
$16 : (2 \times 22.4) = 8 : x$
$x = (2 \times 22.4) \times \frac{8}{16} = 22.4$m³(산소량)
$\therefore$ 공기량(A_0) = $22.4 \times \frac{1}{0.21} = 107$Sm³

16 정답 | ①
풀이 | 탄수소비 = $\left(\frac{탄소}{수소}\right)$가 증가하면 발열량이 많은 수소가 감소하므로 발열량이 감소한다.

17 정답 | ④
풀이 | 과잉 공기가 많아지면 연소실 온도가 저하하고 보일러 효율이 저하하며 배기가스의 열손실이 많아진다.

18 정답 | ②
풀이 | 가스의 주성분
① 수성가스 : $H_2 + CO$
② 코크스로가스 : $CH_4 + H_2$
③ 고로가스 : $N_2 + CO + CO_2$
④ 전로가스 : O_2

19 정답 | ③
풀이 | 단열식
$= \frac{내통수비열 \times 상승온도 \times (내통수량 + 수당량)}{시료}$
2L = 2,000g
$\frac{1 \times 20 \times (2 \times 1,000g)}{5} = 8,000℃$
$8,000 \times 0.1 = 800℃$(열손실 보정)
$\therefore$ 열손실 보정 후 발열량 = $8,000 + 800 = 8,800℃$

20 정답 | ②
풀이 | 질소산화물 억제방법
• 2단 연소
• 저온 연소
• 농담 연소
• 배기가스 재순환 연소

21 정답 | ①
풀이 | 등온압축기 사이클(W_o)
$$W_o = P_1 V_1 \ln\left(\frac{P_2}{P_1}\right) = P_1 V_1 \ln\rho$$
$$= 5 \times 0.287 \times (273 + 20) \times \ln\left(\frac{10}{1}\right)$$
$$= 968.1 \text{kW/min}$$
1분 = 60초
$\therefore \frac{968.1}{60} = 16.1$kW

01회 | CBT 실전모의고사

22 정답 | ③
풀이 | $C_p - C_v = R$, $T_1 V_1^{k-1} = T_2 V_2^{k}$
$C_p = \dfrac{k}{k-1} R$, $C_v = \dfrac{1}{k-1} R$
$\dfrac{T_2}{T_1} = \left(\dfrac{V_1}{V_2}\right)^{k-1} = \dfrac{273+230}{273+30} = \left(\dfrac{150}{20}\right)^{k-1}$
$k-1 = \dfrac{\ln\left(\dfrac{503}{303}\right)}{\ln\left(\dfrac{150}{20}\right)} = 0.25$
$k = 1 + 0.25 = 1.25$
정압비열 $C_p = \dfrac{1.25}{1.25-1} \times 0.287 = 1.435$
∴ 정적비열 $C_v = 1.435 - 0.287 = 1.14$

23 정답 | ④
풀이 | • 엔트로피(Entropy)의 기호는 S이며, 단위는 kJ/K, kcal/K 등이다.
• 엔트로피는 계를 출입하는 열량의 이용가치를 나타내는 척도로 열역학상의 중요한 의미를 갖는다(에너지도 아니며 온도와 같이 감각으로도 알 수 없으며, 측정이 불가능한 상태량으로 열을 가하면 그 값이 증가하고 냉각시키면 감소한다).

24 정답 | ①
풀이 | 구동 동력 = $\dfrac{1}{3.4} = 0.29$kW
성능계수 = $\dfrac{증발력}{압축기\ 구동\ 동력}$

25 정답 | ①
풀이 | 재열 사이클
랭킨 사이클의 열효율을 높이려면 터빈 입구에서의 증기온도와 증기압력을 높이거나 복수기의 압력(배압)을 낮추면 된다. 그러나 터빈 입구에서의 증기온도와 증기압력을 높게 하면 팽창 도중에 습증기가 되어, 터빈 효율을 저하시켜 터빈 날개를 부식시킨다. 이 결점을 없애기 위해 팽창 도중의 증기를 터빈으로부터 뽑아내어 다시 가열하여 과열도를 높인 다음 터빈에 도입한 형태의 사이클을 재열 사이클이라고 한다.

26 정답 | ③
풀이 | 냉동톤(RT)
냉동능력을 나타내는 단위로 0℃의 물을 24시간 동안 0℃의 얼음으로 만드는 능력이다.

27 정답 | ④
풀이 | 실제기체가 이상기체 상태방정식을 만족시키려면 온도는 높고 압력이 낮아야 한다.

28 정답 | ④
풀이 | 내부에너지 변화(Δu)
$\Delta u = u_2 - u_1 = C_v(T_2 - T_1)$
$= 50 \times 0.67(250 - 50) = 6,700$kJ

29 정답 | ②
풀이 | 교축과정
비가역과정이며, 압력 감소, 엔탈피 일정, 엔트로피 증가, 내부에너지 변화 발생

30 정답 | ④
풀이 | $10 + 273 = 283$K, $600 + 273 = 873$K
$3.5 \times \dfrac{873}{283} = 10.7968$kJ(사이클양)
∴ 실제 일의 양 = $10.7968 - 3.5 = 7.3$kJ

31 정답 | ②
풀이 | 과열도 = 과열증기온도 − 포화증기온도
$325 + 273 = 598$K
∴ $598 - 495 = 103$K(℃)

32 정답 | ①
풀이 | 스털링 사이클(가스터빈 사이클)
단열압축 → 정적가열 → 단열팽창 → 정압방열
(2개의 정적과정, 2개의 단열과정)
• 1 → 2 : 등온팽창(단열)
• 2 → 3 : 정압방열
• 3 → 4 : 등온압축(단열)
• 4 → 1 : 정적가열

33 정답 | ②
풀이 | 비열비(k) = $\dfrac{정압비열(C_p)}{정적비열(C_v)}$
$\dfrac{C_p}{C_v} - 1 = \dfrac{AR}{C_v} = k - 1$
$\ln\left(\dfrac{340}{290}\right) = k - 1 \times \ln\left(\dfrac{V_1}{V_2}\right)$
$k - 1 = \dfrac{\ln\left(\dfrac{340}{290}\right)}{\ln\left(\dfrac{4}{2}\right)} = 0.229$
∴ $k = 1 + 0.229 = 1.229$

CBT 정답 및 해설

34 정답 | ③
풀이 | 온도변화$(k) = \dfrac{A(열량\ 수수)}{2 \times 질량 \times 정적비열}$

35 정답 | ③
풀이 | $30 + 273 = 303K$
$100 + 273 = 373K$
$COP = \dfrac{T_2}{T_1 - T_2} = \dfrac{303}{373 - 303} = 4.33$

36 정답 | ①
풀이 | $C_p = C_v + R$, $C_v = \dfrac{AR}{k-1}$
여기서, C_p : 정압비열
C_v : 정적비열
R : 기체상수
$C_p = \dfrac{k}{k-1}AR$, $k = \dfrac{C_p}{C_v}$, $R = C_p - C_v$
$1.3 = \dfrac{C_p}{0.65}$, $C_p = \dfrac{1.3}{1.3-1} \times R$
$C_p = 1.3 \times 0.65 = 0.845$
$\therefore R = 0.845 - 0.65 = 0.195 kJ/kg \cdot K$

37 정답 | ④
풀이 | $20 = 5 \times C_p \times (30 - 10)$
$1kcal = 4.186kJ$
$C_p = \dfrac{20}{5 \times 20} = 0.2kcal$
$\therefore C_p = 0.2 \times 4.186kJ = 0.837kJ/kg \cdot K$

38 정답 | ②
풀이 | $T_2 = T_1\left(\dfrac{V_1}{V_2}\right)^{k-1} = T_1 \varepsilon^{k-1}$
$\varepsilon = {}^{k-1}\sqrt{\dfrac{\sigma^{k-1}}{(1-n_d)^k(\sigma-1)}}$
여기서, ε : 압축비, σ : 체절비, n_d : 열효율
$\varepsilon = \dfrac{V_1}{V_2} = \left(\dfrac{P_2}{P_1}\right)^{\frac{1}{k}}$, $\sigma = \dfrac{V_3}{V_2}$
$\therefore \varepsilon = \left(\dfrac{5MPa \times 1,000}{100}\right)^{\frac{1}{1.4}} ≒ 16.4$
※ $1MPa = 1,000kPa$

39 정답 | ①
풀이 | • 엔탈피(H) = 내부에너지 + 유동에너지
• 엔탈피는 온도만의 함수이다.

40 정답 | ④
풀이 | 물의 삼중점은 4.579mmHg, 0.0098℃이므로 삼중점의 온도는 $273.15 + 0.0098℃ = 273.16K$

41 정답 | ①
풀이 | 방사열량은 절대온도의 4승에 비례하므로 방사온도계로 측정한 피측정체 실제온도 T는
$T = \dfrac{E}{\sqrt[4]{E_t}}$

42 정답 | ①
풀이 | 차압식 유량계에서 유량은 차압의 평방근에 비례
$\therefore Q_2 = \sqrt{2}\,Q_1$

43 정답 | ③
풀이 | 압력게이지(atg) = 절대압력(abs) − 대기압(atm)

44 정답 | ①
풀이 | $20 + 10 + 30 = 60$ $\therefore 2 : 1 : 3$

45 정답 | ②
풀이 | 보호관 상용온도
• 황동관 : 400℃
• 자기관 : 1,450℃
• 내열강(SEH−5) : 1,050℃
• 스테인리스 27~32(SUS−27, 32) : 850℃

46 정답 | ②
풀이 | 적분동작(Integral Action, I 동작)
유량의 압력제어를 목적으로 한다.
$Y = K_p \int \epsilon dt$
여기서, K_p : 비례상수, ε : 편차

47 정답 | ②
풀이 | 와류식 유량계(소용돌이 유량계) 종류
• 델타 유량계
• 스와르메타 유량계
• 카르만 유량계

48 정답 | ①
풀이 | 분동식 압력계의 사용압력(kg/cm^2)
• 경유 : 40~100
• 스핀들유 : 100~1,000
• 피마자유, 마진유 : 100~1,000
• 모빌유 : 3,000

CBT 정답 및 해설

49 정답 | ①
풀이 | 조절기
기준입력과 주 피드백 신호와의 차에 의해서 일정한 신호를 조작요소에 보내는 제어장치

50 정답 | ③
풀이 | 열선식 유량계
- 유체 속에 전열선을 넣어 이것을 가열할 때의 온도상승을 측정하여 순간유량을 측정한다. 기체의 종류가 바뀌거나 조성이 변하면 정도가 감소한다.
- 종류 : 열선풍속계, 토마스식 유량계

51 정답 | ③
풀이 | 자기식 O_2계
- 가동부분이 없다.
- 다른 가스의 영향이 없고 계기 자체로서는 지연시간도 작다.
- 감도가 크고 정도는 1% 내외이다.
- 저항선에는 백금선이 촉매로 하는 반응이 벗어나지 않도록 백금선을 유리로 피복한다.

52 정답 | ③
풀이 | 열전대 온도계
냉접점의 온도를 0℃로 유지하여야 한다.

53 정답 | ③
풀이 | PI 동작
잔류편차가 남지 않으며 반응속도가 빠른 프로세스나 느린 프로세스에 주로 사용된다(비례, 적분 연속동작).

54 정답 | ②
풀이 | 유량(Q) $= 22 \times \dfrac{\sqrt{1,024}}{\sqrt{1,936}} = 16\text{m}^3/\text{h}$

55 정답 | ②
풀이 | 액주보정
- 모세관 현상의 보정
- 중력의 보정
- 온도의 보정

56 정답 | ④
풀이 | $R_t = R_o[1+a(t_2-t_1)]$
$160 = 80[1+0.002 \times (t_2-0)]$
$\therefore t_2 = \dfrac{160-80}{1 \times (80 \times 0.002)} = 500℃$

57 정답 | ②
풀이 | • 방사고온계는 측정거리에 따라 오차의 발생이 크다.
- 측정 온도범위 : 50~3,000℃

58 정답 | ③
풀이 | 액주식 압력계는 모세관 현상이 작아야 한다.

59 정답 | ④
풀이 | 면적식 유량계의 종류
테이퍼관, 플로트식

60 정답 | ③
풀이 | 서미스터 전기저항식 온도계는 자기가열 현상이 발생된다.

61 정답 | ③
풀이 | $Q = \dfrac{A(t_2-t_1)}{\dfrac{b_1}{\lambda_1}+\dfrac{b_2}{\lambda_2}+\dfrac{b_3}{\lambda_3}} = \dfrac{1 \times (1,200-120)}{\dfrac{0.23}{1.2}+\dfrac{0.114}{0.12}+\dfrac{0.23}{0.6}}$
$= \dfrac{1,080}{1.525} = 708\text{kcal/h}$

62 정답 | ③
풀이 | 민간사업 주관자 중 에너지 사용계획이 연간 5천 TOE 이상 사용하거나 전력을 2천만 kWh 이상 사용하는 시설을 설치하려면 산업통상자원부장관에게 사용계획서를 제출하여야 한다.

63 정답 | ②
풀이 | 열전도율(kcal/m · h · ℃)의 크기
공기 < 스티로폼 < 석고보드 < 물 < 유리 < 콘크리트
(공기는 열전도율이 매우 작다.)

64 정답 | ①
풀이 | 고로(용광로)
조직의 화학변화를 동반하는 소성, 가소를 목적으로 한다.

65 정답 | ②
풀이 | 여과기 → 감압밸브 설치(출구 측) → 안전밸브

66 정답 | ④
풀이 | 에너지 절약 전문기업의 등록 신청 시, ④의 경우는 법인이 아닌 개인의 경우에 첨부서류가 된다.

CBT 정답 및 해설

01회 | CBT 실전모의고사

67 정답 | ①
풀이 | 용광로(고로)의 주원료 : 철광석, 석회석, 코크스 등

68 정답 | ③
풀이 | • SPPH : 고압배관용
• SPHT : 고온배관용
• SPA : 배관용 합금강
• STA : 구조용 합금강

69 정답 | ④
풀이 | 대기전력 경고표지 대상 제품
프린터, 복합기, 전자레인지, 팩시밀리, 복사기, 스캐너, 오디오, DVD플레이어, 라디오카세트, 도어폰, 유무선전화기, 비데, 모뎀, 홈 게이트웨이

70 정답 | ②
풀이 | 도염식 가마(불연속 가마)
화염의 진행방향에 따라 요로를 분류한 가마이다.

71 정답 | ④
풀이 | 고리가마(윤요)
연속식이며 소성대의 위치를 바꾸어 벽돌, 기와 등 건축자재 소성가마

72 정답 | ①
풀이 | 에너지이용 합리화법 시행령 제21조제1항에 의해 에너지 사용계획 내용에는 사업일정이 아니라 사업의 개요가 필요하다.

73 정답 | ④
풀이 | 최고사용온도의 크기
폴리에틸렌폼<폴리우레탄폼<펄라이트 보온재

74 정답 | ④
풀이 | ④의 경우는 비점을 넘는 것이어야 제1종 압력용기이다.

75 정답 | ④
풀이 | 계속 사용검사
• 안전검사
• 성능검사

76 정답 | ①
풀이 | 인정검사대상기기 관리자 교육 이수자의 관리범위
(에너지이용 합리화법 시행규칙 별표 3의9)
• 증기보일러로서 최고사용압력이 1MPa 이하이고, 전열면적이 10m² 이하인 것
• 온수발생 및 열매체를 가열하는 보일러로서 용량이 581.5 kW 이하인 것
• 압력용기

77 정답 | ③
풀이 | 단열재, 보온재, 보랭재는 안전사용온도를 기준으로 분류한다.

78 정답 | ②
풀이 | 고 알루미나질 내화물은 일반적으로 내식성, 내마모성이 크다.
고 알루미나질 내화물
• 고 알루미나질 샤모트 벽돌
• 전기용융 고 알루미나질 벽돌

79 정답 | ④
풀이 | 보온재 시공 시 주의사항은 ①, ②, ③이다.

80 정답 | ③
풀이 | 열의 이동방법 : 전도, 복사, 대류

81 정답 | ③
풀이 | 어큐뮬레이터(증기축열기)
저부하 시 잉여증기를 축적시켰다가 급작한 부하변동 시 온수 또는 증기를 발생시켜서 대처한다.

82 정답 | ③
풀이 | 정류탑 절약열량(Q)=1,000×(2.5−1.5)×95
=95,000kcal/h

83 정답 | ②
풀이 | 경도 : 급수 중 칼슘, 마그네슘의 농도표시 척도
• 연수 : 경도 10 이하
• 경수 : 경도 10 초과

84 정답 | ④
풀이 | 이중관 열교환기는 열손실이 적어서 전열효과가 높아 전열면적이 적게 필요하다.

CBT 정답 및 해설

85 정답 | ②
풀이 | 보일러 용량이 1톤/h 이상이면 급수처리장치가 필요하다.

86 정답 | ②
풀이 |

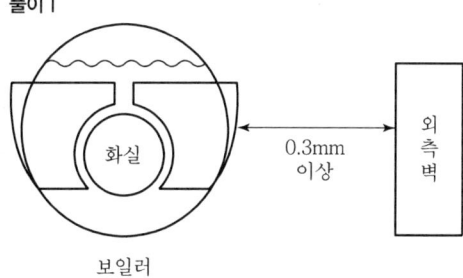

87 정답 | ③
풀이 | 부르동 압력계

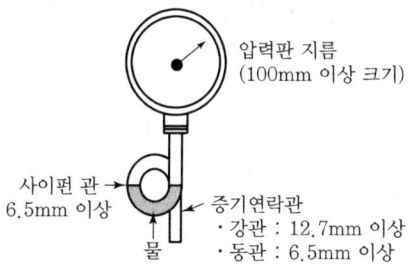

88 정답 | ③
풀이 | • 길이방향 인장응력 : $\frac{\pi}{4}D^2P = \pi Dt\sigma_1$

$$\therefore \sigma_1 = \frac{PD}{4t}$$

• 원주방향 인장응력 : $PDl = 2tl\sigma_2$

$$\therefore \sigma_2 = \frac{PD}{2t}$$

89 정답 | ①
풀이 | 판형(플레이트형) 열교환기는 구조상 압력손실이 크다.

90 정답 | ③
풀이 | 보일러 노통의 연소실이나 길이 이음에는 맞대기 용접(양쪽)이 좋다.

91 정답 | ①
풀이 | 관 스테이 최소 단면적(S)
$$S = \frac{(A-a)P}{5}(\text{mm}^2)$$

92 정답 | ②
풀이 | 열교환기 효율의 크기
향류>직교류>병류

93 정답 | ①
풀이 | ①에서 스테이를 부착한 경우는 8mm이다. 스테이가 없으면 6mm이다.

94 정답 | ②
풀이 | 구형(Q) = $K \cdot \dfrac{4\pi(t_1-t_2)}{\dfrac{1}{r_i}-\dfrac{1}{r_o}}$

$$= 25 \times \frac{4 \times 3.14 \times (300-200)}{\dfrac{1}{0.03}-\dfrac{1}{0.06}} = \frac{31,400}{16.67}$$

$$= 1,885\text{W}$$

95 정답 | ③
풀이 | 가스용접에서 불꽃에 산소량이 많으면 용착금속이 산화 및 탈탄이 된다.

96 정답 | ③
풀이 | 향류 열교환기 저온 측 온도효율(E_c)
$$E_c = \frac{T_{c1}-T_{c2}}{T_{h1}-T_{c2}}$$

97 정답 | ②
풀이 | 최고사용압력 0.43MPa(4.3kg/cm^2) 이하의 보일러 수압시험 압력은 최고사용압력의 2배이다.

98 정답 | ②
풀이 | 송풍기 소요동력(P_s) = $\dfrac{h \times V}{60 \times 75 \times \eta}$

99 정답 | ①
풀이 | 60t/h = 60,000kg/h
60,000 × 0.044 = 2,640m^3/h
$$\therefore \frac{2,640}{600} = 4.4\text{m}^3$$

100 정답 | ②
풀이 | 효율 85% = $\dfrac{4 \times 1,000 \times (650-40)}{G_f \times 10,000} \times 100$

연료소비량(G_f) = $\dfrac{4 \times 1,000 \times 610}{0.85 \times 10,000} = 287$kg/h

1과목 연소공학

01 다음 기체연료에 대한 설명 중 틀린 것은?
① 연소조절 및 점화, 소화가 용이하다.
② 연료의 예열이 쉽고 전열효율이 좋다.
③ 고온연소에 의한 국부가열의 염려가 크다.
④ 적은 공기로 완전연소시킬 수 있으며 연소효율이 높다.

02 압력이 0.1MPa, 체적이 $3m^3$인 273.15K의 공기가 이상적으로 단열압축되어 그 체적이 1/3으로 되었다. 엔탈피의 변화량은 약 몇 kJ인가?(단, 공기의 기체상수 =0.287kJ/kg·K, 비열비는 1.4이다.)
① 480
② 580
③ 680
④ 780

03 중유 연소과정에서 발생하는 그을음의 주원인은?
① 연료 중 미립탄소의 불완전연소 때문에 발생
② 연료 중 불순물의 연소 때문에 발생
③ 연료 중 회분과 수분의 중합 때문에 발생
④ 중유 중의 파라핀 성분 때문에 발생

04 공기가 n이 1.25인 폴리트로픽 과정으로 500kPa에서 300kPa까지 압축하면 과정 간에 열과 온도는 어떻게 변하는가?(단, 공기의 비열비는 1.4, 정적비열은 0.718kJ/kg·K이다.)
① 열을 방출하고 온도는 내려간다.
② 열을 흡열하고 온도는 내려간다.
③ 열을 방출하고 온도는 올라간다.
④ 열을 흡열하고 온도는 올라간다.

05 수분이나 회분을 많이 함유한 저품위 탄을 사용할 수 있으며 구조가 간단하고 소요 동력이 적게 드는 연소장치는?

① 슬래그탭식 ② 클레이머식
③ 사이크론식 ④ 각우식

06 고체연료의 공업분석에서 고정탄소를 산출하는 식은?

① 고정탄소(%)＝100－[수분(%)＋회분(%)＋휘발분(%)]
② 고정탄소(%)＝100－[수분(%)＋회분(%)＋질소(%)]
③ 고정탄소(%)＝100－[수분(%)＋회분(%)＋황분(%)]
④ 고정탄소(%)＝100－[수분(%)＋황분(%)＋휘발분(%)]

07 다음 중 중유의 인화점은?

① 40～50℃ 이상 ② 60～70℃ 이상
③ 80～90℃ 이상 ④ 100～110℃ 이상

08 체적비 CH_4 94%, C_2H_6 4%, CO_2 2%인 어떤 혼합기체 연료의 10℃, 3기압하에서의 고위발열량은 약 얼마인가?(단, 20℃, 1기압에서 CH_4 및 C_2H_6의 고위발열량은 각각 37,204kJ/m³ 및 65,727kJ/m³이다.)

① 116,700kJ/m^3 ② 216,700kJ/m^3
③ 225,600kJ/m^3 ④ 235,600kJ/m^3

09 고체연료의 일반적인 특징을 옳게 설명한 것은?

① 완전연소가 가능하며 연소효율이 높다.
② 연료의 품질이 균일하다.
③ 점화 및 소화가 쉽다.
④ 주성분은 C, H, O이다.

1	①	②	③	④
2	①	②	③	④
3	①	②	③	④
4	①	②	③	④
5	①	②	③	④
6	①	②	③	④
7	①	②	③	④
8	①	②	③	④
9	①	②	③	④
10	①	②	③	④
11	①	②	③	④
12	①	②	③	④
13	①	②	③	④
14	①	②	③	④
15	①	②	③	④
16	①	②	③	④
17	①	②	③	④
18	①	②	③	④
19	①	②	③	④
20	①	②	③	④
21	①	②	③	④
22	①	②	③	④
23	①	②	③	④
24	①	②	③	④
25	①	②	③	④
26	①	②	③	④
27	①	②	③	④
28	①	②	③	④
29	①	②	③	④
30	①	②	③	④

10 어떤 기체연료 1Sm³의 고위발열량이 14,160kcal/Sm³이고 질량이 2.59kg이었다. 다음 중 이 기체는?

① 메탄
② 에탄
③ 프로판
④ 부탄

11 연소효율은 실제의 연소에 의한 열량을 완전연소했을 때의 열량으로 나눈 것으로 정의할 때, 실제의 연소에 의한 열량을 계산하는 데 필요한 요소가 아닌 것은?

① 연소가스 유출 단면적
② 연소가스 밀도
③ 연소가스 열량
④ 연소가스 비열

12 탄소의 발열량은 약 몇 kcal/kg인가?

$$C + O_2 \rightarrow CO_2 + 97,600 \text{kcal/kmol}$$

① 8,133
② 9,760
③ 48,800
④ 97,600

13 여과집진장치의 효율을 높이기 위한 조건이 아닌 것은?

① 처리가스의 온도는 250℃를 넘지 않도록 한다.
② 고온가스를 냉각할 때는 산노점 이하를 유지하여야 한다.
③ 미세입자포집을 위해서는 겉보기여과속도가 작아야 한다.
④ 높은 집진율을 얻기 위해서는 간헐식 털어내기 방식을 선택한다.

14 시간당 100mol의 부탄(C_4H_{10})과 5,000mol의 공기를 완전연소시키는 경우에 과잉공기 백분율은?

① 51.6%
② 61.6%
③ 71.6%
④ 100%

15 다음 연료의 발열량에 대한 설명으로 옳지 않은 것은?

① 기체 연료는 그 성분으로부터 발열량을 계산할 수 있다.
② 발열량의 단위는 고체와 액체 연료는 단위중량당(통상 연료 kg당) 발열량으로 표시한다.
③ 연료 중의 수소가 연소하여 생긴 수증기의 잠열을 포함할 때는 고위발열량, 혹은 총발열량이라 한다.
④ 일반적으로 액체 연료는 비중이 크면 체적당 발열량은 감소하고, 중량당 발열량은 증가한다.

16 N_2와 O_2의 가스정수는 각각 30.26kgf · m/kg · K, 26.49kgf · m/kg · K이다. N_2가 70%인 N_2와 O_2의 혼합가스의 가스정수는 얼마인가?

① 19.24
② 23.24
③ 29.13
④ 34.47

17 다음 중 이론공기량에 대하여 가장 바르게 설명한 것은?

① 완전연소에 필요한 1차 공기량이다.
② 완전연소에 필요한 2차 공기량이다.
③ 완전연소에 필요한 최대 공기량이다.
④ 완전연소에 필요한 최소 공기량이다.

18 연돌에서의 배기가스 분석결과 CO_2 14.2%, O_2 4.5%, CO 0%일 때 CO_{2max}(%)는?

① 10.5
② 15.5
③ 18.0
④ 20.5

1	①	②	③	④
2	①	②	③	④
3	①	②	③	④
4	①	②	③	④
5	①	②	③	④
6	①	②	③	④
7	①	②	③	④
8	①	②	③	④
9	①	②	③	④
10	①	②	③	④
11	①	②	③	④
12	①	②	③	④
13	①	②	③	④
14	①	②	③	④
15	①	②	③	④
16	①	②	③	④
17	①	②	③	④
18	①	②	③	④
19	①	②	③	④
20	①	②	③	④
21	①	②	③	④
22	①	②	③	④
23	①	②	③	④
24	①	②	③	④
25	①	②	③	④
26	①	②	③	④
27	①	②	③	④
28	①	②	③	④
29	①	②	③	④
30	①	②	③	④

19 보일러의 연소가스를 분석하는 주된 이유는?

① 연료사용량을 알기 위하여
② 매연의 성분을 알기 위하여
③ 발열량을 알기 위하여
④ 과잉공기비를 알기 위하여

20 메탄올(CH_3OH) 1kg을 완전연소하는 데 필요한 이론공기량(Sm^3)은 약 얼마인가?

① 1.67
② 8.89
③ 5.00
④ 152.4

2과목 열역학

21 110kPa, 20℃의 공기가 정압과정으로 온도가 50℃ 상승한 다음, 등온과정으로 압력이 반으로 줄어들었다. 최종 비체적은 최초 비체적의 약 몇 배인가?
① 0.585
② 1.17
③ 1.71
④ 2.34

22 디젤 사이클 과정에 대한 설명 중 잘못된 것은?
① 효율은 압축비만의 함수이다.
② 일정한 압력에서 열 공급을 한다.
③ 일정체적에서 열을 방출한다.
④ 등엔트로피 압축과정이 있다.

23 카르노 사이클을 이루는 네 개의 가역과정이 아닌 것은?
① 가역단열팽창
② 가역단열압축
③ 가역등온압축
④ 가역등압팽창

24 이상기체와 실제기체를 진공 속으로 단열팽창시킨다. 이 과정으로 온도는 어떻게 변화되겠는가?
① 이상기체의 온도는 변하지 않고, 실제기체의 온도는 변화된다.
② 이상기체의 온도는 상승하고 실제기체의 온도는 내려간다.
③ 이상기체의 온도는 내려가고 실제기체의 온도는 상승한다.
④ 이상기체와 실제기체의 온도가 모두 내려간다.

25 열펌프(Heat Pump) 사이클에 대한 성능계수(COP)는 다음 중 어느 것을 입력 일(Work Input)로 나누어준 것인가?
① 저온부 압력
② 고온부 온도
③ 고온부 방출열
④ 저온부 부피

26 엔탈피는 내부에너지와 무엇을 더한 것인가?

① 엑서지
② 엔트로피
③ 유동일
④ 잠열

27 온도가 800K이고 질량이 10kg인 구리를 온도 290K인 100kg의 물속에 넣었을 때 이 계 전체의 엔트로피 변화는 몇 kJ/K인가?(단, 구리와 물의 비열은 각각 0.398kJ/kg·K, 4.185kJ/kg·K이고, 물은 단열된 용기에 담겨 있다.)

① -3.973
② 2.897
③ 4.424
④ 6.870

28 실내의 기압계는 1.013bar를 지시하고 있다. 진공도가 20%인 용기 내의 절대 압력은 몇 kPa인가?

① 20.26
② 64.72
③ 81.04
④ 121.56

29 그림의 압력 P에서 물 1kg이 압축액 1의 상태로부터 과열증기 4의 상태까지 가열되고 있다. 흡수한 전체 열량 중 과열에 소요된 열량을 표시하는 면적을 옳게 나타낸 것은?

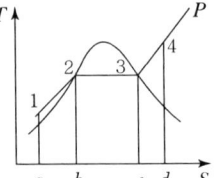

① $12ba$
② $23cb$
③ $34dc$
④ $123ca$

30 랭킨 사이클로 작동되는 증기원동소에 500℃, 60kgf/cm²의 증기가 공급되고 응축기 압력은 0.5kgf/cm²일 때 이론열효율은 몇 %인가?(단, 터빈입구 엔탈피 h_3는 820.6kcal/kg, 터빈출구 엔탈피 h_4는 508.4kcal/kg, 급수펌프 입구 엔탈피(응축기 출구) h_1은 32.55kcal/kg, 0.5kgf/cm²에서 급수의 비체적은 0.01m³/kg이다.)

① 28.6
② 38.5
③ 45.4
④ 49.9

31. 27℃, 100kPa에 있는 이상기체 1kg을 1MPa까지 가역단열압축하였다. 이때 소요된 일의 크기는 몇 kJ인가?(단, 이 기체의 비열비는 1.4, 기체상수는 0.287kJ/kg·K이다.)

① 100
② 200
③ 300
④ 400

32. 800kPa의 포화증기에서 물의 포화온도는 169.61℃, 포화수의 비엔탈피는 717kJ/kg, 포화증기의 비엔탈피는 2,765kJ/kg이다. 800kPa에서 물의 포화액이 포화증기로 변하는 과정의 엔트로피 증가량은 약 몇 kJ/kg·K인가?

① 1.38
② 2.54
③ 3.31
④ 4.63

33. 카르노(Carnot) 사이클에 관한 설명으로 옳은 것은?

① 효율이 카르노 사이클보다 더 높은 사이클이 있다.
② 과정 중에 등엔트로피 과정이 있다.
③ 카르노 사이클은 외부에서 열을 받고 일을 하지만 열을 방출하지는 않는다.
④ 외부와의 열교환 과정은 유한 온도차에 의한 열전달을 통해 이루어진다.

34. 101.3kPa에서 건구온도 20℃, 상대습도 55%인 습공기에 대한 절대습도는 몇 kg/kg인가?(단, 20℃에서 수증기의 포화압력은 2.24kPa이다.)

① 0.0066
② 0.0077
③ 0.0088
④ 0.0099

35. 증기압축 냉동 사이클에서 응축온도는 동일하고 증발온도가 다음과 같을 때 성능계수가 가장 큰 것은?

① -20℃
② -25℃
③ -30℃
④ -40℃

36 기체 2kg을 압력이 일정한 과정으로 50℃에서 150℃로 가열할 때, 필요한 열량은 몇 kJ인가?(단, 이 기체의 정적비열은 3.1kJ/kg·K이고, 기체상수는 2.1kJ/kg·K이다.)

① 210
② 310
③ 620
④ 1,040

37 2.4MPa, 450℃인 과열증기를 160kPa가 될 때까지 단열적으로 분출시킬 때, 출구속도는 1,060m/s이었다. 속도 계수는 얼마인가?(단, 초속은 무시하고 입구와 출구 엔탈피는 각각 $h_1=3,350$kJ/kg, $h_2=2,692$kJ/kg이다.)

① 0.225
② 0.543
③ 0.769
④ 0.924

38 온도 30℃, 압력 350kPa에서 비체적이 0.449m³/kg인 이상기체의 기체상수는 몇 kJ/kg·K인가?

① 0.143
② 0.287
③ 0.518
④ 2.077

39 다음 $h-s$ 선도를 이용하여 재열 랭킨(Ranking) 사이클의 효율을 바르게 표시한 것은?

① $\dfrac{h_3-h_2}{(h_6-h_1)+(h_5-h_4)}$

② $1-\dfrac{h_3-h_2}{(h_6-h_1)+(h_5-h_4)}$

③ $\dfrac{(h_3-h_4)+(h_5-h_6)-(h_2-h_1)}{(h_3-h_2)+(h_5-h_4)}$

④ $\dfrac{(h_3-h_4)+(h_5-h_6)+(h_2-h_1)}{(h_3-h_2)+(h_5-h_4)}$

40 가스 터빈에 의한 발전기에서 발전기 출력이 14,070kW, 열교환기 입구가스온도는 470℃, 출구가스온도는 170℃이고 열효율은 22%이다. 만약 저위발열량이 40,000kJ/kg인 C중유를 연료로 사용한다면 C중유의 소요량은 몇 kg/h인가?

① 279
② 752
③ 4,752
④ 5,756

3과목 계측방법

41 다음 중 적분동작(I 동작)을 가장 바르게 설명한 것은?
① 출력변화의 속도가 편차에 비례하는 동작
② 출력변화가 편차의 제곱근에 비례하는 동작
③ 출력변화가 편차의 제곱근에 반비례하는 동작
④ 조작량이 동작신호의 값을 경계로 완전 개폐되는 동작

42 계측기의 성능을 나타내는 용어로서 가장 거리가 먼 것은?
① 정도
② 감도
③ 정밀도
④ 편차

43 비접촉식 온도측정 방법 중 가장 정확한 측정을 할 수 있으나 기록, 경보, 자동제어가 불가능한 단점이 있는 온도계는?
① 압력식 온도계
② 방사온도계
③ 열전온도계
④ 광고온계

44 물탱크에서 수두높이가 10m, 오리피스의 지름이 10cm일 때 오리피스의 유량(Q)은 약 몇 m^3/s인가?
① $0.11m^3/s$
② $0.15m^3/s$
③ $0.24m^3/s$
④ $0.52m^3/s$

45 부르동관 압력계에서 부르동관의 재질로서 저압용으로 사용하는 것은?
① 인발관
② 석영
③ 니켈강
④ 스테인리스강

46 압력 측정범위가 0.1~1,000kPa 정도인 탄성식 압력계로서 진공압 및 차압 측정용으로 주로 사용되는 것은?

① 벨로스식　② 부르동관식
③ 금속 격막식　④ 비금속 격막식

47 정전용량식 액면계의 특징에 대한 설명 중 틀린 것은?

① 측정범위가 넓다.
② 구조가 간단하고 보수가 용이하다.
③ 유전율이 온도에 따라 변화되는 곳에도 사용할 수 있다.
④ 습기가 있거나 전극에 피측정체를 부착하는 곳에는 부적당하다.

48 다음 중 2개의 수은온도계를 사용하는 습도계는?

① 모발습도계　② 건습구 습도계
③ 냉각식 습도계　④ 건도계

49 기전력을 이용한 것으로서 응답이 빠르고 급격히 변화하는 압력의 측정에 적당한 압력계는?

① 스트레인 게이지(Strain Gauge)형
② 포텐쇼메트릭(Potentiometric)형
③ 커패시턴스(Capacitance)형
④ 피에조 일렉트릭(Piezoelectric)형

50 벤투리관(Venturi Tube)에서 얻은 압력차 ΔP와 흐르는 유체의 체적유량 W (m^3/s)와의 관계는?(단, k는 정수, γ는 비중량을 나타낸다.)

① $W=k\sqrt{2g\gamma\Delta P}$　② $W=k\sqrt{\gamma\Delta P}$
③ $W=k\sqrt{\frac{2g\Delta P}{\gamma}}$　④ $W=k\sqrt{\frac{\gamma\Delta P}{2g}}$

31	①	②	③	④
32	①	②	③	④
33	①	②	③	④
34	①	②	③	④
35	①	②	③	④
36	①	②	③	④
37	①	②	③	④
38	①	②	③	④
39	①	②	③	④
40	①	②	③	④
41	①	②	③	④
42	①	②	③	④
43	①	②	③	④
44	①	②	③	④
45	①	②	③	④
46	①	②	③	④
47	①	②	③	④
48	①	②	③	④
49	①	②	③	④
50	①	②	③	④
51	①	②	③	④
52	①	②	③	④
53	①	②	③	④
54	①	②	③	④
55	①	②	③	④
56	①	②	③	④
57	①	②	③	④
58	①	②	③	④
59	①	②	③	④
60	①	②	③	④

51 피토관에 대한 설명으로 틀린 것은?

① 5m/s 이하의 기체에서는 적용할 수 없다.
② Dust나 Mist가 많은 유체에는 부적당하다.
③ 피토관의 머리 부분은 유체의 방향에 대하여 수직으로 부착한다.
④ 흐름에 대하여 충분한 강도를 가져야 한다.

52 다음 중 온도의 계량단위는?

① 보조단위　　　　② 유도단위
③ 특수단위　　　　④ 기본단위

53 폐(閉)루프를 형성하여 출력 측의 신호를 입력 측에 되돌리는 제어를 의미하는 것은?

① 시퀀스　　　　② 뱅뱅
③ 피드백　　　　④ 리셋

54 다음 그림은 피드백 제어계의 구성을 나타낸 것이다. ( ) 안에 가장 적절한 것은?

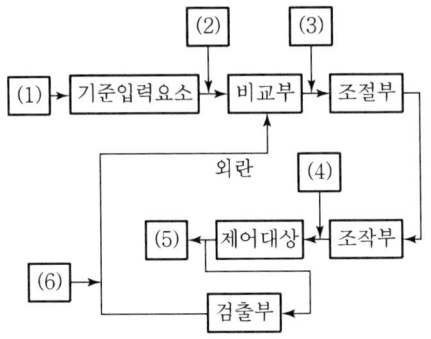

① (1) 조작량, (2) 동작신호, (3) 목표치, (4) 기준입력신호, (5) 제어편차, (6) 제어량
② (1) 목표치, (2) 기준입력신호, (3) 동작신호, (4) 조작량, (5) 제어량, (6) 주 피드백 신호
③ (1) 동작신호, (2) 오프셋, (3) 조작량, (4) 목표치, (5) 제어량, (6) 설정신호
④ (1) 목표치, (2) 설정신호, (3) 동작신호, (4) 오프셋, (5) 제어량, (6) 주 피드백 신호

02회 실전점검! CBT 실전모의고사

55 가스크로마토그래피법에서 사용되는 검출기 중 물에 대하여 감도를 나타내지 않기 때문에 자연수 중에 들어 있는 오염물질을 검출하는 데 유용한 검출기는?
① 불꽃이온화 검출기 ② 열전도도 검출기
③ 전자포획 검출기 ④ 원자방출 검출기

56 수은온도계의 상용 온도 범위는 얼마인가?
① $-60 \sim 200℃$ ② $-35 \sim 350℃$
③ $-15 \sim 300℃$ ④ $0 \sim 400℃$

57 가스크로마토그래피(GC)는 다음 중 어떤 원리를 응용한 것인가?
① 증발 ② 증류
③ 건조 ④ 흡착

58 액체와 고체연료의 열량을 측정하는 열량계의 종류로 맞는 것은?
① 봄브식 ② 융커스식
③ 글리브랜드식 ④ 타그식

59 U자관 압력계에 대한 설명으로 틀린 것은?
① 주로 통풍력을 측정하는데 사용된다.
② 정밀측정에 주로 사용된다.
③ 수은, 물, 기름 등을 넣어 한쪽 또는 양쪽 끝에 측정 압력을 도입한다.
④ 크기는 특수한 용도를 제외하고 2m 이내의 것이 사용된다.

60 백금 측온 저항체 온도계에서 표준 측온 저항체로 주로 사용되는 것은?(단, 0℃ 기준이다.)
① 0.1Ω ② 10Ω
③ 100Ω ④ $1,000\Omega$

4과목 열설비재료 및 관계법규

61 열처리로의 구조에 따른 분류가 아닌 것은?
① 상형로
② 대차로
③ 진공로
④ 회전로

62 철금속가열로는 정격용량이 얼마를 초과하는 경우에 검사 대상기기에 해당되는가?
① 0.48MW
② 0.58MW
③ 0.68MW
④ 0.78MW

63 산업통상자원부장관은 에너지수급 안정을 위한 조치를 하고자 할 때에는 그 사유, 기간 및 대상자 등을 정하여 그 조치예정일 며칠 이전에 예고하여야 하는가?
① 5일
② 7일
③ 10일
④ 15일

64 셔틀요(Shuttle Kiln)의 특징에 대한 설명으로 가장 거리가 먼 것은?
① 가마의 보유열보다 대차의 보유열이 열 절약의 요인이 된다.
② 급냉파가 생기지 않을 정도의 고온에서 제품을 꺼낸다.
③ 가마 1개당 2대 이상의 대차가 있어야 한다.
④ 가마의 보유열이 주로 제품의 예열에 쓰인다.

65 85℃의 물 120kg의 온탕에 10℃의 물 140kg을 혼합하면 약 몇 ℃의 물이 되는가?
① 44.6
② 56.6
③ 66.9
④ 70.0

66 크롬벽돌이나 크롬-마그벽돌이 고온에서 산화철을 흡수하여 표면이 부풀어 오르고 떨어져 나가는 현상은?

① 버스팅 ② 큐어링
③ 슬래킹 ④ 스폴링

67 에너지사용계획을 수립하여 산업통상자원부장관에게 제출하여야 하는 민간사업주관자는 연간 얼마 이상의 연료 및 열을 사용하는 시설을 설치하는 자로 정해져 있는가?

① 2,500TOE ② 5,000TOE
③ 10,000TOE ④ 25,000TOE

68 그림의 균열로에서 리큐퍼레이터는 어느 곳인가?

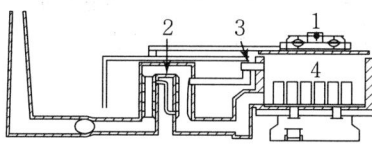

① 1 ② 2
③ 3 ④ 4

69 냉난방온도의 제한온도를 정하는 기준 중 난방온도는 몇 ℃ 이하로 정해져 있는가?

① 18 ② 20
③ 22 ④ 26

70 다음 ( ) 안에 알맞은 것은?

> 급수밸브 및 체크밸브의 크기는 전열면적 10m² 이하의 보일러에서는 관의 호칭 (A) 이상의 것이어야 하고, 10m²를 초과하는 보일러는 관의 호칭 (B) 이상의 것이어야 한다.

① A : 5A, B : 10A ② A : 10A, B : 15A
③ A : 15A, B : 20A ④ A : 20A, B : 30A

71 공단이사장 또는 검사기관의 장이 검사를 받는 자에게 그 검사의 종류에 따라 필요한 사항에 대한 조치를 하게 할 수 있는 사항이 아닌 것은?

① 검사수수료의 준비
② 기계적 시험의 준비
③ 운전성능 측정의 준비
④ 검사대상기기 관리자에게 검사 시 참여토록 조치

72 다음 중 제강로가 아닌 것은?

① 고로　　　　　　② 전로
③ 평로　　　　　　④ 전기로

73 효율기자재의 제조업자는 효율관리시험기관으로부터 측정 결과를 통보받은 날로부터 며칠 이내에 그 측정결과를 한국에너지공단에 신고하여야 하는가?

① 15일　　　　　　② 30일
③ 60일　　　　　　④ 90일

74 에너지 총조사는 몇 년을 주기로 실시하는가?

① 2년　　　　　　② 3년
③ 5년　　　　　　④ 7년

75 설치 후 3년이 지난 보일러로서 설치장소 변경검사를 받은 보일러는 검사 후 얼마 이내에 운전성능검사를 받아야 하는가?

① 7일 이내　　　　② 15일 이내
③ 1개월 이내　　　④ 3개월 이내

76. 내화물이 가져야 할 물리, 화학적 특성을 설명한 것이다. 거리가 가장 먼 것은?
   ① 사용온도에 충분히 견디는 강도가 있을 것
   ② 급격한 온도 변화에 견딜 것
   ③ 팽창, 수축이 적을 것
   ④ 열전도율이 단열재 이하로 작을 것

77. 버터플라이 밸브(Butterfly Valve)의 특징에 대한 설명으로 옳지 않은 것은?
   ① 90° 회전으로 개폐가 가능하다.
   ② 유량조절이 가능하다.
   ③ 완전 열림 시 유체저항이 크다.
   ④ 개구경의 관로에 적용되며 조름밸브(Throttle Valve)로 사용된다.

78. 에너지저장시설의 보유 또는 저장의무의 부과 시 정당한 사유 없이 이를 거부하거나 이행하지 아니한 자에 대한 벌칙 기준은?
   ① 500만 원 이하로 벌금
   ② 1천만 원 이하의 벌금
   ③ 1년 이하의 징역 또는 1천만 원 이하의 벌금
   ④ 2년 이하의 징역 또는 2천만 원 이하의 벌금

79. 최고안전사용온도가 600℃ 이상의 고온용 무기질 보온재는?
   ① 펄라이트(Pearlite)   ② 폼 유리(Foam Glass)
   ③ 석연보온재   ④ 규조토

80. 배관의 경제적 보온 두께 산정 시 고려대상으로 가장 거리가 먼 것은?
   ① 열량가격   ② 배관공사비
   ③ 감가상각연수   ④ 연간사용시간

5과목 열설비설계

81. 보일러를 옥내에 설치하는 경우에 대한 설명으로 틀린 것은?
① 불연성 물질의 격벽으로 구분된 장소에 설치한다.
② 보일러 동체 최상부로부터 천정, 배관 등 보일러 상부에 있는 구조물까지의 거리는 0.3m 이상으로 한다.
③ 연도의 외측으로부터 0.3m 이내에 있는 가연성 물체에 대하여는 금속 이외의 불연성 재료로 피복한다.
④ 연료를 저장할 때에는 소형보일러의 경우 보일러 외측으로부터 1m 이상 거리를 두거나 반격 벽으로 할 수 있다.

82. 내, 외경이 각각 0.16m, 0.166m, 길이가 30m인 강관으로 포화증기(170℃)를 이송하고자 한다. 강관 둘레에 두께 5cm의 마그네시아(k=0.06kcal/m·h·℃) 피복을 하였더니 피복 표면온도는 40℃가 되었다. 이때 피복을 통한 열손실은 약 몇 kcal/h인가?(단, 강관의 외경 온도는 증기온도와 동일하다고 가정한다.)

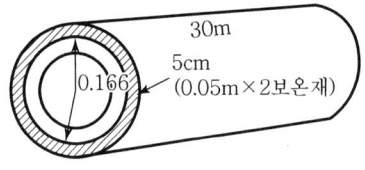

① 1,620.3　② 1,830.7
③ 3,118.2　④ 3,971.7

83. 연소가스양이 1,500m³/min이고, 송풍기에 의한 압력수두가 10mmH$_2$O, 송풍기 효율이 0.6인 경우 송풍기 소요동력은 약 몇 PS인가?
① 2.23　② 5.56
③ 8.56　④ 10.23

84 다음 그림과 같이 길이가 L인 원통 벽의 전도에 의한 전열량(q)은 아래 식으로 나타낼 수 있다.

$$q = k\overline{A_c} \text{ (단, } k = \text{원통벽의 열전도도이다.)}$$

위 식 중의 $\overline{A_c}$를 그림에 주어진 r_0, r_1, L 값으로 표시하면?

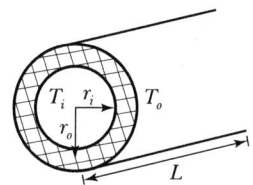

① $\dfrac{\ln(r_o - r_i)}{2\pi L(r_o - r_i)}$

② $\dfrac{\ln(r_o - r_i)}{(r_o - r_i)}$

③ $\dfrac{2\pi L(r_o - r_i)}{\ln(r_o/r_i)}$

④ $\dfrac{(r_o - r_i)}{\ln(r_o - r_i)}$

85 관 스테이를 용접으로 부착하는 경우에 대한 설명으로 옳은 것은?
① 용접의 다리길이는 10mm 이상으로 한다.
② 스테이의 끝은 판의 외면보다 안쪽에 있어야 한다.
③ 관 스테이의 두께는 4mm 이상으로 한다.
④ 스테이의 끝은 화염에 접촉하는 판의 바깥으로 5mm를 초과하여 돌출해서는 안 된다.

86 노통연관 보일러의 노통 바깥 면과 이것에 가장 가까운 연관의 면과는 몇 mm 이상의 틈새를 두어야 하는가?
① 30
② 50
③ 60
④ 100

87 원통 보일러의 노통은 주로 어떤 열응력을 받는가?

① 압축응력 ② 인장응력
③ 굽힘응력 ④ 전단응력

88 다음 중 연질 스케일을 생성시킬 수 있는 성분이 아닌 것은?

① 탄산마그네슘 ② 규산칼슘
③ 산화철 ④ 탄산칼슘

89 다음 무차원수에 대한 설명 중 틀린 것은?

① Nusselt 수는 열전달계수와 관계가 있다.
② Prandtl 수는 동점성계수와 관계가 있다.
③ Reynolds 수는 층류 및 난류와 관계가 있다.
④ Stanton 수는 확산계수와 관계가 있다.

90 보일러의 형식에 따른 보일러의 명칭이 바르지 않게 짝지어진 것은?

① 노통식 원통보일러 – 코니시(Cornish) 보일러
② 노통연관식 원통보일러 – 라몬트(Lamont) 보일러
③ 자연순환식 수관보일러 – 다쿠마(Takuma) 보일러
④ 관류식 수관보일러 – 슐저(Sulzer) 보일러

91. 증발량 2ton/h, 최고 사용압력 10kg/cm², 급수온도 20℃, 최대 증발률 25kg/m²·h인 원통 보일러에서 평균 증발률을 최대 증발률의 90%로 할 때 평균 증발량(kg/h)은?

① 1,200
② 1,500
③ 1,800
④ 2,100

92. 다음 중 열전도율이 가장 낮은 것은?

① 니켈
② 탄소강
③ 스케일
④ 그을음

93. 나사식 파이프 조인트에 대한 설명으로 옳은 것은?

① 소구경(小口徑)이고 저압의 파이프에 사용한다.
② 관로의 방향을 일정하게 할 때 사용한다.
③ 저압, 대구경(大口徑)의 파이프에 사용한다.
④ 파이프의 분기점에는 사용해서는 안 된다.

94. 보일러에는 내부의 청소와 검사에 필요한 맨홀을 설치하여야 한다. 맨홀의 크기는 안지름 몇 mm 이상의 원형으로 하여야 하는가?

① 275
② 300
③ 375
④ 400

95. 물을 사용하는 설비에서 부식을 초래하는 인자가 아닌 것은?

① 용존산소
② 용존 탄산가스
③ pH
④ 실리카(SiO_2)

96 성적계수가 5.2인 증기압축 냉동기의 1냉동톤당 이론압축기 구동마력(PS)은 약 얼마인가?

① 1 ② 2
③ 3 ④ 4

97 최고사용압력이 0.1MPa 이하인 주철제 압력용기의 수압시험은 몇 MPa으로 실시하여야 하는가?

① 0.12 ② 0.15
③ 0.2 ④ 0.25

98 수증기관에 만곡관을 설치하는 주된 목적은?

① 증기관 속의 응결수를 배제하기 위하여
② 열팽창에 의한 관의 팽창작용을 허용하기 위하여
③ 증기의 통과를 원활히 하고 급수의 양을 조절하기 위하여
④ 강수량의 순환을 좋게 하고 급수량의 조절을 쉽게 하기 위하여

99 두께가 3mm인 탄소 강판으로 제조된 노벽에서 내측으로부터 외측으로 전열현상이 발생될 때의 열확산계수는 약 몇 m^2/s인가?(단, K = 43W/m · ℃, C_p = 0.473 kg · ℃, ρ = 7,800kg/m^3이다.)

① 1.17×10^{-5} ② 1.17×10^{-2}
③ 2.23×10^{-5} ④ 2.23×10^{-2}

100 가스용 보일러의 배기가스 중 일산화탄소의 이산화탄소에 대한 비는 얼마 이하이어야 하는가?

① 0.001 ② 0.002
③ 0.003 ④ 0.005

CBT 정답 및 해설

02회 | CBT 실전모의고사

01	02	03	04	05	06	07	08	09	10
③	②	①	②	②	①	②	①	④	④
11	12	13	14	15	16	17	18	19	20
③	①	②	②	④	③	④	③	④	③
21	22	23	24	25	26	27	28	29	30
④	①	④	①	③	③	②	③	③	②
31	32	33	34	35	36	37	38	39	40
②	④	②	②	④	②	③	②	③	②
41	42	43	44	45	46	47	48	49	50
①	④	④	①	②	①	③	②	④	④
51	52	53	54	55	56	57	58	59	60
③	④	③	②	①	④	④	③	②	③
61	62	63	64	65	66	67	68	69	70
③	②	②	④	①	③	②	②	②	④
71	72	73	74	75	76	77	78	79	80
①	①	③	②	③	④	②	④	①	②
81	82	83	84	85	86	87	88	89	90
②	②	②	③	②	③	②	②	④	②
91	92	93	94	95	96	97	98	99	100
③	④	①	③	④	①	③	②	①	②

01 정답 | ③
풀이 | 액체연료는 고온 연소에 의한 국부가열의 염려가 크다.

02 정답 | ②
풀이 | 중량(G) = $\dfrac{P_1 V_1}{RT_1}$ = $\dfrac{102 \times 3}{0.287 \times 273.15}$ = 3.75kg

공기온도(T_2) = $T_1 \times \left(\dfrac{V_1}{V_2}\right)^{k-1}$

$= 273.15 \times \left(\dfrac{3}{1}\right)^{1.4-1}$

$= 424K$

엔탈피 변화량(ΔH) = $\dfrac{k}{k-1}$

$GR = \dfrac{1.4}{1.4-1} \times 3.75 \times 0.287(424 - 273.15)$

$= 570kJ$

03 정답 | ①
풀이 | 중유 연소에서 그을음의 주원인
연료 중 미립탄소의 불완전연소 때문이다.

04 정답 | ②
풀이 | $T_2 = T_1\left(\dfrac{P_2 V_2}{P_1 V_1}\right)$: 온도 하강

$q_2 = C_n(T_2 - T_1) = \dfrac{n-k}{n-1}C_v(T_2 - T_1)$: 흡열반응

여기서, 폴리트로픽 비열 $C_n = \left(\dfrac{n-k}{n-1}\right)C_v$

05 정답 | ②
풀이 | 클레이머 연소장치
수분(W), 회분(A)이 많이 함유한 저품위 탄을 사용하는 연소장치로서 소요동력이 적게 든다.

06 정답 | ①
풀이 | 공업분석에서 고정탄소(F)를 구하는 식
100 - (수분(%) + 회분(%) + 휘발분(%))

07 정답 | ②
풀이 | 중유의 인화점 : 60~70℃ 이상

08 정답 | ①
풀이 | (37,204 × 0.94) + (65,727 × 0.04) = 37,600.84

∴ 고위발열량 = $37{,}600.84 \times \dfrac{273+20}{273+10} \times 3$

$= 116{,}788 kJ/m^3$

09 정답 | ④
풀이 | • 고체연료 주성분 : C(탄소), H(수소), O(산소)
• 고체연료 가연성 성분 : C(탄소), H(수소), S(황)

10 정답 | ④
풀이 | 부탄(C_4H_{10}) = $22.4 Nm^3$ = 58kg

질량(밀도 = 비중량) = $\dfrac{58}{22.4}$ = $2.59 kg/Sm^3$

11 정답 | ③
풀이 | 연소효율(η) = $\dfrac{\text{실제 연소 열량}}{\text{완전 연소 열량}} \times 100\%$

12 정답 | ①
풀이 | 탄소 1kmol = 12kg

∴ $\dfrac{97{,}600}{12}$ = 8,133 kcal/kg

13 정답 | ②
풀이 | 산노점(진한 황산 발생)에서는 저온부식이 발생한다.

14 정답 | ②
풀이 | $C_4H_{10} + 6.5O_2 \rightarrow 4CO_2 + 5H_2O$

이론공기량 $= 6.5 \times \dfrac{1}{0.21} ≒ 31 Nm^3/Nm^3$

소요공기 $= 100 \times 31 = 3{,}100 Nm^3$

공기비 $= \dfrac{5{,}000}{3{,}100} = 1.61$

∴ 과잉공기율 $= (1.61 - 1) \times 100 = 61\%$

15 정답 | ④
풀이 | 액체연료는 비중이 크면
- 체적당 발열량 : 증가
- 중량당 발열량 : 감소

16 정답 | ③
풀이 | $30.26 \times 0.7 = 21.182$
$26.49 \times (1 - 0.7) = 7.947$
가스정수$(R) = 21.182 + 7.947$
$= 29.13 kgf \cdot m/kg \cdot K$

17 정답 | ④
풀이 | 이론공기량(A_0) = 완전연소에 필요한 최소 공기량

18 정답 | ③
풀이 | $CO_{2max} = \dfrac{21 \times CO_2}{21 - O_2}$ (CO 가스가 0%일 때 공식)

$= \dfrac{21 \times 14.2}{21 - 4.5} = \dfrac{298.2}{16.5} = 18\%$

19 정답 | ④
풀이 | 연소가스$(CO_2 + N_2 + O_2 + CO + SO_2)$ 등을 파악하면
과잉공기비 $\left[\left(\dfrac{실제공기}{이론공기} - 1\right) \times 100\right]$(%)를 알 수 있다.

20 정답 | ③
풀이 | $CH_3OH + 1.5O_2 \rightarrow CO_2 + 2H_2O$
분자량 = 32kg/kmol
중량당 이론공기량 = (산소량 $\times \dfrac{1}{0.21}$) $\times$ 비체적
$= \left(1.5 \times \dfrac{1}{0.21}\right) \times \dfrac{22.4}{32}$
$= 5 Sm^3/kg$

21 정답 | ④
풀이 | $V_1 = \dfrac{RT_1}{P_1}$, $V_3 = \dfrac{RT_3}{P_3}$

$\dfrac{V_3}{V_1} = \dfrac{P_1 RT_3}{RT_1 P_3} = \dfrac{P_1 \times (50 + 273)}{(20 + 273) \times \dfrac{P_1}{2}} = 2.204$배

※ 비체적 단위 : m^3/kg

22 정답 | ①
풀이 | 디젤 사이클(압축비와 단절비의 함수)

열효율$(\eta_d) = \dfrac{Aw}{q_1} = 1 - \dfrac{q_2}{q_1}$

압축비는 크고 단절비는 작을수록 열효율이 증가한다.

23 정답 | ④
풀이 | 카르노 사이클
- 1 → 2 : 등온팽창
- 2 → 3 : 단열팽창
- 3 → 4 : 등온압축
- 4 → 1 : 단열압축

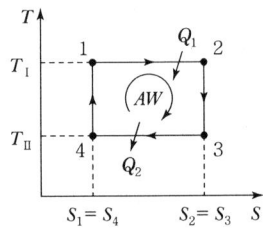

24 정답 | ①
풀이 | 이상기체와 실제기체가 진공 속으로 단열팽창시키면 이상기체의 온도는 변동이 없으나 실제 기체는 온도가 하강한다.

25 정답 | ③
풀이 | 열펌프(히트펌프) 성능계수
$COP = \dfrac{고온부\ 방출열(응축부하)}{입력,\ 일(압축기부하)}$

26 정답 | ③
풀이 | 엔탈피(H) = 내부에너지 + 유동에너지
$= u + APV$(kcal)

27 정답 | ②
풀이 | 평균 혼합온도(T_m)
$= \dfrac{10 \times 0.398 \times 800 + 100 \times 4.185 \times 290}{10 \times 0.398 + 100 \times 4.185}$
$= 294.80K(21.80℃)$

엔트로피 변화량$(\Delta S) = mS\dfrac{C_p dT}{T} = mC_p \ln\dfrac{T_2}{T_1}$

∴ $\Delta S = 10 \times 0.398 \times \ln\dfrac{294.80}{800}$
$+ 100 \times 4.185 \times \ln\dfrac{294.80}{290} = 2.897 kJ/K$

02회 | CBT 실전모의고사

28 정답 | ③
풀이 | 표준대기압(atm) = 102kPa = 1.013bar
절대압 = 1 − 진공도 = 1 − 0.2 = 0.8
∴ 절대압(abs) = 102×0.8 = 81.6kPa

29 정답 | ③
풀이 | 증기원동소의 과열에 소요된 열량 : $34dc$ 부분
($4 \to d$: 과열증기가 터빈 내에서 단열 팽창하는 과정)

30 정답 | ②
풀이 | 랭킨 사이클 열효율(η_R) = $\dfrac{h_2 - h_3}{h_2 - h_3}$
∴ $\eta_R = \dfrac{820.6 - 508.4}{820.6 - 32.55} = \dfrac{312}{788} = 0.395 (≒ 39.5\%)$

31 정답 | ②
풀이 | 가역단열압축($_1W_2$)
$_1W_2 = GRT \ln\left(\dfrac{P_2}{P_1}\right)$
$= \dfrac{mRT_1}{k-1}\left[1 - \left(\dfrac{P_2}{P_1}\right)^{\frac{k-1}{k}}\right]$
$= 1 \times 0.287 \times (27+273) \ln\left(\dfrac{10}{1}\right) = 200\text{kJ}$
※ 1MPa = 10kg/cm², 100kPa = 1kg/cm²

32 정답 | ④
풀이 | 엔트로피 증가량(ΔS) = $\dfrac{Q}{T} = \dfrac{2,765 - 717}{169.61 + 273}$
$= 4.63\text{kJ/kg·K}$

33 정답 | ②
풀이 | 카르노 사이클

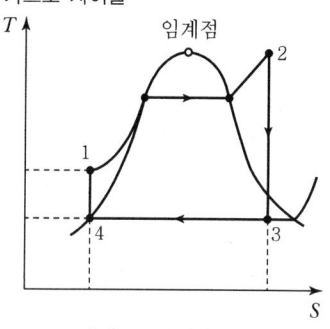

- 1 → 2 과정 : 등온팽창
- 2 → 3 과정 : 단열팽창
- 3 → 4 과정 : 등온압축
- 4 → 1 과정 : 단열압축

34 정답 | ②
풀이 | 절대습도 = $\dfrac{0.622 \times (수증기\ 포화압력 \times 상대습도)}{대기압 - 수증기\ 포화압력}$
$= 0.622 \times \dfrac{2.24 \times 0.55}{101.3 - 2.24} = 0.622$
$= \dfrac{2.24 \times 0.55}{99.06} = 0.0077\text{kg/kg}'$

35 정답 | ①
풀이 | 응축온도가 일정하고 증발온도가 높을수록 성능계수가 크다. 보기 중 −20℃가 가장 높은 온도이다.

36 정답 | ④
풀이 | 정압비열(C_p) = 3.1 + 2.1 = 5.2kJ/kg·K
현열(θ) = 2×5.2×(150−50) = 1,040kJ

37 정답 | ④
풀이 | $1,060 = K\sqrt{2 \times (3,350 - 2,692) \times 10^3}$
∴ $K = \dfrac{1,060}{\sqrt{2 \times (3,350 - 2,692) \times 10^3}} = 0.924$
※ $W_2 = K\sqrt{2\,h_{ad}} = K\sqrt{2(h_1 - h_2)}$

38 정답 | ③
풀이 | $\dfrac{PV}{T} = R$(기체상수)
∴ $R = \dfrac{350 \times 0.449}{(30+273)} = 0.518\text{kJ/kg·K}$

39 정답 | ③
풀이 | 재열 랭킨 사이클 효율(η)
$\eta = \dfrac{(h_3 - h_4) + (h_5 - h_6) - (h_2 - h_1)}{(h_3 - h_2) + (h_5 - h_4)}$

40 정답 | ④
풀이 | 1kWh = 3,600kJ(860kcal)
∴ 중유 소비량 = $\dfrac{14,070 \times 3.600}{0.22 \times 40,000} = 5,756\text{kg/h}$

41 정답 | ①
풀이 | 적분동작(연속동작)
출력변화의 속도가 편차에 비례하는 동작

42 정답 | ④
풀이 | 계측기의 성능
정도, 감도, 정밀도 등

02회 | CBT 실전모의고사

43 정답 | ④
풀이 | 광고온도계
- 비접촉식
- 비접촉식 중 가장 정확한 측정 가능
- 기록, 경보, 자동제어 불가능

44 정답 | ①
풀이 | 단면적$(A) = \frac{\pi}{4}d^2 = \frac{3.14}{4}(0.1)^2 = 0.00785 m^2$
유속$(V) = \sqrt{2gh} = \sqrt{2 \times 9.8 \times 10} = 14 m/s$
∴ 유량(Q) = 단면적 × 유속 = 0.00785 × 14
    = 0.11 m^3/s

45 정답 | ②
풀이 | • 비금속 보호관 석영관 : 사용온도(1,000℃)
   • 부르동관 저압용 : 알루미늄 브론즈, 인청동, 18-8 스테인리스강, K모넬메탈 합금제

46 정답 | ①
풀이 | 벨로스식(탄성식) 압력계
- 측정범위 : 0.1~1,000kPa(10kg/cm²)
- 탄성식
- 진공압, 차압측정용

47 정답 | ③
풀이 | 정전용량식 액면계
도체 간에 존재하는 매질의 유전율로 결정된다는 단점이 있다.

48 정답 | ②
풀이 | 건습구 습도계 : 2개의 수은온도계 부착 습도계

49 정답 | ④
풀이 | 피에조 일렉트릭형 압력계
- 기전력을 이용한 압력계이다.
- 응답이 빠르다.
- 압력변화가 심한 곳에 사용한다.

50 정답 | ③
풀이 | 벤투리관(차압식 유량계)
체적유량$(W) = k\sqrt{2g\left(\frac{\Delta P}{\gamma}\right)}$ (m^3/s)

51 정답 | ③
풀이 | 피토관(유속식 유량계)의 머리 부분은 유체의 방향에 대하여 수평으로 부착한다.

52 정답 | ④
풀이 | 기본단위(7개)에는 온도의 계량단위(K)가 포함된다.

53 정답 | ③
풀이 | • 피드백 제어 : 폐루프(정량적 제어)
   • 시퀀스 제어 : 개루프(정성적 제어)

54 정답 | ②
풀이 | (1) 목표치, (2) 기준입력신호, (3) 동작신호, (4) 조작량, (5) 제어량, (6) 주 피드백 신호

55 정답 | ①
풀이 | 불꽃이온화 가스크로마토그래피법 가스분석기
물에 대하여 감도가 없어 자연수 중의 오염물질 검출에 유용하다.

56 정답 | ②
풀이 | 수은온도계 상용온도 : -35~350℃

57 정답 | ④
풀이 | 가스크로마토그래피(GC)
흡착의 원리를 이용한 가스분석기

58 정답 | ①
풀이 | 봄브식(단열식, 비단열식) 열량계
액체, 고체연료의 열량 측정

59 정답 | ②
풀이 | 정밀측정 압력계
U자관보다는 경사관식 압력계가 사용된다.

60 정답 | ③
풀이 | • 측온 저항체의 저항값(100℃ 및 0℃의 저항값으로 표시한다.)
   • 0℃에서 백금측온 : 100Ω, 50Ω, 25Ω
   • 니켈측온 저항체 0℃에서 : 500Ω

61 정답 | ③
풀이 | 열처리로 구조에 따른 분류
- 상형로
- 대차로
- 회전로

62 정답 | ②
풀이 | 철금속가열로는 0.58MW(50만kcal/h) 초과용만 검사대상기기에 포함된다.

63 정답 | ②
풀이 | 에너지수급 안정 예고
산업통상자원부장관이 조치 예정일 7일 이전에 예고한다.

64 정답 | ④
풀이 | 윤요, 터널요에서는 가마의 보유열이 주로 제품의 예열에 사용된다.

65 정답 | ①
풀이 | $Q_1 = 120 \times 1 \times (85-0) = 10,200 \text{kcal}$
$Q_2 = 140 \times 1 \times (10-0) = 1,400 \text{kcal}$
$Q = 10,200 + 1,400 = 11,600 \text{kcal}$
$W = 120 \text{kg} + 140 \text{kg} = 260 \text{kg}$
물의 비열 = 1kcal/kg · ℃
$\therefore t = \dfrac{11,600}{260 \times 1} = 44.6℃$

66 정답 | ①
풀이 | 버스팅
내화물(크롬벽돌, 크롬마그네시아 벽돌) 중 산화철 흡수로 표면이 부풀어 올라서 떨어져나가는 현상

67 정답 | ②
풀이 | 민간사업주관자가 연간 5,000TOE 이상의 연료 및 열을 사용하는 시설을 설치하기 위해서는 에너지사용계획을 수립하여 산업통상자원부장관에게 제출하여야 한다.

68 정답 | ②
풀이 | • 리큐퍼레이터(환열기) 설치 장소 : 연도측 가까이 2번
• 환열기 : 배기가스의 여열로 연소용공기 등을 가열(에너지 절약용)

69 정답 | ②
풀이 | 제한온도
• 난방 : 20℃
• 냉방 : 26℃

70 정답 | ③
풀이 | 급수밸브, 체크밸브 전열면적당 크기
• A : 15A
• B : 20A 이상

71 정답 | ①
풀이 | 검사수수료의 준비는 조치가 아닌 의무로 검사 신청 시 자동납입사항이다.

72 정답 | ①
풀이 | 고로 : 용광로(선철용해로)
• 종류 : 철피식, 철대식, 절충식
• 용량 표시 : 1일간 출선량을 ton으로 표시

73 정답 | ③
풀이 | 효율관리기자재 제조업자는 효율관리시험기관으로부터 측정결과를 통보받은 날로부터 60일 이내에 그 측정결과를 한국에너지공단에 신고하여야 한다.

74 정답 | ②
풀이 | 에너지법 시행령 제15조에 따라 에너지 총조사는 3년마다 실시하되, 산업통상자원부장관이 필요하다고 인정할 때에는 간이조사를 실시할 수 있다.

75 정답 | ③
풀이 | • 운전성능검사 : 최초 설치 후 3년 1개월 이내
• 설치장소 변경 시 운전성능검사 : 설치 장소 변경검사 후 1개월 이내

76 정답 | ④
풀이 | 내화물은 사용용도에 맞는 열전도율(kcal/m · h · ℃)을 가질 것

77 정답 | ③
풀이 | 버터플라이 밸브(나비형 밸브)
기어형, 레버형이 있으며 완전 열림 시 유체 저항이 적다.

78 정답 | ④
풀이 | 에너지저장시설의 보유 또는 저장의무의 부과 시 정당한 이유 없이 거부하거나 이행하지 아니하면 2년 이하의 징역 또는 2천만 원 이하의 벌금에 처한다.

79 정답 | ①
풀이 | 펄라이트 보온재(흑요석 + 진주암)
• 용도 : 보온재, 경량 콘크리트재
• 안전사용온도 : 1,100℃
• 열전도율 : 0.1~0.2kcal/m · h · ℃

80 정답 | ②
풀이 | 배관의 경제적 보온두께 산정 시 고려대상
열량가격, 감가상각연수, 연간사용시간

02회 | CBT 실전모의고사

81 정답 | ②
풀이 | ②에서 대형 보일러는 1.2m 이상, 소형 보일러는 0.6m 이상으로 한다.

82 정답 | ③
풀이 | 보온재 10cm=0.1m
0.166+0.1=0.266m
$\gamma_2 = 0.266 \div 2 = 0.133$(외측 반지름)
$\gamma_1 = 0.166 \div 2 = 0.083$(내측 반지름)
$$Q = \frac{2\pi L(t_1 - t_2)}{\frac{1}{K} \cdot \ln\left(\frac{r_2}{r_1}\right)} = \frac{2 \times 3.14 \times 30(170 - 40)}{\frac{1}{0.06} \cdot \ln\left(\frac{0.133}{0.083}\right)}$$
$= 3,120 \text{kcal/h}$

83 정답 | ②
풀이 | $P = \frac{Z \cdot Q}{60 \times 75 \times \eta} = \frac{10 \times 1,500}{60 \times 75 \times 0.6} = 5.56\text{PS}$

84 정답 | ③
풀이 | 원통관의 열손실(q)
$$q = \frac{2\pi L(r_o - r_i)}{\frac{1}{k} \cdot \ln\left(\frac{r_o}{r_i}\right)}$$

85 정답 | ③
풀이 | ① 용접의 다리길이 : 봉스테이의 경우 10mm 이상
② 스테이의 끝은 판의 구멍에 삽입하고 그 끝은 외면에 돌출
④ 10mm를 초과하여 돌출해서는 안 된다.

86 정답 | ②
풀이 |
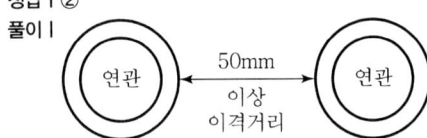

87 정답 | ①
풀이 | • 압축응력(노통) : 압궤현상 발생
• 인장응력(수관) : 팽출현상 발생

88 정답 | ②
풀이 | 경질 스케일
• 규산칼슘
• 황산칼슘

89 정답 | ④
풀이 | Stanton 수는 Prandtl 수의 역수로 표현되며, 확산계수와 관계있는 것은 에킬트 수(Eckert Number)이다.

90 정답 | ②
풀이 | ㉠ 노통연관식 원통보일러
• 박용 보일러
• 육용 보일러
㉡ 라몬트 보일러 : 강제순환식 수관용 보일러

91 정답 | ③
풀이 | 증발량 2ton/h=2,000kg/h
∴ 평균증발량=2,000×0.9=1,800kg/h

92 정답 | ④
풀이 | 열전도율이 낮은 물질
그을음, 스케일
※ 그을음은 열전도율(kcal/m · h · ℃)이 가장 낮다.

93 정답 | ①
풀이 | 나사식 파이프 조인트
50mm 이하의 소구경 저압의 파이프 조인트법

94 정답 | ③
풀이 | 맨홀의 크기
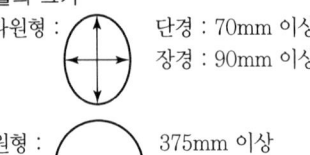

95 정답 | ④
풀이 | 실리카
스케일 관석의 원료

96 정답 | ①
풀이 | 성적계수 = $\frac{\text{증발열}(\text{kcal/h})}{\text{압축기 일의 열당량}(\text{kcal/h})}$
1RT=3,320kcal/h
1PS=632kcal(압축기 구동마력)
$\frac{3,320}{632} = 5.2$
∴ 구동마력 1PS가 필요하다.

97 정답 | ③
풀이 | 0.2MPa(2kg/cm²) 이하는 수압시험압력이 0.2MPa 이다.

98 정답 | ②
풀이 | 만곡관
열팽창에 의한 관의 팽창작용을 허용하기 위하여 대구경 옥외배관에 설치한다.

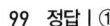

99 정답 | ①
풀이 |

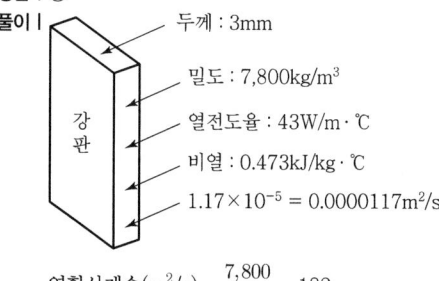

- 두께 : 3mm
- 밀도 : 7,800kg/m³
- 열전도율 : 43W/m·℃
- 비열 : 0.473kJ/kg·℃
- $1.17 \times 10^{-5} = 0.0000117 m^2/s$

열확산계수$(m^2/s) = \dfrac{7,800}{43} = 182$

$\dfrac{0.003}{182} = 0.00001648 ≒ 1.17 \times 10^{-5}$

100 정답 | ②
풀이 | 가스용 보일러

$\dfrac{CO \ 가스}{CO_2 \ 가스} = 0.002$ 이하이어야 한다.

03회 실전점검! CBT 실전모의고사

수험번호 :
수험자명 :

제한 시간 : 2시간 30분
남은 시간 :

글자 크기 100% 150% 200% | 화면 배치 | 전체 문제 수 : 안 푼 문제 수 :

답안 표기란

1	①	②	③	④
2	①	②	③	④
3	①	②	③	④
4	①	②	③	④
5	①	②	③	④
6	①	②	③	④
7	①	②	③	④
8	①	②	③	④
9	①	②	③	④
10	①	②	③	④
11	①	②	③	④
12	①	②	③	④
13	①	②	③	④
14	①	②	③	④
15	①	②	③	④
16	①	②	③	④
17	①	②	③	④
18	①	②	③	④
19	①	②	③	④
20	①	②	③	④
21	①	②	③	④
22	①	②	③	④
23	①	②	③	④
24	①	②	③	④
25	①	②	③	④
26	①	②	③	④
27	①	②	③	④
28	①	②	③	④
29	①	②	③	④
30	①	②	③	④

1과목 연소공학

01 가열실의 이론효율(E_1)을 옳게 나타낸 식은?(단, t_r : 이론연소온도, t_i : 피열물의 온도)

① $E_1 = \frac{t_r + t_i}{t_r}$

② $E_1 = \frac{t_r - t_i}{t_r}$

③ $E_1 = \frac{t_i - t_r}{t_i}$

④ $E_1 = \frac{t_i + t_r}{t_i}$

02 다음 기체연료 중 단위질량당 고위발열량(MJ/kg)이 가장 큰 것은?

① 메탄
② 에탄
③ 프로판
④ 수소

03 인화점이 50℃ 이상인 원유, 경유 등에 사용되는 인화점 시험방법은?

① 태그 밀폐식
② 아벨펜스키 밀폐식
③ 클리브렌드 개방식
④ 펜스키마텐스 밀폐식

04 이론공기량에 대한 설명으로 가장 거리가 먼 것은?

① 연소에 필요한 최소한의 공기량이다.
② 연료를 완전히 연소할 수 있는 공기량이다.
③ 연료의 연소 시 이론적으로 필요한 공기량이다.
④ 실제공기량과 이론공기량의 비를 공기비라 한다.

05 다음 중 열전도율의 단위는?

① kcal/m · h · ℃
② kcal/m^2 · h · ℃
③ kcal/m · h^2 · ℃
④ kcal/m · h · $℃^2$

계산기 | 다음 ▶ | 안 푼 문제 | 답안 제출

06 프로판(C_3H_8) 및 부탄이 혼합된 LPG를 건조공기로 연소시킨 가스를 분석하였더니 CO_2 11.32%, O_2 3.76%, N_2 84.92%의 조성을 얻었다. LPG 중의 프로판과 부탄의 부피비는?

① 100.00 : 0.00
② 91.65 : 8.35
③ 86.28 : 13.72
④ 73.15 : 26.85

07 공기비 2.3으로 연소시키는 석탄연소로에서 실제공기량이 11.96 Sm^3/kg일 때 이론공기량은 약 몇 Sm^3/kg인가?

① 5.2
② 10.4
③ 13.8
④ 27.5

08 액체연료의 미립화 방법이 아닌 것은?

① 고속기류
② 충돌식
③ 와류식
④ 혼합식

09 다음 연료 중 발열량(kcal/kg)이 가장 큰 것은?

① 중유
② 프로판
③ 무연탄
④ 코크스

10 다음 중 중유연소의 장점이 아닌 것은?

① 발열량이 석탄보다 크고, 과잉공기가 적어도 완전 연소시킬 수 있다.
② 점화 및 소화가 용이하며, 화력의 가감이 자유로워 부하 변동에 적용이 용이하다.
③ 재가 적게 남으며 발열량, 품질 등이 고체연료에 비해 일정하다.
④ 회분을 전혀 함유하지 않으므로 이것으로 인한 장해는 없다.

11 연소가스와 외부공기의 밀도차에 의해서 생기는 압력차를 이용하는 통풍방법은?

① 자연통풍
② 평행통풍
③ 압입통풍
④ 유인통풍

12 다음과 같은 조성을 가진 석탄의 완전연소에 필요한 이론공기량(kg/kg)은 약 얼마인가?

C : 64.0%, H : 5.3%, S : 0.1%, O : 8.8%, N : 0.8%, Ash : 12.0%, Water : 9.0%

① 7.5
② 8.8
③ 9.7
④ 10.4

13 프로판(Propane)가스 1kg을 완전연소시킬 때 필요한 이론공기량(Sm^3/kg)은?

① 6
② 8
③ 10
④ 12

14 다음 연소가스의 성분 중 대기오염 물질이 아닌 것은?

① 입자상 물질
② 이산화탄소
③ 황산화물
④ 질소산화물

15 다음 연소방법 중 기체연료의 연소방법에 해당하는 것은?

① 증발연소
② 표면연소
③ 분무연소
④ 확산연소

16 연료의 연소 시 $CO_{2max}(\%)$는 어느 때의 값인가?

① 이론공기량으로 연소 시
② 실제공기량으로 연소 시
③ 과잉공기량으로 연소 시
④ 이론양보다 적은 공기량으로 연소 시

17 연소 배출가스 중 CO_2 함량을 분석하는 이유로 가장 거리가 먼 것은?

① 연소상태를 판단하기 위하여
② 공기비를 계산하기 위하여
③ CO 농도를 판단하기 위하여
④ 열효율을 높이기 위하여

18 세정식 집진장치에서 분리되는 원리로서 가장 거리가 먼 것은?

① 액방울, 액막과 같은 작은 매진과 관성에 의한 충돌 부탁
② 큰 매진의 확산에 의한 부착
③ 습기 증가로 입자의 응집성 증가에 의한 부착
④ 매진을 핵으로 한 증기의 응결

19 랭킨 사이클에서 높은 압력으로 열효율을 증가시키고 저압 측에서 과도한 습도를 피하는 한편 터빈일을 증가시키는 목적으로 고안된 사이클은?

① 브레이턴 사이클
② 재생 사이클
③ 재열 사이클
④ 카르노 사이클

20 다음 중 이론공기량(Sm^3/Sm^3)이 가장 큰 것은?

① 오일가스
② 석탄가스
③ 천연가스
④ 액화석유가스

2과목 열역학

21 기체를 압축기를 통하여 P_1에서 P_2까지 압축하는 데 필요한 일을 최소로 하려면 다음 중 어느 과정이 가장 적합하겠는가?

① 가역단열압축($k=1.4$)
② 폴리트로픽 압축($PV^{1.2}=$ 일정)
③ 비가역단열압축
④ 등온압축

22 냉난방 겸용의 열펌프 사이클을 구성하기 위한 주요 요소가 아닌 것은?

① 전기구동 압축기
② 4방 밸브
③ 매니폴드 게이지
④ 전자팽창밸브

23 비엔탈피가 326kJ/kg인 어떤 기체가 노즐을 통하여 단열적으로 팽창되어 322 kJ/kg으로 되어 나간다. 유입속도를 무시할 때 유출속도는 몇 m/s인가?

① 4.4
② 22.6
③ 64.7
④ 89.4

24 수증기의 내부에너지 및 엔탈피가 터빈 입구에서 각각 2,900kJ/kg, 3,200kJ/kg 이고, 터빈 출구에서 2,300kJ/kg, 2,500kJ/kg일 때 터빈의 출력은 몇 kW인가?(단, 터빈은 단열되어 있으며, 발생되는 수증기의 질량 유량은 2kg/s이다.)

① 600
② 700
③ 1,200
④ 1,400

25 0℃ 물의 증발잠열 값에 가장 가까운 것은?

① 330kJ/kg
② 420kJ/kg
③ 2,250kJ/kg
④ 2,500kJ/kg

26. 다음 중 절탄기에 관한 설명으로 옳은 것은?
① 과열증기의 일부로 급수를 예열하는 장치이다.
② 연도가스의 열로 급수를 예열하는 장치이다.
③ 연도가스의 열로 고온의 공기를 만드는 장치이다.
④ 연도가스의 열로 고온의 증기를 만드는 장치이다.

27. 포화증기를 일정한 압력 아래에서 가열하면 어떤 상태가 되는가?
① 과열증기
② 건포화증기
③ 습증기
④ 포화액

28. 기체상수가 R인 이상기체가 일정 온도하에서 가역팽창하여 압력이 처음 상태의 1/2배로 되었다. 단위질량당 엔트로피 변화량은?
① $\frac{R}{2}\ln 2$
② $R\ln 2$
③ $2R$
④ $2R\ln 2$

29. 일반적으로 사용되는 냉매로 가장 거리가 먼 것은?
① 암모니아
② 프레온
③ 이산화탄소
④ 오산화인

30. 이상기체가 V_1, P_1으로부터 V_2, P_2까지 등온팽창하였다. 이 과정 중에 일어난 내부 에너지 변화량 ΔU, 엔탈피 변화량 ΔH, 엔트로피 변화량 ΔS를 옳게 나타낸 것은?
① $\Delta U > 0$, $\Delta H > 0$, $\Delta S > 0$
② $\Delta U = 0$, $\Delta H = 0$, $\Delta S < 0$
③ $\Delta U = 0$, $\Delta H > 0$, $\Delta S < 0$
④ $\Delta U = 0$, $\Delta H = 0$, $\Delta S > 0$

03회 실전점검! CBT 실전모의고사

수험번호 :
수험자명 :

제한 시간 : 2시간 30분
남은 시간 :

글자 크기 100% 150% 200% 화면 배치 전체 문제 수 : 안 푼 문제 수 :

답안 표기란

31 60℃로 일정하게 유지되고 있는 항온조가 실내온도 26℃인 실험실에 설치되어 있다. 이때 항온조로부터 실험실 내의 실내공기로 1,200J의 열손실이 있는 경우에 대한 설명으로 틀린 것은?

① 비가역과정이다.
② 실험실 전체(실험실 공기와 항온조 내의 물질)의 엔트로피 변화량은 약 7.6J/K이다.
③ 항온조 내의 물질에 대한 엔트로피 변화량은 약 −3.6J/K이다.
④ 실험실 내에서 실내공기의 엔트로피 변화량은 약 4.0J/K이다.

32 표준증기압축 냉동시스템에 비교하여 흡수식 냉동시스템의 주된 장점은 무엇인가?

① 압축에 소요되는 일이 줄어든다.
② 시스템의 효율이 상승한다.
③ 장치의 크기가 줄어든다.
④ 열교환기의 수가 줄어든다.

33 다음 중 에너지 보존의 법칙은 어느 것인가?

① 열역학 제0법칙
② 열역학 제1법칙
③ 열역학 제2법칙
④ 열역학 제3법칙

34 이상기체 1몰이 23℃에서 부피가 23L에서 45L로 등온가역팽창하였을 때 엔트로피 변화는 몇 J/K인가?(단, $\overline{R}$ = 8.314kJ/kmol · K이다.)

① −5.58
② 5.58
③ −1.67
④ 1.67

35 600℃의 고열원과 200℃의 저열원 사이에서 작동하는 카르노 사이클의 효율은?

① 0.666
② 0.542
③ 0.458
④ 0.333

31	①	②	③	④
32	①	②	③	④
33	①	②	③	④
34	①	②	③	④
35	①	②	③	④
36	①	②	③	④
37	①	②	③	④
38	①	②	③	④
39	①	②	③	④
40	①	②	③	④
41	①	②	③	④
42	①	②	③	④
43	①	②	③	④
44	①	②	③	④
45	①	②	③	④
46	①	②	③	④
47	①	②	③	④
48	①	②	③	④
49	①	②	③	④
50	①	②	③	④
51	①	②	③	④
52	①	②	③	④
53	①	②	③	④
54	①	②	③	④
55	①	②	③	④
56	①	②	③	④
57	①	②	③	④
58	①	②	③	④
59	①	②	③	④
60	①	②	③	④

계산기 다음 ▶ 안 푼 문제 답안 제출

36 피스톤이 장치된 용기 속의 온도가 30℃, 압력 200kPa, 체적 $V_1\text{m}^3$의 이상기체가 압력이 일정한 과정으로 체적이 원래의 3배로 되었을 때 이 기체의 온도는 약 몇 ℃인가?

① 30
② 90
③ 636
④ 910

37 열역학 사이클에 대한 설명으로 틀린 것은?

① 오토 사이클의 효율은 압축비만의 함수이다.
② 압축비가 증가하면 일반적으로 오토 사이클의 효율은 증가한다.
③ 디젤 사이클의 효율은 압축비와 차단비(Cut-off Ratio)의 함수이다.
④ 동일한 압축비에서는 디젤 사이클의 효율이 오토 사이클의 효율보다 높다.

38 압력이 1,200kPa인 탱크에 저장된 건포화 증기가 노즐로부터 100kPa로 분출되고 있다. 임계압력 P_c는 약 몇 kPa인가?(단, 비열비는 1.135이다.)

① 693
② 643
③ 582
④ 525

39 그림과 같은 카르노 열기관의 사이클 $P-V$ 선도에서 $d \rightarrow a$ 과정이 나타내는 것은?

① 등적과정
② 등엔탈피 과정
③ 등엔트로피 과정
④ 등온과정

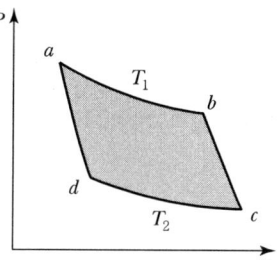

40 300K, 100kPa에서 어떤 기체의 부피가 500m^3라면, 400K, 150kPa에서의 부피는 약 얼마인가?

① 666m^3
② 444m^3
③ 333m^3
④ 222m^3

3과목 계측방법

41 다음 중 면적식 유량계는?
① 오리피스(Orifice)미터
② 로터미터(Rotameter)
③ 벤투리(Venturi)미터
④ 플로노즐(Flow Nozzle)

42 복사온도계에서 전복사에너지는 절대온도의 몇 승에 비례하는가?
① 2
② 3
③ 4
④ 5

43 아르키메데스의 부력원리를 이용한 액면측정기기는?
① 차압식 액면계
② 퍼지식 액면계
③ 기포식 액면계
④ 편위식 액면계

44 노 내압을 제어하는 데 필요하지 않은 조작은?
① 공기량 조작
② 연소가스 배출량 조작
③ 급수량 조작
④ 댐퍼의 조작

45 PR 열전대에 사용하는 보상도선의 허용오차는 몇 % 이내인가?
① 0.5
② 3
③ 5
④ 10

46 다이어프램식 압력계의 압력증가현상에 대한 설명으로 옳은 것은?
① 다이어프램에 가해진 압력에 의해 격막이 팽창한다.
② 링크가 아래 방향으로 회전한다.
③ 섹터기어가 시계방향으로 회전한다.
④ 피니언은 시계방향으로 회전한다.

47 차압식 유량계에 대한 설명 중 틀린 것은?
① 관로에 오리피스, 플로노즐 등이 설치되어 있다.
② 정도(精度)가 좋으나, 측정범위가 좁다.
③ 유량은 압력차의 평방근에 비례한다.
④ 레이놀즈수 10^5 이상에서 유량계수가 유지된다.

48 다음 중 기본단위의 정의가 잘못된 것은?
① "미터"는 빛이 진공에서 1/299,792,458초 동안 진행한 경로의 길이
② "초"는 세슘 133 원자의 바닥상태에 있는 두 초미세 준위 사이의 전이에 대응하는 복사선의 9,192,631,770주기의 지속시간
③ "켈빈"은 물의 삼중점에 해당하는 열역학적 온도의 1/273.16
④ "몰"은 수소 2의 0.012킬로그램에 있는 원자의 개수와 같은 수의 구성요소를 포함한 어떤 계의 물질량

49 내경 10cm의 관에 물이 흐를 때 피토관에 의하여 측정한 결과 유속이 5m/s임을 알았다. 이때의 유량은?
① 19kg/s
② 29kg/s
③ 39kg/s
④ 49kg/s

50 액주에 의한 압력측정에서 정밀한 측정을 할 때 다음 중 필요로 하지 않는 보정은?
① 온도의 보정
② 중력의 보정
③ 높이의 보정
④ 모세관 현상의 보정

51 가스 채취 시 주의하여야 할 사항에 대한 설명으로 틀린 것은?
① 가스의 구성 성분의 비중을 고려하여 적정 위치에서 측정하여야 한다.
② 가스 채취구는 외부에서 공기가 잘 유통할 수 있도록 하여야 한다.
③ 채취된 가스의 온도, 압력의 변화로 측정오차가 생기지 않도록 한다.
④ 가스성분과 화학반응을 일으키지 않는 관을 이용하여 채취한다.

52 다음 중 기체 비점 300℃ 이하의 액체를 측정하는 물리적 가스 분석계로 선택성이 우수한 가스분석계는?

① 밀도법
② 기체크로마토그래피법
③ 세라믹법
④ 오르자트법

53 헴펠식(Hempel Type) 가스분석장치에 흡수되는 가스와 사용하는 흡수제의 연결이 잘못된 것은?

① CO – 차아황산소다
② O_2 – 알칼리성 피로갈롤 용액
③ CO_2 – 30% KOH 수용액
④ C_mH_n – 진한 황산

54 백금 · 로듐-백금 열전대 온도계의 특성이 아닌 것은?

① 정밀 측정용으로 주로 사용된다.
② 다른 열전대 온도계보다 안정성이 우수하여 고온 측정에 적합하다.
③ 가격이 비싸다.
④ 열기전력이 다른 열전대에 비하여 가장 크다.

55 압력센서인 스트레인 게이지의 응용원리로 옳은 것은?

① 온도의 변화
② 전압의 변화
③ 저항의 변화
④ 금속선의 굵기 변화

56 그림과 같은 U자관에서 유도되는 식은?

① $P_1 = P_2 - h$
② $h = \gamma(P_1 - P_2)$
③ $P_1 + P_2 = \gamma h$
④ $P_1 = P_2 + \gamma h$

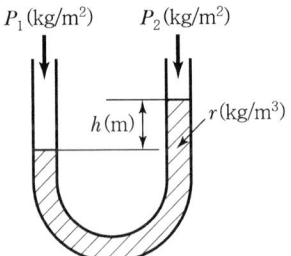

57 다음 물리적 인자 중 빛의 흡수율과 크기가 같은 것은?

① 반사율 ② 복사율
③ 투과율 ④ 굴절률

58 다음 그림과 같은 Tank 내 기체의 압력을 측정할 때 수은을 넣은 U자관 압력계를 사용한다. 대기압이 756mmHg일 때 수은면의 높이차가 124mm이면 Tank 내 기체의 절대압 P_o는 몇 kg/cm²인가?(단, 수은의 비중량은 13.8g/cm³이다.)

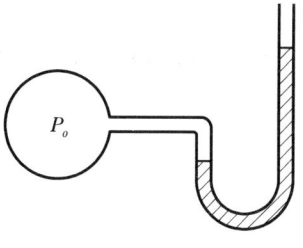

① 1.21 ② 1.12
③ 0.17 ④ 0.13

59 제어계가 불안정해서 제어량이 주기적으로 변화하는 좋지 못한 상태를 무엇이라 하는가?

① 오버슈트 ② 헌팅
③ 외란   ④ 스텝응답

60 유속 측정을 위해 피토관을 사용하는 경우 양쪽 관 높이의 차(Δh)를 측정하여 유속(V)을 구하는데, 이때 V는 Δh와 어떤 관계가 있는가?

① Δh에 비례
② Δh의 제곱에 비례
③ $\sqrt{\Delta h}$에 비례
④ $\dfrac{1}{\Delta h}$에 비례

4과목 열설비재료 및 관계법규

61 실리카(Silica) 전이특성에 대한 설명으로 옳은 것은?
① 규석(Quartz)은 상온에서 가장 안정된 광물이며 상압하, 573℃ 이하 온도에서는 안정된 형이다.
② 실리카(Silica)의 결정형은 규석(Quartz), 트리디마이트(Tridymite), 크리스토발라이트(Cristobalite), 카올린(Kaoline)의 4가지 주형으로 구성된다.
③ 결정형이 바뀌는 것을 전이라고 하며 전이속도를 빠르게 작용토록 하는 성분을 광화제라 한다.
④ 크리스토발라이트(Cristobalite)에서 용융실리카(Fused Silica)로 전이에 따른 부피변화 시 20%가 수축한다.

62 다음 중 제강로가 아닌 것은?
① 전기로
② 평로
③ 전로
④ 고로

63 다음 [보기]에서 설명하는 내화물은?

- 용융점은 약 2,710℃이다.
- 고온에서 전기저항이 작다.
- 내식성이 크고 열전도율은 작다.
- 용융주조 내화물로 주로 사용된다.

① 베릴리아 내화물
② 내화 모르타르
③ 캐스터블 내화물
④ 지르코니아 내화물

64 다이어프램 밸브(Diaphragm Valve)의 특징이 아닌 것은?
① 유체의 흐름이 주는 영향이 비교적 적다.
② 기밀을 유지하기 위한 패킹이 불필요하다.
③ 주된 용도가 유체의 역류를 방지하기 위한 것이다.
④ 산 등의 화학약품을 차단하는 데 사용하는 밸브이다.

65 좋은 슬래그가 갖추어야 할 구비조건으로 틀린 것은?

① 유가금속의 비중이 낮을 것
② 유가금속의 용해도가 클 것
③ 유가금속의 용융점이 낮을 것
④ 점성이 낮고 유동성이 좋을 것

66 에너지를 사용하여 만드는 제품의 단위당 에너지사용 목표량 또는 건축물의 단위면적당 에너지사용 목표량을 정하여 고시하는 자는?

① 국토교통부장관
② 한국에너지공단이사장
③ 대통령
④ 산업통상자원부장관

67 유체가 관로 내를 흐를 때 유체가 갖고 있는 에너지 일부가 유체 상호 간 혹은 유체와 내벽과의 마찰로 인해 소모되는 것을 마찰손실이라 하는데, 다음 마찰손실 중 국부저항손실수두가 아닌 것은?

① 배관 중의 밸브, 이음쇄류 등에 의한 것
② 관의 굴곡부분에 의한 것
③ 관 내에서 유체와 관 내벽과의 마찰에 의한 것
④ 관의 축소, 확대에 의한 것

68 일정 규모 이상의 에너지를 사용하게 되면 시·도지사에게 에너지사용량을 신고하여야 한다. 다음 중 에너지사용량신고를 하여야 하는 것은?

① 염색공장에서 벙커 C유 1,300,000L/년, 경유 500L/년을 사용하고, 계약전력 500kW 전기 2백만 kWh/년을 사용한다.
② 의류공장에서 천연가스를 1,200,000Sm³/년을 사용하고, 계약전력 300kW 전기 1백만 kWh/년을 사용한다.
③ 호텔에서 도시가스를 1,000,000Sm³/년을 사용하고, 계약전력 500kW 전기 3백만 kWh/년을 사용한다.
④ 목욕탕에서 경유를 1,500,000L/년 사용하고, 계약전력 300kW 전기 3백만 kWh/년을 사용한다.

69 다음 중 최고 안전 사용온도(℃)가 가장 낮은 보온재는?

① 염화비닐 폼
② 폼 글라스
③ 암면
④ 규산칼슘

70 산업통상자원부장관이 에너지관리 대상자에게 개선명령을 할 수 있는 경우는 에너지관리지도 결과 몇 % 이상의 에너지효율 개선이 기대될 때로 규정하고 있는가?

① 50%
② 30%
③ 20%
④ 10%

71 다음 중 샤모트질계 내화물의 주성분은?

① 마그네사이트($MgCO_3$)
② 카올리나이트($Al_2O_3 \cdot 2SiO_2 \cdot 2H_2O$)
③ 납석($Al_2O_3 \cdot 4SiO_2 \cdot H_2O$)
④ 크로마이트($Cr_2O_3 \cdot FeO$)

72 가열방법에 따른 노의 분류 중 직접가열식이 아닌 것은?

① 평로
② 용광로
③ 용선로
④ 전로

73 보온재나 단열재 및 보랭재 등으로 구분하는 기준은?

① 열전도율
② 안전사용온도
③ 압력
④ 내화도

74 규조토질 단열재의 안전사용온도는?

① 300~500℃
② 500~800℃
③ 800~1,200℃
④ 1,200~1,500℃

75 도자기 소성 시 노 내 분위기의 순서를 바르게 나타낸 것은?

① 산화성 분위기 → 환원성 분위기 → 중성 분위기
② 산화성 분위기 → 중성 분위기 → 환원성 분위기
③ 환원성 분위기 → 중성 분위기 → 산화성 분위기
④ 환원성 분위기 → 산화성 분위기 → 중성 분위기

76 제련에서 중금속 비화물이 균일하게 녹아 있는 인공적인 혼합물이며, 원료 중에 As, Sb 등이 다량으로 들어 있고 이것이 환원분위기에서 산화제거되지 않을 때 생기는 것은?

① 스파이스   ② 매트
③ 플럭스   ④ 슬래그

77 고온용 무기질 보온재로서 경량이고 기계적 강도가 크며 내열성·내수성이 강하고, 내마모성이 있어 탱크, 노벽 등에 적합한 보온재는?

① 암면   ② 석면
③ 규산칼슘   ④ 탄산마그네슘

78 다음 중 배소(Roasting)에 대한 설명으로 틀린 것은?

① 화합수와 탄산염을 분해한다.
② 황, 인 등의 유해성분을 제거한다.
③ 산화배소는 일반적으로 흡열반응이다.
④ 산화도를 변화시켜 자력선광을 할 수 있도록 한다.

79 다음 중 중성 내화물은?

① 규석 벽돌   ② 마그네시아 벽돌
③ 크롬질 벽돌   ④ 납석 벽돌

80 에너지이용 합리화를 위한 계획 및 조치에 대한 설명으로 틀린 것은?
① 에너지이용 합리화 기본계획은 5년 주기로 수립하여야 한다.
② 에너지이용 합리화 기본계획에는 열사용기자재의 안전관리에 관한 내용을 포함하여야 한다.
③ 에너지이용 합리화 기본계획 수립 시 국회에 상정하여 심의를 거쳐 확정한다.
④ 에너지이용 합리화 기본계획은 산업통상자원부장관이 수립한다.

5과목 열설비설계

81 과열기(Super Heater)에 대한 설명 중 틀린 것은?
① 보일러에서 발생한 포화증기를 가열하여 증기의 온도를 높이려는 장치이다.
② 저압 보일러의 효율을 상승시키기 위하여 주로 사용된다.
③ 증기의 열에너지가 커 열손실이 많아질 수 있다.
④ 고온부식의 우려와 연소가스의 저항으로 압력손실이 크다.

82 보일러의 급수를 예열하는 방법 중 증기터빈에서 추기된 증기에 의해 가열하는 것은?
① 헌열기
② 급수가열기
③ 과열기
④ 재열기

83 공기비가 1.3일 때 100Sm³의 공기로 완전연소시킬 수 있는 황(S)의 양은 약 몇 kg인가?
① 11.5
② 23.1
③ 27.6
④ 34.5

84 그림과 같은 V형 용접이음의 인장응력(σ)을 구하는 식은?

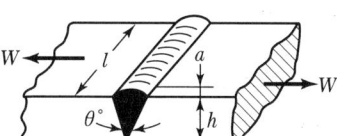

① $\sigma = \dfrac{W}{hl}$
② $\sigma = \dfrac{W}{h \cdot \operatorname{cosec}\theta \cdot \frac{1}{2}l}$
③ $\sigma = \dfrac{W}{h+a}$
④ $\sigma = \dfrac{W}{(h+a) \cdot \operatorname{cosec}\theta \cdot \frac{1}{2}l}$

85. 평노통, 파형 노통, 화실 및 직립보일러 화실판의 최고 두께는 몇 mm 이하이어야 하는가?(단, 습식 화실 및 조합노통 중 평노통은 제외한다.)
   ① 11
   ② 22
   ③ 33
   ④ 44

86. 보일러의 급수처리방법에 해당되지 않는 것은?
   ① 이온교환법
   ② 응집법
   ③ 희석법
   ④ 여과법

87. 보일러의 동 내부와 수관 내에 부착된 스케일을 제거하기 위해 화학적인 방법 중 염산을 이용한 산세관법을 많이 쓰고 있다. 염산을 많이 쓰는 이유로 가장 거리가 먼 것은?
   ① 스케일의 용해능력이 우수하여
   ② 위험성이 적고 취급이 용이하여
   ③ 가격이 저렴하고 경제적이어서
   ④ 세관 후 물과 분리가 쉬워서

88. 다음 중 보일러의 안전장치가 아닌 것은?
   ① 저수위 경보기
   ② 화염검출기
   ③ 방폭문
   ④ 댐퍼

89. 보일러의 성능시험방법에 대한 설명으로 옳은 것은?
   ① 증기건도는 강철제 또는 주철제로 나누어 정해져 있다.
   ② 측정은 매 1시간마다 실시한다.
   ③ 수위는 최초 측정치에 비해서 최종 측정치가 적어야 한다.
   ④ 측정기록 및 계산양식은 제조사에서 정해진 것을 사용한다.

90. 급수처리에 있어서 양질의 급수를 얻을 수 있으나 비용이 많이 들어 보급수의 양이 적은 보일러에 주로 사용하는 급수처리방법은?
   ① 증류법
   ② 여과법
   ③ 탈기법
   ④ 이온교환법

91 보일러장치에 대한 설명으로 옳지 않은 것은?

① 절탄기는 연료공급을 적당히 분배하여 완전연소를 돕는 장치이다.
② 공기예열기는 연소가스의 예열로 공급공기를 가열시키는 장치이다.
③ 과열기는 포화증기를 가열시키는 장치이다.
④ 재열기는 원동기에서 팽창한 포화증기를 재가열시키는 장치이다.

92 보일러 설계 시 크리프 영역에 달하지 않는 설계온도에서의 철강재료 허용인장응력은?

① 상온에서 최소 인장강도의 $\frac{1}{4}$
② 상온에서 최소 인장강도의 $\frac{1}{3}$
③ 상온에서 최소 인장강도의 $\frac{1}{2}$
④ 상온에서 최소 인장강도의 $\frac{1}{\sqrt{2}}$

93 열사용 설비는 많은 전열면을 가지고 있는데 이러한 전열면이 오손되면 전열량이 감소하고 또 열설비의 손상을 초래한다. 이에 대한 방지대책으로 틀린 것은?

① 황분이 적은 연료를 사용하여 저온부식을 방지한다.
② 첨가제를 사용하여 배기가스의 노점을 상승시킨다.
③ 과잉공기를 적게 하여 저공기비 연소를 시킨다.
④ 내식성이 강한 재료를 사용한다.

94 보일러의 안전밸브에 대한 설명 중 옳지 않은 것은?

① 안전밸브는 가능한 한 동체에 직접 부착시켜야 한다.
② 전열면적 $50m^2$ 이하의 증기보일러에는 1개 이상의 안전밸브를 설치한다.
③ 안전밸브 및 압력 방출장치의 크기는 호칭지름 25mm 이상으로 하여야 한다.
④ 안전밸브와 안전밸브가 부착된 동체 사이에는 차단밸브를 1개 이상 설치하여야 한다.

95 보일러의 부대장치 중 공기예열기의 적정온도는?

① 30~50℃
② 50~100℃
③ 100~180℃
④ 180~350℃

96 내경이 220mm이고, 강판두께가 10mm인 파이프의 허용인장응력이 6kg/mm^{2}일 때, 이 파이프의 유량이 40L/s이다. 이때 평균유속은 약 몇 m/s인가?(단, 유량계수는 1이다.)

① 0.92　　　　　② 1.05
③ 1.23　　　　　④ 1.78

97 열팽창에 의한 배관의 이동을 구속 또는 제한하는 것을 레스트레인트(Restraint)라 한다. 레스트레인트의 종류에 해당하지 않는 것은?

① 앵커(Anchor)　　② 스토퍼(Stopper)
③ 리지드(Rigid)　　④ 가이드(Guide)

98 보일러수에 녹아 있는 기체를 제거하는 탈기기(脫氣機)가 제거하는 대표적인 용존가스는?

① O_2　　　　　② N_2
③ H_2O　　　　④ SO_2

99 내화벽돌이 두께 140mm인 적벽돌 및 두께 100mm인 단열벽돌로 되어 있는 노벽이 있다. 이것의 열전도율은 각각 1.2, 0.06kcal/m·h·℃이다. 이때 손실열량은 약 몇 kcal/m^2·h인가?(단, 노 내 벽면의 온도는 1,000℃이고, 외벽면의 온도는 100℃이다.)

① 289　　　　　② 442
③ 505　　　　　④ 635

100 내압 60kgf/cm^{2}이 작용하는 외경 150mm, 두께 5mm의 파이프에 작용하는 축방향의 인장력은 약 몇 kgf인가?

① 2,450　　　　② 7,625
③ 9,566　　　　④ 19,133

CBT 정답 및 해설

03회 | CBT 실전모의고사

01	02	03	04	05	06	07	08	09	10
②	④	④	②	①	②	①	④	②	④
11	12	13	14	15	16	17	18	19	20
①	②	④	②	④	①	③	②	③	④
21	22	23	24	25	26	27	28	29	30
④	③	④	④	④	②	①	②	④	④
31	32	33	34	35	36	37	38	39	40
②	①	②	②	③	③	④	①	③	②
41	42	43	44	45	46	47	48	49	50
②	③	②	①	④	②	④	②	③	③
51	52	53	54	55	56	57	58	59	60
②	②	①	④	③	④	②	①	②	④
61	62	63	64	65	66	67	68	69	70
③	④	④	③	②	④	③	④	①	④
71	72	73	74	75	76	77	78	79	80
②	①	②	③	①	①	③	③	②	③
81	82	83	84	85	86	87	88	89	90
②	②	③	③	②	③	④	②	①	①
91	92	93	94	95	96	97	98	99	100
①	①	②	④	④	②	③	①	③	③

01 정답 | ②

풀이 | 가열실의 이론효율 : $E_1 = \dfrac{t_r - t_i}{t_r}$

02 정답 | ④

풀이 | ① 메탄 CH_4(16kg) : 9,530kcal/Nm^3
② 에탄 C_2H_6(30kg) : 15,280kcal/Nm^3
③ 프로판 C_3H_8(44kg) : 24,370kcal/Nm^3
④ 수소 H_2(2kg) : 3,050kcal/Nm^3(중량당 발열량이 가장 크다.)

03 정답 | ④

풀이 | 펜스키마텐스 밀폐식 인화점 시험방법
인화점이 50℃ 이상인 원유, 경유 등에 사용된다.

04 정답 | ②

풀이 | ②는 이론공기량이 아닌 실제공기량에 대한 설명이다.

05 정답 | ①

풀이 | ① 열전도율 단위
② 열관류율, 열전달률 단위

06 정답 | ②

풀이 | 프로판·부탄의 연소반응식
$C_3H_8 + 5O_2 \rightarrow 3CO_2 + 4H_2O$
$C_4H_{10} + 6.5O_2 \rightarrow 4CO_2 + 5H_2O$

- 공기비$(m) = \dfrac{N_2}{N_2 - 3.76(O_2)}$
  $= \dfrac{84.92}{84.92 - 3.76 \times 3.76}$
  $= 1.20$
- 프로판 실제공기량$(A) = \left(5 \times \dfrac{1}{0.21}\right) \times 1.2 = 28.57$
- 부탄 실제공기량$(A) = \left(6.5 \times \dfrac{1}{0.21}\right) \times 1.2 = 37.14$
- 프로판, 부탄 각 50%씩 혼합가스 이론공기량(A_o)
  $A_o = \left(5 \times \dfrac{1}{0.21} \times 0.5\right) + \left(6.5 \times \dfrac{1}{0.21} \times 0.5\right) \times 1.2$
  $= 32.855 Nm^3/Nm^3$
  $32.855 \times 1.2 = 32.855 Nm^3/Nm^3$(실제공기량)
  $32.855 \times 0.2 = 6.57 Nm^3/Nm^3$(과잉공기량)
- 총실제공기량 $= (28.57 + 37.14) \times 1.2$
  $= 78.852 Nm^3/Nm^3$

$\left(\dfrac{6.57}{78.852}\right) \times 100 = 8.35\%$

$\therefore 100 - 8.35 = 91.65\%$

07 정답 | ①

풀이 | 공기비 $= \dfrac{\text{실제공기량}}{\text{이론공기량}}$

이론공기량 $= \dfrac{\text{실제공기량}}{\text{공기비}} = \dfrac{11.96}{2.3} = 5.2$

08 정답 | ④

풀이 | 액체연료 미립화 방법
- 고속기류
- 충돌식
- 와류식
- 회전식

09 정답 | ②

풀이 | 발열량(kcal/kg)
① 중유 : 8,750~9,350kcal/L
② 프로판 : 11,050kcal/kg
③ 무연탄 : 4,600kcal/kg
④ 코크스 : 7,000kcal/kg

10 정답 | ④

풀이 | 중유는 회분 및 중금속 성분이 포함된다.

11 정답 | ①
풀이 | 통풍의 종류
  • 자연통풍 : 외부공기와 배가스 밀도차 이용
  • 강제통풍 : 평행, 압입, 유인(흡인) 이용

12 정답 | ②
풀이 | • 액체, 고체 연료의 이론공기량(A_o)
$$A_o = 8.89C + 26.67\left(H - \frac{O}{8}\right) + 3.33S$$
$$= 8.89 \times 0.64 + 26.67\left(0.053 - \frac{0.08}{8}\right)$$
$$+ 3.33 \times 0.001$$
$$= 6.8 \text{Nm}^3/\text{kg}$$
• 이론공기량(A_o)
$$A_o = 11.5C + 34.49\left(H - \frac{O}{8}\right) + 4.31S$$
$$= 11.5 \times 0.64 + 34.49\left(0.053 - \frac{0.08}{8}\right)$$
$$+ 4.31 \times 0.001$$
$$= 7.36 + (0.042 \times 34.49) + 0.00431$$
$$= 8.8 \text{kg/kg}$$

13 정답 | ④
풀이 | $\underline{C_3H_8} + \underline{5O_2} \rightarrow 3CO_2 + 4H_2O$
44kg $5 \times 22.4\text{m}^3$
$44 : (5 \times 22.4) = 1 : x$
$x = (5 \times 22.4) \times \frac{1}{44} = 2.545 \text{Sm}^3/\text{kg}$(이론산소량)
∴ 이론공기량 $= 2.545 \times \frac{1}{0.21} = 12 \text{Sm}^3/\text{kg}$

14 정답 | ②
풀이 | 대기오염 물질
입자상 물질, 황산화물, 질소산화물

15 정답 | ④
풀이 | • 기체연료 연소방법 : 확산연소, 예혼합연소
  • 액체연료 : 증발연소(기화연소), 분무연소
  • 고체연료 : 분해연소, 표면연소

16 정답 | ①
풀이 | CO_{2max}(탄산가스 최대발생량)은 연료의 연소 시 이론공기량으로 연소할 경우 최대로 발생된다.

17 정답 | ③
풀이 | CO_2 함량 분석 이유
연소상태 판단, 공기비 계산, 열효율 상승

18 정답 | ②
풀이 | ①, ③, ④는 세정식(유수식, 가압수식, 회전식) 집진장치의 집진원리에 대한 설명이다.

19 정답 | ③
풀이 | 재열 사이클
랭킨 사이클에서 높은 압력으로 열효율을 증가시키고, 저압 측에서 과도한 습도를 피하는 한편 터빈일을 증가시키는 사이클이다.

20 정답 | ④
풀이 | 이론공기량이 큰 연료는 이론산소량이 크게 요구되는 연료이다.
① 오일가스 : 수소 53.5%, CO 가스 13.7%, 기타 17.3%
② 석탄가스 : 수소 51%, 메탄 32%, CO 8%
③ 천연가스 : 메탄가스(CH_4)
④ 액화석유가스 : 프로판, 부탄($C_3H_8 + C_4H_{10}$)
  • 프로판 연소반응식 : $C_3H_8 + 5O_2 \rightarrow 3CO_2 + 4H_2O$
  • 부탄 연소반응식 : $C_4H_{10} + 6.5O_2 \rightarrow 4CO_2 + 5H_2O$

21 정답 | ④
풀이 | 일의 소요값 크기
단열압축 > 폴리트로픽 압축 > 등온압축
∴ 등온압축이 일을 최소화한다.

22 정답 | ③
풀이 | 냉난방 열펌프 구성요소
압축기, 4방 밸브, 전자팽창밸브, 응축기 등

23 정답 | ④
풀이 | $h_1 - h_2 = 326 - 322 = 4 \text{kJ/kg}$
$$\text{유출속도}(W_2) = \sqrt{2(h_1 - h_2) + W_1^2}$$
$$= 1.414\sqrt{h} = 1.414\sqrt{4 \times 10^3}$$
$$= 89.4 \text{m/s}$$

24 정답 | ④
풀이 | $1\text{kW} = 3,600 \text{kJ/h}$
터빈일량 $= 3,200 - 2,500 = 700 \text{kJ/kg}$
유량 $= 2\text{kg/s} \times 3,600 \text{s/h} = 7,200 \text{kg/h}$
∴ 터빈출력 $= \frac{7,200 \times 700}{3,600} = 1,400 \text{kW}$

CBT 정답 및 해설

25 정답 | ④
풀이 | • 0℃의 물의 증발잠열 : 600kcal/kg
• 100℃의 물의 증발잠열 : 539kcal/kg
1kcal=4.186kJ
∴ 600×4.186=2,500kJ/kg

26 정답 | ②
풀이 | • 증발실 → 과열기 → 재열기 → 절탄기 → 공기예열기 → 연돌
• 절탄기 : 연도가스의 열로 급수를 예열하는 폐열회수장치 (예열장치)이다.
① 재열기 ③ 공기예열기 ④ 과열기

27 정답 | ①
풀이 | 보일러수 → 포화수 → 포화습증기 → 포화건조증기 → (과열증기)

28 정답 | ②
풀이 | 이상기체 등온변화($T=C$: $T_1=T_2$)이므로,
엔트로피 변화(ΔS) = $S_2 - S_1$
$= AR\ln\dfrac{V_2}{V_1} = -AR\ln\dfrac{P_1}{P_2}$
$= C_p\ln\dfrac{V_2}{V_1} = C_v\ln\dfrac{P_1}{P_2}$
$= R\ln 2$

29 정답 | ④
풀이 | • 오산화인 : 흡습제
• 냉매 : 암모니아, 프레온, CO_2 등

30 정답 | ④
풀이 | 이상기체 등온변화
• 내부에너지 변화
$d_u = C_v dT$, $dT=0$, $\Delta u = u_2 - u_1 = 0$
∴ $u_1 = u_2$
즉, 내부에너지의 변화가 없다.
• 엔탈피 변화
$dh = C_p DT$, $dT=0$, $\Delta h = h_2 - h_1 = 0$
∴ $h_1 = h_2$
즉, 엔탈피 변화가 없다.

31 정답 | ②
풀이 | 60+273=333K
∴ $\dfrac{-1,200}{333}$ = 3.6kJ/K(약 4.0J/K)
※ 외부에 열을 방출하면 (−)
외부에서 열을 받으면 (+)

32 정답 | ①
풀이 | 흡수식 냉동시스템
• 증발기
• 흡수기
• 재생기(고온, 저온)
• 응축기
※ 흡수식 냉동기는 압축기가 불필요하다.

33 정답 | ②
풀이 | 열역학 제1법칙 : 에너지 보존의 법칙

34 정답 | ②
풀이 | 등온변화($T=C$: $T_1=T_2$)
엔트로피 변화(ΔS) = $S_2 - S_1 = AR\ln\dfrac{V_2}{V_1}$
$= 8.314\ln\left(\dfrac{45}{23}\right) = 5.58$J/K

35 정답 | ③
풀이 | 600+273=873K
200+273=473K
카르노 사이클 효율 = $\dfrac{AW}{Q_1} = 1 - \dfrac{Q_2}{Q_1} = 1 - \dfrac{T_2}{T_1}$
$= \dfrac{873-473}{873} = 0.458$

36 정답 | ③
풀이 | $T_2 = T_1 \times \dfrac{V_2}{V_1} = (30+273) \times \dfrac{3}{1} = 909$K
∴ 909−273=636℃

37 정답 | ④
풀이 | • 동일한 압축비에서 열효율 크기
오토 사이클 > 사바테 사이클 > 디젤 사이클
• 가열량 및 최고 압력이 일정한 경우의 열효율 크기
오토 사이클 > 사바테 사이클 > 디젤 사이클

38 정답 | ①
풀이 | 임계압력(P_c) = $P_1\left(\dfrac{2}{k+1}\right)^{\frac{k}{k-1}}$
$= 1,200 \times \left(\dfrac{2}{1.135+1}\right)^{\frac{1.135}{1.135-1}}$
$= 693$kPa

39 정답 | ③
풀이 | 카르노 사이클
- $a \to b$ 과정 : 등온팽창
- $b \to c$ 과정 : 단열팽창
- $c \to d$ 과정 : 등온압축
- $d \to a$ 과정 : 단열압축
∴ 단열변화 : $S_1 = S_2$(등엔트로피 과정)

40 정답 | ②
풀이 | $V_2 = V_1 \times \dfrac{T_2}{T_1} \times \dfrac{P_1}{P_2} = 500 \times \dfrac{400}{300} \times \dfrac{100}{150} = 444\text{m}^3$

41 정답 | ②
풀이 | ㉠ 면적식
- 로터미터
- 게이트식

㉡ 차압식
- 오리피스
- 벤투리
- 플로노즐

42 정답 | ③
풀이 | ① 전체 방사에너지$(S) = \sigma T^4 \text{(W/cm}^2\text{)}$
② 슈테판-볼츠만 상수$(\sigma) = 5.6696 \times 10^{-8}$
$\quad \text{(W} \cdot \text{m}^{-2} \cdot \text{deg}^{-4}\text{)}$
③ 슈테판-볼츠만 법칙 : 흑체의 단위표면적으로부터 단위시간에 방사되는 전체 방사에너지는 그의 절대온도 $T(\text{K})$의 4제곱에 비례한다.

43 정답 | ④
풀이 |
- 편위식 액면계 : 아르키메데스의 부력 원리를 이용한 직접식 액면계(부자식 액면계)
- 간접식 액면계 : 차압식, 퍼지식, 기포식

44 정답 | ③
풀이 | 화실 노 내압 제어에 필요한 조작
- 공기량 조작
- 연소가스 배출량 조작
- 댐퍼 조작

45 정답 | ①
풀이 | ㉠ 열전대 온도계
- 백금-로듐(P-R) 식(0~1,600℃)
- 크로멜-알루멜(0~1,200℃)
- 철-콘스탄탄(-200~800℃)
- 동-콘스탄탄(-200~350℃)

㉡ 열전대 온도계 보상도면
- 구리+(니켈+구리) : P-R 열전쌍(허용오차 5% 이내)
- 구리+(니켈+구리) : C·A 열전쌍

46 정답 | ④
풀이 | 다이어프램 탄성식 압력계

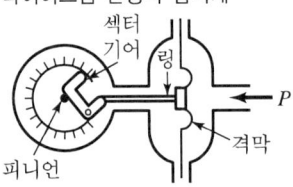

47 정답 | ②
풀이 | 차압식 유량계
벤투리식, 오리피스식, 플로노즐식

48 정답 | ④
풀이 | 표준상태(STP) 1기압에서
- 기체 1몰은 22.4L
- 분자수는 6.02×10^{23}개(아보가드로수)
- 수소(H_2)의 분자량 = $1.01 \times 2 = 2.02\text{g}$
  (수소 1그램 분자량)

49 정답 | ③
풀이 | 유량(Q) = 유속(m/s) × 관의 단면적(m²)
$= 5 \times \left(\dfrac{3.14}{4} \times 0.1^2 \right) = 0.03925 \text{m}^3/\text{s}$
물 $1\text{m}^3 = 1,000\text{kg}$
∴ $0.03925 \times 1,000 = 39\text{kg/s}$

50 정답 | ③
풀이 | 액주의 압력측정 보정
- 온도의 보정
- 중력의 보정
- 모세관 현상의 보정

51 정답 | ②
풀이 | 배기가스 채취구는 외부에서 공기가 유통되지 않도록 철저히 밀폐시킨다.

52 정답 | ②
풀이 | 기체크로마토그래피법
비점 300℃ 이하의 액체를(기체 포함) 측정하는 물리적 가스분석계로 선택성이 우수하다.

CBT 정답 및 해설

53 정답 | ①
풀이 | CO : 암모니아 염화제1동 흡수제 사용
(헴펠식 및 오르자트법)

54 정답 | ④
풀이 | • 백금-백금로듐(P-R 온도계) : 열기전력이 작다.
• 열기전력은 철-콘스탄탄 열전대가 가장 크고, 그 다음이 크로멜-알루멜 열전대이다.

55 정답 | ③
풀이 | • 압력센서 스트레인 게이지 : 저항의 변화를 이용한 압력계(휘트스톤 브리지 회로를 이용한 전류량으로 압력을 측정한다.)
• 전기식 압력계 : 전기저항식, 자기 스트레인식, 압전기식

56 정답 | ④
풀이 | $P_1 = P_2 + \gamma h = P_2 +$ (비중량×높이차)

57 정답 | ②
풀이 | 복사율 : 빛의 흡수율 크기와 같다.

58 정답 | ①
풀이 | $h = 124\text{mm} = 12.4\text{cm} = 0.124\text{m}$
$1\text{atm} = 1.0332\text{kg/cm}^2 = 760\text{mmHg}$
$1.0332 \times \dfrac{756}{760} = 1.0277\text{kg/cm}^2$
∴ $P_o + rL$
$= \dfrac{1{,}000 \times 0.124}{10^4} + 1{,}000 \times 13.8 \times \dfrac{0.124}{10^4}$
$+ 1.0277$
$= 1.21\text{kg/cm}^2$(절대압)

59 정답 | ②
풀이 | 헌팅(난조)
제어계가 불안정해서 제어량이 주기적으로 변화하는 좋지 않은 상태이다.

60 정답 | ③
풀이 | 피토관 유속식 유량계에서 유속(V)은 양쪽 관 높이의 차(Δh)와 $\sqrt{\Delta h}$ 에 비례한다.

61 정답 | ③
풀이 | 실리카
• 실리카(SiO_2) 결정질이 바뀌는 것을 전이라 하며, 전이속도를 빠르게 하는 성분이 광화제이다.

• SK 31~34 용도로 쓰는 하중연화점 1,750℃ 정도, 석영·규석·규사를 870℃ 이상 가열전이시키면 트리디마이트로 한다. 1,470℃ 정도에서 크리스토발라이트로 하여 체적 변화가 일어나지 않게 한다.

62 정답 | ④
풀이 | • 고로 : 선철용해로(용광로), 즉 철광석 용해로
• 제강로 : 강철제조(전기로, 평로, 전로, 도가니로)

63 정답 | ④
풀이 | 지르코니아 내화물
• 용융점은 약 2,710℃이다.
• 내식성이 크고 열전도율(kcal/m · h · ℃)이 작다.
• 고온에서 전기저항이 적다.
• 용융주조 내화물로 사용된다.

64 정답 | ③
풀이 | 체크밸브(스윙식, 리프트식)
주된 용도는 유체의 역류 방지(기호 : -N-)이다.

65 정답 | ②
풀이 | 슬래그
유가금속의 용해도가 적어야 한다.

66 정답 | ④
풀이 | 에너지를 사용하여 만드는 제품의 단위당 에너지사용 목표량 또는 건축물의 단위면적당 에너지사용 목표량을 정하여 고시하는 자는 산업통상자원부장관이다.

67 정답 | ③
풀이 | 마찰손실 중 국부저항손실수두가 아닌 것
관 내에서 유체와 관 내벽과의 마찰에 의한 것

68 정답 | ④
풀이 | 석유환산계수는 벙커 C유 0.990, 경유 0.905, 천연가스 1.300, 도시가스 1.055, 전력 0.215이다.
④의 경우
• 경유 : 1,500,000×0.905=1,357,500kg
∴ 1,357.5TOE/년
• 전기 : 3,000,000×0.215=645,000kg
∴ 645TOE/년
• 총에너지 사용량=1,357.5+645=2,002.5TOE/년
∴ 2,000TOE 이상이므로 에너지사용량 신고대상이다.

CBT 정답 및 해설

69 정답 | ①
풀이 | ① 품류 : 경질우레탄폼, 폴리스트렌폼, 염화비닐폼 등의 안전 사용온도가 80℃ 이하
② 폼 글라스 : 300℃ 이하
③ 암면 : 400~600℃
④ 규산칼슘 : 650℃

70 정답 | ④
풀이 | 에너지관리 대상자(연간 석유환산 2,000TOE 이상)에게 에너지관리지도 결과 10% 이상의 에너지효율이 기대되면 에너지개선명령을 내린다.

71 정답 | ②
풀이 | 샤모트질계 내화물(보일러 등 일반가마용 내화물)의 화학성분
$SiO_2 + Al_2O_3$계 + $2H_2O$

72 정답 | ①
풀이 | 평로(반사로)
산성 평로, 염기성 평로가 있으며, 양쪽에 축열식이 있다.

73 정답 | ②
풀이 | 안전사용온도의 크기
내화물 > 단열재 > 보온재 > 보랭재

74 정답 | ③
풀이 | 단열재 안전사용온도
• 저온용(800~1,200℃) : 규조토질
• 고온용(1,300~1,500℃) : 점토질

75 정답 | ①
풀이 | 도자기 소성 시 노 내 분위기 순서
산화성 분위기 → 환원성 분위기 → 중성 분위기

76 정답 | ①
풀이 | 스파이스
원료 중(비소 : As, 안티몬 : Sb) 등을 다량 함유하고 환원분위기에서 산화제거되지 않는 물질이다.

77 정답 | ③
풀이 | 규산칼슘(650℃ 이하 사용)
내열성·내수성이 강하고 내마모성이 있어 탱크, 노벽 등에 적합하다.

78 정답 | ③
풀이 | 산화배소 : 발열반응현상이다.

79 정답 | ③
풀이 | ① 규석 : 산성 내화물
② 마그네시아 : 염기성 내화물
③ 크롬질 : 중성 내화물
④ 납석 : 산성 내화물

80 정답 | ③
풀이 | 에너지이용 합리화에 관한 기본계획을 수립하는 주체는 산업통상자원부장관이며, 국회의 심의를 거치지 않는다.

81 정답 | ②
풀이 | 과열기
• 과열증기 생산으로 발전기(터빈)를 돌리기 위하여 사용하며, 약 530℃ 증기를 생산한다.
• 증기원동소에서 사용(복사형, 대류형, 복사대류형)한다.

82 정답 | ②
풀이 | 급수가열기
증기터빈에서 추기된 증기에 의해 급수를 가열하는 증기원동소용 가열기

83 정답 | ②
풀이 | S + O_2 → SO_2
32kg   22.4m^3 22.4m^3
실제공기량 = 이론산소량 × $\frac{1}{0.21}$ = 22.4 × $\frac{1}{0.21}$
= 106.67Sm^3(이론공기량)
이론공기량 × 공기비 = 106.67 × 1.3
= 138.67Sm^3(실제공기량)
황의 양 = 32 : 138.67 = x : 100
∴ $x = 32 × \frac{100}{137.67} = 23.1kg$

84 정답 | ①
풀이 | V형 용접이음 인장응력(σ) = $\frac{W}{hl}$

85 정답 | ②
풀이 | 직립보일러 화실판의 최고 두께
22mm 이하(습식 연소실 및 조합노통 중 평노통은 제외한다.)

CBT 정답 및 해설

86 정답 | ③
풀이 | 보일러의 급수처리방법
- 이온교환법
- 응집법
- 여과법
- 침강법
- 탈기법 및 기폭법
- 증류법

87 정답 | ④
풀이 | 산세관법에서 염산세관 시에 부식억제제(인히비터)를 첨가시킨다.

88 정답 | ④
풀이 | 댐퍼
공기댐퍼, 연도댐퍼(공기 및 배기가스양 조절)

89 정답 | ①
풀이 | 보일러 증기건도(성능시험) : 10분마다 측정
- 강철제 : 0.98
- 주철제 : 0.97

90 정답 | ①
풀이 | 급수처리(외처리) 증류법
비용이 많이 소요되지만, 양질의 급수를 얻을 수 있다
(소형보일러용 급수처리).

91 정답 | ①
풀이 |
- 절탄기(이코노마이저) : 폐열회수장치(보일러 열효율 증가장치)
- 급수가열기 : 연도의 폐가스 이용

92 정답 | ①
풀이 | 보일러 설계 시 크리프 영역에 달하지 않는 설계온도 철강재료의 허용인장응력
상온에서 최소 인장강도의 $\frac{1}{4}$

93 정답 | ②
풀이 | 첨가제를 사용하여 배기가스의 노점을 하강시켜 저온 부식을 방지한다.
$S + O_2 \rightarrow SO_2$
$SO_2 + \frac{1}{2}O_2 \rightarrow SO_3$
$SO_3 + H_2O \xrightarrow{150℃} H_2SO_4$(액체 황산저온 부식)

94 정답 | ④
풀이 | 안전밸브와 안전밸브가 부착된 동체 사이에는 어떠한 차단밸브도 설치하지 않는다(보일러설치검사기준).

95 정답 | ④
풀이 | 공기예열기의 적정온도
180~350℃ 사이가 이상적이다.

96 정답 | ②
풀이 | 단면적$(A) = \frac{\pi}{4}d^2 = \frac{3.14}{4} \times (0.22)^2 \text{m}^2$
$= 0.037994$
$1\text{m}^3 = 1,000\text{L}$
$\therefore$ 유속 $= \frac{유량}{단면적} = \frac{40/1,000}{0.037994} = 1.05\text{m/s}$

97 정답 | ③
풀이 | 행거(배관을 천장에서 매다는 장치)의 종류
- 리지드
- 콘스탄트
- 스프링 행거

98 정답 | ①
풀이 | 급수처리(탈기기, 기폭법) : 용존산소(O_2) 제거

99 정답 | ③
풀이 | $Q = \frac{A(t_1 - t_2)}{\frac{b_1}{\lambda_1} + \frac{b_2}{\lambda_2}} = \frac{(1,000 - 100)}{\frac{0.14}{1.2} + \frac{0.1}{0.06}} = \frac{900}{0.1166 + 1.666}$
$= \frac{900}{1.78} = 505\text{kcal/m}^2 \cdot \text{h}$

100 정답 | ③
풀이 |

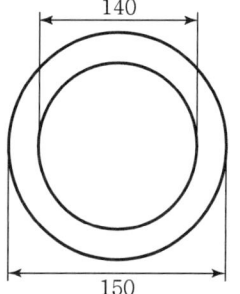

단면적$(A) = \frac{\pi}{4}d^2 = \frac{3.14}{4} \times 14^2 = 154\text{cm}^2$
파이프축 인장력 $= 154 \times 60 = 9,240\text{kgf}$

에너지관리기사 필기
과년도 문제풀이 10개년

발행일 | 2010. 4. 15 초판 발행
　　　　　 2020. 1. 20 개정 15판1쇄
　　　　　 2021. 2. 10 개정 16판1쇄
　　　　　 2023. 1. 10 개정 17판1쇄
　　　　　 2023. 7. 10 개정 18판1쇄
　　　　　 2024. 1. 10 개정 18판2쇄
　　　　　 2025. 1. 10 개정 19판1쇄
　　　　　 2026. 1. 20 개정 20판1쇄

저　자 | 권오수
발행인 | 정용수

발행처 | 예문사

주　소 | 경기도 파주시 직지길 460(출판도시) 도서출판 예문사
T E L | 031) 955-0550
F A X | 031) 955-0660
등록번호 | 11-76호

• 이 책의 어느 부분도 저작권자나 발행인의 승인 없이 무단복제하여 이용할 수 없습니다.
• 파본 및 낙장은 구입하신 서점에서 교환하여 드립니다.
• 예문사 홈페이지 http : //www.yeamoonsa.com

정가 : 27,000원
ISBN 978-89-274-6049-7　13530